과학의 탄생

JIRYOKU TO JURYOKU NO HAKKEN 1, 2, 3
by Yamamoto Yoshitaka
copyright ⓒ 2003 by Yamamoto Yoshitaka
All right reserved.
Original Japanese edition published by MISUZU SHOBO, LTD. Tokyo.
Korean translation rights arranged with MISUZU SHOBO, LTD. Japan.
through COREA LITERARY AGENCY, Seoul.
Korean translation rights ⓒ 2005 EAST ASIA Publishing Company

이 책의 한국어판 저작권은 Corea 에이전시를 통해 미스즈서방(みすず書房)과
독점계약한 도서출판 동아시아에 있습니다. 신저작권법에 의해 한국 내에서 보호를 받는
저작물이므로 무단전재와 복제를 금합니다.

과학의 탄생

자력과 중력의 발견, 그 위대한 힘의 역사

야마모토 요시타카 지음 | 이영기 옮김

동아시아

■ 한국의 독자들에게

　이번에 제가 쓴 책이 한국어로 번역 출판되게 되었습니다. 물론 제게는 대단히 기쁜 일입니다. 13세기에 로저 베이컨은 『대저작』에서 "번역에 종사하는 사람은 번역하려는 주제에 정통해야 할 뿐 아니라 양쪽 언어를 숙지하지 않으면 안 된다"고 했습니다. 그 말은 지금도 그대로 유효하겠지요. 저도 이전에 몇 번 번역을 해본 적이 있습니다. 번역은 무엇보다도 인내와 끈기를 요하는 매우 힘든 일이라는 걸 실감했습니다. 이번에 이 힘든 번역을 맡아주신 번역자 이영기 씨와 한국에서 이 책의 번역 출판을 기획하신 도서출판 동아시아에 깊이 감사드립니다.
　한국어 번역판을 준비하면서 저는 일본어로 된 원저 가운데 장황하다고 생각되는 곳은 간결하게 고치고, 다소 맥락에서 벗어나는 부분은 삭제하고, 의미가 충분히 전달되지 않은 곳은 첨가해서 원고를 다시 손질했습니다. 물론 내용상으로는 전혀 변화가 없습니다. 게다가 논지가 분명해지고 더욱 읽기 쉽게 되었다고 생각합니다. 또 인용 부분은 일본어 번역판으로 나온 책들도 가능한 한 원저로 바꿔 표기했으며 주(注)에 나온 문헌도 일본어 번역본이 아니라 가능한 한 원저 또는 영역본을 실었습니다.

  이 책은 일본에서 2003년 5월 출판된 이후 물리학자나 과학사, 과학사상사 전공자들에게 높은 평가를 받았을 뿐 아니라, 일반 독자들의 반응도 좋았습니다. 한국에서도 많은 독자와 만날 수 있기를 희망합니다.

2005년 봄
야마모토 요시타카

| 차례 |

과학의 탄생
자력과 중력의 발견, 그 위대한 힘의 역사

한국의 독자들에게 4
서문 8

제1부

1장 '힘의 발견'을 향한 첫걸음 — 고대 그리스 25
2장 환원론과 전체론의 대립 — 헬레니즘 시대 63
3장 공감과 반감의 네트워크 — 로마제국 시대 97
4장 중세 기독교 세계와 마술사상의 공존 129
5장 중세 사회의 전환과 자석의 지향성 발견 163
6장 스콜라철학의 한계와 긍정성 — 토마스 아퀴나스 195
7장 선구적 근대인, 로저 베이컨과 자력의 전파 225
8장 신비론으로부터의 탈주 — 페리그리누스와 『자기서간』 257

제2부

- 9장 근대적 세계상 — 쿠사누스와 자력의 양화量化 295
- 10장 고대의 재발견, 전기 르네상스의 마술사상 319
- 11장 대항해 시대와 편각의 발견 355
- 12장 자연과학의 새로운 주인공들 — 로버트 노먼과 『새로운 인력』 391
- 13장 과학혁명의 여명 — 16세기 문화혁명과 자력의 이해 421
- 14장 파라켈수스의 화학철학과 자기磁氣치료 455
- 15장 '숨겨진 힘'을 찾아서 — 후기 르네상스 마술사상 483
- 16장 근대 자연과학을 향하여 — 델라포르타와 『자연마술』 527

제3부

- 17장 근대적 우주상의 등장과 길버트의 자키철학 567
- 18장 만유인력의 맹아 — 케플러의 천계의 물리학 627
- 19장 무지의 피난처 — 17세기 기계론 철학 683
- 20장 로버트 보일과 영국 기계론의 변모 723
- 21장 자력과 중력의 발견 — 훅과 뉴턴 763
- 22장 에필로그 — 자력법칙의 측정과 확정 819

저자 후기 872 역자 후기 881 주 887 참고문헌 935 찾아보기 988

■ 서문

　이 책은 '근대 자연과학, 특히 근대 물리학이 어떻게 근대 유럽에서 생겨났을까'라는 문제의식에서 시작됐다. 16, 17세기 유럽에서 근대 자연과학이 형성된 것과 관련해 20세기 후반에 다양한 주장이 제기되었다. 플라톤주의의 부흥에서 찾는 견해, 중세 말기부터 근대 초에 발전한 기술에 자극받았다는 입장, 르네상스 시기의 마술사상에서 탄생했다는 의견 등이 그것이다.
　특히 마술을 둘러싸고, 마술이 근대 과학의 성립에 끼친 역할에 대해 긍정적으로 평가하거나 부정적으로 보는 시각 등 많은 이론이 제기됐다. 예이츠(Frances Yates)나 로시(Paolo Rossi) 같은 석학들이 쓴 뛰어난 책도 적지 않다. 이 저술들은 그 시대의 과학자나 철학자, 마술사라 불리던 이들의 자연인식 방법이나 이론을 읽어내고 적절한 위치를 부여하긴 했지만, 특정한 문제가 해결되는 과정이나 개별적인 개념이 형성되는 과정을 추적하거나 분석하지는 못했다. 역사적인 연구라면 이와 같은 사례 연구가 필요하지 않을까. 즉 마술이나 기술이 과학이 형성되는 데 어떤 역할을 했는지를 말할 때, 일반론으로 접근해서는 논쟁이 명쾌하게 매듭지어지지 않는다. 왜냐하면 역사적인 자료 가운데 어디에 강조점을 두느냐에 따라 어떤 입장도 나름대로 자기논리를 입증할 수 있기 때문이다. 하물며 근대 과학이 성립된 근거를 찾는, 아주 폭넓은 문제를 다룰 때는 더 말할 나위가 없다. 논의를 한 단계 심화시키려면 근대 자연과학의 성립에 열쇠가 됐던 핵심 개념으로 논의를 수렴시키면서, 그 개념이 어떻게 형성되었는지를 구체적으로 따져야 한다.

물리학의 경우 열쇠가 되는 개념은 당연히 힘 - 특히 만유인력 - 이다. 근대적인 우주상(像)에서 가장 특징적인 것은 천동설에서 지동설로의 전환이다. 그러나 이를 물리학적인 관점에서 보면 단순히 태양을 중심에 둔다고 해서 태양계에 대한 올바른 이해로 이어지는 것은 아니다. 만유인력이라는 개념을 통해, 그 힘으로 태양이 모든 행성을 자신의 궤도에 연결하고 있다고 보는 관점이 중요하다. "근대 과학을 이해하는 단서는 역학(力學, Mechanics)에서 말하는 힘을 명확히 파악하고 물리학의 기본 구조에 힘을 편입시키는 데 있다."[1] 따라서 17세기의 시점에서는 "원격작용(서로 접촉하지 않고 떨어져 있는 물체들 사이에 작용하는 힘 - 옮긴이 주, 이하 * 표시)의 발견이야말로 서양 과학이라는 조직이 꾸려지는 데 가장 결정적인 기여를 한 초석"[2]이라고 할 수 있다.

물리학의 역사를 요약해보자. 우선 고대 그리스의 원자론은 속이 꽉 찬, 충만한 물질로서의 원자와 텅 빈 공간(*진공 또는 공허)을 분리해서 사유했다. 그로부터 2천 년이 흐른 17세기, 공간과 거리를 건너뛰어 작용하는 만유인력이 등장한다. 다시 19세기에는 장(場, field)이 발견되어 힘(*만유인력 같은 힘)이 장으로 환원되고, 20세기에 양자의 발견을 거치면서 지금의 모습을 갖추었다고 할 수 있다. 그런 의미에서 근대 물리학의 출발이 서로 떨어진 거리에서 작용하는 힘, 즉 원격력(遠

隔力)으로서의 만유인력을 발견한 데 있다는 점은 분명하다. 17, 18세기에 원격력이라는 개념이 가졌던 역사적인 의의는 아주 결정적이었다고 할 수 있다.

더 자세히 설명해보자. 코페르니쿠스에서 시작된 우주상의 혁명은 케플러(Johannes Kepler)와 훅(Robert Hooke)을 거쳐 뉴턴의 손에 의해 태양계의 물리학적 질서-이 세계의 체계-가 해명됨으로써 일단 완성을 보게 된다. 코페르니쿠스가 지구 중심계에서 태양 중심계로의 기하학적 전환을 주창했지만 거기에 물리학적이면서 동역학(動力學, Kinetics)적인 기초를 제공한 것은 케플러와 뉴턴이었다. 그리고 이들의 핵심 주장은 천체들 사이에 작용하는 중력이라는 개념이었다. 1600년 길버트(William Gilbert)는 지구란 불활성(不活性, *아무런 움직임이 없는)의 흙덩어리가 아니라 능동적인 힘을 가진 하나의 자석이라고 보았다. 케플러는 1609년 이 자석이라는 말에서 영감을 받아 태양이 행성에 자력과 같은 힘을 미친나는 주장을 내놓는다. 뒤이어 뉴턴은 케플러가 구한 행성의 운동법칙으로부터 거리의 제곱에 반비례하고 각각의 질량에 비례하는 인력-만유인력-이라는 개념을 얻어낸다. 이런 일련의 과정을 통해 (*2천 년 가까이 지배해온) 아리스토텔레스-프톨레마이오스(Claudius Ptolemaeos)의 우주상을 대신하는 새로운 우주상이 탄생하게 된다. 근대 물리학도 여기서 시작됐다. 이처럼 만유인력이라는 개념은 뉴턴 물리학의 요체이다.

물질이나 운동에 대한 개념은 고대부터 있어왔다. 그러나 그것만으로 물리학이 태어날 수는 없었다. 데카르트나 갈릴레이가 기계론적 물질관을 확립하고 역학의 기초 원리를 닦는 데 대단한 기여를 한 것은 사실이다. 하지만 데카르트의 역학은 충돌에 따른 운동의 주고받음만이 인정된 빈약한 체계였고, 갈릴레이 역시 힘(*원격력으로서의 힘, 또는 만유인력)의 개념을 놓쳤기 때문에 태양계를 동역학의 문제로 파악하는 데 실패했다. 그래서 데카르트나 갈릴레이는 케플러의 발견이 갖는 의의를 제대로 이해하지 못했다. 케플러와 훅, 뉴턴이 힘의 개념을 받아들임으로써 태양계는 동역학의 대상이 되었고, 케플러의 법칙도 참된 의미를 드러낼 수 있었다. 근대 물리학은 힘의 개념을 획득함으로써 왕성한 생명력을 얻고 승리의 첫발을 내디딜 수 있었다. 따라서 근대 자연과학의 탄생 과정을 설명하기 위해서는 힘의 개념이 어떻게 형성되고 발전했는지 더욱 상세하게 추적할 필요가 있다.

힘이라는 표상은 원래 사람이 손으로 물건을 들거나 운반하고, 사람들끼리 끌어당기거나 밀 때의 노력이나 저항의 감각에서 얻어졌을 것이다. 이처럼 힘은 의인(擬人)적인 관념이었다. 애초부터 힘이란 직접 접촉함으로써만 작용하고, 거리가 떨어져 있는 물체에 힘을 미치기 위해서는, 물건을 쥐는 손이나 팔처럼 중간에 개재하는 무엇인가가 필요하다고 인식되었다.

고대 그리스에 플라톤은 "호박(琥珀)이나 자석이 물건을 당기는 이상한 현상이 있긴 하지만 그래도 결코 인력(引力)이란 존재하지 않는다"[3]면서 외관상 '인력'으로 보이는 현상도 (*두 물체의) 접촉작용으로 환원해서 설명해야 한다고 주장했다. 아리스토텔레스도 다음과 같이 주장했다.

장소를 옮기며 운동하는 물체는, 운동을 일으키는 것과 접촉하거나 (*처음부터) 연속하고 있거나 둘 중 하나이지 않으면 안 된다.……운동을 시작하게 하는 것, 즉 운동을 일으키는 최초의 것과 그것에 의해 운동을 하게 되는 것은 함께 있다. 여기서

'함께'라고 하는 것은 그 둘 사이에는 아무것(*공간이나 다른 물질)도 없다는 말이다. 이것은 (*수동적으로) 움직이는 모든 물체와 (*능동적으로) 움직임을 가하는 것에 공통되는 현상이다.[4]

그리고 13세기에 로저 베이컨(Roger Bacon)은 "(*힘의) 작용은 근접성을 필요조건으로 요구한다"고 했으며[5] 근대 초기 길버트는 "접촉 이외에는 물질에 의한 어떤 작용도 있을 수 없다"[6]고 못 박았다.
마술적이거나 초자연적인 현상을 일절 배제했던 17세기의 기계론과 원자론의 대표적인 견해로 영국의 원자론자 찰턴(Walter Charleton)이 남긴 인상적인 구절이 있다.

충분히 마찰된 호박이나 흑옥(黑玉), 딱딱한 밀랍, 이 밖에 전기를 띤 물질은 그 힘이 닿는 범위 안에 있는 밀짚이나 톱밥, 날개 같은 가볍고 작은 물체를 빨리 끌어당긴다. 이 인력은 카멜레온이 혀를 길게 빼 곤충을 빨아들이는 현상과 비슷하다.

찰턴이 이 글을 쓴 때는 뉴턴이 만유인력을 논증하기 직전인 1654년이었다. 찰턴은 "그 어떤 것도 멀리 떨어진 물체에 작용할 수 없다는 것은 자연의 일반법칙"[7]이라고 보았다. 이처럼 어떤 사물이 거리가 떨어진 다른 사물에 작용하기 위해서는 그 사이를 매개하는 물질이 존재해야만 한다는 생각은 고대 이후 근대에 이르기까지 거의 선험적으로 인정되고 있었다.

17세기 전반에 아리스토텔레스의 자연학을 대체할 새로운 과학의 패권을 둘러싸고, 데카르트나 가생디 등의 기계론, 원자론철학과 파라켈수스주의의 화학철학이 맞선 적이 있었다. 이 논쟁의 초점 중 하나는 파라켈수스주의자가 주장한 악명 높은 '무기연고(武器軟膏, weapon-salve)'였다. 무기연고란 칼에 상처를 입었을 경우 상처 부위가 아니라 상처를 낸 칼에 발라도 상처가 낫는다고 알려진 약이었다. "예컨대 병사가 20마일이나 멀리 떨어져 있어도 (*병사를 찌른 그 칼에 무기연고를 바르면) 병사를 치료할 수 있다"는 것이었다. 물론 이 치료법은 기계론이나 원자론자뿐 아니라, 아리스토텔레스-갈레노스주의 의사들도 난센스, 마술이라며 비판했다. 무기연고를 부정하는 논리는 그러한 원격작용은 절대 있을 수 없다는 상식에 근거하고 있었다. 1631년 영국 출신의 아리스토텔레스주의자가 "어떤 작용도 거리를 건너뛸 수는 없다"고 한 것도 이 무기연고를 논박하기 위해서였다.[8]

하지만 무기연고가 그 원격성 때문에 인정되지 않는다면, 태양이 지구에 미치는 중력도, 지구가 달에 미치는 중력도 같은 이유로 부정되어야 한다. 실제로 뉴턴이 천체들 사이에 작용하는 힘(*만유인력)을 역학과 천문학에 도입해 태양계를 해명했을 때, 지금은 생각할 수도 없을 정도로 엄청난 비난이 쏟아졌다. 한편에서는 새로운 과학의 제창자인 데카르트의 후계자들이나 라이프니츠가, 다른 한편에서는 수구파라 할 수 있는 아리스토텔레스주의자들이 맹공을 퍼부었다. 갈릴레이가 달(*달의 인력)이 밀물과 썰물에 영향을 미친다는, 이전부터 경험적으로 알려져 있던 사실조차 인정하기를 완강히 거부했던 것도 같은 이유에서였다. 천체들 사이에 작용하는 중력이라는 개념은 당시의 마술이나 점성술적인 사고에서는 친숙한 것이었다. 그러나 당시 부상하고 있던 새로운 과학의 지도자들은 물론이고 보수적인 과학의 옹호자들도 이것만은 쉽사리 인정할 수 없었다.

원격작용은 있을 수 없다는 고대로부터의 상식에 정면으로 반하는 것이 있었으니 바로 자력의 존재였다. '무기연고'를 통한 치료가 '자기

치료'라고 불리기도 한 것도 바로 그 원격성 때문이었다. 자력은 이미 고대에 아프로디시아스의 알렉산드로스(Alexandoros of Aphrodisias)가 인정했던 것처럼 팔이나 손 같은 매개체가 없어도, 즉 직접적인 접촉이 없어도 작용하는 원격력의 거의 유일한 사례였다. 자연을 설명할 때 불필요한 것을 끌어와서는 안 된다는 방법론을 제창한 14세기의 오컴(William of Ockham)도 "자석은 매질(媒質)을 거치지 않고 직접 원격적으로 작용한다"[9]고 말했다. 경험을 있는 그대로 받아들이면 그렇게 말할 수밖에 없었던 것이다. 일반론으로는 원격작용을 부정했던 길버트도 자력에 대해서만은 원격작용을 수긍해야만 했다.

무기연고를 처음 제안한 것으로 추측되는 파라켈수스(Paracelsus)는 별이나 달이 지상에 영향을 미친다는 사실을 믿었다. 정신병에 관해 쓴 책 『사람으로부터 이성을 뺏는 병 The Diseases that deprive Man of his Reason』에서 그는 다음과 같이 말했다.

별은 우리의 몸에 상처를 내거나 허약하게 해서 건강과 질병에 영향을 미치는 힘이 있다. 그런 힘은 물질적인 형태나 실체적으로 우리에게 도달하는 것이 아니다. 자석이 철을 끌어당기는 것처럼, 보이지 않고 느끼지 못하는 형태로 이성에 영향을 미친다.[10]

멀리 떨어진 천체가 지상에 미치는, 눈에 보이지 않는 작용은 주저 없이 자력을 연상시켰음을 알 수 있다. 17세기 초에 프랜시스 베이컨(Francis Bacon)은 자력을 물체와 작용이 '이별하는 사례'로 보면서, 원격력 일반 즉 '멀리 떨어진 거리에서 커다란 물체에 작용하고……접촉으로 시작하지도 않고, 작용의 결과(*두 물체를) 접촉에 이르게 하지도 않는 움직임'을 '자기운동(magnetic motion)'이라고 불렀다. 원격

작용은 오로지 자력으로만 표상되고 있었던 것이다.[11]

자석은 물체와 아무런 접촉을 하지 않고도 작용하기 때문에 예로부터 불가사의한 것, 수수께끼에 싸인 것, 신비한 것으로 인식되어왔다. 때로는 생명을 가진 것이나 영혼을 지닌 것으로 여겨지기도 했다. 종종 마술적인 것으로조차 생각되기도 했다. 1600년 길버트가 "철학자들은 비밀스러운 것을 설명하거나 이유를 알지 못해 논쟁이 혼돈에 빠지게 되면, 늘 자석이나 호박을 끌어들였으며, 신학자도 인간의 지식을 넘어서는 신의 비밀을 자석이나 호박으로 설명하려고 했다"[12]라고 말했다. 또 18세기 경제학자 애덤 스미스(Adam Smith)도 "자석이 움직이면 뒤이어 철 조각이 움직인다. 둘 사이에 아무런 결합 관계가 없는데도 그런 현상이 일어나는 것은 이상하다"[13]고 했다. 19세기 발자크(Honore de Balzac)의 소설에서는 "설명할 수 없는 자기적인 매력"[14]이라는 구절이 발견된다. 자력은 근대에 들어와서도 설명 불가능한 것의 대명사였던 것이다. 아니 현대인들도 사전 지식이 없다면 마찬가지 반응을 보일 것이다. 20세기 물리학자 아인슈타인은 유아기의 기억을 다음과 같이 회고하고 있다.

인간 정신은 어떤 의미에서는 '경이로운 일'로부터 부단히 벗어나면서 발전한다. 이런 경이를 나는 네다섯 살 무렵 아버지가 나침반을 보여주었을 때 처음 경험했다. 나침반의 바늘이 항상 일정하게 반응하는 것은, 내가 무의식적으로 만들어낸 개념 세계에는 들어맞지 않는 일이었다. 그것은 모든 작용을 직접적인 '접촉'으로만 이해하는 세계에서는 그 어디에도 적합하지 않은 현상이었다.[15]

교육을 통해 배우지 않는다면 '접촉작용'이 없는 힘이라는 개념은 현대인에게도 이해하기가 쉽지 않은 현상이다.

자석은 고대 이래 때로는 종교적 제의에 바치는 마술의 소도구로 사용되었고 때로는 의학적인 효능이나 부적처럼 초자연적인 능력을 갖춘 것으로 받아들여지기도 했다. 이론적인 반성을 거쳐도 사태는 크게 변하지 않았다. 고대 그리스에서 자연을 신화로부터 분리해 설명하려는 자연학이 처음 대두했을 때, 자력을 둘러싸고 두 가지 견해가 대립했다. 하나는 자력을 눈에 보이지 않는 입자나 무게가 없는 유체로 설명하려는 기계론적이고 환원주의적인 근접(近接)작용론이었고, 다른 하나는 자력을 더 이상 설명할 수 없는 어떤 생명적인 것이나 영혼의 작용으로 보는 물활론(物活論)이었다.

중세로 들어서면 앞의 환원주의는 거의 사라지고 후자의 입장이 압도적인 견해가 된다. 이 입장에는 자연을 원격작용-'숨겨진 힘' 혹은 '공감(共感)과 반감(反感)' 등으로 불린-의 네트워크를 통해 유기적으로 결합된 통일체로 보는 관점이 투영돼 있었다. 그리고 '숨겨진 힘'의 존재를 대표하는 것으로 항상 자력이 거론되었다. 13세기에 토마스 아퀴나스(Saint Thomas Aquinas)는 "사물은 인간이 알 수 없는 어떤 종류의 숨겨진 힘을 갖고 있다. 예를 들어 자석이 철을 끌어당기는 경우가 그렇다"[16]라고 말했고, 16세기에 폼포나치(Pietro Pomponazzi)도 "자석은 철을 끌어당기고, 다이아몬드는 반대로 그 작용을 방해한다. 사파이어는 궤양을 쫓아내고 시력을 좋게 한다. 이 같은 숨겨진 힘은 얼마든지 있다"[17]라고 썼는데, 이것들은 당시 널리 알려진 사실이었다. 자력은 '숨겨진 힘'의 전형이었고 거의 유일한 현실적인 예였다. 이 유기체적 자연관은 르네상스 마술사상의 토대였다.

또 자석은 스스로 북쪽을 가리킬 뿐 아니라, 바늘에 자석을 접촉시켜 자석의 성질을 띠게 하면(*이 바늘도) 북쪽을 향하게 되는 특이한 성질을 갖고 있다. 자석의 이 지북성(指北性)이 처음 발견되었을 때,

사람들은 북극성이나 하늘의 한 끝이 자석을 끌어당긴다고 생각했다. 자석이 하늘로부터 힘을 받는다고 생각했던 것이다. 그래서 자석을 하늘과 땅의 교감을 직접 체현하는 것으로 여기는 한편, 천체가 지상의 사물에 영향을 미친다는 점성술을 입증하는 사례로 간주했다. "자석이 철을 끌어당기는 것은 자석이 하늘의 힘을 나눠 가지기 때문이다"[18]라고 한 토마스 아퀴나스에게서 그러한 견해를 엿볼 수 있다. 1400년대 르네상스 시기 피치노(Marsilio Ficino)의 다음과 같은 주장은 훨씬 구체적이다.

균형 잡힌 바늘의 양끝이 자석의 영향을 받으면(*하늘의 별자리인) 작은곰자리를 가리키게 된다. 왜냐하면 자석이 바늘을 그쪽으로 끌어당기기 때문이다. 그것은 또 작은곰자리가 이 돌(자석)에 힘을 미치기 때문이기도 하다. 이 힘이 자석으로부터 철로 옮겨가게 되면, 작은곰자리가 자석과 철 모두를 끌어당기게 되는 것이다. 이 힘은 작은곰자리의 광선에서 나오는데 일단 침투하면 서서히 강해진다.[19]

자석과 자침이 가진 지북성을 항해에 이용하게 되면서 지구 자장(磁場)이 발견되고, 이에 따라 그때까지 불활성의 흙덩어리라고 믿었던 지구의 모습 대신 능동적인 성질을 가진 새로운 지구상을 얻게 된다.

이런 과정을 거치면서 1600년 지구가 거대한 자석임을 발견한 길버트도 지구를 영혼을 가진 생명적 존재로 보게 되고, 이를 근거로 당시 지동설에서 가정했던 지구의 활동성(*스스로 움직이는 성질)을 확신하게 됐다. 길버트의 영향을 받은 케플러가 천체들 사이의 중력을 구상하게 된 것도 원격작용을 일으키고 영혼적·마술적·점성술적인 성격을 가진 자력으로부터 많은 영감을 받았기 때문이었다. 케플러는 다음과 같이 말했다.

자석이 자신과 유사한 물체인 다른 자석이나 철을 끌어당기는 것처럼, 지구가 자신과 닮은 물체인 달을 움직인다는 것은, 비록 두 물체 사이에 아무런 접촉이 없다고 하더라도 전혀 믿지 못할 일이 아니다.[20]

천체들 사이에 작용하는 중력이라는 표상을 얻는 과정에서 자력이 엄청난 연상작용을 일으켰다는 사실은 지금은 거의 잊혀져 기이한 느낌조차 들지만, 당시로서는 절대적인 역할을 했다. 실제로 1651년에 공개된 길버트의 유고(遺稿)에는 "달은 지구에 자기적으로 연결돼 있다"[21]고 기록되어 있다. 또 중력은 거리의 제곱에 반비례한다고 처음 주장했던 훅은 "길버트가 처음으로 중력을 지구에 내재하는 자기적인 인력이라고 생각했고, 프랜시스 베이컨도 부분적으로 이 견해를 받아들였으며, 케플러는 이것(중력)을 모든 천체 즉 태양과 항성, 행성에 내재하는 성질이라고 보았다"[22]고 1666년 지적했다. 결국 근대 과학이 성립되기 이전에 자석을 둘러싸고 행해진 마술적인 언설이나 실천을 무시하면 힘-만유인력-의 개념이 형성되고 획득된 과정을 케플러나 뉴턴 같은 천재들의 번뜩임으로밖에 설명할 수 없고 나아가 근대 물리학의 출현도 제대로 이해할 수 없게 된다.

이 책은 근대 과학의 성립에 대한 수수께끼를 푼다는 문제의식 아래 고대에서 근대 초에 이르기까지 유럽에서 힘의 개념이 어떻게 발전해왔는지, 그 중에서도 자력과 중력의 발견 과정을 역사적으로 추적한다. 특히 그 과정에서 마술과 기술이 어떤 역할을 했는지에 초점을 맞추었다.

전기나 자력의 역사를 다룬 책이 여태껏 없었던 것은 아니다. 그러나 대부분의 자연과학사 관련 저서들은 근대 과학의 맹아를 그리스 철학에서 찾으면서도, 실제로는 그로부터 1천 년 이상 건너뛰어 르네상스 시기와 근대 초에 아리스토텔레스 철학과의 싸움에서 승리한 결과, 근대 과학이 탄생했다는 식의 틀로 구성되어 있다. 이런 결함은 역학의 역사에서는 뒤엠(Pierre Maurice Marie Duhem) 이래 꽤 개선되었지만, 전자기학의 역사에서는 아직 미진한 실정이다. 그 전형이 휘태커(Edmund Taylor Whittaker)의 『에테르와 전기의 역사History of the Theories of Aether and Electricity』이다. 이 책은 아리스토텔레스 철학이 13세기에 토마스 아퀴나스의 영향으로 서유럽에 퍼지고, 이어 14세기에 윌리엄 오컴이 토마스(아퀴나스)파 철학에서 해방되려고 노력하면서 르네상스가 개화하고, 코페르니쿠스와 케플러가 등장할 수 있는 준비를 갖췄다는 식으로 서술한다. 이런 경향은 물리학사에 국한되지 않는다. 홀(Thomas Steele Hall)의 『생명과 물질Ideas of Life and Matter』은 고대 그리스에서 현대까지 생명론의 계보를 세밀하게 추적한 생물학의 역사, 의학의 역사를 다룬 책이다. 하지만 서술 방식은 2세기의 갈레노스(Claudios Galenos)를 다룬 다음 곧장 르네상스로 넘어가 그 사이의 1천여 년을 완전히 공백 상태로 비워두고 있다.

지금까지의 과학사는 현대 과학에서 보면 별 의미가 없거나 부정적인 의미밖에 없는 종류의 것들-즉 미신이나 억측, 전승된 이야기나 종교적인 언설-을 '무의미'하다거나 '반동'적이라는 한마디로 정리하고 무시하는 경향이 있었다. 예를 들어 옥수(玉髓)가 정전(靜電) 인력을 일으키는 현상이 처음 기록된 것은 11세기에 마르보두스(Marbodus Redonensis)가 보석이 가진 초자연적인 힘을 노래한 시에서였다. (*옥수가 다른 물체를 끌어당기는 현상은) 호박과 흑옥이 인력을 갖는다는 데 이은 새로운 발견이었지만-필자의 좁은 식견으로 보건대-그동안 전자기학의 역사에서는 완전히 간과되었다. 토마스 아퀴나스에 대해서도 마찬가지였다. 자석은 그 힘을 하늘로부터 얻는다는 그의 주장이 르네상스에 어떻게 이어졌는가는 거의 논의된 적이 없다. 또 르네상스기 시기에 델라 포르타(Giambattista della Porta)의 『자연마술 Magia naturalis』이 자기 연구에 기여한 부분은 무시라고까지 할 수는 없지만, 과소 평가돼온 것만은 분명하다.

1940년대에 나온 자기학에 대한 상세한 역사서인 미첼(Mitchell)의 논문에는 "이 주제(자기학)의 역사를 희석시키는 전설상의 문제"는 다루지 않으며, 나아가 "철에 대한 자석의 인력을 어떤 교리적인 목적으로만 끌어들였을 뿐 자기(磁氣) 과학에는 아무런 진지한 기여도 하지 못한 초기 교부(敎父)들이 쓴 문헌은 취급하지 않는다"고 밝혔다.[23] 이렇게 해서 교부 아우구스티누스는 무시되었다. 그러나 '진지한 기여'를 하지 못했다는 것은 현대적인 관점에서 판단한 것일 뿐, 당시 상황에서는 대단히 중요하고 진지한 것이었음을 잊어서는 안 된다. 실제로 아우구스티누스의 '중요하고 진지한' 사상이 천 년이라는 긴 시간에 걸쳐 자력의 인식에 미친 영향은 구체적인 동시에 뚜렷하며, 그것을 외면하고서는 12세기에 발견된 아리스토텔레스 철학이 (*유럽에) 끼친 충격도, 르네상스기에 마술사상이 가졌던 선구적인 성격도 제대로 파악할 수 없게 된다.

아날학파의 역사학자인 슈미트(Jean-Claude Schmitt)는 1988년에 나온 『중세의 미신 Les Superstitions』의 서문에서 다음과 같이 썼다.

기독교 역사를 연구하는 이들은, 특히 그가 성직자일 경우 교회가 전해준 개념을 통해 기독교 전통을 연구하는 것이 가능하다고 아주 오랫동안 믿어왔습니다. 그러나 사실은 이런 유산의 첫머리에 속해 있고 가장 널리 퍼진 개념인 '마술'이나 '미신' 나아가 '종교'의 개념조차 재검토할 필요가 있습니다. 기독교 문화를 역사적으로 상대화한다는 것은, 그 어휘에 대해 비판적 거리를 두는 것, 즉 역사가가 스스로 사용하기 위해 만들어낸 학문 용어와 기독교 문화의 어휘를 혼동하지 않으면서, 후자를 학문적인 조사 대상으로 삼는 것을 전제합니다.[24]

(*중세 유럽은 기독교가 완전히 지배했다고 알려져 있지만) 중세 사회의 저변에서는 기독교가 민간 종교나 고대로부터 내려온 다른 종교들과 공존 혹은 경쟁을 벌이고 있었다. 그렇기 때문에 그 시대를 토속 종교가 깨끗이 사라지고 기독교가 유일한 승자가 되고 난 이후의 시대의 눈으로 판단해서는 안 된다고 슈미트는 주장한다. 여기서 '기독교'를 개별 과학 예를 들어 '물리학', '교회'를 '학회', '성직자'를 '과학자'로 바꾼다면 그의 지적은 그대로 중세 과학사에도 통용될 수 있다.

슈미트는 이어 "역설을 두려워하지 말고 말해봅시다. 독실한 믿음만을 칭송한, 이 기나긴 시대에 대한 '종교사'는 아직까지 존재하지 않습니다"라고 했다. 그렇다면 종교적 자연관, 마술적 자연관 등 다양한 견해가 공존·경합하고 있었던 시대의 역사를 근대 과학만이 올바른 것이라고 인정하게 된 오늘의 잣대로 재단하는 일도 마찬가지의 반성을 요한다. 여기서도 '종교사'를 '과학사'로 치환해보면 된다. 중세에는 고유한 의미의-즉 현대적인 의미의- '물리학사'는 없다. 그래서 근대 물리학의 탄생을 탐구하고자 할 때는, 근대 이전에 '힘'을 둘러싸고 제기됐던 다양한 언설을 그 시대의 관점에서 고려할 필요가 있는 것이다.

물리학 교육만을 받았을 뿐인 일개 물리 교사에 지나지 않는 필자가 이런 주장을 늘어놓는 것에 대해 허풍라고 비방할지 모르겠다. 이 책을 집필하겠다는 시도 자체가 주제넘을 뿐 아니라 거의 무면허 운전에 가까운 무모한 일이라는 걸 익히 알고 있다. 하지만 지금까지의 물리학 역사가 잘못 되었다고까지 말하지는 않더라도, 무시되고 과소 평가돼온 부분을 조명하는 작업은 물리학, 나아가 근대 과학 자체의 성립 근거-출생의 비밀-를 다시 묻고 바로잡는 것으로 이어지지 않을까 생각한다. 내가 굳이 무모하게 도전한 까닭은 여기에 있다. 독자들의 넓은 이해를 바란다.

제1부

1장 '힘의 발견'을 향한 첫걸음 고대 그리스
2장 환원론과 전체론의 대립 - 헬레니즘 시대의 과학
3장 공감과 반감의 네트워크 - 로마제국 시대
4장 중세 기독교 세계와 마술사상의 공존
5장 중세 사회의 전환과 자석의 지향성 발견
6장 스콜라 철학의 한계와 긍정성 - 토마스 아퀴나스
7장 선구적 근대인, 로저 베이컨
8장 신비론으로부터의 탈주 - 페레그리누스와 『자기서간』

1장

'힘의 발견'을 향한 첫걸음
고대 그리스

고대 그리스에서는 원격적으로 작용하는 것으로 보이는 자력을 설명하는 두 노선이 등장했다. 하나는 원자론자나 플라톤처럼 눈에 보이지 않는 물질의 근접작용으로 환원하는 것이고, 다른 하나는 탈레스처럼 영적이면서 생명적인 작용으로 보는 것이었다. '힘의 발견'을 향한 첫발을 내디딘 것이다.

자력에 대한 최초의 '설명'

에게해를 중심으로 형성된 고대 그리스 세계에서 자석에 대해 처음으로 언급한 인물은 지금까지 탈레스(기원전 624-546 무렵)로 알려져 있다. 그는 상업과 해운으로 번창했던 이오니아(Ionia)의 항구도시 밀레투스(Miletus)에서 살았다. 애석하게도 탈레스 자신이 쓴 저작은 남아 있지 않다. 후세 사람들의 언급을 통해 그의 주장을 읽을 수 있을 뿐이다. 그 중 하나가 약 200년이 지난 뒤 아리스토텔레스가 쓴 『영혼론On the Soul』이다. 이 책에는 다음과 같은 문장이 있다. "탈레스도 영혼을 뭔가를 움직일 수 있는 힘으로 이해하고 있었던 것으로 판단된다. 기록에 따르면 탈레스는 자석이 영혼을 가지고 있다고 말했다. 왜냐하면 자석이 철을 움직이기 때문이었다."[1] 다시 500여 년이 지난 3세기에 디오게네스 라에르티오스(Diogenes Laërtios)가 쓴 『그리스 철학자 열전*Lives of Eminent Philosophers*』에는 "아리스토텔레스나 히피아스(Hippias of Elis)가 말한 바에 따르면 탈레스는 자석이나 호박을 증거로 무생물에게도 영혼과 생명을 부여했다"는 대목이 나온다.[2] 히피아스가 쓴 글이 남아 있지 않기 때문에 탈레스가 과연 자석뿐 아니라 호박의 인력(정전기력) 작용을 알고 있었는지는 알 수가 없다. 현재까지 남아 있는 아리스토텔레스의 저서에도 호박의 힘을 다루고 있는 곳은 없다.

아리스토텔레스의 책에서도 디오게네스의 글에서도, 탈레스는 '영혼(Psyche)'의 작용을 설명하고 만물에 '영혼'이 있다고 주장하기 위해 자석을 끌어들이고 있을 뿐 자력 그 자체를 설명하려고 한 것은 아니었다. 더구나 자력을 신비한 발견의 대상으로 대하지도 않는다. 이 점은 당시에 이미 자석의 존재나 그 작용이 널리 알려져 있었다는 것을 암시한다. 그리스어의 '프시케'와 그것에 대응하는 라틴어 '애니마(anima)'는 흔히 'soul' 등으로 번역하지만 실세로는 어감이 너욱 광범위해서 현대영어로 치면 'soul'과 'life', 나아가 'mind'까지 포괄하는 폭넓은 의미를 가지며, '생명적인 것' 전반이나 '생명의 원리' 그 자체를 가리킨다.[3] 즉 탈레스의 근저에 있는 사상은 자연 만물에 생명이 내재하고 있다는 것을 인정하는 '물활론(hylozoism)'이었고, 자석의 존재는 물활론을 예증하는 사례였던 것이다.

탈레스가 자력에 대해 그 이상의 무엇인가를 말했는지는 알려져 있지 않다. 하지만 그는 "만물은 물이다"라고 주장함으로써 변화무쌍한 자연을, 그 자체는 변하지 않는 '시원(始原) 물질'로 설명하려는 사상을 처음으로 제기했다. 이는 자연을 과학적으로 설명하려는 첫 시도였다. 나아가 밀레토스 지방의 아낙시메네스(Anaximenes, 기원전 6세기)는 '시원 물질'이 '변하지 않는 것'이라면 왜 사물은 각각 다채로운 양태로 존재하는가, 사물의 변화는 어떻게 설명해야 하는가 고심했다. 그는 이 의문에 대해-지금까지 알려진 한-처음으로 답한 인물이었다. 그는 우주를 채우고 있는 '공기'가 '시원 물질'이라고 주장하면서 물질의 변화는 그 공기가 희박하거나 농밀해지는 것에 따라 이뤄진다고 보았다. 즉 "공기가 엷어지면 불이 되지만 반대로 밀도가 높아지면 바람이 되고 구름이 되고, 한층 더 농밀하면 물로 바뀌고 다시 흙이나 돌이 되며, 이 밖에 다른 물질도 이들로부터 생겨난다."[4] 이 발상의 기저에는 물은 차가워지면 얼고 따뜻해지면 기화(증발)한다는 일상의 경험이 녹아 있었던 게 분명하다. 이런 의미에서 '불'을 시원 물질로 본 헤라클레이토스(Heradeitos, 기원전 540-480 무렵)의 생각도 그 연장선에 있다. 탈레스의 '물'이든 아낙시메네스의 '공기'든 헤라클레이토스의 '불'이든 모두 영혼을 가진 생명적인 존재였다. 이것은 물이나 공기, 불 모두 생명을 유지하는 데 필수 불가결한 요소라는 것을 그들이 경험적으로 알고 있었기 때문일 것이다. 이 시대에는 우주 전체가 살아 있었다. 그리고 자력은, 무생물을 포함해 자연의 사물이 생명을 가지고 있다는 단적인 증거였다.

밀레투스의 철학자들은 감각으로 포착한 세계를 이처럼 있는 그대로 받아들였지만, 기원전 5세기 전반 이탈리아 남부 엘레아(Elea)의 파르메니데스(Parmenides, 기원전 515-445 무렵)는 오로지 이성(로고스)만을 믿을 수 있으며 감각은 사람을 속인다고 보았다. 이 자각적인 이의제기를 계기로 순수 사유가 감각적인 인식보다 우위에 놓여지고, 인식론에서 합리론이 경험론과 맞서게 됐다. 파르메니데스는 '존재하지 않는 것(*감각)'이 있다고 하는 것은 논리적으로 생각할 수 없는데도 변화나 운동은 그 '있지 않는 것'의 존재를 전제하기 때문에 불가능하며, 따라서 생성이나 소멸, 질적인 변화는 눈속임에 지나지 않는다고 주장했다. 이후 철학은 파르메니데스가 제기한 '변화의 부정'이라고 하는 급진적인 질문에 어떻게 답할 것인가에 초점이 맞춰졌다.

기원전 5세기 후반 그리스 본토를 끼고 이오니아와는 반대편에 위치한 시칠리아(Sicilia)에 살았던 엠페도클레스(Empedocles, 기원전 495-435 무렵)가 4원소설을 제창하고, 다른 한편에서는 밀레투스의 레우키포스(Leucippus, 기원전 480-?)와 트라키아(Thracia)의 데모크리토스(Demokritos, 기원전 460-370 무렵)가 원자론을 제창한 것도 따지고 보면 이 파르메니데스가 던진 물음에 답하기 위한 시도라 할 수 있다. 4원소설과 원자론은 변화 속에서도 일정한 규칙성을 드러내는 자연을 합리적으로 이해하려는 것이었고, '변하지 않는 시원 물질'이라는 탈레스의 사상을 현실에서 보는 물질의 다양성과 양태의 부단한 변화와 조화시키려는 두 개의 노선이었다. 원자론은 원자에는 수많은 종류가 있지만 이들 원자는 모두 동일한 물질로부터 생성된다고 보았다. 이 점에서 4원소설과 원자론은 시원 물질을 서로 다르게 이해했다. 하지만 복잡하게 보이는 자연세계가 불과 몇 안 되는 종류의 시원 물질로 구성되고, 감각에 잡히는 물질세계의 어지러운 변화나 다채로운 성질이 이들 시원 물질로 설명되어야 한다는 환원주의적인 입장을 취한 점에서는 일치했다.

자력을 나름대로 합리적으로 '설명'하려고 처음 시도했던 인물 역시 엠페도클레스와 데모크리토스, '공기'가 만물을 지배한다고 본 아폴로니아의 디오게네스(Diogenes of Apollonia, 기원전 450년 무렵)였다.

엠페도클레스는 그때까지 '시원 물질'을 단 하나로 보았던 입장 대신 '흙, 물, 공기, 불'이라는 네 개의 원소가 만물의 '뿌리(根)'라고 생각했다. 여기서 '물'은 액체 성질을 가진 일반의 원기(原基)이며, 마찬가지로 '흙'과 '공기'는 고체성과 기체성을 포괄하는 원기를 지칭했다. '불'은 현대적으로 해석하면 에너지가 된다. 그렇지만 엠페도클레스는 이들 네 개의 원소가 고체 상태, 액체 상태, 기체 상태로 상호 이행이 가능하다고 보지는 않았다. 이 네 개의 '뿌리'는 모두 불생(不生), 불멸(不滅)이고 모든 물질은 이 네 개의 원소로 환원된다. 모든 물질을 이들 네 개 이외로는 더 이상 환원할 수 없기 때문에 이들을 '원소'라고 보았다. 엠페도클레스는 원소는 변하지 않으며 자연계의 모든 물질은 네 원소가 이런저런 비율로 결합된 상태라고 여겼다. 또 물질이 변화하는 것은 네 원소가 분리하거나 결합된 결과인데, 그 변화를 가져오는 기본적인 동인(動人)으로 '사랑과 투쟁(Love and Strife)'을 꼽았다. 용어는 다소 의인적이지만 엠페도클레스가 '비율'이라는 관점을 도입한 것은 이후 물질에 관한 이론이 발전하는 데 커다란 의미가 있었다. 오해의 위험을 무릅쓰고 4원소설을 현대풍으로 풀어보면 네 개의 원소가 상호 '인력과 척력'을 미치면서 '정비례의 법칙'에 따라 결합과 분리를 반복한다는 것이 된다. 4원소설은 이후 다양하게 변용되면서 유럽의 물질사상에 오랫동안 영향을 미치게 된다.

한편 엠페도클레스의 자력에 관한 이론은 2세기 무렵 아리스토텔레스의 주석가였던 아프로디시아스의 알렉산드로스가 쓴 『문제집 Quaestiones』에 전해지고 있다. 그것은 "자석과 철 모두에서 생기는 유출물(effluences)과, 철에서 나오는 유출물에 대응하는 자석의 통공(pores, 通孔)에 의해 철이 자석 쪽으로 움직인다"는 것이다. 다음과 같이 자세하게 설명한다.

자석에서 나오는 유출물은 철의 통공을 덮고 있는 공기를 눌러 그들을 다른 곳으로 옮긴다. 공기가 사라지면 철에서 유출물이 나오고 이 유출물을 따라 철이 움직이다. 철의 유출물과 자석의 유출물은 서로 어울리기 때문에 철은 자신과 자석의 유출물을

따라 자석의 통공에 다다를 때까지 이동한다.[5]

　이것은 지금까지 알려진 한, 최초로 미시적 기계론에 기초해 자력을 설명한 글이다. 자력에 대해서만이 아니었다. "엠페도클레스는 모든 감각에 대해서 똑같은 방식으로 말하고, 개별 감각기관의 통공에 무엇인가가 대응함에 따라 감각이 성립한다고 보았다."[6] 그는 물리적인 것이든 생리적인 것이든 모든 작용에 대해 기계론적으로 접근했다. 어쩌면 이 시대에는 물리적인 것과 생리적인 것 사이에 명확한 구별이 없었다고 말해야 정확할 것이다. 생물의 감각기관을 포함해 모든 물체는 눈에 보이지 않는 미세한 통공을 가지며, 물체에 대한 작용은 통공을 드나드는, 역시 눈에 보이지 않는 유체나 입자의 자극에 따른 것이라는 사고방식은 근대에 이르기까지 기계론이나 원자론의 원형이 되었다.
　이 설명에 대해 알렉산드로스는 '유출물'이라는 가정을 인정하더라도 '왜 철만이 일방적으로 자석을 향해 가는 것일까', '자석이 자석 고유의 유출물을 따라 철 쪽으로 움직이지 않는 것은 왜일까'라는 의문을 던졌다. 그는 자석은 전혀 움직이지 않고 철만 끌려간다고 생각했던 것이다.
　알렉산드로스와 엠페도클레스 사이에는 약 650년 정도의 시간차가 있으나 엠페도클레스 시대의 사람들도 역시 철만 당겨지고 자석은 움직이지 않는다고 생각했던 듯하다. 이 같은 힘의 비상호성(非相互性)을 역시 '유출물'의 가설로 설명하려고 했던 이가 엠페도클레스와 거의 동시대 인물인 아폴로니아의 디오게네스였다. 같은 이름을 가졌던 후대의 디오게네스에 따르면 아폴로니아의 디오게네스는 "공기가 만물의 기본요소"이고 "공기가 농밀하거나 엷어짐에 따라 여러 세계를 만든다"고 했다.[7] 이 점에서 디오게네스는 아낙시메네스의 일원론(一

元論)의 선조 격이지만 그가 행한 자력의 설명은 엠페도클레스의 미시적 기계론에 연결된 것이다. 역시 알렉산드로스는 다음과 같이 전하고 있다.

연성(延性)을 가진 모든 물질(금속)은, 물체에 따라 다소의 차이는 있지만 본성적으로 자기 자신이 어떤 '수분(水分)'을 방출하는 동시에 외부로부터 수분을 끌어들인다. 그러나 구리와 철은 흡수하는 양보다 방출하는 양이 더 많은 물질이다. 그 증거로는 이들을 불에 넣으면 무언가가 타서 그들로부터 사라져버린다는 것, 또 식초나 올리브 기름을 바르면 녹이 생기는 것을 들 수 있다. 식초가 구리나 철로부터 수분을 흡수하기 때문에 그와 같은 변용이 생기는 것이다.…… 철은 수분을 빨아들이는 데 비해 더 많은 양을 방출하지만, 자석은 철보다도 내부가 듬성듬성 성기어서 흙의 성질(土性)이 강하기 때문에 방출하는 수분의 양에 비해 근처에 있는 공기로부터 훨씬 많은 양의 수분을 흡수한다. 실제로 자석은 본성상 친근한 수분은 흡수해 자기 속으로 받아들이고, 친근하지 않은 수분은 밀어낸다. 자석은 철과 친근하기 때문에 철로부터 수분을 빨아들이고 자기 내부에 수용한다. 그리고 수분을 흡수하기 때문에, 즉 철의 내부에 포함된 수분을 일거에 빨아들이기 때문에 철을 끌어당기는 것이다. 그러나 철은 자석으로부터 수분을 일거에 받아들일 만큼 내부가 성기지 않기 때문에 철이 자석을 끌어당기는 일은 일어나지 않는다.[8](인용문 내의 ( ) 표시는 저자가 덧붙인 부분.)

자석과 철의 인력이 상호적이지 않다는 것과 '유출물'이 '수분'으로 바뀌었다는 점을 제외하면 엠페도클레스의 설명원리와 크게 다르지 않다. 자석과 철 사이의 힘의 '비상호성'을 제대로 설명하는 데 성공했는지 여부를 제쳐놓으면 자력을 기계론적으로 설명한 하나의 전형이라고 할 수 있다.

한편 레우키포스와 나란히 기원전 400년 무렵 원자론을 제창한 데모크리토스는 트라키아 지역의 한 도시인 압데라 출신인데-전해진 바에 따르면-그때까지 존재가 부정되었던 '공허(空虛, *혹은 진공이라고 할 수도 있다)'의 존재를 인정했다. 그는 또 모든 존재의 기본(素材)이자 폭과 길이(延長)를 가지고 그 속으로 다른 것의 침투를 허락하지 않는(不可透入性), '더 이상 분할할 수 없는 것(원자)'을 고안해냈다. 즉 그는 세계가 '공허'와 공허 속을 움직이는, 속이 꽉 찬 '원자'로 구성되어 있다고 생각했다. 원자 자체는 단일하고 균질한 물질이며 크기와 형상만 각각 다른 입자이다. 따라서 다종다양한 물질에서 볼 수 있는 물질의 상태나 성질의 차이는 그것들을 구성하는 원자의 '형상, 방향, 배열'의 차이에 따른 것이다. "다양한 형상을 한 것들이 각각 다른 결합 상태에 놓이게 되면 다른 양태의 물질이 된다." 데모크리토스는 달콤한 물질은 그 원자가 둥글고 적당한 크기의 물질, 신 물질은 원자의 형상이 크고 성기고 각이 많은 물질이라고 했다. 또 물질의 색은 "그들 (원자)의 '배열형태'와 '모양', '방향'에 의존한다"고 했다.[9] 이런 주장에 대해 아리스토텔레스는 "데모크리토스는 맛을 원자의 형상으로 환원시키고 있다"고 비판했으나,[10] 감성적인 성질을 그 자체로서는 아무런 성질도 갖지 않은 원자의 기하학적인 모양이나 배치, 결합 상태로 설명하려고 한 이 환원주의야말로 근대에 이르기까지 원자론과 기계론의 기본사상이 되었다.

데모크리토스도 『자석에 대하여 Concerning Magnet』라는 저서를 썼다고 알려져 있는데[11] 유감스럽게도 지금은 소실되어서 내용은 후대인들이 언급한 것에 기댈 수밖에 없다.

심플리키우스(Simplicius)에 따르면 데모크리토스는 "본디 서로 닮은 것은 서로 닮은 것에 의해 움직이고, 같은 종류(類緣)의 것들은 서로를 향해 운동한다"고 말했다고 한다.[12] "서로 닮은 것은 닮은 것과 같이 된다"는 발상은 "신은 같은 날개를 가진 새들을 한 곳으로 모은다"[13]는 호메로스(Homeros)의 『오디세이아Odysseia』의 한 구절처럼, 같은 종류의 동물은 무리를 이룬다는 경험 세계의 인식이 투영된 것이라고 할 수 있다. 이것은 물활론적 입장이나 생물태적(生物態的) 자연관과도 비슷해 보인다. 그러나 데모크리토스의 다른 점은 이것을 신의 뜻이 아니라 기계론적으로 설명해야 할 현상으로 파악했다는 데 있다. 바로 이 점이 신화와 과학이 갈리는 분수령이다. 2세기의 섹스토스(Sextos Empiricus)는 데모크리토스가 말했다며 다음과 같이 적고 있다.

> 동물도 종류가 같은 동물끼리 무리를 이룬다. 비둘기는 비둘기와, 두루미는 두루미와 함께라는 식으로.……그러나 생명을 가지지 않은 것들도 마찬가지이다. 체로 걸러진 종자나 모래사장의 작은 돌에서 볼 수 있는 것처럼 사물들도 유사성이 사물을 모으는 힘을 가지고 있는 것이다. 체를 돌리는데 따라 콩은 콩끼리, 보리는 보리끼리, 밀은 밀끼리 나누어지고, 파도의 움직임에 따라 얇고 긴 돌은 얇고 긴 돌끼리, 둥근 돌은 둥근 돌끼리 모인다.[14]

결국 데모크리토스는 '유사한 물질끼리 모인다'는 것을 체나 파도의 기계적인 작용—형상과 운동의 무기적인 작용—의 결과로서 이해했던 것이다. 원자론의 시조인 레우키포스도 수많은 원자들이 만드는 소용돌이 속에서 유사한 원자들끼리 모이게 된다고 말했다.[15]

'유사한 것끼리 서로 끌어당긴다'라는 테제와 관련해 뒤에 플라톤은 『티마이오스Timaios』[16]에서 "비슷한 종류의 것들은 모두 서로를 당긴다"(81A)고 쓰기도 했다. 이 테제는 '유사한 물질들 사이의 공감'이라는, 어찌 보면 의인적이고 생물태적인 의미 혹은 마술적이기조차 한 의미를 띠면서, 더 이상 소급 불가능한 자연의 작용으로 받아들여졌고, 원자론이 쇠퇴했던 중세 유럽에까지 연면히 이어져 거의 2천 년간 지속적으로 영향을 미쳤다.

예를 들어 160년 무렵 갈레노스는 자력을 '성질의 친근성(affinity of quality)'에 따른 결과라고 보았다.[17] 또 1157년에 태어난 영국인 알렉산더 네캄(Alexander Neckam)은 12세기 말에 쓴 『사물의 본성에 대하여De Naturis Rerum』에서 "자석은 유사한 부분끼리는 끌어당기고 닮지 않은 부분에서는 반발한다"고 했다.[18] 인력뿐 아니라 척력도 드러내는 자석의 기묘한 성질을 해석하기 위해서였으나 유사한 것은 끌어당긴다는 도그마에 사로잡힌 나머지 네캄은 자석이 북극과 남극을 통해 서로 끌어당긴다는 사실을 포착하는 데 실패했다. 13세기 중반 로저 베이컨도 "자석은 철이 자석의 본성과 유사하기 때문에 끌어당긴다"고 했다.[19]

이 영향은 근대 초까지 계속되었다. 1537년 독일의 의사 파라켈수스는 "같은 것은 같은 것끼리 함께 있고 같지 않은 것들과는 어울리지 않는다"고 썼고, 1540년 베니스에서 출판된 이탈리아 출신의 기술자 비링구초(Vannoccio Biringuccio)의 『신호탄에 관하여De la Pirotechnia』에는 "자연은 항상 유사한 것을 열망한다. 그래서 자석은 철을 열망한다"[20]라는 문장이 나온다. 1540년이면 코페르니쿠스의 『천구의 회전에 대하여De revolutionibus orbium coelestium』가 세상에 나오기 겨우 3년 전이다. 이 시기는 또 자력에서 중력으로 논쟁이 번져가던 때이기도 하다. 코페르니쿠스의 지동설을 타원궤도로 완성시키고 천체들 사이의 중력을 처음 주장했던 케플러조차 1609년 『신천문학Astronomia nova』에서 이렇게 이야기하고 있다.

중력이란 유사한 물체들이 서로 하나가 되거나 결합하고자 하는 상호적이며 물질

적인 경향이다. 자기의 작용도 이와 마찬가지다.[21]

이야기가 다소 앞서 나간 것 같다. 다시 처음으로 돌아가보면 알렉산드로스는 "데모크리토스도 비슷한 것은 비슷한 것을 향해 움직인다고 주장했다"고 하면서 데모크리토스의 자력 이론을 이렇게 소개한다.

그는 자석과 철이 유사한 아톰(원자)으로 이루어져 있지만 자석을 구성하는 아톰 쪽이 철보다 더 미세하고, 또 자석의 내부가 철보다 희박해서 공허(void)를 더 많이 가졌다고 가정했다. 그래서 자석의 아톰은 운동이 한층 쉬워 철 쪽으로 빠르게 움직인다고 보았다(이동은 비슷한 것을 향해 일어나기 때문이다). 철의 통공으로 들어간 자석 아톰은 미세하기 때문에 철 내부의 물질들 사이를 넓게 퍼져나가면서 그들을 움직인다. 자석 아톰이 움직인 철 내부의 물질은 철 바깥으로 나와 유출물을 형성하면서 자석 쪽으로 이동한다. 자석은 철과 유사하고 자석이 보다 많은 공허를 가지고 있기 때문이다. 이때 철은 유출물에 붙어 자석 쪽으로 움직이게 된다. 왜냐하면 자석 아톰이 움직인 철 내부의 물질들은 한곳에 모인 뒤 단번에 분리되어 자석 쪽으로 이동하기 때문이다. 반면 자석이 철의 방향으로 움직이지 않는 까닭은 철 내부에는 자석에 필적할 만큼의 공허가 존재하지 않기 때문이다.[22]

여기서도 자석은 움직이지 않고 철이 일방적으로 자석에 이끌리는 것으로 보고 있다.

엠페도클레스와 디오게네스, 데모크리토스의 논의는 4원소설과 원자론이라는 차이가 있지만 자력의 메커니즘을 설명하는 큰 줄기는 흡사하다. 이 세 사람의 주장은 자력을 '설명'하려는 최초의 시도였으며 오늘의 우리 눈에는 아주 유치하게 보여도 시도 자체만으로 의미가 있다. 그들은 자력을 영적(靈的)이거나 생명적인 힘 또는 신의 뜻이나 마력으로 받아들이기를 거부하고, 무기적인 자연은 일반적인 원리에 기초해 이해되고 해명되어야 한다는 입장을 명확히 했다는 점에서 획기적이었다. 이것은 '시원 물질'이라는 이오니아 철학자들이 낳은 자연사상이 도달한 정점이었다. 그러나 소크라테스의 등장과 함께 그리스 철학은 자연에서 인간의 윤리로 관심을 옮겨가고 자연철학은 쇠퇴하게 된다.

플라톤과 『티마이오스』

중세, 르네상스, 근대를 통해 유럽에서 가장 영향력이 컸던 사상가를 꼽으라면 역시 플라톤(기원전 427-347)일 것이다. 그의 저술은 -자신이 아테네에 창설한 학원인 아카데미아가 900년간 존속했기 때문에 -지금까지도 많이 남아 있지만, 그 방대한 저술 중 자석을 다룬 것은 겨우 두 곳뿐이다. 그런 걸 보면 그가 자석에 특별히 깊은 관심을 가진 것 같지는 않다.

플라톤의 초기 대화편인 『이온Ion』에는 호메로스 이야기가 특기인 음유시인 이온과 소크라테스의 대화가 담겨 있다.

이온이 호메로스에 대해서라면 막힘이 없이 유창하게 할 수 있지만, 다른 시인들에 대해서는 왜 그렇게 되지 않을까 하고 묻자 소크라테스가 그것은 '신적인 힘(inspiration)'에 의한 것, 즉 "모든 뛰어난 시인들은 기술에 의해서가 아니라 신기(神氣)를 받아들여 일시적으로 신에 도달해 아름다운 시를 짓기 때문이다"라고 답하면서 그 의미를 다음과 같이 설명한다.

신적인 힘이 당신을 움직이는 것이다. 그것은 유리피데스가 마그네시아의 돌이라고 부르고 다른 많은 이들이 헤라클레이어의 돌이라고 이름 붙인, 그 돌(자석)에 있는 힘과 같다.■ 그 돌은 철로 된 반지를 끌어당길 뿐 아니라, 그 반지 속에 힘도 불어넣는다. 그 결과 이번에는 반지가 그 돌이 했던 것과 같은 작용, 즉 다른 반지를 당기는 역할을 하게 된다. 이렇게 해서 철 조각이나 반지가 서로 매달려 아주 긴 고리가 만들어진다. 이들 철 조각과 반지들이 매달리는 힘은 예의 그 돌에서 나온다. 마찬가지로 뮤즈의 여신도 먼저 사람들에게 신의 기운을 불어넣고, 그 신기를 받은 사람을 매개로 다른 사람들도 그 기운을 받는다. 이렇게 해서 영감을 받은 사람들의 연쇄가 이루어지는 것이다.[23]

여기서 우리는 자석이 직접 철을 끌어당길 뿐 아니라 철을 자석으로 만드는 능력도 가지고 있다는 것을 이 시대 사람들이 익히 알고 있었다는 사실을 간파하게 된다. 철로 된 고리들이 자석 밑에 쇠사슬처럼 매달리는 현상은 불가사의하게 비쳤을 것이다. 이 현상은 철광산이 있던 프리규어의 사모트라키(Samothraki, *그리스 에브로스 주에 있는 섬)에서 처음 발견됐다고 전해지는데 이 때문에 '사모트라키의 고리(Samothracian ring)' '사모트라키의 철(Samothracian iron)'로 불리면서 고대에서 중세에 걸려 여러 문서에 자주 등장했다.

그러나 여기서 플라톤이 자화작용(자기유도, 磁氣誘導)을 설명하는

■ '마그네시아의 돌'의 어원에 대해서는 뒤에 기술한다. '헤라클레이어의 돌'은 고대에 천연자석(자철광)을 가리키기 위해 사용되던 말로, 그것이 리디아(Lydia)에 있는 지명 '헤라클레이어(Heraklea)'에서 유래한 것인지, 괴력으로 유명한 그리스 신화의 영웅 '헤라클레스(Heracles)'에서 기인한 것인지는 확실하지 않다.

것은 아니다. 뛰어난 시인의 작품이 지닌 초자연적인 감화력 - '여신 뮤즈의 영감' - 을 설명하기 위해 깊고 미묘하며 불가사의한 자석의 능력을 끌어들이고 있을 뿐이다. '영감에 의한 빙의(憑依, 신내림)'를 '자석에 의한 철의 자화'에 비유하고 있는 것이다. 그렇기 때문에 여기서는 자석의 능력이 자연학적인 의미에서 설명되고 있지는 않다.

플라톤이 자력에 대해 언급하고 있는 또 다른 하나는 사상의 원숙기에 속하는 저서로, 피타고라스의 영향이 강하게 보이는 『티마이오스』이다. 이 책은 중세를 거치면서 라틴 유럽에 전해진 몇 안 되는 플라톤의 저서 중 하나 - 일찍이 라틴어로 번역된 유일한 대화편 - 로 서유럽 철학과 신학 사상에 지속적인 영향을 미쳤다. 좀더 상세히 살펴보자.

『티마이오스』에는 태초에 '우주의 창조주(데미우르고스, demiourgos)' 즉 '신'이 "만물을 신 자신과 아주 닮은 것이 되도록 열망했다"고 하는 반쯤은 신화적인, 우주 창조와 관련된 창세설(創世說)이 담겨 있다. "신은 이 우주가, 이성에 의해 파악되는 것 중에서도 가장 훌륭하며 모든 점에서 완전무결한 것과 닮기를 원했다."(30D) 플라톤에게 그것은 이성에 의해 파악되는 것 중 최고인 기하학에 따라 신이 물질의 근원(원소)을 만들었다는 것을 의미했다. 불, 공기, 물, 흙이라는 근원 입자는 신에 의해 '가능한 한 가장 훌륭하고 선한 것'으로 만들어졌으며, 따라서 가장 단순하며 가장 기본적인 기하학적 형상을 가져야만 했다. 이처럼 주장하면서 플라톤은 이들 근원 입자의 각각에 정다면체를 배당하였다(*가장 작은 불의 입자는 정사면체, 공기 입자는 정팔면체, 물 입자는 정이십면체, 흙 입자는 정육면체라는 식이다).

자세히 말하면 다음과 같다. 세 점을 정하면 평면이 결정되고, 그 평면으로 둘러싸인 공간에 의해 물체가 결정된다. 이 때문에 물체의 기본 요소는 삼각형이다. 삼각형 중에서도 기본이 되는 것은 정삼각형을 이등분한 것과 정사각형을 이등분한 것, 두 종류의 직각 삼각형이다. 그런데 정십이면체의 각 면을 이루는 정오각형은 이 두 종류의 직각삼각형으로는 만들 수 없기 때문에 정십이면체는 우선 제외되어야 한다. 두 종류의 기본 삼각형 중 후자의 직각이등변 삼각형에서는 정사각형이 만들어지고 그로부터 흙의 입자는 정육면체로 구성된다. 또 정삼각형의 반인 직각삼각형에서는 정삼각형이 만들어지고 그것을 가지고 정사면체, 정팔면체, 정이십면체가 구성되는데, 이들은 각각 불의 입자, 공기의 입자, 물의 입자에 할당된다. 이처럼 불과 공기와 물의 원소는 모든 면이 정삼각형으로 이루어져 있어 다른 입자들 사이로 들어가거나 변화하기도 쉽다. 그에 비해 정육면체인 흙의 입자는 각 면이 정사각형이어서 다른 원소로의 변성이 어렵다. 그 결과 흙은 가장 불활성적이고 움직이기가 어렵다.

현대인이 이런 글을 읽으면 현실과 동떨어진 픽션이라는 인상을 받게 된다. 플라톤 자신도 - 현대인과는 좀 다른 입장에서 - 『티마이오스』의 논의를 '있을법한 주장(probability)'일 뿐이라고 강조하면서 그것이 확증된 진리는 아니라는 것을 인정했다. 그에게 '진정한 의미에서 앎이 가능한 것' 따라서 학문적 고찰의 대상이 될 수 있는 것은 개개 사물과는 동떨어진, 영원히 변함없이 존속하는 '진실로 존재하는 것(眞實在)'로서의 '이데아'였다. 이데아의 세계야말로 이성의 움직임으로 파악되는 세계이며, 그 세계에서만 참으로 확실한 인식이 가능하다. 그에 반해 인간의 감각이 파악하는, 변화무쌍한 현상 세계는 이데아 세계의 그림자 또는 그 비슷한 형상일 뿐이다. 따라서 현상 세계에서는 엄밀하고 정확한 주장은 불가능하며, 기껏해야 '있을법한 주장', 그럴듯한 억측밖에 말할 수 없다. 실제로 『티마이오스』에서 플라톤은 "사람이 영원한 존재에 대한 문제는 제쳐두고 생성에 관한 '있을법한

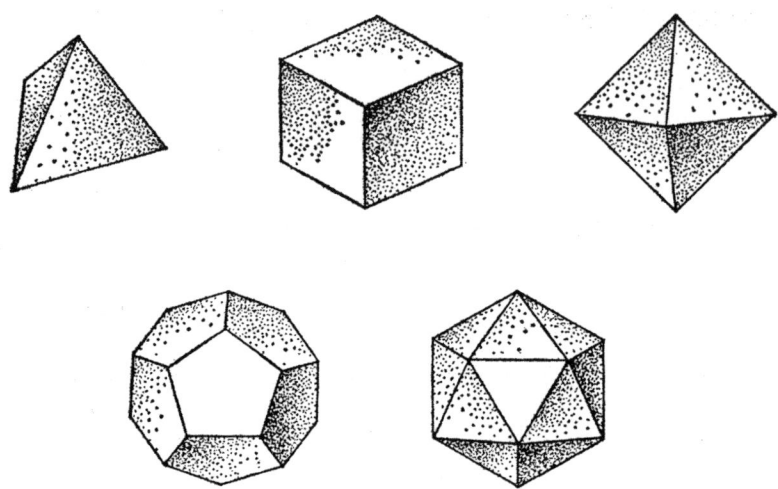

〈그림 1.1〉 플라톤의 다섯 개의 정다면체 (정사면체, 정육면체, 정팔면체, 정십이면체, 정이십면체).

이야기'를 숙고함으로써 적당한 쾌락을 얻으려고만 들면 생활 속에서 절도 있는 지적인 유희가 가능하다"(59c)라면서 본심을 밝히고 있다. 정확히 말해 『티마이오스』의 논의는 플라톤 사상의 본령인 이데아론에서 벗어나 있다.

하지만 근원 입자에 대한 플라톤의 정다면체 이론은, 소립자의 세계가 3차원 특수 유니터리 변환(Special unitary transformation)에 대해 대칭성을 가지고 소립자를 SU(3)군(群)의 약수로 표현하는 현대 물리학 이론과 근본 사상에서는 멀리 떨어져 있지 않다. 물론 실험적 근거가 없고 수학적인 정교함이 떨어진다는 점에서 플라톤 이론을 현대 소립자론과 단순 비교할 수는 없다. 하지만 물질세계를 궁극적으로 구성하는 기본 요소가 감각적으로 포착할 수는 없지만 수학적으로는 단순한 구조를 가지며 또 수학적으로 엄밀하게 이해할 수 있어야 한다는 사상을 최초로 제기했다는 점에서 결정적인 한 걸음을 내디딘 것이었다.

그런 점에서 플라톤의 공상은 오늘날의 물질 이론이 가진 모습을 20여 세기나 앞서 예고했다고 할 수 있지 않을까.

플라톤과 플루타르코스의 자력에 관한 '설명'

플라톤은 이렇게 만들어진 세계가 '존재하는 것'과 '공간' 그리고 '생성'으로 돼 있다고 했다. '공간'은 '그 속에 뭔가가 있는 곳으로서의 장소'를 뜻하지만 '공허'와는 다른 개념이었다. 플라톤은 '공허'를 적극적으로 인정하는 데모크리토스 등의 원자론자와는 입장이 조금 달랐다. 또 4원소들을 서로 교체할 수 있다고 보았다는 점에서 엠페도클레스의 4원소론과도 달랐다. 그러나 그는 엠페도클레스와 데모크리토스 양쪽에서 많은 것을 빌려왔다. 플라톤은 4원소의 근원 입자가 기하학적 존재이며, 그 성질도 오직 기하학적 형상에 따른다고 봄으로써 『티마이오스』에서 4원소 이론을 원자론의 기본 사상과 실질적으로 통합했다. 예를 들어 '불이 뜨겁다'는 근거로 불의 입자인 정사면체의 "각 면들이 얇고, 각이 예민하고 입자가 조밀하며 운동이 빠르기 때문"이라고 설명한다. "이런 성질들 때문에 불은 격렬하고 절단력이 강한 것이 되어, 만나는 물체들을 언제나 날카롭게 자르는 등……우리가 열이라고 부르는 것이 만들어내는 효과들을 자연스럽게 생성한다"는 것이다.(61E) 사물의 성질을 구성 입자의 형상과 운동으로 돌리는 이 논지는 바로 원자론에서 물질의 성질을 설명하는 논의와 다르지 않다.

『티마이오스』에서의 자력에 대한 논의도 아주 기계론적이다. 여기서 자력은 '호흡'에 관한 논의와 연관돼 다뤄진다. 호흡 작용을 물을 빨아들이는 기구인 흡수기의 작용과 비교해 처음으로 유체 역학적인 설명을 시도했던 인물은 엠페도클레스로 여겨지지만,[24] 『티마이오스』에서도 호흡을 무기적인 유체의 역학적 운동으로 파악한다. 플라톤은 공허를 부정하고 물질의 불가투입성(不可透入性)을 기초로 삼아 다음과 같이 주장한다.

운동하는 어떤 것이 깊숙이 파고 들어갈 수 있는 공허란 전혀 존재하지 않는다. 그리고 '호흡'은 우리의 내부로부터 밖으로 운동하는 것인데 그것이 어떻게 운동하는지는 명확하다. 숨은 텅 빈 공간, 즉 공허를 향해 밖으로 나가는 것이 아니라, 인접한 것을 밀어내고 그 자리로 들어가는 것이다. 밀린 것은 다시 그것과 인접한 것을 내몰고 그런 식으로 전체가 한 바퀴 돌면서 처음 숨이 빠져나갔던 자리로 돌아와 그 자리를 메우면서 앞의 숨을 바로 잇게 된다. 이 과정은 마치 자동차 바퀴가 회전하는 경우처럼 전부 동시에 일어난다. 왜냐하면 공허라는 것은 결코 존재할 수 없기 때문이다.(79B)

어떤 물체가 밀리면 그것은 다시 다른 물체를 밀게 되지만, 공허가 존재할 수 없기 때문에 처음 물체가 있던 자리를 반드시 뭔가가 채워놓지 않으면 안 된다. 자연에는 이 같은 빠른 순환적 운동만이 가능할 뿐이라는 것이다. 단지 우리 눈에는 원래의 위치로 어떤 물체가 끌어당겨지는 것처럼 보일 뿐이라는 것이다. 그래서 플라톤은 "호박이나 자석이 물체를 끌어당기는 이상한 현상이 있지만 이들 중 어떤 것에도 인력은 존재하지 않는다"(80C)면서, 자력은 인력에 의한 것이 아니라 직접 접하고 있는 물체를 밀어낸 결과라고 해석했다.

이 구절은 호박이 나타내는 정전인력-호박현상■-에 관해 서양에

남겨져 있는 글들 가운데 최초로 언급된 것이다.[25]

물론 이 구절은 자력이나 호박현상(정전인력)을 주제로 놓고 논한 것이 아니라 호흡을 설명하기 위해 자석을 끌어들이고 있으며 더구나 너무 애매하고 불명료하다. 자력과 호박현상을 같은 선상에 놓고 취급하는 것은 그렇다하더라도 그것들을 호흡과 원리적으로 동일한 메커니즘으로 설명할 수 있다고 본 것부터가 결코 뛰어난 주장은 아니었다. 그 때문인지 『티마이오스』가 중세를 거치면서 유럽에 소개됐음에도, 이 기계론적인 자력 설명은 16세기 카르다노(Gerolamo Cardano, 1501-1571)가 출현할 때까지 거의 주목을 끌지 못했다.

유일한 예외는 1세기 무렵 (*『영웅전』으로 유명한) 카이로네이아의 플루타르코스(Plutarchos of Kaironeia, 46-125)가 쓴 『모랄리아*Moralia*』이다. 여기에는 플라톤의 자력론이 상세히 설명돼 있다. '운동의 순환압압작용(循環押壓作用, cyclical propulsion)'이란 이름으로 전개하는 이 해설은 단순한 주해에 머물지 않고 독자적인 견해를 밝히고 있다. 이야기가 450년 정도 앞서가는 셈이지만 일단 여기서 먼저 들어보기로 하자.

플루타르코스는 "호박은 곁에 있는 물체를 어느 것 하나 끌어당기지 않는다. 자석도 주변의 물질을 끌어당기는 게 아니다. 또 주변의 물질들도 자기들 스스로 호박이나 자석 쪽으로 날아가 달라붙지는 않는다"면서 '인력'의 존재를 부정하며 호박과 자석의 작용 원인을 다음과 같이 설명한다.

■ 과학사에서는 통상 '호박효과(amber effect)'라 부르고 있으나, 실제로는 호박이 그 자체로 나타내는 효과가 아니라 마찰이 되었을 때 생기는 부수적인 현상이기 때문에 '호박현상(amber phenomenon)'이라는 표현이 적절한 것 같다.

자력은 무거우면서 기체 상태인 유출물을 내뿜는다. 이 유출물이 바로 앞에 있는 공기를 누르면 그 공기는 다시 자기 앞에 있는 공기를 누르게 된다. 이런 식으로 압박을 받게 되는 공기는 (차례로 자기 바로 앞에 있는 공기를 계속 누르면서) 한 바퀴 돌아 원래의 빈 자리를 채우게 되는데, 이 과정에서 공기는 있는 힘을 다해 철을 자석 쪽으로 끌고 가게 된다.

호박도 불꽃이나 바람 같은 물질을 함유하고 있다가 호박의 표면이 마찰되면, 미세한 구멍이 열리면서 이 물질들을 배출하게 된다. 그러면 밖으로 나와 자석의 유출물과 비슷하게 작동한다. 하지만 호박의 유출물은 미세하고 힘이 약하기 때문에 주변에 있는 물질들 중 가장 가볍고 건조한 것만을 끌고 간다. 호박의 유출물은 힘이 강하지도 않고 무게도 없다. 그래서 자석처럼 자신보다 큰 물질을 제어할 수 있을 정도로 대량의 공기를 밀어낼 만한 추진력을 갖지 못하는 것이다.[26]

플라톤은 몸속에서 방출된 '숨'이 공기를 순환시켜 호흡을 일으키는 것처럼 자력이나 호박의 힘도 그런 식으로 생긴다고 믿었다. 하지만 자석이나 호박의 경우 동물의 '숨'에 해당하는 것이 무엇인지, 자성체나 호박에서 방출되는 것이 무엇인지를 명확히 하지 않았기 때문에 실제로는 거의 이해하기가 불가능했다. 그 점을 플루타르코스는 독자적인 판단으로 보충하고 명확히 한 것이다. 즉 자석과 호박은 서로 다른 기체 상태의 물질-전자는 무게가 있는 유출물, 후자는 무게가 없는 유출물-을 뿜고 그 물질들이 공기를 누름으로써 공기가 순환하고 그 '순환압압작용'으로 철이나 기타 물질이 자석이나 호박 쪽으로 끌려오게 된다는 것이다. '자석에서 방출되는 유출물'이라는 표상은 엠페도클레스나 디오게네스로부터 빌려온 것이다. 하지만 플루타르코스는 자석의 힘과 호박의 힘은 다르며 다른 유출물로 설명해야 한다는 인식을 처음으로 분명히 했다. 훗날 근대에 등장하게 되는 '자기발산기(磁氣發散氣)' '전기발산기(電氣發散氣)'라는 두 표상의 맹아를 처음으로 제창한 셈이다. 여기서 '자기발산기'는 무게가 있고 '전기발산기'는 무게가 없다는 구별은, 자력은 강하고 무거운 철을 끌어당기고 호박은 가벼운 것밖에 끌어당기지 못한다는 일상의 경험에서 비롯됐을 것이다.

플루타르코스는 호박과 달리 자석은 철만 끌어당긴다는 점에도 주목했다. 앞의 인용문에 이어 다음과 같이 썼다.

그런데 왜 공기가 돌에도 나무에도 작용하지 않고 철만을 밀어 자석에 접근시키는 것일까. 이 점은 자석이 물체를 당긴다고 보는 이들에게도, 철이 자석 쪽으로 끌려간다고 믿는 이들에게도 공통된 의문이다. 플라톤은 이렇게 해설한다. 즉 철은 그 구조가 나무 조각처럼 성기지도 않지만 금이나 돌처럼 조밀하지도 않다. 그래서 내부에 작은 구멍과 통로를 가지고 있으며 구조도 균일하지 않아 공기와 잘 융합할 수 있다. 때문에 공기가 (*순환하면서) 자석 쪽으로 나아갈 때 철과 만나면 공기는 철을 통과하는 것이 아니라 철 내부의 어떤 곳과 만나게 되고 반발력을 얻어 철을 앞으로 밀게 된다.

플루타르코스가 호박현상의 원인을 마찰 그 자체에서 찾고 마찰과 함께 수반되는 열은 언급하지 않았다는 점에도 유의해야 한다. 왜냐하면 이후의 논자들은 정전인력의 원인을 마찰이 아니라 마찰할 때 생기는 열 때문으로 보았기 때문이다. 이 혼란이 해소되고, 정전인력의 원인이 마찰 자체에 있다는 점을 처음 확인한 것은 1600년 길버트였다.

어쨌든 『티마이오스』와 『모랄리아』에서 제기한 기계론적이고, 근접작용론적인 전자력의 설명 방식은 16세기까지 거의 주목받지 못했다. 중세에는 『티마이오스』를 오직 기독교적인 관점에서만 받아들였던 것 같다. 이후의 자력 이해에 『티마이오스』가 미친 영향을 꼽는다면 "같은 종류의 물질들은 서로 끌어 당긴다"는 데모크리토스가 말한 테제가 알렉산드로스의 비판에도 불구하고 플라톤의 테제로서 고대, 중세를 통해 이어졌다는 점이다.

아리스토텔레스의 자연학

플라톤과 나란히 그리스 철학과 과학을 대표하고, 유럽의 사상과 과학에 심대한 영향을 준 인물은 아리스토텔레스(기원전 384-332)이다. 아버지가 아케도니아 왕의 궁중의사였던 아리스토텔레스는 플라톤이 운영한 아카데미아에서 20년간 공부한 후, 자기가 직접 학원 리케이온(Lykeion)을 열어 하나의 학파를 형성하고 독자적으로 장대한 철학 체계를 구축했다. 그의 철학과 논리학과 자연학은 특히 중세 후기-13세기 이후-의 유럽에 지대한 영향을 미치게 된다.

플라톤이 자력에 대해 언급한 것은 앞에서 본 두 곳뿐으로 자력에 특별히 주목한 것 같지 않다. 이 점에 있어서는 아리스토텔레스도 마찬가지여서 지나칠 만큼 무관심으로 일관했다. 끝없는 호기심과 지식을 자랑하면서 자연계의 온갖 사물과 사상을 자신의 철학 체계 내에서 설명하려 했던 것을 생각하면 아리스토텔레스의 자석에 대한 무관심은 오히려 의도적인 것으로까지 비친다.

그 방대한 저작들 중에서 아리스토텔레스가 자석을 다룬 곳은 "자석은 영혼을 가지고 있다"라고 한 탈레스를 언급한 부분과 자석을 "움직임(운동)을 일으키는 최초의 것(the first mover)"의 한 예로서 거론하는

『자연학 Physics』의 문장뿐이다.[27] 이것도 자력을 설명한다기보다는 자석이 다른 것의 작용을 받지 않고서도 철을 끌어당기고, 그 끌어당겨진 철이 다시 다른 철을 당긴다는, 자석의 작용에 관해 이미 알려져 있는 사실을 그대로 받아들이고 있을 뿐이다. 자력에 관한 아리스토텔레스의 견해를 알기 위해서는 그가 말하는 '움직임을 일으키는 최초의 것'이 무엇인지를 먼저 알아야 한다. 이를 위해 최소한의 범위 내에서 아리스토텔레스의 자연관을 잠시 살펴보고 지나가도록 하자.

'이데아'만이 '참된 실재'라고 보는 플라톤과 달리 아리스토텔레스에게는 감각으로 파악되는 물질세계가 기본적인 실재이며 앎(知)의 대상이었다. 따라서 아리스토텔레스도 4원소 이론을 계승하지만 플라톤과는 전혀 다른 이론적 짜임새를 가졌다. 플라톤은 원소의 기하학적 형상을 통해 원소의 성질을 '설명'했지만, 아리스토텔레스는 거꾸로 (*물질의) 성질이 기본이고 원소는 그 성질을 물화(物化)한 것에 불과하다고 주장했다. 지각할 수 있는 물체는 만져서 알 수 있다고 하면서 감각을 통해 파악할 수 있는 모든 물질은 강함과 약함, 거침과 매끄러움, 끈적거림이나 무름 등의 대립되는 성질로 나타난다고 했다. 그는 이어 이 같은 모든 대립되는 성질들을 따뜻함과 차가움, 건조함과 습함의 두 대립항으로 환원시킨 뒤 여기서 나오는 네 개의 조합, 다시 말해 '온과 건' '온과 습' '냉과 습' '냉과 건'의 각각을 담아내는 기본원소로 '불, 공기, 물, 흙'의 4원소를 상정했다.[28] 아리스토텔레스의 4원소는 엠페도클레스를 계승했지만 엠페도클레스의 '뿌리'와 비교하면 훨씬 현실세계와 감성적 사물의 세계에 가깝다.

아리스토텔레스의 4원소 이론은 특히 두 가지 점에서 이전까지의 것들과 결정적으로 달랐다.

첫째 아리스토텔레스는 원소 자체의 '질적 변화'를 인정했다. 엠페도클레스는 원소는 불변한다고 여겼지만 아리스토텔레스는 기본적인 질이 대립하는 질로 전화(轉化)함으로써 원소 자체가 변할 수 있다고 보았다. 예를 들어 얼음이 녹는 것은 '냉과 건'에서 '냉과 습'으로의 전환이고, 물의 기화(*증발)는 '냉과 습'에서 '온과 습'으로의 전환으로 해석했다. 이를 일반화하면 "무릇 생성하는 모든 것은 그 반대의 것으로부터, 또는 그들(대립하는 것들)의 중간에 있는 것들로부터 생성하며, 소멸하는 것들은 모두 그 반대의 것으로 혹은 그들 중간의 것으로 소멸해간다. 그리고 이 중간의 것은 반대의 것들로부터 만들어진다."[29] 자연의 활성화는 흙이 물이 되고 물이 공기가 되고 공기가 불로 변하는 것처럼, 하나의 원소가 그것과 질적으로 인접한 다른 원소로 변화함으로써 이루어진다. 때문에 4원소로부터 만들어지는 지상의 물체는 생성과 소멸을 피할 수가 없다.[30]

둘째로는 아리스토텔레스의 4원소가 공간적인 위계질서에 밀접하게 내응하고 있다는 점이다. 즉 '공기'와 '불'은 '가벼운 것'이기 때문에 우주의 중심에서 멀리 떨어진 달의 오목 면이 본래의 고유한 장소이며, '흙'과 '물'은 '무거운 것'이기 때문에 우주의 중심이 본래의 고유한 장소이다. 여기서 '우주의 중심'이란 지구의 중심과 일치한다. 왜냐하면 아리스토텔레스의 우주관은 천동설이어서 지구는 태양계의 중심일 뿐 아니라, 우주 전체의 중심이기 때문이다. 그래서 흙이나 물을 높은 곳에서 떨어트리면 직선적으로 지상으로 낙하하는데, 그것은 물체가 본래의 고유한 장소로 돌아가려는 자발적 운동의 결과이지 지구가 흙이나 물을 당기기 때문이 아니다. 무게를 가진 물체는 (*만유인력에서 말하는) 하나의 물체로서의 지구에 끌리는 것이 아니라 절대적인 위치로서의 우주 중심을 향한다는 말이다. 그런 의미에서 현대의 우리가 이해하는 '지구의 중력'이란 존재하지 않았다. 마찬가지로 바람이 없는 상태에서는 불꽃이나 연기가 곧바로 상승하는데 그것도 본래의 고유한 장소를 향한 자발적 운동이다. 물체의 본성에 따른 이와 같은 자발적 운동을 '자연운동'이라고 불렀다. 이에 반해 돌을 위쪽이나 옆으로 던지거나 바람이 불어 불꽃이 흔들리거나 연기가 휘날리는 것은 자연을 거부하는 '강제운동'이라고 불렀다. 이것이 지상에서 일어나는 운동-위치 변화라는 좁은 의미의 운동-에 대한 아리스토텔레스의 설명이다. 그는 '자연운동'이든 '강제운동'이든 시간이 지나면 반드시 멈추게 돼 있다고 보았다. 지상에 있는 물체의 운동에는 영원이라는 것이 있을 수 없다는 것이다.

하지만 천상의 세계에서는 변화를 발견할 수가 없다. 『천체론 On the Heavens』에는 "과거부터 전해져온 기록에 따르면 지극히 높은 곳에 있는 하늘은 전체를 보아도, 부분을 보아도 어떤 변화의 흔적도 보이지 않는다"고 기록돼 있다. 항성(恒星)의 위치는 예부터 변하지 않으며 모든 천체는 영원히 원주운동을 계속하고 있다는 것이다. 그래서 아리스토텔레스는 하늘의 물체는 4원소와는 본질적으로 다른 '제5원소'에서 온다고 생각하고 그것을 '에테르'라고 불렀다. 에테르는 "자신의 본성에 따라 자연스럽게 원운동을 하도록 결정돼 있는 단순한 물체"로서, "무게가 없고 가볍지도 무겁지도 않으며……새로 만들어지지도 않고 소멸하지도 않으며, 더 증가하지도 않고 변하지도 않는다." 제5원소인 에테르는 완전한 원소이며 따라서 에테르로부터 만들어지는 천체는 자연운동처럼 끝이 있는 것이 아니라 영원히 원운동을 계속하고 "우리가 아는 지상의 어떤 물체보다 신(神)적인 동시에 선험적인 것이다." 요컨대 아리스토텔레스의 세계는, 직접적인 경험을 즉자적으로 논리화한 것이라고 말할 수 있다. 하여튼 이상의 논의는 지구의 부동성(不動性)과 천동설에 대한 자연학적인 토대가 되었다.[31]

아리스토텔레스에 따르면 "움직이는 물체는 모두 무엇인가에 의해 움직여진다."[32] 단 이때 '다른 것에 의해 움직여지는 것(무생물)'과 '그 자신에 의해 움직여지는 것(생물)'을 구별했다.

무생물의 운동은 다시 둘로 분류된다. 즉 "움직여지는 것들은 모두 자연적으로 움직여지거나 자연에 반해 강제적으로 움직여지거나 둘 중 하나이다." 이때 후자의 강제운동은 물론이고 전자의 자연운동도 "자기 자신이 아닌 다른 뭔가에 의존해서 움직인다."[33] 왜냐하면 "불이나 흙이 자연에 반해 움직일 경우는 뭔가가 강제적으로 움직이는 것이며, 불이나 흙이 자신들이 가능적으로(*potentially, 잠재적으로) 가진 것을 현실화하는 방향으로 움직일 경우에는 자연적인 것이다."[34]

'강제운동'이 '무엇인가'에 의해 움직여진다는 것은 이해하기 쉽다. 그 '무엇인가' 즉 '강제운동'의 원인을 아리스토텔레스는 '동력인(動力因)'이라고 불렀다. 투석기로 돌을 던질 때는 투석기가 동력인이 된다. 그리고 투석기도 다른 물체나 공기에 의해 움직여진 결과로 작용하는 것처럼, '동력인' 그 자체도 다른 것에 의해 움직여지기 때문에 다른 것이 이 동력인에 대한 '동력인'이 될 수 있다.

한편 '가능적(잠재적)으로 가진 것을 현실화하는 방향으로 움직이는 것'을 '자연운동'이라고 하는 것은 쉽게 이해할 수 없는 표현이다. 구체적인 예를 들어보자. 물은 뜨거워지면 증기가 되어 상승한다. 이를 풀어보면, '가능적으로' 증기였던 물이 열의 작용으로 기화함으로써 '현실적으로' 증기가 되어 증기의 '자연운동'인 상승을 하게 됐다는 말이 된다. 다른 것(*여기서는 열)에 의해 '자연운동이 현실화되었다'고 할 수 있는 것이다. 또 받침대 위에 정지하고 있는 돌을 떠올려보자. 받침대를 치우면 돌이 낙하하는데 이것도 '자연운동의 현실화'로 해석할 수 있다. 이 경우 돌의 운동을 일으키는 '무엇인가'는 '자연운동'을 현실화하는 계기이다(*이 예에서는 받침대를 치우는 것이 '무엇인가'가 된다). 결국 '강제운동'은 물론이고 '자연운동'조차도 다른 무엇인가에 의해 움직인다.

　여기서 무생물의 경우 이들 운동의 직접적 원인으로서의 '움직임을 일으키는 것'을 차례로 소급해가면, 무한후퇴를 허락하지 않는 한 운동의 궁극적인 기원, '최초로 움직임을 일으키는 것'에 도달하게 된다. 아리스토텔레스의 『자연학』은 자기 자신은 움직이지 않는 '최초로 움직임을 일으키는 것'에 대해 영원한 원운동을 불러일으키는 것, 즉 항성천의 일주운동과 행성, 태양, 달의 원주운동을 무한히 일으키는 것이며, 어떤 크기도 부분도 가지지 않는 비물체적인 것이라고 결론지었다. 또 『형이상학』에 따르면 "하늘에서 운행되는 신적인 모든 물체〔행성〕를 움직이는 이 '부동의 동자(*자기 자신은 움직이지 않으면서 다른 것들을 움직이는 것)야말로 '운동의 궁극적인 원리'로서 '영원한 최고 선(善)인 신'에 다름 아니다."[35] 이 '운동의 제1원인'은 제1천(항성천구)을 움직이고, 다시 제1천에 의해 행성과 태양, 달이 차례로 움직여지며, 이들의 움직임에 의해 지상에 사계절이 생기고 대기의 순환이나 기상의 변화가 일어난다. 이것이 아리스토텔레스가 그려낸 우주이자 세계이다.

　그러나 이렇게 정의되는 한 아리스토텔레스의 자연학과 4원소 이론에는 자석이 들어설 여지가 없다. 왜냐하면 자석은 지상적 존재이면서도 (*'최초로 움직임을 일으키는 것'처럼) 다른 것으로부터 움직여지는 일이 없이 다른 것을 움직이기 때문이다. 아리스토텔레스는 "움직여지는 것과 움직임을 일으키는 것은 연속해 있거나 서로 접촉하고 있거나 둘 중 하나이지 않으면 안 된다"고 하면서[36] 거의 선험적으로 근접작용론을 주장했다. 하지만 겉보기에도 철에 대한 자석의 작용은 이

〈그림 1.2〉 아리스토텔레스의 세계와 우주.
16세기에 그려진 것. 중앙에 '지구(yearth)', 그 표면에 '물(water)', 그 위에 '공기(aer)' '불(fier)' 그리고 달, 수성, 금성, 태양 등 의 구가 이어지고, 그 위에 '투명한 창궁(蒼穹, cristalline firmament)'의 구가 있고 가장 윗부분에 '제1동자(primum mobile)'가 존재하고 있다.

런 주장과는 거리가 멀었고 이 점에서 자석은 적절한 자리를 잡기가 어려웠다.

여기까지의 논의는 무생물에 관한 것이었다.

무생물과 달리 생물은 "다른 것에 의해서가 아니라 그 자신에 의해 움직여진다."[37] 생물에서는 '움직여지는 것'은 신체이고 '움직임을 일으키는 것'은 '영혼'이다. 아리스토텔레스에게 '영혼(soul)'은 "살아 있는 물체의 원인 또는 원리"이며 생물을 무생물과 구별하는 요소이다. 그리고 쉬 납득하기 어려운 논증을 거쳐 "영혼이 신체를 움직인다"는 것, 또는 "영혼은 그 무엇으로도 움직여 질 수 없다"는 것이 확실하다고 주장한다.[38]

그렇다면 스스로는 움직여지지 않으면서 철을 끌어당기고 나아가 철을 자화시키기도 하는 자석은, 아리스토텔레스의 논리에 따르면 '영혼'을 가지고 '살아 있다'고 할 수 있다. 하지만 자석은 경험상 분명히 광물에 속하기 때문에 생물로 분류하기에는 무리가 있다. 아리스토텔레스는 『영혼론』 제3권 제9장에서 '영혼'이 가진 능력으로 식물과 동물이 공통적으로 가지고 있는 영양과 생장의 능력, 동물에게서 볼 수 있는 장소를 옮기는 운동과 감각의 능력, 인간에게서 볼 수 있는 표상과 이성의 능력을 들고 있다. 자석은 어느 것에도 속하지 않는다. 아리스토텔레스가 자석에 관해 적극적으로 언급하지 않았던 것은 이런 까닭이 아닐까.

훗날 아리스토텔레스의 철학을 받아들여 제1원인으로서의 신을 기독교의 신으로 바꾸었던 토마스 아퀴나스는 이 영혼의 위계질서를 보다 치밀하게 분류해 광물에게도 영혼을 부여했다. 그때 처음으로 자석이 아리스토텔레스의 자연학 속에 한 위치를 차지하게 된다.

테오프라스토스와 그 후의 아리스토텔레스주의

아리스토텔레스는 자석뿐 아니라 광물 일반에 대해서도 정리해서 책으로 남기지는 않았다.

그 시대에 아리스토텔레스의 자연학의 입장에 서서 글을 남긴 인물은 레스보스 섬의 에레소스에서 태어난 테오프라스토스(Theophrastos, 기원전 372-288)이다. 플라톤으로부터 배운 뒤 다시 아리스토텔레스에게 사사받은 그는 학원 리케이온에서 아리스토텔레스를 측근에서 보좌했으며, 그의 사후 리케이온을 이어받아 35년간 최고 자리를 맡았다. 아마도 아리스토텔레스의 가장 충실한 제자였던 것 같다. 실제로 아리스토텔레스가 죽은 후 아리스토텔레스학파(*소요학파)의 중심인물이 테오프라스토스였다. 하지만 학문적으로 아리스토텔레스와 완전히 의견을 같이한 것은 아니었다. 그는 목적론과 관련해 스승에게 비판적이었으며 '불'은 '흙, 물, 공기'와 다른 물질이라며 아리스토텔레스의 4원소설을 반박했다.[39]

디오게네스에 따르면 테오프라스토스는 "아주 총명하고 부지런했고" 스스로도 '외골수 학자'라고 일컬었던 것으로 보아 아주 학구적이었던 것 같다. 많은 저서를 썼다고 전해지지만 남은 것은 『식물지植物誌, History of Plants』를 포함해 몇 권 되지 않는다. 그러나 기원전 321년 무렵 쓴 『돌에 관하여On Stones』는 거의 완전한 형태로 남아 있고 상세한 주석이 붙은 그리스어-영어 대역본도 나와 있다.[40] 그 영역자가 쓴 '서문'에 따르면 『돌에 관하여』는 '아리스토텔레스의 원리를 바탕으로 광물을 분류하려고 했던 시도'이며 '지금까지 알려진 한, 광물을 계통적인 방법으로 연구한 최초의 시도'로서 과학사적으로 매우 흥미로운 책이다.

이 책의 첫 부분은 돌을 분류하는 지표로 색채와 투명도, 휘도(輝度, 빛나는 정도), 딱딱함, 무름, 매끄러움 등 외견상의 감각적인 성질을 들면서 다음과 같이 말하고 있다.

돌은 이 같은 성질들 외에 다른 물질에 작용하는 능력이 있는가 없는가, 다른 것으로부터 작용을 받아들이는가 아닌가에 따라서도 구별이 된다. 또 어떤 것은 녹지만 다른 것은 녹지 않고 어떤 것은 불에 타지만 다른 것은 타지 않는 등 이 밖에도 여러 차이가 있다.……그리고 헤라클레이어의(Heraclean) 돌이라 불리는 것(자석)이나 리디아의(Lydian) 돌이라 불리는 것처럼 어떤 것(헤라클레이어의 돌)은 끌어당기는 힘을 가지고, 다른 것(리디아의 돌)은 금이나 은을 시금(試金)할 수 있다.(단락4)

광물 전체를 분류하는 기준으로 감각적이고 외견적인 성질이나, 가연성이나 가용성 같은 화학적, 물리적 성질 또는 자력의 유무 등을 거론하고 있어 일관성이 없어 보이지만 다른 것에 대한 인력(引力) 유무를 광물 분류의 지표로 삼고 있다는 점은 주목할 만하다. 실제로 둘 다 인력을 가진다는 이유로 호박과 자석을 같은 분류에 넣고 있다.

호박도 돌이고…… 이 돌도 인력을 가진다. 철을 끌어당기는 돌은 가장 두드러지게 특이한 사례다. 이 돌은 희귀해서 몇몇 장소에서만 만들어진다. 이 돌도 (*호박의 인력과) 같은 힘을 가진 것으로 분류되어야 한다.(단락29)

그러나 광물을 분류하는 기준의 하나로 인력의 유무를 거론한다는 건 인력이 자석과 호박에만 특별히 나타나는 성질이 아니라 인력을 가진 다른 광물이 있을 수 있다는 인식을 드러낸다. 사실 '링구리온(lyngourion)' 즉 '산고양이의 오줌(lynx-urine stone)'이라는 광물을 설명하면서 "호박처럼 인력을 갖고, 밀짚이나 작은 나뭇조각을 당길 뿐만 아니라 두께가 얇은 구리나 철도 당긴다고 한다"(단락28)라고 적고 있다. 만약 '링구리온'이 '호박'과 다르다면 이 문장은 호박 이외의 물질이 정전인력(호박현상)을 보인 것을 기록한 최초의 것이 된다. '링구리온'이 무엇인가에 대해서는 여러 설이 있지만 1세기에 나온 플리니우스(Gaius Plinius Secundus)의 『박물지*Historiae Naturalis*』에는 '링크리움(lyncurium)'은 '호박'과 동일한 것으로 테오프라스토스의 말은 '전부 거짓말'이라고 단정한다.[41] 실제로 '링구리온'은 아무래도 '호박'을 가리키는 것 같다. 하지만 호박의 인력이 밀짚이나 양털뿐 아니라 작은 금속 조각에까지-그러니까 거의 모든 종류의 물체에까지-미치기 때문에 자력과는 다른 성질이라는 것을 최초로 지적했다는 점에서 『돌에 관하여』에 나오는 이 부분은 충분히 주목할 가치가 있다.

테오프라스토스는 『돌에 관하여』의 첫머리에 "금속에 대해서는 다른 곳에서 다루기 때문에 여기서는 돌에 대해서만 얘기하겠다"고 적었다. 이것은 아리스토텔레스가 『기상론*Meteology*』에서 '대지에서 생성되는 것'에는 '광물'과 '금속'의 두 종류가 있고, '광물'은 '녹지 않는 돌 종류'이고, '금속'은 '녹거나 늘어날 수 있는 것'이라고 한 분류에 대응한다.[42] 금속은 열에 녹지만 돌은 녹지 않으므로, 4원소 이론에서 금속은 주로 물의 원소에서 만들어지고 돌은 주로 흙의 원소에서 만들어진다고 여겼던 것이다. 이 분류를 따르면 자석은 쉽게 녹지 않으므로 돌로 분류될 수 있다. 자석을 '금속'이 아닌 '돌'로 분류하는 이 구분법은 이후 근대까지 이어지게 된다. 실제로 17세기의 로버트 보일(Robert Boyle)조차 "비중의 크기, 연성(延性), 그 밖의 성질을 따져보면 철과 자석은 확실히 구분되기 때문에 금속이 돌로 변한다는 주장을 쉽게 믿을 수 없다"면서 (*금속이 돌로 바뀔 수 없기 때문에) 철이

자화 과정을 통해 자석으로 변한다는 설에 대해 이의를 제기했다.[43]

하여튼 테오프라스토스의 『돌에 관하여』에서 주목해야 할 점은 (*철을 끌어당기는 인력 같은) 힘을 가진 돌이 존재한다는 '사실'만 기록할 뿐이라는 것이다. 그런 힘과 작용이 왜 생기는지를 '설명'하려고 했던 엠페도클레스 이후 플라톤에 이르기까지 이어져왔던 그리스 철학의 특별한 지향이 여기서는 더 이상 보이지 않는다. 적어도 이 단계에서는 아리스토텔레스 철학은 자력에 대한 설명을 완전히 방기했다.

※ ※ ※

고대 그리스에서는 원격적으로 작용하는 것으로 보이는 자력을 설명하기 위해 두 노선이 등장했다. 하나는 원자론자나 플라톤처럼 눈에 보이지 않는 물질의 근접작용으로 환원하는 것이고, 다른 하나는 탈레스처럼 영적이면서 생명적인 작용으로 보는 것이었다. 고대 그리스는 자력을 설명하려는 사상을 최초로 만들어냈으며 그런 의미에서 '힘의 발견'을 향한 첫발을 내디딘 셈이다.

조금 앞질러 말하자면 아리스토텔레스로부터 약 2천 년이 지난 16세기 말에 지구가 자석임을 발견한 영국인 길버트도 "자력은 영혼을 가지고 있거나 혹은 영혼과 닮았다"고 생각했다. 또한 "탈레스가 자석이 영혼을 가지고 있다고 주장했다고 해서 이상할 것은 없다"고 했다.[44] 길버트는 기본적으로 아리스토텔레스주의자였다. 아리스토텔레스는 "혼을 가진 것과 혼을 가지지 않은 것의 구별은 살아 있느냐 없느냐로 결정한다"고 했다. 여기서 '영혼'이란 "운동과 정지의 원리를 자기 내부에 가진 물체의 본질"이다.[45] 때문에 지구를 자석으로 본 길버트가 지구를 죽어 있는 흙덩어리가 아니라 생명을 가진 활동적인 물체로 파악한 것은 전혀 이상할 게 없다. 하지만 이것(*지구가 활동적이라는 것)은 사실 아리스토텔레스의 우주론-고대의 천동설-과는 날카롭게 대립하는 것이다.

아리스토텔레스의 4원소(흙, 물, 공기, 불)와 제5원소(에테르)가 공간의 위계질서에 대응한다는 것은 앞에서 말했지만, 이것은 또한 가치의 위계질서에도 대응하고 있었다. 즉 최상위에 있는 '에테르'가 신적이며 가장 고귀한 존재인 데 반해, 가장 아래에 있는 지구를 구성하는 '흙'은 생명에서 가장 멀고 천한 존재였다. 이와 같은 관점은 밀레투스의 일원론자들이 시원 물질로 '물' '공기', '불'을 꼽았지만, '흙'을 시원 물질로 제창한 경우는 없었다는 점이나, 플라톤의 4원소에서도 '흙'만 다른 원소로 변할 수 없는 형태를 가지고 있었다는 점과도 통한다. 그리스 철학이 시작된 이래 유독 '흙'은 영혼도 생명도 가지지 않은 하등한 존재였다. 때문에 주로 흙으로 이루어진 지구는 필연적으로 불활성(不活性)적이고 부동(不動)적인 것으로 여겨졌다. 이것은 천동설-지구 중심설-을 떠받치는 자연학적 토대이자 심층 심리이기도 했다.

그러나 길버트는 그 지구를 영혼을 가진 자석이자 활동적인 물체로 파악했다. 이 점은 지금까지 별로 주목받지 못했지만 당시에는 천동설에서 지동설로 넘어가는 자연학적 근거로 여겨졌다. 길버트의 주장을 통해 처음으로, 코페르니쿠스가 말한 지구의 활동성에 대한 자연학적 근거가, 아직 관성 개념이 확립되지 않은 단계에서(*지구가 움직인다면 지구 위에 사는 사람이나 동물 등은 지구와 함께 움직이게 돼 중심을 못 잡고 흔들리거나 밖으로 튕겨나가게 되지 않을까 당시 사람들은 의문을 가졌다. 지구가 돌아도 지구 위에 사는 우리가 그 움직임을 전혀 느끼지 못하고 다른 사물들도 아무런 영향을 받지 않는 것은 관성으로 설명된다) 그런대로 타당성을 얻을 수 있었다. 코페르니쿠스의 주장을 둘러싼 논의가 천문학의 문제에서 자연학의 문제로 변하게 되는 것이다. 길버트의 영향을 받아 천체들 사이의 중력을 구상한 인물이 케플러였다. 그 과정과 경위를 밝히는 것은 이 책 전체의 중요한 주제이기 때문에 뒷장에서 상세히 보게 될 것이다.

고대 그리스 철학사상 최대의 거장인 아리스토텔레스는 기원전 322년 세상을 떠났다. 900년에 걸친 그리스 과학의 역사는 통상 약 300년 단위로 세 시기로 나누어진다. 첫 시기는 아리스토텔레스의 죽음과 함께 막을 내린다.[46] 정치적으로 보아도 기원전 338년 아테네와 테베의 연합군이 필리포스 2세(Philippos II, 재위 359-336)가 이끄는 마케도니아 군대에 패해 그리스는 마케도니아에 통합된다. 이듬해 필리포스 2세가 죽자 마케도니아 왕위에 오른 인물은, 소년 시절에 아리스토텔래스에게서 학문을 배운 알렉산드로스 3세(알렉산더 대왕, 기원전 356-323)였다. 알렉산드로스 3세가 소아시아와 이집트, 그리고 중앙아시아를 넘어 인도까지 원정한 사실은 잘 알려져 있다. 알렉산드로스 3세는 아리스토텔레스가 죽기 바로 한 해 전에 세상을 떠났다. 알렉산드로스 3세의 동방 정벌은 그리스 세계를 크게 넓혔다. 하지만 그가 사망한 후 대제국은 이집트의 프톨레마이오스 왕조, 아시아의 셀레우코스 왕조, 마케도니아의 안티고노스 왕조로 분열돼 헬레니즘 시대를 맞게 된다. 그리스 도시 국가도 과거의 힘을 잃고 사실상 마케도니아의 지배를 받게 된다. 여기서 일단 제1장을 마치기로 하자.

2장

환원론과 전체론의 대립
헬레니즘 시대의 과학

헬레니즘 국가들 중에 가장 강력한 중앙 집권을 실현한 프톨레마이오스 왕조는, 과학 연구를 조직적으로 추진한 최초의 국가로 알려져 있다. 이 시기에는 기계론 또는 원자론에 기초한 요소환원주의와, 물활론이라 불리는 유기체적 전체론은 내용이 보다 명확해지면서 그 대립도 첨예하게 부각된다.

에피쿠로스와 원자론

헬레니즘 국가들 중에 가장 강력한 중앙 집권을 실현한 프톨레마이오스 왕조는, 과학 연구를 조직적으로 추진한 최초의 국가로 알려져 있다. 실제로 프톨레마이오스 1세(재위 기원전 323-285)와 프톨레마이오스 2세(재위 기원전 285-246)는 알렉산드리아에 도서관을 세웠고, 동물원 부속 학술연구기관인 무세이온(Museion)을 창설해 전국에서 약 백 명에 달하는 연구자를 모으기도 했다. 이들은 역대 왕으로부터 봉급을 받으며 연구에만 전념했고, 이에 따라 전문 연구자들이 출현했다. 지리학자 에라토스테네스(Eratosthenes), 천문학자 아리스타르코스(Aristarchos), 수학자 에우클레이데스(Eukleides, 유클리드)와 아폴로니우스(Apollonios), 히파르코스(Hipparchos), 아르키메데스(Archimedes) 등이 모두 이곳에서 배출된 인물들이다. 이 밖에도 프톨레마이오스

(Claudius Ptolemaeos)와 스트라본(Strabon) 등이 등장했고 수학, 물리학, 천문학, 지리학 분야에서 그리스 시대를 통틀어 가장 뛰어난 업적이 쏟아졌다. 하지만 자석이나 자력과 관련해서는 특별히 새로운 지식을 생산하지 못했다.

고대 그리스에 등장한 자력에 대한 두 개의 견해, 즉 기계론 또는 원자론에 기초한 요소환원주의와, 물활론이라 불리는 유기체적 전체론은 헬레니즘 시대에 들어와 각각의 내용이 보다 명확해지고 그 대립도 첨예해졌다.

헬레니즘 시대의 양대 철학 조류는 스토아학파와 에피쿠로스학파라고 할 수 있다. 원자론은 에피쿠로스파의 시조인 에피쿠로스(Epicouros, 기원전 342-271)가 주장했다. 에피쿠로스는 다수의 저서를 쓴 듯하지만 후대에 남아 있는 것은 거의 없다. 그럼에도 그가 자석이나 자력에 대해 고찰을 했다고 여기는 이유는 그의 교설을 근대까지 전한 루크레티우스(Titus Lucretius Carus, 기원전 1세기)의 장편시에 원자론으로 자력을 설명한 부분이 있기 때문이다. 또 2세기에는 갈레노스가 에피쿠로스의 자력 이론이라고 하면서 에피쿠로스의 주장을 비판했기 때문이다. 우선 『헤로도토스에게 보내는 편지』(이하 『편지』)에 남아 있는 에피쿠로스의 원자론부터 살펴보자.[1]

『편지』는 서두에서부터 신의 존재를 부정하고 있다. 그런 다음 우주가 공허와 물체로 성립되고, 물체는 원자로 구성된다고 주장한다. 왜냐하면 "우리가 공허라고 부르든, 장소라고 부르든, 만질 수 없는 실재라고 부르든, 아무튼 공간이 존재하지 않는다면 물체는 존재할 수도 운동할 수도 없기 때문이다. 또 어떤 것도 무(無)에서 생겨날 수 없고 무로 돌아갈 수 없기 때문에 '결코 나누어질 수 없는 실재' 다시 말해 '원자' 가 존재하지 않으면 안 된다." (p.40)

『편지』에서 에피쿠로스는 "원자는 형상, 무게, 크기 및 형상에 필연적으로 동반되는 성질만 가질 뿐 그 밖에는 어떤 성질도 나타내지 않는다"(p.54)면서 "원자는 무게를 가지기 때문에 아래로 운동한다"(p.61)고 덧붙였다. 데모크리토스가 원자의 속성으로 '크기'와 '형상' 두 가지만 든 데 비해 에피쿠로스는 '무게'와 '아래로 향하는 운동'이라는 속성을 추가한 것이다. 그리고 원자들이 낙하운동을 하면서 수직 방향에서 벗어남으로써 상호작용을 일으키게 된다고 설명했다.

에피쿠로스는 원자의 운동과 물체의 구조에 대해서 다음과 같이 말했다.

원자는 끊임없이 움직이고 영원히 운동한다. 그들 중 어떤 것들은 서로 충돌해 아주 멀리 떨어져 나가고, 또 다른 것들은 서로 부딪힌 장소에서 폭이 크지 않은 왕복운동을 하고, 나머지 어떤 것들은 충돌 후 다른 원자들 무리에 휩싸여 그 장소에 가만히 있게 된다.(p.43)

여기서 '서로 충돌해 아주 멀리 떨어져 나가는 것'은 기체 상태, '폭이 크지 않은 왕복운동을 하는 것'은 액체 상태, '다른 원자들 무리에 휩싸여 가만히 있는 것'은 고체 상태로 해석할 수 있다. 이 주장은 그때까지 서로 다른 종류의 실재(實在)로 보았던 '공기, 물, 흙'이 사실은 구성 원자의 운동 상태와 결합 상태의 차이에 지나지 않는다는 점을 최초로 지적한 것이다. 그리고 뒤에 보듯이 '서로 충돌해 멀리 떨어져 나간다'는 것은 자력을 설명하는 키워드가 된다.

또 물체가 우리들에게 미치는 각종 감각은 물체로부터 튀어 나온 원자가 감각기관을 자극하기 때문이라고 보았다. "우리가 사물의 형태를 보는 것은 그 사물로부터 뭔가가 우리에게 들어오기 때문"(p.49)이며 "사람이 내는 음성이든 사물이 내는 소리든 우리가 소리를 듣는 것은 그것들로부터 뭔가가 흘러나오기 때문"(p.52)이라는 것이다. 요컨대 모든 감각은 "대상이 되는 물체로부터 흘러나와 감각기관을 자극하는 입자가 어떤 종류의 것이냐에 따라 결정된다"(p.53) 이것은 엠페도클레스 이후 계속된 원자론의 논리이며, 물질로부터 원자가 튀어 나와 대상들 사이를 흘러 다닌다는 표상으로, 작용 일반을 설명하는 것도 변함이 없다.

에피쿠로스는 영혼도 미세한 부분으로 이루어진다는 주장을 폈다. 이상이 에피쿠로스 원자론의 골자이다.

『편지』는 입문자를 위해 쓴 『철학체계 전체의 적요*episome of the whole world*』, 통칭 『대적요大摘要』와 비교해 『소적요』라 불리지만 『대적요』는 현재 남아 있지 않다. 에피쿠로스의 자석론은 이 『대적요』에 기록되어 있었던 것으로 추측된다. 하지만 그것은 루크레티우스가 쓴 시 속에 충실히 소개되고 있으므로, 에피쿠로스는 더 이상 깊이 들어가지 않고 루크레티우스로 눈을 돌려보자.

루크레티우스와 원자론

원자론에 기초해 세계를 전면적으로 설명한 최초의 저서는 기원전 70년 무렵 씌어진 루크레티우스의 『사물의 본질에 대하여*De Rerum Natura*』이다. 이 책에 자력에 대한 설명이 있는데, 자력에 관한 단순한 '기술(記述)'이 아니라 '이론' 즉 일반적인 원리에 바탕을 둔 '설명'으로 이루어져 있다. 루크레티우스의 생애에 대해서는 약 4백 년 후 히에로니무스(Eusebius Hieronymus)가 쓴 문서에 짧게 기록된 것 외에는 없다. 거기에는 "[기원전 95년 무렵에] 시인 티투스 루크레티우스 탄생. 최음제를 먹고는 발광했으며 때때로 제정신이 돌아올 때 글을 써서 책으로 남김. 나중에 키케로(Marcus Tullius Cicero)가 그것을 교정함. 44세에 스스로 목숨을 끊음"이라고 간단하게 서술되어 있다.[2] 루크레티우스는 공화제 말기의 로마인으로 저서는 라틴어로 썼지만 그리스 자연철학을 계승했고 사상적으로도 쇠퇴 과정에 있던 그리스 문명에 속해 있었다.

『사물의 본질에 대하여』는 고대 그리스 원자론, 특히 에피쿠로스의 원자론을 전하고 있기 때문에 중요하기도 하지만 이 밖에도 여러 가지 면에서 기념비적인 저작이다. 첫째 과학 사상을 시의 형식으로 표현해 문학적으로도 상당한 수준을 갖추고 있어 독립된 문학 작품으로 평가할 가치가 있다. 둘째 원자론과 에피쿠로스를 소개하고 있지만, 본래 목적은 종교에 대한 몽매와 복종, 죽음에 대한 공포로부터 인간을 해방하는 데 있다. 우리는 이 점에도 주목할 필요가 있다. 그러나 여기서는 원자론과 자기 이론에만 국한해서 이야기하도록 하겠다.

전체 여섯 권으로 구성된 이 장편시의 제1권 첫 부분에 루크레티우스의 의도가 드러나 있다.[3]

나는 사물의 최초의 기원을 밝히고자 한다. 즉 그 기원으로부터 자연은 만물을 만들어내고 증가시키고 생육시키며, 반대로 만물이 죽고 소멸하면 자연은 그것들을 이 기원으로 되돌려놓는다.(1권, 55-58)

이어서 그는 '시원(primorda)' 즉 '원자'란 "우리가 사물의 이치를 논할 때 통상 소재(materies)라든가 사물을 만드는 원체(原體, corpora)

〈그림 2.1〉 루크레티우스의 초상.

라든가 물체의 종자(semen) 등으로 부르지만 이것을 기초로 만물이 탄생하기 때문에 시원 물질(始源物質, corpora prima)이라고도 부른다"(1권, 59-61)고 설명했다.

이 글 이후에 루크레티우스는 에피쿠로스를 인류가 종교적 공포에 짓눌려 있을 때 대담하게도 여기에 반항하고 이를 타파한 인물이라면서, 그것은 결코 불경도 죄악도 아니라며 옹호한다. "죄를 범하고 불경스러운 행위를 저지르는 건 오히려 지금의 종교"라는 것이다.(1권, 83) 그는 또 "유한한 생명을 사는 인간은 지상에서, 하늘에서 여러 가지 현상이 일어나는 것을 보면서도 그 원인을 제대로 알지 못한 채, 그것들이 모두 신의 뜻으로 생기는 것이라고 치부해버리기 때문에 공포에 사로잡힌다"(1권, 151-4)고 지적했다. 민간 종교가 만연하고 미신이 횡행하던 공화제 말기 로마 사회의 혼란이 행간에서 읽힌다. 이런 상황에서 루크레티우스는 종교적인 공포를 이겨내기 위해 자연을 해명할 필요가 있다고 단언한다. "이 같은 정신의 공포와 암흑은 태양 빛이나 한낮의 광선으로 쓸어버릴 수 있는 것이 아니라 자연현상을 규명하고 자연의 법칙을 알아냄으로써만 극복할 수 있다."(1권, 146-148) 루크레티우스가 자연을 연구한 가장 큰 목적이 바로 이것이었다.

루크레티우스는 시원 물질인 원자가 불생불멸(不生不滅)하기 때문에 '자연의 제1원리'라고 했다. "어떤 것도 무(無)로부터 만들어지지 않고"(1권, 150) "어떤 것도 무로 돌아가지 않는다. 만물은 단지 원자로 환원될 뿐"(1권 248-249)이라는 것이다. 씨앗에서 나온 싹이 나무로 성장하고 열매를 맺는 것처럼 자연계도 늘 변한다. 하지만 하나의 씨앗이 나무로 성장해 열매를 맺은 다음 다시 처음의 씨앗으로 돌아가듯이 외견상 아무리 모습이 바뀌더라도 (*씨앗처럼) 변화를 만들어내면서도 자신은 변하지 않는 것이 있다. 루크레티우스는 이것을 원자론의 근거로 삼았다. 원자론의 근거로 생명 현상을 끌어오는 것이 우리에게는 이상하게 비치지만 당시에는 생물과 무생물을 뚜렷하게 구별하지 않았다는 점을 염두에 두어야 한다.

이어서 그는 물질이 운동을 하고, 액체나 기체가 물질에 스며들어가며, 같은 부피를 가진 물질이라도 무게에 차이가 있다는 사실로부터 공허(진공)가 존재한다고 주장했다.

만물의 본질은 두 가지, 즉 물질(corpora)과 공허(inane)로 이뤄진다. 물질은 공허 속에 존재하고 이 공허를 통해 어떤 방향으로 운동하게 된다.……이 외에는 물질과 구별되는 어떤 것이나, 공허와 다른 어떤 것도 있을 수 없다. 이른바 제3의 물질 같은 것은 있을 수 없다.(1권, 419-420, 429-431)

견고하고 영원히 지속하는 성질을 가진 물질, 즉 우리가 사물의 종자 혹은 사물의 시원이라고 부르는 이것을 기본으로 해서 현존하는 사물의 총화〔우주〕가 구성되어 있다.(1권, 501-502)

이것이 원자론의 기본 사상이다. 이 토대 위에서 루크레티우스는 사물의 성질을 원자의 "결합(concursus), 운동(motus), 순서(ordo), 배치(positura), 형상(figura)"(1권,685, 2권,1021-1022)으로 설명하려고 한다. 알파벳의 배열을 바꾸면 언어의 의미와 발음이 다양하게 변하는 것처럼 자연계의 사물도 이들 기본 인자의 조합과 배열로 설명이 가능하다는 것이다. "중요한 것은 원자들이 어떤 원자와, 어떻게 결합하고 어떤 운동을 하느냐는 점이다."(1권, 817-819, 908-910) 데모크리토스는 사물의 성질을 '형상, 방향, 배치'로 설명했지만 에피쿠로스와 루크레티우스는 여기에 '운동'을 추가했다. 이것의 중요성은 17세기가 되어서야 분명해진다.

자연법칙에 따라 움직이는 엄청난 수의 원자 전체가 운동과 결합한 결과 오늘의 우주가 형성됐다고 보는 것이다. 이것은 '신의 뜻'이나 '목적'과는 아무런 상관이 없다.

원자가 질서 있게 배치된 것은 각각의 원자가 앞을 내다보고 의식적으로 자기 자리를 찾아갔기 때문이 아니며, 각각의 원자가 어떤 운동을 할지도 미리 계획돼 있는 것이 아니다. 원자는 수가 많고, 어떤 형태의 변화도 받아들이며, 무한의 저편에서 오는 타격을 받아 운동을 일으키고, 무리를 지어 우주를 돌아다니기 때문에, 모든 종류의 운동과 결합이 가능하다. 이 과정에서 결국 현재와 같은 모습으로 자리를 잡게 된 것이다.(1권, 1021-1028)

이상으로 제1권은 끝난다. 초월자의 의지나 계획에 따라 천지가 창조됐다는 세계관을 반대하고 자연을 설명하면서 목적론을 추방한 데 원자론의 의의가 있다. 그래서 17세기에 원자론을 부활시킨 보일과 가생디(Pierre Gassendi)는 당시 지배세력인 기독교와 타협하기 위해 원자의 운동과 법칙은 천지를 창조할 때 신이 내려준 것이라고 고쳐 써야만 했던 것이다.[4]

제2권에서는 원자의 운동과 형상을 다루고 있다. 원자의 운동과 관련해 "원자에는 정지가 결코 허용되지 않으며", "원자는 운동하며, 그것도 〔일정한 운동이 아니라〕 끊임없이 변화하는 운동의 형태를 취한다"고 밝히고 있다.(2권, 95-97) 예컨대 눈에 보이는 거시적인 물체가 정지해 있을지라도 그 물체를 구성하는 원자들은 "모두 운동하고 있으며" 단지 우리가 "원자 그 자체를 인지할 수 없고, 운동도 우리 눈에 보이지 않을 뿐"(2권, 312)이라고 말한다. 이는 현대 물리학의 분자운동론을 방불케 하는 주장이다.

나아가 원자는 다양한 형상을 통해 물체의 물리적 성질뿐 아니라 맛이나 냄새 같은 인간의 감각기관이 느끼는 성질도 결정한다고 주장한다. 물이 유리를 통과할 수 없는 데 반해 빛이 유리를 투과할 수 있는 것은 빛의 원자가 작기 때문이며, 포도주에 비해 올리브 기름이 잘 흐르지 못하는 것은 올리브를 구성하는 원자가 포도주보다 "더 크거나, 갈고리가 더 많이 붙어 있거나, 원자들이 서로 밀접하게 연결돼 있기 때문이다"(2권, 393-395) 또 "[꿀이나 우유가] 우리의 감각[미각]을 기분 좋게 만드는 것은 그것들이 매끄러운 둥근 원자로 돼 있기 때문이다. 반대로 쓰고 맛이 없는 것들은 그 원자들이 보다 많은 갈고리로 결합돼 있어 우리의 감각을 갈라놓고 거기에 길을 만들어 침투해 감각기관을 파괴하기 때문이다"(2권, 400-407)라면서, 다른 감각에 대해서도 같은 논리로 접근한다.

미시적 세계의 메커니즘은 거시적 세계의 메커니즘을 그대로 축소한 것일 뿐 본질적으로 다르지 않다는 관점은 현대에 와서 보면 소박하고 유치하다고 할 수 있다. 하지만 루크레티우스의 사상은 17세기에 데카르트의 기계론이나 가생디의 원자론으로 부활하면서 이들 사상의 원형이 되었다. 아니 원형이라기보다 근대 초에 대두한 원자론 그 자체라고 해도 크게 무리가 없다. 실제로 가생디는 '차가운 원자'는 각이 날카롭거나 이(齒)를 가지고 있기 때문에 우리는 마치 이에 물린 느낌을 통해 차가움을 감각적으로 판단하게 된다고 주장했다. 이것은 루크레티우스가 한 말의 재탕이다. 가생디의 영향을 받은 시라노 드 베르주라크(Savinien Cyrano de Bergerac)도 1657년에 유리가 투명한 것은 "유리의 작은 구멍이 그것을 통과하는 불의 원자와 같은 형태이기 때문"이라고 말했다.[5] 근대 초의 기계론과 원자론은 실험과 관찰이 아니라 천 수백 년 전의 과학을 재발견함으로써 시작되었다고 할 수 있다.

자력에 관한 루크레티우스의 '설명'

『사물의 본질에 대하여』 제3권은 '정신(animus)과 영혼(anima)'을 고찰하는데 여기서도 원자론적인 입장에서 접근한다. 루크레티우스는 "정신이 신체의 일부인 것은, 손이나 발, 눈이 생물체의 일부를 구성하는 것과 다를 바가 없다"(3권, 96-97)고 했다. 또 정신은 인간을 지도해서 육체를 움직이지만 "이들 현상은 어떤 것도 접촉이 없으면 발생할 수 없으며, 접촉은 물체 없이는 일어날 수 없는 것이 확실"하므로 "정신과 영혼도 그 본질은 물체적이다[물체의 형태를 띨 수밖에 없다]"(3권, 165-167)고 주장했다. 뿐만 아니라 정신과 영혼은 그 어떤 것보다 빠르게 활동하기 때문에 "정신의 본질이 대단히 움직이기 쉬운 것으로 이루어져 있는 것은 확실하며, 그렇다면 정신은 극히 작고 매끄럽고 둥근 원자로 구성돼 있는 게 틀림없다"(3권, 203-205)고 했다. 이처럼 정신조차 물질로 환원하는 입장에 서 있는 한, 자력을 영적인 것으로 보는 탈레스나 아리스토텔레스의 입장이 들어설 여지는 없게 된다.

한편 제4권은 '감각과 사랑', 제5권은 '우주와 사회'를 다루는데 흥미롭지만 본서의 주제와 관계가 없으므로 '기상과 지질'을 다룬 제6권으로 눈을 돌려보자. 제6권은 번개와 광선, 회오리바람, 비, 지진, 화산 등의 자연현상을 원자론에 입각해 나름대로 설명한 다음 마지막에 자석을 다룬다. 그런데 번개나 지진을 다룰 때는 논의가 경쾌하고 쉽게 읽히는 데 반해, 자석을 설명하는 부분에서는 루크레티우스가 애를 먹은 듯한 인상을 지울 수가 없다.

그는 먼저 "마그네테스(Magnetes) 국경 안에서 생산된다는 이유로 그리스인들이 마그네트(Maget)라고 부르는 이 돌〔자석〕은 철을 끌어당기는 성질이 있는데 어떤 이치에 따른 것인지를 알아보자"라고 하면서 그동안 자석에 대해 알려진 사실, 즉 철을 끌어당기는 것과 철을 자화하는 성질 - "그 돌은 몇 개의 철 고리를 아래로 늘어뜨려 사슬을 만든다" - 을 기술한다.(6권, 906-916)

이 현상을 설명하기 위해 루크레티우스는 다음 세 가지를 거론한다. 첫째 우리가 어떤 물질을 느끼는 까닭은 그 물질로부터 감각기관에 대응하는 원자가 튀어나오기 때문이라는 것,(6권, 931-934) 둘째 모든 물체는 내부에 공허를 포함하고 있다는 것,(6권 940-941) 셋째 유리가 빛 원자를 투과시키고, 금속이 열 원자를 통과시키는 것처럼 "물질에는 많은 통공이 있고, 통공들은 각각 고유한 성질을 갖는다"는 것이다.(6권, 981-983) 이 세 가지를 전제로 자력을 설명한다. 조금 길지만 루크레티우스의 표현을 그대로 읽어보자(인용문 중에서 '돌(lapis)'은 모두 자석을 가리킨다).

우선 이 돌에서는 극히 많은 원자 입자나 원자 덩어리가 흘러나오고 있음에 틀림없고, 이 입자나 원자 덩어리가 돌과 철 사이에 있는 공기를 친다. 그 결과 (*공기가 밀려나간 빈 자리로) 철 원자가 흘러나오고 결국엔 철 고리 전체가 철의 원자들을 따라 움직이게 된다. 철은 강하고 차갑고 무거운 물질이어서 철 원자들은 다른 어떤 물질보다 더 긴밀하고 튼튼하게 얽혀 있다. 그래서 철에서 다량의 원자가 나와 빈 공간으로 움직이면 철 고리도 그것을 따라가게 되는 것이다. 계속 움직여서 그 돌에 도달하

게 되면 눈에 보이지 않는 걸개가 나와 돌에 들러붙게 된다.(6권, 1002-1016)

    자석에서 나온 원자들이 공기를 쳐서 그 자리에 공허를 만들며, 철에서 나온 원자들이 곧장 그 공허로 흘러들고, 철 고리는 철의 원자들을 따라 이동하게 된다는 것이다. 철이 자석에 들러붙는 이유로는 '눈에 보이지 않는 걸개(caecuae compagines)' 때문이라고 말하고 있다. 이 점과 관련해 루크레티우스는 뒷부분에서 "두 물질이 있을 때 한쪽 물질의 빈 공간을 다른 물질이 채우고, 다른 물질의 빈 자리를 이쪽 물질이 채운다면 이것이 최상의 결합이다. 또 두 물질이 고리와 걸개가 연결된 것처럼 서로 밀착할 수도 있는데 자석과 철이 바로 그렇게 결합되는 것처럼 보인다"(4권, 1084-1089)라고 덧붙이고 있다. 돌이 회반죽으로 굳어지거나 목재를 아교로 접착하거나, 금속이 납땜으로 접합되는 것이 전자의 예라면, 자석과 철의 결합은 '고리와 걸개'를 통한 기계적인 연결이라는 것이다.

    여기까지는 단순, 소박한 논의로 나름대로 설명은 되고 있는 듯하다. 특히 '고리와 걸개를 통한 결합'이라는 표상은 17세기의 기계론자들이 주로 의지한 발상이기도 하다. 그러나 이같은 논리에는 허점이 많다. 자석이 인력뿐 아니라 척력도 가진다는 사실, 자석이 비금속은 물론이고 금속 중에서도 철만 끌어당긴다는 사실-자력의 선택성-은 제대로 설명되지 않는 것이다.

    철과 자석 사이의 척력에 대해 루크레티우스는 다음과 같이 관찰 결과를 설명한다.

때로는 철 성분을 가진 것이 이 돌로부터 도망가기도 한다. 이 자석을 청동으로 된 옹기 밑에 대면 속에서 사모트라키의 철이 튀어 올라 철가루가 광란 상태가 되는 것을 본 적이 있다. 이 때 철가루믈은 자석으로부터 도망치고 싶어 하는 듯이 보인다. 청동이 개입함으로써 부조화가 생겼기 때문이다. 청동에서 나온 (*원자의) 흐름이 철 속에 열린 통공을 먼저 점령한 결과 자석으로부터 (*원자의) 유파가 나오면 철 속이 이미 (*청동의 원자들로) 차버려 끼어들 여지가 없는 것이다. 따라서 자석은 자신의 원자 흐름을 가지고 철의 조직 전체를 쳐서, 밀어버리지 않으면 안 된다. 청동이 중간에 없었다면 자석은 철가루를 끌어당겼겠지만 청동이 중간에 개입했기 때문에 철가루를 쫓아내게 되는 것이다.(6권, 1042-1055)

이 구절은 자석이 철에 대해 인력뿐 아니라 척력도 나타낸다는 것을 기록한 최초의 문장이다. 그러나 척력의 원인을 청동이 개입된 결과로 보고 있으며 청동에서 나온 입자들이 먼저 철의 구명을 메웠기 때문으로 설명하고 있다. 물론 이것은 청동 용기에 담긴 철가루를 우연히 관찰한 결과를 무비판적으로 성급하게 일반화한 결과이기도 하다. 이 논리만으로는 같은 물체가 왜 때로는 인력을 나타내고 다른 경우에는 척력을 보이는지를 제대로 설명할 길이 없다. 그래서 척력을 제3의 물체가 개입한 결과로 볼 수밖에 없고, 자석이 가진 비본질적이며 부대적인 현상으로 볼 수 밖에 없는 것이다.

자력이 선택적으로 철에 대해서만 작용하는 것에 대해서는 다음과 같이 설명한다.

이 문제는 이 돌에서 나오는 (*원자의) 흐름이 다른 물체도 (*철과) 같은 정도로 움직일 수 없기 때문에 전혀 이상할 것이 없다. 무게가 무겁고 견고해서 쉽사리 움직이지 않는 물체가 있기 때문이다. 금이 바로 그렇다. 반대로 물체 내부가 아주 성기어서 이 돌에서 나온 (*원자의) 흐름이 아무런 저항을 받지 않고 통과해버려 전혀 움직이지 않는 경우도 있을 수 있다. 이런 종류로는 목재를 들 수 있다. 철은 이 둘의 중간에 있기 때문에 (*자석이) 청동 원자를 어느 정도 받아들이면 자석은 (*원자의) 흐름을 가지고 철을 밀어버리게 되는 것이다.(6권, 1056-1064)

이 글을 읽으면 자력의 선택성을 루크레티우스가 제대로 설명했다고 도저히 생각할 수 없다. 하지만 그것을 완벽하게 설명하는 데 성공한 것이 20세기 들어서라는 사실을 생각하면 루크레티우스의 부실한 논의를 빌미로 고대 원자론이 가진 의의를 낮게 평가해서는 안 된다.

비록 그 설명이 현대의 눈으로 보면 지나치게 단순하고 제한적이고 결함을 갖고 있더라도 고대 그리스의 원자론은 근대 기계론과 원자론 -한마디로 요소환원주의-의 원형이라고 할 수 있다. 사실 천 수백 년 후의 데카르트나 가생디의 설명도 소박하다는 점에서는 이들과 큰 차이가 없다. 적어도 알렉산드로스를 통하여 전해진 엠페도클레스와 디오게네스, 데모크리토스, 후기 플라톤, 플루타르코스, 루크레티우스의 시에 나타난 에피쿠로스는 자력을 단순한 사실로 기록할 뿐 아니라 그것을 합리적으로 설명하려고 시도한 최초의 인물들로 기억해야 한다. 그리스의 환원주의적 전통은 루크레티우스에서 종언을 맞는다.

갈레노스와 『자연의 모든 기능』

에피쿠로스와 그의 원자론에 대한 엄격한 비판은 2세기에 나온 갈레노스(Claudios Galenos, 131-201)의 저서에서 만나게 된다. '의학의 아버지' 또는 '의성(醫聖)'이라 불린 히포크라테스로 대표되는 고대 그리스의 의학 사상을 중세 유럽과 아랍 사회에 전승한 인물이 갈레노스이다. 그는 이미 로마의 지배에 들어가 있던 소아시아의 페르가몬(pergamon)에서 131년 무렵 태어나, 예로부터 의학 연구의 중심이었던 알렉산드리아와 여러 곳에서 공부했다. 고대 이래의 의학 사상과 자연철학 사상을 익혀 논적들과의 격렬한 논쟁 속에서 승리해 로마로부터 전폭적인 신뢰를 받았다. 당시 최고 권력자인 마르쿠스 아우렐리우스 제왕(Marcus Aurelius, 재위 161-180)의 시의(侍醫)에까지 올랐으며 방대한 저서를 남기고 세상을 떠났다. 경력으로 보면 다음 장인 로마 시대에서 다뤄야 하겠지만, 학문적으로는 고대 그리스 의학을 총괄하는 위치에 있어 그리스 과학의 문맥에서 봐야할 것이다. 저서도 그리스어로 씌어졌다.

수많은 저서를 통해 갈레노스가 단순히 자신의 의학 사상만을 전개한 것은 아니었다. 한편으로는 히포크라테스에 대한 지나친 찬미, 또 한편으로는 동시대 다른 의학 사상과의 치열한 논쟁을 담았다. 때문에 천 년이나 지난 뒤에 카르다노는 "갈레노스는 파렴치하게 말싸움만 하고 있다"[6]고 냉소했으며, 현대에도 "싸구려 자만심이나 출세주의가 역겹다……그의 가장 뛰어난 부분도 남에게서 빌린 것일 뿐이다"[7]라는 혹평이 따라다닌다. 하지만 갈레노스 때문에 그 이전의 의사들이 남긴 주장이나 그 시대에 서로 대립하던 의학 사상이 오늘까지 전해지게 되었다. 갈레노스의 직설적인 비판을 통해 당시 '힘'을 둘러싼 두 개의 노선, 즉 요소환원주의와 유기체적 전체론의 대립상도 뚜렷하게 그릴 수 있게 됐다.

의학 사상을 논하는 게 우리의 목적이 아니므로 갈레노스 의학에 대해서는 깊이 들어가지 않을 생각이다. 갈레노스를 거론하는 이유는 히포크라테스 의학과 아리스토텔레스 자연학의 계승자인 그가, 원자론을 신봉하는 학파와 논쟁하는 과정에서 에피쿠로스의 자력 이론을

〈그림 2.2〉 갈레노스(16세기의 상상도).

논박하고 원자론 자체를 격렬히 비판했기 때문이다.

갈레노스의 의학 사상, 자연 사상과 함께 원자론 비판을 가장 잘 볼 수 있는 곳은 160년대에 씌어진 갈레노스의 주저인 『자연의 기능에 대하여On the Natural Faculties』이다. 아래에서 이 책을 살펴보도록 하자.[8] 이 책의 제3권은 다음과 같이 밝히고 있다.

> 흡인에는 두 종류가 있다. 하나는 공허를 채우는 방식에 의한 것이며 다른 하나는 성질의 친근성 때문에 일어나는 흡인이다. 풀무에 공기가 흡인되는 것이 전자의 방식이라면, 철이 자석에 달라붙는 것은 후자의 방식이다.(p. 211)

폐가 공기를 흡수하고 심장이 혈액을 순환시키는 것은 공허를 채우는 물리적 작용 때문이지만, 위나 장이 막을 통해 영양분을 흡수하는 것은 성질이 친근하기 때문에 일어나는 생리적인 작용으로 자력은 후자에 속한다는 것이다. 자력을 이처럼 신체 기관의 작용에 준하는 것으로 설명하는 데서 갈레노스의 특징이 드러난다.

먼저 갈레노스는 생물(동물과 식물)의 두 가지 특징인 '생장하는 것'과 '양분을 취하는 것'은 '자연'의 작용 결과이며, 특히 '감각하는 것'과 '마음먹은 대로 운동하는 것'을 특징으로 하는 동물은 '영혼'이 작용한 결과라고 규정한다. 이런 언어 사용에서 보이듯이 아리스토텔레스의 영향을 쉽게 확인할 수 있다. 아리스토텔레스는 『형이상학』에서 "자연이란 생장하는 사물을 만드는 것을 가리킨다"고 했고, 『영혼론』에서는 영혼의 능력으로 "영양, 감각, 욕구, 장소를 옮기는 운동 능력, 사고가 가능한 것"이라고 말했었다.[9]

갈레노스가 이 책에서 "우리의 신체는 열, 냉, 건, 습으로 이뤄져 있다"(p.116)라고 말하는 데서 알 수 있듯, 그는 기본적으로 아리스토텔레스류의 4원소설에 입각해 있다. 아리스토텔레스의 4원소에 대응해 갈레노스의 병리학은 열·습에 대응하는 혈액, 열·건에 대응하는 황담즙, 냉·습에 대응하는 점액, 냉·건에 대응하는 흑담즙으로 네 가지 체액을 구상하고, 이 네 체액이 균형을 잃을 때 병이 찾아온다고 말하고 있다. 이 4체액 이론 자체는 그리스 의학에서 계승한 것이지만[10] 그것이 중세를 통해 의학, 의술의 대표적인 이론이 된 것은 갈레노스 이후의 일이라 여겨진다. 나아가 갈레노스는 모든 사물의 변화를 '열, 냉, 건, 습'이라는 서로 대립되는 성질들 사이의 이행과 변환—질적 변화—으로 파악했다. "서로 작용을 미치는 성질은 전부 네 가지(*열, 냉, 건, 습)이며, 그런 성질들 때문에 생장과 소멸이 일어난다"(p.5)는 것이다. 이것은 아리스토텔레스의 『생성소멸론』을 이어받은 것이다. 갈레노스 의학은 히포크라테스 의학에 아리스토텔레스 자연학을 접목한 것이라고 할 수 있다.

갈레노스는 실체의 질적인 변화를 기본적 사실로서 인정하느냐 하지 않느냐에 따라 자신과 원자론자들이 결정적으로 대립한다고 주장했다. "의학 영역에서 뭔가 의미 있는 것을 선언한 사람들은 두 개의 학파로 대별된다." 하나는 "생성하고 소멸하는 모든 실체는 서로 연속적으로 이어져 있을 뿐 아니라 질적인 변화를 겪는다"고 보는 학파이다. 이 학파의 대표자가 갈레노스이다. 예를 들어 신체에 섭취된 식물이 피와 살이 되는 것은 (*식물이 신체에) 동화됨과 동시에 진정한 질의 변화가 생기기 때문이다. 생장의 경우 양적으로 증대하기도 하지만 질적 변화도 함께 일어난다고 보았다. 또 다른 학파는 "실체는 변하지 않으며 질적인 변화를 일으키지도 않고 미세한 입자들로 돼 있는데, 이 입자들은 공허한 공간에 의해 분리돼 있다"고 본다.(p.33) 이 학파는 겉으로 드러나는 변화들을 불변하는 실체(원자)들의 이합집산을 통해

기계적으로 설명하려고 했다.(p.27)

　갈레노스는 또 두 대립하는 입장을 더욱 일반화하면 '자연의 모든 기능'을 인정하느냐 하지 않느냐에 있다고 했다. 전자, 즉 갈레노스의 입장은 "자연은 물체보다 뒤에 나오는 것이 아니라 물체보다 훨씬 앞서는 것이다.……이 자연이야말로 동물과 식물의 신체를 구성하는 것이다. 이때 자연은 한편으로는 친근성이 있는 것을 끌어당겨 동화시키고, 다른 한편으로는 이질적인 것을 배제하는 기능을 한다"(p.28)는 것이다. 갈레노스가 말하는 '자연' 즉 신체적 자연본성이란 신체의 각 부위로 하여금 고유한 기능을 수행하도록 하는 작용의 총체를 말한다. 전체로서의 작용은 각각의 신체기관에 앞선다. 개별 신체 기관은 전체 속에 놓이지 않고서는 고유한 역할을 해낼 수 없다. 이것은 유기체적 전체론이라고 할 수 있다. 반면 후자는 "자연에도 혼에도 어떤 고유한 실체나 기능은 존재하지 않으며, 대신 가장 기본적인 물질[원자]들의 응집에 의해 변화가 일어나고 생성과 소멸이 발생한다"(p.28)고 인식한다. 이는 요소환원주의에 해당한다. 이 입장에서는 "어떤 물질도 다른 물질과 공감하는 일은 없으며, 단지 실체 전체가 서로 아무런 관계도 없는 입자들로 분할되고 해체될 뿐"이라고 본다. 그래서 원자론자들은 "자연에 친근성이 있는 것은 끌어당기고 이질적인 것은 배제하는 기능이 있다고 보는 것은 무지의 소치"(p.39)라고 했다.

　갈레노스는 기본적으로 신체의 각 기관에는 '끌어당기는 기능(attraction)' '유지하는 기능(preservation)' '동화하는 기능(assimilation)' '배제하는 기능(expulsion)'이 있다는 것을 인정했다. 동시에 이 기능들은 더 이상 환원할 수 없는, 자연을 구성하는 근본적인 성질로서 받아들여야 한다고 했다. 이에 대해 "갈레노스의 주장은 설명되어야 할 현상에 대해 말 바꾸기를 한 것에 지나지 않으며 그런 면에서 일고의 가치도 없다"[11]고 지적한 것은 환원주의의 입장에서 보면 지당한 것이라 하겠다. 하지만 미성숙하고 조잡한 원자론으로 신체 각 기관의 생리적 작용까지 성급하게 '설명'하려한 환원주의의 시도는 그것이 아무리 교묘하다 한들 실제로는 공상에 지나지 않는다. 그것과 비교하면 갈레노스의 시도는 실제의 관찰을 토대로 생물 특유의 대사 작용을 현상적으로 나름대로 올바로 파악한 상태에서 신체 각 기관의 작용을 정리하고 분류했다는 점에서 의미가 있다.

자력의 원인을 둘러싼 논쟁

문제는 갈레노스가 원자론자들과 자신의 결정적인 대립점을 '자연의 모든 기능'을 인정하느냐 하지 않느냐로 단순화했을 뿐 아니라 이 관점을 무리하게 무기물의 물리적 작용에까지 확장했다는 데 있다.

갈레노스는 『자연의 모든 기능』에서 원자론과의 차이 중 하나는 '끌어당김'을 인정하느냐 하지 않느냐에 있다고 했다. 여기서 갈레노스는 원자론자의 입장에 섰던 의사인 아스클레피아데스(Asclepiades, 기원전 124-40 무렵)를 비난했다. 그는 생리학 영역에서 최초의 원자론자였다. 루크레티우스보다 조금 앞서 태어난 그는 그리스에서 로마로 이주해 인기를 끌었다고 한다. 그러나 갈레노스는 "각각의 약이 그것과 친근성이 있는 어떤 체액을 끌어당긴다"는 사실을 아스클레피아데스가 믿지 않는 것은 난센스라고 주장했다.(p.44) 여기서 '끌어당긴다'는 것은 흡수, 흡인, 견인 등 폭넓은 작용을 가리키지만, 특히 자력을 그 실례로 들고 있다.

원래는 생물체와 유기체의 작용으로서 '자연의 모든 기능' 중 하나였던 '끌어당기는 기능'을 갈레노스는 약물 일반이 가진 약효로까지 확대 해석하고 나아가 광물인 자석의 작용에까지 적용했던 것이다. 그는 "설사약만이 자신과 친근성을 가진 어떤 것들을 끌어당기는 것이 아니다. 가시나 살 속 깊이 박힌 화살 끝을 제거하는 약도 그런 기능이 있다. 야수의 독이나, 화살에 발린 독을 흡수하는 약도 자석과 같은 기능을 갖고 있다"(p.53)고 했다. 뿐만 아니라 "철에 대해 자석이 흡인기능을 가지는 것처럼 정자에도 혈액을 끌어당기는 기능이 있다"(p.85)고도 했다. 이것을 '물활론'이라고 한다면 할 수도 있겠지만, 근대 초에 길버트가 "독이나 화살을 제거하는 약은 자성체의 작용과는 아무런 관계도 없고 전혀 닮지도 않았다"고 갈파한 것처럼[12] 갈레노스의 주장은 지나치게 비약했다고 할 수밖에 없다. 그러나 탈레스 이후 자력은 어떤 종류의 생명적인 힘이라 여겨져왔고 게다가 당시에는 생물과 무생물을 뚜렷이 구별하지 않았기 때문에 생물체의 기능을 자석에 비유했다고 해서 오늘날 우리가 생각하는 만큼 기이한 일은 아니었을 것이다.

아무튼 갈레노스가 이 부분에서 에피쿠로스의 자력론을 거론했고 어쩌면 그때까지는 존재하고 있었던 에피쿠로스의 저서를 직접 읽어본 것으로 추측되므로 여기서 자세히 살펴보기로 하자. 갈레노스는 아스클레피아데스와 달리 에피쿠로스가 인력의 존재를 인정한 것을 높이 평가했다. 그러나 그 설명 방식은 '전혀 설득력이 없다'고 단정했다.

에피쿠로스는 자석이 철을 끌어당기고 호박이 벼 껍질을 당기는 사실을 인정하고 그 원인을 설명하려고 한다. 에피쿠로스는 자석에서 나오는 원자가 철에서 나오는 원자와 형상적인 면에서 서로 적합하기 때문에 잘 엉키게 된다고 말한다. 〔자석과 철의 원자가 얽혀 있는〕 덩어리에 자석과 철의 원자가 부딪치면 〔덩어리에 충돌한〕 원자는 다시 튕겨 나오고 이렇게 튕겨져 나온 양쪽 원자들이 다시 서로 엉켜 〔자석이〕 철을 끌어당기게 된다는 것이다.(p.45)

한마디로 "견인은 원자들이 다시 튕겨 나오고 엉키면서 일어난다"(p.59)는 것이 에피쿠로스의 주장이다. 에피쿠로스를 이처럼 이해한 뒤에 갈레노스는 다음과 같이 비판한다.

에피쿠로스는 현상을 관측하는 데는 뛰어나지만 그 원인을 설명하는 데서는 미숙함을 드러낸다. 왜냐하면 자석에 속하는 작은 물체(*원자)가 다시 튕겨져 나와 그것들이 철에 속한 다른 비슷한 작은 물체(*철의 원자)와 엉키고, 이 엉킴 때문에 무거운 철을 끌어당기게 된다고 하는데 이것을 어떻게 믿을 수 있겠는가. 나는 이해할 수가 없다. 설사 그것을 인정하더라도 철에 뭔가 다른 물체(*또 다른 철)가 접촉할 경우 이것도 앞의 철에 달라붙는데, 에피쿠로스의 설명으로는 이것을 해명할 수 없다.(p.47)

이어서 갈레노스는 "나는 전에 다섯 자루의 철필(鐵筆)이 일렬로 나란히 붙어 있는 것을 본 적이 있다. 이때 처음 한 자루만 자석에 접촉돼 있어 그 힘(*자력)이 처음 한 자루의 철필에만 전달되고 있었다"(p.47)라며 에피쿠로스를 비판했다. 에피쿠로스의 원자론으로는 자석에 접촉한 철이 다른 철을 끌어당기는 이른바 자화현상을 설명할 수 없다는 것이다.

첫째 자석에 몇 개의 철 조각이 연속해서 매달리려면 자석에서 대량의 원자가 흘러나오지 않으면 안 된다. 그렇게 되기 위해서는 (*자석) 원자는 극히 작지 않으면 안 된다. 이에 대해 에피쿠로스는 '바로 그렇다'고 말한다. "이들 입자는 너무나 작아 어떤 것은 공기 속에 떠도는 가장 작은 티끌과 비교해도 만 분의 일 정도밖에 되지 않는다고 해야 할 것이다"라고 한다. 그러나 갈레노스는 과연 그토록 가벼운 입자에 의해 무거운 철이 매달리게 된다고 누가 믿을 수 있겠는가"(p.49)라며 반박한다. 그런 작은 입자 덩어리로는 철의 무게를 버텨낼 수가 없다는 것이다. 둘째는 자화된 철에는 제2, 제3의 철이 아래나 위에 매달리는데 그렇게 되려면 "(*자석) 입자의 아랫부분이나 옆면에도 갈고리 모양 같은 것이 있어야 한다"면서 이것이 얼마나 황당무계하냐고 반문한다. 셋째로 에피쿠로스는 자석에서 흘러나온 입자가 철에서 다시 튕기고 이것이 철을 끌어당기는 원인이 된다고 하지만 갈레노스는 이런 설명이 불합리하다고 했다. 자석에 몇 개의 철 조각이 매달리는 경우, 어떤 입자는 첫째 철 조각에서 바로 다시 튕기지만 다른 입자는 첫째 철 조각을 쉽게 빠져나와 둘째 철 조각에서 다시 튕겨야만 하는데 과연 이것이 가능하냐며, 생각할 가치도 없다는 것이다.

갈레노스는 이처럼 자석의 인력에 대한 에피쿠로스의 '설명'을 공격하고 결점을 파헤쳤지만, 이를 대신할 만한 타당한 '설명'을 내놓지는 못했다. '자연력' 일반의 경우와 마찬가지로 자력에 대해서도 갈레노스는 "존재하는 각각의 물질에는 그 자신과 친근성이 있는 성질을 끌어당기는 기능이 있고 그 기능의 정도는 물질에 따라 다르다"(p.55)고 주장하는 선에서 그친다. 갈레노스는 자석이 철을 끌어당기는 것은 생물이 식물로부터 영양물을 흡수, 섭취하는 것처럼 더 이상 환원 불가능하고 설명이 불가능한 성질-굳이 말하자면 생명적인 기능-로 보았다.

아프로디시아스의 알렉산드로스

자력에 대한 이 같은 생물태적이며 물활론적인 견해를 갈레노스 직후의 아리스토텔레스주의자안 아프로디시아스의 알렉산드로스(Alexandoros of Aphrodisias)에게서 다시 한 번 보게 된다. 그는 16세기에 파도바(Padova)를 중심으로 활동한 북이탈리아 철학자들, 특히 폼포나치에게 영향을 준 것을 제외하면 그리스 사상과 과학의 역사에서 그다지 알려진 인물은 아니다. 하지만 그는 198년부터 211년에 걸쳐 아테네에서 소요학파를 재건하고 아리스토텔레스의 주석서를 다수 저술했으며 고대 그리스 사상, 특히 아리스토텔레스 철학을 마지막까지 지탱했다.

자력과 관련해 알렉산드로스는 엠페도클레스와 디오게네스, 데모크리토스 등의 기계론적이고 원자론적인 자석 이론을 후세에 전한 인물이기도 하다. 하지만 그 이론들을 거론한 이유는 환원주의적 설명 방식을 비판하기 위해서였다.

엠페도클레스의 '유출물' 이론에 대해 그렇다면 왜 철만이 움직이고 자석은 움직이지 않는가라는 비판이 제기된 것은 앞에서도 보았다. 그러나 더 본질적인 비판은 왜 철과 자석 사이에서만 그와 같은 힘이 작용하는가, 다시 말해 자력의 선택성이 제대로 설명되지 않는다는 점에 있었다.

왜 철에서 나온 유출물이 함께 움직일 때 자석 이외의 다른 물체 쪽으로는 움직이지 않는 것일까. 왜 자석에서 나온 유출물만이 공기로 하여금 철의 통공을 막아 철에서 유출물이 나오지 못하게 하는가. 그뿐인가. 엠페도클레스는 많은 물체가 그들의 유출물과 상호 대응하는 통공을 가지고 있다고 했는데, 왜 (*철과 자석 외에는) 다른

자력과 중력의 발견 89

물질 쪽으로 운반되는 사례가 없는가.[13]

아폴로니아의 디오게네스가 내세운 '금속에 의한 수분 방출' 이론에 대해서도 비슷한 기조로 비판했다.

만약 그렇다면 자석이 그것과 친근한 철을 끌어당기듯이, 또 다른 친근한 것들 예를 들어 청동과 납은 왜 끌어당기지 않는가. 이들도 수분을 방출하고 그들과 친근한 물질이 확실히 존재하지 않는가. 또 왜 자석은 철보다 더 많은 수분을 방출하는 물체, 예컨대 청동을 끌어당기지 않는가.[14]

'유사한 것은 서로 끌어당긴다'라는 데모크리토스의 테제에 대한 비판도 같은 선상에 있다. 이 관점으로부터 자력과 정전기력의 차이에 대해 문제를 제기한다.

자석과 철이 유사한 원자로 합성돼 있다는 것을 인정하는 사람이 있다면, 그는 호박과 밀 껍질도 서로 유사한 원자로 구성돼 있다고 주장할 것인가.……호박은 밀 껍질 외에도 다른 많은 것을 끌어당긴다. 만약 호박을 구성하는 원자가 그들 모두와 비슷하다면, 그 물체들끼리도 유사하기 때문에 그들이 서로 끌어당겨야 하지 않는가.[15]

자력과 정전기력의 현상적인 차이, 즉 호박의 인력은 다양한 물체에 작용하지만, 자석은 철에만 작용한다는 사실이 이 즈음에는 분명하게 알려져 있었던 것 같다. 바로 그 점이야말로 기계론적, 원자론적인 자력 설명이 가진 아킬레스건이라는 것을 알렉산드로스는 간파했던 것이다.

이로부터 알렉산드로스는 자력이 본질적으로 비기계론적인 작용이라는 결론을 얻었다.

알렉산드로스는 첫째 자력은 직접 접촉하고 있는 물체에 작용해 힘을 미친다는 의미에서의 '근접작용'은 아니라고 보았다. 그는 "어떤 물질들은 힘과 접촉을 통해 다른 물체를 끌어당긴다. 그리고 그들은 스스로 움직여 운동을 일으킨다. 그러나 자석은 이와 같은 방식으로 끌어당기지 않는다. 왜냐하면 자석은 움직이지 않기 때문이다"[16]라고 밝혔다.

둘째로 알렉산드로스는 자석이 철과의 사이에 있는 공기나 물은 끌어당기지 않고 철에만 작용한다는 점이 호박이 가진 인력과 구별되는 결정적인 차이라고 생각했다.

자석은 중간에 있는 공기나 물을 통해 철을 자기 쪽으로 끌어당기는 것이 아니다. 호박이나 흡각(吸角, cupping-glass)이 중간에 있는 열을 통해 작용하는 것처럼, 만약 자석도 사이에 있는 공기를 자기 쪽으로 끌어당긴다면 철 표면에 있는 보다 가벼운 물체를 끌어당기게 될 것이다. 하지만 실제로 자석은 그런 방식으로 작용하지는 않는다. 호박이나 흡각은 열을 밖으로 방출해 가까이 있는 수분을 흡입하고 인접한 것을 끌어당기지만 자석은 오직 철만 끌어당긴다. 만약 자석이 중간에 있는 공기를 흡입한다면 공기 중에 있는, 철보다 가벼운 물질들이 철보다 먼저 자석 쪽으로 옮겨 갈 것이다.[17]

이 인용문은 자석이 철에 직접 접해 있지 않아도, 아니 중간에 공기가 아니라 물이 있더라도, 자력이 철에 도달한다는 것을 최초로 지적한 것이다. 더구나 자석은 중간에 개재된 물질을 전혀 움직이지 않고 철만을 끌어당긴다. 그래서 알렉산드로스는 자력이 '근접작용'이 아니라고 한 것이다. 즉 자력은 공기나 물 같은 매질의 접촉이나 운동을 통해 기계론적으로 작용하지는 않는다고 이해했다.

기계론이나 원자론에 대한 알렉산드로스의 비판은 나름대로 초점이 분명하고 설득력이 있다. 그러나 자력에 대한 그 자신의 설명은 솔직히 말해 이해하기가 어렵다. 다음을 보자.

영양분이나, 욕구 및 식욕의 대상이 되는 모든 물질은 살아 있는 것들을 끌어당기지만, 그것은 그 자체(*욕구, 식욕)와 욕구의 대상 사이에 있는 것들을 유사하게 만들기 때문이 아니다(왜냐하면 중간에 있는 것들은 영양분이 되는 일도 없을 뿐더러 끌어당겨지는 일도 생기기 않기 때문이다). 대신 중간에 있는 물질은 욕구의 대상에 의해 자극을 받아 사물을 지각할 때처럼, 작용을 받는 물질에 대해 그 형상을 전달한다. 철이 자석에 끌리는 것도 이와 같다. 즉 자석이 철을 자기 쪽으로 끌어당기는 것은 힘을 통해서가 아니라 철에는 존재하지 않지만 자석은 가지고 있는 어떤 욕구에 의한 것이다.[18]

논지가 분명하지 않지만 살아 있는 생명체가 공기 속에서 식물의 향기를 맡거나, 영양을 좇아 본능적으로 식물에게 이끌리는 것처럼 철도 자신의 영양분을 구하기 위해 자석에 끌려가게 된다는 주장이다. 갈레노스와 같은 논조이지만 철과 자석의 역할이 뒤바뀌어 있다. 즉 알렉산드로스는 자석뿐만 아니라 철도 생명체로 비유하고 있다. 알렉산드로스는 "자연적인 것에 대한 욕구는 감각이나 영혼을 가진 존재에게만 있는 것이 아니다. 영혼을 가지지 않은 많은 물질도 욕구를 가진다"고 결론지었다.[19] 알렉산드로스도 자력을 일종의 생명적 혹은 생체적인 힘으로 보면서 물활론으로 귀착한 것이다.

＊ ＊ ＊

　불가사의한 자력을 둘러싸고 그리스 철학은 크게 두 가지로 나눠졌다. 하나는 데모크리토스, 에피쿠로스, 루크레티우스 등의 원자론적 입장과 엠페도클레스, 디오게네스, 후기 플라톤, 플루타르코스 등이 설파한 미시적인 기계론이다. 이들 모두를 총칭해서 환원주의 입장에 선 근접작용론이라 할 수 있다. 다른 하나는 탈레스나, 초기 플라톤, 아리스토텔레스처럼 자력을 신적이고 영적인 능력으로 보는 견해 및 갈레노스와 알렉산드로스가 말하는 생명적 혹은 생리적인 자력관이다. 이를 총칭하면 유기체적인 전체론이라고 할 수 있다. 특히 후자의 관점은 모두 자력을 더 이상 설명이 불가능한 원격작용으로 받아들였다는 것이 특징이다.

　힘을 둘러싼 이 대립은 근대에 이르러 중력을 둘러싸고 그대로 재현된다. 즉 데카르트의 기계론과 뉴턴주의 사이에서 재현되는 것을 우리는 뒤에서 보게 될 것이다. 실제로 근대에 다시 등장한 기계론과 원자론―근접작용론―은 기본적으로 고대 환원주의의 부활이자 답습이었다. 반면 뉴턴의 중력 이론은 천체들 사이의 중력을 자연적인 사실로서―더 이상 설명이 불가능한 사실로서―받아들였다. 뉴턴은 데카르트의 자의적이며 공상적인 기계론적 모델을 '가설의 날조'라며 비판했다. 그러나 데카르트주의자들은 물체(천체)가 공허한 공간을 건너 뛰어 다른 물체에 힘을 미친다는 뉴턴의 중력 이론에 대해 현상의 본질은 설명하지 못하고, 단지 말을 바꾼 것에 불과하다고 비난하였다.

　하지만 이것은 천 수백 년이나 지난 뒤의 일이다. 그리스 철학, 특히 기계론적 환원주의로 자력을 설명한 방식은, 기원 2세기 말부터 3세기 초까지 갈레노스와 알렉산드로스가 비판적으로 언급한 것을 마지막으로 거의 잊혀지게 된다. 루크레티우스의 시는 12세기 기욤 드 콩슈의 『우주의 철학』에 나타나기 때문에 완전히 잊혀진 것은 아니라고 할 수 있지만, 1417년 이탈리아 인문주의자인 포조 브라치올리니(Gian Francesco Poggio Bracciolini)에 의해 거의 완전한 사본이 발견돼 1473년 인쇄되기까지는 사실상 사람들의 관심에서 사라졌다고 할 수 있다. 『티마이오스』는 중세 유럽에서도 계속 읽힌 극소수의 그리스 철학서 중 한 권이었다. 하지만 거기에 담긴 기계론적 자석이론이 언급된 경우는 없었다. 한편 플라톤주의가 부활하게 되는 3세기, 포르피리오스(Porphyrios, 233-304 추정)는 『결제론On Abstinence from Killing Animals』에서 "자석(마그네스)은 가까이 있는 철에 영혼을 주기 때문에 아주 무거운 철도 자석의 숨결을 받게 되면 가벼워진다"고 했다.[20] 확실히 그의 주장은 탈레스와 아리스토텔레스가 내세운 자력관의 연장선에 있다. 또 중세에 이르면 갈레노스와 알렉산드로스의 유기체적 전체론은 자력을 마력으로 본—아마 오리엔트에 기원을 둔—신비주의의 영향을 받는다.

  지금까지의 서술은 모두 자석과 철 사이에 생기는 인력에 관한 것일 뿐 자석끼리의 힘과는 관련이 없다는 점에 주의해야 한다. 고대 그리스에서는 자석과 자석 사이의 힘에 대해서는 알려지지 않았던 것 같다. 게다가 자석이나 자침의 지북성도 알려지지 않았던 것으로 보인다. 이 점에 대해서는 이미 1590년에 스페인의 호세 데 아코스타(José de Acosta)가 『신대륙 자연문화사Historia natural y moral de las indias』의 '항해에서 자석이 가진 뛰어난 성질과 힘, 그리고 고대인이 그것을 몰랐다는 사실'이라는 제목으로 제1권 제17장에서 분명히 밝혔다. 19세기에 이탈리아 출신의 역사학자 베르테리(Timoteo Bertelli)에 따르면,[21] 기원전 6세기부터 11세기까지의 그리스어와 라틴어로 된 70권 이상의 문헌을 조사한 결과 자석의 지북성이나 그 특성이 항해와 천문학, 측량 등에 사용된 흔적은 찾아볼 수 없었다고 한다.²²▪

이처럼 '자력을 설명'하려는 시도는 물론이고 '자석에 대한 과학적인 관찰'조차 유럽에서는 거의 천 년간 잊혀진다. 그러나 이것이 자석에 관한 관심이 희박해졌다는 것을 의미하지는 않는다. 자력이 가진 불가사의함 자체는 변함없이 세인의 관심을 끌며 계속 회자되었다. 자석은 근대 물리학과는 다른 관점에서 사람들의 주목을 받았다.

▪ 13세기에 나온 알베르투스 마그누스의 『광물의 서』에는 아리스토텔레스가 『돌에 관하여』에서 "어떤 종류의 자석의 끝은 철을 'zoron' 즉 북쪽으로 끌어당기는 힘을 가진다. 그리고 배를 탈 때는 이것을 이용한다. 그러나 이 자석의 다른 끝은 반대 방향 'aphron' 즉 남쪽으로 끌어당긴다. 또 철을 자석의 북쪽 끝으로 가까이 가져가면 철은 북쪽이 되고, 반대쪽으로 가까이 가져가면 바로 남쪽이 된다"고 썼다고 기록돼 있다.²³ 그러나 이 『돌에 관하여』는 위서(僞書)로서 비잔틴 또는 시리아나 페르시아에서 만들어진 다음 아라비아어로 번역되었으며, 이후 몇 번이나 수정이 가해진 상태에서 라틴어로 번역된 것으로 보인다. 'zoron'이나 'aphron'은 히브리어로 여겨지는데 '자화된 철이 지북성을 나타낸다'는 이 구절이 언제 어디서 덧붙여졌는지는 알 수 없다.

3장

공감과 반감의 네트워크
로마제국 시대

종전의 과학사는 로마 과학이 그리스 때보다 크게 후퇴했으며, 그 결과 현대에 이어지지 않았다는 이유로 '그리스 로마 시대'라는 이름 아래 헬레니즘 문명을 일괄하면서 대충 훑어보는 데 만족했다. 그러나 로마의 자연관, 특히 '공감과 반감'의 네트워크를 통해 자연을 파악하는 방식은 르네상스에 이르기까지 중세 유럽에 큰 영향을 미쳤다.

아일리아누스와 로마의 과학

알렉산드로스 3세의 죽음 이후 그리스 세계는 헬레니즘 국가들로 분열하고 마케도니아인이 지배하게 된다. 그리고 그 시대는 그리스 세계가 쇠퇴하는 시기이기도 했다. 기원전 146년 마케도니아가 로마 군(軍)의 지휘 아래 들어가고, 다시 기원전 133년에는 페르가몬 왕국이 국토를 로마에 뺏기게 된다. 기원전 30년에는 프톨레마이오스 왕조가 로마에 패함에 따라 마침내 헬레니즘 국가들은 종언을 맞게 된다. 이미 갈리아(Gallia)와 히스파니아(Hispania)를 정복했던 로마는 이렇게 해서 지중해 세계에서 패권을 거머쥐게 된다. 동시에 로마는 그때까지 백 년에 걸친 피비린내 나는 내전에 마침표를 찍고, 아우구스투스(Caesar Augustus, 옥타비아누스) 공화제에서 사실상 제정(帝政)으로 이행하는 데 성공한다. 이처럼 그리스 세계를 삼킨 거대한 로마제국은 이후 200년에 걸쳐 대체로 안정된 지배체제를 구축하게 된다. 특히 96년부터 180년까지의 오현제(五賢制) 시대에는 제국의 판도를 최대한 넓혀 '로마의 평화(Pax Romana)'를 구가했다. 그러나 "로마는 동방 세계를 정복하고 그토록 탐욕스럽게 수탈하면서도, (*문화적) 이해와 (*문화유산을) 전달하는 능력을 갖추지 못해 가장 중요한 보배를 놓쳐버렸다."[1] 로마가 알렉산드리아로부터 계승한 것은 그리스 문화의 아주 작은 단편과 참혹한 잔해밖에 없었다.

그러나 사실 로마제국 초기에도 루크레티우스와 갈레노스, 신플라톤주의에서 보이티우스(Auicius Manlius Severinus Boethius)에 이르는 고대 그리스의 사변적인 자연철학이 6세기 무렵까지 이어졌다. 그러나 그것은 그리스 유산을 하나씩 소화하는 과정이었을 뿐 로마 고유의 것이라고는 말하기 어렵다. "로마인들은 어떠한 예술적 형식도 창안하지 못하고, 독창적인 철학체계를 세우지도 않았으며, 과학적인 발견을 이루지도 못한 채 그저 그럴싸한 도로를 만들고, 체계적인 법률을 짜고, 효율적인 군대만 길렀다"고 한 러셀(Bertrand Russell)의 평가[2]가 로마 문화를 잘 요약하고 있다. 때문에 통상의 과학사에서는 로마 시대를 독립적으로 논하는 일이 드물다. 기껏해야 '그리스-로마 시대'로 한데 묶어 헬레니즘, 그리스에 덧붙이는 미미한 존재로 취급된다.

하지만 이 시대가 현대적인 관점에서 보면 '과학'이라 부르기 곤란하고 그리스와 비교하면 '후퇴'하고 있었던 것처럼 보일지라도, 우리의 주제인 자석과 자력에 관한 한 그리스 문헌에 남아 있는 것과는 분명히 다른 주장을 펼치고 있는 것도 사실이다. 그것들은 그 시대가 자연력을 받아들이는 방법, 그 시대 사람들이 자연을 바라보는 관점과 견해를 특징적으로 보여준다. 뿐만 아니라 그와 같은 자연 이해가-뒷장에서 보는 것처럼-중세 유럽에 커다란 영향을 미치게 된다. 그래서 본 장에서는 그리스 과학의 단순한 연장이 아닌 로마 특유의 언설을 들어보려고 한다.

'과학사'라는 관점에서 보면, 그리스 문화가 로마 사회에 전해지는 과정에서 그리스 철학과 과학을 특징짓는 논리성이나 합리성을 놓친 것은 부인할 수 없다. 200년 무렵 로마 사람 아일리아누스(Aelianus, 170-?)가 그리스어로 쓴 『기담집奇談集, Varia Historia』은 당시 분위기를 잘 보여준다. 그리스 이후에 전승된 이야기들을 모은 잡문집으로 소위 로마의 유한계급을 위한 오락용 읽을거리였다. 그래서 보통의 과학사에서는 아일리아누스라는 인물을 거의 주목하지 않는다. 로마 시대의 과학을 다룬 소수의 논문들 가운데 하나인 스탈(William Harris Stahl)의 『로마의 과학Roman Science』에도 언급되지 않았다. 그러나 당시 로마인으로 그리스어를 읽고 쓸 수 있었다면 꽤 교육을 받은 지식인이었을 것이다. 따라서 이 책은 그와 같은 교양인이 그리스 문명을 어떤 차원에서 보고 있었는지, 그 일단을 보여준다는 의미에서 아주 흥미롭다.

이 책의 첫 부분은 문어나 산양의 습성에 관해 아스토텔레스의 『동물지Historia Animalium』에 나온 부분을 그대로 인용한 뒤 그리스 철학자들의 언행에 대해 맥락 없이 서술한다. 예를 들어 "소크라테스는 사치스러웠다"라든가 "플라톤은 여류시인 사포(Sappho)를 미인이라고 했다" 같은 실없는 에피소드로, 철학자들의 주장이나 이론은 전혀 언급하지 않는다.[3] 2세기부터 3세기에 걸쳐 로마에서는 그리스 문화를 거론하는 것이 유행이었던 듯하다.[4] 특히 그리스 문화에 대한 지식을 그리스어로 언급하는 것은 지식계층의 자기과시의 수단이었던 것 같다. 그렇지만 그 이야기들은 그리스 문화의 껍질에 지나지 않았다. 아일리아누스의 책은 로마의 교양인들 사이에서 그리스 문명의 유산이 어떻게 취급되었는지를 잘 보여준다.

로마제국에는 이런 종류의 책들이 몇 권 더 있었다. 로마의 학문적 특징은 이처럼 잡다한 지식을 비체계적으로 모으는 것일 뿐 논리적인 서술에는 별 관심이 없었다. 따라서 이 책들 대부분은 백과사전이나 매뉴얼 스타일로 편집됐다. 그 중에서도 가장 포괄적이며 꼼꼼해 이후 아류작들을 낳은 것이 70년 무렵 씌어진 플리니우스의 대작 『박물지』였다. 이 책보다 조금 앞서 60년 무렵 씌어진 디오스코리데스(Pedanius Dioscorides, 40-90무렵)의 『약물지藥物誌, De materia medica』도 무시할 수 없다. 이야기를 먼저 그쪽으로 돌려보자. 아일리아누스의 자력관은 이 장의 끝에서 다시 만나게 된다.

디오스코리데스의 『약물지』

디오스코리데스는 로마제국에 편입돼 있던 소아시아의 실리시아(Cilicia, *터키의 옛 지명) 지방에서 태어났다. 페르가몬과 알렉산드리아에서 공부한 그는 잔존하고 있던 헬레니즘 과학과 의학의 영향을 받았다. 이후 로마제국 황제 네로(재위 54-68)의 군대에서 군의로 근무하면서 여기저기서 『약물지』의 자료를 수집했다. 수많은 약물-600종의 약용식물, 80종의 동물성 약물, 50종의 광물-을 감별하고 약재로서의 효능, 제법과 용법 등을 기록한 『약물지』는 한편으로는 그리스의 유산을 로마 사회에 계승했다고 할 수 있다. 그리스어로 씌어진 부분도 있어 바로 앞장에서 다루었어야 했을지도 모른다. 그러나 『약물지』는 단순히 그리스 유산의 재현이나 모방에 머물지 않았다. 독자적인 조사와 관찰을 덧붙여 당시로서는 약물학, 약초학을 집대성한 것이라 할 만했다. 이 책에는 또 '원인'에 대해 관념적이거나 사변적인 설명이 전혀 없고 단지 약물의 처방이나 효능만을 열거하고 있다. 그런 의미에서 그리스적 전통과는 결별했다고 할 수 있다. 논리성보다는 실용성을 중시한 매뉴얼 스타일로 돼 있어 『약물지』는 역시 로마의 과학서로 봐야 한다.[5]

『약물지』의 '전문'에서 디오스코리데스는 "아스클레피아데스파는 약물의 효능을 실제 경험을 토대로 평가하지 않고 약효의 원인에 대해서도 공허한 논쟁만 한다. 예를 들어 그들 가운데 가장 주목받는 인물인 페트로니우스 아르비테르(Gaius Petronius Arbiter)는……뚜렷한 증거가 있는데도 잘못된 사항을 많이 적어놓고 있다. 이는 자신의 관찰로부터 얻은 게 아니라 다른 사람들로부터 전해들은 이야기를 그대로 옮겨놓았기 때문"이라면서 엄하게 비판했다. 실제 『약물지』에는 전승된 이야기를 무비판적으로 옮긴 경우는 적고, 많은 부분이 직접 관찰에 의지한 것으로 보여 당시의 자연과학서 중에서 빼어난 위치를 차지한다. 그래서 나중에 멋진 도판까지 붙은 라틴어로 번역된 복사본이 많이 돌았고, 십 수 세기에 걸쳐 유럽 각국의 약물학자들에게 아이디어를 제공했다. 오늘날에도 전해지는 몇 가지 식물의 이름이나 학명은 이 책에서 따온 것이다.

동시대인이었던 갈레노스도 이 책을 의학용 약물을 집대성한 것으로서 "가장 완벽하다"고 평했고, 카시오도루스(Cassiodorus)가 6세기에 수도원 안에 병원을 세웠을 때는 "들판의 약초를 놀라울 정도로 정확히 서술하고 선별했다"며 이 책을 적극 추천했다고 한다.[6] 훨씬 뒤인 12세기에는 기욤 드 콩슈(Guillaume de Conches)가 본초(本草)에 대해서는 "디오스코리데스가 충분하고 명확히 가르치고 있다"고 했고, 13

〈그림 3.1〉 디오스코리데스의 초상.

세기 로저 베이컨은 "보통사람의 삶의 한계를 넘어 수명을 늘릴 수 있는 가능성을 디오스코리데스가 밝혀냈다"고 썼다.[7] 근대 초인 16세기 중엽의 영국에서도 디오스코리데스는 갈레노스, 히포크라테스와 나란히 의학과 약물학의 권위자로 인정받았다. 1544년에는 베네치아에서 이탈리아어로 된 『디오스코리데스 주해*Commentario di Dioscorides*』가 출판되었고 이후 라틴어, 보헤미아어, 프랑스어로도 번역되었다.[8] 16세기 말에 의학을 배우고자 했던 헬몬트(Jan Baptista van Helmont) 역시 디오스코리데스의 『약물지』를 읽은 뒤, 이 책 이후로는 약초술이 진보하지 않았다는 걸 깨닫게 되었다고 회고했는데,[9] 그때는 『약물지』가 씌어진 지 1,600년 이상이나 지났다.

『약물지』는 대부분 약초에 대해 기록하고 있지만 광물도 1백 종 가까이 다루고 있다. 예를 들어 수은에 대한 서술을 보자. "쇠로 된 냄비에 모래(辰砂)를 담고 이를 토기 항아리에 넣어 뚜껑을 덮은 뒤 주위에 점토를 발라 석탄에 불을 붙인다. (*가열이 끝난 뒤) 항아리에 붙은 그을음을 긁어내고 냉각시키면 수은이 된다"(5권, 110항)고 기록했다. 이 방식은 정확하며 수은을 추출하는 방법에 대한 최초의 서술이다. 특기할 점은 일반적으로 "고대의 본초서(本草書)와 보석론에는 '점성술적인 식물학과 광물학'이 가득"했지만 디오스코리데스의 『약물지』에는 전설이나 미신적 요소를 거의 찾아볼 수 없다는 것이다.[10]

그럼에도 자석에 대한 기술만은 다음에서 보듯이 거의 민간에 전해지는 속설에 의지하고 있다. 자석이나 자력이 당시 어떻게 받아들여졌는지를 극명하게 보여주기 때문에 전체 문장을 인용한다.

자석은 쉽게 철을 끌어당길 수 있는 것이 최상품이다. 그것은 푸른빛을 띠며, 두껍지만 그다지 무겁지는 않다. 물로 희석한 꿀술과 함께 3오보로스(약 2.1그램)를 넣으면 짙은 체액을 추출해내는 약효가 있다. 자석은 정절한 부인과, 간통을 저지른 부정한 부인을 판별하는 데도 도움이 된다고 알려져 있다. 자석을 침대 속에 숨겨놓고 관찰해 보면, 정절하고 남편을 사랑하는 부인은 자석이 가진 어떤 종류의 자연적 효력에 의해 깊이 잠이 들어도 손을 뻗어 남편에게 착 달라붙지만, 간통한 부인은 어떤 추하고 은밀한 꿈에 시달린 나머지 침대에서 굴러 떨어지게 된다. 또한 두 남자가 자석을 가지고 있으면 그 두 사람 사이에 다투는 일이 생기지 않는다. 자석은 조화를 가져오고, 가슴에 대면 사람들의 마음을 누그러뜨린다.(5권, 148)

앞장까지의 논의와 비교하면 논조가 크게 변한 것을 알 수 있다. 첫째 그리스에서는 오로지 자석을 어떻게 '설명'할 것인가를 물었으나, 여기서는 자석이 어떻게 작용하는가, 자석이 어떻게 도움이 되는지만을 묻고 있다. 그리스에서는 자력의 '왜(why)' 즉 '근거'에 관심을 가졌지만, 로마에서는 자력의 '어떻게(how)' 즉 '효능'만을 묻는다. 둘째로 '어떻게'에 대해서도 물리적인 작용과 생리적인 작용을 구별하지 않는다. 자연적인 작용과 초자연적인 작용의 경계가 없는 것이다.

자석(자철광)에 특별한 약효가 있다는 것은 오랜 옛날 아시리아(Assyria)나 고대 이집트에서 믿었다고 한다.[11] 그리스 시대에도 그런 주장은 볼 수 있다. 기원전 5세기에 씌어지고, 헬레니즘 시대에 알렉산드리아에서 편찬된 『히포크라테스 문서Hippocrates Writings』가 지금까지 전해진다. 이 책은 히포크라테스뿐 아니라 당시 그리스 의사들이 써서 남긴 문서를 총칭하는 것이다. 이 책 속에 '내과 질환에 대하여'라는 부분이 있는데-이 부분은 기원전 5세기 말에 씌어진 것으로 히포크라테스가 지도한 식이요법을 중요시하는 코스학파와는 경쟁 관계에 있던, 약제를 중시하는 크니도스학파 의사의 글로 추정된다. 거기서는 하제(下劑, *설사를 나게 해서 변비를 치료하는 약)로 자석(자철광)

을 들고 있다.[12] 알렉산더 대왕도 통풍이나 간질 치료제로 제비의 피나 소년의 오줌과 함께 자석을 권했다고 한다.[13] 디오스코리데스가 말하는 '짙은 체액'이 무엇인지는 잘 모르겠으나, 자석에 특별한 약효가 있다는 것 자체는 새로운 사실이 아니었다. 갈레노스가 의약의 생리적 작용과 자석의 물리적 작용을 같이 다루었던 것에서도 알 수 있듯이 자석의 약효는-문서로 남겨져 있지는 않더라도-다른 경로로 전해지고 있었던 것 같다.

그렇다 하더라도 자석이 부인의 정절을 식별하는 능력이 있다는 디오스코리데스의 글은 현대인이 보기에는 너무나 황당무계하며, 다른 항목의 실증적인 서술과도 큰 차이를 보인다. 『약물지』에서 다루는 많은 광물들 중 이와 같이 초자연적인 효능이 있다고 기록된 것은 겨우 여섯 가지에 지나지 않는다. 그것도 자석 이외에는 부적으로 사용할 수 있다는 정도로 간단히 언급만 할 뿐, 대개는 약효나 처방에 비중을 둔다. 유독 자석에 대해서만 아주 이질적으로 다루고 있는 것이다. 당시 사람들에게 자석이 얼마나 특이한 것이었는지를 잘 드러낸다고 하겠다.

그렇지만 이것을 근거 없는 미신이자, 과학 이전의 망언으로 치부해 버리면 당시의 자연 인식에 관한 실상을 놓치게 된다. 당시 사람들은 자석이 철을 끌어당기는 물리적인 힘을 가지고 있다는 사실과 자석이 체액을 추출하는 생리적인 작용을 한다는 것 사이에 별다른 차이를 느끼지 못했다. 따라서 자석이 부인의 정절을 식별하거나 사람들의 싸움을 조정하는 능력을 가진다는 점도 같은 차원으로 받아들였던 것이다. 전자의 물리적, 생리적 작용은 실험을 통해 판단해야 할 사실이고, 후자는 실험을 할 필요도 없는 미신이라고 단정하는 것은 어디까지나 현대인의 인식과 구별 방식일 뿐이다. 현대에는 미신으로 보이는 것도 당시에는 자연을 바라보는 관점이었다고 받아들이지 않으면 안 된다.

다음 장에서 자세히 살펴보겠지만, 자석에 부인의 정절을 식별하는 힘이 있다는 것과 같은-현대 과학의 관점에서 보면 어이없을 만큼 비과학적이고, 기독교 입장에서도 의심스럽고 이교도적인-이야기가, 사실은 유럽에서 그 후 천 년 이상 계속 이어졌다.

플리니우스의 『박물지』

로마 시대의 '과학'을 살펴보기 위해 가장 주목해야 할 책은 전체 37권으로 된 플리니우스의 『박물지』이다. 로브 고전 라이브러리(Loeb Classical Library, *하버드 대학에서 시리즈로 내놓은 고전 번역 사업)의 라틴어-영어 대역본으로도 모두 10권이나 될 만큼 방대한 『박물지』는, 로마제국이 자연 인식에 대해 고대로부터 물려받은 유산을 집대성한 것이자 총목록이라고 할 수 있다. 로마가 이전 시대의 유산을 어떻게 수용하고 어떻게 보존해 유럽 사회에 넘겨주었는지를 여실히 보여준다.

플리우니스는 23년 혹은 24년에 현재 북이탈리아 지방의 부유한 기사의 가정에서 태어나, 젊은 시절 로마에서 공부했다고 한다. 전형적인 로마 상류계급의 교육을 받았다. 게르마니아(Germania)와 히스파니아에서 군과 행정 관련 일을 했으며 이 기간에 견문을 넓혔다. 이름이 같은 조카 소(少) 플리니우스(Younger Plinius)에 따르면 "그에게는 명민한 재능과 믿기 어려운 탐구욕, 쉬지 않고 일하는 근면함이 있었다"고 한다.[14] 보통사람들보다 부지런하고 지식욕이 왕성했던 그는 기사로서의 바쁜 업무중에도 지칠 줄 모르고 꾸준히 저술에 힘써 20권에 달하는 『게르마니아 전기』를 비롯해 몇 편의 작품을 써냈다. 그러나 전부 없어지고 유일하게 남은 것이 『박물지』이다. 『박물지』는 그의 말년 작품으로 77년에 완성되었고 사후에 출판됐다.

플리니우스가 죽음을 맞이하게 된 것도 79년 8월 24일 유명한 베수비오(Vesuvio) 화산이 대폭발하자 나폴리 만의 미세눔(Misenum)에서 함대 사령관으로 있던 그가 주민을 구조하기 위해, 나아가서는 호기심과 탐구심에 끌려 위험을 무릅쓰고 배를 타고 나가 조난당했기 때문이라고 한다. 그때의 상황은 역사가 타키투스(Publius Cornelius Tacitus)에게 보낸 소(少) 플리우니스의 편지에 자세히 기록돼 있다. 그에 따르면 선상에서 분화의 상태를 구술해 받아 적게 했을 뿐 아니라, 끝내는 두려움에 떠는 부하를 독려해 배를 타고 나가 화산 폭발 피해 지역에 상륙했으며, 직접적인 사인(死因)은 분출된 유황 가스를 들이마셨기 때문이라고 한다. 과학 연구를 위해 순사(殉死)한 첫 사례라고 할 수 있겠다.[15]

『박물지』의 일관된 사상을 요약하면 모든 자연물은 각각 고유한 힘과 작용을 갖고 있을 뿐 아니라 인간에게 독자적인 용도를 가지고 있다는 것이다. 따라서 기본적인 문제의식은 각각의 사물이 '(*인간에게) 어떻게 도움이 되는지'에 있다. 그 이상의 어떠한 관념적이고 철학적인 사변과도 관계가 없다. 내용도 첫째 실용적이라고 생각하는 지식에 대한 무조건적인 승인, 둘째 진귀한 자연물 - '자연의 불가사의' - 에 대한 남다른 호기심, 셋째 탐욕스러운 수집욕에 있다. 플리니우스가 기록한 항목은 2만 가지가 넘고 로마인과 외국인을 합해 473명의 저자들이 쓴 2천 종류에 이르는 문헌을 참고했다. 하지만 그 '자연'이나 '사실'들은 자기 눈으로 직접 관찰한 자연이거나 확인한 사실이라기

〈그림 3.2〉 플리니우스 『박물지』를 최초로 영역한 책의 표지(1601년).

보다는, 대부분 이전 사람들에 의해 씌어진 것이거나 입으로 전해진 것이며, 외국인이나 여행자로부터 들은 것들이다.[16]

전승되거나 다른 사람들로부터 얻어들은 이야기에 대한 플리니우스의 태도는 혼란스럽다. 아라비아에 전해지는 '불사조' 이야기를 "꾸며진 이야기"로 단정하거나(10권2) 그리스에서 전해지고 있던 늑대 인간에 대한 이야기를 "그리스인의 망상"이라며 거부하고,(8권34) 호박이 인도 건너편에 있는 나라에서 새가 흘린 눈물이라고 한 그리스 시인 소포크라테스의 말을 "유치하고 순진한 정신"이라고 단언(37권11)하는 글들을 읽으면 진정한 비판정신을 가진 학자로 보인다. 하지만 "사람을 태운 채 늑대의 족적을 따라가는 말은 파열한다"(28권81)라든가 반딧불은 "특별한 별자리의 자손임에 틀림없다"(18권67), 인도에는 개의 머리를 한 사람이나 한쪽 발로 그림자를 만들어 태양빛으로부터 몸을 지키는 "우산발 종족(the umbrella-foot tribe)이 있다"(7권2) "자신이 눈 오줌에 침을 뱉으면 부적처럼 작용한다"(28권7)와 같은 기묘한 말을 무비판적으로 남기고 있다.

결국 플리니우스의 글에는 신화와 현실, 소문과 사실, 상상과 실증의 경계가 애매하고 어쩌면 그런 경계 자체가 거의 없다고 할 수 있다. 옳고 그른 것의 판단 기준이나 선별 지침도 자의적이고 주관적이어서 일관성이 없다. 현대인의 눈으로 보면 완전히 옥석이 섞여 있다고 할 수 있다. 실제적이면서 실용적인 지식에서부터 황당무계한 미신에 이르기까지 진실과 허구가 뒤죽박죽이다. 도움이 되는 것뿐만 아니라, 진기한 것, 불가시의한 것, 재미 있는 것이 이곳저곳에서 단편적으로 채집되어 일정한 관점 없이 실려 있다.

그러나 플리니우스의 『박물지』는 유럽에서는 천 수백 년에 걸쳐 읽혀져왔다. 모두 37권에 이르는 대저서가 전혀 훼손되지 않은 채 오늘날까지 남아 있다는 것 자체가, 폭넓게 그리고 부단히 읽혀왔다는 사실을 뒷받침한다. 8세기에 비드(Bede the Venerable)가 쓴 『사물의 본성에 대하여*De Natura Rerum*』에는 "그것들〔행성의 운동〕에 대해 더 자세히 알고 싶다면 플리니우스의 제2권을 읽어보길 바란다"[17]라는 글이 나온다. 실제 비드의 저서는 대부분 『박물지』를 토대로 했다. 플리니우스의 이름은 11세기 기욤 드 콩슈의 『우주의 철학*Philosophia Mundi*』이나 사레스베리엔시스(Johannes Saresberiensis)의 『메탈로지콘*Metalogicon*』 같은 딱딱한 책에서 언급되고 있을 뿐 아니라, 같은 세기 중엽에 씌어진 것으로 추측되는 서사시 『루오들립*Ruodlieb*』에서도 거론된다. 이 서사시에는 『박물지』에 기록된 약초의 효험도 실려 있다.[18] 13세기에는 알베르투스 마그누스(Albertus Magnus, 1200-1280)의 『동물론』은 물론 시칠리아 왕인 프리드리히 2세가 쓴 『새를 이용한 사냥술에 대하여*De Arte Venandi cum Avibus*』에서도 그를 언급했다. 14세기 영국의 성직자인 리처드 드 베리(Richard de Bury)는 저서 『필로비블론*Philobiblon*』에서 『박물지』를 "자연지(誌)의 걸작"이라고 평가했고,[19] 15세기 초 니콜라우스 쿠사누스(Nicolaus Cusanus)의 저서에도 "널리 읽히는 플리니우스의 『박물지』"라는 말이 나온다.[20] 물론 이런 예들은 극히 일부에 지나지 않는다.

　『박물지』의 영향은 중세에 국한되지 않고 근대 초까지 미쳤다. 중세를 통해 꾸준히 읽혀온 탓에 르네상스 때도 재발견될 필요가 없었던 몇 안 되는 책 중 하나였다. 이탈리아에서 이 책은 최초로 인쇄 출판된 박물학 관련 서적이었으며, 베네치아에 인쇄 공방이 출현한 직후인 1469년에 출판된 이후 1470년, 1473년, 1476년, 1479년에 계속 새로운 판을 찍었다.[21] 콜럼버스는 『박물지』를 읽었을 뿐 아니라 현실적으로도 큰 영향을 받았다. 16세기 스웨덴의 올라우스 마그누스(Olaus

Magnus)가 쓴 『북방민족의 역사*Historia de gentibus septentrionalibus*』도 자주 플리니우스를 언급했으며, 같은 시기에 스페인 사람 오비에도 (Oviedo)는 신대륙의 박물학으로 『인디아스 박물지 및 정복사*Historia general y natural de las Indias*』를 쓰면서 "나는 가능한 한 플리니우스를 따를 생각"이라고 밝혔다.[22] 16세기 중반에 근대 야금학, 광물학, 광산학의 출발점을 제시했다고 평가받는 독일의 아그리콜라(Georgius Agricola)도 『채굴된 물질의 성질에 대하여*De Natura Fossilium*』에서 "광물을 자세하게 논한 유일한 저자는 플리니우스이다"라고 했다.[23] 실제로 아그리콜라의 주저인 『광물에 관하여*De Re Metallica*』에서 가장 자주 언급하고 인용되는 것은 『박물지』이다. 1590년에 출판된 스페인 사람 호세 데 아코스타의 『신대륙 자연문화사』에도 플리니우스를 아리스토텔레스보다 훨씬 많이 언급하고 있다.

『박물지』는 단순히 널리 읽혀졌을 뿐 아니라, 황당무계한 사실까지도 모두 진지하게 받아들여졌다. 예를 들어 『박물지』 제4권에는 북극 근처의 눈쌓인 산맥 건너편에 "온난하고 상쾌한 기후를 가진 땅이 있으며, 그곳 주민은 삶에 크게 만족하고 있다"라는 글귀가 있는데(4권 12) 13세기의 가장 뛰어난 지식인 중 한 명이었던 로저 베이컨은 누가 보아도 미심쩍은 그 말을 "확실한 경험에 의해 발견된" 것이라면서 "그곳에 가본 적이 있는 사람들의 체험을 말하고 있는" 것으로 받아들이고, 그와 같은 곳이 어떻게 가능한지를 흥미롭게 논하고 있다.[24] 중세사 연구가인 해스킨스(Charles Homer Haskins)는 "플리니우스는 초자연을 좋아하는 중세 사람들에게 널리 받아들여졌다"[25]라고 했으나, 중세의 독자들은 초자연을 재미 있어 했을 뿐만 아니라 현실적인 것으로 수용했던 것이다.

이 때문에 『박물지』는 고대 로마인, 나아가 중세 유럽인들이 자연을 어떻게 바라보고, 자연과 어떻게 접촉했는지에 대해 알 수 있는 귀중한 증언이 되고 있다.

자력의 생물태적 이해

『박물지』에서 자석에 대한 기록은 2권 98장 '대지의 이상한 예', 20권 1장 '시작하며', 34권 42장 '자석', 36권 25장 '자석', 역시 36권 66장 '유리의 제조법' 및 37권 15장의 '아다마스' 등 여기저기에서 보인다. 이 중에서도 자석은 36권 '돌의 성질'과 37권 '보석'에서 주요하게 다뤄진다. 반면 33권 '금속'에서는 자석에 대한 언급이 없다. 테오프라스토스 이래 자석이 금속이란 생각은 없어졌는데 다음 장에서 보는 것처럼 그런 구분이 근대까지 지속된 것은 플리니우스의 영향이 아닐까 싶다.

36권은 대리석에 대한 서술로 시작해 피라미드와 스핑크스, 파로스의 등대, 미궁, 로마의 진기한 건축물로 이어지면서 논의가 이리저리로 방황하다 갑자기 25장에서 자석 이야기로 들어간다.

대리석에서 다른 희귀한 종류의 돌로 이야기가 옮겨가는 동안, 누구나 머리에 떠올리게 되는 건 자식일 것이다. 왜냐하면 자석보다 더 이상한 것은 없지 않은가. 자연이 이보다 더 심술꾸러기처럼 고집 센 모습을 보이는 경우는 달리 없을 것이다.……단단한 돌만큼 무감각한 것이 있겠는가. 그런데 우리는 자연이 자석에게는 감각과 손을 부여한 것을 본다. 견고한 철만큼 더 반항적인 있겠는가. 그런데 우리는 자연이 철에게 발과 의지를 부여한 것을 본다. 왜냐하면 철은 자석에 이끌리기 때문이다. 다른 모든 것을 굴복시키는 이 물질(*철)도 자석에만 가까이 다가가면 마치 진공으로 빨려들 듯 번쩍 날아서 자석에 강하게 밀착해 안겨버리는 것이다. 때문에 그리스인들은 자석을 '철석(鐵石, sideritis)'이라는 별명으로 불렀으며 어떤 이들은 '헤라클레스의 돌'이라고도 불렀다.

이 글 다음에는 여러 지방에서 채취된 자석과 그 차이점에 대해 이야기한다. 자석의 구별과 관련해 "가장 중요한 것은 수컷과 암컷의 차이이며, 그 다음은 색이다"라고 했다. '수컷(mas)'은 자력을 오랫동안 보유하는 자석이고, '암컷(foemina)'은 힘이 약한 자석을 가리키는 듯하다. 색에 대해서는 "자석은 색이 푸를수록 양질이라는 것이 확인되었다. 최상품은 에티오피아 산이다. 이것은 시장에서 같은 무게의 은과 같은 값에 거래된다"라고 썼다.■ 어쨌든 자석은 당시 아주 희귀한 귀중품이었던 듯하다.

앞의 인용문 중 철이 자석에 '번쩍 날아서 강하게 밀착한다'는 표현은 자석이 철과 직접 접촉하지 않더라도 움직이게 하는 원격작용이라는 인식을 보여주고 있다. 그렇지만 자연에서 극히 '무감각하다'고 생각되는 경직된 돌 가운데 유독 자석만이 '감각과 손'이나 '발과 의지'를 부여받았으며, 게다가 자석은 반항적이며 강직한 철에 대해 멀리 떨어져 있는 곳에서조차 지배력을 행사하여 끌어당기는 것이다. 그것은 놀라울 정도로 기이하게 보였을 것이다.

■ 보통의 천연자석(자철광, magnetite)은 Fe_3O_4로, 불순물을 포함하고 있어도 푸른색을 띠는 경우가 없다. 한편 마그헤마이트(maghemite)라 불리는 산화철($r-Fe_2O_3$)도 자성을 띠는데 이것은 검푸른색으로, 자철광이 대기와 상호작용하면서 변하는 것 같다. 고대에 자석은 지표에 노출되어 있거나 비교적 얕은 광상(鑛床)에서 캤다고 여겨지므로, 플리니우스나 디오스코리데스가 말하는 '푸른색'은 산화철을 가리키는 것으로 추측된다.[26]

플리니우스는 자석을 '마그네스의 돌(magnes lapis)'이라 부르는 이유는, 우연히 지나가다 못과 지팡이가 끌리는 것을 보고 천연자석을 발견한 양치기의 이름(마그네스)에서 유래했다고 쓰고 있다.(36권25) 앞에서 봤던 것처럼 루크레티우스는 천연자석이 마그네시아(Magnesia)에서 생산되었다는 설 때문에 그런 이름이 붙었다는 주장을 한 바 있다. 두 가지 설 모두 이후 반복해서 전해지게 된다(*현대에는 영어 'magnet'는 천연자석에도 인공자석에도 사용되지만, 'lodestone' 또는 'loadstone'는 천연자석에 대해서만 사용한다).

그런데 위의 인용에서 자석의 인력이나 철의 자화현상, 또는 자력의 강약이라고 하는 자석의 성질이 '감각'이나 '수컷과 암컷' 같은 생물에 관계되는 용어로 표현되는 점이 눈길을 끈다. 단순히 수사나 은유가 아니라 내용적으로도 그와 같이 받아들여졌음을 암시한다. 실제 철의 자화(자기유도)-플리니우스의 표현으로는 '자석에 감염되는 것(virus ab eo lapide accipere)'-에 대해 34권에는 다음과 같이 나와있다.

철은 자석에 감염되며, 그것을 장시간 계속 지니면서 다른 철도 붙잡을 수 있는 유일한 물질이다. 우리는 몇 개의 반지가 잇따라 사슬을 이루고 있는 것을 볼 수 있다. 무지한 하층계급의 사람들은 이것을 '살아 있는 철(ferrum vivum)'이라 부른다. 이것(*살아 있는 철)에 상처를 입으면 (*통증이) 한층 심하다.(34권42)

자석의 작용이 모두 생물의 활동에 비유되고 있는 것이다. 자석에 대한 생물태적 이해라고 말할 수 있다. 이 때문에 자력은 인체에도 작용하고, 약효를 지닌다고 인식된 것이다. 실제로 앞의 글에 이어서 구체적으로 의료에서의 효용-자석의 약효-을 이야기한다.

모든 자석은 올바른 분량으로 사용되기만 하면, 눈병을 치료하는 고약을 만드는 데 이용될 수 있고, 특히 심하게 눈물이 흐르는 것을 멈추는 데 효력이 있다. 그것을 태워 분말로 만들면 화상을 치료할 수도 있다.(36권25)

나중에 보겠지만 이 점은 특히 유의할 필요가 있다. 약효를 갖는다는 점과 관련해서, 플리니우스는 자석처럼 인력을 나타내는 호박에 대해 다음과 같이 썼다.

오늘날에도 강 건너 갈리아의 농부는 호박 구슬을 목걸이로 걸치고 있다. 장식용이지만 그것에 치료 기능이 있기 때문이기도 하다. 호박은 편도선염이나 인후(咽喉) 부분에 생기는 병을 예방하는 효과가 있는 것 같다.(37권11)

거의 동시대인인 타키투스의 『게르마니아 Germania』에는 "갈리아 사람들이 호박을 고마워하지 않는다"고 적혀 있어[27] 플리니우스가 말한 내용이 과연 정확한지는 알 수 없다. 그러나 로마에 이 같은 풍문이 전해지고 있었던 것은 사실인 것 같다. 플리니우스는 "호박은 의약으로서도 어느 정도의 효용이 있다.……어린 아이에게 그것을 부적으로 부쳐두면 도움이 된다"(37권12)고 기록하고 있다. 여기서도 생리적인 약효와 초자연적인 능력이 동일하게 취급되고 있다. 자석과 호박에 마력이 있다고 보는 입장과 종이 한 장 차이이다.

자연계의 '공감'과 '반감'

플리니우스의 글에서 가장 주목해야 할 점은 자석을 몇 가지 종류로 분류한 것만이 아니라 그 중 하나에 대해 "에티오피아 자석은 다른 자석을 자기 쪽으로 끌어당기는 특징이 있다"(36권25)고 한 것처럼 자석들 사이에도 인력이 작용한다는 것을 처음으로 지적했다는 점이다. 플리니우스가 자신의 주장이 얼마나 새로운지를 제대로 자각하고 있었는지는 불분명하지만 이전까지의 논의가 자석과 철 사이의 인력에 한정돼 있었던 것을 상기해보면 획기적인 생각이 아닐 수 없다.

플리니우스 시대에는 자극(磁極)에 대해 정확히 알지는 못했지만 자석의 척력에 대해 관심을 기울이고 있었던 것으로 보인다. 위의 인용문에 이어 플리니우스는 "에티오피아에서 그다지 멀지 않은 곳에 또 다른 산이 있는데 거기서 나오는 자석은 반대로 모든 철을 밀어낸다"고 적고 있는 것이다. 이런 글도 눈에 띈다.

> 인더스 강 근처에 두 개의 산이 있는데 그 중 하나는 철을 끌어당기는 성질이 있고. 다른 하나는 철을 밀어내는 성질이 있다. 따라서 사람이 못이 박힌 구두를 신고 있으면 한쪽 산에서는 걸음을 떼려고 해도 발을 지면에서 끌어올릴 수가 없고, 또 다른 산에서는 발을 지면에 붙일 수가 없다.(2권98)

이 '자석의 산'에 얽힌 전설은 알렉산더 대왕이 동방을 정벌하면서 지중해 세계에 가져온 이야기가 발단이 됐을 것이다. 어찌 되었건 기이하고 신빙성이 희박한 이야기이지만, 이 글을 보면 당시엔 자석끼리도 서로 놓이는 위치에 따라 인력과 척력을 모두 가질 수 있다는 걸 알지 못했고 인력을 나타내는 자석과 척력을 나타내는 자석이 서로 다르다고 생각했던 것 같다. 이 '철을 밀어내는 자석'은 1600년에 길버트가 그 존재를 부정하기까지는 유럽에서 '테아메데스(theamedes)'란 이름으로 불리며 계속 회자됐다.[28]

전승이나 고대의 문서로부터 관련된 사항을 빠지지 않고 정력적으로 수집했으며 자석의 성질과 힘에 대해 몇 곳에서 언급하기도 했던 『박물지』에 엠페도클레스에서 데모크리토스, 루크레티우스에 이르는 그리스의 자력 이론, 즉 유체론이나 원자론에 근거해 자력의 원인을 따졌던 논의는 전혀 언급돼 있지 않다. 플리니우스는 처음부터 그리스의 이론과학에 대해서는 거의 이해가 없었다.[29] 때문에 그에게는 자석의 특이한 성질, 특히 자석이 드러내는 자연의 경이를 인과적으로 해명하고 합리적으로 설명하려는 자세가 보이지 않는다. 로마 과학 연구자의 말을 빌리면 "그는 아이처럼 자연에 경외감을 품고 있었을 뿐, 자연현상의 원인과 결과에 대해서는 어린아이의 감각밖에 갖고 있지 않았다."[30]

따라서 자연의 다양한 작용을 일관된 관점에서 정합적으로 파악하려는 의지도 희박했다. 그런 의지를 굳이 찾자면 이 같은 현상을 '공감과 반감'으로 의인화하는 대목일 것이다. 약초에 대해 이야기하고 있는 20권 첫머리를 살펴보자.

우리 자신과 적대하거나 화합하는 자연에 대해, 또 말도 못하고 들을 수도 없고, 감각조차 없는 사물들의 증오(odium)와 우애(amicitia)에 대해 말해보려고 한다. 더욱 놀라운 것은 사물들이 모두 인류를 위해 존재한다는 점이다. 그리스인은 '공감(sympathia)'과 '반감(antipathia)'이라는 말로 모든 사물의 기본 원리를 표현했다.

그 예로서 "물은 불을 없앤다. 태양은 물을 흡수하지만 달은 물을 만들어낸다. 태양과 달은 각각 상대의 침범으로 그늘(*일식이나 월식)이 드리워진다.……자석은 철을 자신 쪽으로 끌어당기지만 다른 종류의 돌은 철을 밀쳐낸다"라고 쓰고 있다.(20권 1) 나아가 37권에는 다음과 같은 주장이 있다.

이 책 전체를 통하여 나는 자연 속에 존재하는 일치와 불일치, 그에 대응하는 그리스말은 각각 '공감' 즉 '자연의 친화'와, '반감' 즉 '자연의 혐오' 인데 이를 예증하고자 노력했다.(37권15)

다시 말해 '공감=자연의 친화', '반감=자연의 혐오' 라는 이분법이 『박물지』 전체를 통해 자연현상을 분절하고 체계적으로 파악하는 안내 지침이 되었다는 것이다. 물과 불 사이에는 '반감', 태양과 달 사이에는 '반감', 태양과 물 사이에는 '반감', 그리고 자석과 철 사이에는 '공감' 식으로, 플리니우스에게는 이 대응 관계가 자연의 모든 작용을 위치 짓고 이해하는 거의 유일한 틀이자 도식이었던 셈이다.

이런 이분법은 분명히 엠페도클레스의 영향이지만 주의해야 할 것은 '공감과 반감'이 근대 물리학에서 말하는 '인력과 척력' 처럼 역학적으로 한정된 범위에만 사용된 것은 아니라는 점이다. 예를 들어 37권 11장에서는 호박이 '나뭇잎이나 짚, 옷자락' 을 끌어당기기 때문에 시리아에서는 '하르팍스(harpax, 낚아채다)' 로 불리고, 같은 권 12장에서는 "호박을 손가락으로 마찰하여 뜨거운 발산물(caloris anima)을 뽑아내면 자석이 철을 당기는 것처럼, 짚이나 마른 잎, 얇은 나무껍질 등을 끌어당긴다"라고 적혀 있다. 정전인력의 요인이 마찰 자체가 아닌 마찰에 부수적으로 따라오는 열 때문이라는 점, 자력과 정전기력의 차이를 명확히 인식하지 못한다는 점을 제외하면 정전인력에 대해 나름대로 기록하고 있다. 어쨌든 여기서 플리니우스는 호박이 나타내는 물리적인 인력을 '공감'이라고 표현하고 있지는 않다. 그러나 "돼지와 산초나무 사이에는 '반발'이 있으므로 돼지는 산초나무의 독과 싸워 이긴다"(29권 23)라는 표현도 나온다.

이처럼 한편에서는 근대 물리학적인 의미에서의 호박의 '인력'을 '공감'으로 이야기하지 않으면서도 다른 한편에서는 돼지와 산초나무라는 오늘의 우리는 이해하기 힘든 대응 관계에 대해 '반감'이라는 개념을 적용하고 있다. 결국 '공감과 반감'은 자연에 있어 '친화와 대립' '친화와 혐오'라는 정도의 꽤 넓고 애매하며 막연한, 또는 상징적인 의미로 쓰였다고 보면 된다. 그들은 우리가 이해하는 바의 자연적인 작용뿐 아니라 초자연적인 작용에도 이 말을 사용했다. 막스 야머(Max Jammer)는 "물리학적, 화학적, 의학적, 그리고 오컬트적인 힘을 나타내기 위해 플리니우스가 무비판적으로 '힘(vis)'이라는 말을 사용함으로써 자연과학과 미신이 기묘하게 섞여 결국 그의 저작이 애매한 것으로 돼버렸다"고 지적했다.[31]

하지만 당시에는 이들 모든 작용의 레벨이나 차원이 명확히 구별되지 않았다. 그것은 『박물지』에 실린 자석과 다이아몬드와 산양의 피 사이의 기괴한 관계에서 단적으로 드러난다. 즉 한편에서는 "아다마스(adamas)는 자석을 아주 혐오하므로, 그것을 철 옆에 두면 철이 자석 쪽으로 끌려가는 것을 막을 수 있다", "만약 자석이 철 쪽으로 움직여 철을 취하면 아다마스가 철을 낚아채서 자석으로부터 떨어뜨려 놓는다"(37권15)라고 하면서, 다른 한편으로는 "아다마스는 귀해서 부의 기쁨을 나타내며 어떤 다른 힘(vis)으로도 꺾거나 굴복시킬 수 없지만, 산양의 피로는 파괴할 수 있다"(20권1, 37권15 참조)라고 했다.

여기서 '다이아몬드'의 원어인 '아다마스'는 스미스와 록우드(smith

& Lockwood)의 라틴-영어 사전에는 '강철(the hardest steel)'로 나와 있고, 어원은 '정복할 수 없음(invincible)'을 뜻하는 그리스어라고 한다. 기원전 700년 무렵 헤시오도스(Hesiodos)의 『신통기神統記, Theogonia』에는 분명 '강철'의 의미로 '아다마스'가 사용되고 있다.[32] 그러나 그 후 '아다마스'는 딱딱한 돌 일반을 가리키고, 특히 다이아몬드도 지칭하게 되었다. 실제 다이아몬드-diamant(불어), diamante(스페인어, 이탈리아, 포르투갈어), diamond(영어), diamant(독어, 네덜란드어)-라는 말은 'adamant(딱딱한 돌)'가 전화된 것이다. 루크레티우스도 『사물의 본질에 대하여』에서 '아다마스(adamas)'를 다이아몬드의 의미로 사용했다. 마찬가지로 플리니우스의 '아다마스'도 다이아몬드일 것이다. 실제로 37권에 "보석 중에서는 물론이고 인간의 재화 중에서도 가장 귀한 것이 아다마스이다. 이것은 오랫동안 국왕들과 극소수의 사람들에게만 알려져 있었다"(37권15)고 돼 있으므로 틀림없다.■

그런데 한편에서는 다이아몬드가 자석과 반발하고 다이아몬드가 철에 대한 자석의 인력을 막지만, 다른 한편에서는 그 다이아몬드를 산양의 피가 파괴한다는 것이다. 우리에게는 아주 이상하고 근거없는 말처럼 들린다. 그러나 3세기에 솔리누스(Solinus)도 "아다마스와 자석 사이에는 어떤 감춰진 불화(不和)가 있어 아다마스가 옆에 있으면 자

■ 그러나 언제부터인가 라틴어 아다마스는 자석을 가리키게 되었다. 라틴어의 동사 'adamare(사랑한다)'에서 유래한 'lapis adamans(사랑하는 돌, 매혹적인 돌)'이 바뀌어 'adamas'가 '자석'을 가리키는 것으로 사용된 것으로 생각된다. 마찬가지로 '자석'을 의미하는 불어 'aimant'에 대해서, 길버트는 'adamant'의 사투리 발음이라고 하지만,[34] 이것도 '사랑한다(aimer)'에서 유래했다는 설이 유력하다.[35] 그 점에서는 스페인어와 포르투갈어로 각각 자석을 의미하는 imán, imã도 역시 '사랑한다(amar)'에서 유래했을 것이다. 중세 이후 '아다마스'는 강철과 자석과 다이아몬드의 세 가지를 가리키는 것으로 사용되었으며, 그것이 무엇을 가리키는지는 각각의 상황에 따라 판단하지 않으면 안 된다.

석은 철을 끌어당기지 못하게 된다"고 말하고 있는 것처럼,[33] 다이아몬드가 자력을 방해하고 파괴한다는 이야기나, 산양의 피와 다이아몬드의 이야기도 당시엔 별 의심없이 받아들였던 것으로 보인다. 다음 장에서 보게 되겠지만 초기 기독교 세계의 최고 사상가였던 아우구스티누스조차 자석과 다이아몬드와 산양의 피 사이의 기괴한 관계를 의문 없이 받아들였다. 이상한 일임에는 틀림없으나 그것은 자석이 철을 끌어당기는 것과 같은 정도로 이상한 것이어서, 후자가 가능하다면 전자도 가능하다고 생각했던 것이다. 플리니우스는 이런 현상들도 '공감과 반감'의 도식으로 파악했다. 그 점에서는 같은 시대의 플루타르코스가 '반감'의 예로서 "호박은 양가죽이나 기름으로 바른 물체 이외의 모든 가벼운 물체를 끌어당기고, 자석은 마늘로 문지른 철을 끌어당기지 않는다"[34]고 한 것도 같은 맥락이라고 봐야 할 것이다.

클라우디아누스와 아일리아누스

로마에서 자석을 둘러싼 또 하나의 논의를 4세기에 제목 자체가 '자석(Magnes)'인 시에서 발견하게 된다. 작자인 클라우디아누스(Claudius Claudianus)는 알렉산드리아에서 태어나 기독교화 되기 이전 로마의 마지막 시인이었다. 시의 일부를 옮겨보자.

자석(magnes)이라 불리는 검고 둔하고 칙칙한 돌이 존재한다. 그것은 엮어 올린 왕의 머리를 돋보이게 하는 일도 없고, 소녀의 청초한 목덜미를 장식하는 일도 없으며, 병사의 벨트를 장식하는 화려한 보석 속에서 빛나는 일도 없다. 그러나 이 눈에 뜨이지 않는 돌의 놀랄 만한 성질을 고찰해보면, 그것이 아름다운 보석보다도, 홍해 해변의 해초 속에서 보이는 인도 진주보다도 더 높은 가치가 있다는 걸 알게 된다. 그것은 철에 의지해서 살고, 철의 강인한 성질을 지니고 있다. 철은 자석이 좋아하는 성찬이며 영양이다. 겉보기에는 먹을 수 없는 이 음식(*철을 가리킴)이 (*자석의) 체내를 순환하면 숨겨져 있던 활력이 회복된다. 철이 없으면 자석은 사멸한다. 영양이 모자라 몸이 여위고 쇠약해지며 갈증이 텅 빈 혈관을 태운다.[35]

시의 마지막 구절은 철과 떨어뜨려 놓으면 자석의 힘이 감퇴한다는 사실을 처음 지적한 것이다. 이 지적이 실제 경험에 의한 것인지, 전승된 이야기를 옮긴 것이지는 모르겠지만, 아무튼 자석을 생물태적으로 이해하는 태도가 두드러져 있다. 철이 자석에 영양을 준다는 발상은 이후에도 계속 이어진다.

이 시에서는 전쟁의 신 마르스와 미의 신 비너스(일명 키테레이아)가 모셔져 있는 신전에서 철로 된 마르스의 상과 자석으로 된 비너스 상을 가지고 결혼식을 연기하는 장면도 등장한다.

키테레이아(Cytherea)는 자신이 선 그 자리에서 남편을 자기 쪽으로 끌어당겨, 이전에 하늘에서 보았던 장면을 상기하면서 사랑의 한숨과 함께 마르스를 자신의 가슴에 품는다.

작은 인형 정도라면 모르지만 커다란 철로 된 상을 천연자석으로 끌어당기는 것은 도저히 무리이기 때문에 눈에 뜨이지 않는 실로 끌어당겼다는 지적도 있으나,[36] 이것 자체가 실제로 일어난 일인지 아닌지조차 불분명하다. 연기했다고 한다면 관객들은 틀림없이 기적이나 마술이라고 여겼을 것이다. 실제로 연기를 했는지 안 했는지를 제쳐두고 자석의 원격력을 이처럼 마술이나 기적의 소도구로 사용한 예는 자주 입에 오르내린 이야기였다. 플리니우스의 『박물지』에도 신전의 천정 아치를 자석으로 만들어 신전 안에 있는 철로 된 상을 공중에 띄운다는, 알렉산드리아에서 행해진 시도에 관한 기록이 있다.(34권42) 이 계획은 실행되지는 않은 듯하지만, 어쨌든 민중의 세계에서는 이 같은 '기적'을 만드는 자석이 굉장한 마력을 가진 것으로 보였을 것이다.

자력이 마력을 지닌 물질이라는 생각은 이집트에서 전래된 것 같다. 앞에서 기원전 3세기의 아일리아누스의 저서를 다루었지만, 그는 『동물지 De Natura Animalium』라는 그리스어로 쓴 작품도 남겼다. 『가담집』과 같은 수준의 책으로, 그 내용은 "아일리아누스는 동물에 대한 지식을 그리스 생활에서의 비철학적인 측면, 즉 잘 알려져 있는 아리스토파네스(Aristophanes)나 이솝이 말한 통속적인 지식뿐만 아니라, 신화나 전설로부터 받아들였다"[37]라는 지적을 보아도 대충 짐작할 수 있을 것이다. 그 중에 자석에 대해서는 다음과 같은 구절이 있다.

> 매의 경골 옆에 금이 놓여져 있으면 경골은 어떤 불가해한 힘으로 금을 자기 쪽으로 끌어당긴다. 그것은 이집트 사람들이 말하듯이 헤라클레스의 돌[자석]이 철에 마법을 거는 것과 마찬가지이다.[38]

이것은 로마에서 자석과 자력을 받아들이는 방식을 보여주는 것이어서 흥미롭다. 첫째 자석에 대해 고대 이집트에서부터 민간에 전해진 이야기가 그대로 이어지고 있다는 점, 둘째 자력을 초자연적인 힘, '마력'으로 보았다는 점이다. 어느 쪽이든 그리스 철학자나 과학자들의 저서에서는 볼 수 없었던 요소들이다. 일단 자력을 '마력'이라고 말해 버리면 그것은 더 이상 설명이 불가능하고 그 어떤 것으로도 환원할 수 없는 작용이 된다. 그 결과 자력을 '설명' 해보겠다는, 그리스 철학의 자세 같은 것은 완전히 사라지게 된다.

고대 그리스에서도 토속적인 미신이나 민간 신앙은 전해져 오고 있었을 것이다. 그리스 세계가 알렉산더 대왕의 동방 정벌로 확대되고, 비(非)그리스적이며 오리엔트적인 것과 접촉한 뒤에는 특히 그런 경향이 강해졌을 것으로 생각된다. 그 중에는 불가사의한 자석의 힘에 관련된 전승도 있었을 것이다. 알렉산더 대왕은 미신을 중요시했다고 한다. 20세기 초에 나온 쿤츠(George Frederick Kunz)의 『보석의 기묘한 전설The Curious Lore of Precious Stones』에는 알렉산더 대왕이 원정을 갈 때 부하들에게 악마나 악령의 악에서 지켜주도록 자석을 지니게 했다는 에피소드가 적혀 있기도 하다.[39]

그러나 그리스 철학자들의 논의에는 자석을 둘러싼 그런 전승이나 미신은 거의 등장하지 않는다. 바로 그런 점이야말로 그리스에서 과학이 탄생되었다고 말하는 까닭일 것이다. 그렇지만 그것은 어디까지나 그리스의 극히 일부 지식인들 사이의 이야기이며, 압도적으로 많은 민중의 정신세계에는 미신이 더 깊이 자리 잡고 있었음이 분명하다. 이 점에서 "나는 그리스 문학이나 예술이 민간 신앙이라는 점에 관해서는 대단한 오해를 불러일으키기 쉽다고 생각한다.……우리는 귀족적인 철학자의 저서에 근거해 그리스의 민간 종교를 판단해서는 안 된다"고 한 러셀의 지적[40]은 정말 옳다고 생각한다. 문서로 남겨져 있지 않더라도, 민중들 사이에는 자연물에 대한 원시적인 신앙이나 미신이 넓게 퍼져 있었을 것이다. 특히 기원전 2세기, 그리스가 로마에게 정복되기 직전의 소란스러웠던 반세기 동안에는 점성술과 함께 "어떤 종류의 동물, 식물, 보석에는 비밀스러운 성질 또는 비밀스러운 힘이 내재한다"는 교설이 널리 퍼져 있었다고 한다.[41]

그런 경향이 로마 사회에서 한층 강해지고 사회의 상층에까지 확대
돼 지식인, 종교인에게까지 침투했다는 사실을 아일리아누스의 글을
통해 알 수 있다. 로마 사회는 철학과 과학이 쇠퇴하고, 오리엔트 세계
특히 이집트 문명과 접하면서 자석을 둘러싼 전(前)과학적이고 마술
적인 견해가 지식계층까지 파고 들었던 것이다.

※ ※ ※

 이렇게 로마 사회의 자석과 자력에 대한 태도, 더 나아가 자연력 일
반의 이해가 중세 기독교의 원형을 형성하게 되었다.
 그것은 첫째 자석의 작용을 생물과 비교하는 생물태적 관점의 침투,
둘째 자석에는 물리적인 작용이 있을 뿐만 아니라 생리적인 작용, 나
아가 초자연적인 능력이 있다는 생각의 보급, 셋째로 자연 만물은 공
감과 반감이라는 연쇄를 통해 작용한다는 자연관의 형성이다.
 한 로마 과학사 연구자는 "중세의 암흑 시대의 과학은 처음부터 로
마의 과학과 정신적으로 친근성을 갖고 있었다. 그 조짐은 플리니우스
에게서 명백히 알 수 있다. 즉 그리스 과학을 이해할 수 없었고, 시시
한 일화와 진지한 이론, 근거 없는 억측과 합리적인 사상을 구별할 수
없었던 것이다"[42]라고 했다. 이처럼 플리니우스를 필두로 한 로마 '과
학'이 중세에 미친 영향은 대단했다. 이번 장에서 로마 시대를 상세하
게 살펴본 이유도 그 때문이다. 종전의 과학사는 로마 '과학'이 그리
스 때보다 크게 후퇴했으며, 그 결과 현대에 이어지지 않았다는 이유
로 '그리스 로마 시대'라는 이름 아래 헬레니즘 문명을 일괄하면서 대

충 훑어보는 데 만족했다.

그러나 로마의 자연관, 특히 '공감과 반감'의 네트워크를 통해 자연을 파악하는 방식은 르네상스에 이르기까지 중세 유럽에 큰 영향을 미쳤다. 그것(*공감과 반감을 통해 자연을 파악하는 방식)은 크게는 자연물이 인간의 운세에 초자연적인 영향을 미치기 때문에, 좀더 좁히면 인간의 신체와 정신에 생리적·심리적·약리적 영향을 주기 때문에 중요하게 부각된 것이다. 자석이 가진 힘은 그런 예(*인간에 대한 초자연적인 영향)의 전형이었다. 그래서 자력은 의료 효과나 인간의 신체나 정신, 나아가 운세에까지 작용하는 것으로 받아들여진 것이다.

중세에는 이러한 사고와 더불어 기독교 신앙이라는 이질적인 요소가 더해진다. 장을 바꾸어 살펴보도록 하자.

4장

중세 기독교 세계와 마술사상의 공존

중세 유럽은 외면상으로는 기독교적이었지만, 이단적·토속적·민속적이라고 해야 할 정신세계가 잔존하고 있었다. 그리고 그것은 나름의 형태로 자연에 대한 관심을 환기시켰다. 자석과 자력에 대한 관심은 이교적이며 마술적인 연구와 등을 맞대고 자라나고 있었다.

아우구스티누스와 『신국론』

　로마 제정 시대에 로마의 한 속주(屬州)였던 요르단 강 근처의 유대인 사회에서 탄생한 기독교는 얼마 후 지중해 연안 일대로 널리 퍼졌다. 초기 기독교는 하층 민중들 사이에서 폭넓은 지지를 얻고 있었다. 그러나 권력의 박해를 견뎌내고, 로마제국의 힘이 약해지면서 상층부에서도 지지 세력이 생겨났다. 마침내 기독교는 313년 콘스탄티누스(Constantinus) 시대에 종교로서 공인을 받고, 380년 테오도시우스(Theodosius) 시대엔 로마의 국교로 자리를 잡았다. 이때는 게르만 민족이 막 이동을 시작한 직후였으며, 로마제국이 동서로 분열하기 15년 전이었다. 원래 반(反)로마·반권력적이었던 기독교가 로마 지배계급에까지 침투한 것은, 로마 시민이었던 사도 바울(Paulus)이 포교하는 과정에서 기독교 자체가 다소 변질한 탓도 있지만, 신앙심이 깊은 로마 사회의 체질과도 관련이 있다. 실제로 콘스탄티누스의 개종은 그때까지 최고의 신으로 숭배하고 있던 태양신을 기독교의 신으로 바꾸었을 뿐 그다지 커다란 종교적 갈등이 있었던 것 같지는 않다. 학대받고 멸시당하던 로마 속주의 민중이나 노예 같은 하층계급이 기독교에서 구원을 바랐던 것처럼, 멸망의 예감에 떨고 있던 말기의 로마제국도 기독교에서 구원을 찾았던 것이다.

이렇게 해서 기독교 사회가 성립되고 유럽의 중세가 시작된다. 당시 기독교 세계에서 으뜸가는 이론가는 북아프리카에서 태어나 히포(Hippo)의 사제가 된 아우렐리우스 아우구스티누스(Aurelius Augustinus, 354-430)였다. 그의 사상은 이후 중세 사상이 나아갈 길을 결정해 천 년에 가까운 시간 동안 유럽인들의 정신에 적어도 외면적으로는 엄청난 영향을 미쳤다.

아우구스티누스는 플라톤의 이데아계와 하늘에 있는 신의 나라를 농일시하고, 그 아래에 있는 현실의 자연계와 인간세는 사악함으로 충만한 세계로 보았다. 때문에 자연 연구를 성서 연구보다 하위에 두었다. 그는 이교도를 논파할 목적으로 말년에 온 정력을 쏟아 『신국론神國論, De Civitate Dei』을 집필했다. 그가 이 책을 쓰기 시작한 것은 59세 때인 413년으로 서(西)고트(Westgoten)의 왕 알라리크(Alaric)가 로마를 함락한 지 3년이 지난 때였다. 당시 그는 신이 로마를 버렸다고 생각했다. 이후 13년에 걸쳐 전체 22권을 완성했는데 이는 서로마제국이 멸망하기 50년 전이었다. 『신국론』은 수도가 야만족에게 짓밟혀 제국이 멸망하더라도 그것은 기독교 신의 부재나 이교의 승리를 증명하는 것이 아니며, 지상에 있는 나라의 성쇠와 신은 아무런 관계가 없다고 주장한다. 신의 나라는 지상에는 없으며 천상에 있는 신의 나라를 믿으라고 권하는 것으로 끝맺는다.

〈그림 4.1〉 아우구스티누스의 초상.

우리의 주제인 자석에 대해서는 거의 마지막 부분인 제21권 제4장에서 다음과 같이 서술한다.

우리는 자석이 철을 끌어당기는 이상한 성질을 가진 돌이라는 걸 알고 있다. 이것을 처음 보았을 때 나는 아주 놀랐다. 철로 된 반지가 이 돌에 이끌려 들어올려지는 것을 보았다. 그리고 (*자석이) 끌어당겨진 철에 마치 자신의 힘을 나누어주기라도 한 듯 철 반지도 (*자석과) 같은 일을 했다. 즉 이 반지가 다른 반지 가까이 가면 그 반지를 들어올리는 것이다. 반지는 첫째 반지가 이 돌(*자석)에 그랬던 것처럼 앞의 반지에 달라붙었다. 셋째 넷째 반지도 마찬가지다. 이런 식으로 안쪽이 아니라 반지의 바깥 부분을 통해 서로 연결됨으로써 마치 그 모양은 사슬 같았다. 단순히 (*자석의) 내부에만 한정되지 않고 거기에 매달린 다른 반지들에게도 힘을 나눠줘, 보이지 않는 결합력으로 반지들을 연결시키는 이 돌의 힘에 누가 놀라지 않겠는가. 그러나 이 돌과 관련해 더 놀라운 이야기는 나와 형제지간이자 동료 사제인 밀레비스의 세베루스(Severus of Milevis)로부터 들을 수 있었다. 그는 자신이 직접 보았다고 하면서 이전에 아프리카의 고위 관료인 바타나리우스(Bathanarius)의 초대를 받았을 때 고관이 이 돌을 은접시 밑에서 움직이자 돌의 움직임에 따라 접시 위에 있는 철이 움직였다는 것이다. 그럼에도 은접시는 아무런 영향을 받지 않았고, 사람들이 이 돌을 접시 아래에서 빠르게 움직이자 철들도 이 돌에 끌려 다녔다고 한다.[1]

자석에 접한 철의 고리가 계속해서 다른 철의 고리를 매달리게 한다든지, 은접시가 중간에서 방해를 함에도 불구하고 자석이 철을 끌어당기는 점이 아주 이상하다고 말하고 있다. 그러나 이것은 사실 은접시를 사이에 두고 있다는 점을 제외하면 플라톤이나 플리니우스가 이야기했던 것과 크게 다르지 않다. 자석이 철 이외의 것이 사이에 있어도 철에 작용한다는 아우구스티누스의 글은 루크레티우스가 『사물의 본질에 대하여』에서 자석이 청동을 사이에 두고도 철에 작용한다고 이미 밝힌 적이 있어 그다지 새로운 발견이라 할 수는 없다.

앞의 인용 글에 이어 아우구스티누스는 "자석은 우리가 감지할 수 없는 흡인력으로 철을 끌어당기지만 짚을 움직이지는 않는다"[2]라고 했다. 호박이 짚을 끌어당긴다는 이미 알려진 사실과 자석을 대비해서 말하고 있는 것인데, 플리니우스와 달리 자기력과 전기력이 다른 성질이라는 점을 분명하게 인식하고 있었던 것 같다. 그러나 이 점을 제외하면 아우구스티누스의 주장은 플리니우스를 거의 넘어서지 못하고 있다. 두 사람의 차이라면 자석이나 호박이 나타내는 이상하고 경이로운 현상을 사람들이 어떻게 받아들여야 하고, 어떤 태도를 취해야 하는지 밝힌 데 있다.

아우구스티누스는 일상적으로 보이는 그와 같은 '불가사의함'의 예로서, 첫째 자신이 직접 보았다면서 공작(孔雀)의 살은 죽어도 부패하지 않는다는 '사실(?)'과, 둘째로 보통의 물체는 타더라도 물을 가하면 꺼지고 반대로 기름을 부으면 더 활활 타오르지만, 생석탄에 물을 가하면 뜨거워지고 기름을 가해도 뜨거워지지 않는다는 '반(反)자연적인 사실'을 든다. 셋째로 위에서 말한 자석의 작용을 거론한다. 그는 이와 같은 이상한 현상이 사람들에게 원인을 설명할 수는 없지만 현실에서 관측된다고 했다. 실제로 공작의 살에 대한 이야기는 제쳐두더라도, 뒤의 두 사례는 사람이 직접 손쉽게 실험해볼 수도 있다. 그런데도 이 같은 일상적인 사례조차 인간이 제대로 설명할 수 없다면, 보다 드물게 일어나는 '신의 기적'은 인간 이성의 설명 능력을 넘어설 수밖에 없고 따라서 기적의 존재를 부정할 수 없다. 왜냐하면 "설명할 수 없다고 해서 어떤 일이 지금까지 일어나지 않았다거나, 앞으로도 일어나지 않을 것이라고 할 수는 없기" 때문인 것이다. 그리고 그는 "신앙이 없는 이들에게 과거나 미래에 신이 드러내는 이상한 현상에 대해서 말하면, 그들은 자신들의 경험에 입각해 그 이유를 설명해 달라고 우리에게 집요하게 요구한다. 그들은 우리가 설명을 못한다는 이유로 우리가 말하는 것이 거짓이라고 생각한다"고 하면서 기적을 설명할 수 없는 것은 "기적이 그들의 정신의 힘을 넘어서고 있기 때문"이라고 말한다.[3] 요컨대 기적이나, 자연에서 나타나는 이상한 현상은 신의 계시이자 신의 위대함을 명백히 드러내는 것이다. 이에 대해 유한하고 취약한 인간의 정신이 할 일은 그 이유를 해명하는 것이 아니라 신이 드러내는 구원의 의지를 읽고 파악하는 것뿐이다.

여기에는 자석의 힘이나 철의 자화 같은 이상한 현상에 대해 합리적이며 이해 가능한 '설명'을 찾고자 하는 자세는 처음부터 보이지 않는다. 나아가 자연의 불가사의에 대해 이유를 찾고자 하는 자세 – 현대풍으로 말하면 '지적 호기심' – 는 육체적 욕망처럼 버려야 하고 극기해야 할 욕구로 보고 있는 것이다. 아우구스티누스의 정신적 자서전인 『고백Confessiones』에는 다음과 같은 말이 나온다.

육욕 외에도 육욕처럼 신체의 감각에 의지하지만 육체를 통해 향락을 구하는 것이 아니라, 육체를 통해 경험을 얻고자 하는 허무한 호기심의 욕망이 지식이나 학문이라는 미명으로 우리의 혼 안에 숨겨져 있다. 이 욕망은 인식 안에 있지만, 감각을 통한 인식에서 주요한 지위를 차지하는 것은 눈이기 때문에 신의 말씀에 따르면 그것은 '눈의 욕망'이라 일컬어진다.……이 때문에 사람은 우리들 외부에 존재하면서도 감추어져 있는 작용을 알고 싶어 한다. 하지만 그것을 안다고 해도 아무런 이득이 없다. 그런데도 인간은 그저 알기를 욕망하는 것이다. 사악한 지식을 구하기 위해 마술을 통해 탐구하는 사람도 있다. 그것 역시 마찬가지다. 또 신앙의 영역에서도 구원을 위해서가 아니라 그저 경험하고 싶은 욕망을 채우기 위해 신의 증표나 기적을 요구하는

경우가 있다.[4]

연구 그 자체를 위한 자연 연구는 신앙과 다를 뿐 아니라 신앙에 배치되는 행위라는 것이다. 신앙이 따르지 않는 이성을 아우구스티누스가 부정한 것만은 분명하다. 그는 『고백』에서 "나는 별의 운행을 알고 싶지는 않다"[5]고 말했다. 현실의 많은 기독교 지식인들은 프톨레마이오스 천문학조차 모른 채, 성서에만 의지한 유치한 우주론을 갖고 있었던 것이다.

자연물에 갖추어진 '힘'

아우구스티누스의 사상은 중세의 전 기간을 통해 유럽 지식인 계층에 절대적인 영향을 미쳤다.

예를 들어 1209년부터 1214년에 걸쳐 씌어진 게르바시우스(Gervasius von Tilbury, 1155-1234 추정)의 『황제의 여유 Otia Imperialia』에서 자석에 대한 글을 발견할 수 있는데 내용이나 이해 수준이 아우구스티누스를 빼닮았다. 『황제의 여유』는 게르바시우스가 영국과 남유럽을 여행하며 보고 들은 이상한 사물이나 사건을 신성로마제국 황제인 오토 4세를 위해 쓴 것으로, 말 그대로 심심풀이용이지 학문적인 책은 아니다. 우리가 이 책을 다루는 이유는 아우구스티누스의 영향이 얼마나 장기간에 걸쳐 있었던가를 확인하기 위해서일 뿐이다. 자석에 대해서 쓴 제1장은 세 단락으로 구성되어 있다. 첫 번째 단락에서는 『신국론』에서 언급했던 반지의 실험을 다루고, 두 번째 단락에서도 마찬가지로 은접시의 실험이 등장한다. 세 번째 단락은 다음과 같다.

여러 가지 돌의 본성에 대해서 이런 사실을 환기하는 이유는, 인간적인 약함에서 유래하는 무지 때문에 설명할 수 없는 사물을 보며 우리는 다만 감탄할 도리밖에 없다는 점을 가르치기 위해서입니다. 아우구스티누스가 말하는 것처럼 과거 또는 미래의 신의 기적에 대해 증거를 대지 않고 설명하면, 이 불경한 무리들은 그 이유를 대라며 집요하게 요구합니다. 하지만 이들에게 설명하는 것은 불가능합니다. 왜냐하면 기적은 인간의 힘을 넘어선 것이기 때문입니다. 따라서 그들은 우리의 진술이 대부분 거짓이라고 판단합니다. 그들 자신도 일상적으로 마주치는 일들조차 제대로 설명할 수 없음에도 말입니다.[6]

이것은 아우구스티누스의 말을 그대로 옮긴 데 불과하다. 이처럼 이상한 것을 이상한 그대로 받아들이고 그 이상의 천착은 신앙에 반한다는, 뻔뻔스러울 만큼의 무지한 태도는 아우구스티누스의 영향이다. 실제로 중세 유럽에서 자연에 대한 연구는 거의 천 년이나 정체되고, 13세기에 이르기까지 유럽에서 자석과 자력에 대한 합리적인 인식은 거의 진전이 없었다.

그러나 그것이 자력을 향한 관심 자체를 질식시키지는 못했다. 아우구스티누스가 '눈의 욕망(gratification of the eye)'이라고 말한, 연구를 위한 자연 연구 같은 것은 거의 찾아볼 수 없으나, 자연의 기능을 알고 싶어하는 충동은 항상 존재했다. 또 자연물이 물리적인 힘이나 생리적인 작용뿐 아니라 초자연적인 기능도 갖는다는 고대로부터 내려온 자연관은, 중세에도 이어졌으며 더욱 강화되기까지 했다.

왜냐하면 아우구스티누스는 기적을 인정했을 뿐 아니라 로마 사회에서 물려받은 비합리적인 민간 전승을 부인하지 않았기 때문이다.

예컨대 앞장에서 살펴본 것처럼 플리니우스는 다이아몬드가 자석의 힘을 방해하고, 그 다이아몬드를 산양의 피가 파괴한다고 했는데 아우구스티누스도 이 주장의 황당무계함을 전혀 비판하지 않고 그대로 따랐다. 『신국론』에는 "다이아몬드는 산양의 피 이외에는 강철이든 불이든 그 어떤 것으로도 손상시킬 수 없다고 한다"거나 "자석에 대해서도 내가 읽은 것을 서술해보자. 다이아몬드가 곁에 있으면 그 돌(*자석)은 철을 끌어당기지 않으며, 만약 이미 철을 끌어당겼을 때는 다이아몬드를 가깝게 가져가면 철이 떨어져버린다"고 기록하고 있다.[7]

이처럼 오리엔트나 로마에서 전해진 몇 개의 기이한 이야기가 권위를 가지고 그 뒤에도 계속 이어진다. 다이아몬드가 자력을 파괴한다는 말은 고대에서 중세로 전승된 과학적 지식을 집대성했던, 7세기 세비야(Sevilla)의 사제 이시도루스(Isidorus Hispalensis, 560/70-636)가 쓴 『어원론 Etymplogiae』에도 나온다.[8] 시대가 한참 지나 1360년 무렵 영국의 작가 존 맨더빌(John Mandeville, 1670-1723)이 쓴 『여행기 Travels』에도 "자석 위에 다이아몬드를 올리고 자석 앞에 못을 놓는 게 좋다. 만약 다이아몬드가 양질이어서 효과가 있다면 다이아몬드가 올려져 있는 한 자석은 못을 끌어당기지 않을 것이다"[9]라고 돼 있다. 나중에 보게 되겠지만 이 이야기는 1589년 델라 포르타의 『자연마술』 제2판에서 부인할 때까지 13세기의 알베르투스 마그누스, 15세기의 니콜라우스 쿠사누스, 피에트로 폼포나치 같은 철학자는 물론 16세기 중기의 비링구초나 아그리콜라 같은 기술자, 자연과학자들에게도 아무런 의심 없이 수용된다.[10]

산양의 피가 다이아몬드를 파괴하는 이야기 또한 이시도루스의 『어원론』,[11] 이나 11세기의 마르보두스의 책,[12] 요한네스 사레스베리엔시스의 『메탈로지콘』에도 그대로 기록되어 전해졌다.[13] 이 이야기는 또

12세기 말 하르트만 폰 아우에(Hartmann von Aue)의 『에레크*Erec*』나 13세기 초의 볼프람 폰 에셴바흐(Wolfram von Eschenbach)의 『파르치발*Parzival*』 같은 독일 서사시에도 등장한다.[14] 알베르투스 마그누스도 언급했다.[15] 13세기 중기에 로저 베이컨이 『대저작*opus majus*』에서 "실제 실험을 통해 이를 부정했다"[16]고 밝혔음에도 불구하고, 고대 문서의 권위를 인정하지 않겠다고 선언한 16세기의 파라켈수스가 쓴 연금술 책에서는 다시 받아들여지고 있다.[17]

자석이 부인의 부정을 알아내고, 다이아몬드가 자력을 방해하고, 산양의 피가 다이아몬드를 파괴한다는 것 같은 자연물 사이의 기괴한 관계-공감과 반감-를 당대의 걸출한 지식인들조차 천 년이나 믿어왔다는 사실은 현대인의 감각으로 보면 아주 놀랄 일이 아닐 수 없다. 그러나 반복하지만 중세 사람들도 그것이 이상하다고 여기면서도 명백한 사실이라는 점을 의심하지는 않았다. 자연물은 물리적인 힘이든 생리적인 작용이든, 초자연적인 작용이든 가리지 않고 각각 고유한 능력을 가진다고 믿었기 때문이다.

기독교에서 의학 이론의 부재

아우구스티누스는 과학을 위한 과학은 부정했지만, 자연과학과 그 밖의 세속적 학문에 대한 입장은 달랐다. 성서 해석을 위해 과학적인 지식이 필요하다면, 기독교도는 그것을 소유한 이교도로부터 빌려도 된다는 일종의 편의주의적인 입장을 취했다. 그에게 배움의 목적은 "성서 속에서 신의 의지를 찾는 것"이었다.[18] 이것은 그가 쓴 『기독교의 가르침*De Doctorina Christiana*』의 한 구절인데, 성서를 어떻게 공부해야 하는지에 대한 안내서 격인 이 책의 제2권에 따르면 성서에는 여러 지상의 사물을 이용한 '비유적 표현'이 많기 때문에 "사물에 대한 지식이 없으면 비유적인 표현의 의미를 깨닫지 못하므로 동물, 수목, 초목, 광물 그 외 물체의 성질에 대해서 기록한 것은 성서의 수수께끼를 푸는 데 도움이 된다"고 밝히고 있다.[19] 성서 연구에 도움이 되는 한 이교도 문화를 적극 수용할 것을 장려하고, 이교 세계에 알려져 있던 모든 학문이 성서 학습의 커리큘럼에 보태져야 한다고 주장했다. 기독교에는 자연과학 이론이라고 할 만한 것이 없었기 때문에 이전부터 내려온 과학을 무시할 수 없었던 것이다.

기독교가 자연과학 이론을 가지지 못한 사정은 특히 의료 분야에서 현실적으로 드러난다.

히포크라테스 이후 창조적이며 이론적이었던 그리스 의학의 전통은 갈레노스가 죽자 거의 막을 내렸다. 로마 시대는 토착 민간 신앙이나 오리엔트 신비주의의 영향을 많이 받아 그리스 의학을 크게 발전시키지 못했다. 군사 국가인 로마제국이 의학에 기여했다고 할 수 있는 부분은 군대 의학, 공공 병원과 도시 위생에 대한 사상 정도였고, 이론적인 면에서는 거의 공헌한 게 없었다. 그래서 로마 사회의 의료 현실은 꽤 마술적 색채가 짙었다. 라틴어 동사 'medicare'가 '치료하다'와 '마술을 사용하다'라는 두 가지 의미를 갖고 있는 것에서 그런 형편을 읽을 수 있다. 플리니우스의 『박물지』에도 "마술이 최초에는 의학에서 발생했다는 사실을 누구도 의심하지 않을 것이다"(30권1)라고 기록돼 있다.

금욕을 강조했던 요람기의 기독교는 의학, 의료를 신앙의 하위에 두었다. 아우구스티누스보다 약 반세기 앞서 활약한 카이사리아

(Caesarea)의 교부 바실리우스(Basilius, 330-379)가 쓴 『수도사 대규정 *Regulae fusius tractatae*』에는 "자신의 건강에 대한 희망을 의사의 수중에 맡기는 것은 가축과 같은 행위"라면서 의료 자체를 반(反)기독교적인 행위로 간주했다. "때때로 의료 행위가 유효해 보이는 질병도 따지고 보면 잘못된 식사나 신체에 원인이 있는 것이 아니다"라면서 "병이란 우리로 하여금 회개하도록 하기 위한 죄의 훈계"라고 주장했다. 질병은 원죄에 대해 신이 내린 벌이며, 잘못을 속죄하도록 신이 내린 기회인 것이다. 때문에 우리는 병에 대해 "스스로의 과오를 인정하고,……의사에게 기대지 않고 주어진 고통을 묵묵히 참아야만 한다"는 주장이 가능했다.[20] '기적'이라는 형태로 나타나는 신의 구제로서만 치료가 가능한 것이다. 자율적인 학문으로서의 의학은 부정될 수밖에 없었다. 하물며 이교의 이론에 의존하는 것이 어떻게 인정되겠는가. 그리스 의학은 '이교도의 재주' 정도로 인식되었으며 "초기 교회에서는 상대도 하지 않았다."[21] 이 같은 원리주의가 언제까지나 지탱될 수는 없고 조만간 타협을 할 수밖에 없었지만, 지상의 노고를 신이 내린 시련이라고 보는 기독교 사회에서는 몸에 생긴 고통을 치유하려는 의학을 속 좁은 행위로 여겼다. 근대에 이르기까지 가톨릭교회는 죄와 병은 깊이 관련돼 있다고 생각했다.[22]

기독교가 로마의 국교가 되면서 타협이 시작되자 의학, 의료 영역에서 현실적으로 유효한 자체 이론이 없었던 기독교는 많은 부분을 그리스와 로마에서 이어받은 빈약한 유산에 의지할 수밖에 없었다. 예를 들어 이시도루스의 『어원론』에는 그리스에서 내려온 4체액(四體液) 이론에 대한 평가나 설명이 기록돼 있는데, 이것이 중세까지 전해지게 된다. 디오스코리데스나 플리니우스의 저서 역시 기독교 입장에서 보면 이교의 책이지만, 중세 기독교 사회에서는 의료용 약제학의 측면에서 널리 읽혔고, 실용적으로도 이바지했다.

그리스와 로마의 유산뿐 아니라, 갈리아나 라인 강 북부 지역에서는 토착적이고 마술적, 주술적인 민간 의료가 성행했던 것으로 보인다. 기독교는 지중해 세계에서 유럽 대륙으로 북진하는 과정에서 지역 사회의 상층부 지배층으로 포교를 진행시켜가고, 세속 권력과의 결탁을 강화하면서 조직을 확립했다. 이 때문에 기독교가 아무리 '유일보편적인 신'을 내세웠다고 하더라도, 하층 대중의 일상생활이나 정신세계의 내면에는 한참 뒤까지 토착 종교의 영향이 남아 있었다. 최근의 연구 결과에 따르면 중세 유럽은 "확대일로를 걷는 교회를 후원자로 삼아 지배력을 강화해가는 기독교에 대해, 이교 신앙이 장기간에 걸쳐 조용히 반항해온 시대"였다.[23] 기독교 이데올로기가 구석구석까지 지배하는 사회가 하루아침에 완성된 것은 아니었다. 따라서 민중이 받은 의료란 벽지 농촌에서는 조산부나 주술사들, 도시에서는 천한 직업으로 여긴 이발사들이 지탱해온 토속적인 의료나, 오리엔트에서 넘어온 의술 같은 이교적이며 마술적인 범위를 벗어날 수 없었다.

아우구스티누스는 『기독교의 가르침』에서 의료를 목적으로 한 주술이나 그 밖의 마술적인 치료는 '미신'이며, "그와 같은 어리석고 유해한 미신에 관계되는 모든 의술을 기독교인들은 단호히 거부하고 피해야 한다"고 주장했다.[24] 하지만 여기서 말하는 '미신'에 반대되는 것은 과학적 합리성이 아니라 기독교의 교의였다. 미신이 배척되어야 하는 이유는 비과학적이기 때문이 아니라 '이교의 잔재'이기 때문이었다. 따라서 자연물이 초자연적인 힘을 가지는 것은 인정되었다. 기피해야 할 것은 그 힘이 마술적인 성격을 띨 때였지만 그 둘의 경계는 분명치 않았다. 아우구스티누스 자신이 인정하듯이 민간 요법이 '자연의 힘으로 효력이 있는' 경우에는 자유롭게 사용해도 좋았지만, 그것이 무언가 마술적인 구속에 의해 효력이 있는 것인지 아닌지 구별할 수 없는 경우가 종종 있었다. 그래서 중세에는 "마술과 주술이 처음부터 치료 행위의 조건이었으며, 교회에서도 마술적인 실천에 기독교의 옷을 입히던" 실정이었다.[25] 아우구스티누스는 항간에 전해지는 민간요법에 대해 "그것이 눈에 뜨이는 효과가 있다고 생각될 때는 오히려 기독교인들은 피하는 것이 현명하다"고 말하고 있으나,[26] 이것은 처음부터 패배를 인정하는 셈이다.

유아 사망률이 극히 높고, 아이들이 무사히 성인이 되는 것조차 요행에 가까웠으며, 자연의 맹위와 절망적인 빈곤 속에서 가혹한 노동의 나날을 보냈던 중세의 민중에게는 병으로부터 몸을 지키고 자연재해로부터 농작물을 방어하고, 지배자의 폭력으로부터 가족을 보호해 자손을 이어가는 것만으로도 엄청난 일이었다. 하물며 반복해서 습격해 오는 병에 대한 공포는 지식인이든 아니든, 농민이든 도시민이든, 모든 계층과 계급이 공유했다. 기독교 교의에서 보면 허용하기 힘들었겠지만 다양한 자연물이나 상징이 마(魔)를 제거하는 부적으로 사용될 수밖에 없었던 사정은 충분히 수긍이 간다. 역사학자 서든(R. W. Southern)의 말처럼 "세속적인 것에 대한 탐구는 기독교적인 지식 체계와는 아무런 관계가 없으며 그 자체가 고유한 생명을 가지고 있었던"[27] 것이다.

이렇게 해서 마술적인 자연관으로 이야기가 이어지게 된다. 자력이나 정전기력에 대한 당시의 언설은 그 테두리 내에서 이해되고 있었다. 이것을 명백히 보여주는 것이 다음 절에서 볼 11세기 마르보두스의 『돌에 대하여 De Lapidibus』이다. 아우구스티누스에서 마르보두스로 시대가 갑자기 크게 건너뛴다. 왜냐하면 로마가 문화적으로 그리스의 유산을 많이 잃어버렸던 것처럼, 야만족의 침입으로 로마 유산의 많은 것을 잃게 되었기 때문이다. 대륙에서 문화 회복의 조짐이 보이기 시작한 것은 9세기, 샤를마뉴(Charlemagne)의 시대였다.

마르보두스의 『돌에 대하여』

지금까지의 물리학사는, 근대 과학이 등장하기 이전의 정전기학의 발전 과정은 고대에 호박의 인력이 발견되고 그 후 호박 이외에도 인력을 나타내는 물체가 조금씩 발견되는 등 경험적 지식이 확대되면서, 그 힘이 개별 물질에 의한 것이 아니라 일반적인 것이라고 인식하게 되었다고 묘사해왔다. 그와 같은 예로는 '흑옥(jet)'의 인력현상에 대한 비드의 기술을 들 수 있다. 샤를마뉴 치하에서 문화부흥에 큰 공헌을 한 인물은 영국의 요크(York)에서 온 알퀴누스(Alcuinus, 앨퀸)지만, 그를 8세기 서구 세계에서 학술적으로 돌출되고 중심을 차지하도록 도움을 준 사람은 비드였다. 비드가 731년에 완성한 『영국교회사 Histotia Ecclesiastica Gentis Anglorum』에는 "흑옥은 검고 빛나며, 불에 넣으면 타고, 뱀을 구제하고, 마찰로 따뜻해지면 호박처럼 가까이 있는 물건을 흡착한다"[28]고 돼 있다.

이어서 11세기에 렌(Rennes)의 사제인 마르보두스가 '옥수(calcedonius)'를 설명하면서 "태양빛이나, 손가락으로 마찰을 일으켜 따뜻해지면 자신 쪽으로 왕겨를 끌어당긴다"[29]고 밝혔다. 그러나 그의 주장은 최근까지 아무도 주목하지 않았다.■

마르보두스의 이 서술이 간과되어온 이유는 1600년에 길버트가 정전기력을 나타내지 않는 물질로 '옥수'를 포함시켰기 때문일지도 모른다(상세한 이야기는 뒤에 나온다). 현대의 관점에서 의미 있는 발견만을 찾아 거기에 정합적인 해석을 부여하는 것만으로는 역사를 제대로 이해할 수 없다는 걸 다시 한 번 확인하게 된다. 왜냐하면 우리가 정전기력이라든가 자력이라 부르는 현상이 중세에서는 현대와는 전혀 다른 기반과 배경 아래서 논의되고 이해되었기 때문이다.

'옥수'에 대한 위의 서술은 마르보두스가 성서의 '요한 묵시록'에 나오는 열두 개의 보석에 대한 가르침을 기록한 것의 한 구절이다. 그는 이 밖에도 『돌에 대하여』라는 732행에 이르는 긴 시를 남겼다. 작품으로서는 이 시가 더 유명하며, 큰 족적을 남기기도 했다. 이 시를 관통하고 있는 기조는 "보석(gemma)에는 선천적인 능력(insita virtus)이 있다. 목초도 큰 힘을 감추고 있지만, 보석이 가진 힘은 그 무엇보다 크다"라는, 시의 첫 두 행에서 드러난다.[32] 이 시는 60가지 종류에 이르는 돌에 감추어진 '능력(virtus)'이 어떤 것이고, 그것이 어떻게 인간에게 도움이 되는지를 노래했다. '도움이 된다'는 것의 의미는 약제로서뿐 아니라 정신적인 평안을 가져다주고, 마성을 제거하거나 부적으로서 사용할 수 있다는 의미까지 포함한다. 따라서 이 시의 내용은 의학적이며 실용적인 동시에 이교적이며 마술적이기도 하다. 이 시는 그가 렌의 사교에 취임한 1096년보다 앞서 씌어졌다고 추정하는 연구

■ 마르보두스가 옥수의 정전인력을 발견한 사실을 지금까지 전자기학사에서는 완전히 무시해왔다. 전기학에 대한 최초의 역사서인 1775년에 나온 프리스틀리(Joseph Priestley, 1733-1804)의 『전기의 역사와 현상』에는 '길버트 시대 이전에, 마찰되었을 때 가벼운 물체를 끌어당기는 성질을 가지는 것으로 알려져 있던 물체는 호박과 흑옥뿐이었다'고 돼 있다.[30] 19세기 말에 전기의 역사를 쓴 호페(Edmund Hoppe)와 밴저민(Park Benjamin)도 마르보두스의 발견을 무시했다. 20세기 들어 롤러 앤 롤러(Roller & Roller)가 쓴 꽤 자세한 논문에서도, 16세기에 프라카스토로(Girolamo Fracastoro)가 다이아몬드를 발견하기까지 호박현상을 나타내는 물질은 호박과 흑옥뿐인 것으로 알려져 있었다고 기술했다.[31]

〈그림 4.2〉 1539년에 쾰른에서 출판된 마르보두스의 보석에 관한 책의 표지.

자도 있지만 근거 있는 추론인지는 의심스럽다. 막스 야머에 따르면 "라틴어 문헌에서도 물리적인 힘과 오컬트적인 작용이 구분되지 않고 섞여서 사용된다. '능력(virtus)'이라는 말은 일반적으로 양쪽을 다 가리킨다"[33]고 했지만 오히려 당시에는 그 두 종류의 작용을 명확히 구별하지 않았다고 해야 옳을 것이다.

이처럼 마르보두스는 자력이나 정전인력을, 돌에 영성이 머물고 보석에 마력이 감추어져 있다는 일반론의 대표적 사례로서 논하고 있다. 때문에 그것에 대한 탐구도 돌에 숨겨져 있는 초자연적인 힘을 파헤쳐 어떻게 인간에게 도움이 되는가를 살핀다는, 어떤 의미에서는 마술적인 탐구의 일환이다. 이 문제를 흑옥이나 그 밖의 몇몇 돌을 통해 좀더 알아보자.

'흑옥'은 조밀하고 새까만 입자로 된 석탄으로 디오스코리데스나 플리니우스에 따르면 '가가스(Gagas)'라고 불리는 하구에서 캔 것으로 '가기테스(gagates)'로 불렸다. 디오스코리데스는 이것이 통풍 치료제로 사용되고, 훈증을 하면 간질환자를 본 부인의 히스테리를 고치고, 그 증기는 숨겨진 부인병을 치유한다고 했다. 플리니우스는 치통이나 누력(漏瀝, *종기가 곪아 터져서 오랫동안 아물지 않는 증상)에 유용할 뿐만 아니라, 그 연기는 처녀 여부를 알 수 있다고 썼다. 흑옥이 처녀성을 식별한다는 것은 이시도루스도 기록하고 있다.[34]

『돌에 대하여』의 18절에는 '흑옥'이 가진 힘으로 첫째 수종을 고치고 물에 녹이면 느슨해진 이를 강하게 하며, 훈증을 하면 월경을 일으키고, 간질이나 위병에도 효과가 있으며, 진통이 있는 임산부의 분만을 빠르게 하며, 둘째 마성을 없애고 처녀성을 판별하는 데 사용되며, 셋째로는 "마찰로 따뜻해지면 가까이 있는 짚을 끌어당긴다"고 돼 있다.[35] 우리가 보기에 첫째 것은 생리적인 약효이고, 둘째는 초자연적이고 마술적인 작용, 셋째는 물리적인 힘이다. 그러나 이처럼 정리하는 것은 어디까지나 현대적인 이해와 구별일 뿐으로 마르보두스는 이 세 작용을 거의 같은 차원에서 취급하고 있다. 특히 생리적인 효능과 마술적인 효력은 둘 모두 그 비밀에 통달하면 그 지식이 사람들에게 유익할 것이라면서 굳이 둘을 구별하지 않았다.

이와 같이 돌이 가진 능력, 특히 신비적이며 초자연적인 힘에 대한 믿음은 디오스코리데스와 플리니우스 시대 이래 기독교가 확대되고 지배력이 퍼지게 된 11세기에 이르러서도 약화되기는커녕 도리어 강화되었다. 예를 들어 플리니우스는 '하이에나의 돌(hyaenia)'에 "하이에나의 눈에서 캔 것으로 사람의 혀 밑에 두면 미래를 예언한다. 우리들이 그런 것을 믿을 정도로 바보라면 말이다"라면서 돌이 가진 초능력에 대해 회의적이고 부정적인 견해를 표명했다.[36] 같은 돌에 대해 7세기에 이시도루스의 『어원론』에서는 "하이에나 돌은 하이에나의 눈에서 발견되어 사람의 혀 밑에 두면 그 사람은 미래를 예언한다고 전해진다"고 할 뿐 부정적인 뉘앙스는 보이지 않는다.[37] 그런데 마르보두스의 『돌에 대하여』에 이르면 "그것은 물에 젖으면 인간에게 예지능력을 부여한다"고 단정하면서 이전부터 전해진 이야기라는 사실조차 빼버린다.[38]

『돌에 대하여』의 '자석'에 관한 기술을 보면, 수종을 억제하고 화상의 고통을 누그러뜨리는 약효가 있고 부인의 부정을 간파한다는 이미 친숙한 능력 이외에, 다투는 자들을 사이좋게 하고 신혼부부에게 사랑을 주고, 변사에게는 설득력을 준다고 하면서 한술 더 떠 다음과 같이 말한다. "도둑이 집에 몰래 들어올 때, 타다 남은 자석의 분말을 태워서 나온 연기를 집에 넣으면 주인의 혼이 집밖으로 나와버려 도둑은 집안에서 자유롭게 활동할 수 있게 된다"[39]는 것이다. 보석에 대해 마르보두스가 관심을 가진 것도 약효뿐만이 아니라 오히려 그 마술적 속성이었다.

힐데가르트 폰 빙엔

돌이 가진 초자연적인 힘에 대한 생각은 중세의 문학 작품에도 여기저기 보인다. 예를 들어 1200년부터 1210년 사이에 씌어진 것으로 추정되는 에셴바흐의 『파르치발』에는 석류석이나 다이아몬드를 비롯해 수많은 보석을 거론하면서 "그들 중 몇몇 돌은 기분을 좋게 해주고……약으로도 도움이 된다. 이들 보석에 대한 지식이 있는 사람은 누구나 그 효능을 인정할 것이다"⁴⁰라고 했다. 게다가 1220년대에 프랑스어로 씌어진 작자미상의 『성배(聖杯)의 탐색 La Queste del Saint Graal』에는 "솔로몬은 대단한 현자였다.……모든 보석의 힘과 약초의 효능을 이해하고……"라는 기술이 보이고,⁴¹ 13세기 후반의 『장미 이야기 Le Roman de la Rose』에서는 "금을 머금은 돌은 대단한 힘과 효능이 있어, 이를 몸에 지닌 사람은 어떤 독도 두려워하지 않으며, 어떤 방법을 써도 독살 할 수 없다"고 한다.⁴² 같은 시기에 제노바의 대사제인 야코부스(Jacobus de Voragine, 1230-1299)가 쓴 성인전(聖人典)인 『황금전설 Legenda Aurea』에는 "눈이 보이는 않는 자를 보이게 하고, 귀가 나쁜 사람을 들리게 하며, 말을 하지 못하는 사람을 말할 수 있게 하고, 지혜가 모자라는 사람을 현명하게 하는 보석"이란 말이 나온다.⁴³ 13, 14세기 중기에 독일어로 씌어진 『여우 레온케 Reonke de Vos』에도 "약초나 돌의 효능에 조예가 깊은 유대인이 말하는, 808가지 병을 고치고 모든

고통을 제거하여 재난에서 벗어나게 하는 보석"이란 말이 눈에 뜨인다.[44]

시대가 흘러 1588년 영국 작가 그린(Robert Greene, 1558-1592)이 쓴 『판도스토Pandosto』에는 "보석 에키테스(echites)는 색보다 오히려 그 효력 때문에 좋아합니다"라는 글귀가 나온다. '에키테스'에 대해 플리니우스는 독수리 둥지에서 캘 수 있으므로 '독수리 돌(鷲石)'이라 칭하면서 유산을 막기 위해 임산부의 부적으로 쓴다고 기록하고 있다.[45] 그러나 마르보두스의 『돌에 대하여』에서는 에키테스가 임산부의 부적으로 조산을 막고 분만의 고통을 완화시키는 효능을 가질 뿐 아니라 "부를 증가시키고, 사랑을 받도록 작용하고, 승리를 가져온다"라면서 한 발 더 나아간다.[46] 그린이 말하는 효력도 이것이다. 그 직후인 1592년 무렵에 씌어진 엘리자베스 시대의 극작가 크리스토퍼 말로(Christopher Marlowe, 1558-1592)는 희곡 『파우스트The Tragical History of Doctor Faust』에서 "점성술의 기초 지식과 언어적인 재능을 갖고 광물에 관한 지식을 풍부하게 가진 자는 마술에 필요한 모든 소양을 이미 갖춘 것이다"라고 했다.[47] 광물-보석-에 대한 지식이 마술에 필수불가결하다고 생각한 것이다.

보석이 가진 신비적인 힘이 이처럼 여러 문학 작품에 나타났다는 것은 일반 대중들 사이에도 널리 알려져 있었다는 점을 시사한다.

중세 유럽의 자연관을 말할 때 주의할 점은 문서로 남겨진 것은 실제로는 소수에 불과했던 기독교 지식인 세계의 것일 뿐, 배후에 있는 압도적으로 많은, 문자를 가지지 않은 대중이 자연을 이들과 같은 수준에서 보고 있었던 건 아니라는 점이다. 아우구스티누스는 물론이고 비드나 이시도루스나 마르보두스처럼 라틴어를 자유롭게 구사하는 성직자는 중세 기독교 사회에서 극소수의 지적 엘리트였으며, 그들이 남긴 글이 대중들 세계에서 회자된 것은 아니었다. 그러나 엘리트 지식인들조차도 디오스코리데스나 플리니우스처럼 이교의 책을 받아들였다. 하물며 민간 종교의 영향이 더 강하게 남아 있는 민중 세계에는 마술적 자연관이 한층 강했을 것으로 추측할 수 있다. 물론 민중 세계에서 구전된 것은 문자로 기록되어 정착하지 못하고 얼마 후 역사의 어둠 속으로 사라지고 현재로는 거의 확인할 방법이 없는 게 보통이다. 다행히 우리는 라인란트(Rheinland)의 베네딕트파 수도원의 환시자(幻視者)로서 기독교 신비주의자였던 힐데가르트 폰 빙엔(Hildegard von Bingen, 1098-1179)이라는 특이한 수녀가 써서 남긴 글에 의존해 당시의 민속적 자연관의 한 면을 엿볼 수 있다.

힐데가르트는 어릴 때 환시를 체험하고, 8세 때 수도원에 들어가 43세가 되어 처음으로 환시를 문자로 나타내기 시작했다. 그녀는 평생 수녀로 지냈으며 수녀원 원장까지 올랐으나, 중세 기독교 사회는 완전한 남성 사회여서 지식 세계의 엘리트는 아니었다. 수도원에서 성서와 신학 문서에 대해 기본적인 지식을 익히긴 했지만 라틴어 수준은 낮았다고 한다. 힐데가르트가 1150년에서 1160년 사이에 쓴 자연학적, 의학적 저서에 『자연학Physica』이라는 것이 있다. 책은 식물, 원소, 수목, 돌과 보석, 새, 물고기, 동물, 파충류, 금속 등 5백 개 이상의 항목에 대하여 의학, 약학적 성질 및 박물학적 관련사항을 기술하고 있다.

책 전체를 관통하는 관점은 온, 냉 그리고 건, 습에 의한 분류이며, '비슷한 것은 비슷한 것에 의해'라는 유사 요법이다. 그 점에서 그리스 철학과 그리스 의학의 4체액 이론의 영향을 받았음을 알아차릴 수 있다. '돌과 보석'을 다룬 권에서는 자석을 포함하여 26개 항목이 기록되어 있으나, 자석을 금속이 아닌 돌에 포함시킨 점에서 보더라도 그리스나 로마의 자연학의 영향을 지적할 수 있다.

그러나 『자연학』 개개의 서술은 중세의 책들과는 크게 다르며, 디오스코리데스나 플리니우스 또는 이시도루스 등의 의학서나 백과사전을 참고한 흔적이 없다. 경험적으로 민간의 주술사 사이에서 집적되고 전승되어온 마술적 의학에서 채집된 지식에 근거한 것으로 보인다.

실제로 내용도 매우 특이하다. 최근의 연구 역시 "내용은 게르만 민족의 전통에 근거했으며, 거기에 자신들의 경험이나 관찰로 얻어진 지식을 축적한 것"으로 "힐데카르트의 『자연학』 이외에 이처럼 상세하게 민간의 약초 지식을 다룬 것은 현존하는 중세 사료 어디에서도 볼 수 없다"[48]고 평가했다.

'돌과 보석' 권의 첫머리에는 보석 일반에 대해 "귀한 돌은 불꽃과 물에서 태어난다. 따라서 열과 습을 내부에 포함한다. 또한 많은 힘을 간직하고 있으므로, 여러 요구에 대해서 유효하게 응할 수 있다. 보석을 사용하면 다양한 것을 할 수 있다. 단 이것은 선량하며 성실한 행위, 사람에게 유익한 행위에 한한다. 유혹, 간통, 불륜, 원한, 살인 등의 행위, 즉 악덕으로 기울어져 다른 사람을 상처 입히는 행위에 그 힘이 작용하는 일은 없다. 이들 보석은 본성적으로 성실하며 유익한 효과를 가져오며, 인간의 타락하고 사악한 이용을 거부한다"고 했다.[49] 기독교적 도덕의 안경을 통해 본 것이기는 하지만, 보석이 가진 힘이 대중 속에 널리 전해진 것을 행간에서 읽을 수 있다.

그리고 제18항에는 자석에 대해 다음과 같이 말하고 있다. 아주 특이한 내용이기 때문에 전문을 인용해보자.

자석은 습한 성질이 있다. 이 돌은 특정한 모래와 물속에서 서식하지만, 물속보다는 오히려 모래 속에서 잘 서식하는 어떤 종류의 독충이 토해내는 거품(spume)에서 생겨난다. 독충의 일종으로, 괄태충(括胎蟲)과 같은 벌레가 그 특정한 물에서 서식한다. 때때로 이 벌레는 오랫동안 철이 제련되고 있는 어떤 토지에 거품을 토해낸다. 거기에 물가나 물속에 서식하거나, 철이 제련되고 있는 토지의 흙을 먹는 다른 독충이 와서, 거품을 보거나 아니면 그쪽으로 다가간다. 그 벌레는 흑색의 독을 다른 벌레의 거품에 뿌린다. 이 독은 빠르게 스며들어 거품을 경화시켜 돌로 변화시킨다. 이렇게 자석은 철을 산출하는 토지에서 배양된 독에 의해 응고되고, 그 때문에 철과 같은 색을 가지며 철을 끌어당기는 것이다. 이 돌이 놓여 있는 주변의 물은 거듭되는 홍수 때 돌을 씻어 (돌에 부착되어 있던) 대부분의 독을 묽게 하고 감소시킨다.

활기를 잃거나 환영으로 고생한다면 자석에 침을 발라 그 돌을 정수리 부분과 뺨에 비비면서 다음과 같이 외쳐라. "아아 그대 맹위를 떨치는 악마여, 천국에서 떨어진 악마의 힘을 전화시켜 인간을 선하게 하신 신의 덕을 인정하라." 그러면 활기를 찾을 것이다. 이 돌의 불꽃은 유익하기도 하고 유독하기도 하다. 철을 산출한 토지에서 들어간 불꽃은 유익하며, 벌레의 독에서 들어간 불꽃은 유해하다. 따뜻하며 건강한 사람와 침이 묻어 부활하면, 불꽃은 사람의 사고를 방해하는 유해한 체액을 없앤다.[50]

조금은 섬뜩하고 기괴한 이 서술은 자석의 형성과 관련해서든, 그것이 가진 특이한 능력이든, 사용 방법이든 지금까지 보아온 그리스와 로마에서 출발한 일련의 이야기들과는 전혀 다르다. 태양이 내리쬐는 밝은 지중해에서 멀리 떨어진, 짙은 어둠의 숲에 덮인 게르만 사회의 심층에서 전해지고 있던 이야기인 것이다. 주술을 외치며 자석의 힘을 끌어낸다는 것도 분명 기독교의 가르침에 반하는 이교적, 마술적인 행위이다. 이것도 토속적 종교에서 유래한 미신일 것이다. 자석의 예뿐만이 아니다. 예를 들어 마노(瑪瑙, *석영, 단백석, 옥수의 혼합물)의 항에서는 "매일 밤 잠자리에 들기 전에 맑은 마노를 집의 세로 방향으로 옮기고 다시 가로 방향으로 옮겨 십자를 긋듯이 하시오. 그러면 도둑은 거의 목적을 이루지 못하고 도망칠 것이오"라고 했다.[51] 여기서는 민간 전승에다 '십자로 자른다'고 하는 기독교적인 습관이 더해지고 있음을 알 수 있다. 힐데가르트는 '돌과 보석'의 첫머리에서 보석의 힘을 지상에서 사용하는 것은 신이 원하는 것이라고 말하고 있다. 민간 전승, 토착 종교를 적극적으로 기독교의 테두리 안으로 받아들이고 있는 것이다.

알베르투스 마그누스의 『광물의 서(書)』

이처럼 "자석은 부인의 부정을 간파하고, 흑옥은 처녀를 식별한다"는 식의 기이한 말들이 기독교가 지배한 중세 유럽에서도 이어졌다. 특히 자석에 대해서는 그야말로 "최초의 11세기 동안(2세기에서 12세기까지) 서양에서 자석은 주로 의료와 마술에 사용되고 숨겨진 힘의 예로서 알려져왔다."[52]

자석에 대한 중세인들의 견해는 13세기 중반 철학자 알베르투스 마그누스가 쓴 『광물의 서 De Mineralibus』에 집약돼 있다. 마그누스는 13세기 중기에 파리와 쾰른의 도미니크 수도회 신학원에서 교사로 지내고, 1254년에는 독일 도미니크 수도원의 관구장(管區長)에 임명되었으며, 1263, 1264년에는 교황 우르바누스 4세의 특사에 임명되는 등 기독교 사회의 1급 엘리트였다. 뿐만 아니라, 이 시대에 으뜸가는 학자로 알려져 있다. 『광물의 서』가 씌어진 것은 1250년대나 1260년대, 힐데가르트의 『자연학』이 나온 시기와 거의 비슷하다. 자석에 대한 부분이 조금 길지만 전부 인용해 보자(아리스토텔레스를 언급한 부분은 아리스토텔레스의 위작(僞作) 『돌에 대하여』를 가리킨다).

자석(magnes)은 철의 색을 한 돌이며, 인도의 바다에서 가장 많이 발견된다. 그곳에는 자석이 매우 많으므로 못이 박힌 배로 여행하는 것이 위험하다고 알려져 있다. 그것은 트로글로디테스(Troglodites)라는 나라에서도 발견된다. 나 자신도 프란코니아(Franconia) 지방이라 불리는 테우토니아(Teutonia)의 일부에서 자석을 발견한 적이 있다. 그것은 크고 매우 강력하며, 역청(瀝靑)으로 태워 부식한 철처럼 칠흑빛이었다. 자석은 철을 끌어당기는 놀랄 만한 힘을 가지고 있다. 또 그 힘은 다시 철로 옮겨져 그 철 또한 (*다른 철을) 끌어당긴다. 이렇게 해서 때로는 철로 된 바늘들이 잇따라 매달려 있는 것을 볼 수 있다. 그러나 마늘을 바르게 되면 자석은 끌어당기지 못한다. 또한 다이아몬드가 자석 위에 놓여도 자석은 끌어당기지 못한다. 이런 식으로 작은 다이아몬드는 커다란 자석을 옭아맨다. 우리들 시대에는 한쪽 끝에서는 철을 끌어당기고 다른 쪽 끝에서는 철을 밀어내는 자석이 발견되었다. 아리스토텔레스는 이것은 서로 다른 종류의 자석이라고 말하고 있다. 주의 깊은 관찰자인 우리 수도회의 한 사람은 프리드리히 황제가 소유한, 철을 당기는 것이 아니라 철에 당겨지는 자석을 보았다고 나에게 알려주었다. 아리스토텔레스는 인육을 끌어당기는 다른 종류의 자석이 있다고 이야기하고 있다. 마술에서는 자석이 주문(呪文)에 따라 사용되면, 놀랄 만한 환영을 가져온다고 전해지고 있다. 벌꿀에 섞으면 수종에 효과가 있다고 알려져 있다. 그리고 사람들은 자고 있는 부인의 머리 밑에 자석을 두면, 그 부인이 정절을 지켰다면 등지고 자고 있는 남편의 팔에 안기게 되지만, 부정을 저질렀다면 악몽에 시달려 침대에서 굴러 떨어진다고 말한다. 또 어떤 도둑은 불타는 석탄을 집안 네 모서리에 두고 그 위에 자석 분말을 뿌린다고 한다. 그러면 집 안에서 자던 사람들은 악몽에 시달려 밖으로 나가 집이 텅 비게 되므로 도둑은 원하는 물건을 훔칠 수 있다고 한다.[53]

마그누스도 이 책에서 돌과 금속을 구별한 다음 자석을 돌로 분류하고 있다. 또 철을 끌어당기는 자석과 철에 끌어당겨지는 자석의 두 종류가 있다고 이야기한다. 철이 일방적으로 자석에 이끌린다는 고대 그리스 이래의 오해가 해소되고 있기는 하지만 그들을 다른 종류의 자석으로 보는 새로운 잘못에 빠지고 있다. 그 잘못을 처음으로 지적한 사람은 나중에 말하게 되겠지만 델라 포르타이다.

다음 장에서 자세히 보게 되듯이 유럽은 이 시기에 아리스토텔레스를 재발견한다. 그러나 마그누스는 아리스토텔레스의 자연학을 의욕적으로 받아들여 자연을 신의 계시로서가 아닌, 그 자체로서 아는 것이 가치가 있다고 본 선구자 중의 한 사람이었다. 중세 철학 전문가에 따르면 마그누스는 자연을 "경험적 연구의 대상"으로 보았고,[54] "아리스토텔레스가 전하는 지식이라도 필요하다면 자신의 경험에 근거해 이것을 보충하거나 정정하는 것을 주저하지 않았다"[55]고 한다. 그러나 그 마그누스조차 철을 끌어당기는 자석의 물리적 작용, 간통한 부인을 간파하는 자석의 영적 능력과 눈병이나 수종을 치료하는 자석의 약제 효과 등을 모두 같은 선상에 놓고 '돌이 가진 능력'으로 파악하면서 논하고 있다. 마늘이 자력을 무력하게 한다는 고대로부터 전해진 이야기에 대해서도 마찬가지여서, 자석이 철을 끌어당기는 것만큼이나 확실한 사실로 여겼다.

중세 유럽 전체를 통해 최고의 지식인이었던 마그누스는 물론이고 스콜라학을 완성시킨 토마스 아퀴나스도 마찬가지였다. 아퀴나스도 "자석은 철을 끌어당기고, 사파이어는 부스럼을 낫게 한다"[56]고 기록할 뿐 아니라 "자석은 마늘을 바르면 철을 끌어당길 수 없게 된다"[57]며 주저없이 이야기했다.■ 모두 불가사의한 현상이라는 점에서는 차이가 없으며 따라서 현실성에 있어서도 차이가 없다고 보았던 것이다.

마그누스는 『광물의 서』에서 자석 외에도 여러 돌이 각각 특유의 힘을 가지고 있다는 것을 마르보두스처럼 분명하게 기술한다. 예를 들어

앞에서 말한 '흑옥'과 관련해 "흑옥은 마찰하면 짚을 끌어당긴다"고 했다. 그러나 여기서는 인력의 요건으로 열을 들고 있지는 않다. 그 점에서 마그누스의 기술은 알렉산드로스나 플리니우스 이후 마르보두스에 이르기까지의 오해에서 해방되었다. 따라서 그것만 읽으면 정전인력에 대한 경험적 사실이 보다 많이 축적되고, 관측이 정확하게 되어 이해가 깊어진 것이라 여겨진다. 그러나 동시에 "경험에 의하면 흑옥을 씻은 물을 받아 자석을 약간 긁은 가루와 함께 처녀에게 주면, 그것을 마셔도 체내에 차서 배뇨하는 일이 없지만, 만약 처녀가 아니면 바로 배뇨한다고 한다"라는 구절도 볼 수 있다.[58] '경험'이라고 해도 그 내용은 경험을 파악하는 관점이 달라지면 다르게 받아들이는 것이다.

마그누스는 다음과 같이 일반화해서 이야기한다.

돌에는 부스럼을 누그러뜨리거나 해독 작용을 하거나 사람의 마음을 온화하게 하거나 승리를 가져다주기도 한다는, 그 돌에 내재한 힘을 의심하는 사람이 많다. 이들은 합성 물체에는 그 구성 요소와 그들의 결합 방법에 따른 성질 외에는 없다고 주장한다.……그러나 이것은 경험에 의해 아주 설득력 있게 입증된 것이다. 왜냐하면 우리는 자석이 철을 끌어당기고, 다이아몬드가 자석의 힘을 방해하는 것을 보기 때문이다. 뿐만 아니라 경험에 의하면 사파이어가 부스럼을 낫게 하는 것이 증명되었으며, 우리는 그 중 하나를 우리 자신의 눈으로 보아왔다.[59]

■ 『아리스토텔레스 자연학 주해』에서 발췌. 원문은 'Si magnes aliis perungatur, ferrum attrahere non potest'(Lib.7, lec.3, 903)이다. 무난하게 번역된 블랙웰(R. J. Blackwell)의 영어 번역에는 'If magnet is greased with other things, it cannot attract iron'(p.461)이라고 돼 있으나, 원문의 'aliis'는 중성명사 'alium(garlic)'의 복수 탈격(奪格)으로 이해해야 하며, 이 번역과 같이 부정 대명사 'alius(other thing)'의 복수 탈격으로 볼 필요는 없다.

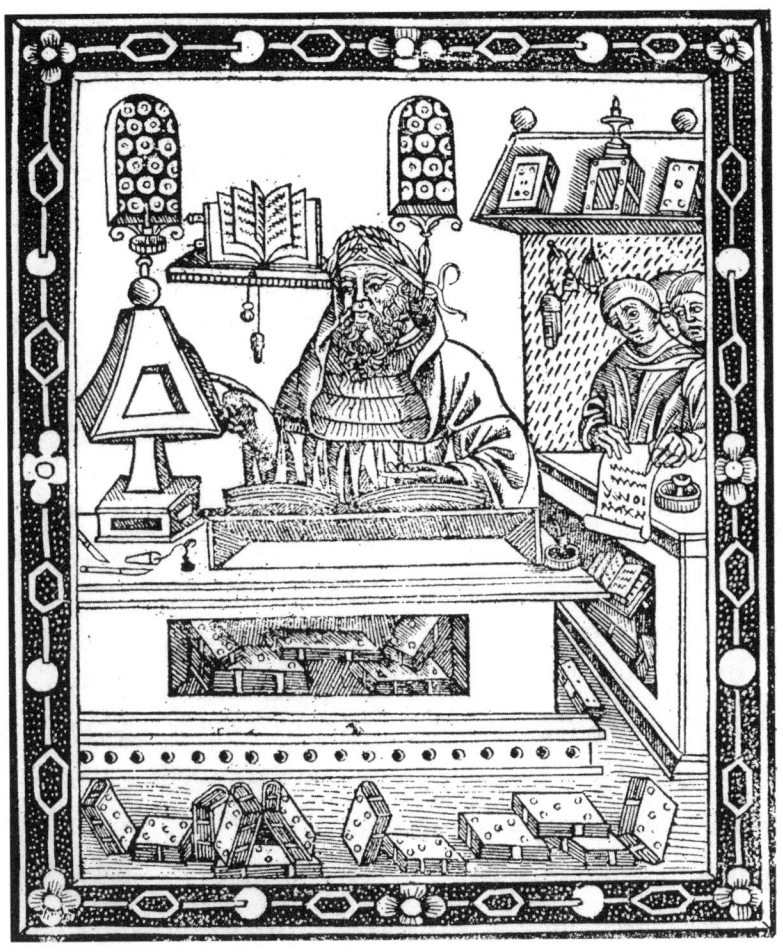

〈그림 4.3〉 강의를 하고 있는 알베르투스 마그누스.

'그 중 하나를 자신의 눈으로 보아왔다'고 하는 것은, 극히 일부의 광물에서 실제로 나타나는 약제 효과와 철에 작용하는 자력이라는 대단히 적고 한정된 사례에 기대어 모든 돌이 각각 고유한 힘을 가지고 있다며 정당화하고 일반화하는 것이다. 반대로 자석 자체에 대해서도 다양한 마력적 혹은 영적인 힘을 부여하는 구실이 되었다고 할 수 있다. 마그누스가 확실히 인정하고 있는 것처럼, 그리고 힐데가르트가 실제로 말한 것처럼, 자석은 주문 등을 써서 마술적으로 사용하면 더욱 놀라운 효과를 불러온다고 믿었던 것이다.

※ ※ ※

쿤츠의 『보석의 기묘한 전설』에 따르면, 영성을 가진 보석에는 마력이 숨겨져 있다는 생각은 세계적으로 퍼져 있었던 것 같다. 로마에는 이집트나 아시아로부터 전해졌을 것이다. 그러나 그와 같은 믿음은 기독교의 교의는 용납할 수 없는 것이다. 초기 기독교 교회가 로마 상층 계급에 만연해 있는 보석 기호를 비난한 사실은 잘 알려져 있다. 이는 단순히 사치를 나무라는 것이 아니었다. 보석을 마술과 관계된 물체로 생각했기 때문이라고 전해진다. 그럼에도 불구하고 독의 힘을 둘러싼 이교적이며 마술적인 사고는, 기독교가 폭넓게 퍼진 뒤에도 조금도 쇠퇴하지 않았다. 오히려 시간이 흐르면서 강해지고 있었다. 실제 14세기에 페스트가 유행했을 때 감염 방지 수단으로서 지르콘(zircon)이나 에메랄드를 몸에 부착했다는 기록이 있다.[60]

중세에 한정된 이야기만은 아니다. 보석의 힘에 얽힌 이와 같은 이야기는 유럽에서 17세기에도 여전히 회자되고 있었다. 근대 지질학의 효시라고 전해지는 데 부트(De Boodt)는 1609년 "보석이 가지고 있지도 않은 힘을 갖고 있다고 한 잘못에 대해 조사하는 일이 아주 중요하다"고 주장하였다.[61] 그럼에도 불구하고 반세기 뒤에 이탈리아의 갈릴레이, 프랑스의 데카르트와 나란히 17세기 과학혁명의 전위에 서 있었던 영국의 로버트 보일은 "나는 이들 보석에 대해 전해지거나, 고귀한 광물에 부여해온 의학적 효과를 부정할 생각은 없다"고 말하면서, 새로운 기계론 철학-보일이 말하는 '입자철학'-의 입장에서 『보석의 힘과 기원An Essay about the Origin and Virtues of Gems』이라는 긴 제목의 논문을 썼다.[62]

이와 같이 보석이나 자석에 대한 마술적인 관념은 유럽에서 오랫동안 살아남았다. 기독교는 토착 민중 종교를 완전히 바꾸기보다는 이교적인 요소나 민속적 전통에 대해, 때로는 그들 몇몇을 이단이라든가 마술이라는 표식을 붙여 배척하면서도, 실제로는 기독교의 옷을 입히는 수준에 만족하면서, 많은 부분을 묵인하며 그것들과 공존해왔다. 중세 유럽은 외면상으로는 기독교적이었지만, 이단적·토속적·민속적이라고 해야 할 정신세계가 잔존하고 있었던 것이다. 그것은 나름의 형태로 자연에 대한 관심을 불러일으켰다.

특히 의학과 의료 영역에서 두드러졌다. 중세에 의료는 토착적이며 주술적이고 이교적인 성격을 짙게 띠었다. 그리고 이 시대에는 자력에 대한 관심이 의료효과-정신적인 치유나 심령 작용을 포함한 광의의 의료효과-적인 측면에 기울고 있었다. 유럽 사회가 기독교에 지배당하고 있었음에도 자석과 자력에 대한 관심은 이교적이며 마술적인 연구와 등을 맞대고 있었던 것이다.

11세기 프랑스 렌의 사제인 마르보두스나 13세기 영국의 프란체스코 수도사인 바르톨로메우스(Bartholomaeus Anglicus),[63] 또는 13세기 독일의 대철학자 마그누스 등 중세 기독교 세계의 최고 석학들이 모두 자석의 초자연적이며 마술적인 힘을 공공연히 인정했다. 그것은 당시 사람들에게 자석이 워낙 특이하게 비쳤기 때문일 것이다.

5장

중세 사회의 전환과 자석의 지향성 발견

12세기에서 13세기 초에 걸쳐 라틴-유럽은, 고대 그리스 최대의 유산인 아리스토텔레스 철학과 최신의 이슬람 철학자 아베로에스를 발견한다. 또한 도시와 대학이 발전하면서 사상적·사회적인 전환점을 맞이하게 된다.

중세 사회의 전환

마술적, 주술적이라는 색채가 강했던 중세 유럽 사람들의 자력 이해는, 13세기에 들어서 커다란 전환을 맞이한다. 그 전환은 세 인물이 주도한다. 마그누스의 제자이자 중세 스콜라학을 완성시킨 인물로 남이탈리아에서 태어나 도미니크회 수도사를 지낸 토마스 아퀴나스, 실험 물리학에 관한 최초의 논문이라 할 수 있는 『자기서간Epistola de Magnete』을 저술한 피카르디(Picardie) 출신의 페레그리누스 데 마하른쿠리아(Petrus Peregrinus de Maharncuria), 페레그리누스를 은사로 추앙하면서 '경험학'의 창시자로 불린 영국인 프란체스코회 수도사 로저 베이컨 등 세 명은—그들의 벡터가 같은 방향을 향하고 있는 것은 아니지만—각각 서로 다른 세 가지를 대표하게 된다. 베이컨이 영국에서 『대저작Opus Majus』, 『소저작Opus Minus』, 『제3저작Opus Tertium』을 쓴 것은 1266년에서 1268년, 아퀴나스가 『아리스토텔레스 자연학 주해 *Expositio in Libros Physicorum Aristotelis*』, 『영혼에 대하여*De Anima*』 등을 파리에서 집필한 것은 1269년에서 1272년, 그리고 페레그리누스의 『자기서간』은 1229년 이탈리아 반도 남부의 루체라(Lucera)에서 나왔다. 이처럼 그들이 활약한 시기는 모두 13세기 전후반, 특히 1260년대 말이다.

이 시대에 이 세 인물이 등장하게 된 배경에는 넓게는 유럽 사회가 큰 전환기에 접어들었다는 것과, 자력 인식에 한해서 말하면, 항해용 컴퍼스(자기나침반)가 사용되기 시작하면서 자석에 대해 그때까지 알려지지 않았던 성질이 확연히 드러났다는 점이 작용한다. 새롭게 발견된 자석과 자침의 지향성(지북, 지남성)의 원인으로 처음에는 북극성 또는 하늘의 극이 자석에 힘을 미친다고 생각했다. 자침의 지향성은 하늘의 물체 혹은 장소가 지상의 물체에 원격적으로 영향을 미친다는 점성술적인 생각을 단적으로 뒷받침했다. 그 영향은 아주 지대했다.

우선 사회적 변동부터 살펴보자.

외부 세계와의 관계를 살펴보면, 8세기 이후 이슬람교도의 지배 아래 있던 이베리아 반도의 레콩키스타(Reconquista, *그리스교도가 이슬람교도에 대해 벌인 국토회복운동, 1492년 그라나다 함락으로 완료되었다)에서 스페인이 코르도바(Cordoba)와 세비야를 탈환한 것이 각각 1236년과 1248년, 마찬가지로 이슬람교도와 영국교도가 혼재되어 특이한 사회를 형성하고 있던 시칠리아와 나폴리(Napoli) 왕국을 교황의 후원으로 샤를 당주(Charles d'Anjou)가 빼앗은 때가 1266년이다. 이렇게 13세기 중기에는 이베리아 반도 대부분과 이탈리아 반도 그리고 시칠리아의 모든 성이 기독교에 확보되어, 현재 우리가 이해하는 유럽의 윤곽이 나타나고 있었다. 한편 교황의 사절 카르피니(Giovanni de Piano

Carpini)와 프랑스 왕 루이 4세의 명을 받아 기욤 드 루브리께(Guillaume de Rubriquis)가 몽골에서 귀국한 것이 각각 1245년과 1255년, 베네치아의 상인 마르코 폴로(Marco Polo, 1254-1324)가 아버지와 함께 중국으로 여행을 떠난 것이 1271년이다. 이와 같이 이 시기는 상업이 활발해지고 그때까지 알려지지 않았던 동방 세계와 유럽인들이 접촉하기 시작한 시대이기도 하다.

그리고 내적으로는 1250년 무렵 파리에 고등법원이 설치되고, 1265년에는 영국에서 의회가 성립된다. 근대국가의 기구가 조금씩 모습을 드러내기 시작한 것이다. 이 세기 말엽에는 "사람들이 귀속감을 느끼는 기관이 교회 공동체에서 점차 국가로 옮겨가고 있었다"[1]는 말처럼, 유럽 세계 전체가 새로운 시대를 맞고 있었다고 해도 과언이 아니었다.

이에 앞서 거의 2세기 동안 유럽은 커다란 변동을 경험했다. 그중 하나는 '중세의 산업혁명'이라고 할 수 있는 기술적 발전이고, 다른 하나는 이슬람 및 비잔티움 세계와의 접촉으로 그리스의 과학과 철학을 발견하게 된 것이다.

기술면에서는 동력원으로 수차 사용이 증가하고, 적용 범위가 확대되었다. 이 점에 대해서는 뒷장에서 알아보기로 하자. 무엇보다 농업에서의 기술혁명이 눈에 뜨인다. 농기구가 개량되고 철제 농기구가 등장했다. 특히 습기가 많고 토질이 무거웠던 알프스 이북 지역에서 쇠말발굽을 단 말을 농경에 이용하는 경우가 크게 늘었다. 쟁기의 보급과 함께 10세기 이후에는 이모작에서 삼모작으로 점차 바뀌었고, 비교적 안정된 고온의 기후 혜택도 받아 생산성이 크게 향상되었다.[2] 개간과 간척으로 농지도 확대되어, 11세기 중엽에서 14세기 초에 걸쳐 인구가 비약적으로 증가한다. 특히 13세기에 인구 증가세가 두드러졌다.[3]

10세기부터 13세기에 걸쳐-물론 현대적인 시간의 기준으로 보면 극히 느리지만-유럽에서는 산업혁명과 농업혁명이 발전되었으며, 그것은 도시의 형성과 발전을 재촉했다. 농업 생산성이 비약적으로 향상된 결과 종래의 장원경제가 침식되고, 잉여 생산물에 따른 사회적 분화의 징조도 보이고, 교통과 교역의 요충인 도시가 건설되어 중요한 역할을 담당하게 되었다. 이렇게 유럽은 11세기에서 13세기에 걸쳐 이전에 볼 수 없었던 도시화의 파도에 휩쓸렸다. 13세기에는 전 인구의 약 10퍼센트가 도시에 집중됐다.[4]

이러한 경향은 13세기에 들어 한층 두드러져, 1226년에서 1270년에 이르기까지 루이 4세 치하의 프랑스는 도시에 사는 자유 신분의 인구가 증가했으며 활동 영역 또한 넓어졌다. 뿐만 아니라 왕은 중앙집권을 강화하기 위해 지배기구 내부에 도시 시민 출신의 엘리트를 등용함으로써, 근대적인 국가기구의 출현에 따른 지식계층으로서의 관료층이 태어나게 된다. 나아가 국고를 풍부하게 해야 할 필요에 직면한 왕권은, 힘을 가진 평민계급과 관계를 강화하고, 그 보답으로 도시 지자체의 발전을 지원하여 도시에 몇몇 특권을 부여했다. 독일에서도 1190년에 처음으로 도시 자치가 탄생한 이후 도시화의 파도는 13세기 내내 지속되었다. 도시 시민은 정치적으로도 경제적으로도 한층 힘을 축적하고 세력을 펼쳐나갔으며, 12세기에서 13세기에 유럽에는 종래의 기도하는 사람(성직자), 싸우는 사람(귀족, 기사), 일하는 사람(농민)을 대신해 도시를 생활 기반으로 하는 관료나 상인, 제조업자-장래의 부르주아-가 자신들의 존재를 내세우기 시작했다. 그들은 상업적 목적이기는 했지만, 읽고 쓰기를 공부하고, 새로운 문화적 토양을 형성하게 된다. 성직자만이 문자 문화를 떠맡던 시대는 끝난 것이다.

도시의 발전과 나란히 12세기에는 파리를 시작으로, 볼로냐, 살레르노, 몽펠리에, 옥스퍼드 등지에서 새로운 교육기관으로서의 대학이 등장한다. 대학은 당초 '학생과 교사의 조합'으로 발족했지만, 13세기 중엽에 조직을 확립한다. 고등교육기관이 수도원과 성당 부속학교에서 대학으로 완전히 이행한다.[5] 6세기 이래 수도원이 담당해왔던 학술의 보존과 계승이라는 역할은 종말을 맞았다. 특기할 점은 속세의 번거로움에서 벗어나 내면적인 종교 생활을 추구해온 그때까지의 수도원과는 달리 도시를 생활기반으로 하면서 속세와 적극적으로 관계를 맺는 탁발 수도회가 이 시기에 창설됐다는 것이다. 1209년 프란체스코회와 1216년의 도미니크회의 발족이 그런 경우다. 이들은 면학을 계율의 중심 요소 중 하나로 두고, 고도의 학문적 연구를 중시함으로써 막 생겨난 대학에 유용한 인재를 공급하게 된다. 실제 "(아퀴나스나 베이컨을 비롯하여) 13, 14세기의 위대한 신학자 대부분은 탁발 수도사였다."[6]

이상이 아퀴나스나 페레그리누스, 베이컨이 등장하게 된 사회적 배경이다.

고대 철학의 발견과 번역

지적·사상적인 측면에서, 유럽 사람들의 자연에 대한 견해와 자연을 접하는 자세를 전환시킨 결정적인 계기는 이슬람 세계와의 접촉이라 할 수 있다. 농업 사회였던 당시 기독교 국가들보다 경제적·문화적으로 훨씬 앞서있던 이슬람 사회와 접촉하면서, 유럽인들은 이슬람 학문과 함께 그 땅에 보존되어 있던 그리스 과학과 철학, 특히 아리스토텔레스의 모든 저작을 발견하게 된다.

중세에 유럽이 이슬람 사회와 접촉한 사건이라고 하면 흔히 십자군을 연상한다. 1096년에 시작된 십자군 운동은 1270년에 사실상 끝을 맺는다. 그러나 이 2세기 가까이 지속된 십자군 운동은 실제로는 야만적인 군사행동으로, 이를 통해 유럽이 얻은 것은 별로 없다. 그러나 그 이전까지의 유럽은 십자군 운동의 소란스러움과는 달리, 앞선 이슬람 문명에서 많은 것을 배웠다.

라틴 유럽에서 이슬람 과학*의 선진성을 재빨리 인정하고, 그것의 흡수와 이식에 힘을 쏟은 인물은 제르베르(Gerbert d'Aurillac)였다. 그는 훗날 교황 실베스테르 2세(Silvester II)가 된다. 흥미로운 인물이므로 잠시 언급하고 지나가자.

10세기 중엽 가난한 농민의 아들로 태어난 그는 당시로는 출신계급을 뛰어넘어 사회적으로 상승할 수 있는 유일한 길이었던 수도원에 들어가 교육을 받았다. 베네딕트파 수도원의 교육은 고르고 다양했다. 계속해서 967년부터 3년간 카탈로냐(Catalonia)의 수도원에서 수학과 천문학, 음악을 공부했다. 당시 이베리아 반도는 대부분이 이슬람 지배 아래 있었기 때문에, 여기서 그가 이슬람 과학을 접한 건 확실하다. 그 후 능력 있고 운도 따랐던 그는 로마법왕에게 인정받아 랭스(Rheims) 대사교좌 성당 부속학교 교장으로 발탁된다. 여기서 탁월한 교육과 뛰어난 학식으로 이름을 날린다. 그리고 999년에는 프랑스 사람으로는 처음으로 교황의 자리에 앉고, 1003년 교황 실베스테르 2세로서 죽음을 맞는다. 낮은 신분 출신이면서도 자신의 능력에만 의지해 중세 사회의 최상부에 올랐다고 할 수 있다. 사회적 유동성(* 계층간

---

* 여기서 말하는 '이슬람 과학'은 때로 '아라비아 과학'이라고도 불리지만 정확히는 이슬람이 정복한 지역에서 8세기 후반부터 15세기에 걸쳐 아라비아어로 문화 활동을 한 사람들의 과학을 말한다. 그것을 담당한 것은 이슬람교도 외에 유대교도나 네스토리우스파 기독교도, 아라비아인뿐만 아니라 이란인, 터키인, 유대인이 포함돼 있었다. 이하에서는 편의상 '이슬람 과학'이라 쓴다.

의 이동)이 극단적으로 결핍된 중세 사회에서는 극히 예외적인, 어떤 의미에서는 근대적인 생애를 보냈다고 할 수 있다. 그는 "기도뿐만 아니라 철학에서도 위안을 구했다"고 전해지는 것처럼 사고방식도 근대적이었다. 정통 신앙의 신도이면서도 "신은 인간에게 커다란 선물을 주셨다, 신앙을 주고, 동시에 학술도 금하지 않았다"면서 신앙과 이성을 결합시키기를 바랐다.[7]

제르베르가 과학에 공헌한 부분은 이슬람의 천문학과 수학을 유럽에 소개했다는 점이다. 이슬람에 전해진 프톨레마이오스 천문학을 배우고, 그것을 바탕으로 천구의(天球儀)를 작성했다. 수학에서는 그때까지 사용되던 라틴 숫자 대신에 아라비아 숫자의 표기법을 도입했다. 그것은 수학, 수리과학뿐만 아니라 상업이 발전하는 데도 결정적인 기여를 했다. 또 '아바쿠스(abacus, *바빌론에서 전래된 것으로 보이는 계산도구)'라고 불리는 고대 계산기를 유럽에서 부활시키기도 했다고 한다.[8]

동방 세계와 비교해 서구가 문화적으로 뒤쳐졌다는 것을 통감한 또 다른 선구자는 페트루스 베네라빌리스(Petrus Venerabilis, 1092-1156 추정)였다. 그는 젊은 시절, 많은 수도원을 거느리면서도 세속 권력으로부터 독립을 견지했던 유럽 최대의 클뤼니(Cluny) 수도원장에 취임했다. 그는 서구가 문화와 정보의 양에서 압도적으로 열세하다는 것을 자각하면서 칼과 무력으로 이교도를 제압하는 데는 한계가 있다고 느꼈다. 그래서 많은 돈을 들여 그리스와 이슬람 문헌을 구입했고 번역자를 모집해 그것들을 소개하는 데 주력했다. 물론 이런 노력은 종교적 관용의 정신에서 나온 것은 아니었다. 오히려 이슬람교의 오류를 폭로하고 이론적, 사상적으로 이교도에 승리하기 위한 것이었다. 1143년 『코란Koran』이 라틴어로 처음 번역된 것도 그의 노력 덕분이었다.

번역자 중 한 명인 체스터의 로버트(Robert of Chester)는 9세기 아라비아 수학자 알콰리즈미(Al-Khwarizmi)의 『대수학Algebra』도 번역해 유럽에 대수학이라는 학문의 방법과 명칭을 알린 인물로 전해진다.

물론 이 같은 인물들이 등장할 수 있었던 까닭은 서구가 이슬람 사회와 접촉하고 교류했기 때문이었다. 그런 접촉이 활발했던 곳 중 하나는 이베리아 반도에, 다른 하나는 시칠리아에 있었다.

이베리아 반도에서는 713년 이슬람교가 서고트왕국을 멸망시킨 뒤 7백여 년에 걸쳐 존속했던 이슬람-스페인(알-안달스) 사회가 1492년 그라나다의 함락으로 마침표를 찍었다. 마찬가지로 피타고라스나 엠페도클레스, 아르키메데스를 배출한 시칠리아는 서로마제국이 붕괴한 뒤 동고트왕국 지배 아래 들어가 3세기에 걸쳐 비잔틴의 지배를 받은 뒤 902년 아랍인들에게 정복된다. 이후 11세기 후반 노르만에 재정복될 때까지 이슬람교도의 통치를 받았다. 그 결과 이베리아 반도나 시칠리아는 경제적으로나 문화적으로 유럽을 훨씬 능가하게 되었다. 고도의 관개 기술을 가진 아랍인들은 이베리아 반도와 시칠리아의 땅을 기름진 농토로 바꾸어 뽕, 사탕수수, 팜, 오렌지 등 당시 유럽에서는 볼 수 없었던 품종을 재배하고 농업 생산성을 비약적으로 높였다. 뿐만 아니라 광산의 개발, 양봉(養蜂)과 말의 육종(育種), 면직물의 생산에도 착수해 상업을 진흥시켰다. 이를 통해 9, 10세기에 이슬람교도는 팔레르모(Palermo)를 중심으로 지중해의 해운을 완전히 장악했다. 팔레르모와 코르도바는 대도시로 번창해 10세기에는 각각 인구 30만을 자랑했다고 한다.[9] 당시 라틴 유럽 최대의 도시라고 불리던 파리나 로마는 엄두도 내지 못할 숫자였다.

경제적으로만 풍요로운 게 아니었다. 이슬람교도는 무기를 가지고 대항하는 자들에 대해서는 가차 없었으나 그렇지 않은 자들은 받아들였을 뿐만 아니라 기독교도나 유대교도에게는 이슬람교로의 개종을 강요하지도 않았다. 전문가에 따르면 "이슬람에 정복되어도, 기독교 교회는 시민권이나 신도들의 정신적 지도자로서의 지위를 잃지 않았으며 기존의 재산도 유지하고 새로 획득할 수 있고 기부도 받을 수 있었다. 기독교의 교리, 신앙, 교회규약 등에 대해 무슬림(이슬람교도)이 개입하는 것도 금지돼 있었다. 성직자이든 아니든 모든 기독교도는 노예가 아닌 이상 이슬람 세계에서도, 이교도 국가에서도 완전히 자유롭게 이동할 수 있었다"[10]고 한다. 물론 기독교도가 이슬람교도에게 포교 활동을 하거나 이슬람교를 모멸하는 것은 금지했고, 이 밖에도 몇몇 제약이나 사회적인 차별은 엄연히 존재했다. 하지만 기본적으로 기독교도와 유대교도는 특별한 세금만 내면 그것으로 별다른 차별을 받지 않았다.

원래 유목민이었던 아랍인이 예언자 마호메트(Muhammad)가 죽은 후 7세기부터 대규모의 정복 활동을 전개해 판도를 확대하고, 경제활동을 비약적으로 발전시키고 문화면에서도 급속하게 성장을 이룬 것은 정복한 이교도들에게 종교적으로 관용을 베풀고 정복한 지역의 문화나 기술을 적극적으로 학습하고 흡수했기 때문이었다. 터키와 이란을 포함하는 이슬람 사회는 비잔틴을 통해서 그리스 철학과, 의학, 과학 등을 배웠고, 인도 문명에서 수학과 천문학을 배워 아라비아어로 번역했다. 8세기 중반에 중국에서 종이의 제조법이 전해진 덕에 이런 번역 작업은 보다 손쉽게 이뤄졌다. 이슬람의 학술 연구 거점으로 바그다드에 있던 '지혜의 관(館)'은 원래는 그리스어 문헌을 아라비아어로 번역하기 위해 9세기경 아바스 왕조(Abbasids)의 칼리프(Caliph, *마호메트의 후계자. 신의 사도의 대리인이라는 의미, 마호메트 사후 정교일치의 공동체에서 최고지도자에 해당하는 호칭이다)가 창설한 것이었다. 이처럼 라틴 세계에서는 무시되었던 그리스 철학과 과학을 이슬람 사회는 소중히 보존하고 열심히 연구했다.

유럽인들은 이베리아 반도와 시칠리아 섬을 탈환하는 것을 계기로 이슬람 문화와 그들이 전해준 고대 문화를 본격적으로 재발견하게 된다. 이베리아 반도에서는 이슬람의 정복 직후부터 기독교 군대의 반란이 산발적으로 있었으나, 1031년에 우마이야 왕조(Umayyads)의 붕괴 이후 기독교 스페인이 군사적으로 우위에 서게 된다. 이때부터 레콩키스타도 힘을 얻어 1085년 알폰소 4세(Alfonso IV)가 톨레도(Toledo)를 공략해 반도의 북쪽 절반을 기독교가 되찾는다. 이때 재정복한 기독교 스페인도 처음에는 지배 지역에 남아 있던 유대교도나 이슬람교도를 추방하지 않았다. 물론 이 조치는 기독교도만으로는 이 지역을 개척하는 데 힘이 달렸기 때문이었고, 얼마 지나서는 박해를 가하게 된다. 어쨌든 톨레도나 1236년에 기독교도가 탈환한 코르도바에서, 높은 수준을 자랑하던 아랍-이슬람 문화와 라틴-기독교 문화 그리고 유대교 문화가 섞이면서 새로운 문화가 출현하게 된다.

한편 시칠리아에서 이슬람교의 지배를 넘어뜨린 것은 용병제로 위세를 떨치던 노르만인들이었다. 그들이 비잔틴제국 지배하의 남이탈리아에 발판을 굳히고 시칠리아 공격에 착수한 것은 이른바 '노르만 정복(Notman Conquest, *1066년 노르망디 공(公)인 윌리엄 1세가 영국의 왕위 계승권을 주장하면서 영국에 침입해 앵글로색슨계의 왕을 꺾고 윌리엄 1세로 즉위, 노르만 왕조를 연 사건)' 직전인 1061년이었고, 시칠리아 섬 전체를 제압한 것은 십자군이 시작되기 5년 전인 1091년이다. 그 노르만인들의 두목 로베르토 기스카르(Roberto Guiscard)와 루지에로(Rogiero) 형제가 1072년에 팔레르모를 정복했을 때, 그들은 현명하게도 이슬람교 섬멸 정책을 채택하는 대신 이교도와 이민족의 유화를 꾀

했다. 그 정책은 1130년에 루지에로 2세(Ruggiero II)가 등극해 시칠리아-노르만 왕조(Sicilian Norman Kingdom)가 성립된 뒤에도, 나아가 그의 아들 굴리에모 1세(Gugliemo I)와 굴리에모 2세(Guglielmo II)에게 왕위가 계승된 이후에도 변치 않았다.

실제 노르만 지배하의 시칠리아에서는 라틴어, 그리스어, 아라비아어가 공용어로 사용되었고 서력(西曆)과 아라비아력이 병용되었으며 로마법과 코란과 노르만의 관습법이 동시에 존중되었다. 통치기구의 요직에도 이슬람교도나 비잔틴 사람, 나아가서는 유대교도도 등용되었다. 정확히 말하면 행정의 중핵은 아랍인이나 그리스인이 맡고 국군의 주력은 이슬람교도로 구성된 부대로 짜여져 있었다고 할 수 있다. 이것은 정복자인 노르만인들의 '똘레랑스(종교상의 관용)'로 볼 수도 있으나 현실적인 타산도 작용했을 것이다. 원래 섬 인구의 대부분이 아랍계와 그리스계였고, 더군다나 경제 활동의 중추는 아랍인이 잡고 있었던 것이다. 군사 분야에만 능통한 노르만의 기사들이 대 상업도시를 경영하기 위해서는 아랍인에게 기대지 않을 수 없었다. 더구나 교황을 완전히 신뢰하지 않았던 그들은 이슬람의 군사력을 장악하는 것이 필요했다. 또 이슬람의 지배 아래 쌓아 올려진 팔레르모의 눈이 휘둥그레질 만큼 높은 문화와 경제력에 시골 출신인 정복자 쪽이 압도되었던 점도 작용했다. 이베리아 반도에서와 마찬가지로 시칠리아에서도 "패자는 승자를 문화적으로 포로로 삼았다"[11]고 하겠다. 그 결과 중세 유럽과는 다른 세계의 공간이 출현하게 된다.

아랍과 비잔틴의 문화가 향기롭게 고동치는 팔레르모에서 자란 루지에로 2세-시칠리아-노르만 왕조의 초대 왕-는 능숙한 외교로 시칠리아를 안정시켜 서유럽에서 가장 풍요로운 왕국으로 만들었다. 그는 불어, 라틴어, 그리스어, 아랍어를 이해하는 코즈머폴리턴이었고 학문을 사랑한 교양인으로서 유럽과 이슬람 세계의 많은 학자를 궁전으로 불러들였다. 학자에 대한 이런 우대는 후대 왕들에게도 계승되었다. 1150년대 말 비잔츠 황제의 도서관에서 많은 사본을 가져와, 플라톤의 『메논』과 『파이돈』, 아리스토텔레스의 『기상론』 일부를 번역한 사람은 굴리에모 1세의 최고 고문단의 일원이었던 헨리쿠스 아리스티포스(Henricus Aristippos)였다. 또 프톨레마이오스의 『광학Optica』을 번역한 것도 시칠리아 왕조의 정부 고관 에미르 유게니우스(Emir Eugenius)였다.[12] 이처럼 팔레르모는 1194년 신성로마제국 황제 하인리히 4세(Heinrich VI)에 의해 무너지기까지 거의 1세기 동안 라틴-기독교 문화와 그리스-비잔틴 문화, 아랍-이슬람 문화가 융합하는 유럽 유일의 국제도시로서 기독교 이데올로기에 매어 있던 중세 유럽에 새 바람을 불어넣는 역할을 했다.

팔레르모를 단번에 문화의 최전선으로 밀어 올린 이는 하인리히 4세의 아들인 프리드리히 2세이지만 이에 대해서는 이 장의 끝에서 살펴보자.

아무튼 11세기말부터 12세기에 걸쳐 유럽은 이베리아 반도와 시칠리아를 중심으로 이슬람 세계와 접촉함으로써, 고도로 발달한 이슬람 문화와 고대 그리스의 철학 및 과학(의학과 자연학)의 유산과 만났다. 이슬람 문화와 기술과 함께 그리스의 높은 학문 수준을 알게 된—사실은 그들과 자신들과의 격차를 깨닫게 된—유럽인들은 이것들을 라틴어로 번역하는 데 팔을 걷어붙였다. 12세기 초에 시작된 이 번역 운동은 1204년에 제4차 십자군이 콘스탄티노플(Constantinople)을 점령하고 그곳에서 많은 사본을 유럽으로 가져오는 등 13세기 중반까지 계속되었다. 1260년대에 이르기까지 거의 150년간 한편에서는 이슬람 사회와 접촉했던 톨레도나 코르도바, 팔레르모를 거점으로 어학에 뛰어난 그곳 유대인의 협력으로, 다른 한편으로는 비잔틴과의 교역 중심이었던 베네치아나 피사를 중심으로 아리스토텔레스, 아르키메데스를 비롯한 대부분의 그리스 과학과 철학 서적이 아라비아어 또는 그리스어 원본에서 라틴어로 번역되었다.

그 엄청난 번역 리스트는 크롬비(A. C. Crombie)의 『중세로부터 근대로의 과학사*Augustine to Galileo*』에 실려 있다. 방대한 목록을 바라보자면 당시 유럽의 선진적 지식인들이 얼마나 대단한 에너지와 정열을 쏟아 미지의 지식을 흡수하려 했는지 압도당하지 않을 수 없다. 높은 수준의 고대 그리스 및 이슬람의 학문과 사상이 문자 그대로 '봇물 터지듯' 유입된 것이야말로 이후 서구 과학이 발전하는 기반이 된다. 12세기에 대학이 출현한 것도 신지식의 유입과 밀접히 관련돼 있었다. "사실 대학이란 방대한 양에 달하는 신지식을 서유럽이 조직하고, 흡수하고, 확충하기 위한 제도적인 방책이었고, 또한 공통의 지적 재산을 형성하고, 그것을 다음 세대에 전하기 위한 도구였다."[13]

다른 한편 그것은 중세 대학이 관측이나 실험이 아니라 오로지 책을 통해서만 과학을 공부했다는 것을 의미한다. 이는 훗날 과학이 한층 더 진보하고 발전하는 데 걸림돌로 작용한다. 그러나 그것은 한참 뒤의 일이고 우리가 지금 다루는 시대는 서구 사회가 지적인 도약을 준비하던 때였다.

항해용 컴퍼스를 사용하기 시작함

중세 유럽에서 자력에 대한 이해가 크게 변화된 직접적인 계기는 항해용 컴퍼스(자기나침반)의 사용과 관련돼 있다. 즉 자화된 철침이 일정한 방향을 가리키는 지향성을 갖고, 자석 자체도 지향성을 가진다는 사실을 발견한 것이었다.

자석으로 문지른 바늘이 남북을 가리키게 된다는 사실은 11세기 말 중국의 심괄(沈括)이 쓴 『몽계필담夢溪筆談』에 나와 있는데, 아마 가장 오래된 기록인 듯하다.[14]

유럽인은 자침이나 자석의 지향성을 언제 알게 된 것일까. 또 자침을 항해용 컴퍼스에 사용하기 시작한 것은 언제일까. 이 점은 정확하게 알 수는 없다. 이 책의 목적은 자력에 대한 인식이 힘-만유인력-의 개념이 발전하는 데 어떤 공헌을 했는지를 알아보는 것인 만큼 유럽인들이 자력에 관한 지식을 얻게 된 계기를 사료에 의거해 살펴보자.

길버트와 마르크 폴로가 항해용 컴퍼스에 대한 지식을 중국으로부터 갖고 돌아온 것이 시초라고 알려져 있으나,[15] 실제로는 마르코 폴로가 귀국한 1295년보다 거의 1세기 앞서 이미 나침반이 유럽에서 사용되고 있었다. 또한 그 지식이 중국에서 이슬람 사회를 거쳐 유럽에 전해졌다는 설도 있지만,[16] 확실하게 입증할 만한 사료는 없다. 오히려 유럽에서 독자적으로 발견했다는 쪽이 실상에 가까운 것 같다. 왜냐하면 나침반에 대한 기록은 이슬람보다 서유럽 쪽에서 훨씬 먼저 나오기 때문이다.[17]

1983년에 출판된 『중세사전Dictionary of the Middle Ages』의 '컴퍼스(compass, magnetic)' 항목에는 "컴퍼스는 지중해, 어쩌면 엘바 섬에서 자철광을 선적하던 이탈리아 항구 아말피(Amalfi)에서 제작된 것으로 보인다"고 돼 있다.[18] 이 설은 15세기에 이탈리아 시인 안토니오 베카델리(Antonio Beccadelli)와 역사가 플라비오 비온도(Flavio Biondo)를 비롯해 16세기의 델라 포르타나 길버트의 책에도 기록돼 오늘날까지

이어져오고 있다.¹⁹ 시칠리아-노르만 왕조의 성립과 십자군 전쟁의 개시 이후 "이탈리아 모든 도시의 배가 [지중해] 해역을 장악했다"²⁰고 전해지고 있어, 그 즈음 지중해에서 자기나침반이 개발되었거나, 이슬람이나 비잔틴의 선원들로부터 배웠을 수도 있다. 그러나 이에 대한 증거가 없다.■

한편 노르만인의 선조인 바이킹이 자침을 사용했다는 설도 있다. 그 근거 중 하나는 노르만인이 9세기에는 아이슬란드를, 10세기에는 그린란드를 각각 발견했는데 먼 바다를 항해하는 데 나침반이 없으면 불가능하기 때문이다. 또 뒤에 다룰 페레그리누스의 『자기서간』에는 "자석은 일반적으로 북방에서 발견되고, 노르망디나 피카르디, 플랑드르(Flandre) 같은 북쪽 바다에 있는 항구를 다니는 선원들 사이에서 보고되고 있다"는 글이 있다.²² 그러나 이 주장도 억측일 뿐이다.

현재까지 알려진 바로 유럽에서 항해용 나침반으로 자침을 사용했다고 최초로 언급한 것은 세인트 올번스(St. Albans)의 수도사인 영국인 알렉산더 네캄, 프랑스 시인이자 성직자인 기요 드 프로방스(Guyot de Provins, 1184-1210), 예루살렘 왕국의 도시인 아츠콘의 사제였던 자크 드 비트리(Jacques de Vitry, 1165-1240)이다.

그 중 가장 오래된 것은 네캄이 쓴 『사물의 본성에 대하여De Naturid Rerum』인 것 같다(씌어진 연대는 연구자마다 구구하지만 대다수의 견해는

■ 아말피설의 근거 중 하나로 15,16세기 나침반에는 컴퍼스 카드가 붙어 있어 그것으로 방향을 가리켰는데 '그리스 바람(Greco, 북동)'이라든가 '리비아 바람(Libeccio, 남서)' '시리아 바람(Scirocco, 남동)' 등으로 지중해의 바람의 명칭이 사용되었던 점을 들고 있다. 아말피에서 만들어졌다고 하는 것은 이와 같이 컴퍼스 카드를 갖춘 발전된 형태의 나침반을 이야기하는 것이 아닐까. 이 책에서는 1295년에서 1302년 사이에 아말피에서 32개의 방위와 컴퍼스 카드의 준비상자(bussolo)에 담겨진 거의 완성된 형태의 나침반(bussola)이 만들어졌다고 한다.²¹

12세기 말이다). 거기에는 다음과 같이 서술되어 있다.

선원들은 항해를 할 때 악천후이거나 태양빛의 은혜를 받지 못할 때, 세계가 밤의 장막에 싸여 있을 때, 그리고 배의 진로를 어느 쪽으로 해야 할지 모를 때 바늘을 자석 위에 놓는다. 그러면 바늘은 자석 위에서 회전이 멈출 때 끝부분이 북쪽을 가리키게 된다. 이처럼 고위 성직자도 인생이라는 바다를 항해할 때 자신의 문제에 대해 정확히 방향을 잡지 않으면 안 된다.[23]

네캄은 파리나 이탈리아도 여행했기 때문에, 위의 글은 이탈리아 근처에서 보고 들은 것이 아닐까 여겨진다. 그러나 "바늘을 자석 위에 놓으면 바늘이 회전하고 회전이 멈출 때 바늘 끝이 북쪽을 가리킨다"고 한 애매한 글귀로만 판단해볼 때 부정확하게 전해들은 이야기에 근거했을 뿐 실제의 경험이나 직접 본 것을 기록한 것은 아닌 것으로 보인나. 아니면 손으로 쓴 사본이므로 옮기는 과정에서 '바늘을 자석 위에 놓는다'는 문장 뒤에 '그 후에 바늘을〔어떤 방법을 통해〕자유롭게 회전시킨다'는 내용이 빠졌는지도 모른다. 어쨌든 이 문장만으로는 나침반의 짜임새는 물론이고 자침을 물에 띄우는 '습식(濕式) 나침반' 인지 축으로 지지하는 '건식(乾式) 나침반' 인지조차 판단할 수가 없다.■

19세기 독일의 지리학자 훔볼트(Alexander von Humboldt)는 『코스모스 Kosmos』에서 유럽에서 처음으로 컴퍼스에 대해 기록한 것은 기요 드 프로방스라고 밝히고 있는데,[26] 『성서 La Bible』라는 프랑스어(혹은

■ 네캄의 『유용한 것의 이름에 대하여 De Nominibus Utensilium』에는 "장비가 좋은 배를 가지고 싶은 사람은, 활 아래(under a dart) 놓여진 바늘을 가지는 게 좋다. 왜냐하면 바늘은 끝이 동쪽(toward the East)을 가리킬 때까지 회전한 다음 멈추기 때문이다. 그래서 선원은 기후가 좋지 않아 작은곰자리를 찾을 수 없을 때에도 배를 어느 방향으로 운항해야 할지 알 수 있게 된다"는, 연구자들을 괴롭히는 대목이

프로방스어?)로 씌어진 이 천 수백 행에 이르는 시의 한 구절을 근거로 제시한다.

선원들은 자석으로, 눈속임이 아닌 기술을 부릴 수 있다. 철이 스스로 끌려가서 달라붙는, 볼품없는 갈색 돌인 자석을 가지고 말이다. 바늘을 자석에 접촉한 뒤 그 바늘을 짚에 꽂아 물에 띄우면 바늘은 틀림없이 북극성을 향하게 된다.[27]

이것도 씌어진 시기는 확실치 않으나, 12세기 말에서 13세기 초로 네캄과 거의 비슷하거나 조금 뒤인 것으로 보인다. 이 글을 보면 당시 주로 사용된 방식은 습식 나침반이었던 것 같다.

1218년까지의 역사를 기록한 자크 드 비트리의『예루살렘사 *Historiae Hierosolimitanae*』에는 다음과 같은 기록이 나온다.

동방 지역에는 놀랄 만한 힘을 가진, 믿을 수 없을 정도의 희귀하고 귀중한 돌이 있다. 아다마스는 먼 인도에서 발견되며 붉고 맑은 색을 하고 있다. 크기는 개암나무보다 크지 않다. 이 돌은 아주 딱딱하며 어떤 금속으로도 깰 수 없으나 신선하고 따뜻한 산양의 피로는 깰 수 있다. 불은 그것을 달굴 수 없고, 어떤 내재된 성질 때문에 철을 끌어당긴다. 철로 된 바늘은 아다마스에 접촉하고 난 다음부터는 항상 북극성 쪽을 가리킨다. 북극성은 천구의 축처럼 움직이지 않으며 그 주위를 다른 별들이 돈다.[28]

나온다.[24] 1858년에 다베작(D'Avezac)은 손으로 사본을 옮기던 과정에서 실수한 것이라며 'under a dart(juclo suppositam)'은 'upon a dart(jaclo superpositam)'의 잘못이며, 'toward the East(Orientem)'는 'towatd the North(septentrionem)'의 잘못이라고 주장했다. 그래서 '화살 아래 놓여진'은 '축이 받치고 있는'을 의미하며 후자도 '바늘 끝이 북쪽을 가리킬 때'로 해석한다고 했다. 이 점에 대해서는 다른 주장도 있지만 이것을 깊이 파고드는 것이 이 책의 목적은 아니므로 자세한 것은 원래의 논문을 보길 바란다.[25] 어쨌든 이 글만 보면 네캄이 말하는 나침반은 건식이라고 추측할 수 있다.

자력과 중력의 발견

이 글 다음에는 "아다마스가 자석 옆에 놓이면 자석은 철을 끌어당기지 못하게 된다"고 돼 있다. 13세기 초에 씌어진 것 같은데 여기서는 'adamant(adamas)'가 다이아몬드를 가리키기도 하고 자석을 가리키기도 하는 등 혼동해서 사용되고 있다. 그런 점에서 이 글도 정확치 않은, 전해들은 이야기에 바탕을 두고 있는 것으로 추측된다.

이들 글은 어느 것도 컴퍼스를 새롭게 발견된 사실로서 다루고 있지 않다. 네캄은 글의 끝부분에서 보듯이 고위 성직자가 취해야 할 태도를 은유적으로 나타내기 위해 자침의 움직임을 거론했다. 기요도 인용된 글 앞에 "우리 사도들의 아버지는 움직이지 않는 북극성과 같아야 한다"고 하는 한편 인용된 글 다음에는 "이 기술은 잘못되는 법이 없다. 사도들의 아버지도 그러해야 한다"면서, 항상 일정한 방향을 가리키는 자침과 대비해 교황의 우유부단함을 개탄하고 있다. 자침에 대한 지식을 자신의 주장을 펼치는 방도로 끌어들이고 있는 것이다. 이것은 자침이 그 이전부터 사용되고 있었음을 강하게 암시한다.

아마도 그랬을 것이다. 당시 선원들은 자신들의 일과 관련되는 내용을 글로 써서 남기는 습관이 거의 없었다고 봐야 한다. 그뿐만이 아니다. 린 손다이크(Lynn Thorndike)에 따르면, 13세기의 토마스 드 칸팀프레(Thomas de Cantimpré, 1201-1272)는 항해용 컴퍼스를 보면 자석이 마술적 힘을 가지고 있다는 걸 알 수 있다면서, 그 때문에 "항해용 컴퍼스의 비밀을 알고 있는 사람은 마술의 소유자라는 혐의를 받지 않으려고 그 비밀을 밝히는 것을 오랫동안 두려워해 왔다"라고 썼다.[29] 이 점에 대해서는 항해용 컴퍼스의 제작과 사용의 역사를 알아내기 위해 고대, 중세의 문헌을 공들여 조사한 미첼도 같은 지적을 하고 있다.[30] 게다가 무역업자들은 자기나침반의 사용을 상업상 비밀로 하고 있었던 것으로 여겨진다. 어느 쪽이든 선원들이 나침반을 사용한다는 사실을 적극적으로 드러내려 하지 않았던 것은 분명하다. 따라서 수도사들이 글로 남기기 훨씬 이전에 유럽 선원들이 자침을 사용하기 시작했다고 생각할 수 있다.

자석의 지향성의 발견

이처럼 13세기 초에는 적어도 남부 유럽에서는 바늘을 자석으로 마찰하면 그 바늘이 남북을 가리킨다는 것이 알려져 항해에 이용했다. 그러나 이것은 자석(천연자석) 자체의 지북성, 지남성의 발견과는 차원이 다른 것으로 구별하지 않으면 안 된다. 그런데도 많은 역사가들은 지금까지 이 둘을 동일시하거나 무의식적으로 그 차이를 간과했다.

예를 들어 19세기말에 파크 벤저민은 네캄이 자침을 컴퍼스에 사용했다고 기록한 것과 관련해 이렇게 썼다. "이 조작(*바늘이 나침반처럼 작용하는 것)을 발견하기 위해서는 굉장히 많은 생각이 필요했을 것이다. 첫째 자석 막대를 자유롭게 회전시키면 자오선을 따라 스스로 남북을 향한다는 것, 둘째 천연자석으로 바늘을 마찰하면 인공자석이 만들어진다는 것, 셋째 그와 같은 바늘은 자석과 마찬가지로 남북을 향한다는 것……먼저 알 필요가 있었다."[31] 그러나 13세기 초에 알려져 있었던 사실은 자석으로 마찰한 바늘이 북쪽을 가리킨다는 것뿐이었다. 자기나침반을 제작하기 위해서는 그것을 아는 것만으로도 충분하다. 자석-당시 '자석'이라고 하면 '천연자석'이지만-그 자체가 남북을 가리키는 것은 당시엔 아직 알려지지 않았다. 또 철이 자화되면 자석이 된다는 것은 근대 이후에 알게 된 사실이었다. 당시엔 자석으로 마찰한 바늘(*자침)과 자석은 다른 물질로 이해했으며 따라서 인공 자석이라는 개념도 존재하지 않았다.

20세기에 니덤(Joseph Needham)도 "유럽인들 중 자석의 지향성을 거론한 인물은 1190년 알렉산더 네캄을 비롯해 1205년 기요 드 프로방스, 1218년의 자크 드 비트리 등 여러 사람이 있었다"[32]고 했다. 그러나 앞 절의 인용문에서 보았던 것처럼 이 세 인물은 천연자석이 남북을 가리킨다고는 결코 말하지 않았다.

유럽에서 자석 자체(천연자석)의 지향성을 최초로 언급한 사람은 1227년부터 시칠리아 왕국의 왕 프리드리히 2세를 섬겼던 마이클 스콧(Michael Scot, 1175-1235 추정)이었던 것 같다. 그가 왕의 요청에 따라 쓴 『특이한 사건에 관한 책Liber Particularis』에 이런 대목이 있다.

그 힘으로 철을 자신 쪽으로 끌어당기는 돌이 있는데 그것이 자석(calamita)이며 그것은 북쪽의 별을 가리킨다. 또 철을 밀어내는 돌도 있는데 그것은 또 다른 종류의 자석으로 남쪽의 별을 가리킨다.[33]

여기서 '자석(lodestone)'이라 번역한 'calamita'는 현대 이탈리아어 사전에는 '자석, 천연자석, 자침'이라 돼 있지만, 라틴어 문헌에서 사용된 예는 드물다. 리프만(Lipmann)의 논문에서는 그 어원이 그리스어의 '짚'이고 1200년 무렵 남부 이탈리아에서 그리스어를 쓰는 선원들이 자침을 뜻할 때 사용한 이후 자침뿐 아니라 자석도 가리키게 됐다고 기록하고 있다.[34] 짚의 줄기에 자침을 꽂아 물에 띄운 것이 아니었을까. 그러나 여기서는 "그 힘으로 철을 자신 쪽으로 끌어당기는 돌(lapis qui sua virtute trahit ferrum ad se)"이라고 돼 있고, 또 "calamita reconciles wives to thier husbands(calamita reconciliat uxorem ad maritum)"라고도 기록돼 있어 스콧이 말하는 'calamita'는 '자침'이 아니라 틀림없이 '자석'을 뜻하는 것 같다. 실제로 거의 비슷한 시대인 1250년 무렵 시칠리아의 시인이자 메시나(Messina)의 판사인 구이도 델라 콜로네(Guido della Collone)가 이탈리어어로 쓴 시에도 "자석은 돌이지만 그래서(che calamita petra sia)"라고 기록돼 있다.[35]

마이클 스콧의 이 한 구절은 지금까지 별로 주목받은 적이 없었다. 그러나 북을 가리키는 자석과 남을 가리키는 자석을 구별하고 그 각각이 철에 대한 인력과 척력을 나타낸다는 혼란스러움이 보이지만, 매우 중요한 글이다. 왜냐하면 첫째 자석 자체가 남북을 가리킨다는 인식이 처음 드러나고 있으며, 둘째 지금까지 네캄이나 기요 등이 전해들은 이야기를 기록한 데 비해 직접 관찰한 사실로 말하고 있기 때문이다. 전자에 대해서는 같은 책의 다른 곳에서 "자석을 사용하면 바늘로 북극성이 어디에 있는지 알 수 있다"라는 글도 있어 스콧이 자침의 지북성도 알고 있었다고 생각되지만, 어쨌든 적어도 그가 자석 자체의 지북성을 자각하고 있었다고 보아도 좋을 것이다.

이 두 개의 인용문은 해스킨스의 1922년 논문에서 빌려왔다. 논문에는 "스콧은 책에만 의존하지 않고 스스로의 실험을 통해 당시로서는 새로운 결과에 도달했다. 이런 실험 기질은 스콧의 궁정 후원자(*국왕 프리드리히 2세)도 공유하고 있었는데 프리드리히의 『매를 이용한 사냥 기술에 대하여』에서 이를 알 수 있다"[36]고 돼 있다. 스콧이 손으로 쓴 원고를 조사했던 손다이크도 "그 원고들은 마이클 스콧 자신의 관찰과 실험을 반영하고 있다"[37]고 단언했다. 그렇다면 자석의 지향성을 밝힌 이 글은 자신의 경험이나 실험을 바탕으로 했을 개연성이 높다. 여기서 우리는 자력에 대한 유럽인들의 관점의 전환뿐 아니라 자력을 연구하는 방법의 전환을 보게 된다.

마이클 스콧과 프리드리히 2세

사실은 마이클 스콧과 그의 후원자였던 프리드리히 2세는 자력에 대한 인식뿐 아니라 자연에 대한 유럽인들의 인식 전환에 자리를 잡고 있다. 그러므로 좀더 자세히 그들 주변을 살펴보기로 하자.

스콧은 프리드리히 2세의 궁정에 점성술사로 불려갔다. 당시의 교황 호노리우스 3세(Honorius III, 재위 1216-1227)는 스콧을 "학식 있는 이들 중에서 특히 과학에 재능이 있는 인물"로 묘사했다.[38] 그렇다면 그는 13세기 전반의 라틴 기독교 세계에서는 꽤 유명했을 것이다. 사후에 그는 단테의 『신곡 Divina Commedia』(지옥편, 제20곡)이나 보카치오의 『데카메론 Decamerone』(제8일, 제9화)에서 마술사로 다뤄졌다. 그것은 그가 학식이 아주 뛰어난 인물이었다는 것을 의미한다. 실제로 그는 1217년 톨레도에서 알페트라기우스(Alpetragius)의 천문학 책을 번역했다. 또 아리스토텔레스가 동물에 대해 쓴 몇 권의 책을 라틴어로 번역해 『동물에 대하여 Liber de Animalibus』라는 제목으로 냈다. 이 책은 마그누스, 나아가 로버트 그로스테스테(Robert Grosseteste)가 참고로 삼았다. 뒤에 로저 베이컨은 『대저술』에서 "마이클 스콧이 아리스토텔레스의 자연학과 형이상학 중 일부를 신뢰할 만한 해설을 달아 번역본으로 낸 것이 1230년인데, 이후 아리스토텔레스의 철학은 라틴 세계에서 중요성이 점점 커지고 있다"고 증언했다.[39]

라틴 유럽의 자연관은 아우구스티누스 이래 아리스토텔레스 철학의 발견으로 전환점을 맞이하는데 마이클 스콧은 그런 전환의 중심을 떠맡은 인물 중 하나였다. 아리스토텔레스 저작만 번역한 것이 아니었다. 유럽에서 아리스토텔레스를 재발견하는 데는 코르도바에서 태어난 이슬람 철학자 아베로에스(Averroes, *아랍어로는 이븐 루시드(Ibn

Rushd), 1126-1198)의 주석이 토대가 됐다. 앞으로 자세히 보겠지만 아리스토텔레스의 자연관은 세계는 영원하며 자연은 그 내재적 법칙에 따라 작용한다고 보는 것이었다. 따라서 세계의 외부에 있는 초월적 실체(신)에 의한 천지창조를 인정하지 않았다. 이런 견해는 기독교와 유대교, 이슬람교에도 반하는 것이며 종교적으로는 처음부터 인정할 수 없는 관점이었다. 이에 대해 아베로에스는 종교의 진리(신앙)와 지식의 진리(철학)는 다르며 신학적으로 거짓인 명제도 철학적으로는 진실일 수 있다고 주장했다. 훗날 이 사상은 유럽에서 라틴-아베로에스주의로 불리며 '이중 진리설'이라는 꼬리표가 붙어 단죄당하게 된다. 하지만 신앙이 틀릴 수는 없지만 철학이 신앙과는 다른 결론을 이끌어낼 수 있다고 인정한 것의 영향은 지대했다. 13세기에 아베로에스주의가 파리 대학에 침투함으로써 유럽에서 기도교적인 자연관이 바뀌는 데 결정적인 작용을 한다. 마이클 스콧은 바로 그 시대에 "아베로에스를 가장 정력적으로 번역했던" 인물로 중세 철학사에 이름을 남기고 있다.[40]

아베로에스의 저술이 12세기 후반에 나왔는데 마이클 스콧이 13세기 초에 그의 저작을 주목했다는 점은 스콧이 놀랄 만한 후각을 가졌다고 인정해야 할 것이다. 과학사가인 사턴(George Alfred Leon Sarton)에 따르면 아베로에스의 주장은 스콧에 의해 "대다수 이슬람교도가 미처 눈치 채지 못하는 사이에 서방 세계에 도달했던" 것이며 "라틴 세계는 스콧을 통해 처음으로 한 사람의 이슬람교도가 세운 업적을 신선하고 생생하게 알게 되었던" 것이다.[41] 13세기 중반 이후 많은 스콜라학자들은 아베로에스의 주석에 의지해 아리스토텔레스를 연구했다. 덧붙이자면 마이클 스콧이 번역한 아리스토텔레스의 저작이 제1원리로부터 연역적으로 논증하는 것을 학문의 기본 방법론으로 보는 『분석론 전후서分析論前後書』와 같은 책이 아니라 개별 사실을 방대하게 수집하고 처음부터 끝까지 박물지적으로 기술하는『동물지』이었다는 점은 (*아리스토텔레스 철학이) 성급하게 보편 개념, 즉 '사물의 본성'을 추구하는 것이 아니라, 개별적인 것에 천착하는 귀납적·경험적인 자연학을 강조하는 인상을 주게 되었다고 생각된다.

이 마이클 스콧을 팔레르모의 궁전에서 후원한 인물은, 동시대 영국 역사가였던 매튜 패리스(Matthew Paris)가 '세계의 경악(stupor mundi)'이라고 불렀던 프리드리히 2세였다. 그는 호헨슈타우펜 (Hohenstaufen) 가문의 적자였던 하인리히 4세와 초대 시칠리아 국왕이었던 루지에로 2세의 딸 콘스탄차(Constanza) 사이에서 태어났다. 팔레르모에서 성장하고 교황 인노켄티우스 3세(Innocentius III)로부터 제왕학을 배운 그는 마침내 신성로마제국의 황제와 시칠리아 및 나폴리 왕국의 왕이 되었을 뿐 아니라, 예루살렘의 왕위까지 차지함으로써 유럽 최대의 실력자가 되었다. 그러나 그가 '경악'이라고 불렸던 이유는 그가 가진 권력의 크기도 크기지만, 그의 사상과 권력 행사의 실태가 시대를 초월했기 때문이었다.

탁월한 정치적 수완을 갖췄던 프리드리히 2세는 굴리에모 2세 사후 한 때 혼란에 빠졌던 시칠리아 왕국을 다시 일으켜 세웠으며, 국내 통치에서는 봉건 귀족의 특권을 박탈하고, 유럽에서 '절대왕정'을 최초로 실현한 인물이었다. 특히 1231년에 제정한『멜피 법전*Constituzione di Melfi*』은 서유럽을 통틀어 최초의 성문법으로, 군사력과 재판권을 왕권 아래로 집중하면서 국가가 산업을 경영하고, 직접세·간접세를 포함한 세금을 통제하며, 도시의 상업 활동도 국가가 관리하고 토지를 지급하는 대신 화폐를 급여로 주면서 관리들의 직제를 개편했다.[42] 알프스 이북에서 절대 왕권의 기초를 닦은 것은 영국의 헨리 7세(Henry

VII, 재위 1485-1509), 프랑스의 앙리 4세(Henri IV, 재위 1589-1610)라고 알려져 있지만, 실제로는 그보다 250년에서 350년이나 앞서 있었다. 게다가 관료 양성기관으로, 1224년 유럽 최초의-교회의 간섭이 없는-국립 대학인 나폴리 대학을 창설한 것도 프리드리히 2세였다. 그 뒤 이 대학에 입학하게 되는 인물이 프리드리히 2세의 가신(家臣)이었던 아퀴노 백작(Count Aquino)의 아들인 토마스 아퀴나스였다. 그는 대학이 설립될 당시에 태어났다.

종교 문제에서 프리드리히 2세는 로마 교황의 총애를 받았다. 그러나 십자군 운동에 대해 열렬히 환영했던 당시 유럽 제후들과는 달리, 그는 이슬람 사회와의 관계를 냉정히 판단하면서 파병을 명령하는 교황에 협력하지 않아 결국 파문을 당하게 된다. 교황과 원수지간이 된 그는 파문이 된 몸으로 스스로 십자군을 조직한 뒤 전투를 벌이지 않고 협상을 통해 예루살렘을 손에 넣는 어렵고 위험한 일을 거침없이 해냈다. 이처럼 당시 가톨릭 군주들의 틀을 벗어던지고, 중세 기독교 세계의 사고방식을 초월했던 파격적인 인물이었다. 국내 정치와 관련해 그는 시칠리아 왕국의 전통에 따라 종교적 관용을 관철하고자 했다. 하지만 현실적으로 이슬람교도의 인구 비율이 점차 감소함에 따라 로마 교회 쪽의 성직자들과 봉건 제후들이 이들을 박해하는 사례가 증가했고 참다못한 이슬람교도들이 반란을 일으키게 된다. 결국 남이탈리아의 루체라에 이슬람교도를 집단 이주시키게 되고, 이에 따라 시칠리아왕국 건설 이래 취해왔던 유화 정책은 사실상 종언을 맞는다. 프리드리히 2세가 죽자 교황의 후원 아래 시칠리아왕국을 멸망시킨 샤를 당주가 이슬람교도들의 거주지인 루체라도 공격하게 된다. 이때 종군했던 페트루스 페레그리누스가 야영지에서 쓴 것이 『자기서간』이었다. 이 책은 자력에 대한 최초의 근대적인 논문으로 일컬어지고 있다.

학술과 예술 면에서 프리드리히 2세는 조부인 루지에로 2세가 물려준 코즈머폴리턴의 정신을 이어받아 수 개 국어를 구사하고, 학술과 문예의 보호자로서 마이클 스콧 외에, 아라비아 숫자를 처음으로 사용한 기독교도 출신의 대수학(代數學) 연구자인 레오나르도 피보나치(Lenardo Fibonacci)를 비롯해 기독교도뿐 아니라 유태인이나 아랍, 그리스 출신 학자들을 궁전으로 불러들였다. 한편으로는 궁전 시인들에게 속어로 시를 짓게 했는데 이는 토스카나 방언을 이탈리아어로 확립한 단테나 보카치오, 페트라르카(Francesco Petrarca)보다 앞서는 선구적인 안목이었다. 또한 아리스토텔레스를 비롯한 고대 철학을 번역하도록 했다. 이 두 가지 점에서 "황제 프리드리히 2세의 치세는 중세 문화에서 근대 문화로 넘어오는 전환기에서 중요한 위치를 차지한다.……이탈리아 르네상스의 진정한 기원은 페트라르카의 시대가 아니라 프리드리히에게서 찾아야 한다"[43]는 해스킨스의 평가는 적절하다.

프리드리히 2세는 학예의 보호자였을 뿐만 아니라 대저서『새를 이용한 사냥 기술에 대하여 De Arte Venandi cum Avibus』를 남김으로써 자신도 훌륭한 학자임을 입증했다. 이것은 왕이 취미로 쓴 책 정도가 아니다. 30년에 걸쳐 구상을 하고 격무 속에서 완성한 것으로 새의 생태학, 해부학을 다룬 당당한 학술서이다. 서문에는 다음과 같은 주목할 만한 구절이 있다.

이성에 호소하는 한 우리는 아리스토텔레스의 논증을 따르게 되지만, 어떤 곤란한 경험을 통해 그가 제시하는 논리에만 전적으로 의지할 수 없다는 것을 발견하게 됐다. 특히 어떤 새들의 특성을 묘사한 부분에서 그렇다. 우리가 철학의 왕에게 맹목적으로 복종하지 않는 데는 이유가 있다. 아리스토텔레스는 매를 이용한 사냥에는 별로 정통하지 않았기 때문이다. 그와 달리 우리는 매 사냥에 익숙해 있고 그것을 아주 즐긴다. 아리스토텔레스의 『동물지』는 다른 저자들의 글을 많이 인용하고 있지만 그는 그 글들을 스스로 확인해보지 않았으며 다른 저자들 또한 그들 스스로 경험한 것을 바탕으로 주장하고 있는 것 같지는 않다. 직접 경험하지 않고 남이 하는 이야기를 옮긴 글을 전적으로 확신할 수는 없다.[44]■

이처럼 그는 아리스토텔레스를 철학의 1인자로 인정하면서도 단순히 남의 이야기를 옮겨 적은 것을 통한 지식은 불확실할 수 있음을 지적했다. 그런 의미에서 아리스토텔레스의 불완전함을 간파하고 있었다고 하겠다. 프리드리히의 책에는 예를 들어 새의 콩팥에 대해 "새는 좌우에 두 개의 신장이 있다. 그들은 장골(長骨) 아래에 있는 척추 근처, 항문에까지 늘어져 있다. 신장에서 나온 오줌은 세뇨관을 통해 항문에서 배설된다. 오줌은 대변과 함께 배설되므로, 새는 방광이 필요 없으며, 실제로 존재하지 않는다"[46]고 돼 있다. 아리스토텔레스의 『동물지』 제2권 제16장에 새는 신장이 없다고 기록돼 있는 것과 비교하면, 이 글은 확실히 실제 해부에 근거한 주장일 것이다. 비슷한 시기에 씌어진 마그누스의 『동물론 *De Animalibus*』에서 "모든 새는 절대 오줌을 누지 않는다"[47]라고 피상적으로 기술돼 있는 것과 비교해도 매 사냥을 다룬 이 책이 훨씬 뛰어나다는 걸 알 수 있다.

유럽에서 자연 사상이 변천, 발전하는 과정은 다음 장 이후에 자세

■ 이 인용문 앞에는 "강대한 왕국과 광대한 제국의 지도자로서 우리는 통치와 관련된 어렵고 복잡한 의무로 자주 방해를 받아왔다. 이런 장애에도 불구하고 우리는 스스로에게 부과한 책무를 방치하지 않고 바쁜 와중에도 틈을 내어 적절한 시간에 이 기술(*매 사냥)의 기본을 집필하는 데 시종 전념할 수 있었다"라고 돼 있다. 이 책의 진짜 저자가 누구인가에 대해서는 "프리드리히 자신이 저자인 것은 의심할 바 없다.…… 그가 실제로 직접 자기 손으로 쓰지 않았다 할지라도 적어도 기본 구성을 지시하고 많은 부분을 구술한 것은 분명하다"라고 한 해스킨스의 판단[45]을 믿어도 좋을 것이다.

히 살펴볼 생각이지만 개략적으로 말하면 이렇다. 아우구스티누스 이후의 중세 기독교적 계시 사상이 13세기에 아리스토텔레스를 발견하면서 크게 수정되고, 르네상스기에는 마술사상이 부흥되고 다시 16, 17세기에 아리스토텔레스가 비판받으면서 근대 과학의 길로 나아가는, 굴절된 경로를 밟는다. 그런 의미에서 아리스토텔레스는 "모든 중세 과학에 군림하는 비극적 영웅"[48]이다. 때문에 그에 대한 비판에는 역사적으로 두 개의 관점이 있다. 하나는 아리스토텔레스가 수용되기 이전, 초기 중세 쪽에서 제기되는 것으로 이들은 기독교 사상에 근거해 있다. 다른 하나는 아리스토텔레스를 수용한 이후의 근대 쪽에서 제기되는 것으로 실증과학에 근거한 것이다. 그런데 프리드리히 2세의 비판은 (*내용적으로 볼 때) 분명히 근대로부터의 시점에서 행해지고 있다. 정치사상과 마찬가지로 철학에서도 그는 시대를 2-3세기 앞질러 갔다.

돌아보면 그때까지의 유럽 지식인들은, 디오스코리데스나 플리니우스, 이시도루스나 마르보두스, 그리고 마그누스에 이르기까지, 옛날부터 전해 내려온 주장들을 무비판적으로 수용하는 자세로 일관했다. 특히 문서에 써서 남겨진 것은 거의 무조건 맹신했다. 이에 반해 프리드리히 2세의 저서는 과거의 문서가 가진 권위에 대해 자신의 경험을 우위에 놓겠다는 것을 처음으로 선언했다. 그는 경험학의 선구자였던 것이다.

* * *

12세기에서 13세기 초에 걸쳐 라틴-유럽의 자연 인식은, 고대 그리스 최대의 유산인 아리스토텔레스 철학과 최신의 이슬람 철학자 아베로에스를 발견하고, 도시와 대학이 발전하면서 사상적·사회적인 전환점을 맞이했다. 특히 자력의 인식과 관련해 자침과 자석의 지향성이 발견된 것은, 이후 자극(磁極)의 발견을 준비하는 것이었다. 이것은 동시에 지상의 물체에 대한 하늘의 영향을 드러내는 사례로서 힘 개념에서 중요한 전환을 가져오게 된다. 이 전환의 다채로운 모습은 토마스 아퀴나스, 로저 베이컨, 페트루스 페레그리누스를 통해 거의 같은 시기-1260년대 말기-에 분출되었다. 여기서 우리는 근대 물리학의 맹아가 발생하는 것을 보게 된다.

6장

스콜라 철학의 한계와 긍정성
토마스 아퀴나스

토마스 아퀴나스가 자석이 하늘의 물체로부터 자력을 얻는다고 한 것은 단지 형이상학적 근거에만 의지한 것은 아니었다. 여기에는 당시 경험적으로 알게 된 자석과 자침의 지향성에 관한 지식이 토대가 되었다. 그런 의미에서 토마스 아퀴나스는 스콜라 철학이 근대 자연과학이 형성되는 데 가졌던 한계와 의의를 한 몸에 안고 있었다고 할 수 있다.

기독교 사회에서의 지식의 구조

12세기에 시작되는 고대 그리스 과학 및 철학과의 만남, 특히 아리스토텔레스 철학의 발견은 서유럽 기독교 사회가 가진 지식체계에 균열을 가져왔다. 그 결과 불가피하게 정신적 통일성이 흔들리게 되었다.

그때까지의 기독교 사회에서 자연에 대한 연구는 신앙에 종속됐고, 그 목적도 호기심을 만족시키거나 인간 생활의 물질적 조건을 개선하기 위한 것이 아니었다. '신의 사랑에 따르는 것'이야말로 '알 만한 가치가 있는 것'이었으며, 자연을 배우는 목적도 오직 그 안에서 신의 계시를 읽기 위함이었다. 그 이유는 3세기 초에 교부 오리게네스(Oregenes Adamantius)가 말했던 것처럼 "이 세상에 존재하고 이 세상에서 일어나는 모든 것은 신의 섭리가 주관하기 때문이었다."[1]

따라서 천지만물은 신이 인간에게 도덕이나 신앙의 본보기를 보이기 위해 만든 것이라는 이데올로기가 비유나 우화를 통해 대중들에게 주입되었다. 2세기 무렵 그리스어로 씌어진 것으로 이후 라틴어뿐 아니라 각국 언어로 번역돼 '성서에 필적하는 베스트셀러'가 된 책이 있다. 중세 사회에 오랫동안 폭넓게 읽힌 『피지오로구스*Physiologus*』이다. 'physiologus'란 그리스어로 '자연을 아는 것'이란 뜻이지만, 실제로는 전형적인 우화로, 자연으로부터 도덕이나 교훈을 끌어내거나 종교적인 상징을 읽어내고, 인간은 감히 범접할 수 없는 신의 힘을 느끼려는 자세밖에 찾아볼 수 없다.[2]

고등교육의 기본 사상도 마찬가지여서 12세기에 창설된 대학의 교육 시스템에도 반영돼 있다. 중세 대학은 교양의 기초인 소위 자유학예(artes liberales) 즉 수사학, 변증법, 문법의 3학과 산술, 기하, 천문학, 음악의 4과를 가르치는 학예학부(facultas artium)가 있고, 그 위에 전문학부로서 신학부, 법학부, 의학부가 있었다. 따라서 성서와 교부의 저서에 주해를 다는 것을 교육의 중심에 놓는 신학부에서 보자면 학예학부는 예비과정에 지나지 않았으며, 언어와 사실을 다루는 세속 학문으로서의 '자유학예'는 어디까지나 신의 말씀을 연구하기 위한 보조이자 '신학의 종'에 불과했다.

1248년에서 1255년까지 파리 대학에서 신학을 강의하고, 1257년에 프란체스코회의 회장으로 뽑힌 보나벤투라(San Bonaventura, 1220-1274 추정)가 1259년에 쓴 『영혼의 신을 향한 도정*Opusculum de reductione artium theologiam*』이라는 책에는 자연학을 다음과 같이 설명하고 있다.

영혼은 자기 능력의 삼위일체 구조를 통해, 자신의 셋에 하나가 되는 시원(始源)을 관조하기 위해 여러 학문의 빛의 도움을 받는다. 모든 학문은 영혼을 완성하고 형상을 부여하며, 지복의 삼위일체를 세 가지 방식으로 드러낸다. 철학은 모든 것, 즉 자연을 다루기도 하고 언어를 다루기도 하며 도덕을 다루기도 한다. 자연을 다루는 자연철학은 존재의 원인에 관계한다. 그래서 그것은 성부의 힘을 향해 인도된다. 언어를 다루는 언어철학은 지식의 원리에 관계한다. 따라서 말씀의 지혜를 향해 인도된다. 도덕철학은 생활의 규범에 관계한다. 따라서 성령의 선함을 향해 인도된다.

그리고 자연철학은 다시 형이상학과 수학과 자연학으로 나뉜다. 형이상학은 사물의 본질에 관계하고 수학은 수와 도형에 관계하며 자연학은 자연의 모든 본성과 능력과 그것들 각각의 작용에 관계한다. 따라서 형이상학은 제1의 원리인 성부(聖父)에, 수학은 성부의 상(像)인 성자에, 자연학은 성령의 선물을 향해 인도된다.[3]

보나벤투라는 자연철학인 수학과 자연학을 포함해 모든 학문은 신앙에 근거한 보다 고차원적인 것으로 종합되어야 하며, 이는 오직 삼위일체라는 신의 내적 구조를 이해하기 위한 쪽으로 향하지 않으면 안 된다고 보았다. 그럴 때에만 기독교적 학문의 통일이 보증된다는 것이다.

12세기에 아리스토텔레스가 발견되기까지 유럽인의 자연관은 기독교와 플라톤주의, 더 정확히 말하면 성서-그것도 「창세기Genesis」-와 『티마이오스』에 토대를 두고 있었다. 『티마이오스』에는 초월적 제작자(창시자)인 '데미오르구스(demiourgos)'가 영원의 '이데아'로부터 배워 세계를 질서정연하게 형성했다는 창세 신화가 등장한다. 『티마이오스』에 나오는 이 교설은 천지창조를 신의 의지로 설명하고, 자연에서 신의 계시를 읽는 기독교 입장에서는 비교적 받아들이기 쉬운 것이었다. 사실 아우구스티누스가 보기에 플라톤주의가 유일하게 빠뜨리고 있는 것은 '수육(受肉, incarnation, *성육신(成肉身)이라고도 하며 신적인 존재가 인간의 몸에 들어와 머물게 되는 것)'의 교의뿐이었다.[4] 그렇

자력과 중력의 발견 199

기 때문에 기독교 교부들은 플라톤의 이데아론을 계승하는 것이 가능했다. 플라톤주의는 기독교에 아무런 위협이 되지 않는 것으로 보였다.

아리스토텔레스와 자연의 발견

아리스토텔레스의 자연 사상은 기독교 교의와는 어울릴 수 없는 것이었다. 지(知)에 대한 자세 자체가 근본적으로 달랐다. 앞에서 본 것처럼 아우구스티누스는 자연에 대한 연구를 성서 연구에 종속시키고, 지적 호기심에 끌려 자연을 연구하는 것은 기피해야 할 욕망으로 보았다. 그러나 아리스토텔레스는 『형이상학』의 첫머리에서 "모든 인간은 태어나면서 앎을 욕망한다"고 선언하면서 지적 호기심을 전적으로 긍정했다.[5]

또 기독교는 신의 기적을 인정했지만 아리스토텔레스는 "항상 있으며 필연적으로 존재하는 자연에서는 어떤 일도 자연에 반해서 일어나는 일이 없다"[6]고 했다. 즉 아리스토텔레스의 자연계는 자연에 내재하는 자신의 운동의 원리에 따라 스스로 완성된 것이지, 초월적인 타자가 자연의 바깥에서 의도적으로 만든 것이 아니기 때문에 초월자의 자의(恣意)를 인정하지 않았다. 기독교 및 플라톤주의와 아리스토텔레스의 자연관과 세계상의 다른 점은 '피조물로서의 자연'과 '스스로 완성된 자연', '처음과 끝이 있는 세계'와 '영원한 세계'의 차이였다.

그래서 아리스토텔레스는 자연이란 이성적이고 합리적인 논증에 따라 탐구하고 파악해야 될 대상이라고 주장했다. 그의 자연관은 "자연은 무엇인가를 위해서 존재하기 때문에 이것〔목적〕을 조사하지 않으면 안 되며, 왜(원인을 향한 질문)에 대해서는 왜라는 말이 갖는 모든 의미로 답하지 않으면 안 된다"[7]는 말 속에 집약돼 있다. 아리스토텔레스의 방대한 저서들은 기독교라는 색안경으로 자연을 보았던 중세인들에게 그때까지 가려져 있었던 자연에 대한 정당한 사실을 제공하고, 그 사실들을 통일적으로 파악하는 개념 장치와 논리적인 도식 - 자연을 이해하기 위한 원리 - 을 제공하는 것에만 머무르지 않았다. 자연을 대하는 자세, 자연에 대한 관점 자체를 변화시켰다.

아리스토텔레스를 발견함으로써 유럽 지식인들 사이에는 자연의 질서와 변화는 자체의 원리 - 자연에 내재하는 힘과 목적 - 에 지배당하고 있으며, 자연적 이성에 따라 합리적으로 이해되어야 한다는 의식이 조금씩 싹트기 시작했다. 토마스 아퀴나스나 로저 베이컨이 등장하기 1세기 전, 다시 말해 이슬람 사회에서 서유럽으로 아리스토텔레스의 저서들이 번역되기 시작했던 12세기가 '자연 발견의 시대'라 불리는 것은 이런 의미에서이다.

기욤 드 콩슈는 12세기에 『우주의 철학』에서 성서에 '만들어졌다'라고 돼 있는 부분에 대해 "그것이 어떻게 만들어졌는지를 설명한다고 해서 성서에 반하는 것은 결코 아니다. 오히려 우리는 만물 속에서 근거를 구해야 한다"라고 주장하고 있다. 이 한 구절이 그러한 인식의 전환 과정을 상징한다. 성서를 인정하더라도 그것을 단지 무턱대고 믿는 '경건한 나태함'을 그는 받아들일 수 없었다. 기욤은 모든 원소가 태초에 신의 활동으로 만들어졌을지라도 그 후에 우주가 형성되는 과정은 원소들의 자연적인 작용에 따른 것이라고 주장했다. 성서의 진리를 상위에 놓고 천지창조를 인정하더라도 자연이 자율적으로 움직인다는 점, 자연이 내재적인 법칙을 갖고 있다는 점을 무시할 수 없게 된 것이다.[8]

그러나 12세기의 선구자들이 머뭇거리며 나아갔던 까닭은 아리스토텔레스가 부분적으로만 알려져 있었기 때문이었다. 따라서 그의 철학을 신학에 종속시키는 것도 가능했다. 그러나 얼마 후 그 철학의 전모가 밝혀지면서 상황이 변했다. 아리스토텔레스의 자연관은 기독교와는 전혀 다른 기반 위에서 전개되었기 때문에 이교적인 우주와 기독교적인 우주 사이에 모순이 불거지지 않을 수 없었다.

13세기 초가 되자 교회는 그 위험성을 간파했다.

당시 아리스토텔레스 연구의 중심지는 파리와 옥스퍼드, 특히 파리 대학의 학예학부였다. 1210년 파리 교구의 교회 공회의(公會議)가 자연철학에 대한 아리스토텔레스의 견해와 그 주석을 가르치는 것을 금지했고, 1215년에는 교황의 특별사절이 대학에 개입해 아리스토텔레스 자연학에 대한 금지령을 내렸다. 그래서 1210년부터 1240년까지 파리 대학의 아리스토텔레스 연구와 교육은 공식적으로는 논리학과 윤리학으로 한정되었다.

그러나 1231년에 그레고리우스 9세(Gregorius IX)가 1210년의 금지령을 완화했기 때문에 실제로는 그다지 엄하지 않았을 것이다. 1229년에 툴루즈(Toulouse)에 대학이 신설됐을 때 파리에서는 금서인 아리스토텔레스의 저서를 이곳에서는 공부할 수 있다고 발표해 학생들의 관심을 끌려했다는 이야기가 전해지는 것을 보면, 학생들 사이에서 아리스토텔레스의 학습열은 오히려 높아졌다고 추측된다. 실제로 해협을 사이에 둔 옥스퍼드에서는 아리스토텔레스의 모든 저서가 자유롭게 연구되고 가르쳐지고 있었다. 1240년에는 파리에서도 금지령이 흐지부지 된다. 1240년에서 1247년 사이 영국의 로저 베이컨이 파리 대학 학예학부에서 자유학예를 가르쳤을 때 그는 『형이상학』, 『자연학』, 『생성소멸론』, 『영혼론』 등 아리스토텔레스의 저서를 폭넓게 강독했다. 장대하고 박력 있고 합리적인 아리스토텔레스의 철학 체계는 우여곡절을 거치면서도 점점 파리의 지식인과 학생들을 사로잡았다.

결정적인 전환점이 1255년에 찾아왔다. 그해 3월 19일, 파리 대학 학예학부는 아리스토텔레스의 거의 모든 저서를 강의에 넣을 것을 공식적으로 결정했다.[9] 신학부와 달리 세속적인 학예학부에서는 기독교 수호를 별다르게 고려하지 않은 채 아리스토텔레스를 그 자체로 연구하는 경향이 있었다. 파리 대학 학예학부의 이 결정은 아리스토텔레스의 철학을 사실상 교육의 중핵에 놓는 선언이기도 했다. 그동안 신학의 보조학에 머물렀던 자유학예가 철학의 보조학으로 역할을 바꾸고, 신학부 밑에 있었던 학예학부가 사실상 '철학학부'로 독립함으로써 신학과는 독립적으로 철학의 진리를 논할 수 있게 되었다는 것을 뜻하기도 했다.

이런 움직임은 얼마 후 아리스토텔레스의 철학에 심취했던 시거 드 브라반트(Siger de Brabant)나 보이티우스 데 다키아(Boethius de Dacia) 등이 합리적인 철학적 추론을 따르고자 하는 철학 유파를 형성함으로써 계승된다. 1255년에서 1260년에 파리 대학 학예학부에서 공부한 뒤 학예학부의 교단에 선 시거는 처음부터 종교와 철학의 관계에 대해 아베로에스의 주장을 받아들였다. 즉 우주는 영원하고 지성은 전 인류가 공통적으로 가지고 있으며, 하나밖에 없는 개개인의 영혼은 소멸한다는, 기독교 신앙에서 보면 위험한 학설을 옹호했다.

이처럼 1260년대는 아우구스티누스로부터 내려온, 신앙의 진리를 상위에 놓고 철학에 대해 기독교 교의의 우월성을 주장하는 보나벤투라 등의 입장과, 다른 한편에서는 계시의 진리를 받아들이면서도 – '이중진리설'이라고 비판받은 것처럼 – 철학의 합리적 진리를 고집하며, 철학을 그것 자체로서 받아들이려는 시거 등의 입장으로 기독교 세계의 지(知)가 분열했다. 전자의 신학자는 후자의 철학자를 의심과 적의에 찬 눈으로 보고 있었다.

토마스 아퀴나스

기독교 신학은 이와 같이 아리스토텔레스 철학의 침투로 위기를 맞았다. 이때 아리스토텔레스 철학을 기독교 신학에 조화롭게 편입시킴으로써 위기를 구하는 데 성공한 인물이 있었다. 1256년 권위 있는 파리 대학 신학부에 부임한 토마스 아퀴나스였다.

토마스 아퀴나스는 1225년 무렵 시칠리아와 함께 이슬람과 비잔틴 문화에 접한, 동서문화의 교착지였던 나폴리의 귀족 집안에서 태어났다. 당시는 귀족이라도 막내는 상속되는 영지도 없고 수도원에 들어가는 것이 일반적이었다. 그도 다섯 살 때부터 베네딕토회 소속 카시노(Cassino) 수도원에 들어갔다. 그 후 1238년부터 6년간 나폴리 대학 학예학부에서 공부했다. 거기서는 문법과 논리학뿐 아니라 자연철학도 가르쳤다. 앞 장에서 말한 것처럼 나폴리 대학은 프리드리히 2세가 세웠을 뿐 아니라, 카시노 수도원도 프리드리히 2세 지배 아래 있었다.

1244년에 토마스는 주위의 반대를 무릅쓰고 도미니크회 수도사로 바꾸었다. 가족들이 반대한 배경에는 교황과 황제가 대립하는 상황에서 어느 쪽에 붙느냐 하는 정치적인 문제가 있었다. 또한 정주(定住) 수도회인 베네딕토회는 성직자 세계의 출세 코스였던 데 비해, 신흥인 데다 기부에 의존하는 탁발 수도회는 유복한 귀족의 자제에게는 어울리지 않기 때문이기도 했다. 그러나 토마스 아퀴나스는 도미니크회의 석학으로, 그리스 철학 및 과학이 기독교에 오히려 유익할 수 있다는 걸 재빨리 통찰한 알베르투스 마그누스를 만나게 된다. 이 만남은 이후 그의 사상 형성에 결정적인 영향을 미쳤다. 1248년에서 1252년까지 쾰른의 도미니크회 수도원에서 마그누스의 지도 아래 신학뿐 아니라 아리스토텔레스 철학을 배웠다. "아리스토텔레스 전 작품을 라틴어로 옮기는 작업은 1240년 무렵 거의 끝났기"[10] 때문에 토마스 아퀴나스가 본격적으로 공부를 시작한 때는 아리스토텔레스 사상의 전모가 거의 드러나 있었다.

  1252년 마그누스의 권유로 철학 및 신학 연구의 중심지였던 파리 대학으로 건너간 그는 1256년 당시 기독교 세계를 통틀어 가장 높은 권위를 가지고 있던 파리 대학 신학부의 교수로 취임한다. 학예학부가 아리스토텔레스 철학을 교육의 중심에 놓고, 신학에 대해서는 별다른 고려를 하지 않으면서 철학을 말하던 시대였다. 이때부터 1273년경까지 토마스 아퀴나스는 불굴의 노력으로 기독교 신학을 아리스토텔레스 철학과 통합하는 일에 몰두한다. 그는 필생의 역저 『신학대전 Summa Theologia』을 집필하던 도중 1274년 세상을 떠났다. 향년 50세 전후였다.

  토마스는 1259년 파리 대학 교수직을 그만두고 이탈리아로 옮긴다. 그때부터 시작해 1264년에 『대 이교도 대전對異教徒大全, Summa contra Gentile』을 완성한다. 기독교의 전제나 진리성을 인정하지 않는 이슬람교도나 유대교도를 논파하고 설득하기 위한 책이었다. 이를 위해서는 이교도와 같은 무기, 즉 철학이 필요했기 때문에 기독교적인 예단을 배제한 채 철학적 논의를 전개했다. 이 논의의 기본은 '자연적 이성'으로 논증된 '과학적 진리(scientia)'는 계시의 진리 즉 '신앙(fides)'과 모순되지 않는다는 걸 보여주는 데 있었다. 토마스는 신앙 속에는 인

〈그림 6.1〉 1274년 7월3일 세상을 떠난 토마스 아퀴나스의 사망 700주년을 기념해 독일에서 발행된 우표.

간의 이성을 넘어서, 계시의 힘을 빌리지 않으면 파악할 수 없는 것이 포함돼 있음이 확실하다고 보았다. 아니 허약한 인간 이성으로는 결코 도달할 수 없는 높이에 있는 것이 신앙이었다. 하지만 이성을 통해 합리적으로 파악할 수 있는 것은 그것 자체로 존재하며 그것도 신앙과 모순되는 것이 아니라, 그 한도 안에서는 올바르다고 인정했다.

1268년에 다시 파리 대학의 교수로 복귀해 3년간 파리에서 머문다. 그 기간이 토마스에게는 가장 왕성한 활동기였고 아리스토텔레스의 자연 이론에 대해 관심이 가장 높았던 때이기도 했다. 실제로 1269년에서 1272년에 걸쳐 아리스토텔레스의 주석서인 『자연학 주해』, 『형이상학 주해』 및 『영혼에 대하여』를 저술했다. 덧붙이자면 그는 1260

년 당시 나와 있던 아리스토텔레스의 번역본이 그다지 좋지 않다는 것을 알고, 도미니크회 수도사인 기욤 드 모에르베케(Guillaume de Moerbeke, 1215-1286 추정)에게 맡겨 아리스토텔레스 저작집을 신플라톤주의에 오염되지 않도록 새롭게 번역하게 했다. 기욤은 1261년에서 1270년에 걸쳐 『분석론전후서』를 제외한 거의 모든 아리스토텔레스 저서를 그리스어 사본으로 다시 번역했다.

토마스는 아리스토텔레스 철학과 기독교 신학의 통합을 목표로 『신학대전』을 계속 써나갔고 아리스토텔레스 철학의 합리적 체계로서 기독교 신학을 재편성해, 마침내 새로운 철학-'스콜라철학'-을 완성했다. 『신학대전』에서 "신의 의지는 계시를 통해 인간에게 나타나며 신앙은 이 계시에 의지한다. 따라서 세계에 태초가 있었다는 것은 믿어야만 할 대상이지 학문적으로 논증되어야 할 사항은 아니다"[11]라고 밝히고 있듯이 사실은 신학적인 도그마가 앞서고 있었다. 따라서 말로는 신학과 철학의 통합이라 해도 기독교의 교의에 반하지 않게 교묘하게 짜여진 논증에 가깝다. 그렇다 하더라도 놀랄 만한 역작임은 분명하다.

당시 파리 대학의 사상적인 상황을 아리스토텔레스 철학과의 거리로 따져보면, 한편에서는 아우구스티누스파, 즉 어디까지나 신학의 우월을 고집하는 보수파인 보나벤투라와 신학부의 대다수 교수들이 있었고, 다른 한편에는 아베로에스파 즉 철학적 합리주의자이자 근본적인 아리스토텔레스주의자인 시거를 필두로 하는-어쩌면 아주 적은 수의-학예학부의 교수들이 있었다. 토마스는 『지성의 단일성에 대해서-아베로에스주의자들에 대한 논박 De unitate intellectus contra Averroista』에서 아베로에스파를 비판함으로써 학예학부 철학자들과 분명히 거리를 두었다. 그러나 그는 비록 온건하나마 아리스토텔레스 철학을 정당하게 인정하는 입장에 있었으며, 이 때문에 시거 측에 서 있다고 생각해도 무리가 없을 정도였다. 그래서 토마스는 보수파로부터 이교사상에 대해 지나치게 양보한다거나, 위험한 시거파의 동조자 내지 공범자로도 비쳤던 것 같다. 1270년에 파리의 사제 에티엔느 템피어(Étienne Tempier)는 시거와 그 그룹이 쓴 저술과 교수 내용에서 13개의 명제를 뽑아 단죄했고, 토마스 사후 1277년에 교황 요한네스 21세(Johannes XXI)가 템피어에게 대학에서 일고 있는 잘못에 대해 조사, 보고하도록 하자 템피어는 219가지의 명제를 이단으로 단죄했다. 유죄를 선고 받은 것에는 시거뿐 아니라 토마스의 철학도 포함돼 있었던 것이다.

토마스 아퀴나스가 복권되어 교황으로부터 성(聖)이라는 호칭을 받게 된 것은 1323년이었고, 1277년의 유죄 판결 중 토마스에게 해당하는 것을 무효로 한다는 결정을 파리의 사제가 내린 것은 1325년으로 사후 반세기가 지나서였다. 토마스의 신학이 유럽의 기독교 세계에서 공식적으로 인정받음으로써 스콜라학이 탄생하고, 이후 중세 유럽의 정신세계를 석권하게 된다.

토마스가 이교적인 아리스토텔레스 철학을 어떤 논리를 통해 기독교 복음서와 조화시켜 교회로부터 공인을 받는 스콜라철학으로 완성할 수 있었는지를 따지는 것은 그것 자체로 굉장한 논의가 필요한 문제이므로 여기서는 다루지 않는다. 하지만 이것만은 지적해 두자. 즉 자연적 이성을 통해 인식되는 철학적 진리는 그 범위 안에서는 신앙과 모순되지 않으며 신앙과 조화를 이루며 포섭될 수 있다고 토마스가 인정을 함으로써, 결과적으로 이성이 자율적으로 활동할 수 있는 분야를 보증하는 셈이 됐다. 계시와 관계되는 문제가 아니라면 이성의 권리를 인정했던 것이다. 그것은 계시적인 진리를 고려하지 않고, 신학적인 동기 없이도 자연을 합리적으로 연구하는 방법을 사실상 용인하는 것이었다.

스콜라학이 얼마 지나지 않아 자연과학의 발전에 질곡이 되어 심각한 저해 요인이 되었던 것은 사실이다. 그러나 그 책임은 스콜라학의 방법, 특히 그것의 논증 형식에 돌려야 한다. 13세기의 시점에서는 토마스의 이론이 자연학을 신학으로부터 독립시키는 데 기여한 측면이 있었다는 것을 인정해야 한다.

아리스토텔레스의 인과성의 도식

토마스 아퀴나스의 철학, 특히 자연학은 기본적으로 아리스토텔레스의 것이며, 특히 4원소설이나 우주론에 대해서 토마스는 아리스토텔레스의 설을 거의 그대로 받아들였다. 그는 자석이나 자력을 주요한 문제로 다루지는 않았다. 하지만 가끔 자석이나 자력을 언급하거나, 자석의 성질을 이야기할 때도 아리스토텔레스의 논리적 틀 안에서 파악하려고 했다. 이 점에서는 다음 장에서 보게 되듯이 로저 베이컨을 포함해 13세기에 아리스토텔레스를 부활시킨 이들이 자력, 특히 자화작용(자기유도)을 인식하는 방식은 거의 비슷하다. 잠시 아리스토텔레스의 '인과성의 도식'을 들여다 보자.

아리스토텔레스의 자연학에서 '운동'은 넓은 의미를 가지고 있다. "운동에는 장소에 관한 운동과 성질에 관한 운동, 양에 관한 운동 등 세 종류가 있다"[12]라고 하는 것처럼, 아리스토텔레스가 말하는 '운동'에는 협의의 운동 즉 장소적 이동뿐만 아니라, 질적 변화나 양적 증감까지 포함돼 있다. 화학 변화는 물론 동식물의 생장이나 변화, 얼음의 융해나 물의 증발, 기체의 열팽창과 같은 물질의 상태 변화 일반도 '운동'으로 이해했다.

한편 아리스토텔레스는 변화하는 사물을 '형상(形相)'과 '질료(質料)'라는 두 가지 규정으로 파악한다. 즉 "우리는 청동의 원인이 무엇인가를 두 가지 방식으로 규정한다. 그 질료를 규정해 그것을 청동이라 말하고, 그 형상을 규정해 그것을 이러저런 도형이라고 말한다"라는 것처럼[13] '형상'은 '질료' 즉 '소재'와 상관적으로 사용되면서 '질료'에 그것이 그것일 수 있게끔 하는 근거를 준다. 예를 들어 '책상의 형상'이란 어떤 모양과 구조를 가진 것 위에서 독서나 필기, 식사를 할 수 있는 기능을 가진 것이다. 따라서 '형상'은 그 물질의 본질 규정이자, 그것을 다른 것과 구별하는 차이이며, 그 물질을 '질료'로부터 만들 때 목적(설계도)이기도 하고, 또는 '질료'의 상태를 규정하는 경우도 있다. 어쨌든 '질료'가 사물의 어떤 상태가 되는 것은 바로 '형상'을 통해서이다.

또 물체가 나타내는 모든 변화-넓은 뜻의 운동-는 '가능태에서 현실태로의 전환'이라는 도식으로 파악된다. 예를 들어 얼음이 녹는 것은 가능태로서의 물이었던 얼음이 현실태로서의 물로 변하는 것이며, 장인이 목재에서 책상을 만들 때는 가능태로서의 책상인 목재(책상의 질료)가 책상의 형상을 얻음으로써 현실태인 책상으로 변하는 것이다. 그런 의미에서 "존재하는 것은 이중의 방식으로 존재"[14]하게 된다. 즉 모든 사물 X는 현실에는 X로 존재하면서, 동시에 자신 안에 다른 물질 Y가 될 가능성을 잠재적으로 가지고 있다. 그런 한에서 X는 Y의 질료이다. 말을 바꾸면 Y의 형상을 얻음으로써 Y의 현실태가 될 수 있는 질료 X는, Y의 형상을 받아들이지 않는 한 Y의 가능태가 된다.

가능태로부터 현실태로의 변화라는 이 독특한 도식이야말로 파르메니데스 이후 좀처럼 손에 잡히지 않았던 존재와 변화의 문제를 푸는 해답이었다.

토마스는 기본적으로 이 틀을 계승해 『자연의 원리에 대하여 De principils naturae』에서 한층 살을 붙이고 정밀하게 다듬었다. 토마스는 아리스토텔레스의 '형이상학'에 근거해 존재를 '본질적 존재' 즉 '실체적 존재'와 '우연적 존재' 즉 '부대(附帶)적 존재'로 나눈다. '인간이 존재한다'는 것은 '실체적 존재'인 데 비해 '인간이 하얗다'는 것은 '부대적 존재'이다. 그리고 '형상'도 '실체적 형상(forma substantialis)'과 '부대적 형상(forma accidentalis)'으로 구별했다. 즉 실체적이고 현실적인 존재를 만드는 것은 '실체적 형상'이고, 부대적이고 현실적인 존재를 만드는 물질은 '부대적 형상'이라 불렀다.[15]

나아가 토마스의 『존재자와 본질에 대하여 De ente et essentia』에는 "실체적 형상과 질료로부터 하나의 물질이 생겨난다. 즉 이 양자의 결합으로부터 고유한 의미에서 실체의 범주에 넣을 수 있는 하나의 자연 본성(natura)이 만들어진다"면서 "이 양자의 결합으로부터 어떤 본질(essentia)이 태어난다"고 적고 있다.[16] 즉 사물에 우연적 규정을 부여하는 것에 지나지 않는 '부대적 형상'과는 구별되는 '실체적 형상'이란 그 물질에 진짜 그 물질다운 본질을 부여하는 것을 말한다. 따라서 스콜라학에서는 사물의 원인을 해명하는 것은 그 사물의 '실체적 형상'을 규정하는 것으로 귀착한다.

토마스 아퀴나스와 자력

가능태, 현실태라는 특유의 '인과성의 도식' 이야말로 로저 베이컨과 토마스 아퀴나스 등이 적극적으로 끌어들인 논리였다. 자석과 관련해 아리스토텔레스는 앞에서 본 것처럼 철을 움직이게 하는 영적이며 생명적인 존재라고 본 것 이외에는 달리 뚜렷한 주장을 내놓지 않았다. 그러나 토마스 등은 자석의 작용조차 아리스토텔레스 이론의 테두리 안에서 파악했다. 예를 들어 철의 자화를 "철 속에서 불완전하게 존재하고 있던 능력이 자석의 자극을 받아, 자석의 형상(形相)을 통해 완전한 것으로 다시 태어나는 것"[17]으로 본 세인트 아만트의 존(John of St. Amand)의 설명이 그 전형이다. 이 주장은 철의 자화현상과 잘 어울리기는 한다.[18]

아리스토텔레스는 『자연학』에서 "자연이 운동의 원리라는 건 자연학자에게는 [모든 이론의 기초가 되는] 기본 전제이다"[19]라고 쓰고 있다. 여기서 '자연(physis)'은 사물로 하여금 고유의 행동양식을 갖도록 하는 힘으로서의 '자연본성'을 의미한다. 토마스도 『자연학 주해』에서 "자연적 운동의 원리는 움직여지는 자연적 사물의 내부에 있다"라면서 따라서 사물의 운동과 변화를 논할 때 기본 개념은 '사물의 자연본성(natura)'이 되어야 한다고 주장했다.

자연적 사물은 자연본성을 가지고 있는 한, 그리고 자신의 내부에 운동의 원리를 가지고 있는 한 비자연적인 것과 구별된다. 따라서 자연본성이란 그 내부에 부대적인 것으로서가 아니라 그 자체로서 내재하는 운동과 정지의 원리를 가리킨다.[20]

운동과 변화를 문제 삼는 자연학으로 이야기를 좁히면 자연적 사물의 '형상'이란 이 '자연본성'이라고 이해해도 좋을 것이다. 실제로 토마스는 『형이상학 주해』에서 "자연본성이란 자기 안에 있는 작용과 운동의 원리"라고 한 뒤 "사물의 자연본성이란 자연적 생성이 그쪽으로 가 닿고자 하는 것(*최종적으로 지향하는 것), 즉 형상이다"라고 적고 있다.[21] 그런 의미에서 인간의 영혼은 인간의 자연본성이며 때문에 인간의 형상이기도 하다. 마찬가지로 토마스는 자석으로 하여금 특이한 작용을 하도록 하는 원리는 자석의 자연본성이며 또 자석의 형상이라고 본 것이다.

그렇지만 토마스는 자연물의 형상들 사이에는 위계적 질서가 존재한다는 것을 인정했다. 자석은 '냉, 온, 건, 습'이라는 4원소의 형상보다는 상위에 있지만 식물이나 동물보다는 하위에 있는, 광물의 성질과 형상을 띤다고 보았다. 토마스가 자신의 사상을 확립하고 가장 정력적으로 저술에 힘쓴 것은 1269년에서 1273년에 걸쳐서인데 1269년 무렵 씌어진 『영적 피조물에 대하여 De spiritualibus Creaturis』에는 그 '형상의 서열(ordo formarum)'을 다음과 같이 설명한다.

어떤 형상이 완벽할수록 (*그 형상과 관련된) 물체를 한층 더 격상시킨다는 것을 알아야 한다. 이것은 모든 형상들의 서열로부터 귀납적으로 분명해진 사실이다. 예컨대 원소(元素, element)의 형상은 물체로 하여금 능동적 성질(열과 냉)과 수동적 성질(건과 습)을 갖게 하지만, 이 밖의 어떤 작용도 하지 않는다. 그러나 광물의 형상은, 예를 들어 자석이 철을 끌어당기고 사파이어가 종기를 낫게 하듯이, 능동적 성질(열과 냉)과 수동적 성질(건과 습)뿐 아니라 그것을 넘어서는 어떤 작용을 한다. 광물들의 이 작용은 하늘에 있는 물체에서 영향을 받은 결과이다.[22]

거의 같은 취지의 기술—보다 상세한 설명—이 같은 시기에 나온 『영혼에 대하여』에도 보인다.

우리는 낮은 곳에 있는 물체들의 형상들을 통해 형상의 서열이 높을수록 높은 서열의 원리와 유사하고, 그 원리에 가깝게 다가가려 한다는 것을 발견하게 된다. 이것은 형상들이 작용하는 방식으로부터 바로 알 수 있다. 그래서 [형상의 서열상] 가장 낮은 곳에 있는 물질에 가까운 4원소(흙, 물, 공기, 불)의 형상은 희박화나 응축과 같은 물질적 성질, 즉 능동적인 성질이나 수동적 성질(열냉과 건습) 이외에 그것을 뛰어넘는 어떤 작용을 가지지 않는다. 이들 원소의 형상보다 높은 서열은 혼합 물체의 형상으로, 이들의 형상은 (앞에서 말한 성질 이외에) 하늘의 물체로부터 흡수한 작용을 각각의 종에 따라 가지고 있다. 예를 들어 자석이 철을 끌어당기는 것은 열이나 냉 같은 자신이 가진 어떤 성질 때문이 아니라 하늘로부터 전해지는 어떤 종류의 힘을 갖기 때문이다.[23]

도마스는 자석을 포함한 일반 광물의 형상을 영혼이라고 말하지는 않았지만, 사실상 동식물의 영혼에 가까운 것으로 보고 있다. 『영적 피조물에 대하여』에서 그는 광물의 형상 위에는 영양을 섭취하고 생장하는 힘을 가진 '식물의 영혼(the vegetative soul)'이 존재하고, 또 그 위에는 '지각하는 영혼(the sensing soul)' 즉 '동물의 영혼(the animal soul)'이 있다고 했다. 동물의 영혼은 장소적 운동을 일으키고 보거나 듣거나 욕망하는 힘을 가지고 있다. 동물의 영혼 위에는 이해라는 힘을 가진 '인간의 영혼'이 가장 완전한 형상으로 존재한다. 즉 무생물로부터 식물-동물-인간으로 이어지는 존재의 연쇄에서 철을 끌어당기는 자석은 무생물과 식물의 중간에 위치한다. 직접적으로 언급하진 않지만 여기에는 "자연계는 무생물로부터 동물에 이르기까지 조금씩 변해가므로, 그 연속성 때문에 양자의 경계가 확실하지 않으며, 양자의 중간에 있는 경우 그것이 어디에 속하는지 알 수 없게 된다"는 아리스토텔레스의 『동물지』의 한 구절[24]을 저변에 깔고 있다.

그러나 토마스의 논의는 아리스토텔레스의 영혼론을 수정하고 뛰어넘으려는 시도이기도 하다. 왜냐하면 토마스가 이해하기로는 "아리스토텔레스는 천체의 하위에 있는 것 중 혼을 가진 것은 동물과 식물뿐인 것으로 가정하기"[25] 때문이다. 이에 반해 토마스는—나중에 자세히 보는 것처럼—영혼의 수를 늘리고자 했다. 토마스는 영혼의 조밀한 위계질서를 통해 자력을 영혼으로 본 탈레스의 관점을 아리스토텔레스의 자연학 속에 녹여내고자 했다.

토마스가 자력을 어떻게 이해했는지가 가장 잘 드러나는 곳은 『자연학 주해』에 나오는 다음의 대목이다. 아리스토텔레스의 『자연학』에는 "다른 것에 의해 움직여지는 물체가 있을 때 그 운동은 네 가지 방식 중 하나를 통해 이루어진다. 즉 물체가 다른 것에 의해 장소를 이동하게 될 때는 당기거나 밀거나 옮기거나 돌리는 네 가지 길이 있다.……이들 중 옮기고 돌리는 것은 결국 당기고 미는 것으로 환원시킬 수 있다"는 구절[26]이 있다. 토마스는 이에 대한 주해에서 "당기는 것과 미는 것이 어떻게 다른지를 이해해야 한다.……다른 물체를 자기 쪽으로 움직이게 하는 행동이 당기는 것이다. 그런데 무엇인가를 자기 쪽으로 움직이게 하는 데는 세 가지 방법이 있다"고 했다. 이 세 방법 중 '제2의 방법'이 자석의 인력이라며 다음과 같이 설명한다.

또 다른 방법은 어떤 물질은 뭔가의 방식으로 다른 물체를 변화시킨 다음 그 변화된 것을 장소적으로 이동하게 한다. 그 결과 전자(*변화를 일으키는 물질)가 후자(*변화가 일어난 물체)를 자기 쪽으로 끌어당겼다고 말할 수 있게 된다. 자석은 이 같은 방식으로 철을 끌어당긴다. 왜냐하면 생성기계(generator)가 무거운 물체나 가벼운 물체에 대해 형상을 부여하고, 그 형상에 따라 무거운 물체와 가벼운 물체를 장소적으로 이동시키는 것처럼, 자석은 철에 대해 어떤 성질을 부여함으로써 (*그 주어진 성질 때문에 변화된) 철이 자석을 향해 움직이도록 한다.

이어서 중력과 대비되는 자석의 특징 세 가지를 들고 있다.

첫째 자석은 철을 거리에 상관없이 임의로 끌어당기는 것이 아니라, 가장 가까운 거리에 있는 것부터 끌어당긴다. 그러나 무거운 물체가 자기 자신의 장소(*우주의 중심)를 향해 움직이는 데 반해 철은 자석의 끝을 향해서만 움직인다. 철은 (*자석으로부터) 아무리 떨어져 있더라도 자석의 끝을 향해 이동한다.

둘째 자석에 마늘(alium)을 바르면 철을 끌어당길 수 없게 된다. 그것은 마늘이 철을 바꿀 수 있는 자석의 힘을 방해했거나 아니면 마늘이 철의 성질을 정반대로 변화시키기 때문일 것이다.

셋째 자석이 철을 끌어당기기 위해서는 먼저 자석으로 철을 마찰하지 않으면 안 된다. 자석이 작을 경우에 특히 그렇다. 그것은 철이 자석을 향해 끌려가기 위해서는 자석으로부터 어떤 힘을 받아야 하기 때문인 것처럼 보인다. 이처럼 자석은 [철이 끌어당겨져서] 최종적으로 도달하는 곳(*목적지)으로서의 역할을 하는 것과 동시에 철을 움직이게 하고(mover) 변화시키는 인자(alter)의 역할도 한다.[27]

원래 무거운 물체는 아무리 멀리 있어도 그 본래의 장소인 우주의 중심을 향한다(*그런데 철은 자석의 끝을 향한다). 무겁다는 성질은 그 어떤 물체도 제거할 수 없다(*하지만 자석에 마늘을 바르면 철을 당길 수 없게 된다). 또 무겁다는 성질은 그 어떤 물체도 다른 물체를 향해 부여할 수 있는 성질이 아니다(*하지만 자석에 철을 마찰하면 철은 자석에 끌려간다). 이 세 가지 점에서 자력은 무거움(중력)과 다르며 그런 의미에서 자력은 특수한 성질이며 특수한 형상이라고 토마스는 보았다. 자석은 철에 자석을 향해 움직인다는 형상-자석의 자연본성-을 부여함으로써 철을 끌어당길 수 있게 된다는 것이다. 그 근거가 되는 것은 "두 물질이 자연본성을 공유하고 있다면 (*한쪽 물질이 가진) 어떤 힘이 다른 물질에게 미칠 수 있다"[28]라는 것이다. 이것은 아리스토텔레스 자연학의 논리를 통해 철에 대한 자석의 작용을 이론적으로 파악하려고 했던 첫 시도였다. 보석이 약효를 가지고 있고 마늘이 자력을 방해한다는 중세에 전해진 이야기들을 여전히 답습하고 있지만 적어도 마그누스에 이르기까지 견지됐던, 자력을 마술적이고 신비적으로 이해하려는 관점으로부터는 벗어났다. 또 기계론을 통한 환원주의와는 다른 형태로 자력과 자화작용을 합리적으로 이해하려고 한 시도라고 보아도 된다.

게다가 앞의 인용문의 첫 번째 문장은 자력의 도달거리가 유한하다는 것을 처음 지적한 것으로 힘의 작용권(作用圈)이라는 개념이 형성되는 데 도움을 준 새로운 인식이었다.

자석에 미치는 하늘의 영향

앞에서 나온 몇 개의 인용문 중에 자력이 '하늘에 있는 물체의 영향을 받는다' 또는 '하늘의 물체로부터 혜택을 받는다' '작용(operatio)'에서 '하늘의 힘(virtus coeli)을 공유한다'는 표현이 주의를 끈다. 『지성의 단일성에 대하여』에는 더욱 분명하게 서술돼 있다.

형상이란 원소들이 혼합해서 생기는 물체의 현실태이고, 따라서 어떤 종류의 힘을 가지는데 이 힘은 원소들로부터 나오는 것이 아니다. 예컨대 자석은 철을 끌어당기는 힘을 가지고 있고 벽옥(碧玉)은 피를 멈추는 힘을 가지고 있다. 이런 힘들은 (*원소로부터가 아니라) 하늘과 같은 보다 차원이 높은 근원으로부터 주어진다는 것을 우리는 알고 있다.[29]

나아가 『신학대전』에서는 일반적으로 "자연적 물체가 갖는 자연적인 힘은 하늘의 물체가 그것(*자연적 물체)에 부여하는 실체적 형상을 통해 나온다"[30]고 말한다.

하늘의 물체가 자석에 작용해 형상을 부여한다는 것은 아리스토텔레스에게서는 볼 수 없었던 논점이다. 고대에는 자침이나 자석의 지향성이 알려져 있지 않았기 때문에 이것은 어떻게 보면 당연하다. 하지만 아리스토텔레스는 『기상론』에서 "이〔달 아래 세계의〕 영역(*지구를 둘러싼 전체 세계)은 천계를 향한 상승 운동을 통해 필연적으로 서로 연속해 있기 때문에 이들의 모든 운동 능력은 하늘로부터 나오고 하늘이 질서를 짓는다"[31]라고 쓰면서 천체가 지상의 물체에 영향을 미친다는 점을 확실히 밝히고 있다. 그러나 아리스토텔레스는 그 영향을 오직 자연학적으로만 - 즉 공기를 매개로 한 근접작용으로만 - 고찰했다. 더구나 하늘에서 지구 표면까지의 거리를 현재 우리가 알고 있는 것보다 훨씬 가깝게 어림잡았고 그 사이의 공간에도 공기가 충만해 있다고 생각했다. 이에 반해 토마스는 하늘의 물체(*천체)가 지상에 미치는 영향을 형이상학적, 신학적으로 고찰했다. 자세히 살펴보자.

아리스토텔레스는 - 이전에 말한 바와 같이 - '운동의 제1원인' 즉 '신'이 항성 천구를 움직인다고 보았다. 또 그 아래에 있는 행성 천구도 '제1원인'에 복종하는 비질료적 실체에 의해 움직인다. 이들 관계와 그 근거를 토마스는 『형이상학 주해』에서 다음과 같이 썼다.

모든 물체들을 살펴볼 때 다른 물체를 둘러싸고 있는 쪽이 둘러싸이는 물체에 비해 더욱 형상적이고, 따라서 훨씬 고귀하고 완전하다.……상위에 있는 행성의 천구는 아래에 있는 행성의 천구를 둘러싸므로 전자가 후자보다 훨씬 높고 훨씬 보편적인 힘을 갖고, 한층 영속적인 영향을 끼치는 게 분명하다.……보다 하위에 있는 물체들에게 미치는 영향이 행성들이 자리잡고 있는 위치에 따라 달라지는 이유는 이 때문이다.[32]

그런데 아리스토텔레스의 자연학에서 행성 천구를 움직이는 '힘'은 존재로부터 벗어나 있고 비질료적인 실체인 '천사(天使)'로부터 나온다. 토마스는 바로 그것을 기독교 신학에 받아들였다. 채 완성을 보지 못한 『이존적 실체에 대하여(천사론)De angelis seu de substantiis separatis』에서 그는 "성서의 말씀을 주의 깊게 음미하면 이는 성서 말씀이 근거하고 있는 천사들이 비질료적이라는 것을 알게 될 것이다. 왜냐하면 성서는 그들을 어떤 힘(virtutes)으로 읽고 있기 때문"이라면서 "제1원인에 보다 가까이 다가가 있는 영적인 모든 실체-우리는 그들을 천사라 부른다-가 넓은 범위에서 신의 섭리를 실행한다"고 했다.[33]

토마스는 아리스토텔레스가 비질료적 실체의 수를 하늘에서 볼 수 있는 운동의 수만큼만 있다고 한 것은 잘못이라고 했다.

비질료적 실체가 물체적 실체를 넘어서는 정도는, 천체가 원소적 물체를 넘어서는 정도 이상이다. 따라서 비질료적 실체의 수와 힘과 상태는 하늘의 운동의 수에 근거해서는 충분히 파악할 수 없다.[34]

즉 아리스토텔레스는 제1원인의 지배 아래 있는 비질료적 실체-천사-가 각각의 행성 천구만을 움직인다고 보았지만 토마스는 그 외에도 다수의 비질료적 실체가 존재하며 그들은 천상 세계 뿐 아니라 달 아래 있는 세계의 모든 운동에 관계한다고 여겼다.

다음과 같이 말을 바꾸어도 좋겠다. 토마스에 따르면 "하늘이 가진 최상위의 영혼은 보다 아래에 있는 모든 영혼에 대해서, 그리고 더 아래에 있는 모든 물체의 생성 전반에 대해서 섭리를 미친다. 또 보다 상위에 있는 영혼은 바로 아래 있는 영혼에 섭리를 미친다"고 하는 점에서 아리스토텔레스와 플라톤은 일치하고 있다. 그러나 "아리스토텔레스는 플라톤과는 달리 하늘의 혼과 인간의 혼 사이에 어떤 중간적인 혼도 인정하지 않았다"면서, 그 때문에 "아리스토텔레스의 설에 따르게 되면 우리의 감각에 잡히는 많은 것들을 설명할 수 없게 된다"고 밝히고 있다. 실제로 이 지상에서 "다이아몬드를 가지고 일하는 사람들이나 마술사들을 보면 그들이 뭔가 지성적인 실체에 의지해서 일을 하고 있음이 분명하다"며 그런데도 "아리스토텔레스학파에 속하는 사람들은……이같은 일들의 원인을 천체들의 힘으로 돌리려고 한다"는 것이다.[35]

달 아래의 세계에서 볼 수 있는 운동과 변화는 4원소의 성질만으로는 설명할 수 없기 때문에 하늘의 별들이 지상에 영향을 미친다고 생각하지 않을 수 없었던 것이다. 토마스의 『대 이교도 대전』에서 다음과 같은 글을 만날 수 있다.

사람은 선택하는 능력과 자신이 선택한 것을 실행에 옮기는 능력, 두 가지 능력을 갖고 있다. 사람은 때로는 더 높은 원인에 의해 그 두 능력 모두의 도움을 받지만 때로는 도움을 받기는커녕 방해를 받기도 한다. 무엇을 선택하는 것과 관련해 말하자면, 사람은 하늘의 물체로부터 어떤 것을 선택하도록 재촉을 당하거나 또는 천사의 보살핌 속에서 계몽이 되기도 한다. 혹은 신의 작용으로 어떤 것을 선택하는 쪽으로 기울어지기도 한다. 하지만 선택한 것을 실행하는 것과 관련해서 말하자면, 자신이 선택한 것을 수행하기 위해 필요한 힘과 능력은 더 높은 곳의 원인으로부터 얻을 수 있다. 그가 선택한 것을 대행하는 것에 있어서 필요한 힘과 성능(性能)을 높은 위치의 원인에서 얻을 수 있다. 그런데 이것은 신이나 천사로부터만 오는 것은 아니다. 그와 같은 성능은 하늘의 물체로부터도 온다. 왜냐하면 불활성적인 물체도 원소의 수동적 성질과 능동적 성질을 넘어서는 어떤 종류의 힘을 하늘에서 얻기 때문이며 또 그 힘은 하늘의 물체에 지배되기 때문이다. 예를 들어 자석이 철을 끌어당기는 것은 하늘의 물체의 작용에 의한 것이다. 마찬가지로 어떤 종류의 돌이나 풀은 자석과는 다른, 숨겨진 힘을 가지고 있다. 그래서 예컨대 의사가 치료를 하거나, 농부가 씨를 뿌릴 때, 병사가 전투에 임할 때 각각의 사람들은 하늘에 있는 물체의 영향을 받아 어떤 신체적 작용을 일으킴으로써 다른 사람이 가지고 있지 않은 특수한 힘을, 무엇으로부터도 방해받지 않고 발휘할 수 있는 것이다.[36]

'천사의 힘'에 대한 토마스의 견해는 처음 파리 대학에서 교수를 할 때 쓴 『진리에 대한 토론 문제집 Quaestio-De veritate』에서 "물체 속에는 자석이 철에 대해 인력을 작용하는 것처럼, 냉이나 열에 의해서가 아니라 하늘의 물체에 의해서 일어나는 작용이 존재한다"[37]라고 한 주장을 비롯해, 말년에 『신학대전』에서 "자연의 물체 가운데 몇몇 종은 하늘의 물체의 영향 받아 어떤 숨겨진 힘을 갖는다"[38]라고 표명한 것까지 일관되고 있다.

이와 같은 이해가 토마스의 전체 사상 속에서 어떤 위치를 차지하고 있느냐 하는 문제와는 별도로, 그것은 당시 기독교 신학 입장에서 보면 아슬아슬한 주장이었다. 1270년에 템피어가 이단으로 단죄한 명제

중에는 '세계는 영원하다' '영혼은 인간의 신체와 함께 소멸한다' 같은 주장과 나란히 '현세에서 일어나는 일은 천체의 필연성에 따른다'는 명제가 포함돼 있었다.[39] 천체가 지상의 물체에 영향을 미친다는 견해는 비기독교적, 아니 반기독교적인 것으로 간주되었다.

자석에 대한 이야기로 제한하면, 자력이 하늘에 있는 물체의 작용에 의한 것이라는 견해는 아리스토텔레스는 말할 것도 없고 고대 그리스에서 중세 초의 유럽에 이르기까지 자력을 둘러싼 그 어떤 이야기에서도 볼 수 없었던, 전혀 새로운 견해였다. 토마스가 어떤 논리적 배경을 깔고 그런 주장을 내놓았는지와는 별도로 이 같은 견해가 등장할 수 있었던 것은 그 사이에 유럽인들이 자석과 자침의 지향성을 알게 된 것과 직접적인 연관이 있다. 토마스의 주장은 14세기 파리 대학의 스콜라학자였던 장 뷔리당(Jean Buridan, 1295-1358 추정)으로부터, 15세기 피렌체의 신플라톤주의자로 헤르메스주의에 양향을 받았으며, 아리스토텔레스에게 비판적이었던 피치노(Marsilio Ficino, 1433-1499)에 이르기까지 영향을 미쳤다. 피치노에 대해서는 나중에 이야기하겠지만 뷔리당은 자신의 저서에서 다음과 같이 썼다.

자석은 의심할 바 없이 별들과 하늘이 가진 다양한 특성과 능력을 갖고 있으며, 지상의 물체에도 다양한 결과를 일으킨다고 말할 수 있다. 따라서 자석에는 특히 북극에 가까운 곳에 있는 별들로부터 영향을 받는 부분과 남극에 가까운 곳에 있는 별들로부터 영향을 받는 부분이 있을 수 있다.

또 "자석의 그와 같은 구별이 하늘의 영향 때문이라는 것은 확실하다"고 덧붙였다.[40]

어쨌든 자석으로 마찰한 자침이 항상 북쪽을 가리킨다-북극성에 끌리는 듯이 보인다-는 특이한 사실의 발견은 중세 후기 유럽인들에게 하늘의 물체(북극성)가 자석에 직접적으로 작용한다는 것을 강하게 확신시키는 계기가 됐음이 분명하다. 이처럼 자석의 지향성의 발견은 단지 자석의 이해에 머물지 않고 중세 후기부터 근대 초에 걸친 유럽인들의 자연관-특히 천체가 지상의 물체에 힘을 미친다고 본 점성술이나 마술사상의 근거가 되었다-에도 절대적인 영향을 미쳤다.

※ ※ ※

토마스 아퀴나스는 자연학에 관련된 모든 문제에 대해 언급하고 있다. 그 바탕에는 사물의 속성과 행동은 사물의 자연본성이 제대로 파악되는 한, 논리적으로 추론해 파악할 수 있다는 입장이 일관하고 있었다. 즉 어떤 사실은 보다 일반적인 원리에서 연역되었을 때 증명된다고 보았다. 이 사상은 고대 그리스에서 처음으로 구상되었고, 13세기에 아리스토텔레스와 더불어 유럽으로 유입되어 합리적인 스콜라학의 토대가 되었다. 토마스가 1250년대에 쓴 『존재자와 본질에 대해서』에 있는 것처럼 사물은 "그 정의나 본질에 의하지 않으면 제대로 이해할 수 없는 것"이며 동시에 "본질은 사물의 정의(定義)에 의해서 드러나는 것"[41]이다. 토마스는 진리가 언어의 세계에서 발견된다고 보았다. "내가 돌의 본질을 파악하려고 할 경우 추론에 의해서 돌의 본질로 돌아오지 않으면 안 된다"[42]는 것이다. 따라서 토마스는 자연학적인 논의를 할 때 관찰이나 실험을 중요시하지 않았다. 사실 아리스토텔레스가 써서 남긴 것을 제외하면 토마스 자신에 의한 자연 관찰은 찾아볼 수가 없다.

원래 토마스는-스승 알베르투스 마그누스와는 달리-자연학 자체에 특별히 관심을 가졌던 것은 아니었다. 그의 관심은 어디까지나 신학과 형이상학의 원리에 있었으며, 그 논의를 뒷받침하는 한에서 '하위(下位)의 학(學)'인 자연학을 논했다. 토마스가 『형이상학 주해』에서 결론 부분에 "결국 우주 전체는 하나로 통치되며 그래서 하나의 왕국과 같다고 말할 수 있다. 그리고 왕국은 한 사람의 통치자, 제1동자(第一動者, the first mover)가……다스리지 않으면 안 된다. 그것은 아리스토텔레스가 앞서서 '신'이라 부른 것이며 세월이 흘러도 영원히 축복받아야 할 존재인 것이다. 아멘"이라고 한 것처럼,[43] 그가 아리스토텔레스의 우주상을 길게 다룬 까닭은 결국 신의 존재를 입증하기 위해서였다. 그리고 그 '한 사람의 통치자' 즉 '신'은 천구를 움직이는 일만 하는 것이 아니다. "신의 의도는……모든 존재자의 최후의 것에까지 다다른다. 그래서 모든 존재는 신의 섭리 아래 복종한다"는 것이다.[44] 또 '신의 섭리의 전반적인 실행자'로서 '우리가 천사라고 부르는 하위의 이존적(離存的) 지성'이 존재해, 해와 달, 별들을 움직일 뿐 아니라, 항성과 행성, 달이 다양한 수준의 영혼을 가진 물질로서, 광물, 식물, 동물, 인간이라는 지상의 존재에 그 힘을 미치고 있다는 것이다.

하지만 토마스가 자석이 자력을 하늘의 물체로부터 얻는다고 한 것은 단지 형이상학적 근거에만 의지한 것은 아니었다. 당시 경험적으로 알게 된 자석과 자침의 지향성에 관한 지식이 토대가 되었다. 그런 의미에서 토마스 아퀴나스는 스콜라학이 근대 자연과학의 형성에 기여했던 의의와 한계를 한 몸에 안고 있었다고 할 수 있다.

7장

선구적 근대인 로저 베이컨과 자력의 전파

로저 베이컨은 데모크리토스와 플라톤 이래의 테제를 아리스토텔레스의 논리에 따라 재해석하고 새로운 입장에서 근거를 부여했다. 또한 자연학에서 수학과 경험을 중요시했을 뿐 아니라, 학문의 실천성과 실용성을 강조했다. 그는 동시대 지식인 중 가장 선구적인 근대인이었다.

로저 베이컨의 기본적인 입장

토마스 아퀴나스와 동시대에 살면서 토마스와 마찬가지로 아리스토텔레스로부터 큰 영향을 받았지만, 그와는 달리 언어의 해석에 매달려 나날을 보내는 스콜라철학의 불모성을 간파한 인물이 로저 베이컨이다. 그는 자연학에서 수학과 경험을 동시에 중요시했을 뿐 아니라, 학문의 실천성과 실용성을 강조함으로써 동시대 지식인 중 가장 앞서서 근대성을 나타냈다.

1210년 무렵 태어난 베이컨은 옥스퍼드 대학에서 공부한 후 프랑스로 건너가 앞장에서 살펴본 대로 1240년대에 파리 대학 학예학부에서 아리스토텔레스를 강의했다. 이때는 파리 대학에서 아리스토텔레스 철학이 인정되고, 학예학부가 사실상 철학학부로서 신학부로부터 독립해가던 시기였다. 베이컨은 1240년대 말에 지적 전환을 맞지만,

1250년대에는 프란체스코회의 수도사가 된다. 1266년 교황 클레멘스 4세(Clemens IV, 재위 1265-68)가 베이컨의 주장에 관심을 보이자, 그의 요구에 따라 이듬해『대저작』,『소저작』,『제3저작』을 급하게 완성했다. 이들 3부작을 '설득(persuatio)'이라고 한 것처럼, 이 저작들은 교황에게 바치는 진지한 제안이었다. 그는『대저작』에서 "기독교도의 수는 아주 적으며, 이 넓은 세계는 신앙 없는 자들로 가득 차 있는데도 이들에게 진리를 가르치려 하는 자는 한 사람도 없다(III, p.112)"¹라면서 기독교 세계가 갖춰야 할 지적 전략을 제시하고 있다.

13세기 중반의 유럽은 십자군 운동의 좌절을 경험하고, 기독교 세계가 광대한 이교도의 세계에 둘러싸여 있는 것을 절감하게 된다. 또한 이슬람 사회의 높은 기술력과 경제력을 알게 되고 아랍과 비잔틴을 통해 계승된 고대의 높은 학문을 접하면서 미몽에서 깨어난다. 이런 시대에 아직도 근시안적으로 성서나 교부들이 써서 남긴 글만 붙들고 있는 스콜라 신학은 부력하기 그지없었다. 기독교적인 전제를 무비판적으로 받아들이는 성서에 의거해 독선적으로 논의하는 것만으로는 이교도를 설득하고 개종시킬 수 없었다. 이런 점을 통감한 점에서 베이컨의 저서는 토마스 아퀴나스의『대 이교도 대전』의 집필 동기나 태도와 근본적으로 상통하고 있었다. 베이컨이『대저작』에서 "우리는 우리와 신앙이 없는 사람들 모두에게 적합한 공통적인 근거를 찾지 않으면 안 된다. 그것이 바로 철학이다"(VII, p.793)라고 한 것은 기독교도가 왜 철학을 공부해야 하는지에 대한 정당성과 필요성을 제시하면서 기독교 세계를 대상화하고 상대화하는 폭넓은 입장을 나타내는 것이었다.

그렇지만 베이컨이 철학을 기독교 신학보다 위에 놓은 것은 아니었다. 오히려 주저서『대저작』에는 "완전한 지혜(sapientia perfecta)는 하나이며 그것은 성서에 들어 있다"라고 했을 뿐 아니라 "하나의 학문

〈그림 7.1〉 로저 베이컨의 초상.

즉 신학이 다른 모든 학문의 지배자이며, 여타의 학문은 신학을 위해서 존재한다"라고 밝혔다.(II,p.36) 신학을 우위에 놓는 중세 성직자의 신념을 수도사 베이컨도 당연히 공유하고 있었던 것이다. 토마스 아퀴나스가 철학을 중요시했지만 신의 지(知)와 인간의 지에는 단절이 있어 신학은 철학이 미치지 않는 영역을 가지며, 철학의 지식(scientia)은 계시의 지혜(sapientia)에는 대항할 수 없다고 한 것에 비해, 베이컨은 신학과 철학 사이에 토마스와 같은 단절을 인정하지 않았다. 철학 연구는 성서 연구를 보조하고 도움을 줄 뿐 아니라, "완전한 지혜는 하나이며 그것은 성서에 들어 있다. 그러나 그것은…… 철학을 통해 해명되어야만 한다"(II,p.65)라면서 철학 연구는 성서 이해에 불가결하며 신학 연구의 중심을 차지한다고 보았다.

여기서 말하는 '철학'에는 물론 이교도의 학문도 포함돼 있다. 아니 오히려 베이컨은 "철학은 어떤 의미에서 이교도의 것이다. 왜냐하면 우리들이 가지고 있는 철학은 모두 그들로부터 빌려온 것이기 때문이다"라고 지적했다. 그렇지만 "철학의 힘은, 인류가 신의 진리를 이해하도록 분발시키기 위해 신이 인류에게 부여한 신의 족적이다"라며 "철학이 가진 힘은 신의 예지와 완전히 일치하며" 때문에 "신의 진리 즉 성서의 가르침과 모순되지 않는다"(VII, p.793)고 썼다. 또 "철학은 종교에 선행하고 사람을 종교로 이끌며, 따라서 철학을 지탱하는 것은 오직 기독교뿐"(VII,p.807)이라고 주장한다. 신이 부여한 진리는 하나이며 그래서 철학은 비록 인류가 기독교에 도달하기 이전에 이교도가 만들어었지만 제대로 이해되기만 하면 필연적으로 기독교로 인도될 수밖에 없다는 것이다.

우리는 그가 말하는 '철학'에 세속적인 학문 즉 수학, 자연학, 점성술, 연금술과 같은 모든 학문이 포함돼 있는 것에 주목해야 한다. 기독교를 진정 보편적인 것으로 만들고 이교도를 설득하고 개종할 수 있을 만큼 신학을 강력하고 풍요롭게 만들기 위해서는 세속의 학문, 나아가 이교의 학문도 연구하고, 그 성과를 기독교 신학과 기독교 교회를 위해 이용해야 한다는 것이 베이컨의 기본 입장이었다. 유럽인들이 시칠리아나 이베리아 반도에서 발견한 것은 "이슬람교도들, 이 사탄의 자식들은 모든 것이 번영하고 샘이 솟아나고 대지가 꽃으로 덮이는 현실을 위해 모든 노력을 기울인다"는 경악할 만한 사태였다.[2] 내세에서의 구원만을 말하는 독선적인 설교로는 이들을 이길 수가 없었던 것이다.

베이컨의 학문과 과학 사상은 그가 제창한 '경험학(seientia experimentalis)' 혹은 '경험술(ars experimentalis)'[3]에 집약돼 있다. 그 내용은 『대저작』 제6부에서 경험학의 '특권(prerogativa)' 즉 '가치(dignitas)'를 세 가지로 압축한 데 나타나 있다.

경험학이 가지는 첫째 특권은 "모든 학문들이 내놓는 주목할 만한 결론들을 경험을 통해 탐구하는 것"(VI,p.589)이다. 즉 (*일반적인) 원리로부터 개별 현상을 논증하는 지금까지의 학문은 그 원리가 경험에서 귀납된 것이라 하더라도 그것만으로는 불충분하며, 논증의 결과가 다시 경험을 통해 확인되지 않으면 안 된다는 것이다. 베이컨은 경험을 '외적 감각(sensus exterior)'에 의한 것과 신의 은총에 의한 '내적 조명(illuminatio interior)' 두 가지로 나누면서, 후자의 경험은 진리를 직접 드러낸다고 생각했다. 그렇기 때문에 경험(실험)을 통한 확증이 – 그 언어에서 연상되는 것처럼 – 가설의 검증이라는 근대 과학적인 절차를 뜻하는 것은 아니었다. 그러나 "다이아몬드는 산양 이외에는 파괴할 수 없다"는, 플리니우스 이래 천 년 이상 유럽 지식인들에게 이어져 왔던 이야기가 엉터리라는 것을 처음으로 실제 실험으로 폭로한 것이 베이컨이라는 것은 인정하지 않으면 안 된다.(VI,p.584)

둘째 특권은 "다른 학문들이 어떤 방법으로도 줄 수 없는 중요한 진리를 우리에게 줄 수 있다는 것"(VI,p.615)이다. 다시 말하면 "경험을 통해 처음으로 알려지고 증명되는 것"이 존재하며, 이처럼 기존의 학문이 미처 개척하지 못한 분야를 탐색하고, 미처 알아내지 못한 지식을 드러낼 수 있는 데에 경험의 가치가 있다는 것이다. 베이컨이 사례로 드는 학문의 하나가 의학이며 "경험술은 의학의 결함을 보완한다"(VI,p.618)고 했다.

경험학의 셋째 특권은 "다른 어떤 학문과도 연관이 없는 특질에서 비롯되며, 스스로의 힘에 의지해 자연의 여러 비밀을 탐구한다는 것"(VI,p.627)이다. 구체적으로는 '미래, 과거, 현재를 인식'하는 점성술과 '판단력에서 통상의 점성술을 능가하는 놀라운 작업들'이 포함된다. 그것은 지금까지 인간에게 숨겨져 있던-베이컨에 따르면 고대의 현자들은 알고 있었다-자연의 비밀의 힘을 폭로하고 그것을 제어하고 조작하는 기술을 준다. 현대풍으로 말한다면 경험에 근거해 자연의 힘을 기술적으로 이용하는 것을 가리킨다.

여기서 베이컨이 말하는 '경험술'에는 '불로장생의 비밀'이라든가 '비(卑)금속(*질이 낮은 금속)에서 오염물을 제거해 은과 금을 생기게 하는 기술'이라고 했던 연금술, '꺼지지 않은 채 영구히 빛나고 반짝이는 램프' 또는 '국가의 적대자들을 칼이나 무기를 사용하지 않고 격퇴하는 위대한 일' 같은 마술적이며 공상적인 것도 포함돼 있는 게 사실이다.(VI,p.629) 그러나 제1원리와 사물의 본성(정의)으로부터 올바르게 논증한다면 삼라만상을 연역할 수 있다고 본 스콜라철학이 머릿속 생각일 뿐이며, 압도적으로 풍부한 현실의 자연에 비하면 스콜라철학은 너무나 빈약하고 제한적일 수밖에 없다는 것을 정면으로 지적한 점에서 베이컨의 주장은 그때까지의 학문관을 타파하는 것이었다.

〈그림7.2〉 파리 대학의 박사들.

결론적으로 『대저작』은 자연의 비밀을 탐구하고 그 경이를 드러내고 그 힘(*자연의 비밀과 경이)을 기술적으로 응용하는 것이야말로 기독교 사회를 강화하고 이교도보다 우위에 서기 위해 시급히 필요한 방책이며, 채택해야 할 전략이라고 제안한다. 『대저작』 제6부는 다음과 같은 선언으로 끝을 맺는다.

다른 학문들이 아무리 많은 놀랄 만한 일을 이룬다 하더라도 국가에 도움을 주는 것은 대개 이 학문(경험학)과 관계되는 것이다.……실제로 이 학문은 경이로울 만큼 다양한 도구를 만들어내고 그것들의 사용법을 가르친다. 또 모든 비밀스러운 일을 그것들이 국가와 개인에게 유용하다는 이유로 고찰하고, 주인이 머슴에 대해 그러하듯이 다른 모든 학문에 명령을 내린다. 따라서 사변적인 학문은 그 모든 힘을 특히 이 학문에서 얻고 있는 것이다. 또 이 세계에서 신앙을 적대시하는 자들과 대항하기 위해 교회에 유익한 도구를 제공하는 것도 이들 세 개의 학문(경험학의 3대 특권)이다. 신앙에 적대하는 자들을 타파하기 위해서는 무력을 통한 싸움보다는 지혜를 발견해야 한다.……기독교도가 피를 흘리는 것을 방지하고 반(反)기독교 시대에 발생하는 여러 위험에 대처하기 위해, 신앙이 없는 자들과 반역자들에 대항하는 교회는 이상의 방책을 고려해야 한다. 고위 성직자들과 모든 국가의 왕들이 이 연구를 촉진시키고 자연과 기술의 여러 비밀을 탐구한다면, 신의 은총에 따라 신앙 없는 자들에 대항하는 일이 훨씬 쉬워질 것이다.(Ⅵ, p.633)

이교도에게 포위되어 있는 기독교 사회는, 언어에 구애받고 경험에서 배우지 않는 스콜라철학의 공허한 논의를 극복하고, 실천적이고 실용적인 '경험학'으로 매진해야만 한다는 것이 교황 클레멘스 4세에게 아뢴 베이컨의 열렬한 생각이었다. 이처럼 베이컨은 과학의 목표를 자연에 대해 지배력을 획득하는 것, 인류에게 도움이 될 수 있도록 자연을 제대로 파악하는 것으로 설정했다. 이것이야말로 베이컨이 이전의 유럽 사상가들과 결정적으로 다른 점이었다.

베이컨에게 있어 수학과 경험

베이컨이 옥스퍼드 대학에서 공부한 1230년대에는 『분석론후서』를 비롯해 아리스토텔레스의 대다수 저서를 라틴어로 읽을 수 있었고, 파리 대학과 달리 옥스퍼드 대학에서는 아리스토텔레스가 금지되지 않았다. 그래서 베이컨에게 미친 아리스토텔레스의 영향은 매우 크고 직접적이었다. 하지만 베이컨은 자연 인식에서 경험을 중요시했을 뿐 아니라, 수학의 가치를 높이 평가함으로써 아리스토텔레스 철학을 넘어섰다.

자연 인식의 가치와 방법과 관련해 아리스토텔레스가 특히 『분석론후서』에서 전개한 사상은 플라톤의 것과 비교해보면 더욱 분명해진다.

플라톤은 '참된 실재'인 '이데아'의 세계에서만 진정하고 엄밀한 인식이 가능하다고 믿었다. 그래서 플라톤은 이상적(理想的)인 인식을 기하학에서 구했다. 기하학에서는 예컨대 삼각형이나 원의 정의와, 누구도 의심할 수 없다고 생각되는 몇 개의 공리에 근거해 '삼각형의 내각의 합은 두 직각이다' 혹은 '지름을 한 변으로 하는, 원에 내접하는 삼각형은 직각 삼각형이다' 같은 명제가 엄밀히 논증된다. 이때의 삼각형이나 원은 현실에서 종이 위에 그려진-크든 작든 부정확한-개별 삼각형이나 원을 초월한, 이데아로서의 보편적인 삼각형이나 원을 가리킨다. 즉 이들 명제는 현실의 삼각형이나 원을 측정함으로써 얻어지는 것이 아니며, 또한 추론 과정에 잘못이 없는 한 현실의 삼각형이나 원을 측정해 확인할 필요도 없을 만큼 올바른 것이다. 이에 반해 '볼 수 있고 만질 수 있는 세계'에서는 "모든 점에서 모순이 없고 엄밀한 개념을 찾을 수 없다." 즉 인간의 감각으로 파악할 수 있는 세계에서는 진정 엄격하고 객관적인 인식은 있을 수 없으며, 거기 있는 것은 주관적인 '억측'에 지나지 않는다. 불확실한 감각은 되레 진정한 인식을 방해할 위험조차 있다.[4] 이처럼 플라톤은 수학적이며 논증적인 지식과 경험적이며 귀납적인 지식은 진리성이라는 점에서 우열이 나뉠 뿐 아니라, 서로 배반적인(*모순적인) 관계에 놓인다고 보았다.

아리스토텔레스도 『분석론후서』에서 사물에 대한 진정한 인식이란 "하나의 사물을 존재하게끔 하는 원인을 우리가 제대로 알고 그 사물이 다른 원인에 의해서는 존재할 수 없다는 것을 아는 것"이라면서, 그것을 "논증을 통한 사물의 지식"이라 불렀다. 즉 사물에 대한 올바른 지식은 사물이 본성적으로 무엇인가라는 것(정의)에서 시작해 엄밀히 추론함으로써 그들의 속성을 알게 될 때 얻어진다는 것이다.[5]

그러나 아리스토텔레스는 "가장 첫 번째 것[제1원리]을 알기 위해 귀납에 기대야 한다는 것은 분명하다"면서[6] 경험적이고 귀납적인 학문의 필요성과 가치를 인정했다. '논증을 통한 사물의 지식'이 성립하기 위해서는 '추론이 시작되는 제1의 원리'를 알아야만 하지만, '제1의 원리'를 알기 위해서는 감각에 근거하는 귀납이 필요하다는 것이다. 플라톤과 달리 아리스토텔레스는 감각은 인식을 도와주며, 인식에는 결여되어 있는 것이 감각이라고 보았다. 사람에게는 '감각이라는 타고난 분별작용'이 갖춰져 있어 '감각으로부터 기억이 생기고, 반복되는 기억으로부터 경험이 생기는데' 반복되는 경험들 가운데 어떤 하나가 한결같이 발견될 때 지식-사실의 지식-이 생긴다는 것이다. 아리스토텔레스는 "귀납 없이는 보편적인 것을 파악할 수 없고, 또 귀납은 감각 없이는 불가능하다"[7]고 단언한다. 결국 '보편적인 것'은 "이성을 통해 보다 많은 것을 알게 되고" 또 "설명 방식이라는 면에서도 이것이 보다 앞선 것"이지만 '우리가 더 잘 알게 되는 것'은 어디까지나 '감각을 통한 것'이며 "감각을 통해 보다 많은 것을 알게 된다"고 했다.[8] 아리스토텔레스의 자연학에서 지식은 개별적인 것에 대한 감각과 경험으로부터 시작한다. 플라톤이 낮춰 보았던 경험과학에 정당한 권리를 부여했던 것이다.

수학에 대해 아리스토텔레스는 "사실을 아는 것은 감각이 하는 일이지만 근거를 아는 것은 수학적 사고를 통해야 한다"[9]면서 천문학이나 음악에서 수학적 인식이 얼마나 중요한지를 인정했다. 그러나 아리스토텔레스가 수학을 적용한 것은 천상세계뿐이었고 달 아래의 세계에서는-물체가 장소(*위치)적으로 이동한다는 협의의 운동을 제외하면-질적 인식만이 가능하기 때문에 수학적으로 취급할 필요가 없다고 보았다. 감각의 대상을 냉과 온, 건과 습이라는 대립 성질로 정리했기 때문에 이런 성질들로부터는 양적으로 다루는(量化) 논리가 생기지 않기 때문이다. 즉 냉과 온, 건과 습이라는 대립하는 성질은 냉이나 건이 온이나 습한 것의 단순한 부족이나 결여가 아닌 것처럼 양적으로 일원화할 수 없는 것이다. 그렇기 때문에 이들로부터는 온도나 습도 같은 근대적인 정량 개념에 이르는 길이 닫혀 있다. 이 점에서는 아리스토텔레스가 말하는 무거움과 가벼움도 마찬가지이다. 그들로부터는 정량적인 무게 개념이 나올 수가 없다. 원래 아리스토텔레스는 질과 양을 절대적으로 다른 카테고리(범주)로 분류했다. 그래서 달 아래의 세계, 즉 감각적인 대상을 다루는 아리스토텔레스 자연학은 기본적으로 비수학적인, (*양이 아닌) 질의 자연학에 머물렀다.

하지만 베이컨의 자연학은 경험적 방법을 중요하게 대하면서도 동시에 수학의 역할을 강조한다. 그는 지식이란 수학적 추론과 경험적 확증이라는 두 개의 기둥으로 이루어진다고 보았다. 한편으로는 "경험 없이는 어떤 것도 충분히 인식 할 수 없다"(VI,p.583)고 하면서도 다른 한편으로는 "수학을 알지 못하면 이 세계의 어떤 것도 인식할 수 없다"(IV,p.128)고 했다. 그러나 그것은 단순히 두 가지의 지(*지식 체계)가 있다는 말은 아니다. 지가 엄밀하고 완전해지기 위해서는 수학적(논증적) 인식과 경험적(감각적) 인식 둘 모두가 필요하며 양자가 서로 보완해야 한다는 의미이다.

베이컨은 천상세계와 달 아래의 세계라는 아리스토텔레스 자연학이 내세우는 구별을 받아들이면서도 토마스처럼 천상세계가 달 아래의 세계에 미치는 영향을 인정함으로써 지상의 세계를 수학적으로 인식하는 것이 가능하고 또 필요하다고 논증했다. 베이컨은 "천문학에서 밝혀진 것처럼 하늘의 사물은 단지 양을 통해서만 인식된다. 따라서 그 모든 카테고리는 수학이 관계하는 양의 인식에 의존한다"(IV,p.120) "그렇지만 하늘의 사물은 달 아래 세계의 사물에 대한 원인이다. 따라서 하늘의 사물을 알아야만 달 아래 세계의 사물을 알 수 있다. 수학이 없다면 하늘의 사물을 알 수가 없다. 그러므로 달 아래 세계의 사물에 대한 지식은 수학에 의존할 수밖에 없다"는 논법을 통해 베이컨은 "달 아래 세계의 사물은 수학 지식 없이는 인식될 수 없다"(IV,p.129)는 결론을 내린다. 이것은 아리스토텔레스의 자연학을 계승하면서 동시에 그 기반 위에서 수학적 자연학의 가능성과 필연성을 설파하는 것이다. 또 감각적 자연 인식을 하위에 두는 관념적인 플라톤의 협소함은 물론이고 질의 자연학으로 기울었던 아리스토텔레스의 한계를 극복한 것이었다. 『대저작』 제4부는 수학을 모든 학문의 기초로서 찬미하고 있다. 다음 문장을 읽어보자.

수학을 통해 우리는 오류 없는 완전한 진리에, 또 의혹 없이 만물에 대한 확실한 지식에 도달할 수 있다. 왜냐하면 수학은 자신의 고유한 필연적인 원인을 통해 논증하며, 논증은 진리를 인식시키기 때문이다.……필연적인 원인에 의한 매우 강력한 논증은 수학에서만 존재한다. 수학을 통해서만 사람은 그 학문의 힘으로 진리에 도달할 수 있다.……만약 다른 학문들도 의심 없는 확실성과 오류 없는 진리에 도달하고자 한다면 우리는 인식의 기초를 수학에 두지 않으면 안 되는 것이다.……수학만이 확실한 동시에 검증된 것이며, 또 확실성과 검증의 정도에서 최고점에 있다. 그래서 다른 학문들도 수학을 통해 인식하고 수학을 통해 검증되지 않으면 안 된다.(IV,p.123)

베이컨에게 수학과 경험의 관계는 특이하다. 그는 한편으로는 확실한 인식의 근거를 수학적 논증에서 찾으면서도, 다른 한편으로 우리가 수학의 진리성을 확인할 수 있는 것은 감각이라고 본다. 즉 "수학은 도형을 그리거나 수를 헤아리는 것 등을 통해 모든 것을 감각적으로 예시하거나 감각적으로 검증하기 때문에 모든 것이 감각에 대해 분명하다. 그래서 수학에서 의혹이란 존재할 수 없다"(IV,p.124)는 논리이다. 수학적 논증으로 얻어지는 결론을 우리가 확신을 가지고 받아들이는 경우는 감각적 경험에 의해 그 논증이 직접적으로 확증될 때뿐인 것이다.

지식을 얻는 방법에는 두 가지가 있다. 즉 논증(argumentum)과 경험(experientia)이다. 논증은 결론으로 이끌고 우리가 그 결론을 받아들이도록 한다. 하지만 그 결론이 경험을 통해 보증되지 않는다면 확증(certificatio)이 될 수 없으며, 혼이 진리의 직관(intuitus)에까지 도달하지 못한다.⋯⋯이것은 매우 강력한 증명(demonstratio)이 존재하는 수학에서조차 분명한 사실이다. 실제 이등변 삼각형에 대해서 매우 강력한 증명을 가지고 있는 사람의 혼도 경험을 수반하지 않으면 그 결론을 고집할 수는 없을 것이다.⋯⋯아리스토텔레스가 증명이란 우리로 하여금 어떤 것을 알도록 하는 추론이라고 말한 것은 '만약 그것에 걸맞는 경험이 함께 따라 붙는다면' 이라는 조건을 달아 이해해야 한다.(Ⅵ,p.583)

수학적 추론 없이 인식의 확실성을 얻을 수는 없지만 우리는 그것을 경험으로 확인함으로써 안심하고 받아들일 수 있다. 이는 실증과학인 동시에 수리과학인 근대 물리학의 사상을 선구적으로 표현한 것이라고 보아도 된다.

로버트 그로스테스테

개별적이며 구체적인 자연학 연구로 눈을 돌려보면, 그때까지 아무도 특별히 관심을 두지 않았지만, 베이컨은 '자기작용의 공간적 전파'라는 아주 중요한 개념을 제창했다. 그는 로버트 그로스테스테의 광학 이론을 받아들여 그것을 개량, 발전시킴으로써 '자기작용의 공간적 전파'라는 표상을 얻었다. 사실 경험적이며 수학적인 자연과학이라는 관념을 베이컨보다 앞서 제창하고 베이컨에게 커다란 영향을 미친 인물이 바로 그로스테스테였다.

그로스테스테는 1214년에 옥스퍼드 대학의 초대 학장을 맡았고 옥스퍼드에 있는 프란체스코회 수도사 학교에서 신학을 가르쳤다. 그 후

1235년부터 18년간 당시 영국 최고의 관구(管區)였던 링컨(Lincoln)의 대사제를 지냈다. 그로스테스테라는 이름은 '머리가 큰 사람'이라는 데서 유래한 듯하며, 말 그대로 그는 당시 영국의 걸출한 지식인이었다. 베이컨은 『대저작』에서, 과학책을 번역하기 위해서는 양쪽 언어뿐 아니라 과학의 내용에도 정통해야 하는데 번역에 종사하는 이들 가운데 "그로스테스테라고 불리는 로버트 선생만이 과학을 알고 있었다"고 기록하고 있다.(Ⅲ,p.76) 그로스테스테는 아리스토텔레스의 『니코마코스 윤리학Ethica Nicomachea』을 라틴어로 옮겼을 뿐 아니라, 아리스토텔레스의 『자연학』과 『분석론후서』의 주석서도 저술했다. 특히 중요한 것은 『분석론후서』에서 인식을 두 가지로 구별한 것을 받아들여, 자연의 탐구는 경험을 통한 사실에서 시작해 지식의 근거를 향해 탐구해 나가야 한다고 주장하면서 감각을 통한 경험적 인식의 가치를 정당하게 평가한 점이다. 하지만 그의 과학사상이 주목할 만한 가치가 있는 것은 경험적 인식이 갖는 의의를 강조했을 뿐만 아니라, 자연을 인식하는 데 수학, 특히 기하학이 갖는 역할을 높이 평가했다는 데 있다. 그가 기하학을 중요시하게 된 것은 그의 빛 이론-빛의 형이상학-에서 유래한다.

그로스테스테의 독창적인 빛 이론은 옥스퍼드 시대에 씌어졌다고 추측되는 『물체의 운동과 빛에 대하여De Motu Corporali et Lude』 및 『빛에 대하여De Luce』에서 전개되고 있다. 『빛에 대하여』의 첫머리에는 "때때로 '물체성(corporeitas)'이라고도 불리는 물체적인 제1형상은, '빛(lux)'이라고 나는 생각한다. 왜냐하면 '빛'은 불투명한 물체의 방해를 받지 않는 한 '빛'의 점이 순간적으로 임의의 크기의 '빛'의 구면을 만들어냄으로써, 본질상 모든 방향으로 확장하기 때문이다"라고 기술되어 있다. 즉 "'빛'은 본질상 자기 자신을 어느 쪽이든 무한대로

증식시켜서, 순간적으로 모든 방향을 향해 균질하게 확장하는 작용을 가지고 있다"는 것이다.[10]

여기서 '빛(lux)'을 강조한 것은, 그로스테스테가 말하는 'lux'는 물리적이면서 감각적으로 지각할 수 있는 빛이 아니라 모든 물체에 앞서 존재하는 어떤 종류의 형이상학적 존재이기 때문이다. 요컨대 한순간에 3차원적으로 확장할 수 있는 '빛'이야말로 크기가 없는 원초적인 질료(제1질료)로서, 물질에 3차원적인 크기를 부여한다. 이것은 가능태로서의 원초적인 물체가 현실태로서의 물리적 물체로 변화한다는 아리스토텔레스의 인과성의 도식을 따르는 주장이지만, 변화의 '작용인'으로서 '빛'을 거론했다는 것이 그로스테스테의 특이한 점이다. 이처럼 그는 '빛'이 만물을 물체로서 현실화시키는 원질(原質)이자 '물체성 그 자체' 즉 '물체적인 제1형상(forma prima corporalis)'이라고 보았다. 『물체의 운동과 빛에 대하여』에서 "물체적인 제1형상이 물체적인 제1동인(動因)이다" 그리고 "물체의 운동은 '빛'이 증식해서 전파하는 힘이다"라고 한 것처럼, '빛'을 물체의 운동을 일으키는 원인으로 규정했다.[11] 이처럼 그로스테스테에게 '빛'은 특별한 존재이며 형이상학과 자연학의 중심적 요소였다.

『빛에 대하여』의 후반에서 그로스테스테는 – '빛'에 의한 빅뱅이라고 할 수 있는 – 특이한 우주 개벽설을 주장한다. 처음에 '빛'이 최대한 퍼짐으로써 하늘, 즉 천구가 만들어진다. '빛'은 순간적으로 무한대로 확장하지만 원래의 질료가 크기를 갖지 않는 무한소의 점이기 때문에 그것이 무한대로 커져서 만들어진 하늘은 유한한 항성의 천구가 될 수밖에 없고, 그것이 물체적 우주의 외연을 형성한다는 것이다. 하늘이 만들어진 다음에는 하늘을 통해 반사된 '빛(lumen)'이 천구 안의 모든 방향을 향해 확장과 농축됨으로써 행성과 태양, 달의 구면, 지구 등이 차례로 형성된다. 이것은 아리스토텔레스가 제시한 계층적 우주의 창세기와 같다. 물론 그로스테스테의 논의는 「창세기」 첫머리에 "신은 '빛이 있어라'라고 말했다"는 구절에서 전해지는 빛의 특수한 역할을 근거로 했을 것이다. 그러나 천지 창조가 신의 의지나 계획에 의한 것이 아니라 자연 법칙에 따른 자연세계의 자기 전개라는 점에서 그의 주장은 눈길을 끈다. 앞장에서 말한 것처럼 아리스토텔레스주의가 이 시대의 유럽에 사상적 전환의 초점이 됐다는 건 바로 여기에 있다.

그로스테스테는 옥스퍼드 시대 말기에 씌어졌다고 추정되는 『선, 각, 도형에 대하여 De lineis, Angulis et Figuris』에서 '빛'의 형이상학에 근거해, 자연의 모든 작용에서 전파가 갖는 역할을 고찰했다. 이 책에서 그는 자연계의 모든 작용은 '빛'이 확장한 결과이며, '빛'의 전파 양식에 따라 자연계의 작용이 '형상의 증식' 또는 '역능(力能)의 증식'으로 이뤄진다고 주장했다.

자연의 작용자는 감각에 대해 작용하거나 물체에 대해 작용할 때, 자기 자신으로부터 받는 쪽으로 역능을 증식시키는 방식을 통해 작용한다. 이 역능은 때로는 형상, 때로는 유사성이라 불리지만 호칭이 어떻게 되는 상관이 없다.……그것은 한 가지 방식으로만 작용하지만, 받는 쪽의 다양성에 따라 효과가 다채로워진다. 왜냐하면 이 역능이 감각에 포착된다면 그것은 정신적이거나 고귀한 효과를 산출하지만 물질에 다다른다면 물질마다 다른 효과를 만들어내기 때문이다.[12]

위의 글에 이어 "구는 역능의 증식을 필요로 한다. 왜냐하면 모든 작용은 그 역능을 구면상(球面狀)으로 증식시키기 때문이다. 실제로 작용은 상하, 좌우, 전후 등 모든 방향, 모든 지름을 따라 증식된다"[13]라고 쓰고 있다. 이 문장을 훨씬 후에 근대 물리학에서 증명하게 되는 발산성(發散性) 장(場)에 대한 가우스의 정리를 예언한 것이라고 한다면 지나친 비약일 것이다. 그러나 그로스테스테가 작용의 구면상의 전파, 즉 '역능의 증식' 또는 '형상의 증식' 을 언급한 직후, 로저 베이컨이 이를 자기(磁氣)작용이 공간적으로 전파되는 것의 모델로 계승함으로써 우리의 논의에 아주 중요한 위치를 차지하게 된다.

레우키포스, 데모크리토스 등의 고대 원자론은 "우리가 사물을 보게 되는 원인은 시각의 대상으로부터 그와 유사한 형태의 그림자 상(寫影像)이 끊임없이 흘러나와 이것이 시각에 날아 들어오기 때문"으로 여겼다.[14] 위에서 '형상' 이라 번역된 'species' 도 동사 'specere(보다)' 에서 유래했다. 고대 원자론자들이 말하는, 시각의 대상으로부터 흘러나오는 '그림자 상' 과 비슷한 것을 가리키는 듯하다. 'species' 는 본래는 '외견, 형태, 양상' 을 가리키는데, 달리 말하면 '모습(姿), 환상, 환영, 상(像), 관념, 개념, 이상(理想), 종(種)' 등을 의미한다. '종' 이라는 것은, '류(類, genus)' 와 대비되는, 분류에 관계되는 중요한 말이다. 거기에 포함되는 물질을 다른 것과 구별하는 공통성 또는 유사성이라는 의미로 '모습(姿)' 이나 '상(像)' 과 함께 사물을 다른 것과 구별해서 지각할 때의 인자를 가리킨다. 한편 '관념, 이상' 은 플라톤의 '이데아' 나 아리스토텔레스의 '형상(에이도스)' 과 통하는 말이다. 그러나 위의 인용에도 나오듯이 그로스테스테의 'species' 는 '역능(virtus)' 이며 때로는 '유사성(similitudo)' 라고도 불린다. 나아가서는 "〔표면이〕 거친 물체에 반사되었을 때는 'species' 가 흩어지기 때문에 작용은 약해진다"[15]와 같이 사용되는 걸 보면 아리스토텔레스의 '형상' 보다 훨씬 물리적이며 능산(能産)적인 개념, 즉 작용자가 다른 것에 작용하는 작용 그 자체, 또는 물체의 확장과 작용의 전파의 원질을 의미한다.

이야기를 다시 앞으로 돌리면 모든 물리적 작용의 전파를, 이처럼

'빛'이 모든 방향에 동일하게, 3차원적으로 퍼져나가는 것을 모델로 삼아 고찰했다. 그 원리와 관련해 그로스테스테는 『선, 각, 도형에 대하여』에서 "자연은 가능한 가장 단순한 방법으로 작용한다"라는 명제에서 시작해 작용의 전파 양식에 대해 세 가지 법칙을 끌어냈다. 첫째 균질한 매질 속에서는 작용이 직선적으로 전파한다는 것, 둘째 불투명한 매질에 들어갔을 때 작용은 입사각과 반사각이 같도록 반사된다는 것, 셋째 투명한 매질로 들어갔을 때 제2의 매질이 보다 조밀하면 안쪽으로 굴절하고 성기면 바깥쪽으로 굴절한다는 것이다. 이 세 법칙-기하광학의 기본법칙-에 근거해 무지개란 태양 빛이 물방울에 의해 굴절됨으로써 생긴다는 것을 처음으로 지적함으로써 그 후 무지개 이론이 발전하는 단서를 제공했다. 하지만 광학 고유의 현상에 국한하지 않고 모든 물리현상, 자연현상을 '빛'을 통해 규정하려 했다는 데 그로스테스테의 '빛'의 형이상학이 갖는 특이성이 있다. 물론 이 경우에도 모든 작용의 전파 양식이 기하학적 성질을 띠기 때문에, 필연적으로 그의 자연학에서 기하학적 개념이 중요할 수밖에 없었다.

『선, 각, 도형에 대하여』의 첫머리에는 기하학적 개념의 중요성이 다음과 같이 서술되어 있다.

선이나 각이나 도형을 고찰하는 것은 아주 유용하다. 이들을 이용하지 않고 철학을 이해하는 것은 불가능하기 때문이다. 이들은 우주 전체에 대해서도, 우주 각각의 부분들에 대해서도 유용하다. 또 직선 운동이나 원 운동과 관련된 성질을 이해하는 데도 유용하다.……자연현상의 모든 원인은 선이나 각, 도형을 통해 표현되어야 한다. 그렇지 않으면 그 근거를 이해할 수 없기 때문이다.[16]

이 구절은 "철학은 우리의 눈앞에 끊임없이 펼쳐진 거대한 책, 즉 우주

속에 씌어져 있다.⋯⋯그 책은 수학의 언어로 씌어졌고 그 문자는 삼각형, 원, 그 밖의 기하학적 도형이며, 이들 수단이 없으면 인간의 힘으로는 우주의 언어를 이해할 수 없다"[17]고 한 400년 후의 갈릴레이를 확실히 앞서고 있다.

그로스테스테의 형이상학적인 '형상의 증식' 이론을 환골탈태해 보다 자연학적인 것으로 개조한 이가 로저 베이컨이었다. 그는 이 모델을 바탕으로 작용의 근접 전파 이론을 완성했다.

베이컨에 있어서 '형상의 증식'

베이컨은 물리적인 작용은 물론 영적인 작용을 포함해 모든 작용이 '형상의 증식'을 통해 전파한다고 보았다.

모든 작용자는 그것이 작용하는 질료 속에서 만들어내는 자체의 역능(virtus)을 통해 작용한다. 예컨대 태양의 빛(lux)은 공기 중에 역능을 만드는데 그것은 태양 빛에서 나와 전 세계로 퍼지는 빛(lumen)이다. 이 역능은 유사성, 상(像), 형상(形象) 및 그 외 많은 명칭으로 불린다. 이것은 또 실체를 통해서도 우연을 통해서도 만들어지며, 영혼적인 것을 통해서도 물체적인 것을 통해서도 만들어진다.(IV, p.130)

사용된 어휘를 포함해 그로스테스테의 영향을 숨길 수가 없다. 이 이론은 비슷한 시기에 씌어진 베이컨의 『형상 증식론 De Multiplicatione Specierum』에 독립적이면서도 더욱 상세히 전개되고 있다.[18] "형상이란 자연에 미치는 작용자의 첫 번째 효과"이며 "이 말의 뜻을 하나의 예로 설명하면 대기 중의 태양의 빛(lumen)은 태양이라는 물체 안에 있는 태양 빛(lux)의 형상이라고 할 수 있다.……〔대기 중의〕 빛은 태양 빛에서 생성되어 증식한 것이며, 공기나 그 밖의 희박한 물체 속에서 만들어지는 것이다. 여기서 공기나 그 밖의 희박한 물체는 매질(medium)이라 불린다. 왜냐하면 형상은 그것들을 매개로 해서 증식하기 때문이다"(I-1,27)라는 것이다. 베이컨이 그로스테스테의 계승자라는 건 분명하지만 몇 가지 기본적인 점에서는 차이가 있다.

첫째 베이컨도 '형상의 증식'을 빛의 전파로 논하고 있으나 그의 빛은 몇 가지 작용들의 한 예에 지나지 않는다. 그로스테스테의 '빛'과 같은 모든 작용의 원질로서 특별한 위치를 차지하지는 않는다. 베이컨은 모든 작용을 같은 수준에서 보고 있으며 이 작용들을 담당하는 보다 높은 수준에서의 원질(原質)을 고려하지 않았다. 베이컨은 '형상의 증식'이라는 전파의 역동성이 모든 작용에 관통하는 형식이라고 보았다.

위의 인용 중에 '첫 번째 효과'라는 말이 나오는데 이것은 "형상은 작용자의 첫 번째 효과이다"(I-1,74)처럼 『형상증식론』에서 반복해서 등장한다. 이것은 베이컨이 작용의 전파를 근접작용으로 파악하고 있다는 것을 의미한다. 이 점이 베이컨과 그로스테스테가 두 번째로 결정적으로 다른 점이며 형이상학으로부터 자연학으로 전화되는 지점이다. 더 자세히 얘기하면 다음과 같다.

작용자로서의 능동적 실체는 중간에 개재하는 것이 없이 받아들이는 것의 실체에 직접 접촉함으로써 능동적인 역능이나 능력에 따라 직접 접하고 있는 것의 최초의 부분을 변화시킬 수 있다. 이렇게 해서 작용은 그 부분의 내부로 흘러들어간다.(I-3, 151-153)

즉 "작용에는 근접성이 필요조건으로 요구된다"(I-4,122)는 것이며, 그 때문에 작용자는 직접 접하고 있는 것 외에는 작용할 수 없다. 따라서 작용자와 작용을 받는 것이 공간적으로 떨어져 있을 경우 그 둘을 채우는 매질이 필요하고 원래의 작용자는 매질의 최초의 부분-작용자에게 접하고 있는 부분-에 대해서만 형상을 산출한다. 베이컨이 말하는 '첫 번째 효과'는 이를 가리킨다. 이 형상 즉 '첫 번째 효과'는 다시 그것과 접하는 매질에 대해 그 형상인 '두 번째의 효과'를 끌어낸다. "변화됨으로써 형상을 현실태로 가지는 첫 번째 부분은 두 번째 부분을 변화시키고 다시 두 번째 부분은 세 번째 부분을 변화시키는 식으로 계속 되는 것"(II-1,11)이다. 이와 같이 형상이 매질 속을 연쇄 반응하듯이 증식하고 그 결과 작용이 전파해가는 것이다. 처음에 들고 있는 예에서는, 광원으로서의 태양 빛(lux)이 매질인 대기 속에서 그 형상인 빛(luem)을 만들고 그것이 다시 대기 속을 전파한다고 여겼다(당시는 태양에서 지구에 이르기까지의 전 우주, 즉 항성천의 내부 선체에 걸쳐 공기가 존재한다고 보았다). 이것이 『대저작』에서는 보다 명료하게 설명돼 있다.

공기의 최초의 부분에서 [작용자를 통해] 만들어진 형상은…… 다시 자신과 유사한 것을 공기의 두 번째 부분에 만들어낸다. 그 다음도 마찬가지다. 따라서 그것은 장소적인 운동(*이동)이 아니라 매질의 다른 부분들을 통해 증식하면서 전파되는 것이다.(V,p.489)

빛으로 말하면, 입자설이 아닌 파동설을 주장한 것에 해당한다.
그 결과 빛을 포함한 모든 작용의 전파에는 유한한 시간이 필요하다는 결론이 나온다. 즉 "저자가 성인(聖人)이든 아니든 '빛은 순간적으로 증식된다'고 말한다면 그것은 '감각적으로 알 수는 없지만 분할이 가능한 순간'이라고 이해되어야지, 선의 한 점과 같이 분할이 불가능한 순간으로 이해해서는 안 된다"(V,p.491)는 것이다. 다시 말해 "빛은 시간을 따라 증식하며 가시적인 사물의 형상이나 시각 기관의 형상도 그와 마찬가지"(V,p.489)라고 했다. 그로스테스테는 '빛'이 순간적으로 구면상으로 펼쳐지기 때문에 '빛'을 원질로 하는 형상의 증식은 매질 없이 일어난다고 보았다. 반면 베이컨은 빛을 포함해 모든 작용은 전파하려면 매질이 필요하며 따라서 전파 속도는 유한할 수밖에 없다고 처음으로 주장했다.

베이컨은 또 작용의 전파, 즉 형상이 증식하는 양식에 대해 다음과 같은 모델을 제시했다.

비생명적인 매질 속에서 작용의 전파 양식은 '광선(radius)'의 경우처럼 세 가지가 있다. 균질한 매질 속에서 직진하는 경우, 밀도가 다른 매질의 경계면에서 굴절하는 경우, 불투명한 매질의 표면에서 반사하는 경우이다. 이들 작용의 전파 경로는 직선과 직선의 굴절로 표현된다. 이 밖에 영혼의 힘을 통해 생명이 부여된 매질 속에서의 작용의 전파가 있는데 이것은 휘어지는 경로를 밟는다. 이들 네 종류의 전파는 작용자로부터 직접 전파의 원천이 나오기 때문에 '기본적 증식(mulitipoicatio principalis)'이라 하고, 그 전파 경로는 모두 '선(linea)'으로 나타난다. 이 밖에 아래와 같은 '부대적 증식(mutipricatio accidentalis)'이 있다.

형상이 전파하는 다섯 번째의 선(線)은 지금까지 말한 것들과는 다르다. 왜냐하면 이것은 작용자(그 자신)로부터 나오는 것이 아니라 위에서 말한 네 가지의 선으로부터 나오기 때문이다. 즉 형상을 직접 만드는 물체로부터가 아니라 형상으로부터 형성되는 것이기 때문이다. 따라서 이 선을 따라서 전파되는 형상은 형상의 형상(species speciei)이다. 마치 집 내부의 한 모퉁이가 〔태양에서 직접 나오는 빛으로 비추어지는 것이 아니라) 창을 통해 들어온 태양 광선으로 비추어지는 것과 같다. 태양 광선은 태양으로부터 직접적인 경로를 통해, 혹은 반사나 굴절된 경로를 통해 들어오기 때문에 기본적 증식이다. 그러나 집의 다른 부분을 비추는 빛은 이(1차) 광선으로부터 나온 것으로 부대적 증식에 해당한다.(II-2,116-123)

광선의 각 점으로부터 2차적인 작용의 증식이 생기는데, 이것을 부대적 증식이라 부른 것이다. 이를 통해 그림자 부분에 빛이 어느 정도 돌아서 생기는 회절(回折)을 설명하고 있다. 이 놀랄 만한 논의는 전파의 메커니즘에서 훗날 호이헨스의 원리(Huygens' principle)라 불리는 것을 예측한 것 같은 느낌이 든다. 물론 뒷날의 관점으로 과거 논의에 과도하게 의미 부여를 하는 것은 과학사에서 삼가야 할 태도이며 따라서 베이컨의 '형상 증식론'을 근대 물리학에서 말하는 장(場)이론의 선구라고 하면 분명 지나친 말이 될 것이다. 베이컨이 말한 '형상의 증식'은 근접작용을 가리키긴 해도 아리스토텔레스의 인과성의 도식에 따른 것이며, 호이헨스(Christiaan Huygens)의 기계론적인 관점과는 분명히 다르다. 어쨌든 베이컨이 그로스테스테의 형상 증식론에서 형이상학적인 함의를 걷어내고 그것을 보다 물리학적인 이론으로 다시 고쳐 쓴 것만은 분명하다.

근접작용으로서의 자력의 전파

로버 베이컨은 수학과-때로는 '실험'으로도 번역되는-경험을 중시한, 근대 자연과학의 선구자로 자주 언급된다. 그러나 베이컨이 자연을 보는 도식이나 자연현상을 해석하는 논리는 실제로는 온전히 아리스토텔레스적이었다고 할 수 있다.

1267년의 『대저작』에서 베이컨은 자석에 대해 다음과 같이 관찰하고 해설을 달았다.

철은 자신과 접촉하고 있는 자석 부분을 쫓아가고, 접촉하지 않은 자석의 다른 부분으로부터는 달아난다. 또 철은 접촉하고 있는 자석 부분이 향하는 하늘의 영역을 향해 스스로 회전한다. 세계의 네 영역, 즉 동서남북이 분명히 자석 안에서 구별된다. 따라서 〔자침이〕 하늘의 어떤 영역을 향해 회전하는지를 확실히 알 수 있는 실험을 통해 하늘의 방향을 식별할 수 있다. 만약 철이 자석의 북쪽 부분과 접촉했다면 그 철은 상하든 좌우든 어떤 방향을 향해 얼마만큼 회전하든 〔자석과 접촉했던〕 부분을 쫓아간다. 자석이 철을 끌어당기는 것은 물을 넣은 용기에 철이 떠오르거나, 그 아래 〔자석을 쥔〕 손을 놓아두면 〔자석에 접촉된〕 철이 자석을 향해 물 속에 가라앉는 것을 통해 알 수 있다. 또 자석을 철 윗부분의 어딘가로 가져가면 〔자석과〕 접촉한 철 부분은 자석을 향해 날아간다. 만약 자석의 다른 끝 부분이 철의 그 부분에 놓여지면 철은 마치 적에게서 도망가듯, 새끼 양이 늑대로부터 도망가듯, 떨어져 나간다. 또 자석을 제거하면 자석과 접촉한 철은 자석의 그 부분과 비슷한 하늘 방향을 향한다. 보통의 철학자들은 〔철의〕 이런 성격에 대해 이미 잘 알려진 경험을 모른 채 선원의 별〔북극성〕이 그것을 당긴다고 믿고 있다. 그러나 효과를 미치는 것은 그 별이 아니라 하늘의 영역이며 하늘의 다른 세 부분 즉 남, 동, 서도 북쪽과 같이 작용한다. 이들 철학자들은 세계의 네 방향이 자석 안에서 구별될 수 있다는 점에도 주의하지 않는다. 많은 사람들은 북극성과 일치하는 한 부분에만 〔관측된 효과를〕 돌리고 있다.[19]

자석은 하나의 소우주로서 그 안에 동서남북이 있고, 자화된 철은 자석의 동서남북 중 어떤 부분과 접촉했느냐에 따라 향하는 방향이 정해진다는 것이 베이컨의 주장이다. 다음 장에서 보는 것처럼 이 견해는 페레그리누스에게 전해졌지만 실험과 관찰을 중시한 페레그리누스는 동서남북이 동등하지 않다는 것을 발견하고, 남북 방향의 극만을 중시했다.

그런데 자석이나 자화된 철의 지북성이 북극성에 의한 것이 아니라고 본 마지막 부분에 대해 마치 베이컨이 자기편각(磁氣偏角, *지구상에서 자침이 정확하게 북쪽을 향하지 않고 동서로 미세하게 흔들리는 현상)을 알고 있었던 것으로 해석하는 사람도 있으나[20] 그것은 아무래도 억지 해석인 것 같다. 자침이나 자화된 철을 끌어당기는 힘은 북극성으로부터 오는 것이 아니라 동서남북이라는 '하늘의 장소'에서 발원한다는 것이 베이컨이 강조하고 싶었던 것이고, 바로 이것이 아리스토텔레스주의자로서의 그의 면모를 생생히 보여주는 사례라고 할 수 있다.

아리스토텔레스는 무거운 물체가 낙하하는 것은 물체로서의 지구를 향해서가 아니라, 장소로서 우주의 중심을 향하기 때문이라고 보았다. 현실적으로는 지구의 중심과 우주의 중심이 일치하기 때문에 별다른 차이가 없으나 "만약 지금 달이 있는 위치에 지구를 갖다 놓는다면 물체는 달의 위치로 옮겨진 지구를 향해 떨어지는 것이 아니라 현재 지구가 있는 곳으로 움직일 것이다"라고 아리스토텔레스는 주장했다.[21] 14세기에 뷔리당은 "어떤 사람들은 장소를, 마치 자석이 철을 끌어당기듯이, 무거운 물체를 견인하는 원인이라고 말한다"[22]라고 했다. 이처럼 아리스토텔레스주의자들은 "장소가 어떤 작용을 행한다"고 믿었다.[23] 베이컨이 자석이 힘을 받아들이는 것은 하늘의 물체로서의 북극성이 아니라, 하늘의 장소로서의 동서남북이라고 생각한 근거는 여기에 있다.

베이컨은 또 작용의 결과 생기는 물질의 변화도 '가능태로부터 현실태로의 전환'이라는 아리스토텔레스의 인과성의 도식으로 파악했다.

베이컨의 『형상 증식론』은 "작용을 받아들이는 것은 작용을 받기 이전에는 작용자와 비슷하지 않지만, 작용을 받으면 작용자와 비슷한 물질로 된다"고 쓰고 있다. 그 이유는 "작용자가 만들어내는 역능 또는 형상은 자연본성상, 그 정의상, 그 고유의 본질상, 그리고 그 작용상 작용자와 유사해지기 때문"이라는 것이다.(I-1, 86, 92) 형상이 '유사성'이라고도 불리는 이유는 그런 까닭이다. 그러나 이때 형상은 작용자로부터 그것을 받는 쪽으로 일방적으로 주어지는 것은 아니라고 보았다. 받는 쪽에서 형상이 만들어지는 것은 작용을 받아들이는 쪽에 미리 가능적, 잠재적으로 있던 것이 작용자의 작용 결과, 현실화·현재화(顯在化)되는 것이라고 보았다. 『형상증식론』은 다음과 같이 기록하고 있다.

작용자는 받아들이는 쪽에 형상을 보낸다. 그래서 최초로 만들어진 형상에 의해 작용자는 (받아들이는 쪽의) 질료의 가능태로부터 작용자가 목표로 삼는 완전한 효과를 얻어낼 수 있다.……작용자는 받아들이는 쪽을 자기와 유사한 것으로 만들려고 노력한다. 하지만 이 경우 아리스토텔레스가 『생성소멸론』에서 말했듯이 받아들이는 자는 작용자가 현실태로서 가지고 있는 것을 가능태로서 가지고 있어야 한다.(I-1, 77-87)

빛의 전파에 관해서는 『대저작』에서도, 광원에서 나오는 빛의 형상인 공기 중의 빛은 "빛나는 물체로부터 나오는 것에 의해서가 아니라, 공기의 질료의 가능태로부터 만들어진다"(V, p.490)고 기록하고 있다. 그런 의미에서 이 전파 양식은 호이헨스가 말한 것과는 근본적으로 다르다. 호이헨스는 에테르라는 매질이 진동을 일으킴으로써 전파가 일어난다는 기계론적 입장이었다. 베이컨의 경우에는 작용자가 무엇이든, 받아들이는 쪽의 질료에 가능태로 미리 존재하지 않으면, 형상이 받아들이는 쪽에 주어질 수 없다고 보았다. 예를 들어 불은 물체에 그 형상을 부여해 물체를 태우려 하지만 모든 물체가 다 타는 것은 아니다. 그 물체가 가능태로서 불의 본질을 가지고 있어야-가연성 물체-현실태로서의 불이 되고, 불의 형상을 받아들여 타는 것이라고 생각했다. 그렇지 않은 물체-불연성 물체-에 대해서는 불의 형상은 주어지지 않는다.

베이컨은 이 같은 다이너미즘(dinamism)의 예로서 색유리와 함께 자석을 들고 있다. 색유리를 통과한 태양 빛이 물체에 그 유리의 색을 부여하는 것에 대해 "그 색은 현실의 것이라기보다는 오히려 겉보기의 것이며, 그것은 단지 [색유리의] 형상이다. 따라서 물체, 특히 혼합물체의 가능태로부터 만들어질 수 있다"라고 주장하면서 다음과 같이 논했다.

> 색유리의 형상은 불투명한 혼합물체 위에서 만들어지기에 앞서 공기 중에서 만들어진다. 그러나 그 형상은 공기 중에서는 공기라는 물체의 단순성 때문에 매우 미약하다. 그것이 색채에 보다 어울리는 혼합물체에 도달했을 때는 공기 중에 존재하는 형상은 혼합물체의 가능태로부터 보다 강력한 형상을 불러낼 수 있다. 그것은 자석의 힘이 공기를 사이에 두고 철로 전해지지만 [그것을 받아들이는 데] 철이 더 적합하기 때문에 자석의 힘이 공기에서보다 철에 더 강하게 미치는 것과 같다.(I-3, 187-191)

베이컨이 말하는 형상의 증식은 이미 본 것처럼 근접작용이며, 따라서 빛도 자력도 공기 중에서는 공기를 매질로 삼아 전파한다. 자력이 공기를 매질로 삼아 전해진다는 것은 당시 다른 곳에서도 알려져 있었던 것 같다. 1250년 무렵 시칠리아의 구이도 델라 콜로네는 "학식 있는 이들은 만약 중간에 공기가 없다면 자석은 철을 끌어당길 수 없을 것이라고 말한다"[24]라고 밝히고 있다. 하지만 베이컨은 그렇게 말했을 뿐 아니라 아리스토텔레스의 도식을 이용해 그것을 설명했던 것이다. 이때 매질로서의 공기 자체는 가능태적으로 자성을 가지지 않기 때문에 자화되는 일도 자석에 끌어당겨지는 일도 없다. 그것은 색유리를 통과한 빛이 그 빛을 받은 물체에 색을 물들게 하지만 공기에는 아무런 영향을 미치지 않는 것과 같다. 그래서 "자석의 힘은 인접하는 공기에 대해서보다 더 멀리 있는 철에 더 강력한 힘을 미치지만 그렇더라도 철에 도달하기까지는 공기 속을 통과해야 한다"(IV-1,71)는 것이다. 다시 말해 자석에서 나오는 자기력은 공기를 매질로 철에 전파되고 이로 인해 철이 가능태적으로 가지고 있던 자성이 현실화된다. 이렇게 자석은 철을 동화-자화-시켜, 자석 쪽으로 끌어당기는 것이다.

근접작용론자인 아리스토텔레스는 원격작용으로 보였던 자력을 자신의 자연학에 수미일관하게 수렴할 수가 없었다. 그러나 베이컨의 형상 증식론은 아리스토텔레스적 논리의 테두리 안에서 아리스토텔레스의 한계를 극복했다고 할 수 있다. 즉 그는 원격적이고 마술적으로 보이는 자력을 원자론이나 유체론에 의거한 환원주의적 입장이 아니라 근접작용으로서 파악하고자 처음으로 시도했던 것이다. 14세기 초에 옥스퍼드의 신학자 윌리엄 크래손(William Crathorn)은 "자석이 중간에 개재하는 공기에 부여하는 형상은 자석에 주어지는 형상만큼 완전하지는 않지만, 자석은 〔멀리 떨어진〕 철에 작용하기 전에 매질〔로서의 공기〕에 작용한다"[25]라면서 자력이 공기를 매개로 삼는 근접작용이라고 주장했다. 여기서도 베이컨의 영향을 확인할 수 있다.

※ ※ ※

베이컨은 자력이 빛처럼 공기를 매질로 삼아 (*분할할 수 없을 정도로 순간적인 시간이 아니라) 유한한 시간 동안 전파한다는 근접작용론을 제기했다. 그는 이것을 가능태와 현실태라는 틀을 사용했던 아리스토텔레스의 인과성의 도식으로 설명했다. 여기서 '형상'이 '유사성'이라고도 불려졌다는 것을 생각하고『대저작』에 "자석과 철은 본성의 유사성 때문에 전자가 후자를 끌어당긴다"(VI, p.631)고 한 것을 떠올려보면, 베이컨의 형상증식론은 '비슷한 것은 비슷한 것에 의해 움직이고, 뿌리가 같은 것들은 서로를 향해 운동한다' '동종의 것들은 같은 것 쪽으로 움직인다' 같은 데모크리토스와 플라톤 이래의 테제를 아리스토텔레스의 논리에 따라 재해석하고, 새로운 입장에서 근거를 부여했다고 할 수 있다.

그러나 한계를 넘어서지 못해 자력에 대한 수수께끼는 여전히 아리스토텔레스 자연학의 몽롱함 속에 매몰돼 있었다. 베이컨은 '경험학'을 주장하고 자연학에서 경험과 수학의 중요성을 강조했다. 또 자연력을 기술적으로 응용하는 것이 학문의 이상이라고 제시했다. 하지만, 자력 문제에서는 그것을 실천하지 못했다. 그 실천은 다음 장에서 볼 페트루스 페레그리누스에게로 넘어갔다.

8장

신비론으로부터의 탈주
페레그리누스와 『자기서간』

유럽이 새롭게 인식하게 된 자석과 자침의 지북·지남성을 실험 물리학의 대상으로 처음 연구한 사람, 아니 실험 물리학이라는 것 자체를 처음 실천한 인물은 페트루스 페레그리누스였다. 그의 저서 『자기서간』은 자석에 대해 목적의식을 갖고 능동적으로 관찰하고 실험했을 뿐 아니라 합리적으로 고찰한 최초의 책이다.

자석의 극성의 발견

유럽이 새롭게 인식하게 된 자석과 자침의 지북, 지남성을 실험 물리학의 대상으로 처음 연구한 사람, 아니 실험 물리학이라는 것 자체를 처음 실천한 인물은 토마스 아퀴나스와 로저 베이컨 등과 동시대에 살았던 피카르디 출신의 페트루스 페레그리누스 였다. 그가 쓴『푸코쿠르의 병사 시제르에게 보낸 마리쿠르의 페트루스 페레그리누스 서간-자석에 대하여*Epistola Petri Peregrini de Maricourt ad Sygerum de Foucaucourt militem : De Magnete*』(이하『자기서간*Epistola de Magnete*』)는 자석에 대해 목적의식을 갖고 능동적으로 관찰, 실험하고 합리적으로 고찰한 최초의 책이다. 비록 초보적이고 소박하긴 하지만 현재 자연과학이 요구하는 요건을 어느 정도 만족시키고 있어 근대성이란 측면에서 중세에 나온 과학 문헌 중 단연 독보적이다.『자기서간』의 인쇄본이 처음 나온 것은 1558년 아우구스부르크(Augsburg)에서였고 이전에는 손으로 베껴 쓴 필사본을 돌려보았다고 한다.[1]

1269년 샤를 당주의 군대는 프리드리히 2세가 건설한 이슬람교도들의 거주지인 남이탈리아의 루체라를 포위, 공격했다. 『자기서간』은 이때 종군했던 페레그리누스가 같은 해 8월 8일 야영지에서 고향 사람에게 보낸 편지이다. 1266년 시칠리아에 앙주(Anjou) 왕조를 수립했던 샤를이 프리드리히 2세의 아들 만프레디(Manfredi)를 무너뜨리고 손자인 콘라딘(Konradin)마저 참수한 1년 뒤의 일이었다.

페레그리누스라는 말은 라틴어 사전에 '외국인, 이방인'으로 나와 있지만 프랑스어로는 'pelerin', 영어로는 'pilgrim'에 해당하는 것으로 '순례'를 뜻한다. 당시 십자군에 참가했다가 귀환한 병사나 그들을 따라다녔던 사람들에게 붙여진 호칭이었다. 그렇다면 페레그리누스는 루이 4세가 이끌었다가 비참하게 패배했던 제6차 십자군(1248-1254)에 종군했던 것일까. 아니면 단순히 루체라를 공격할 때 종군한 것을 가리키는 것일까. 어느 쪽이든 그가 이슬람 사회와 접촉한 경험이 있다는 것은 틀림이 없다.

『자기서간』은 제1부와 제2부로 구성돼 있고, 제1부는 자석에 대한 관찰, 실험 및 고찰로 이뤄진 전체 10장이고, 제2부는 자력을 응용하는 것을 논한 총 3장으로 돼 있다. 그렇지만 각각의 장은 짧아 전체적으로 소책자 정도에 지나지 않는다.

제1부는 "친애하는 벗이여, 자네의 애절한 요청을 받아들여 자석의 숨겨진 힘을 쉽고 분명한 언어로 설명해보겠네"라는 문장으로 시작한다. 이어서 "그러나 이 서간에서는 자석의 드러난(manifestus) 성질만을 이야기하도록 하겠네. 왜냐하면 이 책자는 물리적인 장치를 어떻게 조립하는지를 다루는 저작의 일부분이 될 것이기 때문이라네"라고 쓰

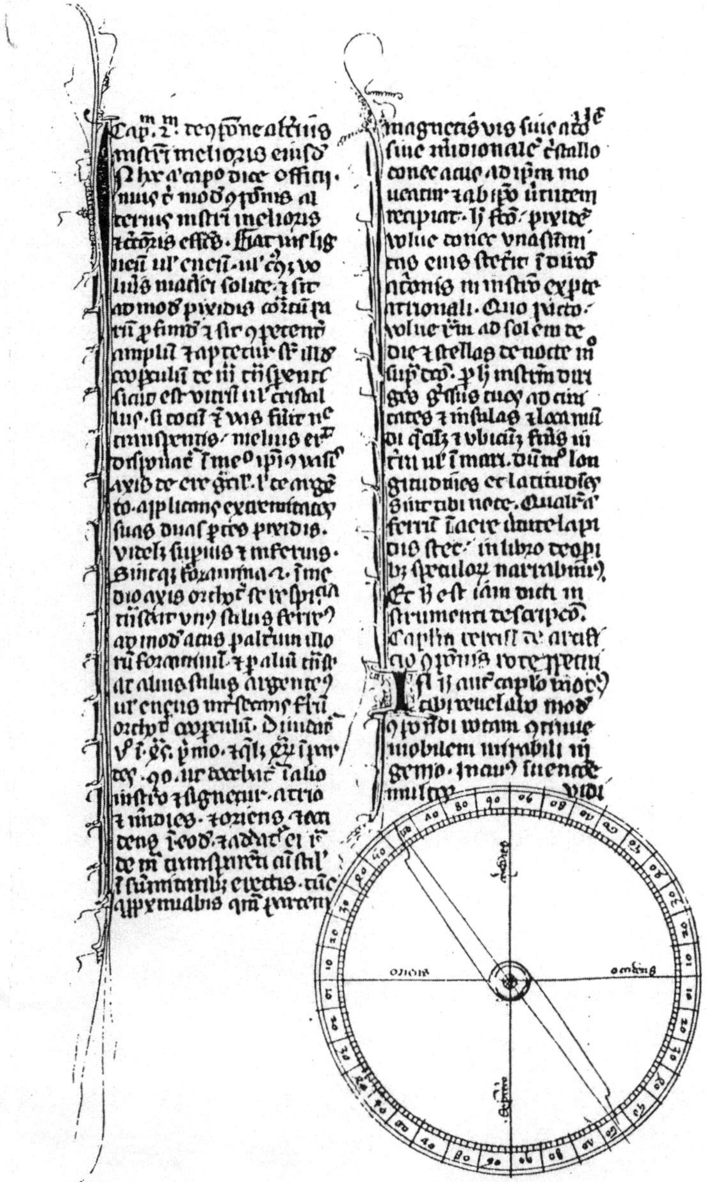

〈그림 8.1〉 페트루스 페레그리누스의 『자기서간』 사본의 한 페이지.

고 있다. 실험을 통해 직접 관측할 수 있는 자석의 성질만 논할 뿐 힘의 원인이나 본질을 둘러싼 철학적인 고찰은 하지 않겠다는 것이다. 『자기서간』의 주요 목적은 형이상학적 원리에 근거해 자력을 설명하는 것이 아니라, 자석을 가지고 실용적인 장치를 제작하도록 돕는 데 있었다.

제2장에서는 실험에 필요한 자질에 대해 흥미롭게 기술하고 있다. 이에 대해서는 나중에 살펴보기로 하자. 제3장에는 양질의 자석이란 감색이나 푸른색이 조금 섞인 빛깔을 띤, 균질하고 무거우며 흠이 없는 것이라고 하면서, 이 양질의 자석은 북쪽 나라에서 발견된다는 노르망디나 플랑드르, 피카르디 항구의 선원들의 이야기를 전하고 있다.

제4장에는 자석(lapis)의 극의 위치를 찾는 방법이 적혀 있다.

자네는 자석이 하늘과 유사하다는 것을 알아야만 하네. 그것은 다음과 같이 증명할 수 있네. 하늘에는 다른 모든 점보다 중요한 점이 둘 있지. 천구가 그 두 점을 축으로 삼아 회전하기 때문이네. 이 두 점의 한 쪽은 북극, 다른 쪽은 남극이라 불리고 있네. 마찬가지로 자석에도 각각 북과 남이라 불리는 두 점이 있다는 것을 자네도 인정하지 않을 수 없 터이네. 몇 가지 방법으로 이 두 점을 발견할 수 있다네. 하나는 다음과 같이 하면 된다네. 결정(結晶)이나 그 밖의 돌을 연마하는 도구로 자석을 구형으로 만들거나. 이어 바늘이나 바늘처럼 길고 가느다란 쇳조각을 자석 위에 놓은 다음, 바늘이나 쇳조각의 방향을 따라 이 자석을 둘로 똑같이 나누는(*이등분하는) 선을 긋게나. 그 다음 바늘을 이 자석의 다른 위치로 옮겨 마찬가지로 분할선을 그어보게. 이 작업은 몇 번이든 다른 위치에서 해볼 수 있다네. 그런 다음 확인해보면, 마치 모든 자오선들이 하늘의 두 극에 모이는 것처럼, 이 선들이 두 개의 점으로 수렴되는 것을 알 수 있지. 두 점의 한 쪽이 북이고 다른 쪽이 남이야. 증명은 다음 장에서 하도록 하겠네.

이 중요한 점들을 결정하는 더 뛰어난 또 하나의 방법은 위에서 말한 구형자석 위에서 바늘의 끝부분이 가장 강력하게, 가장 많이 끌어당겨지는 점을 주목하는 것이네. 이 지점이 앞에서 말한 방법으로 얻은 두 점 중 하나이기 때문이지.

이 점을 더 정확하게 확인해보려면 가늘고 긴 바늘이나 쇳조각을 손톱 두 개 길이 정도로 자른 다음, 앞에서 발견한 지점에 놓아보는 거야. 만약 바늘이 자석(표면)에 대해 수직으로 일어서면 바로 그 곳이 찾는 지점이지. 수직으로 서지 않으면 수직으로 서는 지점을 찾을 때까지 바늘을 여기저기로 이동시켜 보는 거지. 이렇게 해서 한 점을 발견하면 거기에 표시를 해두거나, 다음 자석의 반대편에서도 같은 방법으로 또 하나의 지점을 찾게 될 것이네. 자석이 균질하고 양질의 것이라면 앞에서 찾은 두 점은 천구의 양극과 같이 완전히 대칭되는 곳에 위치하고 있을 것이네.

자석의 극을 발견하는 이 방법은 300년 후에 길버트가 재론한다. 이 방법이 지니는 의의에 대해서는 다음 절에서 설명하기로 하고 여기서는 우선 페레그리누스가 사용한 '구형자석(lapis rotundus)'이 '천구(spera celestis)'를 본떠서 만들어졌다는 것에 주목하기 바란다.

제5장에서는 자석의 지북, 지남성과 그것이 북극, 남극과 맺는 관계를 이야기하고 있다. 나무 접시에 자석을 놓고, 커다란 용기에 물을 채운 다음 그 접시를 띄우면, 접시는 자석의 두 극이 남북을 가리킬 때까지 회전한다. "자석은, 자석의 북극이 하늘의 북쪽을 가리키고 자석의 남극이 하늘의 남쪽을 가리킬 때까지 작은 접시를 회전시킨다"고 한다. 이런저런 방식으로 자석을 회전시킨 후에 위의 실험을 해보아도 결과는 변함이 없다.

깜빡 지나치기 쉽지만 이것은 마이클 스콧이 처음으로 시사했던 자석(천연자석이며, 자침은 아니다!)의 지향성에 대해 유럽에서 최초로 실험을 통해 검증한 사례이다. 실제로 이 4장과 5장은 자석 자체의 극성과 지향성에 대한 최초의 언급이며 『자기서간』에서 가장 중요한 부분이기도 하다. 이전까지는 자석의 지향성과 극에 대해 명확히 파악했던 사람이 없었다. 자석의 극성은 페레그리누스가 처음으로 발견한 것이다. 현재까지 알려진 한 자석에 대해 '극(極, polus)'이라는 단어를 처음 사용한 사람도 페레그리누스이며,[2] 남북을 가리키는 자석의 양끝을 '자석의 남극(polus meridionalis lapidis)' '자석의 북극(polus septemtrionalis lapidis)'이라 이름 붙인 것도 그였다(페레그리누스는 같은 의미로 '남쪽 부분(pars)' '북쪽 부분'이란 용어도 사용했다).

자극에 대해 좀더 살펴보자. 조금 앞서 가지만 제9장에는 다음과 같은 실험을 소개하고 있다.

하나의 자석을 AD라고 부르세. A는 북, D는 남이지. 이 자석을 둘로 나눈 다음 A를 포함하고 있는 자석을 물에 띄우면, A는 둘로 나뉘지기 이전처럼 여전히 북쪽을 가리키게 될 것이네. 자석이 균질(unigeneus)하다면 절단을 하더라도 자석의 성질이 파괴되지 않는다네. 따라서 자석이 절단된 곳에 있는 점은 남(南)이 되어야 한다네. 그 점을 B라고 적고 이 조각난 자석을 AB라고 하세. 한편 D를 포함하는 또 다른 부분의 자석을 물에 띄우면 D는 절단되기 이전처럼 남을 가리킬 것이네. 이를 통해 우리는 D가 남이라는 것을 알게 된다네. 이 조각난 자석의 반대편을 C라고 적으면, 그것은 북이 될 것이네. 이 자석을 CD라고 부르세.······분할되기 이전에 하나의 자석 속에서 서로 이어져 있던 부분들이 둘로 나뉘지면, 서로 다른 두 개의 자석 속에서 한쪽은 북, 다른 한 쪽은 남이 되는 것이네.

이처럼 페레그리누스는 천연자석이 남북의 극을 가지고 있을 뿐 아니라 그것들을 분리할 수 없다는 것, 즉 북극을 '+(플러스)', 남극을 '-(마이너스)'로 나타내면, 자석+-를 중앙에서 절단하면+-, +-로

되지 +,-로는 되지 않는다는 것도 주장했다. 현대식 용어로 말하면 자석은 항상 '자기쌍극자(磁氣雙極子, magnetic dipole)'로 존재하며 '자기단극자(磁氣單極子, magnetic monopole)'라 불리는 남극만을 가진 자석이나, 북극만을 가진 자석은 만들 수 없다는 것이다. 페레그리누스의 글을 읽어보면 B는 남을 향하기 때문에 남이라고 마치 당연한 듯이 쓰고 있다. 그러나 이것은 누구나 알 수 있을 만큼 자명한 것은 아니다. 이것은 19세기 이후 전자기학이 이론적으로 발전하는 데 대단히 중요한 역할을 했다. 하지만 이 발견의 의의와 중요성을 알아차린 역사가는 거의 없었다. 이것이 자석 자체의 양극의 발견과 함께 중요한 가치를 지닌, 독립적인 발견이라는 것을 처음으로 지적한 이는 19세기 영국의 전기공학자 플레밍(John Ambrose Fleming, 1849-1945)이었다.[3]

자력을 둘러싼 고찰

제6장에서는 위에서 나온 물에 떠 있는 자석의 북극 근처에 다른 자석의 남극을 가까이 대고 용기의 가장자리를 따라 움직이면, 물에 떠 있던 자석이 (*용기 가장자리를 따라 움직이는 자석에) 이끌려 접시를 회전시킨다는 관찰 결과가 적혀 있다. 반대로 손에 쥐고 있는 자석의 북극을 물에 떠 있는 자석의 남극 근처에 갖다대고 용기 가장자리를 따라 움직여도 접시가 회전한다는 것이다. 이로부터 "한쪽 자석의 북쪽 부분은 다른 자석의 남쪽 부분을 끌어당기고, 남쪽 부분은 북쪽 부분을 끌어당긴다"는 '법칙(regula)'을 끌어내고 있다. 반대로 한쪽 자석

의 남극을 다른 자석의 남극에 가까이 하면 후자는 전자에서 도망간다. 한쪽 자석의 북극을 다른 자석의 북극에 가져가도 마찬가지 일이 일어난다. "이것은 한쪽 자석의 북쪽 부분이 다른 쪽 자석의 남쪽 부분을 요구하고(appetere) 따라서 북쪽 부분은 배척하기(fugare) 때문이다."

자석끼리 때로는 서로 끌어당기고 때로는 반발하는 것은 알베르투스 마그누스나 로저 베이컨도 알고 있었던 것 같지만 그것을 정리해서 통일적으로 파악한 사람은 페레그리누스 이전에는 없었다. 더구나 그 현상을 자극과 관련시켜 이해한 사람도 없었다. 북극끼리 혹은 남극끼리는 반발하고, 북극과 남극은 서로 끌어당긴다는 법칙성을 발견한 것은 페레그리누스가 처음이었다. 이것 또한 누구나 알 수 있는 자명한 것이 아니었다.

제7장에서는 철(철침)의 자화와 그 지향성을 이야기하고 있다.

실험을 해본 사람들은 알겠지만 가늘고 긴 바늘을 자석에 접촉(tangere)한 후 나뭇조각이나 짚에 묶어 물에 띄우면, 바늘의 한쪽이 선원(船員)의 별이라 불리는 별(북극성)을 향해 회전한다네. 하지만 사실은 그 별을 향하는 것이 아니라 [하늘의] 극을 향하는 것이라네. 증명은 뒤에서 하겠네. 바늘의 또 다른 끝은 하늘의 또 다른 한 부분을 향한다네. 바늘의 어느 쪽 끝이 하늘의 어느 쪽 부분을 향할까. 자석의 남쪽 부분에 접촉한 바늘 끝은 하늘의 북쪽을 향하고 반대로 자석의 북쪽 부분에 접촉한 바늘 끝은 하늘의 남을 향한다네.

페레그리누스는 자석에 마찰된 바늘(자침)은 자석이 아니라고 보았기 때문에 자침에 대해서는 북극, 남극이라는 말을 쓰지 않는다. 그러면서 자석의 북극에 마찰된 부분이 바늘의 남쪽, 자석의 남극에 마찰된 부분이 바늘의 북쪽이 된다고 이야기한다.

그래서 제8장에서는 자석의 북극과 바늘의 남쪽, 자석의 남극과 바늘의 북쪽은 서로 끌어당기고, 자석의 북극과 바늘의 북쪽, 자석의 남극과 바늘의 남쪽은 서로 반발한다고 결론짓는다. 단 바늘을 이전과 반대로 자석과 마찰시키면 바늘의 남쪽과 북쪽도 쉽게 바뀌게 된다. "왜냐하면 나중에 행한 작용의 영향이 먼젓번의 작용의 효과를 완전히 이겨서 바꾸어버리기" 때문이다.

철의 자화현상(자기유도)이나 철과 자석 사이에 미치는 힘에 대해서는 이전부터 알려져 있었다. 그러나 이처럼 자화의 극성을 명확히 하고, 그 극성과 인력, 척력의 상관관계를 지적한 것은 페레그리누스가 처음이다.

제9장과 제10장에서 페레그리누스는 자력의 본질과 원인을 고찰한다. 제9장에서는 "왜 자석의 북쪽 부분이 다른 쪽 자석의 남쪽 부분을 끌어당기고, 반대로 남쪽 부분이 북쪽 부분을 끌어당기는 것일까"라는 의문에 대해 "작용자가 작용받는 쪽을 끌어당기는 이유는 둘이 결합해서 작용자와 작용받는 쪽이 하나가 되기 때문"이라고 설명한다. 여기서 "힘이 더 강한 쪽인 자석이 작용자(agens)이고 힘이 약한 쪽이 작용을 받는 쪽(patiens)이다."

즉 서로 다른 극을 가진 자석끼리 결합하면, 양극을 가진 하나의 자석이 되는 것처럼 서로 끌어당긴다는 것이다. 이것을 논증하기 위해 그는 앞에서 인용한, 한 개의 자석 AD를 중앙에서 절단해 두 개의 자석 AB와 CD로 만들어내는 실험을 거론한다.

자석 AB를 작용자로 생각하면 자석 CD는 작용을 받는 쪽이 될 것이네.……그런데 만약 절단 이전에는 이어져 있던 부분을 다시 가까워지게 한다면 한쪽이 다른 쪽을 끌어당겨 절단이 생긴 B와 C의 점에서 다시 결합할 것이네. 자연의 욕구에 따라 이전처럼 단일한 자석이 형성되는 것이라네. 이것은 그 부분이 접착제로 접합된다면 자석이 절단되기 이전과 동일한 효과를 나타낸다는 것을 뜻한다네.

이어서 그는 이 현상을 "작용자가 자기 쪽으로 합일시키려고 작용받는 쪽을 끌어당기고 둘 사이의 유사성 때문에 생기는 것이네"라고 해석했다. 이 논의를 단순히 자극(磁極) 사이의 힘을 논한 것으로 파악해, 예전부터 거론되어왔던 '유사한 것들끼리는 서로 모이려는 경향(inclinatio ad simile)'이라는 테제를 떠올린다면, 페레그리누스의 참뜻을 오해하는 것이다. 그렇다면 왜 자석이 같은 극끼리는 밀치고 다른 극끼리는 끌어당기는지를 설명할 수 없게 된다.

여기서 그가 거론하는 것은 각각의 자극들 사이에 작용하는 힘이 아니라, 양극을 가진 자석(자기쌍극자) 전체로서의 작용이다. 실제 제9장에서는 위의 인용에 이어 자석 AB와 CD를 같은 방향으로 두고 B와 C를 접합하거나 CD와 AB 방향으로 두어 D와 A를 접합하는 것은 가능하지만 방향을 바꿔 A와 C 또는 B와 D를 접합할 수는 없다는 관찰 결과를 기록하면서 다음과 같이 결론지었다.

자연은 가능한 보다 나은 방법으로 존재하고 행동하고자 한다. 자연이 전자의 접합 방식을 택하는 것은 후자의 접합 방법보다 동일성을 보다 많이 보존할 수 있기 때문이다.

자석끼리의 작용은, 북극과 남극으로 이뤄진 쌍극자로서의 동형성(同形性)을 보존하려는 욕구-쌍극자로서의 자석끼리 합일해 역시 한 개의 쌍극자를 만들고자 하는 경향-에 있다는 것이다. 즉 자석은 항상

+- 또는 -+로서 존재하고, +-, -+나 -+, +-의 배치는 서로 결합해 단일한 자석 +-나 -+가 되므로 끌어당기지만, +-, -+나 -+, +-의 배치는 단일한 자석이 되지 못하므로 배척한다는 것이다. 이러한 생각은 자력의 성질과 원인에 관해 그때까지 이야기된 적이 없었던 전혀 새로운 관점이다.

『자기서간』제1부의 마지막 장인 제10장은 '자석은 자연의 힘을 어디서 얻는가에 대한 의문'에 관해 논하고 있다.

페레그리누스는 철을 끌어당기는 자석의 성질은 자석(자철광)이 채굴되는 광맥에 있으며, 자석이 북쪽을 향하는 이유는 북방에 많은 철광산이 있기 때문이라는 당시 널리 퍼져 있던 설에 대해 비판한다. 지구 여기저기에 광산이 있고, 자석은 북극뿐 아니라 남극도 가리키기 때문이다. 또 그는 자석은 북극성을 가리키고 따라서 북극성이 자석에 영향을 미친다고 보았던 당시의-토마스 아퀴나스도 그렇게 말했다-견해도, 북극성이 하늘의 회전 중심과 완전히 일치하지는 않는다는 이유로 배척했다. 실제로 앞에서 인용한 제7장에는 자침이 향하고 있는 것이 북극성이 아니라 '하늘의 극'이라고 분명히 밝히고 있다.

그런데 현대인의 상식에 의거해 구형으로 만들어진 자석이 지구와 유사하다고 간주해버리면, 페레그리누스가 왜 자석의 극을 끌어당기는 것이 지구의 극이 아닌 하늘의 극으로 보았는지, 지구가 하나의 자석이라는 사실이 왜 300년이나 지난 뒤에 길버트에 의해 발견하게 되었는지를 이해할 수 없게 된다. 일반적으로 토마스 아퀴나스를 비롯해 당시 사람들은 자력이 그 힘을 하늘에서 얻는다는 믿음을 갖고 있었을 것이다. 이런 믿음을 공유하면서 페레그리누스는 하늘의 북극을 가리키는 쪽의 극을 자석의 북극이라고 했을지 모른다. 또 만약 지구가 자석이고, 지상의 자석이 그 지북성을 자석으로서의 지구로부터 얻고 있다면, 지리상의 북극에 있는 것은 지구 자석의 남극이어야만 한다. 그렇게 되면 지구 자석은-일반 자석과 달리-하늘의 북극을 가리키는 것이 남극이 되어버린다. 페레그리누스는 아마 그런 모순을 받아들일 수 없었을 것이다.■

그러나 더 본질적인 사실은 페레그리누스는-앞에서 말한 것처럼- 처음부터 구형자석을 천구나 천구와 유사한 것을 모방해 만들었다는 점이다.

그래서 페레그리누스는 제10장에서 "자석의 양극(poli magnetis)이 그 힘을 얻는 것은 하늘의 양극으로부터(a polis mundi)이다' 라고 결론짓는다.■■ 그리고 논의를 더욱 발전시켜 다음과 같이 주장한다.

자석의 다른 부분들도 하늘의 다른 부분들로부터 영향을 받고 있다네. 때문에 자석의 양극이 하늘의 양극에서 힘과 영향을 받을 뿐 아니라, 자석 전체가 하늘 전체로부터 힘과 영향을 받는다고 생각해도 좋을 것이네.

베이컨도 그랬지만 자석은 하나의 소우주로서 대우주에 대응하고

■ 나중에 지구 자체가 자석이라는 것을 발견한 길버트는 지구의 지리적 북극에 있는 극을 지구 자석의 북극, 지리적 남극에 있는 극을 지구 자석의 남극이라고 생각했다. 그 경우 지구상의 자석(자침)을 지구 자석이 당기고 있다면, 페레그리누스식 표현으로는 자침의 북극이 지구 자석의 북극과, 자침의 남극이 지구 자석의 남극과 서로 끌어당기게 되어 모순이 된다. 그래서 길버트는 지구상에서 북을 가리키는 것은 자침의 남극, 남쪽을 가리키는 것은 자침의 북극이라고 생각했다. 지금은 지구의 지리적 북극에는 지구 자석의 남극이 있고, 지리적 남극에 있는 것이 지구 자석의 북극이라고 보기 때문에 자침의 북을 가리키는 극이 북극, 남을 가리키는 것이 남극이라고 보고 있다. 따라서 현재의 관점에서는 오히려 페레그리누스의 명명 방식이 들어맞는다.

■■ 여기서는 'mundus(world, 세계)' 가 'coelum(heaven, 하늘)' 과 같은 뜻으로 사용되고 있다.

있고, 남북의 극뿐만 아니라 동서 방향으로도 하늘의 영향을 받는다고 생각했던 것이다. 이것이야말로 페레그리누스가 구형자석을 천구와 비슷하게 고안한 근거였다.

천동설의 입장에서는 천구의 극은 항성 천구의 회전중심(회전축이 통과하는 점)으로서 역학적으로 특별한 점이었다. 따라서 그것이 지구 상의 물체에 물리적인 영향을 미친다고 해서 현대인이 생각하는 만큼 기묘한 것은 아니었다. 코페르니쿠스가 항성천구의 일주운동은 지구의 자전 때문에 생기는 착시현상이라고 밝히기 전까지는 천구의 양극(兩極)이 특별한 힘을 갖는다는 사실을 믿어 의심치 않았다. 자석의 극을 끌어당기는 것이 천구의 극이 아니라 지구의 극이라는 이해에 도달하는 데에는 천동설에서 지동설로의 우주관의 전환이 필요했던 것이다. 1600년에 길버트가 사용한 구형자석은 분명히 페레그리누스가 고안한 것이었지만 그것이 갖는 의미는 페레그리누스와는 달랐다. 길버트의 자석이 '소(小)지구(테렐라, terrella)'라고 불렸던 것처럼, 그것은 지구를 모방한 것이었다. 앞으로 살펴보겠지만 길버트는 코페르니쿠스의 지동설을 받아들여 지구가 지축을 중심으로 하루 한 번 회전하고 천구는 정지하고 있다는 입장에 서 있었다.

제10장에서 페레그리누스는 하늘의 각 부분, 즉 동서남북이 모두 자석에 영향을 준다는 점으로부터 다음과 같은 주장을 편다. 즉 남북의 극을 축으로 갖는 자오선을 따라, 그 축을 수평으로 갖는 구형자석을 자유롭게 회전시키면 자석은 하루 한 번 회전한다는 것이다. 자석의 남북의 극은 하늘의 양극에 이끌릴 뿐 아니라 자석의 동서 부분도 하늘의 동서 부분에 이끌리기 때문에, 천구의 일주회전에 따라 자석도 축을 중심으로 회전한다는 것이다. 그리고 만약 이 글을 읽고 따라 해 보아도 잘 되지 않는다면, 그것은 독자의 '실험 요령이 미숙'한 탓이

라고 덧붙이기도 했다. 이 이야기는 훗날 길버트도 언급하므로 뒷장에서 다루게 될 것이다.

페레그리누스의 방법과 목적

페레그리누스가 자석의 양극과 그들의 인력, 척력 관계를 발견한 것은 자기학의 역사에서 획기적인 일이지만 거기에 이르게 된 방법과, 그런 발견에 이르게 된 목적도 대단히 선구적인 것이었다.

방법적 측면에서 페레그리누스의 자력 연구가 주목을 끄는 것은 계획적이며 능동적으로 실험과 관찰을 했다는 점 때문이다. 『자기서간』 제3장에는 자석의 극을 발견하게 된 방법이, 제9장에서는 막대자석의 절단과 접합에 관한 실험이 기록돼 있다. 이것은 자석에 대한 목적의식적이면서 통제된 실험의 최초 기록이다.

특히 앞에서 보았듯이 자석을 구형으로 깎고 거기에 작은 바늘(자침)을 조합함으로써 자석의 극을 발견한 방법은, 자석을 인공적으로 만든 것에 대한 첫 기록일 뿐 아니라-지금까지 충분히 평가받지는 못했지만-극성(축 대칭성)을 등방성(점 대칭성)과의 대조를 통해 처음으로 확인했다는 점에서 탁월한 발상이 아닐 수 없다. 물체의 형상 자체가 기하학적 등방성을 가지지 않으면, 물체의 행동 결과가 비등방적일지라도 그것이 물리적 성질의 비등방성에서 비롯된 것인지 물체의 기하학적 비등방성에서 나온 결과인지 판별할 수 없기 때문이다. 페레그리누스는 고찰하려는 물체의 기하학적 형상을 등방적인 것(구형)으로 함으로써 행동의 비등방성을 물리적 성질로만 귀착시킬 수 있었다. 즉 인공적으로 자석을 완전한 구형으로 다듬음으로써 자력의 극성을 분리할 수 있었던 것이다.

18세기에 칸트는 『순수이성비판Kritik der reinen Vernunft』에서 근대 자연과학의 방법적 특징을 다음과 같이 말했다.

이성은 일정하고 불변하는 법칙에 따르는 이성비판의 모든 원리를 앞서서 이끌어야지, 자연을 강제해서 자신의 의문에 답하도록 해서는 안 된다. 쓸데없이 자연에 끌려 다니고, 마치 어린아이가 이끄는 줄을 잡고 뒤뚱뒤뚱 걷는 것 같은 모습을 보여서는 안 된다.……또 실험은 이성이 관계한 원리에 따라 고안해야 한다. 이성은 한 손에는 이 원리를, 다른 손에는 실험을 갖고서 자연을 상대하지 않으면 안 된다. 그것은 물론 자연으로부터 배우기 위해서이지만 이 경우의 이성은 학생 자격이 아니라 참된 재판관의 자격을 띤다. 학생이라면 교사가 가르치는 대로 무엇이든 듣지 않으면 안 되지만, 재판관은 자신이 제출한 질문에 대해 증인에게 답변을 강요할 수 있다.[4]

이 인용문 앞에 서술된 "자연과학자들의 마음에 한 줄기 빛이 번쩍인 것은 갈릴레이가 일정한 무게의 구를 경사면에서 낙하시켰을 때였다"라는 문장에서 알 수 있듯, 칸트가 이 글을 쓰면서 염두에 두었던 것은 갈릴레이의 사면(斜面) 실험이었다. 갈릴레이는 낙하법칙(등가속도 운동 공식)을 검증하기 위해 물체가 자연에서 일으키는 낙하(자유낙하)를 관측한 것이 아니라, 매끄럽고 경사진 면을 따라 물체를 미끄러지게 해 낙하 시간을 연장함으로써 측정을 보다 쉽고 정확하게 하고 공기 저항도 줄였던 것이다. 이렇게 해서 한편으로는 바라는 효과를 인위적으로 극대화(*낙하 시간을 연장해 시간 측정을 쉽게 한 것)하고, 다른 한편으로는 예견되는 부차적 요인을 억제(*공기의 저항을 최소화한 것)해 이상적인 상태에 가깝게 만든 것이다. 갈릴레이는 이처럼 목적의식을 가지고 실험을 계획하는 방식을 제시했다.

그러나 이 갈릴레이의 사상, 즉 근대 과학의 실험 사상은 실제로는 그보다 350년 앞서 페레그리누스가 자극을 발견할 때 행한 실험에서 이미 실현되었다. 또한 '구형자석(magnes rotnudus)'이라는 그의 탁월한 아이디어는 300년 후 길버트가 지구가 하나의 자석임을 발견할 수 있도록 길을 터 준 것이었다. 따라서 페레그리누스를 "중세 최고의 실험가"라고 한 과학사가 찔젤(Edgar Zilsel)의 평가나, 『자기서간』을 "자연과학의 올바른 방법, 즉 귀납적, 경험적 방법을 목표로 한 최초의 업적"이라고 한 슐룬트(Erhard Schlund)의 평가, "알려진 한 실험과학에 관한 최초의 시도"라는 모틀레이(Paul F. Mottelay)의 지적, "중세에 행해진 실험 방법 중 가장 뛰어난 사례"라는 와이트맨(William P. D. Wightman)의 찬사 등은 결코 과찬이 아니다.[5]

이처럼 페레그리누스의 실험은 현대인의 눈으로 보아도 충분히 근대적이지만 당시의 지적 토양과 문화적 풍토를 떠올려보면 실험 사상 면에서 선구성이 더욱 더 선명하게 부각된다.

현재 페레그리누스에 대해서는 출생연도는 말할 것도 없고 세상을 떠난 해조차 알려져 있지 않다. 하지만 당시에는 나름대로 꽤 알려진 인물이었던 것 같다. 동시대인 로저 베이컨은 『자기서간』이 나오기 1년 전에 쓴 『제3저작』에서 '경험학'과 관련해 '대선생 페트루스(Magister Petrus)'라고 하면서 페레그리누스를 다음과 같이 칭송하고 있다.

나는 이 학문이 거둔 업적과 관련해 칭찬할 만한 가치가 있는 유일한 인물을 알고 있습니다. 왜냐하면 그는 언어를 둘러싼 논의나 논쟁에 몰두하는 대신 지혜의 작용만을 추구하고, 지혜의 작용 안에서 안식을 구하기 때문입니다. 다른 사람들은 어둠 속의 박쥐처럼 어렴풋하게 볼 수밖에 없지만, 그는 사물을 태양이 비추는 한낮의 밝음 속에서 직시합니다. 왜냐하면 그는 경험의 거장이기 때문입니다. 그가 자연학과 의학, 연금술이나 하늘과 지상의 모든 일을 이해하는 방식은 경험을 통해서입니다. 그는 일반 평민이나 노인, 병사나 농부가 알고 있는 사실을 모르는 것은 부끄러운 일이라고 말합니다. 그는 금속을 주조하는 방법을 비롯해 금과 은, 다른 금속 등 광물을 채굴하는 법을 공부하고, 군대와 병기, 병법에도 정통합니다. 또 농업에 관련된 모든 것과 토지를 측량하는 법과 토목 작업을 습득하였으며, 마녀나 마술사가 부리는 마법이나 실험, 조작을 배우고, 요술사의 트릭이나 눈속임조차 연구합니다. 따라서 알 만한 가치가 있는 것 가운데 그에게 숨겨져 있는 것은 아무것도 없습니다. 그는 또 오류나 마술적인 것을 어떻게 비판해야 하는지도 꿰고 있습니다. 철학이 보다 완전해지고 효과적이고 확실한 것이 되기 위해서는 그의 도움이 절대적으로 필요합니다.[6]

페레그리누스에 대해 실질적으로 알려져 있는 것은 『자기서간』을 제외하면 베이컨의 이 인물 소개가 전부이다. 여기서 베이컨이 그를 '경험의 거장'이라고 부르며, 모든 실용적이며 실제적인 기술을 '경험을 통해' 통달하고 있는 그의 자세를 '언어를 둘러싼 논의나 논쟁'과 대비해서 말하고 있는 점에 주목하자.

앞에서 말했듯이 당시 고등교육의 기초는 '자유학예'였다. '자유학예'의 '자유'란 '자유인(自由人)'이라는 의미로 '노예의 기예(技藝)'인 '기계기술'과 대비됐다. 어떤 책에 따르면 기원전 4세기의 크세노폰(Xenophon)은 "기계적(機械的)이라고 불리는 기술(技術)은 사회적으로 평판이 좋지 않으며 우리나라에서도 당연히 천하게 보고 있다"고 말했다고 한다. 여기서 기계적인 기술이란 머리를 쓰지 않는 수작업이나 장인들의 일을 가리킨다. 플라톤의 『법률 Nomoi』 역시 "시민은 누구라도 장인이 하는 일에 종사해서는 안 된다"라고 했다. 이것은 문화가 노예 노동으로 지탱되던 고대 그리스의 이야기이지만, 유럽에서도 그 풍조는 중세는 물론 근대에 이르기까지 계속되었다. 15세기에는 베살리우스(Andreas Vesalius, 1514-1564)가 "지금의 의사들은 고대 로마인들처럼 수작업을 멸시한다"고 불평했고, 18세기 후반에 디드로는 『백과전서』의 '기술' 항목을 쓰면서 공예 기술을 탐구하는 것을 '천하게' 여기고 '그것과 관계 맺는 것을 부끄러워하는' 풍조를 한탄했다.[7] 현대에 들어서도 상황은 크게 변하지 않았다. 『옥스퍼드 영어사전 Oxford English Dictionary』(1933년 판)에는 'mechanical'이라는 형용사가 사람에 대해 사용될 때는 '수작업(manual labour)에 종사하고 장인 계급(artisan class)에 속한다'면서 '비천하다(vulgar)'는 의미도 있다고 기록하고 있다.

그런데 베이컨에 따르면 페레그리누스는 바로 그 '비천해야 할 기술'의 달인이라는 것이다. 사실 『자기서간』에서 페레그리누스는 '수작업'의 중요성을 공공연히 주장하고 있다. 『자기서간』 제1부의 제2장에는 실험에 종사하는 자의 자질을 적고 있다.

친애하는 벗이여, 다음과 같은 사실을 알아주길 바라네. 이 문제를 연구하는 자는 자연에서 일어나는 일에 정통해야 할 뿐 아니라, 천체의 운동에도 무지하면 안 된다네. 또 자석을 사용해 경탄할 만한 효과를 보일 수 있는 것처럼 항상 수작업에 능해야 한다네. 그러면 그 자는 주의가 깊어져 쉽게 잘못을 고칠 수 있지만, 손을 능숙하게 사용할 줄 모르고 그저 자연학과 수학에만 의지하는 자는 아무리 시간이 흘러도 오류를 정정할 수가 없다네. 숨겨진 자연의 작용을 이해하는 데는 뛰어난 수작업이 필요하고, 손을 아끼면 아무것도 완전하게 달성할 수가 없다네.

수작업을 멸시하는 당시의 지적 풍조에 비추어보면 이 글은 거의 문화혁명을 선언한 것과 맞먹는 것이다. 물론 그렇다고 베이컨이나 페레그리누스가 시대를 완전히 초월해 있었던 것은 아니었다. 이 시기의 유럽은 이슬람 사회와 접촉하고 기술이 발전하면서 기계기술에 대해 새로운 견해가 조금씩 싹트고 있었다. 10세기에 이슬람 사회에서 천문학을 배운 선구자 제르베르는 자기 손으로 직접 천구의(天球儀)를 만들어 동시대인들을 놀라게 했다고 한다. 또 "12세기는 기계기술에 대한 고대의 멸시와 르네상스기의 전면 수용의 중간에 위치하고 있었다"고 말하는 논자도 있다.[8] 1120년대 프랑스의 스콜라철학자인 위그(Hugues de Saint Victor)는 『디다스칼리콘Didascalicon』에서 "기계학과 농학을 포함한 실천학을 교육해야 할 필요가 있다"고 했다.[9] 소걸음처럼 느리지만 시대는 움직이기 시작했던 것이다.

그렇지만 베이컨의 글을 통해서도 알 수 있듯이 군사 기술자 페레그리누스는 '자유학예(artes liberales)'와 '기계기술(artes mechanicae)', 둘 모두의 '기술(ars)'에 정통해 있었던 것으로 보인다. 그런 의미에서 그의 근대성을 보다 명료하게 부각시키는 것은 제1부에서 얻은 결과를 응용하는 『자기서간』의 제2부이다. 제2부는 "자석의 자연스러운 작용을 개관했으므로 그 자연스러운 작용에 대한 지식에 의존해 논의를 진전시켜 보세"라는 말로 시작한다.

제1장은 자석을 이용해 태양과 달, 별의 방위각을 결정할 수 있는 장치를 설계하고 제작하는 문제를 다룬다. 그림이 덧붙여져 있는데 기본적으로는 자석(그림의 magnes)을 부유물에 접착시켜, 원형의 용기에 담긴 물에 띄운 것이다. 이것은 습식 컴퍼스임이 틀림없지만 자침이 아닌 자석 자체를 나침반으로 사용한 것으로, 유럽에서는 처음으로 나타나는 기록이다. 또 컴퍼스 카드, 즉 360도의 눈금이 새겨져 자석과 함께 회전하는 원반을 장착한 나침반으로, 이것 또한 처음 발견

되는 기록이다(그림에서는 동쪽이 0도, 북은 270도로 돼 있다). 또 나침반 위에 자석과는 독립적으로 회전하는 롤러(그림의 Regula)가 붙어 있고 양끝에는 수직으로 바늘이 서 있다. 하루 중 바늘의 그림자가 롤러 위에 올 때 태양의 방위각(자오선에 대한 각도)을 읽을 수 있고, 밤에는 두 개의 바늘과 달 또는 별이 일직선이 될 때 달이나 별의 방위각을 알 수 있다.

제2장은 앞의 것을 개량한 것에 대해 다룬다. 이것은 건식 컴퍼스로, 원형 용기와 투명한 유리 덮개를 만들어 중앙의 점에 해당하는 용기의 바닥과 덮개 사이에 회전축을 연결해 물을 사용하지 않고 자침이 자유롭게 회전하도록 만든 것이다.

한편 제2부, 제3장의 첫머리는 다음과 같은 선언으로 시작한다.

이 장에서 나는 오랫동안 연구한 끝에 터득한, 쉬지 않고 움직이는 바퀴 만드는 법에 대해 알려주고자 하네. 많은 사람들이 이것을 만들어보고자 했으나 헛된 노력에 그쳤다는 것을 잘 알고 있네. 그 까닭은 자석의 힘을 이용해야 한다는 것을 사람들이 알지 못했기 때문이네.

즉 고갈되는 일이 없는 동력원으로서 자력을 이용해 영구기관을 고안한 것을 얘기하고 있다. 솔직히 여기서 이야기하는 영구운동기관의 세부 장치는 잘 이해되지 않는 부분이 있다. 영구운동기관이 불가능하다는 것은 지금은 정설로 받아들여지고 있다. 따라서 페레그리누스의 고안이 아무리 교묘하다 해도, 그가 생각한 대로 작동하지는 않았을 것이다. 그러므로 세부로 한층 깊이 들어갈 필요는 없을 것이다.

더 중요한 것은 『자기서간』 제2부에 나타나는 그의 연구 목적이다. 1558년에 처음 인쇄된 아우구스부르크 판의 제목은 『자석 또는 영구

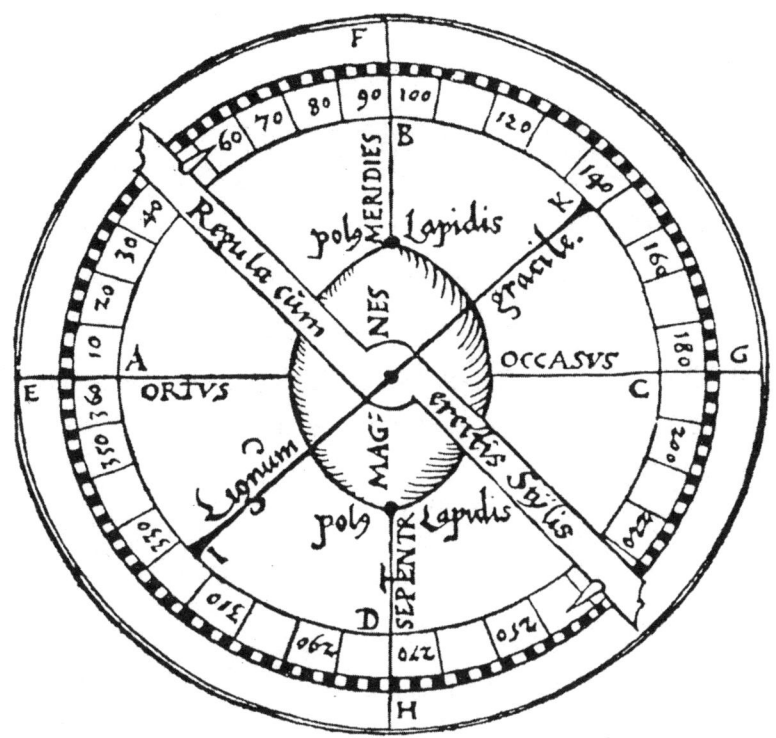

〈그림 8. 2〉 태양과 달, 별의 방위각을 측정하는 장치(페리그리누스의 『자기서간』 제1장에서 발췌).

운동하는 바퀴에 관한 서간』이다. 밴저민도 페레그리누스가 자석을 연구하고 『자기서간』을 쓴 진정한 의도는 영구운동기관의 제작이었다고 쓰고 있다. 그렇게까지 단언해도 좋을지는 모르겠지만 자력이라는 자연력을 동력원으로 이용하는 것은 그가 자석을 연구한 중요한 목표 중 하나였다는 점은 의심의 여지가 없다. 그것은 이를테면 전자(電磁) 에너지를 역학적 에너지로 전환시키려한 인류 역사상 최초의 시도이며 성공 여부와 관계없이-린 화이트 주니어(Lynn White Jr.)가 지적했듯이-구상 자체만으로도 실로 대단한 것이었다.[10] 이것은 로저 베이컨이 '경험학의 제3의 특권'에서 지향했던 것을 구체적으로 실천한 예라고 할 수 있다.

『자기서간』이 등장한 사회적 배경

베이컨이 경험학을 구성하게 된 배경에는 고도의 기술력을 가진 이슬람 사회를 인식했기 때문이라는 건 앞에서 지적한 바 있다. 페레그리누스에게 이런 인식은 훨씬 더 직접적이었던 것 같다. 그는 시칠리아의 노르만 왕조 이후 프리드리히 2세 시대에 이르기까지 라틴 유럽이 이슬람 문화와 만났던 최전선인 남이탈리아 지방에 발을 디뎠고, 그곳에서 선진적인 이슬람 문화를 접했을 뿐 아니라, 이슬람교도의 거주지인 루체라에서 이슬람군과 직접 전투를 벌이기까지 했던 것이다.

과학사학자 크롬비가 "분명 아라비아인들의 작업이 페레그리누스가 행한 몇몇 실험에 자극을 주었을 것"[11]이라고 말한 것도 무리한 상상은 아니다. 지그리트 훈케(Sigrid Hunke)는 아주 구체적이며 단정적으

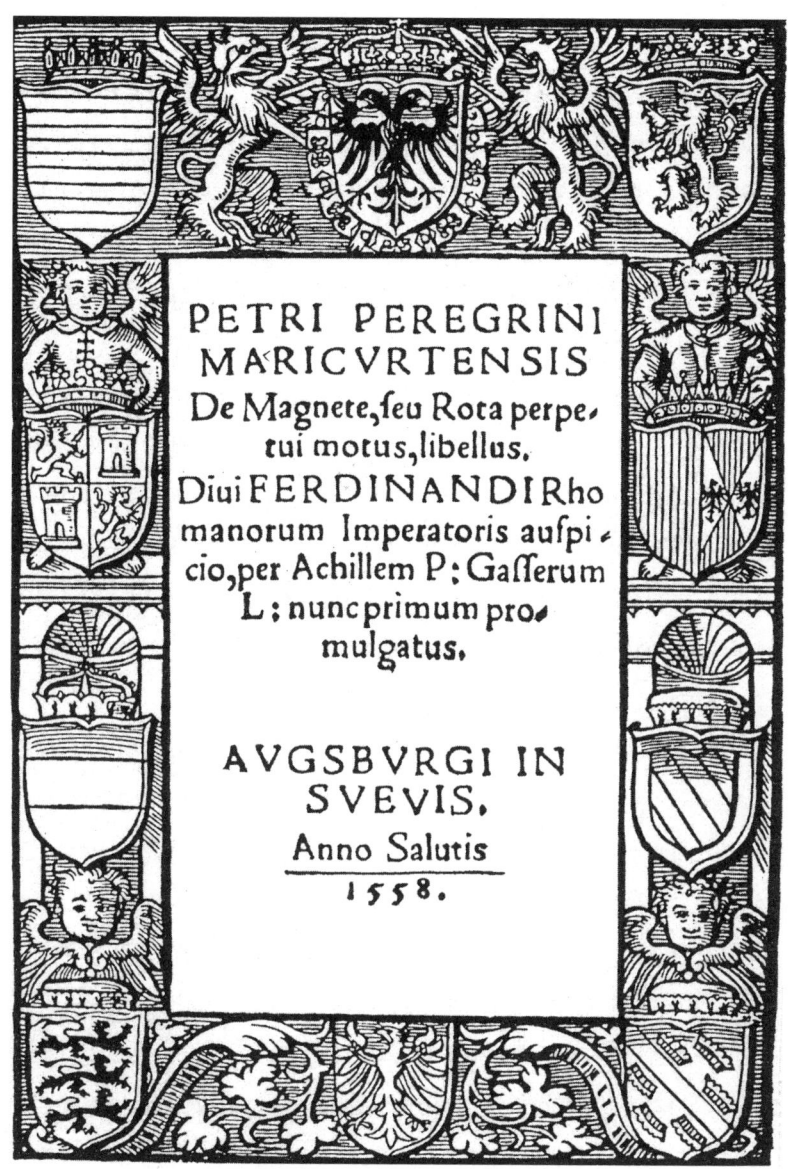

〈그림 8.3〉『자기서간』의 표지(1558년 아우구스부르크판).
표제는 『마리쿠르의 페트루스 페레그리누스의 자석 또는 영구 운동하는 바퀴에 관한 서간』.

로 "로저 베이컨의 스승이자, '십자군 병사'인 마리쿠르의 피에르(*페레그리누스를 말함)는 십자군 원정에서 아라비아 사람들로부터 자기작용과 나침반에 관한 지식을 직접 얻어 프랑스로 가지고 돌아와 그것을 1269년 『자기서간』을 통해 유럽에 제시했다"고 썼다.[12] 하지만 페레그리누스가 자기작용이나 나침반에 관한 지식을 아라비아 사람에게서 직접 배웠다는 증거는 아직까지 발견되지 않고 있어, 그렇게 단정하는 것은 지나친 면이 있다.

페레그리누스가 자석 연구를 시작한 동기가 이슬람 문화와 접촉한 데 있다는 것은 충분히 추측할 수 있다. 그렇지만 그것이 페레그리누스가 자석이나 나침반에 대한 구체적인 지식을 이슬람 사회로부터 배웠다는 것을 의미하지는 않는다. 그가 이슬람 문화에서 흡수한 것이 있다면 그것은-어디까지나 추측이지만-당시 유럽에는 없었던, 자연현상에 대한 새로운 접근 방법이 아니었을까. 크롬비는 "아라비아인들의 사고를 특징짓는 뿌리 깊은 전통은 자연계의 모든 문제에 대한 특수한 접근 방법"이라면서, 그것은 "자연의 어떤 측면이 신의 도덕적인 목적을 가장 선명하게 드러내는지를 알아내는 것도 아니며, 성서에 기록된 사실이나 일상 경험의 세계에서 마주치는 사실을 합리적으로 설명할 수 있는 자연적 원인이 무엇인가를 찾는 것도 아니다. 오직 어떤 지식이 자연을 지배하는 힘을 주는가라는 데 있다"[13]라고 했다. 『자기서간』에 관한 한 페레그리누스가 자석을 연구한 진정한 동기도, 근본적인 새로움도 바로 그 점에 있었다.

『자기서간』의 입장이 근대적이고 중세 기독교 사회의 정신세계를 초월하고 있는 것처럼 보이지만, 그것 역시 자신을 만들어낸 기반이 존재하는 것이며 시대적 배경 속에서 이해하지 않으면 안 되는 것이다. 린 화이트에 따르면 13세기의 유럽 기술자들은 중력으로 움직이는 시계를 제작하는 데 사로잡혀 있었다고 한다.[14] 동력의 문제는 기술자들의 공통 관심사였다. 그렇기 때문에 페레그리누스도 인정하듯이 당시 영구운동기관을 고민한 기술자는 그 이외에도 있었다.

기술사학자 짐펠(Gimpell)에 따르면 이 시대에는 웅장한 대성당이 많이 건설되었는데 11세기 로마네스크 양식의 거대한 석조 교회가 건축된 이래 13세기에 고딕 양식으로 전성기를 맞기까지 프랑스에서는 대성당이 80개, 대교회가 500개, 교구 교회가 수만 개에 이르렀다고 한다.[15] 동시에 성(城)을 세우는 것이 붐이던 시대이기도 했다. 따라서 당시 건축 기술자라면 상당한 학식과 기술을 익혀야 했다. 그러한 건축 기사의 한 사람으로, 페레그리누스와 같은 고향인 피카르디에서 동시대에 태어난 빌라르(Villard de Honnecourt)가 그린 '화첩(畵帖, Carnet)'이 남아 있다. 이 화첩은 원래 자신을 위해 만든 스케치북이었으나 동료나 제자가 사용할 수 있는 참고서나 지시서로 만들려고 여백에 설명을 첨가한 것으로, 건축물뿐 아니라 인체나 사자 등 동물의 데생, 수력을 동력으로 하는 톱이나, 기계 장치로 된 장난감 그림 등이 수록되어 있다. 이것들이 실제로 사용된 것인지 단지 아이디어 차원인지는 확실치 않으나 흥미로운 그림들이 아닐 수 없다. 그 중에는 "장인들은 차가 스스로 움직이도록 하는 것에 대해 며칠간이나 논했다. 여기에 몇 개의 목퇴(木槌, *나무로 된 방망이)나 수은을 사용한 방법을 선보인다"라고 설명을 달고, 중력을 동력으로 삼아 영구운동을 하는 바퀴의 그림이 그려져 있기도 하다.[16]

고대의 권력자들처럼 엄청난 수의 노예노동에 더 이상 의존할 수 없게 된 당시에는, 새로운 동력원의 개발과 새로운 동력 장치의 고안이 적어도 기술에 종사하는 자들 사이에서는 폭넓게 관심을 끌었고, 강하게 의식되었던 것 같다. 비슷한 시기에 로저 베이컨이 썼다고 전해지는 『마술의 무효(無效)에 대하여』라는 책이 있다. 이 책은 "자연이 강력하고 놀랍다고 해도 자연을 도구로 사용하는 기술은 그보다 더 강력하다"라고 시작한다. "단 한 명이 조종할 수 있으며, 조타수들이 가득 차 있을 때보다도 더 빨리 나아가는 항해용 대형선박을 만들 수 있다. 동물의 힘을 빌지 않고도 믿을 수 없을 만큼 빠른 속도로 움직이는 운송기관도 만들 수 있다"라는 것처럼 미래의 기술을 예상하는 글이 몇 가지 남아 있다.[17] 이것을 정말 베이컨 본인이 썼는지는 의문이지만 설사 다른 사람이 썼을지라도 이 시대에 새로운 동력원을 구상하는 무명의 기술자가 베이컨 이외에도 더 있었다는 것을 시사한다. 린 화이트의 지적처럼 베이컨은 "고독한 몽상가로서 말하는 것이 아니라, 당시의 기술자들을 대표해서 말하고 있는 것"이다.[18]

실제로 유럽에서는 이 시대에 에너지 사용량이 급속히 증가했다. 11세기 이후 많은 수차(水車, *높은 곳의 물이 낙하할 때 물의 위치에너지를 이용하여 기계적 동력을 얻는 회전형 원동기)가 만들어지고 사용 가능한 에너지량이 비약적으로 증대된 것에서 알 수 있다. 10세기에서 13세기에 걸쳐 프랑스의 특정 지역의 수차의 수가 다음의 〈표〉에 나와 있는데[19] 특히 13세기에 페레그리누스와 빌라르의 출생지인 피르칼디에서 수차 수가 현저히 증가했다.

수차 수의 증가와 함께 수차의 적용 범위도 크게 늘었다. 제분(製粉)이나 제재(製材) 외에도 축융(縮絨, *털섬유를 압축하는 것)이나 단철(鍛鐵, *무쇠에 공기를 통하고 산화철을 섞어서 탄소를 감소시키는 것)에 수차를 이용했다는 증거가 11세기에 나타난다.[20] 또 철의 역사를 다룬 책을 보면, 12세기 말에 '제철(製鐵) 수차'가 등장하고, 13세기 이후엔 쇄광(碎鑛)이나 제련(製鍊) 공정에도 사용돼 철 생산량이 비약적으로 늘어나게 된다.[21] 그래서 군사 분야는 물론 농기구에서 말굽에 이르기

〈표〉 프랑스에 있어 수차의 가동수

세기	오브 (Aube)	오베트 (Aubette)	포레 (Forez)	피르칼디(시기)	로벡 (Robec)	루앙 (Rouen)
10					2	
11	14	1		40(1080년)		1
12	60	3	1	80(1125년)	5	5
13	200	6	80	245(1280년)	10	6

까지 다양한 분야에서 철을 사용하게 된다.

이와 같이 그 시대에는 여러 산업 분야에서 기술 혁신의 파도가 밀어닥치고 그것을 담당하는 계층으로서 높은 지적 관심을 가진 기술자, 지식층이 출현했다.

12세기 무렵까지 유럽은 기본적으로 농경사회였다. 수도원을 별도로 놓고 생각하면 농촌에서 일하는 농민과 성채 속에서 군대생활을 하는 봉건 귀족이나 기사들로 구성된 사회였다. 배우지 못한 농민이나 체계적이지 못한 기사들은 대부분 학문이나 문화와는 무관한 존재였다. 학문이나 문화, 모든 정신세계는 극소수의 성직자가 독점하고 있었다. 그러나 12세기에 도시가 부흥과 대학이 형성된 이후 지적인 분야에서 수도원이 수행하는 역할은 비중이 점점 떨어져 성직자들에 의한 지식의 독점도 붕괴돼 갔다.

13세기에는 대학에서 '자유학예'를 배우고 사회의 기술적 요청에 응할 수 있는 전문가로서의 실력을 지닌, 지식을 생계수단으로 삼는 새로운 계층으로서의 도시 시민이 등장하게 된다.[22] 페레그리누스는 어쩌면 그런 세속의 지식인 또는 기술자 중의 한 사람이었을지 모른다. 『자기서간』에서 보이는 실증적이고 실용주의적인 연구 태도는 그 시대의 일반적인 사상 상황에서 보면 매우 선구적이었지만, 그렇다고 해서 사회로부터 완전히 초월해 있었던 것은 아니었다. 지금이야 그 힘이 크게 줄었지만, 당시 크게 대두하고 있던 도시민들의 관심과 심성-한마디로 말해 '부르주아 기질(esprit bourgeois)'-을 페레그리누스가 구현하고 있었던 것이다.

장 드 생 타망

페레그리누스는 자석에 대한 교묘한 실험으로 자석의 극을 발견하고, 자석의 힘과 극성을 연관시켰을 뿐 아니라 자석이 항상 쌍극자로서 존재한다는 것을 밝혀냈다. 또 같은 극끼리는 척력이, 다른 극끼리는 인력이 작용하는 것은 쌍극자로서의 자석이 서로 결합했을 때 동형성을 보존하기 위한 것이라고 설명했다. 그러나 자화가 일어나는 과정이나 근거, 즉 왜 자석의 남극에 접한 철은 북극의 성질을 나타내고, 북극에 접촉한 부분은 남극의 성질을 가지게 되는지에 대해서는 만족할 만한 설명을 제시하지 못했다. 하지만 원래 페레그리누스의 『자기서간』은 자력을 실제적으로 응용하는 것이 주목적이었기 때문에, 자기유도(자화)에 대해서 특정한 관점이 담긴 합리적인 해석이나 정합적인 설명을 읽어내려는 것은 무리이다.

이 점을 '아리스토텔레스의 인과성의 도식'-즉 자석은 철안에 잠재한 자기적인 성질(磁性)을 현실화해 수동적인 철을 자석으로 동화시키는 능동적 작용자이다-에 근거해 이론화한 인물이 13세기 후반 파리에서 의료에 종사한 것으로 알려진 장 드 생 타망(Jean de St. Amand)이다. 그가 쓴 『니콜라의 해독제 *Antidotarium Nicolai*』에 그와 관련한 구절이 있다. 장 드 생 타망을 발굴해 소개한 손다이크의 논문[23]에 의지해 살펴보자.

장도 베이컨이나 페레그리누스처럼 자석에 동서남북이 있다고 보았다.

나는 자석(adamas) 속에는 세계의 흔적(vestigium orbis)이 존재한다고 믿는다. 왜냐하면 자석에는 서(西)의 성질을 나타내는 부분이 있고, 또 동(東)의 성질을 가지는 부분, 북의 성질을 가지는 부분, 남의 성질을 가지는 부분이 있기 때문이다. 이 가운데 남북의 방향이 가장 강하게 끌어당기며 동서 방향의 인력은 약하다. 따라서 자석에서는 양극의 힘(virtus polorm)이 더 강하다. 이 점은 선원들도 잘 알고 있는 사실이다.

여기서 '세계(world)'라고 번역한 'orbis'에는 '원' 이외에 '천구' 및 '지구'라는 의미가 있으며, 이것을 '지구'라고 해석하면 300년 후 길버트의 주장을 앞서 보여주는 셈이다. 그러나 전후 문맥을 볼 때 'orbis'는 '천구(coelum)'라는 의미로서 '세계(mundus)'를 가리킨다고 생각된다. 장도 자석을 하나의 소우주로 보았던 것이다.

그렇지만 자석이 동서남북을 가지고 있다는 견해가 베이컨의 주장에 직접적으로 영향을 받은 것인지, 당시 일반적으로 폭넓게 받아들여지던 사실인지는 분명하지 않다. 그러나 장은 동서 방향에 비해 남북 방향의 힘이 더 강하고 지배적이라고 함으로써 실질적으로는 페레그리누스의 자극(磁極) 개념을 – '극(polus)'이라는 용어도 포함해 – 받아들이고 있다.

장이 남북을 구분하는 방법도 페레그리누스와 같아서 자유롭게 회전할 수 있도록 했을 때 북을 향하는 것이 북극, 남을 가리키는 것이

남극이라고 여겼다. 장이 페레그리누스의 『자기서간』을 읽었다는 건 틀림없는 것 같다.■

그런데 철의 자화, 즉 자석의 북극에 접한 바늘이 반대로 남극의 성질을 띠는 것에 대해 장은 이렇게 설명한다.

한쪽은 남의 성질을 가지고 다른 쪽은 북의 성질을 가진 하나의 자석이 있을 때, 그 옆에 바늘 하나를 놓아보자. 그러면 바늘의 한쪽 끝은 자석의 이쪽 끝에 접하고, 다른 쪽 끝은 자석의 다른 쪽 끝에 접한다. 이때 바늘 끝으로 그것이 접한 [자석] 부분의 역능(virtus)이 흘러들게 된다. 이 때문에 만약 바늘의 끝부분이 자석의 남의 끝에 접하고 있으면, 남의 역능이 유입한다. 이어서 바늘을 높이 들어 올려보자. 그러면 자석으로부터 자석 위에 있는 바늘 전체를 향해 흐름이 존재하므로 당초 남의 역능이 존재했던 바늘의 끝부분은, 자석에서 바늘 전체를 통해 흐르는 것에 부응하여 북의 성질로 바뀔 것이다.

크롬비는 장의 논의를 '패러데이와 맥스웰의 역관(Faraday's and Maxwell's tubes of force)'과 유사하다고 보고 있으나[27] 그것은 너무 지나친 평가다. "이것은 양극과 음극, 전류의 개념에 근접한 것처럼 보인다"는 손다이크의 평가도 잘못된 추측이라 하지 않을 수 없다. 뿐만 아니라 장의 논의가 제대로 된 설명인지, 설명이 된다면 그것은 납득할

■ 손다이크는 장의 전성기를 1261~1298년이라 했고, 크롬비는 장과 페레그리누스가 단지 '동시대' 인이라 했으며.[24] 린 화이트는 장이 이 글을 썼을 때 페레그리누스의 실험이 알려져 있었다고 한다.[25] 『자기서간』에 대해 "이 책에는 완전히 새로운 것이라고는 거의 없다"고 하면서 페레그리누스는 그때까지 알려져 있던 사실을 통합한 데 지나지 않는다고 주장하던 스미스는 장의 책이 『자기서간』보다 "아마 앞설 것 (possibly earlier)"이라고 했으나 그 근거는 대지 않았다.[26] 장이 베이컨뿐 아니라 페레그리누스의 영향도 받았다고 보는 것이 타당하지 않을까.

만한 것이지, 이런 점에 대해서도 다른 의견이 있을 수 있다. 하지만 적어도 자화현상에 설명하지 않으면 안 되는 문제가 잠재해 있다는 것을 간파한 것은 분명하며, 그 점에서 장의 지혜가 돋보인다.

한편 장은 페레그리누스와 달리 남극끼리, 북극끼리의 척력을 인정하지 않는다. 자석의 남극은 실제로는 자석이나 자침의 북극을 끌어당기고 있으며, "북의 부분을 끌어당기기 때문에 마치 남의 부분을 밀어내는 것처럼 보일 뿐이다"라고 말하고 있다. 다시 말해 현실에는 인력만이 존재한다는 것이다. 실제로 다음에서 보듯이 그의 이론으로 설명할 수 있는 것은 인력뿐이다.

장은 자력이 인력만 가지는 이유에 대해 "유사성을 증식시킴으로써, 자석의 형상(forma adamantis)을 통해 완전한 것으로 되어야 하는, 철 속에 불완전하게 존재하고 있던 가능적 능력을 자석이 자극하기 때문"이라고 본다.

남의 부분은 북의 특질과 본성을 가진 부분을 끌어당긴다. 왜냐하면 둘은 동일한 형상(形象)적 형상(形相)을 가지고 있지만, 남의 부분에는 보다 완전한 형태로 존재하는 성질이 북의 부분에는 잠재적으로밖에 존재하지 않고, 그것〔끌어당김〕으로 그 잠재성이 완전한 것으로 변하기 때문이다.

물론 이것은 작용받는 쪽에 미리 잠재해 있던 성질을 작용자가 현실화시킨다는 아리스토텔레스의 도식에 근거하고 있다. 또 "이 같은 현상에서 유사한 것이 유사한 것에 끌어당겨지지 않는 까닭은, 현실에서는 동일한 형상(形象, form)이나 형상(形相, species)을 가진 부분이 다양한 성질을 가지는데, 한쪽이 완전하고 다른 쪽이 불완전한 경우 그로 인해 인력이 생기기 때문이다"라고 한 데서 알 수 있듯이 '유사한 것은 유사한 것을 끌어당긴다'는 테제가 베이컨의 경우와 마찬가지로 아리스토텔레스의 도식에 근거하고 있다.

그러나 장의 논의는 그 도식이 척력에 대해서는 전혀 무력하다는 것을 동시에 나타낸다. 적어도 서로 다른 극 사이에서는 인력이, 같은 극 사이에서는 척력이 작용한다는 것을 인정한 페레그리누스의 관측으로부터 장은 크게 후퇴하고 있다. 토마스 아퀴나스가 아리스토텔레스-스콜라철학을 확립한 바로 그 시점에서, 아리스토텔레스 자연학이 자연에 대한 실험적 연구와는 어긋날 수 있다는 것이 벌써부터 드러나게 된 것이다.

※ ※ ※

페레그리누스는 자석이 남북의 극을 가진 쌍극자라는 것, 그리고 같은 극끼리는 반발하고 다른 극끼리는 끌어당긴다는 것을 실험을 통해 증명해 보임으로써 실증적인 자석 연구를 향한 첫걸음을 내디뎠다. 이처럼 13세기 후반에는 토마스 아퀴나스가 아리스토텔레스 철학에 주어진 권위와 합리적인 자연 연구가 반드시 성서와 모순되지는 않는다는 것을 보이고, 로저 베이컨이 경험학을 제창하면서 실용성을 강조하고, 페레그리누스는 실험적 연구를 시작했다. 유럽은 비로소 디오스코리데스와 플리니우스 이후 자력과 자기를 둘러싼 중세의 신비적이며 미신적인 언설들로부터 탈피할 기회를 맞게 된 것이다.

그러나 "13세기는 개혁의 조짐을 보이면서 바로 막을 내리게 된다." [28] 이들을 이어받는 자기학의 발전은 적어도 14, 15세기에는―다음 장에서 볼 니콜라우스 쿠사누스가 유일한 예외이다―나타나지 않았다.

페레그리누스의 자력론에는 자석의 지북성이 거론되긴 하지만, 그

현상과 관련해 지구가 이행하는 역할에 대한 인식은 결여되어 있었다. 자석에 미치는 지구의 영향을 명확히 알기 위해서는 지구 그 자체의 발견, 즉 대항해 시대를 거치고, 지구를 불활성적이고 움직임이 없는 땅덩어리로 보는 이전까지의 자연관에서 벗어나는 전환이 필요했다. 그것은 계속된 가뭄으로 식량 위기가 나타나고 페스트가 창궐해 유럽이 장기간에 걸쳐 피폐하고 정체하게 되는 14세기와 15세기 전반을 빠져나와야 겨우 시작된다. 시대는 중세에서 르네상스로 옮겨간다.

제2부

- **9장** 근대적 세계상-쿠사누스와 자력의 양화量化
- **10장** 고대의 재발견과 전기 르네상스의 마술사상
- **11장** 대항해 시대와 편각의 발견
- **12장** 자연과학의 새로운 주인공, 로버트 노먼과 『새로운 인력』
- **13장** 과학혁명의 여명, 16세기 문화혁명과 자력의 이해
- **14장** 파라켈수스의 화학철학과 자기(磁氣)치료
- **15장** '숨겨진 힘'을 찾아서-후기 르네상스 마술사상
- **16장** 근대 자연과학을 향하여-델라 포르타와 『자연마술』

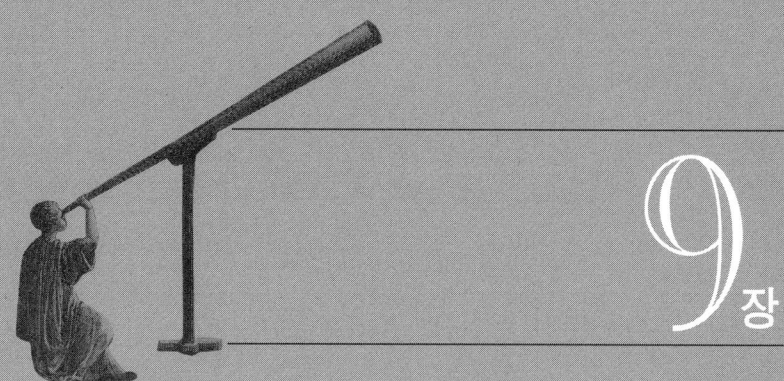

9장

근대적 세계상
쿠사누스와 자력의 양화(量化)

"르네상스 철학을 하나의 체계적인 통일로 파악하려는 모든 고찰은 그 출발점을 니콜라우스 쿠사누스에 두어야 한다"고 독일의 철학자 카시러는 지적한다. 그는 지구가 운동할 수 있다는 점을 지적했으며, 처음으로 힘-중력과 자력-에 대한 정량적 측정의 중요성을 제기하였다.

니콜라우스 쿠사누스와 『지혜로운 무지(無知)』

독일 철학자 에른스트 카시러(Ernust Cassirer)는 저서 『르네상스 철학에서 개체와 우주*Individuum und Kosmos in der Philoshphie der Renaissance*』에서 "르네상스 철학을 하나의 체계적인 통일로 파악하려는 모든 고찰은 그 출발점을 쿠사누스에 두어야 한다"고 했다. 또 그의 대작 『근대 과학과 철학에서 인식의 문제*Das Erkenntnisproblem in der Philosophie und Wissenschaft der neueren Zeit*』도 "근대 철학의 토대를 닦은 선구자"인 쿠사누스에서 시작한다.[1] 역시 독일 출신인 크리스텔러(Paul Oscar Kristeller)는 쿠사누스를 '르네상스-플라톤주의자'로 규정하면서 이후 피치노나 피코 델라 미란돌라(Pico della Mirandola, 14463-1494)로 이어지는 흐름의 선두에 그를 위치시킨다.[2]

이에 반해 프랑스의 역사가 자크 르 고프(Jacques Le Goff)는 쿠사누스를 "중세의 마지막을 장식한 위대한 스콜라적 체계의 수립자"로 규정하고 있다.³ 프랑스의 알랭 드 리베라(Alian de Libera)의 『중세철학사 Le Philosophie Medieval』 역시 니콜라우스 쿠사누스로 끝난다. 요컨대 근대의 시발이 아니라 중세의 종점으로 그를 위치시키는 것이다.

방대한 저서인 『마술과 실험과학의 역사 History of Magic and Experimental Science』를 쓴 미국의 손다이크는 "독일 연구자들이 니콜라스의 이름을 전면에 내세우는 이유는 근대 철학의 창시자로서 영국이 프랜시스 베이컨을, 프랑스가 데카르트를 각각 내세우는 데 대해 (*독일인 입장에서 쿠사누스가) 이들보다 시기적으로 앞섰다는 점을 보이기 위한 것으로 생각된다"며 냉정하게 바라보았다.⁴ 지나치다 할 만큼 핵심을 찌른 감이 있지만, 그런 비아냥거리는 관점에서 본다면 영국의 버트란트 러셀이 쓴 엄청난 분량의 『서양 철학사 The History of Western Philosophy』에 니콜라우스 쿠사누스의 이름이 아예 한 번도 등장하지 않는 것을 전혀 이해 못할 바도 아니다.

그러나 철학사나 사상사에서 어떤 위치를 차지하는지는 제쳐두더라도, 우리들이 탐색하는 힘 개념의 변천과 발전이라는 측면에서는 쿠사누스가 결정적인 전환점에 있었던 것은 분명하다.

니콜라우스 쿠사누스는 1401년 모젤(Moselle) 강가의 쿠스(Cues)에서 사공의 아들로 태어났다. 그런 그가 어떤 경위를 통해서인지는 정확하지 않지만, 영주의 보살핌으로 기독교 신비주의의 영향 아래 있던 네덜란드의 학교에 들어가게 된다. 이어 하이델베르크 대학과 파두아 대학에서 공부한 다음, 교회법으로 법학 학위까지 얻게 된다. 이후 신학 연구를 계속해 1430년엔 성직에 종사하고, 1432년 바젤 공회의(Basel Concillium)에도 출석하게 된다. 로마 입장에서 보면 변경이라 할 수 있는 독일의 한 가난한 시골, 그것도 사공의 아들이 여기까지 오른 것은 중세 가톨릭교회의 상식으로는 생각할 수 없는 대단한 성공이었을 것이다. 유난히 운이 좋았기 때문이기도 할 것이며, 유례가 드문 그의 능력과 사람됨과 학식 때문이기도 하겠지만 무엇보다 당시 큰 혼란에 빠져 있던 가톨릭교회가 난국을 구할 유능한 인재를 애타게 기다렸다는 점이 크게 작용했다. 사실 14세기에는 계속되는 가뭄과 반복되는 페스트의 유행으로 유럽 인구가 격감하고 사회가 피폐해졌다. 이런 때에 가톨릭교회는 외적으로는 터키의 군사적 위협에 노출돼 있었고 내적으로는 아비뇽 유수(Avignonese Captivity, 1309-1377, *프랑스 국왕 필립 4세가 교황과 대립하자 1309년 교황청을 아비뇽으로 옮기고 교황 클레멘스 5세를 유폐시킨 사건. 교황의 권력이 쇠퇴하는 결정적인 계기가 된다)에 이은 서구 교회의 대분열(1378-1417), 후스파의 반란(1419-1436) 등으로 권위가 실추하고 조직이 쇠퇴-나아가 기독교 사회 전체의 존망의 위기-해 심각한 고민에 빠졌다. 근본적으로는 봉건제도가 포화점에 달해 중세적 질서가 와해되는 국면으로 돌입한 것으로 볼 수 있을 것이다. 바젤 공회의는 가톨릭교회가 빠진 그와 같은 곤경 속에서 개최되었다. 쿠사누스는 교회의 지도력을 회복하기 위해 분투했고, 예리한 언변으로 "교황의 헤라클레스(the Hercules of the Pope)"라고 불리게 되었다.

그 후 그는 역대 교황을 섬기고 1437년에는 터키로부터 군사적으로 위협받고 있던 콘스탄티노풀로 가 동서 기독교의 통일을 위해, 동방교회가 공회의에 출석할 것을 요청한다. 그리고 페라라(Ferrara)의 공회의를 개최하기에 이른다. 이때 그는 비잔틴 사회에 전해지고 있던 귀중한 문헌을 다수 입수했고, 돌아오는 길에는 동행했던 플라톤주의자 게미스투스 플레톤(George Gemistus Plethon)과 동로마제국의 귀족 베사리온(John Bessarion) 등으로부터 신플라톤주의 철학을 배웠다. 그

후에도 쿠사누스는 교황 특사 자격으로 마인츠, 프랑크푸르트, 뉘른베르크 등 독일 각지를 방문했으며, 1450년에는 추기경에 임명돼 티롤 지방의 브릭센(Brixen, 브레사노네)의 사제가 되었다. 1450년 말부터는 독일과 그 주변의 교회, 수도원의 개혁을 위해 2년 가까이 여행을 하고 1464년에 세상을 떠났다.⁵

경력에서 알 수 있듯이 쿠사누스는 아카데믹한 학자는 아니었다. 그는 정치인의 한 사람이었고 교황의 심복과 같은 존재로서 가톨릭교회 조직을 위하여 생애를 바쳤다. 그런 업무만으로도 바쁠 수밖에 없었다. 게다가 로마로부터 독일이나 그 주변 지역으로의 여행은 오늘날엔 상상할 수 없을 만큼 힘든 여정이었을 것이다. 그럼에도 그는 격무를 완수하면서 한편으로는 연구와 사색을 계속했다. 그의 많은 저서는 그런 업무 사이에 짬을 내서 써낸 것이다. 그렇게 생각하고 그의 저서를 읽으면 확실히 번잡한 스콜라주의를 벗어나 있을 뿐 아니라, 신비주의적인 언설 곳곳에 근대적이며 합리적인 정신이 반짝거려 고개를 끄덕이게 된다.

물론 쿠사누스의 사상에는 기독교가 확고한 축으로 일관하고 있다. 그러나 동로마제국에 대한 터키의 군사적 압력이 높아지는 가운데 완성한 『신앙의 평화 De Pace Fidei』에는 현실 세계에서는 "종교 때문에 아주 많은 사람들이 서로 무력을 사용해 다른 사람들이 오랫동안 신봉해온 가르침을 부인하거나, 폭력을 써서 자신의 믿음을 강요하거나 심지어 죽이기까지 한다"면서, 그럼에도 "다행스럽게 서로 일치할 수 있다면, 더구나 목적에 적합한 정당한 수단을 통한다면, 그 일치를 통해 종교 속에서 영속적인 평화를 확립할 수 있다"라고 단언하고 있다.⁶ 근대적인 종교적 관용에 찬 주장이며, 적어도 여기서는 중세 가톨릭의 편협한 배타성이나 이교에 대한 편견에 찬 적개심은 보이지 않는다.

〈그림 9.1〉 니콜라우스 쿠사누스의 초상과 『지혜로운 무지』의 첫 부분.

그의 신학 사상은 콘스탄티노플에서 돌아오던 선상에서 착상을 한, 주저 『지혜로운 무지 De Dicta Ignorantia』에서 전개되고 있다.[7]

쿠사누스에게 신은 "단순하면서 절대적으로 최대의 것"이며, 따라서 "대립물의 일치"이다. 왜냐하면 가장 큰 것(최대)은 가장 작은 것(최소)과 일치하기 때문이다. 예를 들어 무한한 원이 무한한 직선과 일치하는 것에서 알 수 있다. 바꾸어 말하면 신은 '무한의 진리'이다.

이 책에서 그는 신의 존재가 아니라 신의 인식을 문제로 삼는다. 인식에 대한 그의 기본적인 관점은 "탐구자는 모든 불확실한 것을, 이전의 확실한 것들과 비교해 비례적으로 판단한다. 때문에 어떠한 탐구도 모두 비율(proportio)을 수단으로 삼는 비교적인 탐구"(I-1, p.194)라는 것이다. 따라서 이미 알고 있는 사실과 비교하는 유한한 사고 과정을 통해서 사물을 알 수밖에 없는 우리 인간의 지성으로는, 무한한 신, 절대적인 진리에는 도달할 수가 없다고 지적한다. 왜냐하면 "무한한 것과 유한한 것 사이에는 비율이 존재하지 않기"(I-3, p.200) 때문이다. 그래서 "진리의 엄밀함은 우리가 가진 무지의 어두움 속에서, 파악될 수 없는 방법으로 빛나고 있다"(I-26, p.296)는 것이다. 그리고 이 사실을 자각하는 것, 또는 무지(無知)에 철저함으로써 무한한 신에 다가갈 수 있는 것이야말로 '지혜로운 무지'라고 여겼다.

쿠사누스의 우주론

이와 같은 논의가 당시 유럽의 신학 사상에서 어떤 위치를 차지하고 어떤 역할을 했는지를 다루는 것은 필자의 능력을 벗어나므로 깊이 들어가지 않겠다. 그러나 절대적인 진리에 도달할 수 없다는 주장이 인식의 상대화로 이어진다는 점은 기억해 두기로 하자.

자연관이나 세계상과 관련해 『지혜로운 무지』가 제시하는 아주 중요한 논점은, 첫째 쿠사누스가 신에 이어서 우주도 무한한 것으로 파악했다는 점이며, 둘째로는 자연을 인식하는 데 수(數)가 중요하다는 사실을 주장했다는 점이다. 첫째 논점은 코페르니쿠스 이후 조르다노 브루노(Giordano Bruno)와 토머스 디그스(Thomas Digges)가 내세운 지동설과 무한 우주설을 일부 앞지른 것이며, 둘째 논점은 케플러와 갈릴레이 이후 형성되는 수리과학을 예감케 한다.

첫째 논의와 관련해 쿠사누스는 "우주는, 단순하고 절대적이며 신적인 존재로부터 내려온 피조물"이라면서 '우주는 한계가 없는 것이다. 왜냐하면 우주의 한계를 결정짓는, 우주보다 큰 것은 현실적으로 존재할 수 없기 때문이다"(II-1, p.320)라고 주장했다. 우주의 무한성에 대한 이 주장은-종교적인 함의는 별도로 하더라도-물리학적으로 큰 의미가 있다. 무한한 것에는 중심이 있을 수 없으므로 쿠사누스의 주장은, 우주에는 중심이 있어 거기에 지구가 정지하고 있다는 아리스토텔레스와 프톨레마이오스의 우주상과 근본적으로 대립한다.

그것이 땅이든 공기든 불이든 다른 무엇이든 간에, 그것들이 우주의 고정된, 움직이지 않는 중심에 존재하는 것은 불가능하다.……따라서 중심일 수 없는 지구가 어떤 운동도 하지 않는다는 것은 있을 수 없다.……지구가 세계의 중심이 아닌 것처럼, 모든 항성 천구는 세계를 감싸는 둘레가 아니다.……이런 사실들로부터 지구가 운동하는 것은 자명해진다.(II-11, p.390-4)

물론 이 주장은 독특한 사변에 의한 것으로, 구체적인 경험을 따르는 것도 아니고 현실을 관측해서 얻은 사실도 아니다. 더구나 아리스토텔레스와 프톨레마이오스의 체계를 대신하는 새로운 우주상을 제창하는 것도 아니다. 지구의 운동 가능성을 제기하지만 구체적으로 어떤 운동인지도 이야기하지 않는다. 그런 의미에서 위의 논의를 코페르니쿠스의 지동설에 대한 선구적인 관점이라고 보는 것은 곤란하다. 그러나 지구가 운동할 수 있다는 가능성을 지적했다는 점, 아니 지구가 절대 정지 상태에 있다는 것을 부정했다는 점이야말로 근대적인 세계상을 향한 아주 중요한 첫걸음이라는 것은 인정해야 한다.

지동설에 대한 가장 통속적이며, 때문에 더욱 강고한 반론은 우리의 감각에는 지구의 운동이 감지되지 않고 그래서 지구의 운동은 우리의 일상 경험에 반한다는 것이다. 하지만 쿠사누스는 운동의 상대성을 통해 이를 명쾌하게 반박했다.

이 지구가 사실은 운동하고 있다는 것은 이제 우리에게 명백해졌다. 이는 보이지 않지만 확실한 사실이다. 왜냐하면 우리가 운동을 파악하는 것은 오직 고정된 어떤 것과의 비교를 통해서이기 때문이다. 만약 누군가가 물 한가운데 뜬 배 안에 자리를 차지하고 있다고 하자. 만약 그가 물이 흐르고 있다는 사실을 모르고, 또 물가도 보지 않는다면 어떻게 해서 그는 배가 운동하는지를 알게 되겠는가.(II-2,p.396)

쿠사누스가 『지혜로운 무지』를 완성한 때는 1440년으로, "절대적인 운동은 존재하지 않는다"(II-10,p.388)라는 이 주장은 조르다노 브루노보다는 1세기 반, 갈릴레이보다는 거의 2세기나 앞선 것이다. 브루노가 1584년에 쓴 『무한, 우주와 모든 세계에 대하여 *On the Infinite Univers and World*』에는 "우리는 무언가 어떤 고정된 것과 비교하지 않으면 운동을 알 수가 없다. 빠르게 흘러가는 배에 탄 사람이 물이 흐르는 것도 모르고, 물가도 눈에 보이지 않는다고 하자. 그러면 그 사람에게 배의 운동은 감지되지 않을 것이다. 우리의 의심은 이런 사실로부터 시작되었고 지구가 정지한 채 움직이지 않는다는 것도 의심하게 되었다"라고 적혀 있다.[8] 쿠사누스의 영향을 단어 하나하나에서 확인할 수 있다.

지구와 천구의 회전운동이 상대적이라는 논점 자체는 그 앞 세기에 오렘(Nicole d'Oresme)이 제기한 적이 있다. 그러나 오렘은 결론적으로는 지구의 운동을 받아들이지 않았다. 자연학적으로는 지구의 회전을 천구의 회전과 같이 받아들일 수 있으나, 신학적인 근거에서 볼 때는 지구가 정지해 있다고 생각해야 한다고 결론 지은 것이다.[9] 이에 반해 쿠사누스는 우선 신학적 근거에 의지해 우주의 무한성을 주장한 뒤, 지구가 운동하는 것은 그 논리적 귀결로서, 부정할 수 없는 사실이라고 말했던 것이다.

쿠사누스의 우주가 무한하다는 주장은, 지구상에서 무거운 물체가 낙하하는 것을 우주의 유일한 절대 중심을 향한 자연스러운 운동이라고 보았던 아리스토텔레스의 견해와 그 배후에 있던 우주의 위계적 질서를 부정하는 것이었다. 쿠사누스는 "어떤 것 속에서도 부분은 전체를 향한다"(II-13,p.414)라면서 지상에서는 무거운 물체가 지구를 향해 낙하하듯이 태양 표면에서는 무거운 물체가 태양을 향해 떨어지고, 다른 별에서도 마찬가지로 각각의 별을 향해 낙하한다고 주장했다. 쿠사누스의 주장은 그에게 지구란 우주의 중심에 위치하는 유일하고 특별한 별이 아니었기 때문에 당연하다고 할 수 있다.

이것은 지구를 다른 모든 천체와 같은 반열에 놓는 것이기도 했다. 쿠사누스는 "지구가 세계 속에서 가장 천하고 무가치하다 따위로 말하는 것은 진실이 아니다"(II-2,p. 398)라고 결론지었다. 이 구절은 조르다노 브루노가 그대로 인용하게 된다.[10] 그때까지 믿어왔던 아리스토텔레스의 우주는, 달 아래의 세계에서는 흙, 물, 공기, 불의 4원소가 차례대로 밑에서 위로 배열되고, 그 위에 제5원소로 구성되는 천상세계가 존재한다는 식으로 공간적인 계층을 가지고 있었다. 그러나 공간적인 위계뿐만이 아니라, 브루노가 그 대담편에서 아리스토텔레스주의자의 입을 통해 "천체는 신성한 것"이라고 말하게 했던 것처럼,[11] 천한 땅으로부터 상승해 고귀한 하늘에 다가간다는 가치의 위계질서가 결부되어 있었다. 그런 의미에서 아리스토텔레스의 우주 체계는 중세의 신분제 사회의 질서를 그대로 반영했다고 할 수 있다. 그 절대적이며 위계적인 우주를 쿠사누스가 부정한 것이다. 나중에 보게 되지만 1600년에 길버트가 "지구는 통상 생각하는 것처럼 천하고 보잘것없는 물체가 아니다"라고 주장하는데,[12] 여기에도 어휘 사용을 포함해 쿠사누스의 영향이-쿠사누스로부터 직접 받은 것인지 브루노를 통해서인지는 분명하지 않지만-읽힌다. 쿠사누스는 종교를 상대화하고 운동을 상대화하고 위치를 상대화했으며 나아가 천체도 상대화한 것이다. 쿠사누스는 중세 기독교 세계의 말기에 신비주의에 철저함으로써 근대 사상을 예견했다고 할 수 있다.

모든 천체를 상대화함으로써 지구는 (*다른 별들과 마찬가지로) 자기 자신이 힘을 가진 하나의 능동적인 존재가 되었다. 따라서 지구는 다른 별들로부터 일방적으로 영향을 받는 것이 아니라 태양이나 다른 별들에게 영향을 주기도 한다는 점을 인정하는 것으로 나아갔다. 즉 "지구는 훌륭한 별이며 이 별은 빛이나 열 이외의 다양한 영향을 다른 모든 별들로부터 서로 다른 방식으로 받아들이고 있다"라는 것 뿐 아니라 "지구가 하나의 별인 이상 태양과 태양이 미치는 영역에 대해서 앞에서 말한 것과 같이 영향을 주고 있을 것이다"(II-12, p.400f)라고 생각했다. 다른 별에서 지구에 미치는 '빛이나 열 이외의 다양한 영향' 이라는 것은 점성술적인 작용을 가리키는 것일 터이다. 그러나 지구로부터 태양으로의 '역영향(refluentia)'적인 것이 존재한다는 생각은 중세의 점성술에서도 찾아볼 수 없는 관점이었다. 이것이 최초의 언급이었다. 뒤에 길버트에게 영향을 받은 케플러가 '만유인력'의 맹아적 개념으로서 천체들 사이에 작용하는 중력을 말하면서 힘의 상호성, 즉 달이 지구를 당기는 것과 동시에 지구도 달을 당긴다는 '작용, 반작용의 법칙'을 제창했었다. 이것도 쿠사누스의 견해로부터 영향을 받은 것으로 본다면 지나치게 비약한 것일까.

자연인식에서 수(數)의 중요성

앞에서 본 것처럼 쿠사누스는 "어떤 탐구도 비율을 매개로 사용하기 때문에 비교적인 탐구이다"라고 주장하면서 "비율은 어떤 하나의 사물에 관해 그것이 또 하나의 사물과 합치하고 있다는 것을 나타내는 동시에 그것이 또 하나의 사물과는 다른 어떤 것을 나타내므로 수 없이는 온전히 이해할 수 없다. 따라서 수는 비율의 가능한 모든 것을 포함한다"(I-1,p.196)라고 썼다. 사물을 인식하는 데 수의 중요성을 강조한 이 주장의 근거를 쿠사누스는 존재와 인식의 양쪽에서 찾고 있다.

『지혜로운 무지』의 첫머리에는 "수가 없으면 존재하는 것끼리의 다성(多性)은 존재할 수 없다. 왜냐하면 수가 없어지면 사물의 구별, 질서, 비율, 조화, 나아가 존재하는 것끼리의 다성 자체가 없어져버리기 때문이다"(I-5,p.208)라고 돼 있는데, 그 근거를 신의 계획에서 찾고 있다. 즉 "신은 만물을 수(numerus)와 무게(pondus)와 척도(mensura)에 따라 창조했다"(II-13,p.413)는 것이다. 그래서 "각각의 사물은 고유의 수와 무게와 척도를 가지고 스스로 존재하게 된다."(III-1,p.422) 이 말은 원래 성서 외전(外典)인 『솔로몬의 지혜 Idea Solomonis』(11장, 20절)에서 유래하는 것으로, 쿠사누스의 독창적인 의견이라고 할 수는 없다. 실제로 당시에 자주 언급되던 말이었다. 아우구스티누스가 『창세기 주해』에 기록으로 남기기도 했다.[13] 그러나 아우구스티누스는 "수, 무게, 척도를 가시적인 의미로밖에 이해하지 못하는 사람은 노예적인 의미로만 알고 있는 것이다"라면서, 이것을 천상의 세계의 속하는 것으로 파악했다. 또 6세기의 카시오도루스(Cassiodorus)가 쓴 『요강綱要, Institutiones』에는 "창조주인 신은 수와 무게와 척도에 따라 자신이 만든 사물을 질서 있게 배열한다.……악마가 행하는 일은 무게를 통해서도, 척도를 통해서도, 수를 통해서도 질서 지을 수 없다"[14]고 기록돼 있다. 이처럼 그때까지의 기독교 세계에서 수적인 질서는 피안(彼岸)의 것이었고, 수를 통해 질서를 지을 수 있느냐 없느냐 하는 문제는 종교적으로 옳고 그른 것의 관념과 결부되어 있었다.

그에 반해 『지혜로운 무지』에는 "신은 세계를 창조할 때 산술학, 기하학, 음악 및 천문학을 동시에 사용했다. 그래서 우리도 모든 사물이나 모든 원소, 모든 운동의 비율적인 관계를 탐구할 때 이들 학술을 사용한다"(II-13,p.411)라고 돼 있다. 쿠사누스는 수적인 질서를 인간이 지상의 사물을 인식할 수 있는 가능성의 근거로 보았던 것이다. 바로 거기에 쿠사누스의 새로움이 있다.

즉 우리가 외계의 사물을 아는 것은 그(*외계의 사물) 속에서 자신이 가진 사유의 범주를 발견할 수 있을 때인데, 쿠사누스는 그것이 단적으로 수라고 생각했던 것이다. 1450년에 쿠사누스는 『배우지 못한 자의 생각*Idiota*』 3부작으로 『계량실험에 대하여*De Staticis Experimentis*』 『지혜에 대하여*De Sapienria*』『정신에 대하여*De Mente*』를 저술했는데, 이 점에서 이 3부작은 흥미롭다. 『정신에 대하여』에는 인식에서 수가 가지는 의미를 다음과 같이 설명하고 있다.

우리의 정신이 외계를 이해할 때 갖는 범주는 수이다. 즉 수가 없으면 비교(assimulatio)도 이해(notio)도 구별(discretio)도 측정(mensuratio)도 있을 수 없고, 수가 없으면 하나의 사물을 다른 사물과 구별하는 형태의 인식도 있을 수 없다. 왜냐하면 어떤 실체가 다른 실체와 성질과 다르다는 것은 수 없이는 알 수 없기 때문이다.[15]

수(數)야말로 사물을 인식하고 이해하기 위한, 유일하게 확실한 범주인 것이다. 그리고 그가 1460년 무렵 쓴 『현실의 가능한 존재*De Possest*』에는 "이해한다는 것은 유사하게 만드는 것이며 이해 가능한 것을 자기 자신이 지성적으로 측정하는 것이다"라고 기술돼 있다.[16] '정신'이 사물을 아는 것은 '측정하는 것'을 통해서라는 말이다. 쿠사누스에게 지성적인 인식이란, 같은 측량 단위로 환원해 양적으로 일원화하고, 그것에 의지해 정량적으로 측정함으로써만 완수되는 것이었다. 여기서 우리는 고대와 중세의 정성적(定性的)인 자연 이해로부터 근대의 정량적인 자연 이해로의 자각적인 전환을 보게 된다.

그래서 『배우지 못한 자의 생각』 3부작은 신을 인식하는 문제를 둘러싼 심원한 신학 이론이나 철학 이론보다 쿠사누스의 현실 인식에 대한 측면이 우리에게 더 중요하고 흥미롭다. 어떤 가난한 '무학자'와 부유한 '변론가'가 로마의 시장에서 만났을 때 나눈 대화 형식인 『지혜에 대하여』는, 지혜란 고대부터 권위를 등에 업고 전해진 '현자들의 책' 속에 있는 것이 아니라 '신의 책' 으로서의 현실, 즉 시장의 소란스러움과 길거리의 번잡스러움에서 발견할 수 있다는 '무학자'의 주장으로 시작한다. 현실과 접하고 있는 탐구가 책상 위의 학문보다 우월하다는 것을 말하는 것으로, 이것만으로도 막 태동을 시작한 르네상스의 숨결을 느낄 수 있다. 그러나 그 다음 부분이 더 재미있다.

무학자: 당신은 이 시장에서 무엇을 봅니까.
변론가: 저기서는 돈을 헤아리고 있고, 다른 모퉁이에서는 임금을 계산하고 반대편에서는 기름이나 그 밖의 것들의 무게를 달고 있는 것이 보입니다.
무학자: 이것들은 그들의 이성의 활동입니다. 이 이성 덕분에 인간이 짐승보다 뛰어난 것입니다. 왜냐하면 짐승은 헤아리거나 무게를 달거나 길이를 재는 일을 할 수 없기 때문입니다.[17]

이것을 읽으면 쿠사누스가 인식에서 수가 갖는 중요성을 주창한 것은 단순히 플라톤이나 피타고라스로부터 영향을 받았기 때문만은 아닌 것 같다. 오히려 상품 경제의 발전으로 화폐 경제가 급속히 침투하면서 거기서 촉발된 것으로 보인다. 그런 의미에서 쿠사누스는 근대적인 정신을 남보다 앞서 포착했다고 할 수 있겠다.

1450년 12월에 완성한 『계량실험에 대하여』에서도 첫머리에 "이 세계에서 어떤 것도 절대적인 정확함에 도달할 수 없지만, 적어도 우리는 더욱 정확한 판단을 세우기 위해 노력합니다"라고 선언하고 있다. 즉 플라톤은 감성적 경험의 세계에서는 진정으로 정확한 인식이 있을 수 없다고 했지만, 쿠사누스는 어떻게 하면 절대적인 정확함에 다가갈 수 있는지를 논하는 것이다. 특히 이 책에서는 자연 인식에 초점을 맞춰 "나는 사물의 신비는, 그들의 서로 다른 무게를 통해 보다 올바르게

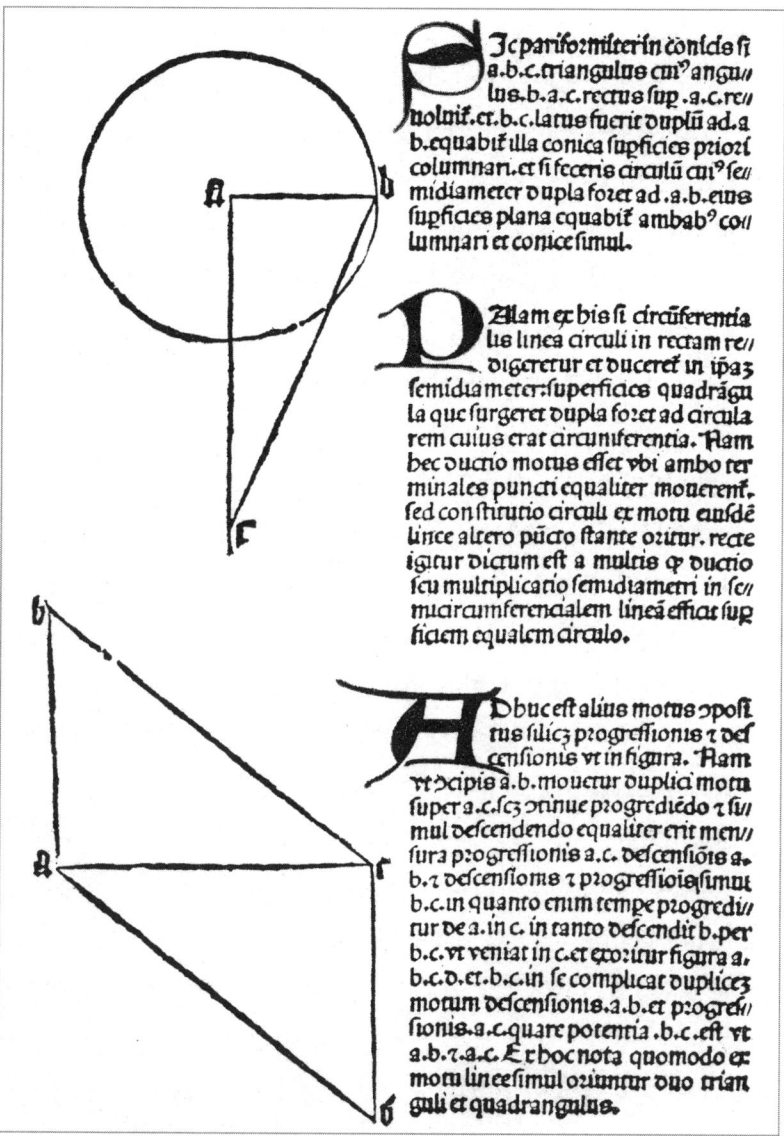

〈그림 9.2〉 니콜라우스 쿠사누스의 수학책의 한 페이지(1488년 인쇄).

이해되고 또 많은 것들을 보다 정확한 해석을 통해 확인할 수 있다고 생각합니다"라고 했다. 사물 인식의 기초를 양적 일원화에 놓고 이를 위한 도량 단위도 '중량(gravity)' 또는 '비중(specific gravity)'으로 설정하고 있는 것이다.[18]

 이어지는 식물학 실험도 흥미롭다. 흙이 담긴 용기에 풀을 심고 그 풀이 생장한 후에 그 흙의 무게를 달면 흙의 무게가 조금밖에 줄지 않았다는 것을 알게 된다. 이로부터 풀이 무거워진 것은 (*흙이 아니라) 물 때문이라고 추측한다. 쿠사누스는 이것(*풀의 생장)은 "흙으로 스며든 물이 풀로 끌어올려졌고, 태양도 풀에 작용한 결과이다"라고 하면서 "풀이 가진 여분의 무게(*처음 심었을 때보다 늘어난 무게)는 모두 물이 보탠 것이다"라고 해석했다. 이 문장이 광합성을 예감한 것이라고 한다면 지나친 평가라고 할 수 있겠지만, 적어도 태양의 열과 빛에 의해 원소가 변화할 수 있다는 가능성을 처음 시사한 것이며 동시에 식물 생리학에서 정량적 실험을 최초로 제창한 것은 분명하다. 여기서 한걸음 더 나아가 "물이 얼음으로 변하는 것처럼 어떤 종류의 물은 돌로 변한다. 그리고 어떤 샘에는 그 속에 있는 물질을 딱딱하게 해서 돌로 변화시키는 성질이 있다.……이로부터 물은 단순한 원소가 아니라 여러 원소들로 이루어져 있다는 것을 알 수 있다"라고 했다. 이것은 그리스로부터 이어져온 4원소설을 배격하는 주장이다. 쿠사누스는 물, 즉 액체가 서로 다른 성질을 나타내는 것은 비중의 차이 때문이라고 보았다.[19] 질적인 차이를 모두 양적인 차이로 환원시킨 것이다.

 또 금속들의 조성이 어떻게 서로 다른지도 공기 중에서 잰 무게와 물속에서 잰 무게를 비교해 알 수 있다고 했다. 그 주장을 현대풍으로 고쳐 표현하면 이렇다. 어떤 금속의 공기 중에서의 중량을 W, 물속에서의 중량을 W'라고 하고, 체적을 V, 물의 중량밀도를 w로 하면, 그 부력은 Vw이기 때문에 W′=W-Vw의 관계가 성립한다. 그래서 W/(W-W′)=W/Vw에 의해 비중이 구해지고, 그 값으로부터 금속의 종류를 알 수 있다는 것이다. 이는 분명히 왕관에 포함된 금의 함유율을, 비중을 통해 산출했던 아르키메데스의 방법에서 배운 것이다. 쿠사누스는 이어서 이 방법에 따라 "궤변적인 화학[연금술]이 현실과 얼마나 동떨어져 있는지를 확인하는 것은 매우 가치 있는 일이겠죠"라며 결론을 맺고 있다.[20] 그때까지의 연금술은 '중량'을 물질의 고유한 특성이라고 보지 않았으며 물질의 양이 증가하지 않더라도 물질의 성질이 바뀌면 '중량'도 증가할 수 있다고 생각했던 것이다. 쉽게 말해 무게가 가벼운 납이 연금술적인 조작으로 납보다 무거운 금으로 변할 수 있다고 믿었다. 일정한 부피에 대한 금속의 무게, 즉 비중은 각각의 금속에 고유한 것이기 때문에 비중을 측정하면 금속의 조성을 알 수 있다는 것을 지적하고, 그와 같은 합리적인 이론에 근거해 연금술을 비판한 것이다. 이러한 지적을 한 사람은 쿠사누스가 처음이 아닐까 싶다.

그러나 쿠사누스는 "크기가 같고 성질이 다른 두 사물이 결코 같은 무게를 가질 수는 없겠지요"[21]라고 한 것처럼 물질들의 정성(定性)적인 차이를 모두 비중이라는 정량(定量)적인 차이로 일원화함으로써 중량 측정을 과도하게 중요시하는 면이 있다. 예컨대 약초의 뿌리나 줄기, 열매나 껍질이 각각 고유한 무게를 가지기 때문에 이를 측정함으로써 의사는 그 성질을 알고 처방할 수 있다고 했다. 또 혈액이나 오줌의 중량 측정만으로도 환자를 진단할 수 있다고 말했다. 이 밖에 맥박과 호흡의 정량적 측정법도 거론한다. 일정한 비율로 물을 흘려보내는 물시계를 가지고, 맥박이나 호흡이 일정한 수를 보이는 사이에 유출된 물의 무게를 잰다는 것이다. 같은 맥박과 같은 호흡수에 대한 유출된 수량(水量)을 측정한 결과 만약 "상처를 입지도 않은 젊은이가 고령의 노인과 같은 맥박과 호흡수를 보인다면 의사는 젊은이가 곧 죽으리라고 추론할 수 있다"라고 했다.[22] 이 정도에 이르면 중량 측정의 중시라기보다 거의 절대시, 신성시에 가깝다. 논의를 너무나 단순화해 비약이 지나치다는 것을 부인할 수 없다.

어쨌든 이 같은 다양한 중량 측정의 시도는 실제로 쿠사누스가 행한 것이라기보다 머리 속에서 착안해 제창한 것일 뿐이라고 여겨진다. 그러나 식물의 생장과 그 중량 증가의 정량적 측정은 17세기에 헬몬트(Jan Baptista van Helmont, 1579-1644)가 행하기까지, 또 18세기에 헤일스(Stephen Hales, 1677-1761)가 식물 생리학과 동물학에서 수액이나 혈액의 정량 측정을 적용하기까지 아무도 다루지 않은 것이어서 역시 쿠사누스의 제안은 선구적이었다고 말할 수 있다. 쿠사누스의 선구성은 개개 분야에서의 개별적인 제안에 머물지 않는다. 그는 이들 분야를 포괄하는 새로운 방법을 제창했다.

쿠사누스는 『계량실험에 대하여』에서 다시 "신은 만물을 수와 무게와 척도에 따라 창조했다"고 쓰고 있다.[23] 이날은 1450년에 발표되있지만 120년 후인 1570년 영국의 존 디(John Dee, 1527-1608)는 영역본 『유클리드 원론 Elements of Geometrie of Euclid』 '수학적 서문(The Mathemticall Praeface)'에서 수학의 중요성을 강조했다. 그 중 '계량학(Statike)' 즉 '저울(秤)의 실험(the Experimentes of the Balance)'이라는 항목에서 "신은 만물을 수와 무게와 척도에 따라 창조했다"[24]라고 그대로 인용하고 있다. 쿠사누스의 영향임은 말할 것도 없다. 그 정신은 17세기에 창설된 런던 왕립협회의 지도이념이 되기도 했다. 창립 회원 중의 한 사람인 사회통계학의 선구자인 윌리엄 페티(William Petty, 1623-1687)는 존 디 이후 다시 120년이 흐른 1690년에 나온 『정치산술

Political Arithmetick』에서 "나는 비교급이나 최상급만을 사용하거나 사변적인 논의를 펼치는 대신 내가 하고자 하는 말을 수, 무게, 척도를 사용해 표현하고자 한다"고 선언했다.[25] 또 반세기 후인 1727년엔 스티븐 헤일스가 『식물 계량학*Vegetable Staticks*』에서 자신의 방법은 "수를 세고, 무게를 달고, 측정하는 것"이라면서 이것을 '계량적 방법'이라고 지칭했다.[26] 여기서도 쿠사누스의 직접적인 영향이 보인다. 이처럼 17, 18세기 근대 과학의 등장을 선도했던 이념을 쿠사누스는 15세기 무렵 제기했던 것이다. 그런 의미에서 이 장의 첫머리에 카시러가 쿠사누스에 대해 내린 평가는 손다이크가 반발한 것처럼 편협한 애국심의 발로만은 아닐 것이다.

쿠사누스의 자력관(磁力觀)

우리의 목적과 관련해 아주 중요하고 그래서 특별히 주목해야 할 것은 쿠사누스가 모든 물체의 성질의 차이를 무게의 양적 차이로 환원한다는 노선을 제기하면서, 그 일환으로 『계량실험에 대하여』에서 다음과 같이 자력의 강도를 정량적으로 측정할 것을 제안한 부분이다.

자석의 힘을 측정할 때 다음과 같이 하면 좋다고 생각합니다. 즉 천칭(天秤) 저울의 한쪽에 철을 두고, 다른 쪽에 그것과 균형을 맞추어서 자석을 놓습니다. 그런 다음 자석을 그것과 같은 무게의 추로 바꾸어놓습니다. 이어서 철 위에 자석을 고정시켜 놓으면 자석이 철에 작용하는 인력 때문에 철이 놓인 저울의 한쪽이 위로 당겨져 올라가게 될 것입니다. 그런 다음 저울이 애초의 균형을 회복하도록, 즉 철이 담긴 저울이 내려오도록 다른 쪽 추의 수를 줄여 나갑니다. 추의 무게를 하나씩 덜어냄으로써 저울이 균형을 찾게 되면, 그 줄어든 만큼의 추의 '무게를 통해' 상대적으로 자석의 힘을 예측할 수 있을 것입니다.[27]

이 같은 측정법은 단위 무게당 자력을 측정하고자 한 것으로 그 배경에는 자석의 힘이 자석의 무게 내지 질량과 비례한다는 믿음이 있었기 때문이라고 추측된다. 쿠사누스는 힘의 측량 단위인 중량에 자력의 강도를 관련시킴으로써 자력을 정량화하려고 했던 것이다. 어쨌든 이 간단한 서술로만 보면 이 실험은 실제로 행해진 것 같지는 않다. 하지만 자력의 강도를 정량적으로 측정해야 할 대상으로 파악한 것 자체가 자석과 자력에 대한 완전히 새로운 접근이라는 점에 주목하지 않으면 안 된다.* 카시러는 대저작 『근대 과학과 철학에서 인식의 문제』에서 "자연에 대한 중세적인 이해와 근대 과학의 분수령은 힘의 정량화와 그 측정에 있다"고 말했다.[28] 막스 야머도 『힘의 개념 Concepts of Force』에서, 헤르메스주의적이며 점성술적인 작용과 근대적인 힘의 차이를 정량적인 것의 유무로 돌렸다.[29] 그런 기준에서 보자민 근내 과학의 첫 걸음을 내디딘 것이 바로 니콜라우스 쿠사누스이다. 쿠사누스가 제안

---

* 자력 측정에 관한 쿠사누스의 이 제안을 길버트가 1600년에 『자력론』에서 언급했음에도 불구하고 무슨 이유에서인지 지금까지의 과학사에서 정당한 평가를 받지 못했다. 단네만(Friedrich Dannemann)이나 버날(John Desmond Bernal)의 통사는 물론이고 포겐도르프(Johann C. Poggendorff)의 『물리학사 Geschichte der Physik』나, 힘 개념의 변천을 상세히 돌아본 야머의 『힘의 개념』에서도 전적으로 무시되고 있다. 반면 휘태커의 『에테르와 전기의 역사』에서는 "1450년에는 추기경 쿠사누스가 자극들 사이의 인력이 거리의 제곱에 반비례한다는 법칙을 시사하기도 했다"며 이 문헌을 거론하고 있다. 하지만 쿠사누스가 그런 법칙을 시사한 대목은 어디에도 없으며 이는 무시(無視)와는 반대로 과대평가한 것이다. 짧은 소견으로 보건대 쿠사누스의 자력 측정을 올바르게 기록한 역사서는 로젠베르거(Ferdinand Rosenberger)의 『물리학사 Die Geschichte Der Physik』뿐인 것 같다.[30]

한 자력 측정 방법을 다시 언급한 것은 16세기의 마술사 델라 포르타였다. 다소의 변형은 있었지만 17세기의 로버트 훅과 18세기의 무셴브루크(Pieter van Musschenbroek, 1692-1761)도 쿠사누스의 방법론에 따라 자력을 측정하려고 시도했다.

물론 단순히 이것만으로 쿠사누스를 근대 물리학의 선구자로 볼 수는 없다. 실제로 그는 다이아몬드가 자력을 파괴한다는 고대 이후 전승된 이야기를 무비판적으로 받아들이면서 "흔히 말하는 것처럼 다이아몬드가 철에 작용하는 자석의 힘을 방해한다면, 어느 정도로 방해하는지를 측정하면 다이아몬드의 힘을 알 수 있겠죠"라고 말하고 있다. 다이아몬드와 자석이 '반감'을 갖는 것을 무비판적으로 받아들인 상태에서, 자력을 방해하는 능력을 위에 적힌 방식으로 측정하고, 정량적으로 평가할 수 있다고 생각한 것이다.[31] 그런 의미에서 쿠사누스는 자연에 대한 중세적 이해는 그대로 가진 상태에서 정량화만을 요구했다고 할 수 있다.

※ ※ ※

정량적 측정이야말로 자연 인식의 기본이라고 주장한 니콜라우스 쿠사누스를 통해 처음으로 힘-중력과 자력-을 정량적으로 측정하는 것의 중요성이 제기되었다. 이를 충실하게 따랐다면 자력에 대해 '왜(why)'라는 존재론적 질문으로부터 '어떻게(how)'라는 기능적 질문으로 문제 설정이 변환되고, 그때까지의 질(質)의 자연학을 벗어나 근대 과학으로서의 물리학으로 일보를 내디딜 수 있었을 것이다. 하지만 그 실행은 이후로 미루어졌다.

그 후 르네상스기가 도래하면서 자력은 마력으로서의 자력이라는 헤르메스주의적인 이해로 변모하게 된다. 또 1600년의 길버트에 이르면 자석을 영혼의 측면에서 바라보는 아리스토텔레스적인 이해 방식이 되살아난다.

자력의 정량적 측정이라는, 쿠사누스가 제기한 완전히 새로운 접근은 델라 포르타에 의한 '자연마술'의 실천을 통해 계승된다. 여기서부터 근대적인 자력 이해의 길이 열리게 된다. 근대 과학으로의 길은 결코 직선적이지도 단선적이지도 않았다. 그것은 근대 과학의 개념과 방법이 얼핏 비과학적으로 보이는 전근대적인 여러 가지 관념 속에서 성장해왔음을 의미한다.

10장

고대의 재발견
전기 르네상스의 마술사상

르네상스 시기의 자연은 상징과 은유의 집합체였으며 우주는 거대한 힘의 네트워크였다. 마술이란 우주와 일체가 되는 것에 의해 자연적 사물의 내부에 숨겨져 있는 의미를 감지하고 파악하며, 삼라만상에 걸쳐 있는 힘의 네트워크를 조작하는 심원한 철학이자 신성한 기술이었다. 이후의 과학 기술을 발전시키는 추진력 중 하나는 바로 이 르네상스의 마술사상에서 시작된다.

르네상스에서 마술의 부활

14세기부터 16세기에 걸쳐 르네상스는 유럽 문화 전반에 커다란 변화를 가져왔다. 동시에 르네상스는 17세기 이후 만개하는 근대 과학의 태동을 준비하는 시기이기도 했다. 하지만 그 길은 복잡하게 뒤섞인 착종(錯綜)과 굴절(曲折)로 점철된 과정이었다. 우리의 주제인 자력과 중력의 인식과 관련해서만 이야기한다면 르네상스의 공적은 무엇보다도 마술-특히 '자연마술'-을 부활시킨 데 있다. 실제로 힘 개념의 발전, 특히 원격력이 수용되는 과정에서 마술의 부활은 단순한 후퇴가 아니었다. 굴절이 있긴 했지만 기본적으로는 앞으로 나아가는 것이었다. 이 시대에 자력은 '숨겨진 힘'의 전형으로서, 오로지 마술적, 점성술적으로만 인과성을 갖는 것으로 거론되었다. 그래서 자력은 당분간 자연마술의 연구 대상이 되었다.

중세 기독교 사회에서 이단으로 억압받아 지하세계에서만 존속했던 마술이 15세기가 되면서 공공연히 땅 위로 출현한 것은, 그만큼 기독교 교회의 이데올로기 통제가 느슨해진 탓일 것이다. 특히 교황청이 있었던 이탈리아는 군소국가들로 나뉘어 이들 소(小)국가들과 교황청 사이에 영토와 재산을 둘러싼 세속적인 싸움이 계속됨으로써 이탈리아 사회를 오랫동안 황폐화하고 혼란시켰다. 그 틈에 신흥 도시 시민들-상인과 기술자, 공무원들-이 힘을 획득해갔다. 교황청의 부패와 타락, 그리고 그 지배체제의 약화는 북유럽에서 16세기에 종교개혁을 끌어내었다. 그러나 이보다 1세기 이상 앞서 이탈리아에서는 사람들이 현세적 이익을 추구하도록 내몰렸고, 그것이 결국 르네상스의 원동력이 된다. 자신을 둘러싼 사회가 급속히 변모하는 것을 본 이탈리아의 신흥 시민층이 교황청을 정점으로 한 교회의 지배를 받들고 있던 가톨릭주의의 구원사상, 내세신앙을 수상쩍게 보기 시작한 것이다.

그 격동기에 인간이 가진 새로운 가능성을 앞서서 제시한 것이 바로 인문주의였다. 초기 인문주의는 고전 연구, 나아가 고대 문서의 발굴을 주요 활동으로 삼았다. 대학의 아카데미즘과 무관한 지점에서 일어난 것도 특징이었다. 이탈리아 르네상스의 중심지 피렌체에서 고전 연구는 그리스어 강사 크리솔로라스(Manuel Chrysoloras)가 비잔틴으로부터 초대되어 오면서 시작됐다. 크리솔로라스를 초대한 중심인물로서, 초기 인문주의를 대표하는 살루타티(Coluccio Salutati, 1331-1406)를 비롯해 크리솔로라스에게 그리스어를 배워『파이돈』,『소크라테스의 변명 *Apoligia Socratis*』등 몇 권의 플라톤 저서를 번역한 브루니(Leonardo Bruni, 1370-1444 추정) 모두 피렌체의 서기관장이었다는 점을 보더라도 이 운동의 성격을 잘 알 수 있다. 초기 인문주의자들은 고대 로마의 공화제나 그리스의 도시국가를 이상적으로 생각했다. 그 민주제 사회의 담당자였던 세속적 시민들의 생활에서 삶의 이상(理想)을 구했다. 이들의 주요 관심은 정치적인 실무였으며, 이들이 피렌체의 민주제를 지탱하고 있었다.[1] 이들은 관념적이며 형체만 남은 스콜라철학을 멸시했다. 그렇지만 아직 스콜라철학을 대체할 새로운 학문이나 사상을 제기하지는 못했다.

초기 르네상스의 인문주의 운동이 철학적인 운동으로 전환된 계기는 1438년과 1439년 페라라와 피렌체에서 열린 동서 기독교 회의와 1453년의 콘스탄티노플 함락-동로마제국의 멸망-을 겪으면서, 다른 지역보다 고전문화가 활발히 계승되고 있던 비잔틴제국의 학자들 몇몇이 다수의 그리스 고전 사본을 들고 이탈리아로 건너온 데 있었다. 이렇게 해서 수사학에 치우쳐 있던 초기 인문주의와는 다른 사상적이고 학문적인 운동이 탄생하게 됐다. 비잔틴의 영향을 받아 신비주의적인 색채가 강했던 신플라톤주의와 헤르메스 사상이 널리 퍼졌고, 이단으로 지탄받아 지하로 숨어들었던 마술사상이 공공연히 논해지게 되었다.

15세기 후반에 신플라톤주의와 헤르메스사상을 발굴, 소개하고 마술사상을 부활시킨 중심인물은 피렌체의 플라톤 아카데미아(Platonia Academia)에 모였던 사람들, 특히 그 지도자인 피치노와 요절한 피코 델라 미란돌라였다. 플라톤 아카데미는 이름은 거창하지만 그 실체를 보면, 신흥 부르주아였던 메디치 가(家)의 시조(始祖) 코시모 데 메디치(Cosimo de' Medici, 1389-1464)의 보호 아래 15세기 중반에 만든 사적인 모임이었다. 메디치가 아카데미를 후원한 것은 시민의 관심을 정치로부터 돌리려는 책략이라는 정곡을 찌르는 견해가 있다. 사실 메디치의 권력 증대와 함께 피렌체의 민주제는 형해화하고, 지식인의 관심도 실천적인 것에서 관념적인 것으로 흘렀다는 것을 부인할 수 없다.

자력과 중력의 발견 323

하지만 학문적 발달의 원동력을 그것으로만 설명할 수는 없다. 실제로 아카데미가 창설된 것은 비잔틴제국에서 온 신비주의적이며 범신론적인 플라톤주의자 플레톤에게 코시모 자신이 영향을 받아, 헤르메스주의에 큰 관심을 가졌기 때문이라고 한다. 헤르메스주의가 그때까지 알려지지 않았던 인간의 새로운 가능성을 열 것이라고 믿었던 것이다.

헤르메스주의란 2, 3세기에 신플라톤주의(Neo-Platonism)와 그노시스주의(gnosticism), 카발라사상(Cabbala)을 이끌었던 헬레니즘 지식인 몇몇이 이집트에서 쓰거나 편찬한 이른바 『헤르메스 문서*Hermetic Corpus*』에 나타난 사상이다. 기독교의 영향도 어느 정도 받았으나 기독교 입장에서 보면 이교적인 교의다. 신학, 철학, 점성술, 연금술, 마술 등을 다룬 이 문서는 중세에도 단편적으로 유럽에 전해지긴 했다. 그러다 15세기 중반 그리스어 사본이 피렌체에 들어와 코시모가 피치노로 하여금 주요 부분을 라틴어로 번역하도록 해, 1471년 출판되면서 널리 알려지게 되었다.

『헤르메스 문서』가 기원후에 씌어졌을 것으로 추정한 것은 17세기의 고전학자 카조봉(Isaac Casaubon)이었다. 그러나 피치노를 비롯해 초기 르네상스인들은 이 문서가 플라톤보다 훨씬 이전, 모세와 동시대이거나 그보다도 앞선 시기 이집트 도사(導師)인 헤르메스 트리스메기스투스(Hermes Trismegistus)라는 인물이 쓴 것으로, 플라톤주의의 원천일 뿐 아니라 기독교의 도래도 예견한 것이라 믿어 의심치 않았다. '유일신'이나 '천지창조'를 설명하는 가르침이 있어 표면상 기독교와 친숙한 것으로 보였던 것이다. 여기서 헤르메스 트리스메기스투스, 즉 '삼중으로 위대한 헤르메스(Hermes thrice greatest)'는 피치노의 설명으로는 '신과 같은 지혜가 있는 철학자'라는 뜻으로 "(이집트인이 말하는) 함몬(Hammon)의 신(제우스신)으로부터 영감을 받아 산술,

기하학, 천문학을 발명했다"고 한다.[2] 그래서 사람들은 헤르메스주의를 관통하는 마술사상이 태고의 성스러운 예지에서 나온 것이며, 잘못되거나 사악할 리가 없다고 굳게 믿고 있었다. 코시모의 요청으로 피치노는 『플라톤 저작집』의 번역을 뒤로 미루면서까지 『헤르메스 문서』의 번역에 착수했다고 한다. 이를 미루어 보면 당시 헤르메스가 어떻게 받아들여지고 있었는지를 알 수 있다.

현대인의 관점에서 이런 상황이 이해하기 힘들지도 모른다. 하지만 중세 후반부터 르네상스에 이르기까지 유럽에서는 고대가 근대보다 뛰어나며, 더 거슬러 올라가 대홍수 이전의 예언자들은 한층 신에 가까운 훌륭한 인간으로서, 신이 내려준 진리를 자기 것으로 삼았던 사람들이라고 진심으로 믿고 있었다. 아리스토텔레스 사상과 그리스 과학을 유럽에 도입한 선구자 중 한 사람인 12세기의 기욤 드 콩슈가 "고대인은 현대인보다 훨씬 뛰어났다"고 했던 데서도 그런 분위기를 알 수 있다.[3] 초기 르네상스의 인문주의자들이 유럽 각지의 수도원을 돌며 고대 문서를 경쟁적으로 찾아다녔던 까닭도 같은 데 있다. 이 점에서는 로저 베이컨도 예외가 아니었다. 그는 『대저작』에서 "신의 법을 받은 사람들 즉 성조(*聖祖, 가톨릭에서 예수의 선조인 아브라함, 이삭, 야곱을 일컫는 말)들이나 예언자들에게는 태초에 철학의 모든 것이 주어졌다"면서 "아리스토텔레스는 고대인이 알고 있던 것을 복원하고 밝은 곳으로 끌어냈다"고 했다.[4] 베이컨에 따르면 고대 이집트나 카르디아의 현자들의 지식은 신에게서 연원하는 진리이며, 아리스토텔레스의 학문은 인류의 그 본원적인 지혜를 발견한 것이니 존경해야만 한다는 것이다.

고대인이 써서 남겼다고 반드시 옳은 것은 아니라는 걸 유럽인이 눈치 채기 시작한 것은, 바스코 다 가마(Vasco da Gama)와 콜럼버스 이후 유럽인이 신대륙이나 남반구로 족적을 넓히고 그 결과 고대인의 지리 지식이 잘못됐다는 것을 알게 된 16세기 중반 이후이다. 그 이전의 초기 르네상스 시대에는 고대인이 쓴 것은 모두 신뢰했다. 피치노는 고대의 문서가 불명료하고 기묘해 보이더라도 "신학자들은 감히 범할 수 없고 청정하기 그지없는 비밀이 부정한 자에 의해 더럽혀지는 것을 두려워해 비유(比喩)의 덮개로 둘러싸는 것이 예로부터의 관습"이며, "따라서 언어의 베일에 싸여 있는 내부에는, 신성한 비밀이 감춰져 있다고 생각해야 한다"고 주장했다.[5]

1534년 『천구의 회전에 대하여 De Revolutionibus』를 남기고 세상을 떠난 코페르니쿠스도 청년 시절 파도바와 페라라에서 공부한 르네상스인이었지만 지동설을 새로운 이론으로서가 아니라 고대의 필로라오스(Philolaos, 기원전 470-?, *피타고라스학파의 한 사람으로 지동설을 주장했다고 함)설의 재연으로서 이야기했다. 코페르니쿠스도 진리란 재발견되어야 할 대상으로 보았던 것이다. 그는 태양을 중심에 놓는 이론을 제시할 때도 그 근거를 헤르메스에서 구했다.[6] 이런 사례로부터 당시의 사상 풍토가 어떠했는지를 알 수 있다.

고대 신앙, 고대 숭배라는 점에서는 피치노도 다른 인물들에 뒤지지 않았다. 그는 1450년대 후반 플라톤 철학에 관심을 갖게 되면서, 이후 십 수 년에 걸쳐 『헤르메스 문서』의 하나인 『포이만드레스 Poimandres』와 플라톤의 모든 저작, 신플라톤주의의 실질적인 창시자인 플로티노스(Plotinos)의 책을 라틴어로 번역했다. 르네상스기에 마술사상이 부활하고 헤르메스주의가 보급된 데는 피치노의 번역 활동이 큰 영향을 끼쳤다.

헤르메스주의의 중심 사상은 "세계(코스모스)는 제1의 생물이고 인간은 세계 다음으로 두 번째 생물이다"라고 말하는 『헤르메스 문서』의 다음과 같은 글에서 찾을 수 있다.

세계는 신에게 복종하고, 인간은 세계에 복종하며, 로고스가 없는 것은 인간에게 복종한다. 신은 만물을 넘어서 있으며, 만물을 감싸고 있다. 작용력(에네르게이아)은 이른바 신이 내리는 빛이며 자연(피시스)은 세계가 내는 빛이며 기술과 지식은 인간으로부터 나오는 빛이다. 작용력은 세계를 통해 작용하고, 세계는 만들어질 때부터 갖고 있던 빛을 통해 인간에게 작용하고, 자연은 원소를 통해, 인간은 기술과 기식을 통해 작용한다.[7]

요컨대 전 우주는 신의 가호 아래 있으며, 생명을 갖고 힘으로 가득 찬 하나의 유기체이며, 인간도 신에 속하는 유기체로서 하늘의 힘을 받아 살고 있으며, 지식과 기술을 가지고 사물에 작용한다는 것이다. 이와 같은 유기체적 세계상을 가진 고대 마술의 기본 사상은, 선택된 탐구자는 우주의 신비를 알 수 있으며, 그 힘을 자유자재로 조종하는 것도 가능하다는 것이다. 그래서 르네상스 시대에는 선택된 자에게만 은밀히 전해져온 고대로부터의 지식을 찾아 그 기술을 습득하면 고대의 현자에 가까운 탁월한 능력을 지니게 된다고 믿었다. 『헤르메스 문서』는 다음과 같이 기록하고 있다.

인간은 신적인 생물로서, 지상의 다른 생물과는 비교할 바가 아니고, 위쪽 방향 즉 하늘에 사는, 신들이라 불리는 자들과만 비교되어야 한다. 또는 감히 진리를 말해야 한다면 진정한 의미에서의 인간은 신들보다 더 위에 있을 수도 있다. 아니 힘이라는 점에서는 양자는 적어도 대등하다.[8]

예지는 신과 인간에게만 주어지기 때문에 인간은 위대하며, 인간이 신의 수준으로까지 높아질 수 있다는 사상은, 우주에서의 인간의 역할에 대한 그때까지의 견해를 결정적으로 바꾸었고, 르네상스인의 에토스에 강렬하게 호소하는 것이었다.

마술사상이 보급된 배경

역사학의 통설은, 르네상스 인문주의의 최대 공적이 '인간의 발견'에 있다고 본다. 피렌체의 유복한 상인 집안에서 태어나 행정관이 된 인문주의자 마네티(Giannozzo Manetti)가 1452년에 완성한 『인간의 존엄과 우월에 대하여 De Dignitate et Excellentia Hominis』라는 책 제목 자체가 르네상스 인문주의의 주된 분위기를 나타내고 있다. 그러나 피코와 피치노는 단순한 인문주의자가 아니라, 우주의 특별한 지위를 인간에게 부여함으로써 인간의 존엄을 철학적으로 기초하고자 했다. 1486년에 약관 23세의 피코가 대담하게 쓴, 그리고 "초기 르네상스 사상에 관해서 가장 널리 알려진 책"[9]으로 일컬어지는 『인간의 존엄에 대하여 De Dignitate Hominis』의 첫머리에는 "인간은 위대한 기적이며" 나아가 "신은 인간을 세계의 중앙에 두었다"고 선언했다. 신은 인간으로 하여금 "자신의 자유의지에 따라 자신의 본성을 결정해야 하는 존재"로 만들었다는 것이다. 이처럼 피코는 인간을 숙명을 감수하는 수동적인 존재가 아니라 자율적으로 결의하고 선택하며 주체적으로 세계에 작용하는 가능성을 가진 능동적인 존재로 보았다. "인간에게는, 원하는 것을 가지고, 욕망하는 자가 되는 것이 허용돼 있습니다"라는 피코의 선언은 신분제 사회의 이데올로기에 얽매여 있던 중세 사회에서는 상상

조차 할 수 없는 것이었다. 인간에 대한 드높은 찬가와 고양된 자아의식의 발로라고 하겠다.[10]

현실이 물질(量)-성질-영혼(정신)-천사-신의 다섯 계급으로 돼 있다고 본 피치노도 인간에게 고유한 것인 이성적 영혼은 세계의 중앙-물질과 신의 중앙-에 위치하며, 그 양쪽의 속성을 함께 가지는 보편적이며 특권적인 존재였다. 그것은 가장 높은 존재와 가장 낮은 존재의 삶을 동시에 살아갈 수 있다. 그 때문에 비물질적인 존재와 물질적인 존재의 사이에 있고, 전 세계를 반영하는 '소우주(microcosm)'로서의 인간은, '대우주(macorocosm)'의 모든 요소에 대응하는 것을 자신의 내부에 가지며, 모든 것을 인식하고 지배하는 것이 가능하게 되었다.

인간은 욕망함으로써 모든 것을 인식하고, 그 위에 군림할 수 있으며 자연의 주인으로서 지배자가 될 수 있다는 이 관념은 중세의 신과 인간과의 관계를 근본적으로 바꾸어놓았다. 이런 논리라면 신에게만 허락되었던 기적을 인간이 행사하는 것도 가능해진다. 그것이 바로 마술이다. 즉 인간 중심설은 그 이면에 마술의 복권을 동반하고 있었다. 고대인의 지혜 속에 숨겨져 있었던 마술이야말로, 자연과의 관계에서 인간의 능동성과 주체성을 보증하는 논리를 제공해주었다. 마술을 열렬히 옹호했던 피코가 점성술만은 인정하지 않았던 것도 점성술이 인간을 숙명에 사로잡히게 해 인간의 자유의지를 부정하게 된다고 여겼기 때문이었다.[11]

이와 같이 15세기 후반에 부활한 마술사상은 꽤 단기간에 유럽 전역의 지식인들 사이에 영향력을 미치게 된다. 그 이유는 한편으로는-다음 절에서 보는 것처럼-마술이 그때까지의 토속적이며 주술적인 것과는 구별되는 자연마술로서 개선돼, 지적으로 치장했기 때문이었고, 다른 한편으로는 마술을 위한 사회적 토양이 형성되었기 때문이었다. 즉 지금까지의 귀족, 승려, 농민이라는 세 신분에 포함되지 않는 도시 시민이 증대하여 힘을 길러온 데 힘입은 것이다. 신흥 부르주아의 대두로 봉건주의와 기독교주의의 지배력이 흔들리기 시작했으며, 인간 중심적이고 인간 능력의 확대로 이어지는 마술사상이 부단히 생활 조건의 향상을 추구하는 활동적인 도시시민 층에 먹혀들었다는 것이다. 코시모가 마술에 관심을 가졌던 이유도 학문적인 흥미라기보다는 마술을 추구함으로써 특별한 힘으로 자연과 인간 사회를 지배하고 싶다는 세속적인 욕구에 끌렸기 때문일 것이다.

또 피치노의 신플라톤주의와 헤르메스주의 소개가 인쇄 서적의 등장과 궤를 같이했던 점도 영향력을 확대하는 데 큰 힘이 됐다.

피치노가 『헤르메스 문서』의 번역을 완성한 것이 1463년이고, 출판은 1471년, 토스카나의 속어로 번역된 때는 1473년이었다. 피치노는 그 후 1484까지 『플라톤 저작집』의 번역을 완성했다. 1469년 플라톤의 『향연Symposium』에 대한 주석을 썼으며, 그의 철학적 주저인 『플라톤 신학Theologia Platonica』을 1482년 출판했다. 많은 독자들이 읽은 『생에 대하여De Vita』를 출판한 것은 1489년이었다.

한편, 당시 서적 인쇄, 출판업의 선진국이었던 이탈리아에서는 인쇄 공방이 출현했다. 로마에서는 1464, 1465년, 베네치아에서는 1469년, 폴리뇨(Foligno)에서는 1470년, 1471년과 1472년에는 페라라, 밀라노, 볼로냐, 나폴리, 파비아(Favia), 사빌리아노(Savigliano), 트레비소(Treviso), 피렌체, 예지(Iesi), 파르마(Parma), 만토바(Mantova) 등에서도 인쇄 공방이 출현했다. 유럽 전역으로 보면 1480년에는 서유럽 110개 이상의 도시에서 인쇄 공방이 가동되고 있었는데 그중 약 50개가 이탈리아 도시였고 베네치아는 인쇄업자들의 수도가 되었다. 출판사의 숫자도 이탈리아가 압도적으로 많았다.[12]

〈표〉 15세기 인쇄 출판 산업의 현황

1480년에 인쇄공방을 가동하던 도시의 수		1480-82년의 출판사 수	
이탈리아	약 50	베네치아	156
독일	약 30	밀라노	82
프랑스	9	아우구스부르크	67
네덜란드	8	뉘른베르크	53
스페인	8	피렌체	48
스위스	5	쾰른	44
벨기에	5	파리	35
영국	4	로마	34
보헤미아	2	슈트라스부르크	28
폴란드	1	바젤	24

피치노의 일련의 번역, 저술활동은 이탈리아의 인쇄, 출판업의 부흥기와 딱 겹쳤던 것이다. 『플라톤 저작집』을 비롯한 이들 저작은 초창기 활자본으로서 대단한 영향을 미쳤다. 당시 한 판(版)당 인쇄 부수는 300에서 3,000권으로 평균 1,000권 정도로 어림잡는다. 예를 들어 1483년에 피치노가 라틴어로 번역한 플라톤의 한 저서는 1,025부가 인쇄된 듯하다.[13] 이 숫자는 이전에 수도원 내부에서 어렵게 필사되었던 사본은 물론이고, 13세기 이후 대학에서 이뤄지던 효율적인 '분책 시스템(pecia system)' - 원본을 몇 권의 '분책(pecia)'으로 나눠 여러 명의 필사생(寫字生)들이 동시에 옮겨 적는 사본 시스템-과 비교해도 현격하게 차이가 난다. 1463년에 번역된 『헤르메스 문서』는 1500년까지 15판을 거듭했다고 한다.[14]

상품으로서의 서적의 대량 생산과 그것을 구독하는 도시 시민의 존재야말로 15세기 후반 이후 이탈리아에서 마술사상이 보급되는 데 물질적, 사회적 기반이 되었다.

피코와 피치노의 마술사상

얼핏 보면 인쇄술과 도시 시민이라는, 근대화의 두 상징이 마술이라는 전근대적인 행위와 연결되는 것이 기이하게 여겨질지도 모른다. 그러나 르네상스기에 지식인들 사이에 부활한 마술은 중세의 어두침침하고 꺼림칙한 마술-요술(witchcraft)-과는 달리 나름대로 학문적으로 세련화되었으며 철학적으로도 변모하고 있었다.[15] 실제로 토머스(Keith Thomas)의 『종교와 마술의 쇠퇴 Religion and the Decline of Magic』에 따르면 피코와 피치노가 부활시킨 '지적 마술(intellectual magic)' 과 중세부터 이어진 토속적인 '민간 마술(popular magic)' 은 어떤 점에서는 중첩되는 부분도 있지만 "본질적으로는 서로 다른 두 가지 활동"이었다.[16]

피코 델라 미란돌라는 『인간의 존엄에 대하여』에서 '마술' 은 '모든 자연에 대한 인식' 을 획득하는 것이라면서 '자연철학을 절대적으로 완성시킨 것' 으로서의 '자연마술' 과, 다이몬의 행위와 권위에 근거하기 때문에 저주받아야 할 '사악한 마술' 을 구별했다. 전자의 '자연마술' 의 작용에 대해서는 다음과 같이 말하고 있다.

이 마술은 그리스인이 '심퍼티아' 라고 부른 '우주의 공감' 을 내부 깊숙이 탐구하고, '여러 가지 자연의 상호인식' 을 통찰하고 소유하며, 각각의 사물이 본래 가지고 있는 주술력(illecebrae) 즉 '마술사들의 윙크' 라 불리는 주술력을 사용해 세계의 깊은 곳 자연의 깊은 곳에 신의 비밀이 은밀히 숨겨져 있는 '여러 가지의 기적(miracula)' 을 마치 자신이 기술자인 것처럼 많은 사람들에게 보여주는 것이다. 그리고 농부가 느릅나무를 포도 덩굴과 결혼시키는 것처럼 마술사는 대지를 하늘과, '하위의 것들' 을 '상위의 것들' 과 결혼시킨다.[17]

피코는 자연마술을 '신적이며 건전한 기술'로서, 허용되어야만 한다고 보았다. 피치노도 말년의 『생에 대하여』의 끝에 덧붙인 『변명 Apologia』에서 마술을 구분했다.

두 종류의 마술이 있다. 하나는 특수한 종교적 제의를 통해 스스로를 다이몬과 일체화시켜, 다이몬의 도움으로 괴이함(portentum)를 시도하는 것이다.…… 그것과는 다른 또 하나의 마술은 놀랄 만한 방법으로 기회를 잘 포착해, 자연적인 사물을 자연적인 원인에서 복종시키는 것이다.[18]

역시 후자를 '자연마술'이라 불렀다. 피치노가 『생에 대하여』를 완성한 것은 1489년 7월, 『변명』은 『생에 대하여』의 제3권이 이단시되는 것을 우려해 그 해 가을에 썼다고 한다. 이 점에 대하여 피치노가 몰래 다이몬마술을 믿고 있었다고 하는 논자도 있으나, 이와 같은 문제에 더 깊이 들어가는 것은 이 책의 목적이 아니다.[19] 오히려 중요한 문제는 다이몬마술과 구별되는 자연마술이 어떤 것이며, 자연을 인식하는 데 어떤 발전을 가져왔고 이후의 자연과학 발전에 어떻게 작용했는가 하는 점이다.

마술을 이와 같이 구별하는 것은 이전부터 있어왔던 듯하다. 이미 13세기 전반에 기욤 도 랑주(Guillaume d'Orange)가 이 둘을 구별했다.[20] 그리고 14세기 중반에 니콜라스 오렘은 "일반적으로 마술은 두 종류 있다고 한다. 하나는 다이몬에 의거하며, 다른 하나는 다이몬에 의거하지 않는다"라고 기록하고 있다. 오렘은 전자는 일반적인 사람에게는 이익이 될 수 없고, 후자는 "자연적인 이유로 설명될 수 있는" 것이지만, "이런 마술을 행하는 것 자체가 악마의 꾐에 빠지는 범죄"라고 비판했다.[21] 르네상스 마술사상의 새로움은 이런 구별을 한 데 있

〈그림 10.1〉 마르실리오 피치노.

는 것이 아니라 후자의 '다이몬에 의거하지 않는 마술'을 '자연마술'로서 중성화해 허용한 있다.

아버지가 의사였던 피치노는 의학교육을 받았거나 적어도 아버지에게 기본적인 가르침을 받았다고 전해진다. 『생에 대하여』는 기본적으로는 의학서이다. 그러나 피코와 달리 점성술을 부정하지 않았던 그의 의학은 하늘의 힘을 직접 이용하거나 하늘의 힘을 간직하고 있는 물체를 이용한다는 점성술의학이었다. 거기에는 태양이나 별들이 직접 또는 간접적으로 인간의 신체에 영향을 미친다는 관점이 깔려 있었다. 『변명』에서 피치노는 두 종류의 마술을 구별하면서 '자연마술'이 "우리의 신체 건강을 증진시키기 위해 자연물을 이용해 천체의 도움을 얻고자 하는 것"이라고 밝혔다.[22] 그가 마술론을 전개한 것은 『생에 대하여』의 제3권 『천계에 의해 이끌어져야 할 생에 대하여 De Vita Coelitus Comparanda』에서였다.[23] 여기에서 '마술'은 "상위의 존재에 조응하는 하위의 존재를 적절한 때를 선택해 이용함으로써 천계의 사물을 그들 스스로 끌어당길 수 있게 한다"고 기록되어 있다.(Ch.15,86) 그것이 의미하는 바를 현대의 논리로 명쾌히 결론지을 수 없는 부분도 있다. 그의 우주론을 배경에 깔면 어느 정도의 이해는 가능해진다.

피치노에 따르면 "세계의 신체는 모든 부분에서 살아 있으며" "그것은 영혼을 통해 살고 있다."(Ch.3,1) 즉 피치노는 인간은 육체와 지성이 영혼을 통해 결부돼 있는데 하늘-일월성신(日月星辰)의 초월적 세계-도 마찬가지로 '세계의 신체(the World's Body)'와 '세계영혼(the World-soul)'으로 이루어진 하나의 거대한 생명체로 본다. 신체와 영혼으로 이루어진 이 우주는 흙, 물, 공기, 불의 4원소로 만들어지지 않기 때문에 '제5원소(quinta essntia)'라고도 불리는 '정기(spiritus)'가 존재한다.(Ch.1) "이 정기는 세계의 커다란 신체와 영혼 사이에 존재하는 매질이며, 별들이나 다이몬은 그(*정기) 안에 있고 또한 그(*정기)를 통해 존재한다"(Ch.4,3)고 이야기한다. 그리고 이 '우주의 정기'를 통해 세계는 활동한다.

> 영혼의 힘이 정기를 매개로 우리의 신체 각 부분에 옮겨지듯이 세계영혼의 힘은, 세계의 신체 내부에 있는 정기로서, 제5원소를 매개로 만물로 퍼져간다.(Ch.1,75)

이처럼 '정기'란 혼과 신체의 매개물이기도 하지만 하늘이 지상의 물체에 미치는 힘을 매체하는 것이기도 하다. 이처럼 하늘의 물체 즉

〈그림 10.2〉 피코 델라 미란돌라.

태양과 달과 별은 우주의 정기를 통해서 지상에 에너지를 전파하고, 지상의 물체에 활기를 주고 인체에 영향을 미친다.

그리고 피치노는 4원소에서 유래하는 것이 아니라 제5원소로서의 우주의 정기를 매개로 특수한 성질이나 작용 - '숨겨진 성질' 또는 '숨겨진 힘' ─ 이 하늘로부터 전해져 사물의 내부에 존재하게 된다고 본다. "자연물 그리고 인공물조차 별들로부터 숨겨진 힘을 얻고, 그 힘은 다시 사물을 통해 우리의 정기를 별들로 돌려보낸다"고 제목을 붙인 『생에 대하여』 제3권 제12장에는 다음과 같은 대목이 있다.

우리의 정기는 감각을 통해 알게 되는 사물의 모든 성질에 의해서뿐만이 아니라, 하늘로부터 사물에 심어진, 그리고 우리의 감각에는 숨겨져 있는, 그 때문에 이성을 통해서는 거의 알 수 없는 모든 성질에 의해서도 영향을 받는다. 왜냐하면 이 (숨겨진) 성질과 그 효과는 원소의 힘에 의해 생기는 것이 아니라 우주의 생명과 우주의 정기에서 유래하며 특히 별들의 빛을 매개로 전해지기 때문이다.(Ch.12,28)

"사물의 숨겨진 힘은 원소의 본성에서 유래하는 것이 아니라, 하늘에서 유래한다"(Ch.16,37)라는 피치노의 이 주장은 과거 토마스 아퀴나스가 "원소의 능동적 또는 수동적인 성질을 넘어서는, 하늘의 물체로부터 받아들인 사물의 작용"이라고 말한 것과 다르지 않다. 실제로 "십자가는 별들의 힘으로 만들어진 형태이며 별들의 힘을 담는 그릇의 역할을 한다. 때문에 그것은 여러 가지 형태 중에서도 가장 큰 힘을 가지며 모든 행성의 힘과 정기를 받아들인다"(Ch.18,26)라고 한 피치노의 주장에서도 토마스의 영향이 나타난다.[24]

그러나 피치노는 토마스와 달리 하늘에서 내려오는 이 힘의 존재에서 자연마술이 의지하는 자연학적인 근거를 본다.

지금까지 본 것처럼 고대, 중세를 통해 보석은 영성(靈性)이 있고 마력을 갖고 있다고 믿어왔다. 그것이 이른바 '숨겨진 힘'의 구체적인 예이다. 피치노는 이것의 유래를 하늘과 별들에서 구했던 것이다. 예를 들어 에메랄드, 히아신스석(hyacinth), 사파이어, 토파즈, 루비, 일

〈그림 10.3〉 피치노 『삶에 대하여』(1567)의 표지.

각수의 뿔(unicorn's horn), 그 밖의 보석도 각각 특이한 '숨겨진 성질들'을 가지고 있다고 여겼는데, 그것은 바로 하늘의 힘을 받음으로써 가능한 것이었다.

따라서 이들 보석을 몸 안에 품고 있을 뿐 아니라 보석을 신체에 마찰시켜 (*그 마찰열로) 따뜻하게 함으로써, 보석들이 가지고 있는 (*숨겨진) 힘이 (*보석 밖으로) 빠져 나오게 하면, 보석들은 하늘의 힘을 (*인간의) 정기에 주입하고, 그 주입된 힘으로 정기는 역병이나 독소로부터 스스로를 방어하게 된다.(Ch.12,37)

이 주장의 짜임새는 "하늘이 호박에게 부여한 힘은 보리 밀짚을 끌어당기기에는 약한 힘이지만 마찰과 가열로 그 힘을 강화하면 갑자기 밀집을 끌어당기게 된다"(Ch.16,94)와 같은 것이다.
즉 피치노에게 비(非)다이몬마술- '자연마술' -이란 우주의 정기를 매개로 지상 물체에 주어진 하늘의 힘을 연구하고, 정기를 물질로 유입하고 제어하는 방법을 통해 하늘의 힘과 에너지를 다루어 건강 증진과 생명 유지에 도움이 되도록 하는 기술을 의미한다. 하늘과 땅 사이에 있고, 원소의 세계(물질의 세계)와 천상의 세계(영혼의 세계)를 동시에 살며, 가시적 세계와 불가시의 세계를 엿볼 수 있는 인간은, 정진과 수련을 통해 그 힘을 자기 것으로 만들 수 있다고 생각했던 것이다.
『생에 대하여』의 마지막 장에는 다음과 같이 씌어져 있다.

농업은 하늘의 은혜를 받기 위해 밭과 씨를 준비하고, 어린 가지를 접목함으로써 그것을 다른 것보다 나은 종으로 개량하고 생명을 늘인다. 의사나 자연철학자나 외과의사는 우주의 자연력을 보다 유효하게 획득하고, 우리의 자연본성을 강화하기 위해 우리들 자신의 신체에 (*농부와) 같은 작용을 일으킨다. 우리가 마술사라고 흔히 부르는, 자연적 사물과 별들에 정통한 철학자도 그와 같은 일을 행한다. 그는 접목에 관심을 가진 농부가 신선한 어린 가지를 늙은 그루터기에 이식하는 것처럼 때를 선택하고, 특수한 주술의 힘으로 하늘의 것을 지상의 것에 끌어들인다.……마술사는 지상의 사물을 하늘에 따르게 하고, 그것이 어디에 있든 하위의 것이 상위의 것에 따르게 한다. 그것은 여성이 수태를 위해 남성을 따르고, 철이 자화되기 위해서는 자석을 따르고, 장뇌(*樟腦, 휘발성과 방향(芳香)성이 있는 반투명의 무색 결정체로, 나무의 잎이나 줄기, 뿌리 등을 증류한 다음 냉각시켜서 얻는다. 방충, 방취제 등으로 사용된다)가 흡수를 위해 뜨거운 대기를 따르고, 수정이 빛나기 위해 태양을 따르고, 유황이 점화되기 위해 승화된 알코올을 따르고, 알이 부화하기 위해 암컷 새를 따라야 하는 것과 같은 이치다.(Ch.26,49)

주술이나 제사에 의거하는 의례(儀禮)마술이나, 다이몬의 힘에 의지하는 다이몬마술을 대신해 르네상스기에 등장한 자연마술은 유기체적 세계상을 이론적 근거로 삼았지만, 그 나름대로는 경험적이며 기술적이며 실천적인 것으로 변하고자 했던 것이다. 그 기술은 현대의 눈으로 보면 잘못되거나 근거 없는 이론에 토대를 두고 있어 '유사 기술(類似 技術)'이라고밖에 할 수 없을지도 모른다. 하지만 자기나침반이 북극성에 끌린다거나, 하늘의 극에 이끌린다는 등 잘못 생각한 부분이 있지만, 그렇다고 그것을 '유사 기술'이라고 부를 것까지는 없지 않을까. 이론적 근거가 옳은가 그른가, 이론적 근거가 있는가 없는가에 따라 '기술'과 '유사 기술'을 구별하는 것은 어디까지나 현대인의 관점일 뿐이며, 당시엔 그와 같은 구별이 없었다.

마력으로서의 자력

이처럼 르네상스기의 마술사상은, '소우주'로서의 인간이 자연의 비밀을 찾아낸다면 '대우주'의 생명적인 힘을 자기 내부에 끌어들여 이용할 수 있다고 생각하고 있었다. 그렇지만 피치노와 피코의 인용문에서 알 수 있는 것처럼, 거기서 말하는 '힘'의 관념에는 오늘의 우리가 생각하는 것과는 상당히 다른 이미지가 따라다녔으며, 따라서 그 작용은 역학적, 인과적인 것은 결코 아니었다.

피치노는 1469년에 쓴 플라톤의 『향연』에 대한 '주석'에서 "마술의 힘은 모두 에로스에서 유래한다"고 했다. 즉 이 힘, 피코가 '우주의 공감'이라 부르고, 말년의 피치노가 정기를 통해 매개되는 '하늘의 힘(vis coelestis)'이라고 불렀던 것이 그 시점에서는 '에로스의 힘(vis erotica)'을 가리켰던 것이다. 피치노는 계속해서 다음과 같이 말했다.

마술의 작용은 본성이 유사한 사물들을 끌어당기는 것이다. 세계의 모든 부분은 하나의 동물 내에 자리 잡은 부분들같이, 모두 한 사람의 손에 의해 만들어진 것이므로 본성이 공통적이고 서로 연결돼 있다. 우리의 신체에서 두뇌, 폐, 심장, 간장, 그 밖의 모든 부분이 서로 필요로 하고, 서로 돕고, 그 중 어떤 것이 힘들어할 때에는 다른 것도 함께 고통을 나눈다. 마찬가지로 세계라는 이 거대한 동물의 모든 부분도 서로 결부되어 본성을 함께 나눈다. 이 상호 결부는 상호의 사랑을 낳고, 그 사랑은 서로의 인력을 낳는데 이것이야말로 마술의 진수이다.……이렇게 해서 자석은 철을, 호박은 보리 짚을, 유황은 불을 끌어당기고, 태양은 많은 꽃과 잎을 자기 쪽으로 향하게 하고, 달은 바다를 끌어당기고, 화성은 항상 바람을 일으킨다.[25]

여기서는 『생에 대하여』에서 전개된 우주론적인 배경이 아직 불명료하고 자연계의 힘을 인간을 위해 이용한다는 발상도 희박한 듯하다. 하지만 무엇보다 눈에 뜨이는 것은 자력과 정전기력-특히 자력-을 자연계를 채우고 있는 마력의 전형으로 본다는 점이다. 자력에 대한 피치노의 설명은 이 '주석'에 다음과 같이 남겨져 있다.

자석은 자신이 가진 자력이라는 성질을 철 속에 이입시키고, 철은 그 성질을 받아들여 자석과 비슷한 것이 되어 자석에 끌려간다. 이 인력은 자석에서 유래하며 자석을 향하고 있으므로 '자석의 힘'이라 불린다.[26]

자석이 철 속에 자신의 힘을 부여하고, 철의 성질을 자신과 비슷한 것으로 바꿈으로써 그것에 의해 자석이 철을 끌어당긴다는 것이다.

여기서는 자석의 성질을 자석과 철의 관계로서 이야기하고 있으나 더욱 흥미로운 것은 『생에 대하여』에서 피치노가 말하는 자석과 자침의 지북성에 대한 설명이다. 거기서는 자석이 철에 부여하는 성질이 어디서 오는지 그 기원을 문제로 삼으면서, 자력을 하늘에서 지상의 물체에 부여하는 힘의 구체적인 예로서 거론한다. 『생에 대하여』의 제3권 제15장에서는 자력의 기원을 천체 즉 작은곰자리-작은곰자리의 꼬리(북극성)-에 두고 있다.

선원은 [하늘의] 극이 어디에 있는지를 알기 위해 끝을 자석으로 [마찰해] 영향을 부여한 쇠바늘이 작은곰자리를 가리키는 것을 본다. 이렇게 되는 것은 자석이 바늘을 그 방향으로 끌어당기기 때문이다. 왜냐하면 작은곰자리의 힘이 이 돌보다 우세하기 때문이며, 그 힘은 자석에서 철로 이식되어 자석과 철 모두를 작은곰자리 쪽으로 끌어당기게 된다. 게다가 이 힘은 작은곰자리의 빛이 스며들어간 뒤에 부단히 강화된다. 어쩌면 호박도 보리 짚을 끌어당기면서 하늘의 다른 극과 이와 같은 관계를 맺고

있을지 모른다.(Ch.15, 25)

즉 자력은 북극성에서 자석으로 심어 넣어진 것이며, 그것이 '숨겨진 힘'으로서 자석의 특이한 성질을 형성하고, 그 자석이 철과 접촉함으로써 북극성에서 얻은 성질이 철에도 나누어지고, 그 결과 자화된 바늘은 북을 가리키게 된다는 설명이다. 자석의 힘과 성질이 하늘에서 유래한다는 인식은 분명 토마스 아퀴나스의 것이다. 『생에 대하여』에서 피치노의 논의는 거듭 이어진다.

왜 자석은 어디에 있든 철을 끌어당기는 것일까? 그것은 그들이 유사하기 때문은 아니다. 만약 그렇다면 자석은 철보다 자석을 더 잘 끌어당길 것이며 또 철도 철을 끌어당길 것이다.……그 까닭은 자석과 철이 작은곰자리에 의거해 서열을 형성하고 있기 때문이다. 즉 자석은 작은곰자리의 성질과 관련해서만 상위이고 철은 하위에 있다. 상위의 것은 동일한 계열 내부에 있는 존재물 중 하위의 것을 끌어당겨 자기 쪽으로 향하게 하거나 하위의 것을 교란시키거나, 하위의 것에 스며들어 있던 힘에 깊은 영향을 준다. 반대로 하위의 것은 [별로부터] 스며든 것에 의해 상위의 것을 향하거나 교란돼 깊은 영향을 받는 것이다.(Ch.15,31)

이것은 "상위의 것에 대응하는 하위의 것을, 적당한 때를 선택해 천계의 사물이 자기 쪽으로 끌어당긴다"고 한 피치노 마술론에 나오는 '상위', '하위'의 구체적인 예이다.

앞 절에서 인용한 『생에 대하여』의 제3권 제12장에서는 다양한 보석에는 천체로부터 받은 힘이 '숨겨진 힘'으로 심어져 있어 그들의 힘을 신체에 유도하면 의료에 도움이 된다고 했다. 그것은 하늘의 물체가 지상의 물체에 미치는 힘을 지상의 인간이나 사물에 이전시켜 사용하는 것이 가능하다는 원리에 의거한다. 하늘이 지상의 물체에 존재하는 '숨겨진 힘'을 조작한다는 이 '자연마술'의 원리는, 북극성으로부터 힘을 얻는다고 생각되는 자석으로 바늘을 마찰하면, 바늘이 북쪽을 향하게 된다는 주장에서 단적인 예를 볼 수 있다. 아니 자석의 이 같은 작용이야말로 피치노 자연마술의 거의 유일하면서도 구체적인 사례이자 원리였다.

자석의 사례는 다른 모든 것으로 확장된다. 앞서 본 것처럼 호박도 그 외의 극에 대하여 자석과 같이 행동하는 것이다. 자석의 지북성이 북극성에서 주어진 것이라고 한다면, 호박이 나타내는 정전인력도 천체에 의해 주어진 것이 된다. 그래서 호박은 다른 극 즉 하늘의 동과 서를 향하는 것이 틀림없다고 추측하는 것이다. 자력은 그렇다 하더라도, 호박의 힘까지 하늘에서 유래한다는 주장은 현실적으로 인정할 수 없을 뿐더러 오늘의 우리에게는 기이하기 짝이 없다. 그러나 피치노는 자석과 호박은 물론이고 다양한 보석에 갖춰진 특별한 힘-숨겨진 힘-이 모두 하늘에서 유래하며, 자석이 그 전형이고, 호박현상도 그 중 하나의 예에 불과하다고 보았다.

아그리파의 마술-상징으로서의 자연

15세기에 부활한 마술사상을 16세기에 집대성한 것은 아그리파 폰 네테스하임(Heinrich Cornelius Agrippa von Nettesheim, 1486-1535 추정)이었다. 마르틴 루터(1483-1546)와 동시대의 독일인으로 유럽을 방랑하며 질병과 빈곤 속에서 객사했다.[27] 그 세기 말, 영국의 토머스 내쉬(Thomas Nasche)는 아그리파에 대해 "기독교 권역 안에서 최고의 마술사"라고 했고, 크리스토퍼 말로의 희곡『파우스트』에서는 "아그리파에 뒤지지 않는 마술사가 되자"라는 대사도 볼 수 있다.[28]

이단적인 마술사로서 그의 악명은 유럽에 널리 퍼졌던 듯하다. 그러나 실제로는 아그리파는 인도적인 법률가이자 계몽적인 의사였으며, 종교재판에 탄압당하고 있는 사람들 편에 서서 교회권력과 맞서 싸웠고 특히 악마의 혼에 사로잡힌 사람이라며 '마녀(witch)'로 불린 정신병자들에게 구원의 손길을 뻗치고자 했다.[29]

아그리파가 고금의 철학서나 종교서 그리고 신비주의 문헌을 폭넓게 찾아 읽고, 1510년 무렵에 완성한 것이『오컬트 철학De Occulta Philosophia』3부작이다.[30] 그 첫머리에서 그는 다음과 같이 선언한다.

> 삼중의 세계-원소적 세계, 천계적 세계, 예지적 세계-가 존재하며 모든 하위 세계는 상위 세계가 지배하고 상위의 영향을 받는다. 그 시원에 있는 만물의 창조주는, 천사, 천공, 성진, 원소, 동물, 식물, 금속, 석괴를 통해 자신의 전능한 힘을 우리에게 전달한다. 창조주가 그것들을 창조한 것은 이 때문이다. 그러므로 현인들은 우리가 만물이 시작되는 그 시원의 세계, 만물의 창조주가 있는 제1원인을 향해 상승할 수 있으며, 보다 뛰어난 사물에 갖추어져 있는 힘을 누릴 수 있을 뿐 아니라 상위의 세계로부터 새로운 힘을 끌어내는 것도 가능하다고 생각한다.(Ch1, p.33)

세계를 이렇게 이해하는 것이야말로 아그리파의 기본 사상이었다. '상위 세계'가 '하위 세계'를 지배한다는 관점은 피치노로부터 얻은 것이 분명하다.

이 '삼중의 세계'는 지상의 물질적 물체의 세계, 하늘에 있는 일월성신의 세계, 그 배후에 있는 이데아의 세계라는 신플라톤주의의 분류

〈그림 10.4〉 아그리파 폰 네테스하임의 초상.

와 대응한다. 이런 구분에 따라 "모든 철학은 자연철학과 수학적 철학, 신학적 철학으로 분류되고"(Ch.2,p.35) 그 각각이 『오컬트 철학』의 제1부, 제2부, 제3부에서 다뤄진다. 아그리파에 따르면 "마술은 이 세 개의 원리적인 작용을 포섭하고 하나로 통합해서 작동시키며, 그래서 옛 사람들은 정당하게도 마술을 최고로 보았고 가장 신성한 철학으로 중요시했다"(Ch.2,p.37)는 것이다(우리의 목적은 서양에서 자력에 관한 인식이 어떻게 변했는지를 추적하는 것이므로 제1부의 자연마술에만 주목하기로 한다).

아그리파는 "모든 물질적 물체의 원기(原基)로서 4원소-불, 흙, 물,

공기-가 존재하며, 하위의 물체는 모두 그로부터 합성된다"(Ch.3,p.38) 면서 그 4원소를 감성적 성질을 나타내는 기본 물질(基體)이라고 보았다.

문제는 자연계 사물이 가진 성질이 이 4원소만으로는 모두 충족되지 않는다는 데 있다. 왜냐하면 "자석은 철을 끌어당기는 힘을 갖추고 있고 다이아몬드는 반대로 자석의 힘을 빼앗는 성질이 있다. 호박이나 흑옥은 마찰이 되어 열이 나면 보리 짚을 끌어당기고, 석면은 일단 불을 붙이면 거의 꺼지는 일이 없다."(Ch.13,p.65) 이 밖에도 "석류석은 어둠 속에서도 빛나고" "벽옥은 지혈작용을 하고" "작은 고기인 에케니스(Echenis, 빨판상어(remora)의 그리스어)가 배를 멈추고" "대황은 담즙을 방출하고" "불에 탄 카멜레온의 간장은 뇌우(雷雨)를 일으키는" 등 사물에는 다양하고 이상한 작용이 존재한다. 아그리파는 이들 특이한 성질이나 작용은 4원소의 조합으로 생기는 것이 아니라고 생각했다. 때문에 그는 이를 '숨겨진 성질'이라고 불렀다.

사물들 가운데는 독을 토해낸다든가, 광물로부터 유해한 증기를 쫓아낸다든가, 철 같은 것을 끌어당기든가, 기본 원소로부터 만들어지는 것과는 다른 힘이 존재한다. 그리고 이들 힘은 이런저런 사물의 형상(形象)이나 형상(形相)에서 유래한다. 그들은 양적으로는 적지만 큰 효과를 불러일으키기 때문에 원소의 성질이라고는 할 수 없다. 왜냐하면 많은 형상과 작은 질료를 가지고 있는 이들의 힘은 많은 것을 해낼 수 있지만 원소의 힘은 질료적이기 때문에 이들이 작용하기 위해서는 질료적인 것을 다수 필요로 할 수밖에 없다. 이들의 성질은 숨겨진 성질이라고 불린다. 그들의 원인이 숨겨져 있는데 인간의 지혜로는 그 원인을 알 길이 없기 때문이다.(Ch.10,p.59f)

아그리파는 "모든 사물의 숨겨진 성질은 원소의 성질에서 유래하는 것이 아니라, 상위의 세계로부터 불어넣어진 것"(Ch. 15, p. 71)이라고 했다. 즉 사물의 '숨겨진 성질'은 "4원소에서 유래하는 것이 아니라 제5원소라고 불리는 '우주의 정기'를 통해 지상의 물체에 주어진 '하늘의 영혼(Celestial Souls)'의 힘이다."

그래서 다음과 같이 결론짓는다.

모든 숨겨진 성질은 이 [우주의] 정기가 태양이나 달, 행성이나 행성들보다 상위에 있는 항성을 경유해 식물이나 석괴, 금속, 동물 등에 주어진 것이다.(Ch.14,p.70)

이상의 논의는 피치노를 거의 답습한 것이라고 할 수 있다. 아그리파에게 미친 피치노의 영향이 두드러져 보인다. 피치노의 주장을 거의 그대로 옮겨왔다고 해도 과언이 아니다. 굳이 아그리파만의 독자성을 찾으라면 '숨겨진 성질'의 작용에 대해 "양적으로는 아주 적지만 효과 면에서는 대단히 크게 불러일으킨다"는 부분 정도일 것이다. 나중에 프랜시스 베이컨은 자연계에서 볼 수 있는 '마술적 사례(magical instances)'의 예로서 "질료나 작용인(因)이 거기에서 생기는 효과나 결과에 비해 경미한 것"이라고 하는데[31] 여기서 아그리파의 영향을 알 수 있다. '숨겨진 성질'의 작용은 적은 원인으로 많은 효과를 얻는 특이성-현대 과학의 용어로 말하면 비선형성-에 있으며 그것이야말로 마술의 작용이라고 보았던 것이다. 베이컨에 따르면 자기 자신의 힘을 잃거나 줄어드는 일이 없이 무수하게 [철을] 자화할 수 있는 자석이야말로 마술의 구체적인 사례였다.

그러나 아그리파의 『오컬트 철학』의 특징은, 그와 같은 추상적이며 이론적인 측면에 있지 않다. 그때까지 고대, 중세를 통해 2천 년 가까이 전해진 것들을 철저히 조사해 그 성질들을 거의 빠뜨리지 않고 써서 남겼다는 데 있다. 그런 의미에서 『오컬트 철학』은 일종의 마술 대전(大全)이라고 할 수 있다.

실제로 상위가 하위에 미치는 영향에 대해 "하위에 있는 모든 사물은 상위의 것에 상호적으로, 즉 하위의 것의 내부에는 상위의 것이 있으며, 상위의 것의 내부에는 하위의 것이 있는 것은 분명하다. 이처럼 하늘에는 지상의 사물이, 그들의 원인으로서 하늘에 존재하며, 지상에는 하늘의 사물이, 하늘의 효과로서 지상의 현재 모습에 존재한다"(Ch.22,p.87)라고 이야기하면서 태양, 달, 행성 각각에 대해서 그 하위에 있다고 여겨지는 사물들의 방대한 리스트를 기록하고 있다.

예를 들어 화성의 힘의 영향을 받는 사물로서 일부분만 거론하면 원소로는 불, 금속으로는 철과 황동(red brass), 돌에는 다이아몬드와 자석, 혈석(bloodstone), 벽옥, 자수정(amethyst), 식물로는 마늘, 박새, 대극과의 풀(유포르비어, euphorbia), 무(radish), 월계수(laurel), 메꽃, 동물에서는 말, 노새, 양, 늑대, 표범, 뱀, 용, 파리, 독수리, 송골매, 매, 콘도르(vulture), 창꼬치(pike), 철갑상어 등이다.(Ch.27,p101f)

아그리파에게-그리고 르네상스의 마술사상에서-자연은 상징과 은유의 거대한 집적이며, 자연계의 사물은 모두 인간의 눈에는 보이지 않는 암호 대장에 기재되어야 할 숨겨진 의미를 가지고 있었다.

또 플리니우스 이래 이어져온 지상 물체 사이의 '공감과 반감'에 대하여 아그리파는 "모든 사물은 서로 우호적인 것과 적대적인 것을 가진다. 즉 사물은 자신이 두려워하거나 해를 끼치고 적으로 삼는 무엇인가를 갖고 있으며, 반대로 자신을 기쁘게 하고 힘을 주는 무언가도 가지고 있다"(Ch.17,p.75)라면서 일반적인 해설을 한 다음 엄청난 수의 구체적이며 개별적인 예를 들고 있다. 즉 자석이 철에 대해서 가진 경향, 즉 인력과 같이 우호적인 경향은 다른 모든 식물과 동물에서도 찾아볼 수 있는데 이 우호관계의 실례로 포도와 느릅나무, 올리브 나무와 무화과, 공작과 비둘기, 까마귀와 왜가리, 거북이와 앵무새 등등을 길게 나열하고 있다.

자석이 철을 끌어당긴다는 사실만 놓고 보면 이런 대응은 경험적 사실에 의거한 듯하지만, 그 밖의 대다수 예들은 직접적인 경험과는 전혀 관계가 없는 것임을 알게 된다. 아그리파는 "어떤 사물의 영혼은 하나의 물체에서 다른 물체로 옮겨가고, 마치 다이아몬드가 자석의 작용을 막아 철을 끌어당기지 못하게 하는 것처럼 사물을 변화시키려는 작용을 막을 수 있다"(Ch.14,0,69)라고 하는데, 여기서 문제가 되는 것은 그 얼개나 원리의 해명이 아니다. "다이아몬드는 자석과 어울리지 않는다. 자석을 다이아몬드의 옆에 놓으면 철을 끌어당길 수 없게 되기 때문이다"(Ch.18,p.79)라든가 "호박은 양가죽(basil) 이외의 모든 것을 끌어당긴다"(Ch.18,p.81f)라는 예전부터 전승된 이야기에 기대어 자석과 다이아몬드, 호박과 양가죽이 적대적인 관계에 있다고 판단하는 것이다. 여기서도 전갈과 악어, 대황과 담즙, 오리와 기름, 쥐와 족제비, 에메랄드와 육욕(lust) 등이 서로 적대적이라고 하는 예가 길게 이어지고 있다. 이것은 고대로부터 현인들이 열심히 탐구해서 찾아낸 암호 장부의 일부라는 것이다.

이 적대관계는 나아가 물과 불이라는 '원소'에도 적용된다. 이 예에 따르면 다량의 물은 불을 끄고, 거꾸로 강한 불은 물을 증발시켜버리기 때문에 이해 못할 바도 아니다. 그러나 "수성, 목성, 태양, 달은 토성의 친구로, 화성과 금성은 토성의 적, 화성 이외의 행성은 목성의 친구로, 금성 외에는 화성을 싫어하고, 목성과 금성은 태양을 사랑하고, 화성, 수성, 달은 태양의 적……"(Ch.17,p.75)이라는 문장에 이르면 도대체 무엇을 근거로 삼고 있는지 알 수가 없다. 이 논의의 토대에 있는 것은 정의와 삼단논법에 근거한 스콜라철학도 아니고 원인과 결과로 명쾌하게 결론지어지는 근대의 인과법칙도 아니며, 오직 상징적으로 이해되는 우주의 이치인 것이다. 그것은 자연을 객관화하는 근대인의 인식이 아니다. 굳이 말하자면 자연의 일부인 인간이 자연과 일체가 되었을 때의 몰아적(沒我的)인 상태에서만 감지할 수 있는 것이어서 현대인의 논리로 이해하고자 하는 것은 처음부터 무리이다.

요컨대 피치노와 아그리파의 세계는, 천상세계의 사물과 지상세계의 사물이 우주의 정기를 사이에 두고 상호 영향을 미쳐 교감하고 지상에서도 모든 사물이 공감(호의)과 반감(적대)의 복잡하게 얽힌, 그러나 긴밀한 상징적 관계로 상호 작용하는, 영원히 운동하는 거대한 유기적 통일체인 것이다. 이와 같은 세계상은 현대인에게는 불가해하지만 당시의 헤르메스주의자들은 공유하고 있었다. 마술이 가능하다는 이론적 근거는 이와 같은 유기체적 세계상에 있었다.

아그리파는 인간이 지상의 물체들 사이의 공감과 반감을 적절히 조합한 힘만을 이용할 수 있는 것은 아니라고 생각했다.

> 마술은 놀랄 만한 힘의 작용이다.…… 그것은 사물을 다른 사물에 적용하고, 낮은 위치에 있는 사물에 적용해, 상위의 물체의 힘이나 효능을 하위의 물체에 결부함으로써 사물의 힘을 하나로 통합하고 놀랄 만한 효과를 산출한다. 이것은 가장 완전한 최고의 과학이며, 신성(神聖)을 기반으로 하는 장려(壯麗)한 철학이며, 모든 철학의 절대적인 완성이다.(Ch.2, p.34)

인간은 천상 세계의 영향도 잘 조합할 수 있고 하늘의 영향을 인간에게 유리한 방향으로 이용할 수도 있다. 그것이 피치노와 아그리파가 말하는 마술이었다.

자석의 존재, 자력과 정전기력에 대한 관찰이 이 시대의 마술사상에 얼마나 큰 역할을 했는지를 알 수 있을 것이다. 르네상스기에 마술이 부활한 데는 나름의 역사적, 사회적 배경이 있었던 게 분명하다. 그러나 보이지 않는 팔을 가진 것처럼 멀리 떨어진 곳에 있는 철에게 강력한 힘을 미침은 물론 바늘을 자화시킴으로써 마치 하늘에 있는 물체로부터 힘을 내려받은 것처럼 그 바늘을 하늘의 특정한 별이나 방향으로 향하게 하는 자석의 작용이 이들 마술에 현실성을 부여한 것도 확실하다. 자력에 대한 인식이 더욱 나아진 다음 세기의 말인 1590년 무렵에 조르다노 브루노가 쓴 『마술에 대하여 De Magia』에도 '본래적인 의미의 자연마술'의 예로 들고 있는 것은 "자석이나 그와 같은 사물이 당기거나 미는 것과 같은, 사물들 사이의 인력과 척력의 결과로서 생기는 것"이었다.[32] 이 시점에서도 자연마술의 현실성은 자석에 의해서 보증되고 있었던 것이다. 허버트 버터필드(Herbert Butterfield)는 '르네상스 자연주의자'들에게 "우주는 마치 상징의 우주와 같았으며" "자석의 작용이 이런 사고방식을 가진 이들에게 미친 영향은 적지 않았다고 생각된다. 자석의 작용은 자연에서 사물이 작용하는 전형적인 사례로 여겨졌고, 이런 견해에 근거해 대상들 사이의 숨겨진 마술적 공감을 찾고자 했다"[33]고 밝히고 있다. 하지만 자력과 호박현상만이 마술사상의 배경에 있는 힘의 네트워크라는 자연관에 들어맞는 사례였다.

* * *

르네상스 시기의 자연은 상징과 은유의 집합체였으며 우주는 거대한 힘의 네트워크였다. 마술이란 우주와 일체가 되는 것에 의해 자연적 사물의 내부에 숨겨져 있는 의미를 감지하고 파악하며, 삼라만상에 걸쳐 있는 이 힘의 네트워크를 조작하는 심원한 철학이자 신성한 기술이었다. 무엇보다도 중요한 것은 피치노와 아그리파의 마술사상은 자연을 배움으로써 인간이 우주의 힘과 자연의 에너지를 끌어들일 수 있다는 신념을 공공연히 이야기했다는 점이다. 이후의 과학 기술에 대한 추진력 중 하나는 바로 이 르네상스의 마술사상에서 시작되었다고 할 수 있다.

물론 여기에서 직선적으로 근대 과학이 태어난 것은 아니다. 피치노와 아그리파는 자연마술이 경험 과학에 접근해가는 문턱에서 멈춰버렸다. 특히 아그리파는 지금도 중세인으로 치부된다. 왜냐하면 그가 마술을 믿고 마술을 이야기했기 때문이 아니라, 고대로부터 전해진 책이나 이야기들을 무비판적으로 받아들이고 거기에 절대적인 권위를 부여했기 때문이다. 그도 자석에 대해 여러 번 이야기했으나 그것들은 플리니우스나 그 밖의 사람들로부터 베낀 것에 지나지 않았으며 실제로 자석을 손에 들고 실험한 것은 아니었다. "과학의 진보에서 최대의 적은 자연마술적인 사색이나 실험이 아니라, 책에만 편중된 구태의연하고 경직된 지식이었다."[34]

그 한계를 넘어선 것이 1500년대의 사상가였다. 지금까지의 역사서에서는 1400년대의 마술과 1500년대의 마술을 구별하지 않았으나, 그 둘은 질적으로나 단계적으로 다르다고 보아야만 한다. 전자는 로저 베이컨의 영향에서 시작되었고 아리스토텔레스의 영향도 크게 받았다. 때문에 전자의 마술은 종교적이며 사변적인 언어의 세계에 갇히는 경향이 짙었다. 그러나 후자의 마술은 경험적이며 수학적인 동시에 실천적인 성격을 가지고 있어서 장인들의 기술과 결부되었다. 여기서 실험적 방법과 수학적 추론에 근거하고, 기술적인 응용을 목적으로 하는 근대 과학이 생겨났다고 할 수 있다. 이 점은 뒷장에서 상세하게 다룬다.

  자연계는 모든 사물들이 서로 작용을 하고 인간은 관찰을 통해 자연계의 힘을 알 수 있다는 마술사상이야말로 케플러와 뉴턴으로 하여금 근대 물리학의 열쇠가 되는 관념인 만유인력을 발견할 수 있는 터전을 제공했다. 멀리 떨어진 천체가 지상의 물체에 영향을 미친다는 관념은 원래 점성술에 속했고, 대우주와 소우주의 대응이라는 르네상스의 마술사상에서 유래한 것이다. 하지만 그것이 지구와 태양, 지구와 달 사이의 물리적인 힘으로서 파악되기 위해서는 지구 그 자체를 다시 생각하고 지구를 재발견하는 계기가 필요했다. 이를 위해서는 대항해 시대를 거치지 않으면 안 되었다. 대항해 시대와 지구 자장의 발견으로 눈을 돌려보자.

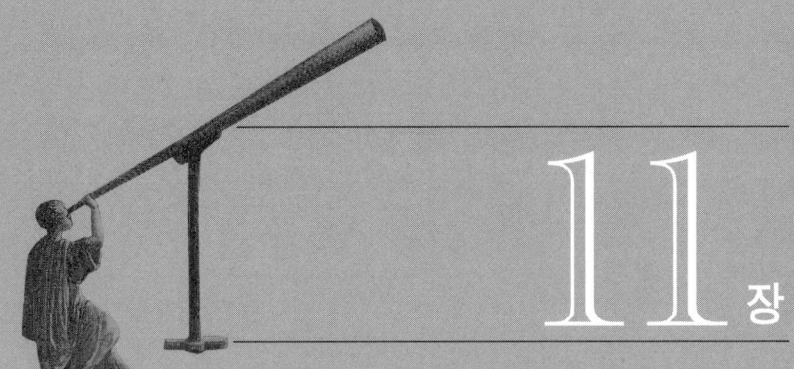

11장

대항해 시대와 편각의 발견

대항해 시대에 자기 나침반이 사용되면서 편각이 발견된다. 그것은 복각의 발견과 함께 지구에 대한 이해를 크게 변화시키게 된다. 그 과정에서 고대와 중세에는 인도에 있다고 믿었던 '자석의 산'이 북극권으로 옮겨가게 되고, 다시 이는 '자극'으로 태어난다. 이것은 자력에 대한 인식의 대전환인 동시에, 지구에 대한 근본적인 인식의 전환으로 이어지는 계기이기도 했다.

'자석의 산'을 둘러싸고

자석이 철을 끌어당긴다는 것은 중세 후기의 유럽에서는 민중들 사이에서도 상당히 잘 알려져 있었던 것 같다. 몇몇 문학작품을 보아도 알 수 있다.

중세의 속요를 모은 『카르미나 부라나 Carmina Burana』에 수록된, 12세기 무렵 만들어진 것으로 추측되는 「사랑의 노래」에는 "나무랄 데 없는 소녀는 진정 자석과 같다. 아무리 달라붙어도 강한 매력을 이길 수 없다"라고 노래하고 있다. 13세기 후반 페레그리누스의 『자기서간』과 거의 같은 시대-1268년에서 1278년 사이-에 씌어진 중세 유럽 문학의 대표작인 『장미 이야기 Le Roman de la Rose』에는 "자석이 철을 교묘하게 끌어당기는 것과 똑같이 금과 은은 사람의 마음을 끌어당긴다"라는 말이 나온다. 자력에 대한 비유는 1345년에 성직자 리처드 드

베리가 쓴 『필로비블론』에 "철이 자석으로 자연스럽게 끌리는 것처럼, 청중은 우리들 쪽으로 기뻐하며 몰려든다"는 구절에서도 확인할 수 있다. 다시 반세기 뒤 1380년대에 초서(Geoffrey Chauce)가 쓴 『새의 의회The Parliament of Birds』에서 "마치 같은 힘을 가진 두 개의 자석 사이에 놓인 하나의 철이 어느 쪽으로도 움직이지 않는 것처럼 한쪽이 끌어당기고자 할수록 다른 쪽이 그것을 방해하기 때문에……"라는 문장을 발견할 수 있다.[1] 자석은 무엇보다 인력을 연상시켰던 것이다.

리처드 드 베리와 거의 동시대인 1330년대에 페트라르카(Francesco Petrarca, 1304-1374)가 이탈리아어로 쓴 시를 살펴보자.

> 멀리 인도의 바다에 용맹한 돌이 있어 타고난 천연의 성질로
> 철을 바짝 끌어당겨 쇠못마저 뽑아내 많은 배를 가라앉히네.[2]

이 몇 행 뒤에는 연인에 대한 사모의 정을 "기분 좋은 육체의 자석에 사로잡힐 수밖에 없네"라며 자석을 의인화해서 표현하고 있다. 그러나 이 시에는 그 이상으로 흥미로운 요소가 있다.

우선 '인도(India)'에 주목해보자. 11세기의 마르보두스와 13세기의 게르바시우스, 알베르투스 마그누스의 저서에서는 자석의 산지를 인도로 밝히고 있다. 이 시대에 이르기까지 널리 읽힌 플리니우스의 『박물지』에는 양치기 마그네스(Magnes)가 우연히 자석을 발견한 장소를 '이다 산(Mt. Ida)'이라고 기록하고 있다. 『박물지』에는 또 철을 제련하는 법은 크레타 섬에 있는 이다 산의 다크틸로스(Daktylos)족이 발견했다고도 되어 있다.[3] 헤로도토스와 디오도로스 시켈로스(Diodros Sikelos)의 역사서에는 이다 산이 프리지아(Phrygia) 지방, 트로이아(Troia) 근처라고 돼 있다.[4] 그렇다면 양치기 마그네스가 자석을 발견

한 이다 산은 크레타 섬이 있는 소아시아에 있는 산일 것이다. 그런데 일설에는 7세기의 이시도루스가 그 '이다'를 '인도'고 고쳐 썼고, 자석의 산지를 인도라고 한 것도 이때부터라는 것이다. 사실 여부는 확인할 수 없으나 어쨌든 16세기 중반 스페인의 마르틴 코르테스(Martin Cortes)가 쓴 항해술 관련 책에도, 1581년 영국인 로버트 노먼(Robert Norman)의 『새로운 인력*The new Attractive*』에도 플리니우스의 이름은 거론된다. 그리고 마그네스의 에피소드를 끌어들이면서 그 장소를 분명히 '동인도(East India)'로 기록하고 있다.[5] 역시 '이다 산'이 어느새 '인도'로 슬쩍 바뀐 듯하다.

그러나 대항해 시대 이전까지는 유럽인들은 '인도'를 반드시 인디아 대륙(Indian Subcontinent)이나 인도양(Indian Ocean)이라는 명확하게 한정된 지리적 개념으로 사용하지는 않았다. 헤로도토스 시대 이전에는 인더스 강 동쪽은 모두 인도로 보았다. 콜럼버스 시대에 이르러서도 '인디어스(Indias)'라는 것은 '인도 동쪽의 동아시아 전체'라는 애매하고 막연한 지역을 가리키고 있었다.[6] 때문에 적어도 14세기 이전에는 '머나먼'이라는 페트라르카의 시의 형용사가 나타내는 것처럼, 인도란 소아시아나 이슬람 세계보다도 더 먼 변경, 거의 땅 끝과도 같은 다른 세계를 가리켰다.

게다가 "중세에는 미지(未知)라는 것과 이상한 것을 거의 동일시했기"[7] 때문에, 미지의 땅 인도는 괴기함이 가득한 곳으로 여겨졌다. 멀리 중국까지 여행했던 마르코 폴로조차 "인도에는 세계 어느 곳에서도 볼 수 없는 이상한 이야기가 산더미처럼 많다"고 했다.[8] 플리니우스의 『박물지』에도 "인도와 에티오피아는 경이로운 것으로 가득하다"면서 개의 머리를 한 인간이나 입이 없는 인간과 같은 괴물 이야기를 몇 가지 기록했다.[9] 중세가 되어서도 그런 편견은 고쳐지기는커녕 더욱 증식되었다. 1300년 무렵 만들어진 헤리퍼드의 세계지도(The Hereford Mappa Mundi)에는 인도를 가리키는 부분에 발(足)을 우산 대신 쓰고 있는 기괴한 인간이 그려져 있다. 이것은 플리니우스가 말한 '우산 발(傘足) 종족'을 떠올리게 한다.[10] 서양의 중세는 인도의 현실에 무지했다. 기독교들에게 인도 세계는 여전히 경이로움과 괴이함의 저장고였던 것이다.[11]

그 '머나먼 인도의 바다'에 '자석의 산(자석의 섬)'이 있어 배를 가라앉힌다는 것이다. 그러나 이 말은 페트라르카의 상상력의 산물만은 아니다. 그 기원은 플리니우스의 『박물지』에 남아 있는 인더스 강 근처의 두 개의 산에 얽힌 전설, 그리고 2세기에 프톨레마이오스가 쓴 『지리학Geographia』에까지 거슬러간다. 『지리학』 제7권 제2장 '갠지스 강 바깥 인도의 위치'에는 "연속된 열 개의 섬으로 된 마니올라이(Maniolai) 제도가 있는데 섬에 자석이 있기 때문에 쇠못을 사용한 배는 움직일 수 없게 된다는 이야기가 전해지고 있으며, 그 때문에 배는 나무못으로 만든다"고 돼 있다.[12] 이 책이 유럽에서 재발견되어 라틴어로 번역된 것은 15세기의 일이지만, 이 에피소드 자체는 고대부터 계속 전해져 유럽과 아랍 세계에 널리 전파돼 있었다.

13세기에 알베르투스 마그누스가 이 이야기를 남겼다는 것은 앞서 지적했지만 페트라르카보다 조금 뒤인 1356년에 영국인 존 맨더빌이 쓴 『여행기』에도 두 곳이나 이 이야기가 씌어져 있다. 하나는 당시 실재한다고 믿었던 "인도 황제 플레스터 존의 영토"에는 "바다 속 여러 곳에 거대한 자석 바위가 있어" 쇠못을 박은 배를 끌어당기므로 아무도 들어가려고 하지 않는 바다가 있다는 것이고, 다른 하나는 인도에서 아주 멀리 있는 케르메스(Chermes)라는 섬에는 "배를 만들 때 못이나 철을 사용하지 않는데 그 까닭은 바다 속에 자석으로 된 바위가 있

〈그림 11.1〉 자석의 산.
『에른스트 공작』(1450년 무렵)에 수록되어 있다.

기 때문이다"라는 것이다.[13] 그리고 중세 후기에 읽히고 15세기에는 독일에서 민중본으로 출간돼 베스트셀러가 됐던 『성 브란단 항해기 Sankt Brandans Seefahrt』와 그것을 표본으로 삼아 쓴 이야기인 『에른스트 공작Herzok Ernst』에도 "아득히 먼 마의 바다 부근에 가까이 다가오는 철이란 철은 모조리 끌어당겨 많은 배가 선원과 짐과 함께 가라앉았다고 전해지는 자석의 산이 있다"라는 기록이 보인다.[14]

이 시대에는 지금 우리가 말하는 바와 같은 픽션과 논픽션의 구별이 명확하지 않았다. 맨더빌은 16세기에 이르기까지 유럽 최고의 여행가로 주목받았던 인물로, 『여행기』에는 교황이 직접 "이 책에 기록된 것은 모두 진실이라는 것이 증명되었다"라고까지 쓰고 있다. 그러나 실

자력과 중력의 발견 361

제로 이 책에는 확실하지 않은 전승된 이야기나 기이한 전설이 별다른 구분 없이 함께 담겨 있다. 그럼에도 당시 사람들은 '자석의 바위' 이야기를 포함해 새빨간 거짓말에 가까운 내용들을 진실로 받아들였다. 그뿐 아니라 성 브란단의 전설적인 항해조차 실화로 믿고 있었던 것 같다.[15] 그래서 배를 침몰시키는 '자석의 산'이나 들어가면 두 번 다시 나올 수 없는 '마의 바다'도 당시는 실재한다고 믿었다. 적어도, 아무도 모르는 큰 바다의 끝에 대해 현실적인 공포가 있었던 것은 확실하며, '자석의 산'이나 '마의 바다'는 그 공포의 단적인 상징이었다고 할 수 있다.

이 이야기는 세계가 계몽된 후에도 작가들의 상상력을 자극했다. 실례로 18세기에 출판된 괴테의 『젊은 베르테르의 슬픔』에는 청년이 할머니로부터 "거기에 배가 아주 가까이 접근하면 철로 된 재료들은 모두 빼앗겨버린다. 못도 자석의 산에 빨려 들어간다"는 말을 듣는 장면이 나온다.[16] 배를 침몰시킨다는 모티브는 그때까지 전해진 이야기와 같지만, 그 장소가 인도가 아닌 점에 유의할 필요가 있다. '자석의 산' 이야기는 계속되어 왔으나, 그것은 신비의 땅인 인도로부터 멀어져가고 있었던 것이다. 그것을 드러내는 가장 이른 사례로는, 13세기 중반 이탈리아 시인 구이도 구이니첼리(Guido Guinicelli, 1230-1276 추정)가 쓴 시의 한 구절 "북쪽 하늘 아래에는 자석의 산이 있어"라는 부분이 아닐까 한다.[17] 지중해에서 자기나침반이 사용된 것이 그런 변화를 초래했을 것이다.

콜럼버스 이후 16세기가 되면서 '자석의 산'은 북극권으로 옮겨가게 된다. 1508년 로마에서 작성된 요한네스 뤼쉬(Johannes Ruysch)의 「세계지도 *Mappa Mundi*」에는, 아이슬란드 북방에 자석의 산을 그려 넣으면서 "이곳에는 나침반이 아무런 도움이 되지 않고 철로 만든 배는 들어갈 수 없다"는 설명을 달았다.[18] 스웨덴 성직자 올라우스 마그누스가 1555년에 쓴 『북방민족문화지』에도 "북극에는 바다의 방위를 결정하는 자석의 산이 있다"고 적혀 있다. 또 올라우스 마그누스가 제작한 「북방지도」에는 유럽 최북단의 곶 가까이에 '자석의 섬'이라고 기입돼 있다.[19]

물론 괴테는 자석의 산 이야기를 픽션으로 알고 있었을 것이다. 19세기에 쥘 베른(Jules Verne, 1828-1905)도 『얼음의 스핑크스 Le Sphinx des Glaces』에서 자석의 산을 픽션의 무대로 삼고 있지만, 거기서는 '자석의 산'이 남극 대륙으로 옮아가 있다. 유럽인에게 미지였던 세계가, 14세기에서 16세기에는 인도에서 북방으로, 19세기에는 남극으로 추방되고 있었던 것이다. 이런 변화는 결코 작은 것이 아니다. 이런 변화를 초래한 것이 바로 대항해 시대였다. 이 시기에 유럽인은 대서양을 정복하고, 태평양을 발견했으며, 인도 항로를 지배하게 되었다. 이미 인도는 경이의 세계가 아니었으며, 거기에 이르는 해역도 공포의 '마의 바다'가 아니었다. 유럽인이 공포를 몰아낼 수 있었던 것은 나침반과 포(砲)로 무장하고 세계로 진출했기 때문이었다.

덧붙이자면 19세기 후반 쥘 베른이 '자석의 산'을 남극으로 옮긴 것은 자석이 남북을 가리키기 때문이 아니라, 그 당시까지 남겨져 있던 소수의 미지의 세계 중 하나가 남극이었기 때문이라고 생각된다. 그러나 뤼쉬가 자석의 산을 북극권에 둔 것은, 북극권에 가까이 다가갈수록 나침반이 도움이 되지 않는다는 선원들의 경험에 근거한 것이 아닐까 여겨진다. 그에 반해 올라우스 마그누스가 '자석의 섬'을 북방으로 배치한 것은 "그것이 바다의 방위를 결정한다"고 한 것처럼 자석, 자침의 지북성을 의식했기 때문일 것이다. 어쩌면 자석의 지북성을 설명하기 위해 북극의 땅에 '자석의 섬(산)'을 상정했을지도 모른다. 같은 발상은-길버트에 따르면-16세기에 이탈리아 의사 지롤라모 프라카스토로(Girolamo Fracastoro, 1478-1553)도 제기했으며, 또 프란치스쿠스 모롤리쿠스(Franciscus Maurolycus, 1494-1575)는 자석이 가리키는 지점은 올라우스 마그누스의 자석의 산이라고 말하고 있다.[20]

이런 사실은 "자석의 극은 그 힘을 하늘의 극에서 끌어내고 있다"고 하는 13세기의 페레그리누스와 로저 베이컨의 견해에도, 또 "자석은 그 힘을 작은곰자리에서 얻고 있다"는 15세기 피치노의 주장에도 정반대되는 것으로, 자석을 끌어당기는 것은 [하늘이 아니라] 지구상의 점이라는 것을 강력히 시사한다. 이것은 자력에 관한 인식의 대전환인 동시에, 지구에 관한 인식의 전환으로 이어지는 계기이기도 했다. 이 발견을 통해 얼마 뒤 자석과 자침에 영향을 주는 것은 지구 그 자체라고 하는 이해, 나아가서는 지구 자체가 자석이라는 길버트의 발견으로 이어지게 된다.

자기나침반과 세계의 발견

유럽인이 자기나침반을 항해에 이용했다는 흔적은 이미 살펴본 것처럼 12세기 말 이전이라는 사실 이외에 달리 알려진 것이 없다. 그러나 과학사적인 입장에서 보면 항해용 나침반이 언제 사용되었는가를 아는 것보다는 나침반을 이용함으로써 서양 사회가 무엇을 발견하게 되었는가를 아는 것이 훨씬 중요하다.

자기나침반의 활용은 화약과 인쇄술과 함께 유럽의 중세와 근대를 구분하는 분기점으로 꼽히고 있다. 그것은 유럽사로부터 세계사가 등장하는 계기가 된다. 그 발명이야말로 지중해 연안, 기껏해야 영국 북부에서 라인 강 부근까지의 소천지에 머물러 있던 유럽이 지구 전체로 활동 무대를 넓히게 되는 강력한 물질적 조건이었다.

항해용 나침반의 역사적 의의를 처음으로 인식한 인물은 17세기의 프랜시스 베이컨이라고 통상 말해왔다. 그것은 그가 1620년에 『노붐 오르가눔 Novum Organum』에서 쓴 다음의 한 구절에 나타나 있다.

발견된 것의 힘과 효능과 결과를 생각해보는 건 유익한 일이다. 이들은……인쇄술과 화약과 항해용 나침반의 발견에서 가장 두드러지게 나타난다. 즉 이들 세 발견 중 첫째 것은 학예 분야에서, 둘째는 전쟁에서, 셋째는 항해에서 전 세계적으로 사물의 양상과 상태를 완전히 바꾸어 거기에서 무수한 변화가 일어났다. 어떤 제국도, 어떤 종파도, 어떤 별도 위의 세 발명 이상으로, 인간의 상태에 대단한 힘을 휘두르며 깊은 영향을 미친 것은 없을 것으로 생각된다.[21]

베이컨의 이 한 구절은 자주 인용되어 왔다. 예를 들어 패링턴(Benjamin Farrington)의 『프랜시스 베이컨』이나 파올로 로시의 『마술에서 과학으로 Dalla Magia alla Scienza』도 이 구절을 끌어왔고, 데뷔(Allen G. Debus)의 『르네상스의 자연관 Man and Nature in the Renaissance』도 이 문장을 인용하면서 시작하고 있다. 그러나 사실 이 구절은 베이컨이 처음 내놓은 것이 아니다. 이미 1602년에 토마소 캄파넬라(Tommaso Campanella, 1568-1639)는 『태양의 도시 La Citta del Sole』에서 "금세기[16세기]의 백 년간 세계는 지난 4천 년 사이에 얻은 것보다 더 많은 것을 새로 만들었으며, 이 백 년간에 5천 년 사이에 나온 것보다도 더 많은 서적이 간행되고, 나아가 나침반·인쇄술·철포 등이 발명되었으니 이것은 모든 세계가 하나가 되는 대단한 현상이다"라고 기록했다.[22] 더 거슬러가면 16세기의 카르다노에까지 닿는다. 1501년 북이탈리아에서 태어나 콜럼버스 이후 유럽이 해외 진출을 확대하는 과정과 함께 성장한 그는 1576년에 쓴 자서전에서 "나는 지구 전체의 베일이 하나씩 제거되어 가는 바로 이 세기에 태어났다"라고 하며, 자신이 태어난 시대를 회고하면서 16세기를 다음과 같이 총괄하고 있다.

> 화제를 금세기(16세기)의 발명으로 옮기면, 흑색 화약의 제조만큼 대단한 것은 없다. 하늘의 번개보다 더 살상력이 강한 인공 번개라고 할 수 있다. 나침반도 빠뜨릴 수 없다. 나침반만 있으면 칠흑 같은 밤에도, 세찬 폭풍우가 몰아쳐도 대양을 건너 멀리 떨어진 미지의 장소에 무사히 도착할 수 있다. 넷째로는 활판 인쇄의 발명을 들 수 있다. 그것은 인간의 손으로 만들어낸 위대한 업적이자 인간 지성의 결과물로서 신의 기적과 맞먹는다고 할 수 있다.[23]

인용문 중에서 활판 인쇄를 '넷째'에 놓은 이유는 '첫째'가 '유럽인에 의한 세계의 발견' 즉 유럽인과 유럽 문명에 의한 세계의 제패이기 때문이다. 카르다노야말로 일찍이 이들 발명이 가진 세계사적 의의, 특히 자기나침반의 실용화가 갖는 참된 의미를 분명히 간파하고 있었다. 나침반 덕분으로 유럽이 지구를 발견하고 세계의 지배자로 급부상할 수 있었다는 점을 지적했던 것이다.

그도 그럴 것이 카르다노는 포르투갈에 의한 인도양의 제패(1509), 고아(Goa) 및 말라카(Malacca)의 점령(1510-1522), 콜럼버스 이후 스페인의 신대륙 침공, 코르테스의 아스텍제국(Aztec Empire) 정복(1521)과 피차로(Pizarro)의 잉카제국(Inca Empire) 정복(1533) 등 일련의 역사적 과정이 그의 성장 시기와 완전히 겹쳤던 것이다. 그것은 그 시대를 살았던 유럽인의 공통된 의식일지도 모른다. 1545년 카르다노보다 네 살 위인 프랑스 의사 장 페르넬(Jean Fernel, 1497-1558)은 『사물의 감추어진 원인에 대하여*De abditis Rerum Causis*』에서 신시대의 특징으로 세계일주 항해, 신대륙의 발견, 인쇄술, 화기(火器), 고대 서적의 재발견, 지식의 부흥을-그야말로 이 순서로-들었다.[24] 나침반은 구체적으로 거론하지 않았지만, 동시대의 지식인이라면 나침반의 중요성을 공유하고 있었다고 봐도 좋을 것이다.

그에 비해 프랜시스 베이컨의 발언이 특히 중요한 이유는 나침반의 발견이 유럽의 사상과 학문에 끼친 영향과 의미를 제대로 파악했기 때문이다. 앞의 발언을 『노붐 오르가눔』의 다음 구절과 맞추어 읽어보면 베이컨의 참뜻을 잘 알게 된다.

그들[고대 그리스인]은 세계의 지역과 지방에 대해 좁은 범위밖에 알지 못했다.……아프리카는 물론이고 에티오피아와 그 가까운 지방에 대해서도, 아시아에 대해서도 갠지스 강에 사는 사람들에 대해서도 아무것도 몰랐으며 하물며 신세계 나라들에 대해서는 들리는 소문조차 없었다. 그뿐인가. 실제로 무수히 많은 사람들이 살고 생활하고 있는 지대를 사람이 살 수 없는 곳이라고 지레 판단하고 있었다. 데모크리토스나 플라톤이나 피타고라스가 한 여행은 그다지 긴 여행이 아니라 기껏 교외 산책 정도를 한 데 불과한데도 대단한 사건으로 평가하고 있었다. 그렇지만 현대에 와서 신세계에 대해 많은 것들이 알려지고 세계 구석구석을 알게 되었다.[25]

콜럼버스 이후 16세기에는 방죽이 터진 것처럼 유럽인이 해양 탐험에 나섰다. 아리스토텔레스나 프톨레마이오스가 몰랐던 세계를 발견하고, 고대인이 전혀 몰랐던 땅이나 인종, 동식물을 발견했다. 1세기에 로마인 오비디우스(Ovidius)가 쓴 『변신이야기*Metamorphoses*』

에는 신이 최초로 지구를 만들었을 때, 지구를 다섯 개 지대-두 개의 극지와 두 개의 온대와 한 개의 열대-로 나누었으나 "중앙 지대는 너무나 더워서 사람이 살 수 없다"고 돼 있다. 그 조금 뒤 플리니우스도 『박물지』에 "바다가 지구를 양분했기 때문에 우리는 세계의 절반을 빼앗겨버렸다"면서 "태양 궤도가 지나는 육지의 중앙 부분은 태양의 불꽃으로 태워지고, 태양의 열에 가까워 타버린다"고 썼다.[26] 3세기의 석학이자 교부인 오리게네스는 "대양은 사람들이 건널 수 없다"고 했다.[27] 이들 책은 모두 중세를 통해 널리 읽혔으며 이들의 주장도 널리 받아들여지고 있었다. 8세기에는 비드가 열대지방은 "건조하여 사람이 살 수 없다"고 말했고, 12세기가 되어서도 기욤 드 콩슈는 "우리가 살아가는 대지는 두 부분으로 나뉜다.……그 중 위쪽에 우리가 살고 반대편에 우리와는 다른 사람들이 살고 있다. 그러나 우리 중 누구도 그들에게 다가갈 수는 없다"고 했다.[28]

그러나 마젤란의 세계일주에 동행하고 1522년에 돌아온 이탈리아인 안토니오 피가페타(Antonio Pigafetta)가 쓴 수기에는 "적도에 도달하기까지는……옛 사람들의 이야기와 달리 비가 60일간이나 계속 내렸다"고 기록되어 있다.[29] 오비에도 역시 1535년 "플리니우스는 열대나 적도 지방엔 사람이 살 수 없다고 했지만, 옛날에 그런 말을 남긴 사람들처럼 틀렸다"고 썼고, 고마라(Gómara)는 1552년에 "고대의 모든 철학자들은 우리의 반구로부터 반대측 반구 사이에는 혹서 지대와 큰 바다로 막혀 있기 때문에 건너가는 것이 불가능하다고 일축했다.……그러나 우리 스페인 사람이 저쪽으로 건너가는 것은 일상다반사가 됐고, 이미 저쪽은 충분히 답파, 사정을 훤히 꿰고 있어, 철학이 실제 체험을 따라오지 못하고 있다"고 단언했다.[30] 콩고에서 체재했던 포르투갈 무역상의 보고에 근거해 필리포 피가페타(Filippo Pigafetta)

가 1591년에 출판한 『콩고왕국기Relatione del Reame di Congo』에는 "콩고 왕국의 중심부는 적도로부터 반대편 극을 향해 넓게 퍼져 있고……그 중 3분의 2정도는 고대인들이 거주하기가 불가능하다고 판단했던 열대, 즉 태양에 탄 지대라고 이름 붙인 땅이다. 그러나 그것은 완전히 틀린 주장이었다. 왜냐하면 거주 환경은 쾌적하며 기후도 예상과 달리 온화하고 로마의 가을 날씨와 비슷하다"고 기록돼 있다.[31] 대항해 시대의 견문을 통해, 즉 16세기 유럽인의 체험을 통해 고대에서 전해진 이야기들은 전부 부정되었다. 1590년 아코스타가 쓴 대저서 『신대륙 자연문화사』의 출판은 이런 흐름을 총괄한 것이었다.

고대인은 절대적으로 뛰어나며, 세계의 진리를 신으로부터 부여받았다는 초기 르네상스의 믿음은 이렇게 해서 조금씩 타파되고 있었다. 프랜시스 베이컨의 발언의 배후에는 고대인의 예지라는 게 별것이 아니라는 자각과 자신감이 깔려 있었던 것이다. 특히 베이컨은 그리스 철학을 "세상물정 모르는 젊은이에게 주는 한가한 노인의 말"이라고 했다.

베이컨의 『노붐 오르가눔』은 원래 『대혁신Magna Instauratio』의 일부로서 구상된 것인데 그 표지에는 〈그림 11.2〉와 같은 디자인이 사용되고 있다. 그것은 지브롤터 해협(Strait of Gibraltar)의 양측에 있는, 헤라클레스의 기둥이라고 불리는 바위산을 나타내는 두 개의 기둥으로부터 범선이 바다로 나가는 모습으로, 지중해에 칩거하고 있던 유럽 사람들이 대양을 향해 나가는 것을 상징한다. 그 밑에는 "많은 사람이 지나가고 있다. 이렇게 해서 지식이 증가할 것이다"라고 씌어져 있고 나아가 본문에는 "세계일주 항해와 지식의 증가는 같은 시기에 일어나도록 신의 섭리로 예정되어 있다"고 해설했다.[32] 나침반과 화기와 인쇄술의 발명은 유럽인을 고대 숭배의 환상으로부터 각성시켜, 새로운

〈그림 11.2〉 프랜시스 베이컨의 『대혁신』(1620) 표지.

학문의 가능성을 인식하게 하고 무제한의 진보라는 관념을 심어주게 된다.

피렌체 아카데미의 후원자였던 로렌초 데 메디치(Lorenzo de' Medici)와 그 중심인물인 피치노와 피코 델라 미란돌라가 세상을 떠난 것이 각각 1492년과 1499년, 1494년이다. 그것이 콜럼버스의 첫 번째 항해(1492)와 바스코 다 가마의 인도 항로 발견(1498)과 거의 겹치는 것은 상징적이다. 이들의 항해가 초래한 충격이 유럽에 널리 퍼져 광범위한 계층의 사람들이 다른 세계의 존재를 인정하고, 그것에 관심을 가지게 되는 것은 16세기 후반의 일이다. 하지만 일찍이 콜럼버스와 바스코 다 가마의 항해는 1400년대의 르네상스와 1500년대의 르네상스를 나누는 사건이자 더 나아가서는 중세와 근대를 나누는 분수령이었다.

편각의 발견과 콜럼버스

지구 자장의 발견은 편각과 복각을 알게 된 것이 계기가 됐다. 즉 지구의 여러 지점에서 자침이 정확히 북쪽을 가리키지 않는다는 것, 자침이 가리키는 방향이 지리적 자오선과 어긋나고 수평면과도 일치하지 않는다는 것을 발견한 것이 단서가 됐다. 자침의 방향과 지리적 자오선이 이루는 각이 '편각(偏角, declination 또는 magnetic variation)'이고, 자침이 가리키는 방향과 수평면 사이의 각도가 '복각(伏角, inclination 또는 dip)'이다. 편각과 복각은 자기나침반을 사용하게 되면서 얻게 된 부산물로서, 이로 말미암아 자침의 지향성이 하늘에서 유래한 것이 아니라 지구에 기원을 두고 있다는 인식이 생기게 됐다. 나아가 지구를 새로운 눈으로 볼 수 있게 됐다. 즉 아무런 활동도 없는 흙덩어리로서가 아니라 그 자체가 하나의 자석으로 능동적인 역할을 하는 존재라는 생각을 하기에 이르렀던 것이다.

유럽에서 편각이 정확히 언제 발견됐는지는 확실치 않다. 20세기 초만 해도 편각을 발견하고, 편각의 크기가 지구상의 위치에 따라 다르다는 것을 밝혀낸 공로는 콜럼버스에게로 돌려졌다. 포겐도르프는 1897년에 펴낸 『물리학사』에서 "유럽에서 편각 및 지구 표면의 지점에 따라 편각이 각각 다르다는 사실을 최초로 관측한 인물은 크리스토퍼 콜럼버스이다"라고 썼다. 이탈리아 출신 베르텔리가 1892년에 쓴 논문이나 1895년에 나온 밴저민의 역사서에도 콜럼버스가 편각과 지역에 따른 편각의 차이를 처음으로 확인했다고 돼 있다. 과학사학자 프리츠 크라프트(Fritz Kraft) 역시 1970년에 발표한 논문에서 콜럼버스가 최초의 항해에서 편각을 발견했다고 적었고, 1962년에 출간된 싱어(Singer)의 저서도 같은 견해를 취하고 있다.[33]

한편 1849년에 훔볼트는 『코스모스*Kosmos*』에서 편각은 콜럼버스 이전부터 알려져 있었지만 "콜럼버스는 편각이 0이 되는 선[무편각선]을 처음으로 알아냈을 뿐 아니라, 그 선에서 멀어져감에 따라 [자침이] 서쪽으로 점점 더 기울어진다는 것을 관측함으로써 지구 자기에 대한 관심을 높이는 데 기여했다"고 밝혔다. 1922년의 모틀레이의 저서도 비슷한 견해를 피력했다.[34]

그러나 미첼과 히스코트(C. R. Heathcote)는 1930년대에 실증적이고 세세한 자료 조사를 통해 이런 주장들을 비판했다.[35]

결론부터 말하면 편각현상 자체는 이미 15세기 중반에 해시계나 나침반을 만드는 장인들에게 알려져 있었던 것 같다.[36] 여기서 '해시계'

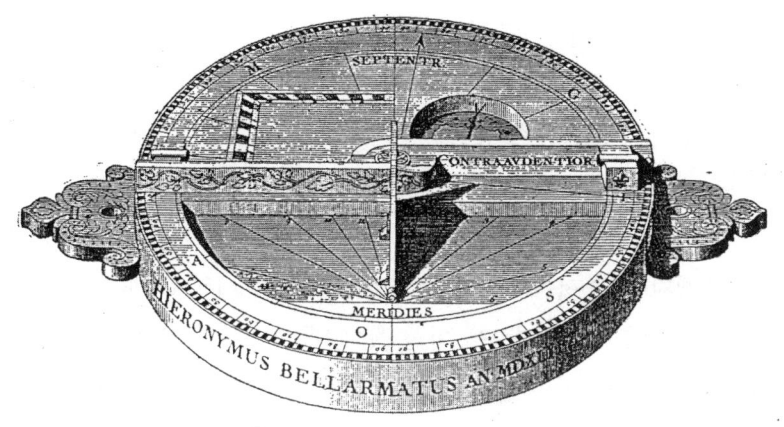

⟨그림 11.3⟩ 자석이 붙은 해시계.

란 15세기에 특히 독일에서 왕성하게 제작되었던 자석이 붙은 휴대용 해시계를 말한다.(⟨그림 11.3⟩) 이것을 사용하면 태양이 남중할 때(그림자가 가장 짧게 될 때)의 그림자 방향을 통해 정확하게 북쪽이 어디인지 알 수 있으며, 그것과 [해시계의 자침을] 비교해 편각을 알 수 있었다. 당시엔 자침이 정확히 북쪽을 가리키지 않는 것은 애초에 철로 된 바늘을 자화하면서 사용한 방법이 다르거나 자석의 산지가 다르기 때문이라고 생각했다. 가까이에 있는 광산의 영향 때문이라거나 단순히 측정을 잘못한 탓으로 여기기도 했다. 그러나 점점 많은 지역에서 편차가 알려지면서 편각의 존재를 인정하게 되었다. 하지만 장인들이 구체적으로 어떻게 편각을 알게 되었는지, 그때 알아낸 편각의 값이 얼마인지는 기록으로 남아 있지 않다.

그래서 콜럼버스 이전에 편각이 발견됐다는 주장을 적극적으로 뒷받침할 만한 증거를 내세울 수가 없는 것이다. 그렇지만 콜럼버스가 최초로 편각을 발견한 것은 아니라는 미첼의 주장은 설득력이 있다.

이를 좀더 살펴보자.

모틀레이의 주장은 콜럼버스가 최초의 항해에서 기록한 일기에 의존하고 있다. 1492년 9월 13일에 쓴 일기를 보면, "아조레스(Azores) 제도에 있는 코르보(Corvo) 섬의 동쪽으로 2.5도 지점에서 자침이 북동에서 북서로 바뀌었다"는 대목을 발견할 수 있다. 훔볼트도 이 문장을 인용했지만, 출전은 1828년에 워싱턴 어빙(Washington Irving)이 쓴 콜럼버스 전기로 1차 자료는 아닌 것 같다. 사실 콜럼버스의 항해 일지 그 자체는 이미 없어졌다. 콜럼버스의 항해와 관련된 원 자료는 라스 카사스(Bartolomé de Las Casas)가 『인디언의 역사Historia de las Indias』를 쓰기 위해 콜럼버스의 항해일지에서 옮겨 쓰거나 또는 발췌한 '요록(summary)'과, 콜럼버스의 아들 페르난도(Fernando Colon)가 1530년대에 항해 일지에 직접 의지해서 썼다고 추측되는 『콜럼버스 제독전The Life of the Admiral Christopher Columbus』, 이 밖에 콜럼버스가 남긴 몇 편의 편지뿐이다. 카사스의 '요록'에 나온 1492년 9월 13일 기록에는 "저녁 때 북서를 가리키고 있던 자침이, 아침에는 약간 북동을 가리키고 있었다"라고 간단히 돼 있다. 페르난도의 책에서도 동일하지만 바로 이어서 "그는 자침이 북극성을 향하지 않고 조금 다른 방향을 가리키는 것을 알았다. 그때까지 이 같은 변화가 관측된 적은 없었으므로 그는 무척 놀랐다"고 덧붙이고 있다.[37] 어쨌든 모틀레이의 인용문에는 북서와 북동이 반대로 돼 있는데 이것은 모틀레이가 원 자료에 가장 가까운 카사스나 페르난도의 책을 보지 않았다는 것을 시사한다.

미첼은 콜럼버스가 최초로 편각을 발견한 것은 아니라는 주장의 근거로 콜럼버스의 두 번째 항해인 1496년 5월 20일의 기록을 들고 있다. 거기에는 아조레스 제도에서 서쪽으로 100레구아(legua, *1레구아는 약 5.5Km) 정도 떨어진 지점에서 "플랑드르 나침반은 항상 그랬듯이 북서로 자침이 바뀌었지만, 제노바 나침반(Genoa Compass)은 아주 조금 북서쪽으로 흔들렸을 뿐이었다"라고 씌어 있다.[38]

여기서 잠시 당시의 나침반 구조를 살펴보자. 나침반은 수평으로 회전하는 자침과, 그 자침에 고정되어 자침과 함께 돌아가는 컴퍼스 카드, 즉 문자판으로 돼 있다. 문자판에는 동서와 남북으로 교차하는 직선이 그어져 있고 그 사이를 각각 8등분해, 모두 32개의 반지름이 그려져 있다. 각각의 반지름 사이는 11.25도(360/32)의 방위각을 갖게 된다.

'제노바 나침반'이란 자침이 문자판의 북쪽 선과 일치하도록 만들어진 것이다. 따라서 문자판의 북쪽은 진북에서 편각만큼 기울어진 방향을 가리키게 된다. 이 나침반은 지중해에서 주로 사용되었다. 반면 '플랑드르 나침반(Flemish Compass)'은 처음부터 자침을 북에서 1방위각 동쪽으로 기울여 문자판에 고정시킨 것이다. 따라서 적어도 북서 유럽에서는 문자판이 거의 진북을 가리키게 된다. 북서 유럽에서는 자침이 정확히 북쪽을 가리키지 않고 늘 1방위각 정도 동쪽으로 치우친다는 경험에 근거한 것이다.

위의 기록으로 볼 때 두 번째 항해에서 콜럼버스가 두 종류의 나침반을 휴대한 것은 분명하다. 그렇다면 두 번째 항해를 출발한 1493년 9월에는 플랑드르 나침반이 서양 세계에 존재했었다는 것이며, 따라서 그때 이미 네덜란드의 나침반 제조업자들은 편각을 알고 있었다는 말이 된다. 만약 콜럼버스가 첫 번째 항해에서 편각을 발견했다고 한다면, 그 사실이 남부 스페인에 전해진 시점은 당연히 콜럼버스가 귀국한 1493년 3월 15일 이후가 될 것이다. 그로부터 겨우 반년 사이에 그 지식이 네덜란드에 전해져 개량된 나침반이 제작되었으며, 그렇게 만들어진 나침반이 다시 스페인에 들어왔다는 셈이 된다. 하지만 당시의 정보 전달 수준이나 기술 혁신의 속도를 고려할 때 이런 가정은 무리가 아닐 수 없다. 더구나 콜럼버스가 편각을 발견한 사실을 적극적으로 널리 알리고 다닌 흔적도 찾을 수 없다. 오히려 콜럼버스가 항해에서 얻은 지식은 스페인의 국가 기밀로 취급되던 상황이었다. 따라서 콜럼버스의 첫 번째 항해 이전에 이미 북서 유럽의 항해사나 나침반 제작자에게 편각의 존재가 알려져 있었다고 보는 것이 자연스럽다.

그렇지만 콜럼버스가 편각의 존재와, 그것이 위치에 따라 변한다는 사실을 인식하고 있었을 뿐 아니라, 어떤 지점-아조레스 제도의 코르보 섬 근처-에서는 편각이 북동에서 북서로 변하고, 그 중간 어딘가에 자침이 정확히 북을 가리키게 되는 지점이 있다는 것을 기록한 것도 사실이다. 콜럼버스의 항해 기록은, 그것이 어느 정도 정밀한지는 제쳐놓더라도, 편각에 대해 정량적으로 기록한 최초의 문헌이라는 점은 분명하다.

편각의 정량적 측정

그러나 상당히 부정확하고 많지도 않은 측정 기록을 남긴 콜럼버스의 자료를 붙들고 앉아 콜럼버스가 편각과 편각의 변화를 최초로 발견했느냐 아니냐에 매달리는 것은 그다지 의미 있는 일이 아니다. 그것보다는 자기학의 역사에서, 지구가 자석이라는 발견에 이르기까지 편각에 대한 인식이 어떻게 변하고 깊어졌는지를 알아보는 것이 더 중요하다. 그런 의미에서 지자기에 대한 참된 연구는 신대륙이나 아시아로의 항해가 극소수 야심가의 무모한 모험이 아니라, 국운을 건 사업으로 변화한 단계에서 본격적으로 시작됐다고 할 수 있다. 즉 어디에 있는지도 모르는 육지를 향해 부정확하고 더듬거리듯 행하는 항해가 아니라, 분명한 목적지를 정한 뒤 거기까지 얼마나 정확하고 신속하게 도달할 것인지가 관건인 시점에서는 원양 항해의 안전성과 확실성을 담보하기 위해 항해술의 개량이 급선무로 대두됐던 것이다. 이에 따라 나침반을 더욱 정밀하게 만들고 성능을 향상시킬 필요성이 높아졌고 참된 지자기 연구라고 할 만한 것이 생겨났다.

특히 유럽에서 볼 때 서쪽으로 항해함에 따라 편각이 동쪽으로 감소해가고, 아조레스 제도에서 편각이 0으로 된 후 다시 동쪽으로 항해하면 편각이 서쪽으로 증가해간다는 것이 발견됐기 때문에 편각이 경도와 관계를 맺고 있으며, 편각 측정이 해상에서의 경도 결정과 직접 관련이 있다는 생각을 하게 되었다. 이처럼 편각을 정밀하고 계통적이고 광범위하게 측정, 조사하는 것은 당시 양대 해양국가였던 스페인과 포르투갈에게는 아주 긴급하고 중요한 일이었다.■

자기 편각을 실용적으로 결정할 수 있는 방법을 처음 기록으로 남긴 이는 프란치스코 팔레로(Francisco Falero)였다. 포르투갈 출신으로 스페인 해군에 종사했던 그는 최초의 현실적인 항해편람이라 할 수 있는 『지구와 항해술에 관한 소론 Tratado del Esphera y del Arte del Marear』을 스페인어로 저술했다. 1535년에 출판되었지만 1519년 이전에 쓴 것으로 보이는 이 책은 현재 마드리드 국립도서관에 한 부 소장돼 있으며

■ 스페인과 포르투갈이 경도를 결정하는 데 관심을 가졌던 까닭은 단순히 항해기술을 위해서만은 아니었다. 1494년 토르데시야스 조약(Treaty of Tordesillas)에 따라 스페인과 포르투갈의 해외 영토의 경계가 카보베르데 제도 서쪽 370레구아를 지나는 자오선으로 결정되었기 때문에 경도 측정을 정확히 할 필요가 있었던 것이다.

당시에도 다른 문헌에 거의 언급된 적이 없다. 아마도 스페인 해군이 기밀문서처럼 취급해 극히 적은 부수만 인쇄했기 때문인 것 같다. 하지만 이 책에는 편각에 대한 당시의 인식과 그 지식이 가진 실제적인 의의를 분명히 기술하고 있어 매우 소중한 자료로 평가된다. 실례로 이 책의 편각에 관한 부분은 헬레만(Hellemann)이 1898년에 편집한 『자기희귀서 Rara magnetica』에 수록되었으며, 이후 1943년에 잡지 『지구자기와 공중전기 Terrestial Magnetism and Atomospheric Electricity』에 영어로 번역, 게재되었다.[39]

이 책의 제2부 제8장 '자침의 북동쪽으로의 치우침(Del nordestear de las agujas)'에서는 편각을 다음과 같이 설명하고 있다.

자침이 북동 또는 북서로 치우치는 것은 자침이 놓여 있는 지점의 자오선으로부터의 치우침이다. 자침은 북극을 가리키는 위치에 있을 때 외에는 자오선을 정확히 가리키는 일이 없다. 항해사들에 따르면 자침은 아조레스 제도에 있을 때만 자오선을 정확히 가리키는데, 몇몇의 경험에 의하면 (아조레스 제도 중에서도) 코르보 섬에 있을 때 가장 정확히 자오선을 향한다고 한다.……자침이 정확히 북쪽을 가리키는 아조레스 제도의 코르보 섬 또는 그 외의 섬에서 자오선으로부터 항해를 시작하면 서쪽으로 나아감에 따라 자침은 북서로 기울어져 가고, 동쪽으로 진행하면 자침은 북동으로 기울어져 간다.

여기에는 분명히 콜럼버스가 얻었던 지식이 공유되고 있다. 그러나 팔레로는 편각과 경도 사이에 단순한 관계를 상정한다. 즉 코르보 섬에서 같은 위도를 가지면서 동서로 나아가면 양측으로 90도가 될 때까지는 동서의 편각이 일정한 비율로 증가하고, 90도에서 편각이 최대치로 된다. 그 이상 진행하면 편각은 거꾸로 감소하고 코르보 섬에서 동서로 180도 지점에서 다시 0이 된다. 바로 그 지점에서 자침은 진북을 가리킨다고 주장한 것이다. 이런 전제 아래 그는 편각 측정의 중요성을 이렇게 강조했다.

자침이 북동으로 치우치는 것은 항해하는 이들에게 많은 불안감을 심어주었다. 자침이 얼마나 북동 또는 북서로 기우는지 알 수 있다면 항해사들은 불안감에서 해방될 수 있을 것이다. 뿐만 아니라 그것을 안다면 어떤 방향으로 항해하고 있는지도 정확히 알 수 있다. 자침의 치우침을 알면 항해사들은 헤매지 않고 항로를 바로 찾을 수 있을 것이며, 그것은 또 항해하고 있는 지점의 경도를 아는 데도 큰 도움이 될 것이다.

이것은 편각의 지식이 경도를 결정하는 데 이용될 수 있다는 점을 지적한 최초의 기록이다. 지자기에 관한 지식과 항해술의 발전이 얼마나 밀접히 관련돼 있었는지를 이토록 웅변적으로 드러낸 경우는 달리 찾기 어렵다.[40]

뒷부분에는 편각을 정확히 측정하는 방법이 기록돼 있다. 해시계로 북쪽 방향을 구하고 그것과 자침이 가리키는 방향과의 차이로 편각을 얻는 방식이다. 설명을 따라가기는 쉽지 않으나 요약하면 태양이 남중했을 때 그림자의 방향-즉 올바른 북쪽 방향-을 정확히 결정하는 방법을 세세히 논하고 있다. 첫 번째 방법은 태양이 남중하고 그림자가 가장 짧아졌을 때의 그림자 방향을 북쪽으로 삼는 것, 두 번째는 오전과 오후 그림자의 길이가 같아지는 [태양의 높이가 같아지는] 시각에 그림자의 이등분선을 진북으로 삼는 것, 셋째는 일출과 일몰 때의 그림자를 이등분해 진북으로 삼는 것이다.

편각에 대한 또 다른 기록으로는 '르네상스 시기 포르투갈의 만능천재'라고 불리고, 군인으로 과학자로 또한 저술가로도 발군의 재능

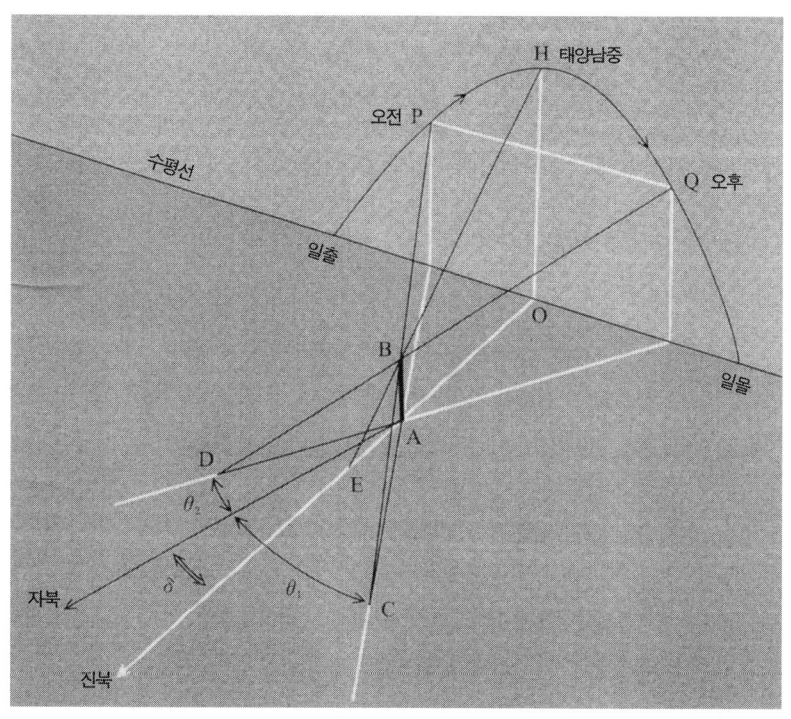

〈그림 11.4〉 카르트로의 편각 측정 방법.
태양이 오전과 오후에 같은 고도(P와 Q)가 됐을 때 막대 AB의 그림자인 AC, AD를 이등분하는 선 AE가 태양이 남중(南中)했을 때의 그림자 방향, 즉 진북을 나타낸다. 태양고도가 같다는 것은 그림자 AC, AD의 길이가 같은 것으로부터 알 수 있다.

을 보인 포르투갈의 영웅 카스트로(João de Castro)가 1538년부터 1541년에 걸쳐 쓴 『항해일지 log-books』를 들 수 있다. 여기에는 리스본, 카나리아 제도, 아굴라스 곶(Cape of Agulhas), 트리스탄다쿠냐 군도(Thistan da Cunha Group)를 비롯해 아프리카 대륙의 서해안에서 그 남단을 돌아 홍해, 인도양 연안, 고아(Goa) 등에서 계획적이고 지속적으로 시행한 상당한 양의 편각에 관한 관측 기록이 담겨 있다.[41]

카스트로의 측정 방법은 원리상 팔레로의 방법과 같다. 〈그림 11.4〉

에서 오전 중에 태양이 어떤 고도에 있을 때 해시계 기둥의 그림자 방향과 자침의 북쪽 방향이 이루는 각도를 θ_1, 오후의 태양이 오전과 동일한 고도가 되었을 때 그림자와 자침의 북쪽 방향이 이루는 각도를 θ_2라 한다면, 편각 δ는 동쪽을 기준으로 $\delta = (\theta_1 - \theta_2)/2$로 주어진다(남반구에서 관측할 때는 북과 남을 반대로 하고, 태양이 진행하는 방향을 반대로 잡아 그것에 맞추어 θ_1과 θ_2를 바꾸면 된다). 카스트로는 같은 지점에서 네 개의 태양고도에 대해 여덟 번을 측정했다. 얻어진 네 개의 값은 1/4도 이내의 범위에서 일치하고 있다. 군인으로서 당시 포르투갈 최고의 영웅 중 한 사람으로 인도 총독까지 지냈던 카스트로는 헬레만이 말했던 것처럼 "대 발견 시대 말기에 과학적인 해양 조사에서 가장 걸출한 인물"이었다.[42]

카스트로는 자신의 측정 결과로부터 위도가 다르면 "동일한 자오선에서도 자침이 북서나 북동으로 크든 작든 흔들릴 수 있다"고 하면서 편각과 경도 사이에는 단일한 상관관계가 없다고 결론지었다.[43] 그는 "편각의 변동은 자연에 숨겨진, 광대한 비밀의 공방에 숨겨진 비밀스러운 힘이 일으키는 것"이라고 주장했다.[44] 이 때문에 포르투갈에서는 편각을 측정해 경도를 결정하는 연구가 한동안 방기되었다.

한편 카스트로는 『항해일지』에 다음과 같은 흥미로운 사실을 기록하고 있다. 포르투갈에서 가져갔던, 자석이 붙은 해시계의 자침을 인도의 고아에서 잃어버리는 바람에 대용품으로 여러 가지를 시험해본 결과, 독일에서 만들어진 해시계의 자침이 딱 들어맞아 그것으로 교체했을 때 겪은 일이었다.

이 작은 바늘〔자침〕을 자화하기 전에 그것이 움직일 수 있게 축받이 위에 놓고, 문자판의 자오선을 정지시킨 다음 해시계의 기둥 그림자가 원과 교차하는 지점에 표시하고는 재빨리 분리해 물길 안내인으로 하여금 그것을 자화하도록 했다. 자화된 뒤에 그것을 다시 축받이에 놓고 앞에서와 같이 문자판의 자오선, 즉 남북 선에 따라 정지시켰다. 그러자 해시계의 기둥 그림자는 자화하기 이전에 표시한 지점에서 원과 교차했다. 이것을 보고 나는 크게 깨달았다. 내가 바늘을 분리한 해시계는 독일제이기 때문에 그 나라에서 나는 자석으로 자화한 것이지만 이번에 물길 안내인이 그 바늘을 다시 자화하기 위해 사용한 자석은 인도의 해안에 있는 것이었다. 두 지역이 이토록 멀리 떨어져 있음에도 불구하고 자석의 성질은 전혀 다르지 않다는 것을 알게 되었던 것이다.[45]

자석의 성질(자화 능력)이 인도와 독일에서, 나아가서는 지구상의 모든 지점에서 동일하다는 것, 따라서 자침의 편각이 자석의 차이에 따라 일어나는 것은 아니라는 점을 직접 확인한 것이다. 이것은 또 서양인에게 인도가 더 이상 괴물이 사는 신비한 나라가 아니게 되었다는 점을 상징하고 있다.

이상은 당시 해양 선진국이었던 스페인과 포르투갈에서 행해진 해상에서의 편각 측정이지만 육상에서 편각을 측정한 최초의 기록은 뉘른베르크(Nürnberg)의 해시계 제조업자이자 나중에 성 제발두스(St. Sebaldus) 교회의 교구목사가 된 게오르크 하르트만(Georg Hartmann, 1489-1564)이 1544년 3월 4일 프로이센의 알브레히트 공작(Duke Albrecht of Prussia)에게 부친 편지에 나타나 있다.[46]

자석으로 마찰한 바늘(자침)은 정확히 북쪽을 가리키지 않고 남북을 이은 선에서 동쪽으로 기울어진 쪽을 가리키는 놀라운 성질을 갖고 있습니다. 제가 로마에 머물 때 조사해본 바로는 그 어긋남의 정도가 6도였습니다만……뉘른베르크에서는 10도이고, 다른 곳에서는 이보다 많거나 적게 어긋나 있는 것을 알게 되었습니다.

이 측정은 자석이 붙은 해시계로 한 것으로 보인다.

하르트만의 편지는 복각 현상과 그 측정에 대해서도 최초로 기록하고 있다. 그러나 이 중요한 편지가 사람들에게 알려지지 않은 채, 1831년까지 쾨니히스베르크(Königsburg)의 문서보관소에 묻혀 있는 바람에 복각을 발견한 공로는 1576년의 로버트 노먼에게로 돌아가게 됐다. 이에 대해서는 다음 장에서 다루기로 한다.

콜럼버스 이후 불과 반세기 만에 유럽에서 서쪽의 신대륙으로 항로가 펼쳐지고, 아프리카 남쪽 끝을 경유해 동쪽의 인도로 항로가 넓혀짐에 따라, 편각에 대한 지식도 더욱 깊어지게 되었다.

지구상의 자극이라는 개념의 형성

이처럼 16세기 전반에 편각에 대한 지식이 심화된다. 그 연장선에서 지구와 지구 자장을 이해하는 데 결정적으로 중요한 '지구상의 자극'이라는 개념이 부상하게 된다.

꽤 애매한 형태이긴 하지만 자력의 극, 현대 용어로 말하자면 자력선이 집중하는 한 점이라는 개념을 맹아적인 형태로 최초로 거론한 사람은 아라곤(Aragon)의 마르틴 코르테스인 것 같다. 그가 16세기 중반 세비야에서 출판한, 스페인어로 쓴 『지구 및 항해술의 개념Breve Compendio de la Sphera y de la Arte de Navigar』에서이다.[47]

이 책의 제3장인 '자석의 힘과 성질'은 자석의 산지에 대해 새롭게 알려진 사실을 덧붙였지만 자석의 지북성과 항해용 나침반의 사용에 관한 기록을 제외하면 아우구스티누스나 플리니우스 수준을 넘어서지 못했다.

또 편각을 다룬 제5장 '자침의 북동과 북서로의 치우침'은 "자침이 북동 및 북서로 치우치는 현상에 대해 나도 다른 사람들처럼 듣고 읽고 했으나, 내 생각에는 그 어떤 것도 옳지 않으며 대부분은 정곡을 찌르지 못하고 있다"고 시작한다. 편각은 이미 항해 관계자들 사이에는 널리 알려져 있었는데도 코르테스가 정곡을 찌르지 못했다고 한 것은 자침이 가리키는 점은 천구상의 한 점이기 때문이었다. 코르테스는 아리스토텔레스의 우주론에 입각해 자신의 주장을 펼친다. 즉 정지 지구를 중심으로 몇 개의 동심구-각각 행성이나 태양 궤도를 포함하는 구들-가 있는데, 첫 번째 바깥에 있는 항성 천구는 하루 한 번 회전한다는 것이다. 그런데 만약 자침을 끌어당기는 점[견인점]이 이 천구에 있다면 "그 견인점도 천구의 운동에 맞춰 함께 움직이게 될 것이고 그 결과 자침도 24시간에 한 번 회전하게 될 것이다. 하지만 그런 일이 실제로는 일어나고 있지 않으므로 이 [견인]점은 항성 천구에는 없으며 당연히 [하늘의] 극에도 없다. 왜냐하면 그것이 [하늘의] 극에 있다면 자침이 북동 혹은 북서로 치우치지 않을 것이기 때문이다."

이 논의만 본다면 '견인점'은 지구상에 있어야 할 것 같은데도 코르테스는 그 점이 항성 천구의 훨씬 바깥에 있다고 결론지었다. 코르테스에 따르면 "견인점은 하늘의 극과는 다른 곳에 위치하며, 그곳으로부터 실이 길게 뻗어나와 그 실이 자침의 남북 선을 지나고 있다. 그리고 극과 견인점을 지나는 자오면상에 있는 자침은 극을 가리키지만 그 밖의 위치에 있는 자침은 하늘의 극을 지나는 진짜 자오면으로부터 북동 또는 북서로 빗나간 방향을 가리킨다"는 것이다. 어쨌든 지구상에 있는 모든 자침이 천공상의 극으로부터 일정한 거리에 떨어진 고정점을 가리킨다면, 지구상의 자침이 보이는 편각은 각각의 지점에서 결정된 값을 가지고 경도와 일정한 관계를 맺게 될 것이다. 이렇게 해서 코르테스의 논의는 편각이 경도 결정에 이용될 수 있다는 발상을 다시 지지하게 되었다.

지자기 연구의 역사에서 있어 최대의 전환은 지도의 투영도법으로 유명한 네덜란드의 수학자 게라르두스 메르카토르(Gerardus Mercator, 1521-1594)가 이루어냈다. 그는 모든 자침이 가리키는 점을 [천구가 아니라] 지구에 두고, 지구상의 '자극(polus magnetis)'이라는 개념을 제창했다. 1546년 2월 23일의 편지[48]에서 "자침이 강하게 가리키는 점은 어디에 있는 걸까"라고 질문하면서 다음과 같이 썼다.

첫째 같은 지점에서는 자침이 진북으로부터 같은 각도로 기운다는 것이 경험을 통해 알려져 있다. 때문에 그 점[극]은 하늘에는 결코 있을 수가 없다. 왜냐하면 극을 제외하면 하늘의 모든 점은 회전 운동을 하기 때문에, 자침은 (*만약 천구상의 한 점을 가리킨다면) 하늘에 있는 그 점의 일주운동으로 인해 필연적으로 동서로 번갈아 흔들릴 수밖에 없다. 그러나 그런 일은 경험상 일어나지 않고 있다. 따라서 이 점은 움직이지 않는 지구에서 찾지 않으면 안 된다.

자침이 가리키는 점, 즉 자석에 영향을 미치는 점을 하늘의 극에서 찾았던 페레그리누스와 로저 베이컨, 북극성에서 구했던 토마스 아퀴나스와 피치노, 천구의 아주 먼 바깥에서 구했던 코르테스와 달리 처음으로 그 점-자기견인점-을 지구에서 찾았던 것이다. 이것은 지구 자장의 이해, 나아가 지구 자체의 이해를 위한 결정적인 전환점이었다.

여기서 메르카토르는 천구의 일주 운동에도 불구하고 편각은 시간적으로 변하지 않는다는 점을 전제하고 있다. 코페르니쿠스의 『천구의 회전에 대하여』가 이미 1543년에 세상에 나와 있었으나 지동설은 아직 널리 보급되지 않은 상태였다. 또 1634년에 영국인 헨리 겔리브랜드(Henry Gellibrand, 1597-1636)가 편각의 변화를 발견하기까지는 편각의 일정성(*시간에 따른 변화가 없음)에 의문을 제기하는 경우가 없었다. 이 두 가지를 제외하면 메르카토르의 논의는 코르테스에 비해 훨씬 명쾌하고 이치에 맞는 것이었다.

뿐만 아니라 그는 관측 값으로부터 이 점의 위치, 즉 지구상의 자극의 소재지를 실제로 도출했다. 그는 편각이 네덜란드의 젤란트(Zeeland) 섬에서는 동쪽으로 9도 기울었다는 관측 값을 이용해 단치히(Danzig)에서의 편각을 14도 동쪽으로 추정-이 값을 얻는 과정은 그다지 명쾌하지 않다-했다. 이어서 젤란트 섬에서 9도 각도로 자오선과 엇갈리는 큰 원을 그리고, 단치히에서 14도 각도로 자오선과 교차하는 큰 원을 그려 두 원이 만나는 점, 즉 경도 168도, 북위 79도의 한 점을 발견했다. 이 경도는 코르보 섬[그리니치 서경 약 31도]를 지나는 자오선(본초 자오선)을 기준으로 한 경도로서 그리니치 동경으로는 약 137도에 해당한다. 이곳은 베링 해협에 위치한다.

물론 이 계산은 자극이 존재할 뿐 아니라, 자침이 지구상 어디에 있든 자극을 가리킨다는 것을 전제한다. 다시 말해 지리적 자오선과 마찬가지로 모든 자기 자오선도 지구상의 두 점[양극]을 지나는 큰 원을 그린다는 것을 전제한다. 하지만 이것은 경험적으로 확인된 것이 아닐 뿐더러 이미 카스트로가 측정을 통해 부인한 것이기도 하다. 덧붙이자면 오스트리아 수학자 레티쿠스(Rheticus, 본명 Georg Joachim von Lauchen, 1514-1576)가 1539년 폴란드의 코페르니쿠스를 방문해 지동설을 출판하도록 권유했는데, 그때 단치히의 편각으로 13도라는 관측 값을 얻었다. 이것은 메르카토르가 추정한 값과 거의 비슷하지만[49] 단

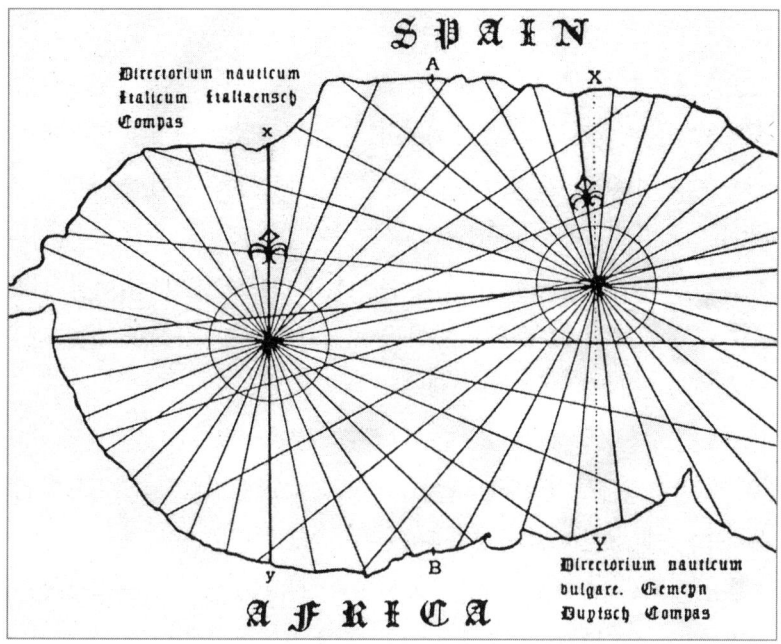

〈그림 11.5〉1599년의 항해도(지중해의 일부).

당시 나침반 카드에서 북쪽을 가리키는 화살표는 그림과 같이 백합(fleur-de-lys; 안쥬 가(家)의 문양)으로 나타냈기 때문에 나침반 카드의 북쪽을 '백합(라틴어로 lilium)'이라고 불렀다. 32개의 방위가 기록된 나침반 카드는 해상에서는 방향을 바람의 명칭으로 불렀기 때문에 '풍기도(風記圖)'라 불리기도 했다. 이것도 32장의 꽃잎을 가진 장미꽃처럼 보였기 때문에 '바람의 장미(라틴어로 rosa ventorum, 불어로 rose des vents)'로 불렸다. 한편 당시 지도에서는 이처럼 방사선을 그려 넣은 것이 종종 보이는데, 이 선은 '항정선(航程線, loxodrom)'이라 하여 이 선을 통해 항해사가 진로를 결정했다. 예를 들어 그림에서 항구 B로부터 X 항구로 향할 때, BX로 방향을 맞춰 그것을 방사선의 중심까지 평행이동시켰을 때 일치하는 항정선의 방향이 바로 택해야 할 진로가 된다. 그러나 지구가 구형이기 때문에 영역이 커지면 일정한 방향이 직선에서 벗어나게 되므로 지도상에 몇 개의 항정선을 그려 넣지 않으면 안 되었다.이런 난점을 피하고 일정한 방향을 어디까지든 하나의 직선으로 나타낼 수 있도록 한 것이 1569년에 개발된 메르카토르 도법이다. 이것은 1599년 영국의 에드워드 라이트에 의해 수학적으로 정확한 형태가 만들어졌다.

자력과 중력의 발견 387

치히의 편각이 14도라는 메르카토르의 추정도 확실한 근거를 가지고 있는 것은 아니다. 이후 메르카토르는 측정을 통해 젤란트 섬의 편각으로 앞서 추정했던 것과는 조금 다른 값을 얻었고 이것을 이용해 자극을 경도 180도, 북위 73도 30분으로 구했다.⁵⁰ 그리고 1569년과 1595년에 나온 그의 지도에는 일본의 북방, 북위70도와 80도 사이의 바다에 '자극(polus magnetis)'이 섬(자석의 산) 모양으로 묘사되어 있다.⁵² 측정한 수치 그 자체는 그다지 의미가 없지만, 중요한 것은 지구상의 자극이라는 관념을 제창했다는 사실이다.

이렇게 신비의 '자석의 산'은 지구과학적인 '자극'으로 다시 태어났다. 그러나 처음부터 이 둘의 이미지는 겹치고 있었다. 네덜란드의 수학자 미키엘 코이네(Michiel Coignet)가 1580년에 출판한 책에서 "메르카토르는 [북극에서 16도 30분 떨어진 곳에] 지상의 모든 자석을 끌어당기는, 자석으로 된 거대한 바위와 광맥이 있다고 했다"라고 밝히고 있다.⁵³ 이전의 '자석의 산'과 '자극'을 동일시하고 있는 것이다. 그러나 그것이 항해에 위험하다는 언급은 이미 사라지고 없다.

메르카토르의 고찰은 지구 자장이라는 개념의 바로 문턱까지 온 것이며, 지구가 하나의 자석이라는 길버트의 발견은 앞으로 한 걸음 안에 있었다고 할 수 있다. 그럼에도 자기견인점이 어디에 있는가에 대해서, 페레그리누스로부터 코르테스에 이르기까지의 모든 설이 가진 오류를 "어이없고 우스꽝스럽다"고 논박했던 1600년의 길버트나 19세기 말의 벤저민이 메르카토르의 논의는 완전히 묵살했던 이유를 알 수가 없다.

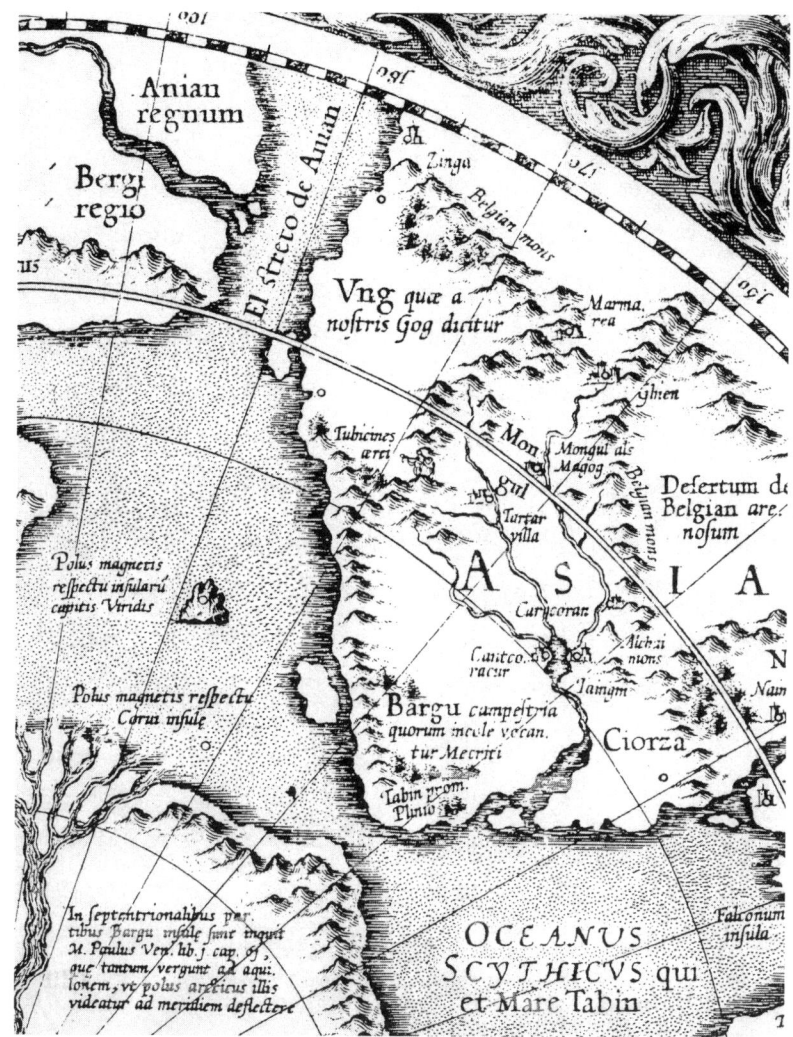

〈그림 11.6〉 메르카토르 지도(1595)의 일부.
왼쪽 아래가 북극, 오른쪽 위가 동북아시아, 왼쪽 위가 북아메리카 대륙 북서부이다. '자극(polus magnetis)'이 두 곳에 씌어져 있는 까닭은 편각이 0이 되는 자기자오선과 지리자오선이 일치하는 점(본초자오선이 통과하는 점)을 아조레스 제도의 코르보 섬(insula Corvi)으로 한 경우와, 카포=벨데 제도(insulae Captis Virdis)로 하는 경우를 생각했기 때문이다.[51]

※ ※ ※

　대항해 시대에 자기나침반이 사용되면서 편각이 발견된다. 그것은 다음 장에서 볼 복각의 발견과 함께 지구에 대한 이해를 크게 변화시킨다. 그 과정에서 고대와 중세에는 인도에 있다고 믿었던 '자석의 산'이 16세기에는 북극권으로 옮겨가게 되고, 다시 이는 '자극'으로 태어난다. 그리고 마침내 얼마 후에는 지구 자체가 하나의 자석이라는 길버트의 발견으로 연결된다. 16세기 말 조르다노 브루노는 『마술에 대하여』에서 "자기적 인력이 왜 지구의 극에서 발생하는지를 설명하기는 쉽지 않다. 특히 어떤 사람들이 얘기하듯이 그곳[극]에 거대한 자석의 산이 많이 있기 때문이라는 것은 맞는 말이 아닌 것 같다"라고 밝히고 있다.[54] 이를 통해 볼 때 '자석의 산'의 존재에 대해서는 회의적이지만, 이 시기에는 자석이 지구의 극에서 힘을 받고 있다는 인식의 변화는 거의 완료되고 있었던 것 같다. 지구 자체가 자석이라는 길버트의 발견 직전까지 도달해 있었던 것이다.

　이것은 또 선원과 기술자(장인), 군인이 과학의 새로운 담당자로 등장하는 과정이기도 했고, 동시에 과학의 방법이 과거 문서의 훈고나 해석으로부터 현실의 자연을 관찰하고 측정하는 것으로 변모하는 과정이기도 했다. 실제로 포르투갈의 카스트로는 바다에서 일어나는 문제를 해명하기 위해서는 "수학자의 이론뿐 아니라 여러 해에 걸쳐 광대한 바다를 왕복해온 항해사와 선원의 경험과 관점이 필요하다"고 밝혔다.[55] 이런 변화들은 다음 장에서 보게 될 로버트 노먼을 통해 더욱 명료한 형태로 나타나게 된다.

12장

자연과학의 새로운 주인공 로버트 노먼과 『새로운 인력』

편각에 이어서 하르트만과 노먼이 복각을 발견함으로써, 지구가 하나의 자석이라는 발견으로 가는 길이 개척되었다. 이 발견은 장인이나 선원이 자연과학의 새로운 주인공들로 등장했음을 상징하기도 한다. 동시에 과학의 방법이 과거 문서의 훈고나 해석으로부터 현실의 자연을 관찰하고 측정하는 것으로 변모한다. 근대 과학에 이르는 길이 준비되어 갔던 것이다.

복각의 발견

지구 자장을 인식하는 과정에서-나아가 지구 자체에 대한 새로운 인식과정에서-자침의 편각 발견과 함께 중요했던 사건은, 앞장에서 말한 독일인 게오르크 하르트만과 영국인 로버트 노먼에 의한 복각의 발견-정확하게는 자침과 수평면이 이루는 각이 0이 아니라는 것-이었다. 특히 노먼의 책은 단순히 복각을 발견한 경위나 결과를 기술하는 데 머물지 않는다. 소박하지만 자력의 작용권이라는 관념을 밝히고 있으며, 자침이 받고 있는 힘이 단순한 인력만은 아니라는 주장을 자신의 실험에 근거해 내세우고 있다. 이 책은 기술적인 문제를 스스로의 힘으로 연구한 다음 그 결과를 속어(자국어)로 발표한 것으로, 과학을 대하는 자세와 태도의 전환을 상징하는 것이기도 했다. 그 배경을 포함해 더 상세히 알아보기로 하자.

복각을 누가 먼저 발견했는가 하는 점과 관련해서는 하르트만이 1544년에 쓴 편지가 더 빠르다. 그 편지에는 "나는 이미 말한 것처럼 자석이 북에서 동으로 9도 정도 기울어져 있을 뿐 아니라, 아래를 향해서도 기울어져 있다는 것을 발견했습니다. 그래서 이것을 증명하지 않으면 안 됩니다"라고 한 뒤에 다음과 같은 실험 결과를 소개하고 있다.

나는 손가락 길이만한 바늘을 만들어 어느 쪽도 지구 쪽으로 기울이지 않고 엄밀하게 균형을 유지하도록 뾰족한 막대 위에, 또는 물 위에 수평으로 놓아두었습니다. 바늘의 한쪽 끝을 (*자석으로) 문지르면 침은 수평을 유지하지 못하고 9도 정도 아래로 기울어집니다. 왜 그럴까, 나는 원인을 설명할 수 없었습니다.[1]

그러나 앞장에서도 지적한 것처럼 이 편지는 1831년에 발견돼 공개되기까지 일반에게는 거의 알려지지 않았다.

한편 약 20년간 선원으로 일한 뒤 런던에서 항해용 기기를 제조, 판매했던 로버트 노먼은 1581년에 지구 자기만을 다룬 최초의 서적이라고 할 수 있는 『새로운 인력 *The New Attractive*』을 영어로 출판했다.[2] 이것은 하르트만과 독립적이면서도 훨씬 상세하게 복각을 정밀하게 측정하고 연구한 것이었다. 책머리의 헌사에 "나는 정확한 시도와 완전한 실험을 통해 얻은 것만을 써서 남깁니다"라고 한 것처럼, 자신의 실험과 관찰에만 의거해 자기의 움직임을 기술하고 있다.

『새로운 인력』의 제3장 '자침이 수평면에 대해 기우는 신기한 현상을 어떻게 최초로 발견하게 되었는가'에서 노먼은 복각현상을 발견한 경위와 측정하게 된 동기를 밝히고 있다. 아주 흥미롭기 때문에 다소 길지만 전문을 인용해보자.

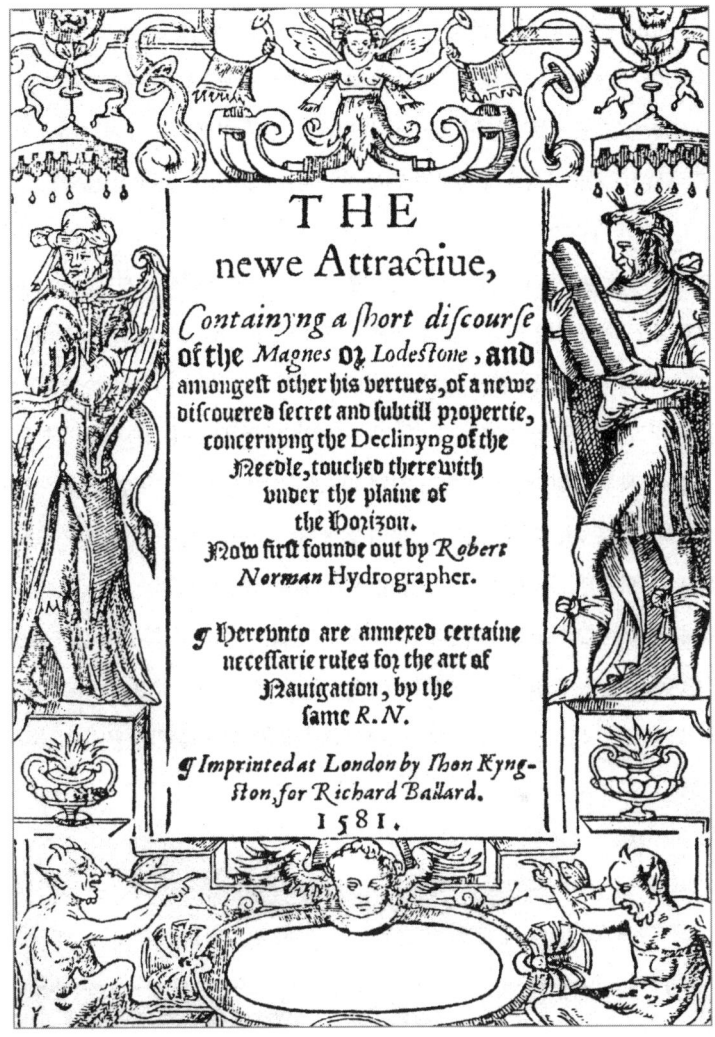

〈그림 12.1〉『새로운 인력』 초판(1581)의 표지.
원래 제목은 '새로운 인력-자석에 대해서, 그리고 자석의 그 밖의 성질 가운데 자석이 닿은 바늘이 수평면에 대해 기울어진다는 수로(水路) 기술자 로버트 노먼이 최근 처음으로 발견한, 여태까지 알려지지 않았던 미묘한 성질에 대한 짧은 논고를 포함한다' 이다.

지금까지 나는 다양한 종류의 항해용 나침반을 다수 제작해왔다. 그런데 (*자석으로) 마찰하기 전에는 수평을 유지하던 바늘이, 자석으로 문지른 후에는 북쪽 방향으로 고개를 숙인다는 것, 즉 수평면에서 어떤 각도만큼 아래로 기울어지는 것을 보았다. 그래서 이 기울어짐을 보정하고 다시 수평으로 돌려놓기 위해 바늘의 남쪽 끝에 소량의 왁스를 부착해야만 했다.

그런 효과를 몇 번이나 반복해서 경험했지만 자석의 성질에 무지했던데다 이전에는 그와 같은 이야기를 들은 적도 없어 특별히 주의를 기울이지 않았다. 그러던 어느 날 6인치 길이의 자침을 가진 장치를 제작할 기회가 있었다. 나는 바늘을 연마한 다음 정확히 그 길이로 잘라 핀 위에 수평으로 놓았다. 이제 자석으로 마찰하는 것만 남아, 바늘을 자석에 갖다대자 북쪽이 크게 밑으로 기울어졌다. (*길이가 너무 긴 탓으로 생각하고) 그것을 다시 수평으로 돌려놓기 위해 바늘의 끝을 절단했다. 그러나 너무 짧게 자른 탓에 고생해서 만든 자침이 못 쓰게 되어버렸다.

화가 난 나는 그 효과를 더 깊이 연구하기로 했다. 작심하고 학문이 깊은 친구들에게 이것을 알렸다. 그들은 자석으로 마찰한 바늘이 얼마나 기울어지는지, 즉 수평면에서 기울어진 각도가 몇 도인지를 정확히 조사하기 위해 장치를 만들어보라고 했다.(p.8)

이처럼 노먼이 복각을 발견한 과정은, 나침반을 제조하던 장인이 일상적인 일 속에서 반복하여 목격한 현상을 통해서였다. 해시계 제조업자인 하르트만의 경우도 마찬가지이다. 이것은 주목할 만한 가치가 충분한 부분이다.

일반적으로 '그때까지 알려지지 않았던' 자연현상의 '발견'이라는 것은, 현미경이나 망원경처럼 인간의 관찰능력을 비약적으로 향상시킨 새로운 관측기기의 개발에 의한 경우를 제외하면, 그때까지 보이지 않았던 것이 새로 보이게 되었다기보다는 실제로는 몇 번이나 목격되었지만 특별히 주목할 가치가 있는 현상이라고 자각하지 못하고 부주의하게 넘기다가, 어느 순간 어떤 계기로 지금까지와 달리 특별히 주의 깊게 고찰하면서 가능해진 것들이다. 이후 그것을 설명할 수 있는 틀이 필요해지며, 전문적인 연구자들은 새로운 이론적 틀을 통해 그때까지 간과해온 현상을 새로운 관계성 속에 놓음으로써 그것이 가진 의미를 파악하게 되는 경우가 대부분이었다.

그러나 기술자나 장인에 의한 발견은 꼭 그런 형태로 일어난다고는 할 수 없다. 오히려 노먼이 증언하듯이 많은 무명의 장인들이 반복적으로 경험하면서 기술적으로 실제적인 난처함에 봉착, 그 현상에 주목하게 되고, 결국 그것을 파고들어 조사하게 되는 것이 그와 같은 '발견'의 실상일 것이다. 15세기에 해시계 제조업자가 편각을 '발견'한 경위도 이와 같다.

그러나 일반적으로 장인이나 기술자가 관련된 '발견'은 '발견'으로서 인정받기도 어렵거니와, 하물며 문서로 남겨지는 경우도 희박하다. 그렇기 때문에 앞 장에서 '편각의 발견'에서 본 것처럼 그것을 특정인과 연결시키고자 하면 무리한 결과가 따를 수밖에 없다. 이처럼 보통은 역사의 퇴적물 아래 묻혀버리고 마는 과정을 활자로 남겼다는 점에서 노먼의 증언은 매우 귀중하다. 『새로운 인력』은 장인이 발견한 과정을 장인의 손으로 직접 기록하고 자신의 언어로 해석한 최초의 책이라는 점에서 특별히 주목할 필요가 있다.

노먼의 실험과 측정에 대한 상세한 설명은 제4장 '자침이 수평면 아래로 최대로 기울어지는 것을 어떻게 측정할 것인가'에 나타나 있다.

노먼이 그것을 측정하기 위해 제작한 장치는 이렇다. 수평축 주위로 자유롭게 회전할 수 있고, 임의의 각도에서 정지할 수 있도록 양쪽을 맞춘 바늘을 만든 다음, 그 바늘과 같은 길이의 지름을 가진 원반을

360등분해(원문에는 160등분이라고 돼 있으나 첨부된 그림이나 측정 결과를 보면 360등분의 착오인 것 같다) 축과 같은 중심에 고정한다. 이것은 수직면 안에서 바늘의 회전각을 측정하기 위한 것이다. 바늘이 회전하는 수직면을 자기 자오면에 일치시킨다. 이렇게 한 뒤에 바늘을 자석으로 마찰해 수평면에 대해 바늘이 얼마나 기울어지는지 각도를 측정한다. 그 결과 노먼은 "정확한 측정을 통해 나는 이 도시 런던에서 자침의 북쪽이 약 71도 50분 기울어진다는 것을 발견했다"라고 기록하고 있다.[3] 하르트만의 결과와는 꽤 차이가 나지만 둘 모두 측정 오차가 있으며, 특히 하르트만이 얻은 값은 훗날 추정한 값과 비교해보아도 너무 적은 것 같다.[4]

『새로운 인력』은 그다지 두꺼운 책은 아니지만 단순히 복각현상만 기록한 것은 아니다. 복각의 발견으로 촉발된 그 밖의 실험이나 자력에 대한 중요한 관찰과 고찰도 포함하고 있다. 특히 이 복각의 발견을, 자석과 자침의 '견인점point attractive'에 대한 그때까지의 다양한 견해를 뒤집는 입장에서 논하고 있다. 또 자력에 대해 알려지지 않았던 성질을 명확히 하는 실험과 해석도 포함하고 있다. 전체적으로 살펴보기로 하자.

제1장은 '자석에 대하여, 그것은 어디에서 발견되는 것일까, 색, 무게, 쇠나 철을 끌어당기는 힘, 그 밖의 자석의 성질에 대하여'이다. 여기에는 자력과 자석에 대한 당시 유럽인들의 지식과 관점이 들어 있지만 특별히 새로운 것은 없다. 자석의 산지로는 중국과 벵골 해안, 엘바 섬, 홍해, 노르웨이의 철광산, 스페인의 카라바카(Caravaca) 광산 등을 들고 있다. 이 시점에서는 이미 인도는 멀리 망막한 미지의 세계가 아니었다. 천연자석의 산지에 대해 플리니우스에서 페레그리누스에 이르기까지 여러 지명이 거론되어 왔으나, 그것들은 모두 전승된 이야기

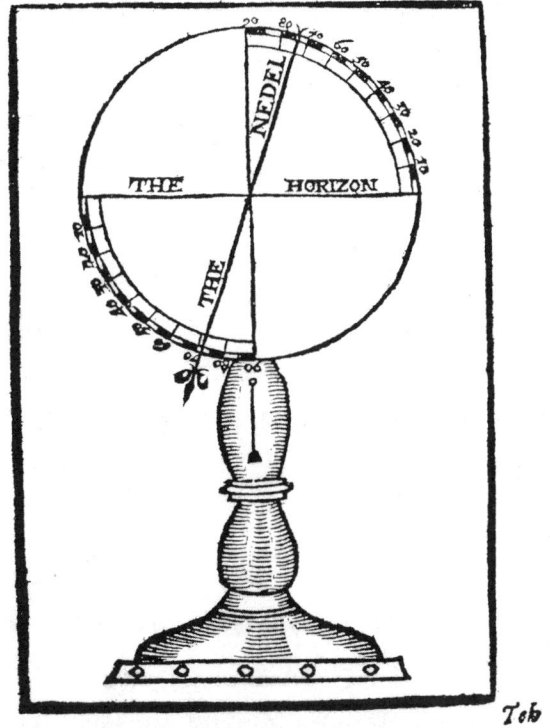

〈그림 12.2〉 로버트 노먼의 『새로운 인력』의 한 페이지.
그림과 함께 본문 속에 복각의 측정 값인 71도 50분이 기록돼 있다.

들에 의존한 것으로 불확실하고 애매하기 일쑤였다. 그러나 이 책에서는 구체적인 지역을 밝히고 있다. 이들 지명은 바스코 다 가마와 콜럼버스의 항해 이후 겨우 1세기도 지나지 않아 유럽인의 활동 범위가 얼마나 확대되었는지를 단적으로 보여주고 있다.

그뿐만이 아니다. 제1장에서 노먼은 자력을 둘러싼 선인들의 말을 거론하면서 "이 밖에도 많은 이야기들을 고대인들이 남겼다. 그들은 말하자면 자신의 공상을 마치 의심할 바 없는 진실인 양 써서 남김으로써 지리학과 수로학, 항해술 등에 영향을 미쳤다"(p.4)고 주장했다. 고대의 권위에 무릎을 꿇고, 전해진 믿기 어려운 이야기들을 무비판적으로 복창해 온 그때까지의 지식의 모습을 자각하고 적확하게 비판한 것이다. 『새로운 인력』이 발표되기 한 해 전, 몽테뉴는 "위대한 인물이었던 프톨레마이오스는 세계의 한계를 결정했고 고대의 모든 철학자들도 자신의 지식이 미치지 않는 몇 개의 먼 섬들을 제외하고는 세계를 구석구석까지 재는 것을 끝냈다고 생각했다.……그러나 금세기에 접어들어 먼 섬이라든가 사람 눈에 띄지 않는 지역과 같은 것은 사라지고, 우리가 알고 있는 내륙과 거의 같은 정도로 거대한 내륙이 발견되었다"[5]면서 지리학에 대한 고대인의 무지를 비웃었다. 그런 분위기는 시대적으로 공유되었던 것 같다.

그러나 노먼은 비판에 머물지 않았다. "나는 경험이 저술자의 지침이 되어야 하고, 이성이 서술의 규칙이 되어야 한다고 생각한다. 그것을 준수하면 지금까지 종종 보아온 것 같은 잘못된 길로 접어드는 일은 없을 것이다"(p.4)라며 단순 명쾌하게 선언하고 있다. 경험과 실험에 근거한 합리적인 추론, 과학과 기술은 그것에 토대를 두고 형성된다는 것을 기술자 노먼은 분명하게 자각하고 있었던 것이다.

한편 노먼은 자석의 힘은 어디까지나 자석 자신이 가진 성질이지,

어딘가 멀리 있는 특정한 지점의 성질이 아니며 자석에 끌리는 철의 성질에서 나오는 것도 아니라고 생각했다.

철의 자화에 대해 노먼은 다음과 같이 생각했다.

철은 자석으로부터 힘을 받기 전까지는 그 자체로는 끌어당기는 어떤 힘도 갖지 않는다. 그러나 철은 자석에 대해 어떤 종류의 친화성 또는 자석에 동화하고자 하는 자연적인 성질을 가지고 있으므로, 자석의 힘을 쉽게 받아들이는 경향이 있고……철이 자석에 닿아 그 힘을 얻으면, (얼마나 강한지는 논외로 하더라도) 모든 점에서 자석과 같은 성질과 힘을 지니게 된다.(p.3)

또 자석의 작용에 대해 다음과 같이 이야기한다.

자석의 힘은 분배적이어서……그 힘을 받아들인 철은 다시 다른 철에게 힘을 나눠주고, 후자의 철은 그 힘을 또 다른 철에게 전해주는 식으로 자석은 자신의 힘을 여러 철에 나눠준다. 이 점에서 자석은 경이롭다. 즉 그 자석에 수만 개의 철이나 못이 닿더라도 각각이 같은 힘을 가지게 되며……그럼에도 불구하고 자석 자체는 자기의 힘을 감소시키지 않고 원래 힘을 유지한다.(p.4)

자석의 자화 능력에 한계가 없다는 것은 이전에 아그리파가 말한 바이기도 하지만 기술자의 입장에서도 역시 놀랄 수밖에 없었던 것이다. 그 다음으로는 자석의 지북성과 편각현상을 다루면서 "마른 접시 위에 자석을 놓고 물통에 띄우면 접시가 회전하게 되고 몇 번이나 흔들린 뒤에 자석의 북쪽 끝은 편각의 선 또는 상상 속의 견인점을 가리키게 된다"(p.5)고 지적한다. 이것은 이미 잘 알려진 사실이지만 노먼은 제2장에서 '그 견인점에 대해 씌어진 다양한 견해 및 견인점이 어디에 있는지에 대하여'라는 제목으로 이 문제에 대해 비판적인 관점을 제시한다. 그는 견인점이 회전하는 천구보다 더 멀리 떨어져 있다는-마르틴 코르테스의-설도, 지구상의 북극 근처의 거대한 자석의 산에 있다는-올라우스 마그누스의-설도 모두 잘못되었다고 주장한다. 코르테스에 대한 비판은 제6장에서 전개하고 있으나, 올라우스 마그네스의 설에 대해서는 만약 그렇다면 레판토(Lepanto) 해에서는 자침이 광산이 있는 엘바 섬 쪽을 향해야 하는데 그런 현상은 선원들이 보고한 적이 없다고 꼬집는다(이 설은 나중에 길버트의 『자석론』에도 등장한다).

그리고 이들이 잘못된 설을 내놓게 된 것은 그들이 복각 현상을 몰랐기 때문이라는 게 노먼의 기본 생각이었다. 그래서 논의는 복각으로 넘어가게 된다.

자력을 둘러싼 고찰

제5장에서는 '자석의 힘 중에는 바늘을 이처럼 기울게 하는, 무게를 가진 물질이나 무거운 물질이 포함되어 있지 않다'는 제목으로 복각 현상을 해석하고 있다.

글의 첫머리에서 그는 "어떤 사람들은 자침이 기울어지는 현상을 자침이 자석으로부터 무게가 있는 물질을 받기 때문이라고 하지만 (내가 생각하기엔) 단순한 힘과 그 비밀스러운 영향 때문이 아니다. 왜냐하면 만약 자석에 자침에게 줄 물질이 붙어 있다면 자침이 무거워질 것이기 때문이다"(p.11)라고 주장했다. 즉 복각은 자침의 북쪽 끝이 자화되는 과정에서-자석으로부터 물질이 유입돼-무게가 늘었기 때문이라는 일부 사람들의 주장을 소개한 다음 거기에 대해 다음과 같이 반론을 제기한다.

첫째는 직접 실험을 통한 반증이다. 저울에 철 조각을 올려놓고 납으로 된 추를 이용해 균형을 맞춘다. 그 다음 철 조각에 자석을 마찰〔자화〕한다. 이〔자화된〕 철 조각을 다시 저울에 달아도 이전처럼 납으로 된 추와 균형을 맞추는 걸 보여준다. 이것은 철이나 쇠를 자화해도 무게에는 아무런 변화가 없다는 것을 실험을 통해 입증한 최초의 시도이다.

둘째는 논리적인 비판이다. 그는 "만약 자침의 북쪽 끝이 자석과 접촉함으로써 얻은 물질의 무게 때문에 기울어지는 것이라면, 왜 자석의 반대 측에 접촉한 자침의 남쪽 끝은 〔아래로〕 기울어지지 않는 것일까"라고 의문을 제기하며, "자침을 자석의 어떤 부분에 닿게 하여도 자침의 북쪽 끝만이 항상 기울어진다"(p.11)고 지적한다. 바늘의 한 쪽 끝을 자석의 북극으로 문지르든 남극으로 문지르든 아래쪽으로 기우는 것은 항상 바늘의 북쪽 끝이지 자석으로 마찰한 쪽과는 아무런 관계가 없다는 것이다. 자력이 중력과 관계가 없을 뿐 아니라, 물체를 한 방향으로만 끌어당기는 중력과는 다른 이질적인 존재라는 것을 시사하고 있다.

제6장에서는 '견인점에 관해 통상 받아들여지고 있는 견해에 대한 논박'이라는 제목으로 실험과 고찰을 전개한다.

제5장의 실험결과를 보면, 자침의 북쪽 끝이 아래로 기우는 것은 자침의 북쪽 끝이 지구의 어딘가에 있는 견인점을 향해 끌어당겨지거나 자침의 남쪽 끝이 하늘에 있는 견인점을 향해 위쪽으로 끌어당겨지기 때문이라고 생각할 수 있지만, 사실은 그 어느 경우도 아니라고 노먼은 주장한다.

그리고 이를 증명하기 보이기 위해 노먼은 2인치 정도의 철로 된 바늘을 코르크에 꽂아 물에 띄워 실험을 했다.

충분히 물을 채운 깊이가 깊은 용기를 바람이 없는 곳에 놓아둔다. 그 다음 양쪽에 같은 무게의 추를 올려놓은 균형을 유지하는 저울 막대처럼, 바늘의 양끝이 수면과 평행을 유지한 채 코르크가 수면 아래 2-3인치쯤에서 상승도 하강도 하지 않고 정지할 수 있도록 코르크를 조금씩 깎아낸다. 그 다음 코르크가 움직이지 않도록 하면서 바늘을 꺼내어 한쪽 끝을 자석의 남쪽에, 다른 끝을 자석의 북쪽에 닿게 한 다음 다시 물 속에 넣는다. 그러면 바늘이 회전하고 앞에서 말한 기울기를 나타낸다. 만약 이때 아래로 당기는 인력이 있다면 이치상 하강해야 하겠지만 그런 현상은 나타나지 않는다. 이것은 아래로 향하는 인력이 존재하지 않는다는 것을 증명한다. 마찬가지로 코르크가 아주 완만하게 아래로 가라앉도록 한 후에 바늘을 끄집어내어 자석에 닿게 하고 다시 손가락으로 밑으로 가라앉힌다. 만약 인력이 위쪽으로 작용한다면 수면을 향해 상승하겠지만 그 같은 효과도 보이지 않는다.(p.13)

마찬가지로 수면상에 떠 있도록 코르크에 꽂은 자침을 자화시켜 다시 띄우면 "그때까지 상상되어왔던 것처럼 극 가까이에 있는, 자석으로 된 거대한 바위의 힘에 의해, 지구상에 있는 것이든 하늘에 있는 것이든 견인점 같은 것이 있다면……그것은 어느 쪽으로든 끌어당겨질 것이다." 그러나 실제로는 자침은 정해진 편각현상은 보였지만 "그 장소로부터 어느 쪽으로 끌어당겨지는 일은 보이지 않았다."(p.15)

이 실험에 입각해 노먼은 다음과 같이 단정한다.

이전에 상정했던 견인점 같은 것은 어디에도 존재하지 않는다고 나는 결론짓는다. 따라서 나는 자침이 자석의 힘 때문에 가리키는 점을 보다 적절한 단어를 써 지향점이라 부르기로 하고, 그 점을 가리키는 능력 전체가, 자석 및 자석으로부터 힘을 받은 자침에 있다고 밝힌다.(p.15)

노먼은 실험 결과를 토대로, 자석이나 자침의 힘은 외부로부터의 작용이 아니라, 어디까지나 자석이나 자침 그 자체가 가진 성질이라는 것을 말하고 싶은 것이다. 그러나 현대의 관점에서 보면, 위에서 발견한 것의 본질은 지구 자장이 자침에 미치는 작용은, 한 방향으로의 인력이 아니라 그 힘의 합이 0이 되는 '쌍력(偶力, couple)'이며, 때문에 자침은 어떤 방향으로 당겨지는 것이 아니라 어떤 방향을 향하는 것에 지나지 않는다고 할 수 있다. 그런 의미에서 나중에 길버트가 "지향은 견인에 의해 생기는 것이 아니라, 정렬시키고 회전시키는 능력에 의해 생긴다"라고 표현한 것은 아주 적확하다. 특히 길버트는 "영국인 로버트 노먼의 주장은 타당하며 견인이라는 개념을 추방해버렸다"라고 평가했다.[6] 노먼의 발견은 자침, 즉 자기쌍극자가 균일한 자장 속에서 받는 힘의 성질을 제대로 이해한 최초의 것이다.

자력에 대하여 다시 한 번 주목해야 할 견해는 다음의 구절이다.

만약 이 (*자석의) 힘이 무언가를 통해 인간의 눈에 보이게 된다면 그것은 자석 주변으로 커다랗게 반원을 그리며 퍼지는 구형 모습을 하고 있을 것이다.(p.19)

이것은 나중에 델라 포르타와 길버트로 이어지는 '힘의 작용권(orbis-virtuitis)'이라는 극히 중요한 표상을 소박한 형태로나마 최초로 주창한 것이다. 여기에 대해서는 다음 장에서 다시 다루겠지만, 아무튼 힘에 대한 근대적인 견해가 조금씩 싹을 틔우고 있었다고 할 수 있다.

덧붙인다면 노먼이 '지향점'을 말하고 있지만 그것은 지구상에 하나의 정해진 자극이 존재하고 지구상의 모든 점에서 자침이 그 한 점을 가리킨다는 것을 주장하는 것은 아니다. 그뿐 아니라 제9장에서는 다음과 같이 말한다.

어떤 여행자들은 편각이 일정 비율로 변화한다고 생각하지만 그것은 잘못된 생각이다. 그들은 항해를 하고 있음에도 불구하고 이 점에 대해서는 경험이 아니라 책을 따르고 있다. 실제로 마르틴 코르테스는 편각(편각의 공간적 변화)이 (경도의 변화에) 비례한다고 가정하고 있지만 그것은 잘못된 것이다. 왜냐하면 편각의 변화는 어떤 장소에서는 급격하게, 또 어떤 장소에서는 완만한 상태로 변하기 때문에 아무런 비례도 규칙성도 나타내지 않는다.(p21)

실제 영국에서는 이미 1574년에 윌리엄 본(William Bourne)이 편각과 경도 사이에는 단순한 관계가 없다는 견해를 피력했으며, 토머스 디그스는 1576년 여러 지점에서 자침이 가리키는 방향이 한 점에서 교차하지 않는다는 것을 보이면서 편각의 규칙적 변화를 부정했다.[7] 노먼의 견해는 이 연장선상에 있다. 그리고 1599년 에드워드 라이트(Edward Wright)가 『항해에 있어 어떤 잘못들Certaine Errors in Navigation』에서 편각은 아주 불규칙하며, 때문에 전 세계적 규모의 관측이 필요하다고 주장한다. 라이트는 같은 해에 네덜란드인 시몬 스테빈(Simon Stevin, 1548-1620)이 쓴 『항만 발견술De Havenvinding』을 영어로 번역했는데, 그 책은 "어떤 이들은 나침반의 편각을 통해 경도에 대한 지식을 얻을 수 있다고 희망하면서 편각을 한 개의 극으로 유래시키고 그것을 자극이라고 부르고 있다. 그러나 이후의 실험을 통해 편각이 단일한 극에 따르지 않는다는 것이 분명해졌다"고 시작한다.[8] 이렇게 해서 자기 자오선은 단일한 자극을 지나는 큰 원을 통해 얻을 수 있다는, 메르카토르가 1546년에 제기한 가정은 묻혀 버리게 된다.
 아무튼 복각의 발견은 지구가 하나의 구형자석이라는 결론으로 필연적으로 몰고간다. 왜냐하면 300년 전 페레그리누스가 행했던 구형자석 실험에서, 구형으로 만든 자석 위에 자침을 두면 구형자석의 극에 가까이 다가갈수록 자침이 한 방향으로 기울어져간다는 것을 확인했기 때문이다. 이 발견은 1600년의 길버트를 기다려야만 했다. 페레그리누스의 『자기서간』이 처음 인쇄된 것이 1558년이었지만 노먼은 이 사실을 몰랐거나, 라틴어를 읽을 수 없었기 때문에 아예 펼쳐보지도 못했던 것이리라.

과학의 새로운 담당자

 로버트 노먼의 『새로운 인력』은 복각을 측정하기 위해 특별한 장치를 이용하고, 그 결과를 정량적으로 분명히 했다는 점에서, 또 그로부터 파생하는 문제, 즉 복각을 만들어내는 힘의 성질에 관한 가설을 세우고 그 가설을 검증하려고 실험을 계획했다는 점에서도 나름대로 합리적인 사고와 방법으로 일관하고 있다.
 시대는 이미 근대로 접어들고 있었으며, 그 변화를 가장 두드러지게 체득했던 곳은 영국이었다. 말 그대로 "1640년의 영국은 앞선 80년간 과학 분야의 후진국에서 최선진국 중의 하나로 도약했던" 것이다.[9] 그 배경에는 16세기 중반까지 산업적으로 후진국이었던 영국이 17세기 중반 무렵에는 광공업에서 유럽의 일류국가가 되었다는 사실과 관계가 있다. 이 100년간 영국의 인구는 거의 두 배로 증가했고 '선구적 공업혁명'이라고 할 수 있는 변화를 경험했다.[10] 그 변화는 1575년부터 50년간 가장 급속했다.[11] 상품경제의 발전과 자본주의적 경쟁의 격화, 그와 나란히 진행된 기술의 급격한 진보는 장인이나 기술자들로 하여금 이전의 도제제도-중세적인 길드-속에서 전승, 전수되어왔던 기술에 자족할 수 없도록 했다. 학문적이고 이론적인 지식을 흡수하고 발전성 있는 열린 지식을 습득하며 학자들과의 협력을 현실적으로 강요받았던 것이다.

특히 영국은 16세기 후반에 해양대국 스페인과 포르투갈을 따라잡으려 했기 때문에 항해술 및 항해술과 관련된 과학과 기술이 긴요했다. 엘리자베스 여왕이 험프리 길버트(Humphrey Gilbert, 1539-1583 추정)의 미국 식민계획에 특허장을 준 것이 1578년이었고, 6년 뒤에는 리처드 해클루트(Richard Hakluyt, 1552-1616 추정)가 『서방 식민론 Discourse of Western Planting』을 발표해 미국 대륙에 식민지를 건설할 것을 강력히 주장했다. 또 프랜시스 드레이크(Francis Drake, 1540-1596 추정)가 영국인으로는 처음으로 2년 10개월에 걸쳐 세계를 일주하고 귀국한 것이 『새로운 인력』이 출판되기 한 해 전인 1580년이었다. 8년 뒤 드레이크는 영국 해군을 이끌고 스페인의 무적함대 아르마다(Invincible Armada)를 격파하게 된다. 이렇게 내셔널리즘은 정점에 달했고, 영국의 해외진출, 영토확장이 급격히 진행되었다. 실로 영국 해군은 "1580년에서 1640년 사이에 다섯 배까지는 아니더라도 네 배는 신장되었다고 해도 결코 과장이 아니었다."[12] 실제 독일의 경제사학자 베르너 좀바르트(Werner Sombart)에 따르면, 엘리자베스 여왕이 즉위한 1558년에 총 7,110톤이었던 영국 해군 함대는 100여 년 후인 1660년에는 열 배 가까운 62,594톤까지 증대했다.[13]

그러나 원양 항해에는 매일 새롭게 바뀌는 지리학상의 지식은 물론이고 선박의 대형화와 고속화에 따르는 고도의 조선 기술, 해상에서의 위치와 진로를 결정하기 위한 천체 관측기구와 나침반, 지도나 해도가 필요하게 되었고, 이것들을 제작하고 개량하기 위해서는 처음부터 천문학 지식이 필수였다. 따라서 기술자나 장인, 항해사의 자질과 능력을 향상시키는 일은 국가를 위해서뿐 아니라 상인 자본에게도 지상명령과 같았다. 로버트 노먼의 『새로운 인력』의 말미에는 윌리엄 버러(William Borough)가 쓴 소책자 『나침반 또는 자침의 치우침에 대한 논고 A Discours of the Variation of the Compass or Magneticall Needle』가 첨부돼 있다. "영국의 여행자, 선원, 수병에게"로 시작하는 머리말에는 "자신의 직무에 정통하고 싶다고 생각하는 선원과 여행가는 먼저 모든 과학과 기술의 기초인 대수학과 기하학을 배우기를 바란다"고 씌어져 있다.[14]

이런 분위기 때문에 진취적인 기상으로 가득 찬 기술자들 사이에 기술을 뒷받침하는 수학을 배우고자 하는 기운이 퍼지고, 기술적인 문제를 과학적으로 접근하려는 자세가 생겼던 게 사실이다. 이런 사정은 노먼 자신도 잘 알고 있었다. 『새로운 인력』에는 '독자에게'라는 제목의 서문이 실려 있는데 노먼은 다음과 같이 선언했다.

수학에 숙달한 이들은 '구두 가게 주인은 신발 파는 일에만 신경을 써야 한다' 라는 라틴어 속담을 끌어와 경도를 발견한 문제가 그런 것처럼 '이 [자석의] 문제도 기계를 다루는 장인이나 선원이 참견할 문제가 아니다. 그것은 기하학적 증명이나 산술적인 계산을 통해 정밀하게 다루어야 하기 때문에 [기술자나 선원은] 그와 같은 작업을 실행하기에 충분한 소양을 갖추지 못하고 있다' 라고 말할지 모른다.……그러나 이 나라에는 자질에 있어서나 직업적인 면에서도 이들 기하학이나 대수학에 정통한 장인이 많으며, 이들은 자신들을 비난하는 사람들보다 훨씬 효과적이며 능숙하게 기하학과 대수학을 목적에 맞게 적용하는 능력을 갖고 있다. 그들은 비록 라틴어나 그리스어를 잘 구사하지는 못하지만 기하학에서는 『유클리드 원론』을, 대수학에서는 로버트 레코드의 모든 저작을 영어본으로 가지고 있다.……또 영어나 그 이외의 속어로 씌어진 다른 책들도 갖고 있기 때문에 기술자들이 이들 과학을 습득하는 데 아무런 문제가 없다.……따라서 나는 자신들이 가진 기술이나 직업상의 비밀을 탐구하고 그것을 다른 사람들이 사용하도록 공개하고자 하는 데 대해 학식 있는 사람들이 경멸하거나 비난하지 않기를 바란다.

콜럼버스 이후 16세기 말에 이르기까지 자석과 자력에 관해서는 이처럼 자석을 일상적으로 사용하고 있던 선원이나 나침반 제조 기술자들에 의해 많은 현상들이 밝혀졌다. 성직자나 아카데미즘의 지식인들과 달리 기술자와 군인, 선원이라는 새로운 직종, 계층의 사람들이 자력에 관한 인식이나 지구에 관한 새로운 인식을 둘러싼 발언을 하기 시작했던 것이다. 이것은 지식의 세계에 지각 변동이 올 것을 예감케 했다. 기술자와 선원의 보고서나 저작들은 물론이고, 노먼과 팔레로, 코르테스의 저작도 중세 유럽의 지식 세계의 공통 언어였던 라틴어가 아닌 속어(자국어)로 씌어졌다는 사실이 이런 변화를 단적으로 보여준다.

로버트 레코드와 존 디

물론 1581년의 시점에서 일개 기술자에 지나지 않던 로버트 노먼이 자기 일에 대해 이만한 자신감을 가지고 발언할 수 있었던 것은 그만한 배경이 있었기 때문이다. 그것을 가능하게 한 것은 위의 인용문에서 노먼 자신이 말한 것처럼, 16세기 중기에 로버트 레코드(Rober Recorde, 1510-1558)가 기술자를 겨냥해 영어로 된 일련의 수학 교과서를 펴낸 것이며, 또 다른 것은 1570년에 나온 『유클리드 원론』-『원론』의 영어 인쇄본으로, 영어로 나온 최초의 고대 과학서[15]-이었다. 덧붙이자면 토머스 디그스가 코페르니쿠스의 『천구의 회전에 대하여』 중 제1권 주요 부분을 영역하고 지동설에 대한 해설을 담아, 코페르니쿠스를 넘어서 무한우주를 이야기한 것도 1576년이었다.

1562년에는 험프리 길버트가 '엘리자베스 여왕의 아카데미'를 창설했는데, 그 취지문에는 "대학에서는 스콜라 학문을 연구하지만 본 아카데미에서는 평화와 전쟁이 교차하는 현실에서 그 실천에 부합하는 실제 활동을 연구하게 될 것이다"라고 돼 있다. 이 아카데미에서는 단순히 수학을 중시하는 것뿐 아니라, 기하학 교수는 포술(砲術)의 이론과 실제를 가르치고, 천문학 교수는 항해술과 항해용 기구의 사용법을 가르치도록 했다. 지적 엘리트의 언어인 라틴어로 교육하는 대학과는 달리 아카데미에서는 영어가 교육 언어로 지정되었다.[16] 또 '그레셤의 법칙'으로 유명한 대상인(大商人) 토머스 그레셤(Sir Thomas Gresham, 1518-1579)이 사회인을 위해 새로운 과학을 교육하는 대학을 만들라고 유서를 남기고 세상을 떠난 것이 1579년이었다. 이 유언에 따르면 그레셤 칼리지에서는 강의를 영어와 라틴어로 하고 청강도 아무나 무료로 할 수 있게 했다. 이 시기에는 도시에 거주하는 관료나 상인, 기술자 같은 계층의 사람들 사이에 새로운 학문에 접근하려는 정신적 풍토와 물질적 환경이 급속히 형성되고 있었다.

옥스퍼드 졸업 후에 케임브리지에서 의학 박사가 된 로버트 레코드는 수학, 천문학, 의학, 야금학(冶金學), 광산학, 조폐 기술, 신학 그리고 법률에 정통했던 르네상스적 인물이었다. 그는 영국에서 최초로 코페르니쿠스의 가설을 언급했고 등호(=) 부호를 발명했을 뿐 아니라 '자신의 저서를 영어로 출판한 최초의 저명한 수학자'로 알려지기도 했다.[17] 저서로는 1542년에 처음 인쇄된 『기예의 기초*The Grounde of Artes*』 외에 1551년에 초판이 나온 『지식으로의 길*Pathway to Knowledge*』, 1556년 초판이 나온 『지식의 성*Castle of Knowledge*』, 1557년의 『지혜의 숫돌*The Whetstone of Witt*』이 있다. 특히 아라비아 숫자를 사용해 펴낸 최초의 영어 수학책인 『기예의 기초』는 기술자나 장인을 상대로 쓴 초등 수학 교본으로, 1542년부터 1699년 사이에 판을 거듭하면서 폭넓게 읽히고 커다란 영향을 끼쳤다.[18] 『지식으로의 길』도 영어로 씌어진 최초의 기하학 책이며, 『지식의 성』은 영어로 씌어진 최초의 천문학 책이다. 『지식의 성』은 기본적으로는 프톨레마이오스 천문학을 다룬 것이지만, 코페르니쿠스 지동설에 대해서도 영국에서는 처음으로 호의적으로 언급하고 있다.[19] 『지혜의 숫돌』도 영어로 씌어진 영국에서 나온 최초의 대수학 책이다.

레코드가 세상을 떠난 뒤 1561년과 1570년에 『기예의 기초』 증보판을 내고, 『유클리드 원론』에 「수학적 서문」을 쓴 사람이 존 디였다. 『유클리드 원론』은 나중에 런던 시장이 된 빌링슬리(Billingsley)가 처음으로 영역한 것이다. 존 디는 엘리자베스 시대에 영국이 배출한 여러 분야에 두루 박식한 인물이었다. 디의 연구자는 「수학적 서문」에 대해서 "르네상스기에 영국이 과학적, 철학적 사상을 발전시켜 나가는 데 이 서문이 끼친 영향은 측정하기 어려울 정도"[20]라고 밝히고 있다. 이 시기에 영국에서 험프리 베이커나 윌리엄 본 같은, 대학과는 아무런 관련이 없는 수학자가 배출된 것도 레코드와 디의 집필 활동 덕분이었다.

디는 1542년에 케임브리지의 세인튼 존스 칼리지(St. John's College)

〈그림 12.3〉 존 디의 초상.

에 입학해 자유7과(七科)와 고전어를 공부했다. 그 후 1547년에서 1550년까지 루뱅, 브뤼셀, 파리를 여행하고, 네덜란드의 지리학자 젬마 프리시우스(Gemma Frisius)와 메르카토르를 비롯한 대륙의 수학자들과 교류하면서 수학과 기계학의 지식을 습득한 것 같다. 이 여행을 통해 대륙에서 새로운 학문으로 떠오르고 있던 지리학, 항해학, 헤르메스주의, 기계공학, 건축이론 등을 익혔다고 한다. 이들은 당시 영국에서는 뿌리내리지 않은 학문이었다. 디는 대륙의 새로운 과학을 영국에 보급한 전도사였다.[21]

디는 과학자이자 수학자이고 철학자이자 지리학자였으나, 아카데믹한 인물은 아니었다. 수학적 과학기술의 중요성을 최초로 간파한 영국인이지만, 수학이나 천문학에 대한 그의 관심은 이론보다는 응용에 있었고, 그가 과학을 중요시한 것은 영국 사회의 번영과 국력을 증강하기 위해서였다. 실제 그는 영국 왕실의 해군 고문으로서 엘리자베스 여왕의 브레인이었고, 특히 영국 제국주의 정책의 열렬한 추진론자였다. 때문에 항해술의 개량과 진보에 남다른 관심을 쏟았다. 그는 16세기 후반 약 30년간에 걸쳐 험프리 길비트나 월터 롤리(Walter Raleigh) 같은 영국 항해 관계자나 식민지주의자의 조언자였고, 항해사들을 교육하기도 했다. 과학이나 문예에 관심을 가진 이들을 모아 일종의 아카데미를 개인적으로 조직하기도 했다. 거기서 배출된 인물이 엘리자베스 시대 르네상스의 중심인물이라고 할 수 있는 소설가 필립 시드니(Phillip Sidney)와 지동설을 가장 열렬히 제창하고 일찍이 무한 우주론을 주장한 과학자 토머스 디그스였다.

이렇게 보면 존 디는 과학혁명의 시대에 앞서 영국에서 과학 계몽운동을 주도한 제1인자였을 뿐만 아니라, 프랑스 혁명보다 2세기 앞서 테크노크라트(Technocrat)의 꿈을 설파한 인물로도 볼 수 있을 것이다.

그럼에도 불구하고 디는 한편으로는 헤르메스주의와 아그리파에게 큰 영향을 받은 르네상스 마술사상의 신봉자이기도 했다. 그 때문에 디는 16세기 영국 최고의 요술사라고 불리며 20세기 초까지 과학상의 공적이 무시당해왔다. "역사상 학식 있는 저작자 중에 그만큼 후세 사람들에게 집요하게 오해당하고, 중상까지 당한 경우는 찾아볼 수가 없다."[22] 특히 그가 천사와 접촉을 시도했다는 일기가 사후에 공개됨으로써 "가장 극단적인 형태의 신비주의에 깊이 침잠한 마술사"[23]로서 악명을 높이기도 했던 것이다. 어느 한쪽만이 디의 참모습은 아니다. 예이츠가 말한 것처럼 "디 안에는 [마술사] 프로스페로(Prospero)와 프랜시스 드레이크 경이 하나로 합쳐져 있었다."[24]

그러나 여기서 주목할 점은 디는 새로운 학문의 담당자로 대학에서 스콜라철학의 주석에 몰두하고 있던 학자가 아니라 실용적이며 실제적인 기술을 생업으로 하던 기술자와 장인들을 꼽았다는 점이다. 그는 일찍이 영국의 대학에 대해서는 단념하고 있었다. 실제로 스콜라철학의 계승과 연마, 전수를 목적으로 하던 대학들은 시대에 한참 뒤떨어져 있었다. 놀랍게도 어떤 책에 따르면 16세기 중반 옥스퍼드 대학의 기본 교과서는 아직도 천문학은 프톨레마이오스, 지리학은 스트라본과 플리니우스였으며, 코페르니쿠스는 물론이고 콜럼버스도, 바스코 다 가마도 전혀 다루지 않았다고 한다.[25] 이것은 당시 대학이 정전(正典)의 권위에 머리를 조아리고 있었다고 평가할 수밖에 없는 대목이다. 유럽 대학은 12세기에 일어난 대 번역 운동으로 초래된 방대한 지식을 흡수하기 위해 교사와 학생의 조합으로 시작한 만큼, 초기에는 개방적이고 능동적이며 진보적인 조직이었다. 그러나 15세기에는 폐쇄적이며 귀족적이고 수구적인 조직으로 변질되어 있었다. 이런 폐단은 대륙의 대학과 비교해 케임브리지와 옥스퍼드에서 특히 두드러졌

다고 한다.²⁶

디는 1563년의 편지에서 영국 대학에는 신학이나 히브리어, 라틴어 학자는 많으나 '계수, 측량, 측정'을 배운 자는 없다고 한탄했다.²⁷ 그래서 1570년에 나온 『유클리드 원론』의 영역본에 붙인 「수학적 서문」을 무엇보다 신흥 중산계급의 기술자들-디 자신의 말로는 '라틴어를 모르는 사람들, 그리고 학자가 아닌 사람들' 나아가 '수와 규칙과 나침반을 다루는 보통 기술자들'²⁸-을 위해 집필했다. 따라서 그것은 영어로 표현하지 않으면 안 되었던 것이다. 이 점은 예이츠가 지적한 것처럼 '특별히 강조'하지 않으면 안 된다.²⁹ 실제로 그 서문은 "공리주의에 가득 찼고, 실험을 강력하게 변호했으며 중류계급의 청년, 즉 무역업자나 수공업자의 자식들에게 커다란 충격을 주었던" 것이다.³⁰

당연히 「수학적 서문」은 일개 장인의 신분에 지나지 않았던 노먼이 『새로운 인력』을 집필하고 출판하는 데 커다란 유인과 격려가 되기도 했을 것이다.

그뿐만이 아니었다. 당시 영국에는 선원들에게 필요한 지식을 보급하기 위해 영어 시적이 몇 가지 출판되었다. 브룩 테일러(Brook Taylor, 1685-1731)의 『튜더 및 스튜어트 영국의 수학적 실무가들 The Mathematical Practioners of Tudor & Stuart England』의 권말에는 16세기 영국에서 나온 수학서와 응용 수학서(천문학, 항해술, 지리학서)의 목록이 나와 있는데, 그것에 따르면 1550년에서 1600년 사이에 번역이나 수고(手稿)를 제외하고도 영어로 씌어진 수학, 항해술, 지리학 관련 책이 30여 권이나 되는 것을 알 수 있다. 항해술에서 돋보이는 책을 꼽아보면 항해의 실제에 관한 책인 윌리엄 본의 『항해 규정 Regiment for Sea』은 1574년에 출판된 이후 판을 거듭했다. 토머스 디그스의 『항해기술 개론 A Treatise on the Arte of Navigation』은 1579년에, 윌리엄 버러의 『나침반 혹은 자침의 치우침에 대한 논고』는 1581년에, 항해술에 대한 에드워드 라이트의 저서는 1599년에 각각 영어로 출판되었다. 번역서로 눈을 돌려보면 앞 장에서 본 마르틴 코르테스의 책이 『항해술The Arte of Navigation』이라는 제목으로, 1562년에 벨기에 사람 요한네스 타이스너(Joannes Taisner)가 라틴어로 쓴 『자석의 성질과 그 효과De Natura Magnetis et ejus Effectibus』가 『항해에 관하여 매우 필요하며 유용한 책A Very Necessarie and Profitable Book Concerning Navigation』이란 이름으로 1579년에 리처드 이든(Richard Eden)의 번역으로 출간되었다. 스페인 사람 안토니오 데 게바라(Antonio de Guevara, 1480-1545 추정)가 1539년에 쓴 『항해용 나침반과 그 발견Aguja de Marear y de sus Inventors』은 『항해용 나침반과 그 발견』이라는 제목으로 1578년에 나왔고 포르투갈의 페드로 데 메디나(Pedro de Medina)의 『항해술The Arte of Navigation』도 1581년에 번역되었다. 라틴어나 외국어를 읽지 못하는 기술자와 선원들로부터 이런 책에 대한 수요가 많았다는 것을 알 수 있다. 앞에서 말한 시몬 스테빈의 『항만 발견술』도 1599년에 출판과 동시에 영역되었는데, 그 표지에는 "영국 선원들의 공통된 이익을 위해 번역했다"고 명기돼 있다.(《그림 12.4》)

새로운 과학에 이르는 길은 이처럼 장인이나 선원, 군인들의 경험과 실천을 통해 열렸던 것이다. 일반화해서 말하기는 어렵겠지만 적어도 자석의 문제에서는 그랬다. 자력의 문제를 둘러싸고 장인과 선원들이 행한 관찰과 측정은 마술과는 다른 경로로 근대 자기학의 길을 열었다고 할 수 있다.

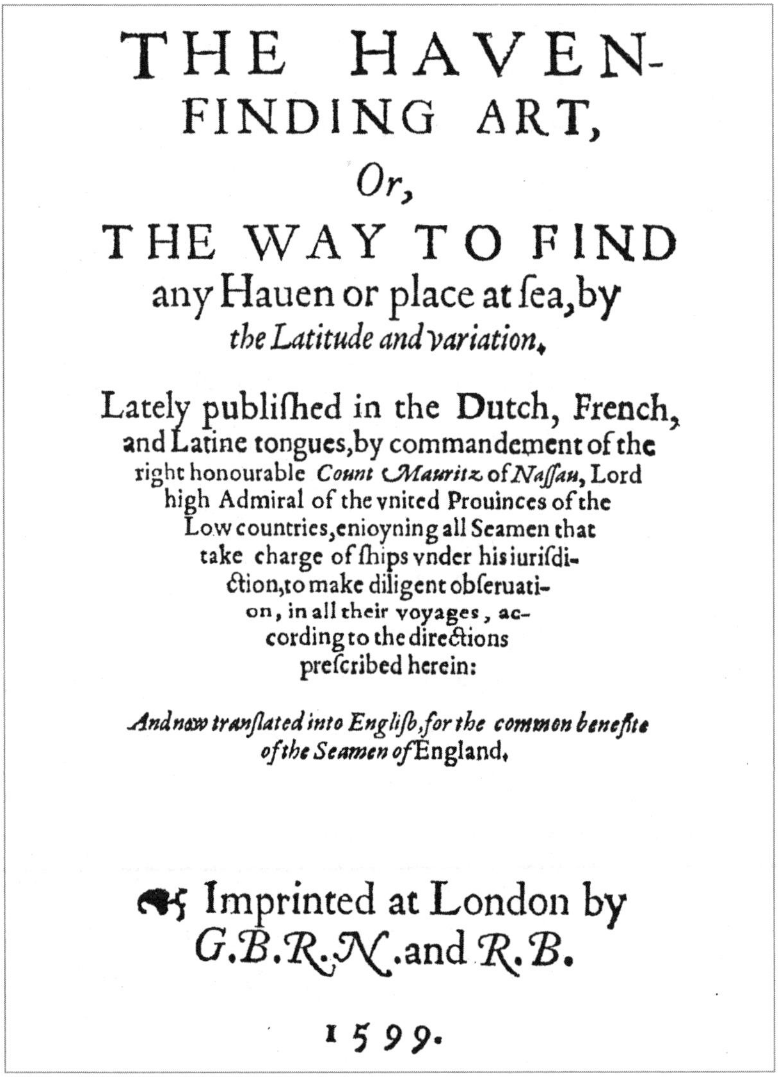

THE HAVEN-FINDING ART,

Or,

THE WAY TO FIND
any Hauen or place at fea, by
the Latitude and variation.

Lately publifhed in the Dutch, French,
and Latine tongues, by commandement of the
right honourable *Count Mauritz* of *Naffau*, Lord
high Admiral of the vnited Prouinces of the
Low countries, enioyning all Seamen that
take charge of fhips vnder his iurifdi-
ction, to make diligent obferuati-
on, in all their voyages, ac-
cording to the directions
prefcribed herein:

*And now tranflated into Englifh, for the common benefite
of the Seamen of* England.

Imprinted at London by
G.B.R.N. and *R.B.*

1599.

〈그림 12.4〉 스테빈의 『항만 발견술』 영역판 표지.

❋ ❋ ❋

　편각의 발견에 이어서 해시계 제조 기술자인 하르트만과 선원 출신으로 나침반 제조 기술자였던 노먼이 복각을 발견함으로써, 지구가 하나의 자석이라는 발견으로 가는 길이 개척되었다. 이것은 자기나침반을 사용한 원양 항해가 눈부시게 발전하면서 얻어진 것이다. 동시에 이 발견은 장인이나 선원이 자연과학의 담당자로 등장했음을 상징하기도 한다.

　대항해 시대와 함께 서적 중심의 지식에서 경험을 중시하는 지식으로 전환이 일어나고, 특히 지구와 자석의 관계에 대한 이해가 깊어지는 세기적 변환은 과학의 새로운 담당자가 등장함으로써 가능해진 것이다. 그 과정에서 기술과 마술이 근대 과학으로 수렴되고 있었다. 다시 말해 장인이나 기술자에 의한 초기적인 실험과학의 등장과 마술사상의 부활은, 존 디 같은 특이한 인물을 통해 서로 접근했으며, 이 일련의 과정을 통해 근대 과학에 이르는 길이 준비되어갔던 것이다. 디와 같은 마술의 신봉자들은 기술의 문제에도 강한 관심을 보였다. 우리는 뒷장에서 카르다노의 정전기 연구와 델라 포르타의 자석 연구에서 이런 현상을 더욱 확실히 보게 된다.

13장

과학혁명의 여명
16세기 문화혁명과 자력의 이해

16세기 유럽에서는 문화혁명이라고도 할 수 있는, 지식 세계의 지각 변동이 시작된다. 대학에서 교육을 받은 지식인들 중에서도 그때까지의 아카데미즘이 무시하고 있던 기술에 관한 문제를 학문적인 연구 대상으로 삼는 이들이 속속 등장한다. 이런 움직임 속에서 기술자 비링구초의 『신호탄에 관하여』, 의사 아그리콜라의 『광물에 관하여』 등 과학사의 중요한 이정표가 되는 저작들이 탄생된다.

16세기의 문화혁명

영국에서 선원 출신의 기술자인 로버트 노먼이 영어로 『새로운 인력』을 출판하기 한 해 전인 1580년 프랑스에서는 도공 베르나르 팔리시(Bernard Palisy, 1510-1589 추정)가 '라틴어로 쓴 철학책을 읽지 않았다 하더라도 누구나 자연의 작용을 충분히 이해하고 논하는 것이 가능하다고 말하고 싶다. 왜냐하면 유명한 고대인의 이론을 포함해 많은 철학자들의 주장이 어느 정도 틀린다는 것을 나는 실험으로 증명할 수 있기 때문이다'[1]라고 말했다. 비슷한 무렵 의학계에서는, 기술자라며 무시당하고 있던 이발 외과의사 앙브루아즈 파레(Ambroise Paré, 1517-1590 추정)가 종군 외과의로서의 풍부한 경험과 임상관찰에서 얻은 지식을 통해 그때까지의 외과학을 혁신하고, 몇 권의 외과학 교과서를 프랑스어로 출판했다. 또한 프랑스 국왕에게 봉사하고 있던 군사 기술자 아고스티노 라멜리(Agostino Ramelli, 1531-1590)는 『다양하고 교묘한 기계*Le Diversre et artifiose machine*』를 프랑스어와 이탈리아어로 1588년에 출판했다. 독일에서는 보헤미아의 연금기술자 라차루스 에르커(Lazarus Ercker, 1530-1594)가 1574년 독일어로 『모든 중요한 광석과 채광법 설명*Beschreibung der allervornehmsten mineralischen Erze und Bergwerksarten*』을 출간했다. 이것은 야금술만을 독립적으로 다룬 최초의 책이다. 사실상 인쇄 서적의 발상지인 독일에서는 이미 반세기나 앞선 1525년에 화가 알브레히트 뒤러(Albrecht Dürer, 1471-1528)가 석공이나 조각가, 가구 기술자, 금세공사 등을 위해 회화 이론서인 『컴퍼스와 규칙에 따른 측정술 교본*Unterweisung der Messung mit dem Zirckel und Richtscheyt*』을 독일어로 썼다.

스페인으로부터 독립해 공화국을 수립한 네덜란드에서는 1580년 기술자 시몬 스테빈이 역학과 수학 교과서들을 네덜란드어로 출판했다. 그는 과학에 있어 속어(자국어) 사용의 중요성을 강조했다.

우리는 지금 과학을 튼튼하게 세울 수 있는 실제적인 경험에서 얻은 다량의 데이터가 많이 부족하다. 이와 같은 데이터를 얻기 위해서는 많은 사람들의 참여가 필요하다. 좀더 많은 이들이 참여하도록 독려하기 위해서는, 한 나라에서 진행되는 경험적 과학 연구는 그 나라 의 언어로 이루어지지 않으면 안 된다.[2]

과학이 경험에 기초해야 한다는 주장은 과학이 더욱 폭넓은 계층의 참가를 유도해야 한다는 주장을 필연적으로 전제하지 않을 수 없었다. 문화혁명이라고 할 수 있는 대규모의 지각변동이 유럽의 지식 세계에서 일어나고 있었던 것이다.

16세기 중반에 이러한 변동-기술자나 장인이 자국어로 출판하는 것-을 가져온 요인 중 하나는 인쇄 서적의 출현이었다. 주조 금속으로 만들어진 활자로 서적을 인쇄하는 기술이 발명된 것은 15세기 중반이었다. 1455년 무렵 구텐베르크가 최초로 성서를 인쇄한 이후 10여 년 만에 인쇄술이 완성되었고, 중세 말기에 중국에서 이슬람 사회를 거쳐 유럽으로 전해진 제지 기술이 더해지면서 기업화한 출판사들이 등장했다. 이러한 변화는 반세기 사이에 그야말로 '불을 뿜는 것과 같은 기세로' 서유럽 전역에 확대되었다.

처음에는 인쇄 출판물의 대부분은 라틴어로 된 종교서로, 수도원이나 대학에서 보관하고 있던 사본을 인쇄하는 수준에 불과했다. 그런 의미에서는 중세의 서적 문화의 연장이었다고 할 수 있다. 그러나 1480년 무렵을 경계로 출판 서적 수가 늘고 장서를 가진 개인도 증가하면서 수도원과 대학만이 서적을 소유하던 시대가 종말을 맞게 된다.[3] 손으로 쓴 사본과는 비교할 수 없을 정도로 많은 부수를 찍어내는 인쇄 기술이 위력을 발휘하면서 16세기에는 독자층이 크게 넓혀졌다. 실제로 1520년에서 1540년에 걸쳐 인쇄본은 사본이라는 모델에서 완전히 탈피하게 되었다.[4] 인쇄, 출판업은 시장 원리에 지배되는 하나의 산업으로 시작되었기 때문에 출판업자는 '이윤을 목적으로' 책을 만들 수밖에 없었다.[5] 때문에 속어(자국어)로 씌어진 책의 출판은 촉진되는 데 반해 독자수가 한정된 라틴어 서적은 기피될 수밖에 없었다. 따라서 "인쇄술은 국어를 중시하는 풍토에 유리하게 작용했다."[6]

〈그림 13.1〉은 16세기에 프랑스어로 씌어지거나 프랑스어로 번역된 의학 서적 수의 변화를 보여준다.[7] 1530년 무렵부터 급격한 변화가 나타나는 것을 알 수 있다. 아래에 제시된 〈표〉는 16세기 파리에서 출판된 서적과 그 중에 속어(프랑스어)로 된 도서의 수와 비율을 보여준다. 속어로 된 책의 비율이 점차 증가하다가 1575년에는 과반수를 차지하

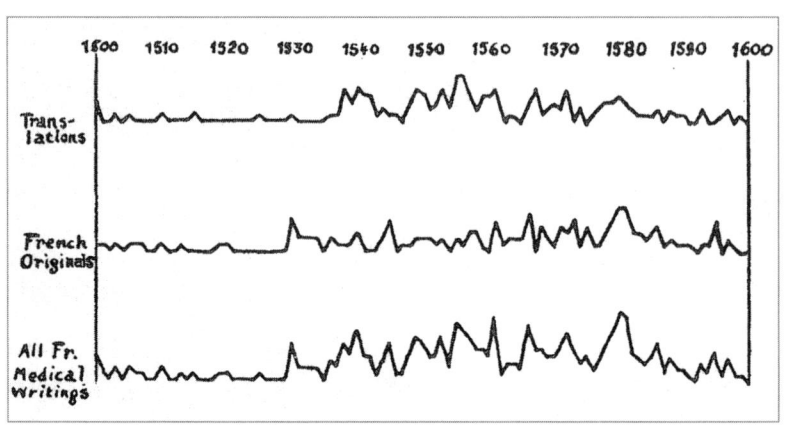

〈그림 13.1〉 16세기 프랑스에서 속어(프랑스어)로 출판된 의학 서적의 수.
가장 위가 번역서, 가운데가 속어로 씌어진 것이고, 아래는 이 둘을 합친 수이다.

게 된다. 원래 라틴어로 씌어진 서적도 수요가 있으면 각국의 자국어로 번역, 출판됐다. 이처럼 성직자와 학자에 의한 지식의 독점이 무너지고, 토마스 아퀴나스 철학에 대한 주석을 달거나 갈레노스 의학을 해석하는 데 매달려 있던 대학과는 전혀 다른 서적 문화가 출현하게 된다.

물론 대학은 이런 변화에 집요하게 저항했다. 속어 사용에 대한 학자들의 반감은 16세기 내내 계속되었다. 1575년에는 〈표〉에서 보는 것처럼 속어 출판이 이미 주류가 되었음에도 불구하고, 앙브루아즈 파레의 전집이 출판되자 파리 대학 의학부는 파레가 프랑스어로 집필한 것을 못마땅하게 여겨 이를 공격했다고 한다. 영국에도 옥스퍼드와 케임브리지 출신 의사들로 구성된 왕립의사협회가 그리스나 로마의 학문을 익히지 않고 경험에만 의존하는 의사는 제 역할을 다하지 못하며, 라틴어를 배우지 않은 이들에게 영어로 씌어진 책은 위험하다고 경고했다.[8] "제사장들이 난해한 수수께끼의 열쇠를 쥐고서 다른 이들을 지배했던 것처럼 의사는 라틴어를 움켜쥐고 있었다"고 할 수 있다.[9]

〈표〉 파리에서 출판된 인쇄 서적의 종수와 속어 서적의 비율(L. Febvre and H. Martin, *The Coming of the Book*).

시기(년)	전체 종수	프랑스어 서적 종수	비율
1501	88	8	9%
1528	269	38	14%
1549	332	70	31%
1575	445	245	55%

학문이나 사상을 속어로 표현한다는 것은 당시 유럽 사회에서는 지금 상상하는 것 이상으로 대단한 일이었다. 속어가 학문적 논의나 종교적 설교에 사용할 수 있을 만큼 세련되지 않았기 때문만은 아니었다. 문화나 역사가 다른 민족과 지역으로 구성된 중세 유럽이 하나의 통일체로 기능할 수 있었던 것은, 교회에 의한 종교의 통일과 지배층의 공통된 언어인 라틴어가 존재했기 때문이었다. 그리고 지적 엘리트의 언어인 라틴어는 교회의 지배 아래 있던 교육기관에서밖에 배울 수가 없었다. 교회는 종교나 학문뿐 아니라 행정이나 정치를 포함한 상부구조 전체에 대해 라틴어만을 사용하게 강제함으로써, 세속 권력에 대한 교회의 우위를 지키고 유럽 전역에 헤게모니를 행사하고 있었다. 속어로 책을 쓴다는 것은 이런 헤게모니에 직접적인 동요를 가져왔다.

특히 종교적인 문제와 관련해 권력자들-지식을 독점한 자들-은 속어의 사용이 이단으로 이어질 수 있다고 염려했다. 그 전에도 비슷한 예가 있었던 것이다. 프랑스어로 번역된 성서를 읽고 교황청이 내세우는 기독교와 예수의 말씀 사이에 현격한 차이가 있다는 것을 알게 된 리옹의 상인 피에르 왈도(Pierre Waldo, 1140-1217 추정)가 왈도파(Waldensians)를 창시하자, 이를 탄압했었다. 또 14세기에 교회의 규칙을 어기고 성서를 영어로 번역하고자 했던 종교개혁의 선구자인 영국의 위클리프(John Wycliffe, 1320-1384 추정), 그리고 독일어로 『독일 국민이 기독교 귀족에게 주는 공개장An den Christlichen Adel deutscher Nation』을 쓰고 나아가 성서야말로 최고의 권위라고 주장하면서 성서를 독일어로 번역한 16세기의 마르틴 루터도 그랬다. 이에 따라 1543년에는 영국에서 "여성, 기술자, 도제, 일용직 노동자, 자작농의 소작인, 농부, 인부는 영어로 된 성서를 읽어서는 안 된다"는 조례가 발표되기까지 했다.[10] 가톨릭 세력이 강했던 프랑스에서는 16세기 후반에 프랑스어로 번역된 성서가 나온 뒤에도 "수십 년간 신학자들은 (세속 권력의 강력한 지지 속에서) 배움이 없는 사람이 성서를 읽는 권리를 부정함으로써 성서 해석에서 자신들의 독점적인 권한을 지키고자 했다."[11] 15세기의 역대 교황들은 르네상스 초기의 인문주의자들이 이교적인 주장을 아무리 내놓아도, 그것이 라틴어로 씌어져 있는 한, 그 영향이 엘리트층에 한정되기 때문에 사실상 묵인했다.

　속어 사용은 종교 면에서는 종교개혁을 초래했다. 그리고 학문에서는 대학의 스콜라철학에 대립했을 뿐 아니라 우아하고 세련된 고대 라틴어의 부활을 지향한 초기 르네상스 인문주의가 가진 귀족적 취향을 극복하면서 후기 르네상스를 특징지었다. "중세 라틴어로부터의 이탈, 자율적인 학문적 표현 형식으로서 속어의 사용은 과학적 사고와 기본 이념을 자유롭게 발전시키기 위한 전제조건이었다."[12] 영국의 로버트 레코드나 존 디, 로버트 노먼, 네덜란드의 시몬 스테빈, 독일의 뒤러나 라차루스 에르커, 프랑스의 팔리시와 파레, 그리고 다음에 볼 이탈리아의 비링구초 등이 자국어로 쓴 과학 및 기술 서적은 단지 과학의 계몽이나 학문의 대중화에 머물지 않았다. 그것은 과학을 연구하는 태도에도 변화를 가져왔다. 16세기의 문화혁명은 17세기의 과학혁명을 준비했던 것이다.

비링구초의 『신호탄에 관하여』

출판 산업의 발생과 성장은 15세기 후반부터 16세기 전반에 걸쳐 독일과 이탈리아가 압도적으로 선도하고 있었다. 학술서를 자국어로 출판하는 데서도 두 나라는 반세기 가량 앞서고 있었다. 독일의 경우 앞서 보았듯이 루터와 뒤러가 출현했다. 이탈리아는 단테와 페트라르카, 보카치오 등의 자국어 문학 선구자를 배출하며, 1525년에는 피에트로 벰보(Pietro Bembo, 1470-1547)가 그의 저서 『국어론 Prose della Volgar Lingua』에서 이탈리아어의 사용을 옹호했던 것처럼, 자국어가 라틴어에 비해 뒤떨어지지 않는다는 의식이 앞서 있었다. 현실적으로도 상품경제의 발전과 더불어 성장한 도시 상인과 장인을 위해 속어로 씌어진 실용서가 일찍부터 나와 있었다.

이탈리아어로 씌어진 기술서 『신호탄에 관하여 De la Pirotechnia』의 저자 바노초 비링구초(Vannoccio Biringuccio, 1480-1539)는 1480년 이탈리아 중부의 시에나에서 건축가 집안에서 태어나, 젊은 시절 이탈리아와 독일을 여행했다. 이후 광산과 제철소의 관리직을 맡은 뒤 1513년 병기공장에서 일을 했다. 1515년과 1526년 두 차례에 걸친 시에나 인민봉기 기간에는 시에나를 떠나 나폴리, 시칠리아, 독일로 여행하면서 각지의 광산을 둘러보았고, 1530년 다시 시에나로 돌아와 건축 및 병기 제조에 종사했다. 1538년 교황청의 주조소와 탄약 공장의 책임자로 활동하다가 1539년 세상을 떠났다. 이처럼 그는 성직과도 대학과도 아무런 관련이 없었고, 오직 현장에서 기술을 익힌 장인이었다. 『신호탄에 관하여』는 그가 죽은 다음 해인 1540년에 출판됐다.

이탈리아어 '피로테크니아(Pirotechnia)'는 '화약술'을 의미하지만, 이 책은 단지 화약 제조에 관한 매뉴얼은 아니다. 총 10권으로 된 『신호탄에 관하여』의 내용을 살펴보면, '1권-각종 금속과 광석의 소재지(8장)' '2권-반금속(수은, 유황, 그 외)과 그 광석의 소재지(14장)' '3권-시금과 용융의 전(前) 처리(10장)' '4권-금과 은의 분리(7장)' '5권-금, 은, 청동, 주석의 합금(4장)' '6권-주조기술(15장)' '7권-금속의 용융법(9장)' '8권-주조의 세부 기술(6장)' '9권-불을 사용한 각종 작업 순서(15장)' '10권-화약의 제조와 조작(11장)'으로 구성되어 있다. 광업과 야금 그리고 불을 이용한 기술 전반을 다룬 기술서인 것이다. 특히 당시의 첨단기술인 주조에 대해 상세하고 뛰어나게 설명하고 있다. 또 제3권 3장과 4장에는 당시 막 사용하기 시작한 고로(高爐)에 대해, 제9권 8장에는 새로운 기술인 금속활자의 제조법에 대해 기록되어 있다. 이 책은 판을 거듭하면서 17세기까지 널리 읽혔다.

13, 14세기 유럽 사회는 산업과 화폐경제가 비약적으로 발전하고, 전쟁에서 중화기(철포와 대포)가 폭넓게 사용되면서 금속 사용량이 크게 증가해, 광산업이 융성했다. 15세기 중반에는 신대륙에도 진출해 유럽 사람들이 대규모로 광산을 개발하기 시작했다. 르네상스 시기에는 항해술, 인쇄술과 함께 전쟁과 광업 기술이 발달했다. 광업이 이처럼 흥하면서 자유 경쟁이 점점 촉진되었다. 그리고 급기야는 폐쇄적인 길드가 해체되고, 길드를 통해서 전승·축적되어온 기술과 지식만으로는 한계를 맞게 되었다. 이전의 광산은 채산을 따질 필요 없이 권력의 필요에 따라 임기응변적으로 설비가 확대되었으나, 이 시대에는 새롭게 광산을 열기 위해서 이해득실을 심각하게 고려할 필요가 생겼다. 즉 본격적인 채광에 앞서 광도를 파기 시작하는 지점의 선정, 동력원으로서 수력을 확보하고 채굴 후의 처리를 위한 설비 건설, 채광에 필요한 자재와 광부 확보, 광부의 주거 및 생활 후생 설비, 운송로 확보 등이 필요했다. 이는 모두 주도면밀한 계획과 함께 상당한 자본력과

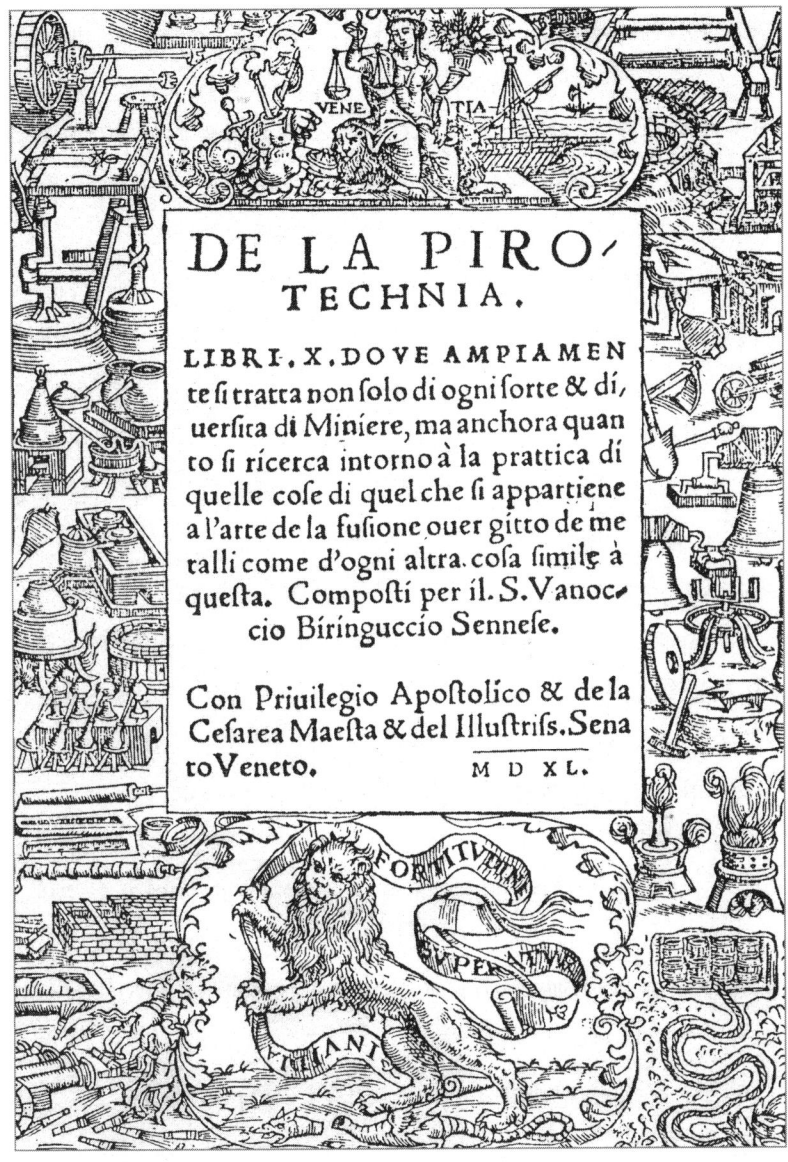

〈그림 13.2〉 비링구치오의 『신호탄에 관하여』 초판(1540) 표지.

종합적인 관리체계 없이는 불가능한 일이었다. 채광에서 제련에 이르는 광산업은 당시로서는 동력과 기계, 노동력이 최대 규모로 집적하고 결합된 거대한 플랜트였다. 따라서 전체적인 계획을 입안하고 집행하기 위해서는 전체적인 밑그림이 정확히 그려져 있어야만 했다. 이런 요구를 충족시키는 최초의 책이 『신호탄에 관하여』였던 것이다. 시금, 채광, 제련, 주조 등의 광산업과 야금업에 관련된 모든 지식과 기술을 처음으로 집대성하고 기록한 것으로 기술사에 있어서도 획기적인 책이다.

제1권 서문에서 비링구초는 "부를 얻고자 한다면, 각종 난관이 앞을 가로막는 전쟁이나, 정직한 사람을 속이는 부정이 항상 따라다니는 상업이나, 육로나 해상을 통한 길고 피곤한 여행 – 종종 짐승 같은 미지의 이방인 사이에서 곤란을 겪고 불쾌감을 느끼게 되는 여행 – 이나, (많은 사람들이 하고 있는 것처럼) 은을 만들어내거나, 현자의 돈에 매달리거나, 마술적인 의식이나 그 밖에 근거 없는 고생을 하기보다는 광산을 개척하는 데 힘쏟는 게 훨씬 낫다"(p.21)고 주장했다.[13] 합리적이고 의욕적이며 발전적인 산업 자본가의 에토스를 읽을 수 있다. "광맥이 존재하고, 어떤 금속이 어느 정도 포함돼 있는지가 판명되고, 충분한 수익을 예상할 수 있다면 용기를 가지고 일을 시작하라. 그리고 주의를 태만히 하지 말고 채광에 나설 것을 권한다"(p.16)라고 하는 것처럼 기술자를 위한 책일 뿐 아니라 광산 경영의 지침서이자 안내서이기도 했다.

게다가 이 책은 당대의 최신 기계 기술을 상세하게 기록하고 있다. 예를 들어 이 시대에 야금 기술에서 최대 혁신은 수력을 이용해 풀무(bellows)의 송풍 능력을 향상시켜 고온의 용광로를 만들 수 있게 된 것이었다. 이에 따라 주철(cast iron)의 생산이 가능해져 철을 대량 사용할 수 있게 됐다. 철제 대포를 제조할 수 있게 된 것도 이 기술 덕분이었다. 이에 대해 비링구초는 제7권 7장에서 여덟 장의 도판(그 중 하나가 〈그림 13.3〉)을 덧붙이면서 당시 사용되었던 풀무의 메커니즘을 설명하고 있다.

이 책의 두 번째 특징은 현장 경험을 매우 중시했다는 점이다. 뿐만 아니라 경험이 매우 사실적으로 기록돼 있다. 예를 들어 제6권의 서문에는 '항만 노동자에 견줄 만한 과혹한 육체노동'을 요하는 주조 작업에 관련된 '도가 넘는 지나친 곤란(extraordinary obstacles)'에 대해 묘사하고 있다. 그것은 요즘 말로 하면 3D 직종, 즉 위험하고, 어렵고, 더러운 작업 현장을 떠올리게 하는데, 실감 나는 묘사는 실제 경험이 없으면 쓸 수 없는 문장이다. 제작 매뉴얼도 장기간에 걸친 현장 경험으로 뒷받침되고 있다. 예를 들어 종(鐘)의 주형을 만드는 방법으로 "경험을 통해 볼 때 종이 크든 작든 종의 음색과 무게를 원하는 대로 얻기 위해서는 숙련된 주물사에 의한 기하학적 계산보다는 (그런 계산도 필요하지만) 종의 크기와 두께 사이의 어떤 관계가 있는지 파악하는 것이 중요하다"(p.260)고 쓰고 있다. 그런 다음 주형의 기하학적인 작도법과 종의 크기와 원하는 두께 사이의 관계가 표(그래프)로 그려져 있다. 이것은 주물사로서의 경험이 없다면 나올 수 없는 것이다.(〈그림 13.4〉)

이런 기술적인 면은 말할 것도 없고 작업 현장의 실태 등은 그때까지는 장인의 세계에서만 은밀히 전해지던 것으로 지식인이 글로 써서 남기는 일이 없었다. 지식인이 눈길조차 던지지 않았던 세계였던 것이다. 그런 것이 활자로 인쇄되었으니 그 충격은 지금으로서는 상상할 수도 없을 정도로 컸다.

〈그림 13.3〉『신호탄에 관하여』에 수록된 수력을 동력으로 삼는 풀무.

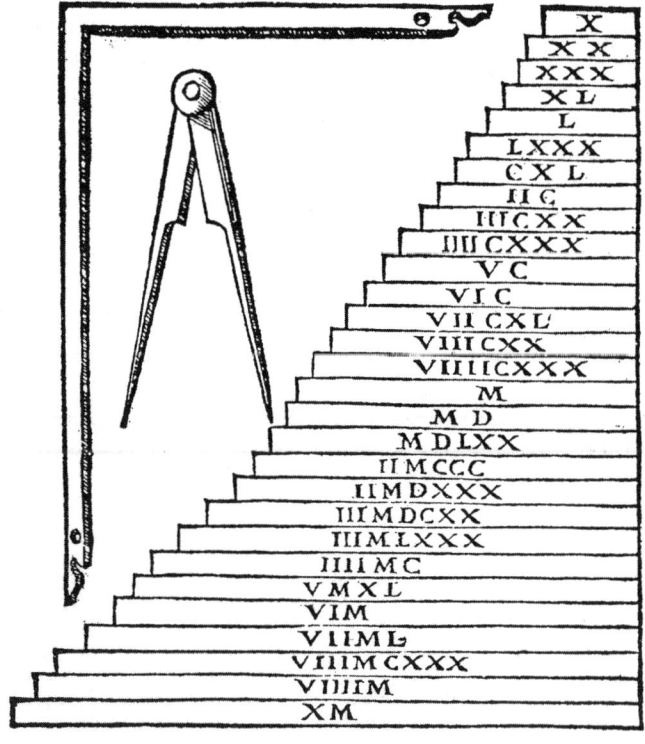

〈그림 13.4〉 종의 두께와 무게의 대응.
라틴 숫자는 종의 무게, 가로축의 길이는 거기에 대응하는 두께를 나타낸다.

아그리콜라

로버트 노먼과 비링구초처럼 대학 교육을 전혀 받지 않은 장인이나, 기술자가 직접 쓴 연구서와 기술서가 출현하자 대학 교육을 받은 학자들 중에서도-아주 소수이지만-이에 호응하는 이들이 등장하게 된다.

토마스 아퀴나스 이후 대학 아카데미즘에서 해온 문헌 해석이나 교리 문답은 15세기에는 이미 현실과 유리되었다. 대학 교육 자체도 수사법과 변증술을 습득하는 것에 치중함으로써 껍질뿐인 존재로 전락하고 있었다. 이에 대한 반동의 하나가 1400년대 르네상스 시기에 일어난 고대로의 회귀를 지향하는 인문주의 운동이었고, 다른 하나는 1500년대 르네상스 시기에 일어난 장인, 기술자, 상인의 현장 경험과 실천에서 배워야 한다는 학문의 새로운 방향성의 모색이었다. 프랑수아 라블레(François Rabelais, 1494-1553 추정)는 1534년에 출판한 『가르강튀아Gargantua』에서 금속 주조나 보석 가공, 인쇄, 염색, 금세공처럼 기술을 연구하고 교육하는 일이 중요하다고 강조했다. 이처럼 16세기에는 자연을 다루면서 형성된 학문과, 이를 위한 실천적 기술 교육의 필요성을 지식인들이 조금씩 발언하기 시작했다. 장인, 기술자가 가진 기능은 지식의 진보를 위해 가치가 있으며 학문적으로도 고찰할 필요가 있다는 주장, 다시 말해 지금까지 수도원이나 대학에서 배우고 가르쳐온 관념적이고 현학적인 학문이나 공허한 이론보다 훨씬 유익하다는 주장이 이 시기에 몇몇 학문 분야에서 터져 나왔던 것이다.

스페인 출생의 코즈머폴리턴으로, 유럽 여러 나라를 편력하며 공부했고, 에라스무스(Desiderius Erasmus, 1469-1536), 토머스 모어 등과 교제했던 정신의학의 선구자인 후안 루이스 비베스(Juan Luis Vives, 1492-1540)는 1531년에 "가게나 공장에 들어가 기술자에게 질문을 하거나 그들이 하는 일에 대해 지식을 얻는 것은 학생으로서 창피한 일이 아니다. 이전에는 학식 있는 사람들이 이들을 연구하는 것은 어리석다고 했으나, 기술자들이 하는 일을 알고 익히는 것은 인생에서 아주 중요한 일이다"라고 말했다.[14] 비베스보다 한 살 어린 파라켈수스도 "의사는 습득하고 익히지 않으면 안 된다. 모든 일을 대학에서 배우는 것은 아니다. 의사는 노파나 집시, 마술사나 여행자, 각지의 농민 등 많은 사람들에게 묻고 그들로부터 배우지 않으면 안 된다. 왜냐하면 이들은 대학에서 가르치는 것보다 더 많은 지식을 갖고 있기 때문이다"라고 했다. 파라켈수스에 대해서는 다음 장에서 자세히 살펴볼 것이다. 여기서는 독일 대학에서 처음으로 독일어로 강의하고, 독일어로 저술한 방랑 의사라는 것만 말해두기로 한다. 파라켈수스는 "의학은 순수하고 명료하게 자국어로 가르치지 않으면 안 된다"고 강조했다.[15]

기술지에게 배워야 한다는 비베스와 파라켈수스의 제안을 광업과 야금업 분야에서 실천한 인물이 게오르크 바우어(Georg Bauer, 1494-1555)이다. 그는 비베스보다 두 살 어리며, 라틴 이름은 아그리콜라(Georgius Agricola)였다. 현재 체코 국경 근처인 작센 지방의 츠비카우(Zwickau)에서 태어난 그는 처음엔 라이프치히 대학에서 고전어를 공부했다. 1518년에는 츠비카우 시립학교의 부교장으로 취임해 그리스어와 라틴어를 가르쳤다. 그 후 1522년부터 다시 라이프치히 대학에서 의학을 공부한 다음, 이탈리아 볼로냐와 파두아에서 의학과 물리학을 연구해 1526년 페라라 대학에서 학위를 받고 독일로 돌아갔다. 그 사이에 에라스무스와 토머스 모어 등 인문주의자와 교류했다고 한다. 귀국 후 은광 마을인 요아힘스탈(Joachimsthal)에서 의사로 일하면서 광물학, 지질학을 공부해 광업에 관련한 지식에 능통하게 되었다.

〈그림 13.5〉 아그리콜라의 초상.

아그리콜라는 1530년에 광산학에 대한 최초의 저서인 『베르마누스 Bermannus』를 발표한다. 이후 작센의 광산 마을인 켐니츠(Chemnitz)로 옮겨 1546년 『채굴된 물질의 성질에 대하여 De Natura Fossilium』를 시작으로 몇 권의 광산학, 야금학 관련 저서를 출판했다. 저서 『광물에 관하여 De Re Metallica』(전12권)는 20여 년에 걸쳐 쓴 것을 묶은 것으로 그가 세상을 떠난 뒤인 1556년 출판되었다. 『베르마누스』의 원고를 처음 읽어본 에라스무스가 감동해서 출판하도록 적극 추천했다고 하는데, 실제로 아그리콜라의 저서들 대부분은 에라스무스와 친밀했던 바젤의 프로벤(Froben) 출판사─르네상스기의 문화인이자 인쇄·출판사상 가장 뛰어난 인물로 꼽히는 요한 프로벤(Johann Froben, 1460-1527)이 창업한 출판사─에서 출간되었다.

『광물에 관하여』는 『신호탄에 관하여』와 마찬가지로 광업, 야금업 전반에 대한 기술과 이론을 집대성하고 있다. '제1권-채광과 야금의 중요성' '제2권-광산의 경영, 갱도의 위치 선정, 광맥의 조사' '제3권-광맥' '제4권-광구의 설정, 광산 종사자의 업무' '제5권-채굴 방법' '제6권-도구와 기계' '제7권-시금' '제8권-선광(選鑛)' '제9권-제련' '제10권-금과 은의 분리법 및 납의 분리법' '제11권-동과 은의 분리법' '제12권-소금, 소다, 백반(白礬) 등의 제조법' 등으로 짜여져 있다. 전체적으로는 금, 은, 청동과 관련된 설명에 비해, 철에 대한 부분이 적다. 또 당시 이미 라인 지방에서 사용되기 시작했던 고로(高爐)에 대해서도 다루지 않는다. 이러한 점에서 이 책의 시대적, 지역적 한계가 보인다. 물론 아그리콜라가 『광물에 관하여』를 집필하면서 『신호탄에 관하여』를 읽고 참고한 흔적은 곳곳에서 보인다. 그러나 『신호탄에 관하여』에는 자세히 나와 있는 철의 주조가 『광물에 관하여』에서는 다루어지지 않은 것처럼 분명한 차이도 있다.

『광물에 관하여』는 1563년 이탈리아어판이, 1580년에는 바젤과 프랑크푸르트에서 독일어판이 출간되었다. 1621년에는 다시 이탈리아어와 독일어로 재판이 나와 라틴어를 모르는 기술자와 장인들도 구해 읽을 수 있었다. 또 유럽인이 채굴을 시작한 신대륙의 포토시(Potosi) 광산에서는 『광물에 관하여』가 성서처럼 교회의 제단에 놓여져 있었다고 한다.[16]

아그리콜라의 『광물에 관하여』와 라멜리의 『다양하고 교묘한 기계』, 에르커의 야금술에 관한 책, 그리고 해부학의 혁명을 가져왔다고 평가받는 1543년에 나온 베살리우스의 『인체의 구조 De Humani Corporis Fabrica』, 이 책들의 공통점은 모두 사실적인 도판을 많이 수록하고 있다는 점이다. 아그리콜라는 자비로 화가를 고용해 도판을 그리게 했다

〈그림 13.6〉『광물에 관하여』 초판(1556)의 표지.

원래 제목은 '이 책에서는 광업, 야금업에 관계되는 업무, 도구, 기계장치 그 밖의 모든 사항이 아주 명석하게 기술되어 있을 뿐만 아니라, 적절한 곳에 라틴어와 독일어로 명칭이 붙어 있고, 도판을 통해 시각적으로 설명돼 있다' 이다.

자력과 중력의 발견 439

〈그림 13.7〉 『광물에 관하여』에 수록된 '말을 동력으로 삼아 광물을 끌어올리는 도르래' 그림.

고 한다. 세밀하고 깨끗한 도판은 그때까지 오직 세련된 용어와 이론의 치밀함만을 중시하던 관념적 학문에서, 사실의 관찰에 기반해 시각적 이해를 중요시하는 실천적 학문으로의 전환, 다시 말해 문서에 의존하는 지식에서 경험을 중시하는 지식으로의 변환을 인상적으로 보여주고 있다. 〈그림 13.7〉은 『광물에 관하여』에 수록된 그림이다. 눈으로 볼 수 없는 곳을 그림으로 표현해, 말로는 정확히 전달할 수 없는 사실을 한눈에 알 수 있도록 했다. 덧붙이자면 이 그림에서 알 수 있듯이 『광물에 관하여』는 동물의 힘이나 수력을 동력원으로 삼는 대규모 기계장치에 대해 특별히 많은 관심을 쏟았다.

『광물에 관하여』 제1권은 "많은 이들은 광산 일이 일확천금을 노리는 비겁한 짓이며 기술도 노동도 필요 없는 일이라고 치부한다. 그러나 채광의 각 부분을 자세히 들여다보면 결코 그렇지 않다"(p.1)라는 문장으로 시작한다.[17] 아그리콜라는 "광산업자들은 착취와 속임수, 거짓으로 뭉쳐 있다"(p.21)라는 편견에 대항해 "광업에서 얻는 이익은 더러운 것이 아니다"(p.22) "광산 일은 아주 성실한 직업이다"(p.24)라고 몇 번이나 강조하고 있다. 이것은 광업과 광산 노동자가 당시 세간에 어떻게 비치고 있었는지를 시사한다. 더구나 이처럼 멸시당하던 일을 조사, 연구해 기록한다는 것은 진정한 학자가 할 일이라고는 누구도 생각지 않았던 것이다. 당연히 연구 방법이나 현장 조사도 거의 알려져 있지 않았다. 그렇기 때문에 아그리콜라의 일련의 저작은 광산업 전반을 학문적 고찰의 대상으로 삼았다는 것 자체만으로도 대단한 일이었다.

아그리콜라는 광산업자는 채광, 제련을 위해 지리학, 광물학, 화학적인 지식을 갖춰야 할 뿐 아니라, 매장물의 기원과 성질을 알기 위해서는 물리학이, 광산 노동자의 후생을 위해서는 의학이, 광맥의 방향이나 범위를 판단하려면 천문학이, 갱도를 파들어가기 위해서는 측량학이, 경영을 위해서는 산술이, 공사를 하기 위해서는 건축학이, 도구나 자재를 제작하기 위해서는 도면학이 필요하며, 광산업자로서의 권리를 주장하기 위해서는 광산법에도 통달해야 한다고 주장했다.(p.3) 이들 중 대부분은 자본가가 광산사업에 뛰어들어 광산을 경영하기 위해 필요한 지식이기 때문에 기술에서 실무 전반까지 학문의 대상이 될 수 있었다.

또 『광물에 관하여』의 서문에는 "내가 직접 보지 않았거나 믿을 만한 인물로부터 듣거나 읽은 것이 아닌 사실은 다루지 않았다. 내가 읽거나 들은 후에 그것들을 주의 깊게 고찰한 것만을 취급하고 있다"고 밝히고 있다. 비링구초와 마찬가지로 아그리콜라 저술의 특징도 현장에서 배운다는 철저한 경험주의였다. 그들에게는 이미 고대의 문헌이나 대철학자의 권위 따위는 아무런 상관이 없었다.

연금술에 대한 태도

이런 점에서 볼 때 비링구초와 아그리콜라는 합리적인 근대인-산업자본가-의 심성으로 말하고 있다. 그들은 연금술사나 광산기술자들 사이에 전해 내려온 미신을 거의 대부분 부정했다. 비링구초는 "연금술로 만들어진 금이란 존재하지 않는다. 많은 이들이 보았다고 주장하지만 사실은 누구 한 사람 본 적이 없다고 나는 믿는다"(p.42)라고 단언하면서 '현자의 돌' 같은 연금술의 망상을 배격하고 있다. 그는 "연금술에 비교한다면 광산업은 육체적으로도 정신적으로도 고단한 일이며 들어가는 비용도 적지 않다. 하지만 나는 연금술보다는 광산업에 훨씬 끌리며, 그것에 종사하고 싶다"(p.40)고 했다.

아그리콜라도 『광물에 관하여』의 서문에서 "나는 연금술사들이 어떤 금속을 인공적으로 만들고, 한 금속을 다른 금속으로 바꾸는 기술을 가졌다는 사실을 쉽게 이해할 수가 없다.……과거에도 현재에도 도처에 수많은 연금술사들이 밤낮없이 심혈을 기울여 금과 은을 만들고자 했지만, 연금술로 돈을 벌었다는 사람을 보지 못했다. 때문에 나는 이 일이 굉장히 의심스럽다"며 비웃고 있다. 뿐만 아니라 그는 이들 사이에서 전해져오는 소위 '점장(占杖, 점치는 지팡이, divining rod, virgula)'의 효능을 부정했다. '점장'이란 개암나무 등에서 나온 두 갈래로 갈라진 가지이다. 전해지는 바에 따르면 "[이것을 가지고] 걸으면 광맥 위를 지나갈 때 지팡이가 빙 돌아서 굽어 광맥이 있는 곳을 가리키게 된다"(p.39)고 한다. 아그리콜라는 이에 대해 '점장은 마술사들의 나쁜 소행을 통해 광산업으로 들어온 것 같다.……광산기술자라면 신앙심이 깊고 성실한 사람이어야 하기 때문에, 나는 마법의 지팡이 따위는 사용하지 말아야 한다고 믿는다. 또 광산업자는 신중하며 자연의 조짐에도 통달하고 있으므로, 점장 등이 아무런 도움도 되지 않으리라는 걸 안다"(p.41)고 주장했다. 비링구초도 점장에 관한 이야기는 공상적이라며 인정하지 않았다.(p.14)

그렇지만 이들도 시대와 사회의 한계를 뛰어넘을 수는 없었다. 플리니우스의 『박물지』 제34권에는 광산은 잠깐 방치해도 생산성이 높아진다는 이야기가 나온다. 또 기원 3세기의 교부 오리게네스의 책에는 "생물이나 나무처럼 자연적 생명이나 혼으로 구성된 모든 존재는 자기 내부에 작용의 원인을 갖고 있다. 어떤 이들은 금속의 광맥도 그렇다고 생각한다"고 기록돼 있다.[18] 광맥은 살아 있기 때문에 광산의 태내에서 광물이 생육하고 자라난다는 생각은, 유럽에서는 고대에서 중세를 통해 꾸준히 이어져왔다. 연금술의 세계에서 특히 그랬다. 14세기부터 15세기 초에 걸쳐 생존했던 연금술사 니콜라스 플라멜(Nicolas Flamel)이 썼다는 『소망의 기대』라는 책에도 "땅속에서 태어나고 생육하는 모든 것은 증식하게 돼 있다.……모든 금속이 땅속에서 태어나 생육하는 것도 확실한 사실이다"라고 돼 있다.[19]

비링구초는 『신호탄에 관하여』에서 이러한 견해에 대해 유보적인 태도를 취하고 있다.

엘바 섬의 광산은 오늘에 이르기까지 몇 세기에 걸쳐 이 정도 크기의 섬 두 개가 평평하게 될 정도로 다량의 금속이 채굴되었다. 그럼에도 불구하고 지금도 여전히 양질의 광석이 나오고 있다. 그래서 많은 이들은 어느 정도 시간이 지나면 광석은 땅속에서 재생된다고 믿고 있다. 이것이 사실이라면 자연의 풍부한 산출력과 하늘의 위대한 힘의 증거일 것이다.(p.62)

그는 또 제1권에서 다음과 같이 묘사한다.

광맥은 마치 동물의 체내에 있는 혈관, 또는 여러 방향으로 뻗어가는 나뭇가지와 같다. 실제로 주의 깊은 광산기술자들은 광맥이 산에서 어떻게 분포하는지를 가지가 무성한 나무처럼 그려서 나타내고 있다. 삼림에서 자라고 시드는 실제 수목처럼 뿌리로부터 굵고 가는 가지들이 뻗어 나와 있다. 그들은 이 가지가 주위의 물질을 광석으로 변환시키면서 부단히 생장해 마침내 산 정상에까지 도달하고, 잎과 꽃을 피우는 것처럼, 녹색이나 청색의 광물, 무거운 광물을 가진 작은 암맥, 백철광 등을 여러 가지 색을 통해 광맥의 징후를 지표에 나타낸다고 생각했다.(p.13)

지하 광맥을 '묻혀진 식물(planta sepulta)'로 보는 이와 같은 견해를 비링구초 자신이 어디까지 진정으로 받아들였는지는 확실하지 않다. 하지만 당시 광맥을 '지하의 수목(arbores subterraneae)'이라 부르며 생장해가는 거대한 생물처럼 여겼던 것은 분명하다. 1510년 무렵 나온 레오나르도 다 빈치의 『해부 수고 Codice dell Anatomia』에는 "금의 광맥을 자세히 관찰해보라. 그러면 광맥의 끝이 끊임없이 서서히 증식하며, 그 끝이 접하고 있는 부분이 금으로 변하는 것을 볼 수 있을 것이다"라고 기록돼 있다.[20] 1526년 파라켈수스 역시 "광맥이 오래될수록 광산의 금속은 풍부하다. 모든 금속은 그 모암(母岩, Matrix)의 내부에 있는 한 계속해서 증식한다"[21]고 말했다. 17세기 후반에 로버트 보일은 각종 금속 광산에서 몇 년간 채굴을 중단하면 광맥이 풍성하게 회복된다는 광산업자들의 구체적인 증언들을 기록하고 있다.[22] 또 1735년에는 카를 린네(Carl Linne)가 "광물은 생장한다"고 했고, 1759년에 들어서조차 프란츠 애피누스(Franz Maria Ulrich Theodor Hoch Aepinus, 1724-1802)가 『전기와 자기에 관한 시론 Tentamen Theoriae Electricitatis et Magnetismi』에서 "많은 자연학자들이 생각하는 것처럼 오늘도 금속은 땅속에서 생장하고 있다"[23]고 했다.

문화인류학자 엘리아데(Mircea Eliade)가 말하는 것처럼 "금속의 생장에 관한 이들의 '시원적인 관념'은 매우 오랫동안 살아남아⋯⋯기술적 경험과 합리적 사고의 세기에도 그대로 보존되었다." 그리고 금속의 생장 과정은 금속이 비천한 것으로부터 더욱 고귀한 것으로 성숙해가는 과정으로 이해하고 있었다. 자연의 의도를 방해하는 외적인 장애만 없다면 자연은 산출하고자 하는 것을 언제나 완성하며, 이렇게 해서 완성된 것이 바로 금이라고 믿었던 것이다. 그런 의미에서 모든 금속은 금이 될 가능성을 지닌, 잠재적인 금이었다고 할 수 있다. 그런

데 자연이 외부로부터 어떤 저항을 받거나 장애를 만나면, 유산을 하거나 기형적인 것을 만들게 되는데 이렇게 되면 금이 아니라 하위의 금속이 산출된다는 것이다. 연금술의 사상적 근거 중 하나는 바로 이것이었다. 즉 대지의 태내에서 일어나는 완만한 성숙의 과정을, 적당한 환경을 만들어줌으로써 인위적으로 촉진시켜, 성숙을 완성시키는 기술이 연금술이었던 것이다. "광산기술자와 금속세공사는 광석의 생장 리듬을 가속화하고, 자연의 활동에 협력해 자연이 더욱 신속하게 새로운 금속을 만들어내도록 지원한다"[24]고 보았다.

그런 의미에서 비링구초는 연금술을 부정하지 않았다. 그는 "금세공사의 일이 실제로는 연금술의 일부"(p.363)라고 생각했다. 따라서 "궤변적이며 폭력적으로 자연에 반대하는 연금술은 범죄이고 착취이지만, 자연을 모방하고 자연을 도와주는 자로서의 연금술사는 광물로부터 불순물을 없애 광물의 결함을 제거하고 성능을 강화함으로써 광물을 정교하게 처리하는 광물의 진정한 의사"라고 인정했다.(p.336) 그리고 "언젠가는 풍부한 금을 손에 넣게 되리라는 감미로운 희망은 버리고" 연금술사들의 작업 결과 얻어지는 새로운 의약품이나 향로, 염료나 합성물, 거기서 파생하는 기술을 높이 평가하면서 다음과 같이 결론짓고 있다. "연금술은 다른 많은 기술의 원천이자 기반이며, 그렇기 때문에 존경받고 실천되지 않으면 안 된다. 그러나 그것을 실행하기 위해서는 원인에 대해서도, 자연의 효과에 대해서도 무지해서는 안 된다. 거기에 들어가는 경비를 감당하기 위해서는 너무 가난해서도 안 된다."(p.337) 아주 현실적인 결론인 셈이다.

타고난 기술자인 비링구초는 초자연적인 현상을 부정했지만, 자연은 내부에 측량할 수 없는 힘과 생명을 품고 있고 인간은 그것을 이용할 수 있다고 하는, 로저 베이컨 이후 내려온 관념을 연금술사와 함께 공유했던 것이다.

비링구초와 아그리콜라의 자력인식

여기서 우리의 주제인 자석으로 눈을 돌려보자.

자석이나 나침반은 채굴이나 제련 현장에서도 사용되었다. 『신호탄에 관하여』 서문에는 갱도의 굴착이 직선에서 벗어나지 않도록 하기 위해 자기나침반을 사용한다고 기록되어 있다. 『광물에 관하여』 제5권에도 자기나침반 사용에 관한 기록이 있다. 『광물에 관하여』 제7권이나 에르커의 야금술 책 제4권에는 자석이 철광석의 시금에도 이용되었다고 씌어져 있다.[25]

당연히 아그리콜라나 비링구초는 자석으로 작업도 해보았을 것이다. 실제로 비링구초의 책에는 "우리 지방에서 일상적으로 보이는 자석에 대해 우리는 잘 알고 있다"면서 자석에 대해 다음과 같이 기록했다.

그것은 용해되지 않지만 광물이다. 그것은 용해되지 않기 때문에 금속을 함유할 수 없다. 자석은 금속 원소를 많이 혼합하고 있는, 통상적인 돌의 조성에서 나온다고 말하고 싶다. 색이나 무게, 철광석에서 생긴다는 사실로 볼 때 그렇다. 자연이 항상 유사한 것을 열망하는 것처럼 자석은 철을 열망하는 것 같다. 나는 전에 자석이 자신과는 아주 다른 커다란 철을 자기 쪽으로 끌어당기기가 어렵게 되자, 철과 하나가 되기 위해 마치 살아 있는 생명처럼 철을 향해 스스로 움직이기 시작할 만큼 철에 대해 강한 욕구를 가지고 있는 것을 본 적이 있다. (p.115)

이 글의 뒷부분은 철이 자석에 끌리는 것이 아니라, 자석이 철에 이끌리는 것을 관찰한 최초의 기록이다. 이에 따라 아리스토텔레스가 자석에 부여한 지위, 즉 스스로 움직이지 않으면서 타자를 운동하게 하는 '최초의 움직이는 것'이라는 지위가 박탈당하게 된다. 아무튼 이것은 비링구초 자신이 실제로 경험한 일일 것이다.

그럼에도 불구하고 『신호탄에 관하여』에는 "자석은 다이아몬드 원석이 가까이 있거나, 자석과 자석이 끌어당기는 대상에 산양의 젖이나 마늘즙을 바르거나 기름을 바르면 자석이 힘을 완전히 잃어버리게 된다고 한다"(p.116)라는 대목이 나온다. 비록 전해들은 이야기의 형식을 빌리고 있지만 별다른 의문이나 주저함이 없다. 게다가 다이아몬드와 자석의 관계에 대해 "다이아몬드는 자석의 힘을 정지시키며 자석이 철을 끌어당기지 못하게 한다. 또 자석이 이미 철을 끌어당기고 있을 때는, 다이아몬드는 그 둘을 떨어지게 한다"(p.123)라며 아우구스티누스 이후 전승되어온 이야기를 무비판적으로 기록했다. 비링구초는 이 밖에도 자력에 대해 민간에서 전해져오던, 지금으로 보면 미신이라고 할 수밖에 없는 이야기도 남기고 있다.

사람들은 고기를 끌어당기는 하얀 자석이 발견되었다면서, 그 자석을 여자들이 출산할 때 왼쪽 대퇴부에 묶어놓으면 출산을 편하게 하는 데 효과가 있다고 말한다. 또 자석을 몸에 품어 피부에 닿게 하면 사람들의 마음에 박애심을 불러일으킨다고 한다. 자석에 화성과 금성의 합쳐진 모습이 그려져 있으면 그 효과가 더욱 확실하다고 한다. 만약 그 인물이 그만한 가치가 있다면 이것은 믿을 수 있는 일이다.(p115)

자석에 관한 비링구초의 이 서술은 다른 사항에서 보였던 실증적이며 경험주의적인 태도와는 사뭇 다르다고 할 수밖에 없다.

이 점에서는 아그리콜라도 오십보백보였다. 그가 자석을 주요하게 다루고 있는 곳은 『광물에 관하여』가 아니라 1546년에 발표한 『채굴된 물질의 성질에 대하여』이다.[26]

이 책은 '최초의 광물학 교과서'라고 불리는 것처럼 당시 알려져 있던 모든 광물을 분류하고 그 성질을-어쩌면 테오프라스토스와 플리니우스 이래 처음으로-상세히 기록하고 있다.

첫머리에 "광물은 색채, 투명도, 광택, 광휘, 냄새, 맛, 강도, 액성, 형상 등에서 아주 풍부한 성질을 나타낸다"(p.5)라고 전제하면서 "광물은 이 밖의 성질, 즉 촉각으로 느낄 수 있는 성질이나 채굴된 장소, 강도나 액성에서 유래하는 잘 알려진 성질, 즉 매끌매끌하다든가 거칠거칠하다든가, 밀도나 다공성, 딱딱함이나 유연함, 거칠거나 미끄러움, 무겁거나 가벼움 등의 성질에서 각각 다르다"(p.9)고 지적했다. 이처럼 아그리콜라는 광물 분류의 주요한 기준으로 감각, 특히 시각, 촉각, 미각, 후각에서 느껴지는 성질을 중요시했고 화학적인 성질은 거의 고려하지 않았다. 사실은 이것이 당시 광업 현장에서 실제로 광석을 판별하고 분류하던 기준이었다.

아그리콜라에 따르면 광물은 '비복합광물(non-composite mineral bodies)'과 '복합광물(composite mineral bodies)'로 나뉘며 다시 전자는 '흙, 응결한 액질, 돌, 금속' 등 네 종류로 분류된다. 여기서 '흙(earth)'이란 '습기를 가지고 있어 손으로 반죽이 가능하고, 물로 포화시키면 진흙이 될 수 있은 단순한 광물' 그러니까 상식적인 흙이다.(p.17) '응결된 액질(congealed juice)'이란 예를 들면 백반이나 암온(halite), 초석(nitrum), 유황(sulfer), 계관석(realgar), 역청(bitumen), 호박(amber) 등이며, 금속의 산화물인 녹청(aerugo)과 철청(iron rust)도 포함된다. 이 '응결한 액질' 중에 '매끌매끌한 것'의 항목에 호박과 흑옥이 들어간다. 그리고 "'흑옥'은 '마찰에 의해 따뜻해지면 호박과 마찬가지로 가벼운 물체를 끌어당긴다. 그것은 자연의 빛을 가지고 있지만 윤이 날 때까지 닦지 않으면 그렇게 되지 않는다"(p.68)고 설명한다. '호박'에 대해서는 "마찰되면 짚이나 그 밖의 작고 가벼운 물체를 끌어당기므로, 그리스인들은 그것을 일렉트론이라 불렀다"(p.70)고 했다. 여기서 처음으로 열이 아닌 마찰 자체가 인력의 요인이라는 주장이 제기됐다고 생각한다. 그러나 그 몇 쪽 뒤에는 "호박은 마찰에 의해 따뜻해지면, 깃털이나 짚, 보풀, 나뭇잎이나 그 밖의 가벼운 것을, 자석이 철을 끌어당기는 것처럼 자기 쪽으로 이끈다.……그것은 금속 부스러기도 끌어당길 것이다"(p.77)라고 돼 있어 아그리콜라가 정전인력의 요인으로 '마찰 그 자체'와 '마찰에 수반되는 열'을 자각적으로 구별하고 있었다고는 여겨지지 않는다. 이 구별을 자각한 것은 길버트였다.

한편 아그리콜라는 '금속(metal)'을 '액체나 고체로서, 불에 녹는 자연광물'이라고 했고, '돌(stone)'은 '장시간 수중에 두면 약간 부드러워져 불로 열을 가하면 가루가 되지만 물에서는 결코 부드럽게 되는 일이 없고 아주 강한 불에만 녹는, 마르고 딱딱한 광물'(p.17)이라고 보았다. '돌'도 '통상의 돌'과 '보석(gems)' '대리석(marbles)' '암석(rocks)'의 네 종류로 분류했다. '암석'에는 석회암과 사암이 포함된다. '대리석'도 실제로는 석회암이지만 분류 기준이 철저히 외관과 감성적 성질에 따르기 때문에, 닦았을 때에 광택을 나타내는 것으로 그 밖의 '암석'과 구별되고 있다. 그리고 이 '통상의 돌' 속에 적철광(hematite)과 나란히 자석이 포함되어 있다. 여기서도 자석과 적철광은 금속으로 분류되지 않는다. 이것은 테오프라스토스와 알베르투스 마그누스의 분류법을 이어받은 것이다. 아그리콜라도 비링구초가 말한 것처럼 "자석은 용해하지 않는다"고 믿었기 때문일 것이다.

제5권의 '통상의 돌' 부분은 자석에 대한 서술로 시작한다.

자석에 대해 "신학자는 이 광물이 가진 힘을 신적인 것에서 기원한다고 믿고 있고, 과학자는 그 본질을 설명할 수 없는 자연에서 기원한다고 보았다"(p.84)고 단순히 소개하면서, 특별히 이 설명에 도전하지는 않는다. 실제로 그의 서술 대부분은 플리니우스에 의거하고 있다. 자석에 대해 그때까지 알려지지 않았던 사실이나 새로운 고찰이 더해진 것이 거의 없어 당시 자석에 대한 관심이 어느 정도였는지를 유추할 수 있다.

이 밖에도 "자석이 철을 끌어당기는 것은 많은 사람이 알고 있으나 자석이 산(酸)에 잠기면 이 힘이 약해지거나 파괴된다는 사실을 아는 사람은 거의 없다"(p.5)라든가 "자철광은 불필요한 지방(脂肪)을 없애준다"(p.13)는 기록도 보인다. 여기서 말하는 '산'과 '지방'이 정확히 무엇을 가리키는지는 확실하지 않지만 아무튼 아그리콜라도 자석에 관해서는 소문이나 전승된 이야기들을 무비판적으로 맹신했다고 할 수 있다. 실제로 그는 『광물에 관하여』에서 비링구초처럼 "마늘즙을 바른 자석은 철을 끌어당길 수 없다"(p.39)고 기록하고 있고, 『채굴물의 성질에 대하여』에서도 다음과 같이 이야기한다.

자석은 녹이 슨 철이나 불순한 철, 양파나 마늘 즙을 바른 철을 끌어당기는 일이 없다. 마찬가지로 다이아몬드는 자력을 방해한다. 만약 다이아몬드가 철 옆에 놓여 있으면 자석은 그 철을 끌어당길 수 없고 철이 자석에 붙어 있을지라도 다이아몬드를 옆에 놓으면 철이 자석에서 떨어져 나온다.(p.85)

이어서 "테아메데스(Theamedes)는 자석과 반대되는 힘을 가지고 있다. 즉 자석은 철을 끌어당기지만 테아메데스는 철을 물리친다.……
오늘날에도 일부는 자석으로 돼 있고 다른 일부는 테아메데스로 된 돌이 발견되고 있다"(p.85)고 적고 있다.

파올로 로시는 아그리콜라의 저서들이 갖는 특징은 "명석함을 향한 욕구와 황당무계한 것으로부터의 의식적인 결별"이라고 하면서 그 이전의 저작들과 구별했지만,[27] 그런 아그리콜라조차 이런 오류에 빠져 있었다. 그 정도로 자석과 자력은 불가사의한 대상이었다.

※ ※ ※

광업에 관련된 기술은 항해술, 전쟁술과 더불어 15세기 후반부터 16세기에 걸쳐 급속히 발전했다. 그리고 16세기에는 이들 분야와 외과학 분야에서 실제 그 업무에 종사하고 있던 기술자와 선원, 군인과 종군 외과의사들이 자신들이 익힌 기술을 이야기하고 연관된 이론적 문제를 고찰하고 표명하기 시작했다. 그것도 그때까지의 대학이나 수도원에서 사용하던 학술 언어로서의 라틴어가 아니라 속어(자국어)로 이야기했던 것이다. 그런 움직임은 때마침 등장한 인쇄 출판업을 통해 급속히 확대되었고, 도시 시민들 사이에 자연과 기술에 대한 학문적 관심을 높이게 된다. 이처럼 유럽에서는 문화혁명이라고도 할 수 있는, 지식 세계의 지각 변동이 시작된 것이다. 대학에서 교육을 받은 지식인들 중에도 그때까지의 아카데미즘이 무시하고 있던 기술에 관한 문제를 학문적 연구의 대상으로 삼는 이들이 등장하게 되었다.

이런 움직임 속에서 태어난 것이 기술자 비링구초가 쓴 『신호탄에 관하여』이며, 의사 아그리콜라가 쓴 『광물에 관하여』였다. 이 책들은 현실의 경험에 토대를 두고 실증적인 서술로 일관하고 있으며, 대학에서 가르치던 과거의 권위와 문헌에 의거한 논증적인 학문과는 확실한 선을 그었다. 그렇지만 자석과 관련해서는 유럽에서 천 수백 년간 전해져오던 기묘한 여러 가지 전설이 아무런 의심도 받지 않고 여전히 살아남아 있었다. 자석만 놓고 보면 그들의 경험주의나 실증주의적인 정신이 크게 후퇴한 것처럼 보이기조차 한다.

자력이라는 원격작용의 수수께끼는 16세기 중반의 단계에서는 여전히 근대 과학의 등장을 가로막고 있었다.

14장

파라켈수스의 화학철학과 자기(磁氣)치료

경험의 확대와 함께 스콜라 철학의 논리가 아무런 도움이 되지 않는다는 점이 명백해져가는데도, 그것을 대신할 새로운 과학의 논리는 여전히 발견되지 않았다. 오히려 이 단계에서 자연에 관한 경험과 실천적인 움직임을 설명할 논리를 제공한 것은 점성술이나 연금술, 나아가 마술사상이었다. 확실히 16세기의 과학자는 대체로 철학자라기보다는 마술사였다.

파라켈수스

스콜라철학을 대신해 근대의 실증적인 과학이 형성되는 과정은 결코 직선적이지 않아 과도기적으로 모순을 보일 수밖에 없었다. 그러나 곧 그 모순을 적절하게 해결하는 한 인물이 등장한다. 바로 파라켈수스(Paracelsus, 본명 Philippus Aureolus Theophrastus Bombast von Hohenheim, 1493-1541)이다. 그는 15세기 말 취리히 부근의 아인지델른(Einsiedeln)이라는 순례지에서 의사의 아들로 태어났다. 9세 때 아버지와 함께 오스트리아의 대공국 케른텐(Kärnten)에 있는 광산마을 필라흐(Villach)로 이주한다. 파라켈수스가 훗날 광부병이라 불린 직업병을 발견하게 된 배경에는 이처럼 소년 시절부터 광부들의 생활을 가까이서 지켜보았던 경험과 관련이 깊은 것으로 보인다. 당시 광산 경영을 독점하고 있던 푸거(Fugger) 가(家)가 지배하던 지역에서 노동자들 틈에서 성장한 것이 그의 계급적 감성을 키우는 데도 기여했을 터이다. 아버지로부터 의사로서의 기초를 배웠던 그는 당시 연금술에 묶여 있었던 화학과 야금학(금속 정제학)의 지식도 이 지역에서 익혔다. 이후 가난한 학생으로 유럽 이곳저곳을 떠돌며 의학을 배우게 된다.

그 시절 구태의연한 대학에서 가르치던 의학은 갈레노스나 이븐 시나(Ibn Sina, 라틴명 Avicenna) 같은 고대나 중세의 권위자들의 주장을 '영구불변의 교과서'로 삼는, 책에만 파묻힌 의학이었다. 더구나 강의 내용도 낡을 대로 낡아서 해부나 병리학 실습, 임상 강의는 거의 무시되었다. 의사를 양성하는 교과 과정이라고 해봐야 고전 작가의 작품을 강독하거나 교과서를 복창하게 하는 것 정도였다. 아주 가끔 행하는 인체 해부수업도, 교수가 높은 단상에 올라 갈레노스의 텍스트를 읽어주면 거기에 맞춰서 신분이 낮은 외과의사가 학생들 앞에서 서둘러 시체를 해부해 보여주고, 학생들은 단지 그 과정을 지켜보는 데 머무는 실정이었다.[1]

파라켈수스는 유럽 여러 곳의 대학에서 수학하고, 페라라에서 학위〔의학〕를 받았다고 전해지고 있지만 확실한 증거는 남아 있지 않다. 대학을 마친 후에도 거처를 정하지 못하고 종군 외과의사로서 유럽 각지를 전전하던 그는 1526년 인생의 전환기를 맞게 된다. 그 해 바젤에서 저명한 출판업자인 프로벤이 발이 심하게 곪아 고생을 하고 있었는데, 파라켈수스는 발을 절단하지 않고서 치료에 성공한다. 이 일로 일약 이름을 떨치게 된 그는 덕분에 바젤에서 인문주의자인 에라스무스와 종교개혁 지도자인 오이콜람파디우스(John Oecolampadius, 1482-1531) 등과 교류하게 된다. 그리고 1527년 6월에는 그들의 후원으로 대학교수 겸 바젤 시의(市醫)에 임명돼 처음으로 대학에서 강의를 맡는다. 강

〈그림 14.1〉 15세기 중반의 바젤.

의에 나선 파라켈수스는 "오랜 기간의 임상에서 얻은 경험에 입각해 수업을 하겠다"고 밝히면서 다음과 같이 교육 방침을 선언했다.

> 의사에게 필요한 것은 학위도, 달변도, 언어에 관한 지식도, 만 권의 책을 독파하는 것도 아닙니다. 자연의 비밀에 대한 심오한 지식이 중요하며, 그것만이 그 밖의 모든 것을 합친 것 이상의 가치를 지닙니다.……나는 앞으로 하루에 두 시간씩 내과의 실제와 이론, 또 내가 직접 쓴 외과학에 관한 교과서를 이용해 최대한 열성적으로든, 동시에 청중에게 최대한 실제적인 이익이 되도록 공개된 자리에서 강의할 것입니다. 이들 내용은 히포크라테스나 갈레노스, 혹은 그 밖의 기존 교과서로부터 얻은 것이 아닙니다. 최고의 교사인 경험과 내 자신의 연구에서 획득한 것입니다. 나는 이를 여러분에게 전해주고자 하는 것입니다.[2]

자력과 중력의 발견 459

한마디로 의학을 비생산적이고 인습적인 탁상공론식 학문으로부터 해방시켜 실증적이면서도 임상을 중요시하는 학문으로 전환시키겠다는, 당당한 선언이었다. 또한 "현재 의사들이 부끄러워해야 마땅할 방식으로 환자들에게 치료가 아니라 도리어 장해를 주고 있다는 사실은 우리 모두가 잘 알고 있는 것이 아닌가"라고 주장하는 대목에 이르면 종래의 의학교육에 대한 공공연한 투쟁 선언이자, 호의호식하면서 안주해온 기성 의사들과 대학의 학자들에 대한 고발이었다. 교육 이념에 대한 파라켈수스의 비판에는 계급적 윤리관이 깔려 있었다. 격분한 대학 당국은 그의 강의를 듣는 학생들에게는 시험을 보지 못하도록 하겠다고 으름장을 놓는 한편, 파라켈수스가 강의실을 사용하지 못하도록 했다. 그러자 그는 학교 바깥에서 강의를 강행하며 대학 당국의 조치에 대항했다. 게다가 강의도 라틴어가 아니라 일상적으로 쓰는 독일어로 진행했는데, 이런 시도 자체가 기존의 아카데미즘에 대한 강력한 도전이었다. 원만하지 못한 그의 성격이 화를 자초한 면도 있다. 여기에 시민들의 몰이해와 동업자들의 질투도 있었을 것이다. 아무튼 프로벤이 죽은 뒤, 그나마 소수였던 자신의 옹호자들마저 잃게 된 파라켈수스는 1528년 2월 시의(市醫)직을 버리고 바젤을 떠나게 된다.

다시 유랑 생활을 하게 된 그는 자신의 의학 사상을 글로 풀어내며 궁핍한 생활을 하다 1541년 잘츠부르크에서 48세의 나이로 객사한다. 생전의 그는 허름한 차림을 한 광부, 과대망상에 빠진 미치광이처럼 보였기 때문에, 또 그가 쓴 글들도 아카데미즘적인 의학과 대학 의사들에 대한 격한 욕설과 도전으로 가득했기 때문에, 그가 엮은 방대한 원고의 많은 부분은 오랫동안 빛을 보지 못했다. 그러나 그가 기적적인 치료를 했다는 소문이 사후에 널리 퍼지면서 그에 대한 관심이 높아지고 재평가하려는 움직임이 일게 된다. 그가 죽은 지 43년 뒤에 씌어진 조르다노 브루노의 『원인, 원리, 일자(一者)에 관하여 De la causa, Principio e Uno』에는 "파라켈수스처럼 그리스어도 아랍어도, 어쩌면 라틴어도 모르는 사람이 갈레노스나 이븐 시나 또는 라틴어가 능숙한 다른 어떤 사람들보다 약제나 의학의 성질을 잘 이해하고 있었다"라고 씌어져 있다.[3] 이렇게 되자 스위스와 독일에 흩어져 있던 그의 유고가 경쟁적으로 발굴, 출판되기 시작했다.

파라켈수스 자신은 매우 종교적인 사람이었으나 당시 종교개혁의 소용돌이 속에서 특정 종파에 가담하지는 않았다. 그는 형식적으로는 평생 가톨릭 신자였지만 종교적 신조는 가톨릭 교리로부터 크게 벗어나 있었을 뿐 아니라, 대학에서 공인한 스콜라 신학과도 관계가 없었다.[4] 그는 동시대인이었던 루터의 (*종교개혁) 운동에는 비판적이었던 것처럼 보인다. 그러나 1524년 가난한 농민들이 일으킨 농민전쟁에는 호의적이었다. 그가 독일 각지에서 받은 박해는 본질적으로 계급적인 성격이었다고 말해야 할 것이다. 말년에 쓴 『일곱 개의 변명 Sieben Defensiones』이라는 책에서 그는 "어릴 때 받은 것은 평생을 따라다닌다. 귀하고 섬세하며 우아하게 자란 사람에 비하면 나의 유년은 아주 투박했다. 부인들이 기거하는 방에서 부드러운 의상을 입으며 성장한 사람과 전나무의 솔방울 같은 환경 속에서 자란 우리는 서로를 이해하기가 쉽지 않다"고 말했다.[5] 이 말이 파라켈수스의 실제 성장 환경과 어느 정도 부합하는지는 불확실하지만 심정적으로는 그런 태도를 갖고 있었음이 분명하다.

유럽을 떠돌아다니며 의학을 공부한 파라켈수스는, 생전에 인쇄된 몇 안 되는 저서 중 1536년 아우구스부르크에서 출판돼 성공했던, 그의 주저라고 할 수 있는 『대(大)외과학 Grosse Wundarzney』에서 자신의 구도자적인 수업 시절을 다음과 같이 회고하고 있다.

나는 어디에 있든 열심히 그리고 끈기 있게 의학에 관해 확실하고 신뢰할 만한 기술을 얻어내려고 질문하고 연구했다. 나는 의학 박사들이 있는 곳뿐만 아니라, 이발사나 욕탕사가 있는 곳, 학식 있는 내과의사가 있는 곳, 산파나 주술사가 있는 곳 등 치료를 행하는 자가 있는 곳이라면 어디라도 달려갔다. 연금술사에게도 수도원의 승려에게도, 귀족에게도 천한 신분의 사람에게도, 전문가에게도 단순 기술자에게도 기꺼이 찾아갔다.[6]

여기서 '학식 있는 내과의사' 라는 말이 있는데 당시엔 '의사' 라고 하면 내과의사만을 가리켰고 이들은 대학에서 의학을 배운 사람들이었다. 이에 반해 손을 더럽히는 '외과의사' 는 단순히 도제 관계를 통해 교육받은 이들로 '이발사' 에 해당하는 정도의 대접을 받았다. 이 때문에 외과의사는 대체로 '학식이 없는 의사' 로 간주되었으며, 외과적 처치에만 종사하는 기술자로 멸시를 당했다. 또 '욕탕사' 란 공중목욕탕에서 흡각(吸角, 종 모양의 유리그릇으로 염증이나 고름을 빨아들이는 것), 사혈(瀉血, 고혈압, 뇌일혈 등을 치료하기 위해 환자의 몸에서 피를 뽑아내는 것) 등의 의료 행위에 종사했던 이들을 말한다. 현실적으로 민간에서는 주로 이발사나 욕탕사, 산파 등으로부터 치료를 받았다. 그뿐이 아니다. 『대외과학』에는 "이런 장인들은 평소에 자신들이 사용하는 도구로 처치를 했다. 땜질장이는 구리 찌꺼기(슬러거)로 지혈해 곪은 상처를 건조시켰고, 대장장이는 화성의 검은 재라 불리던 뜨거운 철가루로 상처를 치료했다. 도예공은 일산화납으로 똑같은 치료를 했다"[7]고 기록돼 있다. 장인들 사이에서는 직종에 따라 예로부터 전해져 오던 치료법이 실행되고 있었다. 이런 민간요법을 아카데미즘 의사들은 비천하며 학문적으로도 수준이 낮은 것이라며 거들떠보지도 않았으나, 파라켈수스는 각지를 떠돌아다니며 이런 요법들에 대해 열심히

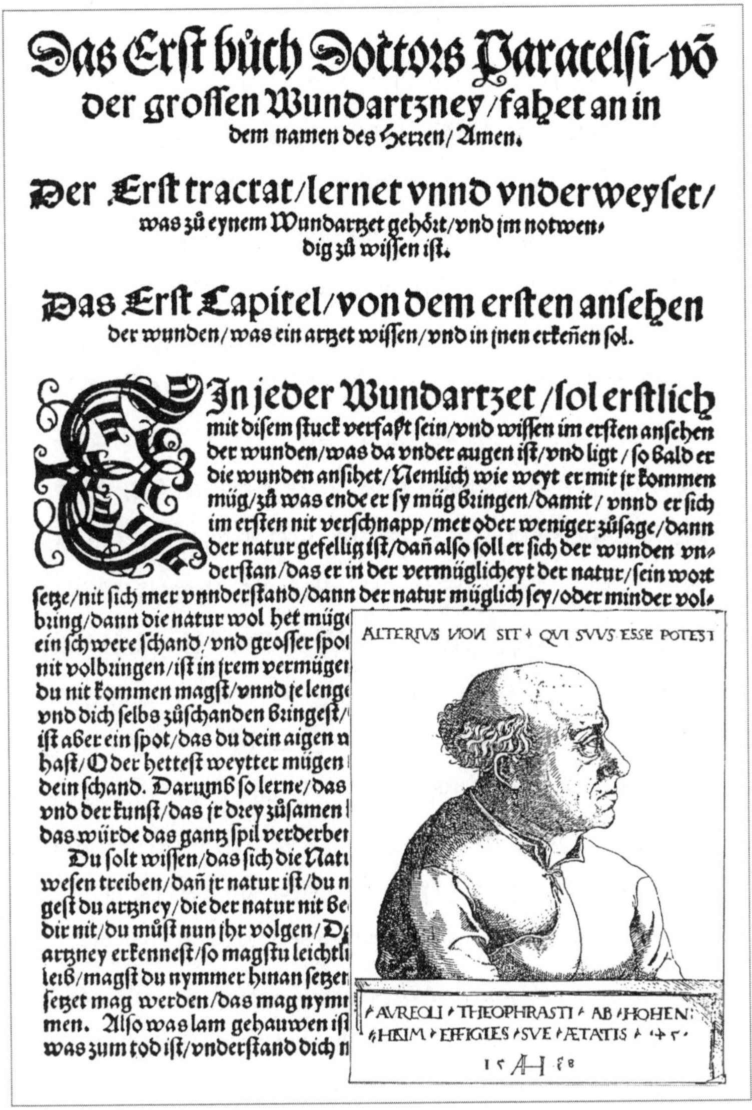
Das Erst bůch Doctors Paracelsi võ der grossen Wundartzney/fahet an in dem namen des Herren/Amen.

Der Erst tractat/lernet vnnd vnderweyset/ was zů eynem Wundartzet gehört/vnd im notwendig zů wissen ist.

Das Erst Capitel/von dem ersten ansehen der wunden/was ein artzet wissen/vnd in inen erkeñen sol.

EIn jeder Wundartzet/sol erstlich mit disem stuck verfasst sein/vnd wissen im ersten ansehen der wunden/was da vnder augen ist/vnd ligt/so bald er die wunden ansihet/Nemlich wie weyt er mit jr kommen müg/zů was ende er sy müg bringen/damit/vnnd er sich im ersten nit verschnapp/mer oder weniger zůsage/dann der natur gefellig ist/dañ also soll er sich der wunden vnderstan/das er in der vermüglicheyt der natur/sein wort setze/nit sich mer vnnderstand/dann der natur müglich sey/oder minder volbring/dann die natur wol het müg
ein schwere schand/vnd grosser spot
nit volbringen/ist in jrem vermüge
du nit kommen magst/vnnd je leng
vnd dich selbs zůschanden bringest/
ist aber ein spot/das du dein aigen
hast/Oder hettest weytter mügen
dein schand. Darumb so lerne/das
vnd der kunst/das jr drey zůsamen
das würde das gantz spil verderbe
Du solt wissen/das sich die Nat
wesen treiben/dañ jr natur ist/du
gest du artzney/die der natur nit be
dir nit/du můst nun jhr volgen/D
artzney erkennest/so magstu leichtl
leib/magst du nymmer hinan setze
setzet mag werden/das mag nym
men. Also was lam gehauwen is
was zum tod ist/vnderstand dich

〈그림 14.2〉 독일어로 씌어져 1536년에 출판된 『대외과학』의 첫 페이지와 파라켈수스의 45세 때 모습.

파라켈수스 모습 위에 있는 글은 "자기 자신에게 의존할 수 있는 자는 타인에게 종속될 수 없다(ALTERIUS NON SIT QUI SUUS ESSE POTEST)"라는 뜻이다. 그림 아래의 연도 표시 1538년 중간에 있는 AH는 화가 A.허쉬포겔(A. Hirschvogel)의 이니셜이다.

묻고 경청하며 자기 것으로 만들었다.

고대 학자의 저서로부터가 아니라, 나이가 많든 적든, 신분이 귀하든 천하든, 정통이든 이단이든 불문하고 실제 의료 행위에 종사하고 있던 이들의 경험과 실천에서 배운다는 자세는 파라켈수스가 선도한 의학혁명의 출발점이었다. 그렇다 하더라도 파라켈수스의 회고는 앞에서 보았던 로저 베이컨에 의한 페레그리누스의 인물 소개를 상기시킨다. 애초에 파라켈수스가 의학 교육을 비판하고 대학에서 가르치는 의학 자체에 의문을 던진 이유는 그것들이 단지 이론적이기 때문만은 아니었다. 그런 의학이 당장 현실에서 아무런 쓸모가 없었기 때문이었다. 『대외과학』에는 위의 인용문 앞에 "내가 의학을 배울 당시 중병은 고사하고 치통조차 제대로 고칠 수 있는 의사가 한 명도 없을 정도였다"는 말이 나온다. 대충 훑어보더라도 강단 의학의 참상은 차마 눈뜨고 볼 수 없는 지경이었다. 효력을 상실해버린 이론을 대신해야 할 것은 풍부한 경험이었다.

1533년 파라켈수스는 티롤 지방에 있는 도나우 강의 한 지류인 인(Inn) 강 연안의 광산지대를 방문하게 된다. 거기서 그는 광산과 제련소의 위험하고 열악한 노동 환경과 그곳 노동자에게서 두드러지게 나타나는 질병-폐질환-에 주목했다. 그가 광부병을 발견하게 되는 계기였다. 이렇게 해서 완성한 책이 『광부병과 광부들의 그 밖의 질병에 대하여 Von der Bergsucht und andern Bergkrankheiten』이다. 이 책은 직업병이라는 존재를 처음으로 인식했을 뿐 아니라, 만성 호흡기 질환의 증상을 기록해 그 원인을 진폐 및 납과 비소, 수은 등의 증기-광독(鑛毒)-에 의한 중독이라는 것을 밝혀 의학이론 사상 획기적인 공적으로 인정받고 있다. 이 책은 또 의사로서 가져야 할 직업 윤리관과 함께, 가난한 자, 약한 자, 학대받는 자들에 대한 계급적인 감정에 바탕을 두고 있다. 과학적 방법의 측면에서 볼 때 특히 주목할 부분은 그가 "이 질병에 대해서는 과거의 저자 중 어느 누구도 밝혀낸 것이 없다. 바로 이 때문에 오늘날까지 기록으로 남겨진 것이 없으며 그 치료 또한 무시되어왔다"고 하면서 "가장 기본적인 태도는 경험을 믿고 가는 것" 이라고 말하고 있다는 점이다.[8] 이것은 환자의 현실을 관찰하고 임상 경험에서 배운다고 하는 그의 기본자세에서 비롯된 주장이라고 할 수 있다.

그 4년 후 파라켈수스는 『일곱 개의 변명』과 『의학의 미로 Labyrinthus Medicorum Errantium』를 저술한다. 전자에서는 "자연을 탐색하고자 하는 자는 그 책을 자신의 발로 답파하지 않으면 안 된다"고 쓰고 있고, 후자에서는 "사변적 이론에서 실천이 생겨나지는 않으며, 실천으로부터 이론이 태어난다"[9]고 주장하고 있다. 광부병의 연구야말로 이러한 모토가 가져온 성과이자 승리였다. 그가 행한 매독의 임상 관찰도 마찬가지였다. 대항해 시대 이후 유럽에서 폭발적으로 번져간 이 질병에 대해 갈레노스나 이븐 시나는 아무런 지식이 없었음에도 대학 의사들은 이들이 쓴 책의 뜻풀이에만 매달려 있었다. 당연히 매독에 대해 전혀 손을 쓸 수가 없었다.

그런데 파라켈수스가 이처럼 '경험'과 '실천'을 중시했다 하더라도, 그 '경험'과 '실천'이 반드시 근대적이고 합리적이었다고는 말할 수 없다. 17세기 초에 프랜시스 베이컨이 "많은 사람들이 생각하는 것처럼 어느 시대에나 마녀와 노파, 사기사(詐欺師)들이 의사와 경쟁해왔다"[10]고 말하고 있듯, 근대 초에 이르기까지 유럽에서는 민간 의료가 아카데미즘 의학과 공존했다. 아니 농촌 지역이나 산악 지대에서는 민간 치료야말로 실질적으로 의료의 모든 것이었다. 파라켈수스가 관심을 기울였던 부분은 기술자들 사이에서 전승되어온 치료법이나 온천

지역에서 행해지던 욕탕치료법, 농촌에서 예로부터 전해오던 본초학, 산파들의 치료법, 심지어 주술사의 기도까지도 아우르는 민간요법이었다. 이들 중 태반은 토속적인 것으로 지금 돌이켜보면 주술이나 미신으로 분류해야만 할 것들도 많았다.

그리고 이런 민간요법들을 받아들여 이해하는 논리, 즉 스콜라철학에 대한 비판의 논리도 근대적 의미의 실증주의보다는 헤르메스주의인 점성술이나 연금술, 총칭해서 자연마술에 가까운 것이었다. 파라켈수스와 같은 시대에 역시 광산 지대에서 의료 활동에 종사했던 아그리콜라가 산업 자본가의 에토스를 공유하고 있었다면, 파라켈수스는 해체되어가던 농민층과 미성숙한 프롤레타리아에 중심을 두고 있었다. 파라켈수스는 그만큼 전근대적인 신비주의의 성격이 농후했다고 말할 수 있다.

파라켈수스의 의학과 마술

파라켈수스가 1530년에 완성한 『파라그라눔Paragranum』은 그 자신의 '새로운 의학'이 토대로 삼고 있던 원리를 전면적으로 전개한 책이다. 이 책에서 그는 의학을 떠받치는 네 개의 기둥이 '철학, 천문학〔점성술〕, 연금술, 덕(德)'이라고 쓰고 있다. 그리고 "첫째 기둥은 흙과 물에 관련된 모든 철학이다. 둘째 기둥은 천문학과 점성술로, 이들은 두 개의 원소, 즉 공기와 불에 관해 완전한 지식을 제공한다. 셋째 기둥인 연금술〔화학〕은 조제, 특성, 기술을 통해 네 원소(흙, 물, 공기, 불)를 지배한다. 넷째 기둥은 덕(德)으로 이것은 죽을 때까지 의학 속에 머물면서 다른 세 개의 기둥을 품고 지탱한다. 의사는 이 학문들의 심오한 부분까지 파고들어가 네 개의 기둥을 숙지하지 않으면 안 된다"[11]고 밝히고 있다. 여기서 '첫째 기둥'은 자연철학으로 이는 지상의 자연, 즉 달 아래 세계를 하나의 전체로 배우기 위한 것이며, '넷째 기둥'인 덕은 현대풍으로 말하자면 의사로서의 직업윤리와 책임-차라리 환자를 향한 사랑이라고 말해야 하리라-을 배우는 철학이다.

'둘째 기둥'은 '천문학 및 점성술'이다. 연구자들에 따르면 생전의 파라켈수스는 의학의 개혁자라기보다는 예언이나 점성술에 관한 논고로 세상에 알려져 있었다고 한다.[12] 학생 시절 이탈리아에서도 공부했던 파라켈수스는 마술사상과 헤르메스주의에 크게 영향을 받았다. 실제로 다른 사람을 칭찬하는 법이 거의 없었던 그가, 드물게도 "최고의 이탈리아 의사"라고 칭송했던 사람은 『생에 대하여』라는 책에서 점성술 의학을 전개했던 피치노였다.[13] 1537년 파라켈수스가 신비적인 세계관에 근거해서 완성한 『대(大)천문학 *Astronomia Magna*』 제1부에는 "하늘의 힘을 매개체로 끌어들여 그 매개체 속에서 하늘이 움직이도록 하는 기술이 마술이다. 여기서 매개체라는 것은 중심이며, 중심은 다시 인간을 가리킨다"고 하면서 그러므로 "마술사는 별의 힘을 자신이 지시하는 물체로 옮기는 것도 가능하다"고 씌어 있다.[14] 여기서 피치노로부터 얼마나 많은 영향을 받았는지 알 수 있다.

따라서 파라켈수스에게 있어서 인간은 하나의 '소우주'로서 '대우주'에 조응하고 있다. 『파라그라눔』은 '인간은 대우주와 유사한 혁애로만 이해된다'고 돼 있고 또 그것에 앞서 씌어진, 병의 원인을 다룬 책 『파라미룸 *Paramirum*』에서 그는 "인간 안에는 천공(天空)이 있으며 그 천공에서는 신체(몸)의 행성이나 별들이 운행하고 있다"고 말한다.[15] 다시 말해 '대우주'의 태양이나 달, 행성들과 '소우주'인 인체의 각 부위나 장기들 사이에는 일대일 대응관계가 있어 심장은 태양, 뇌는 달, 비장(脾臟)은 토성, 간장(肝臟)은 목성, 담낭은 화성, 신장은 금성, 폐는 수성과 맺어진다는 것이다. 태양이나 달, 행성들이 인체의 각 부위에 어떤 식으로든 영향을 미친다고 믿었다.[16] 예를 들어 전염병도 별 때문에 발생하기 때문에 주기적이라고 생각했다. 그래서 천문학과 점성술이 의학과 관련을 맺게 된 것은 필연적이었다. 파라켈수스는 '대우주'인 일월성신(日月星辰)의 세계가 '소우주'인 인간의 육체와 정신에 영향을 끼친다고 보았기 때문에, 병의 원인이나 올바른 치료법, 필요한 약제도 결국 대우주로부터 나와야 한다고 여겼다. '천문학의 지식이 없는 자'는 "의술에 필요한 지식을 충분히 갖췄다고 할 수 없다"[17]는 것이다.

'셋째 기둥'인 '연금술'에 관해 말하자면, 당시 연금술은 화학과 뚜렷하게 구분이 되지 않았을 뿐 아니라, 하찮은 금속으로부터 귀금속을 얻는 것으로 생각하는 통상의 연금술과도 달랐다. 파라켈수스는 금속 광맥을 지구 내부에서 생장하는 것으로 생각했다. 이처럼 광맥이 땅속에서 성장하는 것도, 또는 생물이 섭취한 식물이 생물체 내에서 영양분과 독소로 분리되고 변질되는 것도, 포도즙이 발효해 포도주가 되는 것도, 유기물이 부패하는 것도 모두 연금술에 의한 물질의 변화, 즉 '자연 속의 연금술사'의 작용에 의한 것이라고 믿었다. 따라서 넓은 의미로 연금술이란 물질의 변화를 지배하는 자연의 원리를 실험과 관찰을 통해 이해하고, 그 지식을 바탕으로 가열·증류·용해·침전·여과 등 물리적·화학적 수단을 통해 변화 과정을 인위적으로 촉진시켜 불완전한 것을 완전하게 하며, 순수하고 유용한 성분을 분리, 추출해내는 기술을 의미했다.

갈레노스는 우리 몸에 병이 생기는 이유는 네 가지 체액의 균형이

깨지기 때문이라는 체액 병리학을 주장했으나, 파라켈수스는 이와 반대로 질병은 외적 원인에 의해 신체 일부가 제대로 기능을 하지 못하기 때문에 일어난다고 파악했다. 우리 몸에는 연금술 기능이 있어 체내에 섭취한 외부 물질을 신체 조직을 위해 선별하고 유용한 것으로 변화시키게 되는데, 이 연금술 기능이 적절히 작동하지 못할 때 병이 생긴다는 것이다. 좀더 자세히 설명하면 『파라미룸』에서 들고 있는 다섯 가지 병의 원인 중 하나에 '독인毒因'이란 다음과 같다. 예를 들어 오물을 먹는 돼지는 그 체내에서 오물로부터 자신에게 필요한 영양분을 선별하고, 도마뱀을 먹는 공작은 체내에서 도마뱀의 독을 분리해내 몸 밖으로 배출하듯이 "모든 동물은 각자에게 주어진 영양을 유지하는 동시에 다른 물질로부터 영양이 될 만한 것을 선별하는 연금술사를 가지고 있다." 마찬가지로 "우리들〔인간〕은 자기 내부에 연금술을 가지고 있어……우리에게 불필요한 독을 가려내준다"는 것이다. 그러나 그 반대로 "연금술사의 힘이 약해져 완전하고 정교한 방법으로 몸속에서 독을 분리해내지 못하는 바람에 좋은 것과 독성 물질이 하나로 섞이면 부패가 생기고 〔부패한〕 소화가 계속 될 경우, 어떤 기관에 그 독이 머물면서 기관을 약화시켜 병이 생기게 되는 것이다"[18]라는 논리를 전개한다.

이처럼 파라켈수스는 모든 병에는 그것에 고유한 원인이 있다는 사상에 도달했다. 따라서 다시 『일곱 개의 변명』에 의하면 "모든 병에는 고유한 약이 있다."[19] 그 결과 병을 치료할 때는 상태가 좋지 않게 된 체내 연금술을 대체할 수 있는, 화학적으로 정제된 약제 - '특효약' - 를 사용하는 것이 중요하다. 따라서 의사에게 있어 연금술, 즉 좁은 의미의 연금술은 약제 속에 어떠한 효력이 있는지를 연구하고, 각각의 상처에 유효한 약제를 화학적으로 조합하는 것이었다. 그리고 궁극적으로는 은하계의 힘을 매개하는 영약(靈藥)이라 생각되던 '아르카나 (arcana, 비약)'를 정제해서 추출하는 비결을 추구했다. 따라서 "파라켈수스를 통해 연금술은 금의 추구보다는 뛰어난 약물을 탐구하는 쪽으로 이행하기에 이르렀다"는 것이다.[20] 이처럼 파라셀수의 의학은 화학[연금술]과 밀접하게 관련돼 있어 그를 종종 '의화학(醫化學, iatrochemistry)'의 창시자로 부르기도 한다.

어쨌든 "의사는 우선 점성술사가 되지 않으면 안 되며" 동시에 "연금술사도 되어야 하는 것이다." 의사에게 필요한 점성술과 연금술에 공통적으로 관통하고 있는 지식과 기술의 형태가 다름 아닌 바로 '마술'이다. 즉 "마술은 의사들의 선도자이자 스승이고 교육자"[21]였던 것이다.

파라켈수스의 자력관(磁力觀)

우리의 목적은 파라켈수스의 의학 사상을 알아보는 것이 아니라 자력에 관한 인식이 어떻게 발전해 왔는지를 살펴보는 것에 있는 만큼 파라켈수스가 자력에 대해서 어떻게 기술하고 있는지 눈을 돌려보자.

사실 자력이란 무엇인가에 대해 파라켈수스가 정면으로 다룬 문장은 어디에서도 찾아볼 수 없다. "자석은 철로 된 돌이며, 따라서 철을 자신이 있는 쪽으로 끌어들인다"[22]라는 부분이나 『대천문학』에서 거꾸로 "자석은 납에도 주석에도 힘을 미치지 못한다.……그 이유는 같은 것들은 같은 것끼리 함께하고, 같은 것과 같지 않은 것은 하나가 될 수 없기 때문이다"[23]라는 부분이 간헐적으로 보일 뿐이다. 결국 파라켈수스의 주장은 '동종(同種)은 서로 끌어들인다'라는 플라톤의 『티마이오스』의 논리에 근거를 두고 있다.

하지만 다른 곳에는 이런 문장도 있다. "자석 안에 있는 철의 영혼이 마스(Mars)를 자기 쪽으로 끌어당긴다. 이것은 자석뿐 아니라 모든 자연의 사물에서 생기는 현상이다. 즉 물체 내부에 있으면서 물체 자체의 본성과는 다른 성질을 가진 영혼은, 자신이 속한 물체의 본성과 일치하는 물체를 보면 항상 자기 쪽으로 끌어당긴다."[24] 여기서 '마스'란 '넷째 행성(화성)'인 동시에 '철'을 의미한다. 왜냐하면 앞에서 신체의 내장과 별이 대응관계에 있었던 것처럼 천체와 금속 사이에도 다음 표와 같은 대응관계가 있기 때문이다. 금속과 천체의 이러한 대응은 2세기 전에 초서(Geoffrey Chaucer, 1342-1400 추정)가 쓴 『캔터베리 이야기 The Canterbury Tales』의 「연금술사 도제의 이야기」에도 실려 있으며, 또한 『명성(名聲)의 관(館)』에도 "철은 화성의 금속이기 때문에,[25] 중세를 통해 유럽에서는 널리 전해지고 있었을 것이다. 이 표를 살펴보면 태양은 금으로 심장과 대응하고, 달은 은으로 뇌에 대응하고 있다. 이 둘은 비유적, 문학적인 의미에서 알 것 같지만, 그 밖의 대응 관계는 완전히 우리의 이해를 넘어선다. 그러나 이런 상징적 연관을 현대

〈표〉 천체-금속-인체 부위의 대응[26]

천체	금속	인체 부위
토성	납	비장
목성	주석	간장
화성	철	담낭
금성	구리	신장
수성	수은	폐
달	은	뇌
태양	금	심장

의 상식과 논리로 억지로 꿰어 맞추고자 하는 것은 별 의미가 없다. 어쨌든 이와 같은 대응 관계가 당시에는 그 나름대로 근거를 가진 것으로 받아들여지고 있었던 것이다.

그러나 파라켈수스는 자석이 왜 철을 끌어당기는지, 자력의 본질은 무엇인지 같은 문제는 깊이 고민하지 않았다. 그에게 중요했던 것은 자석은 의료에서 어떤 효능을 갖는가 하는, 실용적인 측면이었다. 이 점에서 그가 1525년 무렵에 쓴 『본초학*Herbarius*』에 나오는 다음과 같은 문장은 흥미롭다.

자석이 지닌 인력 현상을 볼 기회가 많이 있었는데도 자석이 철이나 강철을 당기는 일 말고 (의료에) 어떤 도움이 될 수 있을지를 연구하는 의료인이 채 열 명도 되지 않는다는 것은 통탄스러운 일이다. 자석에 관해 한층 깊이 연구하려고 하는 사람은 한 명도 없고, 대신 아무런 명예도 되지 않는 쓸데없는 말에 정신을 잃고 그때그때 어떻게든 얼버무려 넘기려는 것은 의료인의 위선이다. 이들은 자석의 작용이 확실히 눈에 보임에도, 자석이라는 연구 대상에 대해 경험을 심화시키려고 노력조차 하지 않는다.[27]

파라켈수스가 자석과 자력에 대해 얼마나 많은 관심을 갖고 주목했는지를 알 수 있다. 이 글을 쓰기 직전인 1952년 초여름 잘츠부르크에서 농민 전쟁에 관여했던 그는 반란 농민과 접촉한 혐의로 시 당국의 감시를 받아 피해 다니는 처지가 된다. 이때 당국에 압수된 그의 소지품 속에 자석이 들어 있었다는 기록을 보면 그가 일상적으로 자석 실험을 하고 있었던 것으로 여겨진다.[28] 역시 『본초서』에서 인용한 글을 보자.

만물을 자세히 조사해서 얻은 경험과 그 경험에서 끌어낸 이론에 기초해서 나는 이렇게 단언하고 싶다. 자석이란 철이나 강철을 끌어당기는 마르지 않는 힘을 내재한 돌이자, 신체의 어떤 부위나 어떠한 마스 병에 대해서도 인력을 발휘하는 돌이라고……경험에 따르면 자석은 마스 병을 끌어당겨 한 부위에서 다른 부위로 이동시킬 뿐 아니라, 거기서 스며 나온 분비물을 모두 끌어 모아 적절한 신체 부위에 집중시키기도 한다.[29]

즉 파라켈수스는 어떤 종류의 병이든 '질병' 그 자체, 또는 그 질병에 의한 '분비물'에 대해서도 자석의 힘이 작용한다고 주장하고 있다. 더 구체적으로는 다음과 같이 말하고 있다.

자석은 환부의 중심부에서 주변부로 번지는 병을 다시 원래의 발생 부위로 되돌리거나, 병의 뿌리로부터 뻗어나가 만성적으로 흘러나오는 분비물을 반전시켜 원래의 뿌리로 되돌린다. 내가 자석이 가지고 있다고 새롭게 인정한 효능은 바로 이와 같은 것이다.[30]

그렇다면 이렇게 자력의 영향을 강하게 받는 "마스(화성) 병"이란 대체 무엇인가. 파라켈수스는 "마스 병이란 강철이나 철과 같이 자석에 의해 끌어 당겨지는 병의 총칭이다"라고 했는데, 이런 정의는 순환론일 뿐이다. 그러나 그는 이어 "자석이 흡인 효력을 발휘하는 병은 여성들이 걸리는 병의 전체, 점액과 혈액 등의 분비물을 동반하는 설사 전체를 가리킨다"라고 했다. 다른 곳에서도 구체적인 예를 들며 다음과 같이 설명했다. "자석을 이용해 경련을 제거하는 처방도 있다. 경련을 일으키는 부위에 소금 연고를 바르는 것이다. 파상풍도 자석 등을 사용해 치료할 수 있다. 임산부가 경련을 일으킬 때도 자석 치료가 가장 효과적이다."³¹ 분말을 내복약이나 고약으로 만들어 자석을 약용으로 사용한 것이 아니라 자석을 인체 바깥에 사용함으로써 자력(자기) 자체를 치료에 사용한, 이른바 '자기치료'는 근대가 되어 널리 퍼졌다. 이것은 그 이전에도 알려져 있었지만 사실상 파라켈수스로부터 시작되었기 때문에 그가 창안한 것처럼 전해지고 있다.³²

그런데 우리가 이런 내용을 읽다보면 경험을 중시하고 '따라야 할 것은 경험뿐이다'라고 그가 주장해온 것에 비해 실제 내용은 그렇지 못하다는 느낌을 지울 수 없다. 파라켈수스가 가진 발상의 배후에 있는 것은 앞서 말한 '대우주'와 '소우주'의 대응이다. 표에 자세히 나와 있듯이 별과 광물과 인체의 각 부위를 각각 대응시키는 것이다. 그래서 '화성-철-담낭'의 대응 관계가 의료의 중심 문제였고, 이로부터 자석이 그 밖의 인체에 미치는 영향과 치료의 효능을 말했다. 그렇지만 자석의 치료 효과를 오늘의 우리는 도저히 납득할 수가 없다. 사실 우리가 이해를 할 수 없는 부분은 자석의 치료 효과에만 국한되지 않는다.

연금술을 다룬 책인 『사물의 본성에 대하여 Von den natürlichen Dingen』에서 파라켈수스는 자력 강화법이라는 희한한 방법에 대해 쓰고 있다. 그에 따르면 자력을 강화하려면 "자석을 석탄 속에 넣어 고온이지만 적열(赤熱)은 되지 않을 정도로 가열한 다음 바로 화성의 오일 속에 냉각 시키면 된다"고 말하고 있다. 이렇게 하면 자석이 "벽에 박혀 있는 못을 빼낼 만큼 보통 자석과는 비교할 수 없을 정도로 강해진다"³³는 것이다. 이 책은 '화성의 검은 재(Crocus Martis)'를 만드는 방법도 소개하고 있는데, 아마도 그것은 산화철 분말이었던 것 같다.

그리고 같은 책에는 "금속을 보존하기 위해서는 우선 그 적(敵)이 무엇인지를 알아야 한다"는 문구도 있다.

자석은 수은에서 멀리 떨어뜨려 놓지 않으면 안 된다. 왜냐하면 수은은 마스에 대해서와 마찬가지로 자석에 대해서도 적대적으로 작용하기 때문이다. 실제로 수은에 접촉한 자석이나, 수은 성질을 가진 오일을 바른 자석, 또는 단순히 수은 속에 놓여 있었던 자석은 그 뒤 철을 끌어당기지 못하게 된다. 하지만 이것은 놀랄 일이 아니다. 자석의 내부에 잠재해 있는 철의 영혼을 수은이 강제로 뺏는다고 생각하면 자연스러운 현상이다.[34]

이 글을 읽으면 앞에서 말했던 행성과 광물의 대응 관계가 전제돼 있다는 것을 알 수 있다. "금속은 서로 적의(敵意)를 가지고 있고 선천적으로 서로를 증오한다"는 것이다. 수은은 자석의 힘을 강제로 파괴하고, 반대로 철과 자석은 '공감(共感)'의 관계에 있기 때문에 철은 자석을 보호한다. 따라서 "자석을 보존하는 데는 철이나 강철 부스러기보다 좋은 것이 없다. 자석이 이들 부스러기 안에 있으면 힘을 잃지 않을 뿐 아니라 나날이 강해지기조차 한다."[35]

즉 자석에 대한 파라켈수스의 관심은 마술적인 것이었으며, 자석의 치료 효과나 그 밖의 기능에 대해 그가 근거로 삼은 것도 '공감과 반감'이라는 르네상스의 자연관이었다. 그것은 바로 하늘의 힘을 지상에서 인위적으로 사용한다는, 피치노 이후의 마술사상이기도 했다.

사후의 영향-무기연고를 둘러싸고

파라켈수스와 코페르니쿠스가 세상을 떠난 것은 거의 같은 시기-파라켈수스는 1541년, 코페르니쿠스는 그로부터 2년 후-였다. 지금 되돌아보면 세계상(像)과 자연관의 변혁이라는 점에서 후대에 끼친 영향은 코페르니쿠스 쪽이 훨씬 크다고 할 수 있다. 아니 결정적이라고까지 말할 수 있다. 그러나 그들이 죽은 후 약 반세기 동안 코페르니쿠스의 주장을 둘러싸고는 그다지 격론이 일지 않았다. 그러나 파라켈수스와 관련해서는 1세기에 걸쳐 뜨거운 논쟁이 계속되었다.[36]

실제로 1580년에 몽테뉴는 천동설과 지동설의 대립에 대해서 "우리들이 지금부터 배워야 할 것은, 두 개의 설 중 어느 쪽이 옳은가를 놓고 머리를 싸매서는 안 된다는 게 아닐까"라며 냉정하게 지적한다. 그러나 그 직후에 "도대체 의학이 행해지기 시작한 게 얼마나 되었는지 모르겠지만, 새롭게 나타난 파라켈수스라는 자가 예로부터의 규칙을 뒤집고 '지금까지의 의학은 사람을 죽이는 역할밖에 하지 않았다'고 말하고 있다. 나는 그가 쉽게 그것을 증명할 것이라 생각한다"며 파라켈수스를 치켜세우고 있다.[37] 당초 코페르니쿠스 이론은 극히 일부 사람들의 입에 오르는 정도였고 그것도 기껏해야 프톨레마이오스 천문학(Ptolemaic astronomy)을 기술적·수학적으로 개량한 정도로 인식되었다. 그러나 파라켈수스에 관해서는 그가 행한 것으로 알려진 몇 개의 기적적인 치료에 대한 소문이 사후에 퍼지면서, 그를 위대한 개혁자로서 열광적으로 신봉하는 자들과 악마의 손재주를 가진 사람이라며 배척하는 사람들 사이에 논쟁이 격렬하게 타올랐다.

1575년 프랑스 출신의 칼뱅주의자로 망명지인 바젤 대학에서 의학 학위를 취득한 요세프 뒤헤센(Joseph Duchesen, 1544-1609 추정)은 "의술에 관한 한 파라켈수스는 거의 신과 같이 모든 것을 가르쳐주었다. 후계자들은 그에게 아무리 감사를 바치고 칭송해도 충분하지 않다"며 최상급으로 상찬하고 있다.[38] 세기가 바뀌어 1602년에는 영국인 윌리엄 크로우스(William Crowes)가 "나는 경험을 바탕으로 다음과 같이 말할 수 있다. 나는 파라켈수스의 외과적인 발명을 치료에 응용함으로써 비길 데 없이 많은 도움을 받았으며 그것은 많은 사람들에게 추천하고 장려할 만한 가치가 있다"[39]고 했다. 이런 언급들은 하나의 작은 예에 지나지 않는다.

현대에는 과학혁명을 스콜라철학이 정체 상태에 빠지자 그것을 대신해서 17세기에 기계론 철학이 등장한 과정으로 이해하고 있다. 그러나 실제로는 스콜라철학을 대체한 것으로 기계론만을 거론해서는 안 된다. 파라켈수스 이론(Paracelsian doctrines)은 당시 대학에서 가르치던 갈레노스나 이븐 시나 의학을 대체하는 것이라고 주장했지만, 특히 영국의 파라켈수스 신봉자와 후계자들은 파라켈수스주의의 근저에 있는 기독교와, 헤르메스주의에 토대를 둔 그의 철학사상―'화학철학(chemical philosophy)'―은 갈레노스 의학이 토대를 두고 있던 이교도적인 아리스토텔레스주의를 대신하는 새롭고도 혁신적이며 진정 기독교적인 철학을 갖고 있다고 생각했다. 실제로 파라켈수스주의는 그때까지 고풍스럽게 전해오던 대학에서의 의학 교육을 이론과 방법 면에서 혁신하도록 강제했으며, 게다가 그것은 "소규모의 지적 집단에 한정된 주변적인 현상이 결코 아니었다."[40] 이처럼 파라켈수스 사후 1세기에 걸쳐 화학과 연금술이 자연의 수수께끼를 푸는 열쇠라고 생각하는 '화학철학'과 때마침 등장한 기계철학은 '신과학'의 패권을 놓고 다투게 된다.

'화학철학'은 기본적으로 대우주로서 하늘과 소우주로서 인간을 조응하고 조화시키고자 했으며, 이것은 바로 인간이 하늘의 힘을 마음대로 조작해서 활용한다고 주장하는 헤르메스주의와 통했다. 지금 돌아보면 근대 과학이 성립되기 이전의 미망(迷妄)에 지나지 않지만 당시 헤르메스주의가 의학에 끼친 영향은 지금 상상하는 것보다 훨씬 큰 것이었다. 예를 들어 17세기 전반에 이루어진 최대의 의학적 업적은 윌리엄 하비(William Harvey)가 혈액이 순환한다는 것을 발견한 것이지만 하비조차도 "태양이 우주의 심장이라는 이름을 가지고 있는 것처럼, 심장은 생명의 원천이며 소우주의 태양"이라고 말하고 있다. 헤르메스주의자들도 하비의 발견은 인간이 소우주라는 것을 입증하는 사례로 받아들였다.[41]

우리의 주제인 힘의 문제와 관련해서 말한다면, 이 헤르메스주의적인 '화학철학'은 아리스토텔레스주의와 기계론 철학이 모두 거부했던 원격작용을 인정하고 받아들였다는 점에서 주목할 만한 가치가 있다. 대우주와 소우주의 조응은 사물의 '공감과 반감'이라는 관계에 따라 현실화되지만, 그 관계란 단적으로 말해 원격작용이라고 여기고 있었던 것이다.

이것을 이해하기 위해 조금 시대를 거슬러서 17세기에 논쟁의 표적이 됐던 파라켈수스주의와 화학철학의 특이한 영향이 드러나는, '무기연고'를 둘러싼 문제를 다뤄보자.

무기연고란 칼에 상처를 입었을 때 상처가 난 부위가 아니라 상처의 원인이 된 칼에 바르면 효과를 발휘한다는 불가사의한 연고를 말한다. 정말이지 기괴하고 이상한 치료법이지만 그렇게 해서 나았다는 사례가 기록으로 남아 있기도 하다. 위생 관념이 희박했던 시대였기 때문에 섣불리 상처에 비위생적인 치료를 하기보다는 칼에만 연고를 바르고 상처는 깨끗이 씻어두면 상처가 비교적 청결하게 보존돼 결과적으로 자연치유된 것이 아닐까라고 추측하고 있다.[42] 그런데 당시 이 무기연고를 이용한 치료법을 '자기치료'라고 부르고, 처음 시험했던 인물이 파라켈수스라는 견해가 널리 퍼져 있었다.

우리들 현대인이 이와 같은 치료법을 '기괴하고 이상한' 것으로 보는 것은 바르는 약은 환부에 직접 바르지 않으면 효과가 없음을, 약이 원격적으로(먼 거리에서) 작용하는 일은 있을 수 없다고 굳게 믿고 있기 때문이다. 그러나 당시 이 치료법을 받아들였던 논자들은 '자기치료'라는 명칭이 나타내고 있듯이, 자력은 외상에 대해 치료효과를 가지고 있을 뿐 아니라 원격적으로 작용한다는 두 가지 사실을 믿었기 때문에, 그 효능에 대해서도 의심하지 않았던 것이다. 그리고 파라켈수스가 무기연고를 직접 언급했는지 아닌지를 제쳐놓더라도 이 두 가지 사실이 파라켈수스에게 빚지고 있다고 생각했던 것 같다.

자력이 원격적으로 작용하는 힘이라는 데 대해서는 파라켈수스가 정신병에 관해 쓴 논문 『사람에게서 이성을 빼앗는 병』의 다음과 같은 구절에서 찾아볼 수 있다.

별은 우리의 몸에 상처를 입혀 약하게 하고, 건강과 질병에 영향을 미치는 힘을 가지고 있다. 그런 힘은 물질적이거나 실체적인 형태로 우리에게 도달하는 것이 아니라, 자석이 철을 끌어당기는 것처럼 보이지도 않고 느낄 수도 없는 형태로 이성에 영향을 미친다. …… 달은 이와 같은 인력을 가지고 있으며, 그것이 사람의 이성을 어지럽힌다.[43]

별이 지상의 인간에게 영향을 미치는 것처럼, 자력을 원격작용이라고 보았던 것이다. 아니 반대로 별이 자력처럼 원격작용으로 힘을 미친다고 보았다. 무기연고에 대해서도 17세기의 파라켈수스주의자 다니엘 세네르트(Daniel Sennert, 1572-1637)는 "별이 일으키는 연고의 자기적 인력 때문에 치료가 가능하다"[44]라고 생각했다. 그렇다고 하면, 예를 들어 자석을 직접 사용하지 않더라도 어떤 약이 자력에 준하는 효과를 가지고 있다면, 환부에 직접 바르지 않더라도 효과를 볼 수 있다고 믿는 것은 이상한 일이 아닌 것이다.

내친 김에 좀더 이야기를 해보도록 하자.

물론 이 기묘한 치료법에 대한 비난과 비판의 목소리도 적지 않았다. 1631년 영국 출신의 아리스토텔레스주의자인 윌리엄 포스터(William Foster)는 무기연고를 강력하게 비판했다. 그는 파라켈수스가 '이 마술적 연고의 발명자'이며 "파라켈수스는 이 연고를 무기에 바르면 예를 들어 부상당한 병사가 20마일이나 떨어져 있어도 치유된다고까지 말하고 있다"고 지적하면서, 무기연고 옹호자들은 "별이 발휘하는 힘을 통해 자연의 향기가 발생하는데 이 향기가 무기와 상처 부위 사이에 공감을 일으켜 한쪽(무기)에 이 약을 바르면 다른 한쪽(상처 부위)도 치유된다고 믿고 있다"고 파라켈수스주의자들의 변명을 정리한다. 그리고 "그 어떤 것도 거리가 떨어진 상태에서는 힘이나 영향력을 발휘할 수 없다는 점은 철학자도 신학자도 동의하는 사실이다. 자연스럽게 기능하는 모든 것들은 물체끼리 서로 접촉하거나 실질적으로 접촉하지 않고는 그 어떤 힘이나 영향력도 발휘할 수 없다"는 것을 내세워 비판의 토대로 삼았다. 이에 따라 그는 원격작용에 입각한 치료법을 '악마에 기원을 둔 요술'이라고 비난했다.[45]

이것은 다른 비판론자들에게도 공통된 관점이었다. 즉 자력이 치료 효과를 갖는지 아닌지가 아니라 과연 원격작용이 가능한지 아닌지가 논쟁의 핵심이었다. 무기연고를 부정하고 탄핵했던 이들은 자연적인 원격작용은 있을 수 없으며, 먼 거리에서 작용하는 힘 자체가 마술적이라고 주장했다. 포스터는 보수적인 인물이었지만 원격작용을 부정하는 그의 견해는 뒷장에서 보게 될 기계론 철학에서도 기본적으로 공유하던 입장이었다. 이 점에서는 구(舊)철학을 지지한 아리스토텔레스주의자와 신(新)철학을 제창한 기계론자 모두, 비록 전자는 무기연고를 사악한 마술적 치료법이라고 보았고 후자는 비과학적인 속임수 요법이라 고 본 차이가 있지만, 화학철학에 대해 공동전선을 펴고 있었다고 할 수 있다.[46]

현대인이라면 아마 백이면 백, 누구라도 이 문제에 대해서는 같은 논리로 무기연고를 부정할 것이다. 하지만 한 번 생각해보자. 달과 지구 사이의 중력은 어떻게 되는가, 또 지구와 태양 사이의 인력은 어떤가. 현대인은 그런 현상을 부정하지 않는다. 그러나 17세기 기계론자들은 파라켈수스의 무기연고를 비과학적이고 마술적이라고 보았던 것처럼 뉴턴의 만유인력도 비과학적이며 마술적이라는 이유로 받아들이지 않았다. 결국 당시에 원격작용을 인정한 쪽은 헤르메스주의적인 마술사상과 점성술을 신용하는 자들뿐이었다. 원격작용이라는 수수께끼는 근대 과학의 형성을 가로막고 있었으나, 얼마 후 뉴턴이 원격으로 작용하는 힘을 부정하지 않고 이론으로 정립함으로써 비로소 근대 물리학이 형성됐다. 뒷장에서 이 문제를 다루게 될 것이다.

※ ※ ※

16세기는 기술이 발전하고 스콜라철학이 점점 현실과 유리되면서 경험을 중시하고 기술자 및 장인의 생산적인 노동으로부터 배우려는 근대적인 학문 연구 풍토가 조성된 시기였다. 그런 자세는 정체에 빠진 스콜라철학을 대체하긴 했지만 그것이 곧장 실증주의적인 근대 과학으로 이어진 것은 아니었다. 경험에서 얻은 사실을 포착하고 분석하기 위해서는 이론적인 틀이 필요했다. 하지만 경험의 확대와 함께 스콜라철학의 논리가 아무런 도움이 되지 않는다는 점이 명백해져가는데도, 그것을 대신할 새로운 과학의 논리는 여전히 발견되지 않았다.

오히려 이 단계에서 자연에 관한 경험과 실천적인 움직임을 설명할 논리를 제공한 것은 점성술이나 연금술, 나아가 마술사상이었다. 확실히 "16세기의 과학자는 대체로 철학자(哲人)라기보다는 마술사였다."[47]

이러한 마술적 자연관을 통해 스콜라철학의 자연관을 극복하는 중요한 관점이 새로이 만들어진 것이다. 실제로 지구를 태내에 금속을 낳고 성장시키는 능력을 가진 생명체이자 생산력을 가진 존재로 본 연금술의 자연관은, 지구도 자기운동을 하면서 다른 것에도 영향을 미치는 활성적인 존재라는 관점을 만들었다. 이 견해는 지구란 비천하고 움직임도 없는(불활성) 흙덩어리에 불과한 반면 천구(天球)는 고귀해서 지구와는 관계없이 주기적으로 회전을 계속한다고 본 아리스토텔레스의 우주상을 타파하는 것으로 이어졌다. 또 천체가 지상의 물체에 영향을 미친다고 한 점성술의 자연관은 지구를 활성적인 것으로 본 새로운 세계상과 어우러져, 천체들끼리는 서로 힘을 주고받는다는 주장이 나오게 되는 길을 열었다. 지구가 자석의 성질을 띠고 있다거나 천체들 사이에 중력이 작용한다는 것 같은 근대 과학의 중요한 관념이 생겨난 것도 이런 맥락에서 가능해졌다. 그 형성 과정을 우리는 길버트나 케플러를 통해 알게 되겠지만 당분간은 1500년대에 마술사상이 어떻게 변천했는지부터 알아보자.

15장

'숨겨진 힘'을 찾아서
후기 르네상스 마술사상

근대 초기의 유럽에서 과학과 마술은 밀접히 연관돼 있었다. 자연현상을 제1원리로부터 엄밀하게 논증하는 스콜라적인 '지식'과 주문이나 상징을 이용해 다이몬의 힘을 끌어낸다고 하는 '마술' 사이에 '경험'과 '실험'을 통해 '숨겨진 힘'을 조작하는 '기술'로서의 '자연마술'이 자리 잡게 된 것이다. 이 마술사상은 훗날 길버트, 케플러, 뉴턴에게 이어지며 근대 과학의 탄생에 결정적인 역할을 하게 된다.

마술사상의 탈신비화

1400년대 르네상스로 부활한 마술사상은 1500년대에 들어오면서 변모해간다. 이런 방향에 대해서는 이미 13세기에 로저 베이컨이 시사한 바 있다.

서양에서 마술은 고대 이후 쇠퇴한 적이 없다. 그러나 "마술에 의해 이단이 생기고, 이단에 의해 마술이 생긴다"라는 12세기의 열광적인 가톨릭교도의 말처럼,[1] 중세 기독교 세계에서는 '마술'과 '이단'은 사실상 같은 의미였고, 교회 권력은 마술을 허용할 수가 없었다.

그렇지만 현실에서는 간단한 문제가 아니었다. 비판적인 눈으로 보자면 기도를 외쳐 악마를 쫓아내는 것이나 주문을 외워 악마를 불러내는 것이 다를 바 없다. 빵과 포도주가 그리스도의 몸과 피로 변한다는 미사 자체가 마술적 의식이라고 할 수도 있다.[2] 『성서』에도 물을 포도

주로 바꾸었다든가, 많은 사람들의 시선 속에서 지팡이를 뱀으로 바꾸었다는 것 같은 '기적'이 몇 가지 기록돼 있다. 가톨릭교회 스스로 성유물(聖遺物)은 병을 낫게 하는 힘이 있다고 말하고 있었으며, 환자나 신체장애자가 고통스러울 정도로 성지를 걸어서 돌았다는 것은 '기적'이라는 이름의 초자연적 치료를 기대했기 때문이었다. 이것들은 '마술'과 종이 한 장 차이, 아니 '마술'과 구별이 없었다고 할 수 있다. 그것들이 예수나 모세, 성인들에 의해 행해졌기 때문에 '기적'이었을 뿐, 만약 이교도의 손으로 행해졌다면 틀림없이 '마술'로 취급되었을 것이다. 『종교와 마술의 쇠퇴Religion and the Decline of Magic』의 저자인 키스 토머스(Keith Thomas)가 말했듯이 "초자연적인 행위의 가능성을 교회가 부정하는 일은 없었으며, 성직자와 마술사의 차이는 실현할 수 있다고 주장하는 효과가 무엇이냐에 따라서가 아니라 그들의 교회적 지위나 각각의 주장의 근원에 있는 권위가 무엇인가로 결정되었던"[3] 것이다. 그렇다면 마술이 이단이며 이교적인 것이라는 주장은 결국 같은 말을 되풀이한 것이다.

모든 자연현상은 신의 계시-다시 말해 자연은 신의 뜻에 따라 지배된다.-라는 기독교 이데올로기가 대중의 자유를 빼앗고 있는 한, 그것은 그다지 문제가 되지는 않는다. 그러나 자연이 내재적인 법칙에 지배당하고 있다면, 그 순간부터 기적과 마술은 상대화되어버린다. 이것을 재빨리 눈치 챈 인물이 로저 베이컨이었다.

아리스토텔레스의 합리적 자연학을 받아들여 경험학을 제창한 베이컨은 자연계에서 나타나는 기이한 현상에 대해 "마술사들은 다양한 주문을 외워 이것을 실현해 보이고, 주문의 힘으로 이런 일이 일어난다고 믿는다. 그러나 나는 주문을 믿지 않을 뿐 아니라, 자연의 놀라운 작용은 철에 대한 자석의 작용과 유사하다는 것을 발견했다"[4]라고 주장했다.

경험학은 마술의 환각적인 요소를 찾아내고 주문, 기도, 주술, 희생제의, 제사 등에서 이들이 가진 잘못을 모두 파악할 수 있다. 그러나 신앙이 없는 자들은 이들의 광기에 사로잡혀 그들을 확신하고, 기독교도들의 기적도 그런 수단을 사용하기 때문이라고 믿어버린다. 그러므로 이 학문(*경험학)은 신앙을 설득하는 데 대단히 유용하다. 왜냐하면 철학의 모든 부문 중에서도 경험학만이 이런 것을 고찰하고, 주문이나 그 밖의 마술에 대해 신앙이 없는 사람들이 빠지는 허위와 미신의 오류를 모두 반박할 수 있기 때문이다.[5]

베이컨의 저서라고 전해지는 『마술의 무효에 대하여 De Nullitate Magiae』에는 "자연이나 기술만으로 충분하기 때문에 우리는 마술을 희망할 필요가 없다"라고 기록되어 있다.[6] 베이컨의 경험학은 이처럼 '마술'을 무지에 근거한 미혹이라고 선언했다. 그러나 그것은 기독교의 '기적'에도 부메랑이 되어 돌아온다. 실제로 베이컨은 '자연의 기적'으로서 '철뿐 아니라 금이나 그 밖의 금속에 관한 자석의 모든 경험'을 들면서 "만약 철에 대한 경험이 알려지지 않았다면 그것은 커다란 기적으로 보였을 것이다"[7]라고 단정했다. 베이컨은 어떤 것이 '기적'으로 보이는 것은 경험의 결여에 따른 무지의 결과이며 자연의 내부에 커다란 힘이 숨겨져 있더라도 주술적인 '마술'은 물론 초자연현상이라는 의미에서의 '기적'도 있을 수 없다고 보았다.

15세기에 피코와 피치노는 자신들의 마술을 '자연마술'이라고 강조했다. 상징(도상)이나 주문(언어)에 의해 초월적인 힘을 사용하는 의례마술, 다이몬마술과 달리 자연에 내재하는 힘에만 의거하는 마술이라는 것이다. 베이컨은 '자연마술'이라는 말을 쓰지 않았지만, 그는 마술은 엄밀한 의미에서의 '자연마술'만이 가능하다고 보았다. 15세기에서 16세기로 시대가 변해가면서 베이컨의 입장은 점점 더 힘을 얻어 갔다.

아그리파의 예를 살펴보자.

제10장에서 전기 르네상스기에 마술대전이라고도 할 수 있는 아그리파의 『오컬트 철학』을 살펴보았다. 아그리파는 1510년 무렵에 『오컬트 철학』을 완성했으나 출판 여부를 신중히 따져보고 있었다. 그 책에 담긴 농후한 신비주의가 이단으로 몰릴 것을 두려웠기 때문일 것이다. 『오컬트 철학』이 실제로 출판된 것은 1533년인데 그는 3년 전에 『모든 학문의 공허함과 부정확함에 대하여 De Incertitudine et Vanitate Scientiarum』(이하 『모든 학문의 공허함』)를 출판하면서 마술의 일부-특히 다이몬마술에 관련된 부분-를 부정하고 철회했다. 그 직후 『오컬트 철학』을 출간했기 때문에 아그리파의 참뜻이 어디에 있는지는 확실치 않다. 하지만 일각에서는 『오컬트 철학』이 이단 혐의를 받을 경우를 대비해 『모든 학문의 공허함』을 먼저 출판하지 않았느냐는 주장이 제기되기도 했다.[8] 『모든 학문의 공허함』에는 다음과 같은 대목이 나온다.

자연마술은 모든 자연적인 사물과 천체적인 사물이 가진 힘을 숙고하고 그 질서를 주의 깊게 연구하며……하위와 상위의 사물이 연결되도록 해서 자연에 숨겨진 힘을 알아낸다. 이처럼 기적은 기술에 의해서가 아니라 자연에 의해서 일어난다. 기술은 자연에 대해 하인처럼 봉사할 따름이다. 따라서 마술사들은 자연에 미리 갖추어져 있던 것에 방향을 부여하고, 능동성과 수동성을 결합해, 그 결과를 예견할 뿐이다. 즉 마술사는 주의 깊은 자연의 탐구자와 같은 일을 하는 것이다. 그리고 때로는 이들이 실제로는 자연적 작용의 예견에 지나지 않는데도, 기적이라고 믿어버리는 것이다.……

…때문에 마술 작용이 자연을 초월한다든가 자연과 대립한다고 여기는 이들은 모두 잘못 생각하는 것이다. 마술 작용은 자연으로 귀결하는 것이고 자연과 조화하는 것이기 때문이다.[9]

마술은 자연에 반대하는 것이 아니라 단지 자연의 활동을 예견하고 도와주는 데 지나지 않는다고 강조함으로써 마술에서 자연의 역할이 강조되고, 또 한편으로는 마술사상의 근저에 깔린 신비적인 세계관과 철학을 몰아내게 된 것이다. 원래 아그리파가 다이몬마술이나 수학적 마술에 비해 하위에 두었던, 그래서 가장 저급한 것으로 치부했던 '자연마술'이 이 시점에서는 중심적인 것으로 전면에 부각다.

피에트로 폼포나치와 레지널드 스콧

마술이 자연마술인 한 자연에 반대하지 않는다는 것, 자연의 내재적인 힘과 법칙에 지배당한다는 점이야말로 1500년대 르네상스 마술의 특징이었다. 그 두드러진 예를 16세기 전반 이탈리아의 철학자 피에트로 폼포나치(Pietro Pomponazzi, 1462-1525), 같은 세기 후반의 영국인 레지널드 스콧(Reginald Scot, 1538-1599)에게서 볼 수 있다.

만토바의 귀족 집안에서 태어난 폼포나치는 파도바에서 의학을 공부하고 그 후 파도바, 페라라, 볼로냐의 대학에서 철학을 강의한 아카데믹한 철학자이다. 피코 델라 미란돌라보다 1년 먼저 태어났지만 피코가 사상적으로 1400년대의 사람이라면 폼포나치는 1500년대의 사상가라고 할 수 있다. 그렇지만 폼포나치는 피치노나 피코와 마찬가지로 인간 중심의 사상을 펼쳤고, 그런 의미에서 역시 르네상스 철학자였다. 그러나 "르네상스, 아리스토텔레스주의는 폼포나치에 이르러 정점에 달했다"고 하는 것처럼[10] 그는 북이탈리아에서 부흥한 새로운 아리스토텔레스주의를 대표했다. 그의 철학은 아리스토텔레스와 아리스토텔레스의 주석가인 아프로디시아스의 알렉산드로스(Alexandros of Aphrodisias)와 아베로에스에 토대를 두고 있어, 피치노 등 1400년대 르네상스 사상가들과 학문적인 토대가 달랐다. 실제로 폼포나치는 영혼의 불멸을 믿지 않는 합리주의자였다. 1513년 라테라노 공회의(Lateran Councils)는 영혼불멸을 정식 교의로서 공포했기 때문에 그의 견해는 종교적으로 이단에 해당했다. 그는 현세에서의 삶을 중시했다. 생의 목적과 이상이 내세에서의 구원에 있는 것이 아니라 현세에서의 덕의 실현에 있다고 보았다.

13세기의 유럽에서 아리스토텔레스 철학이 수용된 것은 아베로에스의 주석을 매개로 했다는 것, 아베로에스의 이중진리설이 파리에서는 13세기에 단죄당했다는 사실은 앞에서도 이야기했다. 그러나 북이탈리아에서는 교권과 세속적인 국왕 권력의 대립 속에서 도시 자치가 어느 정도 유지되고 있었고, 파리와 달리 이탈리아 대학은 처음부터 의학과 법학 같은 실용적인 학문으로 시작해 신학의 비중이 비교적 낮았기 때문에, 특히 파도바에서는 아베로에스주의가 오래 남아 있었다.

그래서 계시와 철학의 모순에 관한 폼포나치의 기본자세는 이중진리설에 있었다. 그는 한편으로 가톨릭 신앙의 초월적인 세계를 믿었으나, 다른 한편으로는 철학을 논할 때 교회의 교의를 의식하지 않았으며 학문에서는 신학적인 근거가 불필요하다는 것을 자각하고 있었다. 학문은 고유의 자율적인 근거를 가지며 철학은 신학과 대등한 위치를 차지하기 때문에 신학과 독립적으로 논해야 한다는 것이 기본 입장이

6

PETRVS
Pomponatius de naturalium effe-
ctuum caufis, fiue de Incanta-
tionibus.

Caput primũ, in quo nõnullæ dubitationes adducũtur aduerfus ponentes tales effectus à dæmonibus fieri.

Os igitur tuæ petitio
ni fecundũ vires no-
ſtras satisfacere cupi-
entes, dicemus in pri
mis, nos tecum fenti-
re, uidelicet quòd tuti
or refponfio eft data
fecundum leges, & maximè fecundum
Chriftianam: quanquã Peripatetici in
aliquibus euadere uideantur. nõ tamẽ
in omnibus, veluti in fubfequẽtibus of-
Necefſario eſ- tendemus: videt enim n
ſe dæmones. omnino dæmones hab[e]
nõ foiũ ex decreto ecclef
faluemus multa experin
hoc infra. Quoniam tan
de hoc Peripatetici fenti

〈그림 15.1〉 폼포나치의 『자연 사상(事象)의 원인에 대하여, 또는 마술에 대하여』 첫 페이지와 폼포나치 초상.

자력과 중력의 발견 491

었다. 그의 아리스토텔레스주의는 첫째 토마스(아퀴나스)주의자들만큼 신학에 종속하지 않는다는 점, 둘째 알렉산드로스의 해석을 통해서만 접근한다는 점에서 파리의 아리스토텔레스주의와는 달랐다. 그의 자연철학 사상은 진리의 기준이 합리성과 경험, 자연원리에 있다는 자연주의로 특징 지어진다. 따라서 그는 천사의 변덕이나 악마의 뜻에 의해 생긴다고 하는 기적이나 마술 따위를 믿지 않았다.

폼포나치의 마술론은 『자연 사상(事象)의 원인에 대하여, 또는 마술에 대하여 De naturalium effectum causis sive de incantatinoibus』(이하『마술에 대하여』)에서 전개되고 있다. 이 책은 1520년 무렵 씌어졌으나 생전에는 인쇄되지 못하고, 1556년이 되어서야 바젤에서 망명한 프로테스탄트에 의해 출판되었다. 물론 그때까지 이 책이 세상에 알려지지 않았던 것은 아니다. 인쇄되기 전부터 사본으로 널리 읽혔고, 논쟁의 대상이 되고 있었다.[11] 이 책에서 반복적으로 강조하는 것은 "그 원인을 알지 못하면 모두 다이몬(악령)이나 천사 탓으로 돌리는 것이 일반 사람들의 습관이지만, 기적이나 모든 마술은 자연적인 원인으로 환원할 수 있다"라는 테제이다.[12] 그는 마술과 기적을 초월적으로 설명하는 것을 거부하고 자연에 내재적인 것으로만 설명하려고 했다.

단 여기서 말하는 '자연적 원인'에는 '분명한 성질'에 의한 것과 '숨겨진 힘'은 빠져 있다. '숨겨진 힘'의 두드러진 예로는 '감각되지 않는 성질'에 의해 작용하는 자력 등을 들고 있다.

자석은 철을 끌어당기고, 다이아몬드는 그 작용을 방해한다. 사파이어는 궤양을 쫓아내고 눈을 좋게 한다. 이처럼 숨겨진 힘(virtus occulta)은 여러 가지가 있다.…… 보통 사람이 그것을 보면 (그것들의 작용 원인을 알지 못하므로) 신이나 천사, 악마가 일으킨 것이라고 쉽게 믿어버리는 것이다.[13]

그런 예로서 폼포나치는 "다이아몬드는 자석의 힘을 방해하고, 마늘 즙도 같은 작용을 한다"라든가 "짐을 잔뜩 실은 채 바람이나 노의 힘으로 가고 있는 200피트 이상 크기의 배를 멈추는 작은 물고기 에케니스", "멀리 떨어진 곳으로부터 사람을 기절시키는 폭풍" 등을 들고 있다.[14] 지금 보면 이들 사례 중 실제로 힘을 가지고 작용하는 것은 자석과 폭풍, 즉 자기와 전기뿐이지만 어찌되었든 이들 힘은 우리가 원인을 알 수 없을 뿐이지 초자연적인 것은 아니라고 보았던 것이다.

그리고 '자연적 원인'에는 지상의 물체나 인간에게 미치는 천체로부터의 점성술적인 작용도 포함돼 있다. 특히 점성술적 인과성은, 초자연적인 것으로 보이기 때문에 그때까지 '기적'이라고 칭해지던 많은 현상을 설명하는 주요한 '자연적 원인'으로 생각되었다. 이처럼 폼포나치에게 '마술'이란 "의학이나 다른 많은 과학과 마찬가지로 실용적이며, 자연철학과 점성술에 기반한 진정한 과학"이었다.[15]

그는 흔히 '기적'이라 부르는 것의 심리적인 '자연적 원인'으로 인간의 '상상력'을 꼽았다. 그는 성인(聖人)의 유골이나 성유물로 치료한 사례는 초자연적 '기적'이 아니라 성유물을 바라보는 환자의 믿음 때문에 환기된 '자연력'으로서의 '상상력'이 작용한 결과라고 이야기했다. 성인의 뼈든 개의 뼈든 환자가 그것을 성유물로 믿고 있는 한 효과가 있다는 것이다. 이 정도가 되면 "오늘날 우리가……폼포나치를 기독교도라고 생각하면 곤란하다"[16]는 극단적인 평이 나오는 것도 무리가 아니다.

한편 영국인으로 프로테스탄트였던 레지널드 스콧은 1584년에 『요술의 폭로 The Discoverie of Witchcraft』를 발표하면서 이성과 상식의 입장에서 다이몬마술을 단호히 부정하고, 악마와 계약한 마녀가 일으키는 요술이란 어리석은 미신이라고 설명하면서 교회권력이 죄 없는 이들을 마녀 사냥하는 것을 규탄했다. 『요술의 폭로』는 당시 유럽에서 창궐했던 극한적인 마녀 사냥을 논리적으로 용기 있게 고발한 책이었다. 이처럼 그는 "중세 가톨릭의 교의에 남아 있던 마술적 요소를 철저하게 걷어내고 그것들이 당시의 다른 마술 활동들과 공범 관계에 있었다는 사실을 폭로했다."[17]

폼포나치든 스콧이든 악마와 천사의 영향을 부정함으로써 '거의 무신론에 가까운 입장'에 도달했다고 할 수 있다.[18]

그러나 스콧도 '자연마술'은 인정했다. 『요술의 폭로』 제13권에서 그는 "자연마술은 그 자체가 쓸모없는 것은 아니다"라면서 다음과 같이 말한다.

전능한 신은 자연마술의 기술 안에 수많은 수수께끼를 감추어 놓고 있는데 우리는 거기서 자연의 성질과 지식을 얻을 수 있다. 그것은 많은 사람들이 기적이나 요술에 의해서만 일어난다고 믿는 것들의 원인을 가르쳐준다. 그렇지만 자연마술은 자연의 작용 그 이상은 아니다.[19]

나아가 스콧은 "자연마술을 통해 어떤 이상한 일이 일어날 수 있을까"라고 질문하면서 다음과 같이 답했다.

야생의 소를 무화과나무에 묶어두면 조용해지고, '레모라(remora)'나 '에케니스'라고 불리는 작은 생선이 짐과 장비를 가득 싣고 항해하는 커다란 배 앞을 지나가면 배가 움직일 수 없게 된다는 이야기가 항간에 전해지고 있다. 이는 믿기 어려운 일이라고 생각한다. 하지만 하도 여러 저자들이 밝히고 있기 때문에 나는 무리하게 부정하지는 않겠다. 선원들이 이용하는 아주 유용한 자석이나 그 밖의 자연현상을 보고 있자면 특히 그렇게 된다.[20]

The difcouerie
of witchcraft,
Wherein the lewde dealing of witches
and witchmongers is notablie detected, the
knauerie of coniurors, the impietie of inchan-
tors, *the follie of foothfaiers, the impudent falf-*
hood of coufenors, the infidelitie of atheifts,
the peftilent practifes of Pythonifts, the
curiofitie of figurecafters, the va-
nitie of dreamers, the begger-
lie art of Alcu-
myftrie,

The abhomination of idolatrie, the hor-
rible art of poifoning, the vertue and power of
naturall magike, and all the conueiances
of Legierdemaine and iuggling are deciphered:
and many other things opened, which
haue long lien hidden, howbeit
verie neceffarie to
be knowne.

Heerevnto is added a treatife vpon the
nature and fubftance of fpirits and diuels,
&c: all latelie written
by Reginald Scot
Efquire.
I. Iohn. 4, I.
Beleeue not euerie fpirit, but trie the fpirits, whether they are
of God ; for manie falfe prophets are gone
out into the world, &c.
1584

〈그림 15.2〉 레지널드 스콧의 『요술의 폭로』(1886) 표지.

그는 어리석은 미신을 믿고서 마녀를 비난하는 대열에 합류하지는 않지만, 자석처럼 자연물 사이에 '공감과 반감'의 관계가 존재한다는 건 인정했던 것이다. 그리고 자연마술이란 이런 관계를 읽어내고 조작하는 기술이지 초자연적인 것은 결코 아니라고 보았다.

'기적'과 '마술'을 모두 합리화하려 했던 로저 베이컨의 선견지명은, 과학혁명 직전인 16세기에는 이처럼 '자연적 원인에 근거한 자연마술'이라는 사상을 통해 공공연히 이야기되었다. 그러나 천사와 악마, 총칭해서 다이몬의 뜻에 의해 일어나는 기적이나 마술이라는 초자연적인 현상은 부정되었다. 대신 천상세계에서 지상세계에 영향을 미치는 점성술적 인과성과, '공감과 반감'이라는 형태로 나타나는 '숨겨진 힘'이 '자연적 원인'으로 제시되었다. 『대저작』에도 "천상의 사물은 지상의 사물의 원인이다"[21]라고 기록돼 있는 것처럼 베이컨도 천체가 지상 물체에 미치는 영향-점성술적 인과성-은 자연력의 하나이지 초자연적인 현상이라고는 보지 않았다.

마술과 실천적 방법

마술은 자연 법칙에 위배되지 않으며 자연의 이치에 따르고 자연의 활동을 인위적으로 촉진시킴으로써 원하는 효과를 얻는 기술이라는 자연주의적이며 기술적인 마술관이 16세기 후반에는 더욱 강하게 대두된다. 이때 열쇠가 되는 개념이 '숨겨진 성질(proprietas occulta)' '숨겨진 힘' '숨겨진 작용(opus occulta)'이라는 일련의 표상이었다. 중세 과학사 연구자인 크롬비가 말했듯이 "이상하고 불가사의한 일"

이 다이몬의 소행이나 사악한 존재에 의한 것이 아니라, 자연 속에 내재한 어떤 종류의 숨겨진 힘에 의해 즉 '자연마술'에 의해 일어난다"[22]고 믿었던 것이다. 다이몬마술과 구별되는 자연마술은 '숨겨진 힘'의 작용을 경험적으로 연구하고 조사해, 이를 사용하는 기술이었다.

덧붙이자면 현대 영어의 'occult'나 불어의 'occulte'는 '신비적인, 초자연적인'이라는 의미로 사용되고 있으나, 중세 라틴어의 'occultus'에는 그와 같은 뜻은 없고 'manifestus(분명함)'에 반대되는 의미로서 현대 영어의 'hidden' 불어의 'caché'에 해당한다. 그것은 현실에서는 이중의 의미로 사용되고 있었다. 첫째는 토마스 아퀴나스의 『신학대전』에 "자연적 사물은 사람이 그 이유를 지적할 수 없는 어떤 종류의 숨겨진 힘을 가지고 있다"라고 하는 것처럼[23] 그 근거를 알 수 없다는 것이다. 둘째로는 자력처럼 오감으로 느낄 수 없는 것을 가리켰다. 그러나 'occult'가 가진 이 두 가지 뜻은 피치노가 "우리의 감각에는 숨겨져 있기 때문에 이성으로는 거의 알 수 없는 성질"[24]이라고 말한 것과 밀접히 관련돼 있다. 아리스토텔레스의 자연학에서는 인간의 감각으로 포착할 수 있는 성질-'드러난 성질(proprietates manifestae)'-은 4원소 이론에 입각해 이론적으로도 이해할 수 있다고 보았다. 이를 뒤집으면 오감에 잡히지 않는 것은 결국 이성으로도 설명할 수 없는 것이 된다. 즉 자연계에는 인간의 감각으로는 느낄 수 없고 때문에 근거는 분명히 댈 수 없지만 관찰된 효과로부터 물체들 사이에 어떤 작용이 있다고 추정할 수 있는 힘이 있다는 것이다. 이것이 바로 '숨겨진 힘'이었다.

'숨겨진 힘'에 대한 이해는 16세기 당시 마술 연구자나 철학자들만이 아니라 실무에 종사하는 기술자들도 공유하고 있었다. 예를 들어 비링구초는 1540년에 자력의 특이성에 대해 다음과 같이 말하고 있다.

통상적인 사물의 성질은 "광휘나 색채를 시각적으로 느끼거나 냄새를 후각으로 맡거나 불쾌하거나 유쾌한 멜로디가 공기를 통해 청각에 닿음으로써, 또는 촉각으로 매끄럽거나 거친 정도를 파악함으로써 분명히 알 수 있다." 이에 반해 "자석은 우리 눈에 그 효과가 분명히 나타나 보이지만 그 원인을 알 수 없는, 특이한 능력을 숨기고 있는 사물들 중 하나이다. 감추어졌다고 말하는 이유는 내가 아는 한 아주 현명한 자연의 사색가들조차 다른 모든 것에 대해서는 명쾌하게 규명하면서도 자석에 대해서는 그 원인을 알 수 없다고 하기 때문이다." 즉 자력이 철을 끌어당긴다는 것은 반복된 경험을 통해 알려져 있지만 작용 그 자체는 오감으로 느낄 수 없고 원인도 불명확하다. 그렇기 때문에 '숨겨진 힘'인 것이다.[25]

그래서 비링구초는 "자석의 작용은 피조물들이 가진 감각으로는 감지되지 않는 힘이 존재한다는 확실한 증거"라고 결론짓는다.[26] 자력이 존재한다는 것은 그 외에도 몇 가지의 다른 '숨겨진 힘'이 존재한다는 증거라는 것이다. 따라서 '숨겨진 힘'에 의존하는 '자연마술'은 비링구초 같은 순수한 기술자들도 받아들일 수 있는 것이었다.

중세에서 르네상스를 거쳐 '실험'이 자연 연구의 한 방법으로 자리잡은 것은 이런 논의의 연장선상에 있었다. 크롬비는 "중세 문헌에서는 'experimentum(경험, 실험)'이라는 말-experimentalis, experimentatio, experimentator 등-과 그 동의어인 'experientia(경험)'은, 'mirabile(놀랄 만한)', 'mirandum(이상한)', 'stupendum(경악적인)', 'miraculum(경이적인)', 'magicum(마술의)', 'securetum(신비의)' 등과 결부되어 있었고, 자연의 숨겨진 비밀을 통해 놀랍고 극적인 효과를 일으키는 자연마술과 관련돼 있었다"고 말한다.[27] 즉 '실험'이나 '경험'은 '숨겨진 힘'을 찾기 위한 수단으로 간주되었다. 그런 의미에서 'occult science'가 근대 초에는 'experimental science'와 동의어였으며 "16세기의 마술사는 대부분 실험적 방법을 제창하고 있었다"[28]고 할 수 있다.

현대인의 눈으로는 이러한 사실을 쉽게 납득하기 어려운데, 여기에는 다음과 같은 사정이 있다. 이 시대에는 "사물은 그 정의나 본질에 의하지 않으면 알 수 없다"라는 토마스 아퀴나스의 말대로, 본래적인 의미의 지(知)라는 것은 사물의 운동과 속성을 그 '본성' 즉 '정의'에서 '논증'하는 것을 의미했다. 과학적 진리는 엄밀한 연역에 근거해서 도출되어야 한다고 믿었으며 그것이 불확실한 인간의 감각에 의거한 논의보다 상위에 있다고 생각했다. 따라서 겉으로 드러나는 효과를 통해서 밖에 알 수 없는 '숨겨진 작용'은 그와 같은 본성이나 원리가 분명치 않기 때문에, 학문적으로는 알 수가 없고 차선책으로 '경험'과 '실험'에 기대지 않으면 안 되는 것이다.

로저 베이컨은 렌즈에 의해 빛이 굴절하거나 모이는 현상에 대해 "과학을 하는 사람의 눈으로 보아도 이상한 사실"이라고 하면서 "그 원인은 숨겨져 있지만 우리는 이 기적을 실험을 통해 확실히 알고 있다.…… 하지만 그 원인을 탐구할 수는 없다"[29]고 했다. 16세기의 아그리파도 "숨겨진 성질은 경험과 추측 이외에는 우리가 탐구할 수 없다"고 하면서 자력의 작용에 대해 다음과 같이 말했다.

> 그것들은 원인이 감추어져 있어 인간의 지식으로는 그 원인에 다다르지 못하고 원인을 발견할 수 없으므로, 숨겨진 성질이라고 불린다. 때문에 철학자들은 그 근거를 탐구하기보다는 장기간에 걸친 경험으로 많은 것을 손에 넣어왔다.[30]

베이컨도 아그리파도 '경험'과 '실험'을 '근거'와 '원인' 탐구의 대용품으로서 위치 짓고 있는 것을 알 수 있다.

하나 더 들어보자. 『알베르티 마그니의 비밀의 책*Liber Secretorum Alberti Magni*』은 알베르투스 마그누스가 말한 '마술'을 그가 죽은 후에 제자들이 써서 남긴 것이라고 전해지고 있다. 여러 종의 판본이 있기 때문에 이후에 계속 가필되거나 수정된 것으로 보이지만 기본적으로는 13세기말 페레그리누스의 『자기서간』이나 베이컨의 『대저작』과 거의 같은 시기이거나 조금 뒤에 씌어졌다고 여겨진다. 여기에 다음과 같은 구절이 있다.

어떤 현상은 인간의 눈으로는 알 수 없고 따라서 논증을 할 수 없지만 경험상 믿지 않으면 안 된다.……우리는 자석이 왜 철을 끌어당기는지 명백한 근거를 알 수 없지만 그럼에도 우리의 경험은 자석이 철을 끌어당긴다는 사실을 분명히 인지하고 있으며 따라서 어느 누구도 그것을 부인할 수 없다. 이것은 놀라운 일이고 경험을 통해서만 확인할 수 있는데, 다른 사물 가운데도 이런 현상이 있다고 믿어야 할 것이다. 우리는 원인이 없다고 해서 놀랄 만한 현상을 부인할 수는 없으며, 그것을 시험해 보아야만 한다. 왜냐하면 놀랄 만한 사건의 원인은 감추어져 있을 수 있고 원인도 여러 가지 있을 수 있으며, 플라톤에 따르면 인간의 오성으로는 붙잡을 수 없기 때문이다.……따라서 철학자는 놀랄 만한 현상이 사물의 내부에 있다는 것을 실험을 통해 말해야 한다.[31]

13세기의 페트루스 페레그리누스가 『자기서간』에서, 숨겨진 작용 즉 자력을 연구할 때는 '근면할 것'이 요구된다고 말한 것은 그러한 논리적 귀결이다. 여기서 우리는 기술과 마술이 결합하고 새로운 실험적 방법이 탄생하는 단서를 보게 된다.

자연현상을 제1원리로부터 엄밀하게 논증하는 스콜라적인 '지식

(scientia)'과, 주문이나 상징을 이용해 다이몬의 힘을 끌어낸다는 '마술(magia)' 사이에, '경험과 실험으로만 그 성질을 알 수 있는 숨겨진 힘을 조작하는 기술'로서의 '자연마술'이 'occult science'로 자리 잡게 된 것이다. 즉 '자연마술'은 한편으로는 합리적인 이론으로서의 지식에 대해 경험과 실험이라는 방식에서 구별되고, 다른 한편에서는 초월적인 힘에 근거한 '주술(다이몬마술)'에 대해 자연과 그 경험적 틀 내에 머문다는 점에서 구별된다. 이처럼 귀납적 관찰, 나아가 실험이라는 근대 실증과학의 방법은 '숨겨진 힘'을 조작하는 '자연마술'의 방법으로서, 과도하게 합리적인 스콜라철학에 대치되는 형태로, 과학혁명에 앞서 16세기에 등장했다. 단 여기서 말하는 '경험(실험)'은 가설의 검증이나 법칙의 발견을 목적으로 한다기보다는 숨겨진 힘을 조작하는 기술의 유효성을 확인하거나 기술을 개량하기 위한 것이며, 그런 의미에서 근대 과학의 '실험'과는 조금 동떨어진 것이다.

어쨌든 철을 끌어당겨 매달리게 하는 자력, 마찰을 통해 바늘을 남북으로 향하게 하는 자석의 능력은 그야말로 '숨겨진 힘' '숨겨진 성질'의 전형이었고 그 때문에 자석은 '자연마술'이 가장 즐기는 실험 대상이었다. 최초의 실험 물리학 논문이라고 할 수 있는 페레그리누스의 『자기서간』이 자석을 다룬 것은 우연이 아니었다.

존 디와 마술의 수학화·기술화

수학적 추론 방법도 마술과 관계가 없지는 않았다. 또한 마술에 적대적이지도 않았다.

이와 같은 시기에 영국에서 로저 베이컨의 영향을 크게 받았던 사람은 앞에서 다루었던 존 디였다. 디는 장서가로 알려져 있는데 그의 전기를 쓴 샬롯 스미스(Charlotte Smith)에 따르면 "영국인 저작가 중에서도 로저 베이컨과 로버트 그로스테스테의 책을 가장 열심히 모았다"[32]고 한다. 디의 연구자인 클루리(Nicholas H. Clulee)에 따르면 디는 베이컨을 "자신이 가진 자연철학의 영감의 원천"으로 생각했다고 한다.[33] 뿐만 아니라 1556년에 베이컨을 발견한 디는, 이듬해에 베이컨이 다이몬의 도움으로 연구했다는 비난에 대해 베이컨을 옹호하는 글을 쓰기도 했다. 또 자연마술에 관한 디의 견해는 베이컨의 연구와 밀접히 관련돼 있다고 전해진다.[34] 이 점에 대해 그가 베이컨에게 배운 것은 다이몬의 도움을 요하는 마술과, 자연의 숨겨진 힘을 기술적으로 이용하는 적법한 퍼포먼스를 구별하는 것이었다.

초기에 디가 관심을 쏟은 자연철학은 주로 점성술이었다. 1558년에 나온 『잠언에 의한 입문 *Propaedeumata Aphoristica*』(이하 『잠언』)[35]에서 그는 자신의 우주상을 다음과 같이 이야기하고 있다.

우주는 훌륭한 장인이 조율하는 칠현금(lyre)과 같은데, 그것도 각각의 현이 우주를 이루는 각각의 형상과 조응하는 그런 칠현금이다. 이것을 교묘하게 다루어 연주하는 기술을 아는 사람이라면 그 놀라운 화음을 끌어내는 것이 가능할 것이다. 인간도 우주의 칠현금과 유사한 존재이다.(잠언6)

칠현금에 '공명음'도 있고 '불협음'도 있는 것과 마찬가지로……우주에는 그 내부에 '공감'이 발견되는 부분과 '반감'이 드러나는 부분이 있다. 그 결과 전자에서는 상호 조화가, 후자에서는 언쟁이나 충돌이 있지만, 훌륭하게 조화와 통일을 만들어낸다.(잠언7)

디의 우주는 피치노나 파라켈수스의 것과 마찬가지로 '공감과 반감'의 네트워크로 된 유기적 통일체이며 인간은 그 모두를 축소해서 재현하는 '소우주'이다.

그러나 피치노 등과 결정적으로 다른 점은 디는 우주와 그 내부의 작용을 엄밀하게 수학적으로 파악하려고 했다는 점이다. 실제로 이 시기에 그가 점성술과 함께 관심을 쏟았던 분야는 수학이었다. 그는 달 아래의 세계가 천상세계로부터 영향을 받는다는 점성술의 전제를 받아들이면서도 천체의 작용이 전파되는 방식을 베이컨의 '형상의 증식'이라는 모델로 파악했다. 그가 수집한 사본 중에도 베이컨의 『형상증식론』이 포함돼 있었다고 한다.[36] 디는 천문학과 광학이 본래 수학적일 뿐만 아니라, 천체가 지상 물체에 영향을 미치는 방식도 빛과 마찬가지로 베이컨이 말하는 '형상의 증식' 메커니즘을 통해서이며, 따라서 빛의 전파와 마찬가지로 ― 그로스테스테나 베이컨이 가리키듯이 ― 기하학적 법칙에 지배되고, 수학적인 기술과 계산이 가능하다고 보았다. 그래서『잠언』은 점성술을 수학적으로 기초 짓는다는 의도로 일관하고 있다.

디는 세계란 신이 무에서 창출한 것이며, 창조되는 순간에는 자연법칙에 들어맞지 않지만 그 후 신에 의해서 세계가 소멸하기까지는 법칙의 지배를 따른다고 보았다. 비록 그 법칙이 점성술적 인과성을 나타내는 것이라고 할지라도 엄밀한 수학의 논리로 관철되기 때문에 수학으로 이해될 수 있다는 것이었다. 따라서 디는 개개의 천체가 발하는 빛의 강도가 천체로부터의 거리나 천체의 크기에서 계산할 수 있는 것처럼, 천체가 지상의 인간과 모든 물체에 미치는 영향이나 강도도 정량적으로 계산할 수 있다고 보았다. 그리고 광학 기술처럼 렌즈나 반사경 등을 이용해 인위적으로 방향을 바꾸거나 빛을 모으고 증폭시키는 것조차 가능하다고 보았다. 이런 인식이 그의 자연마술의 특징이었다.

> 만약 당신이 '반사광학(catoptrics)'에 능숙하다면, 임의의 별에서 나오는 광선을 그것에 지배당하고 있는 임의의 물체 위에 자연 상태에서보다 더 강하게 비출 수 있을 것이다. 이것은 고대 현인들이 자연마술에서 가장 많이 구사하던 기술이었다.……사물의 내부에 감추어진 불분명하고 약한 힘이 이 기술로 강화된다면, 우리의 감각에 아주 분명한 것으로 바뀌게 될 것이다.(잠언L2)

여기서 '반사광학'이란 구면 반사경으로 광선을 집약하는 기술을 말한다.

클루리가 말하는 것처럼 "디의 초기 자연철학이 가진 본질적인 요소는 수학, 점성술적 자연학, 자연마술, 광학과 동일시된다.……그것은 우주와 인간을 자연주의적으로 이해하고, 자연과 초자연이라는 이원론은 거의 보이지 않으며, 모든 자연현상을 초자연적인 다이몬이나 정령, 지적 존재의 개입에 의존하지 않고 자연의 틀 내에서 자족적으로 설명"[37]하는 것이었다. 이런 점에서 초기의 디는 분명히 로저 베이컨의 후계자였다. 디에게 자연마술의 이론적·실천적 근거는 수학적인 천문학과 광학이었고, 그의 『잠언』은 점성술적 법칙에 의한 마술적 예언의 가능성이, 수학적 법칙에 의한 과학적 예언의 가능성으로 변하는 과도기를 나타내고 있다.

그 후 디는 신플라톤주의, 특히 아그리파의 영향으로 수비술(數秘術)에 접근해가지만, 한편으로는 보다 실천적이며 기술적인 측면을 강조했다. 그것을 우리는 앞에서 본 1570년의 영어 번역판 『유클리드 원론』에 붙은 「수학적 서문」[38]에서 확인하게 된다.

이 서문에서 디는 먼저 세계가 수학적으로 형성되고 따라서 수학을 통해서만 세계를 알 수 있다는, 신플라톤주의 또는 피타고라스의 수비술적인 사상을 전개한다. 이런 인식은 그가 보이티우스(Boethius)의 "모든 것은 수의 논리에 따라 형성된 것으로 보인다. 왜냐하면 수야말로 창조주의 마음속에 있던 원형이기 때문이다"(p.*jr)라는 주장이나 "모든 사물을 알 수 있는 방도는 수에 의해 주어진다"(p.*jv)라는 피코 델라 미란돌라의 글을 인용한 데서도 알 수 있다.

디에 따르면 수는 창조주 내부에 있는 것, 피조물 내부에 있는 것, 그리고 제3의 상태에 있는 것 등 세 가지의 상태를 가지며, 이 세 가지의 상태에 대응하여 사물도 세 층위로 구별된다. 즉 '초자연적인 것' '자연적인 것'과 '제3의 존재' 이다. 이것이 아그리파의 『오컬트 철학』에 나온 '예지적 세계' '원소적 세계' '천계적 세계'와 대응하는 것은 명백하다.[39] 또 디는 "초자연적인 것은 비물질적이고 순수하게 하나여서 불가분하고 불멸, 불변이다. 자연적인 것은 물질적이며 복합적이고 분해가능하며 부서지기 쉽고 가변적이다. 초자연적인 것은 정신에 의해서만 포착되지만, 자연적인 것은 감각기관에 의해 지각된다. 자연적인 것에는 개연적인 이해와 추측밖에 없지만 초자연적인 것에는 가장 확실한 "명증성과 예지를 얻을 수 있다"라고 이야기하면서, 이들에 비해 '수학적인 것'이라 불리는 '제3의 존재'는 '비물질적'이며, "놀라울 정도로 중립성을 지키고 초자연적인 것과 자연적인 것을 특이한 형태로 매개한다"(p.*v)고 했다.

디에게 중요한 것은 이처럼 중간적인 위치에 있는 수가 초자연적인 것과 자연적인 것 양쪽 모두의 인식과 활동에 적용된다는 데에 있었다. 왜냐하면 수는 한편에서는 "비물질적이며, 신적이고 영원한 것이고" 다른 한편에서는 "보다 낮고, 감각적으로 지각할 수 있는 것에 대해서도"(p.*jv) 적용되기 때문이다. "특히 수학적 정신은 자신의 기술로 사변적으로 구름이나 별까지 올라가는 것이 가능하며, 명령에 의해 내려와 자연적 사물을 놀랄 만한 용도로 조립하는 것도 가능한 것이다."(p.ciijv) 즉 수는 천상세계의 인식에 대해서뿐 아니라 지상에서도 기술적으로도 사용가능하며, 그에 따라 기술의 가능성을 확대한다. 이 점이 디의 사상이 갖는 특이성이다. 디는 보이티우스나 피코를 명시적으로 끌어들이고 있지만, 이데아에 대한 인식뿐 아니라 지상적 사물에 대한 인식 및 실천적 활동에 있어서도 수가 중요하다는 점을 강조한 점에서 그들과 구별된다.

이 「수학적 서문」에서 수가 가진 일반적인 중요성을 말하면서 디는 "산술은 수와, 수로 작용되는 모든 성질을 증명하는 과학"(p.*ijr) "기하학은 '크기와 크기의 성질, 조건, 그 연관성에 대한 과학"(p.aijr)이라고 규정하면서 그 목적을 다음과 같이 썼다.

수와 크기에 관한 수학적 사변은 편리하고 정확하며 필요한 수단이며 보조자이고 길안내자이다. 이 서문에서 나는……수가 가진 판단력을 신의 영광과 국익의 증진과 자신의 비밀스러운 만족과 지상에서의 영달을 위해 사용할 수 있는(또한 사용하고자 욕망하는) 자를 향해 말을 걸고자 한다. 그와 같은 이들에게 나는 수학의 두 원천(산술과 기하학)으로부터 자연의 각 분야에 적용되는 수많은 기예를 계통적으로 열거하고 설명하려고 한다.(p.aiijr)

그 '수학적 기예'의 전체 계통도는 「수학적 서문」 끝에 나와 있는데 그것을 그대로 옮겨놓는다. 〈그림 15.3〉에서 '유도적(誘導的, derivative)'이라고 돼 있는 것은 '응용'을 의미한다. 디는 그 응용을 중요시했다. 학문은 더 이상 이데아 세계의 인식을 위한 것은 아니었다.

특히 이 글에서 학문의 목적으로 '신의 영광' 뿐 아니라 영국의 '국익 증진'과 개인이 '지상에서 누리는 영달'을 노래하고 있는 점에 주의하기 바란다. 이것은 새롭게 형성된 국민국가에서 자신의 영달과 이해를 국력의 증진과 국가의 번영과 겹쳐서 생각하는 시민층이 대두하기 시작했다는 사실을 가리킨다. 디의 과학은 바로 그 신흥 시민층을 위한 것이었음을 시사한다. 특히 이 「서문」은 본격적인 수학 교육을 받지 않은 기술자를 위해 쓴 것으로, 그때까지 오랜 기간 익힌 기술적인 감이나 요령 같은 비합리적이고 경험주의적으로 습득되고 실천된 기술에 대해 수학이 갖는 중요성과 유용성을 근대 초기의 단계에서 명확하게 선언했다는 점에서 중요하다.

예를 들어 이 수학적 기예의 하나로 건축술을 들 수 있다. 여기서 디는 "많은 이들이 건축을 수학적 기예의 하나로 보지 않을지 모르나,……나는 건축을 원리에서 도출되는 수학적 기예의 하나로 간주한다"(p.diijr)라면서 '장인의 기술'에 '기하학, 산술, 천문학, 음악, 인류학, 수력학, 시계학'이라는, 수학적 학문이 뒷받침되는 기술이 필요하다는 것을 역설한, 로마제국 시대의 건축가 비트루비우스(Vitruvius)의 책을 "모든 장인 기술의 보고"라며 칭찬하고 있다. 마찬가지로 도상술(Zographie)도 '수학적 기예'의 하나로, "완전한 도상가가 되기 위해서는 그 밖의 많은 개별 기예와 더불어 기하학, 산술, 투시화법, 인류학에 정통해야 한다"(p.dijv)고 했다. 때문에 디에 따르면 훌륭한 '화가'란 '도상술의 기계공'을 말한다.

또 '동력술(Menadrie)'이란 "어떻게 하면 자연의 힘이나 단순한 힘을 넘어서 힘을 강화시킬 수 있는가를 논증하는 수학적 기예"(p.djr)라고 했다. 'Menadrie'라는 단어는 디의 조어(造語)인데, 이에 따르면 크레인의 작동을 이해한다는 것은 도르레나 경사면의 원리를 논하는

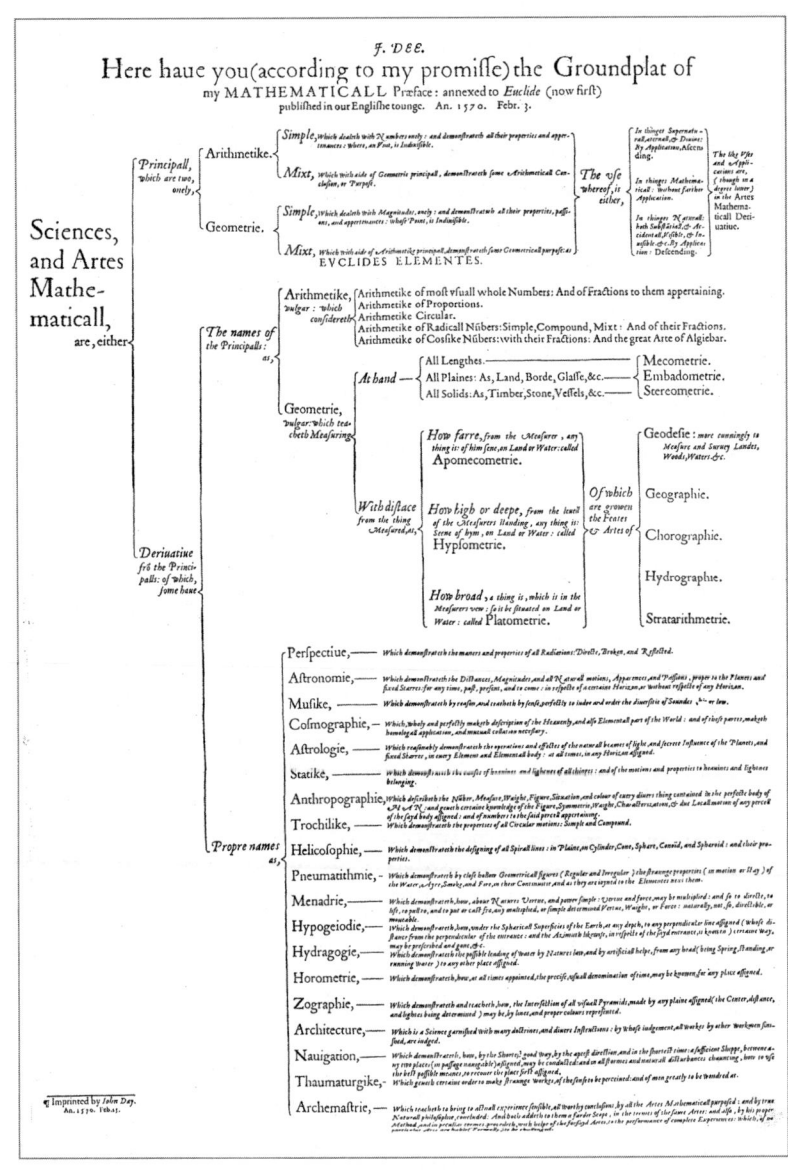

〈그림 15.3〉 과학과 수학적 기예의 분류계통도.
존 디가 영역판 『유클리드 원론』에 쓴 「수학적 서문」 말미에에서 볼 수 있다.

것이 된다. 이처럼 디는 그때까지는 학문과 관계가 없는 장인의 일이라고 여겨졌던 기술이 수리과학으로서의 역학 이론으로 뒷받침되어야 한다고 주장했다.

또 수학적 기예의 하나로 '기적술'을 거론했다. 그것은 "감각에 의해 지각되고 사람들이 크게 경탄하는 불가사의한 움직임을 만들어내는, 어떤 질서를 지닌 수학적 기예"이다.(p.Ajr) 디의 설명에 따르면 그 '불가사의한 움직임' 즉 '기적'이란, 예컨대 공기 역학을 응용한 헤론(Heron)의 기계장치나 용수철과 바퀴를 이용한 조작 같은 것을 가리킨다. 그에게 이것은 '자연마술'의 일부였다.

디가 「서문」에서 전개하는 학문의 계통도 중 가장 마지막을 차지하는 것은 다음과 같이 설명되는 '지상(至上)기예(Archemastrie)'이다.

이 기예는 수학적 기예의 모든 것에 의해 의도되어왔고, 진정한 자연철학에 의해 도출되는 모든 가치 있는 결론을 지각 가능한 실천적 경험으로……개개의 기예로는 바랄 수 없었던 완전한 경험을 수행하도록 한다.………나는 이것이 가지고 있는 초월성과 숙련성 때문에 그것을 기예라고 하기보다는 과학이라 부르고 싶다.………그것은 경험에서 유래하며, 경험을 통해 결론의 원인을 탐구한다. 즉 결론 자체를 경험을 통해 검증하기 때문에 때로는 경험학이라 불린다. 경험학이라는 명칭은 니콜라우스 쿠사누스가 『계량실험』에서 명명한 것이다.(p.Aiijrv)

여기서 '경험학'이라는 단어가 사용되고 있고 쿠사누스를 언급하고 있다. 그러나 눈을 돌려 난외를 보면 'RB'라고 인쇄된 글자를 볼 수 있다. 클루리에 따르면 'RB'란 로저 베이컨을 일컫는 것으로, 디가 이야기하는 '경험학'은 베이컨이 말하는 'Scientia Experimentalis'를 가리키며, 그런 뜻에서 반드시 근대적인 의미의 실험과학은 아니라고 지적한다.⁴⁰ 또 이「수학적 서문」의 복간판에 '서(序)'를 쓴 앨런 데뷔스(Allen Debus)에 따르면 근대적인 의미의 실험, 즉 가설을 검증할 목적으로 행해지는 실험은 디의 방법론에는 없으며, 그가 말하는 '경험학'의 '경험'은 오히려 '관측'에 가깝다.⁴¹ 마리 보아스(Marie Boas)도 디가 말하는 '경험'은 "자연에 대한 순수한 관찰"이라고 했다.⁴² 따라서 디의 '경험'을 근대 과학의 의미에서 '실험'이라고 상상하는 것은 지나친 일일지 모른다. 하지만 중요한 것은 디가 수학의 중요성을 강조함과 동시에, 과학이 기술과 결부되어야만 한다는 것, 그리고 스콜라 철학처럼 언어의 분석과 논증을 통해서가 아니라 경험을 출발점으로 삼고 경험을 통해 원인을 규명하려 했다는 점이다.

이렇게 본다면 비록 디가 말년에 수를 사용해 천사와 교신한다는 신비주의에 빠졌다 할지라도, 이「서문」에서 명확히 하고 있는 것처럼 그의 '마술'은 수학적 논리를 근거로 삼아 경험(실험)을 통해 논증하는, 기계적이며 실천적인 기술을 지시하고 있음이 틀림없다. 실제로 이「서문」에서 디는 "자연의 활동이나 수학적이고 기계적인 활동에 대해 놀랄 만한 싸임새와 묘기를 고안하는 진정한 학도나 경건한 기독교도를 주술사로 보지 말아야 할 이유가 있는가"(p.Ajv)라고 묻고 있다. 그는 자신의 마술을 다이몬마술과는 확실히 구분했다. 결국 디의 과학 사상은 수학적이며 기계적인 기술에 대한 절대적인 신뢰로 유지된다. 그런 점에서 첫째로 수학적이며, 둘째로 기술적인 적용을 전제로 하며, 셋째로 경험적으로 검증되지 않으면 안 된다는 근대 과학의 특징을 드러내고 있는 것이다.

이 점에서 "디의 철학은······왕립협회의 과학적 정신을 예견했으며, 프랑스 아카데미 회원들과 함께 중세의 마술을 르네상스의 과학으로 변용시키고자 했다"는 프렌치(French)의 평은 과장이 아니다.⁴³ 적어도 디의 「수학적 서문」은 이보다 35년 뒤에 발표된 프랜시스 베이컨의 『학문의 진보 The Advancement of Learning』보다 더 중요하다. 왜냐하면 디는 과학의 진보를 위해서는 수학을 연구하는 것이 중요하다는 것을 이해하고 그것을 강조했지만, 누구나 동의하듯이 베이컨은 수학을 과소평가했기 때문이다. "베이컨의 방법은 과학적으로 중요한 성과를 낳지 못했다"고 한 예이츠의 지적[44]은 「수학적 서문」이 17세기 영국의 과학에 미친 중요성을 적확하게 표현한 것이라고 할 수 있다.

수학적 추론 방법이 반드시 마술사상과 대립했다고는 할 수 없는 것이다.

카르다노의 마술과 전자기학 연구

이렇게 해서 르네상스의 마술사상은 16세기 후반에 '자연과학의 전근대적 형태'로 변모하게 된다. 한마디로 '문헌마술'에서 '실험마술'로의 전환이었다고 할 수 있다.

16세기 후반의 새로운 마술사상을 대표한 인물은 이탈리아의 지롤라모 카르다노(Gerolamo Cardano, 1501-1571)와 델라 포르타이다. 이들의 마술사상이 이전의 것들과 크게 다른 점은 첫째 고대의 문헌을 무조건적으로 찬미하거나 무비판적으로 인정하는 자세가 사라졌다는 것이며, 둘째 그 결과 경험과 실험적 관측을 더욱 중요시했다는 것, 셋째 기술적 응용에 초점을 맞췄다는 것이다. 실제로 이 두 사람에 의해 자기와 전기는 페레그리누스를 이어서 사실상 실험과학으로 연구하게 되었다. 특히 델라 포르타에 대해서는 그의 실험적 자력 연구가 가진 중요성 때문에 나중에 따로 한 장을 할애하기로 한다.

1501년 밀라노에서 법률가의 아들로 태어난 카르다노는 3차 방정식의 해의 공식을 제창한 사람 중 한 명이었고, 수학적 확률론의 창시자로도 알려져 있으나 원래는 파비아와 파두아의 대학에서 공부한 의사였다. 사상적으로는 폼포나치의 연장선에 있는 아리스토텔레스주의자라고 할 수 있다. 실제로 폼포나치로부터 많은 것을 받아들였다. 그러나 카르다노는 단순히 의사라든가 아리스토텔레스주의자라는 좁은 분류의 틀로는 담아낼 수 없는 인물이었다. 그가 1545년에 출판한 『대기법(大技法), 또는 대수학의 규칙에 대하여 Ars Magna sive de Regulis Algebracis』는 그 시대를 대표하는 수학서이다. 그는 수학은 물론이고 자연철학, 음악, 신학, 점성술, 수상술, 기계기술 등에도 관심을 가졌다. 게다가 도박에 열중(확률론은 그 부산물이었다)하는 사이에도 많은 저서를 남긴, 그야말로 르네상스인다운 자유분방한 생애를 보냈다. 카르다노는 죽기 직전인 1576년에 최후의 저서로 『카르다노 자서전』을 썼는데,[45] 이 책은 르네상스기 이탈리아 지식인의 심성을 알 수 있는 매우 흥미로운 책이다.

예를 들어 『카르다노 자서전』에는 "모든 것을 관찰한 결과, 자연에는 그 어떤 것도 우연히 일어나는 일이 없다고 생각한다"(p.100)고 씌어져 있다. 이것만 읽으면 카르다노는 자연계가 엄밀한 인과법칙에 지배된다는 것을 믿은, 근대 자연과학적 정신의 소유자라고 생각된다. 그러나 "사람이 보는 꿈은 반드시 거짓만은 아니다.……나에게 중대한 의미를 가진 사건과 다소라도 관련이 있으면, 나는 그것을 꿈에서 늘 보아왔다"(p.178)라든가, "〔내 생일에〕태양과 두 개의 흉성(凶星), 즉 금성과 수성이 인간의 자리에 있었기 때문에 내가 그나마 인간의 형태를 갖출 수 있었다. 그러나 목성이 지평선 위로 올라가고 금성이 어떤 별자리를 지배하고 있었기 때문에 생식기에 상처를 입었다"(p.15) 같은 서술도 자주 보게 된다. "자연에서는 어떤 것도 우연히 일어나지 않는다"라는 문장은, 행성이 특이하게 배치되거나 기묘한 꿈을 보거나 심장의 박동이 돌연 빨라지거나 지진도 아닌데 방이 진동하는 것 같은 비일상적이며 초자연적으로 보이는 사건은 모두 무언가의 전조이며, 이유 없이 일어날 리는 없으며 얼마 후 거기에 조응하는 또 다른 사건이 일어난다는 것-우리 몸에 불행이 찾아오는 것-을 뜻한다는 것이다.

카르다노는 점성술을 꿈으로 보는 점이나 수호령(守護靈)이라고 믿고 있었다. 경험이나 관측이 그것 자체만으로 근대 과학으로 직접 연결되는 것이 아니다. 경험들을 통합하고 분절하는 관점이 무엇인가에 따라, 개개의 경험과 관측이 가진 의미는 크게 달라지는 것이다. "카르다노는 마술적 현상에 대해 가능한 한 자연적인 설명을 부여하고자 했다"[46]라고 하는 것처럼 마술의 이해와 관련해 카르다노는 폼포나치에 가까운 입장을 취했다.

그는 또 『카르다노 자서전』에서 "특히 이 점을 언급해두고 싶다. 나는 자연계에서 일어나는 일을 보면서 느낀 점을 어떻게 기술로 응용하면 좋을까를 가르쳤다. 그런 시도는 나를 제외하면 그때까지 누구도 한 적이 없었다"(p.249)라고 공언하면서 이것을 자신의 최대의 공적으로 내세웠다. 그에게 자연학의 이론은 기술적인 응용 때문에 중요했던 것이다. '실용성'은 시대의 요청이었다. 그런 관점에서 카르다노는 근대 과학으로 변모하고 성장해 가는 싹이 '자연마술'에 있다고 보았던 것이다.

『카르다노 자서전』의 39장에서 그는 평생에 걸친 자신의 학문을 회고하고 있다.

나는 기하학이나 대수학, 의학에 대해서 이론과 응용 모두를 깊이 연구했다. 나아가 변증학이나 자연마술, 예를 들어 원래 열을 가지고 있는 호박은 어떤 것이며 왜 그런 성질을 나타낼까 하는 것도 연구했다.(p.192)

이처럼 카르다노는 호박이 나타내는 정전기력이나, 자력의 연구가 자연마술의 문제라고 보았다. 이것을 1551년 자연마술에 관한 책이라고 할 수 있는 『미세한 것에 대하여 De Subtilitate』에서 전개하고 있다.

이 책에서 카르다노는 세계를 '물질 즉 제1질료, 형상, 영혼, 위치, 운동'의 다섯 원리에 따라 생각했다. 사용하는 언어를 보면 아리스토텔레스주의에 사로잡혀 있는 것을 알 수 있다. 그러나 중요한 것은 이와 같은 형이상학적인 고찰보다 자연계에서 나타나는 힘과 운동에 대해 서술한 부분이다. 왜냐하면 그의 자연 인식은 힘을 응용한 기계와 도구를 이해하고 그것들을 설계하기 위한 이론으로서 접근하고 있기 때문이다. 실제 『미세한 것에 대하여』의 제1권은 대기압이나 수력, 중력을 이용한 기계의 작동원리에 대한 역학적인 해명에 많은 지면을 할애하고 있다.

운동에 대해서도 카르다노는 자연계에 네 종류의 '자연 운동(motus naturales)'이 있다고 설명했다.[47] 첫째는 '진동 기피(vacui fuga)'에 의해 공기가 적은 쪽을 향해 빨아들이는 운동, 둘째는 그 반대, 즉 고압 때문에 밀려나는 운동, 셋째는 무거운 물체가 아래쪽으로 향하거나 가벼운 물체가 위쪽으로 움직이는 운동(아리스토텔레스적 의미에서는 자연 운동), 넷째는 '헤라클레스의 돌(자석)'과 철, 호박과 밀짚 사이에서 볼 수 있는 상호운동이다. 카르다노는 운동이 힘에 의해서 일어난다고 보았다. 따라서 이 운동들은 네 종류의 힘이라고 바꾸어 말해도 된다. 현대적인 관점에서 보면 첫째와 둘째는 같은 것이므로 결국 대기의 힘,

Liber primus. 367

ab ea, quæ eſt in L, ideo tranſit ad C, & non redit : reliqua Geometrica,oſtendens partem mediam inter L, & B, in conuerſione altiorem eſſe, quàm ſit pars media inter B, & O. Indicio etiam eſt, quòd plumbea ſphærula impoſita, cùm à nulla alia re prematur, aſcendit tamen in K. Et demonſtratio hæc eſt : Sit tignum A B, in plano A C, eleuatio partis A D, tigni ſit D C, eius pattis cochleæ pars correſpondens AE, & altitudo DE, ſit gratia exempli ſeſquialtera DC, & ducatur recta AE, erunt igitur omnes lineæ inter A D, & A C, minores lineis è directo conſtitutis inter AD,& AE, ex demonſtratis in ſexto elementorum Euclidis :

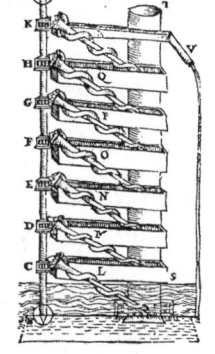

Demonſtratio oſtendens quod cochlea verſa grauæ aſcendit.

Circumuertatur igitur AB, ita vt quando E, erit in humillimo loco, pondus rotundum in A, poſitum ſit in directo D. Quia igitur DE, longior eſt D C, igitur ſi E, erit in oppoſito ſui loci, erit infrà C : ſed C, eſt in directo A, igitur pondus erit inferiùs quàm ab initio : ſed omnes lineæ ſeruant eandem rationem, & ſunt longiores etiam in circumferentia A E, quàm in recta A E, à linea A D, quia pars eſt minor toto : igitur conuerſo A B, pondus deſcendet in AE. Sed omne graue liberum in motu deſcendit, igitur pondus perueniet ad E. Sed quum erit in E, circumactum deſcendet verſus F, non verſus A, tum ob impetum, tum quia pars quæ eſt inter A, & E, aſcendit, nam in priore motu deſcenderat: pars autem E F, adhuc deſcendit, igitur pondus perueniet ex H, in A,quare ex A,in B, multis conuerſionibus eadem ratione factis. Facilè autem ligula circumdata calamo hoc, quod tibi perdifficile forſan videtur,experieris.

Sed ad rem reuertor. Cochlea quam Vitruuius docet, alieno indiget auxilio, hæc autem noſtra ſeipſam circunducit : ſed eò faciliùs, quò ſpiræ canalis frequentiores fuerint, & machina mollius aſcenderit. Quò verò faciliùs circumagetur, eò ſerius : nam enim fermè generale eſt in omnibus machinis. Ita contrariis rationibus celeriter aquam tranſmittet, ſed difficiliùs reuertetur. Porrò difficultas facit vt machinæ magis atterantur, & aquarum multitudine ac impetu indigeamus. Verùm celeritatem cum difficulate eligemus, vbi torrens fuerit, & riparum altitudo immodica. Nam ſi inſtrumenti aſcenſus mollis fuerit,reddetur inſtrumentum ob longitudinem grauiſſimum. Eadem in magnitudine & prauitate ratio. Nam paruum facilè circumagitur, ſed ſerò irrigat. Vſus eius vbi modica terra eſt irriganda, & flumen profundum,& leniter currit,& ripæ altiores. In contrariis cauſis magnis vtemur machinis.

Machina Auguſtana.

Eſt & alius machinæ modus (vt intelligo) Auguſtæ, qui tamen ſub hoc genere comprehenditur. Columna verſatilis A B,

rota cum paxillis vertitur à flumine, iuxta rationem à nobis ſuperiùs declaratam, dum de motuum tranſlatione ageremus. In ea curriculi pro numero cochlearum, gratia exempli, CDEFGHK, & cochleæ pro numero vaſorum, & vaſa pro altitudine : vaſa autem LMNOPQR, fixa in columna ST. Verſa A B, vertuntur in curriculis cochleæ omnes, quarum infima C, haurit aquam ex ſubiecto flumine, & transfundit eam in vas L, à quo haurit cochlea D, transfundens aquam in vas M, atque ita vno motu columnæ A B, C in L, D in M, E in N, F in O, G in P, H in Q, K in R, aquam fundunt, haurientes è ſubiectis vaſis. R, autem transfert aq... deſtinatum. C... cochleæ mitter... tripl... eff... ſi...

...li a... igitur... pori in... ne corpu... aliquod corp... habet extre mam...,... lum aliud ſit corpus à quo contineatur vt vltimum, cœlum eſt ei locus: alia autem corpora ab

Hh 4

〈그림 15.4〉 카르다노의 초상과 『미세한 것에 대하여』의 한 페이지.

자력과 중력의 발견 515

셋째는 중력, 넷째는 전자기력으로 정리할 수 있다.

덧붙이자면 카르다노는 자력과 호박현상이 보편적인 현상은 아니라고 보았다. 『미세한 것에 대하여』 제5권에서는 호박현상(정전기력)의 기원에 대해 다음과 같이 쓰고 있다.

> 호박은 유성(油性)이나 점착성의 습기(濕氣, humor)를 가지고 있다. 그것이 방출되면 그것을 흡수하려고 기다리던 건조한 물체가 그것의 원천인 호박을 향해 움직이게 된다. 왜냐하면 모든 건조한 물체는 습기를 흡수하자마자, 불이 메마른 풀쪽으로 이동하는 것처럼 습기의 원천을 향해 움직이기 때문이다. 또 호박은 강하게 마찰하면 그 열에 의해 한층 강하게 끌어당기게 된다.[48]

호박현상의 요인을 마찰 그 자체가 아니라 마찰에 수반되는 열 탓으로 돌리고 있다. 그러나 여기서 주목해야 할 점은 첫째 유사한 것은 서로 끌어당긴다는 발상이 이미 사라져버렸다는 것, 둘째로 근접작용론이 관철되고 있다는 점이다. 인력은 호박에서 방출된 '유성 또는 점착성의 습기'가 물체에 흡수됨으로써 일어난다는 것이다. 플루타르코스 이래 잊고 있었던 기계론적 설명이 천 수백 년 만에 되살아난 것이다. 이것은 전기력에 대한 근대의 기계론적 설명의 선구라 할 수 있다. 이 '습기'가 나중에 길버트에 이르면 '습기로부터 생기는 발산기(發散氣, ab humore effuluvia)' 즉 '전기 발산기'라는 모습으로 바뀌게 되고, 17세기에서 18세기에 걸쳐 등장하는 각종 발산기의 원형이 된다.

또 카르다노는 "자석과 호박은 끌어당기는 방법이 서로 다르다'라면서 정전기력과 자력이 나타내는 차이를 열거하고 있다.

> 호박은 가벼운 것은 무엇이든 끌어당기지만 자석이 끌어당기는 것은 철에 한정돼

있다. 중간에 가로막는 물질이 있으면 호박은 지푸라기를 끌어당길 수 없게 된다. 하지만 자석의 철에 대한 인력은 그렇게 해도 막을 수가 없다. 호박이 짚에 끌어당겨지는 일은 없으나 자석은 철에 끌려가기도 한다. 또 호박은 끝으로는 끌어당기지 않으나 자석은 북쪽 끝이나 남쪽 끝에서 철을 끌어당긴다. 호박의 인력은 열이나 마찰로부터 크게 도움을 받지만 자석의 인력은 끌어당기는 부분을 깨끗이 하면 더 강해진다.[49]

자력이 선택적으로 작용하고, 자력은 차단할 수 없다는 것은 아프로디시아스의 알렉산드로스에 의해 이미 알려져 있었다. 파도바에서 알렉산드로스가 널리 읽혔기 때문에, 카르다노도 거기에서 배웠을 것으로 추측된다. 그러나 정전기력이 '모든 가벼운 물질'에 작용하고 중간에 개입한 물질에 의해 차단된다는 점을 지적하고, 자력과 정전기력이 질적으로 다르다는 것을 명시한 것은 카르다노가 처음이다. 자력과 정전기력 현상의 차이를 최초로 글로 남긴 것이라고 할 수 있다.

이들 결론의 다수는 실제 실험으로 얻은 것으로 보인다. 카르다노는 『미세한 것에 대하여』 제7권에서 각종 보석이 간직되어 있다고 전해지는 갖가지 효능에 대해 보석을 하나하나 몸에 지녀봄으로써 확인하고 있다. 물론 그것을 '실험'이라고 부르기에는 너무 소박하고 유치한 감이 있지만 고대 이래 전승된 이야기들을 나름대로 비판적이고 실증적인 자세로 대하고 있는 점은 높이 사야 할 것이다. 또 자연적 사물의 원인에 대해 고찰하면서 "이 분야에서 플리니우스나 알베르투스 마그누스 등을 신뢰할 수 없다. 왜냐하면 그들은 분명히 틀린 사실을 기록하고 있기 때문이다"라고 단언한다.[50] 알베르투스 마그누스는 철을 끌어당기는 자석과 철에 끌리는 자석이 서로 다르다고 했으나 카르다노는 이 책에서 처음으로 철과 자석 사이의 인력이 상호적이라는 것을 확인했던 것이다.

 카르다노가 제기한 정전기력의 근접작용 모델과, 정전기력과 자력의 차이에 대한 관찰은 길버트에게 전해진다. 특히 호박의 힘은 차단되지만 자력은 차단되지 않는다는 것, 자력과 달리 호박의 힘은 일방적이라는 지적은 그대로 전해져, 길버트가 자력과 정전기력을 원리적으로 구별할 수 있는 근거가 된다.

조르다노 브루노의 전자력 이해

 카르다노가 호박의 인력을 '습기'를 사이에 둔 근접작용으로 설명한 것은 힘을 환원주의적 입장으로 이해한 것이다. 이것은 뛰어난 업적이라고 하지 않을 수 없다. 왜냐하면 그것은 기계론으로 통하는 길이며, 나아가 자연마술의 이론적 토대를 붕괴하는 것을 의미하기 때문이다. 자연마술은 자연계의 모든 힘을 '공감과 반감' 또는 '숨겨진 힘'으로 규정하고 더 이상 설명 불가능한 자연적 사실로 받아들임으로써 성립했던 것이다.

 카르다노의 접근 방식은 카르다노 이상으로 열심히 마술을 믿고 이야기했던 조르다노 브루노가 한층 더 발전시키게 된다.

 브루노는 1548년에 남이탈리아의 나폴리 근교에서 태어났다. 카르다노보다 약 반세기 뒤의 일이다. 17세에 수도원에 들어가 성직자의 길을 걷기 시작한 그는 당초 가톨릭의 정통 교의를 신봉하고 토마스 아퀴나스에게 경도되었다고 전해진다. 그러나 1570년대에 르네상스의 인문주의 사상을 접하고 난 뒤에는, 이단 사상에 물든 위험분자로 낙인 찍혀 결국 1570년대 말에 나폴리를 탈출해 국외로 도망가는 신세가 된다. 당시 남이탈리아는 교조적 가톨릭 국가인 스페인의 지배 아래 있었으며, 종교개혁에 대항해 이단 탄압이 극에 달했다. 1564년부터 1567년에 걸쳐 나폴리에서는 이단으로 몰려 30명 이상이 화형에 처해졌다고 한다. 이로 인해 초기 르네상스의 인문주의는 질식 상태에 빠져 있었다.

북이탈리아 도시들을 도망 다니던 중 1579년에 알프스를 넘은 브루노는 유럽을 방황하면서 저술활동을 계속했다. 가톨릭은 물론 프로테스탄트도 백안시했던 그는 어디에서도 안주할 곳을 찾지 못했고, 현존하는 그의 저서는 모두 이 방랑 기간 중에 쓴 것이었다. 그는 1591년에 이탈리아로 귀국한 후 체포되어 8년간 옥중 생활을 하다 1600년에 로마에 있는 꽃의 광장에서 화형을 당하게 된다.

브루노의 주저인 『무한·우주와 모든 세계에 대하여 De I' infinitio universo e Mondi』는 코페르니쿠스의 지동설을 지지했을 뿐 아니라, 코페르니쿠스를 넘어서 우주가 무한하며 세계는 여러 개 있다고 하는 새로운 우주론을 주장한 것으로 『원인·원리·일자(一者)에 대하여 De la causa, principio euno』와 함께 1584년 런던에서 집필한 책이다. 그가 이단으로 고발된 이유 중 하나는 우주의 무한성과 세계의 복수(複數)성에 대한 주장 때문이었다. 이 책이 니콜라우스 쿠사누스로부터 영향을 받았다는 것은 말할 필요도 없지만, 데모크리토스나 루크레티우스에게서도 크게 영향을 받았다는 점에 주목해야 한다. 실제 이 책에는 "새로운 원자 무리들은 부단히 우리들 속으로 흘러들고, 이전에 모여들었던 원자들은 우리로부터 떠나간다.……이렇게 흘러들어온 원자가 유출되는 원자보다 많을 때는 물체가 형성되고 생장하며, 양자가 균형을 이룰 때는 물체는 지속되고, 유출되는 것이 유입되는 것보다 많을 때

〈그림 15.5〉 조르다노 브루노의 초상. 1889년의 석판화.

는 물체는 소멸한다"[51]라는 대목이 있다. 이와 같이 브루노는 자연 만유의 궁극적인 구성 원리(시원)로서 분할이 불가능한 '원자'를 상정하고, 자연현상을 이들의 이합집산으로 설명하고자 했다. 그의 자력 이해도 원자론에 바탕을 두고 있었다.

자력에 대해서는 1590년 무렵 나온 『마술에 대하여』에서 다루고 있다. 첫머리에서 브루노는 자연마술 외에도 언어나 노래, 수(數)나 도상, 상징을 사용한 각종 마술을 예로 들면서 그 중 수학적 마술에 대해서도 논하고 있다. 그는 자연마술 이외의 마술도 믿었던 것 같다. 그러나 여기서는 자연마술에 대해서만 이야기하겠다. 그는 '자연마술'의 의미에 대해 "예를 들어 자석이나 그 비슷한 사물에 의해 이끌리거나 밀려나는 운동처럼 사물 간의 인력 또는 척력의 작용 결과로 생기고, 그 작용이 사물의 능동적인 질이나 수동적인 질에 의존하는 것이 아니라 사물에 내재하는 정기나 영혼에 의한 것"[52]이라고 했다. 여기서도 이전까지의 논자들과 마찬가지로 자력을 '자연마술'의 대표적인 것으로 거론하고 있다.

그러나 그들과의 결정적인 차이는, 브루노는 힘에 대해 환원주의적 입장을 취했고, 자력을 원자론과 근접작용으로 설명하려고 했다는 점이다. 그에 따르면 인력에는 두 개의 형태가 있다. 하나는 일치하거나 유사한 것, 즉 부분이 전체에 끌어당겨지거나 유사한 것끼리 서로 끌어당기는 것이다. 또 하나는 다음과 같은 것이다.

감각으로는 느낄 수 없는 다른 형태의 인력이 있다. 그것은 철을 끌어당기는 자석의 경우이다. 그 원인은 진공이나 그와 비슷한 것으로는 돌릴 수 없다. 모든 물체에서 생기는 원자나 부분의 유출에 의해서만 설명할 수 있다. 어떤 형태의 원자가 같은 형태의 원자 혹은 동질적이며 조화로운 본성을 지닌 원자와 만나면, 서로 다퉈 패한 쪽의 물체가 더 강한 물체 쪽으로 움직임으로써 인력이나 충격을 받아들이게 된다. 물체의 모든 부분이 이 인력을 받아 물체 전체가 끌어당겨지는 것이 틀림없다.[53]

여기서 고대 원자론의 현저한 영향을 볼 수 있다. 위 글에 이어 "이 인력이 물체에서 나오는 부분(원자)의 유출에 의해 일어난다는 사실은, 자석이나 호박이 마찰되었을 때 철이나 짚을 더 강하게 끌어당기는 것에서도 알 수 있다. 왜냐하면 (마찰에 의한) 열은 물체의 통공을 더욱 넓혀 물체를 희박하게 만들어 더 많은 부분(원자)을 유출시키기 때문이다"라고 쓰고 있다. 이것은 힘에 대한 기계론적인 표상이다. 카르다노가 말했던 정전기력과 자력의 현상적 차이는 드러나 있지 않지만, 적어도 자력과 정전기력을 설명되어야 하는 현상으로 간주하고 있는 것이다. 이것은 '숨겨진 작용'이나 '공감과 반감'이라고 말함으로써 더 이상의 설명으로 나아가지 않았던 자연마술과는 전혀 다른 입장이다. 카르다노가 힘을 이해하는 데 있어서 플라톤과 플루타르코스의 근접작용론을 부활시켰다면, 브루노는 잊고 있었던 고대 원자론 사상을 되살렸다고 할 수 있다.

물론 브루노의 원자론은 고대의 것과는 다르며 17세기의 것과도 같지 않다. 그는 '자석의 인력'은 통상 얘기하는 4원소의 성질에 의한 것은 아니라면서 다음과 같이 말하고 있다.

이것은 철 조각이 자석에 닿으면 그것이 (*자석과) 마찬가지로 다른 철 조각을 끌어당기는 힘을 얻는다는 사실에서 알 수 있다. 이와 같은 일은 원소의 질에 의해서는 일어날 수가 없다. 왜냐하면 어떤 물체에 냉이나 열이 모두 존재한다고 해도, 그들은 열을 만드는 원천이 사라지면 빠르게 소멸하기 때문이다. 따라서 이것은 자석으로부터 철로 흘러드는 부분(원자) 또는 정기적 실체의 방출로 설명하지 않으면 안 된다.…

…이 같은 설명은 다이아몬드가 자석의 인력을 전해지는 사실도 설명할 수 있다. 특수한 역능의 유출은 다른 힘을 약하게 하고, 또는 어떤 종류의 다른 힘을 활성화하기 때문이다.[54]

브루노가 말하는 '부분' 즉 '원자'는 소박한 원자론이나 기계론이 말하는 것처럼, 형상과 운동만으로 작용하는 수동적이며 특성이 없는 물질로 이뤄지는 것이 아니다. 앞의 인용문에 있는 것처럼 동질적인 원자는 서로 힘을 미친다. 그는 원래 우주는 하나의 생물이라고 보았고,[55] 그가 말하는 '원자'도 자신 속에 '영혼'을 가지고 있다. 그것은 또 특이한 작용 능력을 가진 정기적 실체이며, '정기'라고도 불리는 '에테르'의 작용에 의해 활성을 얻는다.

실제로『무한, 우주와 모든 세계에 대하여』에는 4원소 외에 만물이 그 속에서 움직이고, 살고 자라나고, 만물을 감싸며 만물에 침투해가는 능동적 원리로서의 '에테르'의 존재에 대해 이야기하고 있다. "에테르는 합성물 속에 존재할 경우에 통상 공기라고 불린다. 그것은 물 주변이나 흙의 내부에 있는 증기에도 존재한다.……에테르는 차가운 물체 곁에서는 증기로 응고하지만 뜨거운 별 옆에서는 미세한 불꽃처럼 된다." 그리고 "에테르는 그 자체로는 아무런 성질을 갖지 않으나 가까운 곳에 있는 물체로부터는 무엇이든 받아들여 이를 자신의 운동과 함께 활동 원리의 끝가지 가져간다." 그것은 또 "어떤 방법으로 우리의 일부가 되어 우리의 합성에 참가하며, 폐나 동맥, 기공 등에서 발견되면 정기(精氣, spirit)라고 불린다."[56] 결국 브루노는 자력과 호박의 힘은 이와 같은 생명적이며 능동적인 에테르 또는 정기가 활동을 함으로써 일어나는, 원자를 사이에 둔 근접작용이라고 생각했다.

어쨌든 브루노에게는 사변적인 것이 앞서고 있었으며 카르다노에게서 볼 수 있었던 관찰과 실험을 중시하는 태도, 마술을 기술에 적용하는 자세는 전혀 찾아볼 수가 없었다. 자력의 인식에서 카르다노가 지향했던 노선을 따라간 것은 브루노와 같은 시기에 남이탈리아에서 살았던 마술사 델라 포르타였다. 델라 포르타에 대해서는 다음 장에서 살펴보도록 하자.

※ ※ ※

1400년대에 신플라톤주의와 헤르메스주의의 영향을 받아 피렌체-플라톤주의 사상가들이 마술을 부활시켰을 때 마술에는 '다이몬마술'과 '자연마술'이 있다고 생각했다. 피치노 등이 다이몬마술을 논하기를 주저한 것은 종교적인 이유 때문이었지만, 다이몬마술의 존재 그 자체는 믿고 있었다. 그러나 로저 베이컨이나 아리스토텔레스의 영향을 받은 1500년대 사상가들은 철학적인 관점에서 다이몬마술의 존재 자체를 부정했다. 그들은 악마나 천사의 뜻에 따라 마술이나 기적이 일어난다는 초자연적인 이해를 거부했다.

1500년대에는 숨겨진 힘을 경험에서 배우고, 그 힘을 자연법칙에 따라서 조작하는 기술로서의 자연마술이 '자연과학의 전근대적 형태'로서 다루어졌다. 그것은 말하자면 마술의 세속화이며 기술화였다. 자연마술은 한편에서는 존 디처럼 수학적이며 기술적인 성격을 가졌고, 다른 한편에서는 실천적인 면에서 경험적 관찰과 실험적 방법을 채택했다. 자력과 정전기력은 마술사상의 근저에 있는 '숨겨진 힘'의 전형으로 보였기 때문에, 경험적이며 실험적인 자연마술에 어울리는 테마였다.

어쨌든 수학적 추론이나 실험적 방법은 그 자체로서는 마술에 대립하는 것이 아니었다. 또 카르다노나 브루노처럼 마술사상의 내부에 기계론과 원자론의 환원주의가 들어옴에 따라 힘에 대해 합리적으로 설명하려는 요구도 생겨나게 된다. 파올로 로시가 말하는 것처럼 "근대 초기의 유럽에서 과학과 마술은 밀접히 연관돼 있었던" 것이다.[57]

이처럼 선원이나 장인, 군인들의 관측 대상이었던 자력은 마술사들의 연구 대상이 되어 거듭나게 된다. 16세기 후반의 자력 연구는 실험 물리학과 합리적 추론의 두 물길로 흘러 들어가려 하고 있었다.

16장

근대 자연과학을 향하여
델라 포르타와 『자연마술』

델라 포르타는 철에 대한 자석의 인력뿐만 아니라 자화 능력도 원격작용에 있다는 것을 암시하고, 그 힘이 거리와 함께 감소한다는 사실을 지적했다. 또 쿠사누스에 이어서 자력을 정량적으로 측정할 수 있다고 이야기했다. 나아가 '힘의 작용권'이라는 개념을 밝힘으로써, 힘-자력과 중력-을 수학적으로 표현하는, 근대 물리학적 힘 개념으로 나아가는 기틀을 마련했다. 르네상스 마술사상은 델라 포르타에 의해 근대 자연과학을 향한 힘찬 발걸음을 내딛게 된다.

델라 포르타의 『자연마술』과 그 배경

자연마술의 일환으로 자석과 자력을 폭넓게 실험적으로 연구한 인물은 후기 르네상스의 잠바티스타 델라 포르타(Giambattista Della Porta, 1535-1615 추정)였다. 나폴리의 귀족 가문에서 태어난 그는 가정에서만 교육을 받아 대학 아카데미즘과는 평생 인연이 없었다. 1560년에 '비밀 아카데미(Accademia dei Secreti)'라는 사적인 학회를 조직했는데 이것은 이후 17세기 이탈리아의 린체이 아카데미(Accademia dei Lincei)나 치멘토 아카데미(Accademia del Cimento) 같은 근대 과학 아카데미의 선구로 보아도 된다. 그는 프톨레마이오스의 『알마게스트 Almagest』를 라틴어로 번역하고, 1593년에는 『굴절광학에 대하여 De Refractione Optices』를 썼으며 극작가로서도 33편의 희극과 비극을 남겼다. 그 다재다능함만 보더라도 그 역시 르네상스인으로 포함시켜야 할 것이다.

델라 포르타의 저서인 『자연마술』은 근대 과학의 요람기인 16세기 후반부터 17세기 전반에 걸쳐 놀랄 만큼 널리 읽힌 책이다. 첫 판은 1558년에 전4권으로 출판되었다. 다섯 개 이상의 라틴어 판본 이외에 이탈리아어, 프랑스어, 네덜란드어, 스페인어, 나아가 아라비아어로도 번역되었다고 한다. 그 후 델라 포르타는 이탈리아 국내는 말할 것도 없고 프랑스와 스페인을 여행하면서 새로운 지식을 습득했다. 1589년에는 전20권으로 된 『자연마술』의 증보개정판을 출판했다. 내용도 대폭 수정했다. 이것도 라틴어로 12판, 이탈리아어로 4판, 프랑스어로 7판, 독일어로 2판, 영어로 2판이 나왔다. 당시의 식자율을 고려하면 놀라운 숫자가 아닐 수 없다. 말 그대로 전 유럽 규모의 베스트셀러였다. 이전에도 말한 것처럼, 인쇄출판업은 출발부터 시장원리에 지배당하고 있었고 당연히 출판업자는 팔릴 만한 작품을 탐욕스럽게 찾아다녔다.[1] 『자연마술』이 여러 언어로 번역되고, 이 정도로 판을 거듭했다는 것은 확실하게 팔릴 것이 예상되었다는 말이다. 다음 세기에도 이 책은 케플러와 프랜시스 베이컨에게 읽혔으며 뉴턴의 장서에도 포함돼 있었다.[2]

그런데 이처럼 박식함을 자랑했던 델라 포르타가 이상할 만큼 후세에는 이름이 잊혔다. 이 점은 특히 과학사에서 두드러진다. 1775년 조지프 프리스틀리(Joseph Priestley)의 『전기의 역사와 현상 The History and Present State of Electricity』에도, 1857년에 나온 윌리엄 휴얼(William Whewell)의 『귀납적 과학의 역사 History of the Inductive Science』나 100년 후의 존 데스몬드 버날(John Desmond Bernal)의 『역사 속의 과학 Science in History』에도 델라 포르타는 등장하지 않는다. 이처럼 그는 오랜 기간에 걸쳐 망각은 아니라 할지라도 아주 과소 평가된 것은 부인

〈그림 16.1〉 잠바티스타 델라 포르타.

자력과 중력의 발견 531

할 수 없다. '마술'은 계몽시대에 매장당했는지도 모른다. 동시에 그의 『자연마술』은, 마술이 지적 세계의 흐름 속에서 관심을 모은 최후의 것이었다는 사정도 있다. 이후에는 기계론의 등장으로, 특히 영국에서 파라켈수스주의가 패배한 후에는 마술은 더 이상 지적 세계의 주요 관심사가 아니었다. 그러나 실제로는 델라 포르타의 『자연마술』은 근대 과학의 탄생 시점에서 큰 역할을 했다.

『자연마술』은 전체적으로-적어도 제2권부터는-비교적(秘敎的)인 마술의 주요 사항을 논한 책이 아니다. 마술에 대해 체계를 세운 학문적 고찰도 아니며, 마술과 종교의 예민한 관계를 설명한 것도 아니다. 그렇다고 본격적인 자연학 책이라고 말하기도 어렵다. 오히려 플리니우스의 『박물지』에 가깝다. 아니 『박물지』의 16세기 판으로서, 다양하고 희귀한 이야기나 도움이 되는 이야기를 채록해 무질서하게 나열한 것이다. 대부분 신흥 도시 시민의 실생활에 도움이 되는 실제적인 지식이나 기술의 집대성이라고 해야 할 것이다.

"16세기에는 대상인, 여유 있는 부르주아, 거기에 성공한 장인까지 책 모으는 것을 좋아했다."[3] 이 『자연마술』도 곰팡내 나는 학문을 생업으로 하던 대학의 학자나 신학 논쟁에 나날을 보낸 상급 성직자보다는, 실리나 실용을 중시하는 의사나 상인, 장인이나 관료 등 신흥 도시 시민 사이에 넓게 읽혔을 것이다.[4]

실제 제3권 이후는 식물의 품종개량과 재배법(3권), 와인과 과일의 보존법, 빵 만드는 법(4권), 보석의 착색법(6권), 각종 의약(8권), 여성의 화장법(9권), 향기 좋은 파우더 만드는 법(11권), 철을 담금질하는 방법(13권), 요리법(14권), 동물을 유인하는 법이나 포획하는 법(15권) 같은 실용적이고 실리적인 항목이 이어진다. 제5권에서는 '연금술'이 나오지만 "금으로 된 산(山)은 없다"고 하면서 '현자의 돌'은 '단순한 꿈'에 지나지 않는다고 단언한다. 여기서는 주석이나 납처럼 녹는 온도가 낮은 금속에 대한 단순한 야금 기술을 다뤘다. 이처럼 『자연마술』의 전체적인 인상은 좋게 말하면 대중 과학(popular science), 기껏해야 가정백과사전과 같은 것이었다. 바로 그렇기 때문에 당시 베스트셀러가 됐을 것이다.

『자연마술』은 또 당대의 유한계급이 열중했던 불가사의한 것, 기묘한 것, 희귀한 것의 카탈로그였다. 제2권에는 지금 보기에는 의심스럽기 짝이 없는 플리니우스 이래 고대의 저서에서 무비판적으로 전승돼 온 동물에 대한 기이하거나 진귀한 이야기들이 여럿 기록돼 있다. 당시에는 진리의 탐구라는 고상한 목적을 위한 것도 아니고 그렇다고 아주 실용적인 목적을 위한 것도 아닌, 단지 자연에서 볼 수 있는 이상한 것에 대한 흥미에 이끌려 취미 삼아 실험과 관찰, 수집을 즐기는 아마추어 과학애호가가-특히 이탈리아에 많았다-존재하고 있었다.[5] 이들도 이 책의 독자를 형성하고 있었을 것이다.

이 책은 피치노와 피코로부터 영향을 받았고, 이들 책에서 직접 인용한 것으로 여겨지는 부분도 여기저기 발견된다. 그러나 사변적이며 이론만 내세우는 그들과는 취향이 상당히 달랐다. 피치노와 피코는 '이단적'으로 보였던 신플라톤주의, 헤르메스주의, 마술사상을 기독교와 타협시키려고 부심하며 많은 에너지를 쏟았다. 원래 피렌체의 플라톤 아카데미 자체가 '고대의 정신과 기독교 정신의 화해'[6]에 목적이 있었으며, 실제로 "그 아카데미에서는 종교적, 신학적인 관심이 모든 철학사상을 규정하였다."[7] 그러나 델라 포르타에게는 그와 같은 태도는 거의 찾아볼 수 없을 뿐 아니라 종교적인 문제의식도 희박했다.

이런 차이는 15세기와 16세기 후반의 정세와 사회 상황의 변화와도 무관하지 않다. 피치노와 피코 등의 인문주의는 부르크하르트(Jacob

Burckhardt, 1818-1897)가 말하는 것처럼 "실제로는 이교적"이었으나,[8] 그들이 활약하던 15세기에는 인문주의가 엘리트층 사이에만 한정돼 있었다. 그러다 16세기 중반을 경계로 상황이 크게 변한다. 한편에서는 독자층이 확대되고 자국어로 된 서적이 많이 나돌아 대중이 새로운 사상에 접할 기회가 크게 늘었다. 또한 가톨릭교회는 독일과 스위스에서 루터 등의 복음주의 사상이 전파되는 데 인쇄물이 절대적인 위력을 발휘하는 것을 간과하게 되었다. 인쇄 출판이 시작된 지 1세기가 지나서야 교회 권력은 그때까지 거의 내버려두고 있던 출판에 대해 간섭과 통제를 강화하고 나섰다. 종교개혁에 대해 강경한 대결 자세를 보인 예수회(Jesuits)가 1540년 교황으로부터 공인을 받게 되고, 1542년에는 로마에 이단 심문소가 재개되어 지적 활동에 대한 감시가 강화된다. 또 1545년에 시작되는 트리엔트 공회의는 가톨릭교회의 규율을 강화하고 교리를 더욱 명확히 한다. 이 모든 것은 신앙을 마술로부터 보호하기 위한 것이었다. 알프스 이북과 달리 이탈리아에서는 프로테스탄티즘의 위협이 비교적 적었기 때문에 교회는 프로테스탄티즘보다는 이단적인 마술을 문제시하고 경계했다. 나아가 1559년 카토니-칸브레시스의 화의(和議)로 이탈리아 거의 대부분이 교조적 가톨릭 국가인 스페인의 지배에 들어가게 된다. 그 해 교황 파울루스 4세(Paulus IV)는 최초로 '금서목록'을 공표했다.

즉 『자연마술』이 나온 16세기 후반의 이탈리아는 종교개혁과 이단에 대한 탄압이 거세져 많은 사람들이 투옥되고 화형에 처해졌고, 이단 사상가들은 잇따라 망명을 해야 했다. 델라 포르타도 1574년과 1580년에 종교재판소에 출두했고, 아카데미를 해산하라는 명령을 받았다. 이런 시대에 종교와 마술 사이의 연관을 함부로 말하는 것은 그것만으로도 위험한 일이었을 것이다. 따라서 마술이 가진 종교적인 측

〈그림 16.2〉 델라 포르타의 『자연마술』 제2판(1589년) 표지.
바위 뒤에 숨어서 먹잇감을 바라보고 있는 살쾡이의 그림 위에 씌어져 있는 글은 "그는 찾아내고 살펴본다 (ASPICIT ET INSPICIT)"이다.

자력과 중력의 발견 535

면은 뒤로 물러나고, 세속적인 면, 즉 자연학적이거나 기술적인 면이 전면에 부각될 수밖에 없었다.

독자층 자체의 변화도 있었다. 새로운 독서 인구로 부상한 도시 시민층은 종교적인 관심보다는 세속적 생활에 더 관심이 많았다. 그런 사회적인 변화의 선두에 『자연마술』이 위치하고 있었다. 한 르네상스 마술 연구자는 『자연마술』에 대해 "르네상스기에 나온 저서들 가운데 자연마술을 가장 비신비적으로 다룬 책이다"라고 지적했다.[9] 이처럼 『자연마술』은 초기 르네상스의 마술사상으로부터 신비성과 종교적인 색채를 씻어내고 오로지 실용성과 실리성을 강조하고 오락성을 전면에 내세워, 세속화·통속화했다고 할 수 있다.

그렇지만 『자연마술』이 단순한 통속적인 매뉴얼에 머물렀던 것만은 아니다. 살쾡이가 먹잇감을 응시하는 표지의 그림이 상징하는 것처럼, 또 서문에서 "자연의 가장 경이로운 것은 결코 감춰질 수 없다"고 선언하는 것처럼, 『자연마술』은 자연의 내부에 숨겨진 비밀을 폭로해 널리 알리고자 하는 의지와 정열로 가득하다. 자연에 대한 이런 자세야말로 근대 과학으로 이어지는 징검다리였다. 실제로 『자연마술』에는 광학이나 자기학 분야에서 실험물리학의 첫걸음이라고 할 수 있는 내용이 들어 있어, 물리학사에서 간단히 무시할 수 없는 책이다.

문헌마술에서 실험마술로

『자연마술』 제1권은 '마술이란 무엇인가'라는 총론에 초점을 맞추고 있다. 그러나 여기서는 기본적으로 피치노와 피코, 아그리파를 바탕으로 하고 있을 뿐 독창적인 견해는 찾기 힘들다(이하 로마 숫자와 아라비아 숫자는 『자연마술』 제2판의 권과 장을 나타낸다).

델라 포르타는 마술을 두 종류로 구별한다. 하나는 사악한 영혼과 결탁한 마법과 좋지 않은 호기심에 기반한 것으로 불길하고 부적절한 것이다. 또 다른 하나는 '자연마술'로서 피타고라스, 엠페도클레스, 데모크리토스, 플라톤 같은 '동서고금의 고매한 철학자들'이 칭찬하고 숭배한 것으로, 오컬트학에 정통한 사람은 그것을 '자연학의 완성'으로 본다. 델라 포르타 자신은 마술이란 '자연의 전 과정을 조망하는 것'이라고 보았다. 그것은 "숨겨진 자연의 사실에 대한 특성과 자질, 자연 전체에 대한 지식을 제공하고, 사물의 유사함과 상이함, 분리와 결합에 대해 가르쳐주는 것"이었다.(I-2) 여기서 '유사함(consensus)과 상이함(differentia)'에 대해 "사물의 숨겨진 성질 때문에 피조물에는 어떤 종류의 감응(compassio)이 있는데 그리스인들은 이것을 공감과 반감이라 불렀으나 우리는 더욱 친근하게 유사함과 상이함이라 부른다"(I-7)고 설명하고 있다.

여기까지는 이전의 자연마술사상을 답습하고 있다. 사물이 천상물체(일월성신)의 영향을 받아 변화한다는 점성술적 인과성을 포함해, 자연계를 사물들 사이의 '공감과 반감'의 네트워크로 보는 유기체적 자연관은 지금까지 반복해 이야기되어온 것이다. 델라 포르타 자신의 말을 직접 들어보자.

이 광대무변한 세계의 모든 요소는 생물의 손발이나 신체 기관들처럼 모두가 상호의존하고 있으며 자연의 유대에 의해 결합돼 있다.⋯⋯거대한 생물(ingens animal)인 이 세계는 각각의 부분이 하나의 공통된 유대에 의해, 공통의 사랑으로 연결돼 있다. 바로 이것이 마술이다.(I-9)

그에게 우주는 하나의 유기체라기보다는 오히려 하나의 생물인 것이다. 이어서 "자석이 철을 끌어당기고, 호박이 짚을 끌어당긴다"라는 문장이 이어진다. 이것은 피치노와 거의 흡사하다. 그런 면에서 마술적인 자연 이해를 더욱 철저히 했다는 점 이외에는 특별히 새로운 요소가 없다.

델라 포르타가 이전까지의 논자들과 차이가 있다면 사변적인 문헌마술에서 실증성을 중시하는 실험마술로 전환을 이뤄냈다는 점이다. 피치노와 피코, 아그리파는 과거의 문서를 맹신하고 고대 이래의 문헌에 의거해 자연마술을 논했지만, 델라 포르타는 몇 개 분야에서 자연마술을 실제로 실행하고자 했고 그 과정에서 과거로부터 전승된 이야기의 참과 거짓을 실험을 통해 검증하고자 했다.

델라 포르타가 마술 일반을 논한 『자연마술』 제1권에는 "아그리파와 마찬가지로 유채꽃과 포도 사이에는 증오가, 독미나리와 귤 사이에는 악의적인 관계가 있으며, 원숭이는 달팽이와 상극이고 고양이는 고슴도치를 무서워하며, 마늘과 자석 사이에는 눈에 띄는 상반관계가 있다"고 기록되어 있다.(I-7) 이런 예들은 고대나 중세의 문헌으로부터 무비판적으로 모은 것이며 그런 점에서 "이것들은······전통적인 지혜를 숭상한 나머지 아무런 의문을 제기하지 않은 소박한 사고의 소산이다"[10]라고 할 수 있다. 그러나 실제로는 이 각각의 '유사함과 상이함'에 대해 델라 포르타 자신이 "타당한 이유는 아무것도 없을 것이다"라고 정직하게 실토하고 있으며,(I-7) 이 같은 공론과도 가까운 논의는 뒷장에서 거론되는 개개의 마술적 실천과는 거의 관계가 없다. 실제로 전체의 서문에서 그는 "나는 우리의 선조가 이야기한 것을 우선 일람한 다음, 우리의 실험을 통해 그것들이 올바른지 여부를 알아보고 마지막으로 우리 자신의 입장을 피력할 것이다"라며 서술 방침을 이야기한다. 그리고 마술 연구의 개별적 사례를 모은 제7권의 자석에 대한 부분에서 "'마늘과 자석 사이의 상반 관계'는 실험을 통해 명백히 부인되고 있다. '공감과 반감'의 대응 관계에 대해 고대 이래의 문헌에 어떻게 씌어져 있든, 그리고 델라 포르타 자신이 제1권의 총론에서 그와 같은 전승을 무비판적으로 기록하고 있지만, 이후에 마술에 대한 각론과 구체적인 실천에 대한 부분에 이르면 실험을 통해 검증하는 입장을 우선적으로 취하고 있는 것이다.

델라 포르타는 마술이란 주문이나 상징을 통해 다이몬적인 힘을 불러내고, 초자연적인 현상을 출현시키거나 반(反)자연적인 기적을 불러일으키는 게 아니라고 보았다. "마술적인 조작은 자연의 기능 이외의 것이 아니라 자연을 성실하게 보완하는 것"(I-2)으로 생각했다. 자연의 이치에 따라 자연의 기능을 인위적으로 실현하거나, 촉진, 성숙시키는 기술인 것이다. 전자는 예를 들어 거울이나 렌즈를 사용해 광학 현상을 실험하거나 증기를 이용해 사이폰을 제작하는 것처럼 자연력을 응용하는 것이며, 후자는 증류 기술로 자연계의 물질로부터 순수한 성분을 분리·추출하거나 동식물의 생육·생장이나 광물의 변성을 촉진하거나, 교잡육종이나 접목으로 동물과 식물의 품종을 개량하는 것 같은 조작을 가리킨다.

이런 것은 일반론으로는 이전의 자연마술에서 이미 이야기했던 것이지만, 델라 포르타는 그것을 더욱 철저히 밀고갔다. 그의 특이점은 방법 면에서는 실험적이고 실증적이며, 목적에서는 실제적이며 실리적인 것을 어떤 논자보다도 강조하는 데 있다. 즉 "마술이란 자연철학의 실천적 부분을 가리킨다"고 보았고, 따라서 "단련과 기능이 없는 지식은, 지식이 없는 기량처럼 무가치하다"(I-3)고 간주했다. 때문에 마술사는 완벽한 철학자이자 솜씨 좋은 의사이고 박식한 목초학자이며, 금속이나 보석의 성질에 밝으며, 증류 기술에 뛰어나고, 연금술에 통달하며, 수학과 점성술의 지식을 지니며, 광학에 뛰어나지 않으면 안 된다고 여겼다. 실제적이고 실용적인 기술, 기능 전반에 정통한 만능인이 되지 않으면 안 되는 것이다. 그리고 마지막으로 "이 학문의 전문가는 부자가 아니면 안 된다. 돈에 얽매여서는 이 분야에서 제대로 일을 할 수 없기 때문이다. 우리를 풍요롭게 해주는 것은 철학이 아니다. 철학자로서 행동하기 위해서는 유복하지 않으면 안 된다"(I-3)라고 주장했다. 여기서 '철학자'란 '자연철학자'를 말한다. 그는 실험에 필요한 기자재를 자기 돈으로 구입했다. 가장 질이 좋은 에티오피아산 자석은 "[같은 양의] 은과 등가 교환되었다"(VII-1)고 하는 것처럼, 자석 하나, 렌즈 하나도 아주 귀중하고 고가로 여겨지던 시대였다.

이런 이유 때문에 델라 포르타는 자연마술을 논하면서도 이전의 논자들과는 다른 곳에 악센트를 두었다. 예를 들어 『자연마술』 제18권은 현대풍으로 말하면 유체 정역학과 그 응용에 해당하는 부분으로 물시계의 메커니즘 등이 기록돼 있는데, 이 권의 서문에서 그는 "이것들은 아주 유용하게 쓰일 것이다. 만약 누군가가 이것들을 더욱 깊이 고찰한다면 한층 유용한 목적으로 사용할 수 있음을 발견할 수 있을 것이다"라고 했다. 반복하여 강조하듯이 지식은 '유용하며 도움이 되는 쪽'으로 발견을 인도하기 때문에 중요한 것이었다. 이렇게 해서 르네상스의 자연마술은 16세기의 카르다노와 델라 포르타에 이르러 근대적·기술적 실천과 결합하게 된다.

『자연마술』과 실험과학

잡다하고 통일성 없는 마술적 실천과 관련된 논의 속에, 자석에 대한 경험주의적·실증적인 서술(제7권), 렌즈와 거울과 광학기기에 대한 과학적인 관찰과 실험 및 수학적·기하학적인 고찰(제17권), 유체정역학과 그 응용(제18, 19권), 공기에 대한 물리적·역학적인 관찰과 실험(제20권)처럼 현대 초등 물리학에서 다루는 몇 가지 테마가 포함돼 있다.

특히 제17권의 광학의 실험과 이론은 충분히 주목할 가치가 있다. 중세에는 실험적인 광학 연구가 자연마술에 속해 있었다.[11] 1882년에 로젠베르거가 『물리학사』에서 "『자연마술』의 가장 중요한 부분은 광학에 있다"고 강조했고,[12] 20세기에는 카시러가 "델라 포르타는 빛의 과학의 기초를 놓는 데 결정적인 기여를 했다"고 평했던 것처럼,[13] 『자연마술』제17권에 기록되어 있는 광학 실험과 고찰은 근대 물리학의 입장에서도 높이 평가해야 할 가치가 충분하다.

제17권 제6장에는 카메라 옵스큐라(camera obscura)에 대한 기술이 있다. 델라 포르타가 행한 실험은 암실 한쪽 벽에 볼록렌즈가 달린 구멍을 만든 다음, 반대쪽 벽면에 늘어뜨린 하얀 면으로 된 스크린 위에 바깥 경치의 상이 맺히게 하는 것이었다. 태양광이 차단된 암실 내에서 바깥 세계의 풍경이 거꾸로 된 모습으로 선명하게 보이는 광경은 당시 사람들에게는 놀라웠을 것이다. 카메라 옵스큐라는 이전부터 알려져 있었다. 그러나 구멍에 볼록렌즈를 부착하고, 눈의 광학적 구조를 카메라 옵스큐라와 비교해서 논한 것은 『자연마술』이 처음이었다. 케플러의 시각 이론은 델라 포르타의 이 실험에 의존하고 있다. 그런 의미에서 이 실험은 광학의 역사에서 특별히 강조할 필요가 있다.[14] 한편 제17권 제10장에는 다음과 같은 부분이 나온다.

오목렌즈는 멀리 있는 것을, 볼록렌즈는 가까이 있는 것을 아주 명료하게 보이도록 할 것이다. 때문에 이것들을 이용하면 시력을 높일 수 있다. 즉 오목렌즈는 멀리 떨어져 있는 작은 물체를 아주 뚜렷하게 보이도록 하고 볼록렌즈는 보다 가까운 것을 더 크게, 그러나 보다 불명료하게 보이게 할 것이다. 만약 그 둘을 올바로 조합하는 방법을 알 수 있다면 멀리 있는 사물도 가까이 있는 사물도 모두 크고 명료하게 볼 수 있을 것이다.

이것은 볼록렌즈와 오목렌즈를 조합한 소위 갈릴레이식 망원경에 대한 최초의 서술이다. 갈릴레이식 망원경에 대해서는 갈릴레이 자신이 1610년 『별세계의 보고 Sidereus Nuncius』에서 약 10개월 전에 어떤 네덜란드 사람이 '원안경(spyglass)'을 제작했다는 소문을 들었다고 쓴 이래,[15] 네덜란드에서 리페르헤이(Hans Lipperhey)라는 인물이 발명했다고 전해져왔다. 그러나 델라 포르타의 이 문장은 그가 약 20년이나 먼저 망원경을 고안한 선구자임을 보여준다. 실제로 갈릴레이 책을 읽은 직후 케플러가 쓴 『별세계의 보고와의 대화 Kepler's Conversation with Galileo's Sidereal Messenger』를 보면, 망원경은 네덜란드인이 최근 만든 것이 아니라, 훨씬 이전에 델라 포르타가 그 방법을 설명했다고 기록하면서 『자연마술』에 나오는 위의 글을 인용하고 있다.[16]

이처럼 『자연마술』 제17권은 광학의 역사에서 특이한 위치를 차지한다. 사실 『자연마술』이라는 제목만 아니라면 제17권의 서술은 초등 실험 물리학 교과서에 가깝다. 물론 "『자연마술』에는 이론적인 틀이 없고, 포르타의 관찰에는 계획된 프로그램이 보이지 않는다"[17]며 그의 실험이 근대 과학적이라고 인정하기 어렵다는 비판도 나름대로 타당하기는 하다. 사실 그의 실험은 가설을 검증하거나 법칙을 발견할 목적은 아니었다. 실험 그 자체를 즐기는 편이라 할 수 있다. 사람을 놀라게 하려는 오락이나 기술에 가까우며, 이상한 자연현상을 인위적으로 재현하는 것에 머무르고 있다는 점도 부인할 수 없다. 그렇지만 마리 보아스가 지적한 것처럼 델라 포르타의 자연마술은 "자연에 대한 마술-실험적 접근(magico-experimental approach to nature)"이라고 보아야 할 것이다.[18]

또 자석에 대해 실험적 연구의 첫걸음을 내디딘 것은 300년 전 페레그리누스의 『자기서간』을 제외하면 기술자 출신인 로버트 노먼의 『새로운 인력』과 마술사 델라 포르타의 『자연마술』이라고 할 수 있다. 하지만 일반적인 물리학사에서는 그 자리에 1600년 출판된 길버트의 『자석론』을 놓는다. 길버트는 델라 포르타의 자석 연구를 다음과 같이 평했다.

아주 최근 결코 범속하지 않은 철학자 포르타가 『자연마술』의 제7권에 자석에 대한 기이한 현상을 모두 모아놓았다. 하지만 그는 자석의 운동에 대해서는 거의 알지 못했고 그와 같은 것을 본 적도 없었다. 베니스의 성직자인 베드로 사도에게서 배웠거나 자기 자신의 관찰을 토대로 쓴 자석의 힘에 대한 글들은, 몇몇을 제외하면 그다지 정확하지도 주의 깊지도 않다. 이 책은 잘못된 실험 투성이이다. 그러나 내가 그를 평가하는 것은 그토록 대단한 주제를 직접 다루려고 했다는 것이며, 더욱 상세히 조사해볼 만한 계기를 마련했다는 점이다.(I-1,p.6)[19]

길버트가 『자연마술』을 과소평가하고자 하는 의도에 사로잡혀 있었다고 생각할 수밖에 없다. 그러나 길버트 자신은 인정하고 싶지 않았겠지만 실제로는 그는 델라 포르타에게 크게 빚지고 있었다. 그것은

『자석론』만 읽으면 알 수 없지만 『자연마술』 제7권과 비교해 읽으면 분명해진다.

『자연마술』에 나타난 자력 연구의 개요

『자연마술』 제7권 '자석의 불가사의함에 대하여(De miraculis magnetis)'라는 표제대로 자석과 자력을 고찰하고 있다. 제7권은 "이제 보석에서 돌로 시선을 돌려보자. 돌 중에 가장 중요한 것, 즉 가장 칭송해야 할 것은 자석이다. 자석 속에는 자연의 장엄함이 가장 잘 나타나 있다"는 문장으로 시작한다. 델라 포르타가 자석에 관심을 가진 것은 항해를 위한 자기나침반을 위해서도 아니고, 의료상의 문제때문도 아니다. 오로지 자석이 나타내는 이상한 행동에 대한 흥미에서 비롯한 것 같다.

제7권은 전부 56장으로 돼 있는데, 전체 내용을 개관하기 위해 우선 각 장의 제목을 옮겨보자.

1장. 이 돌의 명칭과 종류, 그것이 생장하는 토지
2장. 자석 인력의 자연적 근거
3장. 자석이 북극과 남극이라는 상대적인 두 개의 극을 가지는 것, 그리고 식별법
4장. 이 돌의 힘은 북극에서 남극으로, 직선을 따라 전해진다
5장. 자석의 극을 잇는 선은 일정하지 않고 가변적이다
6장. 북극과 남극에서 힘이 강하다
7장. 다른 돌에 닿아도 이 점들은 강도에 변함이 없다

8장. 자석은 자석을 끌어당기거나 자석을 밀어낸다

9장. 자석 놀이

10장. 자석이 클수록 그 힘도 세다

11장. 이 돌의 힘은 다른 돌로 옮겨지며, 때로는 이 돌들이 로프처럼 이어진 것을 볼 수 있다

12장. 자석 속에는 털이 박혀 있다

13장. 끌어당기는 부분은 밀어내는 부분보다도 강력하다

14장. 이 돌의 반대측 부분은 서로 다르다

15장. 어떻게 자석의 극점을 알 수 있는가

16장. 끌어당기는 힘과 밀어내는 힘은 어떠한 장애에 의해서도 방해받지 않는다

17장. 어떻게 눈앞에서 모래의 군대를 싸우게 하는가

18장. 상황에 따라서는 돌의 힘이 거꾸로 된다

19장. 자석의 인력은 어떻게 측정하는가

20장. 자석과 철의 상호 인력과 척력에 대해

21장. 철과 자석은, 자석과 자석이 친근한 이상으로 친화적이다

22장. 자석은 모든 부분에서가 아니라 특정한 점에서만 끌어당긴다

23장. 철을 끌어당기는 것처럼 자석은 반대측 점에서는 철을 밀어낸다

24장. 어떻게 하면 자석을 보이지 않게 한 상태에서 테이블 위의 철이 튀어오르는 것처럼 할 수 있는가

25장. 자석의 힘은 철을 통과해서 전해진다

26장. 자석은 그 힘이 도달하는 범위 안에서는 접촉하지 않아도 그 힘을 전할 수 있다

27장. 어떻게 자석은 철을 공중에 매달리게 할 수 있는가

28장. 중간에 있는 벽이나 테이블로도 자력을 방해할 수 없다

29장. 어떻게 목제 인형이 작은 보트를 저어갈 수 있는가

30장. 철판 위에 있는 자석은 철을 움직일 수 없다

31장. 철의 위치는 자석의 힘을 변화시킬 것이다

32장. 자석의 북극점으로 마찰된 철은 남극을, 자석의 남극점으로 마찰된 철은 북극을 향한다

33장. 자석에 닿은 철은 그 힘을 다른 철에게 나누어준다

34장. 철이 받은 힘은 더욱 강한 철에 의해 약해진다

35장. 어떻게 자석 안의 남극과 북극점을 식별하는가

36장. 어떻게 항해용 나침반의 철침을 마찰하는가

37장. 항해용 나침반의 다양한 용도에 대해

38장. 어떻게 자석을 이용해 세계의 경도를 발견할 수 있는가

39장. 항해용 자침을 정지시키고 자석을 움직이거나 또는 역으로 하면 자침과 자석은 서로 반대로 움직일 것이다

40장. 자석은 자침에 반대 방향의 힘을 나누어준다

41장. 자석에 닿은 침은 반대 방향의 힘을 받아들인다

42장. 철을 끌어당기는 힘은, 다른 상황에서는 철을 밀어낼 것이다

43장. 한쪽 끝이 자석에 닿은 침은 항상 양측으로 힘을 받아들이지는 않는다

44장. 중앙 부분이 자석에 닿은 침은 그 힘을 양 끝으로 보낼 것이다

45장. 자석에 닿은 철 고리는 양쪽의 힘을 받아들일 것이다

46장. 중앙 부분이 자석에 닿은 철판은 그 힘을 양끝으로 분산할 것이다

47장. 철로 된 줄은 어떻게 힘을 받아들일까

48장. 마늘은 자석의 힘을 방해할까 그렇지 않을까

49장. 어떻게 힘을 잃어버린 자석을 회복시키는가

50장. 어떻게 자석의 힘을 강화하는가

51장. 자석도 그 힘을 잃어버릴 수 있다

52장. 자석에 닿은 철은 어떻게 그 힘을 잃어버리는가

53장. 다이아몬드가 자석의 힘을 방해한다는 건 잘못된 것이다

54장. 수컷 산양의 피가 다이아몬드의 마력에서 자석을 해방시키는 일은 없다

55장. 다이아몬드에 닿은 철은 북극을 향할 것이다

56장. 자석의 효력과 자석에 의한 치료

이것만으로 무엇을 말하는지 잘 파악되지 않는 장도 있겠지만 제7권 전체에 대한 대강의 내용을 파악할 수 있을 것이다.

이상은 1589년에 나온 제2판을 참고했다. 비교를 위해 1558년의 초판에 나온 자석에 대한 서술을 간단히 살펴보자.[20] 초판 제1권은 마술 일반론, 제2권은 자연의 희귀한 이야기, 제3권은 연금술 이야기, 제4권은 빛의 실험이다. 자석은 제2권 제30장 '놀랄 만한 몇 가지 실험에 대하여' 중 '부인이 정절을 지켰는지 아닌지를 증명하는 방법'이라는 항에 나와 있다. 앞으로 보게 되듯이 그 내용은 자석에 대한 관찰이나 실험적 서술과는 거리가 멀다. "자고 있는 부인의 머리 밑에 자석을 두면, 그 부인이 정절을 지켰을 경우 남편을 부드럽게 안지만 그렇지 않으면 침대에서 떨어져버린다"라든가 "마늘로 인해 자석이 효과를 잃어버리기 때문에 선원이 마늘이나 양파를 먹고 나침반 근처로 다가가면 나침반은 고장을 일으킨다" 같은 문장이 주를 이룬다. 이처럼 초판은 고대 이래 전승된 자석에 대한 이야기를 무비판적으로 받아들이고 있다. 이것과 위에서 본 제2판 제7권의 각 장 제목과 비교하면 제2판에서는 자석에 대한 이해가 완전히 새로워진 것을 알 수 있다. 문헌 마술에서 실험 마술로의 전환점은 이 초판과 제2판 사이에 위치하고 있다.

제2판 제7권의 제1장은 대부분 디오스코리데스나 플리니우스를 답습한 것 같다. 제2장은 자력의 원인에 대한 고찰에 해당하며, 첫 부분

에 아리스토텔레스, 갈레노스, 이븐 시나, 에피쿠로스, 루크레티우스의 주장을 소개하고 있다. 여기서 천 몇백 년 만에 에피쿠로스의 원자론에 의한 자력 설명을 언급하고 있지만, 델라 포르타가 의존하고 있는 것은 에피쿠로스를 비판하는 갈레노스의 입장이다.

이후 델라 포르타는 자신의 주장을 펼친다.

내가 보기에 자석은 돌과 철의 혼합물, 즉 철로 된 돌이나 돌로 된 철과 같은 것으로 여겨진다. 그러나 돌이 철로 변함으로써 그 본성을 잃어버렸다고 생각하는 것은 아니다. 그렇다고 철이 돌에 동화돼버렸다고 생각하지도 않는다. 철은 그 본성을 유지한다. 이 두 성질은 상대와 싸워 이기려 하고 있으며, 철에 대한 인력은 그 각축에 의해서 발생한다. 내부에 돌의 요소가 철보다 많을 때, 단독으로는 돌과 대항할 수 없게 된 철은 돌에게 지지 않고 자신을 방어하기 위해 철의 힘과 철의 개입을 열망한다. 왜냐하면 모든 피조물은 자신의 보존을 꾀하기 때문이다. 이렇듯 자석은 그 완전성을 잃지 않으면서도 철의 우호적인 도움을 받아들여 흔쾌히 철을 끌어당기게 된다. 철은 기꺼이 자석을 향해 움직인다. 자석이 돌을 끌어당기지 않는 것은 자석이 내부에 충분한 돌을 가지고 있어 굳이 돌을 찾을 필요가 없기 때문이다. 그리고 자석이 다른 자석을 끌어당기는 것은 돌 때문이 아니라 내부에 포함된 철 때문이다.(VII-2)

명료하지 않은 이 설명은 훗날 "유명한 마술사의 발언이 아니라 수다스러운 할머니의 헛소리"(II-3, p.64)라며 길버트에 의해 무시당하게 된다. 결국 유사한 것들, 동질의 물체들은 서로 끌어당긴다는, 그때까지 전승되어온 이야기의 변주에 불과하다. 그러나 고대 이래 알베르투스 마그누스, 아그리콜라에 이르기까지 자석을 금속과 구별되는 돌로 보았던 전례를 생각한다면, 자석을 철로 된 물질, 혹은 철의 성질을 공유하는 것으로 파악한 델라 포르타의 견해는 주목할 만하다.

한편 제2장에는 '아리스토텔레스가 『영혼론』에서 인용하고 있는, 자석은 영혼을 가진 돌이며, 그 때문에 철을 끌어당긴다는 아낙사고라스〔탈레스를 잘못 알고 있는 게 아닐까〕의 견해를 나는 소홀히 다루지 않을 것이다'라고 밝히고 있다. 이처럼 델라 포르타는 자력을 물활론적인 입장에서 보고 있었던 것이다.

델라 포르타의 자석 실험

제7권 제3장 이하는 자석의 실험에 관한 이야기이다. 이 부분은 서술이 매우 구체적인데, 저자 자신이 실제로 실험한 것에 근거했다고 판단된다. 대부분 페레그리누스의 실험을 뒤따르고 있다.

제3장에서는 자석의 극성, 즉 자석에는 상이한 두 개의 극이 있어 각각 북극과 남극을 가리킨다는 점, 또 그 구별법을 다룬다. 제4장과 제5장에서는 자석을 나누어도 각각의 자석이 반드시 두 개의 극을 갖는다는 것, 즉 자석이 항상 쌍극자로 존재한다는 것, 제6장에서는 자력은 자석의 양 끝에서 가장 강하다는 것, 그리고 제8장에서는 자석의 다른 극은 서로 끌어당기지만 같은 극은 서로 반발한다는 것을 이야기하고 있다. 여기까지는 이미 페레그리누스가 발견한 것을 재확인하는 수준이다.

그러나 『자연마술』 제7권의 실험은 이것에만 한정되지 않는다. 제28장에서는 자력이 중간에 있는 물체에 차단되지 않는다는 것을 확인하고, 제30장에서는 철만은 예외로 자력을 차단하는 힘을 가지고 있다는 것을 보여준다. 즉 "철가루를 철판 위에 놓고, 손을 밑에 넣어〔손에 쥔] 자석을 움직여도 철가루는 움직이지 않고 판 위에 가만히 있는다"고 이야기한다. 제16장에도 테이블 위에 놓인 철이 테이블 밑의 자석에 의해 끌어당겨진다는 것, "그러나 테이블이 자석이나 철로 만들어졌다면 힘이 방해를 받아 아무것도 할 수 없게 된다"고 밝히고 있다. 이것은 카르다노도 알지 못했던 사실이다.

또 20장에서는 자석과 철의 인력은 상호적이며 어느 한쪽만이 다른 쪽을 끌어당기는 것은 아니라고 분명히 언급하고 있다. 이것은 비링구초와 카르다노의 주장을 이어받은 것이다. 델라 포르타는 자석과 철은 "서로 사랑하고 있으며" 따라서 가까이 가면 "가벼운 쪽이 더욱 무거운 쪽으로 움직인다"고 이야기하고 있다. 물론 원리적으로는 양쪽이 움직여야 하지만, 마찰이 있는 평면 위에서 실험을 하면 가벼운 쪽이 움직이는 경우가 많다. 따라서 이 진술은 실제의 실험에 근거하고 있는 것이 확실하다. 엄밀함이 결여되어 있긴 하지만, 델라 포르타의 이 서술은 자력에 대한 작용·반작용 법칙의 맹아적 표현이라고 할 수 있다.

그러나 『자연마술』 제7권의 가장 두드러진 특징은 천 수백 년 이상 무비판적으로 이어져 내려온 속설에 대해 하나하나 실험을 통해서 참·거짓 여부를 확인하고 검증했다는 점이다. 이 실험은 소박하지만 안정되고 착실한 것이다. 이 실험들을 유치하다고 보는 이도 있으나, 그것조차 당시까지는 아무도 실행하지 않았다는 점을 잊어서는 안 된다. 이 작업은 자석에 대한 논의가 근거 없는 풍설로부터 과학적인 논의로 전환하기 위해 필수적으로 거쳐야 할 과정이었다. 『자연마술』의 초판 출판에서 제2판 집필 사이에 델라 포르타가 어떤 동기나 계기에서 이 같은 실험적 검증 쪽으로 눈을 돌리게 되었는지는 분명치 않다. 어쨌든 그의 실험 덕분으로 2천 년 가까이 전해져온 많은 미신들이 밝혀졌던 것이다.

그 미신 중의 하나가 마늘을 바른 자석은 힘을 잃는다는 것이었다. 델라 포르타 자신도 앞에서 본 것처럼 『자연마술』의 초판뿐 아니라 제2판 제1권에서도 "마늘과 자석 사이에는 눈에 띄는 상이함이 보인다. 마늘을 자석에 바르면 플루타르코스가 지적한 것처럼 자석은 철을 끌어당길 수 없게 된다"(I-7)라며 무비판적으로 기록하고 있다. 그러나 같은 제2판 제7권에는 마늘이 자석에 미치는 영향에 대해 전승돼온 이야기들을 열거하면서 "내가 이것들을 시험해보고는 그것이 잘못됐다는 것을 발견했다. 실제로 마늘을 먹은 후 자석에 숨을 내뿜거나 트림을 해도 자석의 힘이 소멸되지 않았을 뿐 아니라, 마늘 즙을 자석 전체에 발라도 자석은 아무 일도 없었다는 듯 여전히 제대로 작용했다"고 기록했다.(VII-48) 같은 제2판 안에서도 제1권과 제7권의 서술이 모순되지만, 그것이 의도적인 것인지 아닌지를 확인할 수는 없다. 아무튼 마늘이 자석의 기능을 방해하는 작용을 한다는 이야기가 틀렸다는 것을 실제 실험을 통해 확인한 인물이 델라 포르타라는 것은 명백하다. 그러나 이 공적을 많은 이들은―모틀레이와 손다이크와 마리 보아스 같은 이는 예외로 하고[21]―길버트에게로 돌렸다. 델라 포르타가 이처럼 명확히 기록으로 남기고 있는데도 대다수 과학사가들이 그것을 무시한 것은 대단히 놀라운 일이다. 그에 비해 물리학자 엘리엇(R. S. Elliott)이 쓴 교과서 『전자기학Electromagnetics』은 이 공로를 델라 포르타에게 돌리고 있어 그나마 다행이다.[22]

마찬가지로 델라 포르타는 다이아몬드가 자석의 힘을 방해한다는 이야기에 대해 검증한다. 이 또한 플리니우스와 아우구스티누스 이래 철학자 폼포나치, 기술자 비링구초까지 전해져온 속설이다. 델라 포르타는 "나는 이것을 몇 번이나 시험해보고, 그것이 잘못된 것이며, 거기에는 아무런 진리도 없다는 것을 발견했다"라고 기록하고 있다.(VII-

53) 또 다이아몬드가 자력의 효력을 빼앗는다는 설에 대해, 수컷 산양의 피가 다이아몬드를 파괴한다는-이 또한 파라켈수스에 이르기까지 전해져왔다-미신이 겹쳐져 수컷 산양의 피가 자력을 회복한다는 기묘한 주장이 그 당시에도 믿어지고 있었다. "다이아몬드와 자석 사이에 반감이 있으며, 다이아몬드와 수컷 산양의 피 사이에도 큰 반감이 있으므로, 수컷 산양의 피와 자석 사이에는 공감이 존재하게 된다. 이 때문에 자석의 힘이 다이아몬드의 존재나 마늘의 악취에 의해 약해졌을 때는 그것을 수컷 산양의 피로 씻으면 자석은 이전의 힘을 회복하고 더욱 힘이 강해진다는 것이 지금까지 알려져 있었다." 적의 적은 친구라는 논리인 것이다. 이에 대해서도 델라 포르타는 "그러나 나는 전해지고 있는 모든 것이 거짓이라는 것을 확인했다"고 잘라 말한다.(VII-54)

이것은 54장에 있으나, 다음의 55장에서 델라 포르타는 다이아몬드로 마찰된 철은 북극을 향한다는 '실험 사실'을 기록하고 있다. 자세히 살펴보니 실험에 사용된 철이 실험 이전의 어느 단계에서 자연적으로 자화되었던 것 같다.

덧붙이자면 길버트는 1600년 『자석론』 첫머리에서 "지금까지 사람들은 꾸며낸 이야기나 거짓을 자신이 확인도 하지 않은 채 그대로 전해왔다"고 하면서 맨 처음 들고 있는 것이 "마늘과 다이아몬드가 자력을 파괴한다는 것과 수컷 산양의 피가 자력을 회복시킨다"는 것이었다."(I-1,p.2) 그러나 여기서도 그 잘못을 최초로 확인한 사람이 델라 포르타라는 것은 한마디도 언급하지 않고 있다. 물론 후세의 역사가들도 그 공적을 길버트에게 돌려왔다.

길버트는 다이아몬드로 마찰된 철은 북극을 향한다는 델라 포르타의 잘못된 실험 결과에 대해서는 "여기 포르타의 명백한 오류에 놀라지 않을 수 없다. 그는 다이아몬드가 자석에 대항하는 힘을 가지고 있다는 옛날부터 전해진 잘못된 견해를 올바르게 비판하고 있으나 철이 다이아몬드에 닿으면 북극으로 향한다는 한층 더 잘못된 의견을 제기했다"며 의기양양하게 이름을 거론하며 반박하고 있다.(III-13,p.143) 그러나 길버트 스스로 "긴 철 조각은 자석으로 자극되지 않아도 남북으로 배치된다"(I-12,p.30)라고 하면서 주조과정에서 철이 자연적으로 자화될 가능성을 지적했다. 그런 전제에서 델라 포르타가 "그것을 모른 채, 다이아몬드에 의해 그렇게 되었다고 믿고 있었던 것이다"(*철이 자연적으로 자화될 가능성)라고 추측하고 있다.(III-13,p.143) 그렇다면 델라 포르타가 해석을 잘못했을지는 모르지만, 관측 사실 자체는 실제로 일어난 일이며, 실험 자체가 잘못된 것은 아닌 셈이 된다.

실험을 통한 검증이라는 델라 포르타의 작업은 고대로부터 전승된 이야기만을 대상으로 삼은 것은 아니었다. 그 비판적인 태도는 같은 세기의 파라켈수스에게도 향해 있었다. 그는 열이 나는 자석을 '철의 오일' 즉 '화성의 크로커스(Crocus Martis)'에 담그면 자력이 강화된다는 파라켈수스의 주장이 잘못된 것일 뿐 아니라, 오히려 그것에 의해 자력이 파괴된다는 것을 실험적으로 증명해 보였다.

나는 열이 가해진 자석을 철 오일에 담가 보았으나 강화되기는커녕 그때까지 가지고 있던 힘조차 잃어버렸다. 내가 잘못 실험했다고 생각해 몇 번이나 다시 해보았으나 그것(*파라켈수스의 주장)이 잘못됐다는 걸 발견할 뿐이었다. 나는 다른 사람들에게도 불 속에서 붉게 열이 가해진 자석은 그 힘을 모두 잃어버린다는 것을 주장하고 싶다.(VII-50)

이 점에 대해서도 길버트는 『자석론』에서 "자석에 닿은 철은 완전하게 적열(赤熱)되기까지 불 속에 두어 상당 시간 방치하면 획득한 자력을 잃게 된다", "자석 그 자체도 불 속에 오래 두면 원래의 인력과 그 밖의 자기적 성질을 잃어버리고 만다"(II-4, p.66f) "자석은 매우 강한 불에 의해 그 힘을 어느 정도 잃는다"(II-23, p.91)라면서 반복해서 말하고 있을 뿐 아니라, 그것이 자신의 발견이라는 것을 강조하기 위해 도장까지 찍어두고 있다. 길버트는 파라켈수스가 말한 자력의 강화법이 '사기'라고 단언하지만,(II-25, p.93) 그 잘못을 최초로 지적한 사람이 델라 포르타라는 것은 어디에도 남기지 않았다.

현대의 많은 역사가도 열에 의해 자력이 상실된다는 사실을 발견한 공로를 길버트에게 돌리고 있지만 이 역시 잘못되었다. 길버트와도 친교가 있었던 영국인 윌리엄 발로(William Barlow)가 1616년 『자기의 공시Magneticall Advertisements』에서 실제로 실험을 통해 파라켈수스의 잘못을 발견한 것은 델라 포르타라고 지적[24]한 것은 공평한 자세다. 델라 포르타 자신도 1611년 『자연마술』의 이탈리아어 판에 길버트가 "나의 『자연마술』 제7권 전체에 약간의 수정을 가한 다음 몇 개의 책에 분산시켰다"고 불만을 토로하고 있다.[25] 델라 포르타는 길버트가 자신을 중상모략하면서 한편으로는 표절 사실을 숨기고 있다고 생각했다.

길버트는 『자력론』에서 델라 포르타의 잘못을 거론할 때는 그의 이름을 밝히면서도—델라 포르타를 언급한 16회 중에 10회가 그의 잘못을 지적하기 위한 것이었다—델라 포르타가 행한 많은 실험과 발견을 뻔뻔스럽게도 자신의 것인 양—그것도 자신이 발견한 것처럼—서술하고 있다. 그러나 길버트는 델라 포르타로부터 아주 많은 것을 얻고 있

■ 모틀레이와 밴저민의 책에 따르면 불에 의해 자력을 잃는 것을 처음으로—델라 포르타보다 조금 먼저—확인한 것은 베네치아의 피에트로 사르피(Pietro Sarpi, 1552-1623)로 여겼다. 앞에서 길버트의 인용문에 '베네치아의 성직자 바오로 사도'라고 나오는 인물이다. 그러나 사르피가 쓴 것은 그것을 보관하고 있던 건물이 화재로 소실되는 바람에 지금 남아 있지 않다.[23]

었다. 길버트의 『자석론』에서 델라 포르타는 아리스토텔레스 다음으로 많이 등장하는 이름이다. 그리고 아브로미티스(Lois Irene Abromitis)의 조사로는 인용이나 구체적인 사실, 아이디어를 언급할 때 가장 많이 이야기되는 것이 델라 포르타이다.[26]

그럼에도 불구하고 지금까지의 과학사는 길버트야말로 이전의 중세적인 미망에서 근대적인 과학이론으로 자석이론을 전환시킨 인물로 보면서도 델라 포르타는 지나치게 등한시해왔다. 『자석론』의 연구서로는 기본적인 것이라고 여겨지는 롤러(Duane H. D. Roller)의 『윌리엄 길버트의 자석론 The DE MAGNETE of William Gilbert』 같은 책에서도 델라 포르타가 완전히 무시되고 있다. 휘태커의 『에테르와 전기의 역사』에서는 전기와 자기의 현대사는 1600년의 길버트에서 시작한다고 하면서, 카르다노도 델라 포르타도 언급하지 않는다. 그뿐인가. "길버트는 자석에 관한 한 그때까지의 관측에 더 이상 새로운 경험적 사실을 거의 덧붙이지 않았다"라며 비교적 공정하게 지적하는 킹(W. James King)의 1959년 논문 「윌리엄 길버트의 자연철학과 그 선행자(The Natural Philosophy of William Gilbert and his Predecessors)」에서조차 '길버트의 실험연구는 대부분이 1269년 페레그리누스의 『자기서간』 및 로버트 노먼의 『새로운 인력』이나 윌리엄 발로의 『컴퍼스 또는 자침의 치우침에 대한 논고』의 확장일 뿐이다'[27]라고 하면서도 델라 포르타는 완벽히 무시하고 있다.

그러나 길버트보다 약 반세기 지난 후, 17세기 중반에 고대와 중세로부터 전해진 미신의 일소 작업에 뛰어든 영국인 토머스 브라운(Thomas Browne, 1605-1682)은 1646년 『세상에 널려 있는 억견 Pseudodoxia Epidemica』에서 "유명한 나폴리의 철학자 포르타의 저서에는 자신의 경험을 통해 입증한 뛰어난 작업이 많이 포함돼 있지만 검

증을 통과하지 못한 것도 몇 가지 포함돼 있다"고 쓰고 있다.[28]

결국 자석의 문제에 관해 고대와 중세의 미신과 근대 과학 사이에 획기적인 선을 그은 것은 1589년 마술사 델라 포르타가 쓴 『자연마술』 제2판이라고 해야 할 것이다. 당초 르네상스는 스콜라철학의 권위에 대항하기 위해 『헤르메스 문서』나 신플라톤주의의 고대 저작을 발견하고, 이들 고대 문서의 권위에 의거했다. 하지만 마술사상이 가지고 있던 경험주의나 실용주의는 종교적이거나 철학적인 문제는 제쳐놓더라도, 고대의 권위나 민간에 전해지고 있던 미신을 이겨내고 실험을 중시하도록 촉구하면서 근대 과학에 이르는 터를 닦았다고 할 수 있다. 실로 『자연마술』 제7권은 페레그리누스 이후 처음으로 자석에 대해 포괄적이면서 실험적인 연구였던 것이다.

델라 포르타의 이론적 발견

그런데 델라 포르타가 자석에 대해 처음 발견한 새로운 현상은 철이 자력을 차단한다는 사실 외에는 그리 많지가 않다. 그가 실험적으로 확인한 사실들은 대부분 300년 전에 페레그리누스에 의해 알려진 것들이었다. 델라 포르타는 제7권의 제27장에서 페레그리누스를 언급하고 있는데 『자기서간』-아마 『자연마술』 초판과 같은 해인 1558년에 나온 아우구스부르크판-에서 배웠을 것이다.

자석의 이론과 관련해 『자연마술』 제7권에서 가장 중요한 것은 자석이나 철을 끌어당기는 자력이 원격력일 뿐 아니라, 철에 대한 자화작용(자기유도)도 원격작용이며, 나아가서는 자력이 거리와 함께 감소한다는 것을 명확하게 지적하면서, '힘의 작용권(orbis virtuitis)'이라는 개념을 만들어냈다는 점이다.

제7권 16장에는 "자석의 힘은 어떠한 경계로도 가두어둘 수 없으며 어떠한 것에 의해서도 막을 수 없고 반사되지도 않고, 마치 그 중간에는 아무것도 없는 것처럼 눈에 보이지 않는 형태로 침투하여, 그것과 공감을 가진 돌을 움직이고 힘을 행사한다"고 돼 있다. 물론 이것은 이미 알려진 사실이다. 제26장에는 "자석은 접촉에 의해 그 힘을 철에게 나누어줄 뿐만 아니라, 그 힘의 영역 내에 존재하는 것만으로도 다른 철을 끌어당기는 힘을 철에 부여한다"라고 기록하고 있다. 델라 포르타 이전까지는 철의 자화는 자석으로 직접 마찰하는 것으로만 일어난다고 믿고 있었다. 『자연마술』의 이 한 구절은 그러한 통설에 반해 자석의 자화작용(자기유도)이 원격작용이라는 것을 처음 명시적으로 표명한 것이다. 이 발견도 지금까지는 길버트가 한 것으로 돼 있으나 역시 잘못된 것이다.

여기서 '그 힘의 영역 내에'라는 말이 있는데 이에 대해 그는 다음과 같이 쓰고 있다.

초의 빛은 모든 방향으로 퍼져 방을 밝게 한다. 그 밝음은 초에서 멀어짐에 따라 약해지고, 충분히 멀리 떨어져 있다면 소멸해버린다. 그리고 가까울수록 밝게 비친다. 그것과 마찬가지로 자석의 힘은 그 위치로부터 퍼져나가고, 자석에 가까이 있을수록 (*철을) 더 강하게 끌어당기고 멀어짐에 따라 약해진다. 그리고 충분히 멀어지면 힘은 완전히 소멸해 아무런 작용도 할 수 없게 된다. 여기서 우리는 그 힘이 미치는 범위를 힘의 작용권이라고 부른다.(VII-15)

이 한 구절은 델라 포르타가 '힘의 작용권'이라는 중요한 개념의 창시자라는 것을 의문의 여지없이 증거하고 있다. 이것은 로버트 노먼이 자력은 자석 주변에 구형을 가지면서 퍼진다고 말한 것을 더욱 정밀화한 것이다. 이것만으로도 『자연마술』 제7권이 물리학에 기여한 부분은 대단하다고 할 수 있다.■

또 힘의 강도가 거리와 함께 감소한다는 델라 포르타의 주장은, 그것이 "자석에 가까울수록 더욱 강하게 끌어당기고, 멀어짐에 따라 약해지고, 그리고 충분히 멀어지면 힘은 소멸해 아무런 작용도 할 수 없게 된다"(VII-15)라며 정성적(定性的)으로 표현한 데에 머물러 '거리의 제곱에 반비례한다'는 수학적 법칙까지는 도달하지 못했다 하더라도 중대한 이론적 기여라고 할 수 있다.

더욱이 힘의 전파와 감소를 초의 빛의 방사와 비교한 것은 '힘의 방사'라는 이해를 드러낸 것으로 생각할 수 있다. 이 표상 속에서 모든 작용인은 '형상의 증식'에 의해 다른 것에 작용을 미친다고 한 13세기의 로버트 그로스테스테나 로저 베이컨의 영향을 볼 수도 있다. 이후의 영향에 대해서도 이것을 단번에 '힘의 역제곱 법칙'의 선구로 보는 것은 다소 지나친 감이 있겠지만, 케플러의 중력방사-정확하게는 '운동령(運動靈, anima motorix)'의 방사, 나중에는 '비물질적 형상'의 방사-라는 표상의 선구로 보는 것은 충분히 가능한 이야기이다.

그뿐만이 아니다. 델라 포르타는 제19장에서 "우리는 자석의 인력 또는 척력을 측정할 수 있다"고 말하면서 소박하지만 자력의 강도를

■ 과학사학자 크라프트는 논문 「힘의 작용권-중심력이라는 표상의 기원」에서 길버트가 '힘의 작용권'이라는 개념과 용어를 델라 포르타로부터 얻었다고 단정한다.[29] 또 델라 포르타에 대해 그의 그 실험은 오직 오락을 위한 것일 뿐 이론적인 고찰은 거의 보이지 않는다며 길버트에게 끼친 영향을 과소평가하는 경향이 있는 케이(Kay)의 논문 「윌리엄 길버트의 자석에 관한 르네상스 철학」에서조차 델라 포르타의 『자연마술』이 '길버트가 내세운 힘의 작용권이라는 개념의 직접적인 원천'이라고 인정한다.[30]

정량적으로 측정하는 수단까지 고안했다. 그 방법은 천칭의 한쪽 접시에 자석을 두고 다른 쪽 접시에 추를 놓아, 먼저 저울의 균형을 잡는다. 그리고 자석이 놓인 접시 밑에 철을 두고 자석에 붙도록 한 다음 자석이 놓인 접시가 철로부터 떨어질 때까지 다른 쪽 접시에 조금씩 모래를 놓아가는 것이다. 이로부터 "그 모래의 무게를 재면 우리는 자석의 힘을 구할 수 있다"라고 밝히고 있다. 이것은 1450년에 쿠사누스가 제안한 것을 개량한 것으로, 실제 델라 포르타가 이 측정을 실행했는지는 확실치 않지만 자력의 강도를 양적으로 평가하고 측정할 수 있는 가능성을 명시적으로 이야기 한 것이라 할 수 있다.

이것을 자력의 강도가 거리에 따라 감소한다는 앞서의 구절과 함께 생각해보면 『자연마술』의 자력에 대한 이 같은 접근은 자력을 마술적이며 질적인 작용으로부터 물리학적이고 양적인 힘으로 전환시키는 결정적인 첫걸음이었으며 그 후의 물리학이 힘에 대한 연구를 할 때 나아가야 할 방향을 제시한 것으로 받아들일 수 있다. 실제 그 강함이 거리와 함께 감소하는 원격력이라는 표상을 '힘의 작용권' 이라는 개념과 겹치면, 수학적 관계로 나타나는 중심력이라는 개념과 종이 한 장 차이이며, 이후 케플러와 뉴턴으로 이어지는 근대 물리학의 형성에서 지대한 의의를 갖는 것이다.

힘 개념의 발전을 역사적으로 추적한 막스 야머가 1957년에 낸 『힘의 개념』에서 델라 포르타의 『자연마술』을 "뉴턴 시대의 과학 정신을 선언하고 있는 초기의 성명서 중 하나"라고 평가 한 것은,[31] 정당하다고 할 수 있다. 반면 과학사학계의 중진인 사턴은 역시 1957년에 한편으로는 길버트가 제창한 '힘의 작용권'을 "가장 주목해야 할 직관의 하나"라고 치켜세우면서 『자석론』을 최고로 평가하지만 "델라 포르타는 상식이 없으며 카르다노와 마찬가지로 상궤를 벗어나 신비적이다"

라고 했다. 또 델라 포르타의 『자연마술』과 카르다노의 『미세한 것에 대하여』는 "대부분 불건전하며 병적인 관념이 터무니없이 발효된 전형"이라고 혹평하면서 과학적 의의를 전혀 인정하지 않았다.[32] 그러나 길버트의 '힘의 작용권' 개념이 델라 포르타로부터 얻은 것이 확실하므로, 한쪽만을 높게 평가하면서 다른 한쪽은 가치가 없는 것처럼 지적하는 것은 공정하지 못하며 편견에 찬 것이라고 할 수밖에 없다.

마술과 과학

파올로 로시는 근대 과학과 마술의 결정적인 차이로 과학은 공개성과 민주성을 갖지만 마술은 비밀스럽고 엘리트주의적이라는 점을 들고 있다. 즉 근대 과학은 정확하게 정식화된 방법과 명석하게 정의된 언어를 가지며, 일정 정도 이상의 자질이 있는 사람이라면 누구에게나 원칙적으로 전수와 교육이 가능하지만, 마술이나 연금술은 고도의 능력을 가진 선택된 자에게만 전수되는 비전(秘傳)이며 그 비밀을 함부로 밝혀서는 안 되는 것이다. 따라서 공개적인 과학 이론은 오해가 없도록 명석한 개념으로 이야기되지만 마술의 비결은 어떤 쪽으로도 해석될 수 있는 애매하고 암시적인 언어로 표현된다.[33]

그러나 과학이 민주적으로 변화된 것은 꽤 나중의 일이며, 과학에 대한 고등교육의 기회가 균등하게 주어진 것도-영국의 그레셤 칼리지는 예외로 하고-대륙에서는 프랑스 혁명 이후의 일이다. 학술잡지라는 것이 존재하지 않았고 저작권이나 지적 소유권이라는 관념도 확립되지 않은 16, 17세기의 단계에서는 발견의 선취권을 확보하기 위하여 비밀주의를 채택하는 경우가 과학 세계에도 드물지 않았다.

16세기에 카르다노와 타르탈리아(Niccolo Tartaglia)가 3차 방정식의 해법을 둘러싸고 추한 싸움을 벌인 것도 공개성을 둘러싼 문제였다. 타르탈리아는 자신이 발견한 해법을 비법으로 간직하고 함부로 공개하지 않으려 했던 것이다. 이 경우는 오히려 마술을 인정했던 카르다노가 공개를 추진했다. 마찬가지로 델라 포르타보다 11세나 어린 덴마크의 천문학자 티코 브라헤(Tycho Brahe, 1546-1601)도 그 방대한 관찰 데이터를 비밀스럽게 간직하고 진심으로 신뢰하는 제자들에게만 보여주려고 했다. 실제로 티코의 제자로 막 들어갔던 케플러는 "티코는 매우 인색해서 관찰 결과를 가르쳐주지 않는다"[34]고 불평했다. 티코와 동시대 사람인 네덜란드의 시몬 스테빈은 천체 관측에 있어 협동 작업의 중요성을 설명한 문장에서 "극소수의 사람이 이끌고 있는 어떤 과학 분야에서는 각자가 자기의 발견을 개인적으로 소장하면서 감추고 있습니다"라고 말하고 있는데[35] 이것은 바로 티코 브라헤를 암시하는 것이었다. 그렇다고 해서 타르탈리아의 수학이나 티코 브라헤의 천체 관측을 마술이라고는 아무도 이야기하지 않는다. 특히 16세기의 시점에서는 공개성의 유무에 따라 개별적인 자연 연구를 과학이냐 마술이냐로 분류하는 것은 사실상 불가능하다.

이 점에서는 웹스터(Charles Webster)가 자연마술의 '공공적 표현'과 '비의적(秘儀的) 표현'을 구별해서 이야기한 것을 주목할 필요가 있다.[36] 이 시대에는 과학도 마술도 모두 공개와 비밀의 양면을 갖고 있었던 것이다. 그리고 델라 포르타의 『자연마술』에는 공개의 측면이 보다 많이 보인다. 델라 포르타 자신도 "자기 일을 밖으로 드러내고 원인을 알려서는 안 된다"(I-3)고 쓴 적이 있지만, 실제로는 곳곳에서 자신의 실험을 쉽고 분명하게 써서 '마술의 손 안'에 든 것을 밖으로 끄집어냈다. 그가 원인을 명확히 밝히지 않을 때는 그 자신이 원인을 몰랐기 때문이며, 때로 표현이 불분명한 점이 있다면 그것은 자신의 미숙함이나 이해 부족에서 기인한 것이지 의도적인 것은 아니었다. 에른스트 마흐(Ernst Mach)는 『광학원리 Die Prinzipien der physikalischen Optik』에서 델라 포르타가 카메라 옵스큐라를 발명한 것은 아니지만, 그것을 최초로 널리 공공연히 알렸다는 점을 높이 평가했다.[37] 그런 의미에서 웹스터가 델라 포르타를 프랜시스 베이컨과 나란히 '마술의 민주화 경향'의 추진자로 들고 있는 것은 옳다.[38]

원래부터 『자연마술』은 배타적인 비밀결사를 통해 전하는 문서가 아니었으며 일반인들을 위해 씌어져 대량 인쇄된 상품으로 시장에서 팔렸다. 그리고 실제로 일반 대중을 위한 과학서로 호평을 받았다. 그뿐 아니라 『자연마술』에 들어 있는 실험이나 관찰의 대부분은 그가 자기 집에서 조직했던 아카데미 회원들이 행한 것을 보고한 것이라고 추측하기도 한다. 과학사학자 이먼(William Eamon)은 "델라 포르타의 『자연마술』은 과학 연구를 소통하기 위한 공식적인 채널을 확립하는 데 기여한 중요한 발걸음이며, 실제로 그것은 최초의 학회 회보로도 볼 수 있다"고 말하고 있다.[39]

한편 중세에는 자연의 비밀은 함부로 밝히는 것이 아니라는 의식이 마술에 한정되지 않고 학문 전반에 퍼져 있었다. "중세의 가장 인기 있는 책"[40]이라고 알려진, 아리스토텔레스가 쓴 것처럼 위장한 『비밀의 비밀』이라는 책이 있다. 로저 베이컨도 『대저작』에서 자주 언급하는 책이다. 거기에는 —다른 책에 인용된 것을 다시 인용한 것이지만— 아리스토텔레스가 제자인 알렉산더 대왕에게 다음과 같이 이야기하고 있다.

나는 당신에게 나의 비밀을 비유적으로, 즉 수수께끼 같은 예나 상징을 통해 얘기할 것입니다. 왜냐하면 나는 이 책이 믿음이 없는 자나 건달들의 손에 들어가, 하늘의 신이 상대하지 말라고 한 천한 자들이 최고의 이익과 신의 비법을 손에 넣게 될까 두렵기 때문입니다. 만약 그렇게 되면 나는 하늘의 비밀과 숨겨진 계시를 모독하는 셈이 됩니다.[41]

이 책의 영향을 받은 로저 베이컨은 『마술의 무효에 대하여』에서 자연의 비밀이 소양이 없는 자들의 손에 들어가지 않도록 어떻게 감추어져왔는지 그 수법을 몇 가지 들고 난 뒤에 "우리가 가진 비밀의 중요성 때문에 그 몇 가지 수법을 사용할 것이다"라고 기록하고 있다.[42]

그렇다면 비밀적인 체질은 마술에 한정된 것이 아니라, 신앙심이 깊었던 중세 자체의 특징이었음을 알게 된다. 즉 자연의 비밀은 선택된 자에게만 열리며 함부로 무지한 대중에게 알려져서는 안 된다는 태도와, 자연의 비밀은 모두에게 열려야 하며 오해 없는 명백한 언어로 표현되어야 한다는 태도의 차이는, 중세적인 태도와 근대적인 태도의 차이와 대응한다는 게 분명하지만 그 구별이 마술과 과학의 구별과 정확히 일치한다고는 볼 수 없다.[43]

현실에서는 학회나 학술잡지 같은 근대적인 제도가 성립하고 저작권 개념이 형성되면서 중세적인 비밀 체질과 비전(秘傳)적인 교수법이 조금씩 극복되어 공개적이며 열린 교육으로 변하고 있었다. 다른 한편 마술도 인쇄 출판업의 등장에 의해 대중화·세속화되면서, 대중의 호기심 어린 눈과 비판에 드러나게 되어 신비성이 탈색되었다. 따라서 16세기의 마술적 실천이 근대 과학의 형성에 기여했던 의의를 그곳에 잔존하는 중세적 요소 때문에 부정하거나 과소평가해서는 안 될 것이다. 현실적으로 마술은 탈신비화함으로써, 실험을 통해 자연의 힘과 종류와 효과를 찾아내고 그것을 기술적으로 이용한다는 자세로 돌아갔던 것이다.

델라 포르타의 자연마술과 근대 기술 사이에는 그 이론적 근거를 유기체적 자연관이나 점성술적 인과성에 둘 것인가, 아니면 물리학적 자연관이나 근대 과학의 인과법칙에 둘 것인가라는 점을 빼고는 큰 차이가 없다고 할 수 있다.

※ ※ ※

델라 포르타의 『자연마술』은 철에 대한 자석의 인력뿐만 아니라 자화 능력도 원격작용에 있다는 것을 암시하고 동시에 그 힘이 거리와 함께 감소한다는 사실을 지적했다. 또 쿠사누스에 이어서 자력을 정량적으로 측정할 수 있다고 이야기했다. 나아가 '힘의 작용권'이라는 개념을 밝힘으로써, 힘을 수학적으로 표현하는, 근대 물리학적 힘 개념으로 나아가는 기틀을 마련했다고 할 수 있다.

자석을 둘러싸고 고대부터 전해진 이야기들을 실제 실험을 통해 검증함으로써 문헌 마술에서 실험 마술로의 전환을 이루어내고, 자석과 관련된 몇 가지 미신을 과거의 것으로 돌려놓기도 했다. 자연 인식에 대한 중세적인 비밀적 성격에서 탈피해 마술의 탈신비화·대중화를 꾀한 점에서도 『자연마술』은 근대 과학을 예비하고 있었다.

이처럼 델라 포르타에 의해 르네상스의 마술사상은 근대의 과학 기술사상을 향한 한 걸음을 내디뎠다. 자력과 관련해서 말한다면 물활론적인 기조를 바꾸지는 않았지만, 자석을 둘러싼 언어에서 미신적인 요소를 털어내고 자석을 과학적으로 이해하는 방향을 선보였다. 그러나 델라 포르타에게 결정적으로 부족했던 것은 개개의 경험을 세분화하고 체계를 갖추는 관점과 이론이었다.

3부

17장 근대적 우주상의 등장과 길버트의 자기철학
18장 만유인력의 맹아, 케플러의 천계(天界)의 물리학
19장 무지의 피난처, 17세기 기계론 철학
20장 로버트 보일과 영국 기계론의 변모
21장 자력과 중력의 발견 – 훅과 뉴턴
22장 에필로그 – 자력법칙의 측정과 확정

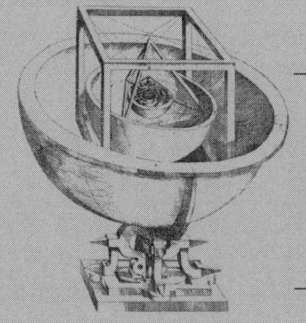

17장

근대적 우주상의 등장과 길버트의 자기철학

지구가 자성을 가진 활성적인 존재라는 점을 명확히 한 길버트의 자기철학은 그동안의 과학사에서는 제대로 평가받지 못했다. 그러나 17세기의 전반 – 근대 물리학과 근대적 우주상이 등장하는 국면 – 에는 이 주장의 의미는 대단했다. 하늘의 물체에 비해 지구가 비천해서 움직일 수 없다는 천동설의 이데올로기적 근거가 타파되었기 때문이다.

길버트와 그 시대

 근대 전자기학의 출발점이라고 평가받는 『자석론*De Magnete*』의 저자 윌리엄 길버트에 대해서는 경력이 자세히 알려져 있지 않다. 그 이유 중 하나는 그가 태어나고 유년 시절을 보낸 콜체스터(Colchester) 거리가 1648년 내란중에 파괴되었기 때문이다. 또 나중에 그가 런던에서 살았던 집은 물론이고 장서와 원고, 실험기구가 보관돼 있던 왕립의사협회(The Royal College of Physician) 건물도 1666년 런던 대화재 때 소실됐다.
 거의 확실한 사실은 1544년 영국 남동부의 에식스(Essex) 주 콜체스터에서 유복한 시민의 아들로 태어났으며 아버지는 시 재판소의 판사였다는 점이다. 1558년 케임브리지 대학에 입학해 1569년에 의학박사 학위를 취득, 1570년대 전반에 런던에서 개업했다. 그 사이에 왕립의

〈그림 17.1〉 윌리엄 길버트.

사협회의 요직에도 취임했고, 1600년에는 회장에 선출되었다. 1601년에는 엘리자베스 여왕의 시의(侍醫)가 되었으며, 1603년 여왕이 죽은 지 몇 개월 뒤 여왕의 뒤를 따르듯이 눈을 감았다. 향년 59세였고, 평생 독신이었다.

학위를 취득한 후 런던에서 개업하기 전까지 수 년간 외국 특히 이탈리아로 떠나 그곳의 저명한 철학자들과 교류했다고 전해지지만 입증할 만한 자료는 남아 있지 않다. 또 그의 집에서 친구들과 모임을 열었는데 이것은 사설 과학 아카데미와 같은 것으로 왕립협회의 전신이었다거나, 엘리자베스 여왕으로부터 특별히 총애를 받아 유산을 받았다는 이야기도 전해지지만 모두 확실한 것은 아니며 뒷날 윤색된 것으로 보인다.[1] 그러나 만년의 길버트가 당시 영국 사회에서 권력층에 속

했고 최고의 의사들 중 한 사람이었던 것은 분명하다.[2]

길버트가 1540년에 태어났다는 설도 있다. 이것은 그의 이복동생이 길버트의 비문에 '1603년 11월 마지막 날, 63세로 사망'이라고 새긴 것에 연유한다. 하지만 그렇다면 케임브리지에 입학한 것이 18세가 되는데, 이는 당시로는 너무 늦은 나이이다. 생전에 그려진 초상화에도 '1591년, 48세'라고 기록되어 있으며, 『자석론』을 영어로 번역한 톰프슨(Silvanus P. Thompson)이 보들리 도서관(Bodleian Library)에서 발견한 문서에도 '1544년 3월 24일 오후 2시 20분 탄생'이라고 돼 있어 1544년생이 맞는 것으로 생각된다.

사실 그가 언제 태어났냐는 것보다는 어떤 시대에 살았느냐가 더 중요한 문제이다. 1544년이라고 하면, 존 디가 태어난 지 17년이 되는 해이며, 델라 포르타가 탄생한 지 9년 후(추정)에 해당한다. 한 해 전인 1543년에는 코페르니쿠스의 『천구의 회전에 대하여』와 베살리우스의 『인체의 구조』가 출판됐다. 즉 아리스토텔레스주의 자연학, 갈레노스 의학, 프톨레마이오스 천문학이 동요하고, 그것을 대신해 헤르메스주의와 마술사상이 한층 힘을 얻고 지적으로 관심을 모으던 시대였다. 영국에서 최초로 지동설에 관한 책을 쓴 토머스 디그스와 덴마크의 티코 브라헤가 모두 1546년 태어났다. 지동설과 무한우주를 설파하며 유럽을 떠돌았던 조르다노 브루노와 네덜란드의 시몬 스테빈은 1548년생이다. 근대 과학의 선구자가 여기저기서 태어나고 있었던 것이다.

덧붙이자면 유럽인(포르투갈 사람)이 처음 일본에 도착한 것이 1543년으로, 길버트가 태어난 때는 마침 유럽 사람의 활동 범위가 동쪽 끝까지 미친 시대이기도 했다. 유럽인들은 대항해 시대에 고대인들은 몰랐던 새로운 지구를 발견했지만, 그것이 그들에게 실감나게 다가오고 폭넓게 인식된 것은 이즈음이었다. 특히 영국에서 길버트가 케임브리지 대학에 들어간 1558년은 가톨릭 여왕 메리(Mary)가 죽고 프로테스탄트인 엘리자베스 여왕(엘리자베스 1세)이 즉위한 해이다. 길버트의 런던 생활은 엘리자베스 절대왕권이 확립되어가는 과정과 겹치고 있으며 신흥 부르주아가 눈에 띄게 힘을 축적해가는 시대였다. 또 1588년 스페인 무적함대를 격파한 뒤, 17세기 이후의 제국주의를 향해 영국 경제가 비약적으로 발전하고 해외진출이 급속히 확장되던 시기이기도 했다.

1571년 엘리자베스 여왕이 교황으로부터 파문당하면서 영국 국교회(國敎會)가 확립된다. 이것은 국민국가의 정치권력이 교황청의 권력보다 우위에 서게 된 것을 상징한다. 로마 가톨릭과 칼뱅 원리주의 양쪽으로부터 협공을 당한 영국 국교회의 신학사상은 '인간 이성의 권위'를 주장하는 인문주의적이고 중도적인 성격이었다.

문화적으로는 엘리자베스 왕조의 르네상스인 '대 엘리자베스 시대'가 활짝 열렸다. 대수(對數, log)를 발명한 수학자 존 네이피어(John Napier)가 1550년 태어났고 시인 에드먼드 스펜서(Edmund Spenser)는 1552년, 소설가 필립 시드니는 1554년, 극작가 윌리엄 셰익스피어와 크리스토퍼 말로는 둘 다 1564년에 태어났다. 길버트의 전성기는 영국 역사에서 문화적으로 가장 활력이 넘치던 시대였다. 그레셤 칼리지가 창설된 것이 1597년으로, 길버트가 의사로 종사했던 이 시대는 런던에서는 부르주아지와 의사, 기술자, 장인을 중심으로 새로운 과학이 부흥하고 있던 시기이기도 했다.

1600년에, 출판돼 길버트의 이름을 후세에 남기게 되는 『자석론』의 정식 타이틀은 『자석과 자성물체에 대하여, 그리고 커다란 자석인 지구에 대해, 많은 논의와 실험을 통해 증명된 새로운 자연철학』이다.[3] 『자석론』은 제2판이 1628년, 제3판이 1633년에 각각 나왔다. 또 다른 저서로는 그의 유고를 동생이 편집한 『우리의 달 아래 세계에 대한 새로운 철학 De mundo nostro sublumari philosophia nova』-통칭 『세계론 De mundo』-으로 1651년 암스테르담에서 출판됐다. 이 두 권이 모두 '새로운 철학(physiologia nova 또는 philosphia nova)'이라고 불리는 데서 알 수 있듯이 길버트 저서의 주요한 목적은 자석 연구에 한정되지 않고 지구에 대한 새로운 상-'자기철학(philosophia magnetica)'-을 제시하기 위한 것이었다. 『자석론』은 서문 첫머리에서 "지금까지 전혀 알려져 있지 않았던 우리의 모체인 지구, 그 거대한 자석의 고귀한 실체와 우리 지구가 가진 특이하고 탁월한 모든 힘을 더 잘 이해하기 위해서"라고 선언하고 있다. 길버트에게 지구는 아리스토텔레스가 말하는 것처럼 천하고 차갑고 움직임이 없는 흙덩어리가 아니라 '특이하고 탁월한 힘'을 가진 고귀하고 생명적인 존재다. 이 점을 분명히 하기 위해 『자석론』을 썼던 것이다.

『자석론』이 차지하는 위치와 개요

『자석론』의 자세한 내용은 앞으로 살펴보겠지만, 두 가지 점에서 이전과는 다른 형식을 취하고 있다.

첫째 당시의 관습에 반해 후원자들에 대해 헌사를 하지 않았다. 당시로서는 아주 특이한 일이었다. 프랜시스 베이컨이 『학문의 진보』에서 "저서나 저작을 후원자에게 헌정하는 작금의 풍습은 추천하고 장려할 만한 일이 아니다. 왜냐하면 책은 진리와 이치 이외에는 어떤 후원자도 가질 필요가 없기 때문이다"[4]라고 지적한 것은 이보다 5년 후인 1605년인데 그 베이컨조차 자신의 책에서 '국왕 각하에게'라고 시작했다(《그림 20.1》). 그렇다면 길버트는 사회적 지위가 상당히 높았을 뿐 아니라 대단한 자신감을 가지고 있었던 게 아닐까.

둘째는 『자석론』 서문에 "우리가 새로이 발견한 사실이나 새로이 행한 실험에 대해서는 중요도나 정확도에 따라 크고 작은 별 표시를 하겠다"면서 모두 200여 개의 별(★) 표시가 난외에 기록돼 있다는 점이다. 개개의 발견이나 실험에 대해 저자의 권리를 주장한 것이라고 볼 수 있다. 하지만 자신의 권리 확보에는 그토록 열심이었던 길버트가 타인의 권리에 대해서는 상당히 무신경한 편이었다. 예를 들면 불과 열이 자력을 파괴한다고 말한 곳(II-4,23)에 별 표시를 했으나 이것은 이탈리아의 피에트로 사프리와 델라 포르타가 길버트보다 먼저 실험적으로 확인한 것이었다.

길버트가 앞사람들에게 공을 돌리는 데 인색했다는 것은 많은 과학사가들이 한결같이 지적하는 점이다. 채프먼(Sidney Chapman)은 "길버트는 페레그리누스나 노먼을 수 차례 언급하고 있지만 그들의 공적을 밝히기 위해서가 아니라, 그들의 잘못을 비난하기 위해서가 대부분"이라고 꼬집었다.[5] 찔젤도 길버트가 노먼에게 큰 영향을 받았음에도 "이를 전혀 강조하지 않을 뿐 아니라 오히려 숨기고 있으며" 페레그리누스에 대해서도 모두 다섯 차례 언급하고 있지만 그 중 4회가 비판하기 위한 것이었다고 했다.[6] "그는 논박하기 위해서가 아니면 이전의 저자들을 거의 언급하지 않았다."[7]

『자석론』 서문은 "감추어진 것을 발견하고 사물의 감추어진 원리를 명확히 증명하려면 종래 철학 교수들의 그럴듯한 추측이나 의견에 기대기보다 신뢰할 수 있는 실험과 논증을 거쳐야 한다"면서 "진정으로 철학하는 사람들, 단순히 책 속에서가 아니라 사물 그 자체에서 지식을 구하고자 하는 뛰어난 정신을 가진 이들을 위해 새로운 철학인 자기 과학의 기초를 썼다"고 밝혔다. 본문에서도 "실제로 실험을 해보지 않고서 감추어진 원인을 탐구한다면 쉽사리 오류에 빠지게 된다"고 반복해서 강조한다.(p.169) 이 때문에 『자석론』은 자기학을 근대적인 실증적 과학으로 격상시킨 최초의 책으로 지금까지 널리 인정받아 왔다. 1837년에 나온 휴얼의 『귀납적 과학의 역사』에는 "길버트는 실험이 가진 가치를 반복해서 주장하고 자신도 스스로 정한 규범에 따라 연구했다"[8]고 돼 있고, 그로부터 100년 후인 1935년에 울프(Abraham Wolf)가 쓴 『16, 17세기의 과학, 기술, 철학의 역사 History of Science, Technology and Philosophy in the 16th & 17th Centuries』에도 『자석론』은 "거의 전편이 실험에 의거한 결과로 채워져 있다"고 기록돼 있다.[9]

길버트가 자석에 대해 몇 가지 실험을 한 것은 사실이다. 그러나 책에 기록된 실험의 상당수는 페트루스 페레그리누스와 로버트 노먼, 델라 포르타가 이미 행한 것을 추가로 확인하거나 개량한 것에 불과하다.[10] "이 분야에서 누군가가 선취권을 주장한다면 그것은 길버트가 아니라 노먼이다. 노먼은 길버트보다 훨씬 큰 업적을 남겼다"고 한 존스(Richard Foster Jones)의 평은 결코 과장이 아니다.[11] 또 "길버트의 방법은 포르타의 것과 거의 다르지 않다. 길버트의 많은 실험은 이전 저자들이 행한 것과 매우 닮았다"고 한 마리 보아스의 지적이나[12] "길버트는 이 책에서 측정이라는 것을 전혀 하지 않았다. 실험들도 전형적으로 정성적(定性的)이다. 설사 그의 실험들이 질적으로 훌륭하며 매우 교묘하고 정성 들여 주의 깊게 행해졌다 하더라도, 기본적으로는 델라 포르타의 것과 같은 방식이다"라는 로시의 비판[13]은 실상을 정확히 간파하고 있다. 델라 포르타는 자력을 정량적으로 측정했을 뿐 아니라 길버트보다 훨씬 앞서 있기조차 했다.

〈그림 17.2〉 길버트 『자석론』 초판의 표지.

길버트의 진정한 새로움은 실험 자체가 아니라 실험에 대한 동기 부여, 실험 결과에 부여한 의미와 해석에 있다. 길버트 이전에도 자석과 관련된 실험을 행한 사람은 많다. 하지만 "그들 중 누구도 자석에 대해 일반적인 철학을 세우거나 자기(磁氣)현상에 대해 일반적인 설명을 제공하려고는 시도하지 않았다."[14] 포괄적인 자연관-자기철학-속에서 자기현상을 파악하려고 했던 것은 길버트가 효시였다.

자기학에서 길버트가 세운 최대의 공적이자 선구적인 업적은 지구가 하나의 거대한 자석이라는 것을 밝힌 것이다. 그것은 몇몇 실험이나 관측을 통해, 베이컨적인 의미에서 귀납적으로 얻어진 것은 아니었다. 그것은 특이한 물질관에 의거해 만들어진 가설이었으며, 실험은 그 가설을 검증하기 위해서 진행되었다. 더구나 구형자석-'테렐라(terrella, 소(小)지구)'-을 지구 모형으로서 사용해 간접적인 형태로 실험을 행했다. 이 전제를 바탕으로 지구상(像)을 그려냈다. 이 과정에서 그는 서문에 "우리는 자유롭게 철학 할 수 있다"고 단언했듯이 아주 공상적인, 나쁘게 말하면 스콜라적인 틀-자기(磁氣)철학-에 의존했다. 이 점에 대해서는 나중에 프랜시스 베이컨이 실험으로 확인한 범위를 넘어서 논의 자체에 빠져 있다며 길버트의 일탈을 비난했던 것처럼,[15] "길버트의 자기철학은 실험에 의거한 것이 아니라 유추 위에 세워졌다"는 루퍼트 홀(Alfred Rupert Hall)의 지적이 옳다.[16] 사실 서문에서 '새로운 철학'이라고 스스로 칭한 '자기철학'이야말로 『자석론』의 기조를 이루고 있으며, 길버트가 17세기에 끼친 영향은 바로 이 자기철학에 있었다.

길버트와 전기학의 창설

『자석론』 제2권 제2장에는 "자기운동을 일으키는 원인은 호박의 힘과는 크게 다르다"(p.47)면서 논의를 '호박현상(정전인력)'으로 끌고 간다.

원래 호박현상은 길버트의 자기철학에서는 아무런 역할도 하지 않았다. 제2권 제2장의 본래 목적은 뒷장에서 자기철학을 논할 때 불필요한 것이 들어오는 것을 피하기 위해 먼저 호박현상을 떼어내려는 의도로 씌어졌다. 그러나 결과적으로 호박현상을 서술함으로써 전기학을 독립된 학문으로 세우게 된다. 이전까지는 '견인'이라는 이름으로 일괄적으로 다루어지고, '감추어진 힘'이라든가 '공감과 반감' 같은 마술적 용어를 통해 아무런 구별 없이 취급되던 자기현상과 호박현상이, 길버트에 이르러 처음으로 별도로 설명되고 파악되어야 할 것으로 자리매김되었다. 한마디로 길버트가 처음으로 자기학과는 독립된 전기학을 제창했던 것이다. 전기력에 대한 그의 설명 방식은 17세기 이후의 전기론 발전에 많은 영향을 주게 된다. 뿐만 아니라 제2장에서의 정전기학 실험은 새로운 착상에 근거한 것이다. 이는 사실상 그가 도화선에 불을 붙인 셈인데, 그것만으로도 대단한 가치를 지닌다고 할 수 있다. 실제로 이 장에는 별 표시가 많이 붙어 있다. 길버트를 실험물리학의 창시자라고 한다면 바로 이 정전기학 분야에서일 것이다.

호박현상 실험을 위해 길버트가 고안한 것은 그가 '베르소리움(versorium)'이라고 명명한 장치다.

견인(attractio)이 어떻게 일어나고 다른 물체를 끌어당기는 물질이 어떤 것인지를 명료하게 실험할 수 있도록, 길이가 3-4지폭(指幅, *손가락 하나 두께로 1지폭은 약

〈그림 17.3〉 베르소리움(『자석론』에서 발췌).

0.75인치)인 임의의 금속으로 바늘을 만들어 자침처럼 지지대 위에 살며시 놓아 베르소리움을 여러분 스스로 만들어보기 바란다. 바늘 한쪽 끝에 부드럽게 마찰된 호박이나 매끄럽게 닦은 보석을 가까이 대면 베르소리움은 빠르게 회전한다.(II-2, p.48)

'베르소리움'은 자동사 'versor(돈다)'에서 가져온 말로 '회전자(rotator)'로 번역해도 무방하다. 지지대 위에서 스스로 회전할 수 있는 금속 바늘로 된 간단한 장치(〈그림 17.3〉)이다. 마찰에 의해 전기를 띠게 된(帶電) 유전체를 금속 바늘 끝에 가까이 대면, 금속의 종류와 관계없이 유도체의 전하와는 반대되는 전하가 바늘 끝에 유도된다. 그 결과 유전체와 바늘 끝이 서로 끌어당기게 되는 것이다. 바늘로 사용하는 금속은 어떤 것이든 상관없다. 정전유도에 대한 지식이 전혀 없던 시대이므로, 자화되기 이전의 자침에 마찰된 호박을 우연히 가까이 댔다가 그런 움직임을 발견했을지 모른다. 어쨌든 이 장치는 최초로 만들어진 인공 검전기(檢電器, electroscope)로서 구조가 단순하고 조작이 간단하며 비교적 감도도 좋아 미약한 인력을 검출하는 데 유효했다. 또 바늘이 얼마나 빠르게 회전하느냐에 따라 정성적으로나마 힘의 대소(강약)를 분류할 수도 있었다. "전기적 물질에 가까이 다가가면

[베르소리움의 끝은] 그만큼 강하게 끌어당겨진다"라는 문장(p.54)은 거리가 가까워질수록 정전기력이 증대한다는 것을 기록으로 남긴 첫 사례이다. 아마도 위의 실험으로부터 그런 결론을 얻었을 것이다.

물론 정량적으로 정밀한 측정은 이 정도 장치로는 어림도 없다. 길버트 자신도 힘을 정량적으로 측정하는 것의 의미와 중요성을 자각하지 못했다. 그러나 이 실험이 정전기에 대한 목적의식적이고 계획적인 실험이었다는 점만은 분명하다. 베르소리움을 검전기로 사용한 것은 미약한 정전기력의 효과를 인위적으로 확대해 눈에 보이도록 한 것으로 그 자체가 획기적인 발명이다. 이후 라이덴 병(Leyden jar)의 개발과 볼타 전지(Voltaic cell)의 발명으로 이어지는 실험전기학 분야의 최초의 업적이라고 할 수 있다.

길버트는 제2권 제2장에서 호박현상(정전인력)을 나타내는 물체로서 그때까지 알려져 있던 호박(amber), 흑옥(jet), 다이아몬드[17] 외에 사파이어, 홍옥(carbuncle), 아이리스석(iris gem), 오팔, 자수정, 빈센트석(vincentia), 형석(spar), 녹주석(beryl), 수정, 유리, 모조보석, 전석(belemnite), 유황, 유향(mastick), 굳은 봉랍(封蠟, hard sealing-wax) 등을 들고,(p.48) 이 부분에 큰 별 표시를 했다. 반면 아무리 마찰해도 인력을 갖지 않는 물질로는 에메랄드, 마노(瑪瑙, ahate), 홍옥수(carnelian), 진주, 벽옥(jasper), 옥수(chaldedony), 설화석고(alabaster, 흰 알맹이의 치밀한 덩어리로 되어 있는 석고), 반암(porphyry), 산호, 대리석, 리디아석(touchstone), 부싯돌(flint), 혈석(bloodstone), 강옥(emery), 그 외 뼈나 상아, 흑단(ebony), 노송나무(cypress), 노간주나무(juniper)나 삼나무(ceder) 같은 목재, 금, 은, 동, 철을 열거하고 있다.(p.51) 호박현상을 나타내지 않는 물질이라는 것은, 실제로는 당시의 실험 조건상 또는 금속처럼 물질 그 자체의 전도성 때문에 마찰전기를 검출할 수 없었다는 뜻일 것이다. 예를 들어 인력을 나타내지 않는 물질에 '옥수'가 포함되어 있다. 이는 마르보두스가 '옥수'는 인력을 나타낸다고 말했을 때와는 조건이 달랐기 때문일 것이다.

호박현상을 나타내는 물질과 나타내지 않는 물질에 관한 이 방대한 목록은 길버트 자신이 행한 조직적인 실험의 결과이다. 그는 물질에 따라서 '아주 건조한 날'이나 '대기가 차고 투명하고 희박할 때' 한층 명료하게 실험 결과를 관찰할 수 있다고 했다. 그 까닭은 대기가 습하면 전도성이 증가해 효과가 나타나지 않기 때문이지만, 당시엔 그런 이유가 알려져 있지 않았다. 따라서 길버트의 지적은 분명히 실제 관찰에 토대를 둔 것이라고 할 수 있다.

길버트는 수많은 물질을 실험한 결과 호박현상은 "(흔히 생각하는 것처럼) 소수의 물질에서만 나타나는 특이한 성질이 아니라, 여러 물질에서 두드러지게 나타나는 성질"이라고 결론짓고,(p.49) 이런 성질을 가진 물질 즉 '호박처럼 끌어당기는 물질'을 '전기적 물질(electricum)'이라고 이름 지었다. 자화된 물질을 '자기적 물질(magneticum)'이라고 불렀던 것처럼 길버트 자신이 만든 조어이다. 또 전기적 물질과 자기적 물질은 각각 어떤 것이고 그 차이가 어디서 유래하는지를 둘러싸고, 독특한 물질관과 지구상(像)을 전개해나가게 된다.

길버트는 지구 물질을 크게 액질(液質)과 토질(土質)로 나누었다. 액질은 "주로 습기로부터 만들어져 딱딱하게 응축되고 고체의 형상을 하면서도 액체의 외관과 광택을 유지하는 모든 것으로, 습한 것이든 건조한 것이든 모든 물체를 끌어당긴다"(p.52)라고 설명하고 있다. 바꿔 말하면 "액체 상태의 물질이든 유지(油脂) 상태의 물질이든 습기로부터 생장에 필요한 것을 받아들이는 물질, 또는 습기를 단순히 응고된 형태로 가지고 있거나 긴 시간에 걸쳐 습기로부터 응고된 물질"

(p.51)이 '전기적 물질'이다. 길버트에 따르면 "호박은 액즙이 응고해서 생긴 것이다. 흑옥도 마찬가지이다. 투명한 물이 응고해서 만들어진 수정처럼, 반짝이는 보석도, 물로부터 생성된 것이다." 이들은 모두 호박현상을 나타낸다. 따라서 정전기력의 참된 원인은 '습기(humor)'에 있다는 것이다.

습기에서 생기는 이 힘을 우리는 전기력이라고 부른다.(II-2, p.52)

이 한 구절을 '전기력(vis electrica)'이라는 단어가 처음으로 등장하는 기록으로 보아도 무방하다.

토질에 대해서는 "토질 물질을 공유하거나 그것과 유사한 물질을 끌어당기는 것처럼 보이는데 아주 다른 이유 때문이다. 그것은 (말하자면) 자기적으로 끌어당기는 것이다"(p.52)라고 설명하고 있다. 그는 자성을 나타내는 이 토질 물질이 지구의 진정한 그리고 주요한 구성 요소라고 생각했다.

지구 표면은 바람에 깎여서 순수한 토질 물질에 액질의 물질이 섞이게 된다. 그에 따라 물질이 비자기적으로 변화하게 된다. 액질의 물질이 응고하면 전기적 물질이 만들어지지만 양자가 혼합해 그 원질이 파괴되어 생긴 물질은 전기력도 자기력도 나타내지 못하게 된다. 즉 토질 물질은 자신이 가진 자기적 성질을 잃게 되고, 습기도 상당한 양의 흙과 혼합됨으로써 그 자체로 응고될 수 없게 되는 것이다. 이것이 자기적 물질과 전기적 물질, 그리고 그 어느 쪽도 아닌 물질과의 차이가 생기는 자연적인 이유로 여겨졌다.

길버트는 자석의 힘과 호박의 힘은 각각 담당하는 물질이 다를 뿐 아니라, 원리적으로도 다른 작용이라고 생각했다. 뒤에 자세히 보겠지만 우선 위의 인용문에서 전기적 물질은 직접적으로 '끌어당긴다'라고 표현하고 있는 것에 반해, 자성체는 '당기는 것처럼 보인다'라며 우회적으로 표현하고 있는 점에 유의하기 바란다. 그는 자성체에서 나타나는 현상이 통상적인 '인력'처럼 보이지만 사실은 그렇지 않다는 뉘앙스를 풍기고 있다. 호박현상은 전기적 물질이 다른 물체들에 대해 외부에서 힘을 행사한 결과이지만, 자기현상은 특수하게 자성체들끼리의 내재적 충동에 의해 생기는 자기운동(自己運動)이라는 것이 길버트의 기본적인 견해였다.

이처럼 길버트는 중심 테마인 지구 자기를 연구하기 위한 준비 단계로 전자기학을 연구했다. 그 과정에서 검전기를 고안해 정전기 현상을 실험하였으며, 이 덕분에 17, 18세기 정전기 연구의 출발점을 구축했다.

전기력의 '설명'

『자석론』 제2권 제2장은 "철학자들은 많은 비밀을 설명하다가 막히면 자석이나 호박을 꺼내고, 이론만 내세우는 신학자들도 인간의 지식을 넘어선 신의 비밀을 자석이나 호박으로 설명하려고 해왔다"는 문장으로 시작한다.(p.46) 자력이 불가사의의 대명사로 사용되어온 것이다. 길버트는 이어서 다음과 같이 쓰고 있다.

오늘날 감추어진 원인이나 경이로움에 대한 책이 많이 나돌고 있는데, 그 중에는 호박이나 흑옥이 밀짚을 끌어당긴다는 기록도 들어 있다. 하지만 이 책들은 실험을 통해 어떤 논거를 밝히거나 증명하려고 하지는 않고, 단지 언어를 통해서만 취급해왔다. 그들은 감추어진 비밀이라고 말하는 것으로 끝냄으로써, 더 이상 사물을 깊이 알 수 있는 길을 막아버린다.(II-2, p.48)

'감추어진'이나 '비밀의' 등의 단어를 아무리 늘어놓아도 무엇 하나 제대로 설명되는 것은 없다고 길버트는 생각했던 것이다.

원래 힘의 개념은 근육의 감각에서 유래하며, 인력은 손으로 잡아서 끌어당기는 것으로만 표상돼왔다. 예로부터 "접촉 이외에는 물질을 통해 어떤 작용도 있을 수 없다"고 여겨지고 있었다.(p.57) '전기력'이라고 해서 특별히 예외적이지는 않으며, 전기력도 이와 같은 일반적인 표상에 따라 설명되어야 한다는 생각이 길버트에게 있었던 게 틀림없다. 따라서 전기력을 해명한다는 것은 "전기적 물질은 어떤 힘이냐는 것, 즉 어떤 기술로 가까이 있는 물체를 포획하는 것일까"를 명확히 하는 것으로 귀착된다.(p.52) 문제를 설정하는 단계에서 이미 발견되어야 할 힘에 대한 이미지가 투명하게 보이고 있다.

실제로 그 답은 "모든 물체는 습기에 의해 결합되고 굳어진다"라고 돼 있다. 자세히 말하면 전기적 물질은 '습기에서 생기는 자연적 발산기' 또는 '정기(精氣)'를 방출한다. '주위의 공기보다 훨씬 미세하고 극도로 희박한 습기'인 '전기 발산기'는 "하나가 되려고 하는 특유의 경향성, 즉 발산기를 방출한 물체로 향해 운동하고자 한다"는 것이다.(p.57) 습기가 개입되어 만들어지는 인력이라는 이 표상은 분명 카르다노에게 빚지고 있다. 그러나 카르다노는 건조한 물체가 '유성 또는 점착성의 습기'를 흡수해 인력이 발생한다고 생각했지만, 길버트는 그 설명을 배척했다. 그는 방출된 전기발산기가 물체를 끌어당기는 것은 (농도가) 희박한 발산기가 '늘어난 팔처럼 그들 물체를 잡아 포옹

하거나 '막대처럼 보리 짚이나 왕겨, 잔가지를 잡아끌어' 물체가 전기적 물질과 합일하는 것이라고 보았다.(p.59)

어떤 물체가 다른 물체가 내는 발산기의 고유한 도달 범위 안에 있으면, 그 둘은 하나가 되고 그들은 아주 긴밀히 결합된다. 통상 이것을 견인이라고 부른다.(II-2,p.56)

특히 전기력을 직접적인 접촉에 의한 근접작용으로 그리고 있다. 길버트가 전기력을 발산기를 사이에 둔 작용으로 생각한 근거는 카르다노와 마찬가지로 전기력은 차단 효과가 있기 때문이었다. 즉 호박현상에서는 "사이에 놓인 (*종이나 금속이나 유리 등과 같은) 물체가 작용을 방해한다. 물체가 길을 막아 방해를 하기 때문에 발산기가 견인해야 하는 대상에까지 도달할 수 없다."(p.86)
"발산기는 마찰에 의해 방출된다"(p.55)거나 "발산기는 마찰에 의한 열운동과 희박화에 의해 얻어진다"(p.60)라며 길버트는 카르다노를 답습하고 있다. 이 점에 대해서도 길버트는 거듭 "사실 호박은 열을 통해 끌어당기는 것이 아니다. 즉 호박은 열을 가한 짚에 가까이 다가가도 짚을 끌어당기지는 않는다"(p.49)라면서 열이 호박현상의 원인이라고 믿어왔던 그때까지의 설을 배척하고 있다. 오히려 전기적 물질은 타면 호박현상을 잃어버리게 되는데, 그 이유는 발산기의 '근원이 되는 습기'가 열 때문에 변질되고 없어져버리기 때문이라고 설명하고 있다.(p.52) 호박현상의 기본적인 조건이 적어도 마찰에 있다는 점을 처음으로 확실히 주장한 것이다.
그는 호박의 발산기가 물체를 끌어당기는 것은 "중간에 있는 공기 때문이 아니고 물체 그 자체에 있다"고 덧붙인다.(p.55) 이것은 호박에서 방출된 유체가 중간에 있는 공기를 밀어 그 결과 상대 물체에 작용한다는 플라톤과 플루타르코스의 순환압압(押壓)작용 모델을 부정하기 위한 논의로 추측된다. 이를 뒷받침하기 위해 길버트는 마찰한 호박이나 흑옥을 불꽃에 가까이 해도 불꽃은 움직이지 않는다는 관찰을 예로 든다. 전기 발산기는 불꽃이나 공기에는 작용하지 않는다는 것이다.

이것을 토대로 그는 전기적 물질에 끌어당겨지는 물체는 "불이 붙은 것이나 지구의 보편적인 발산기인 공기처럼 아주 농도가 희박한 물질을 제외한 모든 것"(p.51) 즉 "왕겨와 보리 짚뿐만 아니라 모든 금속이나 목재, 나뭇잎이나 돌, 흙이나 물, 기름, 그러니까 우리의 감각 대상이 되는 것과 고형의 물질 모두"(p.48)라고 적고 있다. 호박현상이 미치는 범위가 광범위하다는 것은 테오프라스토스나 카르다노가 이미 밝힌 바이지만, 길버트는 그것을 사실상 '모든 물질'로 확대했다. 이 사실에 근거해 그는 인력이 유사성 때문에 생긴다는 주장에도 반대했다.

> 유사함이 [견인의] 원인은 아니다. 왜냐하면 우리들 주위에 있는 모든 것은 그것들이 유사하든 아니든 모두 호박이나 호박과 같은 종류의 물질에 의해 끌어당겨지기 때문이다.…… 돌이 돌을, 고기가 고기를 끌어당기지 않는 것처럼, 유사하기에 물질이 서로 끌어당기는 것은 아니다.(II-2, p.50)

이 논점도 알렉산드로스가 이미 지적했던 것이다. 아무튼 길버트는 이것을 근거로 '공감'이라는 단어를 추방하게 된다.

한편 그는 "모든 전기적 물질은 모든 것을 끌어당기지만 어떤 것도 밀쳐내지는 않는다"고 단언해(p.113) 정전척력의 존재를 명백히 부정했다. 현실적으로 베르소리움을 가지고는 실험을 통해 척력을 발견하기가 어려웠을 것이다. 이것은 '공감'과 함께 '반감'도 부정하는 근거가 되었다. '공감과 반감'이라는 마술적인 개념에 따라 자연물을 편성하고 분류하는 것은 철학을 파멸로 이끄는 잘못된 속설이라고 여겨 단호히 배척했다.(p.112)

길버트의 정전인력에 대한 설명은 전형적인 근접작용론이며, 호박의 힘을 둘러싼 논의는 세부적인 차이만 제쳐두면 카르다노가 부활시킨 플라톤과 플루타르코스 이래의 환원주의로 회귀한 셈이 된다. 발산기를 사이에 둔 전기력이라는 모델은 보이지 않는 힘을 눈에 보이는 것처럼 설명한 것으로 근대 초의 기계론에도 강한 영향을 미쳤다. 전자기학의 형성 과정 초기에는 그의 논의를 다소 변주한 형태로 폭넓게 수용되었다. 길버트는 17, 18세기 정전기 연구의 패러다임을 제공한 것이다. 검전기의 개발에 초점을 맞추어본다면 『자석론』 제2권 제2장은 전기학이라는 새로운 과학을 창설했다고까지 할 수 있다. 그런 의미에서 18세기에 프리스틀리가 길버트를 '근대 전기학의 아버지'라고 부른 것은 지당하다.[18] 그러나 정전기 연구는 자기연구라는 길버트의 본래 목적에서 볼 때는 어디까지나 부차적인 것이었으며, 따라서 "그 자신은 그것을 거의 자각하지 않았다"[19]라는 케이(Kay)의 지적도 합당하다고 할 수 있다.

철과 자석과 지구

길버트의 자기학이라고 하지만 사실 『자석론』은 서술이 앞뒤로 중복되는 부분이 많다. 그것들이 서로 얽혀 있어 논리의 맥을 읽어내고 전제와 결론을 선별하는 과정이 손쉬운 것은 아니다. 때문에 지금까지의 과학사에서는 연구자가 필요로 하는 내용만을 『자석론』에서 뽑아내 전체적인 상을 얻지 못하고 부분적으로만 접근한 면이 있었다. 아래에서는 가능한 현대적인 해석이 개입되지 않도록 하면서 『자석론』의 전체상을 그려보고자 한다.

『자석론』 제1권은 고대부터 전해진 자석을 둘러싼 몇몇 언설을 비판적으로 검토하면서 결국 자석과 철광석이 본질적으로 동일하다고 주장한다. 경험적으로 알려져 있는 것처럼 "강력한 자석은 다듬지 않은 철과 비슷한 외관을 갖고 있고 대부분은 철광산에서 발견된다." 그것은 철광석과 자석이 지구의 내부 깊은 곳 같은 자궁에서 '아버지가 다른 형제(異父兄弟)'로 만들어졌기 때문이다.(p.8) 즉 "지구의 최상부층, 소위 파괴되기 쉬운 외피 속에서 두 물질은 같은 모태, 하나의 광맥으로부터 쌍둥이로 생겨난" 것이다. 따라서 "철분이 풍부한 양질의 광석이나 처음부터 금속인 철, 가장 훌륭한 자석은…… 모든 점에서 일치해 야금가도 분류할 수가 없다."(p.36)

그뿐 아니라 "대부분의 자석은 화로 속에서 가장 뛰어난 철을 새로 만들어낸다. 철광석도 가장 기본적인 성질에서 자석과 일치하며" 둘은 실체에 있어서도 동일성을 나타낸다.(p.38) 이로부터 "자석과 철광석은 같은 물질" 즉 "자석은 기원과 본성에서 철이며 또한 철은 자석이며 양자는 동일한 종(種)"(p.39)이라는 결론이 나온다. 현대적인 관점에서는 너무나 당연하기 때문에 주의를 끌지 않지만 길버트가 최초로 발견한 것이라고 봐야 한다. 여기서 처음으로 철을 금속으로, 자석을 돌로 분류하는 테오프라스토스 이래의 분류가 완전히 폐기된 것이다. 16세기의 비링구초와 아그리콜라에 이르기까지 모두가 그렇게 분류했던 근거는, 철은 불에 녹지만 자석은 돌과 마찬가지로 녹지 않는다고 보았기 때문이었다. 또 4원소의 분류에서 철은 '물'에 자석은 '흙'에 할당되었기 때문이었다. 그러나 길버트는 "자석은 화로 속에서 철을 만들어낸다"고 하면서 자석이 열에 녹는다는 사실을 처음 인정했으며, 이 때문에 이전까지의 분류가 근거를 잃게 된 것이다. 길버트가 이 지점에 도달하게 된 것은 16세기에 용광로의 성능이 현격히 향상된 덕분이기도 할 것이다.

그런데 "지구의 지배적 실체는 토질 물질에 있다. 토질은 양적으로 따져보더라도 하천과 바다의 물 전체를 훨씬 넘어서고 지구의 대부분을 차지하며, 지구 내부를 거의 채우고 있다. 거의 토질 만으로 지구의 구형에 형상을 부여하고 있는 것이다"라고 한 것처럼,(p.40) 길버트는 토질 물질을 지구를 구성하는 주성분으로 보았다. 뿐만 아니라 "자생적인 철은 대지와 같은 성분이 응집해 금속 광맥이 될 때 생기며"(p.42) "무엇보다 땅속에 묻혀 있는 물질 중 철만큼 풍부한 물질은 없고"(p.25) "철 특히 가장 양질의 철 중에는 혼탁하지 않은 순수한 토질 물질이 존재한다"(p.21)고 밝혔다. 그래서 철과, 철과 동질인 자석은 지구의 진정한 성분—지구(globus terrae)와 같은 성질의 토질 물질(terrae)—이 된다. 덧붙이자면 길버트의 유고인『세계론』에는 '흙, 물, 공기, 불'이 달 아래 세계의 4원소라는 아리스토텔레스 이론을 부정하면서 '불'은 원소가 아니며 '공기'와 '물'도 지구의 발산물이라고 주장했다. 오직 '흙'만 원소로 간주했던 것이다. 이것은 길버트가 '흙'에서 만들어진 철과 자석을 달 아래 세계에서 특별히 우월한 기본적인 존재로 보았다는 것을 의미한다.

『자석론』에 따르면 "강력한 자석은 그 자체가 지구 안에 있으며"(p.43) 때문에 "자성체는 지구에 적합하고 지구에 의해 통제되며, 그 모든 운동을 지구에 따르고 있다"(p.42)는 것이다. 자석이 나타내는 성질은 결국 지구 자체의 성질이라는 것이다.

자석뿐만 아니라 자기를 띤 모든 자성체는 지구 가장 안쪽의 중심부의 힘을 포함하고 있어, 땅(terra)의 감추어진 내부 원리를 품고 있는 것처럼 여겨진다. 즉 그것은 고유한 끌어당기고, 지향하고, 방향을 바꾸고, 회전하고, 법칙에 따라 세계 속에서 자기를 위치 지우는 지구(globus)의 작용을 자신도 가지게 된다.(I-17,p.41)

이를 통해 우리는—반드시 이렇게 결론내릴 수 있는 것은 아니지만—길버트가 지구 자체도 자석이지 않으면 안 된다고 생각했음을 알 수 있다. 여기까지의 논의는 천연자석이 철의 광맥에서 발견된다는 사실에 근거한 것으로 그 이상의 어떤 실증적인 논거가 있는 것도 아니고, 실험에서 직접 도출된 것도 아니다.

길버트의 실험은 구형으로 만든 '테렐라' 즉 '소지구'라고 명명한 자석과, 자기용 '베르소리움' 즉 축을 자유롭게 회전하는 자침을 주로 사용했다. 하지만 현실적으로 자석의 행동이나 자력의 물리적 성질을 조사하기 위해서는, 구형이 반드시 적합한 것은 아니다. 길버트도 자석은 구형보다 얇고 긴 막대 모양 쪽이 훨씬 힘이 세다는 것을 인정한다.(II-14,p.15,31) 구형자석은 자석의 극성을 명확하게 하거나, 지구를 자석이라고 할 경우 지구의 작용을 축소된 모형으로 실험하고 관측하는 경우에 적합하다. 이것은 지구가 남북에 자극을 가진 하나의 거대한 구형자석이며, 지표 위의 자침은 지구의 극을 가리킨다는 것을 가설로 전제한다는 것을 의미한다.

길버트는 실험에 앞서 제1권 제3장에서 첫째로 "자석의 극은 지구의 극을 주목하고 지구의 극을 향해 움직이며 지구의 극에 종속되어 있다"라고 했고, 둘째로 "가장 완전한 구형이 역시 구형인 지구에 가장 잘 조화되며, 사용하기에도 실험하기에도 가장 좋은 상태이므로, 우리는 천연자석과 관련된 주요한 증명을 구형자석을 통해 해보려고 한다"(p.12)고 쓰고 있다.

특히 두 번째 점과 관련해 페레그리누스에게 배워 테렐라 위에서 자침(자기 베르소리움)과 나란히 선(자기자오선)을 몇 개 긋고, 그 선들이 교차하는 점을 테렐라의 두 극으로 삼는 방법에 대해 기록하고 있다. 양극으로부터 등거리에 적도선을 그음으로써 테렐라에 적도와 자오선, 양극이 자연스럽게 형성된다. 이것은 지구에서 발견되는 것과 일치한다. 길버트는 "이처럼 [구형]자석은 자연의 모태인 지구에 부여된 구의 형상을 인공적으로 얻게 되며, 그 때문에 지구와 동질적이고 동일한 형상을 한 지구의 자손이라고 할 수 있다"(p.12)라면서 테렐라를 사용한 모델 실험이 지구에서의 자석의 행동을 올바르게 재현한다고 주장했다.

그 결과 제1권의 마지막 장에서 "지구는 자성체이며 자석이다"라고 결론짓는다.(p.39) 그러나 이 명제는 위에서 본 것처럼 아무런 전제 없이 오직 실험만으로 얻어진 귀납적인 결론은 아니다. 실제로는 '지구는 자석이다' 혹은 '지상의 자석은 지구에 지배된다'라는 가설을 먼저 내세우고, 실험은 지구의 모델인 테렐라와 자기 베르소리움의 관계가, 지구와 지상에 있는 자석 관계와 유사하다는 것을 검증하는 데 초점을 맞추고 있다.

때문에 『자석론』은 "지금까지 행해진 귀납적 철학의 가장 뛰어난 사례 중 하나"이며 "귀납적 방법을 최초로 설명한 로저 베이컨의 『노붐, 오르가눔』보다 앞서 한층 주목할 만하다"라고 한 19세기 초 토머스 톰슨과 같은 평가는 길버트의 연구 실상을 정확히 파악한 게 결코 아니다.²⁰ 실제로 페레그리누스도 길버트와 마찬가지로 구형자석과 자침을 사용해 극을 결정하는 실험을 했으나, 길버트와 달리 지구상의 자침이 가리키는 것은 하늘의 극이라고 결론지었다. 페레그리누스의 경우 구형자석은 처음부터 천구를 모방해서 만들어졌기 때문이다. 이처럼 출발점으로 삼는 가설이나 이론적 전제가 다르면 같은 실험을 통해 같은 현상을 관찰하더라도 그 해석이 달라지는 것이다. 이 점에서 "길버트의 이론은 자신이 행한 실험의 해석을 총체적으로 결정했다"라는 메리 헤스(Mary Hesse)의 주장은 올바르다고 할 수 있다.²¹

자기운동을 둘러싸고

제2권 제1장에서 길버트는 지금까지 알려진 지구상에서의 자석, 자침의 행동을 '자기운동'이라는 개념으로 한데 모아 정리, 분류하고 있다. 여기서 자기운동이란 "〔대지와〕 동질적인 모든 부분과, 상호간 또는 단독적으로 대지 전체와 동화하려는 움직임"이라고 규정하면서 다음과 같이 다섯 가지로 분류한다.

우리들은 운동 또는 운동의 차이가 아래의 다섯 가지라는 것을 안다. (통상적으로는 견인이라고 부르는) 접합(coitio) 즉 자성체끼리 서로 하나가 되려고 하는 움직임, 그리고 지구의 극을 가리키는 지향(directio), 여기에는 지구가 자신을 세계의 결정된 극으로 향하고자 하는 정축성(定軸性, verciticitas 또는 consistentia)이 포함된다. 또 우리가 빗나간 운동이라고 부르는 자오선으로부터의 흔들림인 편각(variatio), 자극이 수평면 아래로 내려가는 복각(declinatio), 그리고 원운동 즉 회전(revolutio)

이다.(II-1,p.45)

여기서 말하는 '운동'은 모두 지구상의 자석, 자침이 나타내는 자력으로 이미 잘 알려져 있었던 것이다. 길버트의 새로운 점은 첫째로 '접합'을 '견인'으로부터 구별한 것, 둘째 지구 자체도 이 운동들을 자연적인 운동으로서 가지고 있다고 본 것, 셋째로 이들 현상, 특히 '지향' 이하를 단지 지구상의 각 점에서 자침을 통해 관측한 사실로서만이 아니라, 지구가 커다란 구형자석이라고 하는 관점으로부터 지상에 있는 자석이 그것의 모태인 지구 자석을 향해 적합(適合)하려는 과정으로서, 즉 지구가 작용한 결과로 통일적으로 설명하고자 한 데 있다.

우선 '접합'부터 살펴보자. '접합'은 문자 그대로 자석끼리 또는 자석과 철이 접근해서 하나가 되고자 하는 운동으로 그것에 대해서는 이미 많이 알려져 있었다. "자석의 힘은 가까우면 가까울수록 한층 더 커진다"(p.91)라는 자력의 강도 변화에 대한 설명이나, 철이 자력의 작용권 내로 들어온다면 자석으로부터 다소 떨어져 있어도 즉시 변화를 일으킨다는 원격적인 자기 유도에 관한 설명(p.68)도 이미 델라 포르타가 지적했던 것들이다. "자석의 활력(vigor)이 빛보다 뛰어난 것은 어떤 불투명한 물체나 딱딱한 물체에도 방해받지 않고 자유롭게 전파하고 그 힘을 모든 방향으로 펼치기 때문이다."(p.77) 즉 "철판을 제외하면 두꺼운 판이나 흙으로 된 그릇도 대리석 상자도, 심지어 금속조차도 자력을 빗나가게 하거나 방해할 수 없다"(p.83)는 것도 델라 포르타에게 알려져 있었던 사실이다.

실험적 연구로서 새로웠던 점은 자석을 '갑옷장식하면(to arumature)' 즉 자석에 철을 덧씌우면 자력이 강화된다는 발견일 것이다.(II-

17, p.22). 이것은 '자기회로'에 대한 선구적 실험이라고 할 수도 있다. 그리고 제2권 제25장에는 다음과 같이 기록되어 있다.

> 자성체는 다른 자성체에 대해 건강을 회복시키는 것이 가능하다. 어떤 물질은 그것이 본래 가지고 있던 힘 이상으로 더 강해질 수 있다. 그러나 물체가 본성상 최고도로 완전한 상태에 있을 때는 더 이상 강화시킬 수 없다.(p.93)

이것은 자화의 포화현상을 기록한 최초의 글이다.

여기서는 '자기운동' '접합' 같은 길버트가 사용한 특이한 용어에 주목하자. 길버트는 제1권에서 "자석이 철을 끌어당긴다거나, 자석이 자석을 끌어당긴다고 하는 것은 진부하고 비속하다"고 일축한다.(p.15) 길버트 자신도 가끔 자력에 대해 '끌어당긴다'라는 표현을 쓰지만 '통상 많은 사람들이 그렇게 말한다는 것'이지 그 자신의 본래 용어는 아니었다.

> 나는 견인이 아니라 접합이라고 부른다. 견인이라는 말은 옛 사람들이 무지했기 때문에 자기철학으로 스며들어온 단어이다.……자기적 견인이라고 할 때 우리는 그것을 자기접합, 다시 말해 본원적인 합류라고 이해한다.(II-3,p.60)

별 생각 없이 일상적으로 쓰이는 자석의 '견인' 현상에 대해, '접합운동'이라고 강조했던 것이다.

그것이 갖는 첫째 의미는 '운동'이다. "견인이 있는 곳에는 힘이 작용하고 있는 것처럼 보인다"라고 했던 것처럼(p.60) '견인'은 힘이지만 '접합운동'이라고 부를 때는 힘의 결과로서 움직여지는 것이 아니라, 운동이 자발적으로 일어난다는 것을 뜻하게 된다. 아리스토텔레스의 자연학에서 돌이나 물방울의 낙하는 지구의 중력이 끌어당긴 결과가 아니라 원소로서의 흙이나 물이 '원래 위치로 돌아가고자 하는 자연운동'이며 돌이나 물이 가진 자연본성에 근거한 운동이었다. 길버트가 '견인'이 아니라 '접합운동'이라고 말한 것도 이와 비슷한 이해에 바탕을 두었다고 보아야 한다. 다시 말해 자석의 자연운동으로 본 것이다.

둘째 의미는 상호성이다. 『자석론』에는 본문에 앞서 용어를 설명하는 부분이 있는데, '자기접합'에 대해 "자성체에서 운동은 견인의 능력에 의해 일어나는 것이 아니라 양자가 서로 다가오는 것 또는 합일하는 것에 의해 일어난다"라고 되어 있다. 다시 본문에서는 오해가 없도록 "자기접합은 자석과 철의 작용이며, 그 어떤 한쪽만의 작용은 아니다"라고 보충하고 있다.(p.68) '견인'은 능동적인 쪽이 수동적인 물체를 일방적으로 끌어당기는 것을 가리키지만 '접합운동'은 자석끼리 또는 자석과 철 쌍방이 공유하는 특이한 본성 때문에, 그 내재적인 충동의 결과 쌍방이 자발적으로 상대에 접근하고 합일하고자 하는 운동인 것이다.

더욱 중요한 점은 길버트가 '접합'과 '견인'의 차이를 결국 자력과 정전기력의 차이로 이해했다는 점이다.

> 자기적 물질과 전기적 물질은 서로 다르다. 모든 자성체는 상호간의 힘으로 서로 끌어당기지만, 전기적 물질은 단순히 물체를 끌어당길 뿐이다.(II-2, p.60)

길버트가 종종 '호박의 힘'에 대해 '자석의 운동'을 내세우는 까닭도 이 때문이다. 자력이 자석끼리 또는 자석과 철 사이에서만 작용하는 데 반해, 호박 등의 전기적 물질은 거의 모든 물질을 끌어당긴다는 경험적 사실 때문일 것이다. 그는 이것이-후술하는 것처럼-자력과 정전기력의 본질적이며 원리적인 차이라고 보았다.

다음으로 '지향' 즉 자석의 지북, 지남성에 관해서이다. 이 문제는 길버트가 처음으로 그리고 명확하게 자기운동을 지구와 관련지어 천명한 부분이다.

우선 길버트가 만든 단어인 '지구의 축성(telluris verticitas)'에 대해 알아보자. 제2권 제13장에는 "(테렐라에서처럼) 지구에서 중심을 지나 양극으로 그어진 직선을 축(axis)이라고 부르자.……라틴어로는 이들을 각각 'cardines'와 'vertides'라고 부르는데, 그것은 세계가 늘 이들 주위를 회전하기 때문이다. 우리는 실제로 지구나 테렐라가 자기력에 의해 그 축을 중심으로 회전하는 것을 보게 될 것이다"라고 돼 있다.(p.81) 'cardines(cardo의 복수)'는 '우주의 축'이라는 의미이다. 'vertices'도 'vertex(정점)'의 복수로, 여기서는 명백히 지구의 자전축을 가리킨다. 제3권 제2장의 장 제목에서는 '방향을 지우는 힘'에 대해 "그것을 우리는 'verticitas'라고 말한다"라고 돼 있다. 또 앞의 인용에서 보듯이 '지구가 자신을 세계의 결정된 극으로 향하고자 하는 정축성'이라는 부분이 있기 때문에 'verticitas'란 지구 자신의 지향성, 즉 지구가 자신의 자전축을 일정한 방향으로 향하게 하는 성질을 가리킨다고 볼 수 있다.

길버트는 지구상에 있는 자석의 지향성이란 자석이 지구의 자전축에 스스로를 맞추는 것에 불과하다고 보았다. 자침이 가리키는 점이 하늘의 북극이나 북극성이라든가, 천구보다 더욱 먼 점이라고 했던 그때까지의 주장이 모두 잘못되었다면서 다음과 같이 이야기한다.

철학적으로 사고하는 많은 이들은 자기운동의 근거를 발견하기 위해 멀리 떨어진 원인에 호소해왔다.……그러나 우리는 지구 자체를 조사한 결과, 그 원인(자기운동의 원인)이 지구 내부에 있음을 관찰했다. 모든 것의 어머니인 지구는 자기운동의 원인을 자기 내부 깊숙한 곳에 숨겨두고 있는 것이다.(Ⅲ-1,p.116)

따라서 "진정한 지향은 지구의 축성에 동조해 자연의 위치를 잡고 (지구에) 합일하고자 하는 자성체의 운동이다"(p.118)라고 주장한다. 단 이때 지상의 자석이 가리키는 지향성은 극으로부터의 인력이나 척력에 의한 것은 아니다. "지향은 견인에 의해서가 아니라, 방향 짓고 회전시키는 능력에 따라 생기는 것이며 그 능력은 전체로서의 지구에 존재한다."(p.162)

자석이 지향하는 것은 지구의 극이라고 규정함으로써 페레그리누스 이래 사용된 용어의 혼란도 정리했다. "우리 이전에 자석의 극에 대해서 남긴 모든 이들, 모든 장인과 선원들은 북방을 향하는 부분을 자석의 북극, 남방을 가리키는 부분을 자석의 남극이라고 판단해 큰 잘못을 저질렀다"면서(p.15,187) "수면 위의 작은 배에 자석을 놓았을 때 북쪽을 향해 회전하는 것은 정확하게는 남극이며, 이전 사람들이 생각하듯이 북극이 아니다"라고 정정하고 있다.(p.115) '자석에 접촉된 철은 그것을 자화한 자석의 극이 나타내는 대지의 극이 아니라 대지의 반대 극을 향한 운동 성향을 얻게 된다"(p.125)는 것이다.

이 사실은 잘 알려져 있다. 자석의 남극으로 마찰된 철은 자침의 북극이 되는데, 만약 그것이 북쪽을 향한다면 지구의 북극은 지구 자석의 남극이 되어야 한다는 말이 된다. 하지만 길버트는 이것은 상식적으로 있을 수 없다고 보았다. 이 상식 밖의 현상을 피하기 위해서 자석에서 북쪽을 향하는 극을 자석의 남극, 남쪽을 향하는 극을 자석의 북극이라고 명명했다. 그 결과 지구의 지리적 북극에 있는 것이 지구 자석의 북극이 된다. 길버트 이전까지는 자침의 지향성이 지구 자석에 의한 것이라고는 생각하지 못했으므로 이 상식 밖의 것이 보이지 않았다고 할 수 있다(현재는 지구의 지리적 북극 가까이에 있는 것을 지구 자석의 남극, 반대로 지리적 남극 가까이 있는 것을 지구 자석의 북극으로 치고 있다. 따라서 당초 페레그리누스의 명명대로 지구상에서 북쪽을 향하고 있는 자석의 끝이 자석의 북극, 남쪽을 향하고 있는 끝이 자석의 남극이다).

자석의 힘에 대해서도 "극에는 힘이 최고로 우월적인 자리, 이른바 힘의 왕좌가 있으며, 거기에 가까워진 자성체는 보다 격렬하게 끌어당겨지기 때문에 떼어놓기가 극히 힘들다"(p.17) "끌어당기는 힘이 가장 강한 것은 극이며 적도 부근에서는 보다 약해져 활발하지 못하다"(p.81) "자성체는 테렐라의 적도에 인접한 부분에서는 활발하지 못하고 극에 가까운 곳에서는 격렬하게 테렐라로 돌진한다"(p.97)라고 거듭 지적하고 있다. 이처럼 극 쪽에서 철을 가장 강하게 끌어당기는 것은 길버트도 인정한다. 그러나 "그 까닭은 극이 현실적으로 커다란 힘을 품고 있기 때문이 아니라 모든 부분 부분이 전체로서 하나로 결합돼, 그들 모든 부분이 그 힘을 극으로 향하기 때문이다"(p.72)라고 설명한다.

그 이유는 다음과 같다. 만약 하나의 자석에서 동일한 크기로 작은 조각을 잘라낸다면 힘이 강한 극 근처에서 잘라냈든 힘이 약한 적도 부근에서 잘라냈든 조각들은 각각 하나의 전체로서 양극을 가지며 같은 힘을 가진 작은 자석이 되기 때문이다. 즉 자석은 "어떤 부분에도 전체가 있다."(p.68) 따라서 자석의 힘이 극에서 강하게 나타나는 것은 그곳에만 힘이 있기 때문이 아니라, 각 부분에서의 모든 힘이 극으로 집적된 결과라고 보았다.

이 점과 관련해 추가하면 길버트는 자석의 접합 능력의 강도가 자석의 '크기' 또는 '양'에 비례한다고 주장하고 있다. 즉 '크기'가 월등한 자석은 더 큰 힘을 나타낸다는 것이다. 왜냐하면 그 자석은 보다 무거운 물체를 붙잡고 보다 넓은 작용권을 가지기 때문이다. 따라서 1드라크마(drachma, *1드라크마는 약 1.8그램) 무게의 양질의 자석이 1드러쿰의 철을 잡는다면 같은 자석 1온스는 1온스의 철을 끌어당기게 된다는 것이다.(p.97) 그러나 이것은 일반화해서 말할 수 있는 것은 아니며 실제로 길버트가 실험을 통해 확인한 사실이라고 보이지는 않는다. 오히려 이 주장은 "여러 개의 자성체를 연결하면 한 개의 자성체가 만들어진다. 때문에 양이 증가함에 따라 자성체의 힘도 커진다"(p.90)는 추론에 근거한 것일 것이다.[22] 그리고 이 주장은 다음 장에서 보는 것처럼 케플러에게 그대로 전해진다. 케플러가 중력은 질량에 비례한다고 말했을 때 길버트의 이 주장에 영향을 받았다는 점은 충분히 생각할 수 있다.

편각현상에 대해서 길버트는 지표의 물질 분포-육지 분포-의 불균등 탓으로 돌리고 있다.(p.153) 즉 "바다 깊은 곳에서 솟아오른 거대한 대륙은 때때로 베르소리움을 올바른 길, 즉 진정한 자오선으로부터 벗어나게 한다"(p.158)고 생각했던 것이다. 이것을 길버트는 표면에 요철을 단 테렐라를 사용하면 실험적으로 입증할 수 있다고 주장한다. 그러나 실제로는 지구 표면으로 솟아오른 육지의 융기는 지구 반지름(6,400Km)에 비교하면 미미하기 때문에-반지름이 80센티미터인 지구본에서 히말라야 산맥은 겨우 1밀리미터 높이에 불과하다-이 배율로 요철을 단 테렐라를 만들 수도 없을 뿐더러, 만약 만들어진다고 해도 그 미세한 효과를 관측할 수 있다고는 도저히 생각할 수 없다. 어쨌든 길버트의 모델에서는 지구상에는 지리적 극과 별개인 자극은 존재하지 않으며 원리적으로 자석은 북쪽을 향한다. 그리고 편각은 단지 불규칙한 섭동효과(攝動效果)일 뿐이기 때문에, 편각과 경도 사이에 어떤 관계가 성립한다는 것은 있을 수 없다. "편각은 자오선의 법칙과는 아무런 상관이 없다"는 것이다.(p.167)

한편 그는 '복각'을 '자성체가 수평면 아래로 고개 숙이는 놀라운 운동'이라고 하면서 "북반구에서는 북쪽을 가리키는 쪽의 바늘 끝이 수평면 아래로 숙여지고, 남반구에서는 남쪽을 가리키는 쪽 바늘 끝이 대지의 중심을 향하며, 적도에서는 어느 쪽에서든 기울어짐이 문제가 된 지점의 위도와 일정한 관계가 있다"고 설명하고 있다.(p.186) 그는 복각을 편각과 달리 지구의 본질적인 현상으로 보았다. "이 운동[복각 현상]은 실은 수평면으로부터 대지의 중심으로 향하는 어떤 운동에 의해서가 아니라 자성체 전체가 대지 전체를 향해 회전하기 때문에 일어나는 것이다."(p.184) 다시 말하면 "복각은 자석의 견인에 의해서가 아니라 방향 지우고 회전시키는 힘으로부터 생겨난다"(p.195)는 것이다. 여기까지는 로버트 노먼도 이미 말한 것이다. 길버트의 독창성은 "만약 베르소리움이 견인 때문에 고개를 숙인다면 매우 강력한 자석으로 만들어진 테렐라는 보통 것보다도 한층 크게 기울 것이며 또 강력한 자석에 닿은 철도 더 많이 고개를 숙이겠지만 실제로는 그렇지 않다"라고 이야기하고 있다는 점이다.(p.195) 즉 자석에 대한 접합(인력)의 강도가 서로 다른 테렐라를 사용해도 복각의 크기는 동일한 위도에서는 항상 같다는 것이다. 뿐만 아니라 그는 같은 테렐라에서도 복각의 크기는 위도만으로 결정될 뿐 테렐라의 중심으로부터 얼마나 떨어져 있든 상관이 없다고 생각했다.

그렇다면 베르소리움과 테렐라를 사용한 실험으로 나타난 복각은 지구상에서 측정되는 복각과 정량적으로도 일치할 것이다. 즉 "자성체가 테렐라에 대해서 일으키는 놀랄 만한 회전인 자기복각이라는 규

칙적인 변화는 지구상의 것과 똑같다"고 이야기한다.(p.212)

이처럼 복각을 위도와의 관계 속에서 단순화함으로써 실제로 제5권 제8장에 "태양이나 행성, 항성 등 천체의 도움을 받지 않고 안개 속이나 어둠에서 지구의 한 위치에서 위도를 알 수 있는 다이어그램"을 싣고 있으나, 그것은 아주 자의적인 논거에 근거한 것일 뿐 관측으로 확인된 것은 아니다. 현실의 지구에서는 자석의 극과 지리적인 극이 일치하지 않고, 각 지점에서 복각의 크기도 변화하므로 그 다이어그램은 별로 의미가 없다. 길버트에게 『자석론』을 출판하도록 권유하고 거기에 추천사도 실었던 에드워드 라이트는 복각에 관한 길버트의 다이어그램을 높이 평가했지만, 실제로는 거의 도움이 되지 못했다고 생각된다.

이처럼 편각과 복각을 둘러싼 길버트의 실험에서는 "모든 경우에 모든 자성체는, 다른 임의의 자석이나 자성체가 테렐라에 대해서 일으키는 것과 같은 방법과 같은 법칙에 따라 지구에 자신을 적합(*적응)시킨다"는 것을 전제로 삼고 있다.(p.119) 즉 지구는 커다란 테렐라라고 선험적으로 전제하기 때문에 길버트는 지구상에서의 자기현상을 해석할 때 다소 비약된 논의를 전개할 수밖에 없었다.

자력의 본질과 구(球)의 형상

길버트가 자력을 어떻게 보고 있었는가를 검토하기에 앞서 그가 말하는 '힘의 작용권'에 대해 살펴보고 가자.

첫머리의 용어 해설에서는 "힘의 작용권이란 임의의 자석의 힘이 미

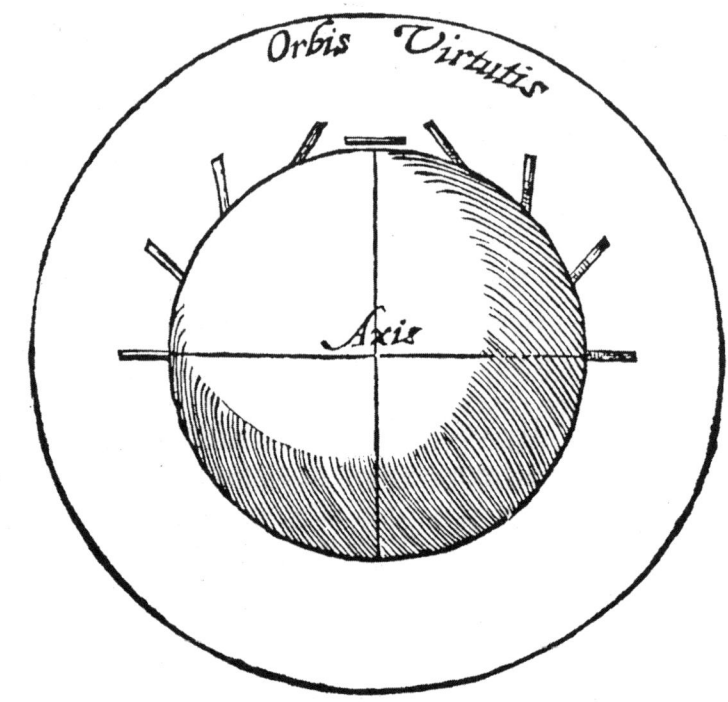

〈그림 17.4〉 힘의 작용권(orbis virtuitis). 좌우 양끝이 극, 세로 선이 적도.

치는 범위"라고 규정하고 있고, 제2권 제7장에는 "자기력은 자성체로부터 그 주위의 작용권을 향해 모든 방향으로 방사된다"고 설명한다.(p.76) 이 개념은 분명 델라 포르타로부터 얻은 것이다. '작용권'이라는 개념에 대해 많은 이들은 내부의 공간이 물리적으로 변화하는 것처럼 여긴다. 때문에 현대인들은 그것을 자장(磁場) 개념을 말하고 있는 것처럼 이해하는 경향이 있다. 사실 지자기 연구의 자세한 역사를 쓴 미첼이나 과학사학자 샤턴, 전기 공학자 플레밍 등은 길버트의 '힘의 작용권'을 '힘의 장(field of force)'으로 이해했다.[23] 그러나 그것은 지나치게 현대적인 해석이다. 실제로 길버트에게서는 그런 함의를 찾아볼 수 없다. 그는 다음과 같이 쓰고 있다.

그러나 자연에는 작용권 또는 공중으로 펼쳐진 영속적이며 실질적인 힘이라는 것이 존재하지 않는다. 자석(자력)은 단지 일정한 거리 안에서 자성체를 자극하는 것에 지나지 않는다. 그리고 빛이 순간적으로 전해지는 것처럼 자력도 그 힘이 미치는 한계에까지 순간적으로 전해진다.(II-7,p.76)

길버트에게 자력은 전기력과 달리 멀리 떨어진 곳에 있는 자성체에 순간적으로 전해지는 단순한 원격작용이다. '힘의 작용권'이란 그러한 힘이 작용하는 기하학적 도달 영역을 말하는 데 지나지 않는다. 길버트 자신의 표현을 빌면 "그 작용권은 실재하는 것도 아니고 그 자체로 존재하는 것도 아니다."(p.206)

한편 자력의 본질에 대해 길버트는 특히 전기력과 대비하면서 『자석론』 곳곳에서 언급하고 있다.

세계의 모든 물체에는 그 물체를 만들어내는 두 개의 원인 또는 원리가 갖추어져 있다. 바로 질료(materia)와 형상(forma)이다. 전기적 운동은 질료에 의해, 자기적 운동은 주로 형상에 의해 힘을 획득한다. 이 둘은 서로 아주 다르고 전혀 닮지 않았다.(II-2,p.52)

전기력이 '질료에 의한다' 라는 말은 전기력이 전기적 물질에서 나오는 발산기에 의존한다는 것을 나타낸다. 여기서 말하는 '질료'는 문자 그대로 '물질'을 의미한다고 보는 것이 좋다.

그에 반해 자력의 기원은 비물질적인 것이다. 그가 전기력과 달리 자력이 물질적인 것일 수 없다고 판단한 가장 큰 이유는 전기력에서는 힘을 차단하는 것이 있지만, 자력에서는 그런 현상을 볼 수 없기 때문이었다. "[자기] 베르소리움은 중간에 장애물이 있어도 대기나 개방된 매질에서와 마찬가지로 멀리 있는 자석에 의해 움직인다"(p.102) 혹은 "자석이나 철은 중간에 고체가 있어도 자석과 공감을 나타낸다"(p.86) 고 했고, 자력은 비물질적인 원격작용이기 때문에 환원주의적으로 설명할 수 없다고 주장했다.[24] 마찬가지로 자석으로 철을 자화할 때도 "강한 쪽이 약한 쪽을 강화하지만, 그렇다고 해서 강한 쪽의 실체나 활력이 [주는 만큼] 사라지거나 약한 쪽에 물체적인 실체가 주입되는 것은 아니다. 약한 쪽에서 잠자고 있던 힘이 강한 쪽에 의해 각성될 뿐이다. 물론 후자가 무언가를 잃어버리는 일도 없다"(p.38)고 이야기한다. 즉 "그들이 합류하는 것은 질료적인 친화성 때문이 아니라 그들의 형상 때문에 운동과 경향성이 생기기 때문"(p.130)인 것이다.

여기서도 '형상'이라는 단어가 사용되지만 다른 곳에서는 이 '형상'을 다음과 같이 보충 설명하고 있다.

> 자성체는 형상의 작용에 의해, 또는 본원적 활력의 작용으로 물체에 운동을 불러일으킨다. 여기서 말하는 형상은 독자적이고 특이한 것으로 소요학파의 형상인(形相因, causa formalis)과는 다르다.(II-4,p.65)

'형상'은 본래 아리스토텔레스의 용어이다. '질료'에 대비되는 형상의 작용은 아리스토텔레스 자연학의 의미에서는 '가능태'를 '현실태'로 바꾼다는 의미로 사용되고 있다. 예를 들어 자석에 의한 철의 자화는 "철 속에 혼란된 상태로 잠들고 있던 자연적인 자기력이 자석에 의해 각성되어 자석과 어울려 움직이고 그 본원적인 형상에 경의를 표하고, 이렇게 해서 주철(鑄鐵)이 자석 자체와 같은 정도로 강하고 완전한 자성체가 된다"는 것이다.(p.95) 마찬가지로 열 때문에 자성을 잃은 자석의 재(再)자화는 '혼란된 형상의 복구와 재형성'을 의미하며, 따라서 철의 자화란 자석으로부터 물체적인 어떤 것이 튀어나와 철 속으로 깊숙이 들어가는 것이 아니다.(p.67) 즉 철, 총괄하여 지구의 주성분으로서의 토질 물질은 잠재적으로 자성을 가지고 있기 때문에 '자석의 가능태'이며 그것이 자석에 마찰됨으로써 자화되는 것은 자석의 '형상'을 획득해 '현실태로서의 자석'으로 변하는 것으로 해석된다.

특히 철의 자연자화와 관련해 제3권 제12장과 제6권 제1장에서 길버트는, 화로에서 녹은 철이 냉각되는 과정에서 남북으로 길게 놓여진다면, 혹은 망치로 두들겨 남북으로 길게 늘어뜨린다면 자석을 사용하지 않아도 자화되며, 지상에서 남북으로 장기간 고정되어 있던 철도 자연적으로 자화된다고 기록하고 있다. 이런 관측 사실들은 자석으로서의 지구가 가진 특이한 능력을 직접적으로 드러내는 것으로 이해되었다. 그리고 길버트는 그런 능력을 부여하는 것이 '지구의 형상'이라고 보았다.

길버트가 자기운동 즉 자력이 '지구의 형상'에 따른 것이라고 할 때의 '형상'은 특별히 '지구의 본원적인 형상'이라는 점에서 아리스토텔레스 철학에서 말하는 '형상' 일반과는 다르다. 제5권 제11장에는 "놀라운 자기효과의 원인에 대해 어떤 이들은 사물 속에 비밀스럽게 감추어진 힘을 들고, 또 어떤 이들은 실체의 질을 이야기해왔지만, 우리는 구의 본원적인 실체적 형상을 발견했다"고 기록되어 있다.(p.207) 즉 '지구의 본원적 형상'이야말로 지구 자력의 근원이라고 말하는 것이다. 이것은 무엇을 가리키는 것일까.

이 점에 대한 길버트의 논의는 복잡하고 불명료하지만 『자석론』에서 나타나는 '형상' 개념의 특이성은 다음 두 가지 표현에서 읽을 수 있다. 제1권 끝에는 "앞으로 더 확실한 실험과 도형을 가지고 자성체의 모든 운동이 지구의 기하학과 형상과 조화되고 그것에 따르고 있다는 점을 증명하려고 한다"라고 예고되고 있다.(p.42) 여기서 말하는 '지구의 기하학'이란 지구(그리고 테렐라)가 단순히 구형일 뿐 아니라 양극과 축과, 자오선과 적도를 수학적인 것으로서가 아닌 자연적인 형태로서 이미 갖추고 있다는 것을 의미한다. 마찬가지로 제2권에는 "전기적 운동은 물질이 집적된 운동이지만, 자기적 운동은 정렬과 적합(disposition & conformation)의 운동이다"라고도 쓰고 있다(p.60). 요컨대 자성체가 하는 운동이란 자오선과 나란히 그 축을 향하고, 적도에서는 수평으로 극에서는 연직(鉛直)으로, 그리고 적도와 극 사이에서는 위도에 따라 기울어짐(*복각)이 결정되는 특이한 운동이라는 것이다. 때문에 "모든 자성체는 지구의 지배적 형상에 의해 질서 지워진다"(p.86)는 것이다.

특히 복각을 중요시하고 있다. 왜냐하면 지구나 테렐라의 작용권 안에서 복각의 크기는 그 (*테렐라) 중심으로부터의 거리나 테렐라의 강도가 아니라, 위도만으로 결정된다는 점이 자력의 특이성을 나타내는 것으로 보였기 때문이다. 다음 그림과 같이 몇 개의 작용권('orbeslorbis'의 복수)을 그려 (크기는 같지만 강도와 작용권이 다른 테렐라를 중심에 놓았을 때, 각각의 작용권을 한 장의 종이에 그렸다고 생각하면 된다) 각각의 작용권 안에서 베르소리움의 기울어짐을 써 넣었다.

이들 자성체나 베르소리움은 (테렐라와 작용권의 축 위에 있지 않는 한) 테렐라로부터 아무리 떨어져 있어도 테렐라의 동일한 부분을 가리키는 것이 아니라, 작용권의 한 축에서 같은 크기의 원호를 그려 그 원호 상에 있는 작용권의 한 점을 가리키게 된

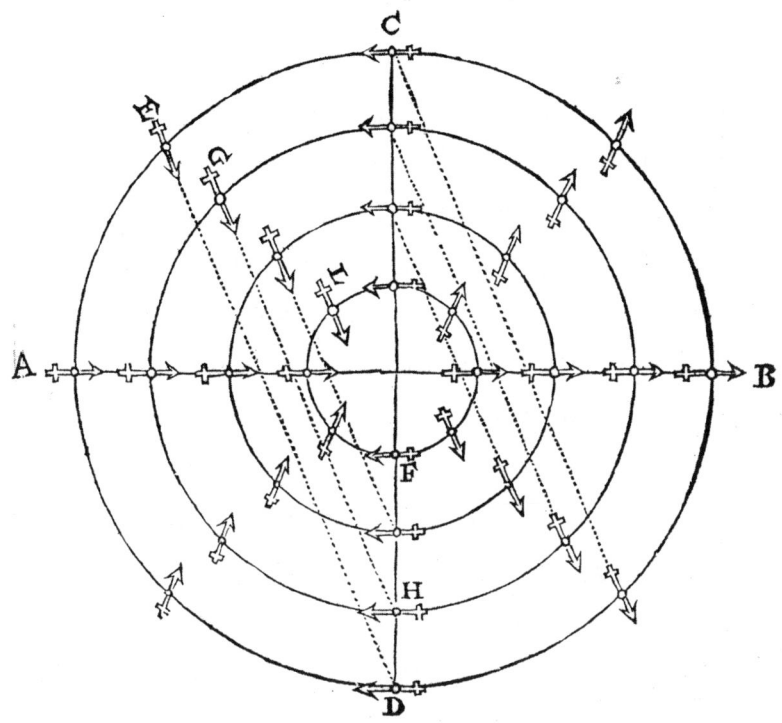

〈그림 17.5〉 **구의 본원적 형상**. 중앙의 원이 테렐라, 좌우 양끝이 극.

다. 예를 들어 그림에서는 양극과 적도를 동반한 테렐라와 그 테렐라의 주위에 세 개의 동심적인 작용권 위에 베르소리움을 보여주고 있다. 이들 작용권 위에서는 (그리고 얼마든지 무수히 생각할 수 있는 모든 작용권 위에서는) 자성체나 베르소리움이 그것이 놓인 작용권 자체 혹은 작용권의 지름이나 극, 적도와 적합하고 있지 테렐라의 지름이나 극, 적도와 상응하고 있지 않다.(V-11;p.205)

즉 그림의 테렐라(가장 안쪽의 원) 위의 점 L에서는 베르소리움은 테렐라의 적도 위의 점 F를 가리키지만, 작용권 ABCD(가장 바깥 원) 위에 대응하는 점 E에서는 베르소리움은 F가 아닌, 같은 작용권 위의 점 D를, 마찬가지로 G에서는 H를 가리킨다. 이처럼 테렐라의 힘의 대소에 따라 힘의 작용권의 반지름은 다르지만 어떤 작용권 위에서도 베르소리움이 가리키는 방향을 나타내는 화살표는 "마치 힘의 작용권이 딱딱한 자석인 것처럼" 그 작용권 위에 있는 점을 가리킨다.(p.206) 때문에 이와 같은 동심원 위에서는 베르소리움의 방향은 완전히 닮은 방향을 나타낸다. 길버트는 이것을 "자기구(球)의 작용 능력은 형상이 물체적 실체의 경계를 넘어서 운반되는 것에 의해, 물체 자체의 바깥 작용권까지 방사되어 퍼지기 때문"으로 해석했다. 그것은 동시에 작용권의 자오선이나 적도, 극이 단순한 머릿속의 관념이 아니라, 물리적 실체로서의 지구와 테렐라와 마찬가지로, 자기운동이 거기에 적합하도록 맞추어야만 하는 대상으로서 현실성을 가진다는 것을 뜻한다. 이것이야말로 '구의 본원적 형상'이 의미하는 것이며 그런 면에서 '지구의 기하학'을 부여하는 것은 바로 '지구의 형상'이라고 보았던 것이다. "우리는 다행히도 작용권 그 자체의 새롭고 놀라운 (모든 자기력의 기적을 넘어서는) 과학을 발견하였다"라고 길버트가 고양된 목소리고 말하는 것도 바로 이 때문이다.(p.205)

    이를 전제로 앞의 인용문에 이어지는 다음 글을 읽으면 조금은 이해하기 쉬워진다.

    이 형상은 본원적이며 구의 형상이다. 또한 시원적이며 근원적이고 성신(星辰, 하늘)에 속하는 것이라고 할 수 있을 만큼 균등하고 손상된 곳이 없는 특이한 실재의 형상이다. 아리스토텔레스가 말하는 제1의 형상(forma prima)은 아니며, 자신의 고유한 구(球)를 유지하고 방향 지워진 특별한 형상이다. 각각의 구에는 즉 태양과 달, 성신에는 형상이 하나씩 있다. 지구에도 하나의 형상이 있는데 이것이야말로 우리가

본원적 활력이라고 부르는, 진정한 자기(磁氣) 능력이다.(II-4,p.65)

인용문 중에 '각각의 구에는 즉 태양이나 달, 성신에는' 이라는 표현이나 다른 곳에 있는 '모든 구, 모든 성신, 그리고 그 고귀한 지구'(p.209)라는 표현에서도 읽을 수 있는 것처럼, 이 '구' 라는 것은 지구, 태양, 달, 별 등을 총괄한 것으로 '어디나 균등하고 손상된 부분이 없는' 구형으로 된 천체 일반을 가리킨다. 즉 각각의 완전한 구형 천체에는 고유한 '그 자체의 본원적 형상' 즉 '본원적 활력'이 갖춰져 있으며, 그것이 길버트가 묘사한 우주의 자연학적이며 형이상학적인 근거가 된다.

그리고 특히 지구에 있어 그 '본원적 형상' 이란 양극과 자오선과 적도, 즉 '지구의 기하학'을 자연에 부여하는 지구의 자기(磁氣)이다. 그러나 "이 지구의 자기는 공감이나 영향, 감춰진 성질 등에 의해 천공 전체로부터 나온 것도 아니며 특정한 별에게서 얻은 것도 아니다."(p.65) 이 말은 자석이 그 힘을 하늘로부터 얻고 있다는 토마스 아퀴나스와 로저 베이컨에서 피치노와 아그리파에 이르기까지의 관념, 즉 중세 말에서 르네상스에 걸쳐 스콜라철학에서 신플라톤주의 나아가서는 마술사상에 이르기까지 폭넓게 공유하고 있던 견해를 부정하는 것이다. 길버트는 처음으로-비록 용어는 스콜라철학의 것이지만-자석은 그 힘을 지구에서 얻고 있고, 보다 정확하게 말하면 자력이 지구 고유의 것이라고 주장했던 것이다.

그 결과 '감추어진 힘'이라는 마술적인 자력 이해는 밀려났지만 대신 다소 기묘한 '구의 형이상학' 이라는 개념이 등장하게 된다. 이것은 나중에 보는 것처럼 길버트의 특이한 물활론적 지구상(像)을 떠받치게 된다.

지구의 운동과 자기철학

길버트는 다섯 종류의 자기운동을 말하면서 그 중 지향성과 편각, 복각은 지구 자석의 작용 때문에 일어난다고 주장한 것을 이미 보았다. 그것이 갖는 의미를 현대의 우리가 이해하자면 지구의 모형인 테렐라가 그 위에 있는 베르소리움에 힘을 미치는 것처럼 구형자석인 지구가 지표면에 있는 자석이나 자침을 회전시키고 방향 지우는 것으로 받아들이면 될 것이다. 실제로 '거대한 자석으로서의 지구에 대하여'라는 제목의 제6권 제1장에서 "자성체가 어떻게 자기 자신을 테렐라에 적합시키는가에 대하여, 테렐라를 사용해 증명한 실험은, 모두 또는 적어도 중요한 것들은 지구에서도 그대로 나타난다"고 말하면서 (p.211) 이것을 전제로 논의를 전개하고 있다.

그러나 길버트에게 있어서 자석으로서의 지구는 지상의 자석에만 작용하는 것이 아니었다. 그가 주장하듯이 자기운동이 지구의 진정한 구성 성분인 토질 물질의 자연운동이라면 당연히 그 귀결로서 "눈에 보이는 대지의 대부분도 자기적이며, 자기운동을 가진다"고 할 수밖에 없다.(p.42) 즉 지구의 자성이 지구 자체에 대해서도 자기운동을 불러일으키는 것이다.

자석의 지향성을 논한 제3장에서 길버트는 자석을 적당한 방법으로 자유롭게 회전하도록 하기 위해서는 자석의 극을 어머니인 지구의 극에 적합시켜야 한다고 말하면서 다음과 같이 주장하고 있다.

마찬가지로 만약 지구가 우주에 있어서의 그 자연적 방향과 진정한 위치에서 벗어난다면, 또는 (만약 그런 것이 있을 수 있다면) 지구의 양극이 일출이나 일몰 방향을 향하지 않고 창공의 어딘가 다른 점을 향해 어긋난다면, 양극은 자기운동에 의해 남

북 방향으로 되돌아와 현재 고정돼 있는 점과 같은 곳에 안착할 것이다.(III-1, p.117)

즉 지구의 자력은 지구 그 자신에 대해서도 방향성을 부여한다는 말이다. 따라서 지구의 적도면이 황도면에 대하여 23.5도 정도 기울어져 있고 자전축이 항상 북극성 주변을 가리키는 것도 지구 자신의 자력 때문이라고 보는 것이다. 이 견해에 따르면 지구의 자극은 지구의 지리적인 극과 일치하게 된다.

실제로 길버트는 다음과 같이 이야기하기도 했다.

우리가 축성(軸性)이라 부르는, 이 방향 지우는 힘은 그 원래적인 활력으로 적도로부터 양극을 향해 양쪽으로 확대되는 힘이다. 양극으로 향하는 이 힘은 지구 자신뿐만 아니라 모든 자성체에도 지향(指向) 운동을 불러일으키고, 자연에 변하지 않은 위치를 부여한다.(III-2, p.119)

지구 자석의 축성은 자신의 축(지축)을 방향 짓는 것이 본래의 작용이고, 지상의 자침이나 자석을 남북으로 향하게 하는 것은 오히려 그것의 부수적 효과라고 보고 있다. 길버트는 그것을 "전체와 부분의 자연운동은 닮았다"라고 간단히 표현하고 있지만,(p.223) 길버트의 자력은 현재의 우리가 알고 있는 이상으로 지구 자신에게 커다란 영향과 작용을 미치고 있었던 것이다.

실제 그것[지구 자석]의 작용은 지구의 지향성에 머무르지 않는다. 제6권 제3장의 제목은 '지구의 자기 일주 회전에 대하여'이다. 이 제목 자체가 표현하고 있는 것처럼 길버트는 지구 자신의 일주회전도 지구의 자기 형상 때문에 일어나는 운동-지구의 자연운동-으로 보았다. 이전에 페레그리누스가 말한 지상에 있는 자석의 일주운동을 자석으로서의 지구에 적용한 것이다. 결국 지구는 자성 때문에 스스로의 운동 원리를 가질 뿐 아니라, 활성적이고 능동적이며 고귀한 존재로 간주된다. 이것이 길버트 '자기철학'의 본질적인 내용이다.

이것은 우주의 중심에 있는 차갑고 불활성적인 흙덩어리로 된 움직이지 않는 초라한 지구라는 과거 아리스토텔레스의 지구상이나 우주상과는 배치되는 문제이며, 천동설의 전제에도 위배된다. 사실 길버트는 아리스토텔레스 이후 굳어진 정적인 지구상에 대해 다음과 같이 직접적으로 비판했다.

> 지금까지 세계와 자연철학에 대해 논한 많은 이들, 특히 저명한 대철학자들과 그들의 지식과 가르침을 우리 시대에 전해준 모든 이들은, 지구는 항상 정지해 있고, 아무 짝에도 소용없는 무게를 가지고 천공의 모든 방향에서 같은 거리에 있는 우주의 중심에 놓여 있으며, 건과 냉이라는 성질만을 가진 [흙으로 된] 단순한 본성을 가졌다고 말해왔다. 이들은 모든 사물이나 사상(事象)의 원인을 천공이나 항성, 행성에, 그리고 불과 공기와 물과 그 혼합물에서 구했다. 그들은 지구가 건과 냉 이외에도 뛰어난 활동적인 능력, 즉 지구를 전체로서 그 안 깊숙이 고화(固化)시키고 방향 짓고 운동시킬 수 있는 성질을 가졌다는 걸 인정하지 않았다. 물론 그와 같은 능력이 있는지 없는지를 조사하려고 하지도 않았다.(III-1,p.116)

여기서 잠깐 코페르니쿠스 가설에 대한 길버트의 견해를 알아보기로 하자. 길버트는 코페르니쿠스를 '천문학의 개혁자'(p.240)이며 근대인 가운데 '최고의 가치를 가진 학자'(p.214)라고 소개하면서 아주 높게 평가한다. 실제로 길버트는 지구의 일주운동과 관련해 지동설을 가장 빨리 도입한 영국인 중 한 사람이었다.

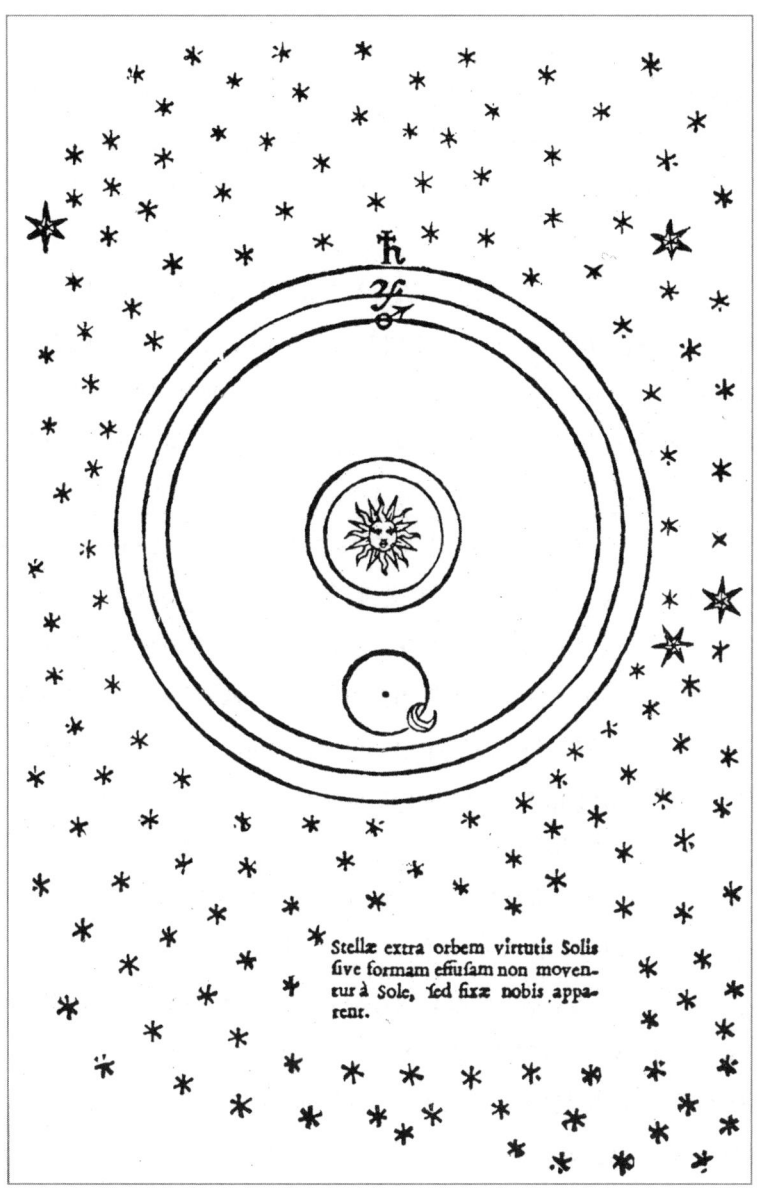

〈그림 17.6〉 **길버트의 우주**(유고인 『세계론』에 수록).

길버트는 "대지〔지구〕 자신이 일주운동에 의해 서쪽에서 동쪽으로 운동하는가 아니면 하늘 전체와 〔지구를 제외한〕 전 우주가 동쪽에서 서쪽으로 운동하는가"라며 처음으로 일주운동을 상대화했다. 그는 "우리가 항성이라 부르는 별들이 동일 구면상에 있다는 사실을 과거에 누구 한 사람이라도 확인한 적이 있었는가"라고 의문을 나타냈을 뿐 아니라, "행성이 지구로부터 다양한 거리에 떨어져 있는 것과 마찬가지로 방대한 수의 빛나는 점이 대지로부터 아주 멀리 다양한 거리에 분리돼 있는 것은 의문의 여지가 없다"라고 단언했다. 또 "멀리 항성까지 펼쳐진 공간은 측정할 수 없다"라고 하면서 우주가 무한하다는 가능성을 언급하기도 했다.(p.215) 아니 길버트는 우주의 무한성 자체를 믿고 있었다. 사후에 공표된 초고 『세계론』에 있는 그림 중에는 가장 바깥의 행성 궤도보다 더 먼 곳에 중심으로부터 불균등한 거리에 있는 많은 수의 별이 그려져 있다. 그것들은 단일한 행성구면을 형성하고 있지 않다.(《그림 17.6》) 길버트는 또 "무한한 물체가 운동을 한다는 것은 있을 수 없으므로 이 광대한 제1동자의 일주운동은 불가능하다"고 주장했다.(p.216) 거대하고 깊은 항성천이 24시간에 1회전하는 것은 '철학이 지어낸 이야기'라는 것이다.

여기서 우리는 영국에서 가장 빨리 지동설을 도입했고 코페르니쿠스를 넘어서 처음으로 무한우주를 이야기한 토머스 디그스가 1576년에 쓴 『모든 천구의 완전무결한 기술 A perfit description of the Caelestiall Orbes』의 영향을 선명히 느낄 수 있다. 이 책에는 "항성천은 그 높이를 위쪽으로 무한히 넓히고 있으며 그 때문에 움직임이 없다"고 기록하면서, 최대 구면 바깥에도 다수의 별이 그려진 그림(《그림 17.7》)이 덧붙여져 있다.[25] 이것을 길버트의 그림과 비교해보면 길버트가 그의 영향을 받았음을 역력히 알 수 있다.

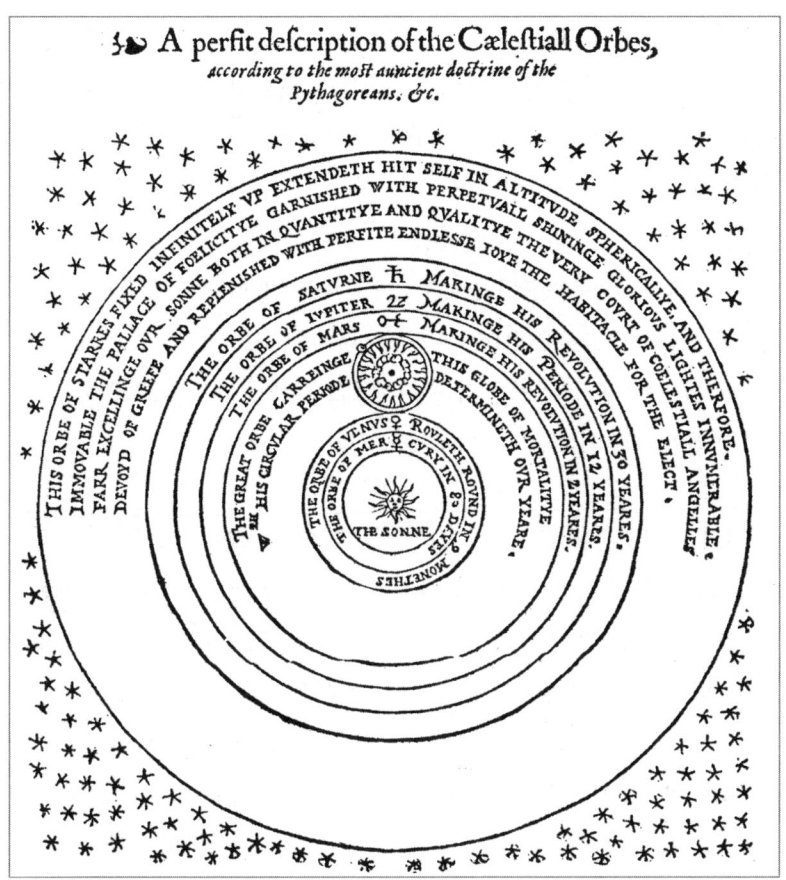

〈그림 17.7〉 **토머스 디그스의 우주**(『모든 천체의 완전무결한 기술(記述)』에 수록).

한편 길버트는 지구가 회전한다면 지상의 물체는 뒤쪽으로 남겨질 것이라고 한 통속적인 비판에 대해서는 "공중의 물체는 지구로부터 나오는 발산기(공기)에 의해 지구에 붙잡혀 있다"(p.57,228)고 답했다. 그는 이렇게 결론을 내린다.

따라서 지구의 일주회전은 단순히 확실한 게 아니라 명백하다고 생각한다. 왜냐하면 자연은 늘 많은 것을 통해서가 아니라 오히려 아주 적은 수단을 통해 작용하며, 또 세계 전체가 회전하기보다는 오히려 하나의 작은 물체인 지구가 회전하는 쪽이 한층 이치에 들어맞기 때문이다.(Ⅵ-3,p.219)

적어도 일주운동에 관해서 그는 지동설의 확실한 지지자였다.
그러나 문제는 그것만이 아니다. 지동설과 천동설의 차이는 더욱 기본적인 곳, 자연관의 근간과 관련된 문제였다. 아리스토텔레스의 우주상은 달 아래의 세계와 천상의 세계가 각각 다른 물질로 이루어져 있었다. 영원히 회전하는 천상세계의 물체와 달리, 달 아래 세계의 물질인 흙덩이(土塊)는 높은 곳에서의 낙하라는 자연운동을 제외하면 자신의 운동의 원리를 가지고 있지 않았다. 따라서 차갑고 불활성적인 흙덩어리로 된 지구가 외부의 작용 없이 자전이나 공전을 하는 것은 있을 수 없다. 지구가 정지하고 있는 것은 아리스토텔레스 자연학의 필연적 귀결이며, 따라서 천동설과 지동설의 차이는 운동에 대한 관찰자의 시점의 상대적인 차이가 아니라 자연관과 물질관의 절대적인 차이를 의미했다. 때문에 코페르니쿠스 가설을 받아들이기 위해서는 단순히 지구가 자전하면 지구 표면에 있던 물체들이 뒤로 남겨지지 않을까 같은 통속적 비판을 논박하는 것만으로는 불충분했다. 아리스토텔레스 자연학의 토대에 손을 대지 않으면 안 되었다.

땅이 불활성이라는 견해는 아리스토텔레스 이전까지 거슬러간다. 고대 밀레토스의 철학자들은 물과 공기, 불은 생명적이며 그 때문에 활성적인 존재로 보았으나 흙만은 그렇게 취급하지 않았다. 플라톤의 4원소론에서도 물과 불과 공기의 원자는 형상적으로 상호 변환이 가능하다는 의미에서 활성을 가지고 있었으나, 흙의 원자는 다른 원소들과 상호성을 갖지 않는 불활성이었다. 심지어 코페르니쿠스 이후에도, 전생애에 걸쳐 천체를 관측하고 그 결과에 근거해 행성들이 태양의 주변을 돈다고 생각했던 티코 브라헤조차 지구만은 '대단히 크고 불활성적이며 운동에는 부적합한' 물질로 이루어져 있어 움직이지 않는다고 생각했다.[26] 1588년에 티코가 지구 이외의 모든 행성은 태양의 주위를 돌지만 지구만은 정지하고 있어 태양이 다른 행성들을 이끌고 지구 주위를 돈다는 절충적인 체계를 발표할 수밖에 없었던 것도 이런 자연학적인 근거 때문이다.

그에 반해 지구의 운동을 인정한 조르다노 브루노는 같은 시기인 1584년에 런던에서 집필한 『무한, 우주와 모든 세계에 대하여』에서 "지구는 자신의 영혼이고 본성인 내재원리에 따라 태양 주위를 돌고 자기 자신의 중심 주위를 회전한다"[27]라고 썼다. 지동설을 받아들이기 위해 브루노는 지구 자신이 운동하기 위한 원리로서 영혼을 부여해야만 했던 것이다. 관성의 원리나 각(角)운동량 보존법칙도 알려져 있지 않았던 시대의 일이다. 지구의 운동-자전과 공전-을 인정하기 위해서는 무엇인가가 지구를 움직인다고 말하지 않으면 안 되었던 것이다.

길버트는 지구의 자기(磁氣)형상을 발견함으로써 지구가 스스로 운동을 하게 되는 '내재원리' 즉 지구를 자전시키고 축의 방향을 결정하는 동인을 지적하는 것이 가능해졌다고 생각했다. 즉 "지구는 그 자기적이며 본원적인 힘에 의해 스스로 회전한다"(p.224)는 것이었다. 아니 실제로는 순서가 반대일지 모른다. 『자석론』에서 "만약 지구가 회전한다면 그것은 제1동자인 구(*항성천구)에 의해서가 아니라, 지구의 내재적인 힘에 따른 것이어야 한다"(p.226)고 주장하는 데서 알 수 있듯 길버트의 사고에서는 이 문제의식(*지구가 회전한다는 것)이 선행되었다고도 생각된다. 프로이덴탈(Gad Freudenthal)은 길버트가 바로 이 문제의식으로부터 지구가 자석이라는 가설을 세웠다고 논하고 있다.[28] 그것은 충분히 있을 수 있는 일이다. 어쨌든 길버트의 자기철학은 아리스토텔레스 자연학에서는 있을 수 없는 지표 스스로의 운동에 자연학적 근거를 부여함으로써, 지동설이 수용되는 데 큰 장애물을 제거했다. 1657년에 크리스토퍼 렌(Christopher Wren, 1632-1723)이 "갈릴레이는 지구가 운동하지 않는다는 사실을 증명하는 데 부심했지만, 길버트는 지구 운동이 가능하다는 것을 증명했다'[29]라고 한 말은 이것을 가리킨다.

자석으로서의 지구와 영혼

무생물인 지구가 스스로 운동을 한다는 것은 어떤 것일까. 아직 근대 역학이 알려져 있지 않던 시대였기 때문에 그것은 그것대로 설명을 필요로 했다. 길버트는 아리스토텔레스의 자연학을 넘어서고 있었지만, 논리나 언어 사용에서는 여전히 아리스토텔레스적이었다. 또 길버트가 일주운동에 부여했던 의미도 목적론적이어서 결코 근대적인 것은 아니었다.

길버트는 일주운동으로 낮과 밤이 교대하고, 태양의 빛과 열, 바닷물의 밀물과 썰물이 일어나며 인간과 생물이 생명을 유지할 수 있다고 전제한 다음 다시 그것을 역전시키고 있다. "지구가 일주운동을 일으키는 것은 지구 자신의 기쁨과 지구 자신의 이익을 위한 것이다" (p.227)라고 한 것이다. 지축의 경사에 대해서도 만약 황도의 극에 대해 지축이 기울어져 있지 않으면 계절의 변화도 없을 것이며, 지금보다 더 크게 기울어져 있다면 위도가 높은 지역은 황폐해졌을 것이라며 "자연은 지구의 영혼 또는 자기활력에 의해 지구의 극의 방향을 황도의 극에서 23도 이상 기울어지도록 배려했다"고 목적론적으로 해석했다.(p.234) 결론적으로 "지구는 자신의 본원적인 형상과 자연의 욕구에 의해, 또 각 부분의 보전과 완성, 질서를 위해 보다 뛰어난 것을 목표로 운동한다"는 것이다.(p.224)

이처럼 길버트는 지구가 스스로의 운동 원리와 목적을 자기 내부에 가지고 있다고 보았다. 이런 논리라면 지구는 바로 생명체와 같은 것이 된다. 영혼은 "운동과 정지의 원리를 내부에 가지고 있는 물질의 본질"이라고 규정한 것은 아리스토텔레스였다. 길버트도 "자기 자신을 움직이는 힘은 영혼이라고 생각된다"고 이야기했다.(p.68)

복각을 논한 제5권의 마지막 장 제목은 '자력은 생명을 가진다. 또는 영혼과 닮았다'이다. 그리고 첫머리에 "자석은 많은 실험을 통해 놀랄 만한 것으로 드러났으며, 생명을 가진 것과 같다. 그것은 고대인이 하늘이나 구, 별이나 태양, 달 등에 있다고 인정한, 그 뛰어난 영혼의 힘의 하나이다"라고 썼다.(p.208) 이어서 그는 다음과 같이 결론 내린다.

우리는 이 영혼을 오로지 구(球)와 구와 같은 성질의 것에서만 발견한다. 그것은 모든 구에서 동등하지는 않지만 (왜냐하면 태양이나 그 비슷한 어떤 별에서는, 고귀하지 않은 별들에서는 찾아볼 수 없을 만큼 영혼이 두드러지기 때문이다) 대부분의 경우 구의 영혼은 그 힘에서 서로 일치한다.(V-12, p.208)

길버트는 구, 구형의 천체는 특수하고 탁월한 존재이며 그 구의 모양 때문에 세계 속에서 생명적인 작용을 하지만, 이 구의 형이상학은 구에 영혼이 주어진다는 데 있다고 보았다. 말하자면 "우주의 주요한 부분인 모든 구체는 그 자체로 존속하고 그 상태를 유지하기 위해 영혼이 함께하지 않으면 안 된다"(p.209)는 것이다.

하지만 아리스토텔레스는 하늘, 즉 일월성신만이 생명을 가지며 달 아래 세계를 구성하는 원소는 생명을 가지지 않는다고 보았다. 그래서 지구는 죽어 있는 불활성적인 물체일 수밖에 없었다. 아리스토텔레스의 이런 위계질서는 하늘은 고귀하며 땅은 천하다는 가치의 차이도 가져왔으며, 천동설의 이데올로기적 근거가 되었다. 그러나 길버트는 이것을 인정하지 않았다. 그는 "무슨 이유로 지구만이 아리스토텔레스와 그 추종자들에게 유죄로 선고되고, (*무감각하며 생명이 없는 것으로서) 탁월한 세계에서 배제되는 것일까"라고 반문하면서 지구를 포함한 모든 천체를 생명적 존재로서 평등하게 대했다.

우리는 세계 전체, 즉 모든 구, 모든 별, 그리고 이 고귀한 지구가 생명을 가지며, 탄생 이래 자신에게 부여된 영혼에 의해 지배되고 자기 보존의 충동을 갖는다고 본다.(V-12, p.208)

이 한 구절은 "어떤 별을 보더라도 하나하나가 능동적 원리를 보유하며 각자의 방법으로 이것을 유지하고 영원히 생명과 생성 발전을 계속한다"³⁰라고 한 브루노의 영향을 강하게 받았음을 알 수 있다. 길버트는 "지구는 보통 생각하듯이 천한 물체가 아니다"(p.227)라고 분명히 못 박고 있다. 이처럼 지구를 자기 자신의 내재원리에 의해 스스로 운동하는 것으로 파악하고, 그것도 그 운동을 목적론적으로 해석하는 한, 길버트가 지구를 생명적이며 영혼을 가진 것으로 보는 건 필연적이었다. 그는 "탈레스가 자석은 영혼을 가지고, 영혼이 있는 어머니인 지구의 분신으로서 (*자석을) 사랑한다고 말한 것도 이유가 없지 않다"며 동의했다.(p.210) 결국 그의 자기 연구는 특이한 물활론적 지구상에 다다르게 된다.

창조주의 놀라운 지성에 의해 본원적인 영혼의 힘이 지구에 심어진 것이며, 특히 지구는 정해진 방향을 잡고, 양 극은 그것을 양 끝으로 하는 축 주위로 일주운동이 가능하도록 올바르게 놓여져 있다. 극은 본원적인 영혼의 지배에 의해 일정한 방향을 유지하고 있는 것이다.(VI-4,p.221)

이것이야말로 길버트의 자기철학 전체의 핵심에 있는 지구상이었다. 이것은 그를 근대 실증과학의 창시자로 받들었던 지금까지의 많은 과학사학자들이 모른 척하면서 애써 무시했던 부분이다. 심지어 "『자석론』의 마지막 권의 추론은 저자가 앞서 한 논의와는 완전히 모순이 되기 때문에, 왜 이 부분이 추가되었는지 이해할 수가 없다"며 불평하는 논자까지 있다.³¹ 그뿐인가. "지구의 자기철학은 너무 공상적이어서 길버트의 『자석론』이 가진 과학적인 의의를 매우 감소시킨다"며 한탄하는 이조차 있다.³² 그러나 지구가 영혼을 가진 생명체라고 본 길버트의 관념은 지구가 자석이라는 그의 발견과 떼내서 생각할 수 없다. 한쪽 측면-지구가 생명체라는 주장-은 '퇴행적'이라며 무시하고, 또 다른 측면-지구가 자석이라는 주장-만을 '전향적'이라며 높이 평가해서는 안 된다. 영혼을 가진 자성 때문에 스스로 회전하고 스스로를 방향 짓는다는 길버트의 지구상은 그의 사고 내부에서는 분리 불가능하게 양립하고 있었으며, 그에 따라 지동설도 받아들일 수 있었던 것이다.

마리 보아스는 『자석론』은 종종 '근대 실험과학의 최초의 저서'로 받아들여지고 있지만 더 정확하게 말하면 '자연마술에 대한 최초의 주요한 저작'으로 보아야 하며, "결국 길버트는 자연철학자가 아니라 자연마술사였다"라고 말하고 있다.[33] 또 영국의 과학사학자 커니(Hugh F. Kearney)는 근대 서구의 과학혁명에는 아리스토텔레스로 이어지는 유기체적 전통과 신플라톤주의와 연관되는 마술 전통, 그리고 기계론적 전통의 세 가지로 구별되는 전통이 있다고 하면서 길버트는 "마술 전통의 내부에 위치한다"고 주장했다.[34] 길버트는 지구를 포함한 모든 천체가 생명을 가진다고 주장하면서 분명히 헤르메스와 자라투스트라(Zarathushtra)를 끌어들였다.(V-12) 그러나 길버트는 다른 한편으로는 자력을 '감추어진 힘'이나 '공감과 반감'이라는 언어로 이해하는 마술적인 자력관을 배제했을 뿐 아니라, 플라톤이나 플루타르코스 이래의 기계론적 자력관도 배척하면서, 물활론적이며 유기체적인 지구상을 제기했다. 뿐만 아니라 그가 받은 교육 중에는 아리스토텔레스주의에 깊이 젖어 있던 것이 많았다.[35] 사실 그의 영혼론은 바로 아리스토텔레스의 것이었다. 그래서 길버트가 지동설을 주장했지만, 그의 자연 이해는 기본적으로는 유기체적 전통을 잇는 것이라고 말해야 한다. 그는 그 입장으로부터 지동설을 기초하고자 것이다.

※ ※ ※

길버트의 공적은 첫째로 전기학과 자기학을 분리하고, '[전기] 베르소리움'이라는 검전기를 고안해 실험전기학의 틀을 잡고, 나아가 발산기를 사이에 둔 근접작용으로서 전기력의 모델을 만들어 실험과 이론 양면에서 정전기학의 출발점을 구축했다는 점이다. 둘째로는 지구가 하나의 거대한 자석이라는 것을 발견하고 지구 자기학을 만들어낸 것이다. 셋째로는 지구가 본원적 형상으로서 자성을 가진 활성적인 존재라는, 자기철학을 제창했다는 점이다. 이를 통해 반세기 전에 제기된 지동설 즉 지구가 스스로 운동을 한다는 주장에 대해 자연학적이고 형이상학적 근거를 부여했다.

이 마지막 사실과 관련해서는 현대 과학의 발상과 너무나 동떨어졌다는 이유로 과학사에서는 거의 무시돼 왔으나, 17세기 전반-근대 물리학과 근대적 우주상이 등장하는 국면-에는 이 점이 가장 큰 영향을 미쳤다. 그 까닭은 하늘의 물체에 비해 지구가 비천하고 하등하기 때문에, 불활성이며 움직일 수 없다는 천동설의 이데올로기적 근거가 타파되었기 때문이다. 그 영향은 "지구도 움직일 수 있으며 달보다 더 밝게 빛날 수 있고, 세계의 밑바닥에 버려진 더러운 쓰레기는 아니다"라는 10년 후의 갈릴레이의 발언[36]에서 읽을 수 있다.

이처럼 길버트의 자기철학은 독일의 케플러, 영국의 윌킨스(John Wilkins)와 훅으로 이어져 새로운 우주상을 형성하는 데 커다란 추진력이 되었다. 그것은 16세기 중반의 코페르니쿠스의 기하학적인 가설과 17세기 후반에 등장한 근대적인 물리학적·동역학적 우주론을 매개하는 역할을 했다.

하지만 위에서 본 것처럼 길버트의 논의 자체는 결코 근대적인 것은 아니었다. 그가 형이상학을 전개하고 물활론에 함몰돼 있었다는 점만을 가리키는 것은 아니다. 근대 물리학의 법칙은 정량적 측정으로 뒷받침되고 수학적 언어로 표현되어야 한다. 하지만 길버트에게는 그런 방향성이 전혀 보이지 않는다. 실험을 실행하고 해석하는 그의 이론은 오히려 아리스토텔레스 자연학-질의 자연학-의 논리에 따른 것이었다. 그것은 전기적 물질과 비전기적 물질을 분류하는 정성적인 면에서는 힘을 발휘했지만, 정량적으로 정밀한 측정을 지향하지는 않았다. 또 그는 『자석론』 첫머리에서 "자석의 본성이 밝혀진다면 모든 어둠이 밝아질 것"(p.7)이라고 했다. 이것(*사물의 본질을 구하는 것)은 그야말로 스콜라철학이 사물을 보는 방식이었다. 그의 연구 목적은 '자석의 본성'을 연구하는 데 있었지 '자력의 법칙'을 확정하는 것이 아니었다. 사실 길버트는 측정을 하지 않았다. 길버트는 복각현상을 매우 중시했지만 『자석론』에는 노먼의 것을 포함해 단 하나의 측정치도 기록돼 있지 않다.

찔젤이 "이 세 명을 빠뜨렸다는 것은 길버트가 당시의 수학 문헌에 접촉하지 않았고, 그가 기계학에도 흥미가 없었다는 것을 나타낸다"[37]라고 지적한 것처럼, 그는 고대와 중세의 수많은 학자들에 대해 논하면서도 당시 유럽에 널리 알려져 있던 에우클레이데스, 아르키메데스, 비트루비우스는 거의 언급하지 않았다. 당시 영국에서 널리 알려져 있었고 새로운 수학적 기술과 과학을 이야기할 때 빠지지 않는 이름인 로버트 레코드나 존 디에 대해서도 『자석론』에서 전혀 언급하지 않았다는 점도 덧붙일 수 있다. 이 때문에 길버트의 실험이나 관찰은 17세기에 나온 갈릴레이의 경사면 실험이나 보일과 훅의 기체의 압력 실험과는 본질적으로 다르다. 갈릴레이가 『자석론』을 높이 평가하면서도 "내가 길버트에게 원했던 것은 그가 좀더 수학자일 것, 특히 기하학에 토대를 두었더라면 하는 점입니다"[38]라고 한 것도 이 때문이다. 그런 점에서 길버트는 "17세기를 예감하기보다는 16세기의 절정에 있었다"[39]고 말할 수 있을지도 모른다. 덧붙이자면 『자석론』에서 가장 수학적이며 기술적인 부분인 제4권 제12장은 실제로는 에드워드 라이트가 쓴 글이라고 전해지고 있다.[40]

길버트로부터 큰 영향을 받아 새로운 천문학을 창출한 이는 케플러였다. '정량적 관측으로 뒷받침되고 수학적 언어로 표현한다'는 의미에서의 근대 물리학의 법칙은 행성의 운동에 관한 '케플러의 법칙'이 효시라고 할 수 있다. 케플러의 제1법칙, 제2법칙은 『자석론』이 나온 지 9년 뒤인 1609년에, 제3법칙은 1619년에 발표되었다. 케플러는 한편으로는 그 법칙을 끌어내고 다른 한편에서는 길버트의 자기철학으로부터 천체들 사이에 작용하는 중력이라는 결정적인 관념을 이끌어냈다. 여기서부터 근대의 우주상이 발전해가게 된다. 케플러가 중력 개념을 끌어냈던 지구관의 기초에는 길버트의 '자기철학'이 깔려 있었다. 그것은 다음 장에서 자세히 다루겠지만, 지구가 자석이기 때문에 스스로 운동한다는 길버트의 아이디어가 17세기에 물리학이 비약적으로 발전하는 데 하나의 중요한 계기가 되었다는 것을 말한다.

18장

만유인력의 맹아
케플러의 천계(天界)의 물리학

일반적인 과학사에서는 코페르니쿠스 지동설이 근대 천문학 나아가 근대 물리학의 출발점이라고 말하지만, 물리학적 관점에서의 진정한 전환점은 케플러라고 보아야 한다. 케플러는 태양계 전체를 하나의 조화적인 체계 즉 단일한 동역학적인 시스템으로 파악하고, 모든 행성의 궤도와 운동을 인과적·정량적으로 관계 맺으려고 했다. 비로소 천계의 물리학이 시작된 것이다.

케플러의 출발점

요한네스 케플러는 1571년 남서 독일의 뷔르템베르크(Württemberg) 공국에 둘러싸인 제국자유도시 바일(Weil) 지방에서 루터파 프로테스탄트 가정에서 태어났다. 이듬해 11월에는 덴마크의 티코 브라헤가 카시오페이아자리에서 신성(新星)을 발견했다. 그리고 그것이 항성들 사이에서도 움직이지 않는다는 것을 관찰, 달보다 더 위에서 만들어진 별이라는 것을 명확히 밝혀냈다. 이 신성은 1574년 초까지 밝게 빛나다가 사라졌다. 그것이 가장 밝게 빛났을 때는 낮에도 볼 수 있을 정도였다고 한다. 이것은 달 위의 세계는 새로운 것이 태어나지도 소멸하지도 않는다는, 2천 년간 이어져온 아리스토텔레스의 불생불멸하는 우주라는 도그마를 타파하는 대단히 충격적인 사건이었다. 아리스토텔레스주의는 단순히 사상이나 언어로서의 문제만이 아니라 눈에 보

〈그림 18.1〉 요하네스 케플러의 초상.
야콥 폰 헤이돈(Jacob von Heydon)이 1621년 동판에 그린 작품이다.

이는 현실의 사건으로 인해 토대부터 흔들리게 됐던 것이다. 그 일이 있기 3개월 전에 프랑스에서 성 바르톨로메오 축일의 학살(Massacre of Saint Bartholomew's Day)이 있었기 때문에 사람들은 신성의 출현이 '신의 노여움이나 징벌의 전조'[1]이기라도 한 것처럼 두려워했다. 한편으로는 종교개혁과 반종교개혁이 서로 다투고, 다른 한편에서는 참담한 마녀재판이 만연했다. 독일 국내 상황 역시 가톨릭과 프로테스탄트가 대립하면서 정치적으로 불안정했다. 그 가혹하고 불안한 시대에 케플러는 세상에 태어났다.

케플러의 선조는 원래 마을의 유지였던 듯하지만 아버지 대에서 쇠락했다. 독일은 당시 종교개혁의 결과로 맺어진 1555년의 아우구스부르크 종교화의(宗敎和議, Augusburger Religionsfriede)의 영향이 남아 있었다. 뷔르템베르크의 프로테스탄트는 유능한 행정관료뿐만 아니라 종교논쟁에서 이길 수 있는 지적 수준이 높은 성직자들이 대거 필요해 교육 제도가 잘 정비돼 있었다. 그래서 케플러는 가난한 집안 출신이었지만 신학교에서 공부할 수 있었다. 1589년에는 튀빙겐 대학 신학과에 진학했다. 복음교회의 목사가 될 예정이었던 청년 케플러는 1592년 그라츠(Graz)에 있는 프로테스탄트 계열의 신학교에 수학 교수로 부임한다. 교육 기구를 시급히 정비해야 했던 루터파에게 인재가 모자랐던 것이다.

이렇게 해서 수학자가 된 케플러는 1596년 25세의 젊은 나이에 태양계의 비밀을 해명했다고 평가받는 처녀작 『우주의 신비*Mysterium cosmographicum*』(이하『신비*MC*』)[2]를 내놓으며 일약 천문학자로 유럽 전역에서 명성을 떨치게 된다.

『신비』에 따르면 그가 천문학에 관심을 갖게 된 계기는 코페르니쿠스설을 설명한, 튀빙겐의 천문학 교수였던 미하엘 매스트린(Michael

Maestlin, 1550-1631)의 강의였다고 한다. 프로테스탄트는 '성서로 돌아가라'를 슬로건으로 내세우면서 등장했던 만큼 성서에 나온 글들을 충실하게 준수했다. 때문에 당시 코페르니쿠스설에 대해서도 가톨릭에서 말하는 것보다 더 부정적으로 보았다. 루터나 필립 멜란히톤(Philipp Melanchthon, 1497-1560)의 사상적 영향 아래 있었던 튀빙겐 대학에서 매스트린과 같은 인물이 있었다는 것은 케플러에게 대단한 행운이었다. 이후 신학 공부를 하는 한편 코페르니쿠스 이론을 조금씩 공부했던 케플러는 그라츠 신학교에 부임하면서 더욱 열심히 이 문제에 몰두하게 되었던 것이다.

『신비』에서 케플러가 설정한 문제는 지동설이 올바른가 그른가 하는 것은 이미 뛰어넘어, 태양중심설을 받아들인 상태에서 태양계 전체의 존재 근거를 찾는 데 있었다.

세 가지가 가장 기본적인 문제였다. 때문에 왜 그것이 현재의 모습을 취하고 다른 존재방식을 택하지는 않았는가, 그 원인을 나는 지속적으로 탐구했다. 이 세 가지라는 것은 행성 궤도의 수와 크기, 그리고 운동이다.(MC, p.9)

여기서 '행성 궤도의 수'는 당시 알려져 있던 수성에서-지구를 포함-토성에 이르는 여섯 개이며 '크기'는 행성의 궤도 반경, '운동'은 행성의 공전주기로 나타낸다. 행성 궤도 반경의 상대적인 크기는 태양중심설에서는 처음으로 제기된 문제였을 뿐 아니라 행성의 개수 6의 유래나, 궤도 반경과 공전주기의 사이의 관계도 그때까지 누구 한 사람 의문을 던진 적이 없었던 문제였다. 또 설정된 의문이 모두 정량적이라는 데에도 주목할 필요가 있다.

그러나 그 발상의 근거는 꼭 근대적인 것만은 아니었다. 케플러는 우주에 정지하고 있는 것, 즉 태양과 항성천과 그 사이의 공간은 각각 아버지와 아들과 성령이라는 삼위일체에 대응하고 있다고 보았다. 따라서 움직이고 있는 것, 즉 지구를 포함해 모든 행성들 사이에도 어떤 질서와 조화가 존재하며, 거기(*질서와 조화)에서 신의 작품으로서의 증거를 볼 수 있을 것이라고 했다. 케플러는 "가장 완전한 건설자인 신이 가장 훌륭한 작품을 만드는 것은 필연적"이라고 보았던 것이다.(MC, p.23)

플라톤주의자인 케플러는 우주가 기하학적 모델에 따라 만들어졌다고 믿었다. 플라톤을 따라 "신은 기하학자이다"(MC, p.26)라고 언급한 것에서 보이듯이 『신비』의 목적은 "전지전능한 창조주가 우주를 창조하고 천체를 배열할 때 피타고라스와 플라톤의 시대로부터 오늘날까지 알려져 있는 다섯 개의 정다면체에 주목하는 한편, 행성의 수와 상호 거리의 비율과 운동이 이들(*정다면체)의 고유한 비율에 따랐다는 것"을 드러내는 데 있었다.(MC, p.9) 행성 궤도의 크기와 수에 대해 케플러가 도달한 해답은 다음과 같다.

지구 궤도는 모든 궤도의 척도이다. 여기에 정십이면체를 외접시켜보자. 그러면 이 입체에 외접한 구가 화성의 궤도가 된다. 다시 화성의 궤도에 정사면체를 외접시키자. 그러면 이 입체에 외접하는 구가 목성의 궤도가 될 것이다. 목성의 궤도에 입방체(*정육면체)를 외접시키면, 이 입체에 외접하는 구가 토성의 궤도가 된다. 한편 지구의 궤도에 정이십면체를 내접시켜보자. 그러면 이 입체에 내접하는 구가 금성의 궤도가 된다. 금성의 궤도에 정팔면체를 내접시키자. 그러면 이 입체에 내접하는 구가 수성의 궤도가 될 것이다.(MC, p.13)

행성 궤도의 상대적인 크기는 궤도를 포함하는 구에 정다면체를 내접 혹은 외접시킴으로써 결정된다는 것이다. 〈그림 18.2〉는 『신비』에 있는 것으로, 이 그림을 통해 그 주장을 보다 쉽게 알 수 있다. 그림에서 제일 바깥쪽 구가 토성 궤도를 포함하고, 다음으로 목성, 화성 등의 순서로 돼 있다. 그런데 정다면체는 다섯 개밖에 존재하지 않으므로 그것들에 내외접하는 구는 여섯 개밖에 있을 수가 없다. 즉 행성의 수는 여섯 개로 한정된다. 케플러는 1597년 10월 13일 갈릴레이에게 보낸 편지에서 "우리의 진정한 선생인 플라톤과 피타고라스"[3]라고 말하고 있다. 바로 케플러의 논의야말로 수에는 특수한 의미와 고유한 힘이 갖추어져 있다는 피타고라스의 신조와, 신은 세계를 기하학적으로 구성했다는 플라톤의 사상을 충실하게 적용한 것이다. 물론 지금 입장에서 보면 행성의 수를 여섯 개로 한정하기 때문에 그 자체는 특별한 의미가 없지만, 이 논의에는 당시 케플러의 관심이 어디에 있었는지를 단적으로 보여준다. 이 이론으로 산출한 궤도 반경의 비율이 우연히도 실제 측정으로 얻은 값과 아주 잘 맞아떨어짐으로써 케플러는 더욱 확신을 갖게 되었다.

　코페르니쿠스 이론에 입각했다고는 하지만 당시 케플러의 정신은 아직 근대 이전의 것이었고, 현대의 우리에게는 신비적으로 보이기조차 한다. 그러나 이 책이 당시 평판이 좋고 높은 평가를 받았다는 사실은 이와 같은 발상이 위화감 없이 유럽 사회에 받아들여졌다는 것을 뜻한다. 『신비』의 성공으로 케플러는 자신의 천직이 성직자가 아니라 천문학을 통해 신의 계획을 명확히 하는 데 있다는 신념에 다다른다. 이후 '케플러의 3법칙'을 발견하고 천문학을 개혁하는 길을 따르게 된다.

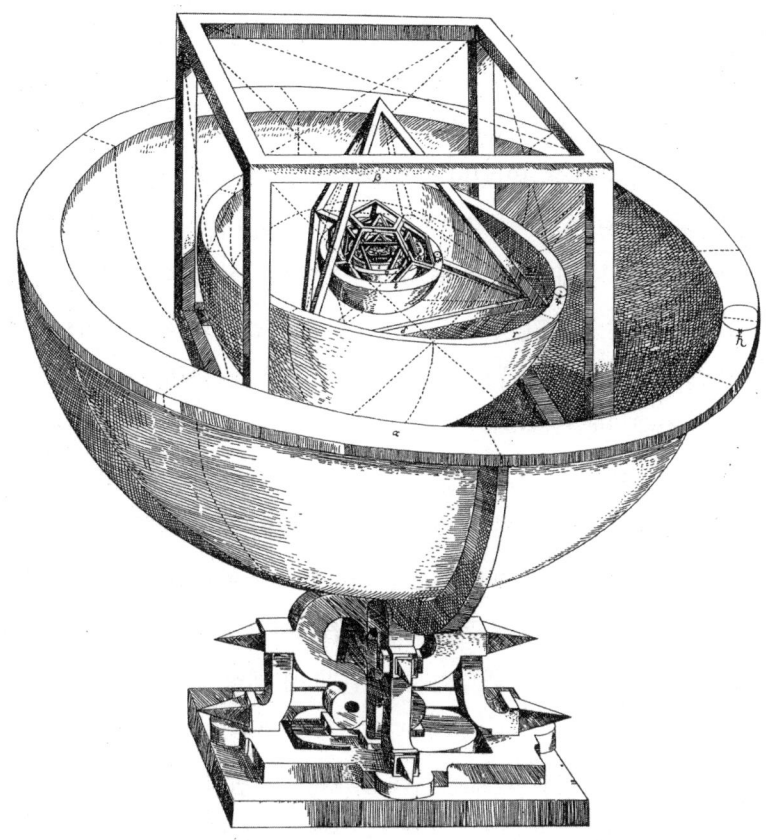

〈그림 18.2〉 정다면체로 구성된 태양계.
케플러 『우주의 신비』(1596)에 수록되어 있다. 『우주의 신비』의 원래 제목은 『천체 궤도의 경탄할 만한 비율에 대하여, 천체의 수, 크기, 주기 운동의 진정으로 고유한 근거에 대하여, 기하학의 다섯 개의 정다면체로 증명된 우주의 신비를 포함해, 우주론으로의 유도』이다.

케플러에 의한 천문학의 개혁

일반적인 과학사에서는 코페르니쿠스 지동설이 근대 천문학 나아가 근대 물리학의 출발점이었다고 말한다. 그러나 물리학적 관점에서 보면 근대 과학 이전과 이후로 나누는 진정한 전환점은 오히려 케플러라고 보아야 한다. 왜냐하면 코페르니쿠스가 태양이 정지한 상태의 태양계를 제창하긴 했지만, 천문학이 어떠한 과학인가 하는 점에서는 고대 이래의 사고방식에서 완전히 탈피하지 못했기 때문이다.

그에 반해 케플러의 천문학은 단순히 태양을 중심에 놓고, 원궤도를 타원궤도로 바꾸는 것에 머물지 않았다. 그의 개혁의 본질적인 점은 행성운동을 일으키는 원인으로 태양이 행성에 미치는 힘이라는 관념을 도입함으로써, 천문학을 궤도의 기하학에서 천체의 동역학으로, 천공의 지리학에서 천계의 물리학으로 변환시킨 데 있다. 그 근저에는 '천문학은 무엇을 과제로 삼는 학문인가'에 대한 사고의 결정적인 전환이 있었다.

그때까지 천문학의 과제와 목적은 6세기 무렵의 신플라톤주의자로서 아리스토텔레스의 주해서를 쓴 심플리키우스가 플라톤의 천문학에 대해 쓴 다음과 같은 글 속에 잘 나타나 있다.

> 플라톤은 하늘에 있는 물체의 운동 원리는 원형(圓形)이며 일정하고 항상 규칙적이라고 했다. 그래서 그가 수학자들에게 던졌던 문제는 행성들이 나타내는 현상을 구하기 위해서 어떤 가설, 즉 원형이며 일정하고 항상 규칙적인 운동을 보이는 것 중에서도 어떤 것을 택해야 하는가였다.[4]

행성의 운동이 원운동의 조합이라는 것을 선험적으로 전제하고 있다.[5] 아리스토텔레스 자연학에 있어서도 제5원소로 된 하늘의 물체가 '항상 원운동을 한다'는 것은 그 '본성'에서 유래하며 의문의 여지가 없는 사실이라고 믿었다.[6] 프톨레마이오스의 천문학도 "일반적으로 행성의 운행은 본성상 당연히 규칙적이며 원형이라고 보아야 한다"[7]고 명기하고 있다. 원운동이 천체의 속성이라는 것은 더 이상의 설명을 요하지 않는 사실이었던 것이다.

그래서 프톨레마이오스가 분명히 말하고 있는 것처럼 천문학의 목적은 "다섯 개의 행성, 태양과 달이 나타내는 불규칙성을 어떻게 규칙적인 원형 운동을 통해 설명할까"[8]에 달려 있었다. 즉 그때까지 천문학은 [변화하는] 행성의 위치와 관측치를 설명하기 위해 (*천체운동의 원리와 조화시키기 위해) 궤도 구(球)나 원 궤도를 어떻게 조합할까 하는 문제에 매달려 있었다. 따라서 관측된 행성의 운동을 어떤 수학적, 기하학적 가설(모델)을 통해 계산하고 예측할 수 있다면 그것으로 충분하다고 여겼던 것이다. 바로 그것이 (*플라톤이 말한) '현상을 구한다'는 의미였다. 그런 관점에 머물러 있는 한 천문학은 행성이 왜 그와 같이 움직이는가, 실제로 그와 같이 움직일까 같은 존재론적이거나 자연학적, 인과적인 질문을 던질 수가 없었다.

고대 이후 케플러 이전까지의 천문학은 운동의 물리적 원인은 묻지 않는 궤도의 기하학이었다. 당시의 자연학(물리학)은 정성적인 것이었으며, 수학적인 천문학에는 처음부터 익숙하지 않았다고 할 수 있다.

그런데 코페르니쿠스 지동설은 행성의 운동에서 보이는 멈춤이나 역행 같은 불규칙성이 사실은 지구의 운동에 의한 착시이며, 때문에 지구도 다른 행성과 마찬가지로 태양의 주변을 회전하고 있다고 주장했다. 물론 코페르니쿠스는 단순히 태양을 정지시킨 데 머무르지 않고 "태양은 왕좌에 있는 것처럼 주변의 별들을 지배하고 있기도 하다"면서 태양을 특별한 존재로 인정했다. 또 "중력이나 무게란 우주의 건축자의 배려에 의해 천체를 이루는 각각의 부분에 주어진 자연적인 욕구에 지나지 않는다. 이 성질(*중력, 무게)은 태양에도 달에도 행성에도 모두 똑같이 들어 있다"며 모든 천체에 평등하게 주어진 중력을 인정했다.[9] 때문에 코페르니쿠스는 지상에서 무거운 물체가 낙하하는 것은 우주의 유일한 중심을 향한 자연운동이 더 이상 아니라고 생각했다. 달 아래 세계와 천상세계라는 이원론을 버리고 지구를 다른 행성과 똑같은 존재라고 보는 입장에서는 그것은 당연하다고 할 수 있다.

그러나 코페르니쿠스의 중력은 어디까지나 천체상의 물체-천체의 한 부분-가 그 모태인 천체로 향하는 경향, 각각의 천체가 구(球) 모양으로 응집하고자 하는 성질이었다. 그 근거는 전체에 대한 부분의 공감에 있었다. 이것은 거슬러 올라가면 유사한 것은 서로 끌어당긴다는 고대 이래의 이론으로 귀결한다. 따라서 그것(*중력)은 다른 천체들 사이에는 작용하지 않는다. 더구나 코페르니쿠스는 태양이 행성을 원운동시킨다고도 생각하지 않았으며 태양의 인력으로 행성이 태양과 연결돼 있다는 생각도 하지 않았다.

왜냐하면 코페르니쿠스는 "구의 운동은 회전운동이라는 것", 주기적인 운동은 원운동이어야만 한다는 데 근거해, "행성운동은 원운동이거나 여러 원운동을 조합한 것임에 틀림없다"고 믿었기 때문이다.[10] 따라서 코페르니쿠스 천문학은 태양-정확하게는 지구 궤도의 중심에 있는 평균 태양-을 중심으로 삼았다 해도 역시 원운동의 선험성에 사로잡힌 궤도의 기하학이었다. 그것을 프톨레마이오스와 비교하면 복잡성이 줄었다는 점에서는 수학적으로 개선되었다고 할 수 있지만 천체의 운동을 물리학적·동역학적으로는 이해하지 못한 것이었다. 즉 행성을 움직이고 제어하는 것이 무엇인가라는 문제의식 자체가 나올 수가 없었다.

그런 의미에서는 루터파의 성직자 안드레아스 오지안더(Andreas Osiander, 1498-1552)가 『천구의 회전에 대하여』에 익명으로 쓴 '서문'에서 "이 가설이 정확해야 하고 올바르게 보여야만 할 필요는 없다. 계산이 관측 결과와 맞으면 그것으로 충분하다"고 한 것[11]은 완고한 보수파나 교회권력에 대한 비굴한 변명만은 아니었다. 코페르니쿠스 이론이 가진 객관적 한계를 드러난 것이었다고 볼 수 있을 것이다. 1602년에 캄파넬라도 『태양의 도시』에서 "코페르니쿠스는 작은 돌을 나란히 놓고 계산하고, 프톨레마이오스는 콩을 나란히 세워 계산한 것과 같다. 둘 다 진짜를 가지고 계산한 것은 아니다. 그것은 마치 금화 대신 판돈으로 돈을 지불하는 것과 같은 것이다"라고 했는데,[12] 이런 견해가 당시의 대체적인 분위기였다. 어떤 이론도 자연학적·존재론적인 진리를 주장하고 있지는 않다고 보았던 것이다.

이에 반해 케플러의 『신비』에서 특징적인 점은 "코페르니쿠스의 시도는 천문학에 관련돼 있지만 나는 물리학자와 같은 역할을 담당하고 있다"고 한 것처럼 '천문학'과 '물리학[자연학]'을 대비하고, 그것을 코페르니쿠스와 자신의 다른 점으로 선언했다는 점이다.(MC, p.50, 59) '독자에게 보내는 서문'에서 태양 운동이 사실상 지구의 운동 때문이라는 것을 "코페르니쿠스는 수학적인 근거에 의지해 증명했지만" 자신은 "물리학적인 근거에 의지하거나, 그렇게 말해도 좋다면 형이상학적인 근거에 의지해 증명하려고 했다"고 밝혔다. 처녀작인 『신비』에서 이미 이후 자신이 이뤄낼 천문학의 개혁을 향한 첫발을 내딛고 있었던 것이다.

케플러는, 『신비』를 출판한 지 수년 뒤인 1600년 말 무렵 『티코의 옹호 Apologia pro Tychone contra Ursum』(이하 『옹호』)를 저술한다. 이 소책자에서 그는 "천체의 위치나 움직임을 가능한 정확히 예언하는 것은 천문학자로서의 책무를 제대로 하는 것이다"라고 말하면서도 그것만으로는 충분치 않다고 했다. "그것은 천문학자의 첫 번째 책무이긴 하다. 그러나 사물의 본성을 탐구하는 철학자의 공동체에서 천문학자가 배제되어야 할 이유는 없지 않은가"[13]라고 덧붙였다. 오직 궤도의 기하학을 다루는 '천문학'과 사물의 본성과 사물의 원인을 논하는 '물리학'을 구별하지 말고, 천문학을 물리학의 일부로 삼아 천체동역학, 천계의 물리학을 실행하자는 것이었다. 그것은 단지 천문학에 동력인(因)이나 인과 개념을 도입하자는 데 그치는 것이 아니었다. 그때까지는 정성적인 것밖에 없던 자연학을 수학적인 물리학으로 전환하자는 의미였다. 실제로 케플러가 행성운동에 대한 제1법칙과 제2법칙을 처음 발표한 것은 1609년의 『신천문학Astronimia Nova』(이하 AN)인데 그 부제가 '티코 브라헤 경의 관측과, 화성 운동을 고찰한 결과 얻어진 인과율 또는 천계의 물리학에 의거한 천문학'이었다.[14](〈그림 18.3〉) 또 그 서문에서는 천문학 이론의 개혁을 위해 "나는 천계의 물리학으로 옮겨 운동의 자연적 원인을 추구하게 되었습니다"라고 밝히고 있다.(AN,p.20)

훨씬 나중에 씌어진 케플러 필생의 대작 『코페르니쿠스 천문학 개요 Epitome Astronomiae Copernicanae』(1618년에 제1-3권, 1620년에 제4권, 1621년에 제5권, 이하 『개요EP』)[15] 제1권 첫머리의 "천문학이란 무엇인가"에서는 '천문학은 지상의 우리가 하늘이나 별을 바라볼 때 생기는 현상의 원인을 제시하는 과학이다.……그것은 사물이나 자연현상의 원인을 추구하므로 물리학[physica, 자연학]의 일부이다"라면서 "흔히 천문학에는 물리학[자연학]이 필요 없다고 생각한다.…… 그러나 실제로 그것(*천문학)은 이 분야(*물리학)와 가장 관계가 깊고 천문학

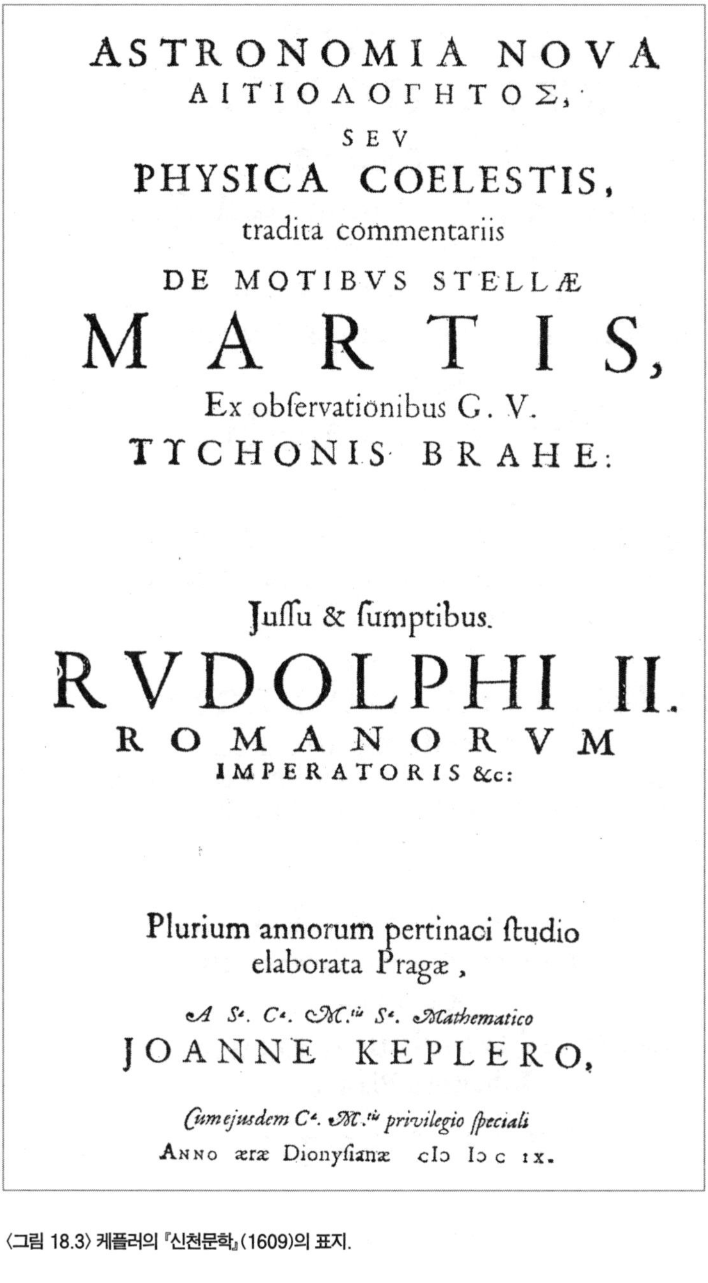

ASTRONOMIA NOVA
ΑΙΤΙΟΛΟΓΗΤΟΣ,
SEV
PHYSICA COELESTIS,
tradita commentariis
DE MOTIBVS STELLÆ
MARTIS,
Ex obfervationibus G. V.
TYCHONIS BRAHE:

Juffu & fumptibus.
RVDOLPHI II.
ROMANORVM
IMPERATORIS &c:

Plurium annorum pertinaci ftudio
elaborata Pragæ,
A S^æ. C^æ. M.^{tis} S^æ. Mathematico
JOANNE KEPLERO,

Cum ejusdem C^æ. M.^{tis} privilegio fpeciali
ANNO æræ Dionyfianæ cIɔ Iɔc ɪx.

〈그림 18.3〉 케플러의 『신천문학』(1609)의 표지.

EPITOMES
ASTRONOMIAE
Copernicanæ,
Uſitata formâ Quæſtionum & Reſpon-
ſionum conſcriptæ,
LIBER QUARTUS,
Doctrinæ THEORICÆ Primus:
QUO
Phyſica Cœleſtis,
HOC EST,
OMNIUM IN COELO MAGNITUDI-
num, motuum, proportionumq́; cauſæ vel Natura-
les vel Archetypicæ explicantur,
ET SIC
PRINCIPIA DOCTRINÆ
Theoricæ demonſtrantur.
QVI, QVOD VICE SVPPLEMEN-
ti librorum Ariſtotelis de Cælo eſſet, certo con-
ſilio ſeorſim eſt editus.
AUTHORE
JOANNE KEPPLERO.
Cum Privilegio Cæſareo ad Annos XV.
⋯(O)⋯
Lentiis ad Danubium, excudebat
Johannes Plancus,
ANNO M.DC.XX.

〈그림 18.4〉 케플러 『코페르니쿠스 천문학 개요』 제4권(1620년)의 표지

자에게 불가결한 것이다"라고 했다.(EP.p.23,25)

나아가 지동설에 근거한 우주론을 '케플러의 3법칙'을 통해 처음으로 전개한 『개요』 제4권의 부제는 '천계의 물리학, 즉 하늘에 있는 모든 것의 크기와 운동과 비율이 물리학적인 또는 원형(原型)적인 원인을 통해 설명된다'이며 속표지에는 '천계의 물리학'이라는 글이 크게 인쇄돼 있다.(〈그림 18.4〉) 이 제4권에서는 또 과거 천문학의 한계를 지적하면서 "에우독소스(Eudoxos)와 칼리포스(Kallippos), 그 후계자인 프톨레마이오스 등 고대인이 원을 넘어서지 못하고, 왜 행성이 원궤도만을 취해야 하는지 의문을 던지지 않은 채 (*원운동만으로) 현상을 서술하는 데 익숙해져 있었다"고 꼬집었다.(EP.VII,p.291) 1621년의 『신비』 제2판의 주에서는 "『신천문학』으로 기초를 닦고 『개요』 제4권으로 완성된 천계의 물리학"이라는 말을 사용하고 있다. 케플러는 자신이 완성했던 변혁의 의미를 충분히 감지하고 있었던 것이다.

천체동역학과 운동령

처녀작 『신비』에서 케플러가 천문학을 개혁하도록 이끌었던 문제는 모든 행성들 사이의 관계였다. 케플러는 태양계를 하나의 조화적인 시스템으로 파악하고 있었기 때문에 행성들의 운동 사이에 어떤 유의미한 관계가 있을 것으로 믿었다. 구체적으로 표현하면 "궤도 거리와 운동사이의 비와 관련해, 보다 확실한 근거를 얻을 수 있느냐는 문제"였다.(MC,p.68) 즉 행성들의 궤도 반경과 공전주기 사이의 관계였다. 『신비』에 등장하는 정다면체 논의와 비교하면 이 문제는 그동안의 과학사가 그다지 주목하지 않은 것이다. 하지만 케플러의 인식의 발전 과정을 이해하는 데 훨씬 더 큰 의의를 가지고 있다.

그리고 이 문제를 계기로 논의가 동역학적인 고찰로 전환된다. 비로소 케플러가 행성을 움직이는 동역학적인 원인에 대해 구상하게 되었다는 말이다.

우리가 한층 진실에 가까이 다가가 이 비(比) 속에서 어떤 규칙성을 찾고자 한다면 다음의 두 견해 중 하나를 택하지 않으면 안 된다. 즉 운동령이 (각 행성 속에) 있고 그 힘은 태양으로부터 멀리 떨어질수록 약해진다고 생각하거나, 다른 하나는 모든 행성 궤도의 중심에 위치한 태양에만 운동령이 머물며 천체가 태양에 가까이 있을수록 (태양에 머무는) 운동령이 훨씬 더 강하게 작용하고 멀리 있는 천체에 대해서는 약해진다고 생각하는 경우이다. 그러나 광원이 태양에 있고 원 궤도의 원점이 태양의 위치 즉 중심에 있다면 세계의 생명과 운동과 영(靈)도 태양에 귀속될 것이다. 이렇게 해서 정지는 항성, 부수적인 운동은 행성, 운동을 최초로 일으키는 작용은 태양에 속하게 된다. 태양의 이 작용은 만물 안에 있는 어떤 부수적인 운동과도 비교할 수 없을 정도로 훌륭하고 고상하다.(MC,p.70)

각 행성 안에 영이 존재한다는 전자의 가정에 대해서는 『신비』의 1621년 제2판에 덧붙인 주에서 "그와 같은 것이 없다는 것을 나는 『신천문학』에서 증명하였다"라고 기록하고 있을 뿐 아니라, 여기서도 사실상 무시하고 있다. 운동령이 태양에 있다는 후자의 가정만을 검토하면 된다. 여기서 처음으로 태양이 멀리 떨어진 모든 행성에 대해-멀리 떨어질수록 약해진다는 양적인 차이는 있지만-같은 종류의 영향을 미치고, 그에 따라 각 행성의 운동이 결정된다는 근대 천체역학의 기본 사상이-비록 물활론적인 언어를 사용하긴 하지만-표명되었던 것이다. 케플러가 태양 중심설을 말했을 때는 단순히 좌표계의 원점에 정지한 태양을 놓는다는 수학적인 의미만은 아니었다. 케플러의 태양 중심설은 태양계 전체의 활력의 원천이 태양에 있으며 모든 행성은 태양으로부터 물리적 작용 내지 생명적인 영향을 받아 움직인다는 동역학적이며 물활론적인 이해를 수반하는 것이었다.

게다가 케플러는 태양이 행성에 미치는 영향이 점차 감소하는 것을 정성적으로 이야기했으며 나아가 점광원에서 나온 빛이 점차 감소하는 현상을 정량적으로 계산해 행성의 공전주기도 궤도 반경과 연관시키고자 했다.

태양 빛의 경우와 같은 원리에 따라 태양이 운동(motus)을 각 행성으로 분배한다는 가정을 세워보자. 중심점에서 방사된 빛이 어떤 비율로 약해지는지에 대해서는 광학자들이 이미 가르쳐준 바 있다. 즉 작은 원이나 큰 원이나 통과할 때와 같은 양의 빛 또는 태양 광선이 통과한다. 거기서 빛은 작은 원주 위에 있을 때 훨씬 밀도가 높고 빈틈이 없으며, 큰 원주 위에 있을 때는 밀도가 낮고 성기게 되기 때문에 이때 〔빛이〕 얼마나 약해지는가 하는 정도는 두 원의 비율에서 구할 수 있을 것이다. 이것은 빛과 마찬가지로 운동력에 대해서도 똑같이 말할 수 있다. 따라서 금성 궤도 쪽이 수성 궤도보다도 크므로 그만큼 금성보다 수성의 운동이 '더욱 강할' 것이다. 또 더욱 빠르고, 더 격렬하고, 더 활발하다.……그런데 어떤 궤도가 다른 궤도보다 큰 경우에는 양자에 작용하는 구동력이 같을지라도 궤도가 큰 만큼 일주하는 데 걸리는 시간도 더 길어진다. 따라서 태양에서 행성까지의 거리의 1차 증가는 공전주기에 2차가 되어 작용하게 된다.(MC,p.71)

이 논의는 수학적으로 이렇게 표현할 수 있다. 여기서는 빛도 '운동력'도 3차원 공간이 아니라 태양과 행성 궤도를 포함하는 2차원 평면

위를 퍼져가는 것이라고 가정하고 있다는 점에 유의하자. 점광원을 중심으로 한 반지름 r의 원주상의 빛의 강도(단위 시간에 단위 길이의 원호를 통과하는 에너지)를 I(r)이라고 하면, 단위 시간에 원주를 가로질러 원 밖으로 나오는 모든 에너지는 원의 크기와 상관없이 일정하기 때문에 'I(r)×2πr=const.' 즉 'I(r)∝I/r' 이 얻어진다. 마찬가지로 반지름 r인 원 궤도 위에서 '태양으로부터의 운동력' 크기를 F(r)이라고 하면 다음과 같이 표현된다.

$$F(r) \times 2\pi r = \text{const.} \qquad \therefore F(r) \propto \frac{1}{r} \qquad (17.1)$$

이 관계는 나중에 『신천문학』에서 '유출의 법칙'으로 불린다. 힘이 3차원으로 퍼져가고 있다면 이 논의는 가우스의 정리($F(r) \times 4\pi r^2 = \text{const.}$)가 되고 반지름의 제곱에 반비례하는 힘이 얻어진다. 이것은 반세기 뒤에 프랑스인 이스마엘 뷔리우(Ismael Boulliau, 1605-1694)가 증명하게 된다.[16]

한편 케플러는 궤도의 접선 방향에서의 속도 v(r)이 이 힘에 비례한다고 생각했다. 즉-자세한 설명은 나중에 하겠지만-케플러의 동역학에서 속도는 순간적인 힘에 의해 유지되고 있으며 다음의 관계가 성립한다고 생각했다.

$$v(r) \propto I(r) \qquad (17.2)$$

이것을 앞의 식과 맞추어보면 다음이 얻어진다.

$$v(r) \propto \frac{1}{r} \qquad (17.3)$$

따라서 반지름이 a인 원 궤도를 움직이는 행성의 공전주기 T는 다음과 같다.

$$T = 2\pi a \div v(a) \propto a^2 \qquad (17.4)$$

바로 이것이 위의 인용문 마지막 문장에서 "거리의 1차 증가는 공전주기에는 2차로 되어 작용한다"는 것의 의미다.

뒤에 케플러는 티코 브라헤의 관측 데이터를 바탕으로 유명한 '케플러의 제3법칙', 즉 공전주기 T와 타원의 긴 반지름 a의 관계를 발견한다.

$$T \propto a^{3/2} \qquad (17.5)$$

이것은 1619년 『세계의 조화 Harmonices mundi』 제5권 제3장 '명제 8'에서 발표했다. 때문에 (17.4)의 결과는 물론 올바르지는 않지만, 처녀작 『신비』가 나온 시점에서 케플러가 이미 태양계를 구성하는 요소들을 연결하는 단 하나의 정량적 관계가 있으며, 나중에 발표하는 제3법칙의 문제의식을 갖고 있었다는 점은 충분히 주목할 가치가 있다.

케플러는 제3법칙을 발견한 후인 1621년 『신비』의 제2판에 붙인 주에서 "만약 천체의 운행과 궤도가 프톨레마이오스가 말한대로 배치돼 있다면 모든 행성에 대한 운동 또는 공전주기와 궤도 사이에는 절대로 일정한 비가 성립할 수 없다"라고 했다.(MC2,p.115) 나아가 같은 시기에 쓴 『개요』 제4권에는 "왜 태양이 모든 행성 운행의 운동원인 또는 원천이라고 생각하게 됐는가?"라는 질문에 대해 첫 번째 답변으로 제3법칙이 성립하는 것, 즉 "어떤 행성도 태양에서 멀리 떨어져 있을수록 더 느리게 움직이고, 그래서 주기의 비가 태양과의 거리의 2분의 3 제곱의 비율이 된다"는 점을 들고 있다.(EP, p.298)

케플러는 모든 행성을 연관 짓는 제3법칙의 성립 자체가 태양 중심설을 물리학적으로 또 절대적으로 뒷받침하는 근거라고 보았던 것이다. 그것은 케플러가 제3법칙이 함축하는 의미, 즉 태양이 거리가 멀수록 강도는 약해지지만 질적으로는 동일한 영향을 모든 행성들에게 미치고 있다는 사실을 물리적으로 이해하고 있었다는 말과 통한다. 모든 행성에 적용되는 타당한 비-태양계의 모든 구성원들을 태양과 연결하는 일원적인 관계-가 존재한다는 사실이야말로 중요한 점이며 그 비가 (17.4)의 형태인지 (17.5)의 형태인지는 오히려 부차적인 문제에 지나지 않는다. 따라서 (17.4)의 관계를 얻은 때에 이미 태양계에서 태양이 맡은 중심적인 역할을 강하게 시사하고 있었던 것이다.

그런데 이 무렵에 케플러는 태양으로부터의 영향을 '운동령'이라는 물활론의 용어로 표현하고 있다. 그런 의미에서는 아직도 중세에 한 발을 두고 있었다고 할 수 있다. 그러나 이 부분에 대해 1621년의 『신비』 제2판에는 다음과 같은 주가 기록돼 있다.

영(anima)이라는 단어를 '힘(vis)'이라는 말로 바꾸면, 『신천문학』에서 기초를 쌓고 『개요』 제4권에서 완성된 천계의 물리학의 근원이 된 근본 원리가 얻어진다.⋯⋯이전에 나는 행성을 움직이는 원인은 영이 틀림없다고 믿고 있었다. 그러나 이 주요한 동적 원인이 거리의 증가에 따라 약해지고, 태양 빛 역시 태양으로부터의 거리에 따라 쇠퇴하는 점을 생각해 볼 때 다음과 같은 결론에 이르게 된다. 즉 이 힘은 문자 그대로의 의미는 아니지만 적어도 막연한 의미에서는 어떤 물체적인 것이다. 그것은 우리가 빛을 비물질적인 것이면서도, 물체로부터 방사되는 어떤 것이기 때문에 물체적인 것이라고 말하는 것과 같다.(MC2,p.113)

태양이 행성에 미치는 영향을 애초에는 '운동령'으로 생각했으나 뒤에는 동역학적인 '운동력'으로 바꾸어 파악했던 것이다. 이러한 전환을 촉진한 것은 힘이 거리에 따라 감소한다는 사실의 발견이었다. 여기서 우리는 마술적인 작용 또는 영혼론적인 영향이 물리학적인 원격력으로 승화하는 국면을 보게 된다. 케플러는 진정한 의미에서 천문학의 개혁을 이루었던 것이다.

길버트의 중력이론

케플러가 행성이 태양에서 발산하는 힘에 의해 운동한다는 천문학적인 전환을 할 수 있게 된 결정적인 계기는 길버트의 자기철학과의 만남이었다. 즉 멀리 떨어진 천체들 사이에 작용하는 물리적인 힘이라는 관념을 케플러는 지구를 자석으로 본 길버트의 이론에서 착상했다. 때문에 길버트의 중력론을 다시 살펴보도록 하자.

길버트는 『자석론』에서 중력에 대해 "[대지에서] 분리된 부분은 그 시원[대지]을 향하게 된다. 이 경향을 무게[중력]라고 부른다"고 했다.(p.230) 그러나 길버트의 중력은, 아리스토텔레스가 우주의 유일한 중심이라고 한 지구의 중심을 향해 무거운 물질이 자연운동을 하도록 이끄는 것은 아니다. 『자석론』 제6권에는 다음과 같이 기록되어 있다.

대지 전체는 그 자신의 무게에 의해 하나로 뭉쳐지고 단단하게 만들어졌다. 이 같은 점착(粘着)과 물질의 응집은 태양과 달, 행성과 항성 같은 모든 구상(球狀) 물체에 존재하며 또 이 구상물체의 각 부분들은 서로 점착하고 각각의 중심을 향하게 된다.(IV-3,p.219)

직선운동이란 자신의 시원을 향해 움직이려는 경향이며 이것은 지구뿐 아니라 태양이나 달 같은 구로 된 모든 부분에서 일어나는 경향이다.(VI-5,p.227)

이처럼 길버트가 말하는 '무게(gravitas 또는 pondus)'는 코페르니쿠스와 마찬가지로 모든 천체에서 볼 수 있고, 천체 위의 물체(천체의 파편)가 그 모태인 천체를 향하려는 경향-전체에 대한 부분의 공감-이지 무거운 물체에만 존재하는 것은 아니었다.

길버트는 '유사한 물질을 향하려는 경향(inclinatio ad simile)'이라는 의미의 중력을 지구와 달 사이, 나아가서는 태양과 지구 사이로까지 넓히고 있다. 지구와 달에 대해서는 제6권에서 다음과 같이 이야기한다.

달과 지구 사이에 협조가 있는 것은 그 둘이 극히 가깝고 이웃하고 있기 때문이며 본성상으로도 실체적으로도 아주 유사하고, 또 달은 태양을 제외하면 그 밖의 어떤 별보다 더 분명한 효과를 지구에 미치기 때문이다. 나아가 모든 행성 중에 달만이 대지(*지구)의 중심 주위를 돌고 있고 마치 고리로 이어져 있는 것처럼 대지(*지구)에 강하게 결부되어 있기 때문이다.(VI-6, p.232)

달은 제5원소로 구성된 완전한 구가 아니며 지구와 동류의 물질이라고 본다. 또 달이 지구에 미치는 효과로서 길버트가 들고 있는 사례는 밀물과 썰물에 대한 달의 영향이다.

길버트가 태양 중심설의 지지자였다는 점을 먼저 기억해 두자. 『자석론』에서는 "항성도 행성도 지구 주위를 돌고 있는 것은 아니다"(p.227)고 했고 『세계론』에서는 더 분명하게 "행성이 회전운동을 할 때 중심으로 삼는 것은 지구가 아닌 보다 커다란 태양이다"라고 기록하고 있다.[17] 실제로 『세계론』에 첨가된 그림(〈그림 17.6〉)에는 분명 태양이 모든 행성 궤도의 중심에 놓여 있다.

그러나 보통의 역사책에서는 길버트가 지구의 자전(일주운동)은 인정했지만 공전(연주운동)에 대해서는 견해를 밝히지 않았다고 쓰고 있다. 사실 지금의 그림을 보면 지구에 대해서만 공전 궤도를 나타내는 원이 그려져 있지 않다. 그러나 『자석론』 제6권에는 "대지(지구)는 어떤 필연에 따라, 또 명백하고 뚜렷하게 내재하는 힘에 의해, 태양에 대해 원형으로 회전운동을 한다.……태양은 행성의 운동을 일으키는 것과 마찬가지로 지구도 회전시킨다"라는 표현이 있어(p.224) 아주 미묘하다. 이 '회전'을 '자전'으로 해석하는 이도 있다. 그러나 길버트는 앞장에서 보았던 것처럼 지구의 자전은 지구의 자기적 성질에 따라 자발적으로 일어나는 자연운동이지 태양에 의해 외부로부터 불러일으켜지는 것이 아니라고 밝히고 있다. 따라서 여기서 '회전'은 '자전'이 될 수 없다. 그리고 실제로 톰프슨의 번역에서는 '회전'은 '공전'을 가리킨다고 했다. 결국 위의 문장은 지구를 포함한 모든 행성이 태양의 힘에 의해 공전한다는 주장이 된다. 이처럼 이해하는 논자도 있다.[18]

지구의 공전을 인정하느냐 않느냐는 차치하더라도 길버트는 "태양 자체가 우주의 작용자이자 구동자(驅動者)"라고 한 것처럼,(p.231) 태양을 모든 행성의 운동을 조절하는 중심적 작용자로 보았던 게 분명하다. 이것은 태양이 행성에 작용하는 중력이라는 관념이 성립하는 전제조건이었다.

길버트가 중력을 자력이라고 단언했던 건 아니다. 그러나 유고인 『세계론』에서 "달은 지구에 자기적으로 결부되어 있다"[19]라고 했듯이 그렇게 해석할 수 있는 여지를 남겨둔 것은 부인할 수 없다. 예컨대 1666년 영국의 훅은 중력에 대해 "길버트가 최초로 그것(*중력)을 지구의 한 부분에 내재하는 자기적인 인력이라고 생각했다"라고 확실히 말하고 있다.[20] 영국만이 아니었다. 라이프니츠는 1689년에 쓴 『천체의 운동 원인에 대한 시론 Tentamen de Motuum Coelestium causis』에서 이렇게 밝히고 있다.

유명한 길버트의 고찰에 따르면 우리에게 알려져 있는 한 우주의 모든 커다란 물체는 자석의 성질을 가지며 어떤 극을 향하는 지향의 힘 외에 그 작용권 내에 있는 같은 종류의 물체를 끌어당기는 힘을 가지고 있다. 우리는 천체 속에 있는 그 힘을 중력이라 부르고 다른 별들에도 그런 힘이 있다고 유추할 수 있다.[21]

17세기 무렵 길버트는 이처럼 이해-오해 또는 확대해석-되고 있었다. 아니 20세기에 들어서조차 유명한 역사학자 버터필드는 『근대 과학의 탄생 The Origin of Modern Science』에서 "자기적인 인력이야말로 중력의 진정한 원인이라고 길버트가 주장했다"고 쓰고 있다.[22]

길버트가 케플러에게 끼친 영향

길버트를 가장 먼저 그와 같이 해석해 중력을 자력으로 생각했던 인물이 『신비』를 출판한 후의 케플러였다. 이와 관련해 『신천문학』을 집 필중이던 1608년 11월 10일에 네덜란드의 천문학자 파브리시위스 (Johannes Fabricius, 1587-1651)에게 보낸 편지에 다음과 같은 구절이 있다.

(*지구가 회전하고 있다면) 연직(鉛直)으로 던져 올린 돌이 그 사이에 지구가 회전해버렸는데도 왜 같은 지점에 떨어지는 것일까. 이에 대한 답은 우리 눈에는 보이지 않는 무한한 자기(磁氣) 고리가 지구와 함께 회전하기 때문이다. 이 고리에 의해 돌이 지구의 한 부분과 연결돼 있는 것이다. 그 결과 돌은 최단 거리인 연직으로 지구를 향해 끌려오게 되는 것이다.(GW, 16, 508)[23]

케플러가 길버트를 처음 언급한 것은 『옹호』에 나오는 다음과 같은 증언이었다.

영국인 윌리엄 길버트가 자석을 연구하면서……코페르니쿠스를 옹호하려는 나의 논의에서 부족한 부분을 보충주었다.[24]

케플러가 『옹호』를 집필한 것은 1600년 10월부터 1601년 4월 사이로 추정된다. 이 시기는 『자석론』이 영국에서 출판된 직후였다. 케플러가 학문적인 접촉을 어떻게 하고 있었는지는 확실치 않지만 아무튼 그의 반응은 대단히 신속했던 것 같다. 태양이 행성에 미치는 '운동령'이 존재한다고 말하면서도 구체적으로 그것이 무엇인지, 그 존재를 무엇으로 입증할지 파악하지 못하고 있던 케플러에게, 길버트가 『자석론』에서 다룬 논의는 바로 그가 찾고 있던 해답을 제공하는 것처럼 여겨졌던 것이다. 1603년 1월 12일 한 지인에게 보낸 편지에서 케플러는 "나에게 날개가 있다면 영국으로 날아가 길버트와 이야기하고 싶습니다. 그의 기본법칙을 통해 행성의 운동을 증명할 수 있으리라 믿습니다"라고 했다.(GW, 14, 242) 케플러는 길버트의 자기철학으로 코페르니쿠스 이론을 물리학적·인과적으로 뒷받침할 수 있지 않을까 생각했던 것이다. 여기서부터 케플러의 특이한 자기중력론이 형성돼 간다. 그 과정은 케플러가 티코 브라헤의 관측 데이터에 근거해 유명한 제1법칙과 제2법칙을 발견하는 과정이기도 했다. 지금은 오직 제1법칙과 제2법칙을 발견한 결과만 가지고 이야기하면서 자기중력론은 무시하고 있지만, 이 둘은 케플러에게는 서로 뗄 수 없을 만큼 긴밀히 연결된 것이었다.

케플러가 티코를 주목한 동기 중 하나는 오스트리아의 군주가 프로테스탄트를 탄압하는 쪽으로 정책을 바꾸어 그라스의 신학교가 폐쇄되었기 때문이기도 했지만, 더 중요한 이유는 티코가 가진 정확하고 풍부한 관측 데이터를 갈망했기 때문이었다. 왜냐하면 정다면체 이론으로 계산한 행성의 궤도를 포함해 천구의 반지름이 코페르니쿠스의 값과 조금씩 차이가 났던 것이다. 행성 궤도는 엄밀하게는 원이 아니다. 『신비』의 우주 모델에서는 정다면체에 내·외접하는 구는 일정한 두께를 가진 구각(球殼)이며, 그 두께는 반지름과 이심률(異心率)로 결정된다. 그런데 코페르니쿠스가 가지고 있던 수치는 그만큼 정교하지는 않았다.

따라서 케플러는 정확한 궤도 반지름과 이심률 값을 구하고자 했지만, 당시 그 데이터를 가지고 있는 인물은 세계에서 유일하게 티코 브라헤뿐이었다. 생애를 천체 관측에 바쳤던 티코는 관측기기를 대형화해 정밀도를 비약적으로 향상시키고, 육안으로도 관측할 수 있도록 극한을 실현했다는 말이 있을 정도로 관측 데이터의 정확도는 이전의 것들을 크게 앞서고 있었다. 뿐만 아니라 티코는 오랫동안 끊임없이 천체를 관측해왔다. 행성의 운동과 관련해서도 궤도 전체에 걸쳐 신뢰성이 높은 데이터를 축적하고 있었다. 그때까지는 데이터가 정확도에서 뒤떨어졌을 뿐 아니라, 일식이나 월식처럼 행성이 특별한 위치에 왔을 때만 산발적으로 행하는 극히 적은 수의 관측 데이터밖에 없어, 티코의 자료가 압도적으로 뛰어났던 것이다.

케플러는 티코 밑에서 일하기 위해 1600년 9월 프라하로 이주한다. 티코는 케플러에게 화성 궤도를 결정하는 일을 맡겼다. 뒤에 생각해보면 그것은 대단한 행운이었다. 실제로 그는 『신천문학』에서 "화성의 운동은 천문학에 감추어져 있는 비밀에 다가갈 수 있는 유일한 길이었으며, 그것이 없었으면 그 비밀을 우리는 영원히 알 수 없었을 것이다" 라고 회고하면서 그 과정을 '신의 배려'라고 표현했다.(AN,p.109) 화성은 당시 알려져 있던 외행성 중에서 이심률이 가장 크고, 원에서 벗어나는 정도가 가장 두드러진 행성이었다. 이 때문에 타원궤도를 발견할 수 있게 되었던 것이다. 다른 행성들은 궤도가 원에 너무 가까워 티코 브라헤의 데이터가 아무리 정밀하다 하더라도 타원을 발견하지 못했을 수도 있다.

그러나 케플러가 티코 문하에 들어간 지 1년이 조금 지난 1601년 10월 티코는 세상을 떠나게 되고 관측 데이터들은 모두-여러 곡절이 있었던 듯하지만 결국-케플러 손에 들어오게 된다. 뒤에 라이프니츠는 티코의 관측 데이터가 케플러 손에 들어간 것을 '신의 섭리'라고 했는데, 적절한 표현이다.[25] 그리고 이 데이터, 특히 20년 가까이 축적된 화성의 관측 데이터와 수 년간 씨름한 끝에 케플러는 "행성은 태양을 하나의 초점으로 삼아 타원 궤도를 그리며 돌고, 그때 반지름이 움직이면서 단위 시간에 그리는 면적은 항상 일정하다"라는 '케플러의 제1,

제2법칙'을 발견한다. 근대 물리학적인 법칙이 되기 위해서는 정밀한 정량적 관측과 통계적으로 정확도가 보증된 데이터로 뒷받침되어야 하며 동시에 엄격하게 정의된 수학적 언어로 표현되어야 하는데, 그런 의미에서 케플러의 법칙은 천문학 역사상 최초의 근대 물리학적인 법칙이었다.

케플러의 제1법칙(타원궤도)은 1609년의 『신천문학』에서는 화성에 대해서만 다루지만 이후 『조화』, 『개요』 그리고 1627년의 『루돌프표 Tabulae Rudolphinae』에서는 모든 행성에 대해 기록하고 있다. 또 제2법칙(면적 정리)에 관련해 『신천문학』에서는 케플러가 반지름 r에 수직인 속도 성분을 $v_\perp$로 해 $rv_\perp$=const.라는 올바른 표현과, 원일점과 근일점에서만 올바르기 때문에 근사적 표현이라고 할 수 있는 rv=const.를 혼동했지만 『개요』에서는 $rv_\perp$라고 정확히 기록돼 있다.

케플러의 제1, 제2법칙은 행성 궤도가 원형이고 행성이 늘 같은 속도로 운동한다는 이전의 두 가지 가설을 파기했으며, 플라톤과 아리스토텔레스적인 이해방식을 과거의 것으로 돌려놓았다. 등속원운동이라면 그것은 자연 창조자의 완전성을 드러낸다는 신학적이고 심미적 해석에 의해, 또는 완전한 제5원소의 자연운동으로 이해되기 때문에, 더 이상의 근거를 물을 필요 없이 당연한 것으로 이해할 수 있다. 그러나 비등속적인 타원이라면 얘기가 달라진다. 궤도가 원이라는 점과, 원에 아주 가깝지만 그러나 아주 조금 찌그러져 있는 것-현대풍으로 말하면 대칭성이 깨진 것-은 결정적인 차이가 있다. "자연은 단순함을 좋아하고 단일성을 사랑한다. 자연 속에는 쓸데없는 것은 존재하지 않는다"(MC,p.16)라고 생각하는 플라톤주의자 케플러에게 이 문제는 한층 어려운 것으로 다가왔을 것이다. 그렇다면 대칭성을 깬 원인은 무엇인가? 그 원인을 규명하는 것은 바로 물리학의 문제, 즉 힘의 문제였다.

『개요』에는 다음과 같이 적혀 있다.

고대인은 근원으로 돌아가는 모든 운동 중에서 원형이 가장 단순하고 완전하며, 계란형이라든가 다른 운동에는 직선이 섞여 있다고 생각했다. 따라서 원운동이야말로 물체의 단순한 본성에 가장 잘 들어맞으며 신의 정신인 동자(動者, motors)에도 가장 어울리고(왜냐하면 미와 완전성은 신의 정신에 속하기 때문에), 역시 구형으로 된 하늘에도 가장 잘 어울린다고 생각했다.
이에 대해 나는 다음과 같이 답하고자 한다. 만약 고대인이 믿었던 것처럼 하늘의 운동이 정신의 업적(業, opus mentis)이라면 행성의 운동도 완전한 원이라는 추측이 그럴듯하다.……그러나 하늘의 운동은 정신의 업이 아니며 자연의 업(opus naturae), 즉 자연 물체의 힘이 만들어내는 업이다. 이것은 천문학자의 관측으로 아주 잘 검증된다. 그리고 천문학자는 타원형의 회전운동이야말로 행성이 현실에서 일으키는 올바른 운동이라는 것을 발견했다. 그리고 그 타원을 통해 자연 물체의 힘과 그 형상의 방사(放射)와 크기를 검증할 수 있다.(EP, p.330)

이처럼 케플러는 원의 주술에서 벗어나 힘 개념에 근거한 물리학으로서의 천문학을 구상하기에 이른다.
이것은 코페르니쿠스가 태양계의 중심을 태양이 아닌 태양 가까이에 있는 지구 궤도의 중심-평균 태양-에 두었던 데 반해, 케플러는 태양 그 자체에 두었던 점에서도 상징적으로 표현되고 있다. 이것에 의해 처음으로 행성 궤도가 일정한 평면 위에 있다는 사실이 제시되었고, 그 점은 때때로 '케플러의 제0법칙'으로도 불리고 있다.[26] 그리고 케플러는 태양의 중심성을 관측을 통해 '사후적으로(아포스테리오리)' 확인한 것이 아니라 그 이전에 '선험적으로(아포리오리)' 요청했다. 그는 (*코페르니쿠스가 말한) 지구 궤도의 중심 같은, 아무것도 없는 공간

내의 단순한 기하학적인 점이 우주의 중심이라는 것은 물리학적으로도 형이상학적으로도 생각할 수 없다고 보았다. 우주의 중심은 운동의 물리적인 중심이며, 따라서 거기에는 빛과 힘의 원천이 되는 물리적·물질적 실체, 즉 모태인 태양이 없으면 안 되는 것이었다. 그런 의미에서 진정한 태양 중심설은 코페르니쿠스가 아닌 케플러에서 시작되었다고 할 수 있다. 거기에서 비로소 천계의 물리학이 시작된다. 케플러 자신도 『신천문학』 서문에서 "운동의 물리적 원인을 탐구하기 위한 첫걸음은 모든 이심원(離心圓)의 합류점이 코페르니쿠스나 브라헤의 견해와 달리 태양 자신이 중심이지 그 가까운 점에 있는 것이 아니라는 것을 증명하는 것이었다"(AN,p.20)라고 말하고 있다.

이 사상에 살을 붙이고 현실화하는 데 가장 유익한 길잡이가 된 것이, 지구는 자석이며 힘을 미치는 능력을 가진다는 길버트의 발견, 또는 케플러가 그것을 확대 해석한 것이었다. 이에 대해서는 『신천문학』에 이르는 과정에서 케플러가 쓴 몇몇 문서나 편지에도 잘 나타나 있다.

1604년 케플러가 쓴 『천문학의 광학적 부분 Astronomiae pars optica』에는 "태양은 그 자신과 다른 모든 것들을 연결하는 빛을 가진 물체이며, 이 때문에 태양이 존재해야만 하는 장소는 전 세계의 중심이다"라면서 이 문장 바로 앞에 다음과 같이 썼다.

> 물체는 다양한 힘을 갖고 있다. 이들 힘은 물체 내부에 있고 물체 그 자체보다도 어느 정도 자유가 있으며, 형태를 갖춘 물질성은 결여하고 있지만 기하학적인 넓이를 가지며 원형으로 된 길을 통해 유출된다. 이것은 특히 자석에서 두드러지지만 그 밖의 경우에도 분명하다.[27]

'원형으로 된 길을 통해 유출된다'라는 것의 결과는 (17.1)식을 가리킨다. 힘은 빛과 마찬가지로 중심에 있는 물체로부터 평면 위에 등방적(等方的, *모든 방향에 동일하게)으로 방사된다는 것이다. '자석에서 특히 두드러진다'라는 문구는 물체가 방사하는 힘의 원형(原型)이 케플러에게는 자력이었다는 것을 가장 잘 나타내고 있다.

화성에 대한 연구가 꽤 진전됐던 1605년 2월 10일에 쓴 케플러의 편지는 아주 인상적이다.

나는 물리적 원인에 대한 연구에 몰두하고 있습니다. 내가 의도하는 것은 하늘의 장치는 신적이며 생명적인 것이라기보다는 오히려 시계의 작용과 같은 것이라는 점, 즉 시계의 경우 모든 시계가 단일한 추로 움직이는 것처럼 하늘도 거의 모두가 하나의 단순한, 자기적인 물체의 힘으로 움직인다는 것을 보이는 데 있습니다.(「헤르파트 폰 호헨부르크에게to Hervart von Hohenburg」, GW, 15,325,p.146)

여기서 케플러는 동력으로 움직이는 기계장치로서의 우주라는, 나중에 데카르트와 보일로 대표되는 17세기 기계론 물리학을 잠깐 예고했다. 그러나 중요한 점은 케플러의 입장이 17세기의 소박한 기계론과는 달랐다는 점이다. 즉 기계론은—뒷장에서 자세히 보는 것처럼—물질을 불활성이며 수동적으로 보지만 케플러는 앞의 인용에서도 보았던 것처럼 물질적 물체, 특히 천체는 다른 물체에 작용하는 힘을 가진 활성적이며 능동적인 존재로 파악하고 있다. 그리고 이 시점에서는 그와 같은 힘의 유일한 모델이 다름 아닌 자력이었다.

같은 해 3월 5일에 은사인 매스트린에게 보낸 편지에서는 "태양은 구형의 자석이고 자신의 공간 안에서 회전하며, 그 힘의 작용권을 향해 견인적인 힘이 아니라 구동적인 힘을 내보내고 있다"고 밝히고 있다.(GW,15,335,) '힘의 작용권'이라는 용어에서 델라 포르타와 길버트의 영향을 확실히 볼 수 있다. 또 그해 10월 영국인 크리스토퍼 헤이든(Christopher Heydon)에게 보낸 편지에는 "나는 윌리엄 길버트가 자기철학을 발견한 데 대해 영국 사람들에게 아주 고마워하고 있습니다'(GW,15,357)라고 썼다. 길버트의 영향이 직접적이고 현저하다는 것을 알 수 있다.

화성에 대한 연구를 마치고 지인에게 보낸 1607년 10월 4일의 편지에서는 다음과 같이 선언한다.

> 방금 나는 화성의 운동에 대한 연구를 마쳤습니다. 아주 머리를 괴롭히는 문제였습니다. 나는 천계의 신학이나 아리스토텔레스의 형이상학 대신에 천계의 철학 또는 천계의 물리학을 제창합니다.……그와 동시에 나는 새로운 대수학을 제시합니다. 그것은 원에 의해 계산된 것이 아니라, 자연과 자석의 작용으로부터 얻어진 것입니다.(「브렌거에게 to J. G. Brengger」, GW,16,448,)

같은 해 11월 30일 같은 사람에게 쓴 편지에는 "화성을 다룬 졸저[『신천문학』]을 읽으셨다면 소생이 길버트의 자기철학 위에 하늘의 구조를 놓은 이유를 납득하시리라 믿습니다"(GW,16,463)라고 돼 있다. 길버트의 영향이 컸음을 솔직히 표현하고 있다. 꽤 시간이 흘러 『개요』 제4권에서 케플러는 "나는 내 천문학 전체를, 세계에 대한 코페르니쿠스의 가설과 티코 브라헤의 관측, 그리고 마지막으로 영국인 윌리엄 길버트의 자기철학을 토대로 삼았다"고 술회하고 있다(EP,p.254). 현대에 와서는 이 세 번째 계기를 잊어버렸거나 무시하고 있지만, 케플러에게 길버트의 영향은 결정적이었다.

반세기 후인 1657년 영국인 크리스토퍼 렌은 그레셤 칼리지의 취임

강연에서 "케플러로 하여금 (그 자신이 고백하고 있는 것처럼) 천체의 운동에 자기(磁氣)를 끌어들이고 그 결과 타원 천문학을 구축하는 계기를 부여했다는 점에서 길버트를 숭상하지 않으면 안 된다"고 했다. 그것은 단지 같은 나라 사람이어서 편을 드는 것이 아니었다.[28] 케플러는 길버트의 자기철학에서 행성 운동 이론의 물리학적 근거를 발견했던 것이다.

케플러의 동역학

『신천문학』을 살펴보면, 케플러에 대한 길버트의 영향을 더욱 뚜렷하고 구체적으로 볼 수 있다. 『신천문학』은 서두에 모든 장을 요약한 글이 제시되어 있다. 그리고 제32장에서 "물리학자들이여, 귀를 기울이라"라며 행성 운동의 물리적 원인을 고찰하기 시작한다. 그것은 지구가 자전하는 자석이라는 길버트의 발견을 태양으로까지 넓히는 것이었고, 태양도 자전하는 거대한 하나의 자석이며 이 자석에 의해 몇몇 행성이 각자의 궤도에 따라 운동하고 있다고 주장하는 특이한 동역학적인 태양계 상(像)이었다.

그것을 검토하기에 앞서 케플러의 동역학, 즉 '케플러의 운동 방정식' 및 케플러가 도입한 '관성' 개념을 살펴보자.

수학자 레온하르트 오일러(Leonhard Euler, 1707-1783)가 18세기에 말한 바에 따르면 '관성(inertia)'이라는 말을 처음 만든 사람이 케플러이다.[29] 『신천문학』 서문에는 "모든 물질적 물체는 물체적인 한, 유사한 물체의 힘의 작용권 바깥에 홀로 놓여 있으며 그곳이 어떤 곳이든 본성에 따라 그곳에 정지하도록 돼 있다"(AN,p.25)는 문장이 발견된다. 같은 내용이 이미 1605년 10월 11일 파브리시위스에게 보낸 편지에도 남아 있다.(GW,15,358) 케플러가 말한 '관성'은 '정지관성'이었다. 그런 면에서는 케플러도 이전의 오류를 답습하고 있는 셈이지만, 새로운 점은 '정지관성'을 '모든 물체'에 적용, 하늘의 물체인 행성도 포함시켰다는 데 있다. 행성은 이제 더 이상 제5원소로 만들어진 완전한 물체로서 영원히 원운동을 하는 존재가 아니었다.

> 행성구의 본성은 물질적이다. 사물의 기원에서 유래하는 내재적인 본질에 따라 정지 상태, 즉 운동이 빼앗긴 결여된 상태에 머물고자 한다.(AN,p.244)
> 행성은 어디에 있든 홀로 놓이면 본성에 따라 정지하고자 한다.(AN,256)

케플러의 관성론에 따르면 물체는 다른 물체의 영향을 받지 않는 어딘가에 놓이면, 그곳이 어디든 그 위치에서 계속 정지해 있으려 한다. 때문에 물체가 원래부터 정지해 있는 장소라든가 자발적으로 돌아가려고 하는 특별한 장소 같은 것은 더 이상 존재할 수 없게 되고 아리스토텔레스 공간론은 필연적으로 붕괴할 수밖에 없다.

1620년의 『개요』에는 "행성 속에는 운동에 저항하는 자연관성이 있다"고 씌어져 있다.(EP,p.301) 이듬해에 나온 『신비』 제2판의 주에서는 행성은 "외부로부터 주어진 운동에 저항하는 능력이 있으며, 그 능력은 물체의 밀도에 비례해서 존재한다"(MC2,p.94)고 지적하면서, 이것을 '물질의 관성'이라고 불렀다. 이처럼 케플러는 처음으로 '관성'이라는 말을 사용했으며, 그것이 질량에 비례한다고 주장했다. 물론 그의 관성은 '정지관성'으로 현대에 와서 보면 잘못된 것이지만 관성 개념을 도입하고 그것을 물체의 '질량' 즉 '밀도 부피'에 따라 정량적으로 평가한 것은 대단한 의의를 가진다.

　이처럼 케플러는 천체(행성)가 정지관성을 가지기 때문에, 역으로 천체가 운동을 하기 위해서는 힘이 작용하지 않으면 안 된다고 생각했다. 즉 행성의 속도를 지속시키기 위해서는 끊임없이 힘이 필요하다고 보았던 것이다. 『개요』 제4권 제2부에서 케플러는 물체를 궤도 방향으로 옮기는 힘을 '운반력' 또는 '운반능력'이라고 표현하면서, 행성의 운동은 태양에서 나오는 운반력과 행성이 원래 가진 관성저항이 서로 다툼으로써 결정된다고 주장했다. 현대풍으로 벡터를 사용해 표현하면 $v \propto F/m$이 되고 '케플러의 운동방정식'으로 생각하면

$$mv \propto F \qquad (17.6)$$

으로 나타낼 수 있다.

　이와 같이 케플러는 속도란 힘에 의해서 지탱되고 항상 힘의 방향을 향하게 된다고 생각했다. 물론 올바른 운동 방정식은 가속도를 $a=dF/dt$로 정의하면 $ma=F$가 되고, 결국 행성은 관성에 의해서는 접선방향으로 움직이고 태양의 인력에 의해서는 태양 쪽으로 끌려온다. 그러나 이처럼 명확하게 인식되는 것은 훅과 뉴턴을 기다려야만 한다. 케플러는 아직 관성과 운동법칙을 잘못 이해하고 있었다. 역학 원리에 대한 그의 이런 오류는 평생 바로 잡히지 못했고, 결국 만유인력의 역제곱 법칙(*거리의 제곱에 비례해서 힘이 약해진다는 것)을 발견할 수 있는 기회를 놓친다.

　『신천문학』 제32장에서 케플러는 원일점과 근일점에서는 행성의 속도 v가 태양으로부터의 거리 r에 반비례한다($v \propto 1/r$)고 제시했다. 이것은 면적 정리(제2법칙)의 특별한 경우(속도와 반지름이 직교하는 원일

점과 근일점에서만 정확하게 들어맞는 표현)이다. 이것을 위의 (17.6)식과 합쳐, 제33장 첫머리에서는 행성이 받는 힘 F 역시 거리에 반비례한다는 것을 유도한다. 이것은 케플러에게 있어 힘에 대한 '유출의 법칙 (17.1)'이-물론 잘못된 운동방정식을 전제로 하고 있지만-관측으로부터 직접 확인된 것임을 의미한다.

케플러는 아무것도 없는 공간 내의 단순한 점이 힘의 원천은 될 수 없다는 물리학적이고 형이상학적인 확신으로부터 힘의 원천이 거리 r의 어딘가의 끝, 행성과 태양 중 어느 한쪽이어야만 한다면서 꽤 복잡한 논의 끝에 힘의 원천이 태양에 있다고 결론지었다. 그러나 케플러는 이 논증을 관측을 통해 '사후적으로' 유도했으면서도, 결론은 태양의 숭고함과 탁월성으로부터 '선험적으로' 입증 가능하다고 말했다. 사실 케플러는 처음부터 힘의 원천이 태양에 있다고 생각했다. 그리고 어려운 논증은 애초의 확신을 독자에게 납득시키려는 과정이었다. 이렇게 제33장에서는 "(*천체의 운동에서 볼 수 있는) 세계의 생명의 원천은 [우주의] 모든 것을 장식하는 빛의 원천이자 모든 것을 생장시키는 열의 원천이기도 하다"(AN,p.238)라고 이야기하면서 우주(태양계) 전체의 활동성의 원천으로 태양을 지목하고 다음과 같이 결론짓는다.

지구 전체를 비추는 빛이 태양 내부에 있는 불의 비물질적 형상인 것과 마찬가지로, 행성을 잡아 옮기는 힘도 태양 내에 존재하는 힘의 비물질적 형상이다. 그 힘은 측정할 수 없을 정도로 강하고, 우주의 모든 운동을 최초로 불러일으킨다.(AN, p.240)

여기에 '비물질적 형상'이라고 한 것은 제34장에서는 '운동형상' 또는 '운동력'이라고도 표현돼 있다. 이 단어들은 로저 베이컨의 용어를 상기시키지만, 어쨌든 태양으로부터 나오는 이 힘의 형상에 의해 행성들이 움직이는 것이다. 이렇게 해서 우주의 '제1동자'는 우주의 외부에 있는, 눈에 보이지 않는 신으로부터 우주의 중심에 위치하고 뜨겁게 빛나는, 눈에 보이고 형체를 가진 태양으로 치환되었다. 진정한 의미에서의 태양 중심설이 시작된 것이다.

그런데 '케플러의 운동 방정식'에서 속도는 항상 힘의 방향을 향하고 있으므로 위의 인용문에서 '행성을 잡고 옮기는 힘'이나 태양이 행성에 미치는 힘은 행성 궤도의 접선을 향하지 않으면 안 된다. 앞에서 인용한 1605년 3월 5일 매스트린에게 보낸 편지에 등장하는 "견인적이지 않고 구동적인 힘"이라는 표현은 이것을 가리킨다. 따라서 궤도가 원이라면 이 힘은 반지름의 벡터(*태양으로부터 행성에 이르는 벡터)에 직교한다. 『신천문학』 제33장에서 "모든 행성은 저울이나 지렛대처럼 움직인다"라고 한 기묘한 표현은 바로 이것을 가리킨다고 할 수 있을 것이다.(AN,p.237) 태양에서 방사된 힘의 비물질적 형상(운동형상)이 태양으로부터 뻗은 저울처럼 행성에까지 이르고, 그것이 지레와 같이 작용해 행성을 궤도를 따라서(저울에 수직 방향으로) 밀고 있다는 것이다. 그러나 행성이 그와 같이 궤도상을 회전하기 위해서는 이 저울, 즉 힘의 형상도 회전해야 하며, 태양 자체도 자기 축 주위로 회전하지 않으면 안 된다. 이런 논리로 케플러는 제34장에서 태양이 자전한다고 추측했다.

그 [운동] 형상은 행성에 운동을 부여하기 위해 회전운동을 하기 때문에 그 원천인 태양도 그와 함께 움직이지 않으면 안 된다. 그러나 그것은 물론 공간을 이동하는 것은 아니다. 왜냐하면 나는 코페르니쿠스와 마찬가지로 태양이 세계의 중심에 정지해 있다고 믿기 때문이다. 태양은 이동하지 않고 전체로서는 동일한 위치에 머물면서,

그 일부분이 공간 내에서 (*태양의) 중심이나 축 주변을 회전하는 것이다. (AN,p. 243)

갈릴레이가 태양 흑점을 발견하고 그 관측을 통해 태양이 실제로 자전한다는 것을 발견한 것은 케플러가 『신천문학』에서 이처럼 태양의 자전을 예언한 지 수 년 뒤의 일이었다.

자전하는 태양에 의해 행성이 운동한다는 이 같은 메커니즘에 대해 『신천문학』 서문은 다음과 같이 인상적으로 묘사하고 있다.

태양은 자기 위치에서 정지하고 있지만 녹로(도자기를 만들 때 쓰는 나무로 된 회전 원반)에 얹힌 것처럼 자전하며, 빛의 비물질적 형상과 마찬가지로 자신의 비물질적 형상(구동력)을 우주 공간에 방사한다. 태양의 자전 결과, 이 (*운동) 형상 자체도 매우 빠른 소용돌이와 같이 우주 공간을 가로질러 회전한다. 그리고 이 회전에 따라 행성을 운반하고, 유출의 법칙에 의해 생기는 밀도의 변화에 따라 강하게 또는 약하게 행성을 회전시킨다.(AN,p.34)

라이프니츠는 태양이 와동(渦動)한다는 데카르트의 가설이 바로 이 케플러의 '소용돌이(vortex)론'의 표절이라고 보고 있다.[30] 그렇게 볼 여지도 있지만 여기서는 그런 것을 따지기보다는 케플러의 이 모델이 케플러 자신의 태양계 이해와 어떻게 관련되어 있는지에 더 주목할 필요가 있다.

자석으로서의 천체

태양이 이처럼 자전한다고 가정하면서 『신천문학』 제34장 후반의 논의는 한층 진전된다. 태양도 지구처럼 자석이라는 주장을 펴는 것이다. "운동형상을 일으키는 태양을 내가 어떤 것으로 생각하고 있는지 사람들은 궁금해 할 것이다"라면서 태양과 자석의 유사성을 다음과 같이 세 가지로 들고 있다.(AN,p.245)

첫째 "자석의 힘은 자석의 내부에 있으며 질량(moles)이 증가하면 [힘도] 동시에 커진다"는 것, 둘째 "철을 끌어당기려는 자석의 힘은 자석의 작용권에 퍼지고……철은 그 작용권 안에서 자석에 접근할수록 더욱 강하게 끌린다"는 것, 셋째로 "자석은 모든 부분에서 철을 끌어당기는 것이 아니라, 그 길이에 따라 길게 퍼진 섬유(filamenta) 또는 조직(fibra)을 갖고 있어 자석의 양끝에 있는 극의 중앙에 철 조각을 놓아도 자석은 그것을 끌어당기지 않고 대신 철 조각을 자신의 조직[이나 섬유]에 평행하도록 방향 지을 뿐이다"라는 것이다. 이 세 가지 특징에서 길버트의 영향을 찾아보기는 어렵지 않다.

그리고 이들 각각의 특징에 대응해 첫째 "태양은 구동력이 훨씬 크기 때문에 태양 자신은 모든 것들 중에서도 가장 빈틈이 없다[밀도가 높다]"는 것, 둘째 "행성을 구동하는 힘은 태양으로부터 그 작용권으로 전파되고, 작용권 안에서도 거리가 멀수록 보다 약해진다"는 것, 셋째 "자석과 마찬가지로 태양의 내부에도 행성을 끌어들이는 힘이 없고 단지 방향 지우는 힘만 있을 뿐"이라는 것이다.(AN,p.246) 이와 같이 자력의 성질과 태양 구동력의 성질이 많은 점에서 비슷한 것은, 바로 태양 자체가 거대한 자석이라는 것을 의미한다는 것이 케플러의 논지이다.

이 결론은 태양과 마찬가지로 주위에 달을 회전시키고 있는 지구가 바로 자석이라는 점이 강력한 증거가 돼주었다. 즉 "영국인 윌리엄 길버트가 논증한 바에 따르면 지구 자체가 커다란 자석이며, 코페르니쿠스의 옹호자인 그는 내가 태양에 대해 추론한 것과 마찬가지로 지구도 하루에 한 번 회전한다고 말했다"는 것이다.

자신이 자성체인 지구는 스스로가 방출하는 〔운동〕 형상에 의해 달을 움직인다. 마찬가지로 태양은 스스로 방출하는 〔운동〕 형상에 의해 행성을 움직인다. 그러므로 태양이 자성체라는 것은 확실한 것 같다.(AN, p.246)

이것은 지구와 달로 이루어진 계(系)가 소(小) 태양계이며, 따라서 지구와 달의 관계는 태양과 행성의 관계와 비슷하다는 것을 뜻한다. 『신천문학』 제34장에는 다음과 같은 계산이 나온다.

지구반지름 ≒ 달의 궤도반지름 ÷ 60

달은 지구와 그 자력의 회전에 의해 1/30의 속도로 이끌려간다는 것이다. 즉 지구 주위를 도는 달의 공전(약 30일)은 지구 자전(1일)의 약 30배의 시간이 걸린다는 관계식이 성립한다.

지구의 자전주기 ≒ 달의 공전주기 ÷ 30

태양과 제1행성인 수성의 관계도 마찬가지이다.

태양반지름 ≒ 수성의 궤도반지름 ÷ 60

위와 같은 관계식이 성립하기 때문에, 케플러는 태양의 자전주기를 3일이라고 계산했다(현재 알려져 있기로는 태양 반지름은 6.96×10^5Km, 수성 궤도의 평균 반지름은 579×10^5Km이다. 그 비는 $83(=579 \div 6.96)$이다).

태양의 자전주기 ≒ 수성의 공전주기 ÷ 30 = 88일 ÷ 30 ≒ 3일

이 기묘한 계산의 바탕에는 행성도 달도 각각 태양과 지구의 자전에 똑같은 형태로 이끌려 궤도 위를 회전하기 때문에, 각각의 공전주기와 지구나 태양의 자전주기 사이에는 동일한 관계가 있어야 한다는 믿음이 깔려 있다. 얼마 뒤 갈릴레이가 망원경을 사용해 태양의 자전 현상과 목성의 위성을 발견하자, 케플러가 대단히 기뻐한 까닭도 이 점에 있을 것이다. 특히 목성의 네 개 위성에 대해서도 행성에 대한 제3법칙과 동일한 법칙이 성립한다는 케플러 자신의 발견은 태양의 자전이 행성을 회전시킨다는 모델이 행성과 위성의 관계에도 타당하다는 것을 단적으로 보여주는 것으로 받아들였다. 『개요』 제4권에는 (17.5) 형태의 제3법칙이 갈릴레이가 발견한 목성의 네 개의 위성에 대해서도 성립한다면서 다음과 같이 결론짓고 있다.

목성의 (*네 개) 위성과 [태양계의] 여섯 개 주행성이 [제3법칙의 성립이라는 점에서] 일치한다는 점은 확실하다. 이로부터 우리는 목성의 본체가 태양과 마찬가지로 자신의 축을 중심으로 자전하고 있으며, 그 때문에 주변의 모든 위성에 대해서도 (*주행성에 대한 태양의 작용과) 같은 작용이 성립한다고 생각할 수 있다. 또 그것은 무엇보다 중심물체가 일반적으로 자기 축 주변을 회전하는 것(*자전)이 거기에 딸린 물체들이 중심물체 주변으로 회전하는 것(*공전)의 원인이라는 것을 우리에게 확신시켜준다.(EP, p.319)

물론 현재는 달과 행성의 궤도 운동의 다이너미즘이 케플러가 생각했던 것과는 다르며, 태양의 자전과 행성의 공전 사이에는 역학적인 상관관계가 없다는 것이 밝혀졌다. 당연히 태양의 자전주기가 3일이라는 위의 계산도 아무런 의미가 없다. 이처럼 중심물체의 자전과 그 주변 천체의 공전에 대한 케플러의 논의가 지금에 와서는 성립되지 않는다고 해도, 새롭게 발견된 네 개 위성에 대해 제3법칙이 성립한다는 것은 태양과 행성들의 관계가 행성과 그 위성들의 관계와 동역학적으로 비슷하다는 것을 나타내고 있었다. 나아가 태양이 여섯 개 행성에 미치는 힘과 지구가 달에, 목성이 네 개의 위성에 미치는 힘이 모두 같은 종류라는 것을 강하게 시사하고 있었다. 실제로 그것은 반세기 후에 뉴턴이 만유인력론을 확립하는 데 아주 중요한 계기가 된다.

그런데 케플러가 말하는 것처럼 태양이 자석이고 그 때문에 태양이 행성에 자력을 미치는 것이라면 그 힘을 받는 행성도 자석이어야만 한다. 실제로 케플러 자신도 『신천문학』 제57장에서 행성을 자석이라고 보면서 거기에 근거해 태양으로부터 행성의 거리 변화를 설명하고자 했다. "모든 행성이 전부 거대한 둥근 자석이라면 어떻게 될까. (코페르니쿠스가 행성의 하나라고 본) 지구에 대해서는 의심의 여지가 없다. 윌리엄 길버트가 이미 그것을 증명하지 않았는가."(AN, p.350) 여기서부터 케플러의 특이한 자기(磁氣)중력론과 행성 자석론이 전개된다.

지금까지 보아온 행성에 대한 태양의 구동력-운반력-은 태양이 행성을 궤도의 접선 방향으로 미는 힘이었다. 케플러도 그 힘은 행성을 태양 방향으로 끌어당기는 힘(*인력)이 아니라는 것을 인정했다. 그런데 현실에서는 행성이 근일점에서 원일점까지는 태양으로부터 멀어지고, 원일점에서 근일점까지는 태양에 가깝게 다가간다. 그렇다면 태양에서 행성까지의 이 거리의 증감에 대한 물리적 원인은 무엇인가가 당

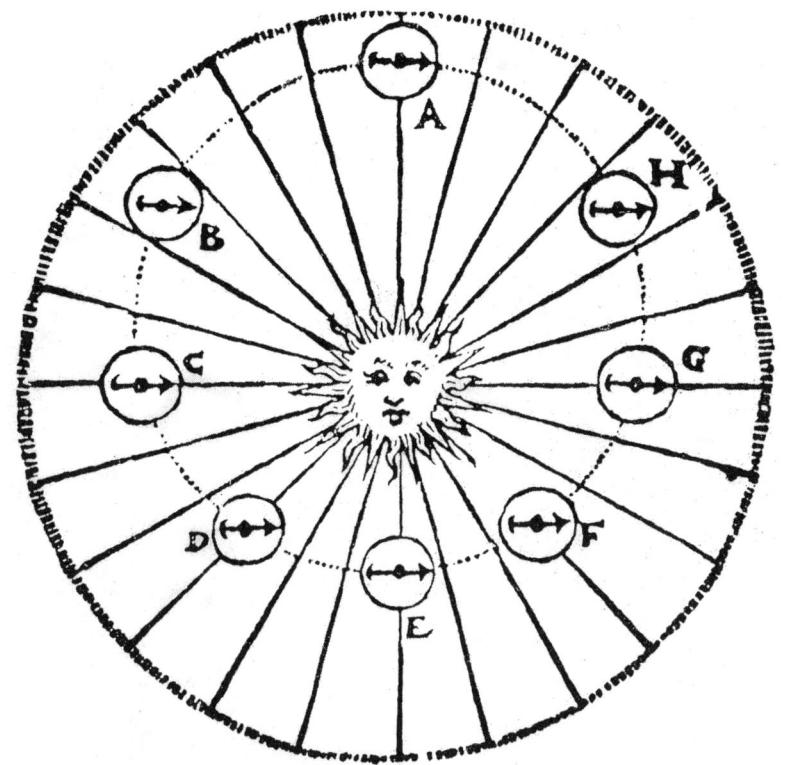

〈그림 18.5〉 태양과 행성의 자기적 상호작용(『코페르니쿠스 천문학 개요』 제4권에 수록).

연히 문제가 된다. 케플러는 이 현상을 행성 자체가 양극을 가진 하나의 자석이라는 것으로 설명하려고 했다. 〈그림 18.5〉는 『개요』 제4권에 나오는 것으로, 이 모델에 따르면 행성의 자석은 그림처럼 양극을 가지며, 한편의 극(그림의 화살표 앞)은 태양으로부터 인력을 받고, 다른 한편의 극은 태양으로부터 척력을 받는다. 그림에서 행성의 공전은 시계 반대 방향으로 일어난다. 원일점 A에서는 행성 자석의 양극은 태양으로부터 등거리에 있지만, 거기서 B를 향해 움직이면 태양으로부터 인력을 받는 쪽의 극(화살표 방향)이 태양 쪽을 향하고, B→C→D로 이동함에 따라 행성은 태양에 가까워진다. 이렇게 해서 양극이 태양과 다시 등거리가 되는 근일점 E까지 도달한 행성은 그 후부터는 반대로 태양으로부터 척력을 받는 쪽의 극이 태양을 향하게 된다. 이 때문에 F→G→H로 이동함에 따라 행성은 태양에서 멀어지고, 근일점 A로 돌아오게 된다는 것이다.

물론 이 설명에 따르면, 태양은 행성 자석의 한쪽 끝을 항상 끌어당기고, 다른 쪽 끝은 항상 밀어내기 때문에 태양의 자석은 자기(磁氣) 단극자여야 한다는 문제가 생긴다. 케플러도 이 난점을 알고 있었다. 그래서 『개요』에서 "태양의 중심은 자석의 한쪽 영역에 대응하고, 표면 전체는 자석의 다른 쪽 영역으로 돼 있다"(EP, p.300)라는 설명을 덧붙인다. 그러나 그런 자석은 존재할 수가 없다. 무엇보다 지구의 경우 지구 자석의 방향(그림의 화살표)이 궤도 평면 내에 없기 때문에 이 설명은 들어맞지 않는다. 이처럼 케플러의 설명은 꽤 무리가 있는데, 원래 이 자석 모델 자체가 존재하지 않는 것을 가정한 것이므로 당연한 결과라 할 수 있다. 여기서는 단지 지구가 자석이며, 그 자력이 지구의 운동을 일으킨다는 길버트의 자기철학이 케플러에게 미친 영향이 얼마나 컸는지를 이해하는 것만으로 충분한다. 덧붙이자면 뒷장에서 보게 되듯이 17세기 후반에는 영국의 훅과 존 플램스티드(John Flamsteed, 1646-1719)도 태양을 자석이라고 보았다.

케플러의 중력이론

케플러는 이미 1596년 『신비』가 나온 시기에 태양의 운동령[운동력]이 거리와 함께 감소한다고 추측함으로써 꽤 초기 단계부터 만유인력에 근접한 관념을 떠올린 것 같다. 화성 궤도에 대한 연구를 거의 마무리 지을 시점인 1605년 3월 28일자 편지에 "지구를 한 장소에 두고 그 근처에 그것보다 더 큰 제2의 지구를 놓아두면 전자는 후자와의 관계에서 중량물체(gravis)가 되며, 후자에게 끌어당겨지게 된다"라고 해(GW,15,340) 중력의 상호성이라는 인식의 첫발을 내디디고 있다. 'attraheretur(끌어당겨진다)' 라는 수동태를 사용한 것이나 "무게라는 것은 수동적인 작용이다"라는 표현이 뒤에 나오는 것으로 봐도, 중량물체가 자발적으로 인력 중심을 향하는 것이 아니라 중심물체에 끌어당겨지는 것이라는 인식을 분명히 하고 있었다고 볼 수 있다. 또 같은 해 10월 11일 천문학자 파브리시위스에게 보낸 편지에는 다음과 같은 말이 나온다.

지구의 양[질량]에 비해 무시할 수 없는 크기의 돌을 지구로부터 멀리 떨어진 곳에 놓아봅시다. 둘 사이에 그 밖의 다른 운동은 전혀 없다고 하면 돌이 지구 방향으로 움직일 뿐만 아니라 지구도 돌 쪽으로 움직이게 됩니다. 그들은 중간에 있는 공간을 그 무게에 반비례하는 비율로 분할하게 되지요. 즉 그들이 만나는 점을 C라고 하면

A(지구)와 B(돌)의 양(질량)의 비는, (거리) $\overline{BC}$의 $\overline{CA}$에 대한 비와 같아집니다. (GW, 15, 358)

이 문장은 중력이 상호적이며, 돌이 지구에 당겨질 뿐 아니라 지구도 돌에 끌어 당겨진다는 사실을 지적한 최초의 기록이다. 즉 원격력으로서의 중력에 관한 '작용·반작용의 법칙'에 대한 최초의 명확한 선언인 것이다. 또 '질량'을 '무게'와 혼돈하고 있다는 점을 제외하면 힘의 효과에 의한 변위(*위치 변화)가 힘에 비례할 뿐 아니라 질량에 반비례한다는 점을 처음 명시적으로 밝힌 것이기도 하다. 조금 현대적으로 번역하면 이렇게 된다. 아주 미세한 시간 Δt 동안의 변위를 $v\Delta t = \Delta s$로 하면, (17.6)에 따라 다음과 같은 식이 얻어진다.■

$$m\Delta s \propto F\Delta t \tag{17.7}$$

여기서 A의 질량과 변위를 m_A와 $\overline{AC} = \Delta S_A$, B의 질량과 변위를 m_B와 $\overline{BC} = \Delta S_B$로 나타내면, A와 B가 서로 끌어당기는 힘의 크기 F는 '작용·반작용의 법칙'에 따라 서로 같으므로, $m_A \Delta S_A = m_B \Delta S_B$가 성립한다. 결국 아래의 관계식이 성립한다.

$$\overline{AC} : \overline{BC} = \Delta S_A : \Delta S_B = m_B : m_A \tag{17.8}$$

이것이 위의 인용문 마지막 문장에 담긴 의미다.

■ 올바른 운동 방정식 ma=F에서는 $m\Delta s \propto F(\Delta t)^2$이지만 역시 변위 Δs는 힘 F에 비례하고, 질량 m에 반비례하기 때문에 이하의 논의는 마찬가지가 된다.

케플러의 중력론은 『신천문학』, 『개요』, 그리고 사후에 출판된 『꿈 또는 달의 천문학 Sominium seu ostronomia lunari』(이하 『꿈』)에서 전개되고 있다. 먼저 『신천문학』의 서문을 보자.

중력(gravitas)이란 유사한 물체들 사이에 서로 하나가 되고자 하는, 상호적이고 물체적인 경향(affection)이다. 때문에 지구가 돌을 끌어당기고자 하는 것 이상으로, 돌은 지구를 끌어당긴다.

중량물체는 (지구가) 세계의 중심이기 때문에 세계의 중심을 향해 움직이는 게 아니라, 지구가 구형으로 된 유사 물체의 중심이기 때문에 그곳을 향해 움직인다. 따라서 지구가 어디에 있든, 또는 지구가 어떤 생명적인 힘에 의해 어디로 옮겨가든 중량 물체는 항상 지구를 향해 끌어당겨지게 된다.

만약 지구가 둥글지 않다면 중량 물체는 어디에서든 지구의 중심을 향해 곧장 이동하지 않고, 다양한 방향에서 여러 점을 향해 움직일 것이다.

또 두 개의 돌을 제3의 유사 물체가 힘을 작용하는, 바깥 세계의 어딘가에서 서로 접근시킨다면, 이 두 개의 돌은 자성체와 마찬가지로 둘의 중간 위치에서 만나게 될 것이다. 이때 한쪽은 다른 쪽의 양[질량]에 비례하는 거리만큼 상대 쪽으로 접근하게 된다.

달과 지구가 어떤 생명적인 힘 또는 그와 비슷한 것에 의해 궤도를 유지하고 있는 게 아니라면, 그리고 둘이 동일한 밀도를 갖고 있다면 지구는 달에 대해 둘 사이의 거리의 1/54 상승하고, 달은 53/54 하강해 거기서 서로 만날 것이다.(AN,p.25)

이것은 기본적으로 앞서의 편지 내용과 같지만 지구와 돌뿐 아니라, 지구와 달, 나아가서는 두 개의 돌이 중력으로 서로 끌어당긴다는 사실을 처음으로 지적한 글이다. '만유인력'으로서의 중력이라는 뉴턴의 표상을 확실하게 예견한 것이다.

이 문장에 조금 뒤이어 '가벼움'에 대해서 보충하고 있다.

물질적 물체로 된 어떤 것도 절대적으로 가볍다는 것은 있을 수 없다. 본성적으로 희박하거나 열에 의해 희박해진 것을 제외하면, 다른 것과 비교해(*상대적으로) 가벼운 것일 뿐이다. 희박이란 구멍이 많다거나(多孔質) 내부에 공간이 많아 서로 떨어져 있다는 것을 뜻하는 것이 아니라, 보다 무거운 물체와 같은 크기의 공간을 갖고 있으면서도 물질량(quantitates materiae)이 적은 것을 말한다. 가벼운 물질에 대한 이 정의로부터 가벼운 물질의 운동도 정의된다. 가볍다는 것은 위쪽으로 움직여 세계의 한계 면까지 자유롭게 도망간다든가 혹은 지구 쪽으로 끌어당겨지지 않는 것으로 생각해서는 안 된다. 가벼운 물질은 단지 무거운 물질보다 덜 끌어당겨지고, 그 결과 위치 변화도 적어 자기 자리에서 정지하고 자기 위치를 유지하는 것에 지나지 않는다.(AN,p.27)

이 가설은 중력을 둘러싼 이야기로는 획기적인 것이라고 할 수 있다. '무거움'과 '가벼움'의 차이가 지구로부터의 인력 강도의 상대적인 차이에 불과하다는 케플러의 이 주장은, 가벼운 물체는 자연운동으로서 우주의 중심으로부터 멀어진다는 아리스토텔레스의 이론을 완전히 불식시키고 동시에 우주가 절대적 중심과 절대적 주변으로 존재한다는 공간론을 분쇄하는 것이었다. 그것은 또 '무거움'과 '가벼움' 사이에 아무런 단계가 있을 수 없는, 대립하는 성질이라고 본 아리스토텔레스의 질(質)의 자연학을 넘어선 것이었다. 즉 '무거움'과 '가벼움'을 '중량(무게)'의 크고 작음이라는 양적인 것으로 일원화하고, 물리학적 개념으로 변환시킨 것이었다.

케플러 사후에 출판된 『꿈』은 달 세계 여행에 관한 이야기와 달 세계에서 본 우주에 관한 이야기라는 점에서 색다른 책이다. 책 끝에는 케플러 자신이 1620년부터 1630년에 걸쳐 쓴 상세한 주가 첨부돼 있는데 그가 천문학과 물리학을 어떻게 바라보고 있는지를 명확히 보여주고 있어 과학사적으로도 매우 흥미롭다.[31] 여기서 그는 중력과 자력을 비교하고 있다.

나는 '중력(무게)'을 자기력과 유사한 상호적인 인력으로 정의한다. 근접한 물체 사이의 인력은 멀리 떨어져 있는 물체들 사이에서보다 훨씬 크다.(n.66)

그뿐 아니라 "자기학 이론에서 보면 달은 지구와 같은 종류의 천체이다."(n.62) 즉 달도 지구도 원래 자석이고 따라서 지구에서 달로 여행 하는 도중에 인간은 양쪽으로부터 자력으로서의 중력을 받는다고 여겼다. 실제로 "지구의 자력과 달의 자력이 각각 반대 방향으로 끌어당김으로써 서로 소멸되면 몸은 어떤 방향으로도 전혀 끌어당겨지지 않는 상태가 된다"(m.75) "몸이 지구 자력이 미치는 범위를 넘어서 한층 멀리로 나아가면 다음에는 달의 자력이 강하게 작용한다"(n.74) "달의 자력권에 가까이 다가가면 달의 인력이 우세해지고 그때는 몸이 편안해진다"(n.77) 등의 문장도 보인다. 여기서는 중력이 자력과 완전히 동일시되고 있다.

중력론에서 특히 중요한 것은 다음의 주이다.

[달과 지구라는] 두 개의 구 사이에 떠 있는 물체는 양쪽 구로부터의 거리의 비가 양쪽 구의 물체의 [질량의] 비와 같은 점에 있을 때는 정지한 채 그대로 있을 것이다. 반대방향으로 끌어당기는 두 힘이 서로의 힘을 소멸시키기 때문이다. 이런 현상은 물체의 거리가 지구로부터는 지구 반지름의 58과 1/59배이고, 달로부터는 (*지구 반지름의) 58/59배가 되었을 때 일어날 것이다. 그러나 물체가 조금이라도 달 쪽으로

다가가면 달의 인력에 지배될 것이다. 접근에 의해 달의 인력이 훨씬 우세해지기 때문이다.(n.77)

중력이 거리에 반비례할 뿐 아니라 끌어당기는 물체의 질량에 비례한다는 사실을 처음 명시적으로 밝히고 있다. 이렇게 질량 m_1과 m_2의 두 물체가 거리 r만큼 떨어져 있을 때의 중력은 (17.1)과 맞추어 다음과 같이 표현된다.

$$F \propto \frac{m_1 m_2}{r} \tag{17.9}$$

물론 정확하게 말하면 중력은 거리에 반비례하는 것이 아니라 거리의 제곱에 반비례한다($F \propto m_1 m_2 / r^2$)고 해야 맞지만, 그 정도의 그 부정확함은 중력이 질량에 비례하고 거리와 함께 감소한다는 수학적인 표현을 발견했다는 사실과 비교하면 사소한 잘못이라고 봐도 된다. 비록 결과는 틀렸지만 착상 자체는 시대를 앞서 있었던 것이다. 실제로 케플러의 이 예견은 뉴턴과 그 이후의 물리학에서, 힘이 수학적인 관계식으로 표현될 수 있다는 사상을 낳는 데 큰 기여를 하게 된다.

이와 함께 주목해야 할 것은 『신천문학』과 『개요』에는 포함돼 있었던 단서, 즉 중력이 '유사한 물체들 사이에' 작용한다는 조건이 여기서는 사라졌다는 점이다. 또 여기서 다루고 있는 것은 달과 지구가 아니라 달과 사람, 사람과 지구 사이에 작용하는 인력이다. 덧붙이자면 케플러는 『신천문학』 서문에서 "달의 인력권은 지구에까지 미치고, (*달의 인력이) 열대에서는 해수를 끌어당긴다"(AN,p.26)라고 하면서 조수간만에 대한 달의 영향을 강조했지만 『꿈』의 주에는 한 발 더 나아가 "조수간만의 원인은 태양과 달이 자력과 비슷한 어떤 종류의 힘으로 해수를 끌어당기기 때문인 것 같다"(n.202)라고 했다. 지구상의 물체(해수)에 대해 달뿐 아니라 태양도 힘을 미친다고 생각했던 것이다. 이것은 만유인력 개념에 더욱 접근한 것이라고 말할 수 있다.

이제 시대는 갈릴레이와 데카르트가 운동법칙을 제창하고 이에 근거해 뉴턴이 만유인력 이론으로 태양계를 역학적으로 해명할 수 있는 단계 직전까지 와 있었다.

※ ※ ※

요한네스 케플러는 만유인력 개념의 맹아를 이야기했지만, 그 근거가 반드시 근대적인 것은 아니었다. 실제 『개요』 제4권에는 태양이 힘의 원천이라는 것의 의미를 다음과 같이 풀고 있다.

> 태양은 우주의 만물을 비추기 때문에 내부에 빛을 가지고 있으며, 만물을 따뜻하게 하기 때문에 내부에 열을 가지고 있고, 또 모든 것에 생명을 부여하기 때문에 내부에 생명(vita)을 가지고 있으며, 만물을 움직이기 때문에 그 자체가 운동의 시원이며, 내부에 영혼을 가지고 있다는 것을 우리는 알 수 있다.(EP, p.299)

케플러는 한편으로는 힘이나 운동에 대해 아주 근대적인 견해에 도달했으면서도 다른 한편으로는 태양이나 천체에 대해 물활론적인 견해에서 완전히 탈피하지 못했다.

케플러는 점성술에도 관계한 것으로 알려져 있다. 생계를 위해서였지만, 그가 점성술을 어떻게 받아들였는지는 확실치 않다. 어떤 경우에는 항간에 유포되어 있는 별점이 무책임하다고 비판하면서도, 또 어떤 경우에는 "별점이 미신이라고 본 나머지 어린아이와 목욕물을 함께 버리는 것 같은 잘못을 범해서는 안 된다"며 경고하기도 했다.[32] 결국 어느 정도 유보적인 입장을 취하면서 점성술의 일부를 받아들였다고 여겨진다. 실제로 『조화』 제4권에서 그는 의심스러운 '미신적인 점성술'은 부정하지만 '경험적으로 입증된 점성술'은 긍정하고 있다. 후자는 '별 모양(星相) 이론' 즉 '두 개의 행성에서 나오는 빛에 의해 지구 위에 형성된 존재자를 유효하게 자극하는 각도'를 가리킨다. 천체의 배치가 지상의 물체에 어떤 영향을 미친다는 사실을 인정했던 것이다. 그리고 이러한 입장은 평생을 통해 변하지 않았다.[33]

존 디의 「수학적 서문」에 따르면 '천문학'이란 "과거, 현재, 미래에 걸쳐 행성과 항성의 고유 거리와 크기, 모든 자연운동과 현상, 폭발 등을 논증하는 수학적 기예"이다. 즉 천체운동의 물리적 원인은 묻지 않는 기술(記述) 천문학이었다. 그에 비해 '점성술'은 "항성과 행성에서 나오는 자연적인 빛과 그 비밀스러운 영향력이 원소와, 원소로 구성된 물체에 미치는 작용과 그 효과를 논증하는 수학적 기예"라고 보았다. 이 구별을 케플러가 말한 코페르니쿠스까지의 '천문학'과 케플러의 '천계의 물리학'이라는 구별과 대응시키면 '천계의 물리학'은 오히려 '점성술'에 가깝다. 그런 의미에서 천체들 사이의 중력이라는 개념의 기원 중 하나가 점성술적 자연관에 있다는 것을 우리는 알게 된다.[34]

한편 디는 별의 영향력의 예로서 달이 강과 바다의 조수간만에 미치는 힘뿐 아니라 '거리가 멀리 떨어져 있는데도 작용하는 작은 자석이 나타내는 힘'도 들고 있다.[35] 여기서도 천체들 사이에 작용하는 원격작용의 모델로 자력이 거론되고 있는 것이다. 이 작용을 '비밀의 영향력'이라고 부르지 않고 '원격작용으로서의 중력'이라고 부르면, 디의 '점성술'은 뉴턴에 의한 조석 이론에 가까워진다.[36] 이 변화는 중력을 정량화하고 수학적 개념으로 파악함으로써 가능해진다.

길버트의 자기철학의 영향을 받았던 케플러에게도 행성들 사이에 원격적으로 작용하는 힘의 모델은 자력이었다. 그리고 근대 역학과 근대 천문학은 케플러가 천체들 사이에 작용하는 힘(중력)을 자력과 나란히 놓고 비교함으로써 시작되었다. 케플러의 출발점은 그때까지의 천문학처럼 개개의 행성 궤도나 위치를 결정하는 것이 아니라 태양계 전체를 하나의 조화적인 체계 즉 단일한 동역학적인 시스템으로 파악하고 시스템을 움직이는 질서의 토대를 명확히 하는 것, 다시 말해 모든 행성의 궤도와 운동을 인과적·정량적으로 관계 짓는 것에 있었다. 그것은 처녀작인 『우주의 신비』에 나타난 정다면체 이론에서부터 말년의 『세계의 조화』에 나타난 제3법칙의 확립에 이르기까지 일관되게 흐르고 있다. 여기서 얻어진 것은 천체들 사이에 작용하는, 하나의 관계식으로 표현되는 힘이라는 관념이었다. 그런 관념은 아리스토텔레스에서도, 플라톤에서도 찾아볼 수 없던 것이었다. 굳이 모델을 찾는다면 마술이나 점성술에 있고, 또 자력으로 대표되어온 '숨겨진 힘'이라는 개념이다.

 케플러는 천체운동의 물리적 원인이 무엇인가를 질문함으로써 천문학을 변혁시켰다고 앞에서 지적했다. 사실 그것은 물리학 자체의 변혁을 의미하는 것이기도 했다. 그는 『신천문학』 서문에서 "나는 이 책에서 천문학과 천계의 물리학〔자연학〕을 혼합하였다"(AN, p.19)고 했는데, 이를 뒤집어보면 그 이전까지는 물리학〔자연학〕과 천문학은 서로 섞이지 않는 것으로 생각했다는 말이 된다. 그때까지의 천문학은 기하학적이고 정량적이었지만 존재론을 포함하지 않음으로써 원인을 묻지 않았고, 이에 반해 인과적 설명을 구하는 자연학은 정성적인 학문으로서 정량적인 파악이나 수학적인 표현을 받아들이지 않았던 것이다.[37] 케플러는 한편으로는 천문학에 동력의 원인(힘 개념)과 인과적인 이해를 도입하고 다른 한편으로는 '숨겨진 힘'으로 분류돼 있던 중력을 수학적인 관계식으로 파악함으로써 물리학[자연학]이 정량적인 학문으로 성립하는 길을 열었으며 그러한 성과에 힘입어 천문학과 물리학[자연학]을 '혼합하는' 것이 가능하게 되었다고 말할 수 있을 것이다.

그러한 전환의 본질적인 내용은, 존 디의 분류에 따르면 '천문학'과 '점성술' 양자를 병합해서 다시 해석하는 데 있었다. 그렇다면 점성술을 모태로 천문학이 탄생했다고 하기보다는 '점성술'에서의 '비밀스러운 영향력'이나 마술에서의 '숨겨진 힘'이 수학적 관계식으로서의 물리학적인 힘으로 다시 태어나고 그런 토대 위에서 그때까지의 '기하학으로서의 천문학'과 '힘(영향력)을 과제로 삼는 점성술' 양자가 '동역학적인 천문학(천체역학)'으로 통합되고 지양되었다고 하는 쪽이 더 정확할 것이다. 그리고 이것을 뉴턴이 올바른 운동법칙에 입각해 전개함으로써 근대 물리학이 완성되었던 것이다. 따라서 자력과 중력을 둘러싼 물리학사는 이 시점에서 비로소 시작되었다고 할 수 있다.

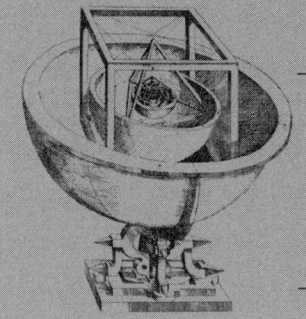

19장

무지의 피난처
17세기 기계론 철학

17세기 전반의 기계론은 마술사상의 해체를 시도했으나, 마술의 뒤집기에 머물렀을 뿐이다. 결국 갈릴레이의 수학적 현상주의도, 데카르트의 기계론도, 찰턴의 원자론도 자력이나 중력에 대해 새로운 과학적 개념으로 권리를 인정하고 법칙을 확정해서 과학 이론 속에 적절한 자리를 찾게 하는 데 실패한다. 오히려 자력과 중력은 기계론이 부정하고자 했던 자연관 속에서 자라나고 있었다.

기계론의 품질증명

16세기 후반에서 17세기 초에 걸쳐 기술이 진보하고 유럽인들의 활동 범위가 확장되면서 그때까지 알려지지 않았던 자연의 모습이 명확히 밝혀지고 아리스토텔레스와 프톨레마이오스의 우주상이 도처에서 반격을 받게 되었다. 특히 연이은 혜성과 신성의 출현-신성은 1572년에 이어 1604년에도 등장했다-은 이전의 우주상에 직접적인 타격을 가했다. 지구에 관한 지식이 확대되고 자석과 지구자장에 대해서도 많은 사실이 밝혀졌지만, 17세기 초에는 갈릴레이가 망원경을 사용해 행성의 위성을 발견하고, 달 표면을 관찰하는 등 새롭게 개발된 관측기기의 도움으로 종전에 알려지지 않았던 새로운 세계가 열리기도 했다. 나아가 티코 브라헤의 정교한 천체 관측은 그때까지의 이론을 뒤집었으며, 엄청난 영향을 미쳤다.

아무튼 이들은 자연을 보는 방식이나 자연을 연구하는 방법에 근본적인 변화를 초래했다. 길버트의 자기철학이나 케플러의 행성운동론은 그와 같은 현실의 압력 속에서 태어났다고 할 수 있다. 그러나 사실의 발견을 뒷받침할 '논리'가 없었다. 길버트는 기본적으로 아리스토텔레스에게 사로잡혀 있었고 케플러도 신플라톤주의의 토대 위에 발을 딛고 있었을 뿐 아니라 물활론의 영향에서 벗어나지 못했다. 이들은 자신들이 발견한 것들을 표현할 적절한 언어를 갖지 못했다.

이에 따라 17세기가 되자 스콜라 철학의 폐쇄적이고 비현실적인 논증, 신플라톤주의의 신비적인 교리, 마술사상의 주관적이며 편의주의적인 논의를 대체할 새로운 학문, 새로운 철학을 만들어내려는 움직임이 유럽 전역에서 끓어올랐다. 17세기에 자연과학은 개개의 내용에서뿐 아니라 방법과 사상 면에서도 혁신을 요구받았던 것이다.

통상적으로는 이때 등장한 인물이 이탈리아의 갈릴레이(1564-1642)와 프랑스의 데카르트(1596-1650)라고 말한다. 갈릴레이는 '근대직인 의미에서의 세계 최초의 과학자', 데카르트는 '최초의 근대적이고 비판적인 사상가'라고 불린다.[1] 대부분의 과학사가나 철학사가들이 이런 평가에 동의할 것이다. 분명 역학에서 운동법칙(역학원리)을 끌어내는 데 두 사람이 기여한 역할은 크다. 그러나 우주론과 천체 역학에서 보자면 그들은 둘 다 케플러의 타원궤도의 정의를 인정하지 않았고, 근대 우주론의 핵심이라고 할 만유인력도 발견하지 못했다. 사실 갈릴레이는 원격력으로서의 중력을 받아들이기에는 너무나 합리적인 정신을 가진 인물이었다. 반면 데카르트는 인간 이성을 과대평가했다고 할까, 자연을 지나치게 단순하게 보았다고 말할 수밖에 없다.

두 사람이 제창한 자연관은 기계론적 자연관이었다. 이것은 물체의 기하학적 형상과 크기, 운동과 배치, 수 등을 객관적인 것이라 생각하고 물체가 드러내는 감각적 성질은 설명할 필요가 없다고 보는 환원주의이다. 갈릴레이는 1623년에 펴낸 『가짜 금을 감식하는 사람*Il Saggiatore*』에서 "내가 맛을 느끼고 냄새를 맡고 소리를 듣기 위해서 외적 물체가 가진 〔구성 입자의〕 크기, 형태, 수, 운동의 빠르고 늦음이라는 성질 이외의 것이 필요하다고는 생각하지 않는다"[2]라고 말했다. 데카르트도 "맛, 냄새, 소리, 열, 냉, 빛, 색 등으로 불리는 다양한 감각들은 모두 사고(思考)의 내부에 존재하지만 크기, 형태, 운동 등은 사고의 바깥에 존재하거나 존재할 수 있는 어떤 사물 또는 사물의 양태"라고 여긴다. 데카르트의 주장을 파고들면 "물체의 본성은 무게, 견고함, 색이나 그 밖의 유사한 성질로 존재하는 것이 아니라, 단지 연장(延長, extention)만으로 존재한다"는 것이다.[3]

이처럼 기계론은 물체의 감촉, 뜨겁고 차가운 피부 감각은 물론 광택이나 색채, 냄새나 맛조차도 물체를 구성하는 요소들의 형상과 운동이 인간의 감각기관에 가하는 자극의 결과일 뿐이라고 설명한다. 물체의 본성은 오직 형상과 운동을 통해 설명해야 하는 것으로 보았다. 통속적으로 말하면 배와 사과의 맛이 다른 까닭은 내부에 있는 입자가 "우리들 입천장을 다른 방법으로 자극하기 때문"이라는 17세기 중반의 프랑스 작가 시라노 드 베르주라크(Savinien Cyrano de Bergerac, 1619-1655)의 주장[4]과 같은 것이다.

기계론의 근저에는 물질적 물체는 불활성이며 수동적이라는 물질관이 깔려 있다. 그래서 기계론에서는 물질적 물체는 다른 물체에 대해 직접 접촉해서 충격이나 압력을 주는 방식으로 작용할 수밖에 없다. 원자론의 역사를 말한 현대의 어떤 책에서는 기계론이 다음의 세 가지를 인정하지 않는다고 지적했다. ① 원격작용, ② 운동의 자발적 시작, ③ 물체를 움직일 수 있는 비물체적인 작용인(作用因)[5] 바로 이것이 기계론의 품질증명이다.

기계론은 물질의 특성이나 작용을 '실체적 형상'이라는 언어로 이해하는 스콜라철학은 물론이고 자연 물체들 사이에는 특유의 '공감과 반감'의 관계가 존재하며 자력처럼 감각적으로 인식할 수 없는 성질은 '숨겨진 성질'이라면서 치부해버리는 마술사상 등 이전의 자연관과는 근본적으로 달랐다. "철학자들 중에는 '나로서는 알 수 없다'는 사실을 숨기기 위해 공감이나 반감, 숨겨진 성질, 영향력 등의 용어를 사용하는 사람이 있습니다"라고 한 갈릴레이의 야유[6]나 "암석이나 식물 속에는 비밀의 힘이나 반감, 공감 등이라고 말할 만한 것은 아무것도 없다"라고 한 데카르트의 단정[7]은 모두 이전의 자연관에 대한 기계론의 입장과 우월한 태도를 잘 나타내고 있다.

그리고 이 논의는 중력 개념에까지 미친다. 즉 지상 물체가 나타내는 무게는 부분의 전체로의 공감이라든가, 천체들 사이에는 중력이 작용하지만 그 이유는 모든 물질에는 공간을 사이에 두고 서로 작용하는 성질이 있기 때문이라는 설명은, 모르는 것을 (*자신도) 알지 못하는 것으로 설명하는 전형적인 방식이며, 기계론 입장에서는 '설명 포기'로밖에 보이지 않았다.

갈릴레이와 중력

천체들 사이에 작용하는 중력에 대한 갈릴레이의 태도는 조수간만을 둘러싼 논쟁에서 특히 잘 알 수 있다. 앞 장에서 본 것처럼 케플러는 조석의 원인이 바닷물에 대해 달과 태양이 중력을 미치기 때문이라고 생각했다. 조석과 달의 상관관계는 플리니우스의 『박물지』에도 나와 있는 것처럼 고대부터 잘 알려져 있었다. 근대에는 영국의 길버트와 프랜시스 베이컨도 지적하고 있고, 이탈리아의 델라 포르타는 『자연마술』에서 "조수간만의 원인은 달 이외에는 생각할 수 없다"라고 했다.[8] 네덜란드의 시몬 스테빈은 1608년에 "매일 매일의 경험에 따르면 조수간만은 달에 지배되고 있는 것이 확실하다"고 단언하고 '달의 인력'에 기초해 조석 이론을 전개하고 있다.[9] 학자뿐 아니다. 같은 시기 셰익스피어의 『겨울 이야기 *The Winter's Tale*』에도 "대양으로 하여금 달의 힘을 따르도록 하라"라는 부분이 등장한다.[10] 17세기 초에는 조석에 대한 달의 영향은 의심할 바 없는 것으로 넓게 받아들여지고 있었다.

그러나 갈릴레이는 당시의 상식에 역행해 『프톨레마이오스와 코페르니쿠스의 2대 세계 체계에 대한 대화』(이하 『대화』)의 최종편에서 "조수간만의 자연적 원인은 대지의 운동이다"[11]라면서 조석을 지구의 자전과 공전이 중복된 효과라는 특이한 주장을 폈다. 지구 표면에서 지구 자전 속도와 공전 속도가 같은 방향이 되는 부분과 반대 방향이 되는 부분은 서로 속도의 차이가 생기게 되고, 그 속도 변화를 바닷물이 따라갈 수 없기 때문에 해수면에 높낮이가 생긴다는 것이다. 바다라는 용기(容器)가 흔들리고 그 때문에 해수면이 상하로 진동하는 것이 조수간만이라는 것이다. 갈릴레이는 그것이 지구의 자전과 공전의 존재를 직접 드러내는 증거라고 생각했다.

1632년의 『대화』는 제목에서 알 수 있듯이 지동설(코페르니쿠스)과 천동설(프톨레마이오스)의 우열을 따져보려는 책이다. 그리고 이 논의에서 조석은 꽤 중요한 위치를 차지하고 있다. 갈릴레이는 애초에는 '조석에 대한 대화'라고 제목을 붙이려 했다고 한다.[12] 갈릴레이는 그

DIALOGO
DI
GALILEO GALILEI LINCEO
MATEMATICO SOPRAORDINARIO
DELLO STVDIO DI PISA.

E Filofofo, e Matematico primario del
SERENISSIMO
GR.DVCA DI TOSCANA.

Doue ne i congreffi di quattro giornate fi difcorre
fopra i due

MASSIMI SISTEMI DEL MONDO
TOLEMAICO, E COPERNICANO;

*Proponendo indeterminatamente le ragioni Filofofiche, e Naturali
tanto per l'vna, quanto per l'altra parte.*

CON PRI   VILEGI.

IN FIORENZA, Per Gio:Batifta Landini MDCXXXII.

CON LICENZA DE' SVPERIORI.

〈그림 19.1〉 갈릴레이의 『프톨레마이오스와 코페르니쿠스의 2대 세계 체계에 관한 대화』(1632)의 표지.

때까지 지동설을 뒷받침하는 것이라고 이야기되어온 주장들이 실제로는 지동설과 천동설 어느 것으로도 설명이 되고, 그런 의미에서 지동설의 개연성을 나타낸 것에 불과하다고 보았다. 반면 조석이야말로 지동설로만 설명이 가능하다는 의미에서 지동설의 필연성을 나타낸다고 보았던 것이다. 그가 나흘간에 걸친 대화의 마지막 날에 조석에 관한 이야기를 끄집어낸 것도 이것이 지동설을 지지하는 결정타로 보였기 때문이다. 그러나 갈릴레이의 모델은 밀물과 썰물이 낮밤으로 바뀌는, 조석의 반일(半日)주기를 설명할 수 없다는 치명적인 결함을 갖고 있었다. 비슷한 시기에 프랜시스 베이컨이 말한 것처럼 "조수간만은 하루에 두 번 반복되고 한 번 차고 빠지는 데 각각 여섯 시간이 걸린다"[13]는 것은 널리 알려진 사실이었다.

갈릴레이가 경험적 사실에 반하면서까지 이 같은 설명을 고집한 이유는 근본적으로는 원격력으로서의 중력을 인정하지 않았기 때문이다. 실제로 갈릴레이는 "케플러가 물에 대해 달이 지배력을 갖는다거나 숨겨진 성질이나 유치한 주장에 귀를 기울이고 동의했다"는 것은 놀라운 일이며 "그런 것이 밀물과 썰물의 원인이며, 또 있을 수 있다고 한 것은 말도 안 되는 소리"라고 케플러를 조소했다.[14] 지금 와서 보면 당시의 사상적인 상황에서는 최강의 동맹군이 되어주어야 할 케플러에 대해 갈릴레이가 이런 태도를 취했다는 건 아주 오만불손하게 보이기도 하지만, 한쪽 발을 아직 중세에 두고 있었던 케플러와 달리 '근대인'인 갈릴레이로서는 달이 아주 멀리 떨어진 지상의 물체(바닷물)에 힘과 영향을 미친다는 것 같은 말은 마술사상의 망상이자 점성술의 헛소리 같은 것으로 도저히 받아들일 수 없었을 것이다. 사실 플리니우스는 조석을 '달과 물의 공감'의 결과라고 했고, 또 고대 이래 조석은 종종 천체의 점성술적 영향으로 설명되어왔다.[15] 15세기에도 피치노가

'마술의 힘'의 예로서 "달이 바다를 끌어당긴다"고 공언했고[16] 16세기의 존 디, 델라 포르타도 비슷한 맥락에서 주장을 폈다. 프랑스의 종교개혁 지도자인 장 칼뱅(Jean Calvin)은 16세기 중반에 "자연적 점성술은 달이 지상의 물체에 어떤 영향을 미친다는 것을 우리에게 가르친다"고 말했다.[17]

달이 지상에 영향을 미친다는 사실을 비합리적이라며 거부했던 갈릴레이는 태양의 인력이 행성의 운동 원인이라는 사실도 받아들이지 않았다. 갈릴레이는 달 아래 세계와 천상세계라는 아리스토텔레스의 이원론을 부정하고 태양 중심의 태양계를 받아들였지만, 실제로는 원운동이 천체의 자연운동이라는 아리스토텔레스의 관념을 그대로 답습하고 있었다. 그는 『대화』에서 "직선운동은 그 본성상 무한이기 때문에 어떤 운동체가 본성상 직선을 따라 움직이는 원리를 갖는다는 것은 불가능하다"고 단언하면서 "원운동은 전체에 있어서도, 부분에 있어서도 자연적이다"라고 했다. 따라서 갈릴레이는 "세계를 구성하는 물체가 본성상 움직여야만 한다면 이 물체들이 직선운동을 하거나 원 이외의 운동을 하는 것은 불가능하다"고 결론을 내린다.[18] 덧붙이자면 갈릴레이가 말한 관성의 법칙은 실은 지구 표면을 따라가는 원운동의 관성이었다. 그는 아리스토텔레스가 행한 '자연운동'과 '강제운동'의 구별을 그대로 따르면서, 직선운동의 자연성을 부정하고 원운동을 유일한 '자연운동'으로 받아들였다. 갈릴레이는 행성이 태양 주변을 도는 것은 '자연운동'이며 그 운동을 유지하기 위해 태양이 어떤 힘을 행성이나 지구에 미칠 필요는 없고, 따라서 천체들 사이에 작용하는 중력이라는 발상은 처음부터 나올 수 없다고 생각했다. 갈릴레이에 대해 "자신의 결과와 케플러의 행성운동의 법칙을 사용하면 만유인력의 법칙을 정식화하는 데 필요한 것들이 모두 자기 앞에 있었으나 그는 그런 마음을 먹지 못했다"[19]고 주장하는 이가 있다. 그러나 그것은 갈릴레이의 기분 때문이 아니라 그의 자연관이 가진 본질적인 한계 때문이었다. 원래 갈릴레이는 케플러의 법칙을 인정하지 않았다. 에른스트 마흐가 이전에 지적했던 것처럼 "갈릴레이에게 태양계는 아직도 본질적으로 물리학의 문제는 아니었던"[20] 것이다.

한편 지상 물체에 작용하는 지구의 중력에 대해서도 갈릴레이는 그것을 설명해야만 하는 문제라고는 보지 않았다.

갈릴레이는 1590년 『운동에 대하여 On Motion』에서 물체의 낙하를 무거운 물체의 자연운동으로 보았고, 1613년의 『태양 흑점에 관한 서간』에서도 "내가 관측한 바로는 자연적 물체는 (*무거운 물체가 밑으로 향하는 것처럼) 어떤 운동을 향해 자연적 경향을 가지며, 이런 운동은 어떤 방해도 방해받지 않는 한 특수한 외적 운동자를 필요로 하지 않으며, 내재적 원리에 기초해 자연적 경향에 따라 행해지는 것처럼 보인다"라고 했다.[21] 그 후 그는 낙하운동에 관한 이 초기의 인식을 "물체는 아래를 향하는 가속도를 갖는다"라는 것으로 바꾸었지만 가속도가 지구의 중력의 결과라고는 말하지 않았다. 오히려 『대화』에서는 지상에서의 물체의 낙하에 대해 "누구나 그 현상의 원인이 중력이라는 것을 알고 있습니다"라고 아리스토텔레스주의자인 심플리치오(Simplicio)가 말하자 "당신은 틀렸습니다. 당신은 '누구나 그것이 중력이라고 불린다는 것을 알고 있습니다'라고 말해야 했습니다"라며 갈릴레이의 분신인 살비아티(Salviati)의 입을 빌려 비판하고 있다. 물체의 낙하가 '중력에 의한 것이다'라고 해도, 그것은 단지 이름을 그렇게 붙인 것일 뿐 설명한 것은 아니라는 것이다.[22] 그렇다고 갈릴레이가 중력을 대신할 설명을 한 것도 아니다. 살비아티에 따르면 지구나 달 그리고 다른 천체에서 "어떤 부분이 우연히 전체로부터 떨어져 나왔다고 해도, 그 부분이 다시 자발적으로 혹은 자연적 본능에 따라 원래 위치로 돌아간다고 생각하는 것이 합리적이지 않습니까?"[23]라고 한다. 천상세계와 달 아래 세계의 이원론은 극복되고 있지만 갈릴레이의 논의는 아직 코페르니쿠스의 수준에 머물고 있다.

갈릴레이가 지상 물체의 낙하운동에 대해 최종적으로 취한 입장은 1638년에 낸 『두 개의 신과학에 관한 수학적 논증과 증명』에 나타나 있다.

지금 여기서 자연운동의 가속도의 원인이 무엇인지에 대해 연구하는 것은 적당치 않다고 생각합니다.……지금 우리의 저자(갈릴레이)가 추구하는 것은 (*그 원인이 무엇이든) 가속운동의 몇 가지 특성을 연구하고 설명하는 것에 있습니다.[24]

즉 갈릴레이는 물체가 '왜' 낙하하는 것일까 하는 그때까지의 자연학이 던진 질문 자체를 거부하고 '어떻게' 낙하하는지의 문제에 자연과학의 범위를 한정했던 것이다.

이런 태도는 모든 자연현상에 대해 관통하고 있다. 1613년의 『태양흑점에 관한 서간』에는 다음과 같이 쓰고 있다.

우리는 자연적 실체의 참된 내적 본질로 뚫고 들어가도록 힘쓸 것인가, 아니면 몇 가지 징표를 인식하는 것에 만족할 것인가 둘 중 하나를 고찰해야 할 것입니다. 나는 전자의 시도(본질의 추구)가 아주 가까운 지상의 실체를 고찰하든 매우 먼 천체의 실체를 고찰하든 어느 쪽으로도 불가능한 계획이라고 봅니다. 우리가 달의 실체에 대해 알 수 없는 것처럼 지구의 실체에 대해서도 알 수 없으며 태양 흑점의 실체에 대해서도 알 수 없으며 마찬가지로 지구의 구름에 대해서도 알 수 없습니다. 왜냐하면 나는 아무리 가까운 실체라도 그 본질에 대해서는 전혀 이해할 수 없으며 개별적인 규정들이상으로 알 수 있는 유리한 입장에 있다고 생각하지 않기 때문입니다.……하지만 사물이 드러내는 징표만을 통찰하고자 한다면, 아주 멀리 있는 물체의 경우에도 희망이 없는 것은 아니며 가까운 물체와 마찬가지로 고찰이 가능합니다.……때문에 태양 흑점의 진정한 실체를 연구하는 것은 아무 쓸모 없는 계획이지만 그 위치, 운동, 형상과 크기, 투명도, 가변성, 생성과 소멸 등등의 징표를 규명하는 것은 가능한 일입니다.[25]

갈릴레이의 기계론적 자연관은 어떤 물질의 본질이나 실체가 무엇인가라는 문제를 단념하고, 학문의 대상을 겉으로 드러나는 현상으로 제한하는 것에 의해 성립된다.

갈릴레이에게 이 현상이란 기하학적·수학적 개념으로 규정되고 읽혀지는 현상이었다. 실제로 이보다 10년 후에 그는 "철학은 이 눈앞에서 끊임없이 열리고 있고, 우주라는 이 거대한 책 속에 씌어져 있습니다.……이 책은 수학의 언어로 씌어져 있고 그 문학은 삼각형, 원, 그 밖의 기하학적 도형으로 나타나고 이러한 수단이 없다면 인간의 힘으로는 그 언어를 이해할 수 없습니다"[26]라고 말하고 있다. 결국 갈릴레이의 자연과학은 사물과 현상을 수학적·기하학적으로 표현할 수 있고 그것들로 포착할 수 있는 모든 징표들의 집합으로 규정하면서, 그들 사이에 성립되는 수학적 법칙을 발견하는 것이다. 그것을 넘어 물체의 본질이나 실체가 무엇인지, 가속도의 진정한 원인은 무엇인지 등을 묻는 것은 아니다.

따라서 갈릴레이는 지상 물체의 운동을 연구할 때 첫째 외적인 방해물이나 공기 저항이 없다면 지상 물체는 모두 일정한 가속도로 낙하한다고 가정하고, 둘째 그 가정에 입각해 낙하법칙, 즉 등가속도 낙하운동에서는 정지 상태로부터 떨어지기 시작한 물체의 낙하속도는 낙하시간에 비례하고 낙하거리는 낙하시간의 제곱에 비례한다는 명제를 순수하게 수학적으로 끌어내고, 셋째 그 논증의 결과를 특별히 고안된 장치를 이용해 실험함으로써 끝나게 돼 있다. 이 일련의 절차에 의해 지상 물체는 등가속도로 낙하한다는 당초의 가정이 맞다는 것이 입증된다면 그것으로 충분하며, 가속도의 원인을 파고드는 데까지는 나아가지 않는 것이다. 이렇게 갈릴레이는 가설, 논증, 실험이라는 근대 과학의 방법론을 만들어냈다.

그러나 거기에는 힘 개념이 완전히 빠져 있다. 갈릴레이의 역학에는 수학적으로 표현된 속도와 가속도뿐이었다. 그런 의미에서 갈릴레이의 역학은 동역학에까지 도달하지 못하고 수학적 동역학에 머물렀던 것이다. 특히 태양계의 질서와 관련해서 말한다면 그가 펼친 논거나 망원경을 통한 발견 등은 지동설에 대한 반박을 반박하는 데는 아주 유력했지만 행성의 운동에 대한 이론 같은 것은 하나도 끌어내지 못했다. 갈릴레이는 새로운 우주상을 위해 투쟁한 인물로 그려지고 지동설의 순교자인 것처럼 전해지고 있지만 코페르니쿠스설의 보급과 계몽에는 큰 공적을 세웠으나 행성운동의 동역학에 대해서는 전혀 알지 못했다. 『케플러 전집』의 편집자인 막스 카스퍼(Max Casper)가 말하는 것처럼 "갈릴레이는 천체역학이라는 개념을 파악하는 데 완전히 실패했다."[27]

데카르트의 역학과 중력

데카르트의 자연관도 기계론이라 불리고, 물질은 아무런 특성이 없고 불활성이며 수동적인 존재로 보았다는 점에서는 갈릴레이와 동일하다. 그러나 자연학 자체의 의미와 방법은 갈릴레이와는 아주 달랐다. 데카르트가 자연학의 원리를 전개한 『철학원리 Principia Philosophae』[28]는 1644년에 출판됐는데 데카르트 자신이 교열을 본 1647년 불어 번역판에서 그는 "우리에게 인식 가능한, 진리의 종자(씨앗)라고 할 수 있는 제1개념 또는 관념은 오성(悟性) 속에서만 발견할 수 있다"(II-3)면서 다음과 같이 기계론의 근거에 대해 말하고 있다.

나는 물질적 사물에 관해 우리의 오성 속에 있을 수 있는 모든 명석판명한 개념을 일반적으로 고찰할 것이다. 이와 같은 개념은 형태, 크기, 운동이다. 이들 세 가지가 서로 변화할 때 따르게 되는 규칙을 발견하고, 이 규칙이 기하학 내지 기계학의 원리라는 것을 규명함으로써 인간이 자연에 대해 가질 수 있는 모든 인식은 필연적으로 이들로부터 얻어야만 한다고 판단했다. 왜냐하면 감각적 사물에 대한 다른 모든 개념은 혼란스럽고 애매할 뿐만 아니라, 외부의 사물을 인식하는 데 도움이 되지 않고 오히려 인식을 방해하기 때문이다.(IV-203)

즉 데카르트의 자연학은 기계론적 물질관을 '명석판명'한 출발점으로 삼고, 거기서부터 엄밀하게 빈틈없는 추론을 통해 사물의 속성과 행동이 논리적으로 연역되는 체계이다. 그뿐 아니라 데카르트는 감각을 '인식을 방해할 수 있는' 것으로 여긴다. 그는 "예를 들어 경험이 우리에게 반대되는 것을 나타내 보이는 것처럼 생각되어도 우리는 역시 감각보다 이성에 보다 많은 믿음을 두어야 한다"(II-52)라고 주장했다. 때문에 데카르트의 자연학에서는 실험적 검증이 거의 고려되지 않는다. 연역적 논증에 대한 실험적 검증이 중세와 근대를 방법적으로 구별하고 특징짓는 것은 아닌 것이다. 데카르트에게 학문의 진리성이란 결국 출발점에 있는 관념(제1원리)의 진리성과 연역(논증의 연쇄)의 진리성에 있었다.

그 '제1법칙'도 우리가 생각하는 것과는 매우 다르다. 1637년에 데카르트는 『방법서설 Discours de la méhode』에서 자신의 우주론의 형성과정에 대해 다음과 같이 말했다.

첫째 나는 세계에 존재하는 것 또는 있을 수 있는 모든 것의 원리인 제1원인을 전체에 걸쳐 찾고자 했습니다. 이 목적을 완수하기 위해 나는 세계를 창조한 신 이외에는 아무것도 고려하지 않았습니다. 또한 우리들의 혼 속에 갖추어져 있는 진리의 몇 가지 종자(씨앗)로부터만 이 원리를 끌어내고자 했습니다.[29]

실제로 『철학원리』에서 역학의 출발점으로 삼은 것은 "신은 운동의 제1원인이며, 그는 항상 우주 속에 같은 양의 운동을 보존하고 있다"라는 명제였다.(II-36) 데카르트는 이 전제로부터 자연학의 기본 법칙으로서 다음의 세 법칙 - 데카르트의 역학원리 - 를 도출했다.

제1법칙: 모든 물질은 가능한 한 항상 같은 상태를 유지하려고 한다. 따라서 한 번 움직여지면 언제까지나 계속 움직인다.(II-37)

제2법칙: 모든 운동은 그 자신으로서는 직선적이다. 따라서 원운동을 하는 물질은 자신이 그리는 원의 중심으로부터 항상 멀어지려고 한다.(II-39)

제3법칙: 물체는 보다 강력한 다른 물체와 충돌할 때에는 자신의 운동을 전혀 잃어버리지 않지만, 보다 약한 물체와 충돌할 때는 그 약한 물체로 이동한 만큼의 운동을 잃어버린다.(II-40)

▪ 제3법칙(운동량보존법칙)에서 '보다 강력한' 운운한 부분은 잘못이며, 1633년에 나온 『우주론 Le Monde』 제7장에서 "어떤 물체가 다른 물체를 밀 때 그 물체가 동시에 자기의 운동을 똑같이 잃지 않는 한 다른 물체에 어떠한 운동도 줄 수 없으며, 또 자신의 운동이 똑같이 증가하지 않는 한 다른 물체의 운

이처럼 데카르트는 제1, 제2법칙으로 케플러가 실패하고 갈릴레이가 불완전한 형태로 표현한 '관성의 법칙'을 처음으로 올바르게 정식화했다. 나아가 제3법칙으로 '운동량 보존법칙'의 맹아적 형태, 즉 충돌할 때 운동이 교환된다는 사실을 주장했다. 이것은 분명 초기 역학 이론의 발전에 커다란 공헌을 했다.

그러나 이와 같은 입장에 서 있는 한 물체들 사이의 상호작용이라는 것은, 일정한 연장(延長)을 가지고 기하학적으로 규정되고, 〔감각적인〕 특성이라고는 없는 물체들끼리의 직접적인 접촉에 의한 운동의 전파, 즉 충격(impulsus)이나 압력(pressura)밖에 있을 수 없다. "각각의 물체가 다른 물체에 작용하는 힘, 또는 다른 물체에 저항하는 힘은……각각의 사물이 가능한 한 현재의 상태에 계속 머물려고 하는 것에서만 존재한다"(II-43)는 것이다. 결국 데카르트의 역학은 충돌의 이론에 지나지 않는다. 따라서 원격작용으로 보이는 것도 물체들 사이의 공간에 우리의 감각으로는 느낄 수 없는 어떤 매질-'미세물질'-이 충만해 이 매질들이 압력과 충돌을 전달한 결과로 설명되어야 한다고 보았다.

이때 이 '미세물질'의 존재도 기계론의 전제로부터 논리적으로 유도된다. 데카르트는 "우리는 오성만을 이용해서 물질, 즉 일반적으로 보는 물체의 본성이……오직 길이와 폭, 깊이라는 연장을 가진 것이라는 것을 지각할 수 있다"(II-4)고 보았다. 따라서 '연장' 즉 단순한 공간과 '연장을 가진 물체'는-비록 인간이 그것을 파악하는 방식은 다르다고 할지라도-사실상 같은 것으로 간주된다.(II-8,10) 그리고 이

동을 빼앗을 수 없다'라고 한 표현이 맞다. 단 데카르트가 벡터양으로서의 '운동량' 개념을 정확히 이해하고 있었던 것은 아니다.

로부터 '진공의 존재'는 실험할 것도 없이 논리적으로 부정된다.(II-16) 따라서 물체들 사이의 어떠한 좁은 간격에도 들어갈 수 있는 공간을 메우는 '미세물질' 즉 '제1원소'가 존재하지 않으면 안 된다는 것이다.

데카르트는 우주 공간도 이 미세물질로 가득 차 있고, 그것이 각각의 천체 주변에서 큰 와동을 형성한다고 보았다. 이것이 데카르트의 '와동 가설'이다. 태양 주변에는 거대한 와동이 있고 이에 따라 행성이 운동하며, 마찬가지로 지구 주변에도 와동이 있어 달이 움직이게 된다는 것이다. 또 지구 표면에서 무거운 물체에 작용하는 중력(무게)도 이 공상적인 물질인 와동으로 설명한다. 『방법서설』에서 "신은 지구를 구성하고 있는 물질에 무게는 전혀 부여하지 않았다"[30]고 했고, 『철학원리』에서도 "무게는 물체 그 자체 안에는 전혀 없으며 단지 그 물체가 다른 물체의 위치와 운동에 의존하고 있을 때 그 물체에 관계되는 한에서만 존재한다"(IV-202)라고 했다. 이처럼 데카르트는 중력(무게)도 미세물질과의 운동의 교환 효과로 보았다. 이것의 구체적인 메커니즘에 대해서는 『우주론』 제11장에서 다음과 같이 밝히고 있다.

> 지구를 둘러싼, 아주 작은 하늘의 물질(*미세물질)이 지구의 물질보다 훨씬 빠르게 지구 주위를 돌기 때문에 지구로부터 멀어지려고 하는 힘도 훨씬 강하다. 이처럼 무게란 (*미세물질들이) 지구 물질을 그들 쪽(*지구 방향)으로 밀려고 하는 과정에서 생긴다.[31]

즉 지상의 물체에 연직 방향으로 가속도가 생기는 까닭은, 지구 주변을 회전하는 하늘의 미세물질이 회전하면서 지표로부터 멀어지는데, 그 결과 중량 물체와 위치를 바꾸기 때문이라는 것이다. 그러나 이 설명은 어디까지나 정성적일 뿐 정량적인 것은 아니다. 그뿐 아니라 지표에서의 중력이 구 대칭인 것에 반해 와동은 회전축을 중심으로 하는 축 대칭이기 때문에, 와동에 의해 생기는 중력은 2차원적이며 회전축에 직교한다는 근본적인 난점이 있다. 더구나 이 와동으로 지구가 자전하고 있기 때문에〔와동의〕회전축은 지구의 자전축과 일치한다. 따라서 와동에 의해 생기는 지구의 중력이라는 것은, 그것이 만약 존재한다면, 적도에서는 분명 연직하향이지만 위도가 올라가면서 연직선에서 벗어나고 양극에서는 수평이 되어버린다.

갈릴레이가 결정적으로 잘못을 범한 조석현상에 대해서도 『철학원리』의 제4부 49장에서 52장 및 『우주론』의 제12장에서 역시 와동에 근거해 다음과 같이 설명하고 있다.

〈그림 19.2〉에서 원 1234는 지구를 둘러싼 해수면이며, 5678은 해수면을 둘러싼 공기, B의 원은 달을 나타낸다. 만약 달이 없다면 지구의 중심 T와 지구 주변의 와동의 중심 M은 일치할 것이다. 그러나 달이 B 가까이 오면 T는 조금 움직여 M과 D의 사이에 오게 된다. 왜냐하면 만약 T와 M이 일치하고 T가 BD의 중앙에 있으면, 달과 지구 사이가 D와 지구 사이보다 좁게 되어 소용돌이치는 하늘의 물질이 달과 지구 사이를 통과하기 어렵게 되기 때문이다. 다음과 같이 생각해도 좋다. 만약 T와 M이 일치한다면 하늘의 물질의 와동의 압력이 D보다 B쪽으로 강하게 되고, 그 결과 지구는 D쪽으로 눌리게 된다. 이렇게 지구의 달 쪽과 그 반대쪽에서 미세물질이 미치는 압력이 같아지도록 지구의 위치가 결정된다.

이로부터 하늘 물질은 이 부분〔B와 2의 사이 및 D와 8의 사이〕에서는 보다 멀리 이동한다. 따라서 달이 지름 BD에 없을 때와 비교해보면 이때는 6과 8에서는 공기를

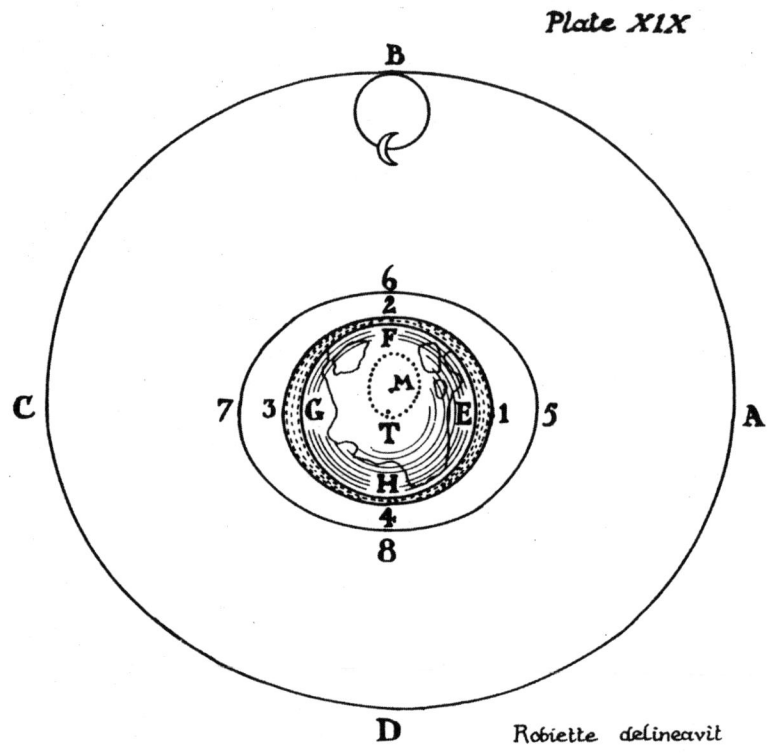

〈그림 19.2〉 데카르트의 조수간만에 관한 설명(『철학원리』(1644년) 제4부 수록).

보다 강하게, 2와 4에서는 해수면을 보다 강하게 압박한다. 그런데 공기와 바닷물의 혼은 유체여서 이 압력에 쉽게 지배된다. 결국 이들 혼은 달이 지름 BD에 없을 때와 비교해보면 지구의 F와 H에서는 보다 얕고, 반대로 G와 E에서는 보다 깊어진다. 때문에 해수면 1과 3, 공기면 5와 7은 그곳에서 부풀어진다.(IV-49)

이것은 조수간만이 1일 2회 반나절 주기로 일어난다는 점은 설명하지만, 달과 접하는 해수면이 썰물이 된다는 점에서 역시 현실과 맞지 않는다.

데카르트는 행성의 운동에 대해서는, 태양의 주변에도 거대한 와동이 있는데 이것이 지구나 그 밖의 행성을 운동시킨다고 생각했다. 그러나 결정적인 결함은 이와 같은 모델에서는 행성의 운동을 정량적으로 끌어낼 수가 없고 정밀한 관측으로 뒷받침된 케플러의 제3법칙을 그와 같은 수준의 엄밀함으로 설명할 수 없다는 점이다. 이런 점을 생각하면 "내가 찾아낸 원리로 충분히 설명되지 않는 것은 아무것도 없습니다"라며 데카르트가 『방법서설』에서 자화자찬한 것은 공허하다고 하지 않을 수 없다.[32] 티코 브라헤의 관측과 케플러의 이론에 의한 태양계 천문학은 이미 근대 수리(數理)과학의 수준에 도달했지만 데카르트의 행성운동론은 거기에도 훨씬 못 미치는 유치한 수준에 머물렀던 것이다.

이와 같이 갈릴레이도 데카르트도 케플러의 획기적인 발견-제3법칙과 중력 개념-의 의의를 모든 의미에서 손상시켰다. 특히 천체들 사이의 중력에 대해서는 이해를 하지 못했다기보다는 아예 거부했다고 할 수 있다. 17세기 전반의 기계론 철학은 이미 죽은 몸체의 스콜라철학을 대신해 자연을 합리적으로 설명하겠다며 용감하게 선언하면서 등장하였지만, 실제로는 조수간만은 물론이고 무거운 물체의 낙하라는 일상적인 현상조차 제대로 설명해내지 못했던 것이다.

데카르트의 기계론과 자력

그런데 1604년에 이탈리아의 철학자 캄파넬라가 옥중에서 완성한 『사물의 감각과 마술에 대하여 De sensu rerum et magia』에는 다음과 같이 기록돼 있다.

학자가 사람들이 모르는 기교를 이용해 자연을 모방하거나 돕거나 해서 무언가를 만들어내면 무지몽매한 사람들뿐 아니라 보통사람들도 마술이라고 말한다.……아르키타스(Archytas)가 새처럼 하늘을 날 수 있는 인공 비둘기를 만들었을 때, 또 페르디난트제국 시대에 어떤 독일인이 하늘을 나는 인공 독수리와 파리를 만들었을 때도 사람들은 마술이라고 생각했다. 기술(arte)은 완전히 이해되기 전까지는 마술적인 소행이라고 불리지만 일단 알게 되면 흔해빠진 과학이라고 여기게 된다. 화약이나 인쇄술의 발명도 옛날에는 마술적인 것이었다. 자석도 마찬가지다. 그러나 오늘날에는 누구도 그 기술들이 흔하다는 걸 알고 있다. 시계나 기계적인 기교의 발명도 그 비밀이 많은 사람들에게 공개되고 나면 존경심이 사라지게 된다. 그런데 물리나 천문, 종교에 관련된 것은 폭로되는 일이 거의 없다. 따라서 고대인들이 마술의 기교를 끌어낸 것도 이런 분야에서였다.[33]

마술의 탈신비화에 관한 얘기다. 꼭두각시 인형이 아무리 경이로워도 작동 원리를 일단 알게 되면 단지 장난감에 지나지 않게 된다. 화약도 시계도, 델라 포르타의 카메라 옵스큐라도 모두 그와 같으리라.

〈그림 19.3〉 사람이 내뱉는 숨으로 큰 나무를 뽑아내는 기계(존 윌킨스의 『수학적 마술』 수록).

그로부터 얼마 후 1648년에 영국의 윌킨스는 『수학적 마술 *Mathematical Magic*』이란 책을 저술했다. 이 책은 지렛대나 도르래, 경사면을 이용해 힘을 유효하게 이용하는 장치를 다룬 것이다. 그 중에 예를 들어 인간의 숨결로 큰 나무를 빼내는 〈그림 19.3〉과 같은 장치가 있다. 그것은 톱니바퀴와 겹도르래를 조합해 미약한 힘을 몇 배나 확대하고 전달하는 기계장치이다.[34] 금속의 강도나 톱니바퀴의 마찰을 고려하면 이 장치가 생각한 만큼 제대로 작동한다고 여겨지진 않지만 원리적으로는 가능하며 작은 규모에서는 이것에 가까운 것을 실제로 만들 수 있을 것이다. 그리고 실제로 실현되었다면 대중에게는 틀림없이 경이롭게 보일 것이다. 이런 기계 장치야말로 윌킨스가 말한 '수학적 마술'인 것이다. 그러나 이렇게 되면 '마술'이라는 것은 단지 블랙박스에 들어 있는 기계에 불과하게 된다.

17세기의 기계론은 이러한 조작을 폭로함으로써 마술의 베일을 벗기고 경이로움을 해체하고자 했다. "나는 지구와 눈에 보이는 세계 전체를 마치 기계인 것처럼 서술하고, 그들의 형태와 운동만을 고찰해왔다"(IV-188)라고 『철학원리』에서 밝힌 데카르트는 자연학의 방법에 대해 다음과 같이 설명한다.

> 자동기계에 숙달된 사람이 어떤 기계의 사용 방법을 알고 있을 때 그 기계의 일부분만 봐도 보이지 않는 다른 부분이 어떻게 만들어졌는지를 쉽게 추측할 수 있듯이, 나는 자연의 물체의 감각 가능한 작용이나 부분을 통해서 그 물체의 원인이나 감각할 수 없는 부분이 어떻게 돼 있는지를 탐색하려고 했다.(IV-203)

데카르트 이론을 통속화시켜 보급하는 데 기여했던 인물은 17세기 중반부터 18세기 중반까지 1세기를 살았던 퐁트넬(Bernard Le Bovier de Fontenelle, 1657-1757)이었다. 퐁트넬은 1686년-『철학원리』가 출판된 지 39년 후, 뉴턴의 『자연철학의 수학적 원리 Philosophiae Naturalis Principia Mathematica』(이하 『프린키피아』)가 출판되기 1년 전-『세계의 복수성에 대한 대화 Entretiens sur la pluralité des Mondes』를 출판하여 호평을 얻었다. 이 책에서 그는 "오늘날 사람들은 우주를 시계를 크게 확대한 것처럼 생각하고 싶어합니다"라면서 그 시대의 최신 자연관을 다음과 같이 해설했다.

나에게 자연이라는 것은 언제나 오페라와 같은 커다란 무대처럼 보입니다. 당신이 자리에 앉아 오페라를 보고 있으면 그 장소에서는 있는 그대로의 무대 모습이 완전히 보이지 않습니다. 무대 장치나 기계를 배치해 멀리서 보아도 좋은 효과를 낼 수 있게끔 무대가 꾸며져 있지만, 그것들을 움직이는 톱니바퀴나 도르래는 당신 눈에는 보이지 않도록 감추어져 있는 것입니다.[35]

세계를 하나의 자동기계로 보고, 무대 표면의 움직임을 무대 뒤의 기계 장치의 효과로 파악하며, 시계 바늘의 움직임을 문자판 뒤에 있는 동력 장치와 톱니바퀴의 조정 결과로 이해하듯이, 직접 관측된 자연현상을 배후에 있는 기계의 짜임새로 설명하는 것이야말로 자연을 해명하고 자연과학을 이해하는 것으로 보았다. 이처럼 그때까지 마술이 '공감'이라든가 '숨겨진 힘'이라는 애매한 말로 설명 아닌 설명을 했던 자연의 경이로움은, 실재적 원인에 의해 인과적으로 설명되고 흔히 있는 일이 되어버린 것이다.

그런데 문제는 자력이었다. 왜냐하면 자력이야말로 확실한 원격력이며 마술이론의 핵심 개념인 '공감과 반감'과 '숨겨진 힘'의 가장 두드러진-아니 거의 유일한-실례였기 때문이다. 가톨릭 성직자였던 호세 데 아코스타는 1590년에 자석이 지북성을 나타내는 원인은 분명치 않으며, 이것을 볼 때 "이성만으로는 이해할 수 없는 것이 있다"라고 결론지었다.[36] 따라서 기계론이 자력의 '작용'을 어떻게 논리정연하게 밝혀내느냐 하는 것이, 마술이론과 기계론이 서로 경합하고 있던 17세기 전반에서는 승패를 가르는 결정적인 열쇠였다.

자석과 자력에 대한 데카르트의 논의는 『철학원리』 제4부의 133쪽에서 183쪽까지 기록돼 있다. 하나의 물질에 대한 논의로서는 『철학원리』 중에서도 가장 길고 상세하며 박력이 넘친다. 특히 145쪽에는 1634년에 발견된 편각의 영년변화(*지자기와 관련된 값이 오랜 기간에 걸쳐 아주 조금씩 변화하는 것)를 포함해 자석의 성질이 34개 항목에 걸쳐 기록돼 있다. 그러나 이것들은 당시까지 알려져 있던 것을 열거한 것일 뿐, 데카르트 자신이 실험과 관찰로 새롭게 알게 된 것은 없다. 그도 그럴 것이 데카르트 자연학의 목적은 실험을 통해 새로운 사실을 발견하는 것이 아니라 이미 알려진 사상을 제1원리로부터 실명하는 것에 있기 때문이다. 따라서 '새로운' 것은 그 해석이다. 그것들은 물론 지금은 별다른 의미가 없다. 그러나 『철학원리』의 마지막에는 "자석이나 불, 세계 전체의 구조 등 아주 많은 것들이 아주 적은 수의 원리로부터 연역되는 것을 알게 된 사람들은 이 원리가 잘못이라면 이토록 많은 것들이 서로 정합적으로 도저히 일어날 수는 없다는 것을 인정하게 된다"고 기록돼 있다.(IV-205) 데카르트는 자력에 대한 이 설명을 자신의 철학에서 가장 성공적인 적용 사례로서 자부하고 있었다. 그것은 '기계론'적인 논의의 한 전형이기도 하며 이후로도 오랫동안 영향을 미쳤으므로 간단히 살펴보기로 하자.

지구자장에 대해 다음과 같이 설명하고 있다.

지구 내부에는 그 축에 평행한 많은 통공이 있으며, 한쪽의 극에서 나온 나사 입자들이 통공을 통해 다른 극으로 자유롭게 흘러간다고 생각된다. 그리고 남극에서 나온 입자들을 받아들인 통공은 북극에서 흘러나온 입자를 받아들이지 못하며, 반대로 북극에서 나온 입자를 받아들이는 통공은 남극에서 들어온 입자를 받아들일 수 없다. 왜냐하면 이들 입자는 나사못처럼 휘어져 있어 종류에 따라 서로 다른 방향으로 향하기 때문이다. 또 같은 입자들끼리는 한쪽 극으로밖에 들어갈 수 없고, 반대편 극으로는 되돌아갈 수 없다.(IV-133)

정리하자면 하늘의 미세물질에는 두 종류의 나사 입자(오른쪽 방향의 나사 입자와 왼쪽 방향의 나사 입가)가 있고, 지구에는 극축과 평행하게 각각의 나사 방향과 어울리게 골이 패인 두 종류의 통공이 있어 각 통공은 한쪽 방향의 입자만 통과시킨다는 것이다. 만약 남극으로부터 들어온 나사 입자를 s 입자라고 하면 그것은 그 나사의 방향에 적합한 s 통공을 남극에서 북극으로 향해서만 통과할 수 있고, 한편 북극으로부터 들어온 나사 입자를 n 입자라고 하면 그것은 그것에 적합한 n 통공을 북극에서 남극을 향해서만 통과할 수 있다. 따라서 s 입자는 n 통공을 통과할 수 없고, s 통공도 그 반대 방향으로는 통과할 수 없다. 물론 n 입자는 s 통공을 통과할 수 없으며, n 통공도 역방향으로는 지나갈 수 없다. 그리고 이들 입자는 극에서 지구 바깥으로 나오면 공기 속을 지나 반대의 극을 향하고, 그곳에서 다시 그것에 적합한 통공으로 들어간다. 이렇게 지구의 안팎을 순환하는데, 이 흐름에 의해 지구자장이 생기고 이 지구자장으로부터 지상의 자석이 영향을 받는다.

〈그림 19.4〉는 『철학원리』에 첨부되었던 것이다. 그림 중앙에 있는 커다란 원 ABCD는 지구, 주변의 작은 원 I, K, L, M, N은 각각 자석이다. 자석에도 마찬가지로 통공이 있으며, n 입자가 지나는 n 통공의

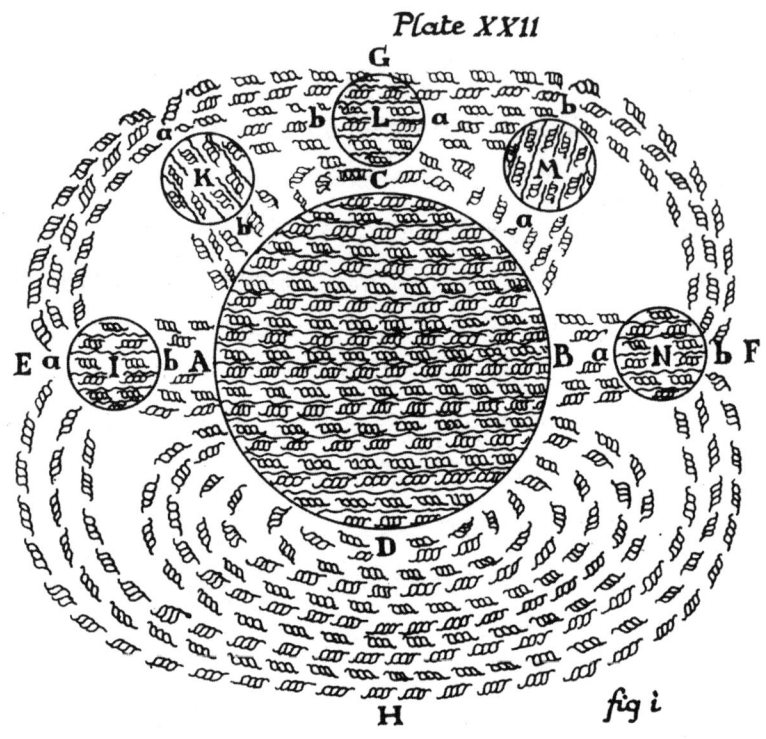
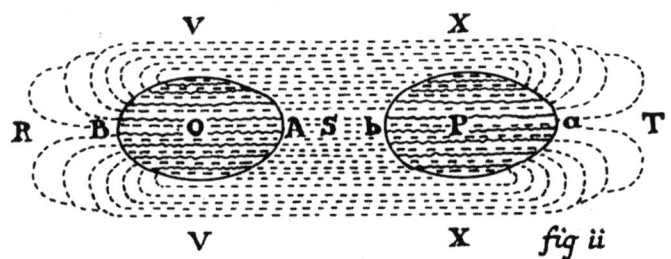

〈그림 19.4〉 나사 입자의 와동에 의한 자력의 설명(데카르트의 『철학원리』 제4부에 수록).

입구에 있는 쪽을 자석의 북극, 그 반대쪽을 남극이라고 한다.(IV-149) 따라서 지구의 북극 A로부터 지구의 바깥으로 나온 s 입자는 자석 I의 s 통공 입구 b로 들어가 출구 a로 나가며, 지구의 남극 B로부터 나온 n 입자는 자석 N의 n 통공의 입구 a에서 들어가 b로 나간다. K, L, M처럼 자석이 남북을 향하지 않았을 때는 "이들 나사 입자가 자석의 통공에 경사지게 쇄도하고, 이들 입자가 직선을 따라 계속 움직이고자 할 때의 힘으로 자석이 자연적인 배치가 될 때까지 자석을 움직인다."(IV-150) 이렇게 자석의 s 통공의 입구와 n 통공의 출구의 어떤 부분, 즉 자석의 남극 b가 지구의 북극 A에 가까운 쪽으로 향하게 된다. 이것이 지구상에서 자석이 지향성을 갖는 원인이다.

자석의 극들 사이의 인력과 척력에 대해서는 153쪽과 154쪽에서 다음과 같이 설명하고 있다.

두 개의 자석 OP의 힘의 작용권이 겹치도록 그림과 같이 나열한다. 자석 O의 북극 A와 다른 쪽 자석 P의 남극 b가 서로 바라보도록 돼 있다면, O의 북극 A에서 나온 s 입자는 그대로 P의 남극 b로 들어가고, P의 남극 b에서 나온 n 입자는 O의 북극으로 들어간다. 이렇게 해서 두 개의 자석 O와 P 사이(A와 b 사이)에 있었던 공기를 밀어내므로, O와 P는 주변의 공기에 밀려 서로 접근한다. 반대의 경우에는 둘 사이에 공기가 들어가 두 개의 자석은 멀어진다. 이것이 다른 극 사이에 일어나는 인력과 같은 극 사이에서 생기는 척력의 원인이다.

자석과 철의 인력도 마찬가지이다. 철에는 모든 방향을 향하는 통공이 있으며, 자석으로부터 나온 나사 입자는 자석과 철의 배치에 적합한 방향인 철의 통공으로 들어가려고 한다. 이에 대해서는 다음과 같이 설명돼 있다.

자석과 철은 서로 끌어당기는 것이 아니다. 자석과 철 조각은 서로 접근하지만 그것은 실제로 인력이 있기 때문이 아니다. 철이 자석의 힘의 작용권 안으로 들어가면 자석으로부터 힘을 빌리게 되는데, 이때 자석과 철 조각 양쪽에서 나오는 나사 입자가 둘 사이에 있는 공기를 밀어내는 것이다. 즉 자석끼리의 경우와 마찬가지로 양자가 서로 접근하기 때문이다.(IV-171)

한편 유리나 호박의 정전인력에 대해서 데카르트는 이렇게 설명한다. 유리와 호박이 마찰되면 작은 균열이 생기는데, 이때 얇고 폭이 넓으며 가늘고 긴 리본 모양의 물질(fasciola)이 나오게 된다. 그것이 공기 중에서 통로를 발견하지 못하고 다시 돌아올 때 밖의 가벼운 물체를 끌어온다는 것이다.(IV-185,186)

데카르트는 다음과 같이 결론짓는다.

지구의 구멍 속에 있는, 제1원소로 구성된 이들 입자가 호박이나 자석 안에 있는 다양한 인력뿐 아니라 다른 수많은 효과의 원인이라는 것을 알게 되었을 것이다.……결국 자연계에서는 순수하고 물리적인 원인, 마음이나 사고(思考)를 갖지 않는 원인들 가운데 그 근거를 [기계론의] 원리로부터 끌어낼 수 없는 효과는 하나도 없다.(IV-187)

특히 데카르트는 『철학원리』의 마지막에 "내가 이 논고를 통해 논하지 못한 자연현상은 존재하지 않는다"(IV-199) "적어도 세계와 지구에 대해서는 내가 설명한 방법과 다른 방식으로 이해하기가 거의 불가능하다"(IV-206)라고 단언했다. 당시는 사람들이 새로운 시대의 예감으로 가득 차 있었던 때였고 그런 시대에는 큰소리로 장담하는 사람이 승리하는 법이다. 그래서 데카르트 기계론은 17세기 중반부터 18세기

초반 유럽 대륙에서는 새로운 과학의 챔피언으로 찬양받았다. 그러나 폐기되는 것도 빨랐다.

갈릴레이의 기계론적 자연관은 양(量)으로의 환원이 가능한 성질이나 수학적으로 취급하는 것이 가능한 현상에 주목하고, 그 관련성을 묻는, 수학적 현상주의로 향했다. 그는 가속도의 원인이라든가 물체의 본질 같은 문제는 과학의 범위 밖으로 밀어내고 단지 운동의 수학적 법칙을 해명하는 것으로 과학의 과제를 한정했다. 게다가 이 법칙을 실험적 검증이 필요한 가설로 봄으로써 수학적이며 동시에 실증적인 근대 물리학의 방향을 올바로 지시하게 되었다. 자력에 대해서도 길버트가 수학적이지 않았던 것을 비난했지만, 데카르트와 달리 자력의 원인이나 그 전달의 메커니즘을 가지고 고민하지는 않았다. 갈릴레이의 기계론은 존재론의 개념 위에 성립하고 있었으며 길을 크게 벗어나는 일은 없었다고 할 수 있다.

그러나 자신감이 지나쳤던 데카르트는 같은 기계론이라 해도 관념론적인 체계였으며, 원인과 본질을 기계의 은유로써 손쉽게 설명하려고 함으로써 공허한 논의로 전락하고 말았다. 실제로 데카르트의 방법은 자연에 대한 지식이 너무나 빈약한 상황에서는 현실과 유리될 수밖에 없었다. 두 종류의 나사 입자가 존재한다는 것이나, 자석과 철에 두 종류의 통공이 있다는 것, 리본 모양의 물질이 존재한다는 따위도 현실의 실험적인 근거가 결여된 주장이었다. 따라서 데카르트가 설명한 대부분은 실험에 근거한 해명이라기보다 자의적인 논의에 의한 그럴 듯한 날조에 지나지 않았다.

뿐만 아니라 "기계론적인 설명에 대한 지나친 요구는 17세기의 또 다른 사조였던 피타고라스 학파의 자연을 정확하게 수학적으로 나타낼 수 있다는 확신도 방해하는 결과를 낳았으며 기계론 철학은 자연에 대한 질적인 접근을 거부했음에도 불구하고 자연을 완전히 수학화하는 데 장애가 되었다"라는 평가조차 받고 있다.[37]

데카르트는 "나는 자연학의 원리로서 기하학과 추상수학의 원리 이외에는 아무것도 받아들이지 않으며 요구하지도 않는다"(II-64)며 『철학원리』에서 장담했지만, 실제로 그가 행한 것은 거의가 수학적인 것과는 거리가 멀었다. 그의 자연학, 특히 우주론은 수학적 추론으로 얻은 결과를 정밀한 측정으로 검증한다는 근대 물리학과 근대 천문학의 기본적 요건을 완전히 결여하고 있다. 행성운동에 대한 케플러의 수학적 법칙에 대해서는 한 번도 거들떠보지 않았다. 자력에 대해서도 자력을 정량적으로 측정한다는 발상을 데카르트는 전혀 하지 못했으며, 그의 자력론은 자석의 정성적인 움직임을 재현하는 모델을 가상의 물질을 통해 날조하는 데 전력했다. 그런 의미에서 자연학으로서의 데카르트 기계론은 마술사상을 대체하긴 했지만 미성숙하고 그 때문에 아주 불완전한 안티 테제였다고 할 수 있다. 데카르트가 빛의 굴절 이론이나 무지개 이론에서 물리학적으로 어느 정도 성공을 거둔 것은 사실이다. 하지만 그것은 수학적인 법칙을 정식화한 것에 의한 것이지 그 법칙에 부여한 기계론의 모델에 따른 것은 아니었다.

월터 찰턴

영국에서 최초로 에피쿠로스와 가생디의 원자론을 소개한 것은 1654년 월터 찰턴(Walter Charleton, 1620-1707)이 쓴 『에피쿠로스, 가생디, 찰턴의 철학 *Physiologia Epicuro-Gassendo-Charletoniana*』이었다.[38]

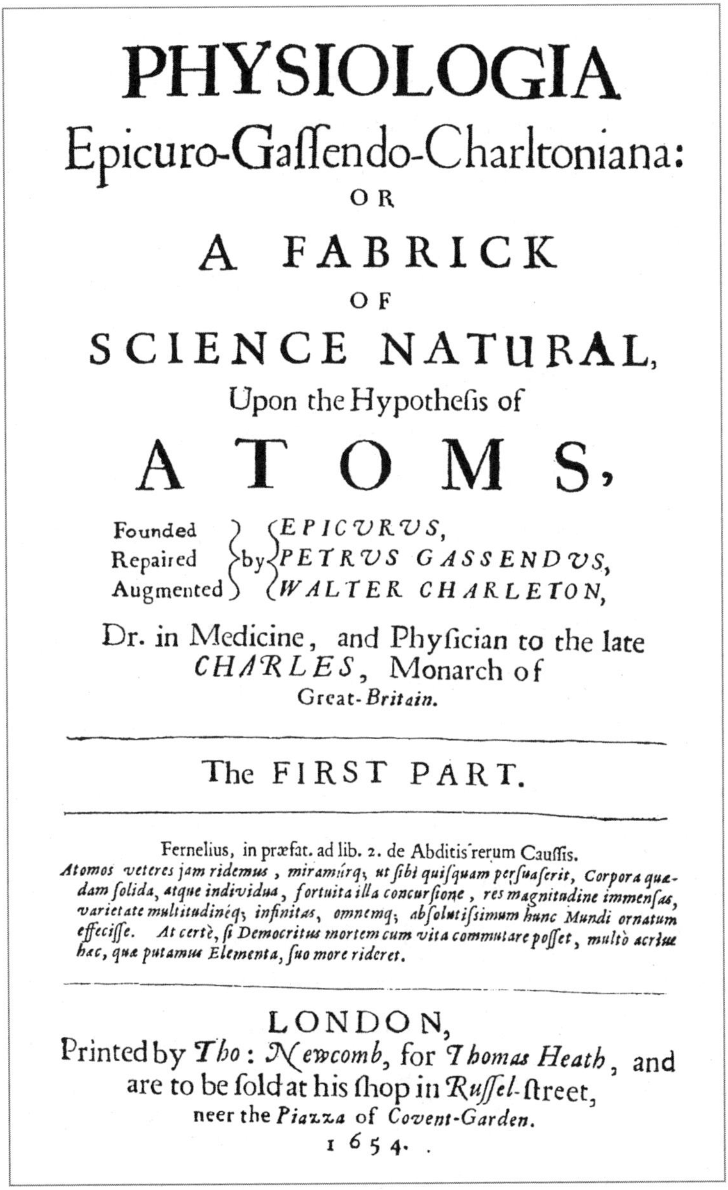

PHYSIOLOGIA
Epicuro-Gaſſendo-Charltoniana:
OR
A FABRICK
OF
SCIENCE NATURAL,
Upon the Hypotheſis of
ATOMS,

Founded   ⎫   ⎧ EPICURUS,
Repaired ⎬by⎨ PETRUS GASSENDUS,
Augmented ⎭   ⎩ WALTER CHARLETON,

Dr. in Medicine, and Phyſician to the late
CHARLES, Monarch of
Great-*Britain*.

The FIRST PART.

Fernelius, in præfat. ad lib. 2. de Abditis rerum Cauſſis.
Atomos veteres jam ridemus, miramúrq; ut ſibi quiſquam perſuaſerit, Corpora quædam ſolida, atque individua, fortuita illa concurſione, res magnitudine immenſas, varietate multitudinéq; infinitas, omnémq; abſolutiſsimum hunc Mundi ornatum effeciſſe. At certè, ſi Democritus mortem cum vita commutare poſſet, multò acriùs hæc, quæ putamus Elementa, ſuo more rideret.

LONDON,
Printed by *Tho: Newcomb*, for *Thomas Heath*, and
are to be ſold at his ſhop in *Ruſſel*-ſtreet,
neer the *Piazza* of *Covent-Garden*.
1654.

〈그림 19.5〉 찰턴의 『에피쿠로스, 가생디-, 찰턴의 철학 또는 원자가설에 근거한 자연과학의 구조』의 표지.

지금은 거의 잊혀진 책이지만 당시 영국에서는 기계론과 원자론 입문서로서 유명했다. 실제로 그것은 "가생디의 견해를 속어로 풀어쓴 최초의 체계적인 책"이었다.[39] 뉴턴이 학생 시절 가생디의 철학을 알게 된 것도 이 책을 통해서라고 한다.[40] 원래 찰턴은 옥스퍼드에서 의학과 철학을 공부한 의사였다. 젊어서부터 재능을 인정받아 1643년에 의학박사를 취득하고 바로 찰스 1세의 궁정 상임의사로 발탁됐다. 그리고 그는 평생 왕당파였다. 그는 1650년대에 가생디를 알게 된 뒤, 원자의 운동은 최초로 신에 의해 부여되고 신이 정한 법칙에 따른다는 가생디의 이론이 이단이나 무신론으로 이어지는 것은 아니라는 것을 납득하고 원자론자가 되었다. 따라서 이 책에는 루크레티우스 이후 원자론이 무신론으로 이어진다고 보았던 견해들을 반박하는 내용이 포함되어 있다.

찰턴의 자연관을 잘 나타내고 있는 것은 '숨겨진 성질'을 둘러싼 논의일 것이다. 그는 지금까지는 감각에 관계하지 않거나 그 원인이 알려져 있지 않은 것을 '숨겨진 성질', 감각에 관계하고 그 원인이 알려져 있는 것은 '드러난 성질'로 구별해왔다고 이야기하면서, '우리에게 자연의 모든 작용은 단지 비밀'이기 때문에 그와 같은 구별은 의미를 갖지 않는다고 주장했다.

현실에서는 "그 효과에 대해서 아주 명백하게 감각으로 파악할 수 있는 많은 것들도 원인을 알 수 없는 경우가 있다. 반대로 사물을 감각할 수 없다고 해서 반드시 그것을 이해할 수 없는 것은 아니다. 감각으로 파악할 수 없는 많은 것들도 감각에 관계되는 것과 마찬가지로 우리의 이성이 미치는 범위 안에 있다"(p.341)고 설파한다. 즉 붉다는 것은 눈으로 보면 알 수 있지만 그렇다고 해서 그것만으로 그것의 의미가 설명되는 것은 아니며, 뜨겁다는 것도 피부의 감각으로 느껴지지만 그렇다고 그것만으로 열의 본질을 알게 되는 것은 아니라는 것이다. 반대로 자력은 인간의 오감으로 느낄 수 없지만 그렇다고 그것이 이해 불가능한 것은 아니었다.

결국 모든 성질은 '숨겨진 성질'이며 때문에 그것들은 모두 기본적인 원리로부터 설명되어야 하는 것이다. 그는 '숨겨진 성질'을 '무지의 피난처(Sanctuary of Ignorance)'라고 주장했는데(p.342) 그것은 '숨겨진 성질'을 부정한 것이 아니라 '숨겨진 성질'이라든가 '공감과 반감'이라고 부르는 것으로 끝내고 더 이상 파고들려고 하지 않는 자세를 비판하는 것이다. 이 점이야말로 그때까지의 아리스토텔레스 자연학 및 마술사상과 근대 자연과학을 나누는 것이었다. 그러나 현실에서는 그 설명 원리가 다양한 수준에서 제기될 수 있는 것이며, 거기로부터 과학의 방법, 나아가 과학의 목적에 대한 차이가 생겨나게 된다. 그리고 그 분기점은 단적으로 원격작용을 어떻게 이해하고, 원격력에 어떤 권리를 부여하느냐는 점을 둘러싸고 두드러진다.

찰턴의 경우 그 설명 원리 즉 '자연의 일반법칙'은 "① 모든 효과는 원인을 가진다, ② 원인은 운동에 의해서만 작용한다, ③ 어떤 것도 원격(*멀리 떨어진) 물체에 작용하는 일은 없다"라는 세 항목으로 표현된다.(p.343) 구체적으로 말하면 이렇다.

거시적이고 기계적인 작용에서 감각 가능한 장치에 의해 인력이나 척력이 행사되는 것과, 자연의 보다 세밀한 작용에서 감각 불가능한 미세한 장치로 공감이나 반감이라고 불리는 인력이나 척력이 행사되는 것은 아주 작은 차이밖에 없다. 어떤 물체가 다른 물체에 대해 감각적으로 지각되는 견인이나 결합을 하는 경우에는 열쇠나 끈 혹은 끌어당기는 물체로부터 끌어당겨지는 물체로 이어진, 중간에 개재된 장치가 발견된다. 그리고 어떤 물체가 다른 물체에 대해 반발이나 분리를 할 경우에도 막대기나 지렛대 혹은 거절하는 물체로부터 거절당하는 물체를 향해 무언가가 발사되고 방출되는 것이 보인다. 때문에 어떤 물체가 다른 물체에 대해 감각되지 않는 이상한 인력을 작용할 때도, 자연은 어떤 종류의 미세한 열쇠나 끈, 고리 또는 끌어당기는 것으로부터 끌어당겨지는 쪽으로 이어진 장치를 사용한다. 마찬가지로 모든 비밀스러운 반발이나 분리에서도 자연이 어떤 작은 봉이나 막대기같이 거절하는 것으로부터 거절당하는 쪽으로 이어지는 매개물을 사용한다고 생각하지 않을 이유가 없다. 왜냐하면 자연이 사용하는 장치가 눈에 보이지 않고 감각되지 않는다고 해서 그런 것이 없다고 결론내릴 수만은 없기 때문이다.(p.344)[41]

추측컨대 찰턴은 100년 전에 나온 아그리콜라의 『광물에 관하여』에 그려져 있던 그림과 같은 것을 염두에 두었을 것이다. 예를 들어 〈그림 13.7〉은 지상에서의 마력(馬力)을 이용해 지하의 광물을 끌어 올리는 작업을 하는 것인데, 감추어져서 지상에서는 보이지 않는 부분에 동력 전달을 위해 복잡하지만 끊임없이 움식이는 장치가 구축돼 있는 것처럼, 눈에 보이지 않는 마이크로 세계에서도 이런 것이 축소된 형태로 일어나고 있음이 틀림없다는 주장이다. 물론 그 대전제로서 "자연의 견인, 결합, 반발, 분리 장치도 물체적이고, 인공적인 것과 유사하며, 후자가 크게 감각되는 것에 비해 전자는 미세하게 감각될 뿐이다"(p.345)라고 하는 것처럼 미시(마이크로) 세계와 거시(매크로) 세계는 흡사하다는 선험적인 신념이 있다.

결국 "모든 것은 떨어진 곳에 있는 대상에 대해 무언가가 이어져 있거나, 무언가가 거기에 보내지지 않으면 작용할 수가 없다"(p.404)는 것이다. 특히 자력에 대해서 "우리의 감각에 철과 자석 사이에서 느껴지는 것이 아무것도 없다고 해서 자석으로부터 철을 향해 물질적인 것이 아무것도 방출되지는 않는다고 말하는 것은, 맹인이 빛과 색을 못

느끼기 때문에 빛과 색이 존재하지 않는다고 말하는 것과 같다"(p.344)는 것이다. 호박현상에 대해서도 "호박이 짚에 작용하는 인력은 놀랄 만한 것이기는 하지만, 그것이 비물질적인(즉 초자연적인) 힘이라고 보는 견해들에서 볼 수 있는 기적적인 것은 아니며, 어디까지나 끌어당기는 것으로부터 끌어당겨지는 쪽을 향해 이어져 있는, 보이지도 만져지지도 않는 어떤 물질적인 것에 의해 일어난다는 것은 분명하며 전혀 의심할 바 없다"고 그는 이야기한다.(p.346)

그래서 찰턴은 지구 자석에 대해서도 길버트의 발견을 받아들여 길버트를 '자기철학의 아버지'(p.40)로까지 부르지만 자력의 생성 원인에 대해서는 완전히 기계론적인 입장에 서 있다. 즉 "지구 자신 또는 자석으로부터 철로 보내지는 힘은 길버트나 그랑다미(Grandami)가 열렬히 주장하는 것처럼 비물질적인 성질의 것이 아니라, 지구 자신이 가지고 있는 것과 같은 성질을 가진 입자나 감각되지 않는 물체가 철을 향해 유출되기 때문이다"(p.403)라고 보았다. 사실은 '자기적 원자'라든가 '자기적 방사' '자기적 유출물'을 사용해 자력을 설명하는 찰턴의 방식은 데카르트의 나사 입자 이론과는 조금 차이가 있지만 여기서는 자세히 다루지 않겠다.

그것보다도 중요한 점은 "지상의 모든 물체가 낙하하는 것은 오직 지구의 자기적인 힘에 의해 끌어당겨지기 때문이다"(p.453)라고 하면서 찰턴이 자기중력론을 받아들였다는 사실이다. 여기서 그는 가생디와 갈라선다. 즉 찰턴은 "중력의 본질은 지구의 자기적 인력의 효과에 지나지 않는다"(p.288)고 보았던 것이다. 그 근거는 다음과 같다.

돌의 하향운동을 일으키고 계속 지속시키는 인력으로는, 자신을 보다 잘 보존하기 위해 지상의 모든 물체를 자신과 합일시키려는 듯이 끌어당기는 지구의 자력 이외에는 상상할 수 없다. 우리는 모든 무거운 물체들이 아래로 운동하는 원인이 지구의 자기적 인력이라고 결론지어도 된다.(p.450)

놀라울 정도로 간단하다. 찰턴의 원자론에서는 중력에 관한 한 데카르트의 와동 가설은 완전히 무시되고, 자기중력론이 무조건으로 받아들여지고 있다. 실제로 찰턴은 무게에 대해 아리스토텔레스의 잘못된 견해를 고집하는 사람이 있는 것은 "지구가 거대한 자석이라는 것을 모르기 때문"이라고 했다.(p.289) 여기에서 데카르트의 기계론이나 가생디의 원자론이 영국으로 이식되는 과정에서 길버트와 케플러의 자기철학이 영향을 미쳐 크게 변용되었다는 것을 엿볼 수 있다.

기계론에서 중력은 최대의 수수께끼이자 아킬레스건이었다. 그래서 중력에 관해서는 영국의 기계론자들 사이에서도 길버트와 케플러의 자기철학을 중요시했던 것이다. 자기철학이 영국에 미친 영향과 그에 따른 기계론의 변용에 대한 검토는 앞으로의 논의에서 중요한 의미를 가지므로 다음 장에서 더 자세히 알아보기로 하자.

※ ※ ※

17세기 전반의 기계론은 르네상스 마술사상 속에서 '숨겨진 힘'이나 '공감과 반감'이라는 말로 다뤄진 힘을 성급하게 '설명'하고자 한 결과 자의적인 모델을 계속해서 만들어냈다. 그러나 미세물질이나 발산기를 사용해 힘의 모델을 아무리 정교하게 만들어도, 나사 입자나 자기적인 원자의 존재가 확실하지 않은 한, 그것은 공허한 이론일 뿐이며, 새로운 물리학 이론으로 나아가지는 못한다.

소박한 기계론은 마술사상의 안티 테제로서 마술의 해체를 시도했으나, 마술의 뒤집기에 머물렀을 뿐이다. 그러나 '실체적 형상'이라든가 '공감과 반감'이라든가, 스콜라 철학의 별 의미 없는 단어들의 총수와 마술사상의 편의주의적이고 애매한 설명방식에 실망한 사람들에게는 기계론의 단순한 주장은 신선하고 명쾌했을 뿐 아니라 강한 호소력을 갖고 있었다. 그것은 귀가 얇은 사람들이 받아들이기 쉬웠다. 사실은 데카르트의 기계론은 해석 기하학의 창안자라는 그의 명성에서 기대할 수 있는 만큼 수학적이지는 않았다.

케플러의 『신천문학』이나 뉴턴의 『프린키피아』의 기하학적, 수학적인 논증은 일반 사람들의 접근을 냉혹하게 거부하는 것이었으나, 그에 비해 데카르트의 기계론은 세속적으로 좋은 평판을 받을 요소를 많이 가지고 있었다. "나는 미세물질을 좋아합니다. 데카르트의 자기설(磁氣說, magnetism)에도 크게 공감하지요. 나는 그 사람의 와동이 좋아요"라고 몰리에르가 그의 희극에서 신랄하게 비꼬았던 것처럼 데카르트 이론은 살롱에서 칭찬을 받았던 것이다.[42]

하지만 그토록 소란스러웠던 것에 비해 그의 이론은 오래 버티지 못했다.

데카르트와 퐁트넬의 거의 중간에서 태어나 젊어서 열렬히 데카르트주의에 심취했던 네덜란드인 크리스티안 호이헨스는 말년에 다음과 같이 술회했다.

내가 처음 [데카르트의] 『원리』를 읽었을 때, 나에게는 모든 것이 완전히 앞으로 나아가는 것처럼 여겨졌다. 그리고 어떤 곤란함을 느끼면 그것은 내가 미숙해서 그의 사상을 충분히 이해하지 못한 탓이라고 믿었다. 그것은 15세에서 16세에 걸친 일이었다. 그러나 그 이후 종종 그에게서 분명히 잘못된 것이나 있을 수 없는 것 같은 것을 발견한 뒤로는 데카르트에게서 빠져나왔다. 지금은 그의 모든 자연학에서도 그의

형이상학에서도 그의 기상학에서도, 올바르게 받아들일 수 있는 것을 거의 발견하지 못하게 됐다.[43]

결국 갈릴레이의 수학적 현상주의도, 데카르트의 기계론도, 찰턴의 원자론도 옛날에는 마력이라고도 보았던 자력이나, 지구 자석론에서 제기된 원격력으로서 천체들 사이의 중력에 대해, 새로운 과학적 개념으로 권리를 인정해 법칙을 확정해서 과학 이론 속에 적절한 자리를 찾아주는 데 실패했다. 그들 중 누구도 정밀한 관측에 의해 얻어진 케플러의 법칙에 눈을 돌리지 않았고, 케플러가 잉태한 중력에 대한 맹아적 관념을 키워나가려고 하지 않았던 것이다.

"기계론적인 세계관은, 물질은 수동적이라는 단순하고 기본적인 전제를 기초로 하고 있다"라고 하지만,[44] 그런 한에서는 자력이나 천체들 사이의 중력은 소박한 기계론이 감당하기에 힘겨운 현상이었다. 오히려 중력이나 자력은 기계론이 부정하고자 했던 자연관 속에서 자라나고 있었던 것이다.

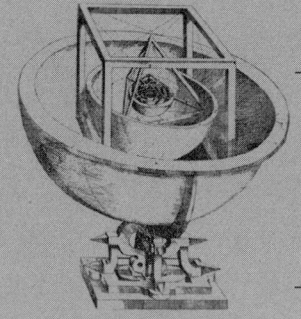

20장

로버트 보일과 영국 기계론의 변모

영국에서는 관념론적인 데카르트의 자연학이 베이컨의 실험과학적인 토양 위에 이식되었다. 실제로 실험과 관측수단의 비약적인 향상과 더불어 토머스 브라운, 헨리 파워, 로버트 보일 등이 등장하면서 영국에서는 기계론의 모든 전제가 실험적으로 검증되지 않으면 안 된다는 견해가 널리 퍼지게 된다. 유럽의 기계론적인 전통이 영국에서 변모하고 있었던 것이다.

프랜시스 베이컨

새로운 시대의 철학의 제창자로서 영국에서는 갈릴레이나 데카르트에 앞서 프랜시스 베이컨(1561-1626)이 있었다. 베이컨은 1605년에 펴낸 『학문의 진보 The Advancement of Learning』에서 '스콜라학자들'에 대해 "그들의 지식은 소수의 저작자, 특히 독재적인 지배자인 아리스토텔레스 밖으로 나오는 일이 없으며……그들이 만들어낸 학문의 거미줄은 세부적으로는 뛰어나지만 실질적으로는 아무런 이익이 되지 않는다"(AL,I-4.5)고 잘라 말하면서 우상을 파괴했다. 이어서 1620년에는 『노붐 오르가눔 Novum Organum』에서 '고대 그리스 철학자들'에 대해 "그들의 지혜는 말만 무성할 뿐 성과는 거의 없는 것으로 보인다"(NO, I-71)고 평가했다.¹ 베이컨은 과거와 의식적으로 단절하면서 철학의 목적과 방법을 전면적으로 혁신할 것을 주장하고 선동했다. 베

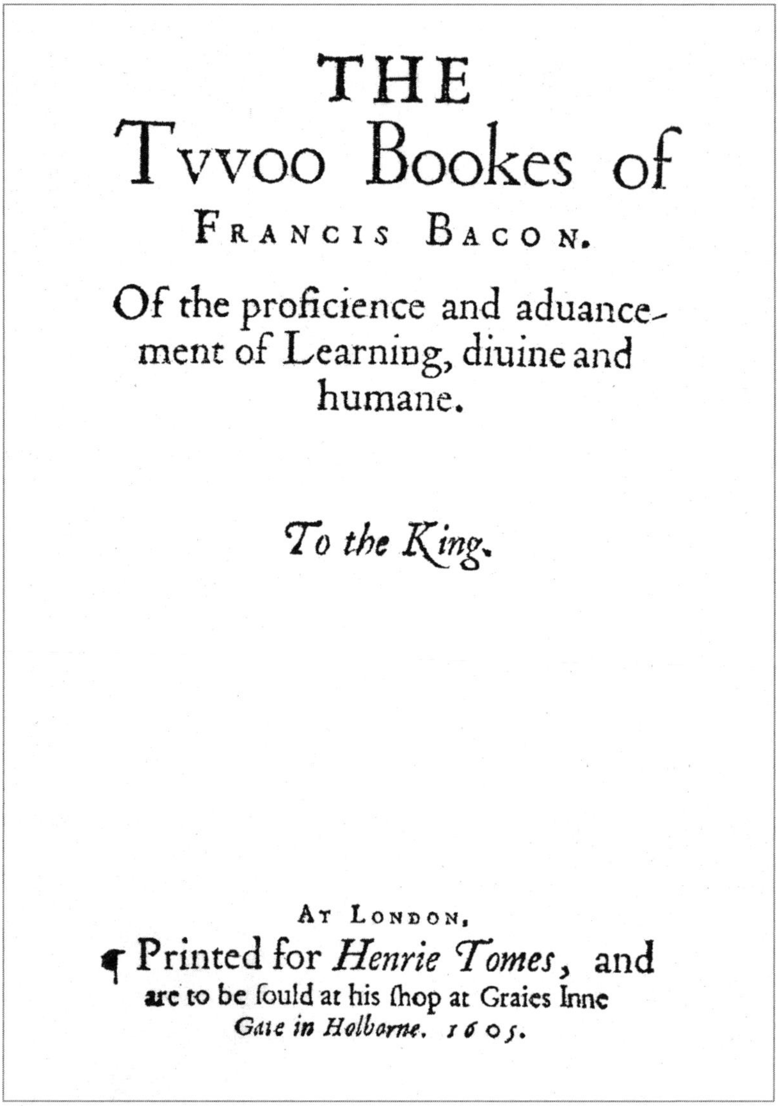

THE
Tvvoo Bookes of
FRANCIS BACON.

Of the proficience and aduancement of Learning, diuine and humane.

To the King.

AT LONDON,
¶ Printed for *Henrie Tomes*, and are to be sould at his shop at Graies Inne Gate in Holborne. 1605.

〈그림 20.1〉 프랜시스 베이컨 『학문의 진보』(1605)의 표지.

베이컨이 이처럼 기염을 토할 수 있었던 것은 근대인은 고대인이 몰랐던 대륙을 발견했다는 자각과 자신감에서 비롯된 것이다. "우리 시대에는 긴 항해와 여행을 통해 자연계의 많은 것이 발견되고 알려졌으며 이것들이 철학에 새로운 빛을 던질 수도 있다는 점을 고려해야 한다"는 것이다.(NO,I-84)

그때까지의 철학은, 절대적으로 올바르다고 주장되는 '제1원리'로부터 모든 문제가 빈틈없이 이론적으로 연역되고 모든 현상이 엄밀하게 논증된다고 보는 닫힌, 단일한 체계였다. 일단 창시자가 만든 다음에는 권위로서 군림하고, 해석하는 것만이 허용되는 완성된 이론으로 보았던 것이다.

이에 반해 베이컨이 내세운 학문은 귀납적으로 구성되는 것으로 "처음에는 조잡하지만 점점 세련되고 부단히 생장해나가는 것"(NO,I-74)이 특징이다. 즉 경험의 확대와 더불어 지속적으로 발전하는 학문이었다. 그는 이 새로운 학문의 모델을 장인과 기술자들의 협동작업으로 기술이 발전하는 모습에서 발견했다. 『학문의 진보』에서 베이컨이 표명한 다음과 같은 말은 그의 참뜻을 가장 잘 드러내고 있다.

기계적 기술에서는 최초의 고안자는 아주 적은 것밖에 성취하지 못하고 시간이 흐르면서 완전해지지만, 학문에 있어서는 창시자가 더 많은 것을 성취하고 시간이 흐르면서 마모되고 파손돼간다. 대포 제조 기술이나 항해술, 인쇄술 등은 처음엔 방법적으로 모자란 부분이 있었지만 시간과 함께 개선되고 세련되었다. 이와 반대로 아리스토텔레스, 플라톤, 데모크리토스, 히포크라테스, 에우클리에데스, 아르키메데스의 철학과 학문은 처음엔 생생했지만 시간과 더불어 퇴화해 초기의 생기도 잃어버리고 말았다.[2](AL,I-4.12)

베이컨은 기술이 많은 사람들의 실제 사용 경험에 의해 나날이 개량되고 진화를 이루는 것처럼, 자연과의 교섭이 확대되고 경험이 축적되면서 끊임없이 고쳐지고 확충되며, 많은 사람들의 협력으로 더욱 완전하고 포괄적인 것으로 부단히 완성되어가고, 누적적이고 변화 가능하며 발전적인 열린 이론을 새로운 학문의 이상으로 삼았다. 따라서 '학문의 혁신'은 '한 세대에 완성되지 않으며 후세에 이어져 가야 할 사업'이 된다.[3]

베이컨이 과거의 철학을 부정한 하나의 근거는 그것들이 아무리 정교하게 이루어져 있더라도, 대체로 관념적이어서 현실과는 관계가 없는 언어 유희에 지나지 않고 인간 생활에 전혀 도움이 되지 않는다는 점 때문이었다. 베이컨에 따르면 고대 그리스 철학자들의 언어는 "인간 생활에 이익과 효용을 만들어내는 모태가 아니다."(AL,I-4,6) 『노붐 오르가눔』은 원래 『대혁신』의 일부로 구상되었지만, 실제로는 『노붐 오르가눔』이외에 '서언(Praefatio)'과 전체의 구상을 개략적으로 드러낸 '구분(Distributio)' 밖에 씌어지지 않았다. 이 '서언'에서 '학문의 진정한 목적'은 '인생에 대한 가치와 효용을 위한 것'이라고 밝히고 있다.[4] 결국 베이컨이 추구했던 것은 첫째 인간의 실천에 도움이 되는 과학이며, 둘째로 경험이 확대될수록 그 경험들이 유효하게 피드백(feedback) 되는 학문이었다.

『노붐 오르가눔』이란 아리스토텔레스 논리학의 총칭인 『오르가논 Organon』에 대비되는 것으로 '자연의 해명에 관한 지침'이라는 부제가 붙은 것처럼 새로운 학문적 방법으로서 독특한 귀납법을 제창하고 귀납법에 근거한 실험과학을 권하고 있다.

아리스토텔레스도 『분석론 후서』에서 귀납적 인식의 필요성을 역설했었다. "논증을 통해 과학적 지식을 얻기 위해서는 제1원리를 알아야만 한다." 그러나 "제1원리를 알기 위해서는 귀납에 의하지 않으면 안 된다"는 것이다.(II-19,99b20,10b5) 하지만 아리스토텔레스가 말한 귀납이란 "보는 것을 통해 전체를 알게 된다"는 것이었다.(I-31,88a18) 즉 개개의 예에서 본 것을 통해 모든 예가 다 그렇다고 직관하는 것이다. 하지만 이것은 베이컨의 말을 빌리면 "개개의 사례로부터 더욱 일반적인 명제로 일거에 도약하는 것이며 이들 명제가 가진 부동의 진리성에 의해 중간에 있는 일반적인 명제를 증명하고 설명하려는 것"이다.(NO,I-104) 또한 "자연철학을 논리학으로 팔아넘기는 것"이다. 베이컨은 길버트도 자석에 대해 한정된 실험만 하고서도 그 결과를 토대로 성급하게 '철학을 만들어냄'으로써 같은 잘못에 빠졌다고 비판했다.(NO,I-54) 이에 반해 베이컨이 권하는 귀납법, 즉 그때까지 한 번도 시도되지 않았던 방법은 "끊임없이 연속적으로 개개의 사례로부터 낮은 단계의 일반적 명제로, 여기서 다시 중간의 일반적 명제로 점차 차원을 높여가면서 명제에 이르고 마침내 가장 일반적인 명제에 도달하는 것"이다.(NO,I-104,19,22)

그러나 이런 한에서는 베이컨과 아리스토텔레스의 차이란 강조점을 어디에 두느냐의 차이에 지나지 않는다. 둘 사이의 진정한 차이는 베이컨이 첫째는 경험을 조직화할 것을 강조했다는 점, 둘째는 '네 개의 우상'이라는 각종 선입견을 버려야 한다고 주장하고 있는 점이다.

베이컨의 귀납법의 기초에 있는 것은 단순히 개별적이고 우연적인 경험이 아니다. 계획적으로 수행되는 실험이어야만 한다. 자연과 사물에 대한 판단은 '적절하고 타당한 실험' 즉 '교묘하게 고안되고 짜여진 실험'을 통해 해결해야만 하는 것이다.[5] 여기서 말하는 '교묘하게 고안되고 짜여진 실험'이란 귀납법이 근거하고 있는 것, 즉 고찰의 대상이 포함하는 성질과 포함하지 않는 성질 모두에 대해 가능한 모든 사례를 빠뜨리지 않고 열거하고 주의 깊게 분류해서 비교 검토해가면 스스로 대상의 본질, 즉 대상의 형상이 얻어진다는 독특한 실험계획을 말한다. 그러나 사실 베이컨의 방법은 중요한 점에서 근대 과학적인 것과 결정적으로 차이가 있다.

『노붐 오르가눔』제2부에는 자연철학에 대한 이 새로운 방법의 실례로서 열의 본질에 대한 탐구가 있다. 그것은 '열의 본성과 일치하는 사례'와 '열의 본성이 결여하고 있는 사례'를 모두 망라하면서 '열의 정도와 비교 표'를 만든 다음, 이를 통해 '열의 형상 가운데 자연의 본성을 배제하거나 제외하는 예'를 끄집어내 잘못 이해된 것을 골라낸다면, 스스로 '열의 형상'이 부각돼 '열의 본질'로 귀납된다는 것이다.(NO,II-11-18) 예를 들어 불꽃은 열과 빛 모두를 만들어내지만 달은 빛밖에 만들어내지 않으므로 '열의 형상'은 빛을 배제한다는 것을 알게 된다.

베이컨은 원격력에 대해서도 다음과 같이 남기고 있다.

서로 멀리 떨어진 상태에서 일어나는 접합은 희귀하며 드물지만, 보통 관측되고 있는 것보다는 훨씬 많은 사물에서 존재한다. 예를 들어 거품이 거품을 파열시키거나 의약이 실체와의 유사성 때문에 체액을 추출하거나, 바이올린 현이 다른 바이올린 현과 공명을 일으키는 경우 등등이다.……이런 운동은 자석과 자화된 철에서도 분명히 확인할 수 있다.(NO,II-48)

하지만 여기서 들고 있는 예는 현대에 와서 보면 모두 다른 원리에 의거한 것이며 물리학적인 의미에서 원격력이라고 할 수 있는 것도 자력뿐이다. 외견상 원격적으로 작용한다는 것만으로 이처럼 잡다하고 이질적인 현상을 닥치는 대로 열거해봐야 그것으로부터 중력이나 자력을 이해할 수 있는 쪽으로 진전이 되는 것은 아니다.

베이컨은 귀납법을 적용해 '열의 본질'을 연구하면서 긴 논의 끝에 "열은 물체가 일정하게 팽창운동하는 것이 아니라 물체를 구성하는 비교적 작은 분자들 사이의 팽창운동이며, 그것들은 동시에 반발하거나 저지되거나 격퇴당하는 운동을 한다"(NO,II-20)라는 결론을 맺는다. 결과적으로 이 결론은 뒤에 보일이 더욱 정교하게 다듬어 18세기의 기계론과 19세기의 분자 운동론의 한 계기가 된다. 그러나 원격력의 예에서 볼 수 있듯이 이 같은 접근법은 모든 경우에 유효한 것은 아니다.

베이컨의 오류는 관측을 하기 위해서는 어떠한 이론적인 틀이 필요하며, 실험이라는 것도 실험에 앞서 제기된 어떤 가설을 검증하는 과정이라는 사실을 전혀 이해하지 못했다는 데 있다. 오히려 베이컨은 경험에는 일체의 선입관을 버리고 백지 상태의 마음으로 자연과 마주 대해야 한다고 보았다. 따라서 그가 말하는 실험은 검증해야 할 명제가 사전에 명확히 설정되어 있는 가설 검증형 실험이 아니었다. 때문에 그의 방법은 근대적인 의미에서 법칙의 발견을 목표로 하는 것은 아니었다.

게다가 베이컨이 바라본 자연은 100퍼센트 질적인 것이어서 정량적인 측정이나 정량적인 파악으로 나아가는 계기를 완전히 간과하고 있었다. 그는 '열'과 '냉'이 서로 교환될 수 있는 성질이 아니라 본질적으로 대립적인 성질로 보았기 때문에, 거기에는 정량적인 온도 개념이 들어설 여지가 없었다. 아리스토텔레스와 마찬가지로 베이컨은 "물리학자들에게 '측정해봅시다'라고 말하는 대신 '분류해봅시다'라고 권했다."[6] 베이컨이 자연을 연구하는 목적은 '본질'과 '형상'에 대한 지식을 획득하는 것이지 법칙을 확립하는 것은 아니었다. 이것은 그의 자연학이 가진 본질적인 결함이었다. 실제로 열역학에서 보아도 이후 근대 과학으로서의 열역학이 진보하게 된 것은 '열의 본질'이 명확히 규명됨으로써가 아니라 열과 온도를 정량적으로 측정하는 방법이 확립됨으로써 가능했고, 나아가 열과 일의 등가성(열역학 제1법칙)을 확인함으로써 이뤄졌다. 마찬가지로 원격작용과 관련된 현상을 아무리 많이 열거하고 분류해도 자석의 과학을 만들 수는 없다. 자력과 전기력도 18세기에 그 강도가 정밀하게 정량적으로 측정되고 수학적 관계로 표현됨으로써, 처음으로 근대 물리학의 한 자리를 차지할 수 있게 된 것이다.[7]

결국 베이컨의 철학은 이후의 수리(數理)적인 자연과학으로 전개되지는 않았고, 그런 의미에서 새로운 과학으로서의 물리학을 직접 예견한 것은 아니었다고 할 수 있다.

토머스 브라운

선입관을 갖지 않고 허심탄회하게 자연을 관찰하고 실험을 반복하면 스스로 자연의 진리가 떠오른다고 생각한 낙관적인 베이컨주의도, 명석판명한 제1원리로부터 엄밀한 추론을 통해 자연을 모두 연역할 수 있다고 본 독선적인 데카르트의 합리론도 실제로는 새로운 과학을 만들어내는 데는 실패했다.

그러나 주목할 점은 열에 대한 분석에서 본 것처럼 베이컨은 운동의 양상을 분류의 기본으로 삼았다는 것이다. 때문에 베이컨의 사상은 기계론과 타협하는 면이 있었다. 실제로 스피노자(1632-77)는 물질의 지각 가능한 성질로 '운동, 형상, 그 밖의 기계적 성질'뿐이라고 설명하는 것은 '베이컨과, 그 뒤 데카르트가 충분히 증명한 것'이라면서 베이컨을 데카르트 기계론의 선구자로 보았다.[8] 17세기에는 그와 같이 이해했던 것 같다. 사실 베이컨은 『노붐 오르가눔』에서 "자연의 모든 작용은 극미한 입자, 또는 적어도 충분히 작고 감각적으로는 느낄 수 없는 물질에 의해 행해지고 있다"고 말했다. 나아가 데모크리토스 학파가 "다른 학파보다 자연을 더 깊이 연구했다"고 평가했다.(NO.II-6, I-51) 실제로 베이컨의 열 이론은 분자론적이다. 어떤 의미에서 그는 원자론을 받아들였다고 할 수 있다.

이 때문에 영국에서 베이컨의 영향을 받으면서 자란 세대는 대륙의 기계론을 비교적 호의적으로 받아들였다. 그러나 기계론은 베이컨주의와 융합되는 과정에서 크게 변모하게 된다. 베이컨의 사상, 특히 그의 경험론은 청교도 혁명으로부터 왕정복고, 1660년의 왕립협회 창설에 이르기까지 영국의 새로운 과학사상에 방향을 제시했다.

베이컨주의의 영향을 크게 받은 탓에 데카르트주의를 영국에 수입하는 과정에서 두드러진 특징을 보인 인물이 영국의 선구적인 기계론자 헨리 파워(Henry Power, 1623-68)와 그의 스승인 토머스 브라운이었다.

브라운은 옥스퍼드와 유럽 대륙에서 교육받은 의사로 당시의 과학에 대해 몇 권의 저서를 남겼지만, 과학적으로 독창적인 업적을 세우지는 못했다. 게다가 지동설을 인정하지도 않았고 과학의 전위에 서 있었던 것도 아니다. 실제로 버날이나 다네만이 쓴 과학사는 물론, 이 시대를 주로 다룬 웨스트폴(Richard S. Westfall)의 『근대 과학의 형성 Construction of Modern Science』, 버터필드의 『근대 과학의 탄생』에도 브라운은 등장하지 않는다. 물리학사에서는 '전기(electricity)'라는 말을 처음 사용한 인물 정도로만 기억되고 있다.[9] 이처럼 지금은 그를 '과학자'로 간주하지 않지만, 연구자들에 따르면 "그의 동시대인들은 그를 진정한 과학자로 생각했다"고 한다.[10] 그것은 브라운이 과도기에 미래를 꿰뚫어 보았다는 뜻이 아니라 과도기를 과도기로서 제대로 체현한 인물이라는 것을 뜻한다. 실제로 "브라운만큼 두 시대, 즉 반(半)과학적, 반마술적, 반회의적, 반종교적이며, 한편으로는 맨더빌을 회고하면서 다른 한편으로는 뉴턴을 앞에 두고 미래를 전망하는 시대를 진정으로 대표한 문필가는 없었다"[11]고 한다.

브라운이 1642년에 쓴 『의사의 종교Religio Medici』에는 "나는 대부분의 철학이 처음에는 마법이었다고 생각한다. 마법은 자연을 가장 정직하게 드러낸다. 단지 그것(*자연)을 우리 스스로 깨우치면 철학이고 악마에게서 배우면 마술이다"[12]라는 부분이 나온다. 마술도 자연과학도 단지 지식의 유래-입수경로-만 다를 뿐 자연의 비밀을 찾는다는 점에서는 다를 바가 없다는 것이다. 따라서 그는 중세적인 괴이함이나 경이를 근본적으로는 부정하지 않았다. 그는 또 베이컨주의자로서 실험의 중요성을 강조하고 권위에 대한 맹종을 경계했다. 1646년 출판된 『세상에 널리 퍼진 억견Pseudodoxia Epidemica』(이하 『억견』)에서는 디오스코리데스와 플리니우스, 알베르투스 마그누스 등의 논자들이 얼마나 권위와 전승에 무비판적이었던가를 지탄하면서, 마늘이나 다이아몬드가 자석에 영향을 미친다는 고대로부터 전해진 잘못된 이야기들을 하나씩 실험을 통해 검증해 완전히 폐기시켰다. 모든 괴이함을 부정할 수는 없었기 때문에 실제 실험을 통해 확인해 보아야 했던 것이다. 이처럼 멀리는 로저 베이컨에서, 델라 포르타와 길버트에 이르기까지 전해졌던 자석에 얽힌 오해와 미신이 브라운에 의해 완전히 청산되었다. 이것은 『억견』 제2권 제3장에 기록돼 있다.

데카르트주의와 관련해서 중요한 점은 『억견』에서 브라운이 나사 입자와 같은 가상 물질로 자력의 근접작용론을 펼친 데카르트의 모델을 "자기현상을 구하는 데 유용한 것으로 생각한다"고 말했다는 사실이다.[13] 이 '현상을 구한다'는 것의 의미는 고대 천문학에서 사용된 것과 같은 의미라고 보면 된다. 다시 말해 브라운은 데카르트 이론이 유효하고 개연적인 가설이라는 걸 인정하면서도 그것이 최종적으로 본질적인 해결책이라고는 보지 않았다. 베이컨과 달리 이론적으로 제창된 가설의 유효성과 필요성을 인정하면서도 한편으로는 데카르트 합리론과 같은 연역적인 논증을 배척해 그것이 실험적으로 검증되어야 할 가설이라는 점을 자각했던 것이다. 마술이든 민간전승이든 데카르트 이론이든 모든 것은 실험을 통해 걸러져야만 참과 거짓을 확신할 수 있다는 신념을 여기서 읽을 수 있다. 이 점은 브라운뿐 아니라 이후의 영국 자연학자들에게서 공통적으로 볼 수 있는 태도이다. "대단히 총명한 데카르트가 부싯돌을 쇠에 마찰하면 불꽃이 일어난다는 사실을 스스로 실험해 확인해 보았다면, 자신의 가설을 조금이라도 수정했을 것이다"라고 훅이 1664년에 한 발언에서 당시 분위기를 읽을 수 있다.[14]

관념론적인 데카르트의 자연학이 영국에서는 베이컨의 실험과학적인 토양 위에 이식되었던 것이다.

헨리 파워와 '실험철학'

영국에서 데카르트 기계론을 가장 빨리 수용하고 그 입장에서 처음으로 자력에 대해 언급한 인물은 토머스 브라운과 가깝게 지냈던 헨리 파워였다. 파워는 케임브리지의 크라이스트 칼리지(Christ's College) - 당시 영국에서 데카르트 사상의 중심지 - 에서 의학을 공부한 뒤 핼리팩스(Halifax)에서 개업한 과학 애호가였다.

1653년 케임브리지에서 대기압에 관한 실험을 하고 있었던 파워는 1660년과 이듬해에 리처드 타운리(Richard Towneley, 1629-1707)와 협력해 토리첼리 관(管) 실험을 했다. 이를 통해 대기압 이하의 경우, 일정한 온도에서는 기체의 압력과 부피가 반비례한다는 사실을 발견했다. 얼마 뒤 보일이 훅과 협력해 U자 관을 사용해 대기압보다 높은 경우에도 같은 결과를 얻어 1662년 발표했는데, 그것이 유명한 '보일의 법칙'이다. 파워와 타운리의 실험이 보일과 훅보다 앞섰던 것이다.[15]

또 파워는 영국에서 현미경을 사용해 자연을 관찰한 선구자이기도 하다. 그는 관찰 결과를 모아 1664년 『실험철학Experimental Philosophy』을 출판했다.[16] 이 책도 훅이 현미경의 관찰 기록을 뛰어난 도판과 함께 실어 1665년에 출판한 『마이크로그라피아Micrographia』에 가려 현재는 빛이 많이 바랬지만, 파워의 『실험철학』이 '현미경 관찰에 대한 영국 최초의 저작'이라는 점에는 변함이 없다.[17]

『실험철학』의 부제인 '현재 유명한 원자 가설에 관한 주장과 설명 가운데 현미경에 의한, 수은에 의한, 자석에 의한 새로운 실험 및 그들로부터 얻어지는 몇 가지의 논증과 개연적 가설을 포함한다'에서 알 수 있는 것처럼, 파워는 물질을 구성하는 '미소립자(微小粒子, corpuscle)'라는 의미에서의 '원자'의 존재를 인정했다. 그러나 그는 데카르트를 좇아 '진공'의 존재를 인정하지 않았다. 그는 공기가, '에테르'와 그 에테르를 떠다니는 '원자'로 되어 있다고 보았다. 에테르는 '미세하고 침투성'을 가지고 있으며 "스펀지에 물이 스며드는 것처럼 모든 물체에 스며든다"(p.103)는 것이다. 실제로 그는 토리첼리 관에 들어 있는 수은 위쪽의 빈 공간이 '진공'이라는 주장에 대해 "비철학적일 뿐만 아니라 아주 우스꽝스럽다"며 일축했다. 그 근거로 다음 세 가지를 들었다. 첫째 '아무것도 없는 공간은 위도와 경도와 깊이를 가지며 때문에 물체이다. 왜냐하면 물체의 본질은 오로지 연장(延長)에 있고 연장은 모든 물체의 본질적이며 분리할 수 없는 성질이기 때문'이다. 여기서는 데카르트의 영향을 뚜렷이 볼 수 있다. 둘째로 그 공간을 빛이 통과하며, 셋째로는 "실험에 따르면 이 외견상의 진공을 통해 지구의 자기발산기가 확산해 나가기 때문"이라고 주장한다.(p.95) 기계론의 입장에서는 빛과 자기는 모두 그 자체가 물질이거나, 다른 물질을 통해 전해지는 것이라고 간주되었던 것이다.

그러나 파워는 데카르트 기계론에 몇 가지 변화를 주었다.

파워가 기계론 철학의 내부에서 데카르트에 덧붙인 것은, 첫째 서문에서 "운동은 빠르거나 늦을 수 있지만 결코 멈추는 일은 없다" 즉 "세계에는 절대적 정지와 같은 것은 있을 수 없다"(b.3v-4r)고 말한 점이다. 이것은 형상에 대한 운동의 우위라는 영국 기계론의 특징을 형성하면서 보일과 훅에게로 이어졌다. 둘째로 파워는 자연계에서 나타나는 운동의 원질-물질을 활동하게 하는 물리적 근거-로서 '미세한 정기(subtle spirit)'의 존재를 가정했다.

우리는 이 미세한 정기가 동물의 체내에만 존재하고 또는 그 속에서만 생성된다고 좁게 생각하지 않는다. 우리는 그것이 세계의 모든 물체에 널리 퍼져 있고 자연이 최초로 이 에테르적 실체 또는 미세입자를 만들어 그것을 우주 전체에 분포시키고, 광물의 응축이나 발효, 식물의 생육이나 생장, 동물의 생명과 감각, 운동을 생산한다고 믿는다. 즉 광물, 식물, 동물의 3계에 걸쳐 (*눈에는 보이지 않지만) 주된 작용인(因)

이라고 본다.(p.61, '발효'는 당시 화학반응 전반을 가리켰다)

데카르트는 물질은 불활성적이며 수동적이고, 물질의 운동도 최초에 신이 한 번 내리침으로써 시작된다고 보았다. 그러나 파워는 물질이 가진 활동성의 원질로서 생명적이며 미세한 정기가, 특수한 존재물로 자연 자체 안에 전해지고 있다고 주장했다. 데카르트주의에는 없던 이질적인 요소를 도입했던 것이다. 이와 같은 발상은 보일에게 계승된다. 나아가서는 뉴턴이 기계론 철학에는 없던 '능동적 원리'를 도입했을 때, 영국에서 큰 저항 없이 받아들이는 이유가 된다.

또 파워가 데카르트와 결정적으로 다른 점은 원자의 존재든 뭐든 자연학의 모든 이론은 관측 기술의 진보에 의해 시간이 지나면 실험적으로 검증할 수 있게 될 것이며, 또한 검증되어야만 한다는 확신과 신념을 가졌다는 것이다. "[이 시기에] 실험과 실험적 방법이 널리 보급된 징후는 헨리 파워의 『실험철학』에서 찾아볼 수 있다"고 한 손다이크의 글에서 이를 잘 알 수 있다.[18] 『실험철학』이라는 제목 자체가 데카르트 합리론에 대치되는 베이컨적인 경험론의 영향을 현저히 드러내고 있다. 뿐만 아니라 파워에게 있어서는 방법상의 원리로서 '실험철학'이 가설로서의 '기계론 철학'보다 위에 놓여 있었다. 실제로 파워는 "실험철학의 시조는, 학식 있는 베이컨 경(卿)"(p.82)이라면서 "이와 같은 현미경을 만약 데모크리토스가 보았다면 매우 기뻐하고, 원자를 보는 방법이 발견되었다고 생각했을 것이다"라는 『노붐 오르가눔』 제2권 39쪽의 한 문장을 책 표지에 썼다. 또 제2부의 책 표지에도 역시 『노붐 오르가눔』 제1권 109쪽에 있는 아포리즘을 끌어다 썼다.(〈그림 20.2〉)

특히 눈에 띄는 것은 이 인용문에서도 확인할 수 있듯이 현미경과 망원경 같은 새롭게 개발된, 인간의 감각능력을 대폭 확장하는 관측

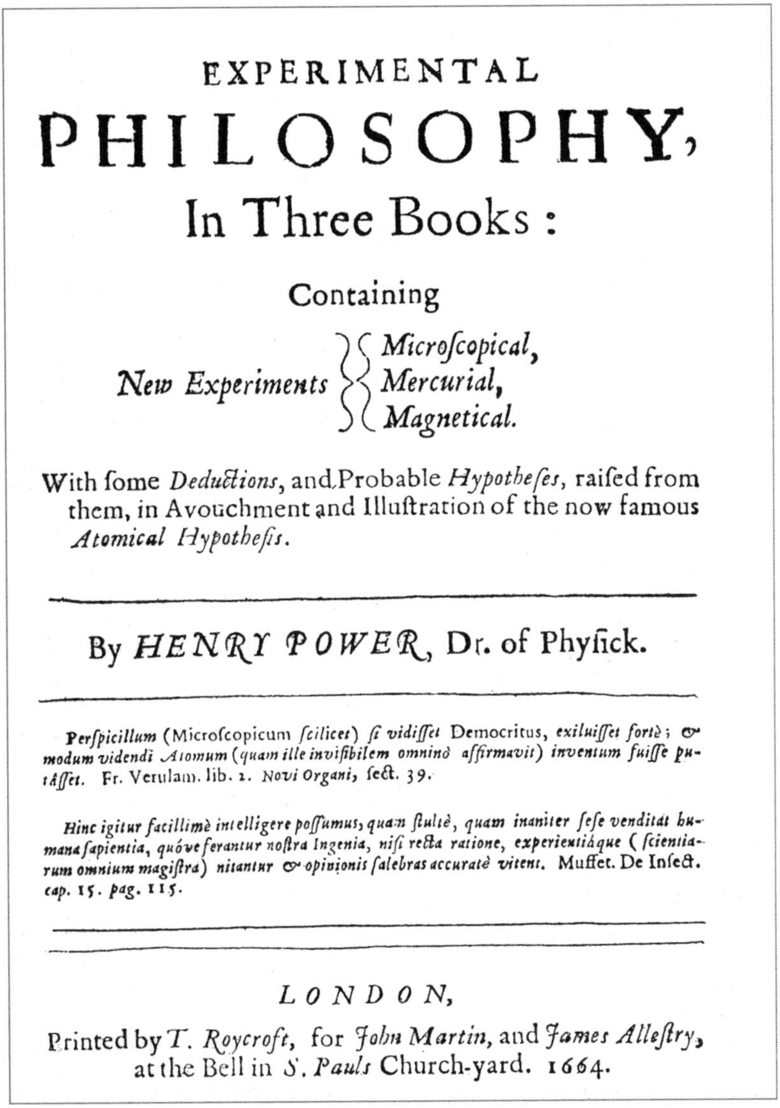

EXPERIMENTAL
PHILOSOPHY,
In Three Books :

Containing

New Experiments $\begin{cases} Microscopical, \\ Mercurial, \\ Magnetical. \end{cases}$

With some *Deductions*, and Probable *Hypotheses*, raised from them, in Avouchment and Illustration of the now famous *Atomical Hypothesis*.

By *HENRY POWER*, Dr. of Physick.

Perspicillum (Microscopicum *scilicet*) *si vidisset* Democritus, *exiluisset forte; & modum videndi Atomum (quam ille invisibilem omninò affirmavit) inventum fuisse putâsset.* Fr. Verulam. lib. 2. *Novi Organi,* sect. 39.

Hinc igitur facillimè intelligere possumus, quam stultè, quam inaniter sese venditat humana sapientia, quóve ferantur nostra Ingenia, nisi rectâ ratione, experientiâque (scientiarum omnium magistra) nitantur & opinionis falebras accuratè vitent. Muffet. De Insect. cap. 15. pag. 115.

LONDON,

Printed by *T. Roycroft*, for *John Martin*, and *James Allestry,* at the Bell in *S. Pauls* Church-yard. 1664.

〈그림 20.2〉 헨리 파워의 『실험철학』(1664)의 표지.

장치의 가능성에 대해 낙관적인 기대와 무한한 신뢰를 보냈다는 점이다. "광학렌즈는 현대의 발명이다"라고 시작되는 서문에는 다음과 같이 기록돼 있다.

우리가 최초의 아버지라 부르는 아담의 영혼의 능력이 타락한 우리 자신과 비교해 이해력에서 아무리 빠르고 명민했다고 할지라도, 아담의 신체 기관은 우리와 다르지 않았을 것이다. 따라서 멀리 있는 대상이나 극히 작은 물체를 현미경이나 망원경을 통해 훨씬 잘 볼 수 있게 된 지금의 우리와 비교하면 아담의 자연 시력은 이것들을 식별할 수 없었을 것이다.(p.a4r)

파워에 따르면 '현대의 이기(利器)'인 현미경을 사용하면 "자석의 발산기나 태양 빛의 원자, 용수철 모양으로 된 공기의 입자, 모든 유체 원자들의 부단하고 무질서한 움직임과 눈으로는 볼 수 없는 (하지만 우리들 사이에서 매순간 끊임없이 효과를 만들어내고 있는) 무수한 입자들"(p.c2v) 다시 말해 지금까지는 "원자론이나 입자론을 연구한 눈부신 지성을 가진 철학자들이 상상에 의존할 수밖에 없었던 것들"(p.b2r)을 직접 눈으로 볼 수 있다고 했다.

분명히 갈릴레이가 사용한 망원경이나 파워와 훅이 이용한 현미경, 보일과 훅이 개발한 진공 펌프 등은 현대적으로 보자면, 멀리 있는 성운을 관찰하는 거대한 전파망원경이나 물질의 궁극에 다가가려는 거대한 가속기에도 필적하는 '문명의 이기'였다. 물론 그것들을 제작하는 데는 많은 비용과 노동력이 필요했지만, 그것들을 사용함으로써 자연과학 연구를 단순한 관찰로부터 목적의식적이고 계획적인 실험과 측정으로 변환시킬 수 있게 되었다.

뿐만 아니라 그 즈음 개발된 기압계나 온도계가 정량적 측정이 얼마나 중요한지를 보여주고 있었다. 사실 『실험철학』 제2부에는 측정된 압력의 값이 수은주의 높이에 따라 상세히 기록돼 있는데, 이것은 베이컨이나 데카르트, 길버트에게서는 찾아볼 수 없는 것이었다. 어쨌든 이런 도구들이 발명됨으로써 베이컨이 말한 '실험철학'은 한 단계 높은 수준으로 올라섰고, 동시에 파워에게는 기계론이나 원자론에서 제기한 공상을 실험적으로 검증할 수 있는 가능성으로 다가왔다.

파워의 『실험철학』은 제1부 '현미경에 의한 관찰', 제2부 '수은의 실험' 즉 기압과 진공에 관한 실험, 제3부 '자석의 실험'으로 구성되어 있다. 이 중에 제3부는 아리스토텔레스주의자로서 지구의 회전을 인정하지 않았던 예수회 소속 프랑스인 신부인 그랑다미가 1645년에 쓴 『자력을 통해 유도한 지구의 부동성(不動性)에 대한 새로운 증명』을 비판한 것으로 1663년에 씌어졌다.[19] 그런 의미에서 그다지 새로울 게 없고 자석에 관해서도 특별한 관측이나 인식도 포함하고 있지 않기 때문인지 파워의 이 책이 전자기학사에서 거의 거론되지 않는다. 모틀레이의 방대한 저서인 『전기와 자기의 서지학사 Bibliographical History of Electricity and Magnetism』에서조차 권말의 연표에 이 책의 이름이 나와 있을 뿐 본문에서는 다루지 않았다.

그러나 『실험철학』 제3부는 당시 기계론자들이 자력을 어떻게 이해했는지를 잘 보여주고 있으므로 간략히 살펴보고 넘어가자.

제1장에서는 "자석과 모든 자성체의 힘은 단순한 성질을 가지고 있고 비물질적이며, 그것이 나타내는 힘은 자석 고유의 형상으로부터 내적으로 생긴다"라고 한 그랑다미의 주장을 잘못이라고 지적한다.(p.154) 그리고 제2장에서 "전기적 물체든 자기적 물체든 모두 물체적 발산기를 통해 작용한다"라고 주장한다. 여기서 전기적 작용과 자기적 작용의 차이는 다음 두 가지로 모아진다.

첫째 (*전기적 물질의) 발산기는 (*보다 거칠고 물질적이어서) 중간에 있는 물체의 방해를 받지만, 자기발산기는 (*아주 미세하기 때문에) 어떤 물체에 의해서도 방해를 받지 않는다. 둘째 전기적인 방사(放射)는 가장 가까운 거리에서 반사돼 직선적으로 되돌아오지만, 자기적인 원자는 데카르트가 적절히 지적했던 것처럼 와동운동을 통해 자석으로 되돌아온다.(p.156)

중간에 어떤 물체가 있어도 자력을 방해하지 못한다는 사실이야말로 길버트가 자력을 영적인 원격작용으로 보고, 물질적인 근접작용으로서의 정전기력과 구별한 근거였다. 그러나 파워는 그 차이를 자기발산기가 미세하고 투과성이 있기 때문이라고 설명할 뿐 아니라 자력에 대한 데카르트의 와동 가설을 거의 자명한 것으로 받아들이고 있다.

그 와동을 일으키는 '자기적 원자' 또는 '자기발산기'의 운동에 대해서는 구체적으로 다음과 같이 쓰고 있다.

자기발산기는 자석의 내부에서 생기는 것이 아니라 외부에서 온 입자이다. 이 입자들은 자석에 접근해 자기 자신에게 맞는 통공을 발견하고 그 입구를 통해 빠져들어간다. 이때 통과 과정에서 운동을 얻고 주위 공기에 의해 격퇴될 때까지 흐름을 지속하다가 다시 와동으로 되돌아와 앞서처럼 (*통공 입구를 통해) 자석 내부를 빠져나가는 회전운동을 영원히 계속하게 된다.(p.157)

이 모델의 경험적 근거로 그는 자석을 가열하면 자성을 잃지만 다시 냉각하면 입자들이 배치돼 자성을 도로 얻게 되고, 이때 타격에 의해 자력을 더 강하게 할 수 있고 나아가 극성을 반대로도 할 수 있다는 점을 들고 있다. 이런 사실들은 이미 길버트가 기록으로 남긴 것이지만 파워는 그것을 길버트처럼 열에 의해 혼란된 자기가 스스로 형상을 복구하는 것으로서가 아니라 완전히 기계론적으로 해석했다. 즉 열에 의해 파괴된 자석의 통공이 지구 안팎을 순환하는 '자기발산기'의 역학적 타격을 통해 더욱 새롭게 고쳐진다는 표상에 근거하고 있는 것이다.

자석의 지향성도 기계론적으로 해석한다. 즉 "마치 물의 흐름이 물에 떠 있는 나뭇가지나 긴 막대를 평행이 될 때까지 회전시키는 것처럼, 외부에서 온 (*자기) 원자의 흐름이 자석을 쳐서 내부가 (*입자들이) 통과하기에 적합한 모양이 될 때까지 자석을 회전시킨다"(p.158)는 것이다. 이를 위해서는 지구의 극을 지나는 (*지구 바깥에서 오는) '자기발산기'라는 흐름이 있어야 하는데, 그 발산기의 존재는 다시 자석의 지향성으로부터 추론된다.

자기발산기(이것이 자석의 지향성의 원인이다)는 지구를 통과할 뿐 아니라 태양이나 달, 수성, 금성, 때에 따라서는 그 밖의 행성과 항성에도 돌아다니고 통과한다는, 믿을 만한 근거를 우리는 가지고 있다.(p.160)

위의 논의에서 자석에 통공이 있다는 사실을 뒷받침하는 사례로 자화(磁化)에 대한 경험적 관찰을 들고 있다. 그러나 그런 주장은 그와 같이 해석될 수 있다는 정도의 것일 뿐 '자기발산기'의 존재 자체를 직접적이고 독립적으로 입증하는 것은 아니다. 결국 이 '설명'도 '자기적 원자'나 '자기발산기'라는 특별한 물질을 가정함으로써 자력에 대한 수수께끼를 풀고 있는 것이다.

이 점이 더욱 분명하게 드러나는 사례가 다음에 보게 될 보일의 주장이다.

로버트 보일의 '입자철학'

로버트 보일은 아일랜드 코크 지역에서 처음으로 백작을 지낸 집안의 아들로 1627년 태어났다. 이는 헨리 파워가 태어난 지 4년 뒤이고 프랜시스 베이컨이 죽은 다음해이다. 이튼 스쿨에서 초등교육을 받은 후 11세 때 가정교사와 함께 대륙으로 건너간 그는 스위스와 프랑스, 이탈리아에서 유학하면서 새로운 과학에 눈을 떴다고 한다. 과학 사상에서는 베이컨과 데카르트, 특히 베이컨의 『노붐 오르가눔』과 데카르트의 『철학원리』에서 지대한 영향을 받았다. 1644년 영국에서 시민전쟁이 일어나자 귀국한 보일은 이후 의학을 접하면서 화학, 물리학 쪽으로 관심의 폭을 넓혀갔다.

과학계에서 보일이 유명하게 된 계기는 훅의 도움으로 진공 펌프를 만들어 대기와 진공에 관한 일련의 실험을 하고, 특히 오늘날 '보일의 법칙'이라 불리는 사실을 발견한 데 있었다. 그것은 17세기 '신과학'의 정신을 실천한 탁월한 사례였다. 즉 실험-특정한 목적을 위해 만든 장치로 계획적으로 실험하고 정량적으로 측정하는 것-에 토대를 두고 수학적 언어로 법칙을 표현해냈던 것이다. 이것은 1660년 『공기의 탄력과 그 효과에 관한 물리, 역학적인 새로운 연구 New Experiments Physio-Mechanicall, Touching the Spring of the Air and its Effects』라는 논문과 2년 뒤에 같은 논문의 개정판으로 발표되었다. 이 연구는 보일을 당대 과학의 최첨단에 서게 했을 뿐 아니라, 보일 자신에게도 과학적 연구의 출발점이 되는 것으로, 이후에도 그는 종종 이 연구로 되돌아오곤 했다.

보일은 자신의 물질관을 '입자철학'이라고 불렀다. 젊은 시절 데카르트뿐 아니라 가생디로부터도 큰 영향을 받았던 보일의 사상은 첫째는 자연세계를 자동기계처럼 보는 자연관이었으며, 둘째로는 물질이 나타내는 모든 성질을 자동기계로 설명할 수 있다는 물질관, 즉 전체적으로 철저한 기계론이었다. 보일에게는 진공을 인정하는 원자론과 진공을 인정하지 않는 데카르트주의의 차이가 그다지 중요하지 않았으며, 오직 그 둘의 공약수인 기계론만이 중요했다. 따라서 화학이 그의 주된 연구 분야이기는 했지만 "만족할 만한 화학 이론을 전개하는 것 자체가 보일의 목표는 아니었다. 그에게 화학은 기계론적인 자연철학의 유효성을 증명하는 수단이었다"라고까지 말할 수 있다.[20]

세계가 자동기계라는 것은 데카르트도 주장한 것이지만 보일은 그 이상으로 이 사실을 강조했다. 그의 과학사상-입자철학-을 들여다볼 수 있는 1666년의 『입자철학에 따른 형상과 질의 기원 Origin of Forms and Qualities according to the Corpuscular Philosophy』[21]에는 다음과 같은 문장이 있다.

> 우리의 이론에 따르면 우리가 사는 세계는 물질이 움직이지 않거나 잡다하게 모여 있는 것이 아니라, 오토매틱 즉 자동기계이다. 여기에서는 모든 물체에 공통된 질료들이 항상 운동하고 있다.(III,p.34)

1674년 『자연철학보다 우세한 신학 The Excellency of Theology compared with Natural Philosophy』[22]에서도 "세계는 단지 하나의 커다란 시계 작용일 뿐이며, 자연학자는 일개 기계공에 지나지 않는다"라고 했다. (IV,p.49) 같은 주장은 초기의 『회의적인 화학자 The Sceptical Chemist』 (1661)에 이미 기록돼 있다.[23] 스스로의 운동은 영혼에 의한 것이라는 고대 이래의 물활론은 완전히 폐기되어버렸다. 그러나 그것이 무신론으로 이어진 것은 아니었다. 오히려 보일 자신은 의문의 여지가 없는 기독교도였다. 세계가 세부에 이르기까지 정교하고 합목적으로 조립된 기계라는 것은 세계가 우연의 산물이 아니라 그것을 계획하고 제작하고 움직이게 한 훌륭한 지성, 즉 신이 자연 밖에 존재한다는 사실을 확실히 하는 것을 의미한다고 보았다. 이러한 자연관은 평생 변하지 않았던 그의 확신이었다.

그러나 중요한 것은 이 장대하면서도 단순한 우주론을 데카르트는 언어로서만 전개했던 것에 반해, 보일은 화학자로서 기계론을 복잡하고 다채로운 물질의 물리적·화학적 성질을 통해 검증하려고 했다. 『형상과 질의 기원』 서문에 그런 의도가 분명히 나타나 있다.

내 의도는 (*자연의) 거의 모든 성질들—이 대부분은 스콜라학자들에 의해 설명될 수 없는 것으로 치부되어 방치되고 있거나, 나로서는 이해할 수 없는 실체적인 형상 같은 것으로 설명돼 왔다—이 물체적 작용인(因)에 의해 기계적으로 만들어진다는 사실을, 실험을 통해 여러분에게 납득시키는 것이다. 여기서 말하는 물체적 작용인이란 그 자신의 운동과 크기, 형상과 배치를 통해서만 생기는 작용이다(이들 속성은 통상 기계장치의 다양한 작용으로 비유되고 있으므로 나는 이를 물질의 기계적 작용이라고 부른다).(III,p.13)

"그에게 원자론과 데카르트 철학은 작업가설이었으며, 실험적 연구를 할 때 발견법적인 도구(heuristic instruments)로 작용했다"라는 지적[24]은 보일에게 기계론이 갖던 의미를 잘 나타내고 있다. 보일은 영국 기계론이 취하고 있던 방향을 좇아, 기계론을 '논증'하기보다는 기계론을 '검증'하고자 했던 것이다.

새로운 과학의 입장에서 보일이 싸웠던 대상은 한편으로는 '흙, 물, 공기, 불'의 '4원소'를 기본으로 하는 아리스토텔레스의 자연관과, 각각의 물질이 특유의 성질을 드러내는 것은 '실체적 형상'을 가졌기 때문이라고 본 중세 스콜라 철학이었으며, 다른 한편으로는 '소금, 유황, 수은'의 '3원질(原質)'이 모든 물질의 기본이라고 한 파라켈수스주의의 물질관이었다. 『회의적인 화학자』는 그 양쪽을 향해 비판을 전개한 것이었다. 즉 이 책에는 "현재 있는 그대로의 세계를 구성하는 기질(基質)은 세 가지로서 물질, 운동, 정지이다." 그리고 '각각의 물체의 색, 냄새, 맛, 유동성, 딱딱함, 그 밖의 성질'은 이 '세 기질'에서 나온다고 돼 있다. 뿐만 아니라 물체의 '크기와 형상'도 '물질과 운동'에서 도출되는 것으로 여겼다. 왜냐하면 "운동은 물질을 다양하게 혼란시키고 물질의 모든 부분을 갈라놓는 데 필요하며, 그리고 실제로 갈라진 부분 부분들은 필연적으로 크기와 형태, 그 밖의 성질을 가질 수밖에 없기 때문이다."[25] 따라서 스콜라 철학의 '4원소'도, 파라켈수스파의 '3원질'도 모두 균질한 원자의 결합 상태와 운동 상태로 설명되어야 한다고 보았다.

그리고 "물질의 기본 구조에 대한 보일의 견해가 사실상 전면적으로 전개돼 있어 '입자철학'을 선언한 것"[26]이라고 평가되는 『형상과 질의 기원』에는 '입자철학'의 전제로서 '모든 물체에 공통된 유일하고 보편적 물질' 즉 '분할가능(divisible)하면서도 투입이 불가능한(impenetrable) 연장(延長)을 가진 실체'의 존재가 필요하다면서 다음과 같이 말한다.

그러나 이 물질은 본성상 유일하므로, 우리가 눈으로 보는 물체들의 다양성은 이 물체들을 구성하는 질료들 바깥에서 유래하지 않으면 안 된다. 그리고 만약 그 모든 부분들이 그들 속에서 영원히 정지하고 있다면 물질에 어떤 변화가 생기는지 알 수 없을 것이다. 따라서 이 보편적 물질이 다채롭게 다른 자연적 물체로 분화해가기 위해서는 몇몇 혹은 모든 구별 가능한 부분들이 운동을 하지 않으면 안 되며, 그 운동은 어떤 부분에서는 이쪽으로 다른 부분에서는 저쪽으로 향하는 것처럼 다양한 경향을 띠지 않으면 안 된다.(III,p.15)

이렇게 '물질과 운동' 이야말로 물체의 '보편적 기질' 이라고 논증한다. 이 입장은 1674년에 씌어진 『기계론적 가설의 우위와 근거에 대하여 About the Excellency and Grounds of the Mechanical Hypothesis』[27]에서는 간단명료하게 "모든 물체적인 사물의 기질(基質)로는 물질과 운동만으로 충분하며, 동시에 그 두 가지가 가장 근원적인 것이다"라고 돼 있다. '운동'을 '형상' 보다 위에 놓은 보일의 입장은 '형상' 과 '운동' 을 같은 반열에 놓은 데카르트 기계론이나, '형상' 을 상위에 두고 원자의 모든 성질을 형상으로 환원하고자 했던 그때까지의 원자론을 넘어서는 것이었다. 이것을 가장 확실하게 볼 수 있는 것은 열과 냉에 대한 보일의 이해이다.

모든 성질을 '물질과 운동' 으로 설명하고자 한 일련의 연구는 1675년에 나온 『다양한 개별적 성질의 기계적인 기원 또는 생성에 대한 실험과 관찰 Experiments and Notes about the mechanical Origin or Production of diverse particular Qualities』(이하 『실험과 관찰』)[28]에 집약돼 있다. 이 책은 몇몇 논문을 모은 것으로 보일의 기계론적 물질관(입자철학)이 집대성되어 있다. 물질이 나타내는 거의 모든 성질과 작용, 즉 열과 냉, 맛, 냄새, 화학적 성질, 휘발성과 불휘발성, 부식성, 자기와 전기에 대한 실험과 고찰로 구성되어 있다. 그에 따르면 이들 성질은 다음과 같이 분류된다.(IV,p.235)

제1성질: 열과 냉 같은 성질

〈그림 20.3〉 로버트 보일의 초상화와 『다양한 개별적 성질의 기계론적 기원 또는 생성에 대한 실험과 관찰』(1675)의 표지

감각할 수 있는 성질: 맛이나 냄새
제2성질: 유동성, 경도(硬度, 딱딱한 정도), 휘발성, 가용성 등
숨겨진 성질: 전기와 자기

　열과 냉이 가장 앞자리에 놓여 있는데, 실제로 열과 냉에 관한 보일의 논의는 그의 입자철학에 있어 가장 성공한 것이라 할 수 있다.
　아리스토텔레스의 이론에서는 '냉과 열' 및 '습과 건'은 서로 환원이 불가능한 대립되는 성질이며 따라서 냉은 열이 부족한 것이 아니고, 건도 습이 부족한 상태가 아니었다. 한편 플라톤 이래의 원자론은 그와 같은 감각적인 성질을 기하학적 형상으로 환원하려고 했다. 가생디의 원자론에서도 예를 들어 어떤 물체가 차가운 것은 예리한 각이나 이(齒)를 가진 '차가운 원자'를 포함하기 때문이며, 그것이 촉각에 닿아 차가운 감각이 느껴진다고 보았다. 가생디의 원자론에서도 냉은 열의 결여가 아니었다. 이처럼 아리스토텔레스주의와 초기 원자론은 서로 입장이 달랐지만 냉과 열 사이에는 단계적 변화가 있을 수 없는, 따라서 양적으로 일원화하는 것이 불가능한 성질이라고 본 점에서는 차이가 없었다.
　이에 반해 보일은 베이컨의 영향을 받아 열 - 물체가 뜨겁다는 것의 본질 - 은 물질을 구성하는 미립자의 운동이 격렬하기 때문인 것으로 파악했다. 『실험과 관찰』의 일부인 「열과 냉의 기계론적 기원에 대하여 *Of the machanical Origin of Heat and Cold*」에는 "열의 본질은, 오직 그리고 주요하게, 물체의 미소한 부분이 국소적(局所的)으로 운동하는 데 따른 것이다"(Ⅳ,p.244)라고 돼 있다. 보일은 이 '국소적 운동'의 조건으로, 어느 정도 현대풍으로 표현하면 미시적 입자 자체의 무질서하면서도 격한 운동을 들었다. 이처럼 보일의 이해는 현대의 '열운동'이

가진 표상에 아주 가까이 접근했다. 그리고 중요한 점은 이 논문에서 보일이 역학적 운동이 열로 바뀔 수 있다는 가능성을 얘기했다는 것이다.[29]

뿐만 아니라 '냉'에 대해서는 같은 곳에서 다음과 같이 말했다.

물체의 미세하고 작은 부분의 운동이 우리의 손가락이나 그 밖의 감각기관보다 완만하고 약하게 움직이는 상태에까지 이를 때 우리는 그 물체를 차다고 판단한다.…… 어떤 물체가 차갑게 되기 위해서는 열을 구성하는 데 필요한 그 국소적 운동이 빼앗기고 소멸되는 것으로 충분하다. (IV, p.244)

비록 '열량 개념'과 '온도 개념'이 명확히 구별되진 않고 있지만, '뜨겁다, 차갑다'라는 것이 질적으로 절대적인 대립이 아니라 열운동의 격렬함의 정도와 양적인 차이로 일원화되어 있다. 측정 불가능한 '열과 냉'이라는 질적 이해로부터 측정 가능한 '고온과 저온'이라는 양적 이해로 전환되는 첫걸음을 내디딘 것이다. 갈릴레이가 온도계를 발명한 것과 함께 열학이 수리과학으로서의 근대 물리학으로 발전해 가는 전제가 여기서 얻어진다.

기계론과 '자기발산기'

한편 우리의 주제인 힘에 관해서 알아보면 보일은 인력을 인정하지 않았을 뿐 아니라, 원격력으로서의 인력을 중간에 매개하는 물질이 직접 접촉해서 충격을 주거나 압력을 미친 결과로 파악했다. 이것은 기계론 일반이 가진 공통된 입장이었으나 보일의 경우는 이처럼 생각하는 특별한 동기와 근거가 있었다.

앞에서 본 것처럼 보일의 물리학 연구의 원점은 진공 실험이었다. 양수 펌프의 작용에 대한 그 이전까지의 기본적인 견해는 '자연은 진공을 혐오한다'라는 가정-믿음-에 근거하고 있었다. 이에 대해 보일은 1674년 『흡인에 의한 인력의 원인에 대하여*Of the Cause of Attraction by Suction*』[30]에서 '진공 혐오'라는 아리스토텔레스주의자의 주장에 대해 "그들은 물이나 액체가 흡인에 의해 (*양수 펌프의 관 속을) 어떤 높이라도 상승하는 것은 진공을 기피하기 때문이라고 하지만, 그것은 경험과는 맞지 않다"(IV,p.132)라며 비판했다. 보일은 토리첼리 관을 진공 펌프의 용기 안에 넣고 공기를 빼면 공기가 빠져나감에 따라(*진공이 되어감에 따라) 관 안에 있던 수은이 올라가는 것을 알 수 있다며, 진공 혐오에 근거한 설명이 잘못됐다고 주장한다. 보일의 견해로는 관 안의 진공이 물을 흡인하는 것이 아니라 외부의 수면에 접하고 있던 대기가 그 수면을 아래로 밀기 때문에, 결과적으로 관 안의 물을 밀어 올리게 된다는 것이다. 이 사실은 넓게는 '인력'이라 불리는 그 밖의 몇몇 현상도 직접적인 접촉, 즉 압력의 결과로 이해해야 한다는 확신을 그에게 심어주었다. 실제로 그는 여기에서 한 발 더 나아가 "흡인은 (*원자들 사이의) 충격으로 귀착할 수 있는 인력의 유일의 예는 아니다"(IV,p.129)라며 일반화했다.

따라서 원격력의 전형인 자력도 당연히 근접작용으로 설명되어져야 한다. 그러나 보일은 자력 자체는 다루지 않았다. 그가 논한 것은 오직 철의 자화-그의 용어로는 '여기(勵起, excitement〔흥분〕)'-에 대해서였다. 『실험과 관찰』의 일부인 「자기의 기계적 생성에 대한 실험과 관찰 *Experiment and Notes about the Mechanical Production of Magnetism*」에서 그는 자기(磁氣)가 스콜라 철학에서 말하는 '실체적 형상'이 아니며, 자화(자기유도)도 '기계적 작용'이라는 것 즉 "자기적 성질조차도 기계적으로 만들어지거나 기계적으로 변화한다"(IV,p.342)라고 주장했다. 예를 들어 철 막대를 남북으로 놓아두면 "지구의 자기발산기의 연속 작용에 의해" 충분한 시간이 지나고서 자화한다.(IV,p.342) 또 붉게 가열된 철을 연직으로 세워 냉각시키면 자화된다. 보일에 따르면 이 현상은 "불의 뜨거운 열에 의해 그 부분이 크게 동요하면서, 철이 아직 유연한 상태에 있는 동안 철을 다시 배열해 통공을 보다 완만하고 유연하게 만들어, 철이 차가울 때에 비해 훨씬 빠르게 지구의 자기발산기를 받아들이도록 작용하기 때문이다."(IV,p.343) 이것은 자화현상(자기유도)에 대한 기계론의 전형적인 설명 방식이다. 이 논의는 1671년에 나온 『사물의 체계적 또는 우주적인 성질에 대하여 *Of the systematical of cosmical Qualities of Things*』[31]라는 제목의 약간 특이한 논문에 부연 설명돼 있지만 본질적으로 큰 차이는 없다.

어쨌든 보일은 『자기의 기계론적 생성』에서 다음과 같이 결론을 맺는다.

> 철에 전달되는 자기의 변화는, 적어도 그 대부분은 철의 내부 구조에 어떤 변화를 일으키는 기계적 작용 때문에 일어난다.(IV,p.345)

이로부터 알 수 있는 것처럼 파워와 마찬가지로 보일은 자석과 철이 통공을 가지고 있다는 데카르트의 모델을 그대로 받아들여, 그 통공을 흐르는 것이 '지구의 자기발산기'라고 보았다. '자기발산기'는, 데카르트의 '나사 입자'와 마찬가지로, 지구의 양극을 경유해 지구 안팎을 순환하며, 그것의 타격을 받아 빨갛게 달아오른 철이 통공을 열어 자석에 지향성을 부여한다는 것이다. '자기발산기'와 '철의 통공'을 일단 인정하면 자기(磁氣)는 더 이상 스콜라 철학의 '실체적 형상'도 르네상스 마술의 '숨겨진 힘'도 아닌 것이 된다. 철의 내부 구조의 기계적 변화로 자화를 설명하는 것이 가능할지도 모른다는 것이다.

보일은 전기력에 대한 설명도 마찬가지 방식으로 접근했다. 『실험과 관찰』의 일부인 『전기의 기계론적 기원 또는 생성에 대한 실험과 관찰 Experiments and Notes about the mechanical Origin, or Production of Electricity』의 첫머리는 다음과 같이 시작한다.

(널리 알려진 것처럼 일반적으로 숨겨진 성질이라고 일컬어지는) 전기적 인력은 실체적 형상에서 직접 유래하는 성질의 효과라고 믿을 수는 없다. 오히려 전기적 물질로부터 나와 그곳으로 다시 돌아가는 물질적 발산기의 (그리고 경우에 따라 아마도 외부 공기의 작용에서 도움을 받은) 효과일 수 있다는 점은 그와 같은 물체나 작용 양식을 관측한 다양한 결과와 일치한다고 생각된다.(IV,p.345)

그러나 사실은 같은 기계론이라고 해도 보일이 말하는 '자기발산기'는 데카르트의 '나사 입자'와 성격이 다르다. 물론 둘은 그것들의 기계적 작용(직접적인 타격)으로 철을 자화한다는 점에서는 동일하다. 데카르트의 '나사 입자'는 단지 '나사가 부착된' 형상과 '선회'라는 운동에 의해 다른 물질과 구별된다. 그런 의미에서 기계론의 원칙을 따르지만, 보일의 '자기발산기'나 '전기물질로부터 나오는 발산기'는 각각이 그 자체로서 다른 물질과 구별되는 특수한 성격과 작용을 가지는 고유한 존재인 것이다. 실제로 보일은 자기발산기의 입자에 대해 데카르트와 같은 특수한 형상을 부여하지 않는다. 자기발산기이기 때문에 특수한 작용을 한다고 보는 것이다. 그 점에서는 파워의 '미세한 정기'도 마찬가지여서 이들 물질은 무성질이고 수동적이라는 기계론

본래의 물질과는 다르다. 이 사실은 다음 절에서 보는 것처럼 보일이 공기를 이해할 때 명확해진다.

특수한 작용능력의 허용

결국 보일은 각각의 힘-각각의 숨겨진 성질-마다 그것에 고유한 '발산기'를 도입한 셈이 된다. 이 방식은 '유일하고 보편적 물질' 만을 인정한 그의 기본 입장과 모순되는 게 아닌가라는 의문이 제기될 수 있다. 이 점에 대해 말하자면, 보일의 '보편적 물질'은 '투입 불가능(* 투과하지 못하는 성질)' 하므로 고체나 액체이지 공기나 발산기와 같은 것(*기체)에는 들어맞지 않는 것 같다. 실제로『형상과 질의 기원』에는 금속이나 흙, 물은 이 '보편적 물질' 로 이루어진다고 보지만 기체에 대해서는 아무런 언급이 없다.

그것은『사물의 체계적 또는 우주적인 성질에 대하여』의 한 구절에서도 읽을 수 있다.

> 새로운 철학자들이, 에테르를 구성하는 것은 모양이 같은 다수의 미세입자라고 주장했지만 어떤 물체에 대해 무시할 수 없는 작용을 하는 다른 종류의 입자도 존재할 수 있다.(III,p.316)

보일이 보기에는 우주 공간에는 특수한 성능을 가진 발산기와 같은 것들이 몇 종류 포함돼 있는 것이다. 그런 의미에서 보일의 기계론은 데카르트 기계론으로부터 크게 멀어져갔다. 하지만 그것이 오히려 이후 그의 화학이론, 특히 기체화학으로 발전하는 가능성을 열어주었다고 할 수 있다.

그렇다고 실험을 중시하는 보일이 '자기발산기'나 '전기발산기'의 존재를 선험적으로 인정한 것은 아니었다. 그것은 자신이 행한-보일의 원점이라고도 할 수 있는-진공 실험에서 유래하는 특이한 공기관에 근거하고 있다. 진공 펌프를 사용해 공기를 빼면 그 용기 안에서는 생물이 죽고 불이 꺼지는 것을 관찰한 보일은 공기가 생명의 유지와 불꽃의 지속에 필요하다는 것을 발견했다. 이로부터 생명에 없어서는 안 되고, 연소를 지탱하는 요소가 공기 중에 특수한 성분으로 포함되어 있다는 것을 확신했다. 이것은 기체가 하나의 성분으로 이루어져 있지 않다는 발견, 나아가 나중에 프리스틀리와 라부아지에가 산소를 발견하게 되는 계기가 된다.

보일의 상상은 여기서 하늘로부터 땅으로까지 내려간다. 1674년 『공기의 몇 가지의 감추어진 성질에 대한 의문 Suspicions about some Hidden Qualities in the Air』[32]에서 그는 "공기가 없다면 아주 짧은 시간조차 불꽃이나 불을 유지하는 것이 곤란하다는 것을 발견한 나는, 공기 중에는 태양이나 별들 혹은 그 밖의 다른 외부 세계의 어떤 특이한 실체가 포함돼 있어, 그 때문에 공기가 불꽃의 지속에 필요한 것은 아닐까 하는 생각을 가끔 했다"(Ⅳ,p.90)라면서 "공기 안에는 잠재적인 모든 성질이 존재할 수 있다"고 판단했다.

공기는 더 이상 데카르트가 말하듯이 무성질이며 수동적이며 단일한 종류로 된 미세물질로 이루어진 것이 아니고, 아리스토텔레스가 말하듯 단순한 원소도 아니었다. "공기는 많은 사람들이 생각하듯이 단순한 원소적 실체는 아니며, 다른 모든 물체로부터 나온 발산기가 혼합된 집합체이다"(Ⅳ,p.85)라는 것이 보일의 공기관이었다.

그런데 그는 "자석의 다양하고 놀라우면서도 기묘한 작용이 발견된 것은 극히 최근의 일이기 때문에 이 밖에도(*자석 외에도) 상당한 힘을 가진 다른 물체가 존재할지 모른다"면서 "이들 물체와 그 유출물 몇 가지는 우리 주위에서 볼 수 있는 것과는 성질이 전혀 다르며, 그 때문에 매우 특이한 방법으로 작용할지 모른다"고 생각했다. 또 공기 중에는 "태양열에 의해 공기 속으로 상승한 증기나 발산기 외에도 지구의 지하에서 방출된 발산기 더미가 존재한다"고 보았다. 나아가 "태양과 행성은 열이나 빛 이외에 다른 방식으로 〔달 아래 세계에〕 영향을 미칠지도 모른다"면서 "이런 가정에 근거한다면 이들 천체로부터 나온 미세하지만 물체적인 방사가 우리의 대기에 도달해 지구의 대기와 섞인다는 상상을 어리석은 생각이라고 치부할 수는 없을 것이다"(IV,p.85.)라고 했다. 보일은 또 다음과 같이 주장한다.

우리 주변의 친근한 몇몇 물체가 지하에 존재하는 미지의 물체로부터 방출되었거나, 그렇지 않으면 여기저기의 행성이나 외부 세계로부터 온 발산기가 초래하는 특이한 성질이나 적성을 가진다는 것이 전혀 불가능하다고만은 생각되지 않는다. (IV,p.95)

특히 지구에 대해서는 이렇게 말한다.

그 얇은 외피가 인간에 의해 여기저기 파헤쳐진 지구의 광대한 내부에는 꽤 다량의 물질이 있으며 그것이 주기적으로 회전이나 진동, 변동이나 동요, 한마디로 무언가 특이한 집단 운동을 함으로써, 그 발산기와 효과가 대기 및 대기를 채우는 몇몇 특별한 물체에 지금껏 관찰되지 않은 작용을 미친다는 것은 있을 수 있는 일이다. (IV,p.98)

지구 자기는 바로 이 지하로부터 생긴 '발산기'에 의한 것이라고 보았다. 이것을 지하 마그마의 회전운동이 지구 자장을 만든다는 현대적인 이해를 예견한 것으로 해석하는 건 지나치다고 하더라도-이 점은 지금까지 거의 다뤄지지 않았지만-보일의 특이하면서도 흥미로운 지구상임에는 틀림없다. 이러한 지구상과 공기에 대한 이해를 받치고 있었던 것이 그의 자석 이론의 중추에 있던 '자기발산기'의 존재였다.

중요한 것은 보일의 기계론은 감성적인 성질이나 숨겨진 성질을 설명해야 할 것들로 보고 있었지만, 데카르트처럼 제1원리로부터 연역하는 교조적인 방식을 취하지 않고, 실험을 중시하는 경험적인 입장을 택했다는 점이다. 그렇기 때문에 예를 들어 공기 중에 생명과 연소의 원질이 존재한다는 것이나 또는 '숨겨진 성질'이 충분히 잘 설명되지 않더라도, 당분간은 그것들을 받아들이는 유연성을 가질 수 있었던 것이다. 다시 말해 실험적으로 그와 같은 성질이 존재한다는 것이 드러나는 한 그것들은 받아들일 수밖에 없는 존재가 되는 것이다.

『사물의 체계적 또는 우주적인 성질에 대하여』의 첫 부분은 이렇게 시작한다.

우주적인 성질이라는 이름으로 내가 자연철학에 마치 도깨비를 도입한 것처럼 비치지 않도록, 이하의 논고에서는 이들 성질이 단순히 허구적인 것이 아니며, 이치에 적합한 고찰에 의한 것일 뿐 아니라, 실제 실험과 물리 현상에 의해 그 실재를 분명히 알 수 있고 사실과 부합하는 입자라는 것을 보여주려고 한다.(III, p.307)

보일이 보석이 갖고 있다는 특수한 약효나 작용을 실험적으로 조사하려고 했다는 것은 앞에서 얘기했지만, 그것은 중세의 미신을 타파하기 위해서가 아니었다. 그것은 그가 자연계에는 당시의 과학으로는 설명할 수 없는 불가사의한 힘과 작용이 얼마든지 존재할 수 있다는 것을 인정했다는 의미였다. 데카르트는 자연을 지나치게 단순하게 보았지만 보일은 자연의 복잡함으로 눈을 다시 돌렸던 것이다.

이와 같은 다양한 작용과 성질을 받아들이는 것이 이론적으로 가능했던 것은 몇 가지 특수한 '발산기'를 도입했기 때문이었다. 과학사학자인 스코필드는 18세기의 물질이론을 '기계론'과 '물질론'의 대립으로 그리면서, 그때의 '물질론'은 "모든 현상의 원인이 특이한 실체-이 실체는 어떤 고유한 성질을 전달하는 힘을 갖고 있고 그 힘은 각각의 물질량에 비례한다-속에 있다고 보는 입장"이라고 규정했다.[33] 그렇다면 보일이 몇 종류의 발산기를 도입한 것은 자연학이 기계론에서 물질론으로 전환하는 시발점이었다고 할 수 있다. 실제로 그는 전기 유체나 자기 유체에 한정되지 않고 열소(熱素, caloric)나 연소(燃素, phlogiston)와 같은 특수한 물질을 계속 도입함으로써 18세기 물질론적 자연학의 원류가 된다.

그러나 자력이나 정전기력, 또는 가연성이라는 물질의 특이한 작용마다 그것을 담당하는 물질이나 매개하는 고유한 물질을 상정하는 것이 가능하다면, 원래의 물질 그 자체가 그와 같은 작용을 가진다고 가정하는 것도 허용될 것이며 또한 그 쪽이 더 단순하다고 생각하는 것은 자연스러운 일이다. 이렇게 해서 그때까지의 소박한 기계론이나 원자론은 조금씩 사라지고 변모하게 된다. 그 두드러진 예를 우리는 윌리엄 페티에게서 볼 수 있다. 헨리 파워와 같은 해에 태어난 페티는 1674년 『2중 비율에 대한 고찰』에서 독특한 물질이론을 전개했다. 이 책에서 페티는 우주의 '시원 물질'로 형상과 크기가 변하지 않는 '원자'를 생각했다. 이들 원자가 운동을 통해 결합해 '입자' 또는 '응집 상태'를 형성하고 다시 그것(*입자 또는 응집 상태)의 형상과 운동에 의

자력과 중력의 발견 759

해 물질의 감성적인 성질을 설명한다. 여기까지는 이전의 원자론 내지 보일의 입자철학과 동일하다.

그러나 페티의 원자는 무성질은 아니어서 그 자체가 미세하게 자석의 성질을 갖고 있다. "모든 원자는 지구 또는 자석과 같으며 그 내부에는 세 가지 점, 즉 극이라고 불리는 표면의 두 점과 내부에 있는 중심이라고 불리는 점을 갖고 있다"는 것이다. 그리고 하늘이 지구와 마찬가지로 극과 중심을 가지듯이 원자는 그 자체가 하나의 소우주여서 코페르니쿠스가 지구에 부여한 운동을 원자도 가진다. 즉 원자는 자전하면서 다른 원자 주변을 돌며 다른 원자의 중심과 서로 끌어당긴다. 뿐만 아니라 원자는 중력을 통해 지구에 끌어당겨진다. 페티는 "나는 모든 원자가 자석처럼 두 가지 운동을 갖는다고 가정한다. 하나는 지구의 중심을 향하는 중력에 의한 것이며, 다른 하나는 지구의 극을 향하는 성질이다"[34]라고 결론을 내린다. 페티에게 원자는 더 이상 불활성이거나 수동적인 존재가 아니었다. 중력과 자성을 고유한 성질로 갖는 활성적인 존재인 것이다. 기계론과 원자론이 영국으로 이식되면서 현저하게 변화된 것을 볼 수 있을 뿐 아니라, 그 변모 과정에서 길버트의 자기철학이 큰 영향을 미친 것을 확인하게 된다.

다음 장에서는 17세기 영국에 드리운 길버트의 그림자를 살펴보기로 하자.

※ ※ ※

17세기 전반의 과도기를 대표하는 인물인 토머스 브라운은 데카르트 자연학을 받아들이면서도 그것을 베이컨주의의 토양으로 이식하고자 했다. 그래서 그는 베이컨처럼 직접적인 실험으로 지탱되지 않는다고 해서 모든 가설을 거부하지는 않지만, 다른 한편으로는 데카르트의 연역적인 방식은 실험을 통해 참과 거짓을 판단해야 할 하나의 작업가설에 지나지 않는다고 보았다. 데카르트주의에 대한 이 같은 태도는 17세기 영국 지식인의 특징이었다. 실제로 영국에서는 베이컨의 경험론의 영향과 실험과 관측수단의 비약적인 향상으로, 기계론의 모든 전제가 실험적으로 검증되지 않으면 안 된다는 견해가 널리 퍼졌다.

영국에서 가장 빨리 기계론을 받아들였던 헨리 파워는 대륙의 기계론 전통과는 달리 자연의 운동 원질로서 '미세한 정기'를 도입했다. 이것은 기계론이 조금씩 변모하게 되는 시발점이었다.

보일도 세계를 자동기계로 보는 기계론자였지만 한편으로는 공기가 생명과 연소를 지탱하고 있다는 자신의 실험에 근거해, 공기 속에는 생명과 연소 유지에 불가결하면서 특이한 성질을 가지는 일종의 발산기가 포함돼 있다고 생각했다. 그것은 물질을 무성질로 보는 기계론의 원칙으로부터 명백히 이탈하는 것이었다. 그 결과 자기나 전기, 그 밖의 소위 숨겨진 성질의 작용을 '설명'하기 위해 가상의 발산기를 계속 생각해내는 쪽으로 논의가 옮겨가게 된다. 이렇게 해서 물질론적인 자연학이 기계론으로부터 태어나게 된다.

보일의 법칙 가운데 공기 입자는 용수철 모양을 하기 때문에 공기가 탄성을 나타낸다고 한 기계론적인 해석은 곧 부정되지만, 정밀한 측정에 근거한 정량적인 보일의 법칙 자체는 그와 같은 모델과 무관하게 오래 살아남게 된다. 마찬가지로 자력과 정전기력, 중력을 근대적인 수리과학인 물리학의 대상으로 삼기 위해서는 힘을 전달하는 장치를 고안하거나 그에 어울리는 특수한 발산기의 성질을 고찰하는 것이 아니라, 일단은 그것들을 원격작용으로서 받아들이고 그 힘의 강도의 변화를 정확히 정량적으로 '측정'하는 것이 필요했다. 이것은 보일 이후를 기다려야만 했다.

 1691년 세상을 떠난 보일은 유서에서 "내가 죽으면 현재 그레셤 칼리지의 수학 교수로 있는 훅에게 내가 소유하고 있는 가장 뛰어난 현미경과 내가 가진 가장 질이 좋은 자석을 전해주어라"[35]라고 했다고 한다. 비록 법칙성을 발견하는 데는 실패했지만 자력과 중력을 정량적으로 측정한 최초의 인물은 바로 데카르트와 보일의 기계론과, 길버트와 케플러의 '자기철학'의 영향을 받았던 훅이었다. 그리고 중력 문제에 대해 새로운 접근법을 이론적으로 제기한 것은 아이작 뉴턴이었다.

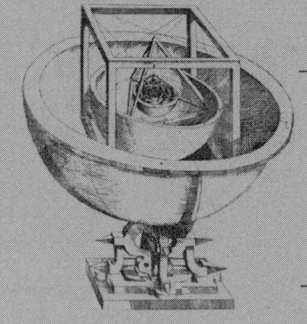

21장

자력과 중력의 발견
훅과 뉴턴

자력으로부터 중력의 맹아를 발견한 케플러의 아이디어가 훅에게 이어지고, 훅은 거기서 기계론과는 이질적인 원격력을 받아들이는 계기를 만들고 행성의 궤도를 해석하는 방법을 제시한다. 그리고 뉴턴은 기계론이 해체하려고 했던 마술을 합리화하면서, 훅이 깔아 놓은 철길을 따라 만유인력 이론과 세계의 체계를 만들어내는 데 성공한다. 중력의 도입이야말로 근대 물리학으로 나아가는 진정한 출발점이 되었다. 코페르니쿠스로부터 시작된 우주상의 전환이 비로소 완성을 보게 되는 것이다.

존 윌킨스와 자기철학

대륙에서 기계론 철학이 사상계를 풍미하고 영국에서도 파워나 보일이 기계론의 영향을 받았던 시기에, 영국에서는 그것과 나란히 길버트와 케플러 이래의 '자기철학'이 강하게 명맥을 유지하고 있었다. 그러나 여기에 대해서는 지금까지 학계가 그다지 주목하지 않았다.[1] 자석과 자력에 대한 관심은 이 시기에 영국에서 꽤 널리 퍼져 있었던 것 같다. 1616년에 윌리엄 발로가 쓴 『자기의 공시 Magneticall Advertisements』 서문에는 "길버트 박사의 책이 라틴어로 돼 있어 읽을 수 없었기 때문에 - 그것이 최초로 출판된 이래 - 많은 사람들이 영어로 번역되기를 갈망해 왔다"고 씌어져 있다.[2] 길버트의 『자석론』은 19세기가 되어서야 영역본이 나왔기 때문에, 발로의 이 책과 1613년에 나온 마크 리들리(Mark Ridley, 1560-1624)의 『자성체와 자기운동에 관한 소론A short treatise of magneticall bodies and motions』도 길버트의 책을 대신해 라틴어를 읽지 못하는 독자를 위해 씌어졌다. 특히 리들리의 책에는 이미 '자기철학'이라는 단어가 사용되고 있었다.

1630년에는 셰익스피어에 버금가는 영국의 극작가 벤 존슨(Ben Jonson, 1572-1637)이 '자석부인(Lady Lodestone)'을 주인공으로 한 희곡 『자력을 가진 부인Magnetic Lady』을 발표했다. 그런 관심은 17세기 중엽 길버트에 대한 칭찬으로 이어진다. 1646년 토머스 브라운은 "누군가가 자석의 지향성을 발견하고 또 다른 누군가는 나침반을 만드는 영광을 차지했지만, 영국은 자석에 대한 실험과 근거와 원인에 대한 철학의 아버지를 낳아, 콜럼버스나 베스푸치(Amerigo Vespucci)가 자석을 사용해서 발견한 것 이상을 자석에서 발견해왔다"[3]며 길버트를 치켜세웠다. 여기에는 포르투갈과 스페인을 추월해 해외로 웅비하는 힘을 비축한 대영제국의 내셔널리즘이라는 그림자가 어른거리지만 단지 그것만은 아닐 것이다. 길버트를 단순히 개별 과학으로서의 자기학이 아닌, 자연학 전체에 기초를 놓은 새로운 철학-'자기철학'-의 창시자로 보고 있는 것이다.

자기철학은 확립된 이론으로서 성문화된 것은 아니지만, 좁은 의미로는 지구의 자기운동의 근거를 지구의 자성에서 구하는 자연관이었으며, 넓게는 태양계 전체의 활동과 질서의 기원을 자성체로서의 천체들이 자기적으로 상호작용하기 때문이라고 보는 우주상이었다. 길버트에 대한 이해의 폭을 넓힌 것은 케플러였으며 이후 영국에서는 대체로 이 같은 인식이 그레셤 칼리지의 교수들을 중심으로 전해졌다. 그레셤 칼리지는 대상인(大商人) 토머스 그레셤의 유언에 따라 1597년 런던에서 창설된 대학으로 주로 장인이나 상인들에게 기술교육을 시켰다. 때문에 옥스퍼드와 케임브리지 대학과는 달리 그레셤 칼리지에서는 발족 당시부터 항해술과 지리학, 천문학과 지자기에 높은 관심을 기울였다. 그레셤의 초대 기하학 교수인 헨리 브리그스(Henry Briggs, 1561-1630)는 항해술에 조예가 깊었고 길버트와 에드워드 라이트 등과 친밀하게 교제했다. 제4대 천문학 교수를 역임한 인물은 1634년 편각의 영년변화를 발견한 헨리 겔리브랜드였다. 그리고 제5대와 7대 천문학 교수를 지낸 사무엘 포스터(Samuel Foster)는 이미 타원궤도를 받아들이고 있었다.[4]

한편 1545년 무렵 포스터 교수의 방에서 과학애호가 그룹이 모이게 된 것이 얼마 후 왕립협회의 창립으로 이어지는 하나의 발단이 됐다. 그 모임의 목적에 관해 수학자 존 월리스(John Wallis, 1616-1703)는 "자연학, 해부학, 기하학, 천문학, 항해술, 정역학(靜力學), 자기학, 화학, 기계학, 자연의 실험 등을 연구하고 토의하고 고찰하는 것이었다"고 회상했다.[5] 이 테마는 흥미롭다. 왜냐하면 '천문학, 정역학, 화학'이 있다면 우리 상식으로 볼 때는 정역학과 화학 사이에 '물리학'이 와야 할 것 같은데 대신 '자기학'이 있는 것이다. 이처럼 자기학은 당시 영국에서는 물리학의 한 분야라기 보다는 물리학 전체를 포괄하는 위치를 차지했다. 자기력을 우주 전체의 운동의 진정한 원천이자 자연의 모든 문제를 해명하는 열쇠로 보았던 것이다. 그래서 1657년 그레셤 칼리지의 천문학 교수로 취임한 크리스토퍼 렌은 취임 기념 강의에서 길버트에 대해 "새로운 과학인 자기학의 창시자로서뿐 아니라 새로운 철학의 아버지로서"[6] 숭배해야 한다고 말했다.

이야기를 다시 돌려보자. 이 포스터 교수 방에 모인 그룹의 중심인물이 옥스퍼드에서 1634년에 학위를 취득한 존 윌킨스였다. 그는 크롬웰(Richard Cromwell)의 이복동생으로도 알려져 있다. 그래서 청교도 혁명 과정에서 의회파가 옥스퍼드로에서 왕당파를 추방했을 때, 이

월킨스 그룹의 일부를 옥스퍼드로 보냈다. 월킨스는 1648년 옥스퍼드의 워덤 칼리지(Wadham College)의 기숙사장에 임명됐고 이듬해에는 기하학 교수가 되었다. 이때 케플러 이론에 능통했던 세스 워드(Seth Ward, 1616-1689)도 왕당파였지만 온건하다는 이유로 천문학 교수로 취임했다. 이렇게 해서 1649년 무렵 '옥스퍼드 그룹'이라 불리는 과학자 집단이 탄생하게 됐다. 멤버로는 이 밖에 '근대 통계학의 시조'이자 '정치경제학의 창시자'로도 불리는 윌리엄 페티 등이 있었다. 여기서도 중심은 윌킨스였다.

1652년 무렵에는 천문학자 로렌스 루크(Lawrence Rooke)와 워드로부터 케플러 이론을 배운 크리스토퍼 렌과 훗날 왕립협회의 역사를 쓴 토머스 스프랫(Thomas Sprat, 1635-1713)이 그룹에 합류하고, 1650년대 후반에는 로버트 보일이 참여하게 된다. 1658년에 크롬웰이 죽자 월킨스는 케임브리지로 옮기게 된다. 그러나 1660년의 왕정복고로 월킨스는 케임브리지에서 쫓겨나고 워드도 옥스퍼드에서 물러나 함께 런던으로 되돌아왔다. 한편 포스터의 뒤를 이어 이미 그레셤 칼리지의 천문학 교수가 돼 있던 루크는 1657년에 기하학 교수로 바뀌었고, 렌이 천문학 교수로 취임했다. 이렇게 옥스퍼드 그룹의 많은 멤버들이 런던으로 옮겨 그레셤 칼리지에서 정기적으로 회합을 갖는다. 이것이 왕립협회의 직접적인 전신인데, 1660년 11월에 보일, 월킨스, 페티, 루크, 렌 등이 모여 "각 분야의 학문의 진보를 위해 자발적으로 아카데미를 조직한 다른 나라의 방법을 따라 우리 나라에서도 실험철학의 발전에 이바지하도록" 모임을 정례화하자고 제안했던 것이다.[7] '실험철학'이라는 말에서 프랜시스 베이컨의 강력한 영향을 엿볼 수 있다. 모임은 매주 그레셤 칼리지의 루크의 연구실에서 갖기로 했고 의장으로 월킨스가 추대되었다. 그후 1662년 7월 국왕 찰스2세로부터 정식으로 칙허를 얻어 '왕립협회'가 발족되었다. 당시 회장에는 헨리 올덴버그(Henry Oldenburg, 1615-1677)가 임명됐다. 윌킨스야말로 왕립협회 창설의 최대 공로자였고 당연히 영국에서 그의 영향력은 대단했을 것이다.

윌킨스는 특별히 어떤 것을 발견한 것으로 유명한 과학자는 아니지만 "전문적인 사항을 일반 독자가, 아니 지식이 전혀 없는 부인들조차 쉽게 이해할 수 있도록 설명하는 재능을 가졌다"고 평가받을 정도로 일련의 과학 계몽서를 집필한 인물로 기억되고 있다. 이 책들은 망원경을 사용한 갈릴레이의 발견 같은 당시 과학의 최신 이론을 일반인들에게 알기 쉽게 해설하고 나아가 지동설이 보급되는 데에도 큰 역할을 했다. 그가 1638년에 쓴 『달 세계의 발견 The Discovery of a World in the Moon』(이하 『발견』)은 "근대 '대중 과학'에 관한 최초의 중요한 책 중 하나"로 꼽힌다.[8]

『발견』에서는 '중력의 진정한 본성'을 "응축 물체들이 서로 상대편이 자신의 힘의 작용권 안으로 들어왔을 때 인력이나 적합에 의해 자연스럽게 서로 하나가 되려고 하는 상호적인 욕구"라고 설명했다.[9] 사용된 단어들에서 길버트의 영향이 보인다. 무엇보다 눈에 띄는 것은 케플러가 자력과 중력을 사실상 동일시한 것에 주목해, 윌킨스 자신도 그것과 가까운 입장을 표명하고 있다는 점이다. 지동설을 옹호한 1640년의 『새로운 행성에 대한 논고 Discourse concerning a new Planet』에서는 태양이 행성을 자기 주위로 회전시키는 것은 "태양의 각 부분으로부터 어떤 종류의 자기적인 힘을 방출하기 때문이다"라는 케플러의 견해를 소개하면서 지구의 중력도 그것과 같다고 설명한다. 즉 지구에서 공중으로 던져 올린 물체가 지구의 자전에도 불구하고 다시 그 자리로 떨어지는 까닭은, 태양이 자전에 의해 모든 행성을 각각의 궤도

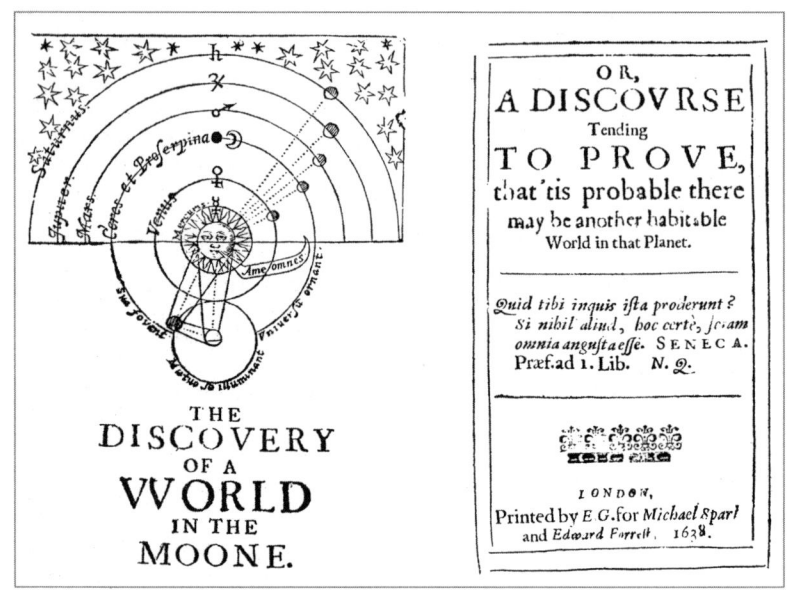

〈그림 21.1〉 존 윌킨스의 『달 세계의 발견』(1638).

위로 회전시키는 것처럼 "화살이나 탄환도 지구의 자기(磁氣)적인 운동에 의해 원형으로 운동하기 때문"이라는 것이다.[10]

중력이 원격력이며 그 때문에 자기적인 힘이라는 것은 이미 프랜시스 베이컨이 이야기한 바 있다. 『노붐 오르가눔』에서 베이컨은 달이 바닷물을 끌어올리고, 항성천이 행성을 먼 지점으로부터 끌어당기거나 태양이 금성과 수성을 일정한 거리 이상으로 멀어지지 않도록 견인하는 것처럼 '먼 거리로부터 작용하고 접촉에 의해 시작되지도 않고 그 작용이 접촉에 이르지도 않는 운동'을 '자기운동'이라고 불렀다.[11] 베이컨은 케플러의 『신천문학』을 읽지 않았을 뿐 아니라, 타원궤도도 몰랐으며 지동설도 인정하지 않았다. 그런데도 이 글에서 보이듯이 천체들 사이에 작용하는 원격력으로서의 중력의 존재를 인정하고, 그것을 단적으로 '자기작용'으로 파악했던 것이다. 『노붐 오르가눔』에는 그 밖에도 '무거운 물체를 견인하는 지구의 자력'이나 '철을 자석 쪽으로, 무거운 물체를 지구로 끌어당기는 자기작용'이라는 말을 쓰고 있다.[12] 지구 중력의 기원을 자성체로서의 지구의 자기에서 구하는 발상은 길버트의 『자석론』의 영향이라기보다는 그것을 오독한 결과이지만 이 시기의 영국에는 이런 견해가 꽤 널리 침투해 있었다.

윌킨스 자신은 반드시 중력이 자력이라고 말했던 것은 아니다. 『발견』에서는 "자석과 철의 합일을 불러일으키는 작용(*자력)은 모든 물체를 지구로 향하도록 하는 작용(*중력)과는 다른 종류이다"라고 단언한다. "전자는 본성의 근친성과 유사성에서 유래하며, 후자는 흙이 다른 원소들과 구별되는 흙의 특유한 성질에서 유래한다"는 것이다.

그렇지만 그가 중력을 행위적인 측면에서는 원격력으로서의 자력과 유사한 것으로 보았던 것은 분명하다. 실제로 위 인용문 조금 뒤에서 중력을 '자기적인 힘'이라고 말하고 있는 것이다.[13] 그뿐 아니라 『발견』에서는 지구의 중력을 자력과 비교하면서 다음과 같이 말하고 있다.

자기적인 힘의 작용권이 [지구] 표면에 한정되어 있거나, 그와 같은 확정적인 거리까지는 일정하게 작용하고 그 너머로는 작용하지 않는다고 생각해서는 안 된다.……오히려 자기적인 힘의 강도가 지구로부터의 거리에 따라 약해진다는 쪽이 맞는 것 같다.[14]

중력을 자력과 유사한 것으로 보면서 그 두 힘이 거리와 함께 감소한다고 보는 것이다. 여기서도 자기철학의 영향이 뚜렷하다.

그가 이처럼 거리에 따라 중력이 감소한다고 쓴 것은 케플러의 영향이라고 생각된다. 그는 그 이유를 "응집 물체에 합일하고자 하는 욕구가 거리가 멀어지면 약하게 되기 때문"이라고 보았다. 나아가 윌킨스는 "지상에서는 여섯 명 이하로는 운반할 수 없는 광석 또는 바위덩어리가 깊은 갱도 바닥에서는 두 사람이 움직일 수 있다"라는 이야기를 옮기면서 지하 깊은 곳에서는 중력이 감소할 가능성을 지적했다. 사실은 프랜시스 베이컨도 이 이야기를 "많은 사람들이 인정하고 있다"고 쓰고 있다.[15] 당시 광산 노동자들 사이에 이와 같은 이야기가 실제로 퍼져 있었는지는 모르지만 이 지적은 다음에서 보듯이 지하에서 중력의 감소를 측정하고자 한 훅에게 분명히 직접적인 영향을 미쳤다.

로버트 훅과 기계론

왕립협회 발족 당시의 상황은 1756년에 출판한 토머스 버치(Thomas Birch)의 『런던왕립협회의 역사 The History of the Royal Society of London』(이하『역사』)를 보면 잘 알 수 있다. 1660년에는 시종일관 조직문제에 관한 이야기를 하고 있고, 실험에 대한 이야기는 이듬해인 1661년 1월 2일부터 시작한다. 그 해 1월 16일 기록에는 '왕이 두 개의 자석을 둘러싼 가장 중요한 실험에 대한 설명을 기대한다는 메시지를 협회에 보냈기' 때문에 그 날 '자석 실험을 위한 위원회'가 그레셤 칼리지에 소속한 협회원들을 중심으로 결성됐다고 씌어 있다.[16] 처음부터 자석에 대한 관심이 높았고 자력은 협회의 중심적인 연구과제 중 하나였음을 알 수 있다.

한편 보일보다 일곱 살 어린 훅은 1653년 옥스퍼드에 입학해 1658

년 무렵 보일의 조수가 되면서 옥스퍼드 그룹에 얼굴을 보이기 시작했던 것 같다. 그리고 1662년에는 보일의 소개로 왕립협회의 실험주임이 되고 다음해에는 회원으로 선임된다. 실험주임은 회합에서 화제가 된 것을 포함해 매주 서너 차례 실험을 맡았다. 회원의 관심이 수학, 천문학, 기상학, 물리학, 화학, 지학, 동물학, 식물학으로 폭넓었던 것을 감안하면 이것은 꽤 힘든 업무였을 것이다. 그러나 훅은 정력적이면서도 요령 좋게 일을 해냈을 뿐 아니라, 회원들의 연구 상담역까지 되어주었다. 보일의 의뢰로 당시로서는 최첨단의 하이테크놀로지였던 진공 펌프를 만들어낸 수완을 보아도, 실험가로서의 훅의 기량은 탁월했던 것 같다. 이렇게 그는 초기 왕립협회의 활동을 거의 도맡았다. 협회가 국왕으로부터 칙허를 받은 후에도 그는 실험주임을 계속맡았고, 동시에 협회가 있던 그레셤 칼리지 내에 거주지를 얻어 이후 세상을 떠날 때까지 그곳에서 생활했다. 왕립협회는 1665년부터 기관지『철학회보 Philosophical Transactions』를 펴내 이후 연구 발표가 공적으로 보증 받는 제도로 틀을 잡아간다. 훅은 이 해에 그레셤 칼리지의 기하학 교수로 취임했고, 1677년에는 세상을 떠난 올덴버그 대신 왕립협회의 간사직을 이어받아 명실상부하게 왕립협회를 대표하게 된다.

초기에 훅의 업무는 진공 펌프를 제작해 공기와 대기압에 대한 보일의 연구를 돕는 것이었다. 이를 통해 기체의 압력과 부피에 대한 '보일의 법칙'을 확립하는 데 기여한 것으로 알려져 있다. 그리고 1665년에는 훅을 유명하게 한『마이크로그라피아』가 출판된다. 이 책은 현미경을 사용해 자연을 관찰한 기록을 담고 있다. 특히 벼룩과 이를 현미경으로 관찰한 다음 그 모양을 훅이 직접 그린 도판은 지금도 동물학 교과서에 실릴 정도로 유명하고 뛰어나다. 그는 또 식물의 조직을 현미경으로 관찰, 세포를 발견해 이 책에서 그것에 '세포'라는 명칭을 붙

PHILOSOPHICAL TRANSACTIONS:
GIVING SOME
ACCOMPT
OF THE PRESENT
Undertakings, Studies, and Labours
OF THE
INGENIOUS
IN MANY
CONSIDERABLE PARTS
OF THE
WORLD.

Vol I.
For *Anno* 1665, and 1666.

In the *SAVOY*,
Printed by *T. N.* for *John Martyn* at the Bell, a little without *Temple-Bar*, and *James Alleftry* in *Duck-Lane*; Printers to the *Royal Society*.

〈그림 21.2〉『철학회보』 창간호.

이고 있다. 그런 의미에서 『마이크로그라피아』는 세포 생물학의 출발점이라고 할 수 있다. 이 책에는 천체 관측이나 자연학 일반에 대한 고찰도 포함돼 있어 당시 자연학 전반의 상태와 그에 대한 훅의 견해도 알 수 있다.

훅은 이 책의 서문에서 현미경을 사용함으로써 "바퀴나 엔진, 용수철로 움직이는 것들을 이해할 수 있는 것처럼, 자연의 감추어진 모든 비밀을 이해할 수 있게 되었다"라면서 "그들(*협회의 회원들)이 지금까지 통상 '숨겨진 성질'로 돌렸던 물체의 작용이 자연의 미세한 '기계'에 의한 것이라고 추측하게 된 근거를 이 방법(*관측기기를 사용한 실험)을 통해 알게 되었습니다"라고 썼다. 이런 점에서는 훅도 기계론의 신봉자였다.[17]

훅의 기계론은 1678년의 『용수철 또는 복원력에 대한 강의 Lectures de potentia restitutiva, or of Spring』에서 여실히 드러나고 있다.

나는 감각적으로 지각되는 우주는 물체와 운동으로 이뤄진다고 가정한다. 내가 말하는 물체란 (진동)운동 또는 전진운동을 받아 전달하는 어떤 것을 뜻한다. 물체에 대해서는 그 밖의 다른 것을 생각할 수 없다. 왜냐하면 연장(延長)이든 양(量)이든, 딱딱하든 유연하든, 유동적이든 고형적이든, 희박하든 농밀하든 그것들은 물체의 성질이 아니라 운동의 성질이기 때문이다.……이 두 가지(*물체와 운동)는 자연의 효과나 현상, 작용 모두에 늘 갖춰져 있으므로 이 둘은 하나의 같은 것이라고 봐도 된다. 왜냐하면 큰 운동을 하는 작은 물체는, 자연의 모든 감각적인 효과면에서, 작은 운동을 하는 큰 물체와 등가이기 때문이다. 나아가 나는 우주에서 우리의 감각 대상이 되는 모든 것들은 이 두 가지, 즉 물체와 운동으로 구성된다고 생각한다. 그리고 물체의 모든 감각적인 입자는 통상의 견해로는 감각적인 연장을 물체에 부가한다고 하지만, 감각적 연장의 대부분을 운동에 부가하지 않는 경우는 없다.……때문에 모든 물체를

구성하는 입자는 그 감각적, 잠재적인 연장의 대부분을 진동운동에 부여한다고 나는 가정한다.[18]

여기서 전개되고 있는 자연관은 완전히 기계론이다. 그리고 객관적 실재가 '물체와 운동'으로 이뤄지고 있다고 보는 점, 특히 운동을 더 위에 놓는 점에서 그의 입장은 보일을 답습하고 있다.

훅은 물질을 구성하는 입자는 고유의 진동운동을 하며 그 진동이 물질의 감각적 성질을 결정한다고 보았다. 특히 물체들 사이의 힘에 대해서는 『마이크로그라피아』에서 "진동운동에서 적합성은 전기적인 것과 자기적인 것을 포함해 모든 종류의 인력의 원인이 될 수 있으며, 때문에 점성이나 점착성의 원인이 될 수도 있다"[19]고 기록돼 있다. 여기서 '적합성'이란 『용수철 또는 복원력』에서는 고유 진동의 공명이라고 설명돼 있다.

'적합성'과 '부적합성'이란 물체의 운동과 크기에 대한 일치와 불일치 이외의 어떤 것도 아니라고 본다. 입자가 동일한 크기와 동일한 속도를 가지거나, 크기의 비가 조화적이며 속도의 정도가 조화적인 모든 물체를 적합적이라고 가정하고, 입자의 크기가 같지 않고 속도도 다르고, 크기와 속도의 비가 조화롭지 않은 모든 물체를 비적합적이라고 한다.[20]

훅은 데카르트를 따라 "다른 모든 물체에 침투하고 빙 둘러싸는 미세물질"[21]의 존재를 가정했다. 그렇다면 "서로 떨어진 두 물체가 운동적으로 완벽하게 적합하다면, 두 물체 사이에 있는 유체 입자는 분리되고 그 사이(*공간)로부터 배제된다. 그 결과, 이들 적합적인 물체는 더욱 접근하고 주위를 둘러싼 매질에 의해 그 접근은 더욱 강화된다."

〈그림 21.3〉 로버트 훅의 『마이크로그라피아』(1665)의 표지.
그림은 왕립협회의 문장(紋章)으로, 씌어져 있는 글은 '누구의 말에도 기대지 말라(Nullius in Verba)' 이다.

22 즉 두 물체가 적합하고 있으면 진동운동이 공명해 그 둘 사이에 있는 매질이 배제되고 때문에 두 물체는 주변의 매질에 의해 더욱 가까워진다는 것이다. 이런 의미에서 "적합성이라는 것은 그것과 접하는 물체를 끌어안아서 일체화시키는 원리일 뿐 아니라 바로 가까이에 있는 물체를 끌어당기는 원리이기도 하다." 물체들 사이의 힘을 기계론적 접근작용으로 이해하고 있다. 『마이크로그라피아』에서 "그 때문에 우리는 무엇이 '공감' 또는 물체들 사이를 서로 합일시키는 이유이고, 무엇이 '반감' 또는 물체들 사이를 멀어지게 하는 이유인지를 이해한다. 왜냐하면 '적합성'은 '공감' 이외의 아무것도 아니고 '부적합성'은 '반감' 이외의 아무것도 아닌 것처럼 여겨지기 때문이다. 따라서 유사한 물체는 일단 합일하면 간단하게 떨어지지 않고 비슷하지 않은 물체는 일단 떨어지면 간단히 합일하지 않는다"는 것이다.[23] 훅의 이 같은 입장은 '공감과 반감'이라는 그때까지의 마술적 관념이나, 유사한 것들끼리는 서로 끌어당긴다는 데모크리토스나 플라톤 이래의 통념을 기계론의 입장에서 근거 지으려고 했던 것이라고 할 수 있다.

로버트 훅의 중력-기계론으로부터의 이탈

그러나 과학사가 베넷(J. A. Bennett)은 훅의 이런 설명은 사실상 '대부분 상징적'인 것으로 '기계론자로서의 알리바이 증명'에 지나지 않는다고 보았다.[24] 실제로 『용수철 또는 복원력』이 나오기 한 해 전인 1677년에 출판된 『램프Lampas』에서 훅은 "고백합니다만, 중력은 데카르트가 가정한 것과는 다르게 작용한다고 나는 생각합니다"라고 말하고 있다.²⁵ 그리고 현실에서도 자석이나 중력을 논할 때 혹은 기계론적 표상에 사로잡혀 있지 않았다. 그뿐 아니라 1666년의 3월 21일 왕립협회에 보낸 보고서에는 "중력은 세계에서 가장 보편적이고 능동적인 원리의 하나인 것 같다"라고 기록돼 있다.²⁶ 중력을 물체가 가진 원리적인-다른 어떤 것으로 환원 불가능한-작용으로 이해하고 있는 것이다. 그것은 모든 물질은 무성질이며 불활성이고 수동적이라고 보는 기계론의 원칙으로부터 명백히 이탈한 것이다.

중력에 대한 훅의 진정한 입장을 잘 볼 수 있는 것은 1666년 5월 23일 왕립협회에서 발표된 논문에 실린 다음과 같은 글이다. 이것은 힘을 이해하는 데 아주 중요하기 때문에 길지만 그대로 인용해보기로 하자.

나는 종종 왜 행성은 어떤 강체적(剛體的)인 구(천구)에 포함돼 있지도 않으면서, 또 눈에 보이는 어떤 끈에 의해 중심으로서의 태양에 결합돼 있지도 않은데, 코페르니쿠스가 가정한 대로 태양 주위를 회전하고, 한 번 타격을 받은 다른 모든 물체들처럼 직선상을 움직이지도 않으면서 태양으로부터 크게 벗어나는 일이 없는지를 이상하게 생각해왔다. 유체 속을 움직이는 고형물체는, (중간에 어떤 충격을 받아 운동이 빗나가거나, 장애물이 그 운동을 방해하거나, 중간의 매질이 운동 방향을 바꾸지 않는 한) 어디를 향하든 항상 직선운동을 보존하면서 여기저기로 빗나가는 일이 없기 때문이다. 그런데 고형물체인 모든 천체는 유체 속을 움직이는데도 직선이 아닌 원이나 타원을 따라 움직인다. 최초로 주어진 운동 이외에 그 운동을 궤도에 따라 안으로 굽히는 다른 어떤 원인이 있음에 틀림없다. 이런 효과를 가져오는 원인으로 나는 다음 두 가지밖에 생각할 수가 없다. 첫째, 행성이 그 속을 통과하는 매질의 밀도가 일정하지 않다는 것이다. 즉 중심인 태양으로부터 멀리 떨어져 있는 부분이 안쪽보다 밀도가 더 높아 안쪽으로의 운동은 쉬운 데 반해 매질의 바깥은 저항이 크기 때문에 직선운동이 늘 안쪽으로 굽게 되는 것이다.⋯⋯직선운동을 구부리는 둘째 원인은 중심에 놓인 물체가 그 자신의 방향으로 끊임없이 끌어당기는 인력 때문일지도 모른다. 만약 이와 같은 원리를 가정한다면 행성의 모든 현상을 역학적 운동에 공통된 이 원리로 설명하는 것이 가능하다고 생각한다.[27]

데카르트가 관성의 법칙을 올바로 정식화한 이후, 행성의 공전에 필요한 힘은 케플러가 말하는 것 같은 궤도 접선 방향으로의 추진력이 아니라, 중심물체(태양) 쪽으로 궤도를 구부리는 힘(*접선 방향으로 날아가 버리지 않고 태양 주위에 머물도록 하는 힘)이라는 것이 명백해지고 있었다. 이 힘에 대해 훅은 인용에서처럼 우주 공간에 가득 찬 유체 물질의 밀도 차이라는 근접작용 모델과, 중심물체로부터의 인력이라는 원격작용 모델 둘 모두를 기록하고 있는 것이다. 기계론의 원칙에서 보면 후자의 모델은 당연히 멀리해야 하지만 훅은 꼭 그렇게는 보지 않았다. 그런 의미에서 "훅은 기계론의 전통과 함께 다른 전통도 계승하고 있었으며 자신의 모든 철학을 데카르트의 가설로 기초 짓는 것도 가능했지만, 그럼에도 천체들 사이에 작용하는 인력이라는 사고방식에도 불편해하지 않았다"라는 베넷의 평가[28]는 힘의 이해를 둘러싼 훅의 과도기적인 입장을 잘 나타내고 있다. 바로 이것이 소박한 기계론의 근본적인 한계를 깨고 근대 물리학으로서의 천체역학이 형성되는 분기점이었다.

훅이 데카르트주의와 기계론의 원칙에 빠지지 않고 이처럼 유연하게 사고할 수 있었던 것은 길버트의 '자기철학' 과 베이컨의 '실험철학' 의 영향을 강하게 받았기 때문이다. 훅은 『마이크로그라피아』 첫머리에 쓴 '왕립협회에 바치는 헌사' 에서 "독단을 피하고, 실험으로 충분히 확인되지 않은 어떤 가설도 옹호하지 않을 것이다" 라고 말했던 것처럼, 기계론을 받아들이면서도 데카르트류의 합리론에 빠지는 않았다. 훅은 자신의 과학 방법을 '기계론적, 실험철학(the mechanical, the experimental philosophy)'이라 부르면서 데카르트와 베이컨의 얼굴을 모두 내세웠다. 그러나 그가 실제로 택했던 것은 중력이나 자력 전파에 관해 그럴듯한 조작을 만들어내는 소박한 기계론의 길이 아니라, 중력과 자력의 존재를 경험 사실로 받아들이면서 그 작용과 성질을 실험과 관측을 통해 탐구하고자 한 실증과학적인 방식이었다.

훅에게서 특히 눈에 띄는 점은 그가 자기중력론을 그대로 수용하고 있다는 것이며, 이 점에서 자기철학의 강한 영향을 읽을 수 있다. 훅이 1666년 3월 21일 왕립협회에 보낸 보고서에는 중력에 대해 "최초에 길버트는 이것을 지구에 내재하는 자기적인 인력이라고 생각했고 고귀한 베룰럼(Baron Verulam, 프랜시스 베이컨)도 부분적으로는 이 견해를 받아들였다. 그리고 케플러는 (*상당한 이유를 가지고) 중력을 모든 천체 즉 태양과 항성, 행성에 내재하는 성질이라고 보았다"고 썼다.[29] 중력을 자기적인 인력으로 보고, 동시에 천체가 가진 성질로서 받아들였던 이들 선인들의 견해에 대해 훅은 부정적인 코멘트를 달지 않았다. 그뿐 아니라 1664년 12월 14일 왕립협회의 모임에서 훅은 지구의 중력이 자기적인 것일 가능성에 대해 자기 스스로 이야기하고 있다. 이 시기는 지구의 자기가 극에 가까울수록 더 강하게 된다는 사실뿐 아니라, 겔리브랜드의 발견으로 편각의 영년변화도 이미 알려져 있었다. 훅은 지구의 자기에 기원을 둔 중력이 자력과 마찬가지로 극에 가까워질수록 강해지고 중력도 영년변화를 할 수 있다는 가능성조차 언급했다.[30] 훅 자신도 이 시기에는 중력을 자력과 사실상 동일시했던 것 같다. 또 1674년의 강의인 『관측을 통해 지구의 운동을 증명하려는 하나의 시도 An Attempt to prove the Motion of the Earth by Observations』(이하

『시도』)에서 훅은 티코 브라헤의 우주 체계를 "행성들은 태양 주위를 돌지만 지구는 정지한 상태에서 자기(磁氣)에 의해 태양을 끌어당겨 태양이 지구 주위를 회전한다"는 것이라고 설명했다.[31] 태양과 행성, 지구의 각 궤도가 이루는 상호관계는 티코가 제창한 것이지만 '지구는 그 자기에 의해 태양을 끌어당겨' 운운하는 부분은 훅이 자신의 해석을 덧붙인 것이다.

중력을 자기적인 것으로 보는 훅의 견해는 길버트 이후의 자기철학을 답습한 것이지만, 동시에 그는 1664년과 1665년 사이에 이뤄진 혜성 관측의 경험에 크게 영향을 받고 있다. 그는 태양이 혜성에 미치는 힘은 인력만이 아니라 척력까지 포함한다고 보았으며 그런 가정은 관측된 혜성의 운동을 '합리적으로' 설명하기 위해 필요했다. 이 때문에 더욱 그는 이전까지의 자기철학이 주장했던 것 이상으로 중력과 자력이 강하게 연관돼 있다고 보았던 것이다.

훅은 자신의 자기중력론을 1678년의 『혜성론 Cometa』에서 다음과 같이 밝히고 있다.

나는 우리가 살고 있는 하늘의 중심에 위치하는 태양의 중력이 주위를 회전하는 모든 행성과 지구에 인력을 미치고, 자력이 철에 대해 인력을 미칠 뿐 아니라 철도 자석에 대해 인력을 미치는 것처럼, 행성과 지구도 태양에 인력을 미친다고 생각한다. 나는 또 이 (*태양의) 인력은 자신의 작용 범위 안에 있는 다른 물체에도 힘을 미칠 수 있지만, 자석이 철 이외에 주석이나 구리, 유리나 나무 같은 것에는 작용하지 않는 것처럼, 태양 인력은 다른 물체에는 작용하지 않을 뿐더러 전혀 반대의 효과를 나타낼 수도 있다고 본다. 즉 자석의 극이 반대의 극에 닿은 바늘의 끝에 대해서 행하는 것처럼 (*태양도 다른 물체를) 세차게 밀어 떼어놓거나 쫓아내지 않을까 생각한다.[32]

이 논고의 대부분은 1664년과 1665년 사이의 혜성 관측에 근거한 것으로 1666년 8월 왕립협회에서 발표한 것을 기초로 삼고 있다. 이런 배경을 모르고 이 글만 읽으면 이해하기가 쉽지 않지만 태양의 힘에 대한 이 고찰은, 실제로 관측된 혜성의 궤도, 즉 처음에는 태양을 향해 거의 직선적으로 접근하다가 태양 가까이를 크게 돈 뒤에는 다시 태양으로부터 거의 직선적으로―마치 태양으로부터 밀쳐진 것처럼―멀어지는 혜성의 운동을 설명하기 위한 것이었다. (*혜성의) 궤도는 사실 타원이지만 이심률이 커 원일점이 아주 멀리 있기 때문에 가늘고 긴 타원이 되고 더구나 지구상에서 관측되는 것은 태양에 가까운 부분일 뿐이어서 이처럼(*직선처럼) 보이는 것이다. 〈그림 21.4〉는 그보다 조금 지난 1680년 말부터 다음해 초에 걸쳐 관측된 혜성에 대해 뉴턴이 산출한 궤도로서 1687년의 『프린키피아』 초판에 첨부된 것이다. 이 그림은 지구에서 보는 혜성 궤도의 특징을 잘 나타내고 있다.

훅은 첫째로 혜성이 처음에는 직선적으로 태양에 접근하고 나중에는 태양으로부터 직선적으로 멀어지는 것에서, 혜성에 대한 태양의 힘에는 유한한 작용권이 있다고 추론한다. 즉 혜성은 태양의 작용권 내부에서만 힘을 받고 휘어지다가 그 외부에서는 직진한다는 것이다. 둘째로 혜성이 태양에 접근한 후 멀어져가는 것은 태양의 힘에 극성이 있어 인력뿐만 아니라 척력도 가지기 때문이라고 보았다. 그는 혜성이 태양 옆을 통과할 때는 태양열에 의해 "성질이 그 이전과는 완전히 달라지고" 그 때문에 태양에 충분히 접근한 뒤에는 "태양에 끌어당겨지기보다는 태양으로부터 튕겨 나오기 때문에" 그 결과 태양에서 멀어져간다고 생각했던 것이다.[33] 말할 것도 없이 훅은 인력과 척력을 동시에 가지는 그와 같은 힘의 원형을 자력에서 찾고 있다. 중력에 대해 극성(極性)과 선택성을 상정한 것은 물론이고 그 '작용권'을 생각한 것

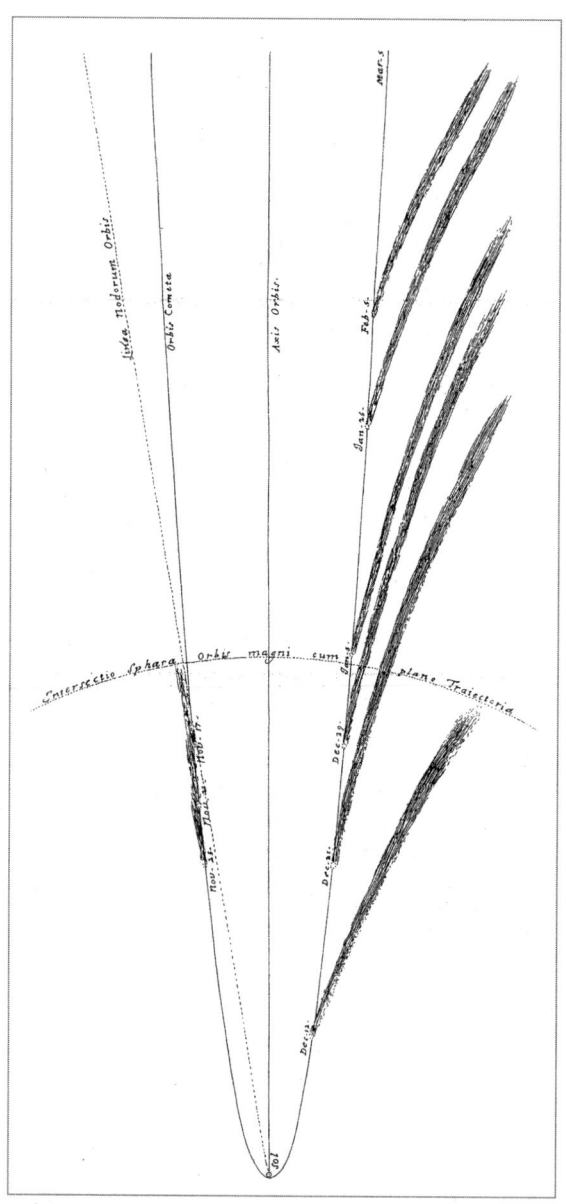

〈그림 21.4〉 1680-1681년에 관측된 혜성의 궤도(뉴턴의 『프린키피아』 초판(1687)에 수록).

에서도 델라 포르타와 길버트, 나아가서는 그것을 답습한 윌킨스의 영향을 엿볼 수 있다.

태양이 행성에 미치는 힘을 자력이라고 본 것은 케플러에서 시작한다. 거기에서 태양이 자석이라는 견해가 생겼다. 지금은 조금 상상하기 어렵지만 17세기 후반에는 그런 생각이 아주 널리 퍼져 있었다. 케플러를 높이 평가했던 라이프니츠는 1689년에 "태양은 자석과 같은 것이라고 생각할 수 있다"고 말하고 있다.[34] 라이프니츠와 같은 해에 태어나고 그리니치 천문대장을 역임했던, 17세기 후반 영국에서 천체관측의 제1인자였던 존 플램스티드도 1681년, 혜성이 태양에 접근한 후 다시 멀어져가는 현상을 "자석의 북극이 자침의 한쪽을 끌어당기고 다른 쪽은 밀어내는 것처럼"이라고 표현했다. 플램스티드는 1685년에는 직접적으로 "우리의 계(系)에서 가장 크고 가장 강력한 자석인 태양"[35]이라고 말했다. 태양이 자석이며, 때문에 태양이 인력뿐 아니라 물체에 따라서 또는 배치에 따라서 척력도 미칠 수 있다는 견해는, 적어도 당시의 영국에서는 꽤 많은 이들이 믿고 있었던 것 같다.

중력과 자력의 측정

앞서 말한 훅의 『용수철 또는 복원력』에는 "임의의 용수철의 힘은 그 신장(伸張, tension)에 비례하고 있다. 즉 용수철이 1의 힘으로 1만큼을 늘어뜨리거나 굽히다면 2의 힘으로는 2만큼 늘이거나 굽히고 3의 힘으로는 3만큼 늘이거나 굽힌다"[36]라고 기록되어 있다. 힘과 용수철의 신장과의 이 비례관계는 훅이 발견해 지금은 '훅의 법칙'으로 알려져 있다. 하지만 이것은 단순히 용수철에 대해 하나의 경험적 법칙을 발견한 것만을 뜻하지 않는다. 힘이 수학적 관계식으로 나타난다는 사상을 케플러에 이어서 표명한 것으로 그 구체적인 예의 첫 발견이라고 할 수 있다. 그런 의미에서 이 법칙은 주목할 만한 가치가 있다. 훅이 '실험철학'을 말하면서도 베이컨을 결정적으로 넘어서는 까닭도 바로 이 점, 즉 힘의 강도를 정량적으로 측정하면서 수학적인 법칙으로 파악하려고 한 점에 있는 것이다.

훅은 중력과 자력의 연구도 이런 방향으로 진행했다.

특히 이때 훅의 본래 목적은 지구 중력이 정말 자기적인 것에 기원을 두고 있는지 아닌지를 탐구하는 것이었다. 1666년 3월 21일 왕립협회에 제출한 보고서에는 "이 중력 또는 인력이 지구에 내재하는지 아닌지, 내재한다면 자기적인 것인지 전기적인 것이지 아니면 그 둘 모두와 다른 어떤 것인지, 우선 이 점들을 고찰하지 않으면 안 된다"고 밝히고 있다. 그리고 "만약 그것이 자기적인 것이라면 중력에 의해 끌어당겨지는 모든 물체는 지구의 표면에 가까이 있을 때는 지구 표면에서 멀어져 있을 때보다 무게가 더 커질 것이다"라고 했다. 거리에 따른 중력을 측정함으로써 자기중력론을 검증하고자 했던 것이다.[37] 여기서 '표면에 가까운' 혹은 '표면에서 멀어져 있는'이라고 한 것은 지구 표면으로부터 '위쪽으로(공중으로)'뿐 아니라 '아래로(땅속으로)'라는 뜻도 있다는 것에 주의해야 한다.

최초의 측정은 웨스트민스터 대성당(Westminster Abbey)이나 중앙탑 위에서 천칭의 한쪽에 실이 달린 추를 놓고, 먼저 저울의 균형을 잡은 뒤 추와 실을 합한 무게를 측정하고, 추를 늘어뜨려 지상 가까이에 드리워 무게의 변화를 측정하는 것이었다. 그러나 진동이나 바람의 영향도 있어 "이 실험에서는 아무것도 확정적인 것을 얻지 못했다."

다음으로 훅이 시도한 것은 지하에서 중력이 감소하는지 아닌지를 검증하는 것이었다. 그 동기는 앞에서 말한 것처럼 깊은 갱도 바닥에서는 돌이 가벼워진다는 베이컨과 윌킨스가 쓴 기록이겠지만, 훅에게는 그 이상으로 과연 중력이 자기적인지 아닌지를 파악하고 싶었던 욕심이 있었다. 왜냐하면 "만약 지구의 모든 부분이 자기적이라면, 지하 꽤 깊이 있는 물체는 (*그 물체보다) 위에 있는 지구의 일부분으로부터 인력을 받아(*끌어당겨져) 무게나, 아래로 향하는 힘을 어느 정도 잃을 것이다"라고 추측했기 때문이다. 물론 이 배경에는 지구의 주요 성분인 토질 물질이 자성체라고 본 길버트의 지구 이해가 깔려 있었다. 훅은 옥스퍼드 근교에 있는 약 90피트 깊이의 우물에서, 80피트의 실에 놋쇠와 나무, 부싯돌을 각각 추로 달아 측정했다. 결과는 "이들 물체가 모두 우물 바닥에 있을 때나 지표에 있을 때 정확히 같은 무게를 유지하는 것 같았다"는 것이다. 그 후 이보다 세 배 이상 깊은 우물에서도 같은 실험을 했지만 무게의 차이는 발견되지 않았다. 훅은 우물 속에 추를 내렸을 때 그 아래에 있는 지구 부분과 그 위쪽에 있는 지구 부분의 비가 균형을 이루지 않기 때문에, 이 정도의 대략적인 측정으로는 우물 바닥에서의 중력 감소를 검출하는 것은 불가능하다고 생각했다. 따라서 이 실험 결과가 지구 내부에서의 중력 감소를 부정하는 것은 아니라고 판단했다.[38]

어쨌든 훅의 계획으로는 이것은 예정된 실험의 절반에 불과했다. 다른 한편으로 거리 변화에 따른 자력을 측정할 필요가 있었다. 이 실험의 목적에 대해 그는 3월 21일 보고서에 다음과 같이 썼다.

〔자력의 감소가 중력의 감소와 일치하는지 아닌지를 조사하는〕 이 실험은 아주 새로운 것으로 (내가 아는 한) 지금까지 누구도 시도한 적이 없다. 또한 자석의 진정한

본질과 다양한 운동의 법칙과 근거를 발견하는 데 큰 도움이 될 것이다. 때문에 만약 〔자석의〕 인력 감소와 중력의 감소 사이에 유사성이 정말 발견된다면, 우리는 자석의 도움을 받아 중력에 대한 모든 실험을 축소해서 행할 수 있게 되고 지구의 중력이 어디까지 미치는지도 결정할 수 있을 것이다. 그리고 지금껏 생각하지 않았던 방법으로 자연의 다양한 현상을 자세히 조사할 수 있게 될 것이다."[39]

'소지구'(*테렐라)로 지구 자장을 연구한 길버트처럼 자석을 사용해 중력에 대해 축소 실험하는 것이 가능하다는 생각을 한 게 아니었을까. 아무튼 훅은 중력의 측정으로부터 자력의 측정으로 방향을 전환하게 된다.

1주일 후인 3월 28일 기록에서 훅은 "중력이 과연 자기적인 것인지 아닌지를 밝혀내는 것을 목적으로, 물체에 미치는 자석 인력이 자석이 멀리 놓일수록 감소한다는 것을 분명히 확인하기 위한 실험 장치를 제작한다"고 썼다. 그리고 "만약 그들(*중력과 자력)이 동일한 비율로 감소한다면 그들이 동일한 원인을 갖는다고 판단해도 될 것이다"라고 말했다. 중력이나 자력의 강도를 거리의 관계식으로 나타낼 수 있으며 그 둘의 관계식이 동등하다면 둘이 같은 원인을 갖는다고 보아도 좋다 ─즉 힘에 대한 수학적인 관계식이야말로 힘에 대한 본질적인 규정이며 힘에 아이덴티티를 부여한다는 것이다─라는 중요한 견해가 처음으로 표명되고 있는 것이다. 계속해서 4월 4일 보고서에 훅은 "개인적으로 행한 실험을 통해 자석의 극에서 어느 정도 떨어진 네모난 철 조각을 자석이 어떤 강도로 끌어당기는지 표로 만들었다"면서 다음과 같은 표를 싣고 있다.[40]

실험은 천칭의 한쪽에 철 조각을 얹어 다른 쪽에 얹힌 추와 균형을 맞춘 후, 측정하려는 거리까지 자석을 밑에서부터 철 조각 쪽으로 접

〈표〉 자력의 거리 변화에 따른 훅의 측정.

거리(인치)	무게(그레인)	
6	0	
4	0 1/8	
2	2 13/16	(3 3/4)
1	17 6/8	(18 7/8)
1/2	57 6/8	
1/4	104 5/16	
1/8	197 4/8	(괄호 안은 협회에서 측정해 고친 값)

(*1그레인(grain)은 약 15g)

근시켜 [이때 저울이 기울어지면] 다시 균형을 맞추기 위해 다른 쪽 접시에 추를 더하고, 이때 추가된 추의 무게를 재는 식으로 진행했을 것이다. 기본적으로는 과거에 니콜라우스 쿠사누스와 델라 포르타가 제시한 방식이다. 아무튼 이 측정 결과에서는 힘과 거리 사이에 의미 있는 관계-단순한 수학적 관계-를 얻지 못했다. 훅은 이후에도 간간히 실험을 계속한 것 같다. 그러나 역시 확실한 결과는 얻지 못한 듯하다. 하지만 훅이 자력에 대해 수학적인 관계를 얻으려고 한 시도 자체는 아주 의의가 크다. 마술적인 것으로 덧칠되었던 자석에 대한 지식이 근대 과학을 향해 한 걸음 더 다가간 것이다.

로버트 훅과 '세계의 체계'

만유인력의 발견을 둘러싼 역사에서 훅은 만유인력의 역제곱 법칙을 누가 먼저 발견했는지와 관련해 뉴턴과 치열하게 논쟁한 것으로 알려져 있다. 그러나 중심물체로부터의 물리적인 영향이나 작용은 공간 내에서 등방적으로 퍼질 때, 강도가 거리의 제곱에 반비례한다는 사실은 그 즈음엔 널리 알려져 있었던 것 같다. 이미 1645년에 프랑스의 이스마엘 뷔리우는 케플러가 2차원으로 생각했던 '유출의 법칙' 즉 (17.1)식을 3차원으로 확장해 역제곱 법칙을 얻었다.[41] 또 윌리엄 페티는 1674년에 『2중 비율에 대한 고찰』에서 음(音)의 강도는 음원으로부터의 거리의 제곱에 비례해서 쇠퇴하고, 떨어진 거리에서 촛불로 같은 밝기를 얻기 위해서는 촛불의 수를 거리의 제곱에 비례해 늘릴 필요가 있다고 기록했다.[42] 따라서 현 시점에서 중요한 것은 힘의 역제곱 법칙을 누가 먼저 발견했느냐가 아니라, 훅이 행성과 혜성의 궤도 운동에 대해 새로운 견해를 제시하고 동역학적으로 이치에 들어맞는 아주 유효한 해석 방법을 제창했다는 점에 있다. 뉴턴이 중력의 역제곱 법칙을 엄밀하게 도출하는 데 성공할 수 있었던 것도 사실은 훅이 고안한 방법을 따랐기 때문이었다.

앞에서 인용한 1666년 5월 23일 왕립협회에서 발표된 훅의 논문에 대해 버치의 『역사』에는 "인력원리에 따라 직선운동이 곡선으로 꺾이는 데 대한 훅의 논문"이라고 기록돼 있다.[43] 이 제목에서 알 수 있듯이 논문은 행성의 궤도운동을 관성에 따른 궤도 접선 방향으로의 직선운동에, 중심물체로부터의 인력에 의한 중심 방향으로의 가속이 겹쳐진 것으로 보고 있다. 이에 따라 처음으로 케플러의 논의에서 나타난 혼란-관성에 따른 정지와 힘에 의한 운동의 지속이라는 오해-이 정리되고, 행성운동을 이론적으로 올바르게 해석하는 길이 열렸다. 훅 스스로도 "이 가설 덕분에 행성뿐 아니라 혜성의 현상도, 그리고 주행성의 운동뿐만 아니라 위성의 운동도 해명될 것이다"[44]라며 결론짓고 있다. 실제로 훅은 혜성의 운동으로부터 행성의 궤도운동 일반에 대한 견해로 나아간 것이다. 태양을 향해 거의 직선적으로 접근하다가 태양 부근에서 크게 꺾인 뒤 다시 태양으로부터 거의 직선적으로 멀어져가는 혜성의 운동을 탐구하다 곡선을 그리면서 태양 주위를 도는 행성의 궤도운동에 대한 인식을 얻은 것 같다.

훨씬 뒤인 1679년 11월 24일 훅은 뉴턴에게 보낸 편지에서 "행성의 운동을 접선 방향으로의 직선운동과 중심물체 방향으로 끌어당기는 운동의 합으로 보는 나의 가설 또는 견해"에 대해 뉴턴의 의견을 묻고 있다.[45] 훅의 이 편지야말로 그때까지 구심력과 원심력의 균형을 맞추는 형태로 행성의 운동을 답답하게 풀고 있던 뉴턴에게는 훨씬 유효하고 일반적인 해석 방법을 시사해주는 것이었다. 실제로 그 후 뉴턴이 행성운동론을 형성하는 데 "훅이 기여한 몫은 결코 무시할 수 없다."[46]

뿐만 아니라 훅은 이 운동 이론과 천체들 사이에 작용하는 인력이라는 관념으로부터 웅대한 '세계의 체계(System of the World)'를 구상했다. 이것은 1674년에 나온 『시도』에서 전개되고 있다. 이 논문의 주제는 망원경을 사용한 천체관측에 대한 기록이지만, 여기서는 논문 끝에 있는 '지금껏 알려진 것과는 많은 점에서 다른 세계의 체계'에 대해서만 주목하자. 거기서 훅은 '세계의 체계'가 다음의 세 가설로 해명된다고 주장했다.

첫째 모든 천체는 자신의 중심을 향하는 인력 또는 중력을 가진다. 이 힘은 지구에서 보듯이 자신을 이루는 부분들을 흩어지지 않도록 끌어당기면서 동시에 그 작용권 안에 있는 다른 모든 천체를 실제로 끌어당긴다. 그 결과 태양과 달이 지구의 물체나 운동에 영향을 미치고 지구가 그들에게 영향을 미칠 뿐 아니라, 수성과 금성, 화성, 목성, 토성도 자신들의 인력에 의해 지구 인력이 그들 각각의 운동에 나름의 영향을 미치듯이 상응하는 영향을 지구에 미치는 것이다. 둘째 가정은 직선적으로 단순한 운동을 하도록 주어진 모든 물체는 어떤 다른 유효한 힘으로 굽어 원이나 타원, 또는 다른 어떤 곡선을 그리는 운동으로 벗어나지 않는 한 직선 위를 계속 움직인다는 것이다. 셋째 가정은 이와 같은 인력은 (*끌어당겨지는) 물체가 (*힘의) 중심에 가까이 다가갈수록 더 강하게 작용한다는 것이다. 그 변화의 정도가 어느 정도인지는 내가 아직 실험으로 확인하지 못했다. 그러나 힘이 어떤 비율로 변화한다는 생각은 천문학자가 천체의 모든 운동을 어떤 확실한 규칙으로 환원하고자 할 때 큰 도움이 될 것이다.[47]

이를 정리해보면 첫째 태양계의 모든 천체가 하는 운동은 거리를 두고 작용하는 상호적인 인력(중심력)에 지배되고 있다는 것, 그리고 그 힘은 천체상의 물체를 해당 천체로 끌어당기는 힘(무게)의 원인이라는 것, 둘째 모든 곡선운동은 관성운동에서 벗어난 결과이고 그 빗나감을 초래한 원인이 [앞에서 얘기한] 그 힘이라는 것, 셋째 그 힘은 거리와 함께 감소하는 특징이 있다는 것이다. 유체로 된 매질의 밀도 차이에 의해 궤도가 굴곡한다는 기계론적인 근접작용의 표상은 그 어디에서도 찾아볼 수가 없다. 완전히 폐기된 것이다. 힘에 대해 생각할 때 핵심적인 문제는 가상의 물질 매질을 상정해 힘의 생성과 전파를 그럴듯하게 고안하는 것이 아니라, 원격력의 존재를 일단 인정한 상태에서 그 정량적인 움직임, 즉 힘의 법칙을 결정하는 데 있다고 주장하는 것이다. 데카르트 기계론으로부터의 완전한 이탈을 여기서 보게 된다. 훅이 내세운 이 세 개의 가정은 얼마 뒤 뉴턴이『프린키피아』제3권 '세계의 체계에 대하여'에서 상세하고 치밀하게 전개함으로써 대강의 줄거리가 다시 드러나게 된다. 뉴턴 연구의 일인자인 웨스트폴이 앞서 인용한 훅의 글을 "눈을 번쩍 뜨이게 하는 구절"이라고 평가한 이유를 알 수 있을 것이다.[48]

중력에 대해 훅은 단순히 '거리와 함께 감소한다'와 같은 정성적인 표현만 한 게 아니다. 1680년 1월 6일 뉴턴에게 보낸 편지에서 "내 가정은 인력은 항상 중심으로부터의 거리의 제곱에 반비례한다는 것입니다"[49]라고 명확하게 정량적으로 지적하고 있다. 훅은 이처럼 문제의 급소를 제대로 짚었지만, 1674년의 『시도』 말미에 "현시점에서 나는 먼저 끝내야 할 다른 일이 많아 이 문제에 몰두할 수 없으므로 이 문제만을 수행할 수 있는 능력과 여유가 있고 관측과 계산을 해낼 수 있을 만큼 부지런하고, 마음 깊은 곳에서 이것을 발견하고 싶은 사람들에게 힌트를 주는 것으로 만족한다"[50]라고 적었다. 훅은 눈앞에 다가온 이론이 어떤 형태를 취할지를 개략적으로 직감하면서도 왕립협회 일로 바빴던 것이다. 물론 훅에게는 그것을 완수할 수 있는 수학적 수완이 부족했다는 이유도 분명히 있다. 그는 실험가로서는 훌륭했지만 수학자로서는 그만큼의 능력을 갖지 못했던 것 같다. 그럼에도 물리학에서는 문제를 정확히 설정하기만 하면 거의 해법에 가까이 다가간 것이라는 사실을 떠올리면 훅의 공적은 엄청나다고 할 수밖에 없다.

그 결과 원추 곡선에 관한 모든 정의와 기하학적 추론들, 세밀한 극한의 조작들을 종횡으로 구사하면서 만유인력의 법칙을 도출해내고, 훅이 구상한 '세계의 체계'를 치밀하고 장대한 수학적 체계로 완성한 것은 훅보다 7세 어린 아이작 뉴턴이었다. 뉴턴은 케플러의 제3법칙으로부터 태양과 행성 사이에 거리의 제곱에 반비례하는 인력이 작용한다는 것을 수학적으로 끌어내고,[51] 그 인력이 만유(萬有)하다-모든 물체들 사이에 작용한다-는 점을 가정하면서, 행성과 위성의 운동을 비롯해서 지구의 형상에서 조수간만까지 설명해냈다. 그야말로 뉴턴은 백척간두에서 한 걸음을 내디딘 것이다.

그리고 뉴턴은 행성의 운동으로부터 힘에 대한 수학적 관계식을 도출할 때, 궤도운동을 궤도 접선 방향으로의 직선적인 관성운동과 중심력에 의한 중심 방향으로의 가속운동이 중첩된 것이라고 본 훅의 해석에 전적으로 의존했다. 그것은 뉴턴이 정식화한 역학원리에서 분명히 읽을 수 있다.

뉴턴은 주저 『프린키피아』에서 역학원리로서의 운동법칙을 다음과 같이 썼다.

> 법칙 I. 모든 물체는 자신의 정지 상태를, 또는 직선상의 한결같은 운동 상태를, 외력이 그 상태를 변화시키지 않는 한 그대로 지속한다.
> 법칙 II. 운동의 변화는 미치는 구동력에 비례하며, 그 힘이 미치는 직선 방향으로 일어난다.[52] (법칙 III은 '작용, 반작용의 법칙')

법칙 II를 현대 역학 교과서처럼 미분방정식으로 이해하면, 법칙 I은 외력이 0인 특별한 경우이므로 위와 같이 둘로 나눌 필요가 없다. 그런데도 뉴턴이 이것을 법칙 I과 법칙 II로 나눈 것은, 『프린키피아』에서 뉴턴이 미분방정식을 사용하지 않았기 때문이며 또한 뉴턴이 훅이 시사한 방법을 사실상 그대로 받아들였기 때문이다.

(위의 표현을 현대적으로 벡터를 사용해 나타내면) 아주 적은 시간 Δt 동안의 위치 변화(변위)는 법칙 I(관성운동에 의한 변위)에서는 $\Delta r_1 = v(t)\Delta t$이며, 법칙 II(외력에 의한 변위)에서는 $\Delta r_2 = (F/2m)(\Delta t)^2$이 되며 이 둘은 서로 독립적이다. 그리고 이 둘은 다음 추론에 의해 보완된다(덧붙이면 『프린키피아』 첫머리의 정의 III, IV에 기록돼 있는 것처럼 뉴턴은 '관성'도 '관성의 힘' 즉 '내력'으로, '외력'과 배치되는 힘의 일종으로 보았다).[53]

> 추론 I. 물체는 두 가지 힘을 동시에 받을 때, 각각의 힘을 한 변으로 하는 평행사변

형의 대각선을 같은 시간 동안 그리게 된다.

 따라서 아주 적은 시간 동안 일어난 현실의 변위는 이 '관성의 힘' 과 '외력'의 두 힘에 의한 벡터 합으로 주어진다.

$$r(t+\Delta t)-r(t)=\Delta r_1+\Delta r_2=v(t)\Delta t+\frac{F}{2m}(\Delta t)^2$$

 뉴턴이 『프린키피아』에서 실행한 것은 이 식과, 극한 조작을 통해 힘에 대한 수학적 관계식을 구하는 것이었다. 실제로 뉴턴은 1689년 존 로크에게 보낸 편지에서 『프린키피아』의 내용을 간단히 설명하면서 법칙 I(관성법칙)과 법칙 II(힘에 의한 가속), 그리고 이 두 운동을 평행사변형으로 합친다는 세 개의 가정을 통해서 만유인력을 도출했다고 말했다.[54] 운동법칙을 분할하고 합성하는 이 방법은 훅이 시사한 행성운동의 해석방법과 정확히 대응하고 있다.
 이처럼 뉴턴은 거리의 제곱에 반비례하고 쌍방의 질량에 비례하는 중력이 그야말로 '만유(universal)'로서 모든 물체들 사이에 작용한다는 것을 보이면서 케플러가 처음 문제로 제시했던 '세계의 체계'에 대한 동역학적인 질서를 훌륭하게 해명했다. 수학적 관계식으로 나타나는 원격력으로서의 중력(만유인력)의 도입이야말로 17세기 소박한 기계론이 가진 제약을 타파하면서 수리과학으로서의 근대 물리학으로 나아가는 진정한 출발점이 되었다. 『프린키피아』 초판이 출판된 것은 1687년 ─ 영국 명예혁명이 일어나기 한 해 전 ─ 으로 훅이 '세계의 체계'에 관해서 말한 지 13년이 지난 후였다. 『프린키피아』 제3편의 제목은 문자 그대로 '세계의 체계에 대하여'이다. 코페르니쿠스로부터 시작된 우주상의 전환이 여기서 완성을 보게 되는 것이다.

이상의 경위를 되돌아보면 중력을 자력으로부터 착상한 케플러의 아이디어가 훅에게 이어지고 훅은 거기서 기계론과는 이질적인 원격력을 받아들이는 계기를 만들었을 뿐 아니라 행성의 궤도를 해석하는 방법을 제시했다. 훅이 깔아놓은 길을 따라 뉴턴은 만유인력 이론과 세계의 체계를 만들어내는 데 성공한 것이다. 케플러에 이어 훅이 한 역할이 무척 컸다고 하지 않을 수 없다.

뉴턴과 중력

영국 내에서는 길버트나 윌킨스의 영향으로 원격력이 그 나름대로 인정되고 있었기 때문에 훅이 중력을 원격력이라고 말했을 때도 비판이나 다른 주장이 그다지 제기되지 않았던 것 같다.[55] 지구의 활동성을 자성(磁性)으로 돌리고 그 자성을 다시 지구의 영혼 탓으로 돌리는 자기철학은 원래 기계론과는 관계가 없기 때문에, 영국 특히 런던의 과학자들의 의식 속에는 기계론과 원격작용이 애매하게 공존하고 있었다고 할 수 있다. 뉴턴의 『프린키피아』는 라틴어로 씌어졌기 때문에 출판과 동시에 영국뿐 아니라 대륙에서도 크게 평판을 불러일으켰다. 하지만 대륙에서는 그의 '인력' 개념이 호된 비판을 받았다. 실제로 "인력이라는 표상은 1687년에는 정통적인 기계론 철학 안으로 편입돼 있지 않았던 것이다."[56] 기계론의 입장에서는 물질은 불활성이며 수동적인 것이었으며, 아무것도 없는 광대한 공간을 거쳐 태양이 행성에 힘을 미친다는 사실은 도저히 받아들이기 어려운 것이었다. 왜냐하면 그렇게 되면 태양이 마치 자신의 힘이 미치게 될 행성의 존재와 위치

〈그림 21.5〉 청년 시절의 뉴턴.

를 이미 알고 있는 것처럼 보이기 때문이다. 물활론과 생물태적인 자연상을 과거의 것이라고 묻어버렸던 기계론적인 입장과는 배치될 수밖에 없었던 것이다.

힘을 둘러싸고 기계론과 뉴턴이 보인 견해 차이는 다음의 예에서 잘 알 수 있다. 뉴턴보다 두 살 어린 프랑스의 데카르트주의자 니콜라스 레머리(Nicolas Lemery, 1645-1715)는 1675년 초판이 나온 이래 판을 거듭한 저서 『화학교정化學敎程』에서 산(酸)이 혀에 새콤한 느낌을 주는 까닭은, 산의 입자에 예리한 가시 즉 '산 돌기(acid points)'가 있어 그것이 신경을 자극하기 때문이며, 산과 알칼리의 중화는 이 '산 돌기'가 알칼리 입자의 구멍에 들어가기 때문이라고 설명했다.[57] 물질의 감각적 성질과 화학반응에 대한 소박한 기계론의 전형적인 설명방식이다. 이에 대해 1692년 뉴턴은 "산 입자는 강한 인력을 가지며 산의 활성도 이 힘 때문이다. 그리고 산이 미각을 자극하는 이유도 그 강한 인력 때문이다.…… 알칼리염 입자는 산과 흙이 서로 인력을 작용함으로써 결합한 것이지만, 산의 인력이 너무 강한 탓에 불(火)의 힘으로도 산을 염에서 분리하는 것이 불가능하다"[58]라고 했다. 지금 보면 '산 입자의 가시'나 '알칼리 입자의 구멍' 같은 표상은 상당히 유치하고 우습기조차 하다. 그에 비하면 "딱딱하고 균질한 물질이 서로 완전히 접합해 모든 부분이 아주 강고하게 붙어 있다. 왜 그렇게 되는지를 설명하기 위해 갈고리가 달린 원자를 생각하는 사람들이 있지만 그것은 논점을 벗어나는 것이다"라는 뉴턴의 비판이 훨씬 성실하고 건전하다. 실제로 뉴턴은 "자연에는 아주 강한 인력에 의해 물질의 모든 입자들을 밀착시킬 수 있는 작인(作因)이 있으며 그 작인들을 발견하는 것이 실험철학의 임무이다"[59]라며 기본 입장을 밝히고 있다. 그리고 뉴턴의 자연관은 "자연은 천체의 모든 대규모 운동을 천체와 천체들이 서로 끌어당기는 중력의 견인으로 일으키고, 또 입자와 입자들 사이의 어떤 인력과 척력에 의해 물질입자들의 거의 모든 운동을 일으킨다"로 요약될 수 있다.[60] 뉴턴에게 인력 개념은 물질이론을 만들기 위해서도 불가결한 것이었다.

그러나 당시는 뉴턴에 대해 호의적으로 생각하지 않았다. 뉴턴이 말하는 '인력'은 '숨겨진 성질'로의 복귀이며 '공감과 반감'의 재탕이라는 비난이, 특히 대륙의 논자들로부터 터져 나왔다. 당시 상황으로 볼 때 일리가 없는 비난은 아니었다. 예를 들어 진공 펌프의 흡인작용을 이전의 자연학에서는 '진공을 싫어하는 자연'이 그 신비적인 '흡인력'으로 관내의 물을 '빨아올린' 결과라고 보지만, 토리첼리에서 보일에 이르기까지 17세기의 실험은 관의 바깥 수면과 직접 접하고 있는 대기가 물을 '밀어올린' 결과라고 보았다. 분명히 후자의 설명은 눈에 보일 듯이 알기 쉬운 반면에 전자의 설명은 왠지 꺼림칙하다. 그렇다면 '인력'을 고집하는 것은 새로운 과학을 인정하지 않는 완고한 수구파가 되는 것이다. 뉴턴의 이론은 위엄 있는 수학의 갑옷을 입고 있지만 진보를 1세기나 되돌리는 것처럼 생각되었던 것이다.

그러나 이것은 『프린키피아』에서 중력을 다루고 있는 데 대한 비판은 되지 못했다. 왜냐하면 뉴턴은 『프린키피아』의 첫머리에서 각종 힘들을 정의한 뒤에 "여기서 나는 힘의 물리적인 원인이나 장소를 고찰하려는 것이 아니라, 단지 이들 힘의 수학적인 개념을 드러내고자 한다.……인력이나 충격, 중심을 향하려고 하는 어떤 경향 같은 말을 특별히 구분하지 않고 무차별적으로 사용할 것이며, 이들 힘은 물리적인 측면이 아니라 오직 수학적인 면에서 고찰할 것이다"라며 미리 못을 박았던 것이다. 이 구절은 『프린키피아』 1687년 초판부터 1726년의 제3판까지 남아 있다.[61] 이 점과 관련해서 "내가 인력이라고 부르는 힘은 충격 혹은 내가 모르는 다른 원인에 의해 일어날지 모른다. 그러나 여기서 나는 그 원인이 무엇이든 상관하지 않고 일반적으로 물체를 서로 접근시키는 힘을 나타내기 위해서만 이 단어를 사용할 것이다"라며 뉴턴이 『광학』에서 한 변명[62]도 같은 취지일 것이다. 뉴턴의 입장은 시종일관 명확했다.

하지만 이 같은 뉴턴의 의도가-특히 대륙에서는- 잘 이해되지 못했다. 실제로 프랑스의 데카르트주의자인 퐁트넬는 원인은 모르겠지만 효과는 분명하다는 뉴턴의 중력에 대해 "그야말로 스콜라 학자가 '숨겨진 성질'이라고 말하는 것과 무엇이 다른가"라고 묻는다. "아이작 경(卿)이 인력이라는 말을 일관되게 사용하는 것은 이미 데카르트주의에 의해 잘못이 폭로된 개념으로 독자를 오도하고 있다. 데카르트주의자들의 비판은 다른 모든 철학자들에게 인정받고 있다. 따라서 우리는 (*뉴턴의) 이 관념에 조금이라도 현실성이 있다는 상상을 하지 않도록 방어를 강화하지 않으면 안 된다." 이것이 뉴턴이 죽었을 때 프랑스 아카데미를 대표하고 있던 퐁트넬의 조사(弔辭)의 한 구절이라는 걸 생각하면 그 간극이 얼마나 깊었는지를 추측할 수 있다.

평범한 데카르트 추종자들은 말할 것도 없고 동시대에 뉴턴과 겨룰 만한 재능을 가졌던 소수의 인물 중 한 명인 라이프니츠조차 1710년의 『변신론 Théodicée』에서 "이곳 철학자들은 서로 떨어진 물체들이 상호간에 자연적이며 직접적인 작용을 한다는 사실을 거부했다. 나는 지금도 이와 같이 생각하고 있다. 그러나 원격작용의 관념은 저 탁월한 뉴턴 경에 의해 영국에서 부활했다"[63]며 불평한다. 1715년의 편지에서는 "그(*뉴턴)의 철학은 나에게는 기묘하게 여겨지고 도저히 정당하다고는 믿을 수가 없습니다. 만약 모든 물체가 무게를 가진다면-그의 지지자들이 뭐라 말하든, 또 아무리 정열적으로 부정하든-중력이란 스콜라철학에서 말하는 숨겨진 성질이거나, 그렇지 않으면 기적의 작용일 뿐이겠지요"라며 잘라 말했다.[64] 신(新)철학이 매장해버린 망령을 뉴턴이 불러들였다고 생각했던 것이다. 왜냐하면 라이프니츠도 "물체의 모든 자연력은 기계학의 법칙에 복종한다"고 믿었기 때문이다.[65] 1689년에 발표된 라이프니츠의 『천체운동의 원인에 대한 시론』에는 "공감이나 자기(磁氣), 그 밖의 다른 종류의 숨겨진 성질은 이해될 수 없을 것이며, 설사 이해된다고 할지라도 그것들은 물체적 충돌의 효과로 보인다"고 했다. 따라서 라이프니츠에 따르면 태양이 행성을 끌어당기는 것을 '인력'이라고 불러도 상관없지만 '실제로는 충격'의 효과인 것이다.[66] 이 같은 입장에서 보면 뉴턴이 말하는 중력은 '숨겨진 성질이거나 기적의 작용'이라는 것밖에 되지 않는다.

대륙에서 뉴턴은 사면초가였다. 뉴턴도 그냥 듣고 흘려버릴 수만은 없었을 것이다. 그의 반론은 1713년 『프린키피아』 제2판 마지막의 '일반적 주해'에 다음과 같이 전개되어 있다. 그것은 기본적으로는 자연철학의 방법적 격률(格率)을 이야기하면서 나아가 비판자들과의 차이를 분명히 하는 것이었다.

우리는 지금까지 천공과 우리의 바다에서 일어나는 현상을 중력으로 설명해왔습니다만, 중력의 원인을 꼭 집어 말하지는 않았습니다. 사실 이 힘은 어떤 원인으로부터 생기는 것입니다.……그렇지만 나는 가설은 세우지 않습니다. 왜냐하면 현상으로부터 도출할 수 없는 것은 그것이 무엇이든 '가설'이라고 불러야만 하기 때문입니다. 그리고 그 가설은 형이상학적인 것이든 형이하학적인 것이든, 숨겨진 성질이든 기계론적인 것이든 '실험철학'에서는 설 자리가 없기 때문입니다.[67]

여기서 '가설'로서 멀리 내쳐지고 있는 것은 좁게는 기계론적인 모델-알렉상드르 쿠아레(Alexsandre Koyré)가 말하는 바 "수학적으로 처리되는 실험에 의해서는 긍정도 부정도 할 수 없는 것, 특히 데카르트가 시도한 것 같은 대략적이면서 정성적인 설명 방식"-을 가리키며,[68] 이것은 분명히 데카르트주의의 기계론이 제기한 일련의 논의를 염두에 둔 발언이다. 그런 의미에서 나중에 뉴턴을 받아들인 볼테르가 데카르트의 와동 이론을 가리켜 "이 체계는 순전히 하나의 가설로서 마땅히 배척해야 한다"고 일방적으로 단정한 것은 뉴턴의 뜻을 이어받은 것이라고 할 수 있다.[69]

기계론이 힘의 전달 메커니즘을 해명하려고 했던 데 반해 뉴턴은 힘의 수학적 법칙을 확립하는 데 목적을 두었다. 위의 인용문 뒤에 "중력이 현실적으로 존재하고 우리 앞에 열려 있는 법칙에 따라 작용하며, 천체와 바다에서 일어나는 모든 운동을 설명하는 데 도움이 된다면 우리는 그것으로 충분합니다"라고 했던 것처럼 이런 한에서는 뉴턴은 중력의 원인이나 형성 원인을 추구하지 않았던 것이다.

원래 뉴턴은 『프린키피아』 초판 서문에서 "이론역학은 그것이 어떤 힘이든 그 힘으로부터 생기는 운동을 다루는 학문이며, 또 그것이 어떤 운동이든 그 운동으로부터 생기는 힘을 다루는 학문으로서 이것들을 정확히 제시하고 증명하는 것"이라며 역학의 목적을 제시한다. 그리고 자신의 자연철학(물리학)이 다루는 프로그램과 범위를 "다양한 운동 현상으로부터 자연계의 다양한 힘을 연구하고, 그 후에 다시 그 힘들로부터 다른 현상을 설명하고 논증하는 것"으로 한정했다. 특히 천문학에 대해서 "나는 물체를 태양이나 각 행성으로 향하게 하는 중력을 천체 현상으로부터 도출합니다. 그 다음 이들 힘으로부터 다른 명제들-그것도 또한 수학적인 것입니다만-을 끌어내 이 명제들로 행성과 혜성, 달과 바다의 운동을 끌어냅니다"라며 구체적으로 이야기했다.[70] 즉 관측 사실로서의 케플러의 법칙으로부터 $F=Gm_2m_2/r^2$라는 형태의 만유인력 법칙이 도출되고, 이 공식에 의해 반대로 지상 물체의 낙하와 달의 회전이 설명되고 조석현상이 해명되며, 지구의 형상이 올바르게 계산되고, 나아가 혜성이 언제 돌아오는지 정확하게 예측된다면, 만유인력 법칙의 타당성이 입증되는 것이다. 이 이상의 것, 즉 '만유인력의 본질은 무엇인가' 라는 존재론적인 문제는 자연철학(물리학)이 묻는 것은 아니며, 또 '만유인력은 공간을 어떻게 전파하는가' 라든가 '만유인력은 무엇을 사이에 두고 대상 물체에 이르는가' 같은 것들-힘의 설명-로 머리를 괴롭혀서도 안 된다. 이것이 뉴턴의 공식적인 입장이었다. 이전에 갈릴레이가 운동학에 대해서 세웠던 수학적 현상주의의 입장을 뉴턴은 동역학으로까지 넓혔던 것이다.

돕스(B. J. T. Dobbs)에 따르면, 우주공간을 채우고 있는 미세한 물질의 와동이 행성을 궤도 운동시킨다는 기계론의 가정을 뉴턴이 멀리한 때는, 뉴턴이 수학적으로 케플러의 제2법칙(면적정리)을 증명했을 때라고 한다.[71] 미세한 물질이 행성의 운동에 작용한다면-지름에 수직 방향으로 힘을 미친다면-제2법칙이 성립하지 않을 것이기 때문이다. 뉴턴이 엄밀하게 증명한 것처럼 케플러의 제2법칙은 힘이 중심력일 때만 엄밀하게 올바르다. 이처럼 청년 시절에 데카르트의 기계론에서 영향을 받았던 뉴턴이 이 시점에서는 힘의 충격 모델과 완전히 결별했다고 전해진다. 이것은 또한 티코 브라헤의 정밀한 정량적 측정과, 케플러의 엄밀한 수학적인 법칙이야말로 어떤 철학적 입장보다 뛰어나고 진정으로 믿을 수 있다는 걸 뉴턴이 인정했다는 뜻이기도 하다.

자력과 같은 영혼적인 혹은 마술적인 원격력을 부정하고, 그 조작을 해명하는 것에 의해 마술을 해체할 수 있다고 믿었던 기계론은 중력을 설명하는 데 실패했다. 이에 대해 뉴턴은 정밀한 측정에 근거한 중력을 엄밀한 수학적 법칙에 따르게 함으로써, 말하자면 마술적인 원격력을 합리화했던 것이다.

마술의 신성화

사실은 뉴턴 자신은 신비적이며 종교적인 인물이었으며 내심으로는 이 정도만큼 근대적으로 명쾌하게 결론을 내린 것은 아니었다. 경제학자 케인스는 뉴턴에 대해 "그는 최후의 마술사였다"라고 말한 적이 있지만,[72] 반대로 말하면 그렇기 때문에 천체들 사이에 작용하는 원격력으로서의 중력이라는 불가사의한 작용을 받아들이는 것이 가능했다고 할 수 있다. 실제로 뉴턴은 만유인력에 근거해 '세계의 체계'를 구상하면서도 다른 한편으로는 연금술에 빠져 있었다. 원래 『프린키피아』 집필을 포함해 뉴턴이 역학의 연구에 몰입한 기간은 겨우 3년여이며, 그 열 배에 가까운 기간을 연금술 연구에 몰두했다. 뉴턴이 남긴 연금술에 관한 방대한 원고를 분석한 돕스나 웨스폴은 뉴턴의 힘 개념의 기원을 연금술의 '능동적 원리'에서 찾았다.[73]

원래 길버트가 지구는 영혼을 가진 자석이라고 말했던 까닭은 지구의 활동성을 보증하기 위해서였다. 그리고 대륙과 달리 영국에서는 앞장에서 본 것처럼 기계론 속에도 파워의 '미세한 정기'나 보일의 '우주적인 성질의 담당자로서의 발산기'라는 비기계론적 요소가 이미 도입되었다. 연구자에 따르면 '뉴턴 이전의 물질이론에서 능동적 원리를 사용한 것은 영국 기계론 철학에서 부정할 수 없는 전통이었으며, 일부 저술가들의 사소한 일탈에 지나지 않는 것으로 간과할 수는 없다'[74]는 것이다. 어쨌든 뉴턴은 그때까지의 기계론이 말하는 것처럼 불활성적이고 수동적인 물질만으로는 이 역동적인 세계를 설명할 수 없다고 보았다. 실제로 뉴턴은 "입자는 수동적인 운동법칙을 수반하는 관성의 힘을 가지고 있을 뿐 아니라, 어떤 능동적인 원리, 예를 들어 중력이라든가 발효라든가 물질의 결합을 불러일으키는 동인(動因)에 의해서도 움직인다"고 했다. 그뿐 아니다.

우리는 이 세계에서 이와 같은 능동적 원리에 의해 일어나는 것 이외의 운동을 거의 만날 수 없다. 만약 이 (*능동적) 원리가 존재하지 않는다면 지구, 행성, 혜성, 태양 그리고 그들 내부의 모든 것은 차가워지고 얼어서 불활성적인 덩어리로 변해버릴 것이다. 그리고 부패, 생성, 번식, 생명은 모두 멈추고 행성과 혜성은 궤도에 머물 수 없을 것이다.[75] (『광학』, 의문31)

뉴턴이 학생 시절에 크게 영향을 받았던 헨리 모어(Henry More)도 이미 1659년에 "중력 현상은 기계론의 법칙과는 어울리지 않는다"면서 중력을 설명하기 위해서는 "비물질적이며 비물체적인 원인이 필요하다"[76]고 주장했다. 덧붙이자면 모어 등의 케임브리지 플라톤주의자들이 '물질은 불활성'이라고 할 때, 그 이면에는 '정신이나 혼은 능동적'이란 규정이 깔려 있었다.

그래서 뉴턴에게는 물질의 수동성과 힘의 능동성을 어떻게 타협시킬까 하는 것이 평생의 과제였다. 뉴턴이 1675년 왕립협회에서 발표한 『빛의 성질을 설명하는 가설Hypothesis explaining the Properties of Light』에는 "아마 모든 것들은 에테르에서 비롯되는 것이 아닐까"[77]라고 쓰고 있는데 이것도 그러한 모색의 일환이었다. 이런 면에서는 기계론으로의 회귀처럼 보이기도 하지만 뉴턴의 참뜻은 그렇지 않았다.

실제로 1693년에는 "혼도 이성도 없는 물질이 중간에 어떤 비물질적인 것도 통하지 않고 다른 물질에 작용하고, 상호 접촉을 하지 않으면서 다른 물질에 영향을 미친다는 것은 생각할 수 없습니다"라고 편지에 쓰고 있으나, 그 후에는 "중력은 어떤 법칙에 따라 작용하는 하나의 작용인에 의해 일어나야만 합니다. 그러나 이 작용인이 물질적인 것인지 비물질적인 것인지에 대해서는 독자들의 판단에 맡기겠습니다"라고 썼다.[78] 중력은 '무언가'에 의해 전해지지만 뉴턴이 말하는 그 '무언가'가 현대의 우리가 생각하는 것 같은 물질이라고는 한정할 수 없다.『광학』1707년판 의문 28에는 더욱 확실히 "자연철학의 주요한 임무는 가설을 날조하지 않으면서 우선 현상으로부터 논의를 진척시키고 이어 결과로부터 원인을 추측하고, 마침내 기계론적으로는 있을 수 없는 참된 제1원인에 도달하는 것에 있다"고 기록했다.[79]

이렇게 '중력의 원인'에 대해 뉴턴이 최종적으로 도달한 해답, 즉 '기계론적으로는 있을 수 없는 제1원인'은 '비물체적이며 생명 혹은 지성을 가진 편재하는 존재자'[80] 바꾸어 말하면 '신'이었다. 그것은 동시대의 뉴턴주의자였던 벤틀리(Richard Bentley, 1662-1742)가 "자연계에 확실히 존재하는 만유인력은 어떤 조작이나 물질적인 원인을 초월한 것이며, 보다 고차적인 원리 즉 신적 에너지와 위광에서 유래한다"[81]고 한 주장에서 단적인 표현을 발견하게 된다. "사물의 현상으로부터 신으로 나아가는 것은 그야말로 자연철학에 속하는 것입니다"라고 『프린키피아』제2판의 '일반적 주해'에서 이야기하는 것처럼 뉴턴은 '자연철학의 수학적 원리'는 '자연철학의 신학적 원리'에 의해 보완되어야 완전해진다고 보았다.

뉴턴 시대에는 원격력이라는 마술적인 것을 물리학에 도입하기 위해서는 그것을 합리화할 뿐 아니라 그것을 신성화하지 않으면 안 되었던 것일까. 어쨌든 수학적 관계식으로 표현된 만유인력이라는 관념은 힘에 대해 그와 같은 형이상학적이고 신학적인 기초를 부여하는 것과는 상관없이 그 자체로 놀라울 만큼 유효하다는 것이 판명되고, 근대 물리학과 근대 우주론의 형성에 결정적인 역할을 하게 된다. 힘에 관련된 형이상학적, 신학적 불순물이 완전히 씻겨나가는 것은 훗날의 프랑스 계몽주의를 기다려야만 했다. 이것은 자력을 둘러싼 논쟁에서 보다 분명해진다.

뉴턴과 자력

중력의 문제는 『프린키피아』에서 이렇게 하나의 해답을 주었지만 자력은 여전히 미해결 문제로 남았다.

뉴턴이 평생에 걸쳐 남긴 글 중에는 자석을 언급한 곳이 가끔 보이지만 자석과 자력 자체를 주제로 삼아 정면에서 논한 것은 발견되지 않는다. 뉴턴이 행한 자석에 대한 실험 중 눈길을 끄는 것으로는 조용한 수면 위로 떠오른 자석과 철이 서로 끌어당겨 일체가 된 다음 곧 정지하는 것이 있다.[82] 뉴턴은 이것을 가지고 자석이 철을 당기는 힘의 크기와 철이 자석을 끄는 힘의 크기가 같다는 사실의 증거로 삼는다. 이 실험은 자력에 대해 '작용, 반작용의 법칙'이 성립하는 것을 직접 나타낸다는 점에서는 중요했지만, 그 이상의 자석에 대한 깊은 인식은 찾기 힘들다. 그런 점에서 보면 뉴턴은 자력에 대해 비교적 관심이 희박했던 것으로 여겨진다.

뉴턴은 1669년 26세로 케임브리지 대학의 수학 교수가 되기 이전까지는 케임브리지에서 조용히 연구생활만 했다. 런던의 왕립협회와 접촉을 시작한 것은 1671년 무렵이었다. 때문에 뉴턴의 과학사상의 형성과정에 길버트의 자기철학은 거의 영향을 미치지 않았다. 오히려 데카르트와 보일의 기계론 철학의 영향이 훨씬 컸다. 실제로 뉴턴이 학생시절에 쓴 노트에는 자기(磁氣)의 원인으로는 '자기방사', 중력의 원인으로는 '중력방사'를 꼽고 있으며, 이 자기방사나 중력방사의 흐름을 이용한 영구운동기관에 대한 아이디어까지 적혀 있다.[83] 이런 발상은 100퍼센트 기계론적인 것이다. 이 노트에는 데카르트나 보일의 이름이 빈번하게 등장하고, 원자론자 찰턴의 영향도 보이지만, 길버트나 케플러, 윌킨스는 등장하지 않는다. 청년 시절에 뉴턴이 경도됐던 것은 한편으로는 기계론, 원자론이며 다른 한편은 케임브리지 플라톤주의였다.

그런 까닭에 뉴턴은 이후로도 옥스퍼드나 런던의 그룹과 달리, 예컨대 태양이 자석이라는 견해를 받아들이지 않았다. 태양이 혜성을 향해 자석과 같은 힘을 미친다고 생각한 훅이나 앞에서 말한 플램스티드의 주장에 대해서는 "이(*태양의) 인력이 자기적 성질을 갖는다는 것을 믿을 수가 없습니다. 왜냐하면 태양은 아주 뜨거운 물체이기 때문입니다. 붉게 가열된 자석은 그 힘을 잃을 수밖에 없지 않겠습니까"라며 이 주장의 허점을 지적하면서 단호히 물리치고 있다. 뉴턴에 따르면 "태양 전체는 적열 상태일 것이며, 때문에 그 자기를 우리가 알고 있는 것과는 다른 종류의 자기라고 가정하지 않는 한, 태양이 자기를 가질 수는 없다"[84]는 것이다. 『프린키피아』 제3편 명제 6의 추론 5에는 다음과 같이 기술돼 있다.

중력은 자력과는 종류가 다른 것이다. 왜냐하면 자기적인 인력은 당겨지는 물질의 양에 비례하지 않기 때문이다. 자석은 어떤 물체는 강하게 끌어당기고 어떤 물체는 약하게 당기고 또 대다수 물체는 전혀 당기지 않는다. 또 자력은 같은 물체에 대해 강하게 작용하기도 하고 약하게 작용하기도 한다. 때로는 같은 물질량에 대해 중력보다 훨씬 강한 힘을 발휘하기도 한다. 그리고 자석으로부터 멀어져갈 때 어느 정도 조잡한 관측으로 판단하건대, 자력은 거리의 제곱에 비례해서 줄어들지는 않으며 거의 3제곱에 비례해서 감소한다.

이것은 『프린키피아』 2판(1713)과 3판(1726)에 나오는 것으로 1687년의 초판에는 명제 6의 추론 4에 해당한다. 초판에서는 마지막 부분이 "거리의 제곱보다도 빠르게 감소한다"고 돼 있다.[85] 뉴턴이 자력과 중력이 서로 다르다고 생각한 가장 큰 이유는 측정된 자력의 강도 변화가 중력과 달리 역제곱 법칙에 따르지 않는다는 점에 있었던 것 같다. 뉴턴도 훅과 마찬가지로 힘의 본질 규정과 아이덴티티는 우선 수학적 관계에 있었으며, 중력의 주요한 지표는 역제곱 법칙에 있었다.

버치의 『역사』에는 1687년 2월 23일 무렵에 "핼리 씨가 어느 정도 떨어진 거리에서 자석의 힘이 어떻게 감소하는지를 발견한 자신의 실험에 관한 논문을 읽었다"고 돼 있으며, 같은 해 3월 2일의 기록에는 "핼리 씨가 자력이 거리에 따라 감소하는 비율을 발견하기 위해 손수 행한 실험을 설명했다"고도 돼 있다.[86] 핼리가 시도한 방법은 훅과 달리 거리가 떨어진 곳에 있는 자석에 의해 자침이 얼마나 흔들리는지, 그 각도를 측정하는 방식이었던 것 같다. 에드먼드 핼리(Edmond Halley, 1656-1743)는 자신의 재능을 선뜻 드러내려고 하지 않는 뉴턴에게 『프린키피아』를 집필하도록 독려했을 뿐 아니라, 그 책이 출판되도록 뛰어다니면서 돈까지 댄 인물로 알려져 있다. 핼리와 뉴턴의 관계와, 그 무렵 뉴턴이 『프린키피아』 초판의 제3편을 집필 중이었다는 점을 고려하면, 핼리가 이 실험을 하게 된 것은 뉴턴이 부탁했기 때문이 아닌가 생각된다. 그렇다면 초판에 나온 '거리의 제곱보다 빠르게'라는 표현은 이 측정에 근거한 것으로 보인다.

뉴턴은 『프린키피아』 제2판을 낼 때는 왕립협회 회장 자격으로 측정을 제안했다. 과학사가인 로버트 팔터(Robert Palter)에 따르면, 그것은 1721년 3월 20일로 젊은 수학자인 테일러가 과학자이자 전기 실험가인 혹스비(Frankis Hauksbee, 1670-1713 추정)의 도움을 받아 거리에 따른 자력의 감소를 측정했다고 한다.[87] 테일러와 혹스비의 측정 결과는 각각 다른 곳에서 발표됐다. 먼저 혹스비의 결과가 『철학회보』 1721년 호에 발표되었고, 혹스비가 죽은 뒤 테일러가 협회 간사인 한스 슬로에인(Hans Sloane)에게 보낸 1721년 6월 25일 편지가 역시 같은 잡지의 1715년과 1721년 호에 실렸다.

테일러에 의하면 측정 방법은 다음과 같았다.

우리는 왕립협회의 커다란 자석을 양극이 수평이 되도록 하고, 양극을 잇는 선이 자침과 방향이 정확히 직각이 되도록 놓았다. 그리고 자석은 실험을 위해 특별히 고안된 수레 위에서 앞뒤로 자연스럽게 움직이도록 했고, 이때 자침의 중심은 자석의 양극과 항상 같은 선 위에 있도록 했다. 자침의 중심으로부터 자석의 끝(양극 중 자침에 가까운 극)까지의 거리를 측정한 다음 자침이 원래의 자연적인 방향으로부터 얼마나 기울었는지를 측정함으로써 다음의 데이터를 얻었다.

즉 자침의 흔들리는 각 $ø$와 자석의 끝까지의 거리 r 사이의 관계식을 얻으려고 했던 것이다. 실제로는 자침이 흔들리는 것은 자기쌍극자들 사이의 힘의 효과이고, 힘과 이 각도 사이의 관계는 아주 복잡하지만, 여기서는 각도 $ø$ 가 자력의 강도를 드러낸다고 암묵적으로 가정하고 있다. 그리고 그 결과는 다음과 같았다.

만약 자석과 자침의 중심이 각각 어디에 있는지를 알면 거리에 따라 자력이 어떻게 변하는지를 쉽게 알 수 있을 것이다. 하지만 이 중심점을 정확히 알 수 없기 때문에 나는 자침의 중심으로부터 자석의 끝까지 이르는 힘을 계산했다. 그 결과 9피트 거리에서의 힘은 거리의 세제곱보다 빠르게 변화하며, 1, 2피트 거리에서는 힘이 거의 제곱으로 변화한다는 것을 알게 됐다.[88]

'자력의 중심'이라 표현한 까닭은 혹스비에 따르면 사용된 자석이 '불규칙한 형태'를 하고 있었기 때문이었다.[89] 테일러는 거꾸로 '자력의 변화 법칙이 거리에 따라 단일한 형태로 환원될 수 있는지를 확인하기 위해' 자력의 중심을 구했지만, 그 중심은 자석 바깥에 있었던 것이다. 그 결과 테일러는 "자력은 거리에 따라 일정하게 변하는 것이 아니라, 멀리 있을 때보다 가까이 있을 때 훨씬 빠르게 감소한다"는 결론을 얻었다.[90] 자력에 관해서는 간단한 수학적 관계식을 발견하는 것이 불가능했던 것이다. 측정 데이터는 혹스비와 테일러가 달랐지만 결론은 동일했다.

측정은 3월 20일 이전에 행해졌고 결과는 바로 뉴턴에게 전해졌을 것이다. 당시 『프린키피아』의 개정 작업에 몰두하고 있던 로저 코테(Roger Cortes)에게 보낸 3월 18일 편지에서 뉴턴은 『프린키피아』 제3편, 명제 6의 초판의 추론 4를 앞의 인용에서 본 것처럼, 추론 5로 정정하라고 지시했다.[91]

아무튼 자력은 중력과 같은 법칙을 따르지 않는 것이 확실해졌으므로 뉴턴은 자력에 관해서는 중력과는 다른 식으로 접근했다. 즉 '자기 발산기'에 의한 전파라는, 기계론적이고 물질론적인 근접작용 모델을 추구했다.

실제 뉴턴이 1673년경에 쓴 초고 『공기와 에테르에 대하여』에는 "자석의 한 극으로부터 다른 극으로 환류하는 자기발산기에 의해 철가루가 자오선처럼 곡선으로 모이는 것을 본 사람은 누구든 자기발산기가 이와 같은 것이라는 것을 인정하리라고 믿는다"[92]라고 썼다. 1675년 왕립협회에 제출한 논문 『빛의 성질을 설명하는 가설』에서도 '중력원리(gravitating principle)'에 대해 '자기발산기(magnetic effluvia)'를 대치시키고,[93] 나아가 1690년대에 씌어진 것으로 추정되는 『프린키피아』 개정판의 초고에는 금은 자력을 차단하지 않기 때문에 금에는 '자석의 발산기'를 통과시키는 미세한 구멍이 갖춰져 있지 않다고 썼다.[94] 그 후 1704년 『광학』 제2편이나 1717년 판에서 붙여진 의문 22에도 '자기발산기'나 '자석의 발산기'가 존재한다는 것은 자명하다고 기록돼 있다.[95]

그뿐 아니다. 데이비드 그레고리(David Gregory, 1659-1708)가 1694년 3월 케임브리지에서 뉴턴과 만났을 때 뉴턴이 말한 것을 메모한 것이 남아 있는데 거기에는 다음과 같은 내용이 있다.

> 자력은 불꽃이나 열에 의해 파괴된다. 철 막대를 오랫동안 수직으로 세워두거나, 세워놓은 상태에서 차갑게 하면 지구로부터 자력을 얻는다. 또 망치로 철 막대의 어느 쪽 끝을 강하게 두드려도 자력을 얻을 수 있다. 만약 (예를 들어 모루 위에 철 막대를 놓고 망치로) 철 막대의 중앙을 내리치면 철 막대는 자성을 잃게 된다. 따라서 자력은 기계적인 수단을 통해 만들어지는 것으로 보인다.[96]

이전에 헨리 파워가 기계론적인 자력론을 펼친 것과 같은 논거이다. 뉴턴은 자력처럼 철에서만 볼 수 있으며 열이나 타격을 통해 그 힘을 마음대로 주거나 빼앗을 수 있는 것은 '만유'라고 불리는 중력과는 근본적으로 다를 수밖에 없다고 생각했던 것 같다.

1696년 런던으로 이주한 뉴턴은 1703년 3월에 훅이 죽자, 그 해 11월 왕립협회 회장으로 취임한다. 이후 1726년에 세상을 떠날 때까지 그 자리에 머물면서 협회, 나아가서는 영국 전체의 과학사상계에서 절대적인 영향력을 행사했다. 왕립협회는 뉴턴 신봉자들로 채워져 뉴턴의 가부장적 지배체제가 확립되었다. 따라서 18세기 초기의 3분의 1가량은 왕립협회의 자연철학(물리학) 연구가 대부분 뉴턴이 지시한 방향으로 진행되었다고 봐도 된다. 1730년에는 『철학회보』에 서빙턴 세이버리(Servington Savery)가 그 시기의 자기 연구에 대한 리뷰를 실었는데, 거기에는 자석이 끌어당기는 힘은 "중력과도 다르고 전기와도 다른, 보이지 않는 힘"이라고 씌어져 있다.[97] 자력이 중력과 다른 본성을 가진 힘이라는 점은 그 시기 뉴턴 서클 내부의 공통된 인식이었다.

실제로 왕립협회의 자력 연구는 '자기물질' 또는 '자기발산기'라는 가정에 근거해 진행되었다. 핼리는 1716년 3월에 런던을 시작으로 영국 전역에서 관측된 '기묘하고 놀랄 만한 현상' 즉 오로라에 대해, 북극에서 유출된 '자기발산기'로 설명하고자 했다. 오로라 현상을 지구자기와 관련시킨 첫 시도였는데 "나는 그 목적을 위해 자기물질의 발산기를 가정한다"라고 했다.[98] 이 문장은 17세기 초에는 뉴턴 서클에서 '자기발산기'의 존재를 공인했다는 사실을 명백히 드러내고 있다. 핼리는 그와 같은 발산기가 지구 바깥에 존재한다는 증거로서 뉴턴처럼 철가루가 자석 주변에서 만들어내는 곡선 모양을 들고 있다.

왕립협회 나아가 런던 과학계 전체에 대한 뉴턴의 영향력은 뉴턴이 사망한 후, 그리고 1743년에 핼리가 죽고 이듬해 "수학을 전혀 사용하지 않은 채 뉴턴 철학을 해설하는 데 탁월한 수완을 보인 달인"으로 평가받았던[99] 데자글리에(John Theophilus Desagulier, 1683-1744)가 죽음으로써 명맥이 완전히 끊기게 된다. 그 무렵 런던에서 출판된 체임버스(Chambers)의 『백과사전』 제5판(1741-1743)의 '자기' 항목에는 "현재 가장 중요하게 보급되고 있는 견해는 데카르트의 것이다"라고 명기돼 있다.[100] 결국 자력에 대해서 뉴턴은 데카르트 이론을 대신할 만한 것을 제창하지 못했던 것이다.

그 직후인 1747년에 인공자석을 만드는 새로운 기법을 개발하고 항해용 나침반을 개량하기도 했던 왕립협회 회원 고윈 나이트(Gowin Knight, 1713-1772)가 자석의 실험에 관해 정리한 보고서가 『철학회보』에 실렸다. 끝부분에 '자석의 놀라운 현상에 대한 원인'을 고찰한 부분이 있다.

명제 I. 자석의 자기물질은 자석 내부에서는 한쪽 극으로부터 다른 쪽 극으로 흘러가고, 그 다음 자석 바깥으로 나와 곡선운동을 하면서 처음 유입됐던 극으로 흘러간다. 이렇게 해서 다시 내부로 흘러가면서 반복하게 된다.

명제 II. 두 개 또는 그 이상의 자기물체가 서로 끌어당기는 직접적 원인은 동일한 자기물질들이 이들(*자기물체들)을 통과하기 때문이다.

명제 III. 자기적 척력의 직접 원인은 자기물질들이 한곳에 집적하기 때문이다.

이것은 특별히 [데카르트의] 나사 입자를 거론하진 않지만 와동 이론의 재탕이라고 할 수 있다. 나이트는 이런 주장의 근거로 다음과 같은 실험을 들었다.

실험 I. 철가루나 자기 모래를 흩뿌려 놓은 종이나 유리 밑에 자기적 물체를 놓아두자. 테이블을 탁탁 두드리면 철가루들은 자기물질의 경로를 아주 정확히 나타내면서 흩어질 것이다.……철가루들은, 자기물질이 처음 나왔던 곳으로 다시 돌아가는 모양을 곡선 형태로 정확히 보여줄 것이다.

실험III. 한쪽 자석의 남극과 다른 쪽 자석의 북극을 마주보게 하면 자기 물질들은 한쪽 자석의 극에서 다른 쪽 자석의 극으로 직접 옮겨가지만, 양쪽 자석의 극을 다 통과할 때까지는 원래 자리로 돌아오지 않는다.

실험V. 두 개의 자석의 북극(들) 또는 남극(들)을 서로 마주보게 하면 철가루 모양은 (자기물질의) 두 흐름이 충돌하는 것처럼 나타낼 것이다. 그리고 각각의 곡선은 동일한 자석의 반대 극을 향할 것이다…….[101]

여기에 인용한 것은 실험의 일부이지만 이 글에서도 뉴턴이 주장했던 것처럼 자장 속에서 철가루가 만들어내는 곡선 모양이 자기물질의 존재와 그 흐름에 대한 확실한 증거로 채택되고 있다.

어떤 과학사가가 지적했듯이 영국에서는 이처럼 "자기에 관한 한 뉴턴의 사상은 전 생애를 통해 자신의 최대 라이벌이었던 데카르트와 아주 유사했으며 초기 뉴턴 그룹도 마찬가지의 접근 방식을 취했다." 나아가 "뉴턴주의를 가장 신봉했던 이조차 18세기 전반까지는 정통적인 데카르트주의의 견해를 유지했다."[102]

다만 와동의 담당자인 자기발산기를 특수한 물질로 보았던 점에서는 '정통적 데카르트주의'라기보다는 보일의 입장에 가까웠다고 할 수 있다.

❋ ❋ ❋

17세기 유럽 대륙에서는 부흥한 기계론과 부활한 원자론이 새로운 과학으로 유행하고 있었다. 그런 입장에서는 물체는 불활성이며, 힘은 직접적 접촉에 의해서만 전파된다고 보았다. 이 사상은 영국에도 영향을 미쳤다.

그러나 영국에서는, 특히 왕립협회를 창설한 존 윌킨스를 중심으로 한 그룹에서는 베이컨의 '실험철학'과 함께 천체들끼리 자기적으로 상호작용한다는 케플러의 '자기철학'이 계속 받아들여지고 있었다. 따라서 영국에서는 천체들 사이의 힘을 자력과 비슷한 원격작용으로서 보는 풍토도 존재했다.

기계론자였던 훅도 행성이 태양 주위를 회전하게 하는 힘에 대해, 우주를 채운 유체 물질의 밀도 차이에 의해서 생긴다는 데카르트적인 관점 외에도, 태양이 원격작용을 통해 행성을 끌어당긴다는 관점도 고려하고 있었다. 그리고 행성운동을 이해하면서 행성으로 하여금 직선적인 관성운동으로부터 벗어나 중심물체로 향하게 하는 힘이 어떻게 발생하고, 무엇에 의해 어떻게 전달되는가를 묻지 않고, 그 힘의 강도가 중심물체로부터의 거리 변화와 함께 어떻게 변화(감소)하는가만을 문제 삼았다. 이것이 기계론으로부터의 전환점이었다. 또 자력과 중력이 같은 것인지 아닌지를 판명하는 것은 그 둘의 수학적 관계가 같은지 아닌지에 달려 있다는, 극도로 단순한 형태로 문제를 파악했다. 이것은 훅의 기본사상이었다.

훅은 행성의 운동은 궤도 접선 방향으로의 관성운동과 중심력에 의한 중심 방향으로의 가속운동의 합으로 파악해야 한다는 새로운 해석방법을 제창했다. 수학적으로 중심력을 도출하는 데 성공한 것은 뉴턴의 『프린키피아』에서였다. 뉴턴의 자연철학(물리학)에 대한 기본적인 견해는 그의 『광학』 의문 31에 다음과 같이 구체적으로 적혀 있다.

아리스토텔레스주의자는 물체 내에 감추어져 있어 분명한 효과의 미지의 원인이라고 생각되는 성질을 '숨겨진 성질'이라고 이름 붙였다. 중력, 자기적 인력, 전기적 인력 및 발효는, 그 힘이나 작용이 우리에게는 알려져 있지 않고 발견도 되지 않으며 분명하지도 않다는 점에서, 이들 물질의 원인이야말로 숨겨진 성질일 것이다. 이와 같은 숨겨진 성질은 자연철학의 진보를 방해하기 때문에 최근에는 숨겨진 성질을 배척하기 시작했다. 모든 사물에는 각각에 고유한 숨겨진 성질이 있으며 그 숨겨진 성질을 통해 사물이 작용하고 분명한 효과를 만들어낸다고 하는 말은 아무것도 말하지 않은 것과 같다.

여기까지는 갈릴레이나 데카르트에서 헨리 파워에 이르기까지의 기계론의 주장과 동일하다. 뉴턴의 독창성과 새로움은 다음과 같은 부분에 있다.

그러나 우선 현상들로부터 두세 개의 일반적인 운동 원리를 도출하고, 다시 이들 원리로부터 모든 사물의 성질이나 작용이 어떻게 생기는지를 나타낸다면, 이들의 원인이 무엇인지 아직 발견되지 않았다고 하더라도 철학에서 위대한 첫걸음을 내딛는 일이 될 것이다.[103]

힘에 대해서 보면 현상으로부터 수학적 법칙을 끌어내고, 다시 그 법칙을 통해 그 밖의 몇 가지 현상을 설명하는 데 성공한다면 그것으로 옳다는 입장이다.

이렇게 해서 뉴턴은 거리의 제곱에 반비례하고 서로의 질량에 비례하는 인력(만유인력)이 천체들 사이에 작용한다는 사실을 케플러의 법칙에서 도출했을 뿐 아니라, 그것이 행성과 혜성, 위성의 운동을 시종일관 정량적으로 제대로 설명할 수 있다면, 그 인력의 본질이나 전달 메커니즘에 천착하는 것보다 훨씬 낫다는 사상을 제창했다. 실제로 그의 역학의 성공은 이렇게 도출된 수학적인 만유인력의 법칙이 조수간만이나 지구의 형상을 설명하고, 혜성의 움직임을 올바로 예측함으로써 지지를 받았다. 기계론은 힘의 전달 메커니즘을 해명함으로써 마술을 해체하고자 했으나, 뉴턴은 힘의 법칙을 분명히 함으로써 마술을 합리화하고, 수리과학으로서의 물리학에 몰입했던 것이다. 다만 뉴턴은 마술적인 힘을 합리화하고 나아가 그 힘의 기원을 최종적으로는 '공간에 편재하는 신'에서 찾음으로써 그 힘을 신성시하는 결과를 낳았다. 하지만 이것은 시대의 제약이었다.

자력과 중력의 관계에 있어서, 자기철학의 영향을 받지 않았던 뉴턴은 케플러에서 훅에 이르는 자기중력론과는 처음부터 거리를 두었다. 뉴턴은 훅과 마찬가지로 둘의 관계를 수학적 관계가 일치하느냐 아니냐 하는 것으로 판단했다. 하지만 역제곱 법칙이 검증되지 않는다는 사실로부터 자력은 중력과 본질적으로 다르다고 생각했다. 결국 자력에 대해서는 '자기발산기'를 도입해 기계론적이거나 물질론적인 근접작용으로 해석했다. 이런 사고는 뉴턴이 죽은 18세기 초까지 이어졌다.

자력도 그 법칙이 수학적으로 결정되어 17세기 소박한 기계론의 제약을 벗어나, 자기학이 수리과학으로 편입되는 것은 뉴턴 사후의 일이다. 그것은 또 뉴턴이 힘 개념에 덧씌웠던 형이상학적·신학적 찌꺼기를 씻어내는 과정이기도 했다.

22장

에필로그
자력법칙의 측정과 확정

자력과 중력에 대한 인식의 심화와 새로운 발전은 신비사상가 니콜라우스 쿠사누스나 마술가 델라 포르타가 예감한 방향으로 나아갔다. 이처럼 물활론적 또는 마술적인 자연관에서 태어난 원격력의 개념은 길버트와 케플러를 거쳐 수학적 법칙으로 확정됨으로써, 자연학의 내부에서 자기 위치를 찾게 된다. 그리고 그 최종단계는 중력에 대해서는 훅과 뉴턴이, 자력에 대해서는 마이어와 쿨롱이 완수한다.

무센브루크와 헬샘의 측정

뉴턴 사후 영국에서는 중력의 경우와 달리 자력은 기계론적 또는 물질론적인 입장이 지배적이었다. 즉 자석 안팎을 순환하는 와동에 따라 자기현상을 설명하려는 경향이 압도적이었던 것이다. 뉴턴이 중력에서 채용한 노선, 다시 말해 자력에 대해 수학적 법칙을 발견하려고 했던 쪽은 영국이 아니라 유럽 대륙과 아일랜드의 과학자들이었다.

그 첫걸음은 네덜란드의 무센브루크(Pieter van Musschenbroek, 1692-1761)가 내디뎠다. 레이덴(Leyden) 대학에서 의학을 공부한 그는 1719년 영국을 여행하면서 영국의 실험자연학에 깊이 매료되었다. 그 후 뒤스부르크(Duisbourg) 대학, 위트레흐트(Utrecht) 대학에서 교편을 잡아 18세기 전반 네덜란드에서 뉴턴주의를 보급하는 중심인물이 되었다.

무셴브루크가 처음 자력을 측정한 것은 1724년이었다. 그 해 12월 24일 실시한 측정 결과는「데자글리에에게 보낸 편지」에 들어 있었다. 이것은 1725년『철학회보』에 실렸다.

이 실험 보고서에서는 '자기발산기'가 처음으로 부정되고 있다. 무셴브루크는 "불은 물체에 의해 정지되고, 빛은 고체를 통과하지 못하고, 유체는 고체의 저항을 받는다"고 지적하면서 "(자석과 철) 사이에는 어떤 물체가 놓여져 있던 자력이 (*중간의 물체와 상관없이) 힘을 작용하기 때문에 '자기발산기'라는 것은 존재하지 않는다"고 주장했다. 즉 "자석은 철이나 다른 자석에 어떤 물질적인 발산기를 통해 작용하는 것이 아니라, 원인은 정확히 모르지만 비물질적인 종류의 물질을 통해서 작용한다"는 것이다.[1] 이것은 기본적으로 (*자력이 다른 물체에 의해) 차단되는 효과가 없으므로 자력을 비물질적인 원격력이라고 본 길버트와 동일한 주장이다. 그 후 1729년에 출판된『자석에 대한 물리학적 실험의 논고』에서는 "자기(磁氣)유체[자기발산기]라는 것은 그것을 상상하는 사람의 마음속에만 존재한다"고 단언했다.[2]

그래서 무셴브루크는 자력 연구의 방향을 자력의 크기가 거리의 변화에 따라 어떻게 변하는지를 측정하는 쪽으로 몰고 갔다. 그 측정 방법은 니콜라우스 쿠사누스와 델타 포르타가 보여주었던 천칭에 의한 실험을 정밀하게 한 것으로 〈그림 22.1〉의 장치로 시행했다. 그림에서 N과 H는 측정 대상인 두 개의 자석이며, L은 구리막대이다. M에서 실을 늘어뜨려 N과 H의 거리를 변화시키고 각각에 따라 F의 접시에 추를 넣고 자석 H와 균형을 맞춘다. 이 추의 양으로 자석 사이의 힘의 크기를 재는 것이다.「데자글리에에게 보낸 편지」에서 무셴브루크는 몇 가지 측정 결과를 데이터로 기록한 뒤 "이 실험으로부터 힘과 거리 사이에 어떤 비례 관계가 있다고 결론지을 수 있을까요. 나는 모

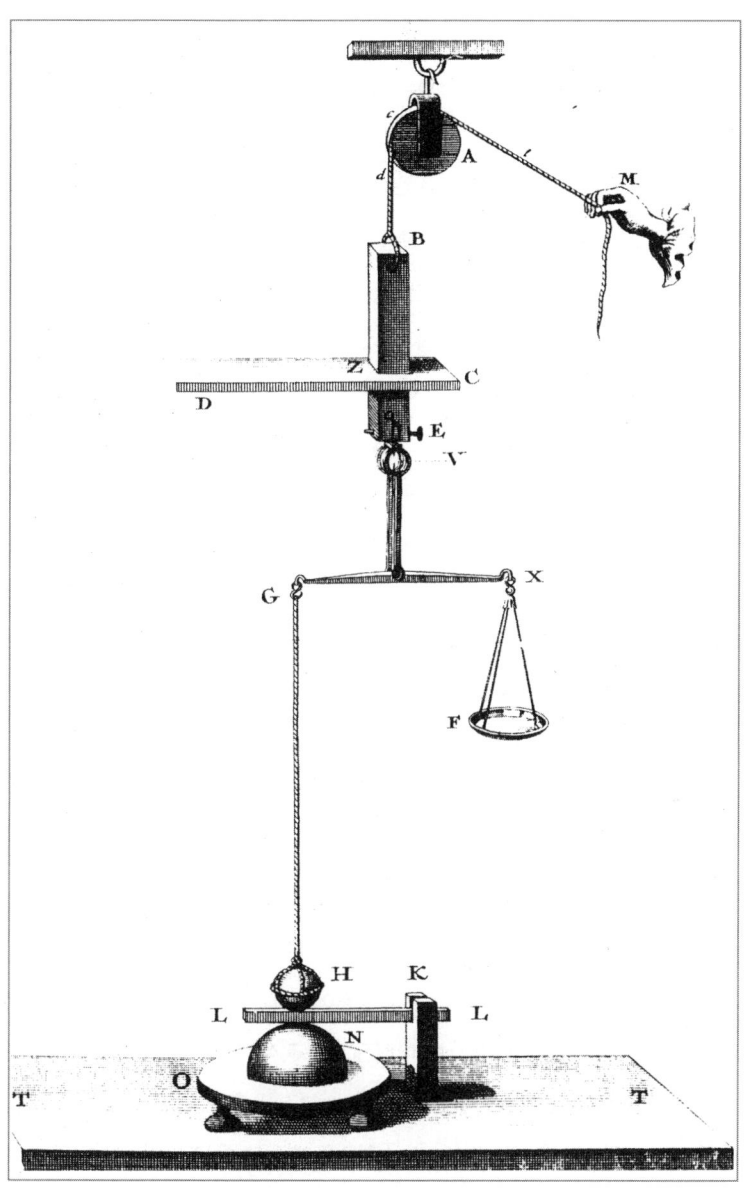

〈그림 22.1〉 무셴브루크의 자력 측정 장치.

르겠습니다"라고 말하면서 결국엔 "힘과 거리 사이에는 어떤 비례 관계도 없다"고 결론을 내렸다. 그는 자력 법칙을 발견하는 데 실패했던 것이다.[3]

이에 반해 거의 비슷한 방식으로 자석과 철 사이의 인력을 측정해 자력에 대해 처음으로 역제곱 법칙을 증명한 인물이 있었다. 아일랜드에서 태어나 트리니티 칼리지에서 공부하고, 더블린에서 수학과 자연철학을 강의하고 있던 리처드 헬샘(Richard Helsham, 1682-1738 추정)이었다. 그가 측정한 것은 그의 사후인 1739년에 출판된 『자연철학과정A Course of Lectures in Natural Philosophy』에 기록돼 있다.

책 서두에서 자신이 자기(磁氣)를 연구하는 목적에 대해 그는 "자석과 자침이 드러내는 성질은 다채롭고 놀랍지만 여기서 이들을 고찰하지는 않을 것이다. 지금 시점에서 내 관심은 오직 자기적 인력에 관한 법칙을 실험을 통해 끌어내는 것, 다시 말해 자석의 인력이 철과의 거리에 따라 어떤 비율로 변하는지를 밝히는 데 있다"[4]고 했다.

실험 장치는 천칭의 한쪽에 자석을 늘어뜨리고, 다른 쪽에 그와 균형이 맞도록 추를 얹은 다음 자석 아래쪽에 평평한 철판을 두는 간단한 것이었다.

늘어뜨린 자석 아래로 4/10인치 거리에 평평한 철판을 두면 곧바로 자석이 내려와 철판에 붙을 것이다. 자석을 다시 원래 위치로 끌어올리기 위해서는 4 4/10그레인의 추를 천칭의 다른 쪽에 놓아야 한다. 이 더해진 추가 자석의 인력과 정확히 균형을 맞추고 자석이 다시 내려가지 않도록 해줄 것이다. 그러나 추를 조금이라도 덜어내면 (*철과 자석 사이의) 인력으로 자석이 다시 아래로 내려갈 것이다. 만약 자석과 철판 사이의 거리가 앞서의 절반, 즉 2/10인치로 줄어든다면 자석이 내려가는 것을 막기 위하여 필요한 추의 무게는 약 17 1/2그레인이 될 것이다. 이것은 이전의 약 네 배이

A COURSE OF

LECTURES

IN

Natural Philoſophy.

By the late
RICHARD HELSHAM, M.D.
Profeſſor of PHYSICK and NATURAL PHILOSOPHY
in the Univerſity of DUBLIN.

PUBLISHED BY
BRYAN ROBINSON, M.D.

The FOURTH EDITION

LONDON:
Printed for J. NOURSE, oppoſite *Katherine-Street* in the
Strand, Bookſeller in Ordinary to his MAJESTY.

M.DCC.LXVII.

〈그림 22.2〉 헬샘의 『자연철학과정』 제4판(1767)의 표지.

다. 따라서 철에서 1의 거리에 있는 자석의 인력은 2의 거리에 있는 자석의 인력과 4 대 1의 비, 즉 거리의 제곱에 반비례한다.[5]

헬샘이 자신의 실험을 서술한 것은 이것으로 끝난다. 위 인용문에 이어지는 부분에서 그는 뉴턴이 『프린키피아』 제3편 명제 6, 추론 5에서 자력이 거리의 약 세제곱에 반비례한다는 주장을 한 데 대해 "그렇지만 나는 자기적 인력은 거리의 역제곱에 비례하는 힘으로 작용한다고 단언한다"고 결론짓는다. 그것은 실험에 앞서 헬샘이 품고 있던 확신이었다고 말해야 할 것이다. 〔위의 인용문에서〕 모두 '일 것이다(will be)' 라고만 표현돼 있어 실제로 실험을 하고 측정한 결과인지 의문이 들지만 그것을 차치하더라도 단 한 번의 측정으로 이와 같은 일반적인 결론을 내린다는 것은 '처음부터 결론을 내리고 있었다'는 느낌을 주기에 충분하다.

헬샘의 『자연철학과정』은 뉴턴주의와 새로운 실험 물리학의 교과서로서 이후에도 판을 거듭했다. 그러나 그의 자력 연구 자체는 1770년 왕립협회 회원인 퍼거슨(James Ferguson)이 『전기(電氣)에 대한 강의 또는 입문*Introduction or Lectures on Electricity*』에서 언급한 것을 제외하고는[6] 자력 연구의 역사에서는 거의 무시되어온 것 같다. 실제로 포겐도르프와 로젠베르거의 『물리학사』에서도, 호페의 『전기의 역사 *Geschichte der Physik*』, 밴저민의 『전기의 지적 형성』, 휘태커의 『에테르와 전기의 역사』, 야머의 『힘의 개념』에서도 완전히 무시돼 왔다. 길모어(C. Stewart Gilmor)가 쓴 쿨롱(Charles-Augustin de Coulomb)의 전기(傳記)인 『쿨롱과 18세기 프랑스의 물리학과 기술의 진화*Coulomb and the Evolution of Physics and Engineering in Eighteenth Century France*』에는 자력의 역제곱 법칙에 대한 쿨롱의 선구자들 이름이 나오는데, 그곳에도 헬샘의 이름은 빠져 있다. 예외적으로 스코필드(Robert E. Schofield)의 책에 등장하지만, 〔헬샘의 실험은〕 테일러나 무센브루크 등의 측정과 모순되기 때문에 "헬샘의 주장을 빠뜨리는 것은 당연하다"고 기록하고 있다.[8]

테일러와 혹스비가 행한 자침의 흔들림에 의한 측정도, 무센브루크의 천칭에 의한 측정에서도 힘과 거리 사이의 확실한 관계가 발견되지는 않았다. 이들이 실패한 이유 중 하나는 그들 실험에서는 – 현대풍으로 말하면 – 자기쌍극자 사이에 작용하는 힘, 즉 네 개(2×2, *두 개의 자석이 있을 때 각각의 자석에 남극과 북극이 있다)의 자극들 사이에 작용하는 합력을 측정하는 것인데, 그 합력이 자석의 형상과 서로 놓여져 있는 위치, 자석 크기의 비율에 따라 복잡하게 변화한다는 사실을 그들이 깨닫지 못했다는 점이다. 특히 무센브루크의 측정에서는 마주보는 극 사이의 거리가 최소치로는 거의 0인치에서부터 최대치로는 13.5인치까지 이르고, 이 때문에 두 개의 자석이 가진 네 개의 극 사이의 거리 비율이 크게 변화하고, 그들의 합력도 거리에 따라 간단한 관계가 되지 않는 것이다. 이것은 실제로 측정할 필요도 없이 분명한 사실이다. 또 하나는 자침의 흔들림을 통한 측정에서는 테일러나 혹스비의 단순한 생각과는 달리 자침이 흔들리는 각도 자체가 직접적으로 힘의 크기를 나타내는 것 – 힘의 크기에 비례한다는 것 – 은 아니라는 데 있었다.

결국 단순히 힘의 크기를 측정하는 것이 아니라 실제로는 힘이 만들어내는 어떤 역학적인 효과를 측정하는 것이 된다. 따라서 힘의 크기에 1대 1로 대응하는 어떤 다른 양을 처음부터 설정해놓고, 그것과 힘의 크기 사이의 관계를 이론적으로 명확히 해둘 필요가 있었다. 그와 동시에 원하는 효과 이외의 요소들은 배제해 구하려는 물리량의 측정이 정확하고 손쉽도록 측정 장치를 설계할 필요가 있었다. 자력 측정을 정확히 하기 위해서는 한편으로는 역학 이론, 특히 강체(剛體)의 평형과 운동에 관한 정밀한 이론을 발전시키고, 다른 한편으로는 자석의 제조 기술, 특히 단일한 극(*남극이나 북극)이 드러내는 효과만을 측정할 수 있도록 강력한 자석을 만드는 기술이 필요하다. 이 둘은 모두 18세기 중반이 되어서야 이루어졌다. 자석 연구가 수리물리학의 수준에 도달하게 되는 것도 이 시기였다.

칼란드리니의 측정

자력과 자침이 흔들리는 각도 사이의 관계를 이론적으로 도출하고 그에 따라 처음으로 자력을 정밀하게 측정한 것은 제네바 대학 교수였던 장 루이 칼란드리니(Jean Louis Calandrini, 1703-1758)이었다.

1739년부터 1742년 사이에 제네바에서 토마스 르 쇠어(Thomas Le Seur)와 프랑수아 자크외(François Jacquier)가 편집하고 상세한 주가 붙은 『프린키피아』가 출판되었다. 이 『프린키피아』 판에는 앞서 본 제3편 명제 6, 추론 5의 "자력은 거리의 제곱이 아니라 거리의 세제곱에 비례해서 감소한다"라는 부분에 주를 달면서 그것을 실험적으로 확인한 기록이 실려 있다. 이 주를 쓴 사람이 칼란드리니로 보인다. 이 각주는 과학사가인 팔터의 논문[9]에 영문으로 번역돼 전문이 실려 있으므로 살펴보기로 하자.

개략적인 실험 장치는 〈그림 22.3〉처럼 간단하다. 그림의 설명은 다음과 같이 돼 있다.

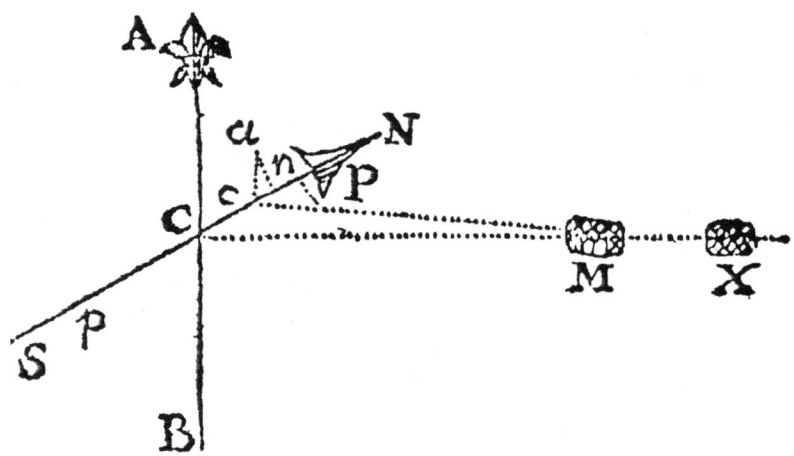

〈그림 22.3〉 칼란드리니의 측정.

ACB를 자기자오선, NCS를 자석 M의 작용으로 자기자오선으로부터 벗어난 자침이라고 하자. 자침의 중심(C)에서 자석의 중심(M)까지 이은 직선 CM을 자기자오선에 직교하도록 한다. 자침의 중심에서 자석의 중심까지의 거리 $\overline{CM}$은 물리적으로 무한대로 한다.(p.553)

여기서 '거리가 물리적으로 무한대'라는 말은 자침의 길이 $\overline{SN}=2a$와 비교할 때 거리 $\overline{CM}=r$이 충분히 크다($r \gg 2a$)는 것을 뜻하는 것 같다.

실험 원리는 지구자장으로부터의 힘(偶力, *크기가 같고 서로 평행하게 작용하지만 방향이 반대인 두 힘)과 자석으로부터 나오는 힘을 균형을 맞춘 상태에서 자침이 어느 정도 흔들리는지를 측정하는 것이다. 칼란드리니는 자침의 흔들림에 대한 지구자장의 영향에 대해 이렇게 설명한다.

자력과 중력의 발견 829

지구 자력이 자침을 SCN이라는 배치로부터 BCA로 되돌리려 하지만, 그 힘(지구 자력)이 자침에 기울어진 방향으로 작용하기 때문에 SCN에 직교하는 힘과 평행하는 힘으로 분산하지 않으면 안 된다. 후자는 중심 C에서 (자침을) 지지하고 있는 힘에 의해 사라지지만 전자는 자침을 회전시킨다. 따라서 어떤 점 c에서 $\overline{ac}$가 (그 점에서 작용하는 지구로부터의) 모든 자력을 나타낸다면, (자침에 직교하는 힘의 성분) $\overline{an}$은 자침을 회전시키는 힘을 나타낼 것이다. 후자(an)의 그 점에서의 자력(ac)과의 비는 ∠acn(=∠ACN=ϕ)가 나타내는 호와 반지름과의 비와 같게 된다($\overline{an}=\overline{ac}\sin\phi$). CN 위의 모든 점에서 동등한 힘이 작용한다고 가정할 수도 있지만, CS 부분에서는 척력이 작용하기 때문에 CN 부분을 회전시키는 힘과 합쳐져 그 효과를 두 배 증가시킨다.(p.554)

여기에 있는 '(C 주변에서) 회전시키는 힘'이란 현대 용어로는 'C 주변의 힘의 모멘트에 기여하는 힘' 즉 CN에 수직인 힘의 성분을 가리킨다. 또한 CN상의 '점'이라는 것은 CN 위의 '미세한 부분'을 말한다. 위 인용문에 이어지는 글을 보자.

만약 CN 위의 모든 점에서 같은 크기의 힘이 동일하게 그 선(CN)을 선에 수직 방향으로 회전시킨다면, 그것의 전체적인 효과는 모든 힘의 합이 중심 C로부터 거리 $\overline{2CN}/3$(=2a/3)의 점 P에서 작용하는 경우와 같다. 따라서 CN의 부분을 회전시키는 모든 자력은 그 점에 집중하고 있는 것으로 어림잡을 수 있다. 같은 이유로 CS의 부분을 회전시키는 척력도 중심 C로부터 $\overline{2CS}/3$(=2a/3)의 거리에 있는 점 p에 집중하고 있는 것으로 계산할 수 있다. 그런데 선분 $\overline{CN}$과 $\overline{CS}$가 같고, 부분 $\overline{CP}$와 $\overline{Cp}$도 같기 때문에 (CN 사이의) 인력과 (CS 사이의) 척력이 모두 (인력으로서 같은 방향으로) 점 P에 작용하는 것으로 보아도 된다.(p.554)

그러나 '만약 CN 위의 모든 점에서 같은 크기의 힘이 동일하게 그 선[CN]을 선에 수직 방향으로 회전시킨다면' 이라는 조건은 그 뒤에 나오는, 합력의 작용점 P가 중심으로부터 2a/3 떨어진 점이라는 서술 과는 연결이 되지 않아 틀린 것이다. 올바른 것은 다음과 같아야 한다.

지구자장을 H, 또 X를 CN 위의 임의의 점이라 하고 $\overline{CX}=x$, 자장에 반응하는 단위 길이당 크기의 비율을 X점에서 $\mu(x)$라고 한다면, 그 점에서 dx 만큼의 미세한(무한소) 구간의 자침에 작용하는 지구자장으로부터의 힘은 $\mu(x)Hdx$이고, 따라서 자침의 절반인 CN이 지구 자장으로부터 받는 합력은 다음과 같다.

$$F_E = \int_0^a \mu(x)Hdx = H\int_0^a \mu(x)dx \tag{22.1}$$

한편, 지구자장이 CN 부분에 미치는 힘의 모멘트의 총합은 $\angle acn = \angle ACN = \phi$ 으로 아래와 같다.

$$T_E = \int_0^a \mu(x)H \times x\sin\phi\, dx = H\left(\int_0^a \mu(x)x\, dx\right)\sin\phi \tag{22.2}$$

또한 지구자장으로부터 나오는 합력의 작용점을 P라 하고, $\overline{CP}=\overline{x}$로 나타내면, 다음의 식이 성립한다.

$$T_E = F_E \times \overline{x}\sin\phi = H\left(\int_0^a \mu(x)dx\right)\overline{x}\sin\phi$$

$$\therefore \int_0^a \mu(x)x\, dx = \overline{x}\left(\int_0^a \mu(x)dx\right) \tag{22.3}$$

여기서 위의 인용문에 있는 것처럼, 힘의 크기가 CN 위의 모든 점에서 같고, $\mu(x)$=const.라면 $\overline{CP}=\overline{x}=a/2$가 된다. 반대로 위의 인용문에서처럼 $\overline{CP}=\overline{x}=2\overline{CN}/3=2a/3$이 되기 위해서는, m을 정수로 해서 $\mu(x)=mx$ 형으로 하지 않으면 안 된다. 후자에서는 자침이 외부의 자장으로부터 받는 힘은 중심에서 끝으로 갈수록 증가하게 된다. 단 여기서의 잘못은 나중의 결과에는 아무런 영향을 끼치지 않는다. 실제로 $\mu(x)$가 어떤 관계식이든 (22.3)을 $\overline{x}$로 정의하면 그 이후의 논의는 그대로 성립한다.

여기서 자침의 길이 2a와 비교해 자석 M이 충분히 멀리 있다면, 자침의 각 미소(微少, *미세한) 구간이 자석으로부터 받는 힘은 마찬가지로 $\mu(x)Fdx$라고 해도 된다. 다만 F는 자침 위의 어떤 점에서도 사실상 동일하고, 자석 M이 자침 SCN에 미치는 힘의 크기는 이 F에 의해 주어진다. 이때는 그림에서 ∠NcM=θ로, CN 부분에 작용하는 자석 M에 의한 힘의 모든 모멘트 크기는 아래와 같다.

$$T_M = \int_0^a \mu(x)F \times x \sin\theta dx = F\left(\int_0^a \mu(x)dx\right) \times \overline{x} \sin\theta$$

이것은 TE와 반대 방향으로 작용한다. 즉 F가 자침 위의 각 점에서 동일하다고 볼 수 있기 때문에, 그 작용점도-$\mu(x)$의 관계식에 의하지 않고-지자기(地磁氣)의 작용점 P와 같은 점에 있다고 보아도 된다.

한편 이 측정의 원리는 "이 자침이 정지하고 있을 때는, 자침을 회전시키는 지구 자력과 자침을 회전시키는 자석의 힘이 같다"는 원리, 즉 두 개의 모멘트가 균형을 유지하고 있다는 것이다. 이때 "지구의 전체 자력과 자석의 전체 자력의 비는 자석으로부터 자침이 흔들리는 각도〔θ〕가 만드는 호와, 자기자오선으로부터 자침이 흔들리는 각도〔ϕ〕가 만드는 현의 비율과 같다." 따라서 여기서 자석의 위치를 바꾸면 자석으로부터의 힘 F는 자석 M으로부터 '회전의 중심' 즉 '힘의 모멘트의 중심 P' 까지의 거리 $\overline{MP}=r$과 더불어 변한다. 다시 말해 F는 r의 함수 $F(r)$라고 생각된다. 때문에 '(자침의 크기에 비교하면 무한하게 큰) 다양한 거리에서의 자석의 힘은 자침의 자기자오선으로부터의 흔들림이 만드는 현[sinϕ]을 자침의 자석으로부터의 흔들림이 만드는 호[sin θ] 로 나눈 값에 비례한다."(p.555) 이것을 알기 쉽게 표현하면 다음과 같다.

$T_E = T_M$ i.e. $H\sin\phi = F(r)\sin\theta$

$$\therefore F(r) = H\frac{\sin\phi}{\sin\theta} \propto \frac{\sin\phi}{\sin\theta} \qquad (22.4)$$

측정 결과는 〈그림 22.4〉의 표에 주어져 있다. 표에서는 VI열의 값이 II열의 값과 거의 일치한다고 보고 있다.

$$55.75 \div \log^{-1}\left\{\frac{1}{3}\log\left(\frac{\sin\phi}{\sin\theta}\right)\right\} = r$$

즉 위의 식이 성립한다고 생각해도 된다. 그리고 다음 식이 유도된다.

$$F(r) \propto \frac{\sin\phi}{\sin\theta} \propto r^{-3} \qquad (22.5)$$

즉, 자석의 힘의 세제곱근은 거리에 반비례한다. 바꿔 말하면 자력은 거리의 세제곱에 반비례한다.(p.556)

무엇보다 이런 계산을 하지 않더라도 표에 나타난 모든 측정값에 대

I	II	III	IV	V	VI
Diftantia à Centr. magn. ad Centrum acûs.	Diftantia à Centr. magn. ad Cent. rotat. acus.	Declin. à merid. magnetico cum Logar. & ejus tertia parte obfervata.	Declin. à magnete cum Logarith. & ejus tert. parte.	Differentia tertiar. part. Logar. cum fuis numeris.	Quotientes numeri 57⅓ per numer. qui Radices Cubicas virium magneticarum exhibent, divifi.
51.46 - - - 40		75ᵈ. 9.9849438 3.3283146	19ᵈ. 27 9.5224235 3.1741412	0.1541734 n. 1.426	- - 40.4
60.16 - - - 50		·61 9.9418193 3.3139398	35.41 9.7658957 3.2552986	0.2586412 n. 1.144	- - 50.4
67.49 - - - 60		44ᵈ. 30'. 9.8456618 3.2818873	53ᵈ 42' 9.9062964 3.3020988	—1.9797885 n. 0.9545	- - 60.5
83 - - - 80		21 9.5543292 3.1837764	77°. 6' 9.9888982 3.3296327	—1.8541437 n. 0.7147	- - 80.8
101 - - - 100		11ᵈ. 9.2805988 3.0935229	85ᵈ. 46' 9.9988135 3.3329378	—1.7605951 n. 0.5762	- - 100.2
110.7 - - - 120		6. 20' 9.0426249 3.0143083	89' 22. 9.9999735 3.3 33245	—1.6809838 n. 0.4797	- - 120.3
150.2 - - - 150		3. 20 8.7645111 2.9215037	91. 15 9.9998966 3.3332988	—1.5882049 n. 0.3874	- - 149.
160.1 - - - 160		2ᵈ. 40' 8.6676893 2.8392298	91ᵈ 38' 9.9998235 3.3332745	—1.5559553 n. 0.3597	- - 160.5 Eodem

〈그림 22.4〉 칼란드리니의 측정 결과.

해 $r^3 \times (\sin\phi \div \sin\theta)$를 계산하면 일정한 값 1.9×10^5이 얻어진다. 이것에 따라 (22.4)를 고려하면 위에서 얻어진 관계($F \propto r^{-3}$)가 바로 나온다.

이렇게 해서 칼란드리니는 다음처럼 결론짓고, 『프린키피아』에서 뉴턴이 했던 주장을 뒷받침했다.

> 이 개략적인 측정으로부터 판단하건대 자석이 멀어짐에 따라 자석의 힘은 거리의 거의 세제곱에 비례하는 비율로 감소한다.(p.558)

존 미첼과 역제곱 법칙

칼란드리니는 핼리 이후 테일러와 혹스비처럼 자침의 흔들림을 통해 자력을 측정했지만, 그 결과는 사뭇 달랐다. 왜냐하면 이들과 달리 그는 자침의 흔들림이 만드는 각도가 자력의 크기와 상관관계가 있다는 식으로 대충 파악한 게 아니라, 힘의 모멘트의 균형으로부터 자침의 흔들림 각도와 자력의 정확한 관계를 이론적으로 유도하고, 그 결과에 근거해 자침의 흔들림 각도를 측정함으로써 자력의 수학적 관계식을 얻어냈기 때문이다. 그는 자력 측정에 관한 대단한 진보를 일궈냈다. 물리량을 측정하기 위해서는 물리학적인 이론이 전제되어야 한다는 것이 여기서 처음으로 분명해진 것이다.

하지만 칼란드리니의 목적은 어디까지나 『프린키피아』에 나타난 뉴턴의 주장을 뒷받침하기 위한 것이었고, 때문에 그의 논의는 자력이 거리의 세제곱에 반비례한다는 사실을 확인하는 데 그쳤다. 실제로는 그가 도출한 것은 자석과 자침이 만드는 네 개의 극 사이의 합력이었고, 하나의 극과 다른 또 하나의 극 사이에 힘을 분리하는 문제는 이후의 과제로 남게 되었다.

사실은 칼란드리니의 측정에서는 명시적으로 이야기하지는 않았지만 거리 r은 자석 자체의 크기에 비해 충분히 크다고 가정하고 있다. 즉 자석의 길이를 D라고 하면 r≫D이다. 여기서 자극 사이의 힘이 다음의 형태라고 가정해보자.

$$F(r) = \frac{M}{r^n}$$

그러면 자침 위의 임의의 점 Q가 자석의 양극으로부터 받는 합력은 ∠QMC=α로 다음과 같아진다.

$$F(r) = f\left(r - \frac{D}{2}\cos\alpha\right) - f\left(r + \frac{D}{2}\cos\alpha\right)$$

$$= \frac{M}{(r - D\cos\alpha/2)^n} - \frac{M}{(r + D\cos\alpha/2)^n}$$

$$= \frac{M}{r^n}\left\{1 + n\left(\frac{D\cos\alpha}{2r}\right) + O\left(\frac{D}{r}\right)^2\right\}$$

$$- \frac{M}{r^n}\left\{1 - n\left(\frac{D\cos\alpha}{2r}\right) + O\left(\frac{D}{r}\right)^2\right\}$$

$$= \frac{nMD\cos\alpha}{r^{n+1}}\left\{1 + O\left(\frac{D}{r}\right)\right\}$$

따라서 이것이 r의 세제곱에 반비례하기 위해서는 $n=2$, 즉 자극 사이의 힘은 거리의 제곱에 반비례해야만 한다.

이 사실을 처음으로 지적한 것은 1750년 영국의 존 미첼(John Michell, 1724-1793)이었다. 그는 케임브리지 대학에서 공부한 뒤 같은 대학에서 히브리어, 그리스어, 대수학, 기하학을 강의한 다재다능한 학자였다. 초기에는 전자기학을 연구했고 후에는 지진 연구와 천문학에 통계학을 도입했으며, 말년에는 캐번디시(Henry Cavendish, 1731-1810)와 협력하여 전기력과 자기력 측정 계기를 개발하기도 했다.[10]

그의 초기 자기 연구는 1750년의 『인공자석 논고 *A Treatise of Artificial Magnets*』에 기록돼 있다. 안타깝게도 이 책은 구할 수가 없어 아래의 글은 하딘(Clyde L. Hardin)의 논문에서 재인용한 것이다.[11] 이 책에는 존 미첼이 실험을 통해 확인한 자석에 관한 몇 가지 원리가 다음과 같이 적혀 있다.

셋째로, 어떤 방향을 향하든 각각의 극은 동일한 거리에서는 정확하게 똑같이 끌어당기거나 밀어낸다. 자기가 미세 유체에 의존한다고 믿는 이들은 이와 같은 가정과 타협할 수 없으므로 받아들이지 않으려 할지 모르지만, 이것은 다양한 실험을 통해 충분히 입증할 수 있는 성질이다.

넷째로, 자기적인 인력과 척력(의 크기)은 서로 정확히 똑같다. 자석의 성질에 관해 말해온 이들은 자석의 인력과 척력은 서로 같은 크기가 아닐 뿐 아니라 감소하거나 증가하는 데 있어서도 동일한 규칙을 보이지 않는다고 했다. 하지만 이와 관련해 이들이 잘못한 것은 자력이 동일한 규칙으로 감도하거나 증대하는 것을 몰랐다는 점이다. 그들의 잘못은, 자석이 다른 환경에 놓이면 강도가 달라진다는 점에 유의하지 않았다는 점이다.(p.29)

미첼은 이 두 가지 지적으로 지금까지의 모든 측정이 안고 있었던 문제점을 파악했다. 즉 자석의 단독 극 사이에 작용하는 힘은 거리에 따른 단순한 관계식으로 나타낼 수 있지만 남과 북의 극을 가진 자석〔자석의 극이 아니라〕 사이에 작용하는 힘은 '2×2' 개의 극 사이에 작용하는 힘의 합력이기 때문에, 자석과 자석 사이의 힘이 거리뿐 아니라 각각의 자석의 형상이나 크기, 놓여진 위치에 따라서도 변한다는 사실을 몰랐다는 것이다. 그래서 미첼은 다음과 같이 결론지었다.

여섯째로, 자석의 인력과 척력은 각각의 극으로부터 거리가 증가하는 것에 따라 그것의 제곱에 비례해 감소한다. 어떤 이들은 자석의 인력과 척력이 거리의 세제곱에 비례해 감소한다고 상상하고, 또 어떤 이들은 거리의 제곱에 비례해 감소한다고 상상하고, 다른 이들은 분명한 법칙을 따르지 않으면서 가까운 거리에서보다는 먼 거리에서 더 빠르게 감소하고, 그 감소하는 비율은 자석이 다르면 함께 달라진다고 상상했다. 이 마지막 사람들 중에는 꽤 정확한 실험을 한 것으로 보이는 테일러 박사와 무센브루크도 포함돼 있다.……이들이 얻은 결론은 자신들의 실험으로부터 끌어낸 것이지만 앞에서 얘기한 세 번째의 성질을 고려하지 않았다. 그들이 그것을 정확하게 고려했다면 자신들이 불평했던 모든 불규칙성이 모두 설명되면서, 그들이 행한 실험은 모두 거리의 역제곱 법칙에 일치한다는 것을 알 수 있었을 것이다.(p.29)

이것은 헬샘에 이어서, 자극 사이의 자력이 역제곱 법칙을 따른다는 걸 표명한 글이다. 그러나 미첼이 실제로 어떤 실험을 했는지, 어떻게 그런 결론에 도달했는지는 유감스럽게도 명확히 씌어져 있지 않다. 그는 "이 성질은 나 자신이 행한 몇 가지의 실험과 다른 사람들의 실험을 보면 아주 그럴듯한 것처럼 여겨진다. 그러나 나는 그것이 정확하다고 자신할 만큼 충분히 실험을 한 것은 아니어서 그것이 분명하다고 주장하는 것은 아니다"라고 했다. 실제로 미첼도 실험에 앞서 선험적으로 역제곱 법칙을 전제했던 것은 아니었을까.

덧붙이자면 미첼의 이『인공자석 논고』는 '인공자석을 가장 뛰어난 천연자석보다도 더 나은 것으로 만들기 위한 간단한 방법이 씌어져 있다'는 부제가 붙은 것처럼, 원래는 인공자석을 제작하기 위한 기술서였다. 인공자석의 제조법은 영국에서는 1730년의 세이버리, 1746, 1747년의 나이트, 그리고 1750년의 캔턴(John Canton)으로 이어지면서 점차 개량됐고,[12] 그 후 미첼이 전개한 '더블 터치법(double touch method)'이 널리 이용되었다. 이렇게 해서 자력이 강할 뿐 아니라 굵기가 일정한 형태의 자석을 자유자재로 제작할 수 있게 됐다. 특히 단독 극의 작용을 조사하는 데 있어 적당한, 힘이 강하고 충분히 얇고 긴 인공자석을 만드는 것이 가능해지면서 정확하고 정밀하게 자력을 측정할 수 있게 되었다.

실제로 1759년에 출판된 독일의 물리학자 프란츠 애피누스의『전기와 자기에 관한 시론』에는, 자력의 거리 변화에 따른 관계식을 구하고자 했던 무센브루크주의자들의 시도가 실패한 것을 보고, "나는 이 문제가 매우 곤란하다는 것을 발견했지만, 그래도 실험이 인공자석의 도움으로 적절하게 설정되었다면,……그 법칙이 최종적으로 발견될 가능성이 존재하는 것에, 희망을 버리지 않을 것이다"고 기록되어 있다.[13] 이 시점에서 이미, 자극 간의 힘을 정확하게 측정하는 열쇠는 그것에 적합하게 정형된 인공자석에 있다고 확신했던 것이다. 실제로 18세기 후반에 행한 토비아스 마이어(Johann Tobias Mayer, 1723-1762)나 쿨롱의 측정은 얇고 긴, 굵기가 일정한 인공자석의 개발에 의해 가능하게 되었던 것이다. 마이어는 "인공자석은 천연자석에 비하여 보다 규칙적으로 작용하는 경향이 있다"라고 기록하고 있으며,[14] 또한 쿨롱은 실제로 '더블 터치법'에 의해 만들어진 인공자석을 사용하는 것에 의해 처음으로, 자극 간의 인력을 직접 측정했다.

요한 토비아스 마이어와 와동 가설의 종언

 정밀한 이론적 고찰과 주도면밀하게 계획된 실험을 통해 자력에 대한 역제곱 법칙을 얻은 그 다음 인물은 괴팅겐 대학의 요한 토비아스 마이어였다. 마이어는 해상에서 경도를 결정하는 데 사용할 수 있을 만큼 정확하게 달의 움직임을 담은 표를 만든 것으로 알려져 있으며, 보통은 천문학자로 분류되지만, 사실 그는 자연학 전반에 흥미를 갖고 있었다.
 그가 자기 연구를 시작한 것은 1757년부터였고 『자기 이론 Theoria Magnetis』은 1760년에 씌어졌다. 지금은 이 논문이 1972년 괴팅겐에서 간행된 『토비아스 마이어의 미공개 논문집 The unpublished Writings of Tobias Mayer』 제3권에 영어 번역이 첨부된 형태로 출판돼 있지만, 씌어진 당시엔 공표되지 못했다. 이 때문에 『미공개 논문집』을 편집한 포브스(Eric G. Forbes)는 "물리학에서 그의 업적은 실제보다 훨씬 낮게 평가되고 있다"고 했다.
 이 논문의 역사적 의의의 하나는 자극들 사이의 힘을 거리의 역제곱에 따라 나타내고 있는 점이지만, 그 전에 데카르트의 와동 가설에 대해 전면적으로 비판했다는 점도 중요하다. 이 점을 먼저 살펴보기로 하자.
 앞에서 본 것처럼 뉴턴의 중력이론은 대륙에서는 애초에 발표가 될 때부터 거의 받아들여지지 않았다. 현상으로부터 수학적으로 힘의 법칙을 이끌어내고 그 힘의 법칙으로부터 새로운 현상을 정량적으로 실증할 수 있다면 그것으로 충분하다는, 뉴턴이 『프린키피아』에서 제창한 과학관은 본질을 알 수 없다면 뭔가를 알았다고 할 수 없다는 그때까지의 스콜라철학의 진리 개념과 충돌했기 때문이다. 또한 원인에 대한 설명을 중요시했던 기계론과도 배치되었다. 데카르트는 기계에 숙달된 사람이 기계의 외부만 보고도 내부의 모습을 추측할 수 있는 것처럼 자연 활동의 원인을 추구해야 한다고 말했다. 원자론자 가생디도 "우리는 자연을 연구할 때 가능한 한 언제나 해부학, 화학 등을 이용해 물체를 분해하고, 부품으로 해체함으로써 그것을 구성하는 것이 무엇이고 그것들을 조합할 때 어떤 규준이 작용하는지를 이해하고……"[15] 라고 했다. 이것이 새로운 과학이 가야 할 길이라고 생각했던 것이다.

그러나 기계론은 중력을 설명하는 데 실패했다. 이에 반해 뉴턴의 만유인력 이론이 가진 설명 능력은 대단히 뛰어났다. 뉴턴이 죽고 난 뒤 점점 더 대륙 속으로 침투하였다. 뉴턴주의가 프랑스로 전파되고 보급되는 데 힘을 쏟은 볼테르는 1738년에 쓴 『뉴턴의 역학 요강 Eléments de la philosophie de Newton』에서 "데카르트가 말하는 중력과 운동의 원인은 망상이다"라고 평가절하했는데,[16] 이 무렵부터 중력에 관한 한 대륙에서도 데카르트주의는 급속히 쇠퇴하게 된다.

그러나 자력에 관해서는 사정이 꽤 달랐다.

파리 과학아카데미는 1742년에 '자석과 철의 인력, 자침의 지북성, 편각과 복각'을 주제로 논문을 현상 공모했다. 그리고 4년 후 세 편의 입상 논문을 발표했는데, 그 중 하나가 대 수학자인 레온하르트 오일러의 것이었고, 다른 하나는 천재 수학자 집안인 다니엘 베르누이(Daniel Bernoulli)와 요한 베르누이(Johann Bernoulli)가 함께 쓴 것이며, 나머지 하나는 프랑수아 뒤투와(François Dutour)의 것이었다. 이 논문들은 1752년에 출간됐다. 특징적인 점은 이 논문들이 모두 자력은 자석의 안팎을 순환하는 미세물질에 의해 생긴다는, 본질적으로는 데카르트의 와동 가설에 근거했다는 것이다.

오일러에 대해서는 놀랄 것이 없다. 왜냐하면 『오일러 전집』의 편집자 중 한 명이 적절히 지적했던 것처럼, 그는 "뒤늦게 온, 굉장히 정통적인 데카르트주의자"[17]였으며 중력에 대해서조차 이 시점에서 와동 가설을 따르고 있었기 때문이다. 실제로 1745년 무렵에 출간한 『자연철학서설Anleitung Zur Naturlehre』에는 에테르의 압력 차이에 의해 중력의 역제곱 법칙을 도출하려고 하는 시도가 씌어져 있다.[18] 따라서 오일러가 자력을 미세물질의 와동에서 설명하려고 한 것은 그다지 이상하지 않다. 오일러는 그 후에 쓴 「독일 황녀에게 보내는 편지Letters à une princesse d'Allemagne」에서도 자석에는 통공이 있다고 하면서, 그 통공을 통해 자석 안팎을 순환하는 자기물질의 와동으로 자석의 인력과 척력을 설명하는 글을 길게 늘어놓고 있다.[19]

그러나 다니엘 베르누이는 그렇지 않았다. 중력과 관련해서 그는 뉴턴 입장에 서 있었고, 탈(脫)데카르트, 반(反)데카르트를 표방하고 있었다. 실제로 그는 1742년에도 오일러에게 "당신이 와동 이론을 그토록 높이 사는 것이 놀라울 따름입니다"라고 했다.[20] 그러나 베르누이조차 자력에 관해서는 와동 가설에 입각해 있었다. 하지만 앞 장에서 본 것처럼 자기에 대해서는 뉴턴도 와동 이론을 받아들이고 있었으므로 그다지 놀랄 일은 아니다.

이와 같은 상황에서 뉴턴이 중력에 대해 취했던 방법을 자력에 전면적으로 적용한 것이 1760년에 나온 마이어의 논문 『자기 이론』이었다. 이 논문은 단순히 자력 법칙에 관해서만이 아니라 자연철학(물리학)의 진리 개념과 방법이라는 점에서도 아주 중요하다.[21] 자세히 살펴보기로 하자. 논문의 첫머리에는 다음과 같이 돼 있다.

지금까지 과학자들이 애써 노력했음에도 불구하고 만족할 만한 설명을 얻지 못한 자연의 효과들 중에서 특히 자기는 주목해야 할 현상이다. 이 분야에서 수많은 저명한 과학자들이 탐구를 하고 자기의 본성을 설명하기 위해 여러 가설과 이론을 내놓았지만 그들 중 누구도 문제를 단 하나라도 명쾌하고 완벽하게 설명해내지 못했다. 또 그들이 내놓은 이론 중 어떤 것도 자석의 힘과 작용을 수학적인 언어로 표현하거나 관측된 현상들을 기하학적으로 정의하는 데 실패함으로써 진리의 요건을 충족시키지 못했다.(1절,p.32)

 "충족되어야 할 진리의 요건"으로 "자석의 힘과 작용을 수학적 언어로 표현하고, 관측된 현상을 기하학적으로 정의할 수 있어야 한다"고 한 것에 주의하자. 마이어는 힘에 대해서는 수학적인 법칙이 가장 중요하며, 그 밖의 다른 것은 힘의 본질과 힘의 전달 메커니즘을 천착할 수 없다고 보았다. 이것이야말로 뉴턴이 『프린키피아』에서 중력에 대해 취했던 입장이었다.
 그리고 마이어는 2절에서는 특수한 몇몇 경우에 한정된 경험에 기초해 자기에 대한 일반원리를 발견했다고 주장하는 지금까지의 연구가 가진 한계를 지적했다. 그는 또 3절에서는 "자석에 관한 법칙은 그 밖의 물리적 세계가 따르는 역학 법칙과는 전혀 다른 종류의 것"으로 주장하는 신비주의자와, "자연이 가진 이와 같은 신비함을 파헤치는 것은 인간에게는 적합하지 않은 일"이라고 말하는 불가지론자도 비판했다.
 그 다음으로 비판의 대상에 올린 것은 데카르트 이론이었다. 마이어는 먼저 "경솔한 사람들이나, 분명치 않은 주장을 쉽사리 믿어버리는 사람들"밖에 만족시키지 못하는 자기 연구의 후진적 상황을 다음과 같이 묘사했다.

 대개의 자연학자들은 모든 자석에는 한쪽 극으로부터 다른 쪽 극으로 환류하는-

에테르나 와동, 자기물질 등으로 불리는-어떤 종류의 미세한 물질이 존재하고, 자석이 철이나 다른 자석을 끌어당기고 자침이 가리키는 방향을 제어하는 이유는 이 물질의 흐름 때문이라고 보고 있다. 그들은 이와 같은 와동의 존재를 자력이 미치는 작용권 안에 놓여진 철가루가 나타내는 규칙적인 모양이나 배치로부터 확실히 알 수 있다고 한다. 이것이 그동안 우리 자연학자들이 자기 연구에 노력을 쏟은 결과 얻은 유일한 성과라고 할 수 있을 것이다.(4절,p.33)

그러나 "이 이론이야말로 꽤 폭넓게 받아들여지고 있음에도 불구하고 이 분야에서 더 진전된 연구를 막는 주요한 장애물이었다"고 마이어는 단언한다.(5절) 그리고 그 이유로서, 다음과 같이 와동모델에 대해-생각할 수 있는 모든 차원에서-철저히 비판하고 있다.

첫째 "원래 유체 일반의 운동에 대해서는 거의 알려진 것이 없기 때문에 와동운동에 의한 자석의 내적 운동에 대해서도 우리는 아는 바가 없다. 이 주제에 대해 많은 연구가 이루어졌지만 고체의 운동처럼 모든 경우에 들어맞는 일반적인 법칙은, [유체의 경우에는] 아직 발견되지 않았다. 그렇기 때문에 자석을 둘러싸고 있다고 가정하는 미세물질에 의한 운동은 한층 더 설명하기가 어렵다"는 것이다. 즉 유체역학 자체가 아직 확립되지 않고 미완성 상태에 있다는 것이다.(5절) 그 배경에는 『프린키피아』 이후 라이프니츠, 바리그논(Pierre Varignon), 헤르만(Hermann), 베르누이 일가, 그리고 오일러 등이 역학이론을 정비하고 다시 쓰는 작업을 진행함으로써 이미 데카르트 시대와는 달리 질점(質點)과 강체역학이 엄밀한 수리물리학으로서의 이론체계를 갖추게 되었다는 사정이 있다. 실제 오일러의 『역학-해석적으로 표현한 운동의 과학 Mechanica, sive motus scientia analytice exposita』이 출판된 것은 1736년이며, 질점 역학이 유체역학, 탄성체 역학, 강체 역학 모두에 기초를 부여한 그의 『역학의 새로운 원리의 발견*Découverte d'un nouveau de Mécanique*』이 씌어진 것은 1750년이었다. 그리고 오일러의 유체역학 연구는 1755년에 시작되었다. 이처럼 발달한 역학이론에 견주어보면, 그때까지의 와동 이론에 대해 이론이라는 말을 붙일 가치도 없다고 판단했다고 해서 전혀 이상한 일은 아니었다.

둘째로는 와동 가설이 단순히 현상에 대한 임의적인 말 바꾸기에 지나지 않고, 원리적인 이해로 이끄는 것은 아니라는 점을 지적하고 있다.

먼저 자기적인 현상이 영원히 움직이는 미세한 물질의 와동 때문에 만들어지는 것이라고 치자. 그렇다고 해서 우리가 [자기현상을 이해하는 데] 얼마나 더 앞으로 나아갈 수 있는가. 한층 더 질문의 출발점으로 되돌아가는 게 아닐까? 이 와동운동은 어떻게 시작되는가? 무엇이 그 물질에 운동을 부여하는 것일까? 만약 그렇다면 (*미세 물질에 운동을 부여하는 것이 있다면) 최초의 와동을 둘러싼 제2의 와동-아니면 다른 어떤 것-을 가정해야 하는 것이 아닐까? (6절, p.34 [65])

그래서 마이어는 "현상의 원인에 대한 완전히 데카르트적인 해답을 따르면, 진리에 보다 가깝게 접근하기보다는 우리가 전혀 극복하기 어려운 곤란에 빠질 뿐"이라고 했다.

그리고 셋째로는 "자연현상을 설명하는 데 와동 이론이 부적절하다는 것은 천체들의 사례를 볼 때 더욱 분명해질 것이다"라고 말하고 있는 것처럼, 천문학에서는 와동 이론이 이미 파탄 상태에 있었던 것이다.

데카르트는 태양 주변을 도는 행성의 운동을 설명하기 위해 와동 이론을 이용했다.

이 이론이 철학자들 사이에 칭찬을 받았던 반세기 동안 그 지지자들은 단 하나의 현상조차, 서로 다르게 운동하는 행성운동에 대한 단 하나의 현상조차 적절히 설명하지 못했다. 그러나 만약 그 이론이 당시의 자연철학자들을 만족시켰다고 해도, 스스로의 관측에 일치하고 행성운동을 정확히 계산해낼 수 있는 이론을 추구하며 애매한 설명이나 공상적인 일반화에 대해서는 회의적이었던 수학자와 천문학자들을 만족시키기는 불가능했을 것이다. 이 시기의 수학자와 천문학자들이 원운동이나 타원운동의 가설이 더 유익하다고 생각한 것은 이 때문이다. 최종적으로 뉴턴이 빛나는 만유인력의 이론을 통해 하늘의 물리학을 공상적인 와동 이론으로부터 구해내고, 순수하게 기하학적인 가설에 얽힌 난점들을 떨쳐버린 것은 새삼 말할 필요도 없다.(7절, p.34)

그리고 넷째로는 자기유체인 와동의 존재를 실증하는 것으로 여겼던—뉴턴 자신도 말해왔던—자석 주위에 철가루가 만들어내는 곡선 모양은 와동운동의 증거가 아니라는 것, 즉 각각의 철가루 입자들의 행동이 와동운동과는 일치하지 않는다는 점을 들고 있다.

자석의 주변에 흩뿌려진 철가루가 만들어내는, 통상 와동의 실재에 대한 증거라고 간주되는 현상을 보다 깊이 고찰해보면, 그것은 오히려 와동이 만들어내는 물질의 유동이라는 표상에 반한다는 것을 알게 될 것이다. 왜냐하면 만약 이 물질이 한쪽 극으로부터 유출돼 자석 옆면을 따라 굴곡하면서 다른 쪽 극으로 나아간다면 왜 그것은 도중에 있는 철가루를 움직여 그것들 모두를 다른 한쪽의 극으로 운반해가지 않는 것일까. 테이블을 흔들어서 와동물질이 흘러나오는 극 가까이 있는 철가루를 자유롭게 해줘보자. 그러면 그 철가루는 와동물질을 따라 다른 극을 향해가야 하지만 실제로는 그와는 반대 방향인 원래 있던 가까운 극 쪽으로 움직인다. 이것은 왜일까. 마지막으로 각 극에서 같은 거리에 있는 철가루는 어느 쪽으로도 움직이지 않고 두 극의 중간에 머무는 데 이것은 왜일까. 이들 실험에서 알 수 있듯이 철가루들이 와동물질을 따

라 극을 향하고 있다는 사실은 와동 가설에 반하는 것을 입증할 뿐이다.(9절, p.35)

철가루가 만들어내는 모양이 자기물질의 와동의 존재를 입증하는 것이 아니라는 이 주장은, 즉 철가루 각각의 움직임에 주목하면 그것은 와동운동의 가정에 반하고 있다는 이 지적은 아주 설득력이 있다. 결국 마이어는 그와 같은 와동은 "상상에 근거한 허구"에 지나지 않으며, 따라서 "와동 이론의 오류를 지적하는 데 더 이상 시간을 허비하지는 않을 것이다. 그것은 앞으로 내가 제창하는 새로운 자기 이론으로 더욱 잘 논박될 것이다"(11절)라고 선언한다.

이상으로 『자기 이론』 제1장은 끝난다. 이 마이어 논문 제1장은 자기 이론에서 와동 가설을 철저하게 논박하면서 완전히 매장시켜버렸다.

마이어 논문은 데카르트 기계론을 논박하는 데 이처럼 중요한 역할을 했음에도 불구하고 지금까지 거의 주목받지 못했다. 독일에서조차 『자기 이론』이 발견된 지 30년 뒤에 철학자 칸트는 『순수이성비판』에서 "우리는 모든 물체를 통과하는 자기물질의 존재를 철가루들의 움직임을 통해 알게 된다"고 무비판적으로 남기고 있는 것이다.[22] 그리고 역시 독일 사람인 19세기의 포겐도르프나 로젠베르거, 호페가 쓴 물리학과 전자기학 역사서뿐 아니라 20세기의 독일 물리학자인 라우에(Max von Laue)와 훈트(Friedrich Hund)가 쓴 물리학사에도 마이어의 자기 연구는 언급이 되지 않았다.

마이어의 자기 연구 방법

이렇게 마이어가 자기 연구에 관해 유일하게 올바른 방법으로 제창한 것은 자력의 거리 의존성을 정확히 측정하는 것과, 정량적으로 정밀한 자력 법칙을 확정하는 것이었다. 『자기 이론』 제2장은 자력의 과학에서 필요한 것은 '원인'을 탐구하는 것이 아니라, '법칙'을 읽어내는 것이라는 기본 입장을 제창하는 것으로 시작한다.

자연학자들이 자기현상을 설명하면서 범한 잘못을 보다 상세히 검토해보면 그들이 자력의 원인을 몰랐기 때문이 아니라, 오히려 자석으로부터의 거리 변화에 따라 인력의 크기가 어떻게 증감하는지를 지배하는 법칙을 몰랐던 데서 유래하는 것처럼 보인다. 왜냐하면 임의의 거리에서 자석이 철이나 다른 자석에 미치는 힘의 크기를 확정할 수 있다면, 모든 현상은 비록 원인을 모른다고 하더라도 어떤 허구적인 가설이나 애매한 가정의 도움을 받지 않더라도, 역학 원리에만 의존해 명석하고도 완전하게 설명하는 것이 가능하기 때문이다. 만유인력이나 물체의 탄성과 견고함에 대한 현상도 마찬가지이다. 이들에 내한 원인이 수수께끼로 남겨져 있지만 충분히 설명되고 있으며 또 설사 궁극의 원인이 알려진다고 하더라도 그 이상으로 단순하게 설명될 수는 없는 것이다.(12절)

특히 마이어는 다음과 같이 공언한다. "그렇기 때문에 우리는 논의의 초점을 자력이 주어진 거리에서 어떻게 작용하는지로 모으고, 왜 그런 힘이 존재하는가 같은 질문을 둘러싼 일체의 논의는 그것이 가능하다고 큰소리치는 사람들에게 맡기고 무시하자."(13절) 이것은 뉴턴이 중력에 대해서 행했던 프로그램을 명확히 정식화한 것이며, 그것을 자력에 적용하겠다는 선언이다. 다시 말해 자력이론에서 존재론과 형이상학을 추방하는 선언인 것이다.

이 프로그램의 실행과 관련해 마이어는 "자력은 극에서 가장 강하지만, 중간 부분에서 힘이 전혀 작용하지 않는 것은 아니며, 극으로부터 떨어져 중심으로 가까이 다가감에 따라 감소한다. 따라서 정확히 중심점에서는 인력은 전혀 작용하지 않는다"는 고찰로 시작한다.(14절)

그 추론은 "어느 정도의 철가루를 편평한 면 위에 일정하게 뿌리고 그 위에 일정한 두께를 가진 인공자석을 놓는다. 극과 극 사이의 중간에 비해 자석의 끝에서 보다 많은 철가루가 보다 밀집해서 붙고, 정확히 가운데 지점에서는 철가루가 붙는다고 해도 극히 적은 양만이 관측될 것이다"라는 실험(실험 I)에 근거하고 있다. 이 실험에는 "천연자석보다도 그 작용이 훨씬 규칙적인 경향이 있는 인공자석"을 이용했다. 마이어는 또 "적어도 자석의 작용을 받고 있는 한 철은 자석이다"(17절)라고 적고 있다. 자석의 본질이 아닌 자력의 법칙만을 문제로 삼는 한, 자석과 자화된 철을 구별할 근거는 없어졌으며, 천연자석과 인공자석도 동일시되고 있다.

그리고 이 실험 결과에 대해 마이어는 다음과 같이 기록했다.

자석이나 철 조각은 서로 다른 극끼리는 항상 끌어당긴다, 같은 극은 항상 반발한다.……그러나 서로 끌어당기는 것은 다른 극만은 아니다. 이들 극 근처에 있는 자석 입자들과 철 조각들도 서로 끌어당긴다.……따라서 자력의 작용 범위를 정하기 위해서는 자석 입자들에 대한 자성체 입자들의 작용, 그리고 거꾸로 자성체 입자들에 대한 자석 입자들의 작용에 주의를 기울이지 않으면 안 된다.(17절, 여기서 '자기입자'란 단순히 '자석의 미소한 부분'을 가리킬 뿐 그 이상의 원자론적 또는 입자론적인 함의는 없다)

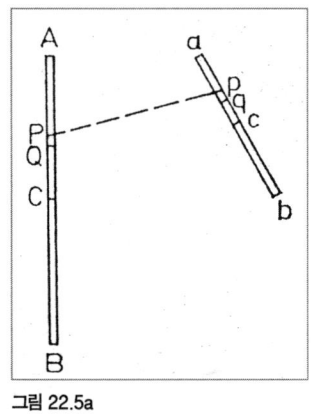

그림 22.5a

보다 자세히 얘기하면 다음과 같다. 〈그림 22.5a〉에서 ACB, acb는 각각 일정한 굵기의 막대자석으로 C와 c를 중심으로 극 A와 a, B와 b가 서로 끌어당긴다고 한다.

자석 AB와 AC 사이의 개개 입자(PQ)가 ac 사이의 개개 입자(pq)를 끌어당겨, cb 사이의 개개 입자를 미는 것처럼 작용할 것이다. 마찬가지로 BC 사이의 입자는 bc 사이의 입자를 끌어당겨 ac 사이의 입자를 민다.……입자가 그 중심 C 또는 c로부터 보다 멀리 떨어져 있으면, 즉 극에 보다 가까이 있으면 그만큼 인력과 척력은 강하게 될 것이다. 그것들은 또 자성체 ab의 입자를 자석 AB의 입자에 가깝게 하면 할수록 강하게 된다…….(18절)

이로부터 자석 AB가 자성체 ab를 향해 행하는 완전한 작용이 얼마나 복잡하며, 따라서 이 작용의 법칙과 범위를 관측으로부터 직접적으로 끌어내기가 얼마나 어려운지를 알 수 있다. 왜냐하면 실험을 통해 어느 하나의 자석 입자가 자성체를 향해 행하는 작용이 다른 모든 입자들과 그 작용 방향이나 힘의 크기가 다르기 때문이다. 이 실험에서 알 수 있는 것은 (입자들의) 모든 힘의 합과 (이 입자들이 힘을 작용하는) 평균적인 방향일 뿐이다.

따라서 임의의 하나의 입자에 어느 만큼의 힘이 귀착되는지를 결정하는 것은 거의 불가능하다.(19절)

여기서 마이어가 취한 방법은 간단한 실험으로부터 '자기입자' 사이에 작용하는 힘의 법칙을 추정하고, 그 결과에 기초해 특별한 위치에 있을 때 자석들 사이의 합력을 이론적으로 계산해, 그 계산 결과를 실제로 측정할 수 있는지 없는지를 확인하는 것, 한마디로 말해 '가설-연역적 증명-실험적 증명'이라는 근대적인 수법이다.

먼저 마이어는 ⟨그림 22.5b⟩에서 일직선 위에 놓인 자석 AB와 막대 자침 ab 사이의 거리 $\overline{aA}$를 바꾸어 자침 ab를 중심 c의 주위로 진동시키고, 그 진동주기 T를 측정한다. 그림에서 $\overline{ab}$=1.2인치, $\overline{AB}$=1피트이며 결과는 다음과 같다.

$\overline{aA}$	1.0,	2.2,	4.7(인치)
T	0.2,	0.4,	0.8(초)
$\overline{aA}/T$	5.0,	5.5,	5.875(인치/초)

여기서 ab의 길이가 일정하면 작용하고 있는 힘은 주기의 제곱에 반비례한다. 그런데 위의 측정 결과에서는 거리 $\overline{aA}$는 주기 T보다 조금 빠르게 증가하므로 "이 경우는 자침에 작용하는 자력이 거리의 제곱보다도 조금 완만하게 감소하는 것이 분명하다."(22절)

이 논의를 현대적으로 표현하면 자침 ab의 중심점 c 주변의 관성 모멘트를 I, 자침의 중간에 작용하는 자력의 합력을 F, 그 작용점을 중심점 c로부터 $\bar{x}$만큼 떨어진 점이라 하고, 자침이 균형을 잡은 위치로부터 흔들리는 각도를 ϕ로 하면, 자침이 일으키는 미세한 진동의 방정식은 아래와 같이 표현된다.

$$I\ddot{\phi} = -2F\bar{x}\sin\phi \fallingdotseq -2F\bar{x}\phi$$

따라서 진동주기 역시 다음과 같다.

$$T(진동주기) = 2\pi\sqrt{\frac{1}{2F\bar{x}}} \qquad \therefore F \propto T^{-2}$$

그렇지만 위에 제시한 표의 셋째 줄에 있는 결과에 따라 $T \propto r^{(1-\varepsilon)}$가 성립한다고 보아도 된다.($T\langle\varepsilon\langle\langle 1$) 따라서 다음과 같은 관계가 성립한다.

$$F \propto r^{-2(1-\varepsilon)}$$

힘의 크기와 진동주기에 대한 위의 식과 실질적으로 똑같은 관계는 이미 1743년에 오일러가 유도했기 때문에 이것은 나중에 얻은 지식을 통한 해석이라고 할 수 있다.[23]

이 간단한 고찰로부터 마이어는 다음과 같은 결론을 내린다.

이로부터 우리는 자석의 어떤 입자들 사이에서도 정확히 거리의 제곱에 반비례하는 힘이 작용한다고 확신을 갖고 추측할 수 있다. 왜냐하면 만약 각각의 입자들 사이의 힘이 정확히 거리의 제곱에 반비례한다면, 그 합력은 그것보다 다소 완만한 비율로 감소한다는 것을 나타낼 수 있기 때문이다. 그뿐 아니라 만약 우리가 다른 유사한 법칙과 비교해보면, 자석의 개별 입자 사이의 힘이 거리의 제곱에 비례해서 변화한다는 이 법칙이 자연에 어울린다는 것을 의심할 수 없을 것이다. 왜냐하면 자연은, 예를 들어 빛이나 열, 만유인력 등에서 이와 같은 형태로 효과를 만들어내고 있기 때문이다.(23절, p.39)

여기서도 처음부터 답이 결정돼 있다는 느낌을 받게 된다. 헬샘의 경우도 그랬지만 이 시대에 뉴턴의 자연철학을 받아들인 사람은 역제곱의 법칙이 중력에 국한되지 않은, 자연의 보편적인 법칙이라고 보았던 것 같다.

마이어는 24절에서 자석의 중심과 극 사이에서 자력의 크기 변화, 즉 자석을 구성하는 입자가 중심으로부터의 거리에 따라 어떻게 다른 크기의 자력을 보이는가에 대해, 그것은 자석의 형상에 따라 다양하다고 전제한다. 그러나 "두께가 일정한 직선 형태의 똑바른 인공자석"에서는 "입자의 힘이 중심으로부터의 거리에 단순 비례해서 증가한다"고 가정했다. 이것은 칼란드리니의 가정($\mu(x) = mx$)과 똑같다. 마이어는 "이런 타입의 똑바른 자석을 간단히 규칙적인 자석(a simple regular magnet)이라 부르고, 그것을 무한하게 얇아 두께가 0인 자석으로 간주한다"라고 기록했는데,(24절) 그와 같이 볼 수 있는 인공자석은 그때 처음으로 제작되었던 것이다.

마이어의 논리-가설 연역과정

『자기 이론』 제3장에는 위에 열거한 가설에 기초를 두고 자석끼리 상호작용할 때의 자력이 계산돼 있다. 먼저 문제 I로서 일반적인 배치, 즉 〈그림 22.5a〉 때의 '자기입자' 즉 미세한 구간 사이의 자력에 대한 공식이 주어져 있다.

자석 AB(길이 $2a$)와 ab(길이 2α)가 그림처럼 배치돼 있다. AB의 중심 C로부터 거리 x만큼 떨어져 있는 점 p에 있는 무한소 구간 PQ(길이 dx)가 ab의 중심점 c로부터 거리 y만큼 떨어져 있는 점 p에 있는 무한소 구간 pq(길이 dy)에 미치는 힘을 생각한다. 가정에 의해 PQ 구간의 자력 크기가 μ(x)dx=mxdx에 비례하고, 마찬가지로 pq 구간의 자력 크기가 μ'(y)dy=mydy에 비례하므로 $\overline{Pp}$=R로서, 그 힘은 다음과 같이 주어진다.

$$\mu(x)\mu'(y)\frac{1}{R^2}dx\,dy = Mm\frac{xy}{R^2}dx\,dy \tag{22.7}$$

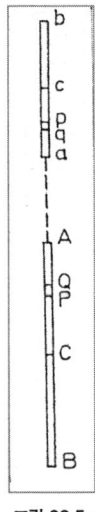

그림 22.5c

자석끼리의 힘(합력)은 이것을 x와 y에 대해 적분한 값으로 주어진다. 특히 문제 II에서는 〈그림 22.5c〉처럼 배치돼 있을 때의 자석(한 직선 위에 놓인 두 개의 막대자석) 사이에 합력을 실제 적분 계산을 통해 구하고 있다. 그림에서 극 A와 극 a는 다른 극이며 서로 끌어당긴다고 하자. 자석 AB의 중심 C와 자석 ab의 중심 c 사이의 거리를 $\overline{Cc}$=r이라 하면 이 경우 $\overline{Pp}$=R=r-x-y이고, 두 개의 자석 사이의 힘은 (22.7) 식을 x와 y에 대해 적분하면 구해진다. 이때 마이어는 p에 작용하는 힘이 AB의 모든 점에서 작용하는 경우(가설 1)와, AB에 대응하는 점, 즉 '±x/a=y/α'를 만족하는 점에서만 작용하는 경우(가설 2)로 나눠 각각 계산하고 있다.

가설 1에서는 자석 사이의 인력은 다음과 같다.

$$F = \int_{-\alpha}^{+\alpha}\int_{-a}^{+a}\frac{Mmxy}{(r-x-y)^2}dx\,dy$$

$$= Mm\left\{-2a\alpha + \frac{1}{2}(r^2-\alpha^2-a^2)\log\frac{(r-\alpha+a)(r+\alpha-a)}{(r-\alpha-a)(r+\alpha+a)}\right\} \tag{22.8}$$

가설 2에서는 "비슷한 자석들에서 상호작용하는 부분은 각각의 자석의 중심으로부터 같은 거리(이 거리는 극들 사이의 거리에 비례한다)에 있는 부분들이며, 이 밖의 다른 부분들은 이 작용과는 무관해서 아무런 인력도 반발력도 생기지 않는다"는 것이다. 이것을 조금 현대적으로 를 사용한 관계식으로 나타내면 다음과 같다.

$$F=\int_{-\alpha}^{+\alpha}\int_{-a}^{+a}\frac{Mmxy}{(r-x-y)^2}\left\{\delta\left(\frac{x}{a}-\frac{y}{\alpha}\right)+\delta\left(\frac{x}{a}+\frac{y}{\alpha}\right)\right\}dxdy$$

여기서 적분변수를 $x=at$, $y=\alpha t'$ 로 변환하면 다음과 같다.

$$F=\int_{-1}^{+1}\int_{-1}^{+1}\frac{Mma^2\alpha^2 tt'}{\{r-(at+\alpha t')\}^2}\{\delta(t-t')+\delta(t+t')\}dtdt'$$

$$=\int_{-1}^{+1}\int_{-1}^{+1}Mm(a\alpha)^2\left\{\frac{t^2}{\{r-(a+\alpha)t\}^2}-\frac{t^2}{\{r-(a-\alpha)t\}^2}\right\}dt$$

$$=\frac{2Mm(a\alpha)^2}{(a+\alpha)^3}\left\{\frac{(a+\alpha)\{2r^2-(a+\alpha)^2\}}{r^2-(a+\alpha)^2}+r\log\left(\frac{r-a-\alpha}{r+a+\alpha}\right)\right\}$$

$$-\frac{2Mm(a\alpha)^2}{(a-\alpha)^3}\left\{\frac{(a-\alpha)\{2r^2-(a-\alpha)^2\}}{r^2-(a-\alpha)^2}+r\log\left(\frac{r-a+\alpha}{r+a-\alpha}\right)\right\}.$$

(22.9)

여기서 적분식 안의 항목 중 첫째 항은 인력, 둘째 항은 척력을 나타낸다.■

한 직선 위에 놓인 두 개의 막대자석 사이의 인력을 측정하는 실험은 〈그림 22.5d〉와 같이 행했다.

그림에서 Aa는 자석 AB와 자석 $\alpha\beta$가 직접 접촉하지 않도록 하기 위해, A에 부착된 비자성체이다. 자석 $\alpha\beta$는 자기자오면 안에서 자유롭게

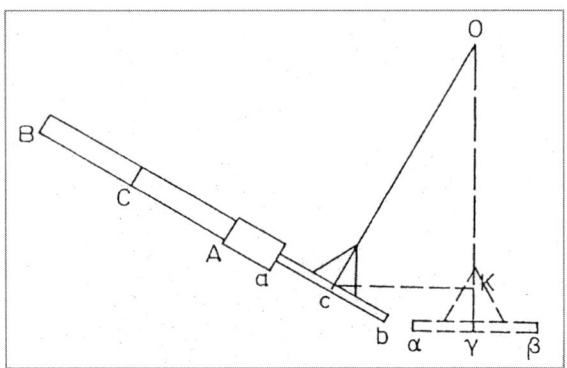

그림 22.5d

회전되도록 점 O로부터 길이 $\overline{Oc}=\overline{Or}$=L의 실로 늘어뜨려져 있다. 자석 αβ는 이 실과 항상 직교한다. 자석 αβ가 AB로부터의 인력으로 물체 Aa에 접하고 있는 상태에서 AB를 천천히 들어올리면 αβ가 함께 들어올려져 ab의 위치를 넘어서 0c가 연직선과 ∠cOK=θ의 각도를 넘어설 때 자석끼리의 인력 F와 자석 αβ의 무게 W의 균형이 깨지고, 자

---

* 마이어는 구간 PQ가 점 p에 미치는 힘은 $\mu(x)\mu'(y)\frac{1}{R^2}dx$이고, 다른 쪽 pq가 점 p에 미치는 힘은 $\mu(x)\mu'(y)\frac{1}{R^2}dy$이므로 'PQ와 pq가 서로에게 미치는 전체적인 힘'은 다음과 같다고 했지만 이것은 잘못이다.

$$\mu(x)\mu'(y)\frac{1}{R^2}(dx+dy)=Mm\frac{xy}{R^2}(dx+dy)$$

작용·반작용의 법칙을 제대로 이해하지 못하고 있다. 그러나 그는 실제 계산에서는 가설1의 경우는 (22.7)을 적분 계산해서 얻어지는 (22.8)을 자석 AB가 ab에 미치는 힘으로서, 그 식에서 M과 m, a와 α를 바꾸어 넣은 것을 ab가 AB에 미치는 힘으로서, 그 둘을 합한 것을 '두 개의 자석이 서로에게 미치는 합력'으로 보고 있다. 때문에 결과적으로 올바른 값의 2배가 됐다. 또 가설 2의 경우에서는 인력 부분은 위의 식에서 x=at, y=αt로서 t를 [0, 1]의 범위에서, 또 척력 부분에서는 피적분변수 y를 -y로 똑같이 적분하고 있다. 따라서 이 경우도 결과는 올바른 값의 정수배가 돼 있다. 어떤 경우든 논리는 잘못되었지만 올바른 계산과의 차이가 정수 인자로만 돼 있기 때문에 결과 r 의존성 자체가 변하지는 않는다.

석 $\alpha\beta$는 Aa로부터 멀어진다. 이때의 거리 $\overline{cK}=x$를 측정하면 A와 가 거리 $\overline{Aa}$만큼 떨어져 있을 때의 자석끼리의 인력이 $F=W\sin\theta = Wx \div L$로 주어진다.

마이어는 이렇게 측정한 한 직선 위에 나란히 놓인 자석끼리의 힘과, 가설 1과 가설 2에서 계산한 힘을 비교해 "이 실험 결과로부터 두 번째 가설이 확실하다는 것을 알 수 있다"(45절)면서 다음과 같은 결론을 끌어냈다.

나는 두 번째 가설이 항상 현상을 만족시킨다는 점을 알게 됐으므로, 이 가설이 자기(磁氣)에 대한 참된 설명으로서 자연에 합치한다는 사실을 주저하지 않고 말할 수 있다. 그래도 만약 누군가 이를 의심한다면 나는 오히려 그 사람은 물리학자들이 지금까지 해온 모든 증명과 설명을 의심하고 불확실한 것으로 생각하지 않으면 안 된다고 본다. 왜냐하면 물리학 체계의 진리성은 실험과 현상을 만족시키는 능력에 의해서만 증명되는 것이며, 이렇게 해서 수립된 체계를 부정하는 사람은 현상 그 자체와, 감각에 의한 증거를 부정하는 것처럼 보이기 때문이다.(50절)

측정된 수치를 들지는 않았지만, 분명히 몇몇 자석을 가지고 행한 측정에서 마이어의 측정치와 가설 2에 근거한 계산은 거의 일치한다. 그러나 $\mu(x) \propto x$라는 가정은 그렇다 해도, 자석 위의 대응하는 점들끼리만 서로 힘을 미친다는 가설 2는 아주 인위적이며, 그 물리적인 의미를 제대로 알 수가 없다. 실제로는 가설 1의 계산과 측정 결과가 일치하지 않기 때문에, 나중에 가설 2를 생각한 것은 아니었을까 여겨지기조차 한다. 그렇게까지 말하는 것은 지나치지만, 아무튼 이 가설 2가 있는 한 마이어의 측정은 자극끼리의 인력이 거리의 제곱에 반비례한다는 것을 직접 입증했다고 인정하기가 다소 힘들다.

그러나 마이어의 최대 공적은 데카르트 이래의 공상적인 와동 가설을 자석이론에서 일소하고, 자력 연구의 방향을 자력의 원인이 아니라 자력의 법칙으로 향하도록 했다는 데 있다.

쿨롱이 확정한 역제곱 법칙

칼란드리니와 마이어가 측정한 것의 난점은 자석의 입자(미세 구간)가 미치거나 받아들이는 힘의 크기가 중심으로부터의 거리에 비례한다는, 즉 $\mu(x) \propto x$ 가 성립한다는 가정 자체를 직접적으로 입증하지 못한 데 있다. 프랑스의 기술자 쿨롱은 인공자석을 사용해 자극을 자석의 끝에 국소화함으로써 이 문제를 분명히 하고, 자극 사이의 인력을 직접 측정해 그것이 거리의 제곱에 반비례한다는 사실을 의문의 여지 없이 드러냈다. 쿨롱은 마찰력의 연구 이외에 정전기력과 자기력을 측정한 것으로 알려져 있다. 그래서 정전기력은 지금도 '쿨롱의 힘'이라 불린다. 그가 전기력과 자기력에 대해 행한 일련의 연구는 1785년부터 1789년까지 일곱 차례에 걸쳐 파리 과학아카데미에서 발표되었다. 그 중 자기력의 측정은 1785년에 발표된 두 번째 논문에 실려 있다. 좀더 살펴보기로 하자.[24]

사용된 자석은, 길이 25포스(pouce, *1포스는 약 1인치), 굵기 1.5리뉴(ligne, *1리뉴는 1/12 포스)인 바늘을 미첼이 개발한 더블 터치법으로 자화해 만든 곧은 인공자석이다. 이처럼 얇고 긴 자석을 사용하는 까닭은 한쪽 극의 작용만을 측정하기 위해서이다. 인공자석의 개발이 자력 측정의 진보에 얼마나 큰 기여를 했는지를 알 수 있다. 실제로 최초

MÉMOIRES

SUR L'ÉLECTRICITE

ET LE MAGNÉTISME,

EXTRAITS des Mémoires de l'Académie Royale des Sciences de Paris, publiés dans les années 1785 à 1789, *avec planches et tableaux.*

PAR COULOMB,

Officier du Génie, Membre de l'Institut de France.

PARIS,

Chez BACHELIER, Libraire, quai des Augustins, n° 55.

〈그림 22.6〉쿨롱의 『전기와 자기에 대한 논문집』.
이 논문집에는 일곱 개의 논문이 수록되어 있다.

의 실험에서 쿨롱은 그 자극이 "끝에서 10리뉴 이내에 응축돼 있다"는 것을 확인했다. 따라서 이제 $\mu(x) \propto x$라는 불확실한 가정을 세울 필요가 없다.

한편 쿨롱은 '자기유체'라는 말을 사용했다. 그러나 이 '자기유체'는 데카르트가 말하는 자기와동을 일으키고 자성체 밖으로 유출되는 힘의 전달 매질은 아니다. 오히려 자성체 내부에 있으면서 물체에 자기를 발생시키는 '자하(磁荷)'에 가까운 개념이다. 그리고 그것은 '자기분자'로 이루어진다고 생각했다(쿨롱의 '자기분자'는 마이어의 '자기입자'에 해당한다). 그것은 '전기유체'가 '전기분자' 즉 하전입자의 집합이라는 것과 같은 의미이다. 쿨롱의 표상에서는 전기분자 사이의 원격작용으로 전기력이 작용하고, 자기분자 사이의 원격작용으로 자력이 작용하는 것이다. 쿨롱은 단호한 원격작용론자였다.

한편 쿨롱의 논문에서는 실제 실험을 서술하기에 앞서 "자기유체는 유체의 밀도에 비례하고, 그 분자 사이의 거리의 제곱에 반비례하는 인력 또는 척력으로 작용한다"고 강조돼 있다. 즉 '자기유체 밀도'를 μ_1, μ_2라고 하면, 거리 r 만큼 떨어져 있을 때, 그 자기분자 사이의 자기력은 $\mu_1 \mu_2 / r^2$에 비례한다는 것이다. 뉴턴의 만유인력이 $Gm_1 m_2 / r^2$의 형태를 하고 있는 것으로부터 모방한 것이 분명하다. 그에 이어서 "이 주장의 앞 부분〔밀도에 비례한다는 것〕은 증명할 필요가 없으므로, 뒷부분〔거리의 제곱에 반비례한다는 것〕만 증명해보자"고 기록돼 있다.(p.594) 유체 밀도의 비례를 왜 '증명할 필요가 없는 것'인지는 잘 모르겠으나 그 가정은 만유인력이 질량에 비례한다는 것을 모방했을 것이다. 쿨롱은 이미 첫 번째 논문에서 정전(靜電) 인력에 대해 같은 형태의 법칙을 얻어냈다. 여기서도 역제곱 법칙의 보편성에 대한 확신이 먼저 있었던 것으로 보인다. 따라서 힘의 미지의 관계식을 발견하기 위해 실험과 측정을 했다기보다는 오히려 그 명제를 검증하기 위해서였다고 할 수 있다.

  첫 번째 측정은 자침의 진동수를 측정하는 동역학적인 것이다. 마이어가 행한 예비실험과 비슷한 것이지만 다른 점은 자침을 탄성 실에 매달아 지구자장뿐만이 아니라, 이 탄성 실의 복원력으로 진동시킨다는 것이다. 길이 1포스(약 3cm) 정도의 작은 자침을 탄성 실에 매달아 자기자오선 위에 수평으로 정지시킨다. 그리고 앞에서 얘기했던 얇고 긴 자석을 연직으로 세워, 자침과 같은 수평면 위에서 그 자기자오선 위의 자침의 앞 끝으로부터 일정한 거리에 그 자석의 한쪽 극이 오도록 두고, 자침을 수평면 위에서 진동시킨다. 자침을 맨 탄성 실이 벗어난 각도는 자침이 흔들리는 각 ϕ 와 같고, 따라서 탄성 실의 복원력의 모멘트는 ϕ 에 비례한다. 또 지구자장에 의한 복원력의 모멘트는 $\sin \phi$ 에 비례하지만, 작은 각도에서는 $\sin \phi \risingdotseq \phi$ 으로 보아도 되므로 역시 ϕ 에 비례하고, 따라서 양자의 합은 $K\phi$ 로 표시된다. 마찬가지로 자석의 자극까지의 거리 r이 자침의 길이에 비해 충분히 크다면 자석의 그 극이 자침의 각 점에 미치는 힘 F도 거의 동일하며, 그에 의한 짝힘(偶力)도 ($\bar{x}$를 자침의 중심으로부터 그 힘의 작용점까지의 길이라고 하면) $F\bar{x} \sin \phi \risingdotseq F\bar{x}\phi$ 로 나타낼 수 있다.

  따라서 자침의 회전 방정식은 그 관성 모멘트를 I 로 할 때 다음과 같다.

$$I\ddot{\phi} = -(F\bar{x} + K)\phi$$

이에 따라 회전 진동수는 아래와 같다.

$$n = \frac{1}{2\pi}\sqrt{\frac{F\bar{x}+K}{I}} \quad \text{i.e.} \quad n^2 \propto F\bar{x}+K$$

특히 자석을 가까이에 두지 않은 상태(자극과 자침의 거리가 무한대)에서 측정한 경우, 즉 지구자장과 탄성 실의 복원력으로만 진동이 일어날 때의 진동수를 n_0라고 하면 $n_0^2 \propto K$이므로 다음 관계가 성립한다.

$$F \propto n^2 - n_0^2$$

여기에서 각각의 거리 r에서 n을 측정하면, 거리 변화에 따른 F의 비율이 얻어진다. 측정 결과는 다음 표에서 보는 바와 같다.

여기에서 쿨롱은 $r^2 \times (n^2 - n_0^2)$가 거의 일정하기 때문에 다음과 같은

〈표〉 자석과 탄성 실의 작용에 의한 지침의 진동수 측정

r(자극과 자침의 거리)	n(회/분)	$n^2 - n_0^2 \propto F$	$r^2 \times (n^2 - n_0^2)$
∞(자석 없음)	$15 = n_0$		
4(포스)	41	$41^2 - 15^2 = 1456$	23296
8(포스)	24	$24^2 - 15^2 = 351$	22464
16(포스)	17	$17^2 - 15^2 = 64$	16384

관계가 얻어진다고 밝혔다.■

■ 쿨롱의 논의는 표와 같은 계산은 아니고 1456:351:64≒1:1/4:1/16=1/4²:1/8²:1/16²이 성립한다는 것이다. 한편 r이 16포스일 때의 값은 다른 것과 거의 일치가 되지 않지만, 이 경우는 자극과 자침의 거리가 크기 때문에 연직으로 세운 자석 위쪽 방향의 극이 영향을 미친다고 보고 $n_2 - n_0^2$에 대해 쿨롱이 보정값으로 79를 주었다. 그렇게 되면 최종값은 20224가 된다.

$F \propto n^2 - n_0^2 \propto r^{-2}$

솔직하게 말해 이것만으로는 자력의 역제곱 법칙이 입증되었다고 판단하기가 어렵다. 특히 마지막 값과 앞의 두 개의 값의 차이가 커서 간과할 수가 없다. 그러나 쿨롱은 이 논문에서 또 하나의-이번에는 정역학적인-측정을 무리하게 시도한다.

⟨그림 22.7⟩에서 수평 화살표는 길이 24포스(약 61cm)의 얇고 긴 인공자석으로, 중앙에 연직으로 세워진 30포스(약 76cm) 길이의 관 id의 내부에 있는 탄성 실로 매달았다. 실은 관 상부의 손잡이를 돌림으로써 비틀 수 있다. 실이 돌아가지 않은 상태에서는 수평인 자석은 자기자오선 방향을 향한다. 관 id 옆에 관에 평행하게 있는 연직의 막대도 얇고 긴 인공자석이며, 그 아래쪽의 극(⟨그림 22.8ab⟩의 P)이 수평자석의 한쪽 자극(⟨그림 22.8ab⟩의 Q)의 최초의 정지 위치에 오도록 두고, 탄성 실의 손잡이를 돌려 수평자석이 정지하도록 한다. 이 경우는 두 개의 자석이 모두 충분히 길기 때문에 가까이 있는 자석(P와 Q) 사이의 힘만이 작용한다고 봐도 좋다. 그리고 이때 손잡이의 회전각으로부터 자극 사이의 힘을 알 수 있다.

손잡이의 회전각을 Φ, 수평자석이 자기자오선에 대해 흔들리는 각도를 ϕ라고 하자(손잡이는 1회전 이상 돌릴 수 있으므로 반드시 $\Phi = \phi$일 필요는 없고 일반적으로는 $\Phi - \phi =$ 정수$\times 360°$의 관계가 있다). 이때 실이 벗어난 각은 $\Phi - \phi$, 따라서 수평자석에 작용하는 탄성 실의 복원력의 모멘트는 $N(\Phi - \phi)$, 한편 지구자장에 의한 짝힘의 모멘트는 $\sin\phi \fallingdotseq \phi$에 비례하므로 $M\phi$로 나타난다(ϕ는 비교적 작다). 수평자석의 길이를 $2a$로 하면 수평자석과 연직 자석의 자극 사이의 힘 F에 ϕ에 의한 힘의 모멘트는 $Fa\cos(\phi/2) \fallingdotseq Fa$, 따라서 수평자석의 균형은 다음과 같다.

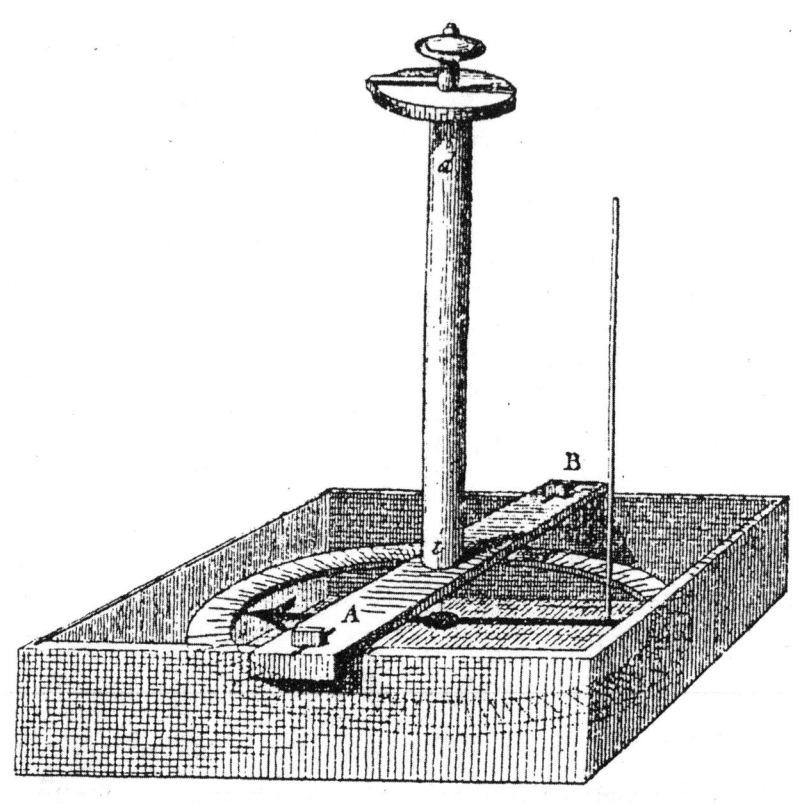

〈그림 22.7〉 쿨롱의 나사 저울 측정 장치.

$$Fa = N(\Phi - \phi) + M\phi$$

한편 서로 힘을 미치는 두 자극(〈그림22.8〉의 P와 Q) 사이의 거리는 역시 작은 ϕ에서는 $r = 2a\sin(\phi/2) \fallingdotseq a\phi$에 가깝다.

처음에는 연직의 자석을 놓지 않고 손잡이를 돌려, 수평자석이 실의 회전에 따른 탄성 복원력과 지구자장만으로 균형을 이루는 위치를 찾는다.(〈그림 22.8b〉) 단 그림에서 반시계 방향일 때의 각도를 양수라고

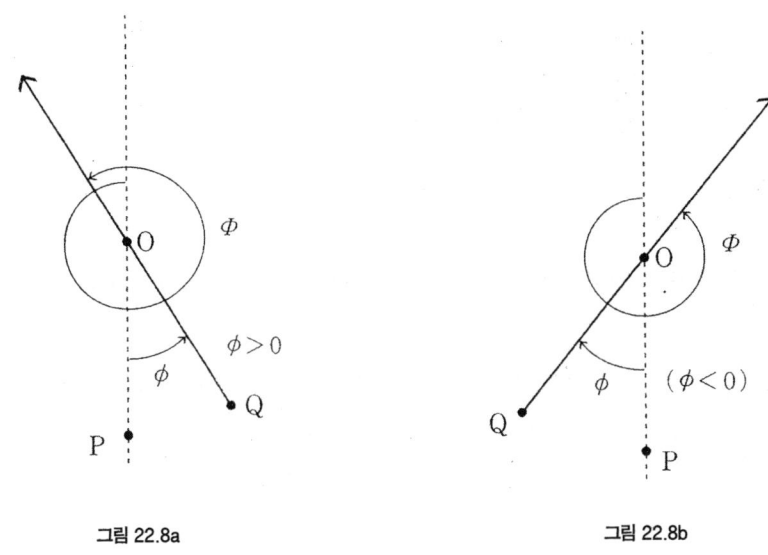

그림 22.8a   그림 22.8b

하면, 이 경우는 $\phi<0$이며, 실제 측정에 따르면 이때 $\Phi=700°$이고 $\phi=-20°$이었다. 따라서 다음의 식이 성립한다.

$$O = N \times 720° + M \times (-20°) \qquad \therefore M = 36N.$$

이어서 연직 자석을 세웠을 때의 측정은 다음 표에 나타나 있다.

Φ	ϕ	$N(\Phi-\phi)+M\phi = N(\Phi+35\phi)$	$r=a\phi$
24°	24°	$N \times 864°$	$a \times 24°$
3회전+14°=1097°	17°	$N \times 1692°$	$a \times 17°$
8회전+12°=2892°	12°	$N \times 3312°$	$a \times 12°$

여기에서 다음과 같은 식을 생각해볼 수 있다.

$$r^2 \times F = (a\phi)^2 \times \{N(\Phi-\phi)+M\phi\} = a^2 N \phi^2 \times (\Phi + 35\phi)$$

그리고 위의 순서대로(정수인자 a^2N을 제외하고) 다음의 값이 나온다.

$$24^2 \times 864 = 497664, \ 17^2 \times 1692 = 488988, \ 12^2 \times 3312 = 476928$$

이들 세 개의 값은 상당한 개연성을 갖고 일정하다고 볼 수 있으므로, 이 측정으로부터 아래의 결론이 도출된다.▪

$r^2 \times F = \text{const.}$ i. e. $F \propto r^{-2}$

이 논문의 마지막에서 쿨롱은 결과를 (정전기력의 측정 결과와 함께) 다음과 같이 정리하고 있다.

1. 두 개의 대전(帶電, 전기를 띤)된 구(球) 사이의, 따라서 두 개의 전기분자의 사이의 전기적인 작용은, 척력이든 인력이든 전기유체의 밀도에 비례하고 거리의 제곱에 반비례한다.
2. 더블 터치법에 의해 자화된 20 또는 25포스 길이의 바늘에서 자기유체는 바늘 끝부분으로부터 10리뉴에 응축하고 있는 것으로 여겨진다.
3. 바늘이 자화되었다면 [자기]자오선에 대해 어떤 각도로 놓더라도, 자오선에 평행한 일정한 힘에 의해 매달린 바늘과 동일한 점을 통과하는 이 자오선으로 늘

▪ 여기서도 쿨롱의 논의는 864:1692:3312≒1/4:1/2:1, 1/24²:1/17²:1/12²≒1/4:1/2:1이기 때문에 $F \propto r^{-2}$라는 것이다.

끌려 돌아온다.
4. 자기유체 사이의 인력과 척력은, 전기유체와 마찬가지로, 정확히 자기분자의 밀도에 비례하고 거리의 제곱에 반비례한다.(p.611)

즉 거리 r 만큼 떨어진 전하(e_1과 e_2) 사이의 힘(정전기력)의 크기 f_e와 자극(μ_1과 μ_2) 사이의 힘(자기력)의 크기 f_m은 다음과 같이 나타난다.

$$f_e \propto \frac{e_1 e_2}{r^2}, \qquad f_m \propto \frac{\mu_1 \mu_2}{r^2}$$

이것은 현재 쿨롱의 법칙이라 불리고 있다.

이런 과정을 거친 결론을 프랑스 혁명기에 창설된 기술자 양성 대학 에콜 폴리테크닉에서 배운 앙페르는 약 반세기 후인 1825년에 다음과 같이 말했다.

조건을 가능한 자꾸 변화시키고, 정밀한 관측으로 뒷받침하면서 모든 사실을 관찰하고, 그 관찰된 사실들로부터 실험에만 기초해 일반적인 법칙을 도출하고, 다시 그 법칙으로부터 힘의 수학적인 관계식, 다시 말해 힘을 나타내는 공식을-그런 현상을 나타내는 힘의 본질이 무엇인가에 대한 가설과는 관계 없이-도출하는 것, 이것이 뉴턴이 채택한 방법이다. 이 노선은 프랑스 과학자들이 폭넓게 채용한 것이며 이들 덕분에 물리학은 크게 진보했다. 나 또한 전기역학 현상을 연구하면서 이 방법을 답습했다. 나는 이들 현상의 법칙을 확립하기 위해 오직 실험에 근거하고 그 실험으로부터 현상들의 저변에 있는 힘을 드러내는 유일한 공식을 도출했다. 나는 이런 종류의 모든 연구는 법칙에 대한 순수하고 경험적인 지식과, 이 법칙으로부터만 유도되는 것에 의존해 나아가야 한다는 것, 또 그 힘의 방향은 힘이 작용하는 질점을 연결하는 직선 방향이라는 것을 확신한다. 때문에 힘의 원인 자체를 추구하는 것 같은 일은 하지

않는다.[25]

 18세기에 뉴턴의 역학이 대륙으로 침투해가는 과정에서, 중력에 대한 법칙을 확정하는 것이 중요하다는 인식이 점차 확산되었다. 반면 '중력의 본질'이나 '중력의 원인'을 묻는 철학적 질문은 물리학에서는 주요한 문제는 아니라고 받아들이게 되었다. 무셴브루크로부터 마이어와 쿨롱에 이르는 연구는 이런 과정을 전자력으로까지 넓히는 것이었다. 이렇게 해서 자력과 전기력도 수학적 관계식으로 표시되는 원격력으로 합리화되어, 수리물리학에서 중요한 지위를 차지하며 근대 물리학에 편입되었다. 물리학으로서의 전자기학은 여기서부터 시작했다.

 특히 물질적 세계가 합리화되면서, 원격작용으로서 고대 이래 '숨겨진 힘'의 전형으로 간주되었던 자력은 그 마술적 성격을 잃어가고 있었다. 뉴턴이 중력에 대해 가지고 있었던 것 같은 신학적 근거도 더 이상 이야기하지 않게 되었다. 물리학은 사물의 본질에 대한 존재론적인 인식을 탐구하는 것을 버리고 먼저 현상의 법칙에 대한 수학적인 확실성을 구하는 것으로 자족하게 되었다. 바로 여기서 수리물리학이 시작된다.

❋ ❋ ❋

 중세 말기에서 근대 초에 걸쳐 힘 특히 원격력, 구체적으로는 자력이나 조수간만에서 보이는 천체들 사이의 영향을 주요한 문제로 바라본 것은 마술과 점성술이었다. 그 중에서도 후기 르네상스의 자연마술은 전기력을 포함한 자연계의 많은 힘을 '공감과 반감' '숨겨진 힘'이라 부르며, 그 본질을 묻기보다는 실험과 관측을 통해 현상을 조사하고 이용하였다. 실험과 관찰의 중시라는 점에서는 연금술도 뒤지지 않았다. 그것은 사물의 본성으로부터 모든 것을 논리적으로 연역하는, 다시 말해 사물의 본성을 알지 못하면 일체의 사물은 이해할 수 없다고 본 스콜라철학의 방법과는 대립하는 것이었다.

한편 근대 초에 스콜라철학을 대신하는 신철학으로 등장한 기계론은 힘의 설명, 즉 힘의 원인이나 전달 메커니즘을 해명함으로써 마술을 해체하고자 했다. 그러나 기계론은 자신이 세운 목표를 달성하는 데 실패했다.

결국 힘에 대한 인식을 심화하고 새로운 발전의 계기를 연 것은 기계론이 구상한 것처럼 힘의 전파를 재현하는 모델을 고안하는 것을 통해서도 아니었으며, 절대적으로 올바른 제1원리로부터 힘의 본질을 연역하는 것도 아니었다. 그것은 힘의 본질이나 힘의 원인을 둘러싼 질문을 제쳐놓고 실험과 관찰-특히 정밀한 측정-을 통해 힘에 대한 수학적인 법칙을 확정하는 방식을 통해 이루어졌다. 중력에 대해서는 훅과 뉴턴, 자력에 대해서는 마이어와 쿨롱에 의해 최종적으론 완수되었고, 여기서 근대 물리학이 말하는 힘에 대한 인식이 비롯된다.

이렇게 보면, 자력을 비롯한 일반적인 힘에 대한 연구의 발전을 멀리로는 플라톤과 에피쿠로스 그리고 루크레티우스, 근대에는 데카르트나 가생디가 목표로 한 환원주의적인 방향에서가 아니라, 신비사상가 니콜라우스 쿠사누스나 마술가 델라 포르타가 예감한 방향으로 나아갔다는 것을 알게 된다. 이처럼 원래는 물활론적 또는 마술적인 자연관에서 태어나고, 실제로 길버트나 케플러에 이르기까지 그와 같은 성향이 농후해 기계론에서는 부정했던 원격력의 개념은, 수학적 관계식을 통해 법칙으로 확정됨으로써 자연학의 내부에서 자기 위치를 찾게 되었다. 특히 코페르니쿠스 체계를 동역학적으로 기초하는 근대 물리학을 탄생시키게 된다.

그런 의미에서 중세 스콜라철학을 대신해 근대의 기계론이 등장하고, 그에 의해 과학혁명이 이루어졌다고 하는 단순한 도식은 적어도 힘의 문제-근대 물리학의 기본 축이 되는 문제-에 대해서는 올바르지 않다. 기계론자 갈릴레이는 태양계를 물리학의 문제로 보지 않았으며, 데카르트의 기계론도 티코 브라헤의 관측이나 케플러의 이론과는 아무런 접점을 갖지 못한 공상에 지나지 않았다. 더불어 중력을 이해하지도 못했다. 그에 비해 근대 초에 힘의 개념을 자연학의 중심에 둔 것은 물활론의 영향이 남아 있었던 길버트와 케플러였으며, 이들의 사상은 '자기철학'이라는 형태로 17세기에 특히 영국에 커다란 영향을 미쳤다. 그리고 기계론자이면서도 자기철학의 영향을 크게 받았던 훅, 연금술과 케임브리지 플라톤주의의 영향을 받았던 뉴턴이 중력이론을 만들어냈다. 실제로 근대 이후에 살아남은 것은 케플러의 법칙과 뉴턴의 중력 법칙, 그리고 쿨롱의 전자력(電磁力) 법칙이었다.

마술은 기계론이 의도했던 것처럼 해체되지 않았다. 마술적인 원격력이 수학적 법칙으로 파악되고 합리화됨으로써 자연철학(물리학)은 검증 가능하고 수학적으로 엄밀하게 표현된 법칙을 다루는 학문이라는 원칙이 확립되었다. 그 결과(*마술이 해체되기보다는) 마술 고유의 문제에 대한 자연학자들의 관심이 줄어들게 되었을 뿐이다. 근대 과학의 형성 과정에서 과학은 마술로부터 자극을 받았고, 특히 힘 개념을 형성하는 데 중추적인 개념인 원격력의 개념은 마술과 점성술로부터 이어받았다. 그러나 일단 자연과학이 고유의 방법을 확립한 뒤에는 마술은 더 이상 자연과학자의 논의의 대상이 아니었고, 인간의 자연관에도 중요한 영향을 줄 수 없게 되었다. 근대 과학 확립 후의 견해로만 근대 과학의 요람기를 바라본 결과, 그 과정에서 마술이 수행한 역할을 과소평가하는 것은 잘못이다. 물론 반대로 근대 과학이 형성되는 과정의 한 시기에 마술이 떠맡았던 역할 때문에, 그 뒤에도 마술이 대단한 의미를 가지고 있는 것처럼 말하는 것도 잘못일 것이다.

이렇게 해서 자력과 중력의 전(前) 과학사를 둘러싼 긴 이야기가 끝났다. 뉴턴과 쿨롱의 원격력 개념은 패러데이로부터 아인슈타인에 이르는 과정에서 다시 묻게 되지만, 그것은 이후의 이야기이다.

■ 저자 후기

솔직히 말해 나름대로 색다른 책을 썼다고 자부한다. 이 책은 고대 이래 원격력이라고 하면 오직 자력에 대해서만 그렇게 믿어왔으나, 이후 원격력 개념이 어떻게 바뀌어 마침내 근대 과학이 형성되는 데 지대한 역할을 하게 됐는지를 다룬다. 하지만 결과적으로는 고대에서 근대에 이르는 자연사상사처럼 되어버렸다.

이런 문제를 의식한 것은 20여 년 전에 물리학사상사를 다룬 『중력과 역학적 세계』를 썼을 때였다. 당시 케플러의 책을 읽으면서 '중력'을 논하는 부분에 계속 '자력'이란 말이 반복되는 것이 매우 이상했다. 그것이 출발점이었다. 이후 여러 권의 과학사 관련 책을 읽었지만 왜 중력이 자력으로 표현돼 있는지에 대해 정확한 답을 주는 책은 한 권도 없었다.

의문은 또 있었다. 케플러와 뉴턴이 만유인력을 도입한 것이야말로 근대 우주론-근대의 역학적인 태양계상(像)-형성에 가장 중요한 요인이었다. 하지만 실제로는 근대 과학의 주된 사상이라고 일컬어지는 기계론 철학에서는 만유인력을 엄격하게 배척했다는 사실이었다. 적어도 만유인력에 관한 한 뉴턴은 기계론자들과 많은 마찰을 일으키고 있었다. 그렇다면 통상적으로 뉴턴을 갈릴레이나 데카르트와 함께 기계론 철학의 제창자로 묶는 것은 무리가 있을 뿐 아니라, 스콜라철학을 대신한 기계론 철학이 근대 물리학을 만들었다고 쉽게 말할 수 없는 것은 아닐까.

두 가지 의문은 이후 내 머리를 떠나지 않았다. 그렇다고 곧장 이런 책을 쓰려고 결심한 것은 물론 아니다. 무엇보다 물리를 하는 사람으로서 쉽게 할 수 있는 이야기가 아니었다. 그러나 그 문제는 늘 염두에 두면서 무언가를 읽을 때 항상 의식하고 있었다.

책을 쓰게 된 계기 중의 하나는 르네상스 연구자인 사와이 시게오(澤井繁男) 씨를 만나면서였다. 그 분은 내게 르네상스 마술, 특히 델라 포르타에 대해 가르침을 주시고 많은 자료도 보여주셨다. 이를 통해 자력은 중세와 르네상스에 걸쳐 하나의 마술이었으며, 마술에 근거하고 있던 의술의 연구 대상이었다는 것도 알게 됐다. 힘 개념이 근대 물리학의 등장 과정에서 역사적으로 얼마나 특이한 위치를 차지하는지가 보이기 시작했던 것이다.

본격적으로 이 문제를 파고들어가 보자고 작심한 것은 7, 8년 전이었다. 1997년에 『고전역학의 형성』이라는 역학사(史)와 관련된 책을 출판했는데, 그 후기에서 나는 "전 세계를 제패하게 된 근대 과학 기술이 왜 서구에서만 등장했는가 하는 점은 아직 과학사, 기술사가 풀지 못한 수수께끼이다. 과학사나 기술사라는 학문은 결국 이 문제의 해결을 위해 존재하는 게 아닐까"라고 썼다. 이 문장은 당시의 내 기분을 잘 나타내고 있다. 지금까지의 과학사에서는 근대 물리학의 탄생이 운동법칙과 함께 시작되었다고 보고 있었다. 그러나 진짜 열쇠는 힘 개념의 확립에 있다는 것이 분명해 보였다. 그래서 힘에 대한 인식이 어떻게 변화했는지를 축으로 삼아 역사를 새로 보려는 구상을 하게 되었던 것이다.

쉬운 일은 아니었다. 자료나 문헌을 구하는 일은 여전히 어려웠다. 그러나 과거 20년간 상황이 많이 개선되었다고 할 수 있다.

우선 그 사이에 중세와 르네상스 관계의 연구서, 또 고대와 중세 문헌이 몇 권 번역 출간되었다. 로저 베이컨의 『형상증식론』과 피치노의 『생에 대하여』, 케플러의 『티코의 옹호』가 라틴어에서 영어로 번역됐고, 아프로디시아스의 알렉산드로스의 『문제집』도 영역되었다. 이 밖에도 다양한 영어 번역본에서 많은 도움을 많았다. 일본어로 번역된 것 중에는 아사히(朝日) 출판사의 『과학의 명저』 시리즈, 교토대학 학술출판회에서 나온 갈레노스의 『자연의 기능에 대하여』, 플루타르코스의 『모랄리아』, 엔터프라이즈 사(社)에서 나온 디오스코리데스의 『약물지』, 『히포크라테스 전집』 등이 유익했다. 힐데가르트가 쓴 『자연학』이 번역된 것도 도움이 됐다. 또 이와나미(岩波) 서점의 『소크라테스 이전 철학자 단편집』(전5권)이나 코몬칸(敎文館)의 『기독교 신비주의 저작집』 시리즈도 좋았다. 그러나 무엇보다도 도움이 컸던 것은 헤이본샤(平凡社)에서 완간한 『중세 사상 원전 집성』(전20권)이었다.

연구서나 연구논문은 대부분 국회도서관과 도립중앙도서관에 의존했다. 중세 철학과 기독교 신학에 대해서는 죠치(上智)대학 도서관을 이용했다. 이 밖에 자비로 입수한 서적도 적지 않다. 내 근무처인 오차노미즈(お茶の水)에 있는 학원에서 돌아올 때 가끔 칸다(神田)의 고서점 거리까지 내려가 취미 삼아 서점을 둘러보곤 했다. 20년이나 그런 일을 하다 보니 그 사이에 생각지도 못한 책을 발견하는 경우가 적지 않았다. 20세기 후반의 책은 물론이고 국회도서관에서도 보지 못했던 19세기 후반에서 20세기 전반에 걸쳐 영국이나 독일에서 발간된 귀중

한 서적도 꽤 입수할 수 있었다. 필자는 지금까지 외국에 가본 적이 없다. 하지만 칸다의 고서점 거리와 같은 곳은 외국에도 없지 않을까 싶다.

그 밖의 필요한 문헌은 많은 분들의 도움을 받아 복사할 수 있었다. 그 중에서도 내가 존경하는 친구 나카무라 고이치(中村孔一)의 도움을 많이 받았다. 특히 작년에 국회도서관에 있던 외국 잡지들이 신설된 칸사이(關西) 관으로 이전되면서 얼마 동안 이용할 수 없게 된 적이 있었는데 나카무라 씨의 도움으로 그 공백을 메울 수 있었다. 그가 아니었다면 입수하지 못했을 자료가 적지 않다. 그는 자료 외에도 여러 가지로 많은 격려를 해주었다. 또한 지인이나 제자들이 외국 대학에 나갈 기회가 생겼을 경우, 그 대학이 소장한 자료들을 찾아 복사본을 보내주기도 했다. 이처럼 주위의 도움이 없었다면 이 책은 쓰지 못했을 것이다.

실제로는 인터넷을 이용하면 문헌 탐색이 더욱 쉽고 효율적이었을지 모르지만, 나는 그 문명의 이기(利器)에 손을 대지 않았다. 무슨 대단한 원칙이 있어서가 아니다. 나는 아직도 10여 년 전에 구입한 컴퓨터에 Windows 3.1과 WZ 에디터를 깔아 사용하고 있다. 이 책의 원고도 그것으로 썼다. 그것만으로도 충분하다. 이것이 다운되면 시스템을 새로 바꾸고 그때는 인터넷도 사용해볼까 생각중이지만 아직은 지금 시스템만으로도 편리하다. 쓸 수 있는데도 폐기하고 OS를 바꾸는 건 메이커의 책략에 말려드는 것 같아 싫고, 무엇보다 귀찮은 일이라고 여겨질 뿐이다.

문헌을 읽는 단계가 되자 정확한 라틴어 지식이 필요하다는 것을 절감하게 되었다. 벼락치기지만 도내의 외국어 학교 라틴어 강좌에 2년 반을 다녔다. 기억력이 상당히 감퇴한 것인지, 아니면 원래 어학에 재능이 부족한 것인지, 소쿠리로 물을 뜨는 것처럼 한심한 상태여서 실력이 크게 늘지는 않았지만 그래도 필요한 만큼의 지식은 확보했다고 생각한다.

어학 문제뿐만은 아니었다. 이 책의 대부분-고대부터 르네상스에 이르는 서양 역사와 사상-이 내 전공 분야가 아니어서 집필은 여전히 위압감을 주었다.

나는 지금까지 몇 권의 물리학 사상사를 썼다. 그것들은 근대 물리학이 형성된 이후가 중심이며, 학설사 중심이어서 나름대로 자신이 있었다. 물론 20세기 후반에 과학사학이 독립된 실증적인 학문으로서 홀로 선 이래, 과거의 시도 중에 현대 과학의 관점에서 평가할 수 있는 것만을 뽑아내 오늘날의 입장에서 정합적으로 맞추어 만들어낸 이야기와 같은 것은, 아무리 교육적 가치가 있는 계몽서라 할지라도 더 이상 학문적인 역사로는 보지 않게 되었다. 즉 역사의 실상을 무시하고 현대적 관점에서 각색되고 재구성된 스토리와 같은 것은, 물리를 하는 사람에게는 재미있어도 역사학의 입장에서는 높이 평가받지 못한다. 이 점은 일본에서 과학사를 독립시키는 데 노력한 고(故) 히로시게 도오루(廣重徹) 씨가 항상 강조했던 점이기도 하다. 그리고 지금까지 필자가 써온 것은 물리를 하는 사람뿐 아니라 역사를 하는 사람들에게도 읽을 만한 가치가 있는 게 아닐까 하는 자부심을 갖고 있다. 이렇게 말할 수 있는 것은 역시 물리학의 이론 전개를 나름대로 정확히 파악해왔기 때문이라고 생각한다.

그러나 이번에는 종전과는 달랐다. 서문에도 쓴 것처럼 이 책은 고유한 의미에서의 '물리학사'가 성립하기 이전이 주요 테마이다. 따라서 최근 유행하는 축구 용어로 말하자면 지금까지의 연구는 어느 정도

홈 게임이었으나, 이번에는 어웨이 경기가 되는 셈이었다.

어떤 분야의 학문에서 전문 교육을 받았다는 것은 단지 필요한 전문지식을 강의나 연습을 통해 습득했다는 것만을 뜻하지 않는다. 연구실과 학과 사람들과의 일상적인 접촉을 통해 그 학문 세계의 공통된 이해와 양해 사항을 자신도 모르게 몸으로 익히게 된다는 것을 뜻한다. 독학한 사람의 설움은 그런 과정이 없어 자신이 사로잡혀 있을 편견이나 오해를 정정할 기회가 없다는 점에 있다. 이 점은 나 자신도 마찬가지여서 아무런 의식도 하지 못한 채 틀린 것을 쓰고 있는 게 아닐까 하는 불안이, 솔직히 책을 쓰는 내내 떠나지 않았다. 그래서 우선 원고 단계에서 고전 언어와 고대 중세 철학에 정통한 오시마 야스히코(大島保彦) 씨에게 제1장에서 제9장까지 대충 보여드렸다. 그 분은 몇 군데 귀중한 지적과 충고를 해주셨다. 물론 그 후에 내가 다시 원고를 고치거나 보충한 부분이 있으므로 최종적인 책임은 필자에게 있지만, 만약 큰 잘못이 없다면 그것은 전적으로 그 분 덕택이다. 반대로 그 분야의 프로가 보면 이미 알고 있는 것을 득의양양해서 장황하게 쓰고 있는 것 같은 곳도 있을 것이다. 그와 같은 점이 있다면 그것은 필자가 스스로 납득하기 위해 쓰고 있는 것이므로 이해해주기 바란다. 실제로 이 책은 더듬고 공부를 계속하면서 써나간 것이다.

다른 한편으로는 연구자 집단과 교섭이 없다는 것은 좋게 생각하면, 연구자 집단의 공통된 이해 사항-패러다임-에 묶이지 않고 자유롭게 발상할 수 있는 위치에 있다는 것이기도 하다. 때문에 프로 연구자가 생각할 수 없는 독자적인 견해를 제기할 가능성도 있을 수 있다. 사실 나는 이 책에서 통상의 과학사에는 없는 논점을 몇 가지 개진했다고 생각한다.

그것은 12세기의 마르보두스가 옥수(玉髓)의 인력을 발견했다는 사실 같은 개별적인 사례뿐 아니라 토마스 아퀴나스나 니콜라우스 쿠사누스에 대한 견해도 전문 연구자와 조금 차이가 있을 것이라고 생각한다. 그러나 지상의 물체가 천계의 힘을 얻고 있다는 토마스의 점성술적 인과론이 그 당시 발견된 자석의 지북성에 큰 영향을 받았다는 점은 틀림없다고 보며, 쿠사누스가 자력의 크기를 정량적으로 측정할 것을 제안한 것이 힘 개념에 결정적인 전환점이 되었다는 것도 자신 있게 말할 수 있다.

또 르네상스 마술이 1400년대와 1500년대가 서로 달랐다는 지적도 이 책이 전개한 새로운 관점이다. 피치노 등 15세기의 논자들은 마술을 자연마술과 다이몬마술로 구별하면서 다이몬마술을 종교적인 이유로 기피했지만 다이몬마술의 존재 자체는 부정하지 않았다. 그러나 폼포나치 등 16세기의 논자들은 다이몬마술의 존재 자체를 믿지 않았다. 그래서 1500년대에는 자연의 힘을 사용하는 자연마술만을 믿는 입장이 대세를 이뤘다. 이때부터 고대로부터의 전승이 아니라 실험에 의거해, 델라 포르타로 대표되는 실험마술이라고도 할 수 있는 후기 르네상스 마술이 형성되어 근대 과학으로 가는 하나의 길이 열렸다.

근대 과학으로 통하는 또 하나의 채널은 기술자에 의해 기술에 대한 실험적·합리적 접근이 이루어지면서 열렸다. 16세기의 문화혁명이라고도 할 만큼 지식 세계에 커다란 지각변동이 생긴 것이다. 즉 이 세기에 인쇄 서적의 등장과 함께 대학과는 아무런 관련이 없는 기술자와 장인이 라틴어가 아닌 속어(자국어)로 과학서와 기술서를 쓰기 시작한 것이다. 여기에 신비주의를 벗어던진 마술과, 이론화된 기술의 흐름이 만나 새로운 과학을 만드는 배경을 형성하게 된다. 이것이 이 책 제2부의 주제이다. 자세한 것은 본문을 읽기를 바라지만 어쨌든 근대 과학의 형성에 관한 나름대로 새로운 관점일 것이다.

자력 연구의 역사라고 하면 가장 먼저 길버트를 들지만 지금까지의 길버트 연구는 우주관-태양계상-의 전환과 전혀 연관을 짓지 않았다. 또 길버트의 실험적 연구라는 방법과 지구가 자석이라는 결론은 근대 과학의 길을 연 것으로 높이 평가받았지만, 지구는 영혼을 가진 생명적 존재라는 길버트의 지구론은 전근대적인 것으로 치부돼 무시하거나 낮게 평가돼왔다. 그러나 사실은 지구가 자기운동의 원리를 가진 생명적이며 영적인 존재라는 길버트의 인식이야말로 17세기 초의 단계에서는 지구를 불활성이고 움직임이 없는 흙덩어리로 본 아리스토텔레스의 우주상을 해체하고 지동설을 받아들이는 기폭제였다. 나아가 케플러의 중력 이론으로 이어지는 계기가 되었다. 그 경위와 그것이 어떻게 만유인력 개념으로 결실을 맺어가는가는 이 책 제3부의 테마이다. 이 점, 즉 길버트와 케플러의 자기철학이 그 후의 훅과 뉴턴에 의한 '세계의 체계'의 해명에 어떤 영향을 주었는지도 지금까지의 과학사에서 거의 다루지 않았던 논점이라고 자부한다.

이와 같이 이 책은 통설에 묶이지 않는 곳이 적지 않으며, 때문에 원저로부터 인용을 많이 하지 않을 수 없었다. 이해해주길 바란다.

아무튼 이 책의 집필로 20여 년간 품어왔던 의문에 내 나름의 회답을 부여할 수 있었다고 생각한다. '이제 겨우 여기까지 왔다'라는 느낌이다. 한편 이 책에서 특히 제2부를 읽으면 알 수 있는 것처럼, 책을 쓰는 과정에서 1500년대 르네상스라고 불리는 시기의 서양에 '16세기의 문화혁명'이라고도 할 수 있는 지식 세계의 지각변동이 있었던 것이 아닐까 추측하게 되었다. 이 점을 더욱 명확히 하는 것은 이후의 숙제로 남겨두고 싶다.

마지막으로 이 책의 집필에 대해서뿐 아니라 그 이전의 자료수집 등 20년의 긴 세월 동안 어딘가에서 도움을 주신 분들, 문헌이 있는 곳을 찾아주신 분들, 국내외의 대학에서 복사를 해 보내주신 분들, 실질적인 지원과 정신적인 자극을 주신 분들인 이노 슈지(猪野修治), 오시마 야스히코(大島保彦), 오카이 이쿠코(小粥育子), 가네하라 사쓰키(金原五月), 칸노 스구미(管野優美), 기무라 게이코(木村惠子), 사와이 시게오(澤井繁男), 다카다 요시히로(高田佳裕), 다구치 미즈에(田口みづる), 나카무라 고이치(中村孔一), 노무라 마사오(野村正雄), 무라오카 마사에(村岡雅江), 모리나가 노리토시(森永法稔) 씨 등과 미스즈서방 편집부에 있는 이시가미 준코(石神純子), 모리타 쇼고(守田省吾), 그리고 이전에 카시러의『실체 개념과 관수 개념』번역본을 낸 이후 계속 도움을 주신 미스즈서방의 아라이 다카시(荒井喬) 씨에게 다시 한 번 감사드린다.

2003년 4월 야마모토 요시타카

■ 역자 후기

 이 책은 2003년 일본 미스즈서방에서 나온 『자력과 중력의 발견』을 완역한 것이다. 원래 총 3권으로 된 것을 한 권에 담다 보니 1천 페이지 가까운 두툼한 책이 되어버렸다. 너무 묵직해서 독자들이 책을 집어보고는 지레 질리지나 않을까 걱정이 되기도 한다. 그러나 번역자로서 감히 말하건대 이 책은 얄팍한 지갑을 기꺼이 열 만하고, 황금 같은 시간을 흔쾌히 바칠 만하다고 믿어 의심치 않는다. 무엇보다 축 늘어진 지성에 팽팽한 긴장감을 주리라고 확신한다. 과학 관련 전공자는 전공자대로, 인문학에 관심이 있는 일반 독자는 그들대로 만선(滿船)의 기쁨을 누리게 되리라 믿는다. 어느 페이지에 그물을 던져도 싱싱한 고기들을 듬뿍 건져 올릴 수 있을 만큼 이 책은 시종 놀라움과 흥미로 가득하다.
 작년 이맘 때 이 책을 처음 소개받았을 때 나는 금세 매혹당하고 말았다. 우선 '자력과 중력의 발견'이라는 제목이 나를 유혹했다. 과학은 우리의 호기심을 먹고 자란다는 말은 두 가지 측면에서 옳다. 자연에 대한 인간의 호기심이 과학을 여기까지 밀고 온 것이다. 그러나 한편으로 우리는 과학이 발달할수록 자연에 대한 경이로움과 신비함을 점점 잃어간다. 과학 전공자들에게 떠넘겨버리고 무감각해지는 것이다. 어린 시절, 자석은 얼마나 신기한 놀잇감이었는가. 책받침에 철가루를 뿌려놓고 자석을 이리저리 움직이며 얼마나 신기해했는가. 그러나 교육을 받고 자라면서 놀라움은 시들어버린다. 멀리 떨어진 못이 자석에 척척 달라와 붙어도, 자석을 부착한 병따개가 냉장고에 착 달라붙어도 으레 그러려니 심드렁해진다. 자석은 어떻게 그런 힘을 갖고 있는지 이유도 모른 채, 아니 이유를 알려고 하지도 않고서 살아간다.

뉴턴이 사과가 나무에서 떨어지는 것을 보고 만유인력(중력)을 발견했다는 이야기만 해도 그렇다. 만물이 서로를 끌어당긴다는 건 입이 쩍 벌어질 만큼 놀라운 사실이다. 그건 뉴턴의 사과나무 에피소드로 간단히 해명될 수 있는 문제가 아니다. 그런데도 우리는 '중력은 두 물질의 질량에 비례하고, 거리의 제곱에 반비례한다'는 공식을 외우는 것으로 호기심을 대체해버린다. 곰곰 생각해보면 마술 같고 요술 같고, 판타지소설보다 더 환상적인 이야기인데도 그저 수업시간에 주어지는 몇 마디 설명으로 만족해버리는 것이다. 그러기에는 배우고 익혀야 할 것이 너무나 많은, 정보 과잉 시대이기 때문일까. 하지만 호기심을 전문가 집단에게 양도해버린 결과 현대는 '과학의 파시즘화'가 더욱 가속화되고 있다.

아무튼 이 책은 '자력'과 '중력'의 역사를 통해 근대 과학, 특히 근대 물리학이 어떻게 형성됐는지를 추적하고 있다. 우리는 흔히 데카르트와 갈릴레이의 기계론으로부터 근대 과학이 시작됐다는 '상식'을 갖고 있다. 통상의 과학사에서도 대부분 그런 주장이 펼쳐진다. 하지만 이 책에 따르면 데카르트와 갈릴레이는 근대 물리학의 주인공이 아니다. 그들의 기계론적 철학은 심지어 근대 과학의 발목을 잡기조차 했다고 저자는 이야기한다.

중력은 자력과 마찬가지로 원격력이다. 즉 물체들끼리 서로 접촉하지 않고도 힘을 미친다. 따라서 기계론적 입장에 서 있는 한 자력도 중력도 제대로 설명해낼 수가 없다. 저자는 뉴턴이 한때 연금술에 빠졌고 케플러가 점성술에 관심이 많았다는 사실은 한낱 과학사의 뒷얘기로 치부할 일이 아니라고 본다. 점성술이나 연금술 같은, 지금에 와서는 비과학적이라고 지탄받는 '사상'들이 되레 근대 과학에는 더 큰 공헌을 했다는 흥미로운 주장을 펼친다. 특히 15세기와 16세기 르네상스 시기에 퍼져 있던 유럽의 마술사상이 중력(만유인력) 개념이 탄생하는 데 모태 역할을 했다는 것이다.

이런 논지를 입증하기 위해 저자는 고대 그리스 시대까지 거슬러간다. 당시의 인식 능력으로는 도저히 풀 수 없는 자석과 자력 현상을 설명하기 위해 고대 철학자들이 고투하는 모습은 한 편의 드라마에 못지않다. 워낙 입체적으로 이야기가 펼쳐지기 때문에 이 책은 단순한 과학사를 넘어 사상사이자 사회사, 문화사, 철학사 등으로도 읽힌다. 그 과정에서 니콜라우스 쿠사누스 같은 그동안 외면당했던 인물은 되살려내고, 데카르트처럼 지나치게 부풀려진 인물은 지그시 누르면서 과학사에 대한 우리의 시각을 교정한다.

나는 이 책을 세 번 읽었다. 번역에 들어가기 전, 번역하면서, 번역 후 교정을 보면서. 정말이지 그때마다 나는 저자에 압도당했다. 오랜 세월 홀로 내공을 쌓은 도인을 마주하고 있는 듯했다. 올라도 올라도 전모를 알 수 없는 깊은 산처럼 읽으면 읽을수록 행간에 숨은 뜻이 새록새록 새로웠다. 책 뒤의 길고 긴 참고문헌 목록을 보면 알겠지만 이 책을 쓰기 위해 저자가 기울인 노고는 번역자를 부끄럽게 했다. 무릇 학문하는 자의 자세는 이래야 한다고 몸소 보여주는 듯했다. 저자의 나이가 62세라는 걸 알고는 한편으로는 믿기지 않으면서 또 한편으로는 마음이 짠했다. 열정 앞에서 나이란 무색해지는 법이지만, 노안과 점점 떨어지는 기억력과 쇠잔해지는 체력과 싸워가며 원고지를 채워갔을 그 긴긴 밤들을 생각하니 새삼 고개가 숙여졌다. 게다가 그의 이력까지 떠올리면…….

젊은 시절 저자는 촉망받는 물리학도였다. 도쿄대학 물리학과를 졸업하고 같은 대학원에서 박사과정을 밟고 있던 중, 교토대학의 유가와 히데키(湯川秀樹) 교수의 지도 아래 소립자 물리학 공동 프로젝트에 참가했다. 유가와 교수는 1949년 일본인 최초로 노벨상을 탄 저명한 물리학자이다. 그 교수 밑에서 저자는 '유가와를 이을 차세대 물리학도' '장래의 노벨 수상자감'으로 기대를 모았다. 그러나 시대의 광풍이 그를 가만히 놓아두지 않았다. 1960년대의 일본은 전공투(全共鬪)로 상징되는 학생운동이 대학가를 휩쓸고 있었다. 도쿄대 재학 당시 전공투 의장을 맡고 있던 그는 결국 학생운동과 관련돼 연구실을 떠나게 된다. 당시 유명한 종교학 교수와 잡지에서 두 차례에 걸쳐 시상 논쟁을 벌이기도 했던 저자는 '공격적 지성의 복권'을 강조했다. 사회에 대해 말언하지 않는 지성은 더 이상 지성이 아니라고 보았던 것이다. 또 1969년 2월 「아사히 저널」에 기고한 수기에서 그는 이렇게 말했다고 한다. "나도 자기부정에 자기부정을 거듭해 최후에는 그저 한 인간, 자각(自覺)한 인간이 되어 한 사람의 물리학도로서 생을 살아가고 싶다."

비록 대학을 떠났지만 그는 젊은 시절에 한 자기와의 약속을 저버리지 않았다. 우리로 치면 대학입시학원인 '예비학교'에서 물리를 가르치면서 그는 주경야독의 길을 걸었다. 이 책 이전에도 몇 권의 물리학 관련 저서와 번역서를 출간했다. 이번 책은 20년에 걸친 구상과 2년간의 집필 끝에 완성했다고 한다. 저자가 후기에도 밝히고 있듯이 참고

문헌을 읽기 위해 라틴어 학원을 다녔고, 제자들과 나란히 프랑스어 수업을 듣기도 했다. 지친 몸을 이끌고 고서점을 훑고 다니는 저자의 모습이 눈앞에 보이는 듯하다.

이 책이 나오자 일본 지성계는 신선한 충격을 받았다고 한다. 도쿄대학 과학사 교수인 사사키 치카라(佐佐木力)는 "세계적인 수준을 갖춘 독창적인 업적이다. 학문 세계에 대한 도전이고 일본의 지식인층에 대단한 임팩트를 주었다"고 평가했다. 이 책은 그해 일본 마이니치 신문사에서 수여하는 '제57회 마이니치 출판문화상'을 수상(자연과학부문)했을 뿐 아니라, 아카데미즘 바깥에서 달성된 학문적 업적에 대해 주어지는 '제1회 파피루스 상'도 수상했다.

번역을 맡고 난 뒤 나는 저자의 치밀함과 꼼꼼함에 다시 한 번 놀랐다. 처음 번역 샘플을 보내달라고 했을 때는 솔직히 기분이 언짢았다. 저자가 번역자의 실력까지 테스트하느냐는 생각이 들었기 때문이다. 그러나 저자의 열정 앞에서 내 푸념은 얼마나 한갓진 것이었는지. 해외 번역판을 위해 원고를 새로 손질한 것은 물론이고 원서에서 잘못된 철자라도 하나 발견할라치면 곧바로 팩스를 보내오는 정성은 나를 한없이 초라하게 했다. 열정에서 우러나온 애정은 모든 것을 잠재우게 마련이다.

서문에서 저자는 무면허 운전자의 무모함으로 이 책을 썼다고 했다. 그러나 그저 겸손의 표시일 뿐, 정작 그 말은 번역자에게로 돌려져야 마땅하다. 체계적으로 과학사 교육을 받지 않은 입장에서 이제 손을 털려니 두려울 뿐이다. 행여 저자의 노작에 누를 끼친 건 아닌지 걱정스럽다. 저자를 본받아 열심히 한다고 했건만 서투른 운전으로 독자들을 오도한 건 아닌지 모르겠다. 번역자가 느꼈던 희열이 독자 여러분에게 제대로 전달된다면 더 바랄 나위가 없겠다. 독자 여러분의 아량과 질책을 바란다. 긴 시간 기다려준 동아시아 출판사와, 특히 편집자의 자질은 어떠해야 하는지를 보여준 김영주 씨에게 고마움을 전한다.

2005년 3월 이영기

■ 주석 모음

서문

[1] Jammer, *Concepts of Force*, p.14.
[2] Mendelssohn, *Science and Western Domination*, p.84
[3] Platon, *Timaeus*, 80C(스테파누스(Stephanus) 판 전집의 페이지, 단락).
[4] Aristoteles, *Physics*, VII-1, 242b25, VII-2, 243a3(권(라틴 숫자)-장(아라비아 숫자), 베커(Bekker) 판의 페이지와 행).
[5] Roger Bacon, *De multiplicatione specierum*, in *Roger Bacon's Philosophy of Nature*, p.62, line 122.
[6] Gilbert, *De magnete*, II-2, p.56(권(라틴 숫자)-장(아라비아 숫자), 원서 및 Thompson 번역판 페이지).
[7] Charleton, *Physiologia Epicuro-Gassendo-Charltoniana: or A Fabrick of Science Natural*, pp.345, 343.
[8] Debus, *The Chemical Philosophy*, p.280.
[9] Crombie, *Augustine to Galileo*, Vol.2, p.59, 및 idem, *Robert Grosseteste*, p.212, n.2(라틴어)에서. Hesse, *Forces and Fields*, p.102 참조.
[10] Paracelsus, *The Diseases that deprive Man of his Reason*, in *Four Treatises*, p.153.
[11] Francis Bacon, *The New Organon*, II-37, p.168, II-48, p.198.
[12] Gilbert, *op.cit.*, II-2, p.46 .
[13] Adam Smith, 『철학·기술·상상력 철학논문집』, p.19.

14 Balzac, 『전해진 이야기』(『알려지지 않은 걸작』 수록), p.30.

15 Einstein, *Autobiographical Notes*, in *Albert Einstein: Philosopher—Scientist*, p.8.

16 Thomas Aquinas, *Summa Theologia*, II-II, Qu.96, Art.2, Vol.III, p.1603.

17 Pomponazzi, *De naturalium effectuum causis sive de Incantationibus*, p.22f.[121](원서 페이지[불어 번역본 페이지]).

18 Thomas Aquinas, *The Soul*, p.10.

19 Ficino, *Three Books on Life*, Vol.3, Ch.15, p.314f.

20 Kepler, *Epitome Astronomiae Copernicanae*, p.319[919](원서 페이지[영역판 페이지]).

21 Kelly, *The DE MUNDO of William Gilbert*, p.70.

22 Birch, *The History of the Royal Society of London*, Vol.2, p.70.

23 Mitchell, *TMAE*, Vol.51(1946) p.324.

24 Schmitt, 『중세의 미신』, p.4.

1장

1 Aristoteles, *On the Soul*, I-2, 405a19.

2 Diogenes Laertius, *Lives of Eminent Philosophers*, Bk.I, Ch.1, 24.

3 Lloyd, *Aristotle*, p.181, Hall, 『생명과 물질』, pp.19,112, Hesse, *Forces and Fields*, p.37 등 참조.

4 內山 編, 『소크라테스 이전 철학자 단편집』(이하『단편집』) I, 13(A)5.

5 Alexandros, *Quaestiones*, p.28, 72, 12-18(영역판 페이지, 브룬스(Bruns) 판 페이지, 행).

6 『단편집』II, 31(A)86(7). Aristoteles, On Generation and Corruption, I-8, 324b27, 325b1 참조.

7 Diogenes Laertius, Bk.IX, Ch.9, 57.

8 Alexandros, p.29f., 73, 14—25.

9 『단편집』IV, 68(A)38, 125, 129. Ibid., 68(A)135 참조.

10 Aristoteles, *On Sense and the Sensible*, IV, 442b11.

[11] Diogenes Laertius, Bk.IX, Ch.7, 47.
[12] 『단편집』IV, 68(A)38. Ibid., 68(A) 63 참조.
[13] Homeros, *The Odyssey*, XVII-218, in *GBWW*, Vol.4, p.279.
[14] 『단편집』IV, 68(B)164. Ibid., 68(A) 128 참조.
[15] Diogenes Laertius, Bk.IX, Ch.6, 31.
[16] Platon, *Timaeus*. 이하 인용은 스테파누스(Stephanus) 판 전집의 페이지, 단락으로 표시하고 각주로 나타내지는 않는다.
[17] Galenos, *On the Natural Faculties*, Bk.3, Ch.15, p.318f.
[18] Smith, *JMH*, Vol.18(1992) p.36, n.92 에서.
[19] Bacon, *Opus Majus*, VI, p.631.
[20] Paracelsus, *Astronomia Magna*, p.108. Biringuccio, *The Pirotechnia*, p.115.
[21] Kepler, *Astronomia nova*, p.25 [55](원서 페이지 [영역본 페이지]).
[22] Alexandros, p.29, 72, 31-73, 8.
[23] Platon, *Ion*, 533DE.
[24] 『단편집』II, 31(B) 100, Farrington, *Greek Science*, p.58.
[25] Roller & Roller, *AJP*, Vol.21(1953) p.345, Roller & Roller, 'The Development of the Concept of Electric Charge', in *Harvard Case Histories in Experimental Science*, Vol.2, p.541, Roller, *The DE MAGNETE of William Gilbert*, p.22.
[26] Plutarchos, *Moralia*, Vol.13, 1005BC. 이하 인용은 여기에 계속 이어지는 부분.
[27] Aristoteles, *Physics*, VIII-10, 267a2.
[28] Aristoteles, *On Generation and Corruption*, II-2, II-3.
[29] Aristoteles, *Physics*, I-5, 188b23.
[30] Aristoteles, *On Generation and Corruption*, II-8, 9.
[31] Aristoteles, *On the Heavens*, I-3, 270b13, I-2, 269a7, I-3, 270a5, I-2, 269a31.
[32] Aristoteles, *Physics*, VII-1, 241b24, *On the Heavens*, II-6, 288a28.
[33] Aristoteles, *Physics*, VIII-4, 255b33.
[34] *Ibid*., VIII-4, 255a29.
[35] Aristoteles, *Metaphysics*, XII-7, 1072b6, 1074a30.

36 Aristoteles, *Physics*, VII-1, 242b27.

37 *Ibid.*, VIII-5, 256b24.

38 Aristoteles, *On the Soul*, II-4, 415b9, I-3, 406a30, I-4, 408b30.

39 Farrington, p.166f., Lloyd, 『후기 그리스 과학』, p.16 참조.

40 Theophrastus, *On Stones*. 이하 인용은 원전의 단락 번호로 표시하고 각주로는 나타내지 않는다.

41 Plinius, *Natural History*, Vol.37-13.

42 Aristoteles, *Meteorology*, III-6, 378a20f.

43 Boyle, *The Works*, Vol.IV, p.343.

44 Gilbert, *De magnete*, V-12, p.208, p.210.

45 Aristoteles, *On the Soul*, II-2, 413a21, II-1, 412b16, 412a26.

46 Farrington, p.31. Russell, *History of Western Philosophy*, Bk.1, Ch.XXV, p.229. 시대 구분이 거의 이것과 일치한다.

2장

1 Diogenes Laertius, *Lives of Eminent Philosophers*, Bk.X. 『헤로도토스에게 보내는 편지』 전체가 수록돼 있다. 인용 부분은 본서의 일련번호를 기록하고 각주로는 나타내지 않는다.

2 Lucretius, *De Rerum Natura*, Introduction, p.X.

3 이하 인용 부분은 권(라틴 숫자), 행 번호(아라비아 숫자)로 표시하고 각주로는 나타내지 않는다.

4 Boyle, 'Of the Excellency and Grounds of the Corpuscular or Mechanical Philosophy', in *The Works*, Vol.IV, p.68. Brett, *The Philosophy of Gassendi*, pp.102f., 222f. 참조.

5 Brett, p.73. Boas, *OSIRIS*, Vol.10(1952) p.430. Duhem, *The Aim and Structure of Physical Theory*, p.162f., Cyrano de Bergerac, 『태양과 달, 두 세계의 여행기 제1부』, p.112.

6 Cardano, 『카르다노 자서전』, p.74.

7 Heiberg, 『고대과학』, p.192.

⁸ Galenos, *On the Natural Faculties*. 이하 인용은 퀸(Kühn)이 편집한 『전집』(제2권)의 페이지로 나타내고 각주로 표시하지는 않는다.

⁹ Aristoteles, *Metaphysics*, V-4, 1014b17, *On the Soul*, II-3, 414a31. *Ibid*., II-2, 413a25 참조.

¹⁰ Hippocrates, 「인간의 자연성에 대하여」, (『히포크라테스 전집』 제1권 수록) 참조.

¹¹ Lloyd, 『후기 그리스 과학』, p.223.

¹² Gilbert, *De magnete*, II-3, p.62.

¹³ Alexandros, *Quaestiones*, p.29, 72, 21-27.

¹⁴ *Ibid*., p.30, 73, 26-30.

¹⁵ *Ibid*., p.29, 73, 8-13.

¹⁶ *Ibid*., p.30, 74, 6-8.

¹⁷ *Ibid*., p.30f, 74, 8-14.

¹⁸ *Ibid*., p.31, 74, 21-27.

¹⁹ *Ibid*., p.31, 74, 28-30.

²⁰ Porphyrios, *On the Abstinence from Killing Animals*, IV-20, p.117.

²¹ Acosta, *Historia Natural y Moral de las Indias*, Bk.1, Chs.16, 17.

²² Hazard, *TMAE*, Vol.8(1903) p.179(베르텔리 논문 요약). Mitchell, *TMAE*, Vol.37(1932) p.114. Mottelay, *Bibliographical History*, p.7 참조.

²³ Albertus Magnus, *Book of Minerals*, p.148.

3장

¹ Wolff, 『유럽의 지적 각성』, p.133.

² Russell, *History of Western Philosophy*, Bk.1, Ch.XXIX, p.283f.

³ Aelianus, 『그리스 기담집』, IV-11, p.162, XII-19, p.319.

⁴ French, *Ancient Natural History*, p.262.

⁵ 디오스코리데스의 『약물지』에서의 인용 부분은 권과 항목 번호를 표시하고 각주로는 나타내지 않는다.

⁶ 大槻 「디오스코리데스 『원 사본』」p.2, idem, 『디오스코리데스 연구』, p.12.

Singer, *From Magic to Science*, p.185f., Crombie, *Augustine to Galileo*, Vol.1, p.38, Ibid., p.230, Schipperges, 『중세의 의학』, p.149 참조.

[7] Guillaume de Conches, 『우주의 철학』(『중세사상원전집성』 8), p.372, Bacon, *Opus Majus*, VI, p.620. Haskins, 『12세기 르네상스』, p.276 참조.

[8] Jones, *Ancients and Moderns*, p.5f., 및 Fischer, 『게스너 생애와 저작』, p.158, Singer, 『생물학의 역사』, p.91 참조

[9] Van Helmont, Van Hermont's Works, p.13.

[10] Bruno, The *Landmarks of Science*, p.58, 川喜田, 『근대의학의 사적 기반』(상), p.99, 大槻, 『디오스코리데스 연구』, p.14 참조. 글머리의 인용은 Dodds, *The Greeks and the Irrational*, p.293.

[11] Sigerist, *A History of Medicine*, I, pp.343, 486.

[12] 『히포크라테스 전집』 제2권, p.373.

[13] Thorndike, *A History of Magic & Experimental Science*, Vol.1, p.581.

[14] *The Letters of the Younger Pliny*, p.88.

[15] Ibid., pp.166–168.

[16] 이하 인용은 권 번호, 장 번호로 인용 부분을 표시하고 각주로는 나타내지 않는다.

[17] Beda, 『사물의 본성에 대하여』(『중세사상원전집성』 6 수록), p.94.

[18] Guillaume de Conches, p.355. Johannes Saresberiensis, 『메탈로지콘』(『중세사상원전집성』 8 수록), p.711. 작자미상, 『루어들리브』(『바르다의 노래』 수록), p.196f.

[19] Richard de Bury, *The Philobiblon*, p.64.

[20] Nicoraus Cusanus, 『창조에 대한 대화』, p.513.

[21] Febvre & Martin, *The Coming of the Book*, p.276.

[22] Oviedo, *Historia general y natural de las Indias*, p.13.

[23] Agricola, *De Natura Fossilium*, p.2.

[24] Bacon, *Opus Majus*, IV, p.155.

[25] Haskins, *op.cit.*, p.89.

[26] Blackman, *Contemporary Physics*, Vol.24, p.328 참조.

[27] Tacitus, *The Agricola and the Germania*, p.139.

[28] Agricola, op.cit., p.85f., Gilbert, De magnete, I-6, p.18.

[29] Grant, Physical Science in the Middle Ages, p.8.

[30] Stahl, Roman Science, p.106.

[31] Jammer, Concepts of Force, p.45.

[32] Hesiodos, 『신통기』, 161, 186행

[33] Roller, The DE MAGNETE of William Gilbert, p.25.

[34] Plutarchos, Moralia, Vol.8, Qu.7, 641, p.174f.

[35] Claudianus, Claudian with an English Translation, Vol.2, p.234f.

[36] Bromehead, Proceedings of the Geologists' Association, Vol.56(1945) p.115.

[37] French, p.263.

[38] Aelianus, On the Characteristic of Animals, Vol.2, Lib.X-14, p.304-305.

[39] Kunz, The Curious Lore of Precious Stones, p.96.

[40] Russell, History of Western Philosophy, Bk.1, Ch.XXVII, p.257f.

[51] Dodds, p.246., p.292 참조.

[52] Stahl, p.119.

4장

[1] Augustinus, The City of God, Bk.XXI, Ch.4, p.970f.

[2] Ibid., Bk.XXI, Ch.7, p.978.

[3] Ibid., Bk.XXI, Ch.5, p.971.

[4] Augustinus, Confessions, Bk.X-35, p.241f.

[5] Ibid., Bk.X-35, p.243.

[6] Gervasius, Otia Imperialia, p.564f.

[7] Augustinus, The City of God, Bk.XXI, Ch.4, pp.970, 971.

[8] Roller, The DE MAGNETE of William Gilbert, p.26.

[9] Mandeville, Mandeville's Trvels, p.116.

[10] 알베르투스 마크누스에 대해서는 본서 제4장에, 쿠사누스에 대해서는 제9장, 아그리콜라에 대해서는 제13장, 폼포나치에 대해서는 제15장 참조.

[11] Isidorus, Etymologiae, in 'An Encyclopedist of Dark Ages', p.254.

[12] Marbodus, *De Lapidibus*, line 30, in *Sudhoffs Archiv*, Beiheft 20(1977) p.36.
[13] Johannes Saresberiensis, 『메탈로지콘』(『중세사상원전집성』 8 수록), p.749. 여기서는 아연과 산양의 피가 아다마스를 깨뜨리게 되어 있다.
[14] Hartmann,『에레크』, p.134. Wolfram, *Parzival*, Buch 2, 1058(20-1) Bd.I, p.180f.
[15] Albertus Magnus, *Book of Minerals*, p.70.
[16] Bacon, *Opus Majus*, VI-1, p.584.
[17] Paracelsus, *The Caelum Philosopharum*, in *Hermetic and Alchemical Writings*, Vol.1, p.17.
[18] Augustinus, *On Christian Doctrine*, II, 9-14.
[19] *Ibid*., II, 16-24, II, 16-25, II, 29-45.
[20] Basileios, 『수도사 대규정』(『중세사상원전집성』 2 수록), p.276f.
[21] Sigerist, *Civilization and Disease*, p.140.
[22] Hill, *Intellectual Origins of the English Revolution*, p.25, d' Haucourt, 『중세유럽의 생활』, p.126f. 참조
[23] Milis, 『이교적 중세』, p.16.
[24] Augustinus, *op.cit*., II, 23-36.
[25] Borst, 『중세유럽생활지』2, p.153.
[26] Augustinus, *op.cit*., II, 29-45.
[27] Southern, 『중세의 형성』, p.138.
[28] Beda, *Ecclesiastical History of the English People*, p.45.
[29] Marbodus, *Christian Symbolic Lapidary*, in *Sudhoffs Archiv*, Beiheft 20(1977) p.125.
[30] Priestley, *The History and Present State of Electricity*, p.2f.
[31] Roller & Roller, *AJP*, Vol.21(1953) p.351.
[32] Marbodus, *De Lapidibus*, line 22-23, in *Sudhoffs Archiv*, Beiheft 20(1977) p.34.
[33] Jammer, *Concepts of Force*, p.46.
[34] Dioscorides, 『약물지』, 5권, 146항, Plinius, *Natural History*, Vol.36-34. Isidorus, *op.cit*., p.253.

35 Marbodus, *op.cit.*, line 270–83, p.56f.

36 Plinius, Vol.37–60.

37 Isidorus, *op.cit.*, p.255.

38 Marbodus, op.cit., line 594, p.81.

39 *Ibid.*, line 284–311, p.58.

40 Wolfram, Buch 16, 792(1–5) Bd.II, p.350f.

41 작자미상, 『성배의 탐색』, pp.331, 335.

42 Guillaume de Lorris & Jean de Meun, *Le Roman de la Rose*, p.33, line 1067.

43 Jacobus de Voragine, *The Golden Legend*, p.346.

44 작자미상, 『고독의 라인케』, p.230.

45 Green, 『판도스트왕』, p.19. Plinius, Vol.36–39.

46 Marbodus, *op.cit.*, line 369–70, p.64.

47 Marlowe, *Tragical History of Doctor Faust*, p.8f.

48 Milis, pp.256, 259.

49 Hildegard, 『힐데가르트의 의학과 자연학』, p.182f.

50 *Ibid.*, p.202f.

51 *Ibid.*, p.201.

52 Roller, *op.cit.*, p.28.

53 Albertus Magnus, *op.cit.*, p.103f.

54 Riesenhuber, 『서양 고대·중세 철학사』, p.277.

55 Jeauneau, 『유럽 중세의 철학』, p.96.

56 Thomas Aquinas, *On Spiritual Creatures*, p.36.

57 Idem, *Commentary on Aristotle's Physics*, Lib.7, lec.3, 903, p.461.

58 Albertus Magnus, *op.cit.*, p.93.

59 *Ibid.*, p.55f.

60 Schipperges, 『중세 의학』, p.90. Ibid., p.130 참조.

61 Bromehead, *Proceedings of the Geologists' Association*, Vol.56(1945) p.124.

62 Boyle, 'An Essay about the Origin and Virtues of Gems', in *The Works*, Vol.III, pp.512–561, 해당 부분은 p.517.

63 Grant ed., *A Source Book in Medieval Science*, p.367f.

5장

[1] Seibt, 『도설, 중세의 빛과 그림자』(하), p.425f.
[2] White, *Medieval Technology and Social Change*, Ch.2, Gimpel, *The medieval Machine*, ch. 3, Morrall, *The medieval Imprint*, pp.129-134 등 참조.
[3] 湯淺, 『문명의 인구사』, p.184f., Gimpel, op.cit., pp.87-9.
[4] Gerhards, 『유럽 중세 사회사 사전』, 「도시」 항목, p.247.
[5] Verger, 『중세의 대학』, p.45.
[6] Marenbon, 『후기 중세 철학 1150-1350』, p.15.
[7] Wollf, 『유럽의 지적 각성』, p.190f.
[8] Southern, 『중세의 형성』, pp.141, 149, Wolff, p.193f., Haskins, 『12세기 르네상스』, p.261.
[9] Dufourcq, 『이슬람 치하의 유럽』, p.300f.
[10] *Ibid.*, p.88.
[11] Libera, 『중세철학사』, p.387.
[12] Sarton, *Introduction to the History of Science*, Vol. 2, pt.1, p.283f. Marenbon, p.61, Haskins, *op.cit.*, p.245, 伊東, 『문명 속의 과학』, p.120, idem, 『12세기 르네상스』, p.168f.
[13] Grant, *Physical Science in the Middle Ages*, p.20. Haskins, *op.cit.*, Ch.12, 稻垣, 『토마스 아퀴나스』, p.22 참조.
[14] Needham, *Science and Civilisation in China*, Vol.4, p.249, Mitchell, *TMAE*, Vol.37(1932) pp.110, 130. 고대 중국의 '지남차'가 자석의 지향성을 이용한 것이라는 설도 있지만 확실하지는 않다. 이에 대해서는 부정적인 견해도 많다. Malin, *Geomagnetism*, Vol.1, p.3 참조.
[15] Gilbert, *De magnete*, I-1, p.4.
[16] Turner, 『과학으로 읽는 이슬람 문화』, p.154, 佐藤, 『이슬람 생활과 기술』, p.10 등. Sarton, *op.cit.*, Vol. I, p.741. "자석의 지향성을 항해 목적으로 처음 이용한 것은 이슬람 신도인 선원"이라고 돼 있지만(같은 책 Vol. 2, pt. 2, p.509참조), 증거는 없다.
[17] Mitchell, *op.cit.*, pp.123, 130, Smith, *JMH*, Vol.18(1992) p.24.
[18] Bedini, 'Compass, Magnetic', in *Dictionary of the Middle Ages*, Vol.3,

p.506f.

19 Aczel, *The Riddle of the Compass*, Ch.5, Della Porta, *Magia naturalis*, VII-32, Gilbert, I-1, p.4.

20 Braudel, *Le Mediterranee; l'space et l'histoire*, p.176

21 Hazard, *TMAE*, Vol.8(1903) p.180, Aczel, p.61.

22 Winter, *Mariner's Mirror*, Vol.23(1937) p.99. 인용은 페레그리누스의 『자기서간』 제1부 제3장의 한 구절을 해러던(Harradon)이 영역한 것에 따랐다. 『자기서간』은 몇 종류의 사본이 남겨져 있어 사본에 따라서는 인용 부분인 '항구(港)에서(in portibus)'가 '부분(部分)에서(in partibus)'로, 'Normannie, Picardie et Flandrie'가 'Normannie, Flandrie'로 돼 있는 것도 있다(Thompson, *Proceedings of the British Academy*, Vol.2(1905/6) p.15).

23 해당 부분은 *Smith*, JMH, Vol.18(1992) p.37(라틴어와 영역), Hellmann, Zeitschrift der Gesellschaft für Erdkunde, Bd.32(1897) p.126(라틴어), Roller, *The DE MAGNETE of William Gilbert*, p.35(라틴어), Benjamin, *The Intellectual Rise in Electricity*, p.128f.(영역), Mottelay, *Bibliographical History*, p.31(영역), Needham, Vol.4, p.246(영역). 인용은 Smith 논문에서. Bromehead, *TMAE*, Vol.50(1945) p.139f., 및 May, *Journal of the Institute of Navigation*, Vol.8(1955) p.283f. 참조.

24 Hellmann, p.127(라틴어), Smith, p.34(라틴어와 영역), May, p.283(라틴어와 영역), Benjamin, p.129(라틴어와 영역). 인용은 메이(May)의 논문에서.

25 Benjamin, p.129, n.2, May, p.283, 및 Smith, p.34f. 참조

26 Humboldt, *Cosmos*, Vol.2, p.656, note.

27 사본의 사진은 모틀레이의 책(p.30)에, 원문은 스미스의 논문(p.39, n.108), 니덤의 책(Vol.4, p.246f.), 악셀(Aczel)의 책(p.30)에 있지만 이들 사이에는 차이가 있다. 스미스의 것은 고대 프랑스어가 프로방스어로, 니덤과 악셀의 것은 현대 프랑스어로 바뀌어져 있는 것 같다. 독일어 번역은 리프만(Lipmann)의 *Quellen und Studien zur Geschichte der Naturwissenschaften und der Medizin*(Bd.3(1932), p.22)에 있고 영어 번역은 벤다이니(Bendini)와 스미스의 논문과 악셀의 저서에 있다. 인용은 악셀의 저서에서.

28 Roller, *op.cit.*, p.36(라틴어), Smith, p.41(라틴어와 영어번역), Benjamin,

p.154(영역), Motellay, p.31(영역). 인용은 스미스의 논문에서.
29 Thorndike, *A History of Magic & Experimental Science*, II, p.388.
30 Mitchell, *op.cit.*, p.128.
31 Benjamin, p.131.
32 Needham, Vol.4, p.246.
33 Haskins, *ISIS*, Vol.4(1922) p.270f., n.2. Smith, p.45
34 Lipmann, pp.34, 44.
35 Smith, p.52, n.165, Gilbert, II-1, p.11.
36 Haskins, *op.cit.*, p.264.
37 Thorndike, *Michael Scot*, p.7. Idem, *A History of Magic & Experimental Science*, II, p.316 참조.
38 Thorndike, *Michael Scot*, p.33.
39 Bacon, *Opus Majus*, II-13, p.63. Libera, p.474f. 참조.
40 Marenbon, p.60. Libera, p.474 참조.
41 Sarton, *op.cit.*, Vol.2, pt.2, p.491
42 수來, 「중세 독일황제의 이단아」(『관서학원대학 창립 80주년 문학부 기념 논문집(關西學院大學創立80周年文學部記念論文集)』 수록), p.148. Labande, 『르네상스의 이탈리아』, 제1부제 3장 2, pp.69-71 참조.
43 Haskins, *English Historical Review*, July(1921) p.334.
44 Frederich II, *The Art of Falconry*, p.3f.
45 Haskins, *op.cit.*, p.341.
46 Frederich II, p.79.
47 Albertus Magnus, *On Animals*, Bk.23, Vol.2, p.1546.
48 Crombie, *Augustine to Galileo*, Vol.2, p.17.

6장

1 Origenes, *On first Principles*, Bk.4, Ch.1, p.266.
2 Seel, *Der Physiologus*, Feuerstein, Starker Diamantstein, Magnetstein 참조.
3 Bonaventura, *The Soul's Journey into God*, p.84f.

[4] Augustinus, *Confessions*, Bk.VII-9.
[5] Aristoteles, *Metaphysics*, I-1, 980a.
[6] Aristoteles, *On the Generation of Animals*, IV-4, 770b11.
[7] Aristoteles, *Physics*, II-7, 198b3.
[8] Guillaume de Conches, 『우주의 철학』. p.310f.
[9] 손다이크의 영역 참조, *A Source Book in Medieval Science*, ed. by Grant, pp.42-44.
[10] Riesenhuber, 『서양 고대 · 중세 철학사』, p.265.
[11] Thomas Aquinas, *Summa Theologia*, I, Qu.46, Art.2, Vol.I, p.243.
[12] Aristoteles, *Physics*, VII-2, 243a7. *Ibid.*, VIII-3, 254a13, VIII-7, 260a28 참조.
[13] Aristoteles, *Metaphysics*, VII-7, 1033a3.
[14] Thomas Aquinas, *Commentary on the Metaphysics of Aristotle*, Lib.12, lec.2, p.856, 1031.
[15] Thomas Aquinas, 『자연의 원리에 대해서』(『세계대사상전집』28 수록), p.271.
[16] Thomas Aquinas, *On Being and Essence*, Ch.6, p.67, p.70.
[17] Thorndike, *ISIS*, Vol.36(1946) p.156.
[18] Duhem, *The Aim and structure of Physical Theory*, p.11
[19] Aristoteles, *Physics*, VIII-3, 253b5.
[20] Thomas Aquinas, *Commentary on Aristotle's Physics*, Lib.2, lec.1, n.145, p.76.
[21] Thomas Aquinas, *Commentary on the Metaphysics of Aristotle*, Lib.12, lec.3, p.863f., 2444, 2440.
[22] Thomas Aquinas, *On Spiritual Creatures*, p.36.
[23] Thomas Aquinas, *The Soul*, p.10.
[24] Aristoteles, *History of Animals*, VIII-1, 588b4. Lovejoy, 『존재의 거대한 연쇄』, p.58f.참조.
[25] Thomas Aquinas, 『이존적 실체에 대하여(천사론)』(『중세사상원전집성』14 수록), p.603.
[26] Aristoteles, *Physics*, VII-2, 243a45, b19.
[27] Thomas Aquinas, *Commentary on Aristotle's Physics*, Lib.7, lec.3, n.903,

p.460f.

[28] *Ibid.*, Lib.2, lec.6, n.189, p.100.

[29] Thomas Aquinas, 『지성의 단일성에 대하여』, (『중세사상원전집성』14 수록) p.521.

[30] Thomas Aquinas, *Summa Theologia*, II-II, Qu.96, Art.2, Vol.III, p.1604.

[31] Aristoteles, *Meteorology*, I-2, 339a22.

[32] Thomas Aquinas, *Commentary on the Metaphysics of Aristotle*, Lib.12, lec.9, p.899.

[33] Thomas Aquinas, 『이존적 실체에 대하여(천사론)』, pp.687, 670.

[34] *Ibid.*, p.604.

[35] *Ibid.*, pp.608f., 611, 603.

[36] Thomas Aquinas, *On the Truth of the Cathoric Faith*, Bk.3, Pt.2, p.46.

[37] Thomas Aquinas, *The Disputed Questions on Truth*, Vol.1, p.251.

[38] Thomas Aquinas, *Summa Theologia*, II-II, Qu.96, Art.2, Vol.III, p.1603.

[39] Libera, 『중세철학사』, p.513 참조.

[40] Buridan, 『천체・지체론 4권 문제집』(『과학의 명저』 5 수록), Bk.2, Qu.5, pp.166, 168.

[41] Thomas Aquinas, *On Being and Essence*, Ch.1, pp.31, 32.

[42] Thomas Aquinas, 『요한복음서 강해』, 稲垣, 『토마스 아퀴나스』, p.331 참조.

[43] Thomas Aquinas, *Commentary on the Metaphysics of Aristotle*, Lib.12, lec.12, p.925.

[44] Thomas Aquinas, 『이존적 실체에 대하여(천사론)』, pp.669, 667.

7장

[1] 이하 『대저작』에서의 인용은 부(라틴 숫자), 영역본의 페이지로 표시하고 각주로는 나타내지 않는다.

[2] Michelet, *Le Sorcière*, p.412.

[3] Thorndike, *History of Magic & Experimental Science*, Vol.2, pp.649-659, Lindberg, *ISIS*, Vol.78(1987) pp.518-536, Hackett, 'Roger Bacon on Scientia

Experimentalis', in *Roger Bacon & the Sciences* 참조. Dijksterhuis, *The Mechanization of the World Picture*, p.138, Wallace, 'The Philosophical Setting of Medieval Science', in *Science in the Middle Ages*, p.98f.

[4] Platon, *Timaeus*, 27D-28A, 29BC.

[5] Aristoteles, *Posterior Analytics*, I-2, 71b12, 19, 72a25.

[6] *Ibid.*, II-19, 100b5.

[7] *Ibid.*, II-19, 99b36, 100a4, I-18, 81b6.

[8] Aristoteles, *Physics*, I-1, *Metaphysics*, V-11.

[9] Aristoteles, *Posterior Analytics*, I-13, 79a2.

[10] Grosseteste, *On Light*, p.10f.

[11] Grosseteste, 『물체의 운동과 빛』(『중세사상원전집성』13 수록), p.222f.

[12] Grosseteste, 'Concerning Lines, Angles and Figures', in *A Source Book in Medieval Science*, pp.385f.

[13] *Ibid.*, p.387.

[14] 內山 編, 『단편집』, IV, 67(A)29.

[15] Grosseteste, 'Concerning Lines, Angles and Figures', p.387.

[16] *Ibid.*, p.385.

[17] Galileo, *The Assayer* in *Discoveries and Opinions of Galileo*, p.241f.

[18] Bacon, *De multiplicatione specierum*, in *Roger Bacon's Philosophy of Nature*. 이하 인용은 부(라틴 숫자)-장(아라비아 숫자), 행 번호로 표시하고 각 주로는 나타내지 않는다.

[19] Bacon, *Opus Minus*. 인용은 Mitchell, *TMAE*, Vol.42(1937) p.272, n.14(라틴어), Roller, *The DE MAGNETE of William Gilbert*, p.38f., Crombie, *Robert Grosseteste*, p.206(영역)에서.

[20] Mitchell, *op.cit.*, p.243f. 참조.

[21] Aristoteles, *On the Heavens*, IV-3, 310b3.

[22] Buridan, *Questions on the Four Books on the Heavens and the World of Aristotle*, in *Science of Mechanics in the Middle Ages*, p.558.

[23] Aristoteles, *Physics*, IV-1, 208b10.

[24] Smith, *JMH*, Vol.18(1992) p.52, n.165, Mottelay, *Bibliographical History*,

p.44, Benjamin, *The Intellectual Rise in Electricity*, p.156.

[25] Crathorn, *On the Possibility of Infallible Knowledge*, in *The Cambridge Translations of Medieval Philosophical Texts*, Vol.3, p.280.

8장

[1] 『자기서간』은 현재 사본이 유럽 각지에서 모두 30종 정도(톰프슨에 따르면 28종, 슐룬트에 따르면 31종)가 확인되었다(Thompson, *Proceedings of the British Academy*, 2(1905/6), Schlund, Archivum Franciscanum Historicum, Vol.5(1912) 참조). 1558년 아우구스부르크에서『자석 혹은 영구운동 바퀴에 대한 편지*De magnete, seu Rota perpetui Motus, libellus*』라는 제목으로 인쇄되었지만 그때까지는 잘 알려져 있지 않았다. 근대 이후에는 1868년에 이탈리아의 베르텔리가 아홉 개 사본의 텍스트에 근거해 새로 출간하였다. 이것은 1898년에 독일에서 출간된『자기희귀서Rara Magnetica』제10권에 수록되었다. 나아가 1975년에는 프랑스에 소개되었다(*Revue d'Histoire des Sciences*, Vol.28(1975)). 사실『자기서간』은 1520년 이전에 로마에서 한 번 인쇄된 듯하지만 그것은 룰루스(Raymond Lullus)의 것으로 간주돼 거의 주목을 받지 못했다(Sarton, *ISIS*, Vol.37(1947) p.178f., Six Wings, p.92). 영역본은 20세기에 3종이 출간되었다. 하나는 1902년 톰프슨 영역한 것으로 개인 한정판으로 250부만 인쇄되었다. 또 하나는 1904년 아놀드 형제의 것인데 이것은 그랜트가 편집했다(*A Source Book in Medieval Science*(1974) 전문 수록). 또 1943년에는 해러던이 번역하였다(*Terrestial Magnetism and Atmospheric Electricity*, Vol.48(1943) 수록). 이하에서는 기본적으로 아놀드와 해러던의 영어 번역본을 토대로 삼고 필요할 때는 1975년의 라틴어 불어 대역을 참조했다(유감스럽게도 톰프슨의 번역본은 구할 수 없었다). 라틴어본과 비교해보면 아놀드의 번역보다 해러돈이 번역한 것이 원문에 충실하고 정확하다고 생각된다. 한편 톰프슨의 논문은『자기서간』이라는 제목에 있는 후코쿠르의 시제르(Sygerus de Foucaucourt)를 브라반의 시제르(Sigerus Brabantius)로 바꾸고 있는데 이것은 그가 임의로 넣은 것으로 증명된 바는 없다.

[2] Schlund, *Archivum Franciscanum Historicum*, Vol.4(1911) p.636, n.5.

[3] Fleming, *TMAE*, Vol.2(1897) p.47.

[4] Kant, *Critique of Pure Reason*, Preface to the Second Edition, p.109.

[5] Zilsel, Journal of the History of Ideas, Vol.2(1941), p.29. Schlund, p.437. Mottelay, *Bibliographical History*, p.45. Wightman, *Science and the Renaissance*, Vol.1, p.163.

[6] Bacon, *Opus Tertium*. Crombie, *Robert Grosseteste*, p.205(영역), idem, *Science, Optics and Music*, p.53(영역).

[7] Farrington, Greek Science, pp.28f., 77, 平田寬, 『과학의 기원』, p.11, *Moments of Discovery*, ed.by Schwartz & Bishop. 해당 부분은 Vol.2, p.520. Diderot, 'Art', in *Oeuvres*, Tom.V, p.496.

[8] Stock, 'Science, Technology and Economic Progress in the Early Middle Ages', in *Science in the Middle Ages*, p.45.

[9] Hugo de Sancto Victore, 『디다스칼리콘』(『중세사상원전집성』9 수록), Bk.3, Ch.1, p.79. 이 야심적인 프로젝트가 실제로 행해졌다고 믿기는 힘들다(Verger, 『입문 12세기 르네상스』, p.106f. 참조).

[10] Benjamin, *The Intellectual Rise in Electricity*, p.167, White, 『기계와 신』, p.71.

[11] Crombie, *Augstine to Galileo*, Vol.2, p.25.

[12] Hunke, 『아라비아 문화의 유산』, p.25. Ibid., p.284 참조.

[13] Crombie, op.cit., Vol.1, p.67.

[14] White, *Medieval Technology and Social Change*, p.119.

[15] Gimpel, 『성당을 건축한 사람들』, p.9.

[16] 藤本, 『빌라르 화첩에 관한 연구』, 권말 도판 9, 사진 설명의 번역은 p.33.

[17] Bacon, *Roger Bacon's Letter*, pp.15, 26.

[18] White, 『기계와 신』, p.72, idem, *Medieval Technology and Social Change*, p.134.

[19] Reynolds, *Stronger than a Hundred Men*, p.54.

[20] White, *Medieval Technology and Social Change*, p.83f.

[21] Johannsen, 『일반인의 철의 역사』, p.59.

[22] Le Goff, *Intellectuals in the Middle Ages*, p.6, 伊東, 『12세기 르네상스』, p.31f.

²³ Thorndike, *ISIS*, Vol.36(1946) p.156f.

²⁴ Crombie, *Styles of Scientific Thinking in the European Tradition*, p.424, idem, *Science, Optics and Music*, p.69.

²⁵ White, *Medieval Technology and Social Change*, p.133.

²⁶ Smith, *JMH*, Vol.18(1992) p.73, n.272, p.71.

²⁷ Crombie, *Augustine to Galileo*, Vol.1, p.133.

²⁸ Libera, 『중세철학사』, p.517.

9장

¹ Cassirer, *The Individium and the Cosmos*, Ch.1, idem, *Das Erkenntnisproblem*, Bd.1, p.21.

² Kristeller, 『르네상스의 사상』, p.77.

³ Le Goff, *Intellectuals in the Middle Ages*, p.135.

⁴ Thorndike, *Science and Thought in the Fifteenth Century*, p.134.

⁵ Meuthen, *Nikolaus von Kues: 1401-1466* 참조.

⁶ Nicolaus Cusanus, *De pace fidei*, p.706f..

⁷ 이하 『지혜로운 무지』의 인용은 권(라틴 숫자)-장(아라비아 숫자), 페이지로 나타내고, 주로 표시하지 않는다.

⁸ Bruno, On the Infinite Univers and World, p.311.

⁹ Nicole Oresme, *On the Book of the Heavens and the World of Aristotle*, Bk.II, Ch.28, in *Science of Mechanics in the Middle Ages*, pp.600-9. Crombie, *From Augustine to Galileo*, Vol.2, Ch.1(3) pp.88-96, Grant, *JHI*, Vol.23(1962) pp.202-211, idem, *Physical Science in the Middle Ages*, pp.64-69 참조.

¹⁰ Bruno, *op.cit.*, p.307.

¹¹ *Ibid.*, p.311.

¹² Gilbert, *De magnete*, VI-5, p.22.

¹³ Augustinus, 『창세기주해』(『아우구스티누스 저작집』16 수록), 제4권 제3-5장, pp.106-110.

¹⁴ Cassiodorus, 『〔성서와 세속적인 모든 학문의 연구〕 강요(綱要)』(『중세사상원전

집성』 5수록), p.348.

15 Nicoraus Cusanus, *Idiota de mente*, p.528f.
16 Nicoraus Cusanus, 『가능 현실 존재』, p.29.
17 Nicoraus Cusanus, *Idiota de sapientia*, p.424.
18 Nicoraus Cusanus, *Idiota de staticis experimentis*, p.612, 영역 *Annals of Medical History*, Vol.4(1922) p.126f.
19 *Ibid.*, p.628, p.130f.
20 *Ibid.*, p.622, p.129.
21 *Ibid.*, p.614, p.127.
22 *Ibid.*, p.616, p.128.
23 *Ibid.*, p.612, p.127.
24 Dee, *The Mathematicall Praeface*, p.biiijv.
25 Petty, 『정치산술』, pp.24, 25. Kargon, ISIS, Vol.56(1965) p.64 참조.
26 Hales, *Vegetable Staticks*, The Introduction, p.xxxi.
27 Nicoraus Cusanus, *op.cit.*, p.626, p.130.
28 Cassirer, *Das Erkenntnisproblem*, Bd.1, pp.314-8, 352-9.
29 Jammer, *Concepts of Force*, Ch.4.
30 Gilbert, II-36, Whittaker, *History of the Theories of Aether and Electricity*, p.56, n.1, Rosenberger, *Die Geshichte der Physik*, Erster Theil, p.107.
31 Nicoraus Cusanus, *op.cit.*, p.626, p.130

10장

1 Garin, 『이탈리아 휴머니즘』, 제1, 2장, 『이탈리아 · 르네상스에서 시민생활과 과학 · 마술』, 제1장
2 Ficino, 『피레보스 주해』, Ch.29, p.175f.
3 Gurevich, 『중세문화의 카테고리』, p.179.
4 Roger Bacon, *Opus Majus*, II-9, p.52, IV-2, p.129, VI-12, p.621. なお II-9, p.53 참조.
5 Ficino, *Commentary on Plato's Symposium*, p.58 [155].

[6] Copernicus, *On the Revolutions*, pp.508, 515, 527.
[7] Hermes Trismegistos, *Hermetica*, Vol. 1, pp.194f., 202f.
[8] *Ibid.*, p.204f.
[9] Kristeller, *Eight Philosophers of the Italian Renaissance*, p.66.
[10] Pico della Mirandola, *De Hominis Dignitate*, pp.4f., 6f., 8f.
[11] Shumaker, *The Occult Sciences in the Renaissance*, p.16-27 より.
[12] Febvre & Martin, *The Coming of the Book*, pp.180-6.
[13] Febvre & Martin, p.112f., Rossi, *The Birth of Modern Science*, p.42.
[14] Eisenstein, *Printing Revolution*, p.112.
[15] Garin, 『르네상스 문화사』, p.157, Yates, *Giordano Bruno and the Hermetic Tradition*, pp.17f., 80f., French, *John Dee*, p.83 등 참조.
[16] Thomas, *Religion and the Decline of Magic*, p.228. Hansen, 'Science and Magic', in *Science in the Middle Ages*, p.483f. 참조.
[17] Pico della Mirandola, pp.72, 78.
[18] Ficino, *Apologia*, in *Three Books on Life*, p.398.
[19] Walker, 『르네상스의 마술사상』, 제1부 제2장, 제2부 제4장 참조.
[20] Thorndike, *A History of Magic & Experimental Science*, Vol.2, p.347 참조.
[21] Nicole Oresme, 『질과 운동의 도형화』(『중세사상원전집성』19 수록), p.548.
[22] Ficino, *op.cit.*, p.396.
[23] Ficino, *De vita*, Lib.3 'De vita coelistus Comparanda'. 이하 인용은 *Three Books on Life* 장 번호, 행 번호로 표기하고 주로 표시하지 않는다.
[24] Walker, pp.53, 256, Copenhaver, *Renaissance Quarterly*, Vol.37 (1984) pp.523-554 참조.
[25] Ficino, *Commentary on Plato's Symposium*, p.91 [199].
[26] *Ibid.*, p.78 [183].
[27] Seligmann, 『마법』, pp.339-345, Zilboorg, *A History of Medical Psychology*, pp.201-6 참조.
[28] Nashe, 불운한 여행객』, p.64, Marlowe, *Tragical History of Doctor Faust*, line 114.
[29] Zilboorg, p.201f., Sarton, *Six Wings*, p.214f., Michelet La Sorcière, p.500,

Easlea, 『마녀사냥 대 신철학』, p.66 등 참조.
30 Agrippa, *Occult Philosophy or Magic*, 이후 인용은 장 번호, 페이지로 표기하고, 주로는 나타내지 않는다.
31 Francis Bacon, *The New Organon*, II-51, p.219.
32 Bruno, *On Magic*, p.105.
33 Butterfield, *The Origin of Modern Science*, p.35.
34 Fontana, 『거울 속의 유럽 왜곡된 과거』, p.142.

11장

1 작자미상, *Carmina Burana*, p.198, 61, 7b. Guillaume de Lorris & Jean de Meun, *Le Roman de la Rose*, p.36, line 1156-60. Richard de Bury, *The Philobiblon*, p.23. Chaucer, *The Parliament of Birds*, p.132, line 147-50.
2 Petrarca, 『칸초네레—세속사 시편』, p.241.
3 Plinius, *Natural History*, Vol.36-25, Vol.7-56. *Ibid.*, Vol.4-12 참조.
4 Herodotus, *The History*, VII-42 in *GBWW*, Vol.6, p224. Diodorus, 『세계사』, 『단편집』I, 1(A) 15 참조.
5 Cortes, *Brief Compendium on the Sphere and Art of Navigating*, in Harradon, *TMAE*, Vol.48(1943) p.86, Norman, *The Newe Attractive*, p.1.
6 Herodotus, 『역사』, (상), p.446 역주 3, 增田, 『콜럼버스』, p.79.
7 Haskins, 『12세기 르네상스』, p.266.
8 Marco Polo, *The Travels*, p.239.
9 Plinius, Vol.7-2.
10 Whitfield, 『세계지도의 역사』, p.21.
11 Le Goff, 『중세의 꿈』, pp.37-58.
12 Ptolemaios, *Ancient India as described by Ptolemy*, p.239.
13 Mandeville, *Travels*, pp.188, 118.
14 작자미상, 『성 브란단 항해이야기』, pp.14, 139ff.
15 Morison, 『대항해자 콜럼버스』, p.30.
16 Goethe, *The Sorrows of Young Werther*, p.56.

[17] Smith, *JMH*, Vol.18(1992) p.53, n.168, 및 Benjamin, *The Intellectual Rise in Electricity*, p.155 에서.

[18] Nordenskiöld, *Facsimile-Atlas*, p.65, Fig.XXXII. Crone, 'Introduction', in *The Principal Works of Simon Stevin*, Vol.3, p.396, n.68 참조.

[19] Olaus Magnus, 『북방민족문화지』, 제2권 제26장, 상, p.158. Whitfield, 『해양지도의 역사』, p.36f. Nordenskiöld, p.59, Fig.32.

[20] Gilbert, *De magnete*, I-1, p.5, IV-1, p.153.

[21] Francis Bacon, *The New Organon*, I-129, p.100.

[22] Campanella, 『태양의 도시』, p.72.

[23] Cardano, 『카르다노 자서전』, p.216f.

[24] Garin, 『르네상스 문화사』, p.119, Sarton, *Six Wings*, p.193 참조.

[25] Francis Bacon, *op.cit.*, I-72, p.60.

[26] Ovidius, *The Metamorphoses*, p.30, Plinius, Vol.2-67, 68.

[27] Origenes, *On first Principles*, p.90.

[28] Beda, 『사물의 본성에 대하여』(『중세사상원전집성』 6 수록), p.90, Guillaume de Conches, 『우주의 철학』(『중세사상원전집성』 8 수록), p.367.

[29] Pigafetta, *Magellan's Voyage*, p.41.

[30] Gomara, 『넓어지는 시야』, p.23, Oviedo, *Historia genearl y natural de las Indias*, p.26.

[31] Pigafetta, 『콩고왕국기』(『대항해시대총서』II-1 수록), p.362.

[32] Francis Bacon, *op.cit.*, I-93, I-84, pp.78, 69. Idem, *The Advancement of Learning*, II-2.14 참조. 앞 단락의 인용은 idem, I-71에서.

[33] Poggendorff, *Geschichte der Physik*, p.270. Mitchell, *TMAE*, Vol.37(1932) p.138, n.103 참조. Benjamin, p.202. Krafft, *Sudhoffs Archiv*, Bd.54(1970) p.121. Singer, 『과학사상이 걸어온 길』, p.365.

[34] Humboldt, *Cosmos*, Vol.2, p.656f., Mottelay, *Bibliographical History*, p.65f.

[35] Mitchell, *TMAE*, Vol.42(1937) pp.241-280, Heathcote, *Annals of Science*, Vol.1(1936) pp.13-29. 훔볼트가 말하고 있는 비안코(Bianco)의 지도에 그려져 있는 선에 대해서 현재는 편각을 나타내는 것이 아니라고 보고 있다. 이 점에 대해서는 히스코트의 논문 참조. 이 논문에는 문제의 비안코의 지도 사진도 실

려 있다.
36 Hellmann, *Zeitschrift der Gesellschaft für Erdkunde zu Berlin*, Bd.32(1897) p.113, *TMAE*, Vol.4(1899) p.74.
37 콜럼버스의 항해 자료로는 항해일지로부터 직접 베꼈다고 여겨지는 라스 카사스의 「요록(要錄)」과 아들 페르난도가 쓴 『콜럼버스 제독 전기』, 그리고 콜럼버스의 편지에 남아 있다. 「요록」의 수고는 1825년에 출판됐다. 항해일지와 관련해 1차 자료는 존재하지 않는다(Mitchell, *op.cit.*, p.252ff. 참조).
38 Fernando Columbus, 『콜럼버스 제독 전기』, p.273, Mitchell, p.254.
39 Falero, *Treatise on the Sphere and the Art of Navigation*, in Harradon, *TMAE*, Vol.48(1943) pp.80-84. 모든 팩시밀리 복각판은 J.Bensaude ed., *Histoire de la science nautique Portugaise*, Vol.4(Munich, 1915) Ch.8에 있는 것으로 추측되지만 눈으로 확인하지는 못했다.
40 알려져 있는 한 편각으로 경도를 결정할 수 있는 가능성에 대해 처음 언급한 것은 1514년 리스보아(João de Lisboa)인 것으로 추측되지만 유감스럽게도 그의 원고를 확인할 수가 없었다(Crone, p.393 참조).
41 Castro, Extracts on Magnetic Observations from Logbooks of Joa*o de Castro, 1538-1539 and 1541, in Harradon, *TMAE*, Vol.49(1944) pp.187-198.
42 Hellmann, p.123, 영역, p.84.
43 Castro, *op.cit.*, p.197.
44 *Ibid.*, p.197, 및 Crone, p.396 참조.
45 Castro, *op.cit.*, p.194.
46 Hartmann, The Letter of Georg Hartmann to Duke Albrecht of Prussia, in Harradon, *TMAE*, Vol.48(1943) pp.128-130.
47 Cortes, *op.cit.*, pp.84-91.
48 Mercator, *Gerhard Mercator to Antonius Perrenotus*, in Harradon, *TMAE*, Vol.48(1943) p.201f.
49 Hellmann, p.119, 영역, p.80.
50 Crone, p.397.
51 Mercator, *Hydrographic Review*, Vol.9(1932) p.20f. 참조.
52 Nordenskiöld, p.90, Fig.60, 및 Fig.XLVII, Campbell, *Early Maps*, p.22f.

53 Crone, p.396.
54 Bruno, *On Magic*, p.121f.
55 Castro, *Obras*, Vol.1, p.198.

12장

1 Hartmann, The Letter of Georg Hartmann, in Harradon, *TMAE*, Vol.48(1943) p.128.
2 Norman, *The Newe Attractive*. 이하 인용은 페이지를 기록하고 각주로는 나타내지 않는다.
3 그림 12.2 참조.
4 Mitchell, *TMAE*, Vol.44(1939) p.77 및 p.79, n.2.
5 Montaigne, *The Complete Essay*, p.644.
6 Gilbert, *De magnete*, IV-6, p.162.
7 Pumfrey, *BJHS*, Vol.22(1989) p.191f.
8 Stevin, *Principal Works*, Vol.3, p.422f., idem, *The Haven-finding Art*, p.1.
9 Hill, *Intellectual Origins of the English Revolution*, p.15.
10 Nef, 『공업문명의 탄생과 현대 세계』, 제2장
11 Farrington, *Francis Bacon*, p.13.
12 Merton, *Social Theory and Social Structure*, p.666.
13 Sombart, 『전쟁과 자본주의』, pp.68-70.
14 Borough, *A Discourse of the Variation of the Compass*, The Preface.
15 Simpkins, *Annals of Science*, Vol.22(1966) p.230, Singer, 『과학사상의 흐름』, p.220.
16 Taylor, *The Mathematical Practitioners of Tudor & Stuart England*, p.321, Rossi, 『마술에서 과학으로』, p.6, idem, 『철학자와 기계』, p.36 참조.
17 Smith, *American Mathematical Monthly*, Vol.28(1921) p.296.
18 Easton, *ISIS*, Vol.58(1967) pp.515-532, 및 Johnson & Larkey, *Huntington Library Bulletin*, No.7(1935) pp.59-87 참조.
19 Recorde, *Castle of Knowledge*, p.164f. Patterson, ISIS, Vol.42(1951) pp.208-

218, 및 Johnson & Larkey, *op.cit.* 참조.

[20] French, *John Dee: The World of an Elizabethan Magus*, p.172.

[21] *Ibid.*, p.40. Crane, *Mercator*, pp.164-169 참조.

[22] Smith, *John Dee 1527−1608*, p.1.

[23] French, p.1.

[24] Yates, 『세계극장』, p.32.

[25] Rossi, 『마술에서 과학으로』, p.52, Hill, p.37.

[26] Verger, 『중세의 대학』, 제6장 2, Hill, Ch.2-IV, Jones, *Ancients and Moderns*, Ch.1 등 참조.

[27] Benett, *History of Sceince*, Vol.24(1986) p.10.

[28] Dee, *The Mathematicall Praeface*, pp.Aiiiv, Aiiiir.

[29] Yates, *op.cit.*, p.56.

[30] Taylor, p.170, Hill, p.16.

13장

[1] Rossi, 『마술에서 과학으로』, p.8.

[2] Stevin, *The Principal Works*, Vol.3, p.608.

[3] Febvre & Martin, *The Coming of the Book*, pp.105, 108.

[4] Gilmont, 「종교개혁과 독서」(『읽는 것의 역사』 수록), p.287.

[5] Febvre & Martin, pp.109, 249.

[6] Gilmont, p.288.

[7] Stone, 'The French Language in Renaissance Medicine', *Bibliotheque d' humanisme et Renaissance*, Vol.15(1953) p.322에서.

[8] Packard, *Life and Times of Ambroise Pare*, p.106. Hill, *Intellectual Origins of the English Revolution*, p.75, n.2, pp.28-31.

[9] O'Malley, 『브뤼셀의 안드레아스 베살리우스』, p.104 より. Febvre & Martin, p.329f. 참조.

[10] Kaplan, *Robert Recorde*, p.92.

[11] Davis, 『어리석은 자의 왕국 이단의 도시』, p.277.

¹² Cassirer, *The Individual and the Cosmos*, p.56f.

¹³ Biringuccio, *De la Pirotechnia*. 이하 인용은 스미스의 영역본 페이지로 나타내고 각주로는 표시하지 않는다.

¹⁴ Zilboorg, *A History of Medical Psychology*, p.183에서. Garin『르네상스 문화사』, p.212, Sarton, *Six Wings*, p.13, Rossi, *The Birth of Modern Science*, p.30 참조.

¹⁵ Paracelsus, *Selected Writings*, pp.57, 61.

¹⁶ Nef, 『공업문명의 탄생과 현대 세계』, p.127. 네프(Nef)에 따르면 이 이야기는 『광물에 관하여』를 영역한 후버(H.C.Hoover)가 자신에게 들려준 것이라고 한다.

¹⁷ 『광물에 관하여』 영역본은 1912년에 런던에서 출판되었다. 역자는 나중에 미국 대통령이 후버와 뛰어난 불문학자인 그의 부인이다. 이 영역은 1950년에 도버 출판사(Dover Pub.Inc.)에서 재판이 나왔다. 영역판에 덧붙여진 풍부한 각주에 대해 전문가들이 높이 평가하고 있다(Bromehead, *Proceedings of the Geologists' Association*, Vol.56(1945) p.113). 1928년에는 독일기술자연맹의 이사이자 과학사가인 마초스(Conrad Matschoss)의 제창으로 많은 학자들이 협력해 보다 정확한 독일어 번역본 출간되었다. 이 책은 그 뒤로도 판을 거듭하고 있다. 1959년에는 이탈리아에서 1561년의 라틴어판의 복각판이 나왔다. 인용 부분은 영어 번역본 페이지를 나타내고 각주로 표시하지는 않는다.

¹⁸ Origenes, *On first Principles*, p.158.

¹⁹ Nicolas Flamel, 『소망의 기대』, p.191.

²⁰ Leonardo da Vinci, 『해부수고』, 50, verso [IV], idem, 『레오나르도 다빈치의 수기』(하), p.18.

²¹ Paracelsus, *Concerning the Nature of Things*, in *The Hermetic and Alchemical Writings*, Vol.1, p.182.

²² Boyle, 'Observations about the Growth of Metals in their Ore', in *The Works*, IV, pp.79-84.

²³ Aepinus, *Aepinus's Essay on the Theory of Electricity and Magnetism*, p.430.

²⁴ Eliade, 『대장장이와 연금술사』(『엘리아데 저작집 제5권』 수록), pp.52, 8. ibid., p.59f. 참조

²⁵ Biringuccio, *The Pirotechnia*, p.19, Agricola, *Metallica*, pp.141-148, 247,

Ercker, *Treatise on Ores and Assaying*, p.287.

[26] 이하 인용은 The Geological Society of America, *Special Paper*, No.63(1955) 페이지를 나타내고 따로 각주로 표시하지는 않는다.

[27] Rossi, *op.cit.*, p.3.

14장

[1] 川喜田, 『근대의학의 역사적 기반』(상), pp.5, 191, 및 O'Malley, 『브뤼셀의 안드레아스 베살리우스』, p.113f. 참조.

[2] 大橋, 『파라켈수스의 생애와 사상』, p.48f. 이 책에는 'ParacelsusProgramm der Basler Vorlesung' 전체가 번역돼 실려 있다.

[3] Bruno, *Cause, Principle and Unity*, 52f.

[4] Goldammer, 『파라켈수스 자연과 계시』, 제3장 참조.

[5] Paracelsus, *Sieben Defensiones*, in *Klassiker der Medizin*, Bd.24, Seven Defensiones, in *Four Treatises*, p.37 [34] (원서 페이지 [영역본 페이지]).

[6] Paracelsus, *Das erste Buch der Grossen Wundarzney*, in *Samtliche Werke*, Bd.10, p.10.

[7] *Ibid.*, p.115.

[8] Paracelsus, *On the Miners' Sickness*, in *Four Treatises*, pp.57, 91.

[9] Paracelsus, *Sieben Defensiones*, p.31 [29], idem, *Labyrinthus medicorum errantium*, in *Klassiker der Medizin*, Bd.24, p.62.

[10] Francis Bacon, *The Advancement of Learning*, II-10.2, p.115.

[11] Paracelsus, *Selected Writings*, p.59f.

[12] Webster, *From Paracelsus to Newton*, p.26.

[13] Cassirer, *The Individium and the Cosmos*, p.112, Garin, 「철학자와 마술사」 (『르네상스인』 수록), p.266.

[14] Paracelsus, *Astronomia Magna*, pp.85, 92.

[15] Paracelsus, *Selected Writings*, p.21, idem, 『기적의 의학서』, p.143f.

[16] Paracelsus, 『기적의 의학서』, pp.148, 151f.

[17] *Ibid.*, p.144.

18 *Ibid.*, pp.106f., 108, 112f.

19 Paracelsus, *Sieben Defensiones*, p.17 [14].

20 Thomas, *Religion and the Decline of Magic*, p.228.

21 Paracelsus, *Sieben Defensiones*, p.30 [26f.], idem, *Labyrinthus medicorum errantium*, p.81.

22 Paracelsus, *The Caelum Philosophorum*, in *The Hermetic and Alchemical Writings*, p.17.

23 Paracelsus, *Astronomia Magna*, p.107f.

24 Paracelsus, *Concerning the Nature of Things*, in *The Hermetic and Alchemical Writings*, p.132.

25 Chaucer, *The Canterbury Tales*, in *GBWW*, Vol.22, p.476, idem, *The House of Fame*, line 1455.

26 Paracelsus, *The Hermetic and Alchemical Writings*, p.186, 및 『기적의 의학서』pp.147f., 151f.

27 Paracelsus, *Herbarius*, in *Theophrastus Paracelsus Werke*, Bd.1. 인용 부분은 p.288 [123](원서 페이지, [영역본 페이지]).

28 大橋, p.35, 種村, 『파라켈수스의 세계』, p.161.

29 Paracelsus, *Herbarius*, p.289 [123].

30 *Ibid.*, p.289 [123f.].

31 *Ibid.*, p.293 [125].

32 Beckmann, 『서양 사물의 기원』I, pp.191-195.

33 Paracelsus, *The Hermetic and Alchemical Writings*, pp.158, 140.

34 *Ibid.*, p.132. *Ibid.*, p.145 참조.

35 *Ibid.*, p.133.

36 Singer, *A Short History of Scientific Ideas to 1900*, Ch. 6-7 참조.

37 Montaigne, *The Complete Essay*, II-12, p.642f. Debus, 『르네상스의 자연관』, pp.37-57 참조.

38 Debus, *The Chemical Philosophy*, p.149.

39 *Ibid.*, p.178.

40 Rossi, *The Birth of Modern Science*, p.140.

41 Harvey, *An Anatomical Disquisition of the Motion of the Heart and Blood in Animals*, in *GBWW*, Vol.28, p.286. Debus, 『르네상스의 자연관』, pp.118-124 참조.

42 Haggard, *Devils, Drugs, and Doctors*, p.330.

43 Paracelsus, *The Diseases that deprive Man of his Reason*, in Four Treatises, p.153.

44 Debus, *The English Paracelsians*, p.121.

45 Debus, *The Chemical Philosophy*, p.280.

46 이 절의 서술은 전체적으로 데뷔스의 *The Chemical Philosophy*(Vol.1)에 크게 빚지고 있다.

47 Boas, *ISIS*, Vol.50(1959) p.76.

15장

1 Maury, 『마술과 점성술』, p.123.

2 Walker, 『르네상스의 마술사상』, pp.46, 102, Schmitt, 『중세의 미신』, p.68f., Burke, 『이탈리아 르네상스의 문화와 사회』, p.296 참조.

3 Thomas, *Religion and the Decline of Magic*, pp.255, 49.

4 Bacon, *Opus Majus*, VI, p.631.

5 *Ibid.*, VI, p.632f. VI, p.587 참조.

6 Bacon, *Roger Bacon's Letter*, p.38.

7 Bacon, *Opus Majus*, VI, p.630.

8 Yates, *Giordano Bruno and the Hermetic Tradition*, p.131, Shumaker, *The Occult Sciences in the Renaissance*, p.134f. 등 참조.

9 Rossi, 『마술에서 과학으로』, p.19 에서.

10 Kristeller, *Eight Philosophers of the Italian Renaissance*, p.87f.

11 Grafton, *Cardano's Cosmos*, p.73.

12 Pomponazzi, *De naturalium effectuum causis sive de Incantationibus*, p.230 [225] 및 p.98 [162] (원서 페이지 [불어번역본 페이지]).

13 *Ibid.*, p.22f.[121].

14 *Ibid.*, p.242 [231], p.23 [122], p.42 [133].

15 *Ibid.*, p.73f.[151].

16 Walker, p.192.

17 Thomas, p.54.

18 Easlea, 『마녀사냥 대 신철학』, p.172.

19 Scot, *The Discoverie of Witchcraft*, p.236f. *Ibid.*, p.234f. 참조.

20 *Ibid.*, p.237f.

21 Bacon, *Opus Majus*, IV, p.129.

22 Crombie, *Augustine to Galileo*, Vol.1, p.68.

23 Thomas Aquinas, *Summa Theologia*, II–II, Qu.96, Art.2, Vol.III, p.1603.

24 Ficino, *Three Books on Life*, Bk.3, Ch.12, line 30, p.300.

25 Biringuccio, *The Pirotechnia*, p.114.

26 *Ibid.*, p.114.

27 Crombie, *Styles of Scientific Thinking*, Vol.1, p.332.

28 French, *John Dee*, p.162.

29 Bacon, *op.cit.*, IV, p.133.

30 Agrippa, *Occult Philosophy*, pp.71, 60.

31 Albertus Magnus, *The Book of Secrets of Albertus Magnus*, p.82.

32 Smith, *John Dee* 1527–1608, p.244.

33 Clulee, *Ambix*, Vol.18(1971) p.197.

34 Idem, *Renaissance Quarterly*, Vol.30(1977) pp.642, 670ff., 678, idem, *John Dee's Natural Philosophy*, pp.64-70 참조.

35 Dee, *Propaedeumata Aphoristica*. 이하 인용은 잠언번호를 라틴 숫자로 표기하고 각주로는 나타내지 않는다.

36 Smith, p.243.

37 Clulee, *Renaissance Quarterly*, Vol.30(1977) p.677. Idem, *John Dee's Natural Philosophy*, p.67 참조.

38 Dee, *The Mathematicall Praeface*. 이하 인용은 원전 페이지수를 표시하고 각주로는 나타내지 않는다.

39 Crombie, *Styles of Scientific Thinking*, Vol.1, p.507.

⁴⁰ Clulee, 'At the Crossroads of Magic and Science', in *Occult and Scientific Mentalities in the Renaissance*, p.59, n.9, idem, *John Dee's Natural Philosophy*, pp.170-176, p.286, n.72.

⁴¹ Debus, 『르네상스의 자연관』, p.15, idem, 'Introduction', in John Dee, *The Mathematicall Praeface*, p.21f.

⁴² Boas, *The Scientific Renaissance 1450-1630*, p.185.

⁴³ French, p.142.

⁴⁴ Yates, 『세계 극장』, p.18.

⁴⁵ 清瀨・澤井, 『카르다노 자서전』(平凡社). 이하 인용은 이 책의 페이지를 기록하고 각주로는 나타내는 않는다. 이 책 외에도 青木靖三・本惠美子, 『내 인생의 책』(現代敎養文庫)이 있다.

⁴⁶ Thorndike, *A History of Magic & Experimental Science*, Vol.5, p.573.

⁴⁷ Cardano, *De Subtilitate*, Lib.1, in *Opera Omnia*, Vol.3, p.360f.

⁴⁸ *Ibid.*, Lib.5, p.443f.

⁴⁹ *Ibid.*, Lib.5, p.444.

⁵⁰ *Ibid.*, Lib.1, p.357.

⁵¹ Bruno, *On the Infinite Univers and World*, p.285.

⁵² Bruno, *On Magic*, p.105.

⁵³ *Ibid.*, p.120.

⁵⁴ *Ibid.*, p.121.

⁵⁵ Bruno, *Cause, Principle and Unity*, p.5.

⁵⁶ Bruno, *On the Infinite Univers and World*, p.372.

⁵⁷ Rossi, *The Birth of Modern Science*, p.26.

16장

¹ Febvre & Martin, *The Coming of the Book*, pp.115, 249.

² De Villamil, *Newton: the Man*, p.92.

³ Febvre & Martin, p.180.

⁴ Della Porta, *Magia naturalis*. 주로 1589년판 및 1658년의 영역판을 참고했다.

인용 부분은 권(라틴 숫자)-장(아라비아 숫자)로 나타내고 각주로는 표시하지 않는다. 앞으로 특별한 언급없이 『자연마술』이라고 할 때는 이 1589년도 증보개정판(제2판)을 가리킨다.

[5] Eamon, *Sudhoffs Archiv*, Vol.69(1985) p.37, idem, *Science and the Secrets of Nature*, Ch.9, 및 Nicolson, 「버추어스」(『히스토리 오브 아이디어즈』No.1 수록) 참조.

[6] Burckhardt, *The Civilization of the Renaissance in Italy*, p.319.

[7] Cassirer, *The Individium and the Cosmos*, p.63.

[8] Burckhardt, p.319.

[9] Shumaker, *The Occult Sciences in the Renaissance*, p.111.

[10] *Ibid.*, p.118.

[11] Crombie, *Science, Optics and Music*, p.176.

[12] Rosenberger, *Die Geschichte der Physik*, Erster Theil, p.139.

[13] Cassirer, *op.cit.*, p.152.

[14] Lindberg, *Theory of Vision*, p.184f., Wolf, *A History of Science, Technology and Philosophy in the 16th & 17th Centuries*, p.249, Crombie, *op.cit.*, pp.226, 290, Poggendorff, *Geschichte der Physik*, p.169.

[15] Galileo, *Sidereus Nuncius*, p.36.

[16] Kepler, *Kepler's Conversation with Galileo's Sidereal Messenger*, p.15.

[17] Kay, *William Gilbert's Renaissance Philosophy of the Magnet*, p.50.

[18] Boas, *ISIS*, Vol.50(1959) p.76.

[19] Gilbert, *De magnete*. 이하 인용은 권(라틴 숫자)-장(아라비아 숫자), 원전 페이지로 나타내고 각주로는 표시하지 않는다.

[20] 『자연마술』 초판의 1572년 이탈리아어 번역판 *De i miracoli et maravigliosi effetti dalla natura prodotti*, pp.80-82.

[21] Mottelay, *Bibliographical History*, p.74, Thorndike, *A History of Magic & Experimental Science*, Vol.6, p.420, Boas, *The Scientific Renaissance*, p.188f., idem, *ISIS*, Vol.50(1959) p.76.

[22] Elliott, *Electromagnetics*, p.398.

[23] Benjamin, *The Intellectual Rise in Electricity*, p.225f., Mottelay, p.111.

24 Barlow, *Magneticall Advertisements*, p.6.

25 Kay, p.137.

26 Abromitis, *William Gilbert as Scientist*, Appendix I.

27 King, *Smithonian Museum Bulletin*, No.218(1959) p.124.

28 Browne, *The Works of Sir Thomas Browne*, Vol.2, p.58f.

29 Krafft, *Sudhoffs Archiv*, Bd.54(1970) p.129.

30 Kay, p.139.

31 Jammer, *Concepts of Force*, p.76.

32 Sarton, *Six Wings*, pp.96, 86.

33 Rossi, 『마술에서 과학으로』, p.29, idem, *The Birth of Modern Science*, Ch.2, Yates, 『장미 십자의 각성』, p.177.

34 Kepler to Mästlin, Feb.8, 1601, in *Johannes Kepler: Life and Letters*, p.64.

35 Stevin, *Principal Works*, Vol.3, p.610f.

36 Webster, *From Paracelsus to Newton*, p.60.

37 Mach, *Die Prinzipien der physikalischen Optik*, p.18.

38 Webster, *op.cit.*, p.59.

39 Eamon, *Sudhoffs Archiv*, Vol.69(1985) p.40f.

40 Thorndike, *op.cit.*, Vol.2, p.267.

41 Eamon, *op.cit.*, p.30f., idem, *Science and Secrets of Nature*, p.47.

42 Bacon, *Roger Bacon's Letter*, pp.38-41, idem, *Opus Majus*, VI, p.621 참조.

43 Eamon, *Sudhoffs Archiv*, Vol.69(1985) p.30f., Rossi, *The Birth of Modern Science*, Ch.2, pp.18-22 참조.

17장

1 Harré, 'William Gilbert', in *Early Seventeeth Century Scientist*(1965) 와, Suter, 'A Biographical Sketch of Dr. William Gilbert of Colchester', *OSIRIS*, Vol.10 (1952).

2 Langdon-Brown, 'William Gilbert : His Place in Medical World', *Nature*, Vol.154(1944) pp.136-139.

³ 『자석론』 초판의 복각판은 1892년에는 베를린에서, 1967년에는 Culture et Civilisation 사에서 나왔다. 최초의 영역본은 모틀레이가 번역한 『De Magnete』이다. 1893년 뉴욕에서 출판되었다. 그리고 1900년에 출판 300주년을 기념해 톰프슨의 『On the Magnet』가 런던에서 250부 한정판으로 출판됐다. 이 책은 1889년에 창설된 길버트 클럽(Gilbert Club)의 기념 사업의 일환으로 출간되었다. 번역본 첫 장에 있는 장식된 글자부터 페이지를 나누는 것까지 초판을 그대로 옮기고 있다. 초판 표지의 "ANNO MDC (1600년)"가 번역본 표지에는 "ANNO MCM (1900년)"라고 기록돼 있지만 실제로 출판된 것은 1901년이다. 모틀레이 번역본은 그 후 1952년에 Encyclopaedia Britannica Inc.에서 'Great Books of the Western World 시리즈의 한 권으로 나왔고, 1958년에 Dover Inc.에서 재판이 출판됐다. 톰프슨의 번역본 또한 1958년에 뉴욕의 Basic Books Inc.에서 팩시밀리 복각판이 출판되었다. 톰프슨의 번역본의 재판에 부쳐 편집자 프라이스(Price)는 "번역의 걸작(masterpiece of translation)"이라고 칭찬했지만, 연구자들에 따르면 번역이 너무 현대적으로 옮겨져 있다고 한다. 그런 의미에서 원전에 반드시 엄밀하게 충실했다고는 할 수 없다고 하겠다(Kay, William Gilbert's Renaissance Philosophy of Magnet, pp.v, viii, 14f. Roller, The DE MAGNETE of William Gilbert, Ch.6). 이하 인용문은 톰프슨 번역본에서 인용하였으며, 권(라틴 숫자)—장(아라비아 숫자), 원전 페이지로 표시하고, 각주로 나타내지는 않는다. 위에 기술한 것처럼 원전의 페이지는 번역본의 페이지와 일치한다.

⁴ Bacon, *The Advancement of Learning*, I-3.9, p.23.
⁵ Chapman, *Nature*, Vol.154(1944) p.134.
⁶ Zilsel, *Journal of the History of Ideas*, Vol.2(1941) p.19.
⁷ Benjamin, *The Intellectual Rise in Electricity*, p.279.
⁸ Whewell, *History of Inductive Science*, Pt.3, Bk.XII, Ch.1, p.37.
⁹ Wolf, *A History of Science, Technology and Philosophy*, Vol.1, p.293.
¹⁰ King, *Smithonian Museum Bulletin*, No.218(1959) p.124.
¹¹ Jones, *Ancients and Moderns*, p.16.
¹² Boas, *The Scientific Renaissance*, p.191.
¹³ Rossi, *The Birth of Modern Science*, p.150.

[14] Kay, p.87.

[15] Bacon, op.cit., I-5.7, p.35, idem, *The New Organon*, I-54, p.46.

[16] Hall, *The Revolution in Science 1500—1700*, p.257.

[17] 다이아몬드가 호박과 마찬가지로 마찰에 의해 인력을 나타낸다는 사실을 처음으로 말한 것은, 1546년의 프라카스토로(Jerome Fracastorio라는 표기도 있다)의 『사물의 공감과 반감에 대해서』이다. Gilbert, II-2, p.50, 및 Roller & Roller, *AJP*, Vol.21(1953) p.353. Benjamin, p.241 참조.

[18] Priestley, *The History and Present State of Electricity*, p.5.

[19] Kay, p.91.

[20] Mottelay, *Bibliographical History*, p.90.

[21] Hesse, *BJPS*, Vol.11(1960) p.130.

[22] Burtt, *The Metaphysical Foundations of Modern Physical Science*, p.157.

[23] Mitchell, *TMAE*, Vol.37(1932)p.130, n.1, Sarton, *Six Wings*, p.96f., Fleming, *TMAE*, Vol.2(1897) p.49, Chapman, op.cit., Vol.154(1944) p.135.

[24] 버트(Burtt)는 "원격적으로 작용하는 자기 영혼의 힘을 길버트는 자석으로부터 방출되는 자기발산기로 설명했다"고 기록하고 있다. 이는 버터필드의 견해와 일치하는 것이다(Burtt, op.cit., p.158, Butterfield, *The Origin of Modern Science*, p.142). 그러나 길버트는 어디에서도 그렇게 말하지 않았을 뿐 아니라 오히려 그와 같은 견해를 적극적으로 부정하고 있다(Gilbert, II-4, p.66).

[25] Digges, 'The Perfit Description of the Caelestiall Orbes', in *The Huntington Library Bulletin*, No.5(1934) p.78.

[26] Dreyer, *Tycho Brahe*, p.167, Rossi, op.cit., p.65, Boas, op.cit., p.115 참조.

[27] Bruno, *On the Infinite Univers and World*, p.302.

[28] Freudenthal, *ISIS*, Vol.74(1983) pp.22-37.

[29] Bennett, *JHA*, Vol.12(1981) p.171, 및 *The Mathematical Science of Christopher Wren*, p.59.

[30] Bruno, op.cit., p.328.

[31] Lindsay, *AJP*, Vol.8(1940) p.281.

[32] Chalmers, *Philosophy of Science*, Vol.4(1937) p.86.

[33] Boas, op.cit., pp.190, 194.

³⁴ Kearney, *Science and Change 1500-1700*, p.110.

³⁵ Feingold, *The Mathematicians' Apprenticeship*, p.10.

³⁶ Galileo, *Sidereus Nuncius*, p.57.

³⁷ Zilsel, p.9.

³⁸ Galileo, *Dialogue Concerning the two Chief World System*, p.406

³⁹ Kay, 'Preface'.

⁴⁰ Mark Ridley, *Magnetical Animadversions* (1617)의 증언. Abromitis, *William Gilbert as Scientist*, p.113.

18장

¹ Nicolson, 『달세계로의 여행』, p.53.

² Kepler, Mysterium cosmographicum. 이하 인용은 Gesammelte Werke(Bd.1, Bd.8) 페이지로 표시하고 따로 각주 표시를 하지 않는다.

³ Baumgardt, *Johannes Kepler: Life and Letters*, p.41.

⁴ Duhem, *To Save the Phenomena*, p.5.

⁵ Platon, *Timaeus*, Pt.1, 11, 38C-39D.

⁶ Aristoteles, *On the Heavens*, Bk.2, Ch.3.

⁷ Ptolemaios, *The Almagest*, p.86.

⁸ *Ibid.*, p.270.

⁹ Copernicus, *On the Revolutions*, I-10, p.528, I-9, p.521.

¹⁰ *Ibid.*, I-4, p.514.

¹¹ Osiander, 'To the Reader Concerning the Hypotheses of this Work', in *ibid.* p.505.

¹² Campanella, 『태양의 도시』, p.62.

¹³ Kepler, *Apologia pro Tychone contra Ursum*, Jardine, *The Birth of History and Philosophy of Science*. 해당 부분은 원문 p.92f., 영역본 p.144f.

¹⁴ Kepler, *Astronomia nova* (AN). 이하 인용은 Gesammelte Werke 페이지 [영역본 페이지] 로 나타내고 따로 각주로 다루지 않는다.

¹⁵ Kepler, Epitome Astronomiae Copernicanae (*EP*). 제4권과 제5권은 *Great*

Books of the Western World, Vol.16에 영역이 실려 있다. 이하 인용은 Gesammelte Werke 페이지 [영역본 페이지]로 나타내고 따로 각주로 표시하지 않는다.

[16] Appelbaum, Hist.of Sci., p.460, Duhem, The Aim and Structure of Physical Theory, p.246.

[17] Kelly, The DE MUNDO of William Gilbert, p.67.

[18] Jones, Ancients and Moderns, p.20, 및 p.278f., n.46.

[19] Kelly, p.70.

[20] Birch, The History of the Royal Society of London, Vol.2, p.70, Hooke to Boyle, 21 Mar.1666, in The Works of the honourable Robert Boyle, Vol.VI, pp.505-508 참조.

[21] Leibniz, Mathematische Schriften, Bd.6, p.163.

[22] Butterfield, The Origin of Modern Science, p.141.

[23] 이하 케플러의 편지는 Gesammelte Werke 권, 편지 번호, 페이지를 나타내고 각주로 표시하지 않는다.

[24] Kepler, Apologia pro Tychone contra Ursum, 원문 p.94, 영역 p.146.

[25] Leibniz, Mathematische Schriften, Bd.6, p.147.

[26] Barbour, The Discovery of Dynamics, pp.118, 242, 283-6.

[27] Kepler, Astronomiae pars optica, in Gesammelte Werke, Bd.2, p.19.

[28] Bennett, JHA, Vol.12(1981) p.171, idem, BJHS, Vol.8(1975) p.36, idem, The Mathematical Science of Christopher Wren, p.59f.

[29] Euler, Mecanica, in Leonhardi Euleri Opera Ominia, Ser.2, Vol.1, p.31f.

[30] Leibniz, Mathematische Schriften, Bd.6, p.175.

[31] Kepler, Kepler's Sominum. 인용 부분은 원서의 각주 번호만 기록하고 각주로 나타내지는 않는다.

[32] Koestler The Sleepwalkers, p.243, Caspar, Kepler, pp.181-185, Rosen, 'Kepler's Attitude toward Astrology and Mysticism', in Occult and Scientific Mentalities, ed.by Vickers, pp.253-272 등 참조.

[33] Kepler, Harmonices munde, Lib.IV, EP, in Gesammelte Werke, Bd.7, p.479. idem, De Stella Nova, in Gesammelte Werke, Bd.1, p.166f., Kepler's

Conversation, p.140, 및 山本, 『중력과 역학적 세계』, p.44f.참조.
[34] Jammer, Concepts of Force, Ch.4 Thorndike, ISIS, Vol.46(1955) p.273ff. 참조.
[35] Dee, Mathematicall Praeface, pp.bjv, biijr, biiijr.
[36] Duhem, p.240
[37] Crombie, Augsitne to Galileo, Vol.2, pp.36, 140.

19장

[1] Mendelssohn Science and Western Domination, p.74, Kearney, Science and Change 1500-1700, p.153.
[2] Galileo, The Assayer, in Discoveries and Opinions, p.276.
[3] Descartes, Principles of Philosophy, I-71(부(라틴 숫자)-페이지(아라비아 숫자)), p.32f., II-4, p.40.
[4] Cyrano de Bergerac, 『태양 달, 두 세계의 여행기 제1부』, p.115.
[5] Pyle, Atomism and its Critics, p.142.
[6] Galileo, op.cit., p.241.
[7] Descartes, op.cit., IV-187, p.275.
[8] Plinius, Natural History, Vol.2-99, Gilbert, De magnete, II-16, p.86, Bacon, The New Organon, II-48, p.198, Della Porta, 『자연마술』I-8. Darwin, The Tides, Ch.4 참조.
[9] Stevin, Principal Works, Vol.3, p.332.
[10] Shakespeare, The Winter's Tale, Act.1, Scene 2, line 428, in GBWW, Vol.27, p.494.
[11] Galileo, Dialogue, p.442.
[12] Drake, Galileo at Work, p.313, idem, Telescope, Tides and Tactics, p.206f.
[13] Bacon, op.cit., II-36, p.159.
[14] Galileo, op.cit., pp.462, 445.
[15] Jammer, Concepts of Force, pp.46, 56, Duhem, The Aim and Structure of Physical Theory, p.234.

16 Ficino, *Commentary on Plato's Symposium*, p.200.
17 Calvin, 「점성술에 대한 경고」(『칼빈 소론집』 수록), p.142.
18 Galileo, *op.cit.*, pp.19, 242.
19 Mendelssohn, p.109.
20 Mach, *Die Mechanik in ihrer Entwicklung*, II-3, p.183.
21 Galileo, *On Motion*, Ch.3, idem, *Letters on Sunspots*, in *Discoveries and Opinions*, p.113.
22 Galileo, *Dialogue*, p.235. Ibid., p.410 참조.
23 *Ibid.*, p.34. Crombie, *Augustine to Galileo*, Vol.2, p.165 참조.
24 Galileo, *Two New Sciences*, p.158f.
25 Galileo, *Letters on Sunspots*, in *Discoveries and Opinions*, p.123f.
26 Galileo, *The Assayer*, in *ibid.*, p.273f.
27 Casper, *Kepler*, p.136.
28 Descartes, *Principia Philosophiae*. 이하 인용은 밀러 앤 밀러(Miller & Miller) 영역판(Synthese Historical Library) 부(라틴 숫자)-페이지(아라비아 숫자)로 나타내고 각주로 표시하지는 않는다.
29 Descartes, *Discourse on the Method*, Pt.6, p.62.
30 *Ibid.*, Pt.5, p.55.
31 Descartes *Le Monde in Oeuvres* XI, p.73.
32 Descartes, *Discourse on the Method*, Pt.6, p.62.
33 Eamon, *Janus*, Vol.70(1983) p.171(영역), p.204(원문), 및 Garin, 『이탈리아 · 르네상스에서 시민생활과 과학 · 마술』, p.251.
34 Wilkins, *The Mathematical and Philosophical Works*, Vol.2, p.143.
35 Fontenelle, 『세계의 복수성에 대한 대화』, pp.26, 24f.
36 Acosta, *Historia Natural*, I-17.
37 Westfall, *The Construction of Modern Science*, p.42.
38 Charleton, *Physiologia Epicuro-Gassendo-Charltoniana*. 이하 인용은 페이지를 나타내고 각주로 표시하지는 않는다.
39 Kargon, *ISIS*, Vol.55(1964) p.186.
40 Westfall, *Never at Rest*, Ch.3, pp.89, 96, 및 Deason 'Reformation on

Theology and Mechanistic Conception of Nature' in *God and Nature*, p.181
[41] 이 구절은 가생디가 말한 것의 거의 축어적인 재현이다. Duhem, p.88
[42] Molière, *The learend Women*, Act.3, Scene 2, in *Molière's Dramatic Work*, Vol.3, p.378.
[43] Meli, *Equivalence and Priority*, p.49.
[44] Deason, p.168.

20장

[1] Bacon, *The Advancement of Learning*(AL). *The New Organon*(NO). 이하 인용은 권(라틴 숫자)—페이지(아라비아 숫자)로 나타내고 각주로는 표시하지 않는다.
[2] Idem, *NO*, I-74, 'Preface to the Great Renewal' p.7.
[3] Idem, *NO*, I-84, 'Preface to the Great Renewal' p.13.
[4] *Ibid.*, p.13.
[5] Idem, *NO*, 'Plan of the Great Renewal' p.18. Idem, *NO*, I-50 참조.
[6] Whitehead *Science and the modern World*, p.66
[7] Cassirer, *Das Erkenntnisproblem*, Bd.2, p.12f. 참조.
[8] Spinoza to Oldenburg, Apr.1662, *The Correspondence of Spinoza*, p.91.
[9] Whittaker, *History of the Theories of Aether and Electricity*, p.35, n.4. 해당 부분은 *Pseudodoxia Epidemica*, in *The Works of Sir Thomas Browne*, Vol.2, p.118.
[10] Chalmers, *OSIRIS*, Vol.2(1936) p.38.
[11] Willey, *The Seventeenth Century Background*, p.44
[12] Browne, *Religio Medici*, in *The Works of Sir Thomas Browne*, Vol.1, p.41.
[13] *Ibid.*, Vol.2, p.90.
[14] Hooke, *Micrographia*, p.46. Jones, *Ancients and Moderns*, p.185 참조.
[15] Webster, *Archive for History of Exact Sciences*, Vol.2(1965), 해당 부분은 pp.459-464, 470-484, Cohen, *Nature*, Vol.204(1964) pp.618-621.
[16] Power, *Experimental Philosophy*. 이하 인용은 페이지로 나타내고 각주로는 표

시하지 않는다.
17 Boas, 'Introduction', in *ibid*., p.xvii.
18 Thonrdike, *A History of Magic & Experimental Science*, Vol.8, p.211.
19 Boas, *op.cit.*, p.xxii 참조.
20 Westfall, *The Construction of Modern Science*, p.77.
21 Boyle, 'Origin of Forms and Qualities according to the Corpuscular Philosophy', in *The Works*, Vol.III, pp.1-137. *The Works of honourable Robert Boyle* 인용 부분은 권(라틴 숫자), 페이지를 나타내고 각주로 표시하지 않는다.
22 Boyle, 'The Excellency of Theology compared with Natural Philosophy', in *The Works*, Vol.IV, pp.1-66.
23 Boyle, *The Sceptical Chymist*, p.182.
24 Kargon, *ISIS*, Vol.55(1964) p.188.
25 Boyle, *The Sceptical Chymist*, p.200.
26 Boas, *OSIRIS*, Vol.10(1952) p.467.
27 Boyle, 'About the Excellency and Grounds of the Mechanical Hypothesis', in *The Works*, Vol.IV, pp.67-78.
28 Boyle, 'Experiments, Notes, &c. about the mechanical Origin or Production of divers particular Qualities', in *The Works*, IV, pp.230-353. 'Of the mechanical Origin of Heat and Cold', pp.236-259, 'Experiments and Notes about the mechanical Production of Magnetism', pp.340-345, 'Experiments and Notes about the mechanical Production of Electricity', pp.345-354 포함.
29 山本, 『열학 사상의 사적 전개』, 제2장, V 참조.
30 Boyle, 'Of the Cause of Attraction by Suction', in *The Works*, Vol.IV, pp.128-144.
31 Boyle, 'Of the systematical or cosmical Qualities of Things', in *The Works*, Vol.III, pp.306-325.
32 Boyle, 'Suspicions about some hidden Qualities in the Air', in *The Works*, Vol.IV, pp.85-103.
33 Schofield, *Mechanism and Matrialism*, p.15f.

[34] Kargon, *ISIS*, Vol.56(1965) p.64.

[35] Maddison, *The Life of the honourable Robert Boyle F.R.S.*, p.261.

21장

[1] Westfall, *The Construction of Modern Science*. 이 시기를 다루고 있지만 길버트의 영향은 무시하고 있다.

[2] Barlow, *Magneticall Advertisements*, p.B2.

[3] Browne, *The Works of Sir Thomas Browne*, Vol.2, p.98.

[4] Russell, *BJHS*, Vol.2(1964) p.19.

[5] Weld, *A History of the Royal Society*, Vol.1, p.31.

[6] Bennett, *JHA*, Vol.12(1981) p.171, idem, *The Mathematical Science of Christopher Wren*, p.59.

[7] Weld, Vol.1, p.65.

[8] Nicolson, 『달 세계로의 여행』, p.161f.

[9] Wilkins, *The Discovery of a New World*(2판, 1640), p.114.

[10] Wilkins, *The Mathematical and Philosophical Works*, Vol.1, Bk.2, pp.244, 219.

[11] Bacon, *The New Organon*, II-48, p.198.

[12] *Ibid.*, II-35, 37, pp.158, 169.

[13] Wilkins, *op.cit.*, Vol.1, Bk.1, pp.115, 117.

[14] *Ibid.*, p.124.

[15] *Ibid.*, pp.117, 116. Bacon, *Sylva Sylvarum*, p.10.

[16] Birch, *The History of the Royal Society of London*, Vol.1, pp.10, 12.

[17] Hooke, *Micrographia*, pp.a4, g1.

[18] Gunther, *Early Science in Oxford*, Vol.8, p.339f.

[19] Hooke, *op.cit.*, p.31.

[20] Gunther, Vol.8, p.339.

[21] *Ibid.*, p.341.

[22] Hooke, *op.cit.*, p.31.

[23] *Ibid.*, p.16.

[24] Bennett, 'Magnetical Philosophy and Astronomy from Wilkins to Hooke', in *General History of Astronomy* (2A), p.228.
[25] Gunther, Vol.8, p.183.
[26] Birch, Vol.2, p.70.
[27] *Ibid.*, p.91.
[28] Bennett, *JHA*, Vol.12(1981) p.173.
[29] Birch, Vol.2, p.70. 이 보고는 *The Works of the honourable Robert Boyle*에 전체가 수록돼 있다(Vol.VI, pp.506–508).
[30] *Ibid.*, Vol.I, p.507.
[31] Gunther, Vol.8, p.3.
[32] *Ibid.*, Vol.8, p.228f.
[33] *Ibid.*, Vol.8, p.229.
[34] Leibniz, *Mathematische Schriften*, Bd.6, p.152.
[35] Flamsteed to Halley, 17 Feb.1680/1, Flamsteed to Newton, 5 Jan.1684/5, *Correspondence of Isaac Newton*, Vol.2, No.250, p.338, No.275, p.409.
[36] Gunther, Vol.8, p.333.
[37] Birch, Vol.2, p.70.
[38] *Ibid.*, p.71.
[39] *Ibid.*, p.72.
[40] *Ibid.*, pp.75, 77.
[41] Duhem, *The Aim and Structure of Physical Theory*, p.246, Applebaum, *History of Science*, Vol.34(1996) p.460, Wilson, *Archive for the History of Exact Sciences*, Vol.6(1970) p.107.
[42] Kargon, *ISIS*, Vol.56(1965) p.65.
[43] Birch, Vol.2, p.90.
[44] *Ibid.*, p.92.
[45] Hooke to Newton, 24 Nov.1679, *Correspondence of Isaac Newton*, Vol.2, No.235, p.297.
[46] Westfall, *op.cit.*, p.152. *Ibid.*, p.150, 및 idem, *Never at Rest*, p.382f., idem, *BJHS*, Vol.3(1967), p.260, Barbour, *The Discovery of Dynamics*, 10.8,

Wilson, 'The Newtonian Achievement in Astronomy', in *General History of Astronomy*(2A), p.240 등 참조.

47 Gunther, Vol.8, p.27f.

48 Westfall, *Never at Rest*, p.382.

49 Hooke to Newton, 6 Jan.1679/80, *Correspondence of Isaac Newton*, Vol.2, No.239, p.309.

50 Gunther, Vol.8, p.28.

51 그 실제 과정과 관련해 뉴턴 자신의 기하학적인 방법에 대해서는 山本, 『고전역학의 형성』(제I부 2), 보다 현대적인 방법은 『중력과 역학적 세계』(제3장 II) 참조.

52 Newton, *Principia*, 1-st ed., p.12; 3-rd ed., p.13(Koyré & Cohen ed., p.54), 영역, p.13.

53 *Ibid.*, 1-st ed., p.2; 3-rd ed., p.2f.(Koyré & Cohen ed., p.40f.), 영역, p.2f.

54 Newton to Locke, *Unpublished Scientific Papers*, p.293.

55 Bennett, *JHA*, Vol.12(1981)p.175 참조.

56 Dobbs, *The Janus Faces of Genius*, p.4.

57 Partington, *A History of Chemistry*, Vol.3, p.32f., Westfall, *The Construction of Modern Science*, pp.70, 72, 및 Thackray, *Atoms and Powers*, p.200.

58 Newton, 'De Natura Acidorum', in *Isaac Newton's Papers & Letters on Natural Philosophy*, p.256. Idem, *Opticks*, p.385f.

59 Idem, *Opticks*, pp.388, 394.

60 *Ibid.*, p.397.

61 Newton, *Principia*, 1-st ed., p.4; 3-rd ed., p, 5f.(Koyré & Cohen ed., p.45f.) 영역, p.5, idem, *Opticks*, p.376.

62 Fontele, *The Elogium*, pp.463, 454

63 Leibniz, *Theodicy*, p.85.

64 Leibniz to Conti, Nov.or Dec.1715, *The Leibniz-Clarke Correspondence*, p.184.

65 Leibniz to Clarke, 19 Aug.1716, *ibid.*, p.95.

66 Leibniz, *Mathematische Schriften*, Bd.6, pp.148, 152.

[67] Newton, *Principia*, 3-rd ed., p. 530(Koyré & Cohen ed., p.764), 영역, p.546f.

[68] Koyré, *Newtonian Studies*, pp.36, 16, n.3, 264, Cohen, *Franklin and Newton*, p.125f., Duhem *The Aim and Structure of Physical Theory*, p.32

[69] Voltaire, *Elements de la Philosophie de Newton*, p.401; 영역, p.166.

[70] Newton, *Principia*, Praefacio(Koyré & Cohen ed., p.16), 영역, p.XVIIf.

[71] Dobbs, *op.cit.*, pp.131f., 167, Westfall, *Never at Rest*, pp.454-458, McGuire, *Ambix*, Vol.15(1968) p.157 등 참조.

[72] Keynes, 'Newton the Man', p.27.

[73] Dobbs, *op.cit.*, pp.4f., 91, 252, Westfall, *Never at Rest*, pp.299f., 304, idem, 'The Role of Alchemy in Newton's Career', in *Reason, Experiment, and Mysticism in the Scientific Revolution*, pp.224, 229f.

[74] Henry, *History of Science*, Vol.24(1986) p.338.

[75] Newton, *Opticks*, pp.401, 399.

[76] Burtt, *The Metaphysical Foundations of Modern Physical Science*, p.133. 중력의 비물질적·비기계적 원인에 대한 케임브리지·플라톤주의의 영향에 대해서는, Webster, *From Paracelsus to Newton*, p.69, Westfall, *Never at Rest*, p.304, idem, 'The Role of Alchemy in Newton's Career', p.216, McGuire, p.184f. 등 참조.

[77] Newton, 'An Hypothesis explaining the Properties of Light', in *Isaac Newton's Papers & Letters on Natural Philosophy*, p.180, and Birch, *The History of the Royal Society of London*, Vol.3. p.250.

[78] Newton to Bentley, 25 Feb. 1693, in *Isaac Newton's Papers & Letters on Natural Philosophy*, p.302f. 山本, 『열학 사상의 사적 전개』, 제6장 참조.

[79] Newton, *Opticks*, p.369.

[80] *Ibid.*, p.370.

[81] Bentley, 'A Confutation of Atheism', in *Isaac Newton's Papers & Letters on Natural Philosophy*, p.344.

[82] Newton, *Principia*, 1-st ed., p.24; 3-rd ed., p. 25(Koyré & Cohen ed., p.70) 영역 p.25.

[83] Newton, *Certain Philosophical Questions: Newton's Trinity Notebook*, pp.376f., 430f. Westfall, *Never at Rest*, p.91.
[84] Newton to Crompton, 28 Feb.1680/1 and Apr.1681, *Correspondence of Isaac Newton*, Vol.2, No.251, p.341 and No.254, p.360.
[85] Newton, *Principia*, 1-st ed., p.411; 3-rd ed., p. 403 (Koyré & Cohen ed., p.576) 영역 p.414.
[86] Birch, Vol.4, p.526f.
[87] Palter, *ISIS*, Vol.63(1972) p.547.
[88] Taylor, *Phil.Trans*, Vol.29(1715) p.295, Vol.31(1721) p.204.
[89] Hauksbee, *Phil.Trans*, Vol.27(1712) p.507.
[90] Taylor, Phil.Trans, Vol.31(1721) p.205.
[91] Newton to Cotes, 18 Mar.1711/2, *Correspondence of Isaac Newton*, Vol.5, No.903, p.248.
[92] Newton, 'De Aere et Aethere', in *Unpublished Scientific Papers of Isaac Newton*, pp.220, 228.
[93] Newton, 'An Hypothesis explaining the Properties of Light', in *Isaac Newton's Papers & Letters on Natural Philosophy*, p.180, and Birch, *The History of the Royal Society of London*, Vol.3,p.250.
[94] Newton, *Unpublished Scientific Papers*, pp.314, 316.
[95] Newton, *Opticks*, pp.267, 353.
[96] Gregory, *Correspondence of Isaac Newton*, Vol.3, No.446, pp.335, 338.
[97] Savery, *Phil.Trans*, Vol.36(1730) p.300.
[98] Halley, *Phil.Trans*, Vol.29(1716) p.427.
[99] Cohen, *Franklin and Newton*, p.244.
[100] Home, 'Introduction', in *Aepinus's Essay on the Theory of Electricity and Magnetism*, p.158.
[101] Knight, *Phil.Trans.*, Vol.44(1746/7) pp.665-9.
[102] Home, *History of Science*, Vol.15(1977) pp.256, 263. Idem, 'Introduction', in *Aepinus's Essay on the Theory of Electricity and Magnetism*, pp.139, 151-155 참조.

[103] Newton, *Opticks*, p.401f.

22장

[1] Musschenbroek, *Phil.Trans.*, Vol.33(1725) pp.376, 370.
[2] Home, 'Introduction', in *Aepinus's Essay on the Theory of Electricity and Magnetism*, p.161f.
[3] Musschenbroek, p.374.
[4] Helsham, *A Course of Lectures in Natural Philosophy*, p.19.
[5] *Ibid.*, p.19f.
[6] Mottelay, *Bibliographical History*, p.232.
[7] Gillmor, *Coulomb and the Evolution of Physics and Engineering in Eighteenth-Century France*, p.193.
[8] Schofield, *Mechanism and Materialism*, p.174.
[9] Palter, *ISIS*, Vol.63(1972) pp.552-558. 이하 인용 부분은 본 논문의 페이지를 가리키고 각주로 표시하지는 않는다.
[10] MaCormmach, *BJHS*, Vol.4(1968) pp.126-155 참조.
[11] Hardin, *Annals of Science*, Vol.22(1966) pp.27-44. 이하 인용 부분은 본 논문에서 인용된 페이지를 가리키고 각주로는 나타내지 않는다.
[12] Weld, *History of the Royal Society*, Vol.1, p.509f.
[13] Aepinus, *Aepinus's Essay on the Theory of Electricity and Magnetism*, p.327.
[14] Mayer, *Unpublished Writings*, Vol.3, p.36[68] (원문 페이지[영역 페이지]).
[15] Rossi, 'Hermeticism, Rationality and the Scientific Revolution', in *Reason, Experiment, and Mysticism in the Scientific Revolution*, p.252.
[16] Voltaire, *Eléments de la philosophie de Newton*, p.563, 영역 P.185.
[17] Fleckenstein, 'Vorwort des Herausgeber', in *Leonhardi Euleri Opera Omnia*, Ser.2, Vol.5, p.XI.
[18] Euler, *Anleitung zur Naturlehre*, in *Leonhardi Euleri Opera Omnia*, Ser.3, Vol.1, Cap.19. 山本, 『중력과 역학적 세계』, 제9장 V 참조.
[19] Euler, *Letters of Euler to a German Princess*, Vol.2, Let.62-65.

[20] D.Bernoulli to Euler, 21 Jan.1742 & 4 Feb.1744. Boss, *Newton and Russia*, p.136 에서.

[21] Mayer, Vol.3 수록. 이하 인용 부분은 절 번호 및 원문 페이지[영역 페이지]로 나타내고 각주로 표시하지는 않는다.

[22] Kant, *Critique of Pure Reason*, p.325f.

[23] Roche, *The Mathematics of Measurement*, p.139.

[24] *Ostwald's Klassiker der Exakten Wissenschaften*, Nr.13. 인용 부분은 원문 페이지를 나타낸다.

[25] Ampère, *On the Mathematical Theory of Electrodynamic Phenomena*, in *Early Electrodynamics*, ed.by Tricker, p.156.

전집과 잡지명의 약호

AJP=American Journal of Physics.

BJHS=British Journal for the History of Scienc.

BJPS=British Journal for the Philosophy of Science.

GBWW=Great Books of the Western World.

JHI=Journal of the History of Idea.

JMH－Journal of Medieval History.

TMAE=Terrestial Magnestism and Atmosphevic Electricity.

JHA=Journal for the History of Astronomy.

Phil.Trans.=Philosophical Transactions.

■ 참고 문헌

1차 문헌

Acosta, José de,

———, *Historia Natural y Moral de las Indias*, in *Obras del P.Jose de Acosta*, Biblioteca de Autores Espanōles, Tom.LXXIII (Madrid, 1954).

Aelianus (Aelian),

———, 『ギリシア奇談集』松平千秋・中務哲郎 譯 (岩波文庫, 1989),

———, *On the Characteristics of Animals with an English Translation*, by A.F.Scholfield, 3 Vols. (Loeb Classical Library, 1958-59).

Aepinus, F.U.T.,

———, *Tentamen theoriae electricitatis et magnetismi* (1759); *Aepinus's Essay on the Theory of Electricity and Magnetism*, introductory Monograph and Notes by R.W.Home, tr.by P.J.Connor (Princeton University Press, 1979).

Agricola, Georgius,

———, *De Natura Fossilium* (1546); The Geolgical Society of America, *Special Paper*, No.63, tr.by M.C.Bandy & J.A.Bandy (1955),

———, *De Re Metallica Libri XII* (1556) ; *De Re Metallica*, tr.by H.C.Hoover & L.H.Hoover (1912 ; reprinted, Dover Pub.Inc., 1950).

Agrippa, Cornelius,

———, *Occult Philosophy or Magic*, Book one — Natural Magic., ed.by

W.F.Whitehead (1898; reprinted, AMS Press, New York, 1982).

Albertus Magnus,

―, *De mineralibus; Book of Minerals*, tr.by D.Wyckoff(Clarendon Press, Oxford, 1967).

―, *The Book of Secrets of Albertus Magnus*, ed.by M.R.Best & F.H.Brightman (Samuel Weiser, Inc., 1999).

―, *De animalibus; On Animals: A Medieval Summa Zoologica*, 2vols, tr.and annotated by K.F.Kitchell & I.M.Resnick (John Hopkins Universtiy Press, 1999).

Alexndros (Alexander) of Aphrodisias,

―, *Quaestiones; Quaestiones* 2.16-3.15, tr.by R.W.Sharples (Cornell University Press, 1994).

Ampère, André Marie,

―, *On the Mathematical Theory of Electrodynamic Phenomena*, tr.by O.M.Blunn, in *Early Electrodynamics*, ed.by R.A.R.Tricker (Pergamon Press, 1965), pp.155-200.

Aristoteles (Aristotle),

―, *Posterior Analytics*, tr.by C.R.G.Mure, in *GBWW*, Vol.8, pp.97-137.

―, *Physics*, tr.by R.P.Hardie & R.K.Gaye, in *GBWW*, Vol.8, pp.259-355.

―, *On the Heavens*, tr.by J.L.Stocks, in *GBWW*, Vol.8, pp.359-405.

―, *On Generation and Corruption*, tr.by H.H.Joachim, in *GBWW*, Vol.8, pp.409-441.

―, *Meteorology*, tr.by E.W.Webster, in *GBWW*, Vol.8, pp.445-494.

―, *Metaphysics*, tr.by W.D.Ross, in *GBWW*, Vol.8, pp.499-626.

―, *On the Soul*, tr.by J.A.Smith, in *GBWW*, Vol.8, pp.631-668.

―, *On Sense and the Sensible*, tr.by J.I.Beare, in *GBWW*, Vol.8, pp.673-689.

―, *History of Animals*, tr.by D.W.Thompson, in *GBWW*, Vol.9, pp.7-156.

―, *On the Generation of Animals*, tr.by A.Platt, in *GBWW*, Vol.9, pp.255-331.

Augustinus (Augustine),

――, *The City of God*, tr.by H.Bettenson (Penguin Books, 1984).
――, *Confessions*, tr.by R.S.Pine-Coffin (Penguin Books, 1961).
――, *On Christian Doctrine*, tr.by D.W.Robertson, Jr.(New York, 1958).
――,『創世記注解』片柳榮一 譯(『アウグスティヌス著作集』16 所收, 敎文館, 1994).

Bacon, Francis.
――, *The Advancement of Learning* (1605), Modern Library Science Series (New York, 2001).
――, *Novum Organum* (1620) ; *The New Organon*, ed.by L.Jardine and M.Silberthorne (Cambridge University Press, 2000).
――, *Sylva Sylvarum; Or, A Naturall History* (London, 1651).

Bacon, Roger.
――, *De multiplicatione specierum*, in *Roger Bacon's Philosophy of Nature: A Critical Edition*, with English Translation, Introduction, and Notes, tr., ed.and introduced by D.C.Lindberg (St Augustine's Press, 1998).
――, *Opus Majus; The Opus majus of Roger Bacon*, tr.by R.B.Burke (1928; reprinted, Thoemmes Press, 2000)
――, *Roger Bacon's Letter: Concerning the Marvelous Power of Art and of Nature and Concerning the Nullity of Magic*, tr.by T.L.Davis (Chemical Pub., 1923 ; reprinted, AMS Press, New York, 1982).

Balzac, Honoré de.
――,『ことづけ』(1832) 水野亮 譯(『知られざる傑作 他五篇』所收, 岩波文庫, 1928) pp.29-51.

Barlow, William.
――, *Magneticall Advertisements* (London, 1616 ; reprinted, Da Capo Press, 1968).

Basileios.
――,『修道士大規定』桑原直己 譯(『中世思想原典集成』2所收, 平凡社, 1992) pp.171-280.

Beda(Bede).

―――, *Ecclesiastical History of the English People*, tr.by Leo Sherley-Price, revised by R.E.Latham (Penguin Books, 1990).

―――, 『事物の本性について』 別宮幸德 譯(『中世思想原典集成』 6所收, 平凡社, 1992) pp.83-115.

Bentley, Richard,

―――, *A Confutation of Atheism from the Origin and Frame of the World* (London, 1693), in *Isaac Newton's Papers & Letters on Natural Philosophy*, 2nd ed. ed.by I.B.Cohen(Harvard University Press, 1978) pp.313-394.

Birch, Thomas,

―――, *The History of the Royal Society of London*, 4 Vols.(London, 1756-57; reprinted, Culture et Civilisation, 1967).

Biringuccio, Vannoccio,

―――, *De la Pirotechnia*(1540); *The Pirotechnia of Vannoccio Biringuccio*, tr.by C.S.Smith (MIT Press, 1966).

Bonaventura,

―――, *The Soul's Journey into God*, tr.by E.Cousins (Paulist Press, 1978).

Borough William,

―――, *A Discourse of the Variation of the Compass, or Magneticall Needle* (London, 1581; reprinted, Walter Jhonson INC, 1974).

Boyle, Robert,

―――, *The Works of the honourable Robert Boyle*, 6 Vols., ed.by T.Birch (London, 1772; reprinted, Georg Olms, 1965-66).

―――, *The Sceptical Chymist*(Everyman's Library, 1949).

Browne, Thomas,

―――, *The Works of Sir Thomas Browne*, ed.& enl.in four Vols.by G.Keynes (University of Chicago Press, 1964).

Bruno, Giordano,

―――, *On the Infinite Univers and World*, in *Giordano Bruno : His Life and Thought with annotated translation of his Work On the Infinite Univers and World*, by D.W.Singen(Greenwood Press, 1968).

――, *Cause, Principle and Unity and Essays on Magic*, tr.& ed.by R.J.Blackwell(Cambridge University Press, 1998).

Buridan, Jean,

――, *Questions on the Four Books on the Heavens and the World of Aristotle*, in *Science of Mechanics in the Middle Ages*, ed.by M.Clagett (University of Wisconsin Press, 1959) pp.557-64, 594-9.

――, 『天體・地體論 四卷問題集』青木靖三 譯(『科學の名著』5所收, 朝日出版社, 1981) pp.5-317.

Calvin, Jean,

――, 「占星術への警告」波木居齊二 譯(『カルヴァン小論集』所收, 岩波文庫, 2003).

Campanella, Tommaso,

――, 『太陽の都』(1602) 坂本鐵男 譯(現代思潮社, 1967).

Cardano, Girolamo,

――, *De Subtilitate*(1550), in *Girolamo Cardano Opera Omnia*, Vol.3(1662; reprinted, Johnson Reprint, 1967); *The first Book of Jerome Cardan's De Subtilitate*, tr.by M.Marguerite Cass(The Bayard Press, 1934).

――, *De propria vita*(1576);『カルダーノ自會』淸瀨卓・澤井繁男 譯(平凡社ライブラリー, 1995);『わが人生の書』青木靖三・本惠美子 譯(社會思想社・現代敎養文庫, 1989).

Cassiodorus, F.M.A.,

――, 『〔聖書ならびに世俗的諸學硏究〕綱要』田子多津子 譯(『中世思想原典集成』5 所收, 平凡社, 1993) pp.329-417.

Castro, João de,

――, *Obras Completas de João de Castro*, Vol.1 (Coimbra, 1968).

――, *Extracts on Magnetic Observations from Logbooks of João de Castro, 1538-1539 and 1541*, tr.by J.de Sampaio Ferraz, in Harradon's paper, *TMAE*, Vol.49(1944) pp.187-198.

Charleton, Walter,

――, *Physiologia Epicuro-Gassendo-Charltoniana: or A Fabrick of Science*

Natural, Upon the Hypothesis of Atoms (London, 1654), with Introduction by R.Kargon (Johnson Reprint, 1966).

Chaucer, Geoffrey,

———, *The Canterbury Tales*, in *GBWW*, Vol.22, pp.159-550.

———, *The House of Fame*, in *Love Visions* (Penguin Books, 1983), pp.59-121.

———, 現代英語譯 *The Parliament of Birds*, in *ibid.*, pp.124-149.

Claudianus (Claudian),

———, *Claudian with an English Translation*, 2 Vols., by M.Platnauer (1922 ; reprinted, Loeb Classical Library, 1963).

Columbus, Christopher,

———, 『完譯 コロンブス航海誌』青木康征 編集・譯(平凡社, 1993).

Columbus, Fernando,

———, 『コロンブス提督』吉井善 作譯(朝日新聞社, 1992).

Copernicus, Nicolaus,

———, *On the Revolutions of the Heavenly Spheres*, tr.by C.G.Wallis, in GBWW, Vol.16, pp.505-838.

Cortes, Martin,

———, *Brief Compendium on the Sphere and Art of Navigating*, in Harradon's paper, *TMAE*, Vol.48(1943) pp.84-91.

Coulomb, Charles Augustin,

———, 'Second Mémoire sur l'Électricite et le Magnetisme', *Mémoires de l' Académie Royale des Sciences* (1785) pp.578-611 ; *Vier Abhandlungen über die Elektricität und den Magnetismus*, ubersetzt und herausgegeben von W.König, in *Ostwald's Klassiker der Exakten Wissenschaften*, Nr.13 (Leipzig, 1890) pp.12-42.

Crathorn, William,

———, *On the Possibility of Infallible Knowledge*, in *The Cambridge Translations of Medieval Philosophical Texts*, Vol.3, ed.by R.Pasnau (Cambridge University Press, 2002) pp.245-301.

Cyrano de Bergerac,

———,『日月兩世界旅行記 第一部』(1657) 有永弘人 譯(岩波文庫, 1952).

Dee, John,

———, *The Mathematicall Praeface to the Elements of Geometrie of Euclid of Megara* (1570), reprinted with an Introduction by A.G.Debus (New York, Science History Pub., 1975).

———, *Propaedeumata Aphoristica* (1558 and 1568); *John Dee on Astoronomy*, ed.and tr.with general notes, by W.Shumaker, with introductory essay by J.L.Heilbron (University of California Press, 1978).

Della Porta, J.B.,

———, *Magia naturalis* (1558); *De i miracoli et maravigliosi effetti dalla natura prodotti* (1572).

———, *Magia naturalis* (1589); *Natural Magick* (1658, reprinted, New York, Basic Books Inc., 1957).

Desaguliers, J.T.,

———, 'Account of some Magnetical Experiments', *Phil.Trans.*, Vol.40 (1737/8) pp.384-387.

Descartes, René,

———, *Principles of Philosophy*, tr.with explanatory notes, by V.R.Miller & R.P.Miller (D.Reidel Pub.Co., 1983)

———, *Discourse on the Method of rightly Conducting the Reason*, tr.by E.S.Haldane and G.R.Ross, in GBWW, Vol.31, pp.41-67.

———, Le Monde in Oeuvres de Descartes XI (Paris, Librarie Philosophique, 1986) pp.1-202.

Diderot, Denis,

———, 'Art', in *Oeuvres Complètes* (Hermann, 1976) Tom.V, pp.495-509.

Digges, Thomas,

———, *A Perfit Description of the Caelestiall Orbes according to the most aunciente Doctrine of the PYTHAGOREANS, lately reuiued by COPERNICVS and by Geometricall Demonstrations approued* (1576), in F.R.Johnson and S.V.Larkey's paper, *The Huntington Library Bulletin*, No.5 (1934) pp.78-95.

Diogenes Laertius.

———, *Lives of Eminent Philosophers*, tr.by R.D.Hicks, 2 Vols (Loeb Classical Library, 1966).

Dioscorides.

The Greek Herbal of Dioscorides, Englished by J. Goodyer, 1655, ed. by R. T. Gunther, 1933(Hafner Pub Co., 1959).

Einstein, Albert.

———, *Autobiographical Notes*, in *Albert Einstein: Philosopher-Scientist*, ed.by P.A.Schilpp (Open Court, 1970) pp.2-94.

Ercker, Lazarus.

———, *Lazarus Ercker's Treatise on Ores and Assaying*, tr.from the German Edition of 1580 by A.G.Sisco & C.S.Smith(University of Chicago Press, 1951).

Euler, Leonhard.

———, *Anleitung zur Naturlehre*, in *Leonhardi Euleri Opera Omnia*, Ser.3, Vol.1 (Lausanne, 1926), pp.16-178.

———, *Letters of Euler to a German Princess*, 2 Vols., tr.by H.Hunter(London, 1795 ; reprinted, Thoemmes Press, 1997).

———, *Mechanica, siva motus scientia analytice exposita*, in *Leonhardi Euleri Opera Omnia*, Ser.2, Vol.1, 2.

Falero, Francisco.

———, *Treatise on the Sphere and the Art of Navigation* (1535), in Harradon's paper, *TMAE*, Vol.48 (1943) pp.80-84.

Ficino, Marsilio.

———, 『『ピレボス』注解——人間の最高善について』(1469) 左近司祥子・木村茂 譯 (國文社, 1995).

———, *Commentary on Plato's Symposium*. The Text and Translation, by R.S Jayne (University of Missouri, Columbia, 1944).

———, *De vita triplici* (1489); *Three Books on Life*, a Critical Edition and

Translation with Introduction and Notes, by C.V.Kaske and J.R.Clark (The Renaissance Society of America, 1998).

Fontenelle, Bernard,

———, 『世界の複數性についての對話』(1686) 赤木昭三譯(工作舍, 1992).

———, *The Elogium of Sir Issac Newton* in *Issac Newton's Papers & Letters on Natural Philosophy*, pp.444-474.

Frederich II,

———, *The Art of Falconry being DE ARTE VENANDI CUM AVIBUS of Frederick II of Hohenstaufen*, tr.and ed.by C.A.Wood and F.M.Fyfe (1943; reissued, Stanford University Press, 1961).

Galenos (Galen),

———, *On the Natural Faculties*, tr.by A.J.Brock (Loeb Classical Library, 1991).

Galileo,

———, *Sidereus Nuncius or Sideral Messenger*, translation with introduction, and notes by A von Helden (University of Chicago Press, 1989).

———, *Discoveries and Opinions of Galileo*, tr.with an Introduction and Notes by S.Drake (Anchor Books, 1957).

———, *On Motion and On Mechanics*, tr.by I.E.Drabkin and S.Drake (University of Wisconsin Press, 1960).

———, *Dialogue Concerning the two Chief World Systems*, tr.with revised notes by S.Drake (University of Chicago Press, 1978).

———, *Two New Sciences*, tr.with Introduction and Notes, by S.Drake (University of Wisconsin Press, p.1974).

Gervasius von Tilbury(Gervase of Tilbury),

———, *Otia Imperialia*, ed. & tr. by S. E. Banks and J. W. Binns (Clarendon Press, Oxford, 2002).

Gilbert, William,

———, *De magnete* (1600; reprinted, Culture et Civilisation, 1967); *On the Magnet*, tr.by S.P.Thompson (1901; reprinted, Basic Books Inc., 1958); *De Magnete*, tr.by P.F.Mottelay (1893; reprinted Dover Pub.Inc., 1958)

자력과 중력의 발견 943

Goethe, J.W.von,

―, *The Sorrow of Young Werther*, tr.with an Introduction and Notes by M.Hulse (Penguin Books, 1989).

Gómara, Francisco López de,

―, 『擴がりゆく視圈』(1552) 清水憲男 譯〔『インディアス全史』の抄譯〕(岩波書店, 1995).

Grant, Edward ed.,

―, A Source Book in Medieval Science (Harvard University Press, 1974).

Green, Robert,

―, 『パンドスト王』多田幸藏 譯 (北星堂, 1972).

Grosseteste, Robert,

―, *De Luce; On Light*, tr.by C.C.Riedle (1942; reprinted, Marquette University Press, Wisconsin, 1978).

―, *De motu corporali et luce*;『物體の運動と光』降旗芳彦 譯 (『中世思想原典集成』13 所收, 平凡社, 1993) pp.220-223.

―, *De Lineis, Angulis et Figuris; Concerning Lines, Angles and Figures*, tr.by D.C.Lindberg, in *A Source Book in Medieval Science*, ed.by E.Grant, pp.385-388.

Guillaume de Conches,

―, 『宇宙の哲學』神崎繁・金澤修・寺本稔 譯 (『中世思想原典集成』8所收, 平凡社, 2002) pp.269-404.

Guillaume de Lorris & Jean de Meun,

―, *Le Roman de la Rose* (Librairie H.Champion, Paris, 1973).

Gunther, Robert T.,

―, *Early Science in Oxford*, Vol.8, The Cutler Lectures (Oxford, 1931; reprinted, London, 1968).

Hales, Stephen,

―, *Vegetable Staticks* (1727), ed.by A.Hoskin (Macdonald & Co., 1969).

Halley, Edmund,

―, 'An Account of the late surprizing Appearance of the Lights seen in the

Air', *Phil.Trans.*, Vol.29 (1716) pp.406-428.

Hartmann, Georg,

——, The Letter of Georg Hartmann to Duke Albrecht of Prussia (1544), in Harradon's paper, *TMAE*, Vol.48 (1943) pp.128-130.

Hartmann von Aue,

——, 『エーレク』平尾浩三 譯(『ハルトマン作品集』所收, 郁文堂, 1982) pp.1-159.

Harvey, William,

——, *An Anatomical Disquisition on the Motion of the Heart and Blood in Animals*, tr.by Willis, in *GBWW*, Vol, 28, pp.267-394.

Hauksbee, Fr.,

——, 'An account of Experiments concerning the Proportion of the Power of the Loadstone at different Distances', *Phil.Trans.*, Vol.27 (1712) pp.506-511.

Helmont, J.B.van,

——, Van Helmont's Works, tr.by J.C.Oxon (London, 1664).

Helsham, Richard,

——, *A Course of Lectures in Natural Philosophy* (4-th ed. 1767; reprinted Physics Dep.of Trinity College Dublin, 1999).

Hermes Trismegistos,

——, *Hermetica; the ancient Greek and Latin writings which contain religious or philosophic teaching ascribed to Hermes Trismegistas*, ed. with tr. and notes by w. Scott (Oxford Ckarendon Press, 1924)

Herodotos,

——, *The History of Herodotus*, tr.by G.Rawlinson, in GBWW, Vol.6, pp.1-341, 『歷史』上中下, 松平千秋 譯(岩波文庫, 1971-72).

Hesiodos,

——, 『神統記』廣川洋一 譯(『世界文學全集』2所收, 筑摩書房, 1969) pp.5-35.

Hildegard von Bingen,

——, 『聖ヒルデガルトの醫學と自然學』聖ヒルデガルト研究會 譯〔井村宏次監譯, 久保博嗣・山元謙一・西田智美・加藤博 譯〕(ビイング・ネット・プレス,

2002).

Hippocrates,

———, 『ヒポクラテス全集』全3巻, 大槻眞一郎飜譯・編集責任(エンタプライズ, 1985, 87, 88).

Homeros (Homer),

———, *The Odyssey*, rendered into English Prose by S.Butler, in GBWW, Vol.4.pp.183-322.

Hooke, Robert,

———, *An Attempt to prove the Motion of the Earth by Observations*, in *Early Science in Oxford*, Vol.8, ed.by Gunther, pp.1-28.

———, *Cometa, or Remarkes about Comets*, in *ibid.*, pp.217-269.

———, *Potentia Resistutiva, or Spring*, in *ibid.*, pp.333-356.

———, *Lamp, or Descriptions of some Mechanical Improvements of Lamps & Waterpoises*, in *ibid.*, pp.154-209.

———, *Micrographia* (1665; reprinted, Culture et Civilisation, 1966).

Hugo de Sancto Victore,

———, 『ディダスカリコン』五百旗頭博治・荒井洋一 譯(『中世思想原典集成』9所收, 平凡社, 1996) pp.25-199.

Isidorus Hispalensis (Isidore of Seville),

———, *Etymologiae*; 'An Encyclopedist of Dark Ages', tr.by E.Brehaut, in Studies in History, Economics and Public Law, Vol.48 (1912) pp.1-274 ; W.D.Sharpe, 'Isidore of Seville, the Medical Writings, An English Translation with Introduction and Commentary', in *Transactions of the American Philosophycal Society*, New Series, Vol.54, Pt.2 (1964) pp.5-75.

Jacobus de Voragine,

———, *The Golden Legend* : Selections, tr.and selected by C.Stage (Penguin Books, 1998).

Johannes Saresberiensis,

———, 『メタロギコン』甚野尚志・中澤務・F.ペレス 譯(『中世思想原典集成』8所收,

平凡社, 2002) pp.581-844.

Kepler, Johannes,

―, *Mysterium cosmographicum*, in *JKGW*, Bd.1 (1938) pp.1-80

―, *De stella nova*, in *JKGW*, Bd.1 (1938) pp.147-390.

―, *Astronomiae pars optica*, in *JKGW*, Bd.2 (1939) pp.5-391.

―, *Apologia pro Tychone contra Ursum*, in N.Jardine, *The Birth of History and Philosophy of Science*, pp.85-207.

―, *Astronomia nova*, in *JKGW*, Bd.3 (1937) pp.5-424, *New Astronomy*, tr.by W.H.Donahue (Cambridge U.P., 1992)

―, *Kepler's Conversation with Galileo's Sidereal Messenger*, First Complete Translation with an Introduction and Notes by E.Rosen (Johnson Reprint, 1965).

―, *Harmonis mundi* (1619; reprinted, Culture et Civilisation, 1968).

―, *Epitome Astronomiae Copernicanae*, in *JKGW*, Bd.7 (1953) pp.5-537, *Epitome of Copernican Astronomy*, Vol.4 & 5, tr.by C.G.Wallis, in *GBWW*, Vol.16, pp.839-1004

―, *Mysterium Cosmographicum* (ed.altera), in JKGW, Bd.8 (1963) pp.1-128,

―, Letters, in *JKGW*, Bd.14 − Bd.16 (1949-54).

―, Letters, in *Johannes Kepler; Life and Letters*, ed.by C.Baumgardt (New York, 1951).

―, *Kepler's Sominum, The Dream or Posthumous Work on Lunar Astronomy*, tr.with a commentary, by E.Rosen (London, 1967).

Knight, Gowin,

―, 'A Collection of the magnetical Experiments communicated to the Royal Society', *Phil.Trans.*, Vol.44 (1746/7) pp.656-672.

Las Casas,

―, 『コロンブス航海誌』林屋永吉譯 (岩波文庫, 1977).

Leibniz, G.W.,

―, *Mathematische Schriften*, Bd.6 (1860; reprinted, Georg Olms, 1971).

―, *The Leibniz-Clarke Correspondence*, ed.with an introduction and notes

by H.G.Alexander(Mancheste University Press, 1956).
──, Theodicy(Routledge & Kegan Paul, 1952).

Leonardo da Vinci,
──, 『レオナルド・ダ・ヴィンチの手記』上下, 杉浦明平 譯(岩波文庫, 1954, 1958).
──, 『解剖手稿』全4卷, 山田致知日本語版監修, 小野健一・古川冬彦 外 譯(岩波書店, 1982).

Lucretius,
──, *De Rerum Natura*, tr.by W.H.D.Rouse, revised by M.F.Smith(Loeb Classical Library, 1966).

Mandeville, John,
──, *Mandeville's Travels*, Vol.1, The Egerton Text, tr.by M.Letts (Haklluyt Society, 1953, Kraus Reprint Limited, 1967).

Marbodus(Marbode),
──, *De Lapidibus*; in John M.Riddle's paper, *Sudhoffs Archiv Zeitschrift fur Wissenschaftsgeschichte*, Beiheft 20(1977) pp.34-118.
──, *Marbode's Christian Symbolic Lapidary in Prose*, in ibid., pp.125-129.

Marco Polo,
──, *The Travels of Marco Polo*, tr.by R.Latham (Penguin Books, 1958).

Marlowe, Christopher,
──, *Tragical History of Doctor Faust* (Kenkyusha, Tokyo, 1925).
──, 『フォースタス博士』小田島雄志 譯(『エリザベス朝演劇 Ⅰ 』所收, 白水社, 1995).

Mayer, Tobias,
──, *The Unpublished Writings of Tobias Mayer*, ed.by E.G.Forbes, Vol.3, The Theory of Magnet and its Application(Gottingen, 1972).

Mercator, Gerhard,
──, Gerhard Mercator of Rupelmonde to Antonius Perrenotus, Most Venerable Bishop of Arras, A.D.1546, in Harradon's paper, *TMAE*, Vol.48(1943) pp.201-202.

——, *Nova et aucta orbis terrae descriptio ad usum navigantium emendate accommodata*, in 'Text and Translation of the Legends of the Original Chart of the World by Gerhard Mercator, issued in 1569', *Hydrographic Review*, Vol.9 (1932) pp.7-45.

Moliére,

——, *The Learned Women*, in *The Dramatic Works of Moliére*, Vol.3, tr.into English Prose by C.H.Wall (London, 1908).

Montaigne,

——, *The Complete Essay*, tr.and ed.by M.A.Screech (Penguin Books, 1991).

Musschenbroek, P.,

——, 'De Viribus Magneticis', *Phil.Trans.*, Vol.33 (1725) pp.370-378.

Nashe, Thomas,

——,『不運な旅人』(1593) 小野協一 譯 (現代思潮社, 1970).

Newton, Isaac,

——, *Certain Philosophical Questions: Newton's Trinity Notebook*, ed.by J.E.McGuire & M.Tamny (Cambridge University Press, 1983),

——, *Philosophiae Naturalis Principia Mathematica* (London, 1687; reprinted, Culture et Civilisation, 1965),

——, *Issac Newton's Philosophiae Naturalis Principia Mathematica*, 2 Vols., assembled and edited by A.Koyré & I.B.Cohen (1726年の第3版の復刻版) (Harrvard University Press, 1972) ; *Principia*, Motte's Translation Revised by Cajori (University of California Press, 1947),

——, *Opticks* (1730; Dover Pub.Inc., New York, 1952),

——, *Unpublish Scientific Papers of Isaac Newton: A Selection from the Portsmouth Collection in the University Library, Cambridge*, ed.and tr.by A.R.Hall & M.B.Hall (Cambridge University Press, 1978),

——, *Isaac Newton's Papers & Letters on Natural Philosophy*, 2-nd.ed., ed.by I.B.Cohen (Harvard University Press, 1978),

——, *The Correspondence of Isaac Newton*, 7 Vols. (Cambridge University Press, 1959-77).

Nicolas Flamel,

―, 『象形寓意圖の書 賢者の術槪要・望みの望み』有田忠郎 譯(白水社, 1993).

Nicolaus Cusanus,

―, *De docta ignorantia* (1440), in *Philosophisch-Theologishe Schriften*, herausgegeben von Leo Gabriel, ubersetzt und kommentiert von Dietlind und Wilhelm Dupré (Verlag Herder Wien), Bd.I(1964) pp.191-297, Bd.II(1966) pp.311-517.

―, *Idiota de sapientia* (1450), in *Philosophisch-Theologishe Schriften*, Bd.III(1967) pp.419-477.

―, *Idiota de mente* (1450), in *ibid.*pp.479-609.

―, *Idiota de staticis experimentis* (1450), in *ibid.*pp.611-703; *De staticis experimentis of Nicolaus Cusanus*, in H.Viets' paper, *Annals of Medical History*, Vol.4(1922) pp.126-135.

―, *De pace fidei* (1437), in *ibid.*, pp.705-817.

―, 『創造についての對話』(1447) 酒井紀幸 譯 (『中世思想原典集成』17 所收, 平凡社, 1992) pp.493-535.

―, 『可能現實存在』(1460) 大出哲・八卷和彦 譯(國文社, 1987).

Nicole Oresme,

―, 『質と運動の圖形化』中村治 譯(『中世思想原典集成』19 所收, 平凡社, 1994) pp.451-605.

―, *On the Book of the Heavens and the World of Aristotle*, in *Science of Mechanics in the Middle Ages*, ed.by M.Clagget (University of Wisconsin Press, 1959) pp.463-4, 570-1, 600-9;「『天體・地體論』からの拔萃」橫山雅彦 譯(『科學の名著』5所收, 朝日出版社, 1981) pp.331-344.

Norman, Robert,

―, *The Newe Attractive*(London, 1581; reprinted, W.J.Johnson Inc., 1974).

Olaus Magnus,

―, 『北方民族文化誌』上下, 谷口幸男 譯(溪水社, 1991, 92).

Origenes (Origen),

―, *On first Principles*, tr.by C.W.B.Butterworth (Peter Smith, 1973).

Osiander, Andrew,
――, 'To the Reader Concerning the Hypotheses of this Work', in *GBWW*, Vol.16, pp.505f.
Ovidius (Ovid),
――, *The Metamorphoses of Ovid*, tr.with Introduction by M.M.Innes (Penguin Books, 1955).
Oviedo, G.F.de,
――, *Historia general y natural de las Indias*, in Biblioteca de Autores Españoles, T.CXVII (Madrid, 1959).
Paracelsus,
――, 'Herbarius', in *Theophrastus Paracelsus Werke*, Bd.1 (Wissenschaftlich Buchgesellschaft, Darmstadt, 1965) pp.240-296 ; 'The Herbarius of Paracelsus', tr.with Introduction by B.Moran, *Pharmacy in History*, Vol.35(1993) p.99-127.
――, *Sieben Defensiones und Labyrinthus medicorum errantium* (1538), in *Klassiker der Medizin*, Bd.24 (Leipzig, 1915).
――, *Das erste Buch der Grossen Wundarzney* (1536), in *Samtliche Werke*, Bd.10, ed.by K.Sudhoff and W.Matthiessen, pp.7-200.
――, *Astronomia Magna, oder die ganze Philosophia sagax der grossen und kleinen Welt* (Peter Lang, 1999).
――, *The Hermetic and Alchemical Writings of Paracelsus*, Vol.1, Hermetic Chemistry, ed.by A.W.Wait (London, 1894; reprinted, 1976).
――, *Four Treatises*, edited with a Preface, by H.E.Sigerist, tr.with introductory Essays by C.L.Temkin, G.Rosen, G.Zilboorg and H.E.Sigerist (1941; reprinted, Johns Hopkins University Press, 1996).
――, 『奇蹟の書 五つの病因について』大槻眞一郎 譯(工作舍, 1980).
――, *Selected Writings*, ed.by J.Jacobi, tr.by N.Guterman (Princeton University Press, 1979).
Petrarca, Francesco,
――, 『カンツォニエーレ――俗事詩片』池田康 譯(名古屋大學出版會, 1992).

Petrus Peregrinus,

―――, *Epistola Petri Peregrini de Maricourt ad Sygerum de Foucaucourt militem: De magnete*(1269); in Speiser's paper, *Revue d'Histoire des Sciences*, Vol.28(1975) pp.201-230 ; *The Letter of Peter Peregrinus de Maricourt to Sygerus de Foucaucourt, Soldier, Concerning the Magnet*, tr.by H.D.Harradon, in Harradon's paper, *TMAE*, Vol.48(1943) pp.6-17 ; *The Letter of Peregrinus on the Magnet*, tr.by Brother Arnold (J.C.Mertens) in *A Source Book of Medieval Science*, ed.by Grant, pp.368-376.

Petty, William,

―――, 『政治算術』(1690) 大內兵衛・松川七郞 譯(岩波文庫, 1955).

Pico della Mirandola,

―――, *De Hominis Dignitate*, testo, traduzione e note a cura di B.Cicognani (Le Monnier-Firenze, 1941).

Pigafetta, Antonio,

―――, *Magellan's Voyage: A Narrative Account of the First Circumnavigation*, 2.Vols, tr.and ed.by R.A.Skelton(Yale University Press, 1969).

Pigafetta, Filippo,

―――, 『コンゴ王國記』(1591) 河島英昭 譯(『大航海時代叢書』Ⅱ-1 所收, 岩波書店, 1984) pp.327-523.

Platon (Plato),

―――, *Timaeus*, tr.by B.Jowett, in *GBWW*, Vol.7, pp.442-477.

―――, *Ion*, tr.by B.Jowett, in *GBWW*, Vol.7, pp.142-148.

Plinius (Pliny the Elder),

―――, *Natural History with an English Translation*, 10Vols., tr.by H.Rackham (Loeb Classical Library, 1961-68)

Plinius (Pliny the Younger),

―――, *The Letters of the Younger Pliny*, tr.with an introduction by B.Radice (Penguin Books, 1969).

Plutarchos (Plutarch),

―, *Plutarch's Moralia with English Translation*, Vol.8, tr.by P.A.Clement and H.B.Hoffleit (Loeb Classical Library, 1969).

―, *Plutarch's Moralia with English Translation*, Vol.13, Pt.1, tr.by H.Cherniss (Loeb Classical Library, 1976).

Pomponazzi, Pietro,

―, *De naturalium effectuum causis sive de Incantationibus* (Basel, 1567; reprinted, Georg Olms Verlag, 1970); *Les Causes des Merveilles de la Nature ou les Enchantements*, tr.par H.Busson (Les Éditions Rieder, 1930)

Porphyrios (Porphyry),

―, *On the Abstinence from Killing Animals*, tr.by G.Clark (Cornell University Press, 2000).

Power, Henry,

―, *Experimental Philosophy*, with a new Introduction by M.B.Hall (London, 1664; reprinted, Johnson Reprint, 1966).

Priestley, Joseph,

―, *The History and Present State of Electricity* (London, 1775).

Ptolemaios (Ptolemy),

―, *The Almagest*, tr.by C.Taliferro, in *GBWW*, Vol.16, pp.1-478,

―, *Ancient India as described by Ptolemy, being a translation of the Chapters which describe India and central and eastern Asia in the Treatise on Geography written by Klavdios Ptolemaios, the celebrated Astronomer*, by J.W.McCrindle, ed.by R.Join (New Delhi, 1885).

Ridley, Mark,

―, *A Short Treatise of Magnetical Bodies and Motions* (London, 1613).

Recorde, Robert,

―, *The Castle of Knowledge* (1556; reprinted, Johnson Reprint, 1975).

Richard de Bury,

―, *The Philobiblon*, with a Introduction by A.Taylor (University of California Press, 1948).

Savery, Servington,

———, 'Magnetical Observations and Experiments', *Phil.Trans.*, Vol.36 (1730) pp.295-340.

Scot, Reginald,

———, *The Discoverie of Witchcraft* (1584; reprinted, London, 1886).

Seel, Otto,

———, *Der Physiologus : Tiere und ihre Symbolik*, übertragen und erläutet von Otto Seel, 2.Aufl., (Artemis, Zürich und Münchn, 1967).

Shakespeare, William,

———, *The Winter's Tale*, in *GBWW*, Vol.27, pp.489-523.

Spinoza, Baruch de,

———, *The Correspondenc of Spinoza*, tr. and with introduction and annotations by A. Wolf(Russell & Russell INC, New York, 1966).

Stevin, Simon,

———, *The Principal Works of Simon Stevin*, Vol.1 (Amsterdam, 1955).

———, *The Principal Works of Simon Stevin*, Vol.3 (Amsterdam, 1961).

———, *The Haven Finding Art or the Way to find any Haven or Place at Sea, by the Latitude and Variation*, tr.by E.Wright (1599; reprinted, Da Capo Press, 1968).

Tacitus, Cornelius,

———, *The Agricola and the Germania*, tr.by H.Mattingly, revised by S.A.Handford(Penguin Books, 1970).

Taylor, Brook,

———, 'An Account of an Experiment made by Dr.Brook Taylor assisted by Mr.Hawkesbee, in order to discover the Law of the Magnetical Atrraction', *Phil.Trans.*, Vol.29 (1715) pp.294-295.

———, 'Extract of a Letter from Dr.Brook Taylor, F.R.S. to Sir Hans Sloan', *Phil.Trans.*, Vol.31 (1721) pp.204-208.

Tempier, Etienne,

———, 「1270年の非難宣言」八木雄二・矢玉俊彥 譯(『中世思想原典集成』13 所收, 平

凡社, 1993) pp.643-648.

Theophrastus,

―――, *On Stones*, Introduction, Greek Text, English Translation and Commentary, by E.R.Caley & J.F.C.Richards(Ohio State University, 1956).

Thomas Aquinas,

―――, *Commentary on Aristotle's Physics*, tr.by R.J.Blackwell, R.J.Spath & W.E.Thirlkel, introduction by V.J.Bourke, foreword by R.McInerny (Dumb Ox Books, 1999).

―――, *The Soul*, A Translation of St.Thomas Aquinas' De Anima, tr.by J.P.Rowan (B.Herder Book Co., 1951).

―――, *On Spiritual Creatures (De Spiritualibus Creaturis)*, tr.by M.C.FitzPatrick (Marquette University Press, Wisconsin, 1949).

―――, *On the Truth of the Cathoric Faith: Summa contra Gentiles*, tr.by V.J.Bourke (New York, 1956).

―――, *The Disputed Questions on Truth*, Vol.1, tr.by R.W.Mulligan (Chicago, 1952).

―――, *St.Thomas Aquinas Summa Theologia*, Complete English Edition in Five Volumes, tr.by Farthers of the English Dominican Province (Christian Classics TM, 1981).

―――, *Commentary on the Metaphysics of Aristotle*, tr.by J.P.Rowan (Henry Regnery Company, Chicago, 1961).

―――, *On Being and Essence*, tr.by A.Maurer (The Pontificial Institute of Mediaeval Studies, 1968).

―――,『知性の單一性について』水田英實 譯(『中世思想原典集成』14 所收, 平凡社, 1993) pp.503-583.

―――,『離存的實體について(天使論)』八木雄二・矢玉俊彥 譯(同上所收) pp.585-717.

―――,『自然の原理について』服部英次郎 譯(『世界大思想全集』28 所收, 河出書房新社, 1965) pp.270-283.

Uchiyama (內山勝利) ed.,

───, 『ソクラテス以前哲學者斷片集』I-V (岩波書店, 1996-97).

Vesalius, Andreas,

───, *Fabrica*, in *Moments of Discovery*, Vol.2, The Development of Modern Science, ed.by G.Schwartz & P.W.Bishop (Basic Books Inc., New York, 1958) pp.515-532.

Voltaire,

───, *Eléments de la philosophie de Newton*, critical ed.by R.L.Walters & W.H.Barber, in *Les Oeuvres completes de Voltaire*, Vol.15 (Oxford, 1992) ; *The Elements of Sir Isaac Newton's Philosophy*, tr.by J.Hanna (London, 1738, reprinted Frank Cass & Co.LTD, 1967).

Weld, Charles Richard,

───, *A History of the Royal Society with Memoirs of the Presidents*, 2 Vols. (London, 1848; reprinted, Thoemmes Press, 2000).

Wilkins, John,

───, *The Discovery of a World in the Moone: or a Discourse tending to prove, that it is probable there may be another habitable World in that Planet* (London, 1638; reprinted, Da Capo Press, 1972).

───, *The Mathematical and Philosophical Works of the Right Rev.John Wilkins* (1802), Vol.1, Bk.1, *The Discovery of a New World: or a Discourse tending to prove, that it is probable there may be another habitable World in the Moone* (London, 1640) pp.1-130, Vol.1, Bk.2, *A Discourse concerning a new Planet: tending to prove, that our Earth is one of the Planets* (London, 1640) pp.131-261, Vol.2, Bk.1, *Mathematicall Magick, or the Wonders that may be Performed by Mechanicall Geometry* (London, 1648) pp.88-246, reprinted 2 volumes in one (Frank Cass & Co.Ltd., 1970).

Wolfram von Eschenbach,

───, *Parzival*, in *Bibliothek des Mittelalters*, Bd.8 (Deutch Klassiker Verlag, 1994).

작자미상

——, *Carmina Burana*, in *Bibliothek des Mittelalters*, Bd.13 (Deutch Klassiker Verlag, 1978).

——『狐ラインケ』藤代幸一 譯 (法政大學出版局, 1985).

——『聖杯の探索』天澤退二郎 譯 (人文書院, 1994).

——『聖ブランダン航海譚』藤代幸一譯 著 (法政大學出版局, 1999).

——『ルーオトリープ』丑田弘忍 譯, in 『ヴァルターの歌』(朝日出版社, 1999) pp.185-331.

2차 문헌

Abromitis, Lois Irene,

——, *William Gilbert as Scientist: The Portrait of a Renaissance Amateur*, Brown University Ph.D.Thesis (1977).

Aczel, Amir D.,

——, *The Riddle of the Compass* (A Harvest Book, Harcourt Inc., 2001).

Applebaum, Wilbur,

——, 'Keplerian Astronomy after Kepler: Researches and Problems', *History of Science*, Vol.34 (1996) pp.451-504.

Baldwin, M.R.,

——, 'Magnetism and the Anti-Copernican Polemic', *JHA*, Vol.16 (1985) pp.155-174.

Barbour, Julian B.,

——, *The Discovery of Dynamics* (Oxford University Press, 2001).

Baumgardt, Carola,

——, *Johannes Kepler: Life and Letters* (New York, 1951).

Bayon, H.P.,

——, 'William Gilbert (1544-1603), Robert Fludd (1574-1637), and William Harvey (1578-1657), as Medical Exponents of Baconian Doctrines', *Proceedings of the Royal Society of Medicine*, Vol.32 (1938) pp.31-42.

Beck, Ludwig,

——, 『鐵の歷史』II-1 (1891) 中澤護人 譯 (たたら書房, 1977).

Beckmann, Johann,

——, 『西洋事物起原』全3卷 (1780-1805) 特許廳內技術史研究會 譯 (ダイヤモンド社, 1980, 81, 82).

Bedini, Silvio A.,

——, 'Compass, Magnetic', in *Dictionary of the Middle Ages*, ed.by J.R.Strayer, Vol.3 (New York, 1983) pp.506-507.

Benjamin, Park,

——, *The Intellectual Rise in Electricity*, A History (London, 1895).

Bennett, J.A.,

——, 'Hooke and Wren and the System of the World: Some Points towards an Historical Account', *BJHS*, Vol.8 (1975) pp.32-61.

——, 'Cosmology and the Magnetical Philosophy, 1640-1680', *JHA*, Vol.12 (1981) pp.165-177.

——, *The Mathematical Science of Christopher Wren* (Cambridge University Press, 1982).

——, 'The Mechanics' Philosophy and Mechanical Philosophy', *History of Science*, Vol.24 (1986) pp.1-28.

——, 'Magnetical Philosophy and Astronomy from Willkins to Hooke', in *General History of Astronomy* (2A), ed.by Taton & Wilson, pp.222-230.

Bernal, John Desmond,

——, *Science in History* (London, Watts, 1954).

Blackman, M.,

——, 'The Lodestone: A Survey of the History and the Physics', *Contemporary Physics*, Vol.24 (1983) pp.319-331.

Boas, Marie,

——, 'Bacon and Gilbert', *JHI*, Vol.12 (1951) pp.466-467.

——, 'The Establishment of the Mechanical Philosophy', *OSIRIS*, Vol.10 (1952) pp.413-541.

―――, 'Review of Natural Magick', *ISIS*, Vol.50 (1959) p.76.

―――, *The Scientific Renaissance 1450-1630* (London, 1962).

―――, 'Introduction', in H.Power, *Experimental Philosophy* (reprinted, 1966) pp.ix-xxvii.

Bonelli, M.L.R. & Shea, W.R. ed.,

―――, *Reason, Experiment, and Mysticism in the Scientific Revolution* (Science History Publication, 1975).

Borst, Otto,

―――, 『中世ヨーロッパ生活誌』1・2 (1983) 永野藤夫・井本日白二・青木誠之 譯 (白水社, 1998).

Boss, Valentin,

―――, *Newton and Russia, the Early Influence: 1698-1796* (Harvard University Press, 1972).

Braudel, Fernand,

―――, *Le Mediterranée; l'space et l'historie* (Flammarion, 1985).

Brett, G.S.,

―――, *The Philosophy of Gassendi* (Macmillan and Co.Limited, London, 1908).

Bromehead, C.E.N.,

―――, 'Alexander Neckam on the Compass-Needle', *Geographical Journal*, Vol.104 (1944) pp.63-65, reprinted, TMAE, Vol.50 (1945) pp.139-140.

―――, 'Geology in Embryo (up to 1600 A.D.)', *Proceedings of the Geologists' Association*, Vol.56 (1945) pp.89-134.

Bruno, Leonard C.,

―――, *The Landmarks of Science* (New York, 1989).

Burckhardt, Jacob,

―――, *The Civilization of the Renaissance in Italy*, tr.by S.G.C.Middlemore (Penguin Books, 1990).

Burk, Peter

―――, 『イタリア・ルネサンスの文化と社會』(1986) 森田義之・芝野均 譯 (岩波書店, 1992).

Burtt, Edwin Arthur,
——, *The Metaphysical Foundations of Modern Physical Science* (1924; reprinted, Routledge and Kegan Paul Limited, 1972).

Butterfield, Herbert,
——, *The Origin of Modern Science 1300-1800* (London, G.Bell and Sons LTD, 1968).

Campbell, Tony,
——, *Early Maps* (Abbeville Press, New York, 1981).

Caspar, Max,
——, *Kepler* (1948), tr.by C.D.Hellman (Dover Pub.Inc., 1993).

Cassirer, Ernst,
——, *Das Erkenntnisproblem in der Philosophie und Wissenschaft der neueren Zeit*, Bd.1, Dritte Aufl. (Verlag Bruno Cassirer, Berlin, 1922),
——, *The Individium and the Cosmos in Renaissance Philosophy*, tr.with an Introduction by M.Domandi (University of Pennsylvania Press, 1963).

Chalmers, Gordon Keith,
——, 'Sir Thomas Browne, True Scientist', *OSIRIS*, Vol.2 (1936) pp.28-79,
——, 'The Lodestone and the Understanding of Matter in Seventeenth Century England', *Philosophy of Science*, Vol.4 (1937) pp.75-95.

Chapman, Sydney,
——, 'Archaeologica Geomagnetica —I', *TMAE*, Vol.48 (1943) pp.1-2,
——, 'Archaeologica Geomagnetica —II', *TMAE*, Vol.48 (1943) pp.77-78,
——, 'Edmond Halley and Geomagnetism', *TMAE*, Vol.48 (1943) pp.131-144,
——, 'William Gilbert and the Science of his Time', *Nature*, Vol.154 (1944) pp.132-136.

Clagett, Marshall,
——, 'Some General Aspects of Physics in the Middle Ages', *ISIS*, Vol.39 (1948) pp.29-44.

Clulee, Nicholas H.,
——, 'John Dee's Mathematics and the Grading of Compound Qualities',

Ambix, Vol.18 (1971) pp.178-211.

———, 'Astrology, Magic, and Optics: Facets of John Dee's early Natural Philosophy', *Renaissance Quarterly*, Vol.30 (1977) pp.632-680.

———, *John Dee's Natural Philosophy, between Science and Religion* (Routledge, London and New York, 1988).

———, 'At the Crossroads of Magic and Science: John Dee's Archemastrie', in *Occult and Scientific Mentalities in the Renaissance*, ed.by Vickers (Cambridge University Press, 1984) pp.57-71.

Cohen, I.Bernard,

———, *Franklin and Newton* (The American Philosophical Society, 1956).

———, 'Newton, Hooke, and "Boyle's Law": Discovered by Power and Towneley', *Nature*, Vol.204 (1964) pp.618-621.

Copenhaver, Brian P.,

———, 'Scholastic Philosophy and Renaissance Magic in the *De vita* of Marsilio Ficino', *Renaissance Quarterly*, Vol.37 (1984) pp.523-554.

Cowles, Thomas,

———, 'Dr.Henry Power, Disciple of Sir Thomas Browne', ISIS, Vol.20 (1933) pp.344-366.

Crane, Nicholas,

———, *Mercator: The Man who Mapped the Planet* (Phenix, 2002).

Crombie, Alastair C.,

———, *Robert Grosseteste and the Origins of experimental Science 1100-1700* (Oxford, Clarendon Press, 1953).

———, *Augustine to Galileo*, 2 Vols. (1959: reprinted in one volume, Heinemann Educational Books, London, 1979).

———, *Science, Optics and Music in Medieval and Early Modern Thought* (The Hambledon Press, 1990).

———, *Styles of Scientific Thinking in the European Tradition*, 3 Vols. (Duckworth, 1994).

Crone, E.,

―, 'Introduction', in The Principal Works of Simon Stevin, Vol.3 (1961) pp.363-417.

Darwin, George Howard,

―, *The Tides and Kindred Phenomena in the Solar System* (London, 1902).

Davis, Natalie Z.,

―, 『愚者の王國 異端の都市』(1975) 成瀬駒男・宮下志朗・高橋由美子 譯(平凡社, 1987).

Deason, Gary,

―, 'Reformation Theology and Mechanistic Conception of Nature' in *God and Nature* ed. by Lindberg & Numbers, pp.167-191.

Debus, Allen G.,

―, 'The Paracelsian Compromise in Elizabethan England', *Ambix*, Vol.8 (1960) pp.71-97.

―, *The English Paracelsians* (Franklin Watt, Inc., 1966).

―, *The Chemical Philosophy: Paracelsian Science and Medicine in the Sixteenth and Seventeenth Centuries*, 2 Vols. (Science History Publications, 1977).

―, 『ルネサンスの自然觀 理性と神秘主義の相克』(1978) 伊東俊太郎・村上陽一郎・橋本眞理子 譯(サイエンス社, 1986).

―, 'Introduciton', in John Dee, *The Mathematical Praeface to the Elements of Geometrie of Euclid of Megara* (1570) (reprinted, 1975) pp.1-25.

De Villamil, Richard,

―, *Newton: the Man* (1931; Johnson Reprint, 1972).

d'Haucourt, Geneviève,

―, 『中世ヨーロッパの生活』(1968) 大島誠 譯(白水社, 1975).

Dijksterhuis, E.J.,

―, *The Mechanization of the World Picture* (1950), tr.by C.Dikshoorn (Oxford University Press, 1961).

Dobbs, Betty J.T.,

―, 'Newton's Alchemy and his Theory of Matter', *ISIS*, Vol.73 (1982) pp.511-528.

———, *The Janus Faces of Genius: The Role of Alchemy in Newton's Thought* (Cambridge University Press, 2002).

Dodds, Eric Robertson,

———, *The Greeks and the Irrational* (University of California Press, 1951).

Drake, Stillman,

———, *Galileo at Work* (University of Chicago Press, 1978).

———, *Telescope, Tides and Tactics* (University of Chicago Press, 1983).

Dreyer, J.L.E.,

———, *Tycho Brahe: A Picture of Scientific Life and Work in the Sixteenth Century* (1890; reprinted, Dover Pub.Inc., New York, 1963).

Duchesneau, François,

———, 'Malpighi, Descartes and the Epistemological Problems of Iatromechanism', in *Reason, Experiment, and Mysticism in the Scientific Revolution*, ed.by Bonelli & Shea, pp.111-130.

Dufourcq, Charles Emmanuel,

———, *La vie quotidienne dans l'Europe medievale sous domination Arobe* (Hachette, 1978).

Duhem, Pierre,

———, *To Save the Phenomena*, tr.by E.Doland & C.Maschler, Introductory Essay by S.L.Jaki (University of Chicago Press, 1969).

———, *The Aim and Structure of Physical Theory*, foreword by Brougle tr. by p.p. wiener (Princeton University Press, 1954).

Eamon, William,

———, 'Technology as Magic in the Late Middle Ages and the Renaissance', *Janus*, Vol.70 (1983) pp.171-212.

———, 'Books of Secrets in Medieval and Early Modern Science', *Sudhoffs Archiv*, Vol.69 (1985) pp.26-49.

———, *Science and the Secrets of Nature — Books of Secrets in Medieval and Early Modern Culture* (Princeton University Press, 1994).

Easlea, Brian,
——, 『魔女狩り對新哲學』(1980) 市場泰男 譯(平凡社, 1986).
Easton, Joy B.,
——, 'The Early Editions of Robert Recorde's *Ground of Artes*', *ISIS*, Vol.58 (1967) pp.515-532.
Eisenstein, Elizabeth L.,
——, *The Printing Revolution in Early modern Europe*(Cambridge University Press, 1983).
Eliade, Mircea,
——, 『鍛冶師と鍊金術師』(1956) 大室幹雄 譯(『エリアーデ著作集 第5卷』所收, せりか書房, 1973).
Elliott, Robert S.,
——, *Electromagnetics: History, Theory, and Application*(IEEE Press, 1993).
Farrington, Benjamin,
——, *Greek Science: Its Meaning for Us*(Penguin Books, 1953).
——, *Francis Bacon: Philosopher of Industrial Science*(Lawrence and Wishert LTD., London, 1951)
Febvre, L.& Martin, H.J.,
——, *The Coming of the Book, The Impact of Printing 1450-1800*, tr.by D.Gerard(New York, 1984).
Feingold, Mordechai,
——, *The Mathematicians' Apprenticeship: Science, Universities and Society in England, 1560-1640*(Cambridge University Press, 1984).
Fischer, Hans
——, 『ゲスナー 生涯と著作』(1966) 今泉みね子 譯(博品社, 1994).
Fleckenstein, J.O.,
——, 'Vorwort des Herausgeber', in *Leonhardi Euleri Opera Omnia*, Ser.2, Vol.5(Lausanne, 1947) pp.VII-L.
Fleming, J.A.,
——, 'The Earth, A great Magnet', *TMAE*, Vol.2(1897) pp.45-60.

Fontana, Josep,

——, 『鏡のなかのヨーロッパ 歪められた過去』(1994) 立石博高・花方壽行 譯(平凡社, 2000).

French, Peter,

——, *Jhon Dee: The World of an Elizabethan Magus*(London, Routledge & Kegan Paul, 1972).

French, Roger,

——, *Ancient Natural History: Histories of Nature*(Routledge, 1994).

Freudenthal, Gad,

——, 'Theory of Matter and Cosmology in William Gilbert's De Magnete', *ISIS*, Vol.74(1983) pp.22-37.

Fujimoto(藤本康雄),

——, 『ヴィラール・ド・オヌクールの畫帖に關する硏究』(中央公論美術出版, 1991).

Garin, Eugenio,

——, 『イタリアのヒューマニズム』(1947) 淸水純一 譯(創文社, 1960).

——, 『イタリア・ルネサンスにおける市民生活と科學・魔術』(1972) 淸水純一・齋藤泰弘 譯(岩波書店, 1975).

——, 『ルネサンス文化史——ある史的肖像』(1967) 澤井繁男 譯(平凡社, 2000).

——, 「哲學者と魔術者」近藤恒一 譯(Garin 編『ルネサンス人』所收, 岩波書店, 1990) pp.223-273.

Gerhards, A.,

——, 『ヨーロッパ中世社會史事典』(1986) 池田健二 譯(藤原書店, 1991).

Gillispie, C.C.ed.,

——, *Dictionary of Scientific Biography*, 16Vols.(New York, 1970-80).

Gillmor, C.Stewart,

——, *Coulomb and the Evolution of Physics and Engineering in Eighteenth-Century France*(Princeton University Press, 1971).

Gilmont, J.F.,

——, 「宗敎改革と讀書」平野隆文 譯(R.Chartier & G.Cavallo 編『讀むことの歷史』

所收, 大修館書店, 2000) pp.285-331.

Gimpel, Jean,

――, 『カテドラルを建てた人びと』(1958) 飯田喜四郎 譯(鹿島出版會, 1969),

――, The medieval Machine; the industrial Revolution of middle Age(Wilwood House, 1988).

Gingerich, O.,

――, 'Johannes Kepler', in General History of Astronomy (2A), ed.by R.Taton and C.Willson, pp.54-78.

Gohda(合田昌史)

――, 「ルネサンスの航海と科學――ジョアン・デ・カストロの實驗的方法」, 『西洋史學』 Vol.144 (1986) pp.261-275.

Goldammer, Kurt,

――, 『パラケルスス 自然と啓示』(1953) 柴田建策 外 譯(みすず書房, 1986).

Grafton, Anthony,

――, Cardano's Cosmos: The Worlds and Works of a Renaissance Astrologer (Harvard University Press, 1999).

Grant, Edward,

――, 'Late Medieval Thought, Copernicus, and the Scientific Revolution', JHI, Vol.23 (1962) pp.197-220.

――, 'Cosmology', in Science in the Middle Ages, ed.by Lindberg, pp.265-302.

――, Physical Science in the Middle Ages(Cambridge University Press, 1977).

Gurevich, A.Y.,

――, 『中世文化のカテゴリー』(1984) 川端香男里・栗原成郎 譯(岩波書店, 1992).

Hackett, Jeremiah,

――, 'Roger Bacon on Scientia Experimentalis', in Roger Bacon & the Sciences: Commemorative Essays, ed.by Hackett(Brill, 1997) pp.277-316.

Haggard, Howard W.,

――, Devils, Drugs, and Doctors(London, 1929).

Hall, A.Rupert,
——, 'Two Unpublished Lectures of Robert Hooke', *ISIS*, Vol.42 (1951) pp.219-230,
——, *The Scientific Revolution 1500-1800* (Longman, 1954),
——, *The Revolution in Science 1500-1750* (Longman, 1983).

Hall, Thomas S.,
——, 『生命と物質』上下 (1969) 長野敬 譯 (平凡社, 1990).

Hansen, Bert,
——, 'Science and Magic', in *Science in the Middle Ages*, ed.by Lindberg, pp.483-506.

Hardin, Clyde L.,
——, 'The Scientific Work of the Reverend John Michell', *Annals of Science*, Vol.22 (1966) pp.27-47.

Harradon, H.D.,
——, 'Some early Contributions to the History of Geomagnetism—I', *TMAE*, Vol.48 (1943) pp.3-17,
——, 'Some early Contributions to the History of Geomagnetism—II&III', *TMAE*, Vol.48 (1943) pp.79-91,
——, 'Some early Contributions to the History of Geomagnetism—IV', *TMAE*, Vol.48 (1943) pp.127-130,
——, 'Some early Contributions to the History of Geomagnetism—V', *TMAE*, Vol.48 (1943) pp.197-199,
——, 'Some early Contributions to the History of Geomagnetism—VI', *TMAE*, Vol.48 (1943) pp.200-202,
——, 'Some early Contributions to the History of Geomagnetism—VII', *TMAE*, Vol.49 (1944) pp.185-199,
——, 'Some early Contributions to the History of Geomagnetism—VIII', *TMAE*, Vol.50 (1945) pp.63-68.

Harré, R.,
——, 'William Gilbert', in *Early Seventeenth Century Scientists*, ed.by Harré

(Oxford, 1965) pp.1-24.

Haskins, Charles H.,

――, 'The *De Arte Venandi cum Avibus* of the Emperor Frederick II', *English Historical Review*, July (1921) pp.334-355.

――, 'Michael Scot and Frederick II', *ISIS*, Vol.4 (1922) pp.250-275.

――, 『十二世紀ルネサンス』(1927) 別宮貞德・朝倉文市 譯 (みすず書房, 1989).

Hazard, D.L.,

――, 'Early History of the Mariner's Compass and Earliest Knowledge of the Magnetic Declination according to Bertelli', *TMAE*, Vol.8 (1903) pp.179-183 〔T.Bertelli の一連の論文の要約〕.

Heathcote, N.de Vaudrey,

――, 'Early Nautical Charts', *Annals of Science*, Vol.1 (1936) pp.13-29.

Heiberg, Johan L.,

――, 『古代科學』(1920) 平田寛 譯 (鹿島出版會, 1970).

Hellmann, G.,

――, 'Die Anfange der magnetischen Beobachtungen', *Zeitschrift der Gesellschaft fu#r Erdkunde zu Berlin*, Bd.32 (1897) pp.112-136 ; 'The Beginnings of magnetic Observations', *TMAE*, Vol.4 (1899) pp.73-86.

Henry, John,

――, 'Occult Qualities and the Experimental Philosophy: Active principles in pre-Newtonian Matter Theory', *History of Science*, Vol.24 (1986) pp.335-381.

Hesse, Mary,

――, *Forces and Fields: A Study of Action at a Distance in the History of Physics* (Thomas Nelson and Sons Ltd., 1961).

――, 'Gilbert and the Historians', *BJPS*, Vol.11 (1960) pp.1-10, 130-142.

Hill, Christopher,

――, *Intellectual Origins of the English Revolution* (Oxford University Press, 1965).

Hirata (平田寛),

─, 『科學の起源──古代文化の一側面』(岩波書店, 1974).

Home, R.W.,

─, 'Newtonianism and the Theory of the Magnet', *History of Science*, Vol.15 (1977) pp.252-266.

─, 'Introduction', in *Aepinus's Essay on the Theory of Electricity and Magnetism*, pp.1-224.

Hoppe, Edmund,

─, *Geschichte der Elektrizitat* (Leipzig, 1884).

Humboldt, Alexander von,

─, *Cosmos: A Sketch of a Physical Description of the Universe*, 4 Vols., tr.by E.C.Otté (London, 1848-52).

Hunke, Sigrid,

─, 『アラビア文化の遺産』(1960) 高尾利數 譯 (みすず書房, 1982).

Hutchison, Keith,

─, 'What Happened to Occult Qualities in the Scientific Revolution?', *ISIS*, Vol.73 (1982) pp.233-253.

Imakita (今來陸郎),

─, 「中世ドイツ皇帝の異端兒」(『關西學院大學創立80周年文學部記念論文集』所收, 1970) pp.133-160.

Inagaki (稻垣良典),

─, 『人類の知的遺産(20) トマス・アクィナス』(講談社, 1979).

─, 『トマス=アクィナス』(清水書院, 1992).

Itoh (伊東俊太郎),

─, 『文明における科學』(勁草書房, 1976).

─, 『近代科學の源流』(中央公論社, 1978).

─, 『十二世紀ルネサンス』(岩波書店, 1993).

Jammer, Max,

─, *Concepts of Force: A Study in the Foundations of Dynamics* (Harvard University Press, 1957).

Jardine, Nicholas,

――, *The Birth of History and Philosophy of Science, Kepler's A defence of Tycho against Ursus with Essays on its Provenance and Significance* (Cambridge University Press, 1984).

Jeauneau, Édouard,

――, 『ヨーロッパ中世の哲學』(1963) 二宮敬 譯 (白水社, 1964).

Johannsen, Otto,

――, 『一般人の鐵の歷史』(1925) 市川弘勝・鈴木章 譯 (興亞書房, 1944).

Johnson, F.R. & Larkey, S.V.,

――, 'Thomas Digges, the Copernican System, and the Idea of the Infinity of the Univers in 1576', *The Huntington Library Bulletin*, No.5 (1934) pp.69-117.

――, 'Robert Recorde's Mathematical Teaching and Anti Aristotelian Movement', The Huntington Library Bulletin, No.7 (1935) pp.59-87.

Jones, Richard F.,

――, *Ancients and Moderns: A Study of the Rise of the Scientific Movement in 17th-Century England* (1961; reprinted, Dover Pub.Inc., 1982).

Kant, Immanuel,

――, *Critique of Pure Reason*, tr.ad ed.by P.Guyer & A.W.Wood (Cambridge University Press, 1998).

Kaplan, Edward,

――, *Robert Recorde: Studies in the Life and Works of a Tudor Scientist* (New York University, Ph.D.Thesis, 1960).

Kargon, Robert,

――, 'Walter Charleton, Robert Boyle, and the Acceptance of Epicurean Atomism in England', *ISIS*, Vol.55 (1964) pp.184-192.

――, 'Willam Petty's Mechanical Philosophy', *ISIS*, Vol.56 (1965) pp.63-66.

Kawakita (川喜田愛郞),

――, 『近代 學の史的基盤』上下 (岩波書店, 1977).

Kay, Charles D.,

――, *William Gilbert's Renaissance Philosophy of the Magnet*, University of

Pittsburgh, Ph.D.Thesis (1981).

Kearney, Hugh,

———, *Science and Change 1500-1700* (MaGraw-Hill, 1971).

Kelly, Suzanne,

———, *The DE MUNDO of William Gilbert* (Amsterdam, 1965).

Keynes, John Maynard,

———, 'Newton the Man', in *Newton Tercentenary Celebration* (Cambridge University Press, 1947) pp.27-34.

King, W.James,

———, 'The natural Philosophy of William Gilbert and his Predecessors', *Smithonian Museum Bulletin*, No.218 (1959) pp.121-139.

Klein-Franke, F.,

———, 'The Knowledge of Aristotle's *Lapidary* during the Latin Middle Ages', Ambix, Vol.17 (1970) pp.137-142.

Knoespel, Kenneth J.,

———, 'The narrative Matter of Mathematics: John Dee's *Preface to the Elements of Euclid of Megara* (1570)', *Philosophical Quarterly*, Vol.66 (1987) pp.26-46.

Koestler, Arthur,

———, *The Sleepwalkers; A History of man's changing vision of the universe* (Hutchinson of London, 1959).

Koyré, Alexandre,

———, *Newtonian Studies* (Chapman & Hall, London, 1956).

Krafft, von Fritz,

———, 'Sphaera activitatis - orbis virtuitis, Das Entstehen der Vorstellung von Zentralkraften', *Sudhoffs Archiv*, Bd.54 (1970) pp.113-140.

Kristeller, Paul Oskar,

———, 『ルネサンスの思想』(1961) 渡邊守道 譯(東京大學出版會, 1977).

———, *Eight Philosophers of the Italian Renaissance* (Stanford University Press, 1964).

Kunz, George F.,

―, *The Curious Lore of Precious Stones* (Philadelphia, 1913).

Labande, Edmond-René,

―,『ルネサンスのイタリア』(1954) 大高順雄 譯(みすず書房, 1998).

Langdon-Brown, W.,

―, 'William Gilbert: His Place in the Medical World', *Nature*, 154 (1944) pp.136-139.

Laudan, Laurens,

―, 'The Clock Metaphor and Probabilism: The Impact of Descartes on English Methodological Thought, 1650-65', *Annals of Science*, Vol.22 (1966) pp.73-104.

Le Goff, Jacques,

―, *Intellectuals in the Middle Ages*, tr.by T.L.Fagan (Blackwell, 1993),

―,『中世の夢』(1988) 池上俊一 譯(名古屋大學出版會, 1992).

Libera, Alain de,

―,『中世哲學史』(1993) 阿部一智・水野潤・永野拓也 譯(新評論, 1999).

Lindberg, David C.,

―, 'Science as Handmaiden: Roger Bacon and Patristic Tradition', *ISIS*, Vol.78 (1987) pp.518-536,

―, *Theory of Vision from AL-Kindi to Kepler* (The University of Chicago Press, 1976).

Lindberg, D.C.ed.,

―, *Science in the Middle Ages* (The University of Chicago Press, Chicago, 1978).

Lindberg, D.C.& Numbers, R.L.ed.,

―, *God and Nature: Historical Essays on the Encounter between Christinanity and Science* (University of California press, 1986).

Lindsay, R.B.,

―, 'William Gilbert and Magnetism in 1600', *AJP*, Vol.8 (1940) pp.271-282,

―, 'Jerome Cardan, 1501-1576', *AJP*, Vol.16 (1948) pp.311-317.

Lipmann, E.O.von,
——, 'Geschichte der Magnetnadel bis zur Erfindung des Kompasses (gegen 1300)', *Quellen und Studien zur Geschichte der Naturwissenschaften und der Medizin*, Bd.3 (1932) pp.1-49.

Lloyd, Geoffrey E.R.,
——,『後期ギリシア科學』(1973) 山野耕治・山口義久 外 譯 (法政大學出版局, 2000),
——, *Aristotle: the Growth and Structure of his Thought* (Cambridge University Press, 1968).

Lohne, Johs,
——, 'Hooke versus Newton: An Analysis of the Documents in the Case on Free Fall and Planetary Motion', *Centaurus*, Vol.7 (1960) pp.6-52.

Lovejoy, Arthur O.,
——,『存在の大いなる連鎖』(1936) 内藤健二 譯 (晶文社, 1975).

Loyn, H.R.,
——,『西洋中世史事典』(1989) 魚住昌良監 譯 (東洋書林, 1999).

Mach, Ernst,
——, *Die Prinzipien der physikalischen Optik, Historisch und erkenntnispsychologisch entwickelt* (Leipzig, 1921),
——, *Die Mechanik in ihrer Entwicklung; Historisch-Kritisch dargestellet*, Achate-Aufl. (Leibzig, 1921).

Maddison, R.E.W.,
——, *The Life of the honourable Robert Boyle F.R.S.* (Taylor and Francis Ltd., London, 1969).

Malin, S.,
——, 'Historical Introduction to Geomagnetism', in *Geomagnetism*, Vol.1 ed.by J.A Jacobs (Academic Press, 1987) pp.1-49.

Marenbon, John,
——,『後期中世の哲學 1150-1350』(1987) 加藤雅人 譯 (勁草書房, 1989).

Masuda (増田義郎),

――, 『コロンブス』(岩波新書, 1979).

Maury, Alfred,
――, 『魔術と占星術』(1860) 有田忠郎・浜文敏 譯(白水社, 1978).

May, W.E.,
――, 'Alexander Neckam and the Pivoted Compass Needle', *Journal of the Institute of Navigation*, Vol.8 (1955) p.283-284.

McCormmach, Russell,
――, 'John Michell and Henry Cavendish: Weighing the Stars', *BJHS*, Vol.4 (1968) pp.126-155.

McGuire, J.E.,
――, 'Force, Active Principles, and Newton's Invisible Realm', *Ambix*, Vol.15 (1968) pp.154-208.

Meli, Domenico,
――, *Equivalence and Priority: Newton versus Leibniz* (Clarendon Press, Oxford, 1993).

Mendelssohn, Kurt,
――, *Science and Western Domination* (Thames and Hudson, London, 1976).

Merton, Robert K.,
――, *Social Theory and Social Structure*, enl.ed.(The Free Press, New York, 1968).

Meuthen, Erich,
――, *Nikolaus von Kues, 1401-1464, Skizze einer Biographia* (Verlag Aschendorff Münster, 1976).

Michelet, Jules,
――, *La Sorciere in Oeuvres Completes de J. Michelet*, 37(paris, Ernest Flammarion).

Mitchell, A.Crichton,
――, 'Chapters in the History of Terrestrial Magnetism, Ch.1, On the Directive Property of a Magnet in the Earth's Field and the Origin of the nautical Compass', *TMAE*, Vol.37 (1932) pp.105-146.

──, 'Chapters in the History of Terrestrial Magnetism, Ch.2, The Discovery of the Magnetic Declination', *TMAE*, Vol.42 (1937) pp.241-280.

──, 'Chapters in the History of Terrestrial Magnetism, Ch.3, The Discovery of the Magnetic Inclination', *TMAE*, Vol.44 (1939) pp.77-80.

──, 'Chapters in the History of Terrestrial Magnetism, Ch.4, The Development of Magnetic Science in Classical Antiquity', *TMAE*, Vol.51 (1946) pp.323-351.

Milis, Ludo J.R.,

──, 『異教的中世』(1991) 武內信一 譯 (新評論, 2002).

Morison, Samuel E.,

──, 『大航海者コロンブス──世界を えた男』(1955) 荒このみ 譯 (原書房, 1992).

Morrall, J.B.,

──, *The medieval Imprint* (Penguin Books, 1967).

Mottelay, Paul Fleury,

──, *Bibliographical History of Electricity & Magnetism Chronologically Arranged* (London, 1922).

Needham, Joseph,

──, *Science and Civilisation in China*, Vol.4 (Cambridge University Press, 1962).

Nef, John,

──, 『工業文明の誕生と現代世界』(1953) 宮本又次・合田裕作・竹岡敬溫 譯 (未來社, 1963).

Nicolson, Marjorie Hope,

──, 『月世界への旅』(1948) 高山宏 譯 (國書刊行會, 1986).

──, 「ヴァーチュオーソ」 高山宏 譯 (『ヒストリー・オヴ・アイディアズ』No.1 所收, 平凡社, 1986) pp.188-213.

Nordenskiöld, Niels Adolf E.,

──, *Facsimile-Atlas to the Early History of Cartography*, tr.by J.A.Ekelof and C.R.Markham (Stockholm, 1889; reprinted, Kraus Rep.Co., New York, 1961).

O'Malley, Charles D.,
──, 『ブリュッセルのアンドレアス・ヴェサリウス 1514-1564』(1964) 坂井建雄 譯(エルゼビア・サイエンス株式會社 ミクス, 2001).

Oohasi(大橋博司),
──, 『パラケルススの生涯と思想』(思索社, 1976).

Ootsuki(大槻眞一郎),
──, 「ディオスクリデス『ウイーン寫本』」(『明治藥科大學研究紀要(人文科學・社會科學)』Vol.8 所收, 1978) pp.1-13.
──, 「De virtute lapidum(石の力について)」(『明治藥科大學研究紀要(人文科學・社會科學)』Vol.10 所收, 1980) pp.1-51.
──, 『ディオスコリデス研究』(エンタプライズ, 1983).

Packard, Francis R.,
──, *Life and Times of Ambroise Pare*(New York, Paul B.Hoeber, 1921).

Pagel, Walter,
──, *Paracelsus: An Introduction to Philosophical Medicine in the Era of the Renaissance*(Basel, 1958).
──, 'Paracelsus and the Neoplatonic and Gnostic Tradition', *Ambix*, Vol.8 (1960) pp.125-166.
──, 'The Prime Matter of Paracelsus', *Ambix*, Vol.9 (1961) pp.117-135.

Palter, Robert,
──, 'Early Measurements of Magnetic Force', *ISIS*, Vol.63 (1972) pp.544-558.

Partington, J.R.,
──, *A History of Chemistry*, 4 Vols. (Macmillan, London, 1969-72).

Patterson, Louise Diehl,
──, 'Hooke's Gravitation Theory and its Influence on Newton I', *ISIS*, Vol.40 (1949) pp.327-341.
──, 'Hooke's Gravitation Theory and its Influence on Newton II', *ISIS*, Vol.41 (1950) pp.32-45.
──, 'Recorde's Cosmography, 1556', *ISIS*, Vol.42 (1951) pp.208-218.

Poggendorff, J.C.,

―, *Geschichte der Physik* (Liechtenstein, 1879; neudruck, Sandig Reprint Verlag, 1983).

Potamian, Brother,

―, 'Gilbert of Colchester', *Popular Science Monthly*, Vol.59 (1901) pp.336-350.

Pumfrey, Stephen,

―, 'Magnetical Philosophy and Astronomy, 1600-1650', in *General History of Astronomy* (2A), ed.by Taton & Wilson, pp.45-53.

―, 'Mechanizing Magnetism in Restoration England ― the Decline of Magnetic Philosophy', *Annals of Science*, Vol.44 (1987) pp.1-22.

―, 'O tempora, O magnes! A sociological analysis of the discovery of secular magnetic variation in 1634', *BJHS*, Vol.22 (1989) pp.181-214.

Pyle, Andrew,

―, *Atomism and its Critics* (Thoemmes Press, 1995).

Reynolds, Terry S.,

―, *Stronger than a Hundred Men: A History of the Vertical Water Wheel* (Johns Hopkins University Press, 1983).

Riddle, John M.,

―, 'Marbode of Rennes' *De lapidibus* considered as a Medical Treatise with Text, Comentary and C.W.King's Translation together with Text and Translation of Marbode's minor Works on Stone', *Sudhoffs Archiv Zeitschrift fur Wissenschaftsgeschichte*, Beiheft 20 (1977) pp.IX-XII, 1-144.

Riesenhuber, Klaus,

―, 『西洋古代・中世哲學史』(平凡社, 2000).

Roche, John J.,

―, *The Mathematics of Measurement: A Critical History* (The Athlone Press, London, 1998).

Roller, Duane H.D.,

―, *The DE MAGNETE of William Gilbert* (Menno Hertzberger, Amsterdam,

1959).

———, 'Book Review of *On the Magnet* and *De Magnete*', *ISIS*, Vol.50 (1959) p.172-174.

Roller, Duane & Roller, Duane H.D.,

———, 'The Development of the Concept of Electric Charge : Electricity from the Greeks to Coulomb', in *Harvard Case Histories in Experimental Science*, Vol.2, ed by J.B.Conant & L.K.Nash (Harvard University Press, 1970) pp.541-639.

———, 'The Prenatal History of Electrical Science', *AJP*, Vol.21 (1953) pp.343-356.

Rosen, E.,

———, 'Kepler's Attitude toward Astrology and Mysticism', in *Occult and Scientific Mentalities in the Renaissance*, ed.by Vickers, pp.253-272.

Rosenberger, Ferd,

———, *Die Geschichte der Physik*, Erster Theil (Braunschweig, 1882).

Rossi, Paolo,

———, 『魔術から科學へ』(1957) 前田達郎 譯 (みすず書房, 1999).

———, 『哲學者と機械』(1962) 伊藤和行 譯 (學術書房, 1989).

———, 'Hermeticism, Rationality and the Scientific Revolution', in *Reason, Experiment, and Mysticism in the Scientific Revolution*, ed.by Bonelli & Shea (Science History Pub., 1975) pp.239-273.

———, *The Birth of Modern Science*, tr.by C.Ipsen (Blackwell Pub.Ltd., 2001).

Russell, Bertrand,

———, *History of Western Philosophy* (Routledge, 2000).

Russell, J.L.,

———, 'Kepler's Laws of Planetary Motion: 1609-1666', *BJHS*, Vol.2 (1964) pp.1-24.

Satoh (佐藤次高),

———, 『イスラームの生活と技術』(山川出版社, 1999).

Sarton, George,

――, *Introduction to the History of Science*(original, Vol.1, 1927, Vol. 2, 1931, Robert E. Krieger Pub. Co., 1975).

――, *Six Wings, Men of Science in the Renaissance* (Indiana University Press, 1957).

――, *On the History of Science*, Essays by George Sarton, Selected and edited by D.Stimson (Harvard University Press, 1962).

――, 'The first edition of Petrus Peregrinus *De magnete* before 1520', *ISIS*, Vol.37 (1947) p.178f.

Sawai(澤井繁男),

――, 『魔術の復權』(人文書院, 1989).

――, 『ルネサンスの文化と科學』(山川出版社, 1996).

――, 『ルネサンスの知と魔術』(山川出版社, 1998).

――, 『イタリア・ルネサンス』(講談社現代新書, 2001).

Schipperges, Heinrich,

――, 『中世の醫學』(1985) 大橋博司・濱中淑彦・波多野和夫・山岸洋 譯(人文書院, 1988).

――, 『中世の患者』(1990) 濱中淑彦監譯, 山岸洋・竹中吉見・波多野和夫・鈴木裕一郎 譯(人文書院, 1993).

Schlund, Erhard,

――, 'Petrus Peregrinus von Maricourt: Sein Leben und seine Schriften', *Archivum Franciscanum Historicum*, Vol.4 (1911) pp.436-455, 633-643, Vol.5 (1912) pp.22-40.

Schmitt, C.B.,

――, 'Towards a Reassessment of Renaissance Aristotelianism', History of Science, Vol.11 (1973) pp.159-193.

Schmitt, Jean-Claude,

――, 『中世の迷信』(1988) 松村剛 譯(白水社, 1998).

Schofield, Robert E.,

――, *Mechanism and Materialism* ― *British natural Philosophy in an Age of Reason* (Princeton University Press, 1970).

Schwartz, G.& Bishop, P.W.ed.,
―, *Moments of Discovery*, 2 Vols.(Basic Books Inc., 1958).

Seibt, Ferdinand,
―, 『圖說 中世の光と影』上下(1987) 永野藤夫 外 譯(原書房, 1996).

Seligmann, Kurt,
―, 『魔法――その歴史と正』(1948) 平田寬 譯(人文書院, 1991).

Shapin, Steven,
―, 『「科學革命」とは何だつたのか――新しい歷史觀の試み』(1996) 川田勝 譯(白水社, 1998).

Shimizu(淸水純一),
―, 『ジョルダーノ・ブルーノの研究』(創文社, 1970),
―, 『ルネサンスの偉大と頹廢 ブルーノの生涯と思想』(岩波新書, 1972),
―, 『ルネサンス 人と思想』近藤恒一 編(平凡社, 1994).

Shumaker, Wayne,
―, *The Occult Sciences in the Renaissance: A Study in Intellectual Patterns* (University of California Press, 1972).

Sigerist, H.E.,
―, Civilization and Disease(University of Chicago Press, 1943).
―, *A History of Medicine*, I(Oxford University Press, New York, 1955).

Simpkins, Diana M.,
―, 'Early Editions of Euclid in England', *Annals of Science*, Vol.22(1966) pp.225-249.

Singer, Charles,
―, *From Magic to Science: Essays on the Scientific Twilight*(Dover Pib., Inc., 1958),
―, *A short History of scientific Iddeas to 1900*(Oxford, Clarendon Press, 1959).
―, 『生物學の歷史』(1959) 西村顯治 譯(時空出版, 1999).

Smith, Adam,
―, 『哲學・技術・想像力 哲學論文集』佐木健 譯(勁草書房, 1994).

Smith, Charlotte F.,

———, *John Dee 1527-1608* (Constable and Company Ltd., London, 1909).

Smith, David E.,

———, *Rara Arithmetica* (Ginn and Company Publisher, Boston and London, 1908).

———, 'New Information Respecting Robert Recorde', *American Mathematical Monthly*, Vol.28 (1921) pp.296-303.

Smith, Julian A.,

———, 'Precursors to Peregrinus: The early History of Magnetism and the Mariner's Compass in Europe', *JMH*, Vol.18 (1992) pp.21-74.

Sombart, Werner,

———, 『戰爭と資本主義』(1913) 金森誠也 譯 (論創社, 1996).

Southern, Richard W.,

———, 『中世の形成』(1953) 盛岡敬一郎・池上忠弘 譯 (みすず書房, 1978).

———, 『ヨーロッパとイスラム世界』(1962) 鈴木利章 譯 (岩波書店, 1980).

Speiser, D.,

———, 'Le *De magnete* de Pierre de Maricourt: Traduction et commentaire', *Revue d'Histoire des Sciences*, Vol.28 (1975) pp.193-234.

Stahl, William H.,

———, *Roman Science: Origins, Development and Influence to the Later Middle Ages* (The University of Wisconsin Press, 1962).

Steenberghen, Fernand van,

———, 『十三世紀革命』(1955) 青木靖三 譯 (みすず書房, 1968).

Stock, Brian,

———, 'Science, Technology and Economic Progress in the Early Middle Ages', in *Science in the Middle Ages*, ed. by Lindberg, pp.1-51.

Stone, Howard,

———, 'The French Language in Renaissance Medicine', *Bibliotheque d'humanisme et Renaissance*, Vol.15 (1953) pp.315-343.

Suter, Rufus,

———, 'Dr.William Gilbert of Colchester', *The Scientific Monthly*, Vol.70 (1950) pp.254-261.

———, 'A Biographical Sketch of Dr.William Gilbert of Colchester', *OSIRIS*, Vol.10 (1952) pp.368-384.

Takahashi(高橋憲一),

———,「ロジャー・ベイコンにおける光學研究の基礎視角」(『科學史研究』II, Vol.18 (1979) 所收) pp.129-139.

———,「グロステストとベイコンの自然觀――光の創世論から光の自然學へ」(上智大學中世思想硏究所 編『中世の自然觀』所收) pp.197-224.

Takayama(高山博),

———,『神秘の中世王國 ヨーロッパ, ビザンツ, イスラム文化の十字路』(東京大學出版會, 1995).

Tanaka(田中千里),

———,『イスラム文化と西歐 イブン・ルシド研究』(講談社, 1991).

Tanemura(種村季弘),

———,『ビンゲンのヒルデガルトの世界』(青土社, 1994).

———,『パラケルススの世界』(青土社, 1996).

Taton, R.& Wilson, C.ed.,

———, *The general History of Astronomy* (2A); *Planetary Astronomy from the Renaissance to the Rise of Astrophysics* (Cambridge University Press, 1989).

Taylor, E.G.R.,

———, *The Mathematical Practitioners of Tudor & Stuart England* (Cambridge University Press, 1954).

Thackray, Arnold.,

———, *Atoms and Powers: An Essay on Newtonian Matter-Theory and the Developement of the Chemistry* (Harvard University Press, 1970).

Thomas, Keith,

———, *Religion and the Decline of Magic* (George Weidenfeld & Nicolson, LTD, 1971, 1980).

Thompson, Silvanus,

———, 'Petrus Peregrinus de Maricourt and his *Epistola de Magnete*', *Proceedings of the British Academy*, Vol.2 (1905/6) pp.1-23.

———, 'William Gilbert and Terrestial Magnetism', The *Geographical Journal*, vol.21 (1903) pp.611-618.

Thorndike, Lynn,

———, *A History of Magic & Experimental Science*, 8 Vols. (Columbia University Press, New York, 1923-58).

———, 'John of St.Amand on the Magnet', *ISIS*, Vol.36 (1946) p.156-157.

———, 'The True Place of Astrology in the History of Science', *ISIS*, Vol.46 (1955) pp.273-278.

———, 'De Lapidibus', *Ambix*, Vol.8 (1960) pp.6-23.

———, *Science and Thought in the Fifteenth Century* (Hafner Publishing Co., Inc., New York and London, 1963).

———, *Michael Scot* (Thomas Nelson and Sons Ltd., London, 1965).

Turner, Howard R.,

———, 『圖説 科學で讀むイスラム文化』(1997) 久保儀明 譯 (青土社, 2001).

Verger, Jacques,

———, 『中世の大學』(1973) 大高順雄 譯 (みすず書房, 1979).

———, 『入門 十二世紀ルネサンス』(1996) 野口洋二 譯 (創文社, 2001).

Vickers, B.ed.,

———, *Occult and Scientific Mentalities in the Renaissance* (Cambridge University Press, 1984).

Viets, Henry,

———, 'De staticis experimentis of Nicolaus Cusanus', *Annals of Medical History*, Vol.4 (1922) pp.115-135.

Walker, Deniel P.,

———, 『ルネサンスの魔術思想——フィチーノからカンパネッラへ』(1958) 田口清一 譯 (平凡社, 1993).

Wallace, William A.,

──, 'The Philosophical Setting of Medieval Science', in *Science in the Middle Ages*, ed.by Lindberg, pp.91-119.

Webster, Charles,

──, 'The Discovery of Boyle's Law, and Concept of Elasticity of Air in the Seventeenth Century', *Archive for History of Exact Sciences*, Vol.2 (1965) pp.441-502.

──, 'Henry Power's *Experimental Philosophy*', *Ambix*, Vol.14 (1967) pp.150-178.

──, *From Paracelsus to Newton: Magic and the Making of Modern Science* (Cambridge University Press, 1982).

Westfall, Richard S.,

── 'The Foundation of Newton's Philosophy of Nature', *BJHS*, Vol.1 (1962) pp.171-182.

──, 'Hooke and the Law of Universal Gravitation', *BJHS*, Vol.3 (1967) pp.245-261.

──, *The Construction of Modern Science* (Cambridge University Press, 1977).

──, 'The Role of Alchemy in Newton's Career', in *Reason, Experiment and Mysticism in the Scientific Revolution*, ed.by Bonelli & Shea, pp.189-232.

──, *Never at Rest: A Biography of Isaac Newton* (Cambridge University Press, 1980).

──, 'Newton and Alchemy', in *Occult and Scientific Mentalities in the Renaissance*, ed.by Vickers, pp.315-335.

Whewell, William,

──, *History of Inductive Science*, 3 Vols. (London, 1857; reprinted, Frank Cass & Co.Ltd., 1967).

White Jr., Lynn,

──, *Medieval Technology and Social Change* (Oxford University Press, 1962).

──, 『機械と神 生態學的危機の歷史的根源』(1968) 青木靖三 譯 (みすず書房, 1999).

Whitehead, Alfred North,

――, *Science and the modern World; Lowell Lecture 1925*(The Macmillan Company, 1926).

Whitfield, Peter,

――, 『世界圖の歷史』(1994) 樺山紘一監修, 和田眞理子・加藤修治 譯(大英圖書館・ミュージアム 書共同出版, 1997).

――, 『海洋圖の歷史』(1996) 樺山紘一監修, 有光秀行 譯(大英圖書館・ミュージアム 書共同出版, 1998).

Whittaker, Edmund,

――, *History of the Theories of Aether and Electricity, The Classical Theories* (1910, reprinted, Thomas Nelson and Sons Ltd., 1951).

Wightman, W.P.D.,

――, *Science and the Renaissance*, 2 Vols.(Oliver and Boyd, 1962).

Willey, Basil,

――, *The Seventeenth Century Background; Study in the thought of the age in relation to poetry and religion*(1934, reprinted Routledge & Kegan Paul, 1979).

Wilson, C.A.,

――, 'From Kepler's Laws, So-Called, to Universal Gravitation: Empirical Factors', *Archive for the History of Exact Sciences*, Vol.6 (1970) pp.89-170.

――, 'The Newtonian Achievement in Astronomy', in *General History of Astronomy*(2A), ed.by Taton & Wilson, pp.233-274.

Winter, Heinrich,

――, 'Who invented the Compass?', *Mariner's Mirror*, Vol.23 (1937) pp.95-102.

Wolf, A.,

――, *A History of Science, Technology and Philosophy in the 16th & 17th Centuries*(1935; reprinted, Peter Smith, 1968).

Wolff, Philippe,

――, 『ヨーロッパの知的覺醒 中世知識人群像』(1968) 渡邊昌美 譯(白水社, 2000).
Yamamoto(山本義隆),
――, 『重力と力學的世界』(現代數學社, 1981),
――, 『熱學思想の史的展開』(現代數學社, 1987),
――, 『古典力學の形成』(日本評論社, 1997).
Yates, Frances A.,
――, *Giordano Bruno and the Hermetic Tradition*(University of Chicago Press, 1964; reprinted, 1991),
――, 『世界劇場』(1969) 藤田實 譯(晶文社, 1978),
――, 『薔薇十字の覺醒』(1972) 山下知夫譯(工作舍, 1986),
――, 『魔術的ルネサンス エリザベス朝のオカルト哲學』(1979) 內藤健二 譯(晶文社, 1984).
Yuasa(湯淺赳男),
――, 『文明の人口史』(新評論, 1999).
Zilboorg, G.,
――, *A History of Medical Psychology*(W.W.Norton & Company, INC, 1967).
Zilsel, E.,
――, 'Origins of William Gilbert's Scientific Method', JHI, Vol. 2(1941), pp.1-32.

전집과 잡지명의 약호

AJP=American Journal of Physics,
BJHS=The British Journal for the History of Science,
BJPS=The British Journal for the Philosophy of Science,
GBWW=Great Books of the Western World(Encyclopeadia Britanica),
JHA=Journal for the History of Astronomy,
JHI=Journal of the History of Ideas,
JKGW=Johannes Kepler Gesammelt Werk
   (C.H.Beck'sche Verlagsbuchhandlung, München),

JMH=Journal of Medieval History,
Phil.Trans.=Philosophical Transaction,
TMAE=Terrestial Magnetism and Atmospheric Electricity.

■ 찾아보기

인명

〈ㄱ〉

가생디, 피에르 252
갈레노스, 클라우디우스 12, 73, 74, 79, 714, 716, 720, 744, 750, 841, 869
갈릴레이, 갈릴레오 10, 11, 13, 161, 246, 273, 274, 303, 304, 542, 618, 623, 624, 634, 666, 669, 679, 685, 687, 688-703, 713, 722, 740, 751, 769, 805, 817, 870, 873, 882
게미스투스 플레톤, G. 299, 324
게바라, 안토니오 417
구이니첼리, 구이도 362
구텐베르크, 요한네스 425
그랑다미, 자크 719, 741
그레고리, 데이비드 812
그레고리우스 9세 202
그레셤, 토머스 411, 766
그로스테스테, 로버트 186, 240-250, 558
그린, 로버트 151
기요 드 프로방스 179-185
기욤 드 루브리께 167
기욤 드 모에르베크 207
기욤 드 콩슈 94, 103, 112, 201, 325. 368
길모어, 스튜어트 C. 826

길버트, 윌리엄 17장 참고
길버트, 험프리 408, 411, 414

〈ㄴ〉

나이트, 고원 914, 839
내쉬, 토머스 345
네이피어, 존 572
네캄, 알렉산더 36, 178, 183
노먼, 로버트 12장 참고
뉴턴, 아이작 21장 참고
니덤, 조셉 184
니콜라우스 쿠사누스 9장 참고

〈ㄷ〉

데모크리토스 30-37, 43, 48
데자글리에, 존 67, 72, 79, 89, 90, 93, 119, 244, 367, 519, 537, 727, 773, 738, 778
데카르트, 르네 19장 참고
델라 콜로네, 구이도 185, 255
델라 포르타, 잠바티스타 16장 참고
뒤러, 알브레호트 424, 428, 429
뒤엠, 피에르 19
드레이크, 프랜시스 408, 415
디, 존 314, 412, 416, 504, 506, 510, 511, 680
디그스, 토머스 303, 406, 411, 414, 416,

571, 614
디드로, 드니 276
디오게네스 라에르티우스 27, 28,
디오게네스, 아폴로니아의 30, 32, 90
디오도로스 시켈로스 358
디오스코리데스 102-108, 142, 148, 149, 152, 153, 192, 290, 547, 734, 874

〈ㄹ〉

라멜리, 아고스티노 424, 438
라부아지에, 앙투안 로랑 756
라블레, 프랑수아 435
라스 카사스, 바르톨로메 데 374
라우에, 막스 폰 847
라이트, 에드워드 406, 417, 767
라이프니츠, 고트프리트 W. 13, 652, 655, 666, 785, 800, 801, 844
러셀, 버트란트 100, 126, 298
레머리, 니콜라스 798
레오나르도 다 빈치 445
레오나르도(피보나치) 190
레우키포스 30, 35, 244
레코드, 로버트 410-419, 428, 624
레티쿠스, 게오르크 요하임 386
렌, 크리스토퍼 618, 660, 767, 768

로베르토 기스카르 174
로시, 파올로 8, 365, 452, 525, 560, 575
로젠베르거. F. 541, 826, 847
롤리, 월터 414
루이 4세 167, 168, 260
루크, 로렌스 768
루크레티우스 66. 68-79, 93, 94, 100, 116, 119, 122, 134, 519, 548, 716
루터, 마르틴 344, 428, 429, 461, 534, 632
르 고프, 자크 297
르 쇠어, 토마스 828
리처드 드 베리 112, 357, 358

〈ㅁ〉

마그누스, 알베르투스 112, 139, 140, 155-160, 205, 253, 266, 358, 360, 450, 500, 517, 548, 734
마그누스, 올라우스 112, 363, 364, 402
마네티, 잔노쪼 328
마르보두스 19, 139, 144-161, 192, 358, 581, 877
마르쿠스 아우렐리우스 80
마이어, 토비아스 839-858, 868
마흐, 에른스트 562, 693
말로, 크리스토퍼 151, 345

매스트린, 미하엘 631, 632, 659
맥스웰, 제임스 C. 288
맨더빌, 존 139, 360, 361, 734
메디나, 페드로 데 417
메디치, 로렌초 데 371
메디치, 코시모 데 323
메르카토르, 게라르두스 386-388, 407, 414
멜란히톤, 필립 632
모롤리쿠스, 프란치스쿠스 364
모어, 토마스 435, 436
모어, 헨리 805
모틀레이, 폴 F. 274, 372, 374, 551, 741
몽테뉴, 미셸 드 440, 476
무셴브루크, 피터 317, 821-828, 839, 868

〈ㅂ〉
바르톨로메우스 161
바스코 다 가마 325, 371, 400, 415
발로, 윌리엄 554, 555, 765
밴저민, 파크 183, 280, 372, 388, 826
버날, 존 D. 530, 733
버러, 윌리엄 409, 416
버치, 토머스 772, 790, 809
버터필드, 허버트 352, 652, 733
베넷, J. A. 778, 780
베르누이, 다니엘 841, 842
베르누이, 요한 841
베른, 쥘 363
베살리우스, 안드레아스 276, 438, 571

베이컨, 로저 7장 참고
베이컨, 프랜시스 20장 참고
벰보, 피에트로 429
보나벤투라 198. 199. 203, 207
보아스, 마리 510, 543, 551, 575, 622
보이티우스(다키아) 203
보이티우스(로마) 100
보일, 로버트 20장 참고
보카치오 186, 190, 429
본, 윌리엄 406, 412, 416
볼테르 802, 842
뷔리당, 장 22, 252
뷔리우, 이스마엘 646, 790
브라운, 토머스 55, 732-735, 760
브루노, 조르다노 303-306, 390, 461, 518-525, 571, 617, 621
브루니, 레오나르도 322
비드, 베네라빌리스 112, 145, 151, 368
비링구초, 바노초 13장 참고
비베스, J. L. 435, 436
비온도, 플라비오 178
비트루비우스 507
빌라르, 드 온쿠르 283, 284

〈ㅅ〉
사르피, 피에트로 554
살루타티, 콜루치오 332
샤를 당주(앙주의 샤를) 166, 189, 260
샤를마뉴 145
세네르트, 다니엘 479

세이버리, 서빙턴 813, 839
섹스토스 엠페이리코스 35
셰익스피어, 윌리엄 572, 689, 766
소크라테스 38, 101, 322
소포크라테스 111
손다이크, 린 182, 185, 287, 288, 298, 315, 551, 738
솔리누스 122
슈미트, 장 클로드 20, 21
스미스, 샬롯 502
스코필드, 로버트 E. 827
스콧, 레지널드 489-496
스콧, 마이클 184-192, 263
스탈, 윌리엄 H. 101
스테빈, 시몬 406, 417, 424, 428, 561, 571, 689
스트라본 66, 415
스펜서, 에드먼드 572
스프랫, 토머스 768
스피노자 732
시거 드 브라반트 203, 207, 208
시드니, 필립 414, 572
시라노 드 베르주라크 74, 687
심플리키우스 34, 636
싱어, 찰스 37

〈ㅇ〉
아그리콜라(바우어, 게오르크) 113, 435-452, 466, 548, 588, 718
아그리파, 폰 네테스하임 344-353, 401-415, 488, 489, 504, 505, 536, 609
아낙시메네스 28, 29, 32
아르키메데스 65, 172, 177, 313, 624
아리스토텔레스 1장 참고
아베로에스 186, 187, 192, 203, 207, 490
아스클레피아데스 85, 86, 103
아우구스티누스 4장 참고
아일리아누스 99, 101, 102, 123-127
아폴로니우스 65
알랭 드 리베라 298
알렉산더 대왕(알렉산드로스 3세) 61, 99
알렉산드로스, 아프로디시아스의 14, 31, 32, 37, 48, 89-92
알브레히트 공작 382
알콰리즈미 172
알페트라기우스 186
알폰소 4세 174
앙리 4세 189
앙페르 A. M. 867
애피누스, 프란츠 445, 839
야머, 막스 121, 148, 316, 559, 826
야코부스, 데 보라지네 150
어빙, 워싱턴 374
에라스무스 435-437, 458
에라토스테네스 65
에르커, 라차루스 424, 428, 438, 447
에센바흐, 볼프람 폰 140, 150
에우클레이데스(유클리드) 65, 624
예이츠, 프랜시스 8, 415, 511

에피쿠로스 2장 참고
엘리아데, 미르체아 445
엘리자베스 여왕 408, 411, 414
엠페도클레스 1장 참고
오렘, 니콜라스 305, 333
오리게네스 197, 368, 443
오비디우스 367
오비에도 113, 368
오이콜람파디우스 458
오일러, 레온하르트 661, 841-845, 852
오지안더 639
오컴, 윌리엄 14, 19
오토 4세 137
옥타비아누스 99
올덴버그, 헨리 769, 773
왈도, 피에르 427
요한네스 21세 608
요한네스 타이스너 417
우르바누스 4세 155
울프, 에이브러햄 575
워드, 새스 768
월리스, 존 767
웨스트폴, 리처드 S. 733, 792
웹스터, 찰스 561, 562
위그, 생 빅토르 272
위클리프, 존 428
윌킨스, 존 21장 참고
유게니우스, 에미르 176
유리피데스 39
이든, 리처드 417

이시도루스 139, 142-163, 192, 359
인노켄티우스 3세 188

〈ㅈ〉
자크 드 비트리 179, 181, 184
제르베르(실베스테르 2세) 170, 171, 277
존스, 리처드 575
존슨, 벤 766
좀바르트, 베르너 408
찔젤, 에드가 274, 574

〈ㅊ〉
찰턴, 월터 714-722, 808
채프먼, 시드니 574
초서, 제프리 358, 471

〈ㅋ〉
카르다노, 지롤라모 45, 80, 366, 367, 419, 511-525, 540, 550, 555, 559, 560. 561, 584-587
카스퍼, 막스 696
카시러, 에른스트 297, 315
카시오도루스 103, 308
칸트, 임마누엘 273, 847
칼란드리니, 장 루이 828-835, 853, 858
캄파넬라, 토마소 365, 639, 704
캐번디시, 헨리 837
케플러, 요한네스 18장 참고
코르테스, 마르틴 359, 366, 383 388, 406, 410, 417

코테, 로저 811
코페르니쿠스, 니콜라우스 18장 참고
콘라딘 260
콘스탄차 188
콘스탄티누스 131, 132
콜럼버스, 크리스토퍼 12장 참고
쿨롱, 샤를 826, 839, 858-871
쿤츠, G. F. 126, 160
크라프트, 프리츠 폰 372, 558
크래손, 윌리엄 255
크로우스, 윌리엄 476
크롬비, A. C. 177, 280, 282, 288, 496, 498
크리솔로라스, 마누엘 322
크세노폰 275
클라우디아누스, 클라우디우스 123-127
클레멘스 4세 228, 234

〈ㅌ〉
타르탈리아, 니콜로 561
타운리, 리처드 736
타키투스 109, 117
탈레스 1장 참고
테오도시우스 131
테오프라스토스 56-59, 114, 445, 450, 586, 588
템피어, 에티엔느 208, 221
토마스 아퀴나스 6장 참고
토머스, 키스 486
톰프스, 실바누스 571, 651
티코 브라헤 561, 571, 617, 629, 640, 647, 654, 655, 660, 685, 703, 782, 803, 870

〈ㅍ〉
파라켈수스 14장 참고
파레, 앙브루아즈 423, 426, 428
파르메니데스 29, 30, 211
파브리시위스, 요한네스 653, 662, 675
파울루스 4세 534
파워, 헨리 733, 735-744, 753, 759, 761, 765, 804, 812, 817
팔레로, 프란치스코 377-380, 410
팔리시, 베르나르 423, 428
팔터, 로버트 810, 828
패링턴, 벤저민 365
퍼거슨, 제임스 826
페레그리누스 데 마하른쿠리아, 페트루스 5장 참고
페르넬, 장 367
페트라르카, 프란체스코 190, 358-360, 429
페티, 윌리엄 314, 759, 760, 768, 790
포겐도르프, J. C. 372, 826, 847
포브스, 에릭 G. 840
포스터, 사무엘 767, 768
포스터, 윌리엄 480
폴로, 마르코 167, 178, 359
폼포나치, 피에트로 16, 89, 139, 489-496, 512, 513, 551, 878
퐁트넬, 베르나르 706, 707, 721, 800
프라카스토로, 지롤라모 146, 364

프렌치, 피터 510
프로벤, 요한 437, 458, 460
프로스페로 415
프로이덴탈, 가드 618
프리드리히 2세 112, 176, 184-192, 204, 260, 280
프리스틀리, 조지프 530, 587, 756
프리시우스, 겜마 414
프톨레마이오스 10, 176, 303, 400, 415, 476, 529, 637-639, 643, 647, 685
플라톤 1, 2장 참고
플레밍, 존 A. 265, 602
플루타르코스 43-48, 79, 93, 123, 516, 522, 551, 586, 586, 622, 874
플리니우스 3장 참고
피가페타, 안토니오 368
피가페타, 필리포 368
피치노, 마르실리오 10장 참고
피코 델라 미란돌라 297, 323, 332, 371, 489, 505
피타고라스 40, 172, 319, 326, 367, 505, 537, 634, 713
필리포스 2세 61
필립 4세 299

〈ㅎ〉
하르트만, 게오르그 12장 참고
하비, 윌리엄 478
하인리히 4세 176, 188
해스킨스, 찰스 H. 113, 185, 190

해클루트, 리처드 408
핼리, 에드먼드 809, 810, 835
헤라클레이토스 29
헤로도토스 358, 359
헤시오도스 122
헤이든, 크리스토퍼 660
헤일스, 스티븐 314. 315
헬샘, 리처드 821-828, 830, 852
호노리우스 3세 186
호메로스 35
호이헨스, 크리스티안 250, 253, 721
호페, 에드문트 826, 847
혹스비, 프랜시스 Francis Hauksbee 810, 811, 827, 835
화이트, 린 280, 282, 284
훅, 로버트 21장 참고
훈케, 지그리트 280
훈트, 프리드리히 847
훔볼트, 알렉산더 폰 180, 372, 374
휘태커, E. T. 19, 555, 826
휴얼, 윌리엄 530, 575
히에로니무스 68
히파르코스 65
히포크라테스 79-83, 105, 106, 141, 459, 727
히피아스 28
힐데가르트 폰 빙엔(빙엔의 힐데가르트) 150-156, 160, 874

주요 저작 및 개념

〈ㄱ〉

가능태로부터 현실태로의 전환 252
『가르강튀아』 435
가우스의 정리 244, 646
『가짜 금을 감식하는 사람』 687
검전기 579, 583, 587, 589, 623
『게르마니아』 117
『계량실험에 대하여』 309, 310, 314, 315
『고백』 136, 137
『공기와 에테르에 대하여』 812
『공기의 몇 가지의 감추어진 성질에 대한 의문』 756
관성의 법칙 692, 699, 780
『관측을 통해 지구의 운동을 증명하려는 하나의 시도』(『시도』) 782, 791, 792
『광물에 관하여』 113, 437-443, 447, 449 451, 452, 718
『광물의 서』 155, 157
『광부병과 광부들의 그 밖의 질병에 대하여』 464
『광학』 800, 805, 806, 812, 816
『광학원리』 562
『국어론』 429
『귀납적 과학의 역사』 530, 575
그레셤 칼리지 411, 560, 572, 660, 762, 766-768, 772, 773
『그리스 철학자 열전』 27
『근대 과학과 철학에서 인식의 문제』 297, 316
『근대 과학의 탄생』 652, 733
『근대 과학의 형성』 733
근접 전파 246
『기계론적 가설의 우위와 근거에 대하여』 748
『기담집』 101, 125
『기독교의 가르침』 140, 143, 154
『기상론』 58, 186, 218
기하광학의 기본법칙 246
『꿈 또는 달의 천문학』(『꿈』) 675, 676, 678

〈ㄴ〉

『나침반 또는 자침의 치우침에 대한 논고』 409, 417, 555
낙하법칙 273, 695
『노붐 오르가눔』 20장 참고
눈의 욕망 138
『뉴턴의 역학 요강』 841
능동적 성질, 수동적 성질 213, 214, 221
『니코마코스 윤리학』 241

〈ㄷ〉

『다양하고 교묘한 기계』 424, 438
『다양한 개별적 성질의 기계적인 기원 또는 생성에 대한 실험과 관찰』(『실험과 관찰』) 748, 750, 754
다이몬마술 15장 참고
『달 세계의 발견』 769

『대 이교도 대전』 205, 220, 228
『대기법, 또는 대수학의 규칙에 대하여』 512
대립물의 일치 302
『대수학』 172
『대외과학』 461, 462
대우주와 소우주의 대응 354, 478
『대저작』 7장 참고
『대천문학』 470
『대혁신』 369, 728
『데카메론』 186
『독일 국민이 기독교 귀족에게 주는 공개장』 428
『독일 황녀에게 보내는 편지』 842
『돌에 관하여』(테오프라스토스) 56-59
『돌에 대하여』(마르보두스) 146-155
『동물론』 112, 191
『동물에 대하여』 186
『동물지』(아리스토텔레스) 101, 191
『여행기』 139, 360, 361
『두 개의 신과학에 관한 수학적 논증과 증명』 694
『디다스칼리콘』 277

〈ㄹ〉
라틴-아베로에스주의 187
『램프』 778
『런던왕립협회의 역사』(『역사』) 772, 790, 809
『루돌프표』 656

『루오들립』 112
『르네상스의 자연관』 365
링구리온 57, 58

〈ㅁ〉
마그헤마이트 115
『마술에 대하여』(폼포나치) 492, 521
『마술에서 과학으로』 365
『마술의 무효에 대하여』 284, 487, 563
『마이크로그라피아』 736, 773, 775, 776, 778, 780
『메논』 176
『메탈로지콘』 112, 139
『멜피 법전』 188
『모든 중요한 광석과 채광법 설명』 424
『모든 천구의 완전무결한 기술』 614
『모랄리아』 45, 47
무기연고 14장 참고
『무한, 우주와 모든 세계에 대하여』 304, 523
『문제집』 31
『물리학사』(포겐도르프) 372
『물리학사』(로젠베르거) 541, 826
『물체의 운동과 빛에 대하여』 241, 242
『미세한 것에 대하여』 514, 516, 517, 560
미세한 정기(파워) 737, 738, 754, 761, 804

〈ㅂ〉
『박물지』 3장 참고

『배우지 못한 자의 생각』 308, 309
『백과전서』 276
『베르마누스』 437
베르소리움 17장 참고
『변명』 333, 334
『변신론』 800
『변신이야기』 367
변화의 부정(파르메니데스) 30
『별세계의 보고』 542
『별세계의 보고와의 대화』 542
『보석의 기묘한 전설』 126, 160
『보석의 힘과 기원』 161
보일의 법칙 736, 744, 761, 773
『북방민족문화지』 363
비물질적 형상(케플러) 664-666
『비밀의 비밀』 562
『빛에 대하여』 241, 242
『빛의 성질을 설명하는 가설』 805, 812

〈ㅅ〉

『사람에게서 이성을 빼앗는 병』 479
『사물의 감각과 마술에 대하여』 704
『사물의 본성에 관하여』 파라켈수스 참고
『사물의 본성에 대하여』 네캄 참고
『사물의 본성에 대하여』 비드 참고
『사물의 본질에 대하여』 루크레티우스 참고
『사물의 감추어진 원인에 대하여』 367
『사물의 체계적 또는 우주적인 성질에 대하여』 753, 755, 758
4원소이론, 4원소설 43, 49, 53, 58, 497
4체액이론 83, 142, 152
『새로운 인력』 12장 참고
『새로운 행성에 대한 논고』 769
『새의 의회』 358
『생명과 물질』 19
『생성소멸론』 83, 202, 253
『생에 대하여』 피치노 참고
『서방 식민론』 408
『서양 철학사』 298
『선, 각, 도형에 대하여』 243, 245
『성 브란단 항해기』 361
『세계론』 573, 589, 614
『세계의 복수성에 대한 대화』 707
『세계의 조화』 647, 681
세계의 체계 789, 791, 795, 804, 879
『세상에 널리 퍼진 억견』 734
『소저작』 165, 228
『소크라테스의 변명』 322
『솔로몬의 지혜』(성서 외전) 308
『수도사 대규정』 142
『수학적 마술』 706
「수학적 서문」 412, 416, 504. 506, 510, 511, 680
수학적 현상주의 713, 722, 803
『순수이성비판』 273
순환압압 작용 45, 46, 586
시원 물질 28-30, 60, 759
『식물 계량학』 315

『식물지』 56
『신곡』 186
『신앙의 평화』 300
『신국론』 131, 132, 137
『신천문학』 18장 참고
『신통기』 122
『신학대전』 205, 207, 218, 221, 497
『신호탄에 관하여』 비링구초 참고
실체적 형상 211, 218
『실험철학』 736, 738, 741
『16, 17세기의 과학, 기술, 철학의 역사』 575

〈ㅇ〉
아다마스 ,114, 121, 122, 180- 182
『아리스토텔레스 자연학 주해』 116, 206, 212
『알베르티 마그누의 비밀의 책』 500
『약물지』 102, 103, 105, 107
『어원론』 139, 142, 149
『얼음의 스핑크스』 363
『에른스트 공작』 361
『에테르와 전기의 역사』 19, 555
『에피쿠로스, 가생디, 찰턴의 철학』, 714
『역사 속의 과학』 530
역학원리 663, 686
『역학의 새로운 원리의 발견』 845
『열과 냉의 기계론적 기원』 750
영구운동기관 808

『영국교회사』 145
『영적 피조물에 대하여』 213, 214
『영혼론』 ,27, 55, 82, 549
『영혼에 대하여』 166, 206, 214
『오디세이아』 35
『오컬트 철학』 345-349, 488, 505
옥수의 정전인력 146
요소환원주의 66, 79, 80, 84
『요술의 폭로』 493, 494
『용수철 또는 복원력에 대한 강의』, 775, 776, 778, 785
『우주론』 700
『우주의 신비』(『신비』) 18장 참고
『우주의 철학』 112., 201
운동량 보존법칙 699
『운동에 대하여』 693
운동의 제1원인 53, 218, 693
『원인, 원리, 일자에 관하여』 461
『윌리엄 길버트의 자연철학과 그 선행자』 555
유기체적 자연관, 유기체적 세계상, 유기체적 전체론 16, 66, 80, 84, 93, 94, 327, 340, 564, 622
『유용한 것의 이름에 대하여』 180
유출의 법칙 646, 664, 666, 790
『의사의 종교』 734
『의학의 미로』 465
의화학 470
『이온』 38, 48
이원적 세계, 이원론 504

『이존적 실체에 대하여』 219
이중진리설 203, 490
『2중 비율에 대한 고찰』 759, 790
『인간의 존엄과 우월에 대하여』 328
『인간의 존엄에 대하여』 328, 332
『인공자석 논고』 837, 839
인과성의 도식 209, 212, 242, 250, 253, 286
『인디아스 박물지 및 정복사』 113
『인체의 구조』 438
『일곱 개의 변명』 461, 465, 469
입자철학 161, 744-750

〈ㅈ〉
자기견인점 385, 388
『자기서간』 8장 참고
자기쌍극자 265, 268, 405, 810, 827
『자기의 기계론적 생성』 758
자기작용의 공간적 전파 240
자기적 물질 581, 582, 595
자기적 유출물 719
자기접합, 접합운동 594, 595
자기중력론 654, 719, 720, 781, 782, 786, 818
자기치료 14장 참고
『자기희귀서』 378
자력의 선택성 77, 89
자력의 역제곱 법칙 826, 863
『자석론』 17장 참고
『자석에 대하여』 (데노크리토스) 34
자석에 대한 생물태적 이해 116

『자석의 대한 물리학적 실험의 논고』 822
『자석의 성질과 그 효과』 417
자석의 형상 212, 213, 289, 827, 853
『자연마술』 16장 참고
『자연의 기능에 대하여』 82, 874
『자연의 원리에 대하여』 211
『자연철학과정』 824, 826
『자연철학서설』 842
『자연철학의 수학적 원리』(『프린키피아』) 19장, 20장, 21장 참고
『자연학』 아리스토텔레스 참고
『자연학』 힐데가르트 참고
『잠언에 의한 입문』(『잠언』) 502, 503, 504
『장미 이야기』 150, 357
『전기에 관한 강의 또는 입문』 826
『전기와 자기에 관한 시론』 445
『전기와 자기의 서지학사』 741
『전기의 기계론적 기원 또는 생성에 대한 실험과 관찰』 754
『전기의 역사』 826
『전기의 역사와 현상』 530
『전기의 지적 형성』 826
『정신에 대하여』 309
정지관성 662, 663
『정치산술』 314
『제3저작』 165, 228, 274
『존재자와 본질에 대하여』 211, 223
『종교와 마술의 쇠퇴』 332, 486

자력과 중력의 발견 999

중력의 역제곱 법칙 790, 842
『중세로부터 근대로의 과학사』 177
『중세철학사』 298
지구의 기하학 606, 608, 609
『지리학』 360
『지성의 단일성에 대하여』 207, 217
『지식으로의 길』 412
『지식의 성(城)』 412
지향점 404, 405
『지혜로운 무지』 297, 302, 303, 304, 307, 308
『지혜에 대하여』 309
『진리에 대한 토론 문제집』 221
질의 자연학 238, 624

〈ㅊ〉

『창세기 주해』 308
『채굴된 물질의 성질에 대하여』 113, 437
천계의 물리학 636, 640, 643, 648, 658, 660, 680, 681
『천구의 회전에 대하여』 36, 326, 385, 411, 571, 639
『천문학의 광학적 부분』 658
천체동역학 640
『천체론』 51
『천체의 운동 원인에 대한 시론』 652
『철학원리』 697, 698
축성, 정축성 592, 596, 597, 611

〈ㅋ〉

『카르미나 부라나』 357
컴퍼스 카드 277, 375
『컴퍼스와 규칙에 따른 측정술 교본』 434
『켄터베리 이야기』 471
『코란』 171
『코스모스』 180, 372
『코페르니쿠스 천문학 개요』 640
『콩고왕국기』 369

〈ㅌ〉

타원궤도 36, 636, 655, 656, 686, 770
『태양 흑점에 관한 서간』 591, 596, 598-601, 606-610 693, 694
『태양의 도시』 365, 639
태양중심설 632
테렐라(소지구) 271, 577, 590
테아메데스 119, 451, 452
토르데시야스 조약 377
토리첼리 736, 737, 752, 799
『튜더 및 스튜어트 영국의 수학적 실무자들』 416
『특이한 사건에 관한 책』 184
『티마이오스』 35, 38, 40, 48, 94, 199
『티코의 옹호』 639, 874

〈ㅍ〉

『파라그라눔』 466, 467
『파르치발』 140, 150

『파우스트』 151, 345
『파이돈』 176, 322
편각의 영년변화 708, 767, 781
『프랜시스 베이컨』 365
『프톨레마이오스와 코페르니쿠스의 2대 세계 체계에 대한 대화』(『대화』) 689, 692, 693
『플라톤 저작집』(피치노 번역) 325, 330, 331
『피지오로구스』 198
『필로비블론』 112, 358

〈ㅎ〉
『학문의 진보』 511, 725, 727
『항만 발견술』 406, 417
『항해기술 개론』 416
『항해술』 417
『항해에 있어 어떤 잘못들』 406
항해용 나침반 179, 364, 365, 383
『항해용 나침반과 그 발견』 396, 814
『해부 수고』 445
행성운동론 686, 703, 791
『헤로도토스에게 보내는 편지』 66
『헤르메스 문서』 324, 331, 556
헤리퍼드의 세계지도 360
『현실의 가능한 존재』 309
형상의 증식 243, 244, 246, 247, 249, 250, 254, 503, 558
『형상증식론』 247, 253, 503, 874
『형이상학 주해』 206, 213, 219, 224
『형이상학』 53, 82, 200, 202
『혜성론』 782
호이헨스의 원리 250
『영혼의 신을 향한 도정』 198
『화학교정』 798
『황금전설』 150
『황제의 여유』 137
『회의적인 화학자』 745, 747
훅의 법칙 785
『흡인에 의한 인력의 원인에 대하여』 752
『히포크라테스 문서』 106
『힘의 개념』 316, 559
힘의 역제곱 법칙 790
힘의 작용권 217, 405, 557, 559, 560, 564, 601-603, 608, 659, 660, 769

과학의 탄생

초판 1쇄 펴낸날 2005년 4월 8일
초판 7쇄 펴낸날 2025년 5월 22일

지은이 야마모토 요시타카
옮긴이 이영기
펴낸이 한성봉
편집 김영주·이둘숙·심재경
콘텐츠제작 안상준
마케팅 박신용·오주형·박민지·이예지
경영지원 국지연·송인경
펴낸곳 도서출판 동아시아
등록 1998년 3월 5일 제1998-000243호
주소 서울시 중구 필동로8길 73 [예장동 1-42] 동아시아빌딩
페이스북 www.facebook.com/dongasiabooks
전자우편 dongasiabook@naver.com
블로그 blog.naver.com/dongasiabook
인스타그램 www.instagram.com/dongasiabook
전화 02) 757-9724, 5
팩스 02) 757-9726

ISBN 89-88165-55-1 03400

파본은 구입하신 서점에서 바꿔드립니다.